SCIENCES MISES A LA PORTÉE DE TOUS

PHYSIQUE ET CHIMIE

POPULAIRES

PAR

ALEXIS CLERC

✶

PHYSIQUE

CE VOLUME CONTIENT

VINGT ET UNE GRANDES GRAVURES HORS TEXTE

ET QUATRE CENT CINQANTE-HUIT INTERCALÉES DANS LE TEXTE

PARIS

JULES ROUFF ET Cie, ÉDITEURS

14, CLOITRE SAINT-HONORÉ, 14

SCIENCES MISES A LA PORTÉE DE TOUS

PHYSIQUE ET CHIMIE

POPULAIRES

ÉDITION ILLUSTRÉE

IMP. V.ᵉ P. LAROUSSE & Cⁱᵉ

PARIS — RUE MONTPARNASSE 19 — PARIS

Ce titre est destiné au *premier volume*, contenant les livraisons 1 à 102

(PHYSIQUE).

SCIENCES mises a la portée de TOUS

PHYSIQUE et CHIMIE

POPULAIRES

GALILÉE
RÉAUMUR

NEWTON
LVANT

par

ALEXIS CLERC

Jules ROUFF, Éditeur, 14, cloître Saint-Honoré, Paris

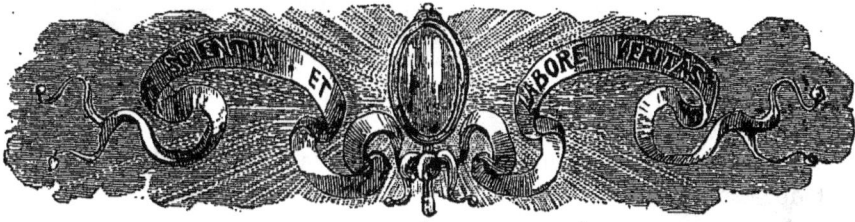

PHYSIQUE ET CHIMIE

POPULAIRES

SCIENCES MISES A LA PORTÉE DE TOUS

INTRODUCTION HISTORIQUE

Cette grande idée, caractère remarquable de la société contemporaine, l'idée de la civilisation par la science, de l'application de la science à l'amélioration de la destinée humaine, ne date guère que du XVIᵉ siècle.

Elle a eu pour principal organe l'illustre philosophe Bacon (1560-1626), dont elle est la gloire. Il l'a résumée dans cet aphorisme célèbre :

« *L'homme est l'interprète et l'aide de la nature ; plus il sait, plus il peut !* »

Le philosophe anglais semblait prévoir avec une perspicacité merveilleuse la société moderne, la nature vaincue par la science, l'industrie affranchie des tâtonnements lents et incertains de l'empirisme, puisant dans les principes généraux établis par les savants de certaines et innombrables applications. Jusqu'à lui la philosophie (et par ce mot il faut entendre la forme matérielle de la philosophie dominante, c'est-à-dire la religion) avait toujours eu la prétention de régenter dogmatiquement les sciences, et elle soutenait ses prétentions dominatrices par la force des supplices, très libéralement mis à sa disposition par les rois et les maîtres des peuples.

Il n'en est plus ainsi.

On a compris que l'homme peut, par la science, se rendre maître de la nature et de la société elle-même, et donner à ses progrès une direction choisie et voulue.

La Révolution française est une tentative encore inachevée pour construire un état social conformément aux lois scientifiques de la raison. Et, de même que l'industrie emprunte aux sciences physiques et chimiques le principe de l'élasticité de la vapeur, le principe de la communication de l'électricité dans un courant magnétique ou enfin le principe de l'action chimique de la lumière; de même à la science politique la société a pris le principe de la division des pouvoirs, à l'économie politique celui de la liberté du commerce, à la philosophie celui de l'égalité des droits et de la liberté de conscience.

On peut donc prévoir dès aujourd'hui que, dans un avenir qui ne saurait être très éloigné, les sciences modernes changeront la marche des études philosophiques et que les sciences dites *morales* seront absolument modifiées. L'EMBRYOGÉNIE (science des germes, des rudiments des corps organisés) et la PHYSIOLOGIE EXPÉRIMENTALE (étude des fonctions des êtres vivants) bouleverseront la métaphysique et la PSYCHOLOGIE (étude de l'âme), deux fantômes de science qui deviendront des sciences véritables. La philosophie de l'avenir, la religion, sera de la physiologie perfectionnée. Une meilleure étude de l'instinct des animaux et de la folie dans les aliénés nous fera également revenir de bien des erreurs sur la nature de l'âme et sur les facultés de l'esprit.

En physique, qui sait si nous ne trouverons pas bientôt, dans une étude plus approfondie de l'électricité, la clef des secrets de notre existence? Notre pensée, qui se transporte aussi vite que l'électricité d'un lieu à un autre, présente avec celle-ci un air de parenté ou de similitude qui pourrait au besoin passer pour de l'identité. Il a été démontré par M. Becquerel, à l'Académie des sciences, que « la vie est le résultat d'une action de piles voltaïques fonctionnant continuellement à l'aide de leurs pôles négatifs et positifs correspondant entre eux, et qui cessent d'émettre de l'électricité aussitôt que l'action des piles n'a plus lieu. » Qui sait si l'électricité engendrée par le contact d'un acide ou d'un métal ne diffère pas de celle que produisent des éléments végétaux et animaux, et si l'électricité cérébrale humaine ne produit pas des pensées au lieu de chocs et d'étincelles? L'électricité qui résulte des combinaisons et des décompositions chimiques qui s'opèrent dans le corps humain n'est-elle pas peut-être transformée en chaleur et ne se passe-t-il pas dans nos organes ce qui se passe dans nos foyers? Tous les travaux des physiciens modernes, et surtout les belles expériences de M. Grow, dont nous parlerons plus tard, tendent à démontrer que le magnétisme terrestre, l'électricité, le calorique et la lumière ne sont que les relations réciproques d'un seul grand principe qui se modifie en produisant directement ou indirectement un de ces quatre agents. Ce principe aboutit-il dans le cerveau, organe de la pensée? C'est là une question qui, pour beaucoup de personnes, a déjà un certain degré de probabilité, mais à laquelle on ne peut encore répondre. L'avenir y répondra, comme il répondra à toutes les questions que la science a posées.

Il n'est donc plus permis aujourd'hui d'être ignorant.

« L'ignorance et l'*incuriosité*, a dit Diderot, sont deux oreillers fort doux; mais, pour les trouver tels, il faut avoir la tête aussi bien faite que celle de Montaigne. »

Les générations modernes savent ce qu'il en coûte de s'endormir sur ces oreillers si doux, et elles les rejettent avec mépris.

Une erreur scientifique admise, indiscutée, correspond en effet à bien des erreurs philosophiques, morales et sociales.

L'erreur astronomique de la Bible faisant de la terre le centre du monde, des astres les luminaires de notre globe, du ciel un

Fig. 1.

LE SYSTÈME DU MONDE D'APRÈS COSMAS
ET LA BIBLE.

A. La terre.— B. Soleil couchant. — C. Soleil levant. — D. La mer.— E. Les eaux supérieures.— F. G. H. Muraille qui entoure l'univers. — I. Mer Caspienne. (Les autres mers ne sont que des écarts de l'Océan qui entoure la terre.)

calendrier de la terre, de la lune simplement un flambeau moindre que le soleil, niant l'infinité de l'univers physique, établissant l'homme comme le but suprême de la création, est une base des religions modernes. Elle explique les persécutions de la papauté contre Galilée, la mission donnée au célèbre astronome Tycho-Brahé de contredire Copernic, les obscurités dont l'illustre Képler enveloppe ses découvertes, l'étouffement de toutes les doctrines scientifiques pendant le moyen âge et jusqu'à notre siècle, les livres brûlés, les supplices atroces infligés à leurs auteurs, et enfin la haine pour tout progrès des sciences physiques.

Au VI⁰ siècle, un moine d'Alexandrie, nommé Cosmas, publie un livre intitulé : *Topographie chrétienne de l'univers, prouvée par des démonstrations tirées de l'Écriture divine, et dont il n'est pas permis aux chrétiens de révoquer la vérité en doute.* On ne peut guère trouver plus absurde que cet ouvrage. Rien n'est plus comique que l'impudence sacerdotale avec laquelle il réfute les systèmes des anciens, faux, il est vrai, mais du moins sensés. Un coup d'œil jeté sur le dessin tiré de son ouvrage (*fig.* 1), et que nous reproduisons, suffit pour démontrer l'ineptie de ses scientifiques et dévotes élucubrations. Cependant, jusqu'au XVI⁰ siècle, le livre de Cosmas est l'expression de l'opinion générale, parce qu'il est conforme à la Bible, et ceux qui firent passer à Christophe Colomb un examen à la cour d'Espagne insinuaient contre lui une opinion d'hérésie pour soutenir qu'il pourrait aller aux antipodes et en revenir.

Il est bon de raconter en quelques mots l'histoire des sciences physiques.

La physique, — ainsi nommée du mot grec *phusis*, — nature, a pour objet l'étude exclusive de la matière, des phénomènes qu'elle nous présente, des lois qui la régissent, des applications qui peuvent en être faites à nos besoins. Aussi, dès la première époque du monde, presque en même temps que la formation d'une langue, il dut y avoir quelques observations, quelques notions grossières d'astronomie, notions que, avec la connaissance d'un petit nombre de plantes médicinales, l'on trouve encore de nos jours chez les sauvages. Mais, dès cette époque aussi, ces connaissances étaient spéciales à des castes privilégiées, dépositaires des principes des sciences ou des procédés des arts, qu'elles assujettissaient, dans l'intérêt de leur domination, aux mystères, aux cérémonies de leur religion, aux pratiques de leur superstition.

Un peu plus tard, après que les hommes réunis d'abord en peuplades eurent passé de cet état à celui des peuples pasteurs, une vie plus sédentaire, moins fatigante, fut favorable au développement des sciences physiques. De plus, l'utilité de l'observation des étoiles, pour reconnaître leur route à travers les plaines immenses de l'Asie, à la recherche de pâturages pour leurs troupeaux, l'occupation qu'offrait cette observation pendant de longues veilles, sous ce climat tempéré, aux nuits tièdes et étoilées, les loisirs dont jouissaient les bergers amenèrent quelques progrès dans l'astronomie. Tandis que, comme l'a remarqué Condorcet, certaines sociétés s'entre-déchiraient pour la possession du sol ou se livraient à de sanglantes dissensions intestines provoquées par les excès des familles privilégiées, dans certaines autres sociétés sédentaires et paisibles, l'astronomie, la médecine, les notions les plus simples de l'anatomie, les premiers éléments de l'étude des phénomènes de la nature se perfectionnèrent ou plutôt s'étendirent par le seul effet du temps, qui, multipliant les observations, conduisait d'une manière lente, mais sûre, à saisir facilement et presqu'au premier coup d'œil quelques-unes des conséquences générales auxquelles ces observations devaient conduire.

« Cependant, dit encore Condorcet, ces progrès furent très faibles, et les sciences seraient restées plus longtemps dans leur première enfance si certaines familles, si des castes particulières n'en avaient fait le premier fondement de leur gloire et de leur puissance... Leurs sages s'occupèrent surtout de l'astronomie; et, autant qu'on en peut juger par les restes épars de leurs travaux, il paraît qu'ils atteignirent le point le plus haut où l'on puisse s'élever sans le secours des lunettes, sans l'appui des théories mathématiques supérieures aux premiers éléments. » En effet, à l'aide d'une longue

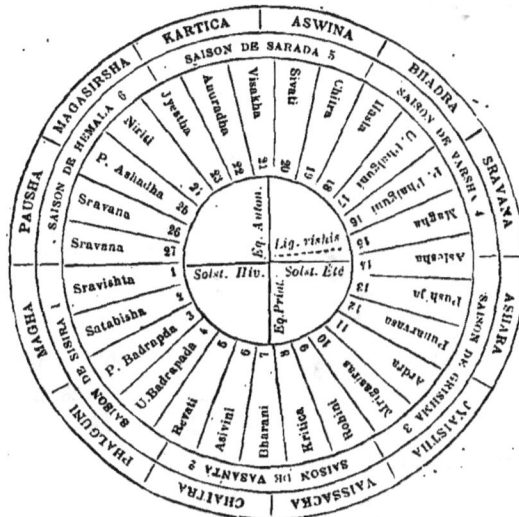

Fig. 2. — ZODIAQUE INDIEN

pour 1192 avant J.-C., d'après l'*Uranographie* de Francœur, divisé en 27 parties égales appelées *Nachétrons* ou *Maisons de la lune*, représentant les jours. Les 12 signes du zodiaque, ou *Maisons du soleil*, représentent les mois réunis deux par deux pour former six saisons.

suite d'observations, on peut parvenir à une connaissance des mouvements des astres assez précise pour être en état de calculer et de prédire les phénomènes célestes. Ces lois empiriques, d'autant plus faciles à trouver que les observations s'étendent sur un plus long espace de temps, ne les ont point conduits jusqu'à la découverte des lois générales de la physique du monde, mais elles y suppléaient suffisamment pour tout ce qui pouvait intéresser les besoins de l'homme ou sa curiosité, et surtout servir à augmenter le crédit de ces usurpateurs du droit exclusif de l'instruire.

Ces peuples, qui furent les Indiens, les Chaldéens, les Phéniciens, les

Égyptiens, avaient ainsi trouvé, paraît-il, l'idée ingénieuse des échelles arithmétiques, le moyen heureux de représenter tous les nombres avec un petit nombre de signes, les parties élémentaires de la géométrie relatives à la mesure des terres et à la coupe des pierres. En physique, ou du moins en astronomie, les Chaldéens avaient inventé le zodiaque, c'est-à-dire le mariage du ciel et de la terre, symbolisé plus tard (*fig.* 2 *et* 3); les Égyptiens le prirent aux Chaldéens, sans même le modifier selon leur climat atmosphérique, ce qui apporta plus tard une certaine difficulté dans

Fig. 3. — ZODIAQUE INDIEN
dont la date est inconnue.

Les signes groupés trois par trois indiquent que les Indiens connaissaient aussi la division actuelle en 4 saisons.

l'explication du zodiaque primitif, qui n'est, d'après Hésiode, *que la terre recréant le ciel à son image* et cherchant dans la marche du soleil le régulateur de ses travaux et de ses actions morales. Ces mêmes Égyptiens avaient trouvé l'année de 365 jours et savaient parfaitement orienter leurs monuments. Ainsi la grande pyramide se trouve sous le 30e parallèle, qui partage en deux parties égales l'hémisphère septentrional, d'où l'on a conclu que depuis 4,000 ans les latitudes terrestres n'ont point sensiblement changé et que les Égyptiens savaient déjà les calculer. Mais leur mécanique ne connaissait que le levier, le plan incliné et surtout la force des bras pour transporter les masses les plus lourdes.

Que de sueurs, que de larmes, que de sang ont donc coûté ces fameuses pyramides, sépultures somptueuses de monarques fous d'orgueil!

Que de misères et de travaux infligés cruellement à un peuple pour assurer à la momie d'un monstre couronné un asile inviolable, et à son nom une durée sans fin!

Cependant comme le but de ces prêtres, possesseurs de toute la science de ces temps, n'était point d'éclairer, mais de dominer, ils ne communiquaient aux peuples que ce qui leur était utile à eux-mêmes et seulement en y mêlant du surnaturel, du sacré, du céleste, afin de se faire regarder comme ayant reçu du ciel même des connaissances interdites aux autres hommes.

Ils eurent alors deux doctrines, l'une pour eux, l'autre pour les peuples; deux langues, deux écritures, l'une symbolique, l'autre vulgaire, et ils se transmettaient leurs connaissances dans ce langage secret, avec cette écriture allégorique qui n'offrait aux yeux des peuples

qu'une extravagante mythologie, des cultes insensés, des pratiques hon-
teuses, des croyances absurdes.

Mais bientôt, contents de la docilité de leurs esclaves, ils oublièrent

Meurtre d'Hypatie (page 14).

eux-mêmes une partie des vérités cachées sous leurs allégories; ils ne
gardèrent de leur ancienne science que ce qui leur était rigoureusement
nécessaire pour conserver la confiance de leurs disciples. Sauf quelques rares exceptions, ils devinrent eux-mêmes les dupes de leurs propres

fablès, et les philosophes grecs arracheront difficilement quelques lambeaux de cette science acquise et perdue aux sanctuaires de l'Égypte et de l'Inde.

La Grèce, avec tous les accidents et toute la force de sa nature, ne pouvait subir cette influence sacerdotale, qui, avec les brahmanes, ou les prêtres d'Isis ou les mages, avait plongé les peuples de l'Asie dans un abrutissement dont ils ne sont pas encore aujourd'hui sortis. Avec la liberté naissait la philosophie (*philos*, ami ; *sophia*, [de la] science).

Les philosophes grecs nous ont laissé la trace des puissants efforts qu'ils ont faits pour retrouver ou poursuivre les travaux des anciens ; mais leur prétention d'expliquer d'un seul coup tous les phénomènes naturels à l'aide d'un système préconçu, au moyen d'une hypothèse, d'une conception de leur intelligence, ne leur a pas permis de tirer de leurs études les résultats scientifiques que l'on était en droit d'en attendre. Des observations isolées et plus ou moins vagues ne constituent point la science ; elle résulte d'un corps de doctrines précis, dans lequel les faits sont rapprochés les uns des autres et étudiés au point de vue de la cause qui les produit. Ainsi l'expérience joue bien rarement un rôle dans leurs théories ; l'observation n'y intervient que d'une façon toute secondaire, et c'est seulement par cette méthode, due à l'illustre Galilée, la *méthode expérimentale*, que la physique a pu atteindre le degré de perfectionnement très remarquable qu'elle a atteint de nos jours. Cependant l'observation ne leur fit pas toujours défaut et ils obtinrent de la méthode expérimentale des résultats importants.

Nous en citerons quelques-uns.

Dès la plus haute antiquité, un des premiers civilisateurs, auquel on doit aussi, dit-on, le vilebrequin, la scie, la hache, et que la Grèce poétique et reconnaissante plaça dans sa mythologie, Dédale, ayant vu que tout corps tombant formait un angle droit avec la surface d'un liquide au repos, inventa le *niveau*, triangle en bois au sommet duquel est attaché un fil à plomb, appliquant ainsi ce principe que *la matière pèse*.

Les *balances* sont trouvées également, à ces époques fabuleuses, par Phidon, tyran d'Argos (667 ans av. J.-C.), qui fit aussi frapper la première monnaie d'argent, ou, selon d'autres, par Palamède, fils d'un roi d'Eubée (vers 1280 av. J.-C.), le même qui imagina le jeu d'échecs, déjoua la ruse d'Ulysse feignant la folie pour ne pas aller au siège de Troie et qui mourut lapidé, d'après l'accusation qu'Ulysse, pour se venger, porta faussement contre lui d'intelligences coupables avec les ennemis. Homère, dans l'*Iliade*, représente Jupiter pesant dans une balance la destinée des mortels et la Bible nous cite Abraham pesant l'argent remis à Éphron pour prix d'un terrain.

Plus tard, l'illustre Archimède découvrait le célèbre principe qui porte son nom :

« Tout corps plongé dans un liquide perd une partie de son poids égale au poids du volume du liquide dont il tient la place. »

On sait comment le hasard, un de ces hasards qui ne viennent qu'aux gens de génie, lui fit trouver son fameux théorème. Le roi Hiéron avait donné à un orfèvre une certaine quantité d'or pour faire une couronne. Soupçonnant l'ouvrier d'avoir remplacé une partie de l'or par une partie d'argent égale en poids, le roi pria Archimède de chercher un moyen de s'assurer, sans briser la couronne, s'il y avait eu fraude. Le physicien se mit à réfléchir profondément à cela. Tout occupé de cette pensée, il alla prendre un bain, et, remarquant la facilité avec laquelle il soulevait le bras dans l'eau, il devina le principe de la poussée des liquides, et de cette idée fondamentale, il arriva aussitôt à voir la résolution de son problème. Oubliant qu'il était complètement nu, il s'élance aussitôt à travers les rues de Syracuse, courant chez lui pour vérifier par l'expérience un fait que son génie venait de lui montrer, et criant : « J'ai trouvé ! J'ai trouvé ! (*Euréka ! Euréka !*) »

Nous verrons dans cette partie de la physique l'explication théorique de cette découverte.

Ce n'est point d'ailleurs la seule chose que les sciences doivent à Archimède.

Né à Syracuse vers l'an 287 avant J.-C., d'une famille alliée au roi Hiéron, il alla étudier à Alexandrie et, tout jeune encore, commença à se signaler. Il trouva le moyen de dessécher les marais d'Égypte et raffermit les terres voisines du Nil par des digues inébranlables. Il inventa les *moufles*, la *vis sans fin* et la *vis creuse*, qui porte encore son nom : *vis d'Archimède ;* il avait fabriqué une sphère qui représentait les mouvements célestes, écrit de nombreux traités de mécanique, de géométrie et d'astronomie. Il avait remarqué que les rayons du soleil, reçus sur un miroir métallique concave, se réfléchissent pour former par leur réunion un double foyer de lumière et de chaleur, ce qui, plus tard, permit à Mariotte de constater la réflexion de la chaleur. Rentré à Syracuse, assiégée alors par les Romains, Archimède se servit de cette observation pour incendier les vaisseaux des assiégeants en disposant des miroirs dont la surface réfléchissante était composée de petits miroirs plans, mobiles, inclinés de manière à réunir en un foyer tous les rayons réfléchis du soleil. Ce fait, admis par tous les historiens, fut traité de fable par Descartes et ses disciples, quoique Zonaras (écrivain byzantin du XII° siècle) eût raconté un fait analogue, la combustion de la flotte de Vitalinus, effectuée devant Constantinople par Proclus en l'an 514 de notre ère. C'est pourquoi l'expérience fut reprise par le physicien Kircher, au XVII° siècle, qui, en disposant cinq miroirs plans de manière à faire concourir les rayons du soleil en un seul foyer, réussit à mettre le feu à des matières combustibles

Fig. 4. — ARCHIMÈDE, SIÈGE DE SYRACUSE.

à plus de cent pieds de distance. Buffon renouvela cette expérience avec 168 petits miroirs plans, arrangés comme l'avait fait Archimède; il alluma du bois à 200 pieds de distance, fondit du plomb à 120 et de l'argent à 50 pieds.

Archimède avait imaginé également des machines à l'aide desquelles il élevait en l'air les vaisseaux des Romains et les laissait ensuite retomber dans la mer, où ils se brisaient, et il put ainsi prolonger pendant trois ans l'héroïque résistance de sa patrie (*fig.* 4). Mais les Romains étant entrés par surprise dans la ville, Archimède, plongé dans la recherche d'un problème, ne suivit pas assez vite un soldat qui voulait l'emmener prisonnier, et celui-ci le tua, quoique le général romain eût ordonné d'avance d'épargner la vie du grand homme.

En hydrostatique, l'antiquité doit encore à Ctésibius, mécanicien célèbre qui vivait vers l'an 130 avant J.-C., la pompe aspirante et foulante qui porte son nom, mais qu'il avait construite sans avoir deviné le principe sur lequel s'appuyait son invention, et des orgues hydrauliques.

Héron, son disciple (vers 120 avant J.-C.), fit des automates, des clepsydres (horloges à eau) (*fig.* 5) et inventa la fontaine qui porte son nom et qui sert à démontrer qu'un gaz, tel que l'air, peut exercer sur un liquide une pression qui se transmet à toute sa masse. Il nous reste quelques fragments des écrits de ce physicien, entre autres un traité sur les *Machines à vent* et sur les *Machines de guerre*.

Les physiciens du XVIIIᵉ siècle, tels que Fahrenheit, Nicholson, Baumé, ont dû, pour construire leurs *aréomètres* ou *pèse-liqueurs*, se servir des données fournies par un instrument connu sous le nom de *pèse-liqueur d'Hypatie*.

Hypatie, née à Alexandrie vers l'an 390 de notre ère, était fille d'un mathématicien distingué nommé Théon. L'éducation, jointe à son génie, fit d'elle un prodige. Elle avait appris de son père la géométrie, l'astronomie et les mathématiques ; son goût pour l'étude des sciences la fit se lier avec les philosophes célèbres de l'école qui florissait alors à Alexandrie, et bientôt les magistrats l'invitèrent à professer elle-même publiquement la philosophie éclectique. Ses leçons eurent un succès énorme, et, de toutes les contrées de la Grèce et de l'Asie, on accourait à ses cours. Quoique d'une grande beauté, sa vertu ne fut même pas

Fig. 5. — CLEPSYDRE.

soupçonnée, et les auteurs païens ou chrétiens qui nous ont transmis son histoire sont unanimes dans leurs louanges.

Mais elle était restée attachée à la religion de ses pères, au paganisme philosophique des éclectiques, et le patriarche d'Alexandrie, saint Cyrille, homme impérieux et violent, la haïssait, soit à cause de sa religion, soit à cause de l'influence qu'il lui supposait sur Oreste, le préfet de la ville. Une rixe étant survenue, en 415, à propos des spectacles publics, entre des chrétiens et des juifs, le patriarche veut faire expulser d'Alexandrie les juifs, qui y étaient établis depuis 600 ans. Le préfet s'y refusant, le patriarche soulève une sédition dans laquelle les maisons des juifs sont pillées et eux-mêmes chassés ou tués. En même temps, 500 moines du mont de Nitrie accourent, furieux, pour soutenir saint Cyrille, attaquent

le préfet dans les rues, le blessent même et remplissent la ville de dé-
sordre. Bientôt mis en fuite par le peuple indigné, ils sont forcés d'abandonner celui d'entre eux qui avait frappé le magistrat et de le laisser
traîner au supplice. Mais saint Cyrille prononce le panégyrique du moine
condamné, en fait un martyr, et le canonise. Cependant il dut plier
devant l'autorité du préfet, se réservant une vengeance qui ne tarda point
et qui, ne pouvant atteindre directement son ennemi, alla frapper celle
qu'il soupçonnait assez estimée de tous les honnêtes gens pour que sa mort
devînt un deuil pour ce peuple païen. Il irrita la populace contre Hypatie;
un certain Pierre, lecteur dans l'église d'Alexandrie, à la tête d'une troupe
de scélérats, attend la jeune fille à la porte de sa demeure. Ils se jettent sur
elle, la saisissent, l'entraînent dans une église appelée Césarée, la dépouil-
lent, l'assomment à coups de pierres, coupent ses membres par morceaux
et les traînent par la ville.

Ce meurtre abominable resta impuni.

Nous avons raconté cette histoire pour montrer le peu de respect
que, dès les premiers siècles, certains fanatiques portaient au génie et à
la science. Cela nous est déjà une explication de cet arrêt complet des
progrès de la physique au moyen âge, que nous constaterons tout
à l'heure.

L'instrument appelé *pèse-liqueur* ou *aréomètre d'Hypatie* est ainsi
décrit par elle-même dans une lettre à son élève Synésius, devenu plus
tard évêque de Ptolémaïs :

« J'ai besoin d'un *hydroscope*. Je vous prie d'en faire faire un
en cuivre et de me l'acheter. C'est un tuyau en forme de cylindre,

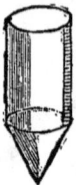

qui a l'apparence et la grandeur d'un sifflet ; sur sa longueur
il porte une ligne droite qui est coupée en travers par de petites
lignes, sur lesquelles nous jugeons du poids des eaux. L'un des
bouts est couvert d'un cône, disposé de manière que le tuyau
et le cône aient une même base. On appelle cet instrument
baryllion. Si on le met dans l'eau par la pointe, il y demeure

Fig. 6. debout et l'on peut aisément compter les divisions qui coupent la
ligne droite, et par là on connaît la densité de l'eau (*fig. 6*). »

Les poètes racontent que Dédale, dont nous avons parlé ci-dessus,
ayant favorisé le commerce monstrueux de Pasiphaé, fille d'Apollon et
épouse de Minos, roi de Crète, avec un taureau, le mari, pour se venger,
l'enferma lui-même avec son fils Icare, dans le labyrinthe qu'il avait construit. Ils nous disent qu'il fabriqua, pour s'échapper, des ailes formées
de plumes d'oiseaux et de cire et qu'il traversa ainsi les airs avec son
fils; que le soleil ayant fondu la cire des ailes de ce dernier, il tomba

dans la mer et que Dédale arriva seul à Cumes, en Italie. Mais il ne faut point croire les poètes sur parole.

Un philosophe pythagoricien, Archytas (440-360 av. J.-C.), mathématicien, astronome, mécanicien habile, homme d'État, général souvent vainqueur, nommé six fois chef de la république de Tarente, sa patrie, inventeur de la vis, de la poulie, etc., que Platon connut et avec lequel il entretint un commerce de lettres, dont Horace a célébré par une ode la mort dans un naufrage sur les côtes d'Apulie, avait construit, si l'on en croit Aulu-Gelle, une colombe qui volait au moyen de l'air contenu en elle. Nous n'avons non plus aucun renseignement précis sur cette invention, et l'on peut, sans contredit, considérer l'aérostatique comme étant inconnue aux anciens.

OPTIQUE. — Ce que l'antiquité a dit de plus rationnel sur la lumière se trouve résumé dans Euclide, Héliodore de Larisse et Ptolémée.

Euclide, célèbre géomètre grec, enseignait les mathématiques à Alexandrie vers 320 avant J.-C. et compta même le roi Ptolémée, fils de Lagus, au nombre de ses disciples. Il avait rédigé, sous le titre d'*Éléments*, en quinze livres, une sorte d'encyclopédie des sciences mathématiques de son temps, et la partie qui traite de la géométrie sert encore aujourd'hui de base à notre enseignement. Son *Optique*, cependant, n'est guère, selon l'opinion de Képler, qu'une réunion de théorèmes de perspective, découlant de la démonstration qu'il trouva de la direction rectiligne des rayons de lumière dans la direction droite des ombres et dans la manière dont s'effectue la vision, qui ne permet pas d'embrasser à la fois tous les points d'un objet perçu à une certaine distance. Dans sa *Catoptrique* (étude de la réflexion de la lumière), il explique par la réfraction que les rayons éprouvent dans l'air le grossissement du soleil et de la lune à l'horizon; mais il ne devina pas que, par l'effet de la réfraction, les astres n'occupent exactement qu'au zénith la place où nous les voyons.

Un pythagoricien, Héliodore de Larisse, découvrit alors que les rayons lumineux qui déterminent la vision forment un cône dont le sommet s'appuie à la pupille de l'œil, tandis que la base embrasse la surface de l'objet perçu. Mais il croyait que l'œil émettait de la lumière, et il citait comme exemple l'empereur romain Tibère, qui voyait clair la nuit, comme les chats ou certains animaux nocturnes; erreur profonde, car ces animaux peuvent se diriger à travers l'obscurité seulement parce que leur pupille s'agrandit si amplement que les rayons lumineux les plus faibles y pénètrent pendant la nuit. Nous étudierons, dans cet ouvrage, les phénomènes de la vision et nous démontrerons la fausseté de ce préjugé.

Ptolémée, astronome qui vivait à Alexandrie vers l'an 175 de notre ère, fut l'auteur aussi d'importants travaux sur l'*optique* qui constituent pour lui un titre de gloire beaucoup plus solide que le système astronomique auquel il a attaché son nom. Ce système astronomique, en effet, suivant lequel le soleil, les planètes, les astres décrivent leurs orbes autour de la terre immobile, système conforme à l'apparence et à la Bible, n'a eu d'autre résultat que de retarder les progrès des sciences. Il donna le premier un exposé assez détaillé des principaux faits de la réfraction. Il n'y avait plus qu'un pas à faire pour découvrir la loi générale; on mit des siècles à faire ce pas décisif.

Bien des générations devaient passer également avant qu'on parvînt à expliquer un météore qui frappe tout le monde, l'*arc-en-ciel*. Les anciens croyaient, en effet, la lumière incolore, mais ils supposaient qu'elle pouvait être colorée par des causes externes, telles que l'air et d'autres matières ténues et transparentes, et la pensée seule de la décomposition de la lumière leur semblait une impiété. « Si jamais quelqu'un entreprenait de décomposer la lumière, disait Platon, il montrerait par là qu'il ignore la différence entre le pouvoir de l'homme et le pouvoir de Dieu. »

CHALEUR. — Selon leur coutume, les philosophes anciens discutèrent beaucoup sur l'*essence* de la chaleur, mais étudièrent peu ou point ses effets; ils se contentaient de diviser les corps de la nature en *corps chauds* et *corps froids*, considérant la chaleur comme une qualité inhérente originairement à un corps, le feu lui-même pour les uns, la partie invisible et volatile du feu pour les autres.

Cependant quelques faits auraient dû appeler leur attention sur ses effets, spécialement sur la dilatation des corps, sur la formation des vapeurs et sur leur force élastique. Le mécanicien Héron avait imaginé un instrument, l'*éolipyle*, « pour montrer comment l'impulsion de la chaleur exprime la force du vent. » C'était une boule, quelquefois en forme de poire, creuse, faite d'airain, n'ayant qu'une petite ouverture, par laquelle on introduisait de l'eau. Avant d'être échauffés, les éolipyles ne laissaient, bien entendu, échapper aucun air; mais ils n'avaient pas plutôt éprouvé l'action de la chaleur qu'ils produisaient un vent proportionnel à la violence du feu.

Une idole des anciens Germains, le *Büsterich*, était un dieu en métal. Sa tête, creuse, était pleine d'eau; des bouchons de bois fermaient sa bouche et un trou placé sur le sommet de sa tête. On chauffait l'eau en plaçant secrètement des charbons allumés dans le corps du dieu. Tout à coup les bouchons sautaient, le dieu était irrité; des nuages de vapeur l'enveloppaient et le cachaient aux yeux du peuple terrifié, et les prêtres transmettaient alors aux fidèles les ordres de la divinité, ordres auxquels l'épouvante faisait immédiatement obéir.

Le dieu était irrité.... Les prêtres transmettaient aux fidèles les ordres de la divinité (page 16).

ÉLECTRICITÉ ET MAGNÉTISME. — Nous emprunterons à l'intéressante *Histoire de la physique* de M. F. Hoefer, que nous avons déjà mise à contribution dans ce rapide aperçu historique, les détails relatifs aux connaissances des anciens sur cette partie, la plus importante peut-être, de la physique.

Le *succin* (*electron* des Grecs) a donné son nom à l'*électricité*, comme l'aimant (*magnetes* des Grecs) a donné le sien au *magnétisme*. C'est que le succin ou *ambre jaune*, espèce de résine fossile, après avoir été frotté, a la singulière propriété d'attirer les corps légers, de même que l'aimant a la propriété non moins étrange d'attirer la limaille de fer.

Ce fait exerça tous les esprits spéculatifs. Thalès (639-548 av. J.-C.) y voyait le mouvement d'une âme particulière. Démocrite essayait de l'expliquer par l'*attraction des semblables*. Platon assimile les attractions du succin et de l'aimant aux mouvements de la respiration. Galien (131-210 de notre ère), Strabon (vers 50 av. J.-C.) admettaient, pour expliquer ces phénomènes, une *qualité occulte*, une sorte de sympathie. Mais aucun de ces auteurs n'a parlé du frottement préalable comme d'une condition nécessaire à la réussite de l'expérience avec le succin. Pline l'Ancien, le célèbre auteur de l'*Histoire naturelle* (23-79 de notre ère), fut l'un des premiers à insister sur la nécessité de cette condition, et, comme le frottement a pour effet d'échauffer les corps, Pline ajoute que le succin frotté exhale de la chaleur. Alexandre d'Aphrodisie, philosophe du II° siècle après J.-C., part de là pour établir toute une théorie, plus subtile que vraie : « Le succin attire, dit-il, les corps légers, de même que la ventouse attire les humeurs, parce qu'en vertu de l'impossibilité du vide, il faut bien que quelque chose vienne remplacer la chaleur qui sort de la ventouse et l'espèce de feu qui sort du succin. » Suivant Plutarque (50-139), le frottement est nécessaire, d'abord pour déboucher les pores du succin, puis pour y entretenir une sorte de courant et de contre-courant d'air subtil.

Les anciens furent plus attentifs aux phénomènes qu'offrait l'aimant. Leur *pierre d'Héraclée* ou *pierre de Lydie* était bien notre aimant, car ils donnaient indifféremment à l'une ou à l'autre le nom de *pierre de fer*. Mais ils l'appelaient plus souvent *pierre magnésienne*, soit parce qu'on la faisait venir communément du pays des Magnésiens, soit que cette substance naturelle eût été, comme le raconte Pline, découverte par un berger nommé *Magnès* (*fig.* 7); ce berger aurait été ainsi fixé au sol par les clous de ses chaussures et son bâton ferré. Mais les auteurs qui inclinent pour la dernière version ne s'accordent pas sur le lieu où cet accident serait arrivé au berger Magnès : les uns nomment la Troade, les autres l'Inde. Au rapport de Photius (820-891), ce furent les porteurs de pierre magnésienne qui découvrirent la propriété attractive de l'aimant: « Des parcelles de cette pierre adhéraient probablement, dit-il, à leurs chaussures, et, en marchant lentement sur une terre qui contenait du minerai de fer, ils sentaient une certaine résistance, parce que des parcelles d'aimant s'attachaient au minerai. »

Le minéralogiste grec Sotacus, cité par Pline, distinguait cinq espèces d'aimants, les uns mâles, les autres femelles. Il parle aussi d'un aimant blanchâtre (minerai de cobalt ou de nickel?), comme ayant moins de force attractive que l'aimant noir. Les *bétyles*, pierres qui rendaient des oracles ou faisaient d'autres prodiges, étaient des aérolithes, et on sait que les aérolithes sont presque tous magnétiques.

Les anciens étaient émerveillés de la puissance et des effets de l'aimant. Ils savaient qu'on peut l'employer à soulever des masses de fer. Ptolémée raconte, dans le livre VII de sa *Géographie*, que des navires qui se rendaient aux îles Manéoles (dans l'océan Indien, près de l'île de Ceylan) ne manquaient pas d'être retenus par une force mystérieuse, si les constructeurs n'avaient pas eu soin de remplacer les clous de fer par des chevilles en bois. L'auteur se demande ici si ce phénomène n'était pas dû à l'action de grandes mines d'aimant, situées dans ces îles. D'autres écrivains ont rapporté des faits analogues, plus merveilleux encore. Ainsi Pline raconte qu'il

Fig. 7.

LE BERGER MAGNÈS DÉCOUVRE L'AIMANT.

y a près de l'Indus deux montagnes, dont l'une attire le fer et l'autre le repousse, et que, si un voyageur porte des souliers garnis de clous de fer, il lui sera impossible de poser les pieds à terre sur l'une des montagnes, tandis que sur l'autre les pieds restent cloués au sol. Pline raconte encore que Dinocharès, architecte de Ptolémée Philadelphe (185-247 av. J.-C.), avait tracé pour la reine Arsinoé le plan d'un temple dont la voûte devait être en aimant, afin que la statue en fer de cette reine divinisée y restât suspendue. Des récits semblables ont été appliqués à la statue de Sérapis, suspendue dans le temple d'Alexandrie; aux veaux sacrés de Joroboam, et plus tard au tombeau de Mahomet. Dans un petit poème, intitulé *Magnes*, Claudien (365-430) décrit deux statuettes d'un petit temple d'or; l'une de Mars, en fer, l'autre de Vénus, en aimant, statuettes qui devaient figurer les amours de ces deux divinités. Dans une lettre écrite à Boèce, Cassiodore (480-575) parle d'un Cupidon de fer suspendu, sans aucun lien apparent, dans un temple de Diane. Lucien (120-200) dit avoir vu dans le temple de Junon, à Hiéropolis de Syrie, une statuette d'Apollon se promener librement dans l'espace et dirigeant elle-même les prêtres qui la tenaient. Saint Augustin, qui regardait la puissance de l'aimant comme une des plus grandes merveilles du monde, s'indigne contre les prêtres païens d'avoir trompé les peuples par l'apparence de miracles perpétuels ; il leur reproche, entre autres supercheries, d'avoir placé, dans le pavé et dans la voûte d'un temple, des aimants dont la force était calculée de manière qu'une statue de fer restât en équilibre au milieu de l'air, sans pouvoir ni descendre ni monter, par l'effet de deux attractions égales et contraires. Est-ce que, en fait de miracles apparents, les prêtres chrétiens pourraient se dire sans reproche ?

Les effets de l'aimant étaient plus propres encore que ceux du succin à stimuler l'esprit spéculatif des anciens. La plupart, comme Thalès et Platon, voyaient dans tout mouvement la manifestation de forces vitales et même intelligentes ; quelques-uns seulement n'y voyaient que des effets de forces physiques. Empédocle essaya le premier d'expliquer mécaniquement l'action de l'aimant par la structure des pores du fer. Démocrite, qui avait composé un traité spécial sur l'aimant, enseignait que les atomes de cette substance pénètrent au milieu des atomes moins sensibles du fer pour les agiter ; que les atomes du fer se répandent au dehors, et sont absorbés par ceux de l'aimant, à cause de leur ressemblance et des vides intersticiels. C'est à peu près dans le même sens qu'abondaient les doctrines d'Épicure, dont Lucrèce, dans son poème *De la nature des choses*, s'est rendu l'interprète. Suivant ce disciple d'Épicure, une sorte de tourbillon d'effluves ou semences sort de la pierre d'aimant et chasse l'air de l'espace qui sépare l'aimant du fer ; de là un vide, que le fer vient aussitôt occuper, comme un navire à voiles déployées, ayant vent en poupe. Aristote, sans entrer dans des considérations théoriques, a cité l'un des premiers l'aimantation passagère du fer doux par le contact de l'aimant, pour montrer que la faculté de mouvoir peut se transmettre à un corps sans la participation d'aucun mouvement. Plutarque formule une théorie qui a beaucoup d'analogie avec celle d'Épicure : « La pierre d'aimant émet, dit-il, des effluves qui forment un tourbillon autour d'elle ; de là lui vient la force avec laquelle cette pierre attire le fer. »

Quelque incomplètes que soient toutes ces théories des anciens philosophes sur les diverses branches de la physique, quelque absurdes que soient parfois leurs opinions, quelque fausses que soient leurs observations, quelque maladroites que soient leurs rares expériences, quelque puériles même que soient leurs assertions, il faut cependant reconnaître dans l'antiquité sinon un progrès réel et continu dans l'objet qui nous occupe, au moins une agitation féconde de la pensée humaine, une curiosité toujours inassouvie pour les phénomènes de la nature, un goût digne d'éloges pour les études propres à développer et à élever l'intelligence de l'homme. Il faut attribuer surtout leur insuccès non à une volontaire et stupide ignorance, non à un parti pris, non à une soumission abjecte à une caste qui, pour dominer, se réserve le privilège de savoir; mais à l'imperfection ou au manque absolu d'instruments, aux nécessités d'un état politique qui forçaient les citoyens à s'occuper sans cesse de la chose publique et les détournaient des méditations solitaires du laboratoire; enfin, à l'absence d'un certain fonds préalable de connaissances, de l'acquis des siècles antérieurs, puisque tout ce qui avait été pensé, observé, expérimenté avant eux restait enfoui, perdu pour tous, indéchiffré et indéchiffrable même pour ceux qui détenaient ou gardaient ces trésors, dans les temples de l'Égypte et de l'Inde, retombées dans la barbarie.

Mais, à partir du VIᵉ siècle de notre ère, la science entre dans une nuit profonde. La prise d'Alexandrie par les Arabes en 641 et l'incendie de la précieuse bibliothèque de cette riche et savante cité semblent éteindre la dernière étincelle, conservée seulement là. On dirait que l'Europe, le monde est revenu aux temps primitifs ; des peuplades travaillant, tuant, se battant, en souffrant, sous la garde de brahmes, imbéciles eux-mêmes : nous sommes au moyen âge !

« Il n'y a plus de science, plus même de littérature profane, dit M. Guizot dans son *Histoire de la civilisation;* la littérature sacrée est seule ; les clercs seuls étudient ou écrivent, et ils n'étudient, ils n'écrivent plus, sauf quelques exceptions rares, que sur des sujets religieux. Le caractère général de l'époque est la concentration du développement intellectuel dans la sphère religieuse... On ne veut former que des clercs; toutes les études, quel que soit leur objet, se dirigent vers ce résultat.

» Quelquefois même on va plus loin; on repousse les sciences profanes elles-mêmes, quel qu'en puisse être l'emploi. A la fin du VIᵉ siècle, saint Dizier, évêque de Vienne, enseignait la grammaire dans son école. Saint Grégoire le Grand l'en blâme vivement... Ce qui est évident, c'est le décri des études profanes, même cultivées par des clercs. »

Et cet état dure jusqu'à la découverte de l'imprimerie, jusqu'à Luther, jusqu'à Galilée.

Une seule découverte en physique signale cette époque sombre : la découverte de la boussole.

Plus de mille ans avant Jésus-Christ, les Chinois connaissaient la boussole ou du moins la propriété qu'ont les aiguilles aimantées de diriger leur pointe vers le nord. Ils faisaient usage pour se guider sur les mers d'aiguilles flottantes dont une extrémité était surmontée d'une petite figu-

rine représentant une tête d'homme et indiquant constamment le sud ; ou
bien de petites balances de même forme pour se diriger à travers les
immenses steppes de la Tartarie, ou encore pour orienter la face principale
des couvents bouddhistes. Vasco de Gama, qui doubla pour la première fois
le cap de Bonne-Espérance en 1498, trouva que les pilotes de l'Arabie et
de l'Inde se servaient très habilement des cartes marines et de la boussole. Le premier auteur européen qui en parle est Guyot de Provins
(1150-1220), cité par M. Hoeffer. Après avoir dit du pape qu'il devrait
être pour les chrétiens ce qu'est pour les marins la *trémontaigne* (étoile
polaire), et que ceux-ci ont un art infaillible, il ajoute :

> Un art font qui mentir ne peut
> Par la vertu de l'amanière (aimant).
> Une pierre laide et brunière,
> Où li fer volontiers se joint,
> Ont ; si esgardent le droit point,
> Puis qu'une aiguile l'ait touchée
> Et en un festu l'ont fichée,
> En l'aigue la mettent sans plus,
> Et li festu la tient dessus ;
> Puis se torne la pointe toute
> Contre l'estoile, si sans doute
> Que jà por rien ne faussera
> Et mariniers nul doutera.

Un pilote de Pasitano, près d'Amalfi, alors puissante république maritime du royaume de Naples, paraît cependant être le premier qui rendit
tout à fait pratique cette découverte, en fabriquant une espèce de boîte,
dans laquelle l'aiguille aimantée, posée en équilibre sur un pivot, pouvait
se mouvoir à son gré et rendre ainsi les observations plus faciles et plus
exactes. Néanmoins, les connaissances de l'époque ne s'étendaient pas
encore au delà de l'action directrice de l'aiguille aimantée.

Au fur et à mesure que nous étudierons chacun des phénomènes,
objet de ce livre, nous donnerons, en même temps que leurs applications
pratiques, l'historique de chacune des expériences, qui maintenant sont du
domaine de la science positive; nous raconterons chacun des progrès
depuis la naissance de la physique, c'est-à-dire depuis la fin du XVIᵉ siècle,
depuis Galilée.

LIVRE PREMIER

NOTIONS PRÉLIMINAIRES

CHAPITRE PREMIER

DÉFINITIONS

CORPS SIMPLES ET CORPS COMPOSÉS. — On donne le nom de *corps* à tout ce qui occupe une certaine étendue de l'espace, à tout ce qui, d'une façon quelconque, frappe un ou plusieurs de nos sens.

Les corps sont *simples* ou *composés*.

Les *corps simples* ou *éléments* sont ceux qui ne renferment qu'une sorte de matière. Les *corps* composés, au contraire, sont ceux qui renferment au moins deux sortes de matières, c'est-à-dire qui sont formés par plusieurs corps simples combinés ensemble.

Il y a un siècle à peine, on en était encore au sentiment d'Aristote (mort en 322 av. J.-C.), qui prétendait que tous les corps provenaient de la combinaison des *quatre éléments* : l'AIR, l'EAU, la TERRE et le FEU (ou *Phlogistique,* air inflammable). Aristote était certes un grand génie ; mais son autorité s'était surtout maintenue parce qu'au moyen âge penser-autrement que lui était un crime prévu, un sacrilège que le parlement punissait du bûcher ou du moins de la prison perpétuelle. Heureusement, la philosophie de Descartes parvint, malgré les efforts des théologiens et les arrêts des cours de justice, à détruire l'infaillibilité du philosophe grec, et Lavoisier put démontrer sans danger, en 1774, que l'*air* était un corps composé.

On admet aujourd'hui soixante-cinq corps simples : les MÉTALLOÏDES, au nombre de quinze, et les MÉTAUX, au nombre de cinquante. Ces deux séries de corps simples diffèrent entre elles d'abord par un certain aspect, un éclat particulier que possèdent les métaux et que n'ont pas les métalloïdes, puis surtout par leurs fonctions chimiques.

Voici la liste de ces soixante-cinq corps simples et les noms des savants qui les ont découverts ou qui ont démontré qu'ils étaient des corps simples.

MÉTALLOÏDES

	NOMS.	ÉTAT.	COULEUR.	AUTEURS DE LEUR DÉCOUVERTE.	DATE.
1	Arsenic	Solide.	Blanc grisâtre.	GEORGES BRANDT	1733
2	Azote	Gazeux.	Incolore.	PRIESTLEY et LAVOISIER	1774
3	Bore	Solide.	Brun.	GAY-LUSSAC	1808
4	Brome	Liquide.	Rouge foncé.	BALARD	1826
5	Carbone	Solide.	Incolore.	LAVOISIER	1783
6	Chlore	Gazeux.	Jaune verdâtre.	SCHEELE	1774
7	Fluor	Gazeux.	Incolore.	GAY-LUSSAC	1808
8	Hydrogène	Gazeux.	Incolore.	LAVOISIER	1783
9	Iode	Solide.	Noir.	GAY-LUSSAC et DAVY	1813
10	Oxygène	Gazeux.	Incolore.	LAVOISIER et PRIESTLEY	1774
11	Phosphore	Solide.	Incolore.	BRANDT	1669
12	Sélénium	Solide.	Brun.	BERZÉLIUS	1817
13	Silicium	Solide.	Brun.	BERZÉLIUS	1809
14	Soufre	Solide.	Jaune verdâtre.	Anciennement connu.	
15	Tellure	Solide.	Blanc bleuâtre.	MULLER	1782

MÉTAUX

	NOMS.	COULEUR.	AUTEURS DE LEUR DÉCOUVERTE.	DATE.		NOMS.	COULEUR.	AUTEURS DE LEUR DÉCOUVERTE.	DATE.
1	Aluminium	Blanc grisâtre	WŒHLER	1824	26	Nickel	Blanc argentin	CRONSTEDT	1751
2	Antimoine	Blanc bleuâtre	BAZILE-VALENTIN	1413	27	Niobium	Noir.	H. ROSE	1846
3	Argent	Blanc éclatant	Très anciennement connu.		28	Osmium	Bleu foncé.	TENNANT	1803
4	Baryum	Blanc.	H. DAVY	1807	29	Or	Jaune.	Très anciennement connu.	
5	Bismuth	Blanc jaunâtre	AGRICOLA	1520	30	Palladium	Blanc argentin	WOLLASTON	1804
6	Cadmium	Blanc argentin	STROMEYER	1818	31	Pélopium	Noir.	H. ROSE	1844
7	Cæsium	Gris bleuâtre.	BUNZEN et KIRCHLOFF	1861	32	Platine	Blanc argentin	WOOD	1741
8	Calcium	Blanc.	H. DAVY	1807	33	Plomb	Blanc bleuâtre	Très anciennement connu.	
9	Cérium	Blanc grisâtre	HISINGER et BERZÉLIUS.	1809	34	Potassium	Blanc grisâtre	H. DAVY	1807
10	Chrome	Blanc grisâtre	VAUQUELIN	1797	35	Rhodium	Blanc argentin	WOLLASTON	1804
11	Cobalt	Blanc argentin	BRANDT	1733	36	Rubidium	Rougeâtre.	BUNSEN et KIRCHLOFF	1861
12	Cuivre	Rouge.	Très anciennement connu.		37	Ruthénium	Blanc grisâtre	CLAUS	1845
13	Didyme	Blanc grisâtre	MOSANDER	1841	38	Sodium	Blanc grisâtre	H. DAVY	1807
14	Étain	Blanc argentin	Très anciennement connu.		39	Strontium	Blanc.	H. DAVY	1807
15	Erbium	Blanc grisâtre	MOSANDER	1844	40	Tantale	Noir.	HATCHETT	1803
16	Fer	Gris bleu	Très anciennement connu.		41	Terbium	Blanc.	MOSANDER	1843
17	Glucinium	Blanc.	WŒHLER	1827	42	Thallium	Gris brillant.	LAMY	1862
18	Indium	Blanc.	REICH et RICHTER	1863	43	Thorium	Noir.	BERGMANN	1851
19	Iridium	Blanc grisâtre	TENNANT et DESCOSTILS.	1803	44	Titane	Jaune.	GREGOR	1781
20	Lanthane	Blanc grisâtre	MOSANDER	1839	45	Tungstène	Blanc grisâtre	DELHUYART	1781
21	Lithium	Blanc.	H. DAVY	1807	46	Uranium	Gris foncé.	KLAPROTH	1789
22	Magnésium	Blanc.	H. DAVY	1807	47	Yttrium	Gris noir.	WŒHLER	1827
23	Manganèse	Blanc jaune.	GANN et SCHEELE	1774	48	Vanadium	Blanc.	Del Rio (1801) et Sefström.	1830
24	Mercure	Blanc.	Très anciennement connu.		49	Zinc	Blanc bleuâtre	PARACELSE	1539
25	Molybdène	Gris foncé.	HIELM	1782	50	Zirconium	Gris foncé.	KLAPROTH	1789

Le nombre de ces *corps simples* ou *éléments* pourra être augmenté ou diminué d'après les progrès ultérieurs de la science. Ainsi, l'on verra par la suite qu'un ou plusieurs des corps regardés actuellement comme corps

L'attention de Galilée se porta sur une lampe suspendue à la voûte (page 31).

simples sont, au contraire, des corps composés. Il est probable aussi que, par de nouvelles recherches, on parviendra à découvrir des corps nouveaux qui, ne pouvant être décomposés, devront être rangés parmi les *éléments;* d'où il suit qu'en fixant à soixante-cinq le nombre de ces derniers, on ne doit pas prétendre qu'il soit exact, mais seulement qu'il est tel dans l'état actuel de la science.

En effet, en 1875, le 27 mars, l'Académie des sciences était informée qu'un nouveau corps simple avait été découvert par M. Lecoq de Boisbaudran, par une nouvelle méthode d'exploration chimique que nous étudierons plus loin, appelée l'*analyse spectrale,* méthode par laquelle déjà on a pu découvrir des métaux nouveaux inconnus jusqu'alors, tels que le *cæsium,* le *rubidium,* le *thallium,* etc. Ce métal, dont M. Lecoq de Boisbaudran a déjà pu se procurer des échantillons et qui a reçu le nom de *gallium,* devra donc être ajouté à la liste des corps simples.

De même, quelques chimistes soutiennent que tous les métaux sont des corps composés. Quelques-uns, comme les alchimistes du moyen âge, prétendent que l'or est composé de plusieurs éléments sulfureux et conséquemment peut être produit par l'oxydation des sulfures; d'autres, que les métaux ne sont que des composés d'hydrogène prodigieusement condensé et combiné avec un gaz plus léger. Les grands chimistes, tels que Gerhardt, Gay-Lussac, Thenard, Dumas, n'osent pas se prononcer formellement sur ce sujet. Néanmoins, ils avouent qu'on remarque des analogies incontestables entre les radicaux connus, tant de la chimie organique que ceux de la chimie minérale, et que ceux de la chimie organique sont décomposables.

OBJET DE LA PHYSIQUE ET DE LA CHIMIE. — Cependant, les travaux des savants qui ont ramené toute matière terrestre, soit d'origine organique, soit d'origine minérale, à ces substances primordiales dont nous venons de donner la liste, appartiennent plus spécialement à cette partie de la *physique générale* appelée *chimie.*

La *physique générale* comprend, en effet, d'après son étymologie, les diverses sciences qui s'occupent de l'étude de la nature : l'*histoire naturelle,* subdivisée elle-même en *zoologie,* étude des animaux, *botanique,* étude des végétaux, *géologie,* histoire de la terre et des minéraux; l'*astronomie,* qui traite des lois du mouvement des astres et de leur constitution; la *chimie,* qui étudie les modifications permanentes et profondes que les corps éprouvent dans leur constitution par le contact mutuel de leurs parties les plus intimes; enfin la *physique* proprement dite, dont l'objet se borne à l'*étude des phénomènes qui n'altèrent en rien la nature intime des corps, qui ne changent point leurs poids respectifs, et qui ne sont que le résultat de certaines conditions plus ou moins passagères.*

L'accumulation des connaissances acquises sur les diverses parties de la *physique générale,* de la *philosophie naturelle,* comme on l'a justement appelée, a rendu indispensable leur division en plusieurs branches. On a dû les prendre successivement à part pour en faciliter l'étude ; mais elles forment un tout ; ces diverses sciences se prêtent chacune mutuellement un appui nécessaire.

CONSTITUTION DES CORPS. — Les corps simples eux-mêmes ne sont pas formés d'une manière continue. On doit les considérer comme étant formés d'une multitude de petites parties semblables, de forme invariable, que l'on a appelées *atomes* et que l'on suppose indivisibles. Une réunion d'atomes forme une *molécule,* petite masse de matière que l'on regarde comme de même nature que les corps dont elle fait partie, simple dans les corps simples, composée dans les corps composés. Malgré cela, on confond souvent dans le langage les mots *molécule* et *atome.*

Les *atomes* ne se touchent pas ; ils sont simplement placés à côté les uns des autres et séparés par des espaces nommés *pores intermoléculaires.* Des boulets empilés les uns sur les autres donnent l'idée de l'arrangement des atomes à côté les uns des autres.

L'illustre Newton est l'auteur de ce système, qui explique la constitution des corps. D'ailleurs le raisonnement basé sur les expériences prouve l'existence de ces *espaces intermoléculaires.* Ainsi une loi physique que nous démontrerons dit qu'en général les corps se dilatent par la chaleur et se contractent par le froid ou par la pression. Or, pour que les corps puissent se dilater, il faut évidemment que leurs molécules s'écartent ou se rapprochent et conséquemment qu'il y ait entre elles des espaces vides.

Le célèbre Laplace (1749-1827) montra même que la force qui fait graviter les astres s'applique aussi aux molécules invisibles de la matière que nous pouvons toucher. Les découvertes modernes ont fait depuis avancer d'un grand pas le problème de la constitution de la matière. Il ne s'agit plus de simples hypothèses. On sait avec certitude, dit M. de Parvillé, que ces petites masses appelées atomes circulent en cadence dans leur milieu intermoléculaire. Elles l'agitent et y font naître des ondulations qui se répètent avec une vitesse inouïe ; et ce n'est pas là un rêve : les physiciens ont mesuré ces vibrations ; elles peuvent se répéter 600,000 billions de fois par seconde. Chaque corps nous représente en miniature tout un système céleste. Si nous pouvions construire un microscope assez puissant, nous parviendrions à découvrir, dans les corps qui nous entourent, dans un morceau de marbre, par exemple, des espaces vides comme les espaces planétaires ; puis, de place en place, des étoiles harmonieusement groupées, et tout autour des atmosphères, et, merveilleux spectacle! tous ces petits astres moléculaires tourneraient dans leur orbite, avec une régularité parfaite, comme les gros astres du ciel. D'après les expériences et les calculs les plus récents, la distance entre deux molécules serait plus petite qu'un dix-millionième de millimètre. D'après M. Lorenza, de Copenhague, le nombre des molécules contenues dans un milligramme d'eau est plus grand que 1,360 millions de milliards.

Deux *forces*, dites *moléculaires*, agissent continuellement sur les atomes · la première, appelée l'*attraction*, tend à les rapprocher; l'autre force, qui tend au contraire à les écarter sans cesse, est la force d'*expansion*.

La force d'attraction prend le nom de *cohésion* lorsqu'elle réunit les atomes d'un corps simple, et d'*affinité* lorsqu'elle réunit les atomes d'un corps composé.

DIVERS ÉTATS DE LA MATIÈRE. — Lorsque dans un corps la *cohésion* est très grande, le corps est dit à l'*état solide*. Ainsi un morceau de bois, de fer, de marbre sont à l'état solide, parce qu'il faut un effort plus ou moins grand pour vaincre la cohésion et séparer les molécules de ces corps.

Lorsque la *cohésion* est faible, lorsque les différentes molécules sont très mobiles, qu'elles glissent, qu'elles roulent les unes sur les autres, le corps est à l'*état liquide*. L'eau, l'alcool sont des corps à l'état liquide; leurs molécules se déplacent facilement, et ils prennent aussitôt la forme du vase qui les contient. Cependant cette *liquidité*, consistant essentiellement dans la mobilité parfaite des parties constituantes du corps, peut se rencontrer à divers degrés de perfection. Ainsi on peut dire qu'il y a un passage insensible des liquides plus ou moins parfaits aux liquides *visqueux*, comme l'huile; de ceux-ci aux corps *mous*, comme le saindoux, et de ces derniers aux corps solides.

Si enfin la *cohésion* est remplacée par la force d'expansion, le corps est à l'*état gazeux*. On le nomme *gaz*, *fluide élastique*, *fluide aériforme*. Exemples : l'air, le gaz hydrogène. Leur force d'*expansion* est caractéristique. Un centimètre cube d'eau occupe, s'il est réduit en vapeur à 100 degrés, 1,700 centimètres cubes. L'étude de cet état des corps est une partie de la physique expérimentale.

Tous les corps peuvent se présenter tour à tour dans ces trois états. La loi est générale. Les exceptions tiennent soit à notre impuissance à chauffer ou à refroidir assez, soit à la décomposition qu'une température élevée amène parfois. Tous les solides deviennent, par une augmentation de chaleur, successivement liquides et gazeux, et, par une diminution de chaleur, tous les corps gazeux deviennent successivement liquides et solides.

Le *soufre en canon*, ou la *fleur de soufre*, a passé par ces trois états avant d'être livré au commerce. On trouve le soufre tantôt en masses translucides ou opaques, tantôt sous forme de poussière agglomérée avec de la terre dans les contrées volcaniques. Pour le séparer des impuretés qui l'accompagnent, on le place dans une grande chaudière A, chauffée par un fourneau F (*fig.* 8). Il devient bientôt *liquide*, se sépare en fondant des matières étrangères et s'écoule par le robinet R, pour aller alimenter le cylindre C, également chauffé par le fourneau F. Ce cylindre, en fonte, débouche en se recourbant un peu dans une grande chambre en maçonnerie. Les vapeurs du soufre devenu à *l'état gazeux* montent dans la grande chambre, munie dans le haut d'une soupape S, qui permet à l'air intérieur de sortir dès qu'il se dilate. Enfin la porte P, close pendant l'opération, sert à retirer le produit. Les vapeurs de soufre, arrivant dans cette chambre, s'y condensent et forment ensuite une petite poussière à laquelle on donne le nom de fleur de soufre. Si l'opération dure longtemps, la température finit par s'élever dans la chambre assez pour faire fondre une seconde fois la fleur de soufre. Alors on a du soufre liquide que l'on fait passer par la tirette *t* dans une petite chaudière B, que chauffe un fourneau particulier. Ainsi *liquéfié*, le soufre est introduit dans des moules en bois où il se refroidit, redevient *solide* et prend la forme de cylindres un peu coniques.

Fig. 8.
APPAREIL POUR DISTILLER LE SOUFRE.

Cette opération n'est pas autre chose que la distillation, qui ne fut inventée qu'au III° ou IV° siècle de notre ère par un philosophe d'Alexandrie nommé Zosime, et non, comme on le dit par erreur, par les Arabes. Pourtant les anciens n'ignoraient pas la possibilité de faire passer succes- sivement les corps par les trois états solide, liquide et gazeux. Dans ses *Météorologiques*, Aristote parle de l'eau de mer rendue potable par l'évapo- ration. « Le vin et tous les liquides peuvent être soumis au même procédé : après avoir été réduits en vapeur, ils redeviennent liquides. »

On connaît les admirables et nombreuses applications industrielles du fer liquéfié, puis revenu à l'état solide dans les moules où l'on a voulu le mettre. On sait que le minerai, brisé en morceaux de volume convenable, est mêlé avec du calcaire et jeté dans l'intérieur d'un fourneau avec le charbon. Lorsque la combustion a accompli son œuvre, le minerai s'est métamorphosé en fonte qui se réunit à la partie inférieure du fourneau. Il suffit de ménager une sortie au métal devenu *liquide*. On fait couler la fonte dans des canaux creusés dans le sable. Quand la coulée se produit, le spectacle est saisissant. A la base du haut fourneau jaillit un éclair, puis un ruisseau de feu fait brusquement irruption et s'arrête bientôt indécis sur la route qu'il va prendre : il s'étale, s'aplatit, se renfle, se tord en étincelant et en couvrant le sol de paillettes enflammées ; les gerbes brillantes éclatent de tous côtés comme des fusées. Le métal reprend bientôt sa marche en avant et descend docilement dans le chemin qui lui a été préparé pour s'arrêter dans le creux et se solidifier peu à peu sous la forme de masses à demi circulaires, que l'on nomme des *gueuses*.

A ce propos, rappelons un fait connu, mais assez curieux. Tout le monde a entendu dire que les ouvriers fondeurs s'amusaient parfois, pour étonner les spectateurs, à tremper le doigt dans cette fonte en fusion, qui enflammerait instantanément un objet quelconque. Le fait est possible, et en voici l'explication. La sueur qui entoure le doigt ou l'humidité qu'on y dépose en le mettant préalablement dans la bouche prend l'état sphé- roïdal à cette haute température et empêche la fonte liquide de toucher la peau. Mais il est évident qu'il faut agir très promptement : quelques secondes de trop, et le doigt serait carbonisé.

DIVISIONS DE LA PHYSIQUE. — PHÉNOMÈNE, LOI, THÉORIE PHY- SIQUES. — On désigne sous le nom de *phénomène physique* toute modifi- cation, tout changement qui survient dans l'état d'un corps ou dans ses propriétés, sous l'influence d'un des grands agents naturels : *pesanteur, cha- leur, électricité, magnétisme, son* et *lumière*. Un morceau de cire étant frotté sur du drap attire les objets légers ; voilà un phénomène physique produit sous l'influence de l'électricité. Une corde tendue produit un son : autre phénomène physique.

L'ensemble des phénomènes d'un même genre, produits par une même cause, dans les mêmes circonstances, forme une *loi physique*. Par exemple, dire que « tous les corps abandonnés à eux-mêmes tombent, » c'est exprimer une loi physique.

Quelquefois la loi apparaît d'elle-même, sans difficulté, par l'*observation* seule, comme celle que nous venons d'énoncer. Mais, le plus souvent, la loi est masquée par des causes perturbatrices dont il faut éliminer l'influence. C'est là l'objet de l'*expérience*. L'expérience diffère de l'observation en ce que la première exige que le phénomène se produise sous des conditions réglées et déterminées d'avance; elle est le contrôle de la pensée que le physicien a senti naître dans son cerveau, quelquefois par l'effort seul du génie, quelquefois par les réflexions que lui a suggérées un fait observé par hasard.

Nous donnons un exemple :

Un jour de l'année 1583, Galilée, à peine âgé alors de dix-neuf ans, se trouvant dans l'église métropolitaine de Pise, son attention se porta sur une lampe suspendue à la voûte, que le hasard semblait avoir mise tout exprès en mouvement. Il fut frappé de la régularité des oscillations de cette lampe ; il lui parut que, tout en diminuant d'étendue, elles conservaient la même durée, c'est-à-dire que, moins la lampe parcourait de chemin, plus elle allait lentement, mettant par conséquent toujours le même temps à faire une oscillation. C'était là une simple *observation*, à laquelle se serait arrêté un philosophe ancien qui lui aurait cherché une explication métaphysique. Galilée, inventeur de la *méthode expérimentale*, partisan de l'observation alliée avec le raisonnement, soumit le fait observé à des expériences réitérées. Il prit des petites boules égales de plomb, de cuivre, d'ivoire, les suspendit à l'extrémité de fils d'égale longueur et constata qu'elles oscillaient en même temps et que la durée de l'oscillation ne dépendait pas de l'étendue de l'oscillation. Il en tira donc cette *loi physique : Pour un même pendule, quelle que soit la matière dont il est formé, les oscillations sont isochrones, c'est-à-dire qu'elles s'exécutent dans des temps égaux, malgré les variations de l'amplitude.*

L'ensemble des *lois* qui se rapportent à une même classe de phénomènes et le développement des conséquences qui en résultent portent le nom de *théorie physique*. Ainsi, on dit *théorie de la rosée, théorie du paratonnerre, théorie des aimants*, pour exprimer toutes les lois qui régissent les phénomènes relatifs à la rosée, au paratonnerre, aux aimants. Toutes les *théories partielles* dépendant d'un même *agent naturel*, d'une *cause générale*, forment une *théorie générale*.

Chacune de ces théories générales est étudiée dans une des divisions de la physique. Nous verrons donc successivement la théorie de la pesanteur, la théorie de la chaleur, la théorie de l'électricité, du magnétisme, de la lumière.

Il nous faut ajouter qu'évidemment les divers phénomènes électriques, caloriques, magnétiques, lumineux, etc., sont les manifestations d'une même cause encore inconnue. L'observation vient ici à l'appui de l'expérience, et nous porte à croire de plus en plus que le feu, la lumière et l'électricité, dépendant d'un même principe, ne sont que les modifications d'un même être ; que le fluide vital n'est qu'un fluide analogue aux autres fluides, qu'il n'est, en conséquence, peut-être aussi qu'une modification différente du principe unique ; ce qui est d'ailleurs, comme le remarque l'abbé Nollet, le célèbre physicien du siècle dernier, conforme à cette sage économie qu'on voit régner dans l'univers, où les causes physiques sont employées avec épargne, et les effets multipliés avec magnificence.

CHAPITRE II

PROPRIÉTÉS GÉNÉRALES DES CORPS

PROPRIÉTÉS GÉNÉRALES DES CORPS. — On entend par *propriétés des corps* ou de la *matière* leurs diverses manières d'être ou d'impressionner nos sens.

Ces propriétés sont *générales* ou *particulières*.

Les *propriétés particulières* sont celles qui appartiennent exclusivement à certains corps et qui varient d'un corps à un autre ou suivant les différents états d'un même corps ; elles servent à caractériser chacun d'eux pris individuellement et à le distinguer des autres.

Ce sont : la *couleur*, la *dureté*, la *forme cristalline*, le *poids*, la *température*, etc.

Les *propriétés générales* sont celles que tous les corps possèdent plus ou moins.

Ce sont : l'*étendue*, l'*impénétrabilité*, la *porosité*, la *compressibilité*, la *divisibilité*, l'*élasticité*, la *mobilité*, l'*inertie*. Les deux premières sont dites *essentielles*, parce qu'il serait impossible de concevoir l'existence d'un corps qui ne les posséderait toutes deux, tandis que l'on peut concevoir à la rigueur des corps qui seraient dépourvus des autres.

1° ÉTENDUE. — L'*étendue* est la propriété que possède chaque corps
d'occuper une certaine portion de l'espace qu'on appelle son *volume*.

La mesure de cette portion de l'espace se ramène toujours à l'évalua-

Arago en Espagne (page 34).

tion de longueurs, car la géométrie permet ensuite d'en conclure la grandeur des surfaces et des volumes ; ces mesures nécessitent le choix d'une
unité et l'emploi de certains appareils.

L'unité de longueur adoptée en France est le *mètre*. On sait que, pour imprimer au *système métrique* une durée qui fût à l'abri des révolutions qui ont bouleversé le monde, les auteurs du nouveau système résolurent de donner aux nouvelles mesures une base commune et de prendre cette base dans la nature même. En conséquence, l'astronome Delambre mesura, de 1792 à 1798, l'arc de méridien compris entre Dunkerque et Rodez, tandis que son collègue Méchain mesurait celui de Rodez à Barcelone, et ils conclurent de leurs opérations la longueur du quart de ce méridien (1). Cette longueur a été divisée en dix millions de parties égales, et l'on a fait construire une règle de platine dont la longueur, à la température de la glace fondante, fût précisément égale à celle de l'une de ces parties. Cette règle, conservée au Conservatoire des arts et métiers, est l'*étalon du mètre*, c'est-à-dire un mètre rigoureusement exact.

A la suite d'une opération métallurgique merveilleuse, dont nous parlerons en traitant de la fusion des métaux, il vient d'être fondu, au Conservatoire des arts et métiers de Paris, un nouvel alliage prescrit par la Commission internationale du mètre, pour servir à la confection de nouveaux étalons métriques destinés à remplacer pour les comparaisons ultérieures ceux de nos archives. Cet alliage, composé de 90 pour 100 de platine et 10 pour 100 d'iridium, les deux métaux les plus réfractaires que l'on connaisse, restera absolument insensible à toutes les influences atmosphériques ou autres qui pourraient en modifier la rigoureuse exactitude.

L'unité de mesure de longueur anglaise est le *yard*, qui égale 0^m,91438348; autrichienne, le pied, 0^m,3161; prussienne, le pied, 0^m,3138556.

Nous ne nous occuperons que du mètre.

Il est important de pouvoir s'assurer si les mètres ont bien la

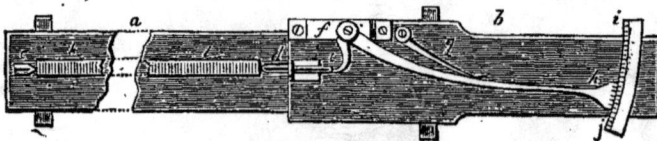

Fig. 9. — Comparateur Fortin.

longueur convenable. Pour le faire, on se sert d'un instrument dit *comparateur*, que l'on doit au physicien Fortin (*fig.* 9). L'appareil se

(1) La mesure de l'arc du méridien en Espagne ayant été laissée inachevée par la mort de Méchain, ce fut Arago qui, conjointement avec M. Biot, fut chargé, en 1806, de terminer ce travail. L'Espagne était en ce moment exaspérée contre la France, la mort d'un Français était œuvre patriotique : Arago ne put rentrer en France, sa mission accomplie, qu'après les plus dramatiques aventures, après avoir risqué cent fois sa vie, avoir supporté la captivité la plus dure, les tentatives d'assassinat les plus terribles, et trois ans seulement après son départ.

compose d'une table en fer, à l'une des extrémités de laquelle est un talon vertical *c*, ayant la forme d'un prisme triangulaire, et contre lequel on appuie l'extrémité *k* d'un mètre; un châssis glisse sur la table et peut y être fixé par des vis de pression; on l'amène près de l'extrémité du mètre, et alors une petite tige métallique *l* s'appuie sur le mètre en *d*, d'un côté, et d'autre part en *e*, sur la petite branche d'un levier coudé. Un ressort *g*, appuyé sur la grande branche du levier, assure les contacts. La pointe *h* du levier parcourt un arc gradué en demi-millimètres. Si le mètre et l'étalon sont de même longueur, en substituant l'un à l'autre, le grand bras du

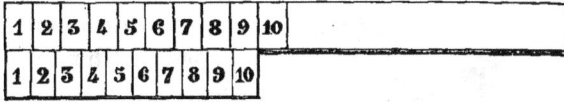

Fig. 10. — VERNIER.

levier marque la même division de l'arc gradué; sinon, on pourra évaluer la différence en plus ou en moins.

Pour mesurer une longueur avec une approximation plus grande qu'avec le mètre divisé en millimètres, on se sert du *nonius* ou *vernier*, du nom de l'inventeur de l'instrument (*fig*. 10). Le *vernier* est une petite règle droite ou courbe de neuf centimètres de longueur, que l'on divise en dix parties égales, divisées encore elles-mêmes en dix autres parties. Chacune des plus petites divisions est d'un dixième plus petite qu'un millimètre. En plaçant donc l'extrémité du vernier sur le point extrême de la longueur à mesurer, on voit, en remarquant le chiffre où il coïncide, combien de dixièmes de millimètre il faut ajouter pour atteindre la limite de la longueur. Le *vernier* courbe sert pour mesurer les arcs de cercle.

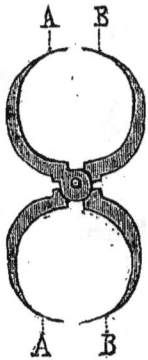

Fig. 11.

COMPAS
D'ÉPAISSEUR.

S'il s'agit de mesurer le diamètre d'un cylindre, d'une sphère ou de tout autre corps à face courbe, on se sert du *compas d'épaisseur* (*fig*. 11). C'est un compas formé de deux branches contournées, mobiles autour d'une charnière; on donne à ses branches un écart tel que ses deux pointes A et B touchent à la fois les deux points dont on mesure la distance; on reporte ensuite les pointes du compas sur une règle divisée, et l'on mesure leur écartement.

Pour mesurer les épaisseurs, on fait aussi usage du *pied à bec* ou *compas à verge*, instrument à peu près semblable à celui dont les cordonniers font usage.

Le vernier est lui-même insuffisant pour évaluer les grandeurs fort petites. Dans certains cas, l'on peut évaluer les centièmes et les millièmes de millimètre à l'aide de la *vis micrométrique*. C'est une vis dont le pas est très petit et dont le filet a d'ailleurs une régularité aussi parfaite que possible; de plus, la tête de la vis est divisée. Deux modes d'application en feront bien comprendre l'usage : le *sphéromètre* et la *machine à diviser*.

Le *sphéromètre* (*fig.* 12) est une vis micrométrique V, à pointe émoussée, dont le tête T est divisée en 500 parties égales, et qui se meut dans un écrou en bronze E, supporté par un trépied d'acier aussi à pointes émoussées. Ce trépied repose sur un plateau en verre P. L'un des jambages porte une règle en laiton R, verticale et divisée en demi-millimètres. Le pas de la vis, c'est-à-dire la quantité dont la pointe s'abaisse pour un tour complet, est aussi d'un demi-millimètre. Quand la face supérieure de la tête de la vis affleure une des divisions de la règle verticale, c'est la division zéro de cette tête qui se trouve en face de la règle. Supposons maintenant qu'on veuille mesurer l'épaisseur d'une plaque mince. On amène d'abord la pointe de la vis au contact du plateau de verre. On constate qu'alors la tête T est en face du zéro de la règle R et que le zéro de sa division est en regard de cette règle. On relève alors la vis, on glisse dessous la plaque dont on veut mesurer l'épaisseur. On abaisse ensuite la vis jusqu'à ce que sa pointe touche la plaque. Il arrive alors, par exemple, que la tête T arrive entre la division 25 et 26 de la règle R; l'épaisseur de la plaque est donc comprise entre $12^{mm},5$ et 13^{mm}; mais si, de plus, on note que la division de la tête T, qui se trouve en regard de la tige R, est la 218°, par exemple, et que l'on remarque qu'en relevant cette vis on fait successivement défiler les divisions 1, 2, 3, etc., devant la règle graduée, on en conclut qu'il faut, pour avoir l'épaisseur de la plaque, ajouter à $12^{mm},5$ deux cent dix-huit fois la cinq centième partie d'un demi-millimètre, c'est-à-dire $0^{mm},218$; dont l'épaisseur est, à un millième de millimètre près, $12^{mm},5 + 0^{mm},218 = 12^{mm},718$.

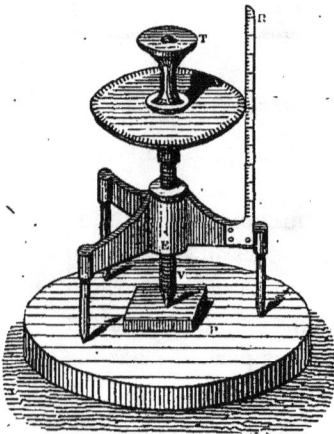

Fig. 12. — SPHÉROMÈTRE.

La *machine à diviser* (*fig.* 13), comme son nom l'indique, sert à marquer les petites divisions parfaitement égales d'un tube de verre, d'une plaque, d'un mètre, etc. L'une des formes diverses données à cet appareil est la suivante :

Une vis micrométrique tourne entre deux coussinets fixés sans pouvoir avancer. Un écrou, dont le pas est identique à celui de la vis, se déplace le long de celle-ci sans tourner sur lui-même; il entraîne dans son mouvement un chariot C, reposant sur l'écrou et guidé dans son mouvement par deux rails parallèles, tels que AA. Au chariot est fixé un burin, ou un diamant, suivant le cas, pour tracer T. La pièce en forme de triangle qui supporte le burin tourne autour de la base d'un rectangle articulé lui-même en K; de sorte qu'en tirant le burin pour l'éloigner du chariot, l'on tend à mettre le triangle et le rectangle dans un même plan; un ressort attaché en *t* ramène l'appareil en place

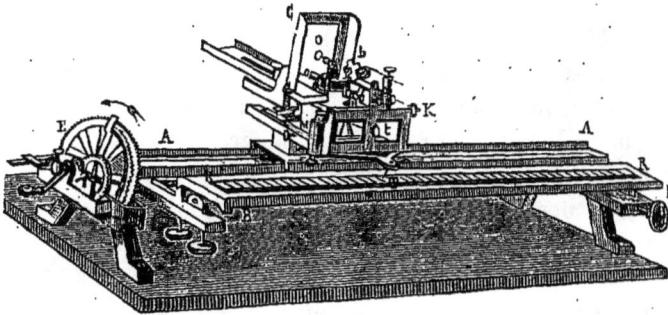

Fig. 13. — MACHINE A DIVISER.

quand on l'abandonne à lui-même, et si, en même temps, l'on appuie la pointe du boutoir sur la règle à diviser R, une division est tracée. Il faut que ce trait ne puisse écarter T que d'une certaine quantité en dehors de sa position de repos; un butoir O, venant frapper contre un appui *b*, arrête l'écartement. Ce butoir est d'ailleurs à une distance réglée d'avance; de plus, il a la forme d'une roue échancrée qui tourne sur elle-même quand on écarte le burin, de sorte que dans certains cas le butoir vient frapper dans une échancrure, ce qui produit un écart plus grand, une division plus longue. Ainsi s'obtiennent les accroissements de longueur des divisions de 5 en 5 et de 10 en 10. Le chariot porte encore un microscope *m*. L'objet à diviser est fixé parallèlement à la vis sur un banc de fonte BB.

La tête de la vis E porte des divisions qui défilent devant l'index; soit 400 le nombre de ces divisions, et un demi-millimètre le pas de la vis; à chaque division de la tête qui passe devant l'index, l'écrou, et par suite le burin, avance de la 400e partie d'un demi-millimètre. Supposons que les divisions qu'on veut tracer doivent être distantes de $1^{mm},25$; après avoir tracé le premier trait, on fera tourner la vis jusqu'à ce que, après avoir fait deux tours entiers, il y ait encore eu 100 divisions de la tête

qui aient passé devant le repère; on tracera le second trait, et l'on continuera de même. Dans les machines plus perfectionnées, un butoir que
l'on place d'avance arrête le mouvement quand la vis a tourné de la quantité voulue.

2° **IMPÉNÉTRABILITÉ.** — *L'impénétrabilité* est la propriété qu'ont les
corps d'occuper dans l'espace une place déterminée à l'exclusion de tout
autre corps; c'est-à-dire que deux corps ne peuvent occuper un même
lieu. Ainsi l'ombre que le soleil projette derrière un corps est une portion
d'étendue qui affecte nos sens d'une manière spéciale; mais cette ombre
n'est pas *impénétrable*, elle n'est pas un *corps*. Autre exemple : On remplit
de mercure un tube de 1 mètre environ de hauteur, ouvert par un bout,
fermé par l'autre; on le fait chauffer pour chasser l'air adhérent au verre
et au mercure. Quand le tube est refroidi, on le ferme avec le doigt et on
le renverse dans une cuve de mercure. Dès qu'on a retiré le doigt, la
colonne de mercure descend dans le tube et s'établit à une hauteur
de 0^m,76 environ. En inclinant le tube, la portion située au-dessus du
mercure diminue, elle finit même par disparaître; mais elle reparaît aussitôt que l'on redresse le tube et se rétablit au même point que précédemment. Cette portion affecte notre vue comme le ferait de l'air; mais le
mercure la pénètre, ce n'est pas un *corps*. Une bulle d'air restée dans le
tube ne disparaîtrait pas, le mercure ne la pénétrerait pas : la bulle d'air
est un *corps*.

Cette *impénétrabilité*, propriété caractéristique des corps, est facile à
prouver. L'air, par exemple, est impénétrable aussi, malgré l'apparence.
Pour le démontrer retournez un verre, enfoncez-le dans l'eau en maintenant son ouverture tournée vers le bas; il vous sera impossible de faire
monter l'eau jusqu'au fond du verre si profondément que vous l'enfonciez,
car celui-ci contient toujours de l'air qui est impénétrable. L'expérience
est rendue plus visible si l'on a placé sous le verre un morceau de liège
qui flotte sur le liquide et en indique le niveau.

Cependant il semble y avoir des exceptions. Mettez de l'eau dans un
vase plein de sable; cette eau se loge dans ce vase qui semblait plein;
l'huile pénètre dans le marbre. Remplissez d'eau jusqu'à la moitié environ
un tube de verre long et étroit, versez par-dessus de l'alcool jusqu'en
haut; le tube sera plein. Mais bouchez-le, puis retournez-le en l'agitant
un peu : le mélange des deux liquides s'opère, le plein disparaît, l'alcool
a pénétré l'eau.

Bien plus, le volume de l'alliage de plusieurs métaux est quelquefois
moindre que le total des volumes des deux métaux alliés. Ainsi l'alliage

de plomb et d'antimoine, employé pour les caractères d'imprimerie, a un volume moins grand que ceux du plomb et de l'antimoine pris séparément. De même, le précipité blanc produit par le sel marin dans une dissolution d'argent faite avec de l'eau-forte est moindre que les deux corps employés.

Cette pénétration n'est qu'apparente. Le phénomène résulte de ce qu'entre les différentes parties d'un même corps il existe des intervalles vides de leur propre substance, et que le corps qui semble pénétrer se loge dans ces intervalles. Cette troisième propriété des corps s'appelle la *porosité*.

3° **POROSITÉ**. — Il y a deux sortes de *pores :* les *pores intermoléculaires* ou *insensibles*, dont nous avons parlé précédemment, et les *pores sensibles*, que l'on peut apercevoir soit à l'œil nu, soit à l'aide du microscope. La pierre ponce, les éponges, le bois, le sucre, nous les montrent évidemment, et à l'œil nu; mais on constate leur existence aussi facilement avec le microscope dans tous les autres corps de la nature.

C'est à cause de la porosité de leur coquille, à travers laquelle s'évapore leur partie laiteuse, que les œufs perdent insensiblement de leur qualité et finissent par se corrompre ; ce qui permet de les conserver en bouchant les pores de cette coquille, opération toutefois bien difficile puisque l'on cherche toujours un nouveau moyen d'arriver à cette clôture hermétique. Le dernier procédé proposé est de les enduire d'une solution de silicate de potasse additionnée d'eau pesant de 25 à 30 degrés au pèse-acide concentré.

C'est à cause de la porosité de sa peau que l'homme peut expulser en dehors de son organisme le résidu des oxydations de la nourriture introduite dans son économie. La peau respire également; la *perspiration*, pour lui donner son vrai nom, est d'autant plus active que la température est plus élevée, et l'échange des gaz se fait par les *pores*. La vapeur aqueuse s'échappe par les glandes sudoripares, qui viennent déboucher à la surface par de petits tubes d'environ dix millièmes de millimètre de diamètre et de six millimètres de longueur. On compte environ, répartis sur toute la surface du corps, deux millions et demi de ces petits orifices sudoripares. En moyenne, le corps humain perd par les pores de la peau 20 grammes de matière solide, 25 grammes d'acide carbonique et 650 grammes d'eau. Sous l'action combinée d'un travail musculaire énergique et d'une élévation de température, le poids de l'homme peut, par la seule transpiration, perdre *en une heure de deux à trois livres.*

Les *pores* des végétaux s'aperçoivent en examinant à la loupe ou au microscope une section transversale faite dans la tige d'un arbre (*fig.* 14); ces *pores* ou *stomates* sont formés par les canaux qui conduisaient la sève aux diverses parties de l'arbre. Les feuilles boivent par leurs *pores* l'oxygène de l'air.

Les marbres statuaires se laissent aisément imbiber par l'huile; une pierre, l'*hydrophane*, est assez poreuse pour se laisser imbiber par l'eau et jouit de cette propriété singulière qu'étant opaque avant l'imbibition, elle devient transparente après. Le papier se laisse si facilement traverser par un jet d'hydrogène que celui-ci semble ne rencontrer aucun obstacle, comme l'on peut s'en assurer en l'enflammant au delà de la feuille de papier. On utilise même cette propriété très sensible dans certaines pierres pour la fabrication et l'emploi des filtres, instruments, soit dit en passant, qui se contentent d'empêcher le limon; les matières solides en suspension de pénétrer dans un réservoir, — affaire de nettoyage, — mais qui n'arrêtent pas les substances organiques solubles et conséquemment ne peuvent donner une eau saine, ni prévenir les accidents et les maladies endémiques amenés par l'usage d'une eau impure.

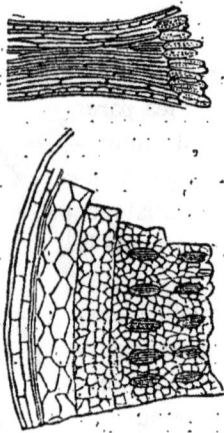

Fig. 14.
PORES OU STOMATES
vus au microscope.

La porosité de la fonte est telle qu'elle ne peut être employée pour les corps de pompe des presses hydrauliques, qu'autant qu'elle a été doublée intérieurement de cuivre, sans quoi l'eau filtre à travers le métal. C'est pourquoi les poêles en fonte sont très malsains : chauffés au rouge, ils laissent échapper à travers leurs pores des gaz insalubres, qui souvent ont causé l'asphyxie des imprudents qui ne renouvelaient pas l'air de la pièce qu'ils occupaient et où étaient placés des poêles de cette sorte. Le diamant même, le plus dur des minéraux, jouit de la propriété commune, puisqu'à travers ses pores passe un rayon de lumière.

Les liquides enfin sont poreux aussi. Cela a été mis en évidence par une expérience de Réaumur (1683-1757), qui est la même que celle dont nous avons parlé tout à l'heure. On remplit le flacon d'eau d'abord, puis d'alcool, sans mélanger les deux liquides. En mettant le bouchon, l'alcool monte dans le tube, en A, hauteur que l'on marque avec le curseur *c*. On remue le flacon pour faire le mélange; le niveau est descendu en B. Donc les molécules de chaque liquide ont pénétré dans les pores de l'autre ; de plus, ces pores contenaient de l'air que l'on voit se dégager.

Navire fracassé par l'explosion d'une torpille (page 47).

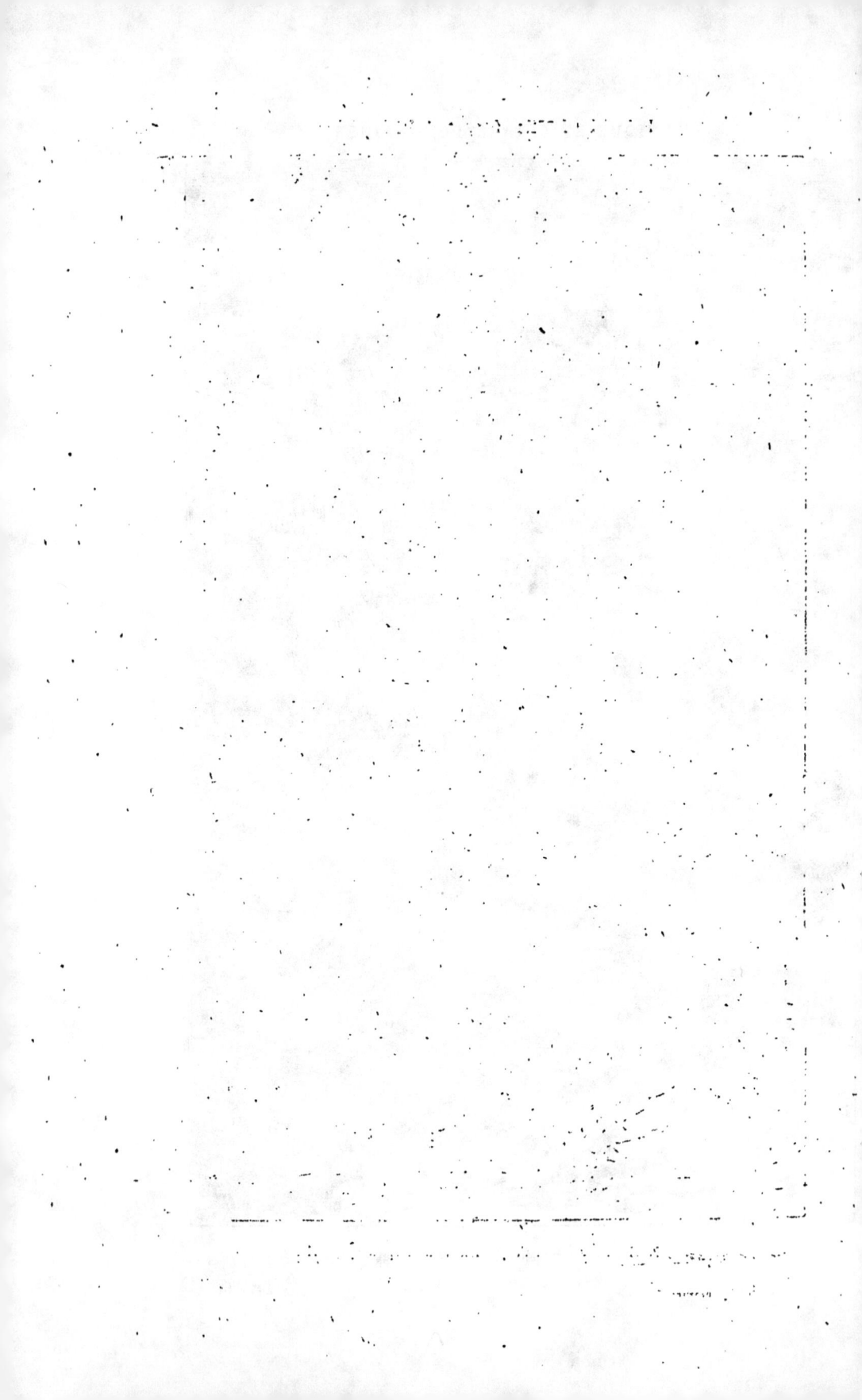

Quelques phénomènes curieux résultent de la porosité de certains corps, assez grande pour qu'ils soient imbibés par l'eau. Il arrive souvent que cette imbibition produit un gonflement de la substance. Le bois, par exemple, gonfle étant mouillé. Tout le monde sait que les tonneaux, les baquets que l'on laisse se dessécher se disjoignent, et que, si on les mouille, le bois se gonfle et que les fissures disparaissent. Les portes et les fenêtres s'ouvrent et se ferment difficilement par un temps humide. On courbe les douves de tonneau en les desséchant sur l'une de leurs faces; les pores de celles-ci se resserrent et la douve se contourne. Pour diviser les pierres meulières ou les blocs de granit, on introduit des coins de bois sec dans de profondes entailles faites sur eux au ciseau, puis on mouille ce bois qui se gonfle et les fait fendre. Une feuille de papier mouillée sur une de ses faces se gondole et roule sur elle-même; mouillée sur les deux faces, elle augmente de surface; de là l'usage de mouiller les feuilles de papier que l'on veut tendre sur une planchette. Les toiles se rétrécissent de même quand on les mouille, et il faut tenir compte de ce fait quand on veut les faire servir à la confection des vêtements.

Enfin, rappelons une circonstance mémorable où le raccourcissement des cordes, dû à l'imbibition, produisit un effet prodigieux, car ce raccourcissement est susceptible de développer une force énorme.

Le pape Sixte-Quint (1521-1590) voulait dresser sur une des places de Rome le célèbre obélisque que P. Caligula avait fait venir d'Espagne. La base avait été placée sur le piédestal, et avec des cordes on essayait de le mettre droit. Un profond silence régnait parmi l'immense foule accourue pour assister à ce spectacle; car ordre avait été donné par le terrible pape de ne point pousser un cri, de ne point prononcer une parole, sous les peines les plus sévères, de crainte que le tumulte du peuple ne troublât les ouvriers chargés de cette opération, réputée alors d'une difficulté inouïe. Le monolithe avait été déjà amené presque au niveau du piédestal; mais les efforts des travailleurs ne pouvaient l'élever davantage, et quelques-uns commençaient à douter du succès. Tout à coup, au milieu du silence, une voix s'élève : « Mouillez les cordes! » crie un jeune homme, emporté par l'intérêt qu'il portait au travail de mécanique qu'il contemplait. On arrête l'imprudent; mais le pape lui fait grâce, car son idée est admirable.

On mouille les cordes, elles grossissent et, par cela même, se raccourcissent, ce qui tient à l'enroulement en spirale des fibres constituant chaque corde; elles soulèvent l'obélisque, qui sort enfin de la poussière où il était gisant depuis seize siècles.

4° **COMPRESSIBILITÉ.** — La *compressibilité*, conséquence de la porosité, est la propriété dont jouissent les corps de pouvoir diminuer de volume sous l'influence d'une pression extérieure : leurs molécules se rapprochent les unes des autres.

Les corps solides sont généralement peu *compressibles*. Cependant ils le sont assez pour que l'on doive en tenir compte dans les constructions. Quand on enleva les étais du pont de Neuilly (Seine), que l'on venait de construire, il s'abaissa de plusieurs centimètres ; les ingénieurs n'ignorent pas que ce phénomène accompagne toujours le décintrement des ponts. C'est pour avoir négligé d'avoir tenu compte de cette compressibilité, que les architectes qui, après Soufflot, terminèrent le Panthéon virent se raccourcir, d'une manière assez notable pour qu'il ait fallu immédiatement y remédier, les piliers qui supportent le dôme. Les tissus, le bois, tous les corps poreux jouissent manifestement de cette propriété. Quand on enfonce un clou dans une muraille ou dans une planche, cette matière, étant impénétrable, se comprime donc pour recevoir le clou. Si l'on soumet au choc du balancier une rondelle d'argent destinée à faire une pièce de monnaie, elle diminue de volume en même temps que l'effigie apparaît : effet de *compressibilité*. L'acier dont s'est servi M. Whitworth, l'inventeur d'un nouveau canon anglais, est soumis pendant la coulée à une pression d'environ 3,000 kilogrammes par centimètre carré. Le métal diminue notablement de volume sous cette compression énergique, et il y gagne beaucoup en ténacité, en résistance et en ductilité : résultat pratique de la *compressibilité*.

Les liquides ont été pendant longtemps réputés incompressibles. M. Hoefer, dans son *Histoire de la Physique*, raconte longuement comment on est parvenu à prouver l'erreur de cette opinion, « afin de montrer, dit-il, combien il est difficile d'arriver à une exactitude désirée, malgré le concours de plusieurs générations de savants. »

Ce fut seulement en 1661 que les physiciens de l'Académie del Cimento de Florence, jugeant qu'il vaut mieux chercher des faits qu'adopter des opinions, firent un grand nombre d'expériences pour s'assurer si l'eau est compressible. A cet effet, ils se servirent d'abord d'un tube de verre deux fois recourbé et terminé par deux sphères creuses pleines d'eau ; le tube intermédiaire contenait de l'air, et le tout était hermétiquement fermé. En chauffant l'une des deux sphères, on produisait de la vapeur qui comprimait le liquide contenu dans l'autre ; mais on ne vit aucun abaissement de niveau. Cela s'explique : en se condensant dans la partie froide, la vapeur devait augmenter la quantité du liquide, en même temps que la pression en diminuait le volume. Variant leurs procédés, les académiciens de Florence comprimèrent avec du mercure de l'eau placée dans des tubes de verre; une pression de 80 livres de mercure sur 6 livres d'eau ne produisit pas de diminution appréciable. Ils remplirent alors une boule d'argent mince avec de l'eau à la glace, et, après en avoir exactement fermé l'ouverture, il frappèrent la boule avec un marteau pour en diminuer le volume; l'eau s'échappait à travers les pores du métal. De ces diverses expériences ils conclurent, un peu prématurément, que l'eau était *incompressible*.

Les expériences de Musschenbroek (1692-1761), de Boerhaave (1668-1738), d'Hamberger (1697-1755), de l'abbé Nollet (1700-1770) tendirent à confirmer l'opinion des savants de Florence; il semblait acquis à la science que *l'eau est incompressible.*

C'était cependant une erreur.

Robert Boyle (1626-1691), Canton (1715-1783) et surtout Perkins (1721-1800) reprirent ces expériences et démontrèrent que l'eau est compressible. Enfin Œrstedt (1777-1851), le célèbre physicien de Copenhague (aux travaux duquel, soit dit en passant, est due la première idée des télégraphes électriques), arriva à pouvoir mesurer la compressibilité elle-même des liquides au moyen de l'appareil qu'il inventa, appelé *piézomètre*, et qui, perfectionné d'abord par MM. Colladon et Sturm (mort en 1855), par M. Regnault, que la science

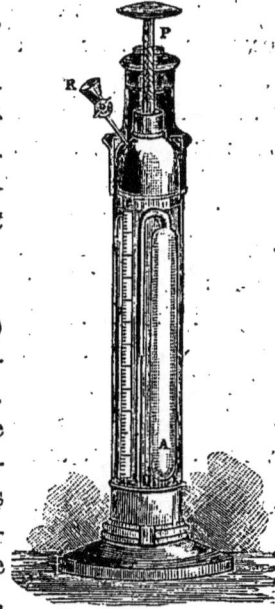

Fig. 15.

PIÉZOMÈTRE D'ŒRSTEDT.

vient de perdre il y a peu de temps, et depuis par M. Grassi, permet aujourd'hui de mesurer exactement cette compressibilité.

L'appareil se compose (*fig.* 15) d'un cylindre de cristal, à parois très épaisses, de 8 à 9 centimètres de diamètre et rempli complètement d'eau. Il est solidement fixé sur un plateau de bois, et sa partie supérieure, en cuivre, s'ajuste, en se vissant, sur le cylindre de verre. Cette partie supérieure est percée d'un entonnoir R par lequel on introduit l'eau dans l'appareil et que ferme un robinet; puis d'un corps de pompe, également en cuivre, dont le piston, qui remplit très exactement le tube, est mis en mouvement par une vis de pression P. A l'intérieur du cylindre est un récipient de verre A rempli du liquide à comprimer, récipient qui se termine à sa partie supérieure par un tube capillaire, se recourbant pour plonger dans un bain de mercure O et divisé en parties d'égale capacité, ce qui permet de déterminer la compressibilité du liquide contenu dans le récipient A. Enfin, dans l'intérieur du cylindre est encore un *mano-mètre à air comprimé,* appareil que nous étudierons plus loin, et qui n'est qu'un tube de verre B plein d'air, fermé à sa partie supérieure, et dont l'extrémité inférieure ouverte plonge dans le bain de mercure. Quand on n'exerce aucune pression sur l'eau qui est dans le récipient, le tube B est plein d'air ; mais lorsqu'en tournant la vis P le piston comprime l'eau, celle-ci transmet sa pression au mercure qui s'élève dans le tube en comprimant l'air qu'il contient. Une échelle graduée C, placée contre le tube, signale la réduction du volume d'air, et par suite on apprécie la pression que supporte le liquide du cylindre, comme nous le démontre-rons en nous occupant des manomètres.

Si l'on exerce une pression, le mercure monte non seulement dans le tube B, mais encore dans le tube capillaire qui termine le récipient A, comme on le voit en regardant les degrés marqués sur ce tube capillaire ; le liquide du récipient a donc diminué de volume, et l'on peut mesurer cette diminution. Représentant, en effet, par n le nombre de divisions qu'a montées le mercure dans le manomètre, par n' le nombre de divisions qu'a montées le mercure dans le tube capillaire, par F la pression en *atmosphères* marquée par le manomètre, et par N le nombre des parties du volume contenu dans le récipient A, on a évidemment pour formule de la contraction par unité de volume $\dfrac{n'}{N+n}$ et $\dfrac{n'}{(N+n)F}$ par unité de pression.

Ce que l'on détermine ainsi est le *coefficient de compressibilité.* C'est là fraction dont diminue l'unité de volume d'un liquide pour une compres-sion d'une *atmosphère* (poids de 1 kilogramme 33 grammes par centimètre carré de surface comprimée). Nous donnons le tableau des coefficients de compressibilité de quelques liquides.

Tableau des coefficients de compressibilité de quelques liquides.

NOMS DES LIQUIDES.	TEMPÉRA-TURE.	COEFFICIENTS.	OBSERVATIONS.
Mercure	0°	0,00000295	
Eau	0°	0,0000503	
Eau	11°	0,0000480	
Eau	18°	0,0000463	Compressibilité indépendante de la pression.
Eau	25°	0,0008456	
Eau	53°	0,0000441	
Éther	0°	0,000111	Sous une pression de 3, 4 atmosphères.
Éther	0°	0,000131	— — 7, 0 —
Alcool	7°	0,0000828	— — 2, 3 —
Alcool	7°	0,0000853	— — 9, 5 —
Chloroforme	12°	0,0000648	— — 1, 3 —
Chloroforme	12°	0,0000743	— — 9, 2 —
Esprit de bois	14°	0,0000913	Compressibilité indépendante de la pression.

Cette *faible* diminution du volume des liquides permet, dans les applications pratiques, de n'en point tenir compte. Ainsi, dans l'emploi des torpilles, on considère l'eau comme absolument incompressible, et il suffit de faire éclater un certain poids de substance explosible dans la mer pour que toute la force se transmette au liquide. Il est donc inutile, pour faire sauter un navire, que la mine joue précisément dessous, mais seulement dans un petit rayon autour de ses flancs. En 1879, la commission des torpilles françaises essaya un de ces engins plongé à 16 mètres de profondeur dans la mer. Un bâtiment hors d'usage, le *Requin*, avait été mouillé à huit mètres de la torpille. Quand celle-ci éclata, on vit s'élever une colonne d'eau de plus de cent mètres de hauteur; ce fut comme un puissant boulet liquide qui souleva le navire, le secoua furieusement et le brisa du coup. La même expérience, faite en 1880, lors de la visite du président de la République à Cherbourg, produisit des résultats identiques.

Les corps gazeux sont incomparablement plus *compressibles* que les liquides et les solides. L'étude des phénomènes dépendant de cette propriété constitue un des chapitres les plus importants de la Physique, et nous les étudierons plus loin. Nous dirons alors les nombreuses et précieuses applications industrielles que l'on a tirées de cette propriété. Nous ne citerons ici qu'un exemple de cette extrême compressibilité. Dans les expériences faites par MM. Berthelot, Cailletet et Pictet en 1877 pour liquéfier les gaz les plus incoercibles, le premier de ces physiciens, notamment, a poussé la compression des gaz jusqu'à 800 atmosphères, c'est-à-dire qu'il réduisait le volume primitif des gaz de 1 à 800 fois environ.

5° **ÉLASTICITÉ.** — L'élasticité est la propriété en vertu de laquelle les molécules des corps, écartées de leurs positions ordinaires d'équilibre par des causes extérieures, une pression, un choc, une traction, tendent à reprendre leur volume et leur état primitifs lorsque la cause qui avait comprimé ou déformé le corps cesse d'agir. Toutefois, les corps ne s'arrêtent pas immédiatement dans cette position normale; ils la dépassent en vertu de la vitesse acquise et exécutent un certain nombre d'oscillations avant de la reprendre définitivement. On peut le constater facilement avec des pincettes dont on écarte les branches et que l'on lâche. C'est l'*élasticité* du crin qui donne aux sièges rembourrés leurs propriétés; c'est l'*élasticité* du caoutchouc qui fait employer cette matière à de nombreux usages. L'acier plus ou moins trempé est une des substances dont on se sert le plus souvent à cause de son *élasticité;* c'est avec lui que l'on construit tous les *ressorts*, soit comme *moteurs* dans les pendules, les montres, etc., soit, dans les machines, pour maintenir et ramener dans des positions invariables certaines pièces, qui doivent s'écarter fort peu, comme des soupapes. On emploie encore l'acier dans les voitures suspendues; le corps de la voiture est porté par des ressorts de lames d'acier assujetties ensemble, mais dont les longueurs vont en décroissant; de cette façon, le milieu où s'exerce l'effort principal du poids a une épaisseur suffisante pour y résister, tandis que les extrémités possèdent, en vertu de leur *élasticité*, la flexibilité nécessaire pour atténuer la violence des chocs que peut recevoir l'essieu. Il y a peu de temps, un inventeur, M. Giffard, a trouvé un nouveau moyen d'employer l'*élasticité* des ressorts d'acier pour soustraire les voyageurs au mouvement de trépidation et de lacet si fatigant de nos wagons. Sur la traverse d'avant et d'arrière du châssis, il élève deux montants en fer sur lesquels reposent plusieurs lames d'acier formant un ressort horizontal. Aux deux extrémités de ces ressorts, sur quatre points d'appui, symétriquement disposés par conséquent, est suspendue la caisse de la voiture, au-dessus du châssis. On voyage ainsi en quelque sorte dans un hamac fixé par deux points à chacune des extrémités. Si l'augmentation de dépense dans le matériel que nécessiterait l'application de ce système ne permet pas de modifier tous les wagons, il est probable qu'on l'utilisera pour les wagons-lits destinés aux malades ou aux blessés.

Cependant tous les corps ne jouissent pas d'une élasticité égale. Dans les liquides et dans les gaz, il n'y a pas de limite d'élasticité, et l'étude des propriétés des corps dans cet état constitue encore un chapitre important de la Physique. Mais, pour ne parler en ce moment que des corps solides, on connaît la différence extrême d'élasticité qui existe entre une balle de terre glaise humide et une balle de caoutchouc, entre une bille d'ivoire et une bille de plomb ou de cire, ou d'un corps gras quelconque.

Jusqu'à la fin du XVIIIᵉ siècle, négligeant le côté pratique de la question, on s'était surtout occupé de vaines recherches sur la *cause* de l'élasticité. Les disciples du célèbre philosophe Descartes (1596-1650) l'attribuaient à une matière subtile, à l'*éther*, qui devait faire effort pour passer à travers les pores devenus trop étroits. « Ainsi, disaient-ils, en bandant ou en comprimant un corps élastique, par exemple un arc, ses particules s'écartent les unes des autres du côté convexe et se rapprochent du côté concave; par conséquent, les corps se rétrécissent du côté concave, de sorte que, s'ils étaient ronds auparavant, ils deviennent ovales, et la matière proprement dite, s'efforçant de sortir des pores ainsi rétrécis, doit en même temps faire effort pour rétablir le corps dans l'état où il était lorsque les pores étaient plus ouverts ou plus ronds, c'est-à-dire avant que l'arc fût bandé. »

Le Père Malebranche (1638-1715) et ses disciples expliquaient l'élasticité par de petits tourbillons, dont tous les corps seraient remplis. D'autres l'attribuaient à l'action de l'air; auquel ils faisaient jouer le même rôle que l'éther des cartésiens. D'autres encore en rendaient compte par l'attraction.

Pont suspendu au-dessus de la cataracte du Niagara (page 53).

Au commencement de notre siècle, Poisson (1781-1840), Cauchy (1784-1858), Savart (1791-1841), Wertheim (1805-1862), reprenant les travaux plus pratiques ébauchés par S'Gravesande (1688-1742), cherchèrent les lois des diverses élasticités : *élasticité de traction, élasticité de flexion, élasticité*

de torsion; ils soumirent ces lois au calcul, et ils sont parvenus à déterminer, pour les métaux les plus communément employés dans l'industrie, les coefficients d'élasticité, c'est-à-dire la limite d'élasticité de ces
corps, la résistance plus ou moins grande que chacun d'eux oppose
à sa rupture quand il est, ou tiré par un poids, ou plié, ou tordu, ce qu'en
un mot on appelle sa *ténacité.*

Voici les expériences qui ont guidé les physiciens dans leurs calculs :

1° Pour l'*élasticité de traction* :

Une tige métallique, une *verge*, AB, est prise
dans les mâchoires de deux étaux E'E, bien serrée
par des vis V V (*fig.* 16). L'étau du haut est solidement
fixé à un madrier vertical M. Une caisse C est attachée à l'étau du bas et sert à placer successivement
les poids. On relève la vis T pour empêcher la caisse
de porter sur le sol, et, afin d'éviter de produire
une secousse dans la verge, on ramène la vis au
contact du sol après chaque traction. Ayant mesuré
d'abord la distance des deux traits A et B marqués
sur la verge, on voit, après chaque traction, la longueur dont celle-ci a augmenté.

2° Pour l'*élasticité de flexion*, on se sert d'un
rectangle ABCD en acier, par exemple (*fig.* 17),
dont la lame supérieure AB est attachée à une crémaillère HK qui met en mouvement une roue
dentée R, à laquelle est attachée une aiguille.
Au milieu de la lame inférieure CD, libre, on
accroche des poids. Aussitôt les deux lames plient,
l'appareil prend la position A'B'C'D', et l'aiguille

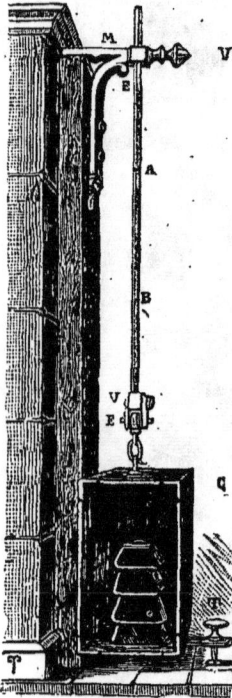

marque la valeur de l'écart sur un arc de cercle MN divisé en millimètres.

3° Pour l'*élasticité de torsion*, dont les lois ont été déterminées par
Coulomb (mort en 1806), on se sert d'un appareil appelé *balance de torsion*, composé d'un fil suspendu par une extrémité et tendu par un poids
auquel est fixée une aiguille horizontale. Un cercle gradué, dont le centre
correspond à l'extrémité verticale du fil, est placé au-dessous. Si l'aiguille
dévie de la direction qu'elle a sur le cercle quand le fil tordu reprend en
tournoyant la position verticale, l'angle formé est l'*angle de torsion*, et la
force nécessaire pour obtenir cet angle est la *force de torsion*, et la limite
d'*élasticité* est franchie. Coulomb résuma ses observations sur l'élasticité

de torsion en quatre lois : 1° les oscillations d'un fil tordu reprenant sa situation normale sont égales; 2° en un même fil, l'angle de torsion est proportionnel à la force de torsion; 3° avec une même force de torsion et pour des fils de même diamètre, l'angle de torsion est proportionnel à la longueur des fils; 4° avec une même force et une même longueur des fils, l'angle de torsion est inversement proportionnel à la quatrième puissance de leurs diamètres.

Des expériences ci-dessus ont été tirés également :

1° La formule pour trouver en mètres l'allongement d'une barre de métal :

$$a = \frac{P \times l}{s} \times \frac{1}{q};$$

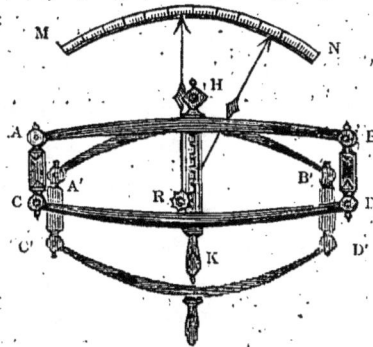

Fig. 17.
ÉLASTICITÉ DE FLEXION.

c'est-à-dire que l'allongement a d'une verge de métal est (exprimé en mètres) égal au poids P (en kilogrammes) qui la tend, multiplié par sa longueur l, divisé par sa section s (exprimée en millimètres carrés) et multiplié par une quantité constante q, dépendant de la nature du corps et appelée *coefficient d'élasticité* ou *module d'élasticité de traction*. Cette quantité est

Acier fondu	19,561
Acier anglais	17,278
Fer	20,794
Cuivre	10,519
Plomb	1,727

2° La loi de l'*élasticité de flexion*: *L'écart est proportionnel à la charge et au cube de la longueur; il est inversement proportionnel à la largeur de la lame et au cube de son épaisseur.*

3° Enfin le *coefficient de rupture*, c'est-à-dire le nombre de kilogrammes nécessaire pour produire la rupture d'un fil d'un millimètre carré de section du métal considéré. Voici les coefficients de rupture de quelques métaux :

Fer forgé	40 kilogr.	Cuivre laminé	21 kilogr.
Fer dit ruban, très doux	45 —	Cuivre fondu	13,40
Fil de fer non recuit	60 —	Laiton	12,60
Fonte grise	13 —	Étain fondu	3,00
Acier	75 —	Zinc fondu	6,00
Bronze des canons	23 —	Plomb fondu	1,28

C'est plus particulièrement à la résistance à la rupture par la traction que l'on a donné le nom de *ténacité*, car les corps peuvent se briser
sous l'empire de diverses causes et principalement par le choc, la flexion,
l'écrasement ou la traction, et leur résistance est loin d'être semblable
dans les différents cas. Ainsi les corps les plus élastiques sont souvent
ceux qui se brisent le plus facilement par le choc. La manière dont le
corps est fixé, sa forme, sa position influent énormément sur sa résistance
élastique. Si une tige d'acier n'est fixée que par une extrémité, elle casse
plus tôt si l'effort a lieu à l'autre extrémité; mais si elle est supportée par
les deux bouts, c'est au milieu que doit porter l'effort pour la briser. Si
cette tige est encastrée par les deux bouts, elle résiste bien davantage
que si elle est seulement posée; de là la nécessité de fixer solidement dans
les murs les poutres des planchers. Un prisme carré à moins de résistance
qu'un cylindre de même périmètre; dans les mêmes conditions de poids
et de forme, un cylindre creux résiste bien plus qu'un cylindre plein.
C'est pourquoi les os, qui sont creux, offrent pour leur poids le maximum
de résistance. Des jongleurs mettent à profit cette propriété pour résister
à des chevaux : ils se couchent sur une planche horizontale sur laquelle
on sangle leurs jambes et leurs cuisses. Les traits des chevaux sont attachés à une ceinture placée au-dessus du bassin du patient, dont les pieds
reposent sur un obstacle fixe; les chevaux en tirant horizontalement
appuient le corps contre cet obstacle. Pour qu'ils pussent avancer, il faudrait qu'ils brisassent les os des jambes et des cuisses, effort presque
impossible.

C'est encore en connaissant l'extrême ténacité du fer sollicité par un
effort transversal que l'on a pu construire les ponts suspendus.

Ce fut vers 1820; on cherchait les moyens de traverser les rivières à
peu de frais. Un jeune homme d'une illustre famille, le neveu de Montgolfier, Marc Séguin (1786-1861) [qui plus tard, par l'application de la
chaudière tubulaire, créa en France la navigation à vapeur et la locomotive à grande vitesse], ayant fait de savantes recherches sur la résistance du fer, construisit le pont suspendu en fil de fer de Tournon
(Ardèche). C'était une innovation aussi hardie, aussi ingénieuse qu'utile
et avantageuse; ce pont ne coûta que 200,000 francs; un pont en pierre,
à cette époque, eût coûté trois fois autant. Les ponts en fil de fer ont été
le sujet d'une vive opposition; des accidents, causés par imprévoyance ou
négligence, ont excité des craintes, quelque peu fondées. Le fer qu'il faut
employer doit être fibreux, parce qu'il possède alors le maximum de
résistance; malheureusement, au bout d'un certain temps, cette texture
change pour faire place à une structure cristalline peu résistante. Cepen-

dant plus de 400 ponts suspendus existent sur différents points, et c'est encore un pont suspendu, d'une portée gigantesque, que les Américains ont construit pour le passage du chemin de fer au-dessus du Niagara. -

Le même corps n'offre pas la même résistance dans tous les sens; le bois résiste surtout à un effort exercé dans la direction de ses fibres; les pierres, quand elles sont placées dans le même sens que dans la carrière.

Lorsqu'un métal a atteint sa limite d'élasticité, il arrive parfois qu'il ne se rompt pas, mais qu'il reste déformé; cette propriété de s'étirer ainsi sans se rompre s'appelle *ductilité*. On profite de cette propriété pour faire de ces métaux des fils dont l'usage est de chaque jour, de mille façons différentes. Dans la fabrication des épingles,

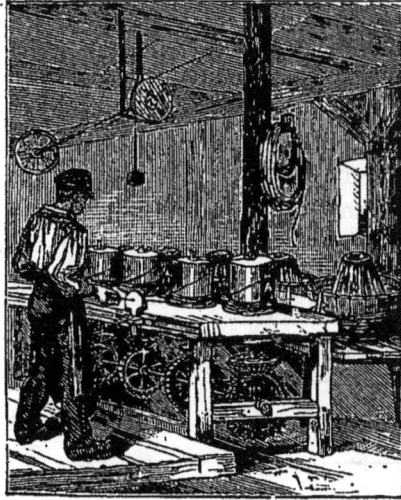

Fig. 18. — TRÉFILERIE.

par exemple, la première opération est de *tréfiler* le fer afin de l'amener à l'état de fils assez fins pour fabriquer des épingles d'une grosseur voulue.

A cet effet (*fig.* 18), il passe dans des filières A, plaques d'acier fixées sur une table B, appelée *banc à filer*, et dont les trous, d'un diamètre décroissant, le font s'allonger et s'amincir graduellement jusqu'à la dimension voulue. Des engrenages mettent en mouvement des cylindres verticaux appelés *bobines*, autour desquels le fil s'enroule à mesure qu'il sort du trou de la filière. De temps à autre, on recuit le fil, c'est-à-dire on le chauffe au rouge pour l'empêcher de casser. On a pu obtenir ainsi des fils de platine d'un diamètre de $\frac{1}{1400}$ de milli-

Fig. 19. — LAMINOIR.

mètre; leur ténuité est telle que l'on ne peut les voir directement, et que leur existence ne peut être constatée qu'à l'aide de phénomènes optiques tout particuliers dont nous parlerons plus loin.

On désigne sous le nom de *malléabilité* la propriété particulière à certains corps de pouvoir être réduits en feuilles par l'action du marteau ou du laminoir.

Le laminoir consiste surtout en deux cylindres d'acier tournant en sens contraire. La lame de métal, amincie par un bout, est introduite entre eux; le mouvement l'entraîne, elle est écrasée (*fig.* 19).

Si l'on veut avoir des lames plus minces, on a recours au marteau.

Ainsi fait-on pour obtenir des feuilles d'or. Les batteurs d'or mettent des lames d'or, déjà rendues excessivement minces au laminoir, entre les feuilles d'un cahier fait de baudruche; ce cahier est placé sur une enclume et frappé avec un lourd marteau. On est parvenu à faire ainsi des feuilles d'or si minces qu'il en faut dix mille superposées pour atteindre la hauteur d'un millimètre.

Voici le nom des principaux métaux par ordre de malléabilité :

AU LAMINOIR.	AU MARTEAU.	A LA FILIÈRE.
Or.	Plomb.	Platine.
Argent.	Étain.	Argent.
Cuivre.	Or.	Fer.
Étain.	Zinc.	Cuivre.
Plomb.	Argent.	Or.
Zinc.	Cuivre.	Zinc.
Platine.	Platine.	Étain.
Fer.	Fer.	Plomb.

L'état dans lequel sont les corps quand ils ont ainsi dépassé, sans se rompre, leur limite d'élasticité est dit état d'*écrouissage*. On fait cesser cet état et l'on ramène le corps à son état normal en le faisant chauffer, puis en le refroidissant lentement. Ses molécules, que l'écrouissage avait placées dans un nouvel état d'équilibre, reprennent alors leur position naturelle. Cette opération s'appelle le *recuit*.

Si ce refroidissement avait lieu brusquement, il en résulterait un autre état moléculaire anormal auquel on a donné le nom de *trempe*, état qui change énormément les qualités du corps. Ainsi l'acier, recuit à une forte chaleur, puis très lentement refroidi, est malléable, fibreux, ductile; si on le chauffe jusqu'au voisinage de son point de fusion, puis qu'on le trempe brusquement dans l'eau froide, il devient cassant comme du verre; s'il n'a été porté qu'au rouge cerise avant la trempe, il est moins cassant; si, après l'avoir trempé, on le fait recuire de nouveau, il passe alors par des teintes successives; pour les ressorts on recuit jusqu'à la couleur bleue, et alors l'élasticité de l'acier est la plus grande possible.

Ce phénomène était connu dès la plus haute antiquité. Homère, le plus ancien des poètes grecs, à propos du cyclope Polyphème, auquel Ulysse creva l'œil avec un pieu pointu, dit : « Et il se fit entendre un sifflement pareil à celui que produit une hache rougie au feu et trempée dans l'eau froide; car *c'est là ce qui donne au fer la force et la dureté.* » Sophocle, quatre siècles avant J.-C., compare dans sa tragédie d'*Ajax* un homme dur et entêté à du fer trempé. Moïse, dans le psaume II, Isaïe (XLVIII) parlent aussi, au figuré, de la dureté du fer trempé, et les Romains savaient que les aciers différaient entre eux d'après la trempe ; les meilleurs provenaient de Bilbilis et de Turiaso (Saragosse), en Espagne.

L'un des plus remarquables effets de la trempe se produit quand on laisse tomber dans l'eau froide des gouttes de verre fondu : les molécules externes se solidifient avant celles de l'intérieur des gouttes, ce qui produit une distribution anormale de ces molécules (*fig*. 20). Les gouttes affectent alors une forme qui leur a fait donner le nom de *larmes bataviques* et jouissent d'une résistance étonnante au choc. On peut jeter violemment à terre cette petite poire de verre, la frapper à coups de marteau sans la briser. Mais si l'on vient à casser son extrémité pointue, tout l'édifice s'écroule avec détonation, et la petite masse de verre éclate en poudre fine.

C'est en partant de l'idée de tremper le verre à la façon des *larmes bataviques* qu'un homme de talent, M. de La Bastie, put trouver, après de longues et minutieuses études, l'invention, appelée

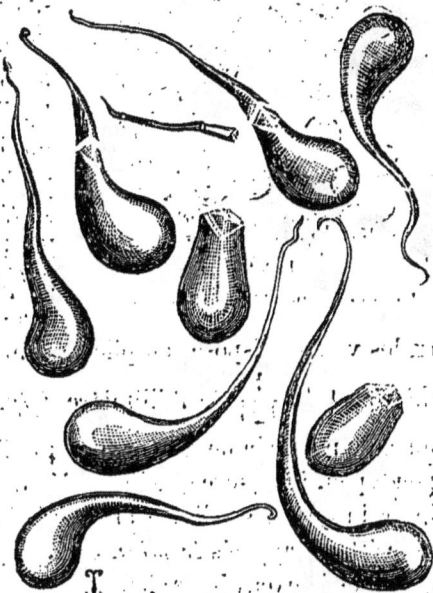

Fig. 20. — LARMES BATAVIQUES.

à un grand avenir, du *verre incassable*, ou, pour parler plus exactement, du verre présentant une solidité incomparablement supérieure au verre non trempé et ne se brisant que s'il est heurté, comme les larmes bataviques, dans certaines conditions.

6° **DIVISIBILITÉ**. — On appelle de ce nom la propriété qu'ont tous les corps de pouvoir être séparés en parties distinctes. Cette division a été portée très loin en pratique ; on est même fondé à dire qu'elle est infinie.

Nous avons donné des exemples de l'état de ténuité auquel on pouvait réduire certains corps lorsqu'ils avaient dépassé leur limite d'élasticité ; nous avons cité des fils de platine si fins que l'on ne pouvait les distinguer à l'œil nu, des feuilles d'or si minces que la lumière les traversait. Pour les substances colorantes, la divisibilité est extrême, puisqu'un millimètre cube d'indigo dissous dans de l'acide sulfurique colore en bleu dix litres d'eau. La diffusion des matières odorantes va jusqu'à une limite plus reculée encore : un grain de musc peut fournir pendant des années à l'air qui se renouvelle autour de lui des particules en nombre suffisant pour lui communiquer son odeur. Une bulle de savon, à l'endroit où elle va crever et où apparaît un point noir, n'est épaisse que d'un cinquante-millième de millimètre. Les fils de l'araignée sont formés, comme nos câbles, de filaments tortillés dont le nombre atteint plus d'un millier. Le sang de l'homme doit sa belle couleur rouge à des globules appelées *hématies* qui sont en suspension dans un liquide jaune citron. Ils ont la forme de disques plats, excavés sur leurs deux faces, et dès qu'ils sont sortis de la veine,

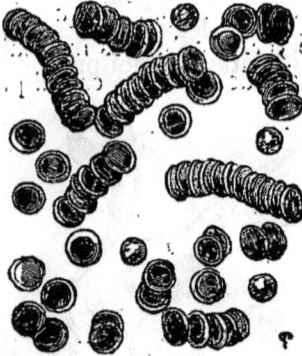

Fig. 21.
GLOBULES DU SANG DE L'HOMME.

on les voit se disposer en piles comme des pièces des monnaie ; leur diamètre est de $\frac{1}{125}$ de millimètre (*fig.* 21). Si l'on place un grain de sel marin sur une lame de verre et que l'on dépose sur lui une goutte d'eau, peu à peu, à mesure que l'eau s'évapore, le grain de sel se divise en une infinité de cristaux appelés *trémies,* cubiques où quelquefois excavés sur leurs faces, dans lesquels sont creusées des cavités en escalier (*fig.* 22). Enfin l'histoire des infusoires, ces animalcules microscopiques, dont la grosseur n'atteint pas, pour certains d'entre eux, la quinze-centième partie d'un millimètre, dont le poids est si faible qu'il en faut onze cent onze millions pour faire un gramme, qui cependant ont une organisation intérieure singulièrement compliquée, puisque quelques-uns possèdent jusqu'à quinze estomacs et plus encore ; ces microzoaires, dont il est difficile de distinguer les détails de l'organisation, même avec les instruments les plus parfaits, que nous décrirons en leur lieu, tels que le microscope perfectionné par l'emploi des lentilles achromatiques, ces microzoaires montrent l'éton-

Fig. 22.
CRISTAUX DE SEL MARIN.

ante divisibilité de la matière et obligent à se souvenir de ce beau
assage des *Pensées* de Pascal :

« Qu'est-ce qu'un homme dans l'infini? Qui peut le comprendre? Mais

PORTRAIT DE PASCAL

(Gravé par M. Trichon, d'après une gravure du temps) [page 57].

pour lui présenter un autre prodige aussi étonnant, qu'il recherche, dans
ce qu'il connaît, les choses les plus délicates ; qu'un ciron, par exemple,
lui offre, dans la petitesse de son corps, des parties incomparablement
plus petites, des jambes avec des jointures, des veines dans ces jambes,

du sang dans ces veines, des humeurs dans ce sang, des gouttes dans ces humeurs. Que, divisant encore ces dernières choses, il épuise ses forces et ses conceptions, et que le dernier objet où il puisse arriver soit maintenant celui de notre discours : il pensera, peut-être, que c'est là l'extrême petitesse de la nature. Je veux lui peindre non seulement l'univers visible, mais encore tout ce qu'il est capable de concevoir, l'immensité de la nature dans l'enceinte de cet atome imperceptible. Qu'il y voie une infinité de mondes, dont chacun a son firmament, ses planètes, sa terre, en la même proportion que le monde visible; dans cette terre, des animaux, et enfin des cirons, dans lesquels il retrouvera ce que les premiers ont donné, trouvant encore dans les autres la même chose, sans fin et sans repos. »

Cependant cette division de la matière n'est pas physiquement absolue; quoique certains physiciens admettent la divisibilité indéfinie de la matière, le plus grand nombre acceptent comme limite dernière l'*atome*, indivisible, insécable, élément infiniment petit des plus petites particules corporelles. Nous verrons, en traitant de la chimie, qu'il existe des rapports invariables entre les poids des atomes des différents corps et qu'on a même pu déterminer la valeur numérique de ces rapports.

Les applications pratiques de la divisibilité sont de tous les jours; on l'obtient par divers procédés. Pour pulvériser l'étain, on place ce corps en fusion dans une boîte enduite de craie et l'on agite vivement; le métal se divise en fines gouttelettes qui se solidifient et forment de la poussière. La plombagine, les émeris, le minium, le vermillon, l'azur s'obtiennent en poudre impalpable par la *lévigation;* la substance broyée est jetée dans l'eau et l'on ne recueille que la poudre assez légère pour flotter à la surface du liquide. La médecine homéopathique emploie, dans la confection de ses doses, la matière divisée jusqu'à une limite prodigieusement reculée. Ainsi on prend, par exemple, 1 centigramme de médicament et on le mêle à 99 centigrammes d'une substance inerte, comme l'eau; on prend 1 centigramme de cette solution et on le mêle avec 99 centigrammes de la matière inerte, et ainsi de suite pendant un certain nombre de fois; les homéopathes vont quelquefois au delà de la trentième solution. La proportion du poids du médicament à celui du dissolvant est alors représentée par une fraction qui, ayant pour numérateur l'unité, aurait pour dénominateur l'unité suivie de 60 zéros; cela correspond à peu près à 1 millimètre cube de substance répartie dans une sphère qui aurait pour rayon 1,400 milliards de myriamètres.

7° **MOBILITÉ.** — La *mobilité* est la propriété que possèdent les corps de pouvoir occuper successivement différentes positions de l'espace, c'est-à-dire d'être en *mouvement*. Vous levez ou abaissez votre bras, vous marchez ou vous courez; vous mettez même en *mouvement* votre voisin en le poussant; vous pouvez aussi mettre en *mouvement* les plantes en les agitant, en les coupant, en les façonnant; vous pouvez encore mettre en *mouvement* les corps bruts, si vous ramassez une pierre, si vous la lancez, si vous éparpillez une pelletée de terre. Tous les corps, animaux, végétaux ou minéraux, jouissent donc de cette propriété essentielle appelée *mobilité*.

Mais l'homme n'est pas seul à produire le *mouvement*, résultat de la *mobilité*. Quoique avec moins d'adresse, les animaux en font autant. Les végétaux, eux-mêmes, déploient des bourgeons, étalent des fleurs, remuent, vont, avec leurs racines, puiser dans la terre leur nourriture et, conséquemment, mettent aussi en mouvement les sucs dont ils se nourrissent. La terre, également, jouit des mêmes facultés; ses organes sont continuellement en mouvement : la pluie, les vents, les tempêtes le montrent avec évidence. Les volcans et les tremblements de terre, — entre mille autres causes que nous étudierons tour à tour plus loin, — prouvent non seulement qu'elle s'agite, mais encore qu'elle agit puissamment sur nous.

Les astres aussi, évidemment encore, jouissent de la propriété de *mobilité* commune à tous les corps et de la faculté de mettre en mouvement d'autres corps. Qui n'a vu des pommes de terre, placées dans une cave pendant l'hiver, germer et pousser de longs filaments du côté du soupirail où passe un rayon de lumière? Qui ne sait que ces grands mouvements de la mer appelés *marées* sont dus à l'action du soleil et de la lune?

Le *mouvement*, résultat de la *mobilité*, peut donc être défini : l'état d'un corps qui change de position. Il est opposé au *repos*, état d'un corps qui reste dans le même lieu de l'espace. Nous ne pouvons constater ce changement de position qu'en prenant des points de repère; les sinuosités de la route, par exemple, ou les arbres qui la bordent serviront à étudier les mouvements d'un voyageur. Quelquefois notre propre corps nous sert de point de repère pour reconnaître le mouvement des corps qui sont dans le voisinage.

On désigne sous le nom de *mouvement absolu* celui que l'on suppose s'effectuer par rapport à un point *fixe* de l'espace, et sous le nom de *repos absolu* l'absence absolue de mouvement.

Ni l'un ni l'autre n'existent cependant dans le système du monde. « En dépit de certaines apparences, tout dans le ciel est toujours en mouvement. La science ne reconnaît plus d'étoiles fixes; un grand nombre de ces étoiles que l'on croyait uniques se sont résolues en groupes de deux, trois ou quatre astres formant des systèmes particuliers qui ont certainement leurs révolutions périodiques. A ne parler que du soleil et de son cortège, il est démontré que, malgré sa puissance et sa majesté, le roi de notre monde n'a point le privilège de mouvoir sans être mû. Il ne lui est point permis de se reposer dans une orgueilleuse inertie; sa loi, comme la nôtre, est de tourner. Lui-même il roule autour du centre de gravité du système qui n'est pas en lui, mais seulement près de lui. La rotation autour de ce pivot invisible s'effectue en vingt-cinq jours. Il y a plus encore : le soleil, avec tous ses sujets, est emporté par un mouvement très lent, mais continu, dans la direction de la constellation d'Hercule. Mais de même qu'en se maintenant il maintient, de même aussi en se mouvant il meut. Sans cesse il fait, défait, refait l'instable équilibre des masses sur lesquelles il règne (1). »

De même, tous les corps qui se trouvent sur la surface de la terre sont animés d'un mouvement de rotation autour de la ligne des pôles. Il n'y a donc, réellement, ni mouvement absolu ni repos absolu, mais seulement *mouvement relatif, repos relatif*, que l'on peut ainsi définir :

Le *mouvement relatif* est celui d'un corps qui se déplace par rapport à un autre corps qui est lui-même en mouvement. Le *repos relatif* est celui d'un corps qui conserve la même position par rapport à un autre corps qui se meut.

Tout mouvement relatif peut être envisagé de deux façons : ou comme un mouvement du premier corps dans un certain sens, ou comme un mouvement du second en sens contraire. Ainsi quand, en wagon, vous êtes arrêté à une station, à côté d'un autre train, si l'un des deux seulement se met en marche, vous ne savez d'abord si c'est votre train qui avance ou bien celui qui est près du vôtre.

8° **INERTIE.** — L'*inertie* est une propriété négative. C'est l'impuissance dans laquelle se trouve un corps de changer *par lui-même* son état de repos en état de mouvement ou son état de mouvement en état de repos ni de modifier la nature de son mouvement quand il en a un; de détruire *par lui-même*, en un mot, l'état dans lequel il est.

Toute cause susceptible de faire sortir un corps de son état de repos, ou de modifier son mouvement, s'appelle une *force*.

La persévérance dans le repos se manifeste à l'observation la plus superficielle. Pour mettre en mouvement un wagon, par exemple, même

---

(1) Ch. LÉVÊQUE, *Les Harmonies providentielles.*

sur des rails bien unis, il faut une force assez considérable, parce que sa force d'*inertie* est proportionnelle à son poids ; mais une fois le mouvement commencé, la force à déployer est bien moindre, parce qu'on n'a plus à vaincre que la force d'inertie de l'air, des grains de sable, etc. C'est par cette raison que les chevaux d'omnibus, à Paris, sont promptement usés, parce que, s'arrêtant souvent, ils prennent à chaque arrêt beaucoup de peine pour remettre la voiture en marche.

La persévérance dans le mouvement exige une étude plus attentive des faits pour être conçue avec netteté. Ainsi une boule roulant à terre roulerait éternellement si elle n'éprouvait pas, de la part de l'air, une résistance due au déplacement successif des particules de ce fluide, et de la part de la terre une résistance due à la force d'inertie, à la persévérance dans le repos des grains de sable qu'elle a rencontrés. C'est pourquoi la terre et les planètes tournent autour du soleil sans que jamais leur mouvement s'arrête ou se ralentisse ; elles ne rencontrent rien qui s'y oppose, les espaces célestes dans lesquels elles cheminent étant vides, ou plutôt remplis de quelque fluide si peu résistant qu'on peut ne point considérer sa force d'inertie. Un pendule placé dans le vide, et dont on a atténué, par des moyens convenables, le frottement au point de suspension, oscillera sinon toujours, au moins incomparablement plus longtemps que dans l'air.

C'est à cette persévérance dans le mouvement que sont dus les effets qui se produisent lorsqu'un convoi de chemin de fer éprouve un arrêt brusque : les voyageurs sont projetés dans le sens du mouvement, qu'ils continuent quand l'arrêt a eu lieu, en vertu de la vitesse acquise. C'est pourquoi l'idée d'un frein assez puissant pour arrêter tout à coup un convoi en marche est absurde, parce que les effets d'un arrêt subit seraient aussi désastreux que ceux du choc avec un autre convoi que l'on voudrait éviter.

C'est encore en conséquence de l'inertie qu'un vase plein de liquide, déplacé brusquement, déverse en arrière son contenu, qui tendait à rester en repos. De même, il faut lui attribuer les chutes, souvent si graves, qui ont lieu quand on descend d'une voiture et, à plus forte raison, d'un convoi en marche. Le corps, en effet, possède un mouvement en avant, et les pieds étant réduits à l'immobilité, la tête continue à se mouvoir et se trouve ainsi lancée sur le sol. C'est pourquoi, quand on veut sauter d'un endroit élevé, il faut avoir soin de fléchir sur les jambes, de s'affaisser sur soi-même en arrivant au sol, afin de ne pas arrêter brusquement le mouvement imprimé d'abord au corps.

On utilise journellement cette propriété des corps pour emmancher un balai, un marteau, etc., en frappant l'extrémité du manche contre le sol : l'outil, au moment du choc, prend un mouvement, continue à marcher malgré le choc, en vertu de la vitesse acquise, et finit par s'enfoncer complètement.

On a tiré, dans l'application, un très bon parti de cette *inertie* par

Fig. 23. — VOLANT.

l'invention des *volants*. On appelle de ce nom (*fig.* 23) une roue dont les bras sont très légers et dont les jantes, ordinairement en fonte, sont au contraire très lourdes. Il y a des machines qui quelquefois doivent marcher à vide, ne travaillent pas, les laminoirs avec lesquels on comprime le fer pour le réduire en barres, par exemple. Dans ces moments de chômage, la force qui fait mouvoir ces machines, vapeur, eau, manivelle, etc., est employée à faire tourner le volant qui se trouve sur l'axe même des cylindres et qui pèse quelquefois jusqu'à 20,000 kilogrammes et fait 100 tours par minute.

Lorsqu'on présente ensuite aux cylindres le fer sortant des fours, comme sa résistance à la compression est très grande, elle pourrait bien arrêter net la machine; mais, pour cela, il faudrait arrêter aussi le volant, et on comprend quelle force il faudrait pour arrêter une masse si lourde, animée d'une si grande vitesse et dont la force d'inertie est énorme. Les cylindres continueront donc de tourner, et le fer, que la force seule de la machine n'aurait pas suffi à laminer, se trouve converti en barres, grâce au secours du volant.

De plus, les volants servent, dans quelques occasions, à régulariser l'action de la force elle-même. Lorsqu'un ouvrier, par exemple, fait tourner une roue au moyen d'une manivelle, son action varie suivant la position de son corps, et le mouvement de la machine conduite par cette roue serait irrégulier sans le volant. En effet, quand l'effort de l'homme est moins puissant, la roue se ralentirait si elle pouvait ralentir la marche du volant, chose impossible, car l'inertie de celui-ci s'oppose à ce ralentissement, et la machine continue à marcher avec la même vitesse.

CHAPITRE III

DES FORCES ET DES MOUVEMENTS

DÉFINITIONS. — Nous avons désigné sous le nom de *Force* « *toute cause susceptible de faire sortir un corps de son état de repos ou de modifier son mouvement.* »

L'origine et l'essence des *forces* ont toujours exercé la sagacité des penseurs, et, de nos jours, les controverses les plus vives et les plus passionnées semblent renaître sur ces questions. Il ne nous appartient pas d'examiner ici les diverses hypothèses qui ont été émises sur ce sujet et qui sont proprement du domaine de la philosophie et de la métaphysique; nous ne voulons considérer les *forces* que dans les effets qu'elles produisent.

Il est évident que, les forces n'étant autre chose que l'activité des êtres, nous ne pouvons pas plus créer une force que créer un être; mais nous pouvons augmenter l'énergie de quelques-unes de celles qui existent en les alimentant. Ainsi j'augmente les forces de mon cheval en lui donnant de l'avoine. Nous pouvons encore les utiliser, c'est-à-dire les ajouter aux nôtres, en les faisant servir à notre usage.

Les forces dont il nous est possible d'augmenter l'énergie se nomment *forces musculaires* quand il s'agit de forces animales; quand il s'agit de celles qui sont plus spécialement propres au globe terrestre, on les appelle *forces chimiques.* Celles que nous sommes forcés de prendre telles qu'elles sont pour nous en servir, la pesanteur, par exemple, la force électrique, la force calorique, etc., sont les *forces physiques.*

On désigne sous le nom de *machines* les moyens que l'homme emploie pour utiliser les forces musculaires, physiques ou chimiques. L'étude des lois qui président à la construction de ces machines est plus spécialement du ressort d'une branche de la Physique générale, appelée *Mécanique.* Toutefois, il est quelques propositions fondamentales qu'il importe d'énoncer ici.

Une force peut être *instantanée* ou *constante.* Elle est dite *instantanée* lorsqu'elle agit sur le mobile pendant un temps très court, comme il arrive dans un choc, dans l'explosion de la poudre, etc.; elle est dite *constante* lorsqu'elle continue d'agir pendant toute la durée du mouvement, telle, par exemple, que la force de la pesanteur, celle d'une locomotive qui fait marcher un train, etc.

Il y a trois choses à considérer essentiellement dans une force : 1° Son *point d'application,* c'est-à-dire le point du corps sur lequel elle agit immédiatement; 2° Sa *direction,* c'est-à-dire la direction dans laquelle elle tend à entraîner ou à pousser le corps; 3°. Son *intensité,* c'est-à-dire la puissance avec laquelle elle agira sur le corps, puissance évidemment variable selon les cas et qui se manifestera, par exemple, par une plus grande vitesse dans le mouvement.

LOIS RELATIVES AUX FORCES. — I. *Quand deux ou plusieurs forces sollicitent un corps en sens contraires, elles se détruisent mutuellement, et le corps est dit en* ÉQUILIBRE.

Cela est évident : si deux chevaux d'égale force tirent une charrette, l'un pour la faire avancer, l'autre pour la faire reculer, la charrette ne bougera point.

II. — 1° *Quand deux forces agissent dans le même sens et suivant une même ligne droite, leur* RÉSULTANTE, *c'est-à-dire la force unique capable de produire le même effet que ces forces combinées et, par suite, de les remplacer, est égale à leur somme.*

2° *Si elles agissent en sens opposé, leur résultante est égale à leur* différence, et sa direction est dans le sens de la plus grande des deux forces COMPOSANTES.

3° Si elles agissent dans des directions opposées en formant un angle,

Résultante de deux forces opposées (page 66).

leur résultante est représentée en grandeur et en direction par la diagonale du parallélogramme construit sur les deux lignes qui représentent ces forces.

Les deux premières propositions n'ont pas à être démontrées; elles apparaissent clairement seulement à les énoncer. La dernière est rendue sensible expérimentalement à l'aide de l'appareil de 'S Gravesande (*fig.* 24).

Cet appareil se compose d'un parallélogramme ABCD, articulé à ses sommets. Deux fils attachés en B et en C passent sur des poulies de renvoi M et N, supportant à leurs extrémités des poids P et P' de 90 et 60 grammes. Les longueurs de AB et AC sont elles-mêmes proportionnelles aux nombres 90 et 60. Au sommet, A, on suspend un poids P" égal à 120 grammes ; le parallélogramme est alors en équilibre. On constate, de plus, que les fils fixés en B et en C sont sur le prolongement exact des côtés AB et AC, et qu'une tige verticale fixée en A se trouve précisément concorder avec la diagonale du parallélogramme. De là il suit que les forces P et P' ont une résistance verticale dirigée suivant la diagonale AD, égale et opposée d'ailleurs à la force P". Mais cette dernière a pour valeur 120 grammes, et la longueur AD, mesurée à la même échelle que AB et AC, se trouve précisément égale à 120 ; la résultante est donc exactement égale à la diagonale du parallélogramme construit sur les grandeurs des forces composantes.

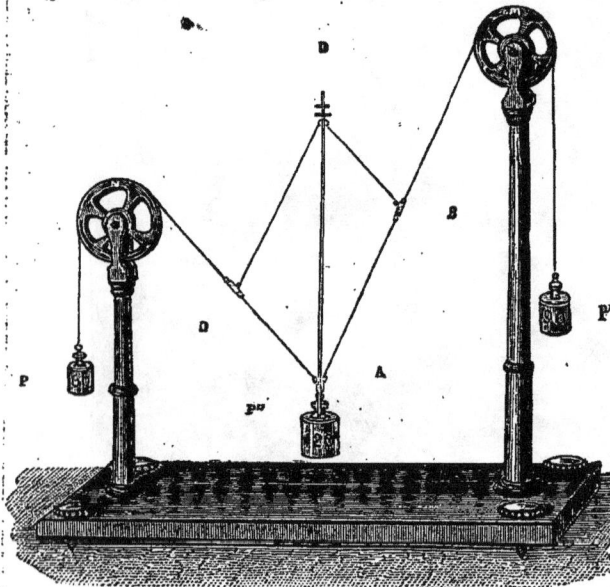

Fig. 24. — APPAREIL DE 'S GRAVESANDE.

Quelques exemples feront mieux comprendre peut-être cette proposition fondamentale.

Sur un chemin de halage, un homme tire un bateau pour lui faire remonter une rivière. Le bateau, sollicité par la corde de l'homme, tend à quitter le milieu de l'eau et à se diriger vers le bord. Mais le gouvernail, tourné vers la rive opposée, sollicité par la résistance de l'eau, à laquelle il présente une surface plus grande d'un côté du bateau, dirige celui-ci vers cette rive et le force à prendre la direction de la résultante des deux forces contraires qui le poussent, c'est-à-dire celle d'une droite partageant l'angle formé par ces deux forces obliques ; en un mot, il suit le milieu de la rivière.

Il va sans dire que, le courant ayant une force variable, et qu'aussi l'homme ne tirant pas toujours sa corde avec une force égale, il est nécessaire que le marinier soit toujours à la barre pour rétablir constamment l'équilibre.

C'est en appliquant machinalement ce principe de Mécanique que l'on descend sans accident d'une voiture en marche. L'instinct indique que la résultante de deux forces directrices différentes tend à vous faire tomber du côté vers lequel se dirige la voiture, et l'on n'évite une chute, quelquefois très dangereuse, qu'en s'efforçant de tomber du côté opposé. On ne tombe pas ; on est, au contraire, redressé, et l'on se trouve, en touchant le sol, dans une position normale.

C'est encore par la connaissance de ce principe que les marins se dirigent vers un point malgré le vent qui, venant de cette direction, les repousse. Ils orientent leurs voiles et tournent leur gouvernail de manière à opposer au vent une nouvelle force, et ils avancent suivant la direction de la résultante de cette nouvelle force et de la force du vent, en allant tantôt à droite, tantôt à gauche, en *courant des bordées,* selon l'expression maritime.

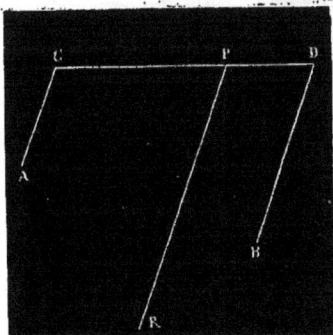

Fig. 25.

III. — *Quand deux forces parallèles agissent dans le même sens aux extrémités d'une droite inflexible, leur résultante est égale à leur somme, parallèle à leur direction, et son point d'application divise la droite en deux parties inversement proportionnelles aux deux forces.*

Soient les deux forces parallèles A, B (*fig.* 25) appliquées aux extrémités d'une droite CD ; leur résultante R, égale à leur somme, divisera la droite CD au point d'application P, de manière à donner la proportion :

$$PD : PC :: CA : DB.$$

C'est dire que, si les deux forces A et B sont égales, le point P sera au milieu de CD ; si la force B est double de la force A, le segment CP devra être double de PD.

On vérifie expérimentalement cette proposition au moyen de l'appa-

reil appelé *levier arithmétique* (*fig.* 26), qui se compose d'une barre **AB**
suspendue par son milieu O à un fil qui, passant sur la poulie de renvoi M,
soutient un poids P'. En plaçant les deux poids P égaux à chaque extrémité de la barre, on constate que leur ré-
sultante P' est égale à la somme des poids P
et qu'elle a la même direction. Si l'on place
un seul poids P à l'une des deux extrémités B de la barre, tandis que deux poids P
égaux sont placés au milieu C de la seconde
moitié du levier, on constate qu'il y a encore équilibre. La résultante passe donc
évidemment au point de suspension O, qui
se trouve précisément à une distance de B
double de celle qui la sépare de C.

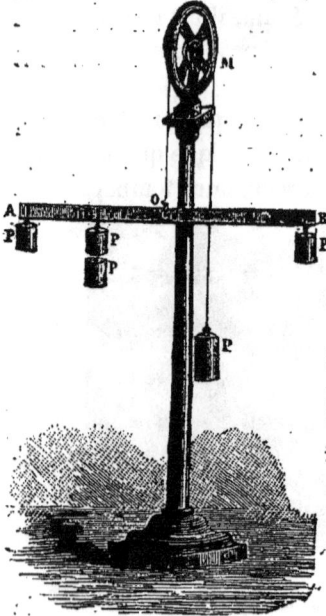

Fig. 26.

LEVIER ARITHMÉTIQUE.

IV. — *Si les deux forces parallèles sont
inégales et agissent en sens contraire, leur
résultante sera égale à leur différence, parallèle à leur direction et agira dans le sens
de la plus grande force. Le point d'application de cette résultante sera sur le prolongement de la droite qui unit les deux
forces parallèles et placé de manière que
les distances à leurs points d'application
soient en raison inverse de leurs intensités respectives.*

Soient les deux forces parallèles A et B
(*fig.* 27) agissant en sens contraire sur la
droite CD. Leur résultante R, égale à leur
différence, s'appliquera au point H de la
ligne CD prolongée, de manière à donner
cette proportion :

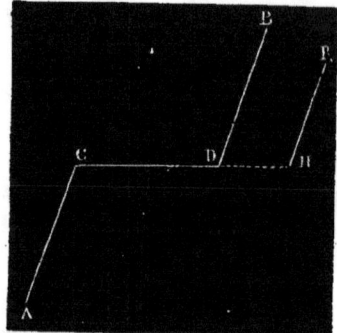

Fig. 27.

DH : CH :: CA : BD.

Remarque.— Si les forces parallèles opposées diffèrent très peu l'une de l'autre, on
voit, par la proposition précédente, que la
résultante a une valeur très petite; mais son
point d'application s'éloigne beaucoup. Si les forces sont égales, leur
résultante est évidemment nulle; elles forment alors ce qu'on appelle un
couple. Il n'est pas de force qui puisse leur faire équilibre ni les rempla-

cer; mais on conçoit qu'elles ont pour effet d'imprimer un mouvement de rotation autour d'un point fixe au corps auquel elles sont appliquées. Or, comme dans la nature nous voyons tous les corps posséder à la fois un mouvement de translation et un mouvement de rotation, on peut admettre que la translation est produite par une *force* et la rotation par un *couple*. Le couple est donc une sorte d'*élément naturel* en Mécanique, susceptible d'apporter de grandes simplifications dans l'étude de cette science.

V. — *Lorsque plusieurs forces parallèles, agissant dans le même sens, sont appliquées aux différents points d'un même corps, leur résultante générale est égale à leur somme, et son point d'application s'obtient en composant les deux premières forces, puis leur résultante avec la troisième, et ainsi de suite.*

Soient les trois forces parallèles P, Q, M agissant sur un corps quelconque (*fig.* 28). La résultante des deux forces P et Q est, d'après la proposition précédente :

$$aB : aA :: AP : BQ.$$

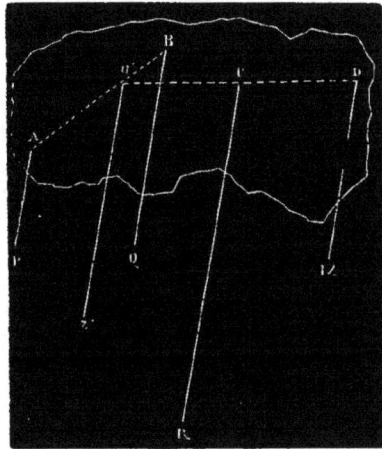

Fig. 28.

Joignant par la droite *a* D le point d'application *a* de cette première résultante *r* au point d'application D de la troisième force M, j'ai encore :

$$CD : Ca :: ar : DM;$$

ce qui me donne le point d'application C de la résultante générale.

On voit que, si, en conservant à ces trois forces leur parallélisme et leurs intensités propres, on change seulement leur direction, les rapports indiqués restent les mêmes, et conséquemment la résultante passe invariablement par le même point. C'est ce point que l'on nomme *centre des forces parallèles*, et *centre de gravité* quand il s'agit de la pesanteur.

DES MOUVEMENTS. — On dit qu'un mouvement est *rectiligne* quand le corps, sollicité par une force, suit son chemin en ligne droite; il est *curviligne* quand sa marche décrit une courbe.

On appelle *trajectoire* le lieu des positions que ce point a successivement occupées dans sa course en ligne droite ou en ligne courbe.

Un mouvement est *uniforme* quand le mobile parcourt des espaces égaux dans des temps égaux. Ainsi une voiture qui fait régulièrement 10 kilomètres à l'heure marche d'un mouvement uniforme. Lorsque les chemins parcourus par un mobile dans des intervalles de temps égaux entre eux ne sont pas égaux, le mouvement est dit *varié*. C'est ce qui arrive pour un convoi de wagons quand on veut l'arrêter ou quand il se remet en marche.

On ne considère, en Physique, que le mouvement *uniforme* et le mouvement *uniformément varié*.

La *vitesse* est l'espace que parcourt un corps dans l'unité de temps qui est la seconde, ou dans l'unité de longueur qui est le mètre ou le kilomètre. Par exemple, on dit indifféremment que la vitesse d'un convoi, sur une voie ferrée, est de 10 mètres par seconde ou de 36 kilomètres par heure.

Très rarement, un mouvement est rigoureusement uniforme; mais, pour plus de commodité, on substitue souvent à un mouvement qui n'est pas trop varié un mouvement fictif uniforme de même durée. La vitesse de ce mouvement est la *vitesse moyenne*. Ainsi, un convoi de wagons a parcouru 144 kilomètres en quatre heures. Certes, son mouvement n'a pas été uniforme; néanmoins l'on dira, en prenant la moyenne, que ce convoi fait 36 kilomètres à l'heure, ou 10 mètres par seconde.

La vitesse moyenne d'un homme est généralement, sur un terrain horizontal, de $1^m,50$ par seconde ou $5^{km},4$ par heure. La plus grande vitesse des convois sur un chemin de fer est de 25 mètres par seconde ou 90 kilomètres à l'heure. La terre, dans son orbite, a une vitesse de $37^{km},705$ par seconde.

Le mouvement *uniformément varié* est celui dans lequel la vitesse du mobile augmente ou diminue suivant une loi constante. S'il parcourt des espaces de plus en plus considérables, son mouvement est *accéléré*; si les espaces parcourus sont de plus en plus petits, le mouvement est *retardé*. Il est toujours le résultat d'une force constante qui agit sur le mobile pendant toute la durée du mouvement, soit pour accélérer, soit pour retarder sa vitesse.

LOIS RELATIVES AUX MOUVEMENTS. — Le mouvement uniformément varié est soumis à deux lois fondamentales : 1° *La vitesse croît ou décroît proportionnellement au temps mis à l'acquérir ;* 2° *Les espaces parcourus par un corps animé d'un mouvement accéléré sont proportionnels aux carrés des temps mis à les parcourir.*

La vérité de la première de ces lois nous apparaît clairement si, par exemple, nous descendons en courant un chemin en pente. Notre pesanteur, qui est une *force constante* agissant continuellement sur nous, accélère notre marche, au point qu'au bout de quelques instants, entraînés malgré nous, nous ne pouvons plus nous arrêter. Or, supposons que notre vitesse, laquelle était nulle au début, soit devenue au bout d'un certain temps capable de nous faire parcourir 2 mètres dans un autre espace de temps égal au premier. Puisque notre vitesse, par une accélération régulière, est devenue de 0 mètre égale à 2 mètres et se continuerait ainsi si l'on supprimait la force accélératrice, c'est absolument comme si elle était égale à 1 mètre dans le premier laps de temps tout entier, pour être animée d'une vitesse de 2 mètres dans le second laps de temps. Mais la force accélératrice agit pendant cette seconde unité de temps, comme elle a agi dans la première, et nous fait parcourir 1 mètre ; nous parcourrons donc $2^m + 1^m = 3$ mètres dans cette seconde unité de temps. D'autre part, nous conserverons la vitesse de 2 mètres acquise et nous recevrons de la force accélératrice, comme dans la première unité de temps, une nouvelle vitesse qui arrivera à être de 2 mètres. Notre vitesse au bout de la seconde unité de temps sera donc de 4 mètres ; et ainsi de suite. La vitesse acquise au bout de 3 unités de temps est de 6 mètres ; au bout d'un temps triple, de 9 unités de temps, elle sera triple, c'est-à-dire de 18 mètres.

Résumons ces explications dans ce petit tableau :

2° — *Les espaces parcourus,* avons-nous dit, *sont proportionnels au carré de l'unité de temps mis à les parcourir ;* c'est dire qu'en supposant, par exemple, qu'un corps a mis 3 secondes pour parcourir 1 mètre en 1 minute, ou 20 fois 3 secondes, ce corps aura parcouru $20 \times 20 = 400$ mètres. Un coup d'œil sur le tableau ci-contre montre, en effet, que cet espace se composera de $1^m + 3^m + 5^m + 7^m + 9^m + 11^m + 13^m \ldots$ etc., $= 400$ mètres.

UNITÉ de temps.	VITESSE acquise à la fin de chaque unité de temps.	ESPACES parcourus dans chaque unité de temps.
1°	2 mètres.	1 mètre.
2°	4 —	3 —
3°	6 —	5 —
4°	8 —	7 —
5°	10 —	9 —
6°	12 —	11 —
7°	14 —	13 —
8°	16 —	15 —
9°	18 —	17 —
10°	20 —	19 —

Ces deux lois établies, on peut, par de simples opérations arithmétiques, étant connue l'une de ces trois choses, le temps écoulé, la vitesse acquise ou l'espace parcouru, trouver immédiatement les deux autres.

Le temps écoulé étant connu, la vitesse V sera le produit du chiffre qui exprime ce temps T multiplié par le chiffre *v*, qui exprime la vitesse acquise au bout de la première unité de temps :

$$V = T \times v ; \quad (1)$$

et l'espace parcouru E sera le chiffre qui exprime le temps écoulé connu T multiplié par lui-même et ce produit multiplé par le nombre exprimant l'espace parcouru pendant la première unité de temps e :

$$E = T \times T \times e = T^2 \times e. \ (2)$$

La vitesse acquise étant connue, pour connaître le temps T depuis lequel le corps est en mouvement, il faut diviser le chiffre qui exprime cette vitesse v acquise au bout de la première unité de temps :

$$T = \frac{V}{v} ; \ (3)$$

et l'espace parcouru sera, comme dans l'égalité précédente :

$$E = T^2 \times e. \ (4)$$

L'espace parcouru E étant connu, pour connaître le temps T mis à le parcourir, il faut diviser le nombre E exprimant cet espace par celui exprimant l'espace parcouru pendant la première unité de temps e et extraire la racine carrée de ce quotient :

$$T = \sqrt{\frac{E}{e}} ; \ (5)$$

et pour avoir la vitesse V acquise par le corps, nous cherchons le temps T, et, d'après les formules précédentes, nous trouvons :

$$V = \sqrt{\frac{E}{e}} \times v$$

$$V = T \times v. \ (6)$$

Un exemple fera parfaitement saisir l'application et les conséquences de ces formules.

Nous établissons d'abord, pour plus de clarté, que l'on prend pour unité de temps la *seconde*, et (chose que nous démontrerons plus tard) que, lorsque l'accélération est due à la pesanteur, les corps parcourent $4^m,904$ pendant la première seconde de leur chute. Nous voulons mesurer la profondeur d'un puits. Nous y jetons une pierre; le bruit qu'elle fait nous apprend le moment où elle touche le fond. Au moyen d'une montre marquant les secondes, nous mesurons le temps qu'elle a mis à descendre, soit 6 secondes. Connaissant le temps écoulé, nous appliquons la formule (2) $E = T^2 \times e$, et nous avons l'espace parcouru, c'est-à-dire la profondeur cherchée :

$$E = 6 \times 6 \times 4,904 = 176^m,544.$$

MESURE DES FORCES. — Les forces, c'est-à-dire, d'après la définition que nous avons donnée, *toute cause susceptible de faire sortir un corps de son état de repos ou de modifier son mouvement*, sont évidemment plus ou

Le chemin de fer russe dans les jardins de Tivoli
(gravé par M. Trichon, d'après une gravure du temps) [page 77].

moins grandes et conséquemment susceptibles d'être mesurées; mais, comme une force n'est que la *cause* d'un mouvement, on ne peut mesurer cette cause que par l'effet produit.

Or, ces effets produits sont de différentes sortes.

Une machine soulève un poids de 1,000 kilogrammes, une autre soulève seulement 500 kilogrammes ; est-elle plus puissante? Peut-être. Si nous ajoutons que la première n'élève son poids de 1,000 kilogrammes qu'à 1 mètre de hauteur et que la seconde élève ses 500 kilogrammes à 10 mètres, n'est-il pas clair que la seconde est plus puissante? Il faut donc considérer, avant de se prononcer, non seulement le poids soulevé, mais la hauteur ou la distance à laquelle ce poids a été transporté ou élevé.

Deux machines élèvent à une même hauteur des poids égaux; ont-elles même puissance? Nous ne pouvons répondre, à moins que l'on nous dise si l'une et l'autre mettent des temps égaux pour faire ce travail. Nous devons encore considérer le temps employé à produire le travail.

La résistance vaincue, l'espace parcouru, le temps mis à le parcourir sont donc les trois choses qu'il faut considérer pour se rendre compte de la grandeur d'une force, ou, selon l'expression consacrée, de sa *puissance*. Or, ces trois choses peuvent se résumer, au point de vue de l'application, en une seule : le travail obtenu.

C'est pourquoi, pour évaluer la puissance d'une machine, son travail, on a pris pour unité le *kilogrammètre* ou *dynamie*, correspondant au poids de 1 kilogramme (*résistance vaincue*) élevé à 1 mètre de hauteur (*espace parcouru*) en une seconde (*temps*).

Quelquefois, au lieu du kilogrammètre, on prend pour unité de mesure le *cheval-vapeur*, qui représente 75 kilogrammètres, c'est-à-dire la force nécessaire pour élever 75 kilogrammes à 1 mètre de hauteur en une seconde.

Ce nom de *cheval-vapeur* vient de ce que, dans les mines de charbon, quand on se servit d'abord des machines à vapeur, on désigna sous le nom de machine de 10, de 20 chevaux celles qui faisaient l'ouvrage exigeant jusqu'alors l'emploi de 10 ou 20 chevaux. Or, un cheval vigoureux élève environ 75 kilogrammes de charbon à 1 mètre de hauteur en une seconde.

Une machine de 40 chevaux est donc une machine qui serait capable d'élever 75 kilogr. × 40 = 3,000 kilogrammes à 1 mètre de hauteur en une seconde, ou, pour généraliser, qui pourrait élever en une seconde un poids P de kilogrammes à une hauteur H telle que le produit P × H = 3,000 kilogrammes. Nous voulons ainsi dire que les valeurs de H et de P peuvent être variables. Ainsi P peut représenter 300 kilogr. si H en compensation représente 10 mètres : P × H = 3,000 kilogr.; 300 × 10 = 3,000. De même, ce sera encore une machine de 40 chevaux

celle qui élèverait 60 P × H en une minute : 3,000 × 60 = 180,000 kilogrammes à 1 mètre de hauteur.

De cette possibilité évidente que l'effet produit par une force est à la
fois puissance et vitesse, et de ce que ces deux choses sont tellement soli-
daires entre elles que, si l'on ne change rien à la force, l'une ne peut
grandir sans que l'autre diminue, a été tiré ce principe fondamental :
*Tout ce qu'une force gagne en puissance, elle le perd en vitesse, et, récipro-
quement, tout ce qu'elle gagne en vitesse, elle le perd en puissance.*

CHAPITRE IV

DE LA FORCE CENTRIFUGE

DU MOUVEMENT CURVILIGNE. — Nous avons dit que tout mouvement
peut être *rectiligne* ou *curviligne*, et que, dans ce dernier cas, la ligne
parcourue se nomme sa *trajectoire.*

Cette trajectoire peut suivre une infinité de lignes différentes ; selon
la forme qu'elle affecte, elle a reçu différents noms (*fig.* 29) : *cercle, parabole, ellipse, ovale, spirale,* etc. Nous n'avons à nous occuper ici que du
mouvement *circulaire,* c'est-à-dire de celui dont la trajectoire forme une
circonférence de cercle.

Tout mouvement curviligne est le résultat : 1° d'une force continue
agissant obliquement sur une vitesse déjà communiquée à un corps,
comme, par exemple, l'action de la pesanteur provoquant à se diriger vers
la terre une pierre lancée obliquement de bas en haut ; ces deux forces se
combattant obligent la pierre à un mouvement curviligne ; 2° d'une résistance qui modifie à chaque instant le mouvement communiqué à un corps,
comme, par exemple, le mouvement d'un corps attaché à l'extrémité d'un
fil pouvant tourner autour d'un point fixe et lancé perpendiculairement.

Le mouvement obtenu concurremment avec cette résistance a reçu le
nom de *mouvement de rotation.* Tous les points d'un corps animé d'un
pareil mouvement décrivent des circonférences de cercle situées dans des
plans parallèles entre eux et perpendiculaires à l'axe de rotation. Les poulies, les roues dentées, entre autres, sont animées de ce mouvement.

Ainsi (*fig.* 30) le point A de la poulie et le point B décrivent des circonférences situées dans des plans parallèles entre eux et perpendiculaires à l'axe O de rotation.

Si de points quelconques du corps tournant nous abaissons sur l'axe de rotation O des perpendiculaires CO.DO,EO,FO,GO,HO, ces perpendiculaires forment différents angles avec la position première CO. Si ces angles sont égaux pendant des intervalles de temps égaux, le *mouvement de rotation* est *uniforme,* et l'angle décrit pendant l'unité de temps est la *vitesse angulaire* du mouvement uniforme. Ainsi la terre fait un tour complet autour de son axe en vingt-quatre heures; la ligne courbe décrit donc par heure un angle égal à 360° : 24 = 15°, tous les angles étant égaux entre eux; la terre a donc une *vitesse angulaire* de 15° par heure, et son *mouvement de rotation* est *uniforme.*

Fig. 29.

CERCLE, PARABOLE, ELLIPSE, OVALE, SPIRALE.

Si les angles ainsi décrits pendant des intervalles de temps égaux sont inégaux, le mouvement de rotation est dit *varié.*

On exprime généralement la vitesse d'un mouvement de rotation uniforme par le nombre de tours effectués dans l'unité de temps adoptée. Ainsi l'on dira : cette roue a une vitesse de 15 tours par seconde.

FORCE CENTRIFUGE. — DÉFINITION. — Tout mouvement curviligne engendre une force en vertu de laquelle le mobile tend sans cesse à s'éloigner du centre de rotation. Cette force est la *force centrifuge* (*centrum,* centre; *fugere,* fuir). La force qui empêche le mobile de s'écarter indéfiniment de ce centre de rotation et de poursuivre sa route en ligne droite est la force *centripète (centrum,* centre; *petere,* aller vers), que nous étudions ailleurs plus longuement sous le nom de *gravitation.*

Vous placez une pierre dans une fronde; tenant à la main les deux cordons, vous imprimez à l'instrument une rapide impulsion. La pierre, lancée d'abord en ligne droite, ne poursuivra pas sa route dans cette direction. Retenue par les deux cordons, elle décrira une circonférence dont votre main sera le centre. Votre main et ces deux cordons jouent le rôle de la *force centripète*. Mais si vous lâchez brusquement un des deux cordons, la pierre, devenue libre, continuera le dernier mouvement en ligne droite, en vertu de son inertie; elle s'échappera suivant la tangente à la circonférence. Cette tendance est due à la *force centrifuge*.

EFFETS ET APPLICATIONS DE LA FORCE CENTRIFUGE. — C'est en vertu de la force centrifuge que les roues des voitures lancent autour d'elles de longs jets de boue liquide sur le piéton qui les approche de trop près. La boue, que le cercle de fer de la roue entraîne dans son mouvement circulaire, brise, à cause de son peu de consistance, la force centripète qui devrait la retenir contre ce cercle; elle part en suivant la tangente à la circonférence, et malheur au passant!

La force centrifuge jetterait sur les spectateurs le cheval et le cavalier qui, dans un cirque, galopent circulairement,

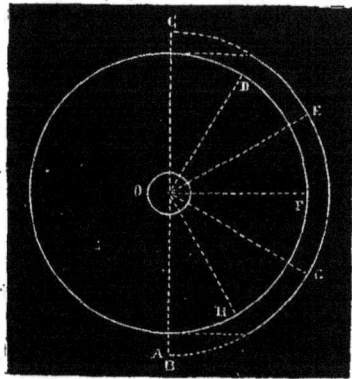

Fig. 30.

si l'un et l'autre n'avaient soin de se pencher du côté opposé et de détruire ainsi la tendance qui les pousse vers l'extérieur de l'arène.

De même, on est obligé de donner aux rails extérieurs d'un chemin de fer une hauteur plus grande qu'aux rails intérieurs toutes les fois que la voie décrit une courbe. Les wagons sont maintenus sur cette courbe par la réaction des rails, et ceux-ci sont pressés par les wagons avec une force égale qui est la force centrifuge. Ainsi quand, dans un train, les wagons penchent à droite, c'est que la ligne décrit une courbe vers la droite; et plus la courbe est petite, plus les wagons doivent pencher et conséquemment plus les rails doivent être élevés du côté opposé à la direction du train.

C'est encore en s'appuyant sur la connaissance de la force centrifuge qu'on avait inventé ce jeu connu sous le nom de *chemin de fer russe, chemin de fer aérien* ou *chemin de fer à force centrifuge,* bien démodé aujourd'hui, mais qui jadis faisait les délices des amateurs de fêtes publiques.

On établissait deux plates-formes, dont l'une A était d'au moins 1/5 plus élevée que la seconde B. Ces deux plates-formes étaient réunies par des rails inclinés dont le tracé formait un contour d'hélice. De la plate-forme A, un wagon, dans lequel montaient les amateurs, était lancé sur les rails ; il acquérait aussitôt, à raison de son mouvement sur la portion inclinée AC, une vitesse assez grande, et, en vertu de l'inertie, il tendait à se mouvoir avec cette vitesse d'une façon rectiligne ; mais, obligé de suivre les rails courbes, il réagissait sur eux avec une force assez grande pour équilibrer le poids des voyageurs et permettre que le wagon plein, arrivé au haut du cercle en D, fût retenu par la force centrifuge, ne tombât pas et pût continuer sa route circulaire et remonter en D.

Des applications plus sérieuses de la force centrifuge ont été faites. Nous citerons, entre autres, l'appareil avec lequel dans les machines à vapeur on rend régulière l'admission de la vapeur dans le corps de pompe.

Cet appareil consiste en un levier (*fig.* 31) qui régit la soupape d'admission de la vapeur. Le levier se soulève ou s'abaisse selon l'action du manchon **A**, auquel il est lié et qui peut se soulever ou s'abaisser le long de l'arbre, animé, au moyen d'une courroie sans fin, d'un mouvement de rotation plus ou moins rapide dépendant de celui de la machine. Au manchon, d'une

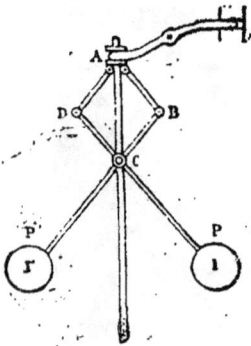

Fig. 31. — RÉGULATEUR.

part, en A, et à l'arbre lui-même de rotation, en C, est adapté un losange ADCB formé de quatre tiges rigides AD, AB, CD, CB, articulées à charnière. A l'extrémité des tiges AD et AB sont fixées deux boules pesantes I, I' qui décrivent une circonférence autour de l'arbre. Ces boules sont ainsi soumises à la force centrifuge qui les tient écartées plus ou moins, selon la rapidité du mouvement de rotation de l'arbre ; conséquemment le manchon, et par suite le levier, se lève ou s'abaisse.

Dans d'autres machines où l'arbre tournant est horizontal, c'est l'élasticité d'un ressort à boudin qui retient le manchon.

LOIS DE LA FORCE CENTRIFUGE. — La force centrifuge, engendrée par un mouvement circulaire, est soumise aux trois lois principales suivantes, qu'il importe de connaître et dont les applications nous serviront plus loin à expliquer certains phénomènes. Nous donnons seulement l'énoncé de ces lois que l'on démontre, en mécanique, par le calcul :

1° *L'intensité de la force centrifuge est en raison directe de la masse du mobile ;* autrement dit, plus la masse du mobile, c'est-à-dire plus la quantité de matière, la somme des molécules que ce corps renferme est grande, plus grande est sa tendance à s'éloigner du centre.

· 2° *L'intensité de la force centrifuge est proportionnelle au carré de la vitesse;* ainsi quand la vitesse du mobile devient 2 fois, 3 fois, 4 fois plus grande, sa force centrifuge devient 4 fois, 9 fois, 16 fois plus grande.

3° *Quand la masse et la vitesse sont égales, la force centrifuge varie en raison inverse du rayon du cercle décrit;* c'est-à-dire que plus le mobile est éloigné du centre de rotation, plus petite est sa force centrifuge.

FORME DE LA TERRE. — Dans un corps animé d'un mouvement de rotation autour d'un axe passant par son centre, les forces centrifuges développées aux différents points du corps sont proportionnelles aux distances de ses points à l'axe. En effet, chacune de ses molécules décrit une circonférence, et sa force centrifuge s'accroît proportionnellement au carré de sa vitesse (2); mais cette même force décroît proportionnellement à sa distance de l'axe (3). Or, à mesure que la distance augmente, la vitesse augmente dans le même rapport; d'où il résulte que, pour une vitesse double, la force centrifuge devient 4 fois plus grande

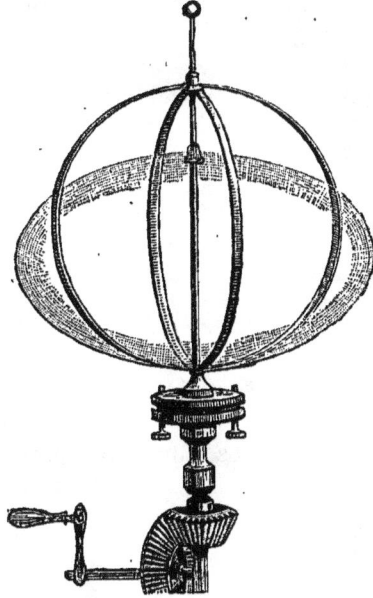

Fig. 32. — APPAREIL POUR DÉMONTRER L'APLATISSEMENT DE LA TERRE.

d'un côté; mais la distance étant double, la force centrifuge devient en même temps 2 fois plus petite; elle n'est donc, en définitive, que 2 fois plus grande; elle varie donc proportionnellement à sa distance de l'axe.

Si le corps est élastique, les molécules ne se séparent pas pour obéir à cette force centrifuge, mais la masse se déforme; elle s'aplatit dans le sens de l'axe et s'élargit dans le sens perpendiculaire. On constate ce phénomène au moyen d'un appareil composé de deux cercles en acier flexible (*fig.* 32) disposés en croix et reliés sur un axe A, auquel on imprime, au moyen de roues dentées, un vif mouvement de rotation. On voit bientôt la sphère s'aplatir et prendre la forme ovale. Ainsi s'explique la forme de la terre, aplatie aux pôles et légèrement renflée à l'équateur. Il est probable que, la terre étant primitivement à l'état fluide et en conséquence facilement déformable, ses molécules ont d'abord obéi à la force centrifuge, et que le refroidissement qui a opéré la solidification du globe a été postérieur à l'effet produit par cette force.

Une autre expérience confirme le fait (*fig.* 33). Dans un verre à moitié plein d'eau si l'on verse une certaine quantité d'huile, cette huile surnage, puisqu'elle est plus légère que l'eau; mais, comme elle est plus lourde que l'alcool, elle descend au-dessous de ce liquide si dans le verre l'eau est remplacée par l'alcool. Or, en mélangeant convenablement de l'eau et de l'alcool et en y jetant de l'huile, celle-ci reste entre ces deux liquides et se conglobe en une sphère suspendue entre eux deux. Si alors on perce cette sphère par une longue aiguille, qu'un mouvement d'horlogerie fait tourner sur elle-même rapidement et sans secousses, l'huile suit le mouvement, et le globe s'aplatit en haut et en bas et se renfle sur les côtés. Plus le mouvement de rotation est vif, plus l'aplatissement des extrémités en haut et en bas, plus l'élargissement des côtés sont prononcés.

Fig. 33. — EXPÉRIENCES DÉMONTRANT L'APLATISSEMENT DE LA TERRE.

GALILEE — BORDA — NEWTON — KEPLER — HUYGHENS

LIVRE II

PESANTEUR

CHAPITRE PREMIER

PESANTEUR — CENTRE DE GRAVITÉ

DÉFINITION ET HISTORIQUE. — Le fruit qui se détache de sa tige, la pierre qui échappe à la main qui la soutenait se précipitent à la surface de la terre, entraînés par une force secrète, à laquelle on a donné le nom de *pesanteur* et qui réside dans tous les corps de la nature. Ce fait a été le point de départ d'observations très importantes. La première en date est celle qui montre que tous les corps terrestres, abandonnés à eux-mêmes, tombent suivant une ligne qui forme un angle droit avec la surface d'un liquide en repos, observation qui, dès la plus haute antiquité, fit, avons-nous dit déjà, inventer à Dédale, personnage mythologique, le *niveau*, instrument composé d'un triangle en bois, au sommet duquel est attaché un fil à plomb.

Les anciens attribuaient cette propriété de la matière non pas à une qualité occulte, comme plus tard le firent Descartes, Gassendi, Cassatus et leurs disciples, mais à une tendance naturelle des particules des corps à se grouper autour d'un centre commun. C'est par là qu'ils expliquaient la forme sphérique de la lune. Mais ils supposaient à faux : 1° qu'un corps léger tend à se diriger en haut et un corps lourd à se diriger en bas; 2° que les corps tombent dans un même milieu avec une vitesse proportionnelle à leurs masses; et ces erreurs les empêchèrent d'arriver à la découverte des lois de la chute des corps, réservée à Galilée. Toutefois, le poëte Lucrèce (vers 95 av. J.-C.), dans son poème *De la nature des choses*, reproduisant les idées des philosophes Démocrite et Épicure, dit positivement que, « *si les corps tombent moins vite les uns que les autres, cela tient à la résistance que leur oppose le milieu dans lequel ils tombent, et que, dans un espace vide, ils tomberaient tous avec la même vitesse, les plus lourds comme les plus légers.* » Le poëte entrevoyait ce que démontrèrent, après un long espace de temps, Galilée et Newton.

ATTRACTION. — Ce fut le jour d'un des plus grands triomphes de l'esprit humain que celui où fut découvert que la même force fait tomber une pierre sur la terre et graviter les corps célestes. C'est la comparaison des lois de la chute des corps terrestres avec celles du mouvement des astres qui a conduit Newton (1) à cette loi admirable, et l'on conçoit avec quelle passion les défenseurs du grand génie anglais luttent aujourd'hui pour lui conserver intacte toute sa gloire, en présence de documents qui attribuent à notre illustre Pascal la découverte de l'attraction universelle. Ce procès, dont on ne saurait prévoir l'issue, sera un des plus célèbres dans les annales de la science, et son importance est en raison de celle de la découverte.

Vers 1560, Galilée trouvait la loi de la chute d'un corps, que nous allons étudier dans le chapitre suivant. En 1618, Kepler (2) démontrait que les planètes décrivent des courbes elliptiques autour du soleil, situé à l'un des foyers ; il énonçait une relation numérique de la rapidité de leur mouvement ; il les comparait entre elles et découvrait la loi qui lie leurs masses

---

(1) Newton (Isaac), né à Woolstrop, comté de Lincoln (Angleterre), le 1er janvier 1642, montra dès la plus tendre jeunesse une étonnante application à l'étude et un goût prononcé pour la mécanique et les mathématiques. N'ayant pas encore vingt-trois ans, il était déjà célèbre par ses découvertes en mathématiques. Retiré en 1665 dans sa terre de Woolstrop, il conçut, en voyant ce fait vulgaire d'une pomme qui tombait d'un arbre, la première idée de la gravitation universelle et du système du monde. Professeur à l'université de Cambridge, il exposa différentes découvertes sur l'optique, la composition de la lumière, etc., dont une seule suffirait pour illustrer un savant et que nous étudierons en leur lieu. En 1688, il entra à la chambre des Communes et fit partie du Parlement qui exclut Jacques II du trône; toutefois, il ne se fit nullement remarquer dans la carrière politique. Ses derniers jours furent empoisonnés par la calomnie et par une discussion fort vive avec Leibniz qu'il accusait de plagiat, au sujet de la découverte du calcul infinitésimal. Newton avait, en effet, la priorité, mais Leibniz avait fait de son côté la même découverte sans connaître les travaux de son rival. Newton mourut en 1727.

(2) Kepler (Jean), né à Weil (Wurtemberg), en 1571, d'abord professeur de mathématiques à Grætz en 1594, attira de bonne heure l'attention des savants par ses ouvrages. En 1600, il alla se fixer à Uranienbourg, auprès de l'astronome Tycho-Brahé, et obtint le titre de mathématicien de l'empereur Rodolphe, avec un traitement, fort mal payé d'ailleurs. C'est en effet en allant à Ratisbonne réclamer l'arriéré de cette pension qu'il mourut (1631). Ses découvertes ont presque toutes rapport à l'astronomie; en physique, on lui doit des perfectionnements aux lunettes. Il est regrettable que ses grandes découvertes soient mêlées d'idées mystiques et d'hypothèses insensées.

et les durées de leurs révolutions. Pas de géant dans la route du progrès et de la science! Aussi avec quel enthousiasme s'écriait-il, dans ses *Harmonies du monde* :

« Depuis huit mois, j'ai vu le premier rayon de lumière; depuis trois mois, j'ai vu le jour; enfin, depuis peu de jours, j'ai vu le soleil de la plus admirable contemplation. Rien ne me retient; je me livre à la sainte fureur qui m'inspire; je veux insulter aux mortels par l'aveu ingénu que j'ai dérobé les vases d'or des Égyptiens pour en construire à mon Dieu un tabernacle loin des confins de l'Égypte. Si vous me pardonnez, je m'en réjouirai; si vous m'en faites un reproche, je le supporterai. Le sort en est jeté; j'écris mon livre; il sera lu par l'âge présent ou par la postérité, peu m'importe; il pourra attendre un siècle son lecteur; Dieu n'a-t-il pas attendu six mille ans un contemplateur de ses œuvres! »

Ce langage peut nous étonner aujourd'hui, ajoute M. Cazin (les *Forces physiques*) ; mais l'état des esprits à l'époque où écrivait Kepler justifie son exaltation; grâce à Dieu, les régions de la science sont aujourd'hui plus sereines, et les savants n'ont plus à lutter contre les superstitions qu'enfantait autrefois l'ignorance.

Newton expliqua les lois de Kepler d'après les principes de la mécanique rationnelle. Ce dernier pensait que la pesanteur était le résultat produit par des effluves magnétiques qui, émanant comme autant de rayons du centre de la terre, attireraient vers ce centre tous les corps qui tombent. Newton ne chercha point quelle était la cause, l'essence de la force dont il constatait les résultats; il resta mathématicien, et, par suite, son œuvre, dégagée de toute obscurité métaphysique, est impérissable. Elle n'est en opposition avec aucune doctrine philosophique, et elle a satisfait si complètement l'esprit humain, que, depuis Newton, les astronomes ne cherchent guère à pénétrer le lien mystérieux qui unit les corps quelconques de l'univers. Il a expliqué sa découverte et prouvé la vérité de ses assertions dans son livre intitulé : *Principes mathématiques de la philosophie naturelle* (1687); et elle a été formulée dans cette loi : *Les corps s'attirent en raison directe de leurs masses et en raison inverse du carré des distances*, c'est-à-dire que, si un corps a une masse quatre fois plus grande qu'un autre, il l'attirera avec une force quatre fois plus grande, et si les deux corps sont parfaitement mobiles, celui qui a la masse quatre fois plus grande se déplacera quatre fois moins que l'autre. De plus, si la distance qui sépare les deux corps est quatre fois, cinq fois, dix fois plus grande, ils s'attireront $4 \times 4 = 16$ fois, $5 \times 5 = 25$ fois, $10^2 = 100$ fois moins.

Cette force mystérieuse, découverte par Newton, est l'*attraction*.

Lorsque l'*attraction* n'a pour objet que d'unir entre elles les différentes molécules qui constituent un corps, on l'appelle *attraction moléculaire;* quand elle préside à la conservation de l'ordre qui règne dans l'univers, en retenant les corps célestes dans les limites de leur route accoutumée, elle prend le nom de *gravitation universelle;* quand enfin elle est le lien invisible qui tient enchaînés les divers éléments qui composent notre globe, ou cette force invisible qui précipite à leur surface les corps qui en ont été séparés, c'est la *pesanteur.*

La réalité physique de l'*attraction* peut être à chaque instant constatée à la surface de la terre; tout le monde a remarqué, par exemple, que les corps légers, les grains de poussière flottant sur l'eau d'une cuvette finissent par être réunis sur les bords. Les bulles gazeuses que l'on voit sur une tasse de café, quand on y a mis du sucre, se groupent ensemble; elles s'attirent l'une l'autre, elles se réunissent, puis soudain, attirées toutes ensemble par une masse plus grande, elles courent rapidement jusqu'aux parois.

Une expérience scientifique, conçue par John Michell, en Angleterre, et faite en 1798 par Cavendish (1), ne permet plus de conserver aucun doute. Il fallait voir si deux corps terrestres, soustraits à l'action de la pesanteur, se précipiteraient vraiment l'un sur l'autre avec une vitesse proportionnelle à leur masse et à leur distance.

On ne peut évidemment soustraire un corps à l'action de la pesanteur; mais on peut disposer ce corps de manière que la pesanteur ne lui imprime aucun mouvement. Deux balles de plomb A, B, pesant chacune 729 grammes, sont adaptées aux extrémités d'un levier horizontal CD (*fig. 34*), suspendu par son centre à un fil très fin EH. La pesanteur ne peut, certes, déplacer ces balles dans le sens horizontal; pour les mettre à l'abri de l'agitation de l'air, on les dispose encore dans une boîte. Deux grosses sphères de plomb P, S, pesant chacune 158 kilogrammes, sont placées à côté des petites balles, de façon que la ligne de leurs centres rencontre le prolongement du fil de suspension; les centres des balles et des sphères sont dans un même plan horizontal. On enferme le tout dans une autre boîte. On observe avec des lunettes L, L' les extrémités du fléau CD, et l'on re-

---

(1) CAVENDISH (Henry), né à Nice en 1731, mort en 1810. Il appartenait à la noble famille des ducs de Devonshire et des ducs de Newcastle, une des plus riches d'Angleterre; mais étant de la branche cadette, il était pauvre et conséquemment méprisé et délaissé par ses puissants parents qui ne comprenaient pas son goût pour l'étude des sciences. Heureusement, un de ses oncles, revenu d'outre-mer, lui laissa par testament plus de 300,000 livres de rente, et cet héritage le fit accueillir par ses nobles cousins avec plus d'amitié et de respect, sans contredit, que ses savants travaux. Cependant il a la gloire de disputer à Lavoisier la priorité de la découverte de l'*hydrogène* et de la composition de l'eau; il trouva celle de l'acide nitrique, détermina la densité moyenne du globe et trouva l'expérience importante dont nous parlons ici. Nous cherchons vainement dans l'histoire des comtes et des ducs de la famille des titres plus beaux à la gloire et à la reconnaissance des hommes.

marque alors que, dès l'approche des grosses sphères, les petites balles se portent d'elles-mêmes à leur rencontre. La réalité de l'attraction est démontrée, quoique, dans cette expérience, l'attraction soit fort petite, puisqu'elle est ici à peu près égale à celle que la terre exerce sur un poids de $\frac{45}{1\,000}$ de milligramme.

Cependant, connaissant la distance du centre de chaque balle à celui de la sphère voisine, cette expérience a pour résultat de permettre, en vertu des lois de Newton, de calculer l'attraction qu'on aurait si la sphère était au centre de la terre et de comparer cette attraction à celle que la terre exerce sur la balle de 729 grammes. Le rapport de ces deux attractions est celui des masses de la terre et de la sphère. Cavendish en a déduit la densité moyenne de la terre, qui est de 5,44.

Fig. 34. — Appareil de Cavendish.

On arrive ainsi à connaître la masse de la terre. De même, on peut, peser comme avec une balance les corps célestes en appliquant les lois de Kepler, qui lient la masse de ces corps célestes à la durée de leurs révolutions respectives.

Mais ceci est proprement du domaine de la *Cosmographie* et de l'*Astronomie*; nous nous arrêterons donc, non toutefois sans avoir parlé de deux instruments nouveaux, inventés par M. Siemens, savant physicien anglais, que M. de Parville décrit ainsi dans ses *Causeries scientifiques*. L'un d'eux, l'*attractiomètre*, est destiné à mesurer les plus petites variations dans la force attractive; l'autre, le *bathomètre*, se basant sur ce principe que l'attraction est moins grande si les corps attirés sont sur la mer que s'ils sont sur la terre ferme, puisque l'eau a une densité moindre et conséquemment qu'ils ont un poids moindre, doit montrer les différentes variations de poids des corps en tel ou tel lieu. On voit les applications pratiques qui découlent aussitôt : dans la navigation, pour déterminer, sans sondage, la profondeur de la mer; en géologie, pour obtenir des renseignements sur la composition du sous-sol; en aéronautique, pour avoir un mesureur exact des hauteurs atteintes par le ballon; en astronomie, pour bien se rendre compte des attractions produites sur la mer par les actions sidérales et renseigner sur la grandeur des forces qui engendrent les marées.

Le premier de ces instruments, l'*attractiomètre*, se compose de deux cylindres horizontaux en fonte de 6 centimètres de diamètre sur 30 de longueur, réunis par un tube en fer de 40 centimètres de longueur; un second tube en verre, immédiatement superposé au tube de jonction en fer, établit une nouvelle communication entre les deux réservoirs cylindriques. Ce système est posé sur un trépied à vis calantes. Les réservoirs et le tube métallique de jonction sont pleins de mercure; le tube de jonction en verre et la partie supérieure des réservoirs sont remplis d'alcool coloré avec de la cochenille. Une seule bulle d'air commun, dans un niveau, a été laissée dans le tube en verre.

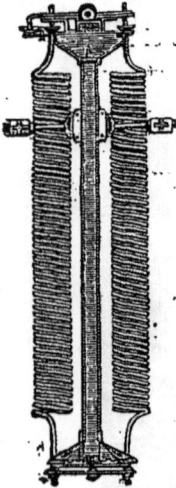

Si l'on approche d'un des réservoirs une masse pesante, immédiatement on voit la bulle se déplacer et révéler l'influence de la masse attractive. En effet, le mercure a été attiré dans le réservoir soumis à l'action de la masse que l'on a approchée; il y a eu dénivellation du liquide, et la bulle, par son déplacement, a révélé le mouvement. La sensibilité de l'instrument, qui est extrême, puisqu'il suffit d'en approcher une masse de 500 grammes pour que

Fig. 35.

BATHOMÈTRE.

son influence soit manifeste, dépend des sections des réservoirs et de la section du tube en verre de jonction. Une petite masse de mercure, déplacée dans le réservoir, se traduit par une longueur assez grande de liquide dans le tube en verre de petit diamètre et par un déplacement sensible de la bulle. Les variations de température, étant égales dans chaque réservoir, n'influent pas sur la marche de la bulle d'air.

Le second de ces instruments s'appelle *bathomètre* (du grec *bathos*, profondeur, et *metron*, mesure). C'est un tube vertical en acier, plein de mercure (*fig*. 35). Les extrémités s'ouvrent en forme de coupe, de façon à augmenter les surfaces terminales du mercure. La coupe inférieure est fermée au moyen d'un diaphragme (légère cloison) très mince, en feuilles d'acier plissé; le poids de la colonne de mercure est équilibré au centre du diaphragme par la force élastique de deux ressorts d'acier qui descendent en spirale de chaque côté du tube et prennent leur point d'appui respectif sur la coupe supérieure. On a ainsi une colonne pesante suspendue, qui exerce sur les ressorts une traction proportionnelle aux variations de son poids.

Le tube est posé, à l'aide de tourillons, sur un trépied, de façon à conserver la position verticale. L'instrument constitue donc une balance, dans laquelle la masse à peser est constante, et la tare est invariable, puis-

La tour penchée de Pise (page 100).

qu'elle est donnée par la force élastique des ressorts, qui ne sont pas influencés par les variations de la pesanteur. La colonne de mercure agit sur le diaphragme et tend à le déprimer s'il y a augmentation de la pesanteur; s'il y a diminution, le ressort ramène, au contraire, le diaphragme

dans sa position première. Or, chaque oscillation du diaphragme abaisse
ou surélève le niveau du mercure dans la coupe supérieure. Les changements de niveau accusent les changements de la pesanteur. Ces déplacements très faibles sont enregistrés à l'aide d'un contact électrique. La
coupe supérieure est fermée; il ne pénètre à l'intérieur qu'une vis que
l'on fait tourner avec précaution. La vis est reliée à une pile électrique;
le diaphragme de la couche inférieure également; aussitôt que la vis touche la surface du mercure, le courant électrique passe et fait retentir une
sonnerie. Sur la tête de la vis sont des divisions. Pour apprécier la profondeur de la mer en tel ou tel lieu, il suffit de lire.

DIRECTION DE LA PESANTEUR. — L'attraction étant une propriété
générale de la matière, aucun corps ne peut être soustrait à la pesanteur;
aucun corps, abandonné à lui-même, ne peut ne point se diriger aussitôt
vers la terre. C'est à la pesanteur que sont dus la pression des corps sur
ceux qui les soutiennent, l'écoulement des liquides, la suspension des
corps flottants, l'élévation de la fumée et des ballons.

La suspension des corps flottants, l'élévation de la fumée et des ballons que nous citons comme des effets de la pesanteur semblent cependant, au contraire, être des exceptions. Ces exceptions ne sont qu'apparentes. La fumée, les ballons, les corps flottants sont pesants comme les
autres; ce qui s'oppose à leur chute, c'est l'air ou le liquide au milieu
duquel ils sont et qui est plus lourd qu'eux. Enlevez cette opposition, le
corps reprend sa direction vers la terre. Un bouchon de liège pèse évidemment; abandonnez-le à lui-même dans l'air, il tombera; mais si vous
l'abandonnez dans l'eau, il ne tombera plus, il flottera, parce que l'eau,
plus lourde que lui, l'empêche de passer. La fumée d'une chandelle que
l'on vient d'éteindre se dirige en haut; placez-la sous le récipient d'une
machine pneumatique, machine dont nous parlerons et qui est destinée à
pomper l'air contenu dans une cloche, la fumée, au lieu de s'élever,
tombera, c'est-à-dire suivra la direction imposée à tous les corps par la
pesanteur.

La direction de la pesanteur s'appelle *verticale*, et toute direction perpendiculaire à la verticale est dite *horizontale*. Cette direction est donnée
par un instrument appelé *fil à plomb* (*fig.* 36), composé d'un corps pesant
quelconque, en général d'un petit cylindre en plomb, terminé par un cône
et suspendu à un fil. La masse de plomb tend à tomber et fait prendre au
fil la direction de la pesanteur, c'est-à-dire la verticale.

Le fil à plomb est très employé dans la pratique, soit pour s'assurer
de la *verticalité* d'un mur; car, s'il s'en éloignait quelque peu, chacun sait

qu'il ne tarderait pas à tomber, surtout si ce mur avait une grande hauteur ; soit pour constater l'*horizontalité* d'un corps, d'un plan, constatation indispensable pour élever une construction d'aplomb. On a donné diverses formes aux instruments appelés *niveaux*, basés sur l'emploi du fil à plomb.

Pour constater la verticalité, le *fil à plomb* simple suffit ; cependant on se sert aussi d'une règle à bords bien parallèles (*fig.* 37), sur le milieu de laquelle est tracée une ligne AB, nommée *ligne de foi*, bien parallèle aux bords et sur laquelle s'appuie un fil à plomb suspendu en A. On

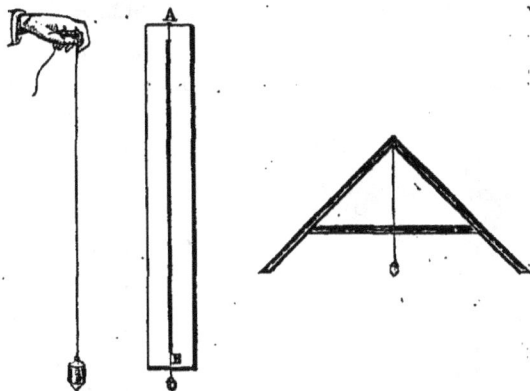

Fig. 36, 37, 38.

FIL A PLOMB. — RÈGLE. — NIVEAU DE MAÇON.

place le côté de la règle sur le corps de la verticalité duquel on veut s'assurer ; si le fil à plomb couvre bien la ligne de foi, et seulement alors, la surface considérée est verticale.

Fig. 39.

NIVEAU A PERPENDICULE DE DELAMBRE.

Pour constater l'horizontalité, on se sert du *niveau de maçon* dont l'aspect seul (*fig.* 38) indique l'usage.

Lorsque l'on veut non seulement connaître si un plan ou une ligne est horizontal, mais encore de combien il s'écarte de la perpendiculaire, on se sert, particulièrement en *géodésie* (du grec *gê*, terre ; *daiein*, diviser), science qui s'occupe spécialement de la mesure de la terre, ou de ses parties, ou de la détermination de la forme des surfaces terrestres, on se sert, disons-nous, du niveau à perpendicule perfectionné par Delambre, ce savant dont nous avons parlé, qui fut chargé de la mesure du méridien avec Méchain, en 1792, puis avec Arago. Dans ce niveau (*fig.* 39), le fil à plomb est remplacé par une règle AB suspendue en A, et dont l'extrémité inférieure est munie d'un vernier V.

Un limbe CD divisé permet de lire la valeur de l'angle formé par la règle AB et par la ligne de foi F. On peut ainsi trouver l'inclinaison d'une ligne XX′ avec l'horizon XH ; car, comme on le sait en géométrie, l'angle BAP = X'XH comme ayant leurs côtés perpendiculaires entre eux.

Des expériences faites à l'aide de ces divers instruments on a pu conclure cette définition, que la direction de la pesanteur est perpendiculaire à la surface d'un liquide en équilibre, ou, comme l'on dit généralement, à la surface des eaux tranquilles. On constate facilement cette perpendicularité en disposant un fil à plomb AB (*fig.* 40) au-dessus de la surface bien réfléchissante d'un liquide, du mercure, par exemple, ou de l'eau noircie. On remarque alors que l'image BC du fil à plomb produite sur la surface du liquide est bien le prolongement du fil lui-même, qu'elle lui est symétrique et conséquemment que le fil est bien perpendiculaire à la surface.

Fig. 40.

Or, la surface des eaux tranquilles définit en chaque lieu ce que l'on appelle la surface de la terre. C'est la surface de l'Océan, supposée non agitée par les flots, et s'étendant sur la totalité du globe terrestre.

On sait que cette surface est sphérique.

Il suit de là que les diverses verticales vont aboutir au centre de la terre. Si la terre était percée d'outre en outre par un puits immense, nous tomberions jusqu'au centre, que nous dépasserions d'abord par suite de la vitesse acquise, puis nous remonterions au centre et au delà, attirés encore, pour redescendre, et ainsi de suite, oscillant plusieurs fois pour nous arrêter enfin au centre. La force attractive qui nous pousse ainsi dans les profondeurs du globe, la *pesanteur*, se traduit pour nous par la sensation de *poids*. Il faut faire un effort pour empêcher un corps de tomber ; cet effort est ce que nous appelons son *poids*.

Nous foulons donc la terre, un peu comme les mouches qui courent au plafond, les pieds rivés au sol et la tête pendante dans l'espace. Si, par le trou dont nous parlions tout à l'heure, nous apercevions, étant placé en A (*fig.* 41), un homme au côté diamétralement opposé au nôtre, cet homme B serait notre *antipode* (du grec *anti*, contre; *pous*, *podos*, pied); précipité dans le puits supposé, ses pieds viendraient se coller aux nôtres et il serait comme lorsque nous marchons sur une glace, l'image qui progresse avec nous et perpendiculairement à nous.

Les angles AOC, AOD, AOE que forment les verticales de deux points éloignés du globe sont donc, en réalité, égaux à la distance angulaire qui sépare les lieux correspondants, distance qu'il est toujours facile de calculer; ainsi, de Barcelone à Dunkerque cet angle est de 7° 28'. Mais la distance considérable du centre de la terre permet de considérer ces verticales, dans un même lieu, comme étant parallèles. En effet, le quart de la circonférence terrestre, c'est-à-dire 90 degrés, étant, on le sait, de 10 millions de mètres, un mètre représente une distance angulaire de $\frac{90°}{10\,000\,000}$ ou $\frac{3}{100}$ de seconde en-

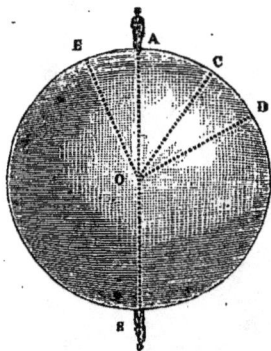

Fig. 41. — ANTIPODE.

viron, quantité complètement inappréciable, même avec les instruments les plus parfaits. On regarde donc la pesanteur, agissant verticalement sur toutes les molécules d'un corps, comme un ensemble de forces parallèles.

POIDS. — Nous disions tout à l'heure que la force attractive, la pesanteur, se traduisait pour nous par la sensation du *poids*. Il ne faut pas confondre, en effet, comme on le fait quelquefois dans le langage vulgaire, le mot *pesanteur* avec le mot *poids*. La pesanteur désigne la *force constante* qui attire tous les corps vers le centre de la terre, tandis que le poids désigne l'*effet de cette force* sur chacun d'eux. Le *poids* est la résultante des actions que la pesanteur exerce sur toutes les molécules d'un corps; il est donc proportionnel à sa masse; et, réciproquement, la masse d'un corps est proportionnelle à son poids. Nous rappelons que le mot *masse* n'est point synonyme de volume, car il y a des corps très volumineux et très légers; la masse d'un corps est la quantité de matière enfermée sous l'unité de volume.

Il y a trois espèces de poids : 1° le *poids absolu*, qui est l'effort que l'on doit opposer à un corps, *dans le vide*, pour l'empêcher de tomber; 2° le *poids relatif*, qui est le rapport de son poids absolu à un autre poids pris pour unité. Ce poids pris pour unité est, dans notre système métrique, le *gramme*, ou poids d'un centimètre cube d'eau distillée à son maximum de densité; 3° le *poids spécifique;* c'est le rapport du poids relatif d'un corps sous un certain volume au poids d'un même volume d'eau distillée, à son maximum de densité, s'il s'agit d'un corps solide ou liquide, et au poids d'un même volume d'air atmosphérique, s'il s'agit d'un gaz.

Exemple : Prenons un centimètre cube de platine; il tend, en vertu de la force d'attraction, à se diriger sur le centre de la terre, s'il est abandonné à lui-même. La force qu'il faudrait lui opposer dans le vide pour empêcher sa chute serait son *poids absolu.*

Fig. 42.

Nous prenons ce centimètre cube de platine; nous le comparons, au moyen d'une balance, à notre unité de mesure, le gramme, et nous trouvons qu'il faut 22 grammes pour équilibrer le morceau de platine; 22 grammes seront le *poids relatif.*

Le poids relatif étant 22 grammes, nous savons que le centimètre cube d'eau ne pèse que 1 gramme; nous dirons que le *poids spécifique* du platine est 22.

Nous verrons plus loin, en étudiant l'*intensité de la pesanteur*, que le poids absolu d'un corps n'est pas le même à tous les points du globe; mais que le poids relatif reste constant, les variations s'exerçant en égale proportion sur le corps considéré et sur l'unité qui sert à le peser.

CENTRE DE GRAVITÉ. — La pesanteur étant une propriété de la matière, toutes les molécules qui constituent un même corps sont soumises à son action; toutes les molécules tendent à se diriger vers le centre de la terre, et, nous le répétons, la longueur du rayon terrestre étant immense, la distance angulaire est considérée comme nulle, et les forces qui agissent verticalement sur toutes les molécules d'un corps doivent être regardées comme des forces parallèles (*fig.* 42).

Or, nous avons dit (page 69, § v) que, lorsque plusieurs forces parallèles, agissant dans le même sens, sont appliquées aux différents points d'un même corps, leur résultante générale est égale à leur somme, et que le point d'application de cette résultante passait toujours par un même point; ce point est le *centre de gravité.*

Il résulte de la loi que nous venons d'énoncer que la position de ce point ne varie pas, quand on fait varier la direction des composantes;

on peut donc faire tourner le corps sur lui-même sans que la position du *centre de gravité* change; c'est un point fixe, qui dépend seulement de la façon dont sont distribuées dans son intérieur les molécules qui le constituent.

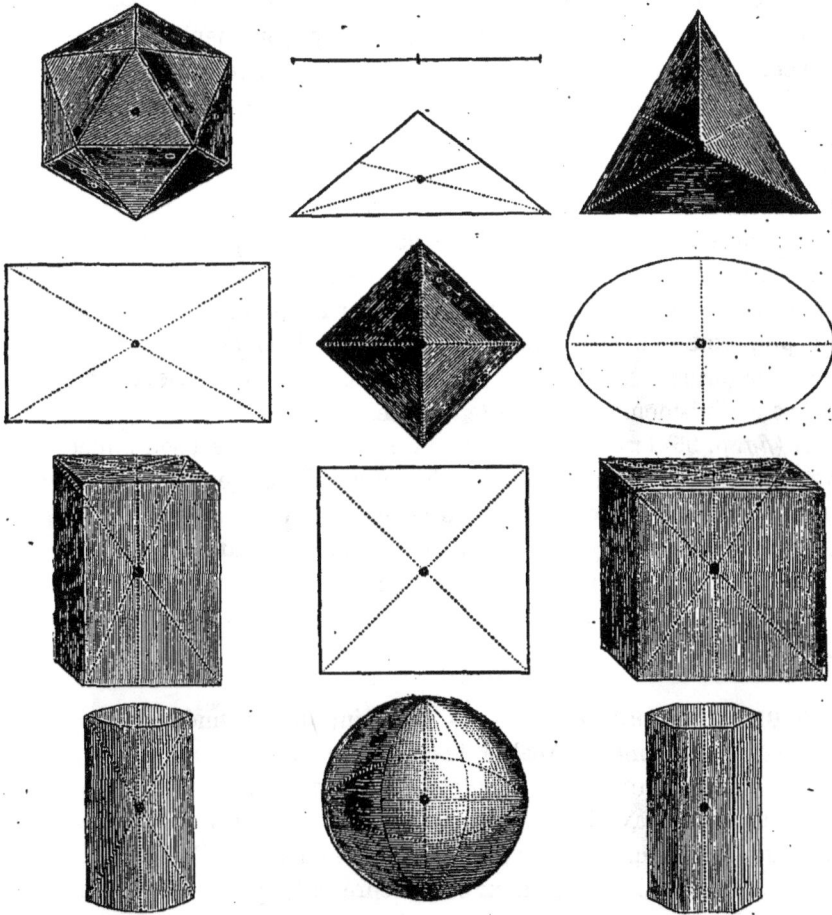

Centre de gravité de quelques faces et de quelques solides (page 96).

Pappus, mathématicien d'Alexandrie qui vivait dans le IVe siècle de notre ère, et dont nous avons les restes d'un recueil grec intitulé *Collections mathématiques*, renfermant des documents nombreux et précieux sur l'état des sciences physiques dans l'antiquité, nous apprend que, quoique Aristote eût observé qu'*un homme assis est obligé, pour se lever, ou de retirer ses pieds en arrière ou de porter son corps en avant*, les anciens s'étaient vainement occupés de la recherche du centre de gravité. Ce ne fut qu'au XVII° siècle que deux mathématiciens, le Père Guldin, jésuite, et Lucas Valérius, reprirent la question et calculèrent la position du centre de gravité dans les corps de forme géométrique et dont la masse est formée de molécules de même espèce.

Pour découvrir le centre de gravité d'un corps, on suspend ce corps successivement par deux points différents; le prolongement des fils dans l'intérieur du corps formerait un angle; le sommet de cet angle est le centre de gravité.

Quelquefois on peut exécuter ce prolongement, par exemple pour les corps dans lesquels l'épaisseur est assez petite pour être négligée; mais, dans le plus grand nombre de cas, on ne peut déterminer le centre de gravité d'un corps qu'au moyen de formules mathématiques souvent élevées, dont nous n'avons point à parler ici, parce qu'elles appartiennent proprement à la *mécanique*. Cependant, dans le cas de corps homogènes de forme très simple, où il existe un point de symétrie, ce point de symétrie est lui-même le centre de gravité.

Ainsi (*fig.* p. 95) le centre de gravité : 1° d'une droite est son milieu; 2° d'un triangle, le point d'intersection des perpendiculaires abaissées de ses sommets; 3° d'un cercle, d'une circonférence, d'un anneau, d'une ellipse, le centre; 4° d'un carré, d'un rectangle, d'un parallélogramme, le point de rencontre des diagonales; 5° d'une sphère, son centre; 6° d'un cylindre, le milieu de son axe; 7° d'un parallélipipède, le point de concours des diagonales, etc.

ÉQUILIBRE DES CORPS PESANTS. — Au point de vue mécanique, le *centre de gravité* est donc, en réalité, le centre de forces parallèles distribuées d'une manière déterminée. Toutefois, il est constant que la découverte du centre de gravité est due à la considération des phénomènes d'équilibre qui se produisent dans les corps physiques sous l'influence de la pesanteur. L'action de la pesanteur étant représentée par une résultante unique, égale à son poids, verticale et appliquée à son centre de gravité, il suffit évidemment, pour l'annihiler, de lui opposer une force égale, de même direction et appliquée au même point. Il y a, en d'autres termes, un point tel que, si on vient le fixer, le corps se trouve entièrement soustrait à l'action de la pesanteur, est *en équilibre :* ce point est le *centre de gravité.*

On peut obtenir ce résultat, c'est-à-dire soustraire un corps à l'action de la pesanteur, le mettre en équilibre, de trois manières différentes : 1° en soutenant le centre de gravité par un fil; 2° en soutenant le centre de gravité par un axe horizontal; 3° par une surface plane fixe.

1° Dans le premier cas, il est clair qu'il faut que le centre de gravité

Centre de gravité (page 101).

et le fil se trouvent dans la même direction verticale. C'est ainsi que nous avons ci-dessus déterminé le centre de gravité d'un corps.

2° Dans le second cas, c'est-à-dire lorsqu'un corps solide est soutenu par un axe horizontal autour duquel il peut se mouvoir, l'équilibre ne peut avoir lieu que si la verticale du centre de gravité passe par l'axe.

Soit, par exemple, une plaque triangulaire mobile autour d'un axe de rotation O, et soit G le centre de gravité. Pour qu'il y ait équilibre, il faut que la verticale menée par ce point G rencontre l'axe. Mais cette verticale peut le rencontrer, que le centre de gravité soit au-dessus ou au-dessous de l'axe. S'il est au-dessus (*fig.* 43), évidemment le moindre mouvement imprimé au corps lui fera perdre sa position d'équilibre en vertu de sa

Fig. 43. — ÉQUILIBRE INSTABLE.　　Fig. 44. — ÉQUILIBRE STABLE.

pesanteur. On dit alors que l'équilibre est *instable*. Si le centre de gravité est au-dessous de l'axe (*fig.* 44), l'action de la pesanteur tend toujours, au contraire, à rétablir cet équilibre, si l'on vient à le troubler, et l'équilibre est *stable*.

La condition d'équilibre stable est donc que *le centre de gravité soit au-dessous de l'axe ou du point de suspension*.

Ce principe a reçu une application dans le jouet connu sous le nom d'*équilibriste* (*fig.* 45). C'est une figurine en ivoire, reposant par un point sur un petit socle horizontal. Deux boules de plomb sont fixées à distance égale de la figurine par de petites tiges. Le centre de gravité se trouve au-dessous de l'axe, l'équilibre est donc stable. Aussi, quelque mouvement d'oscillation que l'on donne à l'appareil, il finit toujours par se remettre dans une position telle que la verticale menée par le centre de gravité passe par son point d'appui.

Si l'axe traversait le corps en passant précisément par son centre de gravité, l'équilibre serait *indifférent*, c'est-à-dire qu'il aurait lieu dans toutes les positions possibles. Ainsi a-t-il lieu dans les roues de mécanismes qui servent à transmettre du mouvement et qui ne doivent avoir aucune position d'équilibre. Ici, en effet, l'axe passe par le centre du cercle qui est le centre de gravité.

3° Quand le corps s'appuie sur une surface plane fixe, sur une table ou sur le sol, par exemple, il faut, pour que ce corps soit en équilibre, ou que la verticale abaissée du centre de gravité passe par le point de contact, si le corps ne touche la surface que par un point; ou, s'il touche la surface en plusieurs points, que la verticale touche dans l'intérieur de la base du polygone formé en joignant deux à deux les différents points de contact.

Dans ce cas, l'équilibre est *indifférent* si son centre de gravité est constamment à la même distance de la surface plane, comme pour un cube, une sphère posés sur une table; il est *stable* lorsque le centre de gravité est placé plus bas que dans toute autre position du corps, comme un œuf posé dans le sens de sa longueur; il est *instable* si le centre de gravité est plus haut que dans toute autre position, comme lorsqu'on pose un œuf sur sa pointe.

On comprend facilement que l'équilibre *instable*, rigoureusement possible, est en réalité impossible à obtenir. En effet, une foule de causes concourent sans cesse à le détruire; on ne peut donc le

Fig. 45.
ÉQUILIBRISTE.

considérer que comme de l'ordre purement théorique.

Si le corps repose sur la surface par plusieurs points, il est visible que l'équilibre sera d'autant plus stable que le centre de gravité sera placé plus bas, que la base sera plus large et que la position du point où la verticale du centre de gravité tombe

Fig. 46. — POUSSAH.

dans l'intérieur du polygone sera plus centrale. L'expérience le démontre journellement.

Ces principes d'équilibre trouvent leur application pratique en une infinité de circonstances.

Sans parler du jouet nommé *poussah* (*fig.* 46), dans lequel, l'accumu-

lation de la matière étant portée vers la partie inférieure, le centre de gravité est très bas et, conséquemment, ramène toujours le jouet à la position
verticale, quelques mouvements qu'on lui imprime; sans parler non plus
de ce jouet d'enfants qui consiste en un petit cylindre de sureau, au bas
duquel on fixe un clou à grosse tête, et qui revient toujours debout, malgré les efforts que l'on fait pour le renverser, nous rappellerons le soin
que l'on apporte dans les constructions à disposer les matériaux de façon
que la verticale du centre de gravité tombe bien dans l'intérieur du corps.
La négligence sur ce point amènerait infailliblement un prompt renversement de l'édifice. Il est même arrivé quelquefois que, le terrain sur lequel
on a bâti éprouvant quelques tassements, la verticale de gravité change,
et l'édifice court risque de s'écrouler. La fameuse tour de Pise présente
un exemple de ce fait. On sait qu'elle penche de près d'un mètre. Elle ne
s'écroule cependant pas, parce que, même dans l'état où elle est, si de
son centre de gravité on laissait tomber un fil à plomb, le plomb ne tom-
berait pas en dehors du terrain occupé par sa base.

C'est encore en appliquant les principes que nous venons d'énoncer
que l'homme, dont le centre de gravité est situé près du creux de l'estomac, se penche en avant pour marcher, parce que le mouvement que
tend à prendre le centre de gravité facilite la marche, plus en avant encore
s'il porte un fardeau sur ses épaules, se jette du côté opposé à celui qui
supporte un poids, se penche en arrière pour porter quelque chose entre
ses bras comme une nourrice fait d'un enfant, ou pour descendre une
rampe, tandis qu'il se penche en avant pour la remonter ou bien pour se
lever, étant assis. Les danseurs de corde ne conservent leur équilibre
qu'en maintenant leur centre de gravité au-dessus de la corde, chose à
laquelle ils parviennent au moyen d'un *balancier*, longue perche dont les
deux bouts sont chargés d'une boule assez pesante, avec laquelle ils font
varier non pas précisément la position de leur propre centre de gravité,
mais la position de celui qu'ils auraient si le balancier faisait partie de
leur corps, ce qui est en réalité tant qu'ils le tiennent à la main.

C'est encore en observant ces règles que les marins disposent à fond
de cale le *lest* qui maintiendra le plus bas possible le centre de gravité de
leur navire; sans cela, quand un coup de vent coucherait celui-ci d'un
côté, il ne pourrait plus se relever. S'il s'élève une tempête, le capitaine
quelquefois fera encore baisser ce centre de gravité en faisant enlever de
dessus le pont les objets lourds, canons, marchandises, qui s'y trouvent,
afin de donner plus de stabilité à son bâtiment.

Si une voiture se trouve dans un chemin dont les deux bords ne sont
pas de même niveau, la voiture est inclinée; tant que son centre de gra-

vité sera assez bas pour que sa verticale tombe entre les deux roues, elle restera en équilibre; dès que, au contraire, la voiture étant mal chargée, le centre de gravité est assez haut ou assez rapproché de la roue la plus basse pour que la verticale tombe en dehors, la voiture versera. C'est pourquoi le chargement d'une voiture présente des difficultés que la routine ne parvient à vaincre qu'après de longs et coûteux tâtonnements. Tandis qu'une charrette chargée de fer ne peut être chargée en hauteur, son centre de gravité étant seulement à quelques centimètres au-dessus de son essieu, une charrette de foin peut l'être, son centre de gravité étant élevé de deux ou trois mètres, si toutefois la voiture est assez lourde par elle-même.

Il a été nécessaire de se livrer à de longues études comparatives pour arriver au type d'*omnibus* adopté aujourd'hui. Les diligences de jadis avaient la réputation, méritée d'ailleurs, de verser bien souvent; en effet, elles portaient peu de voyageurs dans l'intérieur et, sur l'impériale, de nombreux et lourds colis. On avait même imaginé des diligences dans lesquelles on chargeait les bagages sous la caisse de la voiture, afin d'éviter les accidents fréquents. Il a donc fallu prévoir, dans la construction des omnibus actuels, les cas où la voiture est entièrement vide, où son intérieur seul est chargé, où l'intérieur et l'impériale renferment des voyageurs et enfin où l'impériale seule est chargée. Le centre de gravité étant de plus en plus haut dans ces quatre cas, des accidents eussent été inévitables quand l'impériale seule est complète, si l'on n'eût habilement combiné les choses pour que le centre de gravité n'atteignît jamais une hauteur dangereuse.

CHAPITRE II

LOIS DE LA CHUTE DES CORPS

HISTORIQUE. — Dans l'Introduction de ce livre, nous déplorions les innombrables conséquences auxquelles peut entraîner une erreur scientifique; et, parlant de la nuit noire et sanglante du moyen âge, nous accusions de crimes contre les personnes, de crimes plus horribles encore contre l'intelligence humaine, l'attachement à des doctrines fausses, à des illusions religieuses, à des inepties physiques, caractéristiques de cette sombre époque.

Nous en avons un exemple dans l'histoire de la découverte des lois si importantes qui président à la chute des corps.

Le grand homme qui le premier les démontra, Galilée, dut subir à cette occasion les premières de ces persécutions qui payèrent chacune des conquêtes de son génie.

La plus célèbre de ces découvertes, celle qui reléguait dans le domaine de la Fable une terre immobile, renfermant dans ses entrailles un enfer incandescent, et au-dessus d'elle un ciel, un empyrée, peuplé d'anges, de séraphins et de bienheureux; celle qui prouvait, après Copernic, que le soleil est le centre de l'univers, et qu'autour de ce centre la Terre, humble planète, gravite comme Mercure, Vénus, Mars, Jupiter; celle qui exposait l'absurdité de cet ordre du monde révélé par la Bible, la plus grande de toutes, il la paya par la prison dans l'*in pace* du couvent de la Minerve, par la torture, par la douleur d'une rétractation arrachée à un vieillard de soixante-dix ans, soumis au supplice de la corde, du chevalet et du brodequin de fer; il la paya par l'épouvantable souffrance qui lui faisait pousser ce cri de désolation : *E pur si muove!*... « Et pourtant elle tourne!... »

Ah! maudissons ces chrétiens d'alors; bien plus que les membres de la très sainte Inquisition, Galilée croyait en Dieu, et vraies sont les paroles que lui prête le poète :

> Allez, persécuteurs, lancez vos anathèmes !
> Je suis religieux beaucoup plus que vous-mêmes.
> Dieu, que vous invoquez, mieux que vous je le sers ;
> Ce petit tas de boue est pour vous l'univers ;
> Pour moi, sur tous les points l'œuvre divine éclate ;
> Vous la rétrécissez et, moi, je la dilate ;
> Comme on mettait des rois au char triomphateur,
> Je mets des univers aux pieds du Créateur.

Il avait été, par grâce spéciale du saint-père, condamné, pour ce fait, à être seulement renfermé toute sa vie dans une maison d'Arcetri, avec la défense expresse de publier aucun écrit sur les sciences, et avec l'ordre formel de réciter toute l'année les sept psaumes de la pénitence, *afin qu'il eût une occupation intellectuelle.* Quelques années après, il meurt, et tout ce que l'on put trouver de ses travaux, ses observations, ses plans, ses calculs astronomiques, les manuscrits de ses expériences de physique furent détruits comme entachés d'hérésie.

Le crime qu'il avait commis en démontrant le mouvement de rotation de la terre autour du soleil avait dû être puni d'une façon exemplaire.

Celui qu'il commettait en découvrant les véritables lois de la chute des corps méritait un moindre châtiment, quoiqu'on ne pût le laisser impuni : il ne contredisait point la Bible, en effet; mais il contredisait Aristote.

Or, Aristote était le fondement de toute la science du moyen âge; ses rêveries, ses erreurs et même les vérités qu'il avait exprimées dans ses nombreux ouvrages ayant été rendues compatibles avec les croyances catholiques. On enseignait qu' « avant la naissance d'Aristote, la nature n'était pas entièrement achevée : elle a reçu en lui son dernier accomplissement et la perfection de son être; elle ne saurait plus passer outre; c'est l'extrémité de ses forces et la borne de l'intelligence humaine. » Les théologiens de Cologne prétendaient qu'Aristote avait été le précurseur du Messie. Les jésuites approuvaient la croyance en la béatification du philosophe. Enfin, pour conclure, le parlement de Paris portait contre les chimistes un arrêt déclarant « qu'on ne pouvait attaquer les sentiments d'Aristote, sans attaquer la théologie scolastique reçue dans l'Église; » et, en 1626, le même parlement bannissait trois hommes qui avaient voulu soutenir publiquement des thèses contre la doctrine d'Aristote, et faisait « défense à toute personne de publier, vendre et débiter les propositions contenues dans ces thèses, à peine de punition corporelle, et d'enseigner aucunes maximes contre Aristote, à peine de la vie. »

Aristote avait déclaré, et là il avait eu raison, que la pesanteur était un mouvement accéléré, c'est-à-dire qu'un corps acquiert d'autant plus de mouvement qu'il s'éloigne davantage du lieu où il a commencé à tomber; cette opinion était donc autorisée au moyen âge, et le célèbre moine franciscain Duns Scot (1266-1308), le *Docteur subtil*, la soutint avec éclat dans son école à Paris. Mais, comme nous l'avons dit déjà, il mettait en opposition les corps pesants avec les corps légers, en supposant aux premiers la tendance à se diriger en bas, et aux seconds celle à se diriger en haut. Il affirmait que les différents corps tombent dans le même milieu avec une vitesse proportionnelle à leur masse, c'est-à-dire qu'un corps une fois, deux fois plus lourd qu'un autre devait tomber une fois, deux fois plus vite. Il affirmait aussi que la vitesse d'un corps qui tombe librement est proportionnelle à l'espace parcouru, c'est-à-dire qu'un corps qui, à la fin de sa chute, aurait parcouru, par exemple, un espace de 10 mètres, a acquis une vitesse dix fois plus grande que celle qu'il avait acquise après sa chute d'un mètre. Et ses disciples, au moyen âge, soutenaient ces opinions; le fameux Baliani surtout défendait la dernière avec une certaine autorité et on désignait cette loi, prétendue naturelle, sous le nom de *loi de Baliani*.

C'est pourquoi terribles furent les persécutions qui accueillirent l'audacieux Galilée, attaquant par le raisonnement et par l'expérience ces lois du maître considéré comme infaillible !

Né à Pise (d'autres disent à Florence) en 1564, d'une famille noble, mais pauvre, Galilée avait été destiné par son père à la médecine ; mais il avait bientôt abandonné cette étude pour les sciences mathématiques et physiques vers lesquelles l'entraînait une irrésistible vocation. Il s'y montra bientôt tellement supérieur que les Médicis le firent nommer, dès l'âge de vingt-quatre ans, professeur de mathématiques à l'université de Pise, la plus fameuse alors de l'Italie.

Ce fut là que, en 1589, il porta le premier coup aux croyances officielles, en soutenant publiquement la thèse suivant laquelle *tous les corps, de quelque forme et de quelque grandeur qu'ils soient, arrivent en même temps au sol quand ils tombent de la même hauteur.*

C'est là la première des lois relatives à la chute des corps.

1re LOI DE LA CHUTE DES CORPS. — Pour mettre en évidence cette vérité, Galilée façonna de petites boules de terre de substances diverses et les laissa tomber en même temps du sommet de la coupole de la cathédrale de Pise. Ces boules vinrent toucher le sol presque en même temps. Il les déforma de manière à donner à chacune des surfaces très inégales : elles tombaient alors avec des vitesses très différentes. Il conclut de ces expériences que la pesanteur agissait avec la même intensité sur tous les corps ; que, seule,

Fig. 47.

la résistance de l'air retardait la chute de ceux qui offraient une surface plus grande à cette résistance ; et que, dans le vide, tous les corps tomberaient avec la même vitesse.

Il n'était point permis à Galilée de présenter une expérience plus décisive, plus claire que celle qu'il présentait ; la machine à produire le vide, la machine pneumatique, n'était pas encore inventée de son temps. Newton réalisa cette expérience après laquelle il n'est plus possible de conserver un doute. On a un tube de 1m,50 à 2 mètres de longueur (*fig.* 47), dont une extrémité est garnie d'une armature de cuivre se vissant

le plateau de la machine pneumatique. On enlève l'air contenu dans
tube, puis on ferme le robinet pour en empêcher la rentrée; on enlève
suite celui-ci du plateau de la machine pneumatique. On a eu soin de

Fig. 48.. — MACHINE D'ATWOOD.   Fig. 49. — APPAREIL DE M. MORIN.

placer dans le tube des corps de densités très inégales, des morceaux de
plomb, une plume, un bout de papier. Renversant alors brusquement le
tube de haut en bas, on voit arriver en même temps à l'autre extrémité
les différents corps. Si on laisse entrer l'air dans le tube, les corps les plus

légers se laisseront de nouveau devancer par les plus lourds, et ces différences augmenteront jusqu'à ce que l'air soit dans le tube identique à l'air extérieur, c'est-à-dire ayant une même densité.

Il s'est trouvé un écrivain, le fameux abbé Delille, pour chanter en vers cette expérience.

> . . . Des corps tombants à qui l'air fait passage,
> Sa fluide épaisseur ralentit le voyage.
> Ainsi qu'en pesanteur, en vitesse inégaux,
> Tous, d'un cours différent, ils traversent ses flots ;
> Mais tous, d'un mouvement également rapide,
> Lorsque l'air est absent, retombent dans le vide ;
> Et le métal pesant, et la plume sans poids,
> Au terme du voyage arrivent à la fois.

La résistance de l'air seule, en effet, empêche les corps de tomber tous avec la même vitesse. Ainsi deux mêmes corps, deux feuilles de papier, par exemple, ayant même poids ne tombent pas à terre avec la même vitesse si l'une est froissée et roulée en boule et l'autre laissée dans toute son étendue. Un rond de papier de la grandeur d'un sou ne tombe pas à terre aussi vite que le sou ; placez-le contre le métal, au-dessus, la résistance de l'air est annihilée : papier et métal tombent en même temps. C'est la résistance de l'air qui permet à l'oiseau de voler, c'est-à-dire de combattre la loi de la pesanteur. En faisant effort sur l'air avec ses ailes, il s'élève ; en les déployant horizontalement ainsi que la queue, il plane ; en supprimant le plus possible la résistance de l'air, quand il ferme ses ailes et baisse la tête, il descend vers le sol. C'est en utilisant la résistance de l'air que l'on construisit les *parachutes*, appareils presque abandonnés aujourd'hui, dont néanmoins nous parlerons plus tard, et qui étaient destinés à permettre aux aéronautes d'effectuer leur descente en abandonnant leur ballon. Le parachute se compose d'une pièce d'étoffe très solide, généralement en soie vernissée, ayant la forme d'un parapluie, au contour de laquelle se trouvent attachées des cordes supportant une nacelle. L'aéronaute voulant descendre ouvre l'appareil ; l'air s'engouffre sous l'appareil qui se déploie et, exerçant une résistance énorme, lui permet de descendre lentement. Pour éviter que l'air ne se dégage par les côtés et n'imprime ainsi au parachute des secousses dangereuses, un trou central établit un courant d'air et le maintient en équilibre.

C'est encore à cette même résistance de l'air qu'est due la dissémination des liquides tombant dans l'atmosphère, que la pluie nous arrive à l'état de gouttes et non en masses compactes.

Certes, il est très beau de s'écrier avec Fénelon : « Voyez-vous ces nuages qui volent comme sur les ailes des vents? S'ils tombaient tout à coup par de grosses colonnes d'eau rapides comme des torrents, ils submergeraient et détruiraient tout dans l'endroit de leur chute, et le reste des terres demeurerait aride. Quelle main les tient dans ces réservoirs suspendus et ne leur permet de tomber que goutte à goutte, comme si on les distillait par un arrosoir? » Mais, au lieu d'une stupéfaction inconsciente, n'est-il pas bon de se rappeler que la résistance de l'air brise seule ces masses liquides?

Dans le vide, en effet, les liquides tombent comme un corps solide; exemple le *marteau d'eau,* qui est un tube contenant de l'eau dont on a chassé l'air par l'ébullition du liquide et que l'on a ensuite fermé hermétiquement. En retournant le marteau d'eau, on voit l'eau qu'il contient venir frapper en masse le fond du tube avec bruit.

Galilée avait trouvé cette première loi : *Tous les corps tombent dans le vide avec la même vitesse.*

2º ET 3º LOIS DE LA CHUTE DES CORPS. — Galilée, disons-nous, avait prouvé, autant que cela pouvait se faire alors, que les corps tombaient dans le vide avec la même vitesse. Il arrachait ainsi une des pierres de l'édifice théologico-aristotélique; il fut donc puni. On l'obligea, en 1592, de quitter sa chaire de mathématiques à l'université de Pise; afin même d'éviter de plus grands châtiments à cause de son génie, il dut fuir la ville. La république de Venise, indulgente, lui offrit de professer la physique à Padoue. Véritablement incorrigible, ou, pour nous servir des expressions mêmes du *Dictionnaire de théologie* de Bergier, livre classique catholique, « *véritablement entêté, trop pétulant, extrêmement emporté, plein de vanité, faisant plus de cas de son opinion que de celle de ses amis,* » il persista dans ses idées, envers et contre tous; bien plus, il les appuya de nouvelles expériences, et, en 1602, il avait trouvé les deux autres lois relatives à la chute des corps. Malgré les efforts des partisans d'Aristote, les néo-péripatéticiens, malgré les objections des disciples de Descartes, les cartésiens, malgré les appuis que trouvaient ses ennemis, il put même consigner ses observations, ses expériences et ses découvertes dans son livre : *Discours et démonstration mathématique relatifs à deux nouvelles sciences se rapportant à la mécanique et aux mouvements* (Leyde, 1638, in-4º). Il ne fut cependant point pour cela châtié temporellement; il fallut que, plus tard, il fît déborder la mesure, en démontrant la rotation de la terre autour du soleil, pour que cessât l'indulgence dont il avait abusé certainement.

Les deux lois qu'il avait découvertes s'énoncent ainsi :

2° loi (loi des espaces). *Les espaces parcourus par un corps qui tombe librement dans le vide croissent proportionnellement aux carrés des temps employés à les parcourir, à partir de l'origine du mouvement.*

3° loi (loi des vitesses). *Les vitesses acquises par un corps qui tombe librement dans le vide croissent proportionnellement aux temps écoulés depuis le commencement de la chute.*

Nous dirons un peu plus loin par suite de quelles considérations mathématiques, et, après quelles expériences, Galilée put confirmer les hypothèses de son génie. Il s'appuyait sur des principes que nous n'avons pas encore vus ; nos explications seraient donc peu comprises.

D'ailleurs, on démontre expérimentalement les deux lois relatives à la chute des corps au moyen de la *machine d'Atwood* (1) et de l'*appareil de M. Morin* (2).

La machine d'Atwood se compose d'une poulie P (*fig.* 48) très légère et tournant très facilement autour de son axe. Sur la gorge de cette poulie est un fil de soie très fin, soutenant à chacune de ses extrémités des poids A, B, égaux, qui se font équilibre dans toutes les positions, le poids du fil pouvant être considéré comme nul. Une règle verticale RR′ est placée parallèlement au fil et porte deux curseurs C et D. Le curseur C a la forme d'un anneau dont l'ouverture est juste suffisante pour laisser passer le poids B ; le curseur D est plat et sert à arrêter le poids B après un temps donné. Une horloge à secondes S est fixée à l'appareil.

Pour détruire l'équilibre des poids A et B, on a une petite masse additionnelle M, bien plus légère que les poids A et B, mais ayant une forme allongée, qui l'empêche de passer à travers l'anneau du curseur C.

Or, il est évident que la petite masse M, placée sur le poids B, et forcée d'entraîner dans sa chute les masses A et B, tombera moins vite que si elle était seule. Il est facile de déterminer par le calcul le ralentissement de sa vitesse. Soit v la vitesse acquise par M après une seconde de chute libre, sa quantité de mouvement sera le produit Mv. Soit encore x la vitesse acquise également après une seconde de course par les deux

---

(1) Atwood (Georges), physicien anglais, professeur à l'université de Cambridge, né en 1746, mort en 1807. A laissé de nombreux travaux sur la physique, entre autres une *Théorie du mouvement des balanciers des horloges.*

(2) Morin (Arthur-Jean) [1801-1880], général de division d'artillerie, directeur du Conservatoire des arts et métiers, membre de l'Institut. Il est, avec le général Poncelet, un des savants qui ont le plus contribué aux progrès de la mécanique expérimentale.

masses A et B entraînées par M; la quantité de mouvement étant la même, on aura l'équation :

$$(A + B + M)\, x = Mv,$$

d'où

$$x = \frac{Mv}{A + B + M}.$$

Supposons M l'unité et chacun des poids A et B = 12, on aura :

$$x = \frac{v}{12 + 12 + 1} = \frac{v}{25},$$

c'est-à-dire que la vitesse du système sera 25 fois plus petite que si la masse M tombait seule. La force qui produit le mouvement du système est donc diminuée, relativement à celle qui produit la chute libre, dans un rapport constant, et, par conséquent, les lois du mouvement observé seront bien celles de la chute libre.

Ce principe étant posé, pour observer la loi des espaces on se sert seulement du curseur D. Si, dans une seconde, le chemin parcouru par le poids B, surmonté de la petite masse M, est de 1 décimètre, on constatera, en plaçant le curseur successivement aux distances 4, 9, 16... décimètres, que le mobile arrive au terme de sa course au bout de 2, 3, 4 secondes, ce qui prouve que les espaces parcourus *croissent proportionnellement au carré des temps.*

Si l'on appelle K l'espace parcouru pendant la première unité de temps, l'espace *e*, parcouru pendant le temps *t*, sera donc donné par la formule :

$$e = Kt^2 \quad (1).$$

Pour observer la loi des vitesses, on dispose le curseur C de façon à retenir la petite masse M supplémentaire quand le poids B traversera l'anneau. Ce poids B, ainsi soustrait à l'action de la pesanteur, se meut alors en vertu de la vitesse acquise et parcourt, pendant la seconde suivante, *un espace double* de celui qu'il a parcouru dans la première. Si on place ensuite C de façon à retenir M, après deux secondes de chute on constate que la vitesse acquise est double, après trois secondes triple, etc., ce qui démontre que les vitesses acquises par un corps qui tombe sont *proportionnelles aux temps pendant lesquels il est tombé.*

Dans la formule (1) ci-dessus, nous avons appelé K l'espace parcouru pendant la première unité de temps; la vitesse acquise est donc 2K, et, par conséquent, la vitesse acquise au bout du temps t est donnée par cette formule :

$$V = 2Kt \quad (2).$$

L'appareil de M. Morin (*fig.* 49), dont la première idée est due au général Poncelet (1), se compose d'un cylindre en bois C de 3 mètres de hauteur et 1 mètre de circonférence, animé d'un mouvement de rotation autour d'un axe vertical A d'une manière uniforme, lorsque tombe un poids P', suspendu à un cordon qui s'enroule sur un petit treuil horizontal, lequel porte une roue dentée R, engrenant à la fois, par une vis sans fin, avec l'axe du cylindre C et avec l'axe d'un volant V, muni de quatre ailettes. Un mobile P en plomb, cylindro-conique, afin que cette forme, jointe au peu de durée de la chute, permette de négliger l'effet de la résistance de l'air, est retenu en haut de l'appareil par une pince à déclic et peut tomber en chute libre quand on tire sur une mannette. Ce mobile P porte un pinceau imbibé d'encre de Chine, dont la pointe appuie légèrement sur une feuille de papier tendue sur la surface du cylindre et qui porte, tracées d'avance, un certain nombre d'arêtes équidistantes.

Les poids P et P' étant placés en haut de l'appareil, on rend libre d'abord le poids P' en tirant la mannette; celui-ci fait tourner la roue dentée R, qui met en mouvement le cylindre C et le volant V. Le mouvement du cylindre se régularise, grâce au volant, selon ce que nous avons indiqué ci-dessus (page 63). Alors on rend libre le poids P, qui tombe le long du cylindre, guidé dans sa chute par deux fils verticaux traversant les deux oreilles dont ce mobile est muni, et qui marque la trace de son passage au moyen du pinceau horizontalement placé dont nous avons parlé.

Cette trace serait une verticale si le cylindre était immobile; ce serait une circonférence horizontale si, le cylindre tournant, le mobile restait fixe; mais, par suite des deux mouvements, cette trace est une courbe dont les éléments s'obtiennent à chaque instant en composant le mouvement horizontal du cylindre avec le mouvement vertical du pinceau. Cette courbe porte, en géométrie, le nom de *parabole;* c'est la ligne qui résulte de la section d'un cône par un plan parallèle à l'un de ses côtés.

(1) PONCELET (Jean-Victor), né à Metz en 1788, mort en 1867; officier d'artillerie, fit la campagne de Russie et, prisonnier, il charme les ennuis de sa captivité par des études de géométrie descriptive. Rentré en France en 1816, il est nommé successivement professeur de mathématiques à l'École d'application, membre de l'Institut, professeur à la Faculté des sciences de Paris et au Collège de France. Ses travaux sur l'hydraulique ont rendu de grands services à l'industrie, particulièrement par son invention d'une roue à aubes courtes qui porte son nom.

Déroulons la feuille de papier qui recouvrait le cylindre et étendons-la (*fig.* 50).

La ligne courbe *ap*, tracée sur le papier, a rencontré les arêtes verticales et équidistantes aux points *q*, *r*, *s*, *p*. Abaissons de ces points des perpendiculaires sur l'arête *ak*. Si nous prenons pour unité de temps le temps qu'a mis la ligne *bl* pour prendre la place de *ak* quand le cylindre tournait, *af* sera l'espace parcouru dans une unité de temps par le poids P,
et, puisque les lignes verticales sont équidistantes, *ag* sera l'espace parcouru dans 2 unités de temps, *ah* dans 3 unités de temps, *ak* dans 4 unités de temps, etc. Or, en mesurant ces distances *af*, *ag*, *ah*, *ak*, nous voyons que

$$ag = 4\ af$$
$$ah = 9\ af$$
$$ak = 16\ af.$$

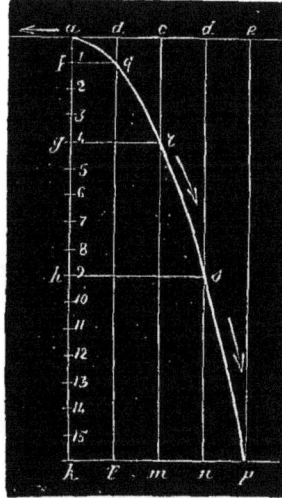

Donc *les espaces parcourus par un corps tombant en chute libre et comptés à partir de l'origine du mouvement croissent proportionnellement aux carrés des temps employés à les parcourir.*

Fig. 50. — Courbe décrite par l'appareil de M. Morin.

L'appareil de M. Morin ne peut, comme la machine d'Atwood, démontrer expérimentalement la *loi des vitesses ;* on ne peut déduire cette loi que par raisonnement.

Puisque le poids P a parcouru *af* dans la première unité de temps, il a donc parcouru $4\ af - 1\ af = 3\ af$ dans la seconde unité de temps ;

$9\ af - (1\ af - 3\ af) = 5\ af$ dans la troisième ;

$16\ af - (1\ af - 3\ af - 5\ af) = 7\ af$ dans la quatrième unité de temps, etc.

Or, sans la vitesse acquise au bout de chaque unité de temps, le poids P ne parcourrait évidemment que la distance constante *af ;* donc sa vitesse acquise est la différence entre ce qu'il parcourt avec elle et ce qu'il parcourrait sans elle, soit :

Dans la 2ᵉ unité de temps.............. $3\ af - af = 2\ af.$
Dans la 3ᵉ unité de temps.............. $5\ af - af = 4\ af.$
Dans la 4ᵉ unité de temps.............. $7\ af - af = 6\ af.$

C'est-à-dire que *les vitesses acquises sont entre elles comme 2, 4, 6, etc., ou proportionnelles aux temps écoulés à partir du commencement de la chute.*

Cette quantité 2*af*, dont la vitesse augmente pendant chaque unité de temps, est ce qu'on nomme l'*accélération due à la pesanteur*. En prenant la seconde pour unité de temps, cette quantité, désignée habituellement par la lettre *g*, est appelée l'*intensité de la pesanteur*.

Nous verrons tout à l'heure que :

A l'équateur............................. $g = 9^m,78103$
A Paris................................... $g = 9^m,80896$
Aux pôles .... $g = 9^m,83109$

CHAPITRE III

PENDULE

DÉFINITIONS. — On désigne sous le nom de *pendule* tout appareil composé d'un corps pesant suspendu à l'extrémité inférieure d'une tige rigide, dont l'extrémité supérieure est attachée à un point fixe autour duquel elle puisse se mouvoir.

Abandonnée à elle-même, cette tige prend évidemment la direction de la verticale.

Si on l'écarte de cette direction, elle tend à y revenir, en vertu de la pesanteur, après avoir dépassé plusieurs fois de part et d'autre la verticale et avoir accompli une série de mouvements de va-et-vient auxquels on a donné le nom d'*oscillations*.

Ainsi, soit (*fig.* 51) un point matériel *b* suspendu à l'extrémité d'une tige *cb*, fixée en *c*. Sous l'influence de la pesanteur, la ligne *cb* resterait en équilibre dans la position

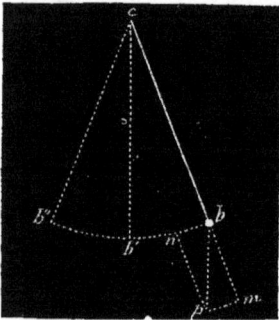

Fig. 51. — MOUVEMENT OSCILLATOIRE DU PENDULE.

verticale *cb'*, comme le fil à plomb. Si on l'écarte pour mettre le point matériel en *b*, son poids *p* se décompose en deux forces, l'une *bm* dirigée suivant le prolongement du fil *cb* et qui est détruite par la résistance du point c, l'autre nb perpendiculaire au fil cb, qui, agissant scule, sollicite le pendule à revenir en équilibre en cb'. Le point b parcourt donc avec une vitesse croissante l'arc bb', puis s'élève en b'', en vertu

A Athènes la Clepsydre était gardée par un lion d'airain... (page 128).

de la vitesse seconde, pour redescendre aussitôt en b', remonter en b et continuer ainsi une série d'*oscillations*, dont l'*amplitude* est mesurée par l'arc $b''b'b$.

Les deux arcs $b''b'$ et $b'b$ sont continuellement égaux en théorie;

mais l'expérience démontre que cette amplitude est décroissante dans l'air ; que le frottement qui se produit toujours au point *c* de suspension, que surtout la résistance du fluide amortissent rapidement les oscillations. Et plus le fluide est dense, plus il offre de résistance, plus promptement cessent les oscillations, fait qui peut se vérifier facilement en faisant osciller un pendule dans l'air, puis dans l'eau.

LOIS DU MOUVEMENT DU PENDULE. — Les mouvements du pendule sont soumis aux quatre lois suivantes :

1re LOI. *Pour un même pendule et dans le même lieu, la durée des oscillations, dont l'amplitude ne dépasse pas 3 degrés, est constante, c'est-à-dire que ces oscillations s'exécutent dans des temps égaux et sont ainsi appelées* ISOCHRONES (du grec *isos*, égal ; *chronos*, temps).

2° LOI. *Pour des pendules de même longueur et dans le même lieu, la durée de l'oscillation est indépendante du volume et de la nature de la substance du pendule.*

3° LOI. *Pour des pendules de longueurs différentes, dans le même lieu, les durées des oscillations sont proportionnelles aux racines carrées des longueurs des pendules.*

4° LOI. *Pour des pendules de même longueur, oscillant en différents lieux de la terre, les durées des oscillations sont en raison inverse des racines carrées des intensités de la pesanteur dons ces différents lieux.*

Nous avons dit par quel hasard le génie de Galilée fut mis sur la voie de ses fameuses découvertes relatives au pendule (page 31) ; nous avons remarqué que, partant de cet axiome fondamental : « *Il n'y a pas d'effet sans cause,* » le célèbre physicien, le premier, pratiquait cette méthode expérimentale, fondement de la science moderne, qu'avait d'abord exposée et développée Bacon. Nous avons enfin décrit la série d'expériences auxquelles il s'était livré avant de démontrer définitivement ces lois. Il nous reste à les formuler mathématiquement.

Soit *t* la durée d'une oscillation d'un pendule dans le vide, *l* la longueur du pendule, *g* l'intensité de la pesanteur et π le rapport de la circonférence au diamètre ; on a, en appliquant le calcul au mouvement du pendule :

$$t = \pi \sqrt{\frac{l}{g}}. \ (1)$$

Cette formule ne contenant ni l'amplitude de l'oscillation, ni la densité de la substance du pendule, la valeur de *t* est indépendante de de ces deux quantités et la 1re et la 2e loi s'en déduisent immédiatement.

Pour la 3° loi, supposons un second pendule d'une longueur l' et appelons t' la durée d'une oscillation de ce second pendule; nous aurons comme tout à l'heure :

$$t' = \pi \sqrt{\frac{l'}{g}}.$$

La valeur de g reste la même, puisque, pour les deux pendules, les oscillations se font dans le même lieu. Divisant les deux égalités ci-dessus l'une par l'autre, en supprimant les facteurs communs, on aura :

$$\frac{t}{t'} = \frac{\sqrt{l}}{\sqrt{l'}}. \ (2)$$

Donc, en un même lieu, les durées des oscillations sont proportionnelles aux racines carrées des longueurs des pendules.

Enfin, pour la 4° loi, appelons g' l'intensité de la pesanteur dans le lieu autre de la terre où nous faisons osciller le pendule et t'' la durée d'une oscillation; on aura, en appliquant la formule (1) :

$$t'' = \pi \sqrt{\frac{l}{g'}}.$$

Divisant les deux égalités (1) et (3) l'une par l'autre, en supprimant les facteurs communs, nous trouverons :

$$\frac{t}{t''} = \frac{\sqrt{g'}}{g};$$

d'où l'on voit qu'en différents lieux de la terre les durées des oscillations d'un même pendule ou de deux pendules de même longueur sont en raison inverse des racines carrées des intensités de la pesanteur en ces différents lieux.

PENDULE SIMPLE ET PENDULE COMPOSÉ. — Toutes les lois que nous venons d'exprimer s'appliquent au *pendule simple*, pendule idéal; mais elles s'appliquent également au *pendule composé*, évidemment le seul réalisable dans la pratique. Il y a toujours, en effet, un pendule simple qui a le même mouvement qu'un pendule composé; il s'agit seulement de bien déterminer ce que l'on entend par la longueur du pendule.

Nous nous expliquons.

Le *pendule simple* serait formé d'un point matériel pesant, suspendu par un fil rigide, inextensible, impondérable et oscillant sans frottement autour de son extrémité supérieure.

Le *pendule composé* est, en général, suspendu par un axe horizontal, autour duquel il oscille. Or, ses points les plus rapprochés de l'axe de suspension tendent, d'après la 3ª loi des mouvements pendulaires énoncée ci-dessus (page 114), à osciller très vite; ceux, au contraire, qui sont éloignés de l'axe tendent à osciller très lentement; de sorte qu'il existe un point intermédiaire qui oscille comme s'il était seul, c'est-à-dire comme un pendule simple qui aurait pour longueur la distance de ce point à l'axe de suspension. Ce point est appelé *centre d'oscillation,* et l'on nomme la longueur du pendule composé la distance de ce point, *centre d'oscillation,* à l'axe de suspension. C'est précisément la longueur du pendule simple qui ferait le même nombre d'oscillations que le pendule composé considéré et que l'on désigne, pour cette raison, sous le nom de *pendule simple synchrone* (du grec *sun,* avec; *chronos,* temps) ou *isochrone.*

INTENSITÉ DE LA PESANTEUR. — Nous avons vu ci-dessus (page 112) que l'intensité de la pesanteur, habituellement désignée par la lettre g, était *la valeur en nombre de la vitesse acquise au bout d'une seconde par un corps tombant librement dans le vide,* ou, en d'autres termes, *l'accélération communiquée par la pesanteur à un corps qui tombe.*

Pour trouver, en un endroit quelconque, la valeur en nombre de g, c'est-à-dire l'intensité de la pesanteur, la machine d'Atwood ou l'appareil de M. Morin seraient théoriquement suffisants; mais le pendule offre un moyen bien plus simple.

Prenons la formule (1) que nous avons trouvée (page 114)

$$t = \pi \sqrt{\frac{l}{g}},$$

et élevons ses deux termes au carré, nous avons :

$$t^2 = \frac{\pi^2 l}{g};$$

d'où nous tirons la valeur de g,

$$g = \frac{\pi^2 l}{t^2}.$$

Il suffit donc de mesurer exactement, ou le plus approximativement possible, la durée t d'une oscillation dans le lieu où l'on cherche la valeur numérique de g, et de connaître avec la plus grande précision la longueur l du pendule que l'on observe.

Cette formule a été démontrée expérimentalement par Borda (1), lors de l'établissement du système métrique, et les expériences ont été reprises par Biot (2) et Mathieu (3) de notre temps, sur la Méditerranée.

Voici comment procédèrent ces physiciens.

Borda, voulant se rapprocher le plus possible des conditions du pendule simple, du pendule idéal, établissait son pendule (*fig.* 52) avec une sphère très grosse et d'un métal très dense, le platine, afin d'abord que la résistance de l'air altérât peu les mouvements du pendule, puis pour que le poids du fil fût peu appréciable et que le pendule *synchrone* du pendule employé eût ainsi presque précisément pour longueur la distance du centre de la sphère à l'axe de suspension. De plus, le fil était attaché à une calotte sphérique du même diamètre intérieur que celui de la sphère, calotte façonnée de telle façon qu'en plaçant la sphère dans la calotte, le contact était si parfait que l'air ne pénétrait point entre les deux surfaces et que seule la pression atmosphérique les maintenait l'une contre l'autre. Ce fil était attaché par le haut à un couteau, reposant sur deux couteaux d'agate polis, parfaitement horizontaux, afin que le frottement fût très faible, et fixés à une muraille par des potences en fer.

A cette même muraille (*fig.* 53) est appliquée une horloge bien réglée, enfermée dans une armoire de verre. Une seconde armoire de verre contient celle où est l'horloge, et entre les deux glaces est le pendule. Le balancier porte un repère R, généralement un trait noir sur une petite plaque blanche. A l'état de repos, le fil du pendule et ce trait noir sont juste en

Fig. 52.

PENDULE

DE BORDA.

(1) BORDA (Jean-Charles), né à Dax (Landes) en 1733, mort en 1799, d'abord employé dans l'administration de la marine, fit un grand nombre de travaux relatifs à l'art nautique, fut capitaine de vaisseau et accompagna La Pérouse dans son voyage de circumnavigation, puis se livra entièrement à la science pure et devint membre de l'Académie des sciences. Outre les découvertes que lui doivent les sciences physiques, il a laissé une Carte exacte des îles Canaries, des relations de voyages, etc.

(2) BIOT (Jean-Baptiste), célèbre mathématicien et physicien français (1774-1862), d'abord officier d'artillerie, puis élève de l'École polytechnique, professeur de sciences à Beauvais, professeur de physique générale et de mathématiques au Collège de France, astronome à l'Observatoire, membre du Bureau des longitudes, de l'Académie des sciences et de l'Académie française. Nous avons déjà parlé de sa mission en Espagne pour mesurer, avec Arago, l'arc du méridien terrestre. Ses ouvrages sont très nombreux et touchent à toutes les questions de physique et de mathématiques.

(3) MATHIEU (Claude-Léon), né à Mâcon en 1783, mort à Paris en 1865, était fils d'un menuisier. A force de travail et de volonté, il entra à l'École polytechnique, fut nommé ingénieur en 1803,

face l'un de l'autre, si on regarde d'une distance d'une dizaine de mètres avec une lunette immobile et dirigée perpendiculairement au mur.

Si l'on met le pendule et le balancier de l'horloge en mouvement en même temps, il est clair que le fil du pendule et le trait du balancier arriveront ensemble dans la verticale;

mais comme il est, pour ainsi dire, impossible de les mettre en mouvement en même temps, on attend une première fois qu'il y ait *coïncidence*, ce que l'on constate au moyen de la lorgnette. Bientôt ils commencent à se quitter, et il arrive un moment où le pendule, par exemple, est au haut de son arc *d'amplitude,* tandis que le balancier de l'horloge est dans la verticale; le pendule avance alors d'un quart d'oscillation. Puis le balancier et le pendule se retrouvent à la verticale, mais marchant en sens contraire. Le pendule avance d'une demi-oscillation. Enfin, après avoir gagné de la même façon une autre demi-oscillation, le pendule et le balancier se retrouvent dans la verticale, marchant dans le même sens. Or, à chaque nouvelle *coïncidence* semblable, le pendule a gagné une avance entière d'oscillation sur le balancier.

Fig. 53. — APPAREIL DE BORDA.

Soit alors T le temps (exprimé en secondes) pendant lequel on a observé n coïncidences.

Supposons de plus que le balancier batte la seconde, c'est-à-dire fasse une oscillation complète en deux secondes. Entre deux *coïncidences*, le balancier a donc effectué $\frac{T}{2n}$ oscillations, et le pendule $\frac{T}{2n}+1$. Donc, dans le temps T, il y a eu $n\left(\frac{T}{2n}+1\right)$ oscillations complètes; d'où l'on peut dé-

puis successivement secrétaire du Bureau des longitudes, astronome à l'Observatoire de Paris, membre de l'Institut. Il était le beau-frère d'Arago, et, comme celui-ci, fut élu député en 1834 et en 1848. Ses rapports sur les chemins de fer, sur la loi du système métrique obligatoire et sur un grand nombre de sujets scientifiques, l'avaient fait remarquer. Il va sans dire qu'il était républicain.

duire la durée d'une oscillation complète, et, en mesurant la longueur du
pendule, la valeur de g.

Nous avons déjà donné ces chiffres. Cette valeur est :

A l'équateur.............................. $g = 9^m,78103$
A Paris.................................... $g = 9^m,80896$
Aux pôles................................. $g = 9^m,83109$

En faisant usage des formules que la mécanique fait connaître sur ce
sujet, on a pu également déterminer la longueur du pendule. Celui qui
bat la seconde est :

A l'équateur.............................. $l = 991^{mm},03$
A Paris.................................... $l = 993^{mm},90$
Aux pôles................................. $l = 996^{mm},19$

On peut aussi, pour trouver exactement cette longueur, utiliser la
réciprocité des axes de suspension et d'oscillation en se servant du pendule dit *reversible*, dont la première idée appartient à de Prony (1). Il y a,
dans l'appareil, deux couteaux de suspension : l'un d'eux est fixe, l'autre
est mobile et peut être arrêté aux différents points d'une rainure, sur les
bords de laquelle se trouve une graduation. Après avoir fait osciller le
pendule autour du premier axe, on le fait osciller autour du second, et
on fait varier la position de celui-ci jusqu'à ce que la durée de l'oscillation soit la même. La longueur du pendule simple est alors la distance qui
sépare les *arêtes des deux couteaux.*

VARIATIONS DE L'INTENSITÉ DE LA PESANTEUR. — Deux causes
principales expliquent l'augmentation que l'on remarque dans l'intensité
de la pesanteur de l'équateur aux pôles : 1° l'aplatissement du globe terrestre aux pôles ; 2° la force centrifuge.

En effet, les points situés à l'équateur sont plus éloignés du centre
de la terre que ceux qui sont aux pôles ; conséquemment, la force d'attraction est moins grande, puisque (page 85) *la force d'attraction varie en
raison inverse du carré des distances.*

(1) PRONY (Gaspard Riche, baron de), membre de l'Académie des sciences, né à Chamelet, près de
Lyon, en 1755, mort en 1839, fut chargé par la Convention d'établir les tables de logarithmes suivant
le système décimal. Professeur à l'École polytechnique dès la création de cette école, il exécuta
d'admirables travaux en Italie; améliora les ports de Gênes, d'Ancône, de Venise ; s'occupa de prévenir
les débordements du Rhône (1827) et fut, en récompense, créé baron par Charles X. Il a laissé des
ouvrages remarquables, parmi lesquels il faut citer une *Description des Marais Pontins*, qu'il avait
tenté de dessécher.

Deuxièmement, nous avons formulé (page 79) cette loi à laquelle est soumise la force centrifuge : *L'intensité de la force centrifuge est proportionnelle au carré de la vitesse.* Or la terre, dans son mouvement de rotation sur elle-même, engendre une force centrifuge dont l'intensité est sans contredit plus grande à l'équateur qu'aux pôles, attendu que les rayons des cercles parallèles à l'équateur sont le plus grands possible à ce point et nuls aux pôles. Cette force centrifuge à l'équateur est de $\frac{1}{289}$ de la pesanteur.

Remarquons que 289 est le carré de 17, et, comme la force centrifuge varie proportionnellement au carré de la vitesse, on en conclut que, si la terre tournait dix-sept fois plus vite, à l'équateur les corps n'auraient pas de poids.

A mesure que l'on s'éloigne de l'équateur, d'une part la force centrifuge diminue, d'autre part elle n'est plus directement opposée à la pesanteur et ne diminue celle-ci que d'une partie de sa valeur. Pour cette double raison, la pesanteur doit être moins diminuée; il est donc bien démontré que la pesanteur décroît.

La force centrifuge, d'ailleurs, n'influe pas seulement sur l'intensité de la pesanteur, elle modifie sa direction. L'angle que fait la verticale réelle avec la verticale qui serait, si la terre était immobile, varie d'une latitude à l'autre ; à Paris, où sa valeur est à peu près maximum, elle est de 5 à 6 minutes.

De même, quand on s'élève, la pesanteur diminue et le nombre des oscillations du pendule aussi. Bouguer (1) reconnut que le pendule, battant la seconde au Pérou, avait une longueur de 0ᵐ,99076 au niveau de la mer, et seulement 0ᵐ,98963 sur le Pichincha, à 4,750 mètres d'altitude.

Un aéronaute pèse moins à une grande hauteur qu'il ne pèse à terre, puisqu'il est moins attiré ; s'il pouvait s'élever assez haut, il finirait par ne plus peser du tout. Cependant, il ne faudrait pas croire que, placé dans le plateau d'une balance, il verrait s'incliner le fléau au fur et à mesure qu'il monterait ; il ne constaterait aucun déplacement appréciable de la balance. S'il diminue de poids en s'élevant, les poids qui lui feraient équilibre dans l'autre plateau diminueraient proportionnellement, et l'équilibre ne serait pas modifié.

Si l'on pénètre dans l'intérieur du globe, la loi de l'action que subit

---

(1) Bouguer (Pierre), membre de l'Académie des sciences, né au Croisic en 1698, mort à Paris en 1758. Il fut chargé en 1736, avec La Condamine et Godin, d'aller à l'équateur, afin de déterminer la grandeur et la figure de la terre. Il a laissé de nombreux et précieux travaux relatifs à l'astronomie et à l'art nautique.

Horloge offerte par le calife Aroun-al-Raschid à Charlemagne (page 130).

le corps devient plus complexe. Si la terre était d'une matière homogène, l'attraction devrait diminuer d'une manière continue; mais la densité du globe va en croissant à mesure qu'on avance. Cela résulte de ce que la densité moyenne est égale à 5,5 environ, tandis que les couches superficielles ont une densité qui n'atteint pas 3; cette augmentation de densité tend à augmenter la force attractive. L'expérience a montré que, dans les premières couches, cette augmentation de la force attractive due à la densité est plus puissante que la diminution résultant de l'approche du centre. Ainsi, on a calculé que l'intensité de la pesanteur au fond d'un puits de mine de 385 mètres était plus considérable qu'à la surface du globe de $\frac{1}{19150}$. Il faut donc conclure qu'à l'intérieur du globe la pesanteur va d'abord en augmentant, puis diminue ensuite.

La pesanteur varie non seulement pour chaque latitude, pour chaque altitude, mais encore pour bien d'autres raisons. Le voisinage d'une montagne la modifie; car celle-ci agit sur les corps légers par sa masse. La direction du fil à plomb est modifiée par les grands massifs montagneux; il dévie dans leur voisinage. Avec des instruments plus sensibles, on pourrait même trouver des déviations correspondantes à des attractions locales, dues à des sols plus ou moins compacts, à des roches plus ou moins denses. Chaque couche de la surface terrestre exerce, en effet, son attraction propre d'autant plus énergiquement que la matière dont elle est formée est plus serrée, d'autant moins que le terrain est plus perméable et plus creux.

Cependant de ces variations dans l'intensité de la pesanteur sous l'influence de l'attraction, de l'évidence que le poids des corps change, il ne faudrait pas conclure qu'il faille en tenir toujours compte dans la pratique. C'est surtout à l'aplatissement des pôles qu'il faut attribuer la plus grande influence; c'est surtout à cette cause qu'est dû, par exemple, ce fait, qu'une horloge réglée pour l'équateur avance au fur et à mesure qu'on la transporte vers les pôles.

En effet, remarque M. de Parvillé, le poids d'un corps résulte de l'attraction de la terre, mais aussi de l'attraction du soleil, qui exerce également, bien que très éloigné de nous, son influence attractive. Or cette action solaire peut, selon la position de l'astre par rapport à nous, s'ajouter à l'action terrestre ou s'en retrancher. De même, quand la lune passe au méridien au-dessus de nos têtes, elle diminue un peu notre poids; quand il est midi, tous les corps pèsent un peu moins qu'à six heures du soir. Pour des corps énormes, la diminution peut être sensible; pour un homme, elle ne dépasse guère la valeur de quelques grains de blé.

CHAPITRE IV

APPLICATIONS DIVERSES DES LOIS DU PENDULE

DÉMONSTRATION DE LA LOI DES ESPACES PAR LE PLAN INCLINÉ. — Sans contredit, la plus belle application que pût faire Galilée de sa magnifique découverte des lois d'oscillation du pendule était d'en tirer une preuve scientifique de la vérité des lois de la chute des corps.

Nous consacrerons un des chapitres suivants aux applications pratiques des lois de la chute des corps. Avant d'examiner ici celles qui, directement, ont été tirées industriellement des lois du pendule, nous voulons dire, avec quelques détails, comment l'illustre physicien de Pise s'en servit pour démontrer les premières.

Quelque aride que cela semble peut-être de prime abord, cette conquête du génie sur l'ignorance, armée de toute la puissance temporelle de l'époque, est certainement, croyons-nous, intéressante et utile à raconter.

Nous avons rappelé (page 31) comment, en 1583, Galilée, en voyant une lampe suspendue à la voûte de la cathédrale de Pise et que le hasard avait mise en mouvement, avait été frappé de la régularité de ses oscillations, et comment il fut amené à découvrir ainsi les lois relatives aux oscillations du pendule.

Il s'appuya sur la troisième de ces dernières lois (page 114), « *la durée des oscillations d'un pendule est en raison directe de la racine carrée des longueurs,* » pour démontrer que « *les espaces parcourus dans la chute naturelle des corps sont entre eux comme les carrés des temps employés à les parcourir.* » (2ᵉ loi de la chute des corps.)

Voici comment il procéda :

Il posait d'abord en principe évident que deux corps ont la même *vitesse* lorsque les espaces parcourus sont comme les temps employés à les parcourir.

Or, si l'on suspend à un point A (fig. 54) un pendule AB, et qu'on le porte en C, il remontera en D; joignant CD, on a une ligne que l'on considère comme rigoureusement horizontale. Si l'on suspend ensuite le pendule à un autre point H, situé sur la même verticale, en lui donnant seulement une longueur HB, et que l'on le transporte en E, on aura HB = HE ; et, si on l'abandonne à lui-même, il passera par B pour remonter en F situé sur la même ligne horizontale CD.

Ceci établi, Galilée raisonna ainsi :

Puisque, arrivé en B, le corps formant le pendule remonte d'une quantité égale à celle dont il était descendu pour arriver en B (CB = BD, EB = BF), il aurait acquis la même vitesse en B s'il était tombé librement. Il en est de même s'il était descendu suivant les plans inclinés DB, FB, ou d'autres semblables. Donc, les corps qui roulent suivant les plans DB, FB pour s'arrêter sur le plan horizontal BGH auront acquis une vitesse égale à celle qu'ils auraient acquise par leur chute verticale GF, GD.

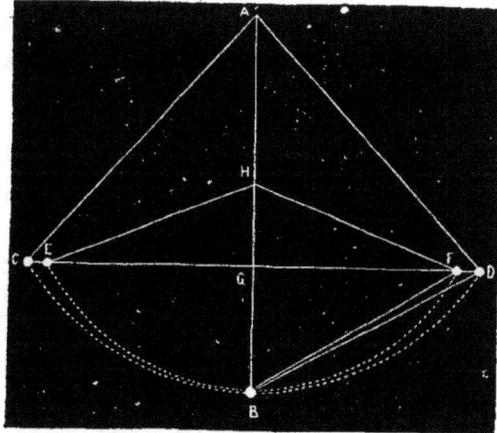

Fig. 54.

En conséquence, si on fait rouler une boule sur un plan incliné (*fig.* 55) ou oblique MN, formé par la réunion du plan horizontal PN et du plan vertical MP, le temps employé par cette boule pour tomber sur le plan incliné MN est au temps employé par la chute verticale MP comme MN est à MP.

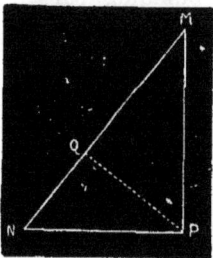

Fig. 55.

Mais les vitesses acquises par un corps qui tombe librement sont proportionnelles aux temps (page 108). Donc les vitesses acquises dans le même temps par un corps, soit qu'il roule sur le plan incliné MN, soit qu'il tombe par la verticale MP, sont entre elles comme les espaces parcourus.

Si l'on veut géométriquement déterminer sur un plan incliné MN et sur la verticale MP l'espace parcouru par un corps dans le même temps, du sommet de l'angle droit P abaissons sur MN la perpendiculaire PQ ; alors MP sera le chemin qu'un corps aura parcouru sur un plan incliné dans un temps égal à celui qu'il aurait employé à tomber par la hauteur verticale MP, car le triangle MPQ est semblable à MPN ; par conséquent, MQ : MP :: MP : MN, c'est-à-dire que l'espace parcouru sur le plan incliné est à l'espace parcouru en même temps par la verticale, comme la hauteur du plan incliné MP est à la longueur MN ; et, puisque les vitesses acquises dans un même temps par la chute oblique, sur le plan incliné, et par la chute verticale, c'est-à-dire par la pesanteur, sont comme MQ est à MP, ces vitesses doivent être entre elles dans le même rapport que la hauteur du plan incliné à la longueur de ce plan.

. D'autres considérations géométriques, que nous ne pouvons citer ici, vinrent corroborer ces assertions de Galilée, et enfin l'expérience que nous avons décrite (page 108) rendit irréfutables les lois qu'il avait découvertes.

APPLICATION DES LOIS DU PENDULE A L'HORLOGERIE. — La plus importante des applications des lois du pendule à l'industrie est certainement celle de l'*isochronisme* des oscillations du pendule à l'horlogerie.

Dès la plus haute antiquité, vers 640 avant Jésus-Christ, Bérosus, astronome chaldéen, inventa les cadrans solaires. Ayant quitté Babylone, sa patrie, où il était prêtre de Bélus, pour aller visiter la Grèce, il fit connaître ses inventions aux Grecs et inspira une telle admiration aux Athéniens que ceux-ci lui élevèrent une statue. Bientôt perfectionnés par un philosophe ionien, Anaximandre (610-547 avant J.-C.), ou plutôt par Anaximène de Milet, son disciple (550-500 avant J.-C.), les cadrans solaires, qu'on appelait alors *horoscopions* (du grec *hôra*, heure ; *skopeô*, je considère) ou *horologions* (du grec *hôra*, heure ; *legô*, je dis), ou *cadrans sciothériques* (du grec *scia*, ombre ; *thêra*, recherche), passèrent en Sicile, puis furent introduits à Rome, après la première guerre punique, par Valerius Messala (260 avant J.-C.). Des horloges publiques furent alors établies dans toutes les villes ; c'étaient des colonnes ou des murailles, supportant un cadran sur lequel l'ombre projetée indiquait l'heure de la journée. On imagina même de petits cadrans solaires portatifs pour les moments où l'on ne pourrait avoir sous les yeux les colonnes et les murailles des villes.

Un huissier des consuls, posté sur la terrasse du palais, annonçait officiellement à grands cris le moment où le soleil se levait, et celui de son passage au méridien.

Pline nous décrit avec un enthousiasme peu dissimulé le cadran solaire, ou mieux le *gnomon* (du grec *gnomon*, indice), destiné à indiquer l'heure de ce passage du soleil au méridien :

« De l'obélisque [de Sésostris] qui est dans le Champ-de-Mars, le dieu Auguste fit une admirable application ; pour marquer l'ombre projetée par le soleil, et reconnaître ainsi les longueurs des jours et des nuits, on étendit un lit de pierre dans un tel rapport avec l'obélisque, que l'ombre fût égale à ce lit le jour du solstice d'hiver, à midi ; puis, pour chaque jour, l'ombre subissait des décroissements et, plus tard, des accroissements correspondant à des règles d'airain incrustées dans la pierre : construction mémorable et digne du génie fécond du mathématicien Novus. Celui-ci plaça au haut de l'obélisque une boule dorée dont l'ombre se ramassait sur elle-même, au lieu que l'ombre projetée par la pointe même s'étendait énormément ; on dit que ce procédé lui fut suggéré par l'aspect de la tête humaine. »

La présence du soleil était indispensable pour se servir de ce moyen de mesurer le temps, premier inconvénient, car les jours de brouillard, de pluie, ou pendant la nuit, on restait dans l'ignorance ; puis le cadran solaire ne marque que le *temps vrai*, c'est-à-dire le passage du soleil au méridien. Or, le soleil ne revient que quatre fois par an à la même heure au méridien. Tantôt il avance, tantôt il retarde ; le jour solaire, l'intervalle compris entre deux passages consécutifs n'est pas constamment de vingt-quatre heures. Et pour ceux qui ont besoin d'une exactitude quelque peu rigoureuse, le cadran solaire ne remplissait pas le but qu'ils désiraient.

Aussi, de nos jours, est-il tout à fait abandonné ; vainement, au XVIIIe siècle, essaya-t-on de le remettre à la mode, et sur les fausses ruines de temples écroulés, dont on ornait les jardins, on manquait rarement de construire un cadran solaire. C'était un prétexte à inscriptions philosophiques. Ducis écrivait sous l'un d'eux :

> Passant, arrête et considère,
> Avec mon ombre passagère,
> Glisser l'image de tes jours.
> Le doigt du Temps, sur la lumière,
> De tes heures écrit le cours ;
> Ton sort dépend de la dernière.
> Pour ne rien craindre sur la terre,
> Trop heureux qui la craint toujours !

Voltaire, lui, évoquait des idées moins lugubres que celles de l'éternité :

> Vous qui vivez dans ces demeures,
> Êtes-vous bien ? Tenez-vous-y ;
> Et n'allez pas chercher midi
> A quatorze heures !

Le canon du Palais-Royal, comme les cadrans solaires, ne donne que l'heure vraie ; c'est-à-dire que le meilleur moyen de n'avoir l'heure de tout le monde que quatre fois par an est de régler sa montre sur sa détonation. En effet, depuis 1816, M. de Chabrol étant préfet, toutes les horloges de Paris sont réglées sur le *temps moyen*, c'est-à-dire sur une moyenne fixant la durée invariable du *jour moyen* se rapprochant le plus possible de la durée sans cesse variable du *jour solaire*.

Le cadran solaire étant déconsidéré, on imagina l'horloge d'eau, ou *clepsydre* (du grec *klepto*, je cache ; *udor*, eau ; parce que l'eau s'y dérobe à la vue en s'écoulant). Nous avons donné (page 13) le dessin d'un de ces instruments. Son usage était général dans l'Inde, dans la Chine, chez les Hébreux, en Égypte, en Grèce, où elle fut introduite par Platon, et à Rome, qui la dut au consul Scipion Nasica, deux siècles environ avant Jésus-Christ.

La *clepsydre simple* se composait de deux fioles d'égale grandeur, placées l'une au-dessus de l'autre, en sens opposé, et se joignant par leur ouverture, comme deux bouteilles dont les goulots seraient appliqués l'un contre l'autre par leur extrémité.

La fiole supérieure laissait tomber goutte à goutte le liquide dont elle était pleine dans la fiole inférieure. Quand celle-ci était remplie, on retournait l'appareil, opération qui se faisait toutes les heures. On pouvait ainsi compter, par le nombre de fois que l'on avait renversé la clepsydre, quelle heure il était.

Une de ces horloges était toujours placée dans le barreau d'Athènes et dans celui de Rome. A Athènes, la clepsydre était gardée par un lion d'airain sur lequel s'asseyait celui qui avait l'emploi de distribuer l'eau. Les avocats, orateurs politiques et orateurs sacrés d'alors, n'avaient le droit de parler que pendant le temps que durait l'écoulement de la mesure d'eau qui leur était assignée. Beaucoup prétendent que cet usage aurait dû être conservé dans toutes les villes où il y a des orateurs.

Pendant la nuit, l'eau, en s'écoulant, faisait résonner une flûte, qui, en cessant de jouer, indiquait que l'eau était toute descendue dans le vase inférieur et qu'il fallait retourner l'appareil.

Mais l'inconvénient de ce soin continuel était extrême ; puis, si elle mesurait la durée d'une heure, la clepsydre n'indiquait pas combien de fois, à tel moment du jour, elle avait déjà été retournée. On chercha donc quelque chose de plus commode pour remplacer, soit la *clepsydre*, soit le *sablier*, horloge semblable, dans laquelle il y avait, au lieu d'eau, du sable très fin et soigneusement tamisé. Les *sabliers* sont encore conservés, cependant, dans la marine, à bord d'un grand nombre de bâtiments. Ils se vident en une demi-heure, et les matelots appellent cette demi-heure une horloge. Ils divisent les vingt-quatre heures en quarante-huit horloges, et *être de quart*, c'est veiller pendant un laps de temps qui dure six horloges.

Comme, depuis le XVIII° siècle, il est de mode d'attribuer aux Chinois

Expérience de M. Foucault, faite au Panthéon
pour démontrer le mouvement de rotation de la terre (page 135).

les inventions dont les auteurs sont inconnus, nous dirons que le paysan chinois demande l'heure à un cadran qui exige, certes, la sagacité d'un sauvage, mais que nous croyons peu exact. Ce cadran, c'est l'œil de son chat. Il prend l'animal, lui regarde la pupille et juge, par le degré de dilatation qu'elle présente, l'heure qu'il est, sinon pendant la nuit, au moins depuis l'aurore jusqu'au crépuscule. Tout le monde sait que la pupille des animaux de race féline se contracte au jour et se dilate pendant les ténèbres; mais il paraît que la contraction et la dilatation suivent avec tant de régularité les heures de la journée qu'un regard exercé les devine à ce seul signe. Au matin, la pupille est ovale, après avoir été ronde pendant la nuit; du matin à midi, elle rétrécit son diamètre, jusqu'à devenir un simple trait, et, de midi au soir, elle reprend insensiblement la forme ovale.

Certes, les Chinois ont de l'esprit; mais nous préférons un chrono-mètre de Bréguet.

Ce ne fut que vers le VIIIe siècle de notre ère que furent retrouvées ces machines hydrauliques que quelques-uns prétendent être dues à Cté-sibius, espèces de clepsydres perfectionnées, qui marchaient à l'aide d'une roue à palettes sur laquelle l'eau tombait goutte à goutte et faisait tourner des rouages qui conduisaient des aiguilles sur un cadran. La première dont il soit question dans l'histoire est celle que le pape Paul Ier offrit, en 760, à Pépin le Bref. On cite ensuite celle que, en 807, le calife Haroun-al-Raschid envoya à Charlemagne et qui excita une si prodigieuse admi-ration. Cette horloge sonnait les heures, et, au moment où le dernier coup de midi se faisait entendre, douze cavaliers paraissaient, armés de toutes pièces, et défilaient aux yeux des spectateurs.

Le pape Sylvestre II, célèbre avant son élévation sous le nom de Gerbert, archevêque de Reims, et qui était si savant qu'il eût été certai-nement brûlé comme sorcier s'il n'avait été pape, inventa, dit-on, vers 995, l'horloge à roues, ayant des poids pour moteur, et l'on prétend même qu'il trouva l'échappement qui fut seul en usage jusqu'au XVIIe siècle.

Cependant les horloges sonnantes ne furent répandues en Europe que vers le XIIe siècle, et l'on ignore le nom de l'inventeur. Sous le règne de Louis XI, on commença à fabriquer de petites horloges à sonnerie qui pouvaient se transporter et servir, quoique bien moins commodément, au même usage que nos montres. C'était alors un objet de luxe réservé aux princes et aux rois.

Jusqu'à cette époque, l'heure était annoncée aux populations, soit, comme en Allemagne, en Flandre, dans l'Artois, par un homme qui frap-pait avec un marteau sur une cloche le nombre de coups nécessaire, soit par des veilleurs de nuit, appelés *clocheteurs des trépassés*, parce qu'en criant l'heure, ils ajoutaient : « Gens qui veillez, priez pour les tré-passés! » Tout le monde se plaignait vivement de cet usage lugubre et incommode, de ces hommes vêtus d'une dalmatique blanche, chargée de têtes de mort, d'ossements et de larmes noires, qui parcouraient les rues pendant toute la nuit :

> Le clocheteur des trépassés,
> Sonnant de rue en rue,
> De frayeur rend les cœurs glacés,
> Bien que le corps en sue ;
> Et mille chiens oyant sa triste voix
> Lui répondent à longs abois.
> Ces tons ensemble confondus,
> Font des accords funèbres,
> Dont les accents sont épandus
> En l'horreur des ténèbres,
> Que le silence abandonne à ce bruit,
> Qui l'épouvante et le détruit.

Aussi fut-ce un véritable bienfait pour les peuples quand, au XIIᵉ siècle, furent établies les premières horloges publiques sonnantes. Un mécanicien de Padoue, nommé Dondus ou de Dondis (Jacques), surnommé *Horologius* (1298-1360), en construisit une des premières, qui fut placée, en 1344, sur la tour du palais de Padoue et qui marquait, outre les heures, le cours du soleil, les révolutions des planètes, les phases de la lune, les mois et les fêtes de l'année.

Vinrent ensuite les perfectionnements, et de toutes parts s'élevèrent des horloges, parmi lesquelles on doit citer celle de Jean de Dondis, fils du précédent, placée à Pavie ; celle du bénédictin Walingford, à Londres ; celle de Courtrai ; celle du Palais de justice de Paris, construite en 1370 par l'horloger allemand Henri de Vic ; celle du château d'Anet, où l'on voyait un cerf frappant de ses pieds les heures et une meute de chiens qui couraient en aboyant ; celle de Lyon, exécutée en 1598 par Lippe de Bâle, et enfin l'horloge astronomique de Strasbourg, merveille à la construction de laquelle Isaac Habrech consacra sa vie, et qui, achevée en 1573, a été reconstruite sur un plan tout nouveau par M. Schwilgué (1838-1843).

Du XVIᵉ siècle datent de nouveaux perfectionnements : on commença, sous Charles VII, à remplacer les poids, qui jusqu'alors avaient servi de force motrice, par des ressorts en spirale ; cela permit à Pierre Hell de rendre les horloges portatives, d'inventer les montres, d'abord appelées *œufs de Nuremberg,* à cause de leur forme et du pays où elles étaient fabriquées, puis de placer les horloges sur les meubles, au lieu de les suspendre le long de la muraille, comme aujourd'hui encore les *coucous* que l'on voit dans les campagnes.

Galilée découvre alors les lois du pendule.

De la loi de l'*isochronisme* des oscillations, LORSQUE LEUR AMPLITUDE EST TRÈS PETITE, il veut tirer des conséquences pratiques, et d'abord il invente un instrument appelé *pulsilogue*, simple pendule destiné à mesurer exactement les pulsations artérielles.

Puis, le premier, il songe à appliquer l'isochronisme du pendule à l'horlogerie.

Un savant professeur italien, M. Eugenio Alberi, éditeur des *Œuvres complètes* de Galilée, envoya, en 1858, à l'Académie des sciences, une dissertation tendant à prouver que celui-ci, en 1641, dans la dernière année de sa vie, avait trouvé le moyen de modérer et de régulariser par le pendule la descente du poids moteur des horloges mécaniques; mais que, étant aveugle et prisonnier, il laissa à son fils le soin de l'exécution, et que celui-ci fit, en 1649, à Venise, un essai qui réussit. L'Académie reconnut, par l'organe de M. Biot, l'exactitude du fait.

Néanmoins, l'expérience était peu connue, et c'est à Huyghens (1) qu'appartient la gloire de cette application du pendule à l'horlogerie, application qui est, selon l'expression du célèbre Laplace, « un des plus beaux présents que l'on ait faits à l'astronomie et à la géographie. »

Le problème à résoudre était celui-ci :

Le moteur des horloges est ou un ressort qui s'enroule en spirale quand on les monte avec une clef, comme dans les pendules ordinaires, et qui, en se déroulant lentement, fait marcher toutes les pièces pendant un certain nombre de jours, ou bien par un poids qui, en descendant, imprime à tous les rouages un mouvement. Or, en vertu de la 3° loi de la chute des corps, *les vitesses acquises par un corps croissent proportionnellement aux temps écoulés depuis le commencement de la chute*, le poids, en descendant, le ressort, en se déroulant, augmenterait la vitesse de son mouvement de plus en plus, et la régularité de la marche des rouages

---

(1) HUYGHENS DE ZUYLICHEM (Christian), né à La Haye en 1629, mort en 1695, était fils d'un ministre de Guillaume III, prince d'Orange. Au lieu de s'adonner à la politique, il s'occupa de science, surtout de physique et d'astronomie. Connu, dès 1651, par des travaux de géométrie, il découvrit en 1656, au moyen d'instruments qu'il avait construits lui-même, un satellite de Saturne, et, en 1659, l'anneau qui entoure cette planète. Outre ses travaux d'application relatifs à l'horlogerie, il accomplit de merveilleuses découvertes en physique, principalement en optique. Louis XIV, jeune et aimant les savants qui faisaient la gloire de son règne, l'avait attiré en France, où il se fit recevoir docteur en droit à la Faculté protestante d'Angers. Le roi lui accorda alors une pension considérable et le fit entrer un des premiers à l'Académie des sciences (1665); mais Louis XIV, étant devenu vieux et dévot, força l'illustre savant, par la révocation de l'édit de Nantes, de quitter, comme Denis Papin et comme tant d'autres gens d'élite, le pays où il avait publié ses principaux ouvrages. On lui reproche d'avoir été injuste à l'égard de Newton et de Leibniz; mais les querelles de savants sont plutôt utiles que nuisibles à la science, et la postérité les oublie pour ne se souvenir que des bienfaits.

serait impossible. Il fallait un *régulateur* établissant un mouvement parfaitement régulier et uniforme, malgré toutes les causes d'altération et les résistances variables offertes par le jeu d'un nombre de pièces assez grand.

Voici comment Huyghens conçut et réalisa ce modérateur.

Parmi toutes les roues d'une horloge, il en est une R (*fig.* 56), qu'on nomme *roue de rencontre*, qui communique le mouvement à toutes les autres roues d'engrenage et qui elle-même dépend du pendule ou *balancier*. En effet, le balancier est pris dans une fourchette F, qui est adaptée à une tige T, fixée par son extrémité supérieure à un axe A horizontal mobile. A l'extrémité de cet axe est une pièce EH, à qui sa forme particulière a fait donner le nom d'*échappement à ancre*. Cette pièce est terminée à ses deux extrémités par des palettes destinées à engrener dans les dents de la *roue de rencontre* R.

Or l'ancre EH suit les mouvements du balancier; à chaque oscillation de celui-ci, une palette de l'ancre saisit d'un côté une des dents de la roue et empêche celle-ci de tourner plus que de la distance d'une dent à l'autre; en même temps, l'autre palette s'est dégagée et a permis cette descente, qui a bien lieu par un mouvement accéléré, mais dans un temps fort court pour se produire et qui est d'ailleurs ralenti par le frottement des pivots et des engrenages et est ainsi presque insensible.

Les mouvements du pendule ou *balancier* étant *isochrones*, celui de la roue dentée et par suite de tous les autres rouages est donc régulier.

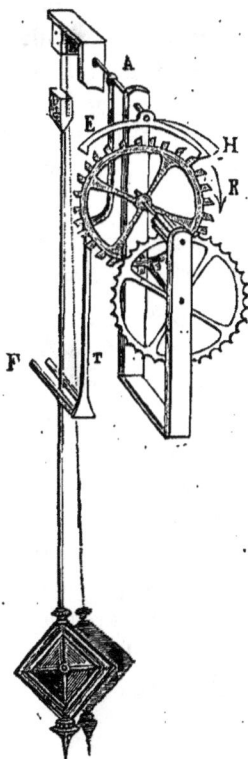

Fig. 56.
ÉCHAPPEMENT A ANCRE.

Quant à régler ce mouvement du pendule, il suffit de l'allonger ou de le raccourcir; c'est ce que l'on appelle *régler* l'horloge. Pour cela, le poids du pendule n'est point fixé à la tige, mais peut être remonté ou abaissé à l'aide d'une vis. Si l'horloge *retarde*, c'est que le pendule oscille trop lentement, c'est-à-dire est trop long; on remonte le poids; dans le cas contraire, si la pendule *avance*, on l'abaisse.

Pour le poids de la sonnerie, comme il ne descend pas constamment comme celui des heures, mais seulement quand l'horloge va sonner, comme il est facile d'espacer les dents qui soulèvent les marteaux de la sonnerie de manière que les coups se succèdent à intervalles à peu près égaux, on n'a point eu besoin de chercher à arrêter l'accélération du mouvement d'une façon plus exacte que par l'adjonction d'un petit moulinet qui, en tournant, frappe l'air de ses ailes, et cette résistance de l'air suffit pour retarder suffisamment la descente du poids.

Dans les usages ordinaires de la vie, le moyen ci-dessus de régler les horloges et de régulariser les mouvements du moteur de la *roue de rencontre* suffit généralement; cependant il est des cas où il faut considérer bien d'autres causes de variation; entre autres, nous citerons la température, qui, en vertu d'une des lois relatives à la chaleur, fait allonger ou raccourcir le pendule. Nous verrons, dans le chapitre consacré aux applications de la chaleur, comment on parvient à surmonter cette difficulté.

C'est à Huyghens, disons-le en terminant, que l'horlogerie doit d'être devenue un art de précision et de produire ces merveilles qui ont fait faire de si grands pas aux sciences exactes.

Entre tous les arts, c'est d'ailleurs l'horlogerie qui, en revanche, a reçu le plus de perfectionnements par les indications des savants. On sait qu'Arago fit longtemps, depuis 1832, un cours spécial sur cette branche d'industrie. Il réunissait autour de lui, rapporte M. Audigane dans une Étude sur ce grand savant, dans une des salles de l'Observatoire, une quinzaine d'horlogers, parmi lesquels plusieurs se sont élevés au premier rang. Je nomme, entre ses auditeurs habituels, M. Perrelet, qui a tenu à Paris une école publique d'horlogerie dans laquelle le gouvernement a entretenu pendant plusieurs années un certain nombre d'élèves; M. Jacob, le fabricant de chronomètres, etc.

L'abbé Talbert s'écriait en 1754, dans un poème, en parlant des horloges :

> Labyrinthes savants habités par les heures,
> Quels dieux vous ont construits pour être les demeures
> Où circulent sans cesse et les nuits et les jours?
> Un élastique acier suit leur marche secrète;
> Du temps que j'interroge un timbre est l'interprète;
> Mon oreille et mes yeux sont instruits de son cours.

Aujourd'hui, ces dieux-là sont des hommes de talent que la science élève et non plus l'aveuglement des peuples! Qu'il nous soit permis de citer les noms de quelques-uns : Julien Leroy (1686-1759), J.-A. Lepaute (1707-1789), Ferd. Berthoud (1727-1807), Graham (1675-1751), Harrison (1693-1776), J.-B. Lepaute (1712-1802), qui construisit l'horloge de l'Hôtelde-Ville de Paris; P.-Basile Lepaute (1759-1843), qui fit celles des Tuileries et du Palais-Royal; Bréguet (1747-1823), Janvier (1751-1835), Bréguet fils (1738-1849), Pierre Leroy (1717-1785).

Nous parlerons plus loin d'une autre sorte d'horloges appelées *horloges électriques*.

MÉTRONOME. — Un mécanicien allemand, Maelzel (1), tira une application pratique de l'isochronisme des oscillations du pendule en inventant le *métronome*. On sait que ce petit instrument sert aux musiciens pour marquer la mesure. Cette mesure variant en vitesse suivant le morceau à exécuter, il fallait pouvoir varier la durée des oscillations.

Le *métronome* (*fig.* 57) consiste en une tige d'acier oscillant autour d'un axe O et supportant à son extrémité inférieure une boule pesante B et au-dessus de son axe une autre masse M glissant de haut en bas le long d'elle, à frottement doux. Plus on élève cette masse M, plus les oscillations évidemment sont lentes; plus on la rapproche de l'axe de suspension, plus elles sont rapides. Une échelle, placée sur l'instrument, indique le nombre d'oscillations que l'on obtient par minute, en mettant

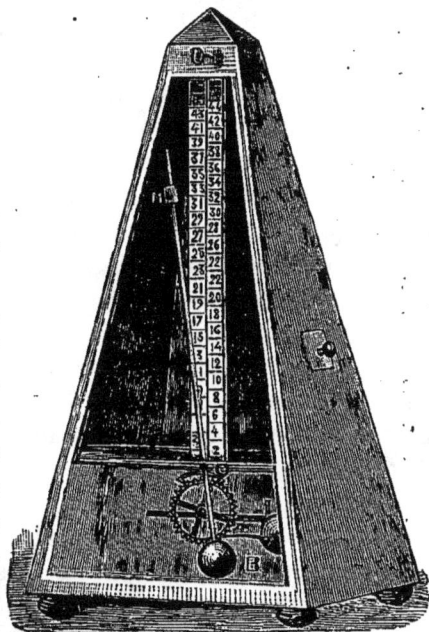

Fig. 57. — MÉTRONOME.

la masse M à tel ou tel endroit de la tige. Un mouvement d'horlogerie est mis en rapport avec le pendule par une roue à échappement qui s'échappe avec un bruit assez fort pour indiquer chaque oscillation; de plus, un timbre, frappé toutes les 2, 3 ou 4 oscillations, indique la mesure.

APPLICATION A LA DÉMONSTRATION DU MOUVEMENT DE ROTATION DE LA TERRE. — Cette démonstration expérimentale a été imaginée par

(1) MAELZEL (Léonard), mécanicien autrichien (1776-1855), a construit des automates vraiment admirables, entre autres le *panharmonica*, en 1807, orchestre composé de quarante-deux musiciens automates exécutant parfaitement des ouvertures d'opéras. Cette machine est aujourd'hui à Boston.

M. Léon Foucault (1) et exécutée par lui en 1851, à Paris, sous le dôme du Panthéon.

M. Guillemin, dans ses *Applications de la physique*, décrit ainsi cette expérience, basée sur un principe de mécanique qui, appliqué au mouvement de rotation d'un sphéroïde comme la terre, se résume en trois propositions.

1°. Un pendule, placé à l'un des pôles de la terre et dont le point de suspension serait sur le prolongement de l'axe de rotation terrestre, oscillerait de façon qu'en réalité le plan de ses oscillations successives conserverait dans l'espace une direction invariable. Dès lors, un observateur posté en ce lieu, se trouvant entraîné par la rotation de la terre sans avoir conscience de son propre mouvement, croirait voir le pendule osciller dans des plans variables coïncidant successivement avec tous les méridiens; après un jour sidéral, c'est-à-dire après 23 heures 56 minutes de temps moyen, le plan d'ocillation du pendule lui semblerait avoir effectué une révolution complète autour de la verticale, et dans un sens précisément opposé à celui de la rotation réelle.

2° A l'équateur, au contraire, le mouvement de rotation du globe n'aurait aucune influence sur la direction apparente du plan des oscillations, qui semblerait et serait en effet immobile, relativement à l'horizon.

3° Enfin, la théorie démontre qu'à une latitude différente de 90° ou de 0°, la déviation apparente du plan des oscillations du pendule se ferait dans le même sens qu'au pôle le plus voisin. Seulement, cette déviation serait d'autant plus lente que le lieu de l'expérience serait plus voisin de l'équateur. Le calcul montre qu'à Paris (latitude de 48° 50'), le pendule mettrait environ 32 heures pour faire le tour entier de l'horizon, si l'on fait abstraction, bien entendu, des retards occasionnés par le frottement au point de suspension et par la résistance de l'air.

Or, pour vérifier ce résultat, voici de quelle manière opéra M. Léon Foucault :

Au point culminant de la coupole du Panthéon se trouvait solidement encastré dans une plaque métallique un fil d'acier de 64 mètres de longueur qui portait à son extrémité inférieure une sphère de laiton très pesante. Écarté de sa position verticale et abandonné à lui-même, ce pendule exécutait, avec une grande lenteur, une série d'oscillations

---

(1) FOUCAULT (Jean-Bernard-Léon), né à Paris en 1819, mort en 1868, était fils d'un libraire et étudia d'abord la médecine; puis, il quitta cette étude pour s'occuper de daguerréotypie et de physique. Nommé préparateur du cours de microscopie médicale du docteur Donné, il résolut dès cette époque (1844-1847) divers problèmes de lumière et d'optique. Il était membre de l'Institut.

dans un plan dont la théorie démontre l'invariabilité. Dans l'hypothèse de l'immobilité de la terre, l'orientation primitive de ce plan aurait dû être constante. Or les nombreux spectateurs de cette expérience curieuse

Malheur aux vaincus ! (page 142).

purent constater la déviation apparente d'orient en occident du plan vertical dans lequel oscillait le pendule. En une heure, l'arc mesurant cette déviation était, à fort peu de chose près, celui qu'indiquait la théorie, c'est-à-dire 11°17′39″.

CHAPITRE V

BALANCE

DU LEVIER. — Il importe, avant de commencer l'étude de la balance, que nous exposions encore quelques principes de *mécanique*, que nous parlions des machines (qui ne sont autre chose que les moyens matériels par l'emploi desquels les forces peuvent être utiles), que nous disions quelques mots du *levier*, la plus simple de toutes les machines.

Le *levier* est une barre de bois ou de métal, inflexible, droite ou courbe, mobile autour d'un point fixe, appelé *point d'appui*, et qui est sollicitée par deux forces en sens contraire. Celle des deux forces qui agit comme moteur est dite la *puissance;* l'autre est la *résistance*.

On désigne sous le nom de *bras de levier* les distances du point d'appui à la *puissance* et à la *résistance*.

D'après la position relative de la puissance et de la résistance par rapport au point d'appui, on distingue trois sortes de leviers :

Fig. 58. — LEVIER DU PREMIER GENRE.

1° *Levier du premier genre (fig.* 58), dans lequel le *point d'appui* sur lequel s'exerce le levier et autour duquel il tourne est situé entre la *puissance,* point où s'applique l'effort, qui, dans le cas représenté par la figure, s'exerce de haut en bas, et la *résistance*, point qui supporte le poids du corps, qui est la résistance à soulever. Outre la balance, dont nous allons nous occuper longuement, les brimbales des pompes, les ciseaux sont des applications du levier du premier genre.

2° *Levier du second genre (fig.* 59), dans lequel la résistance est située entre le point d'appui et la puissance. Les avirons des bateaux, pour lesquels l'eau est le point d'appui, la main du batelier la puissance et le bord du bateau la résistance, sont une application du levier du second genre.

3° *Levier du troisième genre*, dans lequel la puissance est appliquée entre la résistance et le point d'appui. La pédale qui sert à faire tourner la meule du remouleur que nous représentons *(fig. 60)*, celle en usage dans les pianos, dans les tours, les pincettes de nos foyers, et surtout le système musculaire des animaux dont presque tous les mouvements s'effectuent par ce mécanisme, sont des exemples d'application du levier du troisième genre.

D'ailleurs, dans les différents os du squelette de l'homme, nous trouvons les trois genres de levier *(fig. 61)*. Ainsi, l'avant-bras représente un levier du troisième genre dont le point d'appui est à l'articulation du coude A, la résistance à la main R, et la puissance à l'insertion P des deux muscles biceps et brachial antérieur. Le pied nous offre un exemple de levier du second ordre. Le point d'appui A′ est en avant pendant la marche, la puissance au talon P′, c'est-à-dire à l'insertion du tendon d'Achille, et dont la résistance, qui est le poids du corps, porte verticalement sur l'articulation R du tarse avec la jambe. Enfin, comme levier du premier genre, nous avons la tête, dont le point d'appui se trouve à la partie supérieure A″ de la colonne vertébrale, dont la résistance est le poids de la face R″ qui tend sans cesse à l'entraîner en avant, et dont la puissance est en arrière, c'est-à-dire à l'insertion occipitale P″ des muscles postérieurs du cou.

Fig. 59. — LEVIER DU DEUXIÈME GENRE.

Fig. 60. — LEVIER DU TROISIÈME GENRE.

EFFET DES LEVIERS. — CONDITIONS D'ÉQUILIBRE. — Les effets du levier sont connus. A l'aide de cette machine, un homme parvient à soulever des fardeaux qu'il lui serait impossible de remuer sans ce secours.

Cependant, quelque immenses que puissent être les résultats obtenus, ils ont évidemment des bornes, et très justement Joseph de Maistre sourit du mot célèbre attribué à Archimède : *Donnez-moi un point d'appui, et je soulèverai le monde !* Un savant mécanicien écossais, Jacques Fergusson, raconte-t-il, s'est amusé à calculer que, si, au moment où Archimède prononçait ce mot, Dieu l'avait pris au mot, en lui fournissant, avec ce point d'appui donné à trois mille lieues du centre de la terre, des matériaux d'une force suffisante et un contrepoids de deux cents livres, il aurait fallu à ce grand géomètre un levier de douze cent milliards de cent milliards, ou douze quadrillions de mille, et une vitesse à l'extrémité du long bras égale à celle d'un boulet de canon, pour élever là terre d'un pouce en vingt-sept centaines de milliards, ou vingt-sept trillions d'années.

On peut donc mettre en doute l'authenticité de l'orgueilleuse parole, ou ne la considérer que comme une exagération, tendant à bien faire comprendre la vérité du principe qu'il avait découvert et que l'on exprime ainsi :

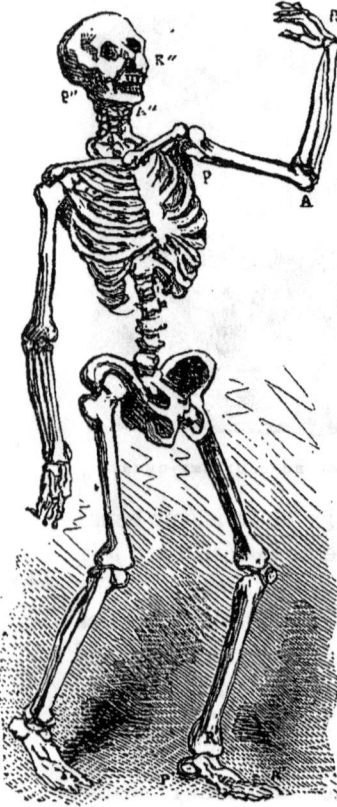

Fig. 61.

Deux forces agissant sur un levier se font équilibre lorsqu'elles sont entre elles en raison inverse des bras de levier aux extrémités desquels elles sont appliquées, ou, en d'autres termes : *Pour que deux poids se fassent équilibre, il faut que, multipliés par la longueur de leurs bras de levier respectifs, ils donnent des produits égaux.*

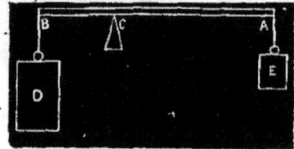

Fig. 62.

Soit, en effet (*fig.* 62), un levier du premier genre AB, dont les bras AC, CB, sont inégaux, et deux poids E, D suspendus aux extrémités de ces bras. Si ces poids se font équilibre, on devra avoir la proportion suivante :

$$\frac{E}{D} = \frac{CB}{AC};$$

ou bien $$E \times AC = D \times CB.$$

C'est-à-dire que les poids seront en raison inverse des longueurs des bras du levier ; que si, par exemple, le bras AC est trois fois plus long que CB, le poids E sera trois fois plus petit que D ; que, si les deux bras du levier sont égaux, les poids devront être égaux. C'est le cas de la balance ordinaire.

Précisons bien ce que nous voulons faire comprendre.

Un maçon veut soulever une pierre de taille pesant 500 kilogrammes. Il prend une barre de fer, un levier, ayant 100 centimètres de longueur (nous choisissons des nombres ronds pour être plus clair). — Il place, auprès de la pierre à soulever, un bloc de $0^m,50$ de hauteur à $0^m,02$ de l'extrémité de son levier, glissé sous la pierre et reposant sur ce bloc. Il suffira qu'il exerce sur l'extrémité de la barre opposée à l'extrémité placée sous la pierre une action égale à celle qu'exercerait un poids de 10 kilogrammes pour que cette extrémité s'abaisse et pour que l'autre, en se soulevant, soulève la pierre. En effet, puisque le grand bras a 100 centimètres de longueur, il est 50 fois plus long que le petit, qui n'a que $0^m,02$. Il suffira donc, pour obtenir l'équilibre, de presser d'un poids 50 fois plus petit que le poids de la pierre, c'est-à-dire de 10 kilogrammes.

Le fait est parfaitement explicable. Le maçon, en vérité, a soulevé 500 kilogrammes en une seconde, si l'on veut. En pesant sur le grand bras de son levier, qui était à $0^m,50$ de hauteur, l'autre bras, qui était 50 fois plus court, n'a pu s'élever qu'à une hauteur 50 fois moindre, c'est-à-dire de 1 centimètre. Le maçon n'a donc, en réalité, élevé que 500 kilogrammes de 1 centimètre en une seconde, ou, ce qui revient au même, élevé un poids 100 fois plus petit, c'est-à-dire 5 kilogrammes, à une hauteur 100 fois plus grande, c'est-à-dire à 1 mètre, chose peu remarquable.

Le levier a donc simplement permis au maçon de mieux employer ses forces, en gagnant en puissance ce qu'il perdait en vitesse ; c'est une simple application des lois qui président aux forces parallèles, et que (page 75) nous avons exprimées ainsi : *Tout ce qu'une force gagne en puissance, elle le perd en vitesse, et, réciproquement, tout ce qu'elle gagne en vitesse, elle le perd en puissance*, application dont le but est d'obtenir l'équilibre du levier, en faisant agir sur les deux bras du levier deux forces qui s'entre-détruisent.

Nous donnerons, dans le chapitre consacré aux applications des
lois diverses de la pesanteur, quelques-unes des applications du levier.
Elles sont nombreuses; car la plus grande partie des machines sont basées
sur le levier. En ce moment, nous ne parlerons que de son application
la plus simple, des *Balances*.

HISTORIQUE DE LA BALANCE. — Nous avons rappelé (page 10) que
l'invention des balances était attribuée par les anciens soit à Phidon, tyran
d'Argos, soit à Palamède, fils d'un roi d'Eubée; que la Bible nous montre
Abraham pesant les 400 sicles d'argent qu'il remet à Éphron, fils de Séor,
en présence des enfants de Heth, pour prix du sépulcre de sa femme dans
la caverne de Macphéla, et qu'Homère dit, en parlant de Jupiter :

« Le dieu étendait les plateaux de sa balance d'or; il plaça les deux
destins... Il tenait la balance par le milieu... Le destin des Achéens
s'abaissa vers la terre, celui des Troyens s'éleva vers le ciel. »

Ce passage semble bien indiquer que la balance ordinaire, composée
de deux plateaux et d'un levier, était connue de son temps. On n'en trouve
cependant aucune trace dans les hiéroglyphes; les seuls monuments égyptiens où l'on puisse en rencontrer sont un scarabée de Sidoine de Stosch,
et quelques momies. Les Romains se servaient aussi de balances à plateaux; on en a trouvé dans les fouilles faites à Herculanum, telles qu'elles
sont représentées sur les médailles et les monuments; et l'histoire du
Brenn gaulois, jetant sa lourde épée dans le plateau qui contenait le prix
de la rançon de Rome et s'écriant : « Malheur aux vaincus ! » nous
montre que l'on pesait avec des balances ordinaires à plateaux. On en
trouve cependant quelques-unes qui n'avaient qu'un plateau, à la place
qu'occupe le crochet dans nos *pesons* ou *balances romaines;* ce plateau
tenait par trois ou quatre chaînes bien travaillées et passées dans une
plaque ronde qui donnait la facilité de les serrer. Les fléaux étaient artistement ciselés, et, comme les poids, représentaient des têtes de dieux,
principalement celle de Mercure, qui présidait au commerce. Parmi celles
trouvées à Herculanum, il en est de l'une et l'autre forme, et quelques-
unes si petites, que l'on pourrait les prendre pour des *trébuchets.* Cela
s'explique par l'usage, rapporté par Pline, qu'avaient les Romains de
porter à la ceinture de petites balances, afin de peser l'or ou l'argent
dont ils se servaient dans leurs transactions.

Cependant les Romains ne connaissaient pas la *balance romaine*
proprement dite; ce n'est point de Rome qu'elle tire son nom. Elle est

appelée ainsi parce qu'elle nous vient des Arabes, qui nomment *roumain* (pomme de grenade) l'unique poids de cette balance.

On sait que les anciéns avaient fait de la balance un des signes du zodiaque. Leur mythologie nous apprend que cette balance céleste est celle d'Atrée, retirée dans le ciel quand arriva, sur la terre, l'époque de l'âge de fer.

La balance est restée, depuis eux, l'attribut de la justice, de Thémis. Quelques médailles nous l'indiquent aussi comme attribut de la déesse *Moneta* (monnaie).

Les Chinois attribuent la plus haute antiquité à leurs balances, qui se composent, comme dans les romaines, d'un bras unique, en ivoire, triangulaire, de la grosseur d'une plume à écrire, divisé en petites mesures, marquées sur ses trois faces. Ce bras est suspendu à l'un des bouts par des fils de soie, en trois points différents, afin de pouvoir peser les choses les plus légères. Ils les portent enfermées dans de petits étuis de bois.

Pendant tout le moyen âge, les travaux des alchimistes rendirent nécessaires une grande justesse et une grande sensibilité dans les balances. Cependant, ce n'est guère qu'au XVIII° siècle que l'on apporta quelques perfectionnements à cet instrument. Parmi ceux qui s'occupèrent de cet objet, il faut citer les savants anglais Hooke (1), Ramsdem (2), le professeur italien Fontana (3), le Hollandais Mussenbroeck (4) et, en France, Varignon (5), Brisson (6), le célèbre Hassenfratz (7).

(1) Voir ci-après *Baromètres*.

(2) RAMSDEM (Jessé), opticien anglais (1735-1800). Il perfectionna les instruments astronomiques principalement et trouva un moyen d'apprécier la dilatation des corps solides.

(3) FONTANA (Félix), né à Pomarole (Tyrol) en 1737, mort en 1805. Professeur de philosophie à Pise, il devint directeur du muséum de Florence, pour lequel il fit exécuter un grand nombre d'instruments, et surtout une célèbre collection anatomique en cire. Napoléon lui commanda une collection semblable, qui fut donnée à la Faculté de médecine de Montpellier. Son frère, entré dans la communauté des Écoles pies, sous le nom de Père Grégoire (1735-1803), fut un savant mathématicien.

(4) Voir ci-après *Électricité*. — *Bouteille de Leyde*.

(5) VARIGNON (Pierre), né à Caen en 1654, mort en 1722, d'abord théologien, se livra ensuite aux mathématiques, dans lesquelles il excella. Membre de l'Académie des sciences, professeur de mathématiques au Collège de France.

(6) BRISSON (Mathurin-Jacques), physicien et naturaliste français (1723-1806), censeur royal, professeur de physique au Collège de Navarre, membre de l'Académie des sciences. De ses nombreux et savants ouvrages, il ne reste qu'un livre : *Pesanteur spécifique des corps*, livre important par la variété et l'exactitude des expériences, et une *Ornithologie* très exacte citée à chaque instant par Buffon.

(7) HASSENFRATZ (Jean-Henri), né à Paris en 1755, mort en 1827, d'abord charpentier, devint, à force de travail, ingénieur ; alla en Styrie et en Carinthie, pays alors célèbres par leur fabrication du fer, afin d'étudier les procédés employés. Revenu en France à la Révolution, il fut un ardent républicain, prépara le 10 août avec Danton, démasqua le traître Dumouriez. Il quitta la scène politique à la chute de Robespierre, fut un des créateurs de l'École polytechnique, membre de l'Institut, professeur à l'École des mines. La Restauration, considérant qu'il était peut-être très savant, très Français, mais qu'il n'était point noble, lui ôta tous ses emplois.

, De nos jours, les balances ont été portées à un haut point de perfec
tion; nous parlerons ci-après de celles qui se recommandent le plus particulièrement à l'attention.

Ce fut Wallis (1), mathématicien anglais, et Jacques Leupold (2),
qui, les premiers, ont donné une théorie complète de la balance.

THÉORIE ET DESCRIPTION DE LA BALANCE. — La balance se compose
essentiellement (*fig.* 63) d'une barre métallique AB, appelée *fléau*, tra-

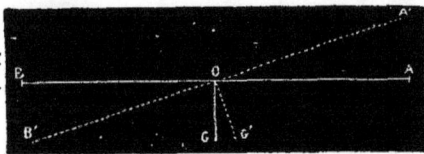

Fig. 63.

versée par un prisme triangulaire O, appelé *couteau*, dont l'a-
rête inférieure repose sur deux
coussinets en matière dure, généralement en agate ou en acier
trempé et poli, afin de rendre
les frottements plus doux, et qui
sert ainsi d'axe au fléau. Ce fléau doit être parfaitement horizontal
lorsqu'il est en équilibre sur son axe. Pour obtenir cette condition, il
suffit que son centre de gravité G soit sur la verticale qui passe par le
point d'appui. En effet, toutes les actions de la pesanteur sur AB peuvent
se remplacer par une force unique P égale au poids du fléau et appliquée
au point G (page 69); la direction de cette force passant par O ne peut
produire aucune rotation autour de cet axe. Si l'on incline le fléau en A'B',
par exemple, le centre de gravité étant passé en G', le poids qui lui est
appliqué tend à le faire tourner pour le ramener dans sa position première; ce qui montre que non seulement il y a équilibre, mais que
l'équilibre est stable. Si le centre de gravité était en O, l'équilibre serait
indifférent; enfin, s'il était au-dessus de O, l'équilibre serait instable;
le fléau, à peine sorti de sa position d'équilibre, tournerait complètement; la balance serait dite *folle*.

En A et en B sont placés, sur la même ligne horizontale, deux autres
couteaux où sont suspendus, soit en dessus du fléau, soit en dessous, les
bassins ou *plateaux* de la balance. Les poids de ces bassins étant égaux
entre eux, leur ensemble pourra être remplacé par leur poids total appliqué au point O; le fléau restera donc horizontal. Il en sera évidemment

---

(1) WALLIS (Jean) [1616-1703]. D'abord pasteur, il fit des sermons, des ouvrages de théologie et s'occupa de l'enseignement des sourds-muets, dans lequel il obtint des succès prodigieux;
mais il est surtout célèbre par ses travaux mathématiques.

(2) LEUPOLD (Jacques), mécanicien saxon (1674-1727), excella dans la construction des
instruments de précision, inventa une marmite plus simple que celle de Papin et perfectionna la
pompe pneumatique qe Hauksbec

de même si nous augmentons chaque plateau d'un poids égal, parce que ces deux poids produiront au point O un poids égal à leur somme; mais il en serait autrement si un des plateaux B' recevait un poids plus fort

L'alchimiste pesant.

que l'autre; le fléau s'inclinerait jusqu'à ce que AB devînt vertical dans un nouvel état d'équilibre A'B'.

Pour que l'on puisse facilement juger de l'horizontalité du fléau, une aiguille verticale est placée d'habitude, dans les balances ordinaires, au-dessus ou au-dessous de l'axe d'oscillation. Cette aiguille correspond exactement au milieu où se trouve le zéro de la division d'un cadran quand le fléau est parfaitement horizontal et indique ainsi les plus petits mouvements de ce fléau.

De ce qui précède, on peut déduire immédiatement les deux conditions essentielles pour qu'une balance soit bonne. Il lui faut *justesse* et *sensibilité*.

Pour obtenir la *justesse*, c'est-à-dire une horizontalité parfaite du fléau quand il est sollicité par des poids égaux, il est indispensable :

1° Que le centre de gravité soit au-dessous de l'axe de suspension ; sans quoi, comme nous l'avons dit ci-dessus, l'équilibre ne serait point stable, ou la balance n'oscillerait plus et serait *indifférente*.

2° Que les points de suspension des plateaux soient à des distances constantes de l'axe de suspension du fléau, quelle que soit la position de celui-ci ; c'est-à-dire que les deux bras du fléau restent égaux, afin que la résultante des poids égaux, placés dans les plateaux, passe toujours par l'axe de suspension et que chaque poids agisse toujours à l'extrémité du même bras du levier. Ce résultat s'obtient en faisant supporter les crochets et le fléau par des pièces à arête très aiguë.

3° Que les plateaux soient de même poids, de même volume, de même nature, c'est-à-dire aussi identiques que possible.

4° Que les bras du levier soient rigoureusement égaux ; parce que, pour qu'il y ait équilibre, il faut, comme nous l'avons vu, que la puissance et la résistance soient égales, c'est-à-dire que les bras du levier sur lesquels agissent ces forces soient égaux. Il peut arriver cependant que, cette condition n'étant point remplie, le fléau de la balance reste horizontal quand aucun poids n'est placé dans les bassins. Il suffit que le bassin suspendu au plus long bras soit plus léger que l'autre. Des marchands de mauvaise foi ont usé de ce moyen pour tromper les acheteurs. Pour s'assurer de cette égalité des fléaux, on n'a qu'à changer de plateau l'objet à peser et les poids qui lui ont fait équilibre, après une première pesée. L'horizontalité du fléau obtenue d'abord sera remplacée par une obliquité d'autant plus appréciable que la différence de poids entre les plateaux et l'inégalité des bras du levier seront plus grandes.

Pour obtenir la *sensibilité*, pour que la balance ne soit pas *paresseuse*, c'est-à-dire pour que le plus petit poids placé dans un seul des plateaux fasse osciller aussitôt la balance, il faut :

1° Que le fléau soit très mobile autour de l'axe de suspension. Pour cela, le fléau doit être très léger, afin que son poids ait une faible influence sur le centre de gravité, et être suspendu par un couteau d'acier dont le tranchant repose sur un corps très poli, très lisse et très dur.

2° Que les bras du fléau soient très longs, afin que l'influence d'un poids placé dans un plateau soit plus grande, en s'exerçant sur un bras de levier plus grand.

3° Que la distance du centre de gravité au centre de suspension soit la plus courte possible; parce qu'alors le poids du fléau, agissant sur un très petit bras de levier, oppose peu de résistance à l'excès de poids d'un des plateaux.

Cependant, cette distance ne doit être ni nulle ni trop petite. On la détermine par la valeur en poids qui correspond aux divisions de l'arc gradué sur lequel se meut l'aiguille. Si, par exemple, il y a 20 divisions de chaque côté du zéro et qu'il faille 2 milligrammes pour le déplacement total de l'aiguille, chaque division correspondra à un excédent de poids de $\frac{2}{20}$ ou $\frac{1}{10}$ de milligramme. Il faut donc avoir une distance convenable, que l'on parvient à régler avec précision au moyen d'un écrou placé au-dessus du fléau et qui permet de changer un peu la position du centre de gravité.

DÉTAILS DE CONSTRUCTION. — Le fléau est en acier fondu et trempé, et d'une seule pièce, quelquefois en cuivre. Fortin, qui a construit des balances très estimées, employait des règles d'acier placées de champ; les fléaux en étaient très lourds. La forme du fléau est, en général, celle d'un losange très allongé, dont la grande diagonale est horizontale quand la balance est en équilibre. Il doit être très léger; quelquefois même on l'évide pour le rendre encore moins lourd; mais il faut avoir soin de lui laisser une rigidité parfaite. Ainsi s'applique ce principe que nous avons énoncé (page 52), que les organes creux, à égalité de poids, résistent davantage que les organes pleins, et, par conséquent, à égalité de résistance, sont plus légers. On a essayé de faire servir à la construction des fléaux l'aluminium, dont la rigidité est égale à peu près à celle du cuivre et dont la densité est près de quatre fois moindre; mais le prix encore trop élevé de ce métal, peut-être aussi son inaltérabilité moins grande que l'on ne l'avait supposé d'abord, ont obligé à y renoncer. Les arêtes des couteaux, quoique très vives, ne doivent point l'être trop, de peur qu'elles ne s'émoussent facilement. Habituellement, on adapte aux balances une pièce appelée *fourchette*, qui sert à élever le fléau seulement quand on a besoin de se servir de la balance. L'aiguille fixée au fléau, qui indique, sur le cadran divisé, le plus ou moins d'horizontalité du fléau, est longue, afin que ses indications soient plus appréciables. Enfin on enferme souvent les balances dans des cages de verre pour les préserver de la poussière et de l'agitation de l'air, et l'on place dans ces cages du chlorure de calcium fondu, pour dessécher l'air et préserver ainsi les couteaux de l'oxydation.

Il y a encore à remarquer que, malgré la rigidité du fléau, ses deux extrémités tendent quelquefois à fléchir sous l'action des poids dans les plateaux. Il arrive alors que le fléau, qui dévie si l'on met le plus petit poids dans ses plateaux vides, restera insensible si ce poids est placé en surplus d'une *charge* déjà placée. Il faut donc examiner si les trois couteaux sont toujours bien en ligne droite.

DOUBLE PESÉE DE BORDA. — L'égalité des bras du fléau est très rarement exacte dans la pratique. Toutes les fois qu'il est nécessaire d'obtenir une grande rigueur, on se sert de la *méthode des doubles pesées*. Ce procédé, dû au physicien Borda, consiste à tarer d'abord le corps à peser avec des substances quelconques, du sable ou de la limaille de plomb; puis on retire le corps et on met à sa place des poids marqués jusqu'à ce que l'équilibre soit de nouveau rétabli. Il est évident que les poids marqués représentent exactement le poids du corps, en vertu de l'axiome : « Deux quantités égales à une troisième sont égales entre elles. » Cette pesée sera donc rigoureusement exacte.

PRINCIPALES SORTES DE BALANCES. — Toutes les balances peuvent être rapportées à deux classes : les balances à bras égaux, dont la balance ordinaire est le type, et les balances à bras inégaux, comme la bascule ou la balance romaine. Nous allons décrire les plus communément employées de l'un et de l'autre type; telles sont la *balance de Roberval,* la *balance de Quintenz*, la *balance romaine*, le *peson* et les *dynamomètres*.

BALANCE DE PRÉCISION. — Tout le monde connaît la balance ordinaire, composée de deux plateaux suspendus par des chaînes au fléau, que supporte une colonne, ou que l'on tient par un anneau placé au-dessus du fléau. Nous n'en dirons rien; nous nous contenterons de parler de la balance de précision, dont on se sert dans les laboratoires de physique, de chimie et de pharmacie, qui n'est qu'une balance ordinaire, construite avec beaucoup de soin et présentant toutes les garanties possibles de justesse et de sensibilité.

La figure 64 représente une balance de précision si sensible qu'un excès de poids de 1 milligramme la fait osciller, même quand elle est déjà chargée de 1 kilogramme. Elle est enfermée dans une cage de verre pour la préserver de la poussière et de l'humidité, des agitations de l'air, et l'on a soin qu'elle ne soit pas exposée dans une de ses parties plus que dans d'autres à l'action d'une source de chaleur, telle que la radiation directe du soleil ou d'un poêle; sans quoi, outre les courants d'air qui pourraient se produire à l'intérieur de la cage et faire osciller le fléau, des modifications surviendraient peut-être dans les corps eux-mêmes qui entrent dans la construction de la balance. On voit en bas l'extrémité

d'un levier qui permet de soulever le fléau et d'empêcher le couteau de se fatiguer quand on ne se sert pas de l'appareil. L'horizontalité se reconnaît au moyen d'une très longue aiguille fixée au fléau, et dont la pointe correspond à un arc de cercle gradué placé sur le pied de la balance. Enfin elle porte à sa partie supérieure un écrou, qui sert à augmenter sa sensibilité en élevant successivement jusqu'à la limite du possible le centre de gravité.

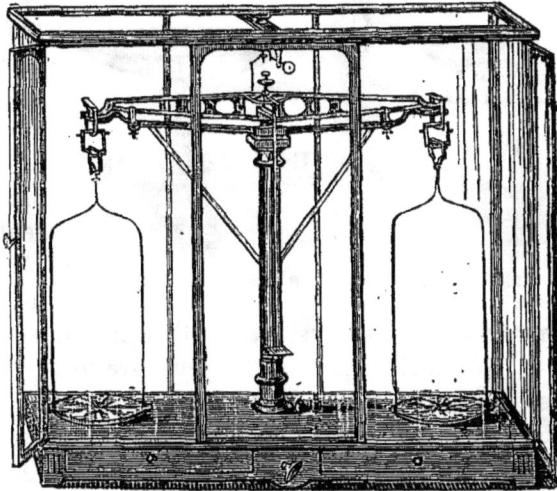

Fig. 64. — BALANCE DE PRÉCISION.

Le nombre des balances dites de *précision* est très grand. Chaque constructeur a trouvé un modèle nouveau. La plus connue aujourd'hui est celle de MM. Deleuil père et fils, que M. Regnault présenta, il y a quelques années, à l'Académie des sciences. Cette balance, montée en fonte, ce qui lui donne une grande solidité, a ses montures en fonte vernie, afin de rester propre, même dans les laboratoires où se dégagent des vapeurs acides.

Le fléau est en laiton bronzé, pour obvier de même à l'altération; les trois couteaux sont sur des plans en agate. Destinée à peser de 150 à 200 grammes, elle est sensible à un dixième de milligramme; l'aiguille parcourt alors une division du cadran dont l'écartement a $1^{mm},5$. Elle est munie de cavaliers à qui l'on fait parcourir les divisions tracées sur le fléau; on évite ainsi de se servir des poids de milligrammes et des divisions.

BALANCE HORIZONTALE OU ANGLAISE. — Cette balance (*fig.* 65), connue aussi sous le nom de *Balance de Roberval*, parce qu'elle est une application d'un principe donné par ce géomètre (1), ne diffère de la balance ordinaire qu'en ce que les deux plateaux, au lieu d'être au-dessous du fléau,
reposent sur deux couteaux dont les tranchants sont tournés vers le haut
et sont fixés à deux tiges mobiles égales, reliées entre elles à leurs extrémités inférieures par un
levier également mo-
bile autour de son mi-
lieu. Elle devient ainsi
beaucoup plus com-
mode, surtout pour
peser les objets volu-
mineux, qu'embarras-
sent les chaînes des
plateaux suspendus ;
mais elle est généra-

Fig. 65. — BALANCE DE ROBERVAL.

lement moins précise, à cause des frottements auxquels sont assujettis
les leviers. Néanmoins, comme elle peut être fort juste jusqu'aux déci-
grammes, son usage est de plus en plus répandu dans le commerce.

Un constructeur de Lyon, nommé Béranger, a perfectionné la balance
de Roberval en la combinant avec la balance de Quintenz, dont nous
allons parler. Il voulait
que l'équilibre de la
balance fût indépen-
dant de la position de
la charge, ce qui, nous
l'avons dit, s'obtient
difficilement dans la
balance de Roberval, à
cause des frottements.
Pour cela, il ajoutait un
troisième levier, pa-

Fig. 66. — BALANCE DE BÉRANGER.

rallèle au fléau. Ce troisième fléau porte une tige recourbée, dont
les deux pointes sont vis-à-vis l'une de l'autre, lorsque la balance est
en équilibre (*fig.* 66).

---

(1) GILES PERSONE DE ROBERVAL (1602-1675), géomètre, professeur de mathématiques au
Collège de France, a donné de savants mémoires à l'Académie des sciences, dont il était membre;
fit de précieuses découvertes en géométrie et eut de vives discussions avec Descartes, sur le système
du monde. Il a laissé une traduction du *Traité d'Aristarque de Samos* sur ce sujet. Très lié avec
Pascal, il engagea celui-ci dans ses disputes contre Torricelli et Descartes.

BALANCE COULON. — Nous ne pouvons énumérer les différentes formes de balances que journellement des inventeurs proposent et qui, par le fait, ne sont guère que des modifications plus ou moins heureuses, et souvent insignifiantes, des systèmes connus. Cependant nous dirons un mot d'une nouvelle balance, dite *balance Coulon*, du nom de son inventeur, et qui, admise très récemment au poinçon de l'État (19 avril 1880), signalée aux préfets, est appelée, croyons-nous, à un grand succès.

Nous empruntons, en la résumant, la description à M. Vignes, l'éminent professeur de physique du collège Chaptal, qui l'a ainsi présentée aux lecteurs du journal la *France*, dans sa Revue scientifique hebdomadaire :

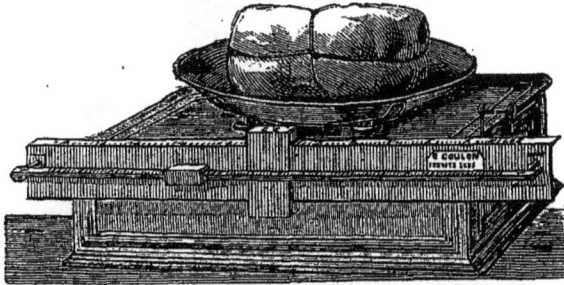

Fig. 67. — BALANCE COULON.

« Cette balance (*fig.* 67) n'a qu'un seul plateau ; par conséquent elle occupe, à force égale, moitié moins de place sur la table ou sur le comptoir que les autres balances. Ce plateau unique est disposé comme ceux des balances de boulanger. Elle supprime totalement l'usage des poids, usage incommode, encombrant et coûteux. En supprimant les poids, on évite, outre l'inconvénient résultant de la facilité avec laquelle ils s'égarent, l'incommodité des longs tâtonnements qu'exige leur emploi dans la plupart des pesées. Avec la nouvelle balance, les pesées se font pour ainsi dire instantanément, et cela simplement au moyen de deux petites masses inégales, *deux* seulement, *toujours les mêmes* pour toutes les pesées. Ces deux masses peuvent cheminer, à la volonté de l'opérateur, le long de deux règles graduées. En raison de leur mobilité, ces masses sont désignées sous le nom de *curseurs*.

» Les deux règles, de même longueur, sont disposées parallèlement l'une à l'autre et reliées bout à bout. Chacun des deux curseurs se meut sur une règle spéciale. Celui dont la masse est la plus forte glisse sur la première règle et y fournit l'indication des kilogrammes et des hectogrammes. Le curseur dont la masse est moindre se déplace sur la seconde règle et donne ainsi, en décagrammes et en grammes, le complément du poids cherché.

» Dans l'état de vacuité du plateau, les curseurs occupent les zéros

des deux règles situés à l'une des extrémités de celles-ci. Le double fléau
formé par ces deux règles est alors horizontal.

» Lorsqu'on a une pesée à faire, on place dans le plateau l'objet à
peser; sous l'action de cette charge, le double fléau se relève du côté
opposé aux zéros. On fait alors glisser le long de sa règle le curseur le
plus fort pour avoir le nombre des kilogrammes et des hectogrammes,
puis le curseur de faible masse pour avoir les décagrammes et les
grammes, jusqu'à ce que le double fléau ait pris la position horizontale.

Fig. 68. — BALANCE DE QUINTENZ OU BASCULE.

» Il n'y a plus qu'à enregistrer les chiffres marqués en regard des
raies.

» Le mécanisme de cette balance, dont nous venons d'indiquer le
mode d'emploi, est uniquement composé de leviers. On peut le considérer
comme un demi-système Béranger associé à une romaine. »

Nous ne voyons à cette balance qu'un inconvénient, c'est que les
marchands qui fraudent sur le poids des marchandises vendues (et les
ménagères en connaissent beaucoup) pourront difficilement continuer
leur fraude fructueuse. On ne peut satisfaire tout le monde. Nous croyons
que l'inventeur a rendu un grand service à l'immense majorité, et nous
plaignons peu ceux qui seront forcés de renoncer à leurs vieilles habitudes.

BALANCE DE QUINTENZ. — Cette balance, ainsi nommée du nom de
son inventeur, mais désignée le plus souvent sous le nom de *bascule*, est

employée surtout dans les bureaux de chemins de fer, dans les fabriques, les usines, etc., partout où l'on a besoin de connaître le poids d'objets très lourds. Elle est un des types les plus usités de la balance à bras inégaux.

Fig. 69. — Emploi de l'appareil autopeseur-dynamique-circonvecteur (page 154).

Elle se compose (*fig.* 68) d'un plateau P en bois, plateau plus ou moins grand, quelquefois même placé à terre, afin que des voitures chargées puissent se poser dessus, et suspendu par deux tiges de fer T et F au bras du levier AB ; puis d'un autre plateau *p*, suspendu à l'extrémité

d'un bras de levier AC, et qui devra recevoir les poids destinés à faire équilibre au corps à peser, placé sur le plateau P. Ce plateau P est disposé de
telle sorte que tout le poids du corps à peser est transmis intégralement
en B sur le levier CAB dont le point fixe est en A, point où le couteau qui
soutient le fléau est adapté par deux pièces de fer au montant de la bascule. Le bras CA est dix fois plus grand que AB. D'après la loi que nous
avons établie ci-dessus (page 140), il suffit donc de mettre sur le plateau p
un poids dix fois plus petit pour obtenir l'équilibre. Pour soulager les couteaux qui supportent les plateaux et éviter les chocs brusques lorsqu'on
les décharge après une pesée, on soulève le bras AC en relevant, au
moyen d'une poignée z, une pièce K qui est au-dessous du fléau. Enfin
l'horizontalité est marquée par deux indicateurs I, I', fixés le premier I à
la charpente même de la bascule, le second I' au fléau, et qui doivent être
bien en face l'un de l'autre quand l'équilibre est établi.

La bascule a reçu de nombreuses modifications de détail, et, entre
mille, il y a quelques années, il avait été proposé, à l'usage des gares de
chemins de fer, des entrepôts, des fabriques, etc., un nouveau système
de bascule très simple, obviant à tous les inconvénients et inexactitudes
des balances ordinaires, permettant de mettre la pesée sous le contrôle de
l'acheteur et rendant toute erreur ou toute fraude impossible.

L'inventeur avait donné à cet appareil le nom quelque peu compliqué d'*autopeseur-dynamique-circonvecteur*. *Autopeseur*, parce qu'il
indique de lui-même le poids des colis et autres objets; *dynamique*, parce
qu'il est construit sur le système des bascules et du levier; *circonvecteur*,
parce que le point d'appui du levier, au lieu d'être un couteau à lame
aiguë, était, paraît-il, un système de rouleaux ou cylindres tournant sur
eux-mêmes.

Tous ceux qui ont voyagé et qui savent la confiance absolue qu'il faut
avoir dans l'homme de peine qui pèse les bagages, tous ceux qui ont assisté
aux discussions violentes auxquelles donne lieu le pesage aux octrois des
villes, à l'entrée et à la sortie des usines et dans mille circonstances,
regretteront que cet appareil ou un appareil analogue ne soit pas adopté
partout.

La gravure qui accompagne notre texte le fait mieux comprendre
que toute explication. Cette gravure représente la partie de la gare
d'un chemin de fer où l'on pèse les bagages, avec la table longue sur
laquelle ceux-ci se déposent, et le bureau de l'employé, toujours très
pressé et quelquefois peu aimable, qui inscrit les poids, donne le bulletin
et perçoit la somme due en cas d'excédent du poids transporté gratuite-
ment avec le voyageur (*fig.* 69).

L'homme d'équipe a déposé les colis d'un voyageur sur le plateau de l'appareil qui est au niveau de la table destinée à cela. Ce plateau est celui de la bascule qui est dissimulée au-dessous. Aussitôt la pesée se fait, et sur un demi-cadran à double face, l'une tournée du côté du public, l'autre du côté des employés, portant les chiffres indicateurs des différents poids par grandes divisions de 10 ou 12 kilogrammes, avec sous-divisions par kilogrammes, l'aiguille, qui correspond avec le levier de manière à en subir toutes les influences, marque le poids des objets en s'élevant d'autant plus qu'il est plus lourd. Ainsi l'employé voit, par son guichet, le poids des colis et l'inscrit; mais en même temps le voyageur lit lui-même ce poids, et il est certain qu'il n'y a pas erreur, ce qui évite toute contestation.

Il va sans dire que la portée de l'appareil peut s'élever jusqu'à un nombre quelconque de kilogrammes; mais, pour les colis des voyageurs, on peut se contenter d'un cadran qui marquerait seulement jusqu'à 100 kilogrammes, comme celui de notre gravure.

De l'emploi de cet appareil, que nous regrettons de ne point voir adopté partout, résulterait de plus une grande simplification, qui ferait disparaître des allées et venues, des déplacements de colis, des recherches de poids égarés, des tâtonnements sur le balancier de la bascule, etc., et, par suite, plus de célérité et moins d'encombrement. Ceux qui, dans nos campagnes, ont assisté à la réception des betteraves dans une fabrique de sucre, par exemple, partageront certainement nos regrets.

C'est encore sur les principes de la balance de Quintenz que sont construits les *ponts à bascule* ou balances de *Sanctorius* (1), auquel on attribue l'invention de ces instruments.

Une loi du 29 floréal an X établissait des *ponts-bascules* à l'entrée et à la sortie de toutes les villes pour peser les voitures publiques et s'assurer si leur chargement n'excédait pas le poids déterminé par les règlements. Cette loi a été abrogée par celle du 30 mai 1851.

BALANCE ROMAINE. — La balance romaine (*fig.* 70) est basée sur le même principe que la balance de Quintenz, c'est-à-dire que les poids de deux corps pesants agissant aux extrémités de deux bras de levier inégaux, sont, quand l'équilibre est établi, en raison inverse de la longueur des bras de levier. Mais elle est plus commode que celle-ci, parce qu'elle

(1) SANCTORIUS (1561-1626), médecin italien, professeur à l'université de Padoue, mort à Venise, imagina un *mesureur de chaleur*, nom dont *thermomètre* n'est que la traduction grecque, et qui était dans l'origine destiné à indiquer seulement la chaleur des fébricitants. Il prétendait que la cause de la santé et des maladies dépendait de la transpiration, et chaque jour il se pesait pour calculer les déperditions que subit le corps humain. Cette habitude de pesage lui donna l'idée de créer une balance spéciale et commode, et il trouva le pont-bascule.

n'exige pas l'emploi de poids marqués. Elle se compose d'un fléau AB, dont la plus petite partie OA forme un bras de levier d'une longueur constante, qui porte à son extrémité un crochet destiné à supporter les fardeaux à peser. Sur le grand bras OB, gradué préalablement, c'est-à-dire garni de petits crans convenablement disposés, glisse un poids P suspendu par un anneau, lequel poids, avancé ou reculé le long de ce levier gradué, fait équilibre aux corps pesants suspendus au crochet placé à

l'extrémité de OA. On reconnaît que l'équilibre a lieu quand, après quelques oscillations, le fléau reste horizontal. Généralement, le centre de gravité O de l'appareil est sur la verticale qui passe par l'arête du couteau de suspension et un peu au-dessus. Le zéro de la graduation est donc au point de suspension, puisque, sans poids d'aucun côté, le fléau reste horizontal.

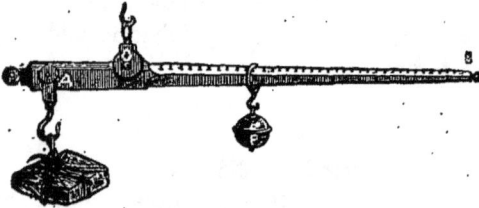

Fig. 70. — BALANCE ROMAINE.

Cette balance, utile seulement pour peser les fardeaux considérables, quand on ne tient pas à une rigoureuse exactitude, n'est rien moins que sensible ; aussi n'est-elle légalement autorisée que si elle oscille pour un excès de poids égal à la 500e partie de sa charge maximum.

PESON. — Le peson (*fig.* 71) ne s'emploie guère que pour peser les matières légères, par exemple, dans les filatures, de la soie, du coton, de la laine, ou des lettres (*pèse-lettres*). Comme la *romaine*, le peson n'a pas besoin de poids marqués. C'est un levier coudé, du premier genre, à bras inégaux AOB, mobile

Fig. 71. — PESON.

autour du point O. Ce levier porte à son extrémité A une petite masse de fer, et, à l'autre extrémité B, un crochet, auquel est suspendu un plateau. Au point O du levier est une aiguille qui oscille le long d'un cercle gradué CD, fixé sur le support de l'instrument. Quand le peson est vide, l'aiguille est verticale ; plus lourds sont les poids placés dans le plateau, plus l'aiguille monte le long de l'arc.

BALANCES DIVERSES. — Il existe encore un nombre infini de balances.

variant soit de forme, soit de prix de fabrication ; mais toutes ne sont que des modifications plus ou moins heureuses des types que nous avons décrits. Ces modifications sont quelquefois nécessitées par la destination de ces instruments, par la place qu'ils doivent occuper dans une usine, par le milieu dans lequel ils doivent rester.

Ainsi la balance de M. *Pherson*, qui fonctionne sans poids et avec un seul plateau, comme la romaine. Elle consiste principalement dans un disque annulaire mobile, susceptible de tourner horizontalement sur un autre disque et dans un plateau qui s'en détache au-dessus. Le disque porte un contrepoids, auquel le plateau fait équilibre. Dès qu'on met la marchandise dans le plateau, cet équilibre est rompu, ce qu'on voit par une aiguille indicative ; mais il suffit de faire tourner horizontalement le plateau mobile pour rétablir l'équilibre. Or, une échelle est dessinée sur le disque inférieur, et cette échelle donne le poids de la marchandise, laquelle pèse plus ou moins selon qu'il a fallu faire tourner plus ou moins le premier disque pour que l'équilibre soit rétabli.

Fig. 72. — Pèse-bébé.

Nous voulons encore signaler à l'attention un appareil de pesage spécialement applicable aux bébés, et, pour cela, nommé *pèse-bébé* ou *berceau-balance*. Cet appareil est dû à M. le docteur Groussin, médecin en chef de 'établissement hydrothérapique de Bellevue. C'est tout simplement un berceau auquel est adaptée une balance du système Béranger extrêmement sensible (*fig.* 72). On sait que, pour qu'un petit enfant se porte bien, il faut que chaque jour il augmente de poids ; s'il n'augmente ni ne diminue, l'attention est éveillée ; s'il diminue, l'enfant est malade. *En moyenne*, l'enfant, jusqu'à cinq mois, doit augmenter de vingt-cinq grammes par jour ; à partir de cinq mois, il n'augmentera plus que de quinze grammes ; mais l'important est qu'il augmente. On voit donc la nécessité d'un pesage au moins hebdomadaire, et l'utilité d'un appareil qui, sans déplacement, sans embarras, permet de constater chaque jour le poids de l'enfant.

DYNAMOMÈTRES. — L'appareil que nous avons décrit (*fig.* 17, page 51) pour mesurer l'*élasticité de flexion* n'est pas autre chose qu'un *dynamomètre*. Les divisions de l'arc de cercle MN, au lieu d'indiquer les milli-

mètres d'écart, indiquent les poids du corps qui, suspendu en K, fait
marquer à l'aiguille telle ou telle division de l'arc.

Remarquons que toutes les balances dont nous avons parlé ne donnent que le *poids relatif* des corps, tandis que le dynamomètre en donne
le *poids absolu*. (Voir page 93.) C'est dire que les corps pesés dans une
balance conserveront le même poids sous quelque latitude qu'ils soient
pesés, parce que l'intensité de la pesanteur, comme nous l'avons vu,
s'exercera sur les poids qui servent à peser, aussi bien que sur le corps
à peser, tandis qu'en transportant le dynamomètre de l'équateur au pôle,
on verrait le ressort fléchir de plus en plus à mesure qu'on s'élèverait
en latitude.

POIDS. — Les balances, excepté le dynamomètre, donnent le poids
relatif des corps, c'est-à-dire le rapport de leur poids absolu à un autre
poids pris pour unité (page 93); on a toujours rapporté le poids des corps
à peser à un poids étalon invariable, identique pour tous les habitants
d'un même pays et d'où découlent tous les autres. C'est ce qu'on appelle
un *système légal de poids*.

Ces systèmes ont été dissemblables pour chacun des peuples de l'antiquité, et, aujourd'hui encore, on cherche à obtenir pour toutes les
nations une uniformité qui, malgré ses avantages évidents, n'est point
encore atteinte. Nous donnons la série des principaux poids dans l'antiquité, et, de nos jours, chez les peuples étrangers, en les rapportant au
système métrique.

On verra, d'après le tableau ci-contre, que les systèmes adoptés chez
les divers peuples, soit de l'antiquité, soit des temps modernes, diffèrent entre eux, tant par la grandeur des différentes unités que par la loi
d'après laquelle les divisions de l'unité principale correspondante se
déduisent de celle-ci.

Le plus frappant des inconvénients de chacun de ces systèmes par
ticuliers est qu'ils sont tous absolument différents de ceux des autres
peuples, quelquefois même de ceux des habitants d'une province voisine,
dans le même pays.

*Poids en usage chez les différents peuples de l'antiquité
et des temps modernes.*

NATIONS.	UNITÉ de poids.	VALEUR en grammes.	MULTIPLES ET SOUS-MULTIPLES.
		gr.	
Judée	Sicle.	14,209	$\frac{1}{3000}$ talent = $\frac{1}{60}$ mine = 2 béka = 4 drachmes = 20 ghérach.
Grèce antique ..	Drachme.	4,363	$\frac{1}{6}$ talent = 10 mines = 3 grammes ou scrupules = 6 oboles.
Rome antique...	Livre.	327,180	12 onces = 288 scrupules = 1728 grains.
France ancienne	Livre.	489,500	$\frac{1}{2000}$ tonneau = $\frac{1}{100}$ quintal = 2 marcs = 16 onces = 128 gros.
D°	Gros (médecine).	0,00383	3 deniers ou scrupules = 72 grains = 288 carats.
Angleterre	Livre troy	373,100	12 onces = 240 pennyweights = 5,760 grains.
D°	Livre avoir du poids	453,400	$\frac{1}{2240}$ tonne = $\frac{1}{112}$ quintal = 16 onces = 256 drams.
Autriche	Livre.	560,000	$\frac{1}{100}$ quintal = 16 onces = 32 loths = 128 drachmes = 512 pfennig.
Bavière.........	Livre.	561,100	$\frac{1}{100}$ quintal = 32 loth.
Berne	Livre.	520,100	$\frac{1}{100}$ quintal = 16 onces = 32 loth.
Danemark	Livre.	499,200	$\frac{1}{100}$ quintal = 32 loth.
Espagne........	Livre de Castille.	460,300	$\frac{1}{50}$ quintal macho = $\frac{1}{100}$ quintal = $\frac{1}{25}$ d'arrobe = 2 marcs = 16 onces = 256 drachmes.
Prusse.........	Livre.	458,500	$\frac{1}{10}$ quintal = 2 marcs = 32 loth.
Russie.........	Livre.	409,500	$\frac{1}{400}$ Berkovetz = $\frac{1}{40}$ pond = 60 zolotnics = 926 doleis.
Suède	Livre.	425,100	
Zurich.........	Livre.	528,400	$\frac{1}{100}$ quintal = 18 onces = 36 loth.
D°	Livre (soieries).	469,700	2 marcs = 16 onces = 32 loth.

Dès l'antiquité, les civilisateurs avaient songé à obvier à cet inconvénient. Maître du monde, Jules César voulait imposer à tous les peuples
l'unité des poids et mesures, en même temps qu'il réformait le calendrier
pour que les mois fussent d'accord avec le soleil. La mort l'arrêta.
Mécène proposait la même chose à Auguste, au rapport de Dion. Charlemagne le tenta. Prenant pour étalon la livre romaine, il la faisait égale à
12 onces ou à 96 drachmes (deniers), ou à 288 scrupules. Le moyen âge
ne pouvait conserver quelque chose d'utile. La *livre* de Charlemagne n'a
été conservée intacte, sous le nom de *poids de médecine*, que dans les phar-
macies. Mais, partout ailleurs, il y eut autant de livres, de pieds, de
perches, de pintes, de boisseaux différents qu'il y a de contrées et de

villes. Cette unité, dont tout le monde sentait le besoin, que vainement décrétait en France Philippe V (1320), était devenue la confusion des langues, une vraie tour de Babel.

En cela, comme en mille autres objets, il fallait la Révolution française, non seulement pour détruire le mal, mais pour le remplacer par le bien.

Ce fut le 8 mai 1790 que l'Assemblée nationale décréta la suppression de l'ancien système des poids et mesures français et la création d'un système plus conforme à l'état de la science. Une commission nommée par l'Académie des sciences, et qui comptait parmi ses membres Berthollet, Borda, Lagrange, Delambre, Laplace, Méchain et Prony, fut chargée d'en étudier les bases.

Comme nous l'avons dit (page 34), pour imprimer à ce nouveau système une durée qui fût à l'abri des révolutions qui ont bouleversé le monde, les auteurs résolurent d'abord de donner aux nouvelles mesures une base commune et de prendre cette base dans la nature même. En conséquence, Delambre et Méchain mesurèrent l'arc du méridien compris entre Dunkerque et Barcelone et établirent ainsi la longueur du mètre. En second lieu, les unités secondaires étant, dans presque tous les anciens systèmes, de huit en huit fois ou de douze en douze fois plus petites ou plus grandes, et cela donnant lieu, pour les moindres calculs, à des opérations très compliquées, notamment pour la multiplication et la division, ils voulurent que les multiples et les sous-multiples d'une même unité principale suivissent la subdivision décimale.

Un décret de la Convention, daté du 1er août 1793, fixa la date à laquelle le nouveau système serait obligatoire; mais les travaux matériels de fabrication des nouvelles mesures n'étant point terminés, ce délai fut prorogé par la loi du 18 germinal an III (7 avril 1795), qui cependant déclarait définitive, en principe, l'adoption du système métrique décimal.

Nous donnons les principaux articles de cette loi fondamentale, telle que la publia le *Bulletin des Lois*, afin de montrer combien parfaites étaient, dès l'origine, les dispositions prises, et combien il faut accuser les gouvernements qui ont pendant si longtemps hésité à les faire rigoureusement exécuter :

Par suite de la rupture des digues, 200,000 Chinois furent noyés (page 176).

LOIS
DE LA REPUBLIQUE FRANÇAISE
AN III
DE LA RÉPUBLIQUE UNE ET INDIVISIBLE
N° 135.

(N° 749.   *LOI relative aux poids et mesures.*
Du 18 Germinal.

LA CONVENTION NATIONALE,

Voulant assurer au peuple français le bienfait des poids et mesures uniformes et invariables précédemment décrétés et prendre les moyens les plus efficaces pour en faciliter l'introduction dans toute la République, après avoir entendu le rapport de son comité d'instruction publique, DÉCRÈTE ce qui suit :

ART. Ier. L'époque prescrite par le décret du 1er août 1793 (*vieux style*), pour l'usage des nouveaux poids et mesures, est prorogé, quant à la disposition obligatoire, jusqu'à ce que la Convention nationale y ait statué de nouveau en raison des progrès de la fabrication; les citoyens sont cependant invités de donner une preuve de leur attachement à l'unité et à l'indivisibilité de la République, en se servant dès à présent des nouvelles mesures dans leurs calculs et transactions commerciales.

II. Il n'y aura qu'un seul étalon des poids et mesures pour toute la République; ce sera une règle de platine sur laquelle sera tracé le mètre, qui a été adopté pour l'unité fondamentale de tout le système des mesures.

Cet étalon sera exécuté avec la plus grande précision, d'après les expériences et les observations des commissaires chargés de la détermination, et il sera déposé près du Corps législatif, ainsi que le procès-verbal des opérations qui auront servi à le déterminer, afin qu'on puisse les vérifier dans tous les temps.

III. Il sera envoyé dans chaque chef-lieu de district un modèle conforme à l'étalon prototype dont il vient d'être parlé, et en outre un modèle de poids exactement déduit du système des nouvelles mesures. Ces modèles serviront à la fabrication de toutes les mesures employées aux usages des citoyens.

IV. L'extrême précision qui sera donnée à l'étalon en platine ne pouvant pas influer sur l'exactitude des mesures usuelles, ces mesures continueront d'être fabriquées d'après la longueur du mètre adoptée par les décrets antérieurs.

V. Les nouvelles mesures seront distinguées dorénavant par le surnom de *républicaines;* leur nomenclature est définitivement adoptée comme il suit :

On appellera,

Mètre, la mesure de longueur égale à la dix millionième partie de l'arc du méridien terrestre compris entre le pôle boréal et l'équateur;

Are, la mesure de superficie pour les terrains, égale à un quarré de 10 mètres de côté;

Stère, la mesure destinée particulièrement aux bois de chauffage, et qui sera égale au mètre cube;

Litre, la mesure de capacité, tant pour les liquides que pour les matières sèches, dont la contenance sera celle du cube de la dixième partie d'u mètre ;

Gramme, le poids absolu d'un volume d'eau pure, égal au cube de la centième partie du mètre, et à la température de la glace fondante;

Enfin l'unité des monnaies prendra le nom de *franc*, pour remplacer celui de *livre* usité jusqu'aujourd'hui.

(*Les articles VI et VII donnent la nomenclature des multiples et sous-multiples de chaque unité; l'article VIII autorise le double et la moitié des poids et des mesures de capacité.*)

IX. Pour rendre le remplacement des anciennes mesures plus facile et moins dispendieux, il sera exécuté par parties et à différentes époques. Ces époques seront décrétées par la Convention nationale aussitôt que les mesures républicaines se trouveront fabriquées en quantités suffisantes et que tout ce qui tient à l'exécution de ces changements aura été disposé. Le nouveau système sera d'abord introduit dans les assignats et monnaies, ensuite dans les mesures linéaires ou de longueur et progressivement étendu à toutes les autres.

X. Les opérations relatives à la détermination de l'unité des mesures de longueur et de poids, déduites de la grandeur de la terre, commencées par l'Académie des sciences et suivies par la commission temporaire des mesures, en conséquence des décrets des 8 mai 1790 et 1er août 1793 (*vieux style*), seront continuées jusqu'à leur entier achèvement par des commissaires particuliers, choisis principalement parmi les savants qui y ont concouru jusqu'à présent et dont la liste sera arrêtée par le comité d'instruction publique. Au moyen de ces dispositions, l'administration dite *commission temporaire des poids et mesures* est supprimée.

XI. Il sera formé en remplacement une agence temporaire composée de trois membres et qui sera chargée, sous l'autorité de la commission d'instruction publique, de tout ce qui concerne le renouvellement des poids et mesures, sauf les opérations confiées aux commissaires particuliers dont il est parlé dans l'article précédent.

Les membres de cette agence seront nommés par la Convention nationale, sur la proposition de son comité d'instruction publique. Leur traitement sera réglé par ce comité.

XII. Les fonctions principales de l'agence temporaire seront :

1º De rechercher et employer les moyens les plus propres à faciliter la fabrication des nouveaux poids et mesures pour les usages de tous les citoyens;

2º De pourvoir à la confection et à l'envoi des modèles qui doivent servir à la vérification des mesures dans chaque district;

3º De faire composer et de répandre les instructions convenables pour apprendre à connaître les nouvelles mesures et leurs rapports avec les anciennes ;

4º De s'occuper des dispositions qui deviendraient nécessaires pour régler l'usage des mesures républicaines et de les soumettre au comité d'instruction publique, qui en fera rapport à la Convention nationale;

5º D'arrêter les états de dépenses de toutes les opérations qu'exigeront la détermination et l'établissement des nouvelles mesures, afin que ces dépenses puissent être acquittées par la commission d'instruction publique;

6º Enfin, de correspondre avec les autorités constituées et les citoyens dans toute la République, sur tout ce qui sera utile pour hâter le renouvellement des poids et mesures.

(*Les articles XIII, XIV, XV, XVI, XVII, XVIII, XIX, XX et XXI règlent la fabrication, les formes, le contrôle des nouvelles mesures et le payement des dépenses y afférentes.*)

XXII. La disposition de la loi du 4 frimaire, an IIe, qui rend obligatoire l'usage de la division décimale du jour et de ses parties, est suspendue indéfiniment.

XXIV. Aussitôt après la publication du présent décret, toute fabrication des anciennes mesures est interdite en France, ainsi que toute importation des mêmes objets venant de l'étranger, à peine de confiscation et d'une amende du double de la valeur desdits objets.

XXV. Dès que l'étalon prototype des mesures de la République aura été déposé au Corps législatif par les commissaires chargés de sa confection, il sera élevé un monument pour le conserver et le garantir de l'injure des temps.

L'agence temporaire s'occupera d'avance du projet de ce monument destiné à consacrer de la manière la plus indestructible la création de la République, les triomphes du peuple français et l'état d'avancement où les lumières sont parvenues dans son sein.

Visé, signé : S.-E. MONNEL.

Collationné. Signé : BOISSY, *président;* BAILLEUL, F. LANTHENAS, *secrétaires.*

Certifié conformes aux originaux, visés et collationnés par les Représentants du peuple inspecteurs, président et secrétaires dénommés :

Les membres de l'Agence de l'envoi des lois :

A PARIS, DE L'IMPRIMERIE DE LA RÉPUBLIQUE

Le 1er vendémiaire an IV, la Convention, par une nouvelle loi, fixe au 1er nivôse suivant l'usage exclusif des nouvelles mesures dans la commune de Paris et au 10 nivôse dans tout le département de la Seine, devant faire exécuter progressivement dans toute la France la loi du 18 germinal an III; mais ce n'est que par la loi du 13 brumaire an IX (2 novembre 1801) que le système métrique est adopté dans toutes ses parties.

Néanmoins, le 12 février 1812, un décret impérial, signé aux Tuileries, autorise, par tolérance, l'emploi simultané de l'ancien et du nouveau système, et il faut attendre la loi du 4 juillet 1837 pour que définitivement les anciennes mesures soient proscrites et que le système métrique décimal devienne exclusivement obligatoire à partir du 1er janvier 1840.

Tout le monde sait que l'unité de poids, dans le système métrique, est le *gramme*, dont le nom vient du mot grec *gramma*, poids d'un scrupule, et dont le poids est le poids, dans le vide, d'un centimètre cube d'eau distillée, à son maximum de densité, c'est-à-dire à 4 degrés au-dessus du zéro du thermomètre centigrade, et sous la latitude de 45 degrés (latitude moyenne entre l'équateur et les pôles) et au niveau de la mer. Toutes ces conditions sont indispensables. Elles sont toutes la conséquence de la doctrine de Newton qui explique la pesanteur. Nous avons vu que l'intensité de la pesanteur variait suivant les altitudes et les latitudes ; il fallait donc, pour que le gramme soit une unité fixe, le définir d'une manière aussi détaillée et aussi précise.

On sait également que la représentation matérielle du gramme, de ses multiples et de ses sous-multiples, et aussi des doubles et des moitiés de ces unités, forme trois séries : 1° les poids en fonte de fer, qui ont la forme rectangulaire, de 50 à 20 kilogrammes, et la forme hexagonale, de 20 kilogrammes à 50 grammes ; 2° les poids en cuivre de 10 kilogrammes à 1 gramme, qui ont la forme d'un cylindre surmonté d'un bouton ou celle d'un godet ; 3° les poids de 1 gramme à 1 milligramme en cuivre, en platine ou en aluminium, et qui ont la forme de petites plaques carrées. Dans les pesées de précision, la crainte d'altérer ces derniers poids oblige à ne les prendre, pour les placer dans les balances, qu'avec de petites pinces

Les poids nouvellement fabriqués ou réparés doivent être contrôlés et poinçonnés. Des *bureaux de poids* sont établis, dans ce but, dans les villes de quelque importance. Des *vérificateurs* sont chargés d'inspecter les poids chez les personnes qui en font usage et de poursuivre ceux qui n'ont pas ceux qu'exige la loi. Un décret du 26 février 1873 règle tous les détails de ces vérifications, en établit l'annualité, en fixe les frais et indique les commerces, industries et professions qui y sont assujettis.

Les détenteurs de faux poids sont punis par la loi d'une amende de 11 à 15 francs et quelquefois d'un emprisonnement dont la durée ne peut excéder cinq jours. Ceux qui, par l'usage de faux poids, ont trompé l'acheteur sont punis d'un emprisonnement de trois mois à un an et d'une amende de 50 francs au moins.

La supériorité du système métrique français sur tous les systèmes connus de poids et mesures est tellement évidente, que, dès 1855, une société internationale s'était formée à Paris pour le propager. Cette société, qui porte le nom de *Commission internationale du mètre,* poursuit courageusement ses efforts, et nous avons parlé (page 34) de l'importante opération métallurgique exécutée par M. Sainte-Claire Deville, d'après les prescriptions de la Commission réunie à Paris en 1872, ayant pour objet la confection de nouveaux étalons.

Déjà la Belgique, la Hollande, le Luxembourg, la Suisse (1868), l'Allemagne du Nord (1872) l'ont adopté ; en Angleterre, son emploi est facultatif (1864) ; l'Italie, la Grèce, l'Espagne, la Roumanie, la plupart des républiques de l'Amérique du Sud ont créé leurs monnaies d'après lui ; il y a donc lieu d'espérer que le système républicain des poids et mesures deviendra, avant peu d'années, celui de tout l'univers civilisé.

CHAPITRE VI

HYDROSTATIQUE

DÉFINITION ET HISTORIQUE. — L'*Hydrostatique* (du grec *udor*, eau ; *statikos*, équilibre) est la partie de la physique qui traite des conditions d'équilibre des fluides, liquides ou gazeux, supposés parfaits, et des pressions qu'ils exercent soit sur leur masse, soit sur les parois des vases qui les contiennent. Nous considérerons toutefois plus spécialement les liquides.

On appelle *Hydrodynamique* la branche particulière de l'Hydrostatique qui s'occupe des mouvements des liquides, et *Hydraulique* celle qui enseigne à appliquer les principes à l'art de conduire et d'élever les eaux dans des conditions voulues.

Ces trois sciences ont été, pour ainsi dire, créées par Archimède, qui en donne les premières notions dans son traité *De insidentibus humido* et qui découvrit le principe fameux de la pression des liquides sur les corps qui y sont plongés. Nous avons dit déjà que Ctésibius avait inventé les pompes, les orgues et les horloges à eau, et Héron la fontaine de compression qui porte son nom. Plus tard, vers le temps de César, les moulins à eau furent importés d'Asie en Italie ; et l'on sait les admirables aqueducs que construisirent les Romains. L'*hydrostatique* ou du moins l'application des principes de l'hydrostatique n'étaient donc point étrangers à l'antiquité ; mais ce ne fut qu'au XVII° siècle que furent posés véritablement, par l'illustre Pascal, les fondements de cette science.

PRINCIPE D'ÉGALITÉ DE PRESSION. — La constitution spéciale des liquides, c'est-à-dire l'extrême mobilité de leurs molécules, leur impénétrabilité et leur incompressibilité, ont donné lieu au principe suivant.

Les liquides transmettent toute pression exercée en un point quelconque de leur masse, avec une intensité égale, non seulement dans le sens de cette pression, mais dans tous les sens.

Soit, en effet, un vase quelconque (*fig.* 73) rempli d'eau et garni de plusieurs tubulures A, B, C, D, et dans chacune de ces tubulures des pistons fermant hermétiquement, mais à frottement très doux. Si l'on appuie sur un quelconque des pistons, immédiatement les autres sont chassés en dehors. Une première conséquence découle donc immédiatement de cette expérience, c'est que les pressions se transmettent dans tous les sens. Cette sorte d'irradiation des pressions dans les fluides constitue un caractère tout à fait distinct et d'une application continuelle.

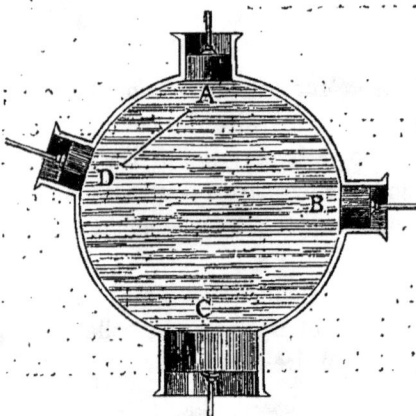

Fig. 73. — ÉGALITÉ DE PRESSION.

Une seconde conséquence apparaît également. Si les surfaces des pistons sur lesquelles s'exerce la pression sont égales, celle-ci se transmet avec la même intensité, abstraction faite, bien entendu, du poids du liquide et du frottement des pistons. Si l'on appuie extérieurement avec une force de 20 kilogrammes sur le piston A, par exemple, les pistons B et D, égaux en surface au piston A, supporteront chacun intérieurement une pression de 20 kilogrammes, c'est-à-dire qu'il faudrait leur opposer à chacun d'eux une force de 20 kilogrammes pour les empêcher d'être chassés dehors. Si, au contraire, on appuie avec une force de 20 kilogrammes sur le piston C dont la surface est double de celle des pistons A, B, D, la pression supportée par ces trois pistons A, B, D sera de moitié moins forte, c'est-à-dire de 10 kilogrammes, et, réciproquement, si l'on exerce une pression de 10 kilogrammes sur l'un des pistons A, B, D, la surface C supportera une pression double, soit 20 kilogrammes.

Ce principe, découvert par Pascal, était ainsi énoncé par lui-même dans son *Traité de l'équilibre des liqueurs* (Paris, 1698, in-12) :

« Si un vaisseau plein d'eau, clos de toutes parts, a deux ouvertures, l'une centuple de l'autre, en mettant à chacune un piston qui lui soit juste, un homme poussant le petit piston égalera la force de cent hommes qui pousseront celui qui est cent fois plus large et en surmontera 99.

» Et, quelque proportion qu'aient ces ouvertures, si les forces qu'on mettra sur les pistons sont comme les ouvertures, elles seront en équilibre.

» D'où il paraît qu'un vaisseau plein d'eau est un nouveau principe de mécanique et une machine nouvelle pour multiplier les forces à. tel degré qu'on voudra, puisqu'un homme, par ce moyen, pourra enlever. tel fardeau qu'on lui proposera.

Moulin à farine mû par des turbines (page 179).

» Et on doit admirer qu'il se rencontre en cette machine nouvelle cet ordre constant qui se trouve en toutes les anciennes, savoir : le levier, la tour, la vis, etc., qui est que le chemin est augmenté en même proportion de la force ; car il est visible que, comme une des ouvertures est centuple de l'autre, si l'homme qui pousse le petit piston l'enfonçait d'un pouce, il ne repousserait l'autre que de la centième partie seulement. »

Les conséquences de ce principe que Pascal indiquait pourraient se démontrer expérimentalement.

Soit (*fig.* 74) deux cylindres dont l'un, B, est d'un diamètre six fois moindre que l'autre, A. Ces deux cylindres communiquent ensemble par un tube et sont remplis d'eau. En vertu d'un principe que nous verrons plus loin, l'eau est à la même hauteur dans les deux cylindres. Ils sont l'un

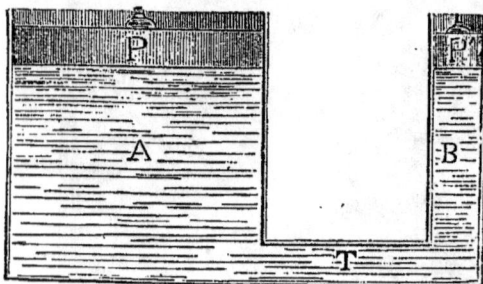

Fig. 74.

et l'autre fermés par des pistons P, P', à frottement très doux. Or, si sur le piston P' on met un poids de 1 kilogramme, l'équilibre sera rompu et il faudra mettre sur le piston P, six fois plus large, un poids de 6 kilogrammes pour rétablir cet équilibre. C'est dire que, si l'on applique en P' une pression de 1 kilogramme, elle produira une pression de dedans en dehors de 6 kilogrammes en P.

Ajoutons que cette expérience est, en fait, à peu près impossible : le frottement des pistons et l'action de la pesanteur, qui produit des pressions variables aux diverses ouvertures, suivant leur profondeur dans la masse liquide, sont des obstacles sérieux à une rigoureuse vérification expérimentale. Nous verrons toutefois ci-après une application importante du principe dans la *presse hydraulique.*

PRESSIONS EXERCÉES PAR LES LIQUIDES SUR LES PAROIS DES VASES QUI LES CONTIENNENT. — Les pressions exercées par les liquides, en vertu de leur poids seul, sur les vases qui les contiennent ont été également étudiées par Pascal. Il y a trois cas à considérer : 1° la pression s'exerce verticalement de haut en bas ; 2° elle s'exerce verticalement de bas en haut ; 3° elle s'exerce latéralement sur les parois du vase qui contient le liquide.

1° PRESSIONS VERTICALES DE HAUT EN BAS. *La pression exercée sur le fond du vase est égale au poids d'une colonne liquide ayant pour hauteur la perpendiculaire menée du fond à la surface, quelle que soit la forme du vase.*

Ce principe se démontre expérimentalement par l'appareil de Pascal, quelque peu modifié pour rendre l'expérience plus simple.

Cet appareil se compose (*fig.* 75) d'une balance, dont un plateau

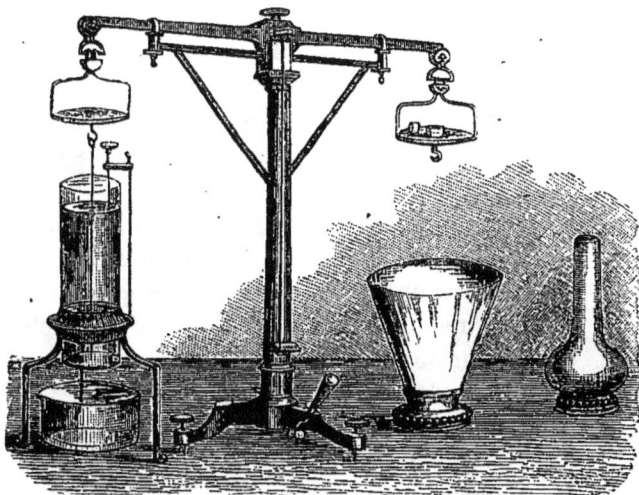

Fig. 75. — APPAREIL DE PASCAL.

soutient un fil, au bout duquel est attaché un disque de verre qui sert de fond à un vase placé sur un trépied. Des poids, placés dans l'autre plateau, maintiennent ce disque avec force. On verse de l'eau dans le vase

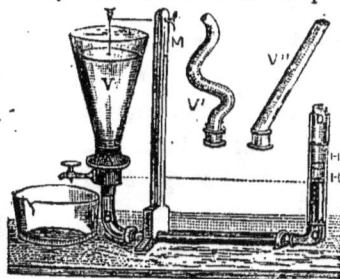

Fig. 76. — APPAREIL DE HALDAT.

jusqu'à ce que la pression exercée sur le disque le force à se détacher. Un indicateur marque le niveau de l'eau à ce moment-là. Or, quelle que soit la forme du vase, qu'il soit cylindrique, à col évasé ou contourné, le disque qui lui sert de fond se détache toujours quand l'eau a atteint le niveau marqué d'abord.

L'appareil de Haldat (1) sert à démontrer le même principe. Il se compose (*fig.* 76) d'un tube coudé ABCD, sur la branche AB duquel peuvent se fixer successivement en A les vases de forme et de capacité différentes V, V', V". Le tube est rempli de mer-

(1) HALDAT DU LYS (1769-1852). C'était un descendant du frère de Jeanne Darc, Jean du Lys, et la famille de Haldat avait obtenu d'ajouter le nom de du Lys à son nom patronymique. Les travaux de ce physicien, la plupart relatifs au magnétisme, lui ont fait une grande réputation.

cure, de façon que la hauteur du liquide soit égale en A et en H. Or, quel que soit le vase que l'on visse en A, si l'on y verse de l'eau jusqu'à une même hauteur M, la pression exercée par cette eau fera monter le mercure dans le tube CD d'une certaine quantité HH′ qui sera toujours la même.

On conclut de ces expériences non seulement que la pression est indépendante de la forme du vase, mais encore qu'elle est égale au poids d'une colonne liquide ayant pour hauteur la perpendiculaire menée du fond à la surface, puisque tous les vases dont on s'est servi ont un même fond.

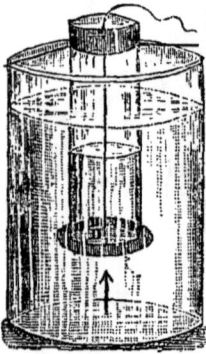

Fig. 77.
POUSSÉE DES LIQUIDES.

Il résulte de là que, plus on pénètre dans les profondeurs de l'Océan, plus grande est la pression qu'on a à supporter. Il a été calculé que cette pression augmente d'une atmosphère par dix mètres de profondeur; à 1,000 mètres, le poids de l'eau exerce sur chaque décimètre carré de surface une pression de plus de 10,000 kilogrammes. Or, la profondeur moyenne de l'Océan est de 3,000 mètres, d'après de Humboldt; d'après Young, celle de l'océan Atlantique serait de 1,000 mètres et celle de l'océan Pacifique de 4,000 mètres. Il n'y a donc pas lieu d'espérer que jamais l'homme s'aventure dans les grandes vallées océaniques comme il affronte le froid et la raréfaction de l'air sur les hautes montagnes. Il plonge aussi loin que la vue peut atteindre, dans le plus grand nombre de cas, c'est-à-dire à une profondeur très faible. Des appareils modernes facilitent ses expéditions, mais ils n'en ont pas étendu beaucoup le rayon. A mesure qu'il s'enfonce, la pression devient bientôt telle, que la vie devient impossible. Si les poissons résistent, cela tient à ce qu'il n'y a dans leur corps aucun espace vide; tout ce qui n'est pas solide est rempli de liquides peu compressibles, qui résistent par suite à la pression. Une bouteille vide, bien bouchée, descendue dans la mer, est bientôt broyée, ou bien le bouchon entre dedans et elle se remplit d'eau. Quand on veut connaître la température du fond d'une mer, on doit se servir de thermomètres préparés exprès et que nous décrirons plus loin; les thermomètres ordinaires se briseraient bientôt.

2° PRESSIONS VERTICALES DE BAS EN HAUT. *La pression verticale de bas en haut est égale au poids d'une colonne liquide qui aurait pour base la surface pressée et pour hauteur sa distance au niveau du liquide.*

Soit (*fig.* 77) un vase quelconque plein d'eau, dans lequel on introduit un tube T vide et dont le fond est formé par un disque de verre dépoli D, maintenu contre le tube par un fil que tient l'opérateur. Celui-ci lâchant le fil, le disque obturateur ne tombe pas, preuve que la pression du liquide le maintient seul. Mais si l'on verse doucement de l'eau dans le tube T, le disque se détache quand le niveau du liquide est devenu, dans le tube, au même niveau que celui du vase; ce qui démontre bien que la pression, exercée d'abord sur lui de bas en haut, est égale au poids d'une colonne d'eau ayant sa surface pour base, et pour hauteur la distance du disque à la surface libre du liquide.

Cette pression porte le nom de *poussée des liqui-des*. Sa valeur, comme nous venons de le démontrer, est proportionnelle à la profondeur.

3° PRESSIONS LATÉRALES. *La pression exercée par un liquide sur une portion quelconque de la paroi du vase qui le contient est égale au poids d'une colonne liquide ayant pour base cette portion quelconque de la paroi du vase et pour hauteur la distance verticale de son centre de gravité à la surface libre du liquide.*

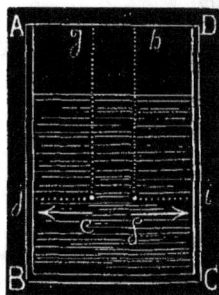

Fig. 78.
PRESSIONS LATÉRALES.

Soit un vase ABCD (*fig.* 78) dans lequel on a versé de l'eau jusqu'à une certaine hauteur. Supposons qu'entre les points *a* et *f* il y ait une membrane tendue; cette membrane supporterait une pression comme si elle formait le fond d'un vase *gefh*. Or, à la place de cette membrane, il y a une couche d'eau qui, d'après le principe de Pascal exposé d'abord : *Les liquides transmettent toute pression exercée sur un point quelconque de leur masse avec une intensité égale non seulement dans le sens de cette pression, mais dans tous les sens*, transmet en *ej*, *fi* la pression qu'elle reçoit. Cette pression, pour la membrane, est égale au poids de la colonne liquide ayant pour base cette membrane et pour hauteur la perpendiculaire menée entre elle et la surface du liquide, puisque c'est une pression de haut en bas. Elle a donc la même valeur dans le sens de *ej* ou de *fi*.

Le point où s'applique cette pression se nomme *centre de pression*. Il est toujours un peu au-dessous du centre de gravité de la paroi, parce que les pressions élémentaires qui forment la pression totale augmentent depuis la surface liquide jusqu'au fond du vase.

Ce principe des pressions latérales se démontre par de nombreuses expériences, qui prouvent en même temps la grande puissance que peuvent acquérir ces pressions quand la hauteur du niveau de la surface libre est très grande. Nous citerons d'abord la fameuse expérience faite à

Rouen, en 1647, par Pascal, et qui est connue par le nom de *crève-tonneau* (*fig.* 79).

On a fixé, bien solidement mastiqué, sur le fond supérieur d'un tonneau dressé, un grand tube métallique vertical, terminé par un entonnoir. Au bout de quelques instants, le tonneau est plein, le tube aussi. La pression exercée sur les parois du tonneau, étant proportionnelle à la hauteur de la surface libre, est ici considérable ; c'est pourquoi bientôt les douves ne pouvant supporter cette pression, ploient, s'écartent, et le tonneau finit par éclater.

C'est en vertu des pressions latérales que, la moindre fissure survenant à un réservoir plein d'eau, celle-ci jaillit avec force au dehors et peut occasionner de graves accidents. Les tuyaux de conduite des eaux sont profondément enfoncés dans le sol pour que la pression des terres contrebalance la pression latérale de l'eau et s'oppose à la rupture des tuyaux ; et cependant, quand une fissure se produit, la pression est assez forte pour soulever le sol. C'est cette pression qui produit sur les portes d'écluses et sur les vannes ces efforts prodigieux qui souvent atteignent plusieurs milliers de kilogrammes. C'est elle qui tend à renverser les digues, et, comme elle ne dépend que de la hauteur du niveau de l'eau, il faut une digue aussi forte pour contenir une rivière étroite qu'un fleuve immense de même profondeur.

Fig. 79. — EXPÉRIENCE DU CRÈVE-TONNEAU.

Les désastreuses inondations qui, en France, comme d'ailleurs dans toutes les contrées du globe, viennent de temps en temps effrayer les populations ont appelé l'attention de tous les hommes de science sur les moyens à opposer pour prévenir ces effroyables calamités. Les digues sont, sans contredit, un des moyens les plus communément employés, et cependant leur inefficacité, trop souvent constatée, force à se demander avec quelque raison si l'homme ne serait pas impuissant dans sa lutte contre les eaux.

M. de Parville, dans ses *Causeries scientifiques* si intéressantes, a donné sur ce sujet quelques détails que nous reproduisons, afin que le lecteur se fasse une idée bien nette de l'épouvantable puissance des pressions latérales :

« Pour remédier aux débordements, écrit le savant auteur, qu'a-t-on fait ? On a imité à peu près servilement le système de défenses usité par les anciens ingénieurs. On a adopté, en France, les digues longitudinales, que recommandent encore aujourd'hui quelques esprits persévérants. Les inondations sont déjà dangereuses par la hauteur d'eau qu'elles accumulent entre les rives d'un fleuve et surtout par la vitesse des courants. On s'est complu à accroître cette hauteur et cette vitesse en resserrant la masse d'eau entre des rives artificielles. C'est accumuler par places, comme à plaisir, la force de destruction. Il n'est pas un endiguement longitudinal qui ne finisse par céder, à la longue, à la puissance des eaux. En Lombardie, où ce système de défenses a été combiné avec un véritable luxe, en Amérique, en Chine, on a éprouvé toutes les désillusions possibles.

» Veut-on des exemples ? Citons rapidement, pour le Rhône, la rupture de la levée de la Camargue, de la chaussée de la Parode, de Boulbon, de Mezoargue, de Montagnette, etc.; pour la Loire, les ruptures des levées de Jargeau, d'Onzain, de la Varenne, d'Amboise, de Montlouis, etc.; pour l'Isère, trouée des digues de Thouret, de Crolles, de Froges, de Voreppe, etc. En Italie, les digues du Pô se rompent tous les dix ans, en moyenne. En Russie, les digues n'ont pas sauvé les riverains, au contraire ; la grande inondation de 1856, qui a ravagé Astrakan, a été funeste au système d'endiguement. Les digues gigantesques que des milliers d'ouvriers avaient mis plusieurs jours à construire, ne purent résister à l'effort du cours du Volga. Elles furent rompues subitement, et l'eau se précipita avec une violence inouïe sur la ville...

» Dès le xvᵉ siècle, le danger qu'offrait ce système de défenses était démontré par les désastres qui fondirent à cette époque sur les provinces néerlandaises. A la fin du xivᵉ siècle, on avait endigué le Delftland, le Wifheeren, etc.; on avait construit plus de 700 kilomètres de levées en terres insubmersibles. Dans la nuit du 18 novembre 1421, le Waal rompt ses digues entre Gorcum et Dordrecht sur 1 kilomètre de longueur, se jette sur la Meuse et l'entraîne dans le Hollands Diep. Cette inondation engloutit 72 villages, noya 100,000 hommes et détruisit de fond en comble la plus grande partie du Zuid-Hollandsche-Waad.

» En Amérique, les digues en terre qui bordent le Mississipi sont
encore plus étendues et plus complètes que les magnifiques travaux de
défense du Pô et des fleuves hollandais. Les levées forment un mur dont
le développement total atteint 4,000 kilomètres. Le rempart qui défend
Yazoo-Gate contre les crues n'a pas moins de 13 mètres de haut, 13 mètres
de largeur au sommet et 96 mètres à la base. Ici, comme ailleurs, les crevasses se sont produites, et le fleuve, en 1850, 1854, 1862, a fait sa trouée
par des ouvertures de plusieurs kilomètres, dévastant les plantations et
ruinant le pays. En Chine, le Hoang-ho, après avoir percé ses levées, a
envahi un territoire énorme. Ritter rapporte qu'une autre fois 200,000 per-

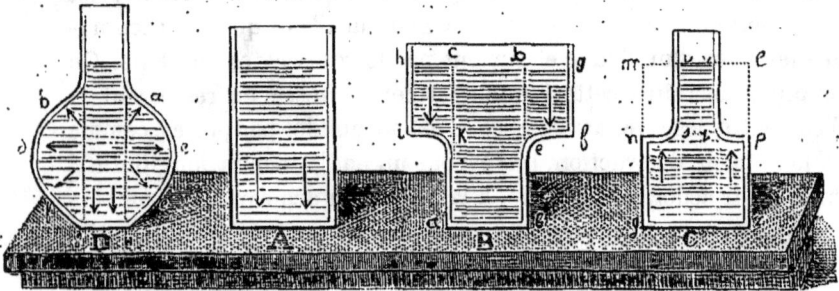

Fig. 80. — PARADOXE HYDROSTATIQUE.

sonnes furent noyées pendant une guerre civile, par suite du percement
des digues.

» Pour nous, accepter l'endiguement longitudinal, c'est absolument
agir comme l'ingénieur qui compterait sur l'épaisseur d'une tôle à chaudière à vapeur pour se mettre à l'abri d'une pression susceptible d'augmenter sans cesse. On ne sait jamais à quelle hauteur peut atteindre une
crue ; on ne peut donc compter sur la protection d'une digue, qui, au plus
petit vice de construction, cède et répand la ruine et la mort dans toute la
zone qu'elle aurait dû mettre à l'abri. Ne parlons plus de ce système de
défenses. Il n'est applicable que dans un seul cas, pour la traversée d'une
ville. On a fait de la compression pour contenir les eaux entre des digues ;
ce système est aussi mauvais au physique qu'au moral. »

PARADOXE HYDROSTATIQUE. — Il semblerait contradictoire qu'un
vase, dont le fond horizontal est également pressé, ne transmît pas une
pression égale au support sur lequel ce fond repose directement, ou, en
d'autres termes, que la pression exercée sur le fond d'un vase ne fût pas
égale au poids réel de ce vase et du liquide contenu; que, par exemple,
cette pression est beaucoup plus grande que le poids lorsque la hauteur

de la colonne d'eau est très grande, quelque petite que soit la surface de
la base; qu'elle soit inférieure lorsque la surface de la base est très grande
et la hauteur très petite. Ce fait semblant au premier abord paradoxal, on

Radoub d'un bateau dans un dock flottant (page 185).

lui a donné le nom de *paradoxe hydrostatique*. Il n'est rien cependant
moins que paradoxal.

Supposons, en effet, quatre vases de formes différentes, A, B, C, D
(*fig.* 80). Dans le vase cylindrique A, il est évident qu'il n'y a pas d'autre

pression transmise que celle que supporte le fond et qui est égale au poids du liquide. Dans le vase B, le support reçoit la pression exercée sur *ab* égale au poids de la colonne liquide *abcd* plus les pressions exercées sur *ik* et sur *ef*, égales au poids des colonnes liquides *ikhc* et *efgd*, ce qui fait au total le poids du liquide contenu dans le vase B. Dans le vase C, la pression supportée par le fond *qr*, pression égale au poids de la colonne liquide *qrlm*,

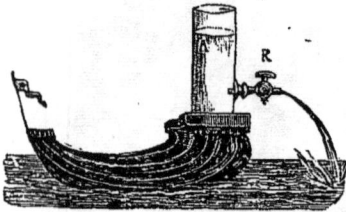

Fig. 81. — VASE A RÉACTION.

doit être diminuée du poids des colonnes *nsum* et *tpvl*, qui supportent des pressions contraires ; il n'y a donc de transmis au fond qu'une pression égale au poids réel du liquide. Dans le vase D, la pression exercée sur le fond *gh* est évidemment encore seulement égale au poids du liquide ; car, en appliquant les règles que nous avons données (page 64) sur la *composition des forces*, on voit que les composantes horizontales de ces pressions se font mutuellement équilibre, que les composantes verticales se réduisent à une force unique, égale au poids du liquide.

Il ne faut donc pas confondre la pression exercée sur le fond d'un vase avec le poids réel de ce vase et du liquide contenu.

VASES A RÉACTION. — Nous venons de dire que les composantes horizontales des pressions se font mutuellement équilibre ; les preuves expérimentales abondent. Voici un appareil dont on se sert parfois dans les cabinets de physique (*fig.* 81). Sur un petit bateau flottant sur la surface d'un vase plein d'eau, on place une éprouvette A, munie d'un robinet et également pleine d'eau. Le bateau reste immobile ; mais que l'on ouvre le robinet, le liquide jaillit, et le flotteur se meut très rapidement en sens contraire de l'écoulement. En effet, le robinet fermé, les

Fig. 82.
TOURNIQUET HYDRAULIQUE.

pressions horizontales se faisaient mutuellement équilibre ; le robinet ouvert, la pression exercée au point diamétralement opposé à l'ouverture n'étant plus équilibrée fait mouvoir le flotteur.

Un autre instrument, nommé le *tourniquet hydraulique*, met encore ce fait en évidence. Il se compose essentiellement (*fig.* 82) d'un ballon de verre A, disposé de façon à pouvoir facilement tourner sur lui-même comme une toupie. A son extrémité inférieure sont fixés deux tubes de cuivre recourbés en sens contraires, B et C. L'appareil étant rempli d'eau, si l'on ouvre le robinet, il prend immédiatement un mouvement de rotation dans le sens opposé à celui du liquide jaillissant; mouvement d'autant plus rapide que la hauteur du niveau est plus grande dans le vase et que les tubes sont plus gros.

APPLICATIONS INDUSTRIELLES DES PRINCIPES PRÉCÉDENTS. — TURBINES. — Tout le monde sait que la force développée par une masse d'eau qui tombe ou glisse sur une pente comme dans le lit d'une rivière est employée à la production de mouvements plus ou moins réguliers dans certaines machines qui, pour cette raison, ont reçu le nom de machines *hydrauliques*.

Parmi les machines hydrauliques, nous ne citerons pas les plus usitées, mais les plus capables d'utiliser la force développée par un courant d'eau. On place en première ligne les *turbines;* elles ont sur les autres machines hydrauliques, outre leur propriété d'utiliser la plus grande partie de la force de l'eau, l'avantage de diminuer beaucoup les engrenages et de pouvoir continuer leur travail pendant les grandes eaux et pendant les gelées. On les applique surtout comme moteurs mécaniques pour les moulins à eau.

Quoique déjà connues dès le milieu du siècle dernier, c'est seulement de nos jours qu'elles ont reçu tout leur perfectionnement et une application vraiment pratique. Nous décrirons, d'après M. Gaillard, celle de M. Fourneyron (1), une des premières construites, une des plus simples et une des meilleures de celles qui fonctionnent aujourd'hui (*fig.* 83).

Les turbines sont des roues à axe vertical tournant librement sous l'eau. L'eau arrive dans le bief supérieur A, descend dans le réservoir cylindrique B et s'en échappe à la partie inférieure par une ouverture cylindrique C, qu'on ouvre et qu'on ferme à volonté en élevant ou en baissant une vanne *ee*, également cylindrique. Si c'était là la seule disposition de la partie inférieure de la turbine, l'eau sortirait sous forme de nappe et rien ne serait produit.

Pour que les choses se passent autrement, on a le soin de disposer tout autour de la vanne une roue à aubes circulaires se recouvrant les unes les autres et offrant entre elles un espace D pour favoriser la sortie

---

(1) FOURNEYRON (Benoît), ingénieur des mines (1802-1873), d'abord attaché à l'usine du Creuzot, s'est livré à de remarquables études pour l'établissement des forges d'Alais, du chemin de fer de Saint-Étienne à la Loire, l'application de la vapeur à l'extinction des incendies; est surtout connu par ses inventions industrielles. Député en 1848, il appartenait à la droite royaliste.

de l'eau. Ce qui détermine cette sortie, c'est la différence de niveau des
biefs supérieur A et inférieur L. Ces aubes font corps avec l'arbre central S, au moyen d'une calotte de fonte qui les relie à cet arbre.

Ces aubes sont dessinées, dans la figure, en coupe et en plan. On voit
également que, dans l'intervalle K formé par ces aubes, on a disposé des
cloisons courbes. Leur courbure est en sens contraire de celle des aubes H
et H, ce qui fait que l'eau sort du réservoir B en se mouvant partout obliquement sur les aubes, qui tendent à s'opposer à la sortie du liquide;
cette résistance des aubes les fait tourner dans le sens de la flèche. Cette
disposition de la courbure des cloisons intérieures K empêche la perte de
travail, qui serait nécessairement produite si l'eau était dirigée perpendiculairement sur les aubes après son échappement en C; car il y aurait
choc, et tout choc est une perte de travail. C'est pourquoi on augmente ou
on diminue à volonté l'eau qui sort, en élevant ou baissant les vannes *ee*
au moyen des tringles RR et des écrous EE, qu'on tourne à cet effet.

Plus la hauteur de l'eau sera grande dans le bief supérieur, plus la
roue K tournera avec vitesse; c'est donc là un immense avantage de la
turbine; car on peut, à l'aide de vannes, modérer ou accélérer la vitesse de
la roue K. Ce résultat a une importance notable dans le cas où une turbine
doit marcher toujours avec la même vitesse ou doit constamment produire
le même travail.

Un autre avantage de la turbine, c'est que, à l'époque des hautes et
basses eaux, la turbine marche sans qu'on ait à s'inquiéter de la hauteur
du niveau de l'eau du bief inférieur, toute plongée qu'elle est dans ce bief;
en outre, la hauteur de la chute d'eau établie au barrage est entièrement
utilisée, car il faut dire que l'établissement d'un barrage, pour faire fonctionner une turbine, est une chose toujours nécessaire; enfin, les fortes
gelées n'ont pas d'action sur la marche de la turbine, la glace ne se produisant qu'à la surface de l'eau.

Ce qui fait encore que les turbines utilisent presque en totalité la
force fournie par la chute d'eau, c'est que l'arbre central est vertical et
tourne sur un pivot. Les pressions horizontales exercées sur les aubes ne
tendent nullement à entraîner l'axe de cet arbre central S ni d'un côté ni
de l'autre, circonstances qui ne pourraient être réalisées dans une roue à
axe horizontal, car les tourillons de cet axe frottent fortement dans les
coussinets qui supportent le poids total de la roue.

Ainsi les turbines, grâce à ces dispositions, utilisent les 75 ou 80 centièmes du travail moteur de la chute d'eau fournie par le barrage.

Nous avons dit que l'eau, en sortant des cloisons courbes K, arrivait
obliquement sur les aubes de la roue annulaire H; ce qui tend surtout à

la faire arriver encore plus obliquement, c'est que ces aubes fuient devant l'eau qui sort et se dirige alors suivant une tangente intérieure à chaque aube de la roue annulaire; elle exerce donc une pression de l'intérieur à l'extérieur, en vertu de son changement continuel de direction jusqu'à sa sortie.

L'arbre central, tournant constamment sur lui-même, communique son mouvement, au moyen d'une roue F, à une autre G, qui s'engrène avec elle. Cette roue porte sur sa jante une courroie sans fin, qui fait marcher une petite roue faisant corps avec une autre grande roue, laquelle transmet le mouvement reçu à un arbre de couche; cet

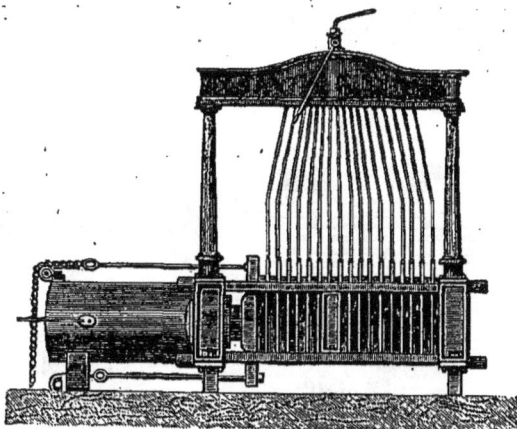

Fig. 83. — PRESSE HYDRAULIQUE.

arbre de couche fait fonctionner des meules pour moudre le grain, des ventilateurs pour le vanner et d'autres machines.

Des modifications ou des perfectionnements ont été successivement apportés à la construction des turbines par MM. Burdin, Callon, Fontaine, Baron, A. Kœchlin, Passot, Mellet, Girard, Porro et autres constructeurs.

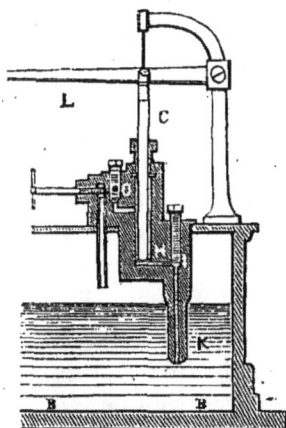

Fig. 84.
CORPS DE LA POMPE.

PRESSE HYDRAULIQUE. — Cette presse, aujourd'hui indispensable dans un grand nombre de fabriques et d'industries, est fondée sur le principe d'égalité de pression des liquides, découvert, nous l'avons dit (page 168), par Pascal.

Elle se compose essentiellement d'une pompe et de la presse proprement dite, cylindres de diamètres très différents, réunis par un tuyau, le tout en fonte, à parois très épaisses. (*fig.* 83).

Dans la pompe (*fig.* 84), le petit piston ou cylindre C est muni supérieurement d'un levier L qu'un homme fait mouvoir; lorsqu'on le baisse et qu'on soulève par conséquent le piston C, le vide s'opère dans le corps de pompe;

la soupape H s'ouvre et l'eau est aspirée par le tuyau K dans une bâche BB
pleine d'eau. En baissant maintenant le levier, l'eau pressée referme
la soupape H, soulève la soupape I et se rend par un petit tuyau, dont
l'embouchure O se voit sur la figure, dans l'autre grand cylindre creux F
(*fig.* 85), qui forme le corps de la presse proprement dite. Un second cylin-

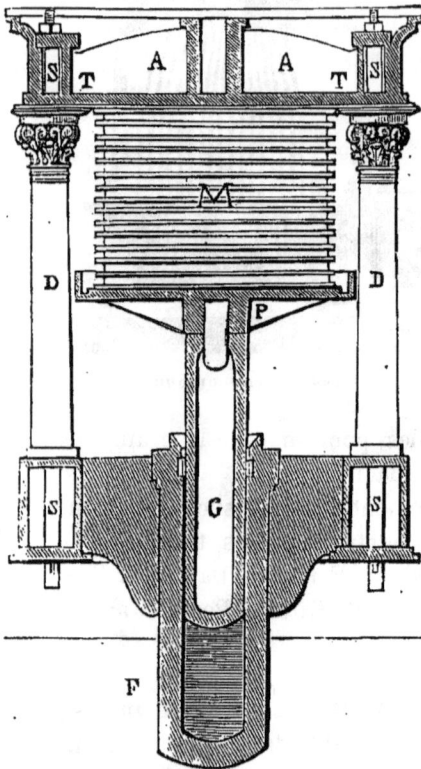

dre G, que renferme le cylindre F
et qui peut s'y mouvoir, sans cependant laisser aucune issue, reçoit l'action de l'eau, et, comme
son diamètre est beaucoup plus
grand que celui du piston C de la
pompe, l'effort appliqué à ce dernier produit, d'après le principe
de Pascal, un effort considérable.
Le cylindre G soutient un plateau
P sur lequel est placé l'objet M,
que l'on veut soumettre à la pression. En montant avec une grande
force, il le presse contre un second
plateau TT, tout en fonte et soutenu de chaque côté par deux
colonnes de même métal DD,
creuses à l'intérieur pour présenter plus de solidité (page 52).
Afin d'empêcher que le plateau TT
ne se déforme, il est consolidé par
deux côtés AA, et il est retenu par
quatre tiges en fer SS, traversant
les colonnes creuses DD et se fixant
à la partie inférieure de la presse.

Fig. 85. — CORPS DE LA PRESSE.

Les pressions obtenues avec la presse hydraulique sont énormes. Par
exemple, si la base du grand piston égale 150 fois celle du petit piston et
que la pression exercée sur celui-ci à l'aide du levier soit seulement de
100 kilogrammes, la pression qui soulèvera le grand piston sera de 150
fois 100, ou 15,000 kilogrammes.

Depuis Pascal, la presse hydraulique était restée sans application;
la pression exercée dans le grand cylindre faisait filtrer l'eau entre le
piston et le corps de pompe. Ce fut Bramah (1) qui, en 1796, y apporta le

(1) BRAMAH (Joseph), mécanicien, né à Strasbourg en 1749, mort à Londres en 1814. Il inventa

perfectionnement sans lequel cette machine ne serait pas sortie peut-être du domaine de la théorie.

Souvent, dans les découvertes les plus importantes, le succès dépend de quelque détail en apparence insignifiant.

Depuis longtemps déjà, Bramah, convaincu de l'immense utilité de la presse hydraulique, se désespérait de ne pouvoir la rendre applicable. Il avait eu l'idée de placer dans une creusure du corps de pompe une rondelle de cuir maintenue au moyen d'un collier compresseur fixé par de fortes vis ; mais, en supposant que cette rondelle pût mettre obstacle au passage de l'eau, elle avait l'inconvénient d'empêcher le piston de redescendre quand la pression de l'eau avait cessé. Son chef d'atelier, qui devint aussi plus tard un grand inventeur et un mécanicien fameux, Henry Maudslay (1), lui vint en aide et lui proposa de fixer un collier de cuir épais *embouti*, c'est-à-dire concave d'un côté et convexe de l'autre, à la creusure pratiquée dans l'intérieur du corps de pompe ; au moment où la pression se produit, l'eau pénètre dans la concavité du cuir, le gonfle et détermine une adhérence d'autant plus parfaite qu'elle est chassée avec plus de violence ; quand la pression cesse, le collier se relâche et laisse doucement redescendre le piston.

Aujourd'hui, les applications de la presse hydraulique sont innombrables. Nous en citons quelques-unes, sinon des plus importantes, du moins des plus vulgaires.

1° Pour la fabrication des huiles. Les graines ayant déjà subi l'opération du *broyage* au moyen d'un appareil formé de deux cylindres tournant en sens inverse, comme ceux d'un laminoir, puis d'un moulin ou tordoir, subissent celle du *pressage*. Les graines, réduites en pâte, sont distribuées dans des sachets de laine, qu'on enveloppe avec des *étendelles*, c'est-à-dire avec des bandes d'étoffe de crin à côtes saillantes, puis soumises à la pression énergique d'une presse hydraulique, préférablement à piston horizontal qu'à piston vertical. L'huile coule alors, et ces opérations répétées deux ou trois fois permettent d'extraire de la graine tout ce qu'elle peut donner.

2° Pour la fabrication des pâtes alimentaires. Le blé réduit simplement en gruau, ayant été d'abord pétri avec les mains, puis à l'aide d'une

---

des serrures de sûreté fort estimées, l'appareil dont on se sert dans les cafés pour faire venir les liquides de la cave au comptoir, la machine à numéroter les billets de la banque d'Angleterre ; il perfectionna les pompes à feu, les machines à vapeur, la fabrication du papier, etc.

(1) MAUDSLAY (Henry), fameux mécanicien anglais (1771-1831), inventa, entre autres choses, le *chariot-support*, machine-outil précieuse, les machines à fabriquer les poulies de navires, des perfectionnements aux machines à vapeur, la machine à fabriquer les vis, les écrous, les rivets ; construisit un des premiers paquebots anglais, etc.

machine, a formé une pâte très ferme. On *étire* alors cette pâte à l'aide
d'une presse hydraulique quelque peu modifiée, c'est-à-dire dont le plateau est criblé de trous ayant la forme que l'on veut donner au brin et
qui est verticale pour les vermicelles, les lazagnes, les nouilles et le
macaroni, et horizontale pour les petites pâtes, dites pâtes d'Italie. La
pâte, refoulée par le piston, passe au travers des trous du fond, où un
ouvrier la reçoit, la coupe à une longueur de 75 centimètres à 1 mètre,
pour la porter dans une étuve, afin de la sécher avant de la livrer au
commerce.

3° Dans l'industrie du sucre de betterave. Lorsque les tubercules,
apportés au fabricant par le cultivateur, ont été débarrassés de la terre et
du sable qui y adhèrent, au moyen d'un *laveur mécanique*, ils sont râpés
dans un appareil spécial qui en forme une bouillie appelée *pulpe*. On
soumet alors cette pulpe à la pression d'une presse hydraulique puissante
(dans certaines usines, elle donne une pression de 800,000 kilogrammes),
afin d'en extraire immédiatement le jus sucré. Pour cela, on place cette
pulpe dans des sacs de crin ou de laine; on empile un certain nombre
de sacs les uns sur les autres en les séparant par des claies métalliques,
et, ainsi empilés, on les porte sur la plate-forme de la presse hydraulique. Deux ou trois pressions successives suffisent pour en faire sortir
de 70 à 80 pour 100 de jus, quelquefois davantage, selon la qualité
des betteraves, et la pulpe épuisée qui reste dans les sacs n'est plus
qu'un gâteau plat et très sec, que l'on donne aux bestiaux.

4° Dans la fabrication de certains aciers, par exemple l'acier Whitworth, dont on se sert en Angleterre pour fabriquer les canons. Au lieu
de le marteler en lingots, selon la méthode de forgeage ordinaire, le
constructeur de Manchester soumet son acier, quand il est encore liquide,
à l'action d'une presse hydraulique.

La pression supportée ainsi par l'acier pendant la coulée est d'environ 3,000 kilogrammes par centimètre carré; le métal liquéfié se contracte sous cette pression énergique et diminue notablement de volume.
Les gaz et l'air contenus dans le liquide sont chassés; aussi le métal
gagne-t-il beaucoup en ténacité, en résistance, en ductilité; cela le rend
de beaucoup supérieur à l'acier fondu ordinaire, et l'on conçoit sans
peine qu'on puisse avec lui faire usage de charges de poudre plus fortes
que dans les autres canons, et augmenter en conséquence la portée des
projectiles.

5° On sait que le *calfatage* d'un bateau consiste à boucher les fentes
des jointures du bordage ou des membres du vaisseau, en y chassant
avec force, au moyen d'un maillet et d'un ciseau, de l'étoupe provenant de

vieux cordages et d'autres matières, et en recouvrant le tout d'une couche de brai bouillant. Quand ce *calfatage* doit avoir lieu à la coque extérieure du bâtiment, on lui donne le nom de *radoub*. Or, autrefois, pour *radouber*

La flèche de la cathédrale de Strasbourg fut soutenue en l'air par des presses hydrauliques (page 186).

un navire, on recourait à l'*abatage en carène*, c'est-à-dire qu'on le renversait sur un flanc, puis sur l'autre, de manière à *éventer*, mettre hors de l'eau successivement toutes ses parties. Aujourd'hui, on a substitué à l'abatage l'emploi des *ras de carène* et celui des *docks flottants*. Ce sont des espèces de grands bateaux, de plates-formes qu'on submerge au-dessus du piston d'une presse hydraulique gigantesque. On conduit au-dessus de cette plate-forme le navire à radouber, on le cale, on fait jouer la presse qui soulève la plate-forme et son fardeau ; le navire est à sec, et les charpentiers et les calfats y font les réparations nécessaires.

6° Avant d'être acceptées par les compagnies de chemins de fer ou de paquebots transatlantiques ou par l'État, les machines à vapeur sont essayées, c'est-à-dire que l'on exerce sur elles un pression double ou triple de celle qu'elles doivent supporter ordinairement sous l'action de la vapeur. Pour cela, toutes les ouvertures de la machine sont fermées, sauf une seule, que l'on met, à la place du gros cylindre d'une presse hydraulique, en communication avec le cylindre de la pompe. Le levier étant baissé deux ou trois fois, l'eau contenue dans l'intérieur de la machine presse les parois intérieures avec une force énorme. Si ces parois résistent, si aucune fissure ne se produit entre les joints des rivures par laquelle l'eau s'écoule, la machine est acceptée.

Des épreuves analogues ont lieu avec la presse hydraulique pour vérifier la résistance à la traction des câbles de fer dont se sert la marine.

Nous citerons encore, comme utilisation de la presse hydraulique, la fabrication du cidre; celle des bougies, dans laquelle ses pressions sont indispensables pour séparer l'oléine de la stéarine; celle de la poudre de guerre, pour faire passer à travers les tamis, dits *guillaumes*, les gâteaux humides du mélange de charbon, de salpêtre et de soufre; celle du papier, celle des draps, etc. Pour mettre en balles les cotons, les laines, les tissus de toute sorte, son emploi est nécessaire, ainsi que pour réduire au plus petit volume possible les fourrages destinés à être transportés.

Enfin nous rappellerons que, lors de la réparation de la cathédrale de Strasbourg, la flèche a été soutenue en l'air par quatre puissantes presses hydrauliques, tandis que l'on travaillait en dessous.

Selon les opérations auxquelles elle est destinée, chaque presse hydraulique est construite dans des conditions particulières de résistance, de solidité ou de forme; mais les différences entre elles ont peu d'importance. Cependant nous devons signaler la presse dite *sterhydraulique* (du grec *stereos*, solide; *udor*, eau) de MM. Desgoffe et Ollivier, qui, à côté de quelques inconvénients, présente de nombreux avantages.

CHAPITRE VII

.

ÉQUILIBRE DES LIQUIDES

CONDITIONS D'ÉQUILIBRE DES LIQUIDES. — Nous avons vu (page 96) quelles étaient les conditions d'équilibre des corps solides; d'après leur constitution, les liquides en ont de toutes différentes. La grande mobilité de leurs molécules, et, par suite, la tendance de chacune d'elles à obéir aussitôt aux lois de la pesanteur, ne permet aux liquides de demeurer en équilibre qu'autant qu'ils ont satisfait aux trois conditions suivantes :

1° *Le liquide doit être contenu dans un vase dont les parois s'opposent à son écoulement en résistant aux pressions qu'il supporte.*

2° *Une molécule quelconque d'une masse liquide en équilibre, ou, en d'autres termes, les différents points d'une couche horizontale, dans un liquide, doivent éprouver dans tous les sens des pressions égales et contraires.*

Fig. 86.

3° *La surface libre d'un liquide en équilibre doit être, en chaque point, perpendiculaire à la direction de la pesanteur; c'est-à-dire horizontale.*

La première de ces conditions est évidente, et tient, nous l'avons dit, à la constitution même des liquides.

La seconde est indispensable; car, si une molécule quelconque éprouvait une pression plus forte que celle qu'elle éprouve dans le sens opposé, elle obéirait à cette pression plus forte, et l'équilibre n'existerait plus. Soient, en effet (*fig.* 86), deux points A et B pris sur une même horizontale à l'intérieur d'un liquide, et supposons un cylindre dont AB serait l'axe et qui serait assez mince pour que l'on puisse supposer la pression uniforme sur chacune de ses bases, ou, ce qui revient au même, supposons que ce cylindre soit une portion, une couche du liquide lui-même. Puisqu'il est en équilibre dans la masse générale, il faut conclure que ses bases A et B supportent des pressions égales et contraires. En effet, il est en équilibre sous

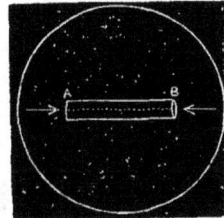

l'influence de son poids et des pressions qu'il supporte. Or, son poids est une force verticale appliquée au centre de gravité. Quant aux pressions, elles sont appliquées sur la surface convexe; elles sont donc normales à l'axe, et donnent lieu à une résultante verticale, égale au poids du cylindre, puisque celui-ci ne prend aucun mouvement vertical; les autres sont horizontales et se détruisent, puisque le cylindre ne prend aucun mouvement horizontal. Les pressions sont donc égales et contraires horizontalement; elles le sont aussi verticalement puisque nous avons démontré que les pressions autour d'un même point sont égales dans toutes les directions (page 157).

On donne le nom de *surfaces de niveau* ou *couches de niveau* à toutes les couches d'un liquide qui supportent une égale pression. Dans une masse liquide, soumise à la seule action de la pesanteur, les *couches de niveau* sont donc, d'après ce qui précède, des surfaces horizontales, troisième condition exigée pour l'équilibre des liquides.

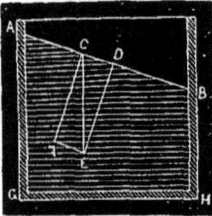

Fig. 87.

La nécessité de cette troisième condition, dont l'existence peut se constater d'après ce que nous avons dit de la direction de la pesanteur (page 92), se démontre également ainsi : soit une masse liquide (*fig.* 87) dont la surface aurait pris la direction inclinée AB. L'action verticale de la pesanteur CE sur une molécule C de cette surface pourrait se décomposer en deux forces, en vertu de la réciproque de la troisième loi relative aux forces, que nous avons démontrée (page 65). L'une de ces forces F, perpendiculaire à la surface du liquide, serait détruite par sa résistance; l'autre D, tangente à la surface, ferait glisser la molécule C dans la direction CB. Ce raisonnement pouvant s'appliquer à toutes les molécules de la surface AB, on doit en conclure que l'équilibre ne pourrait exister, cette surface n'étant pas horizontale.

De ce raisonnement, on peut encore tirer cette conséquence, que chaque point de la surface d'une masse liquide soumise à l'action de plusieurs forces doit être perpendiculaire à la résultante de ces forces. Si, par exemple, sur l'appareil dont nous nous sommes servi (page 79) pour démontrer les effets de la force centrifuge, on dispose un vase plein d'eau et que l'on lui imprime un vif mouvement de rotation, on verra la surface du liquide devenir concave. En effet, chacune des molécules est soumise simultanément à l'action de la pesanteur et à la force centrifuge, et c'est la résultante de ces deux forces qui doit être en chaque point perpendiculaire à la surface libre.

Il y a une restriction à faire au principe que nous avons énoncé. S'il est vrai pour les surfaces liquides d'une petite étendue, parce qu'alors les verticales, de tous leurs points, sont sensiblement parallèles, il ne peut s'appliquer aux grandes surfaces, aux mers, par exemple, parce que, la direction de la verticale changeant constamment d'un lieu à un autre sur la surface du globe, il en est de même de toute surface horizontale. Or, la courbure de la terre ne fait plus un doute pour personne.

De là, deux sortes de niveaux : le *niveau vrai*, qui est celui d'une grande surface dont tous les points sont également distants du centre de la terre, et le *niveau apparent*, qui consiste en ce que tous les points d'une surface soient dans le même plan horizontal. Ces deux niveaux se confondent seulement pour de petites surfaces.

ÉQUILIBRE DES LIQUIDES SUPERPOSÉS. — *Les liquides contenus dans un même vase se superposent dans l'ordre de leurs densités croissantes de haut en bas, et les surfaces de séparation sont planes et horizontales.*

Il va sans dire que les liquides ne doivent pas être susceptibles de se dissoudre mutuellement, ni d'agir chimiquement l'un sur l'autre. Cette condition observée, le principe se vérifie au moyen de la *fiole des quatre éléments* (*fig.* 88). C'est un simple flacon dans lequel on verse avec une

Fig. 88. — FIOLE DES QUATRE ÉLÉMENTS.

certaine précaution quatre liquides de densités différentes, tels que de l'eau, du mercure, de l'huile et du pétrole. On voit, au bout d'un instant, les liquides se placer par ordre de densité.

C'est par suite de cette propriété que, dans les veilleuses, l'"huile surnage l'eau; que la crème flotte sur le lait; qu'à l'embouchure des rivières l'eau douce forme à la surface de l'eau de mer une couche dont la base seule, par suite de l'agitation, est en partie mêlée avec l'eau salée.

Les anciens avaient constaté ce dernier phénomène, et, dans son *Histoire naturelle,* Pline parle même des eaux douces qui, plus légères que d'autres, les surnagent, « comme dans le lac Fucin la rivière qui le traverse; dans le lac de Laris, l'Adda; dans le lac de Verbanum, le Tessin; dans le Bénac, le Mincio; dans le lac Sévin, l'Ollius; dans le lac Léman, le Rhône. Tous ces fleuves, recevant, pour ainsi dire, l'hospitalité dans un trajet de plusieurs milles, n'emmènent que leurs eaux et ne sortent pas plus gros qu'ils n'étaient entrés. »

Citons encore le fameux courant appelé le Gulf-Stream qui traverse l'océan Atlantique sans mêler ses ondes avec celles de la mer, parce qu'elles sont plus légères, étant à une température assez élevée (30 degrés au-dessus de zéro à sa sortie du golfe du Mexique).

On sait que le Gulf-Stream, qui semble commencer au delà du cap de Bonne-Espérance, traverse diagonalement l'Atlantique du Sud, s'infléchit vers le cap Saint-Roch, le long des côtes de l'Amérique, puis contourne le golfe du Mexique, ressort par le canal de Bahama, en suivant les côtes des États-Unis, traverse l'Atlantique du Nord, en lançant une dérivation considérable vers les Açores, les côtes d'Espagne, de France et du Maroc, et vient atteindre le nord de l'Europe. Ses eaux, d'un bleu sombre, se distinguent nettement sur la surface de l'Océan, au-dessus de laquelle son axe s'élève d'environ deux pieds au sortir du golfe du Mexique; il a comme des rives indiquées par des sillons d'écume. Sa vitesse est telle qu'il file quatre nœuds en trente secondes, c'est-à-dire quatre milles marins à l'heure (1).

Les Anglais arrêtent court le Gulf-Stream à la hauteur de Terre-Neuve, en plein Atlantique; mais, plus généralement, on croit qu'à cet endroit un courant polaire formé de glaces flottantes heurte par le travers le Gulf-Stream précisément au point d'où ce dernier envoie vers les côtes d'Espagne sa dérivation orientale. Il résiste, et tandis qu'une partie de son courant, revenant sur elle-même, se dirige vers le nord, s'engage dans le canal de Dawis, se glisse le long des côtes du Groenland et va se faire sentir à l'entrée du détroit de Smith, l'autre partie, de beaucoup plus considérable, va baigner les côtes de l'Irlande et de l'Écosse, l'Islande, les îles Feroë et Shetland. Là, il subit de nouveau le choc d'un courant polaire, et, cette fois encore, il se divise. Une dérivation assez considérable, mêlant ses eaux bleues aux eaux vertes du pôle, refoule les glaces flottantes et gagne la côte occidentale du Spitzberg, tandis que le courant principal se dirige vers le nord-est, enveloppe les côtes de Norvège, puis va enfin se perdre le long de la Sibérie et de la Nouvelle-Sibérie, au milieu des glaces des mers arctiques.

ÉQUILIBRE DES LIQUIDES DANS LES VASES COMMUNICANTS. — L'équilibre des liquides placés dans des vases communiquant entre eux repose sur deux principes :

1° *Si les liquides sont de densités égales, ou si un seul liquide est dans les vases, les diverses surfaces sont situées dans un même plan horizontal, quels que soient la forme et le diamètre des vases.*

_____

(1) Le *mille marin* est, en France, en Angleterre et en Italie, de 60 au degré et vaut 1,852 mètres.

Ainsi (*fig.* 89), que l'on verse de l'eau dans un vase A, vissé sur un tube de cuivre qui le fait communiquer aux vases B, D, E et même à un orifice étroit C, bien moins élevé, l'eau remplira bientôt tous les récipients jusqu'à la hauteur de l'eau restée dans le vase A. Si l'on ouvre le robinet du petit orifice, l'eau jaillira jusqu'à cette hauteur, et ce jet d'eau diminuera au fur et à mesure que le liquide abaissera son niveau dans les vases, par suite de cet écoulement. Ceci est une conséquence des conditions générales d'équilibre des liquides que nous avons démontrées ci-dessus. Chaque tranche, dans chaque vase, doit supporter des pressions égales pour rester en équilibre; or, pour supporter des pressions égales, il faut que toutes aient la même hauteur, c'est-à-dire le même niveau vertical.

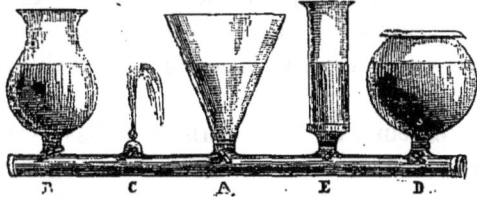

Fig. 89. — ÉQUILIBRE DES VASES COMMUNICANTS.

2° Le deuxième principe :

Si les liquides sont de densités différentes, les hauteurs des colonnes sont en raison inverse des densités, se vérifie expérimentalement au moyen d'un tube recourbé AB (*fig.* 90). On verse d'abord du mercure dans le tube; d'après le principe précédent, le mercure se place en équilibre et les hauteurs E et D, dans chacune des branches, sont dans un plan parfaitement horizontal. Que l'on verse alors de l'eau dans la branche B du tube, le mercure montera dans la branche A d'une hauteur EH, diminuera dans la branche B d'une hauteur égale DL, et l'équilibre existera. La colonne EH de mercure balance donc la colonne d'eau CD, devenue C'L. Or, si l'on mesure la longueur CD ou CL, on voit qu'elle est treize fois et demie plus grande que EH, la densité du mercure étant treize fois et demie plus grande que celle de l'eau. Ainsi est démontrée la vérité du principe.

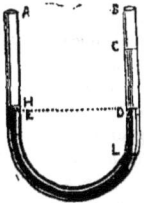

Fig. 90.

APPLICATIONS DES PRINCIPES DE L'ÉQUILIBRE DES LIQUIDES DANS LES VASES COMMUNICANTS. — PUITS ARTÉSIENS. — Les anciens connaissaient les principes des *vases communicants*, puisque leurs jardins étaient ornés de jets d'eau, et que toutes les mythologies nous montrent des Moïses faisant jaillir l'eau des rochers, des dieux ou des saints appelant, au milieu des déserts, des sources du fond de la terre. Mais comme ils ignoraient l'existence des grandes nappes d'eau souterraines, qu'ils croyaient « que les sources de la terre sont allaictées par les tétines de l'Océan, » ils criaient au miracle; ils honoraient comme des dieux ceux que leur génie inspirait assez pour qu'ils appliquassent avec succès une loi naturelle, et ils ne songeaient guère à les imiter et à multiplier à volonté les bienfaisants prodiges. Excepté les Chinois, dit-on, et les Égyptiens, nul peuple de l'antiquité ne pratiquait le forage de sources jaillissantes.

Ainsi le premier *puits artésien* qui ait été creusé en France, et qui existe encore aujourd'hui, paraît être, en 1126, celui d'un couvent de chartreux, à Lillers (Pas-de-Calais), ancienne province d'Artois, d'où est venu le nom de ces puits. Cependant il faut bien qu'on ait attribué la création de cette source aux vertus seules de quelque moine du couvent, puisque personne ne s'avisa, dans toute l'Europe, d'en creuser de semblables avant le XVIIᵉ siècle.

Néanmoins, en 1580, Bernard Palissy (1), dont le génie a touché à toutes les branches de la science, écrivait :-

« La cause pourquoy les eaux se trouvent tant ès sources qu'ès puits n'est autre qu'elles ont trouvé un fond de pierre ou de terre argileuse, laquelle peut tenir l'eau autant bien comme la pierre ; et si quelqu'un cherche de l'eau dedans des terres sableuses, il n'en trouvera jamais, si ce n'est qu'il y ait au-dessous de l'eau quelque terre argileuse, pierre ou ardoise, ou minéral, qui retienne les eaux des pluyes quand elles auront passé au travers des terres. Tu me pourras mettre en avant que tu as vu plusieurs sources sortant des terres sableuses, voir dedans les sables mêmes. A quoy je responds, comme dessus, qu'il y a dessous quelque fond

---

(1) PALISSY (Bernard), né en 1510 à La Capelle-Byron (Lot-et-Garonne), mort en 1589. Quoique la biographie de cet homme célèbre dût être placée plutôt dans une *Chimie* que dans une *Physique*, nous dirons quelques mots de lui, puisque l'occasion s'en présente. Nul n'ignore les épouvantables infortunes qu'il eut à supporter : il a épuisé la triste série des misères physiques et morales de l'homme. On sait que, marié, en 1535, à une jeune fille de Saintes, il en eut plusieurs enfants dont il ne pouvait payer la nourriture ; qu'il manquait de pain, de vêtements, et que le manque de bois le forçait de brûler les tables et les planchers de sa maison pour pouvoir alimenter le feu de ces fourneaux d'où devaient sortir les magnifiques émaux qui l'ont illustré. On sait qu'après vingt ans de supplices inouïs, de travaux gigantesques, après avoir enfin produit des chefs-d'œuvre, il eut encore à supporter de cruelles persécutions religieuses ; qu'il n'échappa à la Saint-Barthélemy que par miracle, et qu'enfin en 1588, à soixante-seize ans, il fut jeté à la Bastille par l'ordre d'un fervent catholique, Mathieu de Launay, un des Seize. Le roi Henri III vint l'y voir et lui conseilla d'abjurer le protestantisme, sans quoi il se verrait obligé de l'abandonner au bûcher. L'histoire nous a conservé la réponse de Bernard Palissy : « Sire, le comte de Maulevrier vint hier de votre part pour promettre la vie à ces deux sœurs (les filles de Jacques Foucaud, procureur au parlement, incarcérées comme huguenotes), si elles voulaient vous donner chacune une nuict. Elles ont répondu qu'encore elles seraient martyres de leur honneur comme de celui de Dieu. Vous m'avez dit plusieurs fois que vous aviez pitié de moy ; moy aussi, j'ai pitié de vous, qui avez prononcé ces mots : J'y suis contrainct. Ce n'est pas parler en roy. Ces filles et moy, qui avons part au royaume des cieux, nous vous apprendrons ce langage royal : que les Guizards, tout votre peuple, ni vous ne sauriez contraindre un potier à fléchir le genou devant des statues, parce que je sais mourir. » Évidemment, le *roy* laissa mourir à la Bastille Bernard Palissy, puisque c'était non seulement un physicien, un chimiste, un savant, un artiste de génie, mais encore un noble cœur et une âme élevée.

de pierre, et que, *si la source monte plus haut que les sables, elle vient aussi de plus haut.* » (*De la nature des eaux et fontaines, des métaux, des terres, etc.* Paris, 1580, in-8°.)

Vue du réservoir de Montsouris (page 206).

Et il concluait :

« Il me semble qu'une torsière (vrille) percerait aisément certaines pierres tendres et qu'on pourrait trouver par tel moyen du terrain de marne, voire même des eaux, pour faire puits, lesquelles pourraient bien souvent monter plus haut que le lieu où la pointe de la torsière les aura trouvées. Et cela se pourra faire moyennant qu'elles viennent de plus haut que le trou que tu auras fait. »

En 1671, Cassini (J.-Dominique), le père de l'illustre famille des astronomes de ce nom, faisait enfin construire, au fort Urbain, un puits artésien dont l'eau jaillissait à 5 mètres au-dessus du sol. Mais ce n'est réellement que depuis 1818, à la suite des travaux de MM. Héricart de Thury et Dégousée, que le forage des puits artésiens a pris quelque développement.

Pour bien faire comprendre cette application de la science à l'industrie, nous citerons le forage des deux puits artésiens de Paris, celui qui est situé dans le quartier de Grenelle et celui qui est à Passy, nous réservant d'entrer dans les détails de la seconde seulement de ces deux opérations, dans laquelle on s'est servi d'un système aujourd'hui généralement adopté.

François Arago et le géologue renommé que nous citions tout à l'heure, M. Héricart de Thury, avaient dissipé, d'une manière plus ou moins directe, bien des erreurs accréditées qui entravaient l'industrie des puits artésiens. Dans ses *Notices scientifiques,* Arago en avait clairement exposé la théorie et affirmé les résultats; aussi, en 1832, le conseil municipal de Paris décida le forage d'un puits artésien. Des nappes d'eau souterraines superposées existaient certainement au-dessous de la ville; cela ne faisait aucun doute pour les géologues. La carte hydrographique souterraine de Paris les montrait.

Il y a d'abord celle qui est en communication immédiate avec la Seine et que l'on appelle la nappe d'infiltration. Elle s'étend sous Paris, et même c'est elle qui fournit l'eau à presque tous les puits. Ses courbes horizontales sont des lignes parallèles, à peu près disposées symétriquement sur chaque rive de la Seine et elles vont se raccorder avec la nappe superficielle. Le niveau de cette nappe d'infiltration est généralement supérieur à celui du fleuve et s'élève à mesure qu'on s'en éloigne. Elle reçoit bien l'eau d'infiltration de la Seine qui s'y répand à l'époque des crues; mais elle est surtout alimentée par les eaux provenant des collines qui entourent Paris.

Les îles Saint-Louis et Notre-Dame ont une nappe souterraine distincte qui est également une nappe d'infiltration. Près de Montmartre, quelques puits sont alimentés par une nappe souterraine dont la cote est à 42 mètres; cette nappe est toute différente de la nappe d'infiltration de la Seine. Dans le haut des rues Rochechouart et Fontarabie, des nappes existent encore au-dessus de cette nappe d'infiltration.

Mais on reconnut que ces nappes souterraines, déjà utilisées pour alimenter des jets d'eau plus ou moins abondants, plus ou moins élevés, obtenus par des forages qui ne dépassaient jamais 100 mètres de profondeur, n'avaient pas une force ascensionnelle suffisante pour faire jaillir l'eau au niveau de Paris. Arago proposa donc de dépasser ces couches liquides et de percer jusqu'aux couches de terre imperméables entre lesquelles séjournent les eaux de pluie. Il assurait le succès. Après de longues hésitations, l'autorisation lui fut accordée. Il savait que le terrain sur lequel repose Paris est composé successivement d'argile plastique, de craie, de *gault*, es-

pèce de marne bleue, toutes couches imperméables ; ensuite, qu'il y a une couche perméable, très épaisse, d'un sable verdâtre connu sous le nom de *grès vert ;* puis une autre couche argileuse, le terrain *wealdien*, encore imperméable. Toutes ces couches,

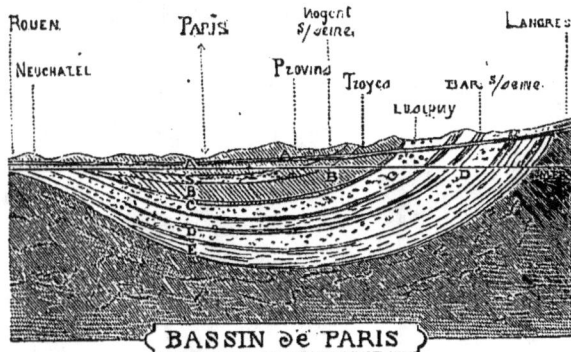

BASSIN DE PARIS

Fig. 91.

qui règnent sous tout le bassin de Paris (*fig.* 91), forment comme une immense cuvette dont un bord est en Champagne et l'autre aux environs de Neufchâtel (Seine-Inférieure). Ces couches ne sont pas horizontales ; elles se relèvent en des points situés autour de Paris et les plus élevés de la ville, comme Grenelle et Passy ; elles constituent le plateau de Langres, et l'on trouve le *grès vert* à Troyes, à Auxerre, à Saint-Dizier. Les eaux de pluie, filtrant à travers ce sable, vont former au fond, sur l'argile du terrain wealdien, d'immenses nappes d'eau. Si donc on perce un canal jusqu'à elle, cette eau, en vertu du principe des vases communicants, devait évidemment jaillir à la hauteur de sa surface libre la plus élevée.

Le 23 novembre 1833, on apporta à l'abattoir de Grenelle les instruments nécessaires, et, le 24 décembre, sous la direction de M. Mulot, à qui avait été confiée l'entreprise, ces travaux gigantesques commencèrent.

Jusqu'alors le forage s'opérait de main d'homme, comme celui des puits ordinaires. Dans le système Mulot et Degoussée, on faisait usage d'un foret, que supportaient une suite de tiges de fer emmanchées les unes dans les autres et que l'on enfonçait dans le sol à l'aide d'un mouton (*fig.* 92). L'inconvénient principal était le poids énorme des tiges et le temps qu'il fallait pour retirer l'appareil du fond du puits. De plus, l'outil perforateur était nécessairement suivi de toute la ligne de sonde. Or, il est aisé de comprendre combien une longue tige était exposée à ployer ou à toucher les parois du puits ; dès lors, la force de l'impulsion était amortie. Aussi cette espèce de tarière métallique se brisa souvent pendant le travail, et ce ne fut pas le moindre des accidents qui retardèrent si longtemps l'accomplissement de l'œuvre. On se figure quel embarras ce doit être quand un outil, d'un poids tel que le mouvement lui est imprimé par un bélier de 8,000 kilogrammes, tombe de 400 mètres sous terre au fond d'un trou plus petit que le corps d'un homme. Quelles peines, quels labeurs pour retrouver et arracher cet outil enfoncé dans du roc, ou pour le briser, afin de dégager le puits obstrué par lui ! Arago lui-même a raconté les péripéties cruelles de cette œuvre : la sonde brisée le 30 novembre 1834 et retirée seulement trois mois plus tard, brisée une seconde fois en 1836, une troisième fois en 1837, et les travaux retardés de quatorze mois par ce fait ; il nous a dit les cruelles attaques de ses ennemis, des ennemis de l'entreprise, et son inaltérable confiance.

Fig. 92.

OUTILS PERFORATEURS.

Enfin le succès arriva.

« On était à 545 mètres ; le 25 février 1841, la cuiller ramena un sable vert, humide, très argileux, qui vint faire renaître l'espérance... Aussi dès le lendemain, avant six heures, maîtres et ouvriers étaient à leur poste. Dans la journée, la cuiller s'enfonça librement de 0^m,50. C'était bon signe. Tout à coup, les chevaux qui manœuvraient éprouvèrent une violente secousse qui ébranla l'atelier, puis ils tournèrent sans effort. « La sonde est cassée ou nous avons l'eau ! » s'écria le directeur du travail. Bientôt un sifflement aigu se fit entendre, et l'eau jaillit avec force au-dessus de l'encliquetage.

Quelques heures après, Arago, qui assistait à une séance de la Chambre, reçut un billet ainsi conçu :

« Monsieur Arago, nous avons l'eau !　　　　　» MULOT. »

C'était le 26 février 1841, à deux heures trente-cinq minutes. Le travail avait duré sept ans et deux mois.

Les frais, si l'on compte certains travaux de consolidation et le renouvellement du tubage nécessaire pour maintenir les terres, qui ne furent complètement achevés qu'en 1852, ne se sont élevés qu'à 390,000 fr., et la vente des eaux aux établissements publics et aux particuliers couvrit bientôt cette dépense, qui est devenue une des sources de revenu de la ville.

Le forage du puits artésien de Passy commença au mois de juillet 1855. Le bois de Boulogne venait d'être transformé; il fallait de l'eau,

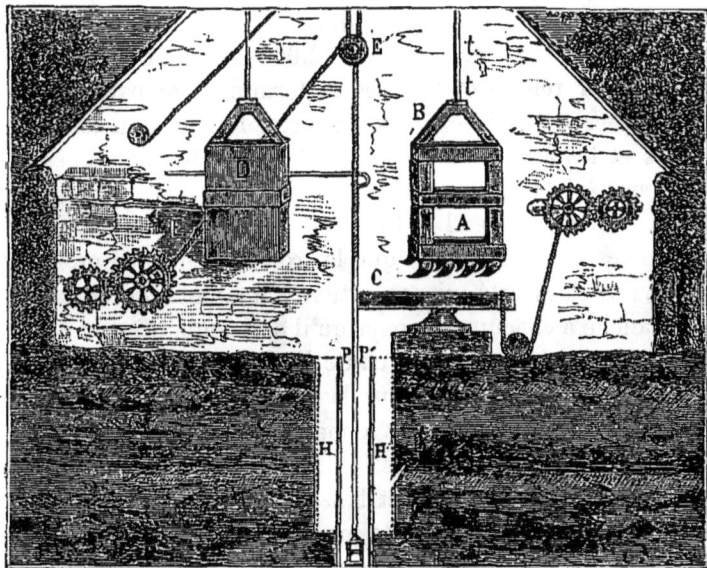

Fig. 93. — FORAGE DU PUITS DE PASSY.

beaucoup d'eau pour les cascades, les rivières et les lacs qui y avaient été creusés; il fallait aussi faire très vite, parce que l'on était impatient de voir l'œuvre terminée. Un ingénieur saxon, M. Kind, qui jouissait d'une réputation extraordinaire de l'autre côté du Rhin pour les travaux de cette nature, présenta un projet d'après lequel il s'engageait à forer le puits de Passy dans le délai d'une année, moyennant une dépense de 350,000 francs. Le puits devait avoir au moins 0^m,60 de diamètre dans sa partie la plus étroite et 1^m,10 dans sa partie la plus large, et descendre, comme celui de Grenelle, jusque dans la couche aqueuse des grès verts.

La commission chargée d'examiner cette proposition l'accepta. Disons tout de suite que les espérances conçues ne furent pas réalisées; la dépense s'éleva à 1,064,000 francs et les travaux ne furent achevés qu'au mois de septembre 1861, c'est-à-dire au bout de six ans. Le système employé par M. Kind, et qui est, paraît-il, un système chinois, n'est point encore parfait, et quelques hommes spéciaux se demandent même s'il est supérieur à celui de M. Mulot. A Grenelle, on ne travaillait que dix heures par jour, tandis qu'à Passy on travaillait les vingt-quatre heures entières; M. Mulot n'avait à son service qu'un manège de six chevaux, tandis que M. Kind avait à sa disposition une machine à vapeur. Ajoutez qu'à Passy on opérait dans une terre dont on connaissait, par le forage de Grenelle, les couches successives et dont les difficultés pouvaient être prévues.

Ceci dit, entrons dans les détails de l'opération, d'après un compte rendu fait à l'époque par M. Le Noir (*fig.* 93).

Un trépan métallique A, du poids de 2,000 kilogrammes, formé d'énormes barres de fer reliées entre elles et terminé à sa partie supérieure par sept grosses dents biseautées, en acier fondu, dont les unes coupent en dehors et les autres en dedans, est suspendu à des tiges de sapin engrenées bout à bout, *t, t*.

Comme le manche qui suspend le trépan doit s'allonger toujours par l'addition de nouvelles tiges, à mesure que le trou devient plus profond, le trépan n'aurait pas sa liberté, ni son action, s'il fallait qu'il entraînât avec lui ce long manche à chacun des coups qu'il doit donner. Aussi a-t-on imaginé une pince fort ingénieuse, B, à chute libre, qui, fixée au bas du manche, s'ouvre par sa chute même sur la masse de fer, la saisit et l'enlève, puis s'ouvre de nouveau dès que le manche est remonté de $0^m,60$, par la laisser retomber de tout son poids.

Un arbre à balancier C, haussant et baissant par la vapeur, enlève et laisse retomber sans cesse de $0^m,60$ le manche du trépan. Ce jeu se répète vingt fois par minute. Le trépan retombe donc, chaque fois qu'il est soulevé, au fond du trou et y dégrade la terre plus ou moins rapidement, selon qu'il la trouve plus ou moins dure, plus ou moins glissante, plus ou moins compacte. De plus, il y a de l'eau dans ce trou; il n'y en vient que trop naturellement. Les débris hachés par le trépan sont délayés dans cette eau et y deviennent une vase assez claire.

Cette opération, qui est celle du forage proprement dit, dure à peine six heures. Quand la couche de terrain est facile à mordre et à délayer, on peut en démolir jusqu'à 2 mètres par jour. Mais quand on rencontre la pierre dure et surtout la marne compacte sur laquelle l'outil glisse en s'inclinant chaque fois qu'il retombe, on peut n'avancer que de $0^m,60$ en vingt-quatre heures.

Après le forage, on procède au curage des débris ainsi délayés. Pour cette seconde opération, on retire le trépan en mettant au bout du manche une autre pince qui ne le lâchera plus et l'on descend à sa place un grand seau en tôle D de 1 mètre de hauteur sur $0^m,80$ de largeur. Ce seau porte, à sa partie inférieure, une trappe à deux battants, qui est faite de manière qu'elle s'ouvre d'elle-même en tombant dans la vase, par la pression de cette vase, et que, le bocal étant rempli, le poids de ce qu'il contient le force à se fermer. On remonte donc le seau plein, comme on a fait pour le trépan, en retirant successivement les tiges qui composent le manche, et, arrivé en haut, on le détourne de côté, puis on l'ouvre et il laisse tomber sa charge de déblais.

Ce n'est pas avec le gros arbre C que l'on peut élever le trépan ou le seau à une hauteur suffisante au-dessus de l'orifice; mais on achève l'ascension par des cordages E, passant sur des poulies attachées assez haut et que fait jouer une machine à vapeur.

Le curage dure six heures, comme le forage qui l'a précédé.

Tout ce jeu est combiné avec la quantité d'eau qui filtre des couches supérieures, en sorte que, dans l'état normal, il suffit de deux hommes pour tout diriger. La direction consiste, pendant que la vapeur va son train, à rallonger ou raccourcir le manche d'un nouveau bout, quand il le faut, et à le maintenir au centre de l'orifice, pour que la charge tombe ou s'élève d'aplomb.

Les avantages de ce procédé sur l'ancien, c'est qu'une barre métallique, assez solide pour tourner et fouiller sans se rompre dans la terre du fond, devient inutile, puisque le manche ne fait que monter et descendre; que les dommages qui surviennent à ce manche peuvent être facilement réparés; qu'il est beaucoup moins lourd, ne consistant que dans des solives de sapin de 10 mètres de longueur et de 9 à 10 centimètres d'équarrissage, et qu'il semble qu'on peut creuser indéfiniment de cette manière, puisque le trépan, par cela même qu'il tombe toujours de la même hauteur, au fond du puits, quelque profond qu'il soit devenu, n'éprouve aucun frottement qui amortisse le coup, garde toujours la même force de percussion et n'a pas besoin d'être porté par un manche de plus en plus fort.

Mais on avait compté sans l'imprévu. Voici ce qui survint :

Les progrès du sondage avaient d'abord été merveilleux. Au mois de mai 1856, en moins d'une année, on était arrivé, sans accident bien sérieux, à une profondeur de 366 mètres, quand le trépan se brisa en s'engageant dans une masse de grès gris, d'où il fut impossible de l'extraire. On y employa sans succès, peut-être avec trop peu de patience, et surtout avec trop peu de confiance de la part des ouvriers allemands chargés du forage, de puissants électro-aimants. M. Kind prit enfin le parti de broyer le fer au fond du puits avec un autre trépan ; mais il dut consacrer trente-trois jours à cette ingrate besogne.

Le terme d'une année fut bientôt dépassé. Néanmoins on persévérait ; car, à la fin de mars 1857, on était parvenu à une profondeur de 528 mètres, résultat magnifique, qui faisait croire qu'on allait, avant peu de temps, parvenir à la couche aquifère, composée de grès vert, la même que celle de Grenelle, et qui devait se trouver encore à 27 mètres seulement plus bas, puisque, à Grenelle, elle est à 547 mètres et que Passy est plus élevé d'une huitaine de mètres. Alors survint une véritable catastrophe. Entre le niveau du sol et une profondeur d'une cinquantaine de mètres se fit un éboulement de terrain, qui éventra les cylindres du tube dont on avait garni provisoirement les parois du trou. Les argiles et les sables, passant à travers les instruments brisés, comblèrent le fond du puits.

M. Kind, n'ayant pu mener son entreprise à terme dans le temps porté par le contrat passé entre lui et la ville de Paris, abandonna tout. Alors l'administration des ponts et chaussées, heureusement pour l'œuvre, se chargea de l'achever.

On creusa dans toute la partie compromise, et tout à l'entour du tube éventré P, un puits ordinaire H' H', de 3 mètres de diamètre, dont on garnit à mesure les parois de grands cylindres de fonte, ayant chacun 1^m,50 de hauteur ; on les faisait descendre en les plaçant les uns sur les autres, le dernier poussant toujours ceux qui avaient été mis avant lui. Ce travail de réparation et de préparation à la reprise du forage dura deux années. On parvint à *cuveler*, c'est-à-dire à retirer et à déblayer toute la portion du premier tube provisoire écrasé ; puis les travaux furent recommencés, d'après les procédés de M. Kind, mais exécutés par voie de régie administrative, sous la direction immédiate de l'ingénieur des promenades et plantations de Paris, M. Alphaud, et des autres ingénieurs de l'administration municipale. M. Kind ne restait plus chargé que de la manœuvre de ses instruments.

Au mois d'avril 1861, on était descendu à 549 mètres, quand survinrent encore des éboulements qui suspendirent le travail. On atteignit cependant la nappe jaillissante au mois de septembre 1861, à la profondeur indiquée de 586 mètres, mais seulement avec la sonde. Il fallut encore un très long délai pour creuser le puits et pour remédier à des accidents concernant le cuvelage.

Dès que l'eau jaillit de terre, la quantité fournie par le puits de Grenelle diminua sensiblement ; il ne donna plus que 430 litres par minute au lieu de 640.

Néanmoins, en présence des résultats obtenus, la ville de Paris n'a pas hésité à faire forer de nouveaux puits artésiens à la Butte-aux-Cailles et à la Chapelle.

Vue de la fontaine de Vaucluse. (page 204).

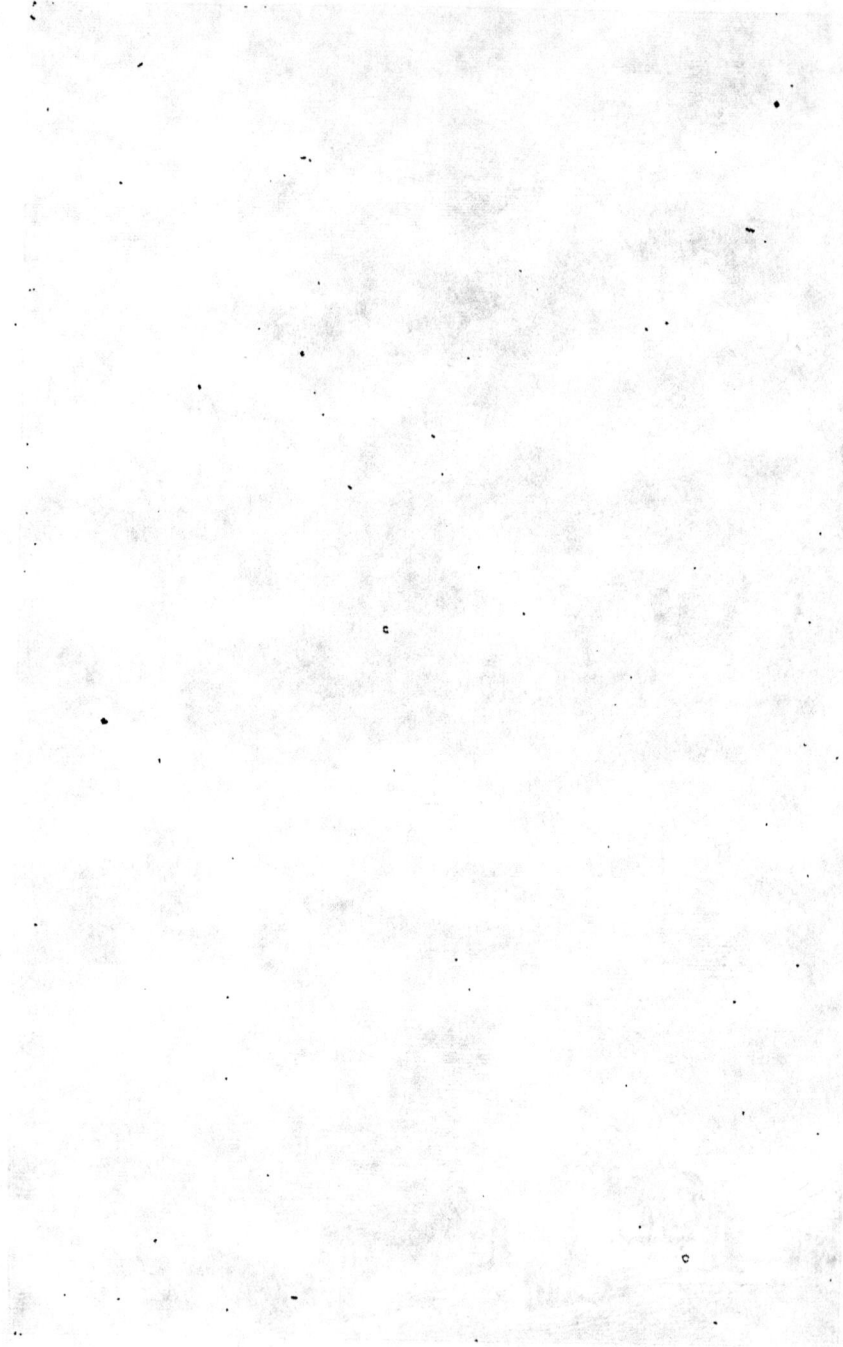

L'industrie, l'agriculture, la civilisation même sont intéressées dans la question des puits artésiens. C'est grâce à ces puits que les oasis peuvent se former au milieu des déserts du Sahara; aussi la joie des Arabes, quand nous établîmes en Afrique les premiers puits artésiens, se manifesta-t-elle par des *fantasias* enthousiastes dont le récit, dans les journaux de l'époque, est véritablement curieux. Cependant depuis longtemps ils connaissaient ces puits, et les habitants des confins du désert possédaient même une corporation, connue sous le nom de *ghattas* (sondeurs), vénérée par eux ; mais les moyens employés étaient tellement primitifs, tellement dangereux, que bien rares étaient les résultats obtenus, et que l'emploi de nos procédés a été pour eux une véritable révélation.

L'importance du sujet nous engage à dire encore un mot des *puits artésiens tubulaires américains,* ou *puits instantanés,* inventés, dit-on, par M. Norton, ou plutôt perfectionnés et rendus pratiques par lui. On prétend que l'idée a pris naissance pendant la dernière guerre d'Amérique. Quelques soldats de l'armée du Nord avaient puisé de l'eau dans un sol stérile, au moyen de tubes de fusil qu'ils brisaient et qu'ils enfonçaient dans la terre. Cependant nous avons vu, il y a quelque vingt ans, cette invention attribuée à un certain docteur Hadji-Ruem, du Caire, élève d'un lycée de Paris.

L'appareil se compose d'un tuyau métallique de 3 ou 4 mètres de longueur, aux parois très épaisses, ayant un diamètre intérieur de $0^m,035$ et terminé par un cône d'acier très bien trempé. Ce cône est garni de petits pertuis, comme une passoire de cuisine. On dispose sur le terrain une petite plate-forme solidement fixée par trois pieds en bois, et percée d'un trou dans lequel s'engage le tube. On l'enfonce dans le sol soit en le faisant virer au cabestan, et, alors une pompe placée au sommet fait le vide à l'intérieur, ce qui facilite sa descente sous la pression atmosphérique ; soit en le frappant violemment avec un marteau-pilon. Mais, dans ce dernier cas, pour ne pas endommager le tube par les chocs directs du marteau, celui-ci n'agit que sur un anneau solidement fixé au tube par des boulons. Quand ce premier tube a disparu, on visse à sa partie supérieure un autre tube et l'on continue l'opération jusqu'à ce qu'on ait trouvé l'eau. On ajuste alors une pompe au tube supérieur, et l'eau arrive bientôt.

Quelquefois cependant le cône rencontre une pierre dure, un silex ; dans ce cas, on arrache le tube, et l'on cherche ailleurs ; mais, la plupart du temps, on réussit.

Le succès de ces puits tubulaires a décidé les gouvernements à les introduire dans le matériel des armées. Le ministre de la guerre, en

France, en a fait l'acquisition d'un certain nombre, et les Anglais, en Abyssinie et dans leur dernière campagne d'Afrique, les ont employés avec avantage.

FONTAINES JAILLISSANTES. — Les *fontaines jaillissantes* sont des puits artésiens naturels. Quelques-unes, émettant des vapeurs au contact de matières volcaniques souterraines, subissent de la part de ces vapeurs une pression qui les lance à une grande hauteur. C'est ce qui se présente dans les *geysers*, fontaines chaudes que l'on observe surtout en Islande et qui s'élancent quelquefois jusqu'à 50 mètres de la surface du sol; d'autres jaillissent parce qu'elles proviennent simplement d'un niveau supérieur à celui d'où elles sourdent. Parmi ces dernières, nous citerons la célèbre *fontaine de Vaucluse* ; c'est une des plus belles que l'on connaisse en Europe.

Située à une égale distance d'Avignon et de Carpentras, elle sort d'une vaste et profonde caverne, ouverte en arcade au pied d'une montagne à pic, qui termine au sud le vallon étroit et tortueux dont le nom signifie *vallée close (vallis clausa)*. Au-dessous, et vers le milieu de la voûte de la caverne, un figuier, dont l'âge est inconnu, s'élève comme pour servir à mesurer les eaux de la fontaine. Lorsqu'elles sont à leur plus grande élévation, ce qui a lieu à l'équinoxe du printemps, époque de la fonte des neiges, elles baignent les racines de l'arbre; la voûte disparaît, et la surface tranquille de l'eau occupe un large entonnoir dont les bords presque circulaires ont environ 20 mètres de diamètre. Au mois d'octobre, au contraire, les eaux, arrivées à leur plus grand abaissement, sont dominées à 12 mètres de hauteur par les bords du bassin. La voûte de l'antre se montre dans toute sa majesté et laisse voir un lac dont l'étendue se perd dans l'obscurité la plus profonde. La pente de l'entonnoir permet alors de descendre, avec de grandes précautions, jusqu'à la surface de cette masse d'eau limpide, qui remplit un abîme dont on n'a pu encore mesurer le fond. De vastes canaux souterrains, placés au-dessus, indiquent les issues par lesquelles aboutissent les eaux que produit la fonte des neiges. Au-dessous du bassin, une vingtaine de torrents se précipitent avec fracas en double cascade, dont les flots écumeux bouillonnent au milieu des rochers, en produisant continuellement le bruit du tonnerre, et forment la rivière de la *Sorgues*, qui, tout à coup susceptible de porter les bateaux, fait mouvoir plusieurs papeteries. Sur le bord du bassin de la fontaine, l'Académie de Vaucluse a fait ériger, en 1809, une colonne majestueuse avec cette simple inscription en lettres d'or : *A Pétrarque*.

Les rochers qui entourent la cascade, les masses pyramidales qui s'élèvent à droite et à gauche, les vertes pelouses qui garnissent les pentes voisines, le vieux château, ancienne maison de plaisance de Philippe de Cabanolles, l'ami de Pétrarque, et bâti au haut d'un roc sur la rive gauche de la rivière (1), la belle verdure des arbres qui croissent sur les bords de la Sorgues, le joli village de Vaucluse, les échos prompts à répéter les noms de Pétrarque et de Laure à la voix des amants qui se plaisent, en les réunissant, à consoler l'ombre du poète des rigueurs de son amante : tout, dans cette vallée, invite à parcourir ses romantiques détours (2).

Un savant travail de M. l'ingénieur en chef Bouvier, inséré en 1857 dans les *Annales des ponts et chaussées*, a démontré que cette fontaine extraordinaire ne peut être attribuée aux glaciers des Alpes ni aux infiltrations de la Durance, mais aux nappes souterraines du bassin circonscrit entre le mont Ventoux et le ravin très profond de la Nesque, et qu'elle n'est obtenue ainsi qu'au détriment d'une surface d'environ 100,000 hectares, comprise soit dans ce département, soit dans celui des Basses-Alpes, et qui, faute d'eau, est condamnée à une stérilité presque complète.

JETS D'EAU. — DISTRIBUTION D'EAU DANS LES VILLES. — Nous parlerons à peine des *jets d'eau*, quoique leur importance dans l'ornementation des jardins soit à considérer. L'eau amenée souterrainement de réservoirs élevés jaillit par un orifice étroit et atteindrait, comme l'indique la théorie des *vases communicants*, à la hauteur de l'eau des réservoirs, si le frottement de l'eau dans les tuyaux qui la conduisent, la résistance de l'air, la chute des gouttelettes qui retombent, ne gênaient l'ascension des autres. C'est pourquoi, lorsqu'un coup de vent incline le jet d'eau, celui-ci s'élance bien plus haut, parce que le troisième de ces obstacles disparaît ou s'affaiblit.

La distribution des eaux dans les villes présente une application bien plus sérieuse des principes que nous avons développés. On sait de quelle nécessité c'est d'avoir l'eau en abondance dans les villes. Or, en amenant ce liquide dans des réservoirs notablement plus élevés que l'orifice des bornes-fontaines bâties dans toutes les rues, afin d'obtenir à la sortie une pression qui fasse jaillir l'eau, ou, quand on n'a pu obtenir ce réservoir très élevé, en refoulant l'eau dans des canaux à l'aide de pompes, pour obtenir une pression, voici comment a été organisé à Paris le service de distribution des eaux.

(1) Ce château est devenu, depuis peu, une papeterie.
(2) MALTE-BRUN. *Géographie universelle.*

En 1860, chaque habitant n'avait à sa disposition que 35 litres d'eau et seulement d'eau de Seine. On décida d'amener à Paris les eaux des sources de la Dhuys, petite rivière de l'arrondissement de Château-Thierry (Aisne). On construisit donc un aqueduc de 131 kilomètres, qui suit les coteaux qui bordent la Dhuys et la Marne, et qui, prenant les eaux à 130 mètres au-dessus du niveau de la mer, les amène à Paris, sur les hauteurs de Ménilmontant, à 108 mètres au-dessus du niveau de la mer. Elles sont reçues dans un vaste réservoir et s'écoulent dans les canaux qui desservent les quartiers de la rive droite. Ce réservoir est à deux étages : l'étage supérieur est réservé à la Dhuys; dans l'étage inférieur, on élève les eaux de la Marne pour suppléer pendant l'été à l'insuffisance de l'Ourcq, dont les eaux, comme celles de la Seine, sont spécialement affectées à l'arrosage, aux lavages et aux fontaines. Trois usines hydrauliques, de Trilbardou (Seine), des Isles-les-Meldeuses et de Saint-Maur, envoient les eaux de la Marne et d'une autre source à Ménilmontant et au lac de Gravelle, qui alimente d'eau le bois de Vincennes. Commencé en 1861, ce travail a été achevé en 1865.

Les eaux de la Vanne furent ensuite dérivées du département de l'Aube jusqu'à Paris. Un aqueduc passe de la vallée de la Vanne dans celle de l'Yonne, par l'intermédiaire d'un *tunnel-siphon* (voy. plus bas) de près de 4 kilomètres de développement, soutenu sur un pont en béton aggloméré. Il traverse les sables de la forêt de Fontainebleau et passe sur la Bièvre à l'aide d'un pont-canal de 990 mètres de longueur, composé de 77 arcades, et il arrive au grand réservoir de Montsouris, à 80 mètres d'altitude. Ce réservoir, à deux étages, comme celui de Ménilmontant, a une capacité de 300,000 mètres cubes.

TUNNELS-SIPHONS. — On donne ce nom à des tubes communicants servant soit pour les réservoirs des canaux dans les vallées, soit pour faire passer sous une rivière ou sous un canal un autre canal à ciel ouvert. Le fait se présente souvent dans le parcours des eaux d'irrigation ou de desséchement. On opère alors de cette manière : à droite et à gauche du canal ou de la rivière sous laquelle on doit passer, on pratique deux puits en maçonnerie, réunis par des tubes de fonte à emboîtement, comme pour les tuyaux de conduite des eaux. Les deux portions du canal d'irrigation sont réunies par des tubes communicants.

A l'Exposition universelle de 1878, l'administration des ponts et chaussées a présenté un volume relatant les principaux travaux exécutés par les ingénieurs. On y trouve d'intéressants détails sur les nombreux tunnels-siphons construits par eux, principalement pour les canaux d'irrigation de Verdon (Bouches-du-Rhône), d'Ajaccio (Corse), d'Orédon (Hautes-Pyrénées), etc.

NIVEAU D'EAU. — Le *niveau d'eau* se compose (*fig.* 94) d'un long tube en fer-blanc, recourbé à chacune de ses extrémités qui supporte une fiole cylindrique de verre, ouverte à sa partie supérieure.. On remplit d'eau le tube, de façon qu'elle arrive à peu près aux trois quarts des deux fioles. En vertu du principe des *vases communicants*, si l'on dispose l'appareil horizontalement sur un pied à trois branches, le liquide contenu dans les deux vases sera sur un même plan horizontal. On établit donc d'abord cet équilibre. Si alors on veut

Fig. 94. — NIVEAU D'EAU.

savoir de quelle hauteur le point où est l'observateur est plus élevé qu'un autre, on place à ce second point une *mire*, règle en bois pouvant s'allonger ou s'abaisser à volonté et portant à son sommet une plaque de fer-blanc sur laquelle est marqué un point de repère. On abaisse ou on élève ce point de repère jusqu'à ce qu'il soit sur le même plan que la surface de l'eau contenue dans les deux fioles. Il suffit alors, pour connaître la hauteur du point où est l'observateur, de soustraire la hauteur du niveau d'eau de la hauteur de la mire.

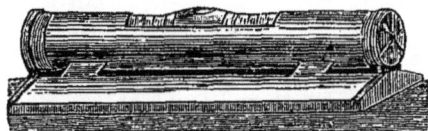

Fig. 95. — NIVEAU A BULLE D'AIR.

NIVEAU A BULLE D'AIR. — Le *niveau à bulle d'air*, bien plus précis que le niveau à bulle d'eau, est basé sur le principe d'équilibre des fluides de densités différentes. Il se compose (*fig.* 95) d'un tube de verre fermé à ses deux extrémités, légèrement convexe, enchâssé dans une monture métallique appelée *platine* et rempli d'eau, ou préférablement, parce que ces liquides ne gèlent que très difficilement, d'alcool ou d'éther.

Ce liquide ne remplit pas complètement le tube, qui contient en outre une bulle d'air ou de vapeur. La convexité du tube est tournée vers le haut, de sorte que la bulle gazeuse se trouve toujours dans la partie du tube la plus verticalement élevée. Si la platine est inclinée à l'horizon, la bulle montera du côté le plus élevé du tube ; elle ne reste rigoureusement au point milieu que si le tube et la platine sont dans un plan parfaitement horizontal, et alors la bulle vient se loger entre les deux traits marqués sur le verre et appelés *points de repère*. Pour s'assurer de l'horizontalité d'une surface, on n'a donc qu'à placer sur elle le niveau à bulle d'air, et voir si la bulle est bien aux points de repère. Tous les instruments de précision dont certaines parties doivent conserver, pendant les observations, une horizontalité ou une verticalité rigoureuse, comme la plupart des instruments de géodésie ou d'astronomie, sont munis d'un niveau à bulle d'air.

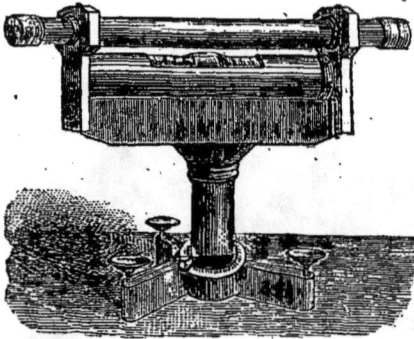

Fig. 96. — NIVEAU A LUNETTE.

Pour les opérations de géodésie (du grec : *gé*, terre ; *daio*, je divise) ou de nivellement un peu importantes et qui demandent une grande exactitude, on se sert le plus généralement du niveau à bulle d'air, dit *niveau d'Egault* ou *niveau à lunette* (*fig.* 96). Le niveau est porté par un manchon M qui entoure un axe vertical supporté par un plateau P. La rotation du manchon autour de l'axe est produite par un levier L qui mène aussi une règle mobile, nommée *alidade*, laquelle parcourt un cercle divisé. Au-dessus du niveau est fixée une lunette qui doit être horizontale quand la bulle du niveau est entre les points de repère. L'axe du

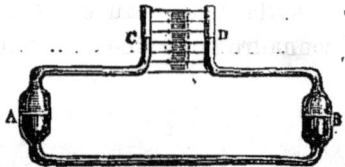

Fig. 97. — CLINOMÈTRE.

manchon est vertical quand la bulle du niveau est entre ses repères. Son usage est d'ailleurs le même que celui du niveau d'eau.

CLINOMÈTRE. — Nous citerons encore, comme application du principe des vases communicants, le *clinomètre*, instrument destiné à mesurer l'inclinaison de la quille d'un vaisseau en marche, inclinaison souvent importante à connaître parce qu'elle a une grande influence sur la rapidité du vaisseau.

L'appareil (*fig.* 97) se compose de deux boules de verre A et B communiquant à leur partie inférieure par un tube de verre, plein de mercure. Deux autres tubes coudés CD aboutissent à leur partie supérieure. Le mercure s'élève jusqu'au milieu des boules quand le tube de commu-

Transport de l'obélisque de Ptolémée Philadelphe à Alexandrie (page 216).

nication est horizontal. Les tubes supérieurs contiennent de l'alcool qui, plus léger, repose sur le mercure et monte jusqu'à une certaine hauteur, égale dans les deux tubes. Ceux-ci ont, entre eux, une échelle graduée de telle sorte qu'à une différence de niveau d'une division entre A et B corresponde une inclinaison de l'appareil d'une minute d'angle. On fixe cet appareil de façon que le tube de communication soit parallèle à la quille du navire ; on constate alors facilement la différence du tirant d'eau à l'avant et à l'arrière.

CHAPITRE VIII

PRINCIPE D'ARCHIMÈDE

THÉORIE. — Nous avons raconté (page 11) comment le hasard fit découvrir à Archimède son principe célèbre :

Tout corps plongé dans un liquide perd une partie de son poids égale au poids du volume du liquide déplacé.

Il serait plus correct de dire :

Tout corps plongé dans un liquide est soumis à une poussée verticale, dirigée de bas en haut, égale au poids du liquide déplacé et appliquée au centre de gravité de la masse liquide.

Mais, au fond, l'un et l'autre énoncé sont identiques, puisque, si l'on pèse le corps plongé dans le liquide, son poids sera évidemment diminué d'une quantité égale à la poussée.

Le raisonnement, aussi bien que l'expérience, démontre la vérité de ce principe.

En effet, soit un corps de forme quelconque, un cube, par exemple,

Fig. 98.

plongé dans un liquide (*fig.* 98). En vertu des principes que nous avons exposés (page 187), ce corps est soumis à des pressions verticales sur les surfaces A et B, qui se détruisent mutuellement, puisqu'elles s'exercent à la même profondeur ; il est soumis encore à deux pressions verticales, l'une de haut en bas G, égale au poids de la colonne d'eau ayant pour base la surface G et pour hauteur la distance entre cette surface et la surface libre du liquide ; l'autre de bas en haut D, égale au poids de la colonne d'eau ayant pour base la surface D et pour hauteur la distance entre cette surface D et la surface libre du liquide. La différence entre ces deux pressions est donc le poids du corps cubique immergé, cette différence est en plus à la pression verticale de bas en haut.

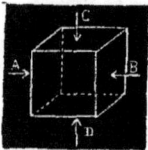

DÉMONSTRATION PAR L'EXPÉRIENCE. BALANCE HYDROSTATIQUE. —
Cet appareil (*fig.* 99), imaginé par Galilée, se compose d'une balance ordinaire, dont le fléau peut s'élever ou s'abaisser à volonté au moyen
d'un levier qui passe dans le support creux de l'instrument. A l'un des
plateaux on suspend un cylindre creux en cuivre, et à celui-ci un autre
cylindre plein, de même diamètre. On fait l'équilibre en plaçant des poids
dans le second plateau de la balance. Si alors on laisse plonger dans un
vase contenant de l'eau le cylindre plein, l'équilibre est aussitôt rompu;
mais si ensuite on verse doucement de l'eau dans le cylindre creux, l'équilibre se rétablit peu à peu,
le fléau de la balance devient
parfaitement horizontal lorsque le cylindre plein est entièrement plongé dans l'eau
et en même temps le cylindre
creux rempli du liquide. Le
cylindre plein a donc perdu
une partie de son poids égale
au volume de l'eau déplacée,
puisque les cylindres sont de
même volume.

Fig. 99. — BALANCE HYDROSTATIQUE.

**CONSÉQUENCES DU PRIN-
CIPE D'ARCHIMÈDE. — CORPS
FLOTTANTS.**— Un corps plongé dans un liquide est donc
soumis à deux forces: l'une, égale à son poids, qui tend à le faire
descendre; l'autre, égale au poids du liquide déplacé, qui tend à le faire
monter. Trois cas peuvent alors se présenter :

1° Si le poids du corps est plus grand que le poids du liquide déplacé,
le corps tombera au fond du vase avec une force égale à la différence
entre son poids et celui du liquide déplacé.

2° Si le poids du corps est égal au poids du liquide déplacé, le corps
ne pourra ni s'élever, ni tomber, et flottera en équilibre au milieu du
liquide.

3° Si le poids du corps est moindre que le poids du liquide déplacé,
il remontera à la surface avec une force égale à la différence entre son
poids et celui du liquide déplacé, sortira même du liquide jusqu'à ce que
le poids du liquide déplacé soit égal au sien.

Un grand nombre d'expériences se font dans les cabinets de physique pour démontrer ces faits. Dans un vase (*fig.* 100) on verse de l'eau ordinaire ; si l'on y place un œuf, il descendra au fond parce que son poids est plus grand que celui d'un volume d'eau ordinaire égal au sien.

Dans un second vase, on verse de l'eau salée ; l'œuf flottera à la surface, parce que son poids est moindre que celui d'un volume d'eau salée égal au sien.

Fig. 100.

Dans un troisième vase à moitié plein d'eau salée, on verse avec précaution de l'eau ordinaire ; celle-ci se mélangera à l'eau salée dans les parties qui sont en contact ; l'œuf placé dans l'eau supérieure descendra, puis, après quelques oscillations, se tiendra en équilibre au milieu du mélange, là où son poids sera égal à celui d'un volume d'eau mélangée égal au sien.

Une autre expérience bien connue est celle du *ludion* (du latin *ludio*, faiseur de tours), ou *diable cartésien*.

Dans un vase de verre en partie plein d'eau (*fig.* 101), fermé par un cylindre de cuivre que traverse un piston, on place un petit globe de verre creux, portant une ouverture à sa partie inférieure. A ce globe est suspendu généralement un petit bonhomme en émail ou en une autre matière légère, destiné à rendre l'expérience plus récréative. D'abord le globe flotte sur l'eau ; le petit bonhomme seul est immergé ; mais, si l'on presse un peu sur le piston, l'air qui est au haut du vase se trouve comprimé, la pression se communique au liquide, puis à l'air et à l'eau qui sont dans le globe ; un peu d'eau y pénètre alors ; le poids du système augmente et, par suite, le *ludion* descend. Que l'on soulève le piston, la pression redevient ce qu'elle était, un peu d'eau sort du globe, le *ludion* remonte, puisqu'il devient plus léger. Quand, par hasard, le poids de l'appareil est exactement égal au poids du volume d'eau déplacé, il y a équilibre : le *ludion* flotte entre deux eaux.

Fig. 101. — LUDION.

Sans même se donner la peine de faire ces expériences de cabinet, les conséquences directes du principe d'Archimède, relatives aux corps plongés dans les liquides, peuvent être constatées dans les opérations journalières de la vie.

Que l'on prenne un seau vide et que l'on tâche de l'enfoncer dans l'eau, en le maintenant droit, pour qu'il ne s'emplisse pas, la résistance opposée par le liquide sera excessive, parce que, le poids du seau étant moindre que celui du volume d'eau déplacé, la pression de bas en haut sera très forte. Si l'on le remplit d'eau à moitié, le seau flottera, parce qu'il aura acquis un poids égal à celui du volume d'eau déplacé. Si le seau est entièrement rempli, il tombera au fond parce que son poids sera supérieur à celui du volume d'eau déplacé.

Les anciens avaient observé, même avant Archimède, ce principe que celui-ci formula le premier ; Aristote, dans ses *Météorologiques*, explique parfaitement que les eaux de la mer peuvent porter des navires plus grands que n'en portent les eaux douces, parce qu'elles sont saléest c'est-à-dire plus lourdes ; et, comme preuve à l'appui, il cite l'expérience des œufs que nous avons donnée.

Fig. 102.   Fig. 103.

ÉQUILIBRE DES CORPS FLOTTANTS. — Un corps flottant à la surface ou dans l'intérieur d'un liquide est soumis à deux conditions d'équilibre : la première, que nous venons de constater, es, que la pression de bas en haut du liquide sur le corps soit égale au poids de ce corps ; la seconde, qui n'est pas moins nécessaire, est que le centre de gravité du corps soit directement contraire au *centre de poussée*, c'est-à-dire que le point où s'exerce l'action de pression de bas en haut et le centre de gravité soient sur une même verticale.

Pour les corps complètement immergés, le centre de pression doit encore être au-dessus du centre de gravité.

Pour les corps immergés seulement en partie, cette dernière condition n'existe pas.

En effet, si le centre de gravité n'était pas directement contraire au centre de poussée, ces deux forces formeraient un couple (page 68) et le corps tournerait sur lui-même, qu'il soit complètement immergé ou qu'il flotte à la surface.

Si, pour un corps complètement immergé (*fig.* 102), le centre de pression P n'était pas au-dessus du centre de gravité G, le corps tournerait sur lui-même pour placer le centre de gravité au-dessous.

Pour un corps sortant en partie du liquide, le centre de gravité est souvent au-dessous du centre de pression, mais cela n'est pas indispensable pour l'équilibre. En effet (*fig.* 103), considérons la partie inférieure d'un navire, par exemple ; le centre de poussée P est bien au-dessous du centre de gravité G ; mais, s'il vient à se déplacer et à prendre la position penchée indiquée par la figure, on voit que les deux forces G et P tendent à ramener le corps à sa première position.

La recherche des conditions d'équilibre des corps flottants est du domaine de la *mécanique;* nous n'entrerons pas dans plus de détails. Nous ajouterons seulement que, plus le centre de gravité de ces corps est situé bas, plus il est facile de rétablir leur équilibre, s'il est troublé par quelque cause. C'est le principe fondamental des règles de l'*arrimage*, ou disposition des objets et du *lest* à bord des navires.

APPLICATION DES PRINCIPES PRÉCÉDENTS. — FLOTTEURS. — La nature d'abord nous offre mille applications de ces principes; cependant Pline, comme les ignorants de nos jours, en énumérant les faits, ne sait que s'extasier sur ce qu'ils présentent de merveilleux à son esprit.

« O merveilles de la nature ! s'écrie-t-il. On sait que le plomb et le cuivre en masse s'enfoncent, et surnagent en feuilles; que les fardeaux se meuvent plus facilement dans l'eau; que la pierre de Scyros surnage sous un grand volume et qu'elle s'enfonce quand elle est réduite en fragments; que les cadavres récents vont au fond, qu'ils viennent plus tard à la surface; que les vases plongés dans l'eau ne sont pas plus faciles à retirer vides que pleins, etc., etc... »

Aujourd'hui nous désirons, tout en admirant, savoir pour quelles raisons, en vertu de quelles lois générales, les choses se passent ainsi.

Quand un poisson se tient immobile au milieu de l'eau, c'est que son poids est rigoureusement égal à celui du volume d'eau qu'il déplace; en d'autres termes, que la pression qu'il supporte de haut en bas est égale à celle de bas en haut, représentée par son propre poids. Veut-il monter à la surface pour happer les moucherons dont il se nourrit, veut-il descendre au fond de la rivière, il possède, dans l'intérieur de son corps, un organe appelé *vessie natatoire*, sorte de petit sac transparent, d'une extrême finesse, divisé en deux par un étranglement et plein d'air; à son gré, cette vessie augmente ou diminue de volume sans modifier son poids. La vessie plus grosse, son volume ainsi devenu plus grand, le poisson déplace une plus grande quantité d'eau : il monte; la vessie diminue : le poisson descend.

Quand nous nous baignons dans la mer ou dans un fleuve, nos pieds nus foulent sans y être blessés les cailloux et les graviers du rivage, tant que nous sommes presque entièrement plongés dans l'eau, parce que le poids de notre corps ne contre-balance pas exactement la pression de bas en haut et que celle-ci nous soulève quelque peu. Mais sortis de l'eau, notre corps presse tout entier sur le sol, et les pierres nous font éprouver de la douleur.

Si, en tombant dans un cours d'eau ou dans la mer, l'homme qui ne sait pas nager se noie facilement, c'est surtout à son ignorance du principe d'Archimède, et ajoutons à son manque de sang-froid, qu'il faut attribuer son malheur. Le corps de l'homme vivant est à peu près du même poids que celui d'un égal volume d'eau; en général, il tend à flotter à la surface de ce liquide, surtout si c'est de l'eau de mer, plus lourde que l'eau douce. Il suffirait donc à la victime d'un accident de se tenir immobile, sur le dos, la face tournée du côté de l'air afin de respirer librement, pour pouvoir attendre facilement du secours. Mais, au lieu de cela, la personne tombée à l'eau tend à élever les bras, comme pour saisir un point d'appui et s'y accrocher. Or les bras ne perdant plus alors un poids égal au volume d'eau qu'ils déplaceraient, ce poids vient s'ajouter à celui de la tête, déjà beaucoup plus lourde chez l'homme que les autres parties du corps; celle-ci plongé, l'eau pénètre par la bouche dans la poitrine; le corps devient ainsi plus lourd que le volume d'eau déplacé, et il s'enfonce.

Les quadrupèdes ayant la tête plus légère que le reste du corps nagent naturellement, parce que leur tête reste facilement hors de l'eau. Les oiseaux aquatiques, les canards, les oies, les cygnes nagent à la surface des eaux, parce qu'une couche épaisse d'un duvet léger et imperméable recouvre la partie inférieure de leur corps et leur fait déplacer, pour une très faible immersion, un poids d'eau égal au leur. De même, les personnes d'un fort embonpoint ont plus de facilité pour nager que les personnes maigres.

Quand l'homme est asphyxié, son cadavre descend au fond de l'eau, ou plutôt, comme il est à peu près d'un poids égal à celui du volume d'eau déplacé, il flotte entre deux eaux. Au bout de quelques jours, les gaz provenant de la décomposition gonflent le cadavre, augmentent son volume sans changer notablement son poids : le corps remonte à la surface.

Sur le principe d'Archimède et la théorie des corps flottants sont basés ces appareils qui, sous le nom général de *flotteurs*, servent à indiquer le niveau de l'eau dans un réservoir, et aussi à produire certains effets quand ce niveau est descendu ou monté à un certain point.

Nous citerons d'abord le *flotteur indicateur*, imaginé en 1760 par l'ingénieur Brindley (1), et qui sert à indiquer le niveau de l'eau dans les

(1) BRINDLEY (James), mécanicien et ingénieur anglais (1716-1772). On lui doit la construction des canaux qui unissent les deux mers, celui de Bristol à Liverpool, la méthode de bâtir sans mortier des digues contre la mer, etc.

chaudières à vapeur. L'instrument se compose généralement (*fig.* 104) d'une boule creuse en fer flottant sur l'eau et presque entièrement équilibrée par une boule plus petite, de manière à plonger en partie dans l'eau et à s'élever ou à s'abaisser en même temps que le niveau de cette eau. Quand le niveau est élevé, la boule maintient fermée une soupape qui s'ouvre sur un tube à l'extrémité duquel est un timbre ; quand le niveau baisse, la soupape s'ouvre, la vapeur s'élance dans le tube et, frappant le biseau du timbre, fait entendre un bruit strident.

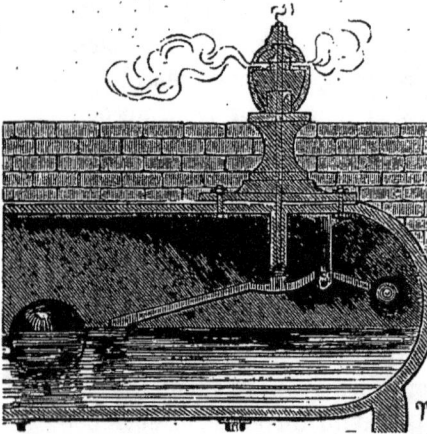

Fig. 104. — FLOTTEUR.

D'autres fois, le flotteur porte une tige qui sort de la chaudière et se meut en regard d'une échelle fixe; d'autres fois encore, il est suspendu à un fil métallique qui s'enroule sur une poulie extérieure et fait tourner une aiguille sur un cadran.

On a appliqué les flotteurs à régulariser automatiquement l'admission de la vapeur dans les machines. Le flotteur est placé dans un petit réservoir où l'eau entre et sort avec une vitesse calculée sur celle que doit avoir la machine elle-même. Si celle-ci va trop lentement, le niveau de l'eau du réservoir baisse; si elle va trop vite, l'eau du réservoir augmente; dans l'un et l'autre cas, le flotteur, disposé comme le précédent, agit sur le robinet d'admission de la vapeur pour l'ouvrir davantage ou le fermer.

Dans les fabriques de sucre, on déverse les sirops sur les filtres au moyen de robinets s'ouvrant et se fermant d'eux-mêmes au moyen d'un *flotteur*, boule métallique encore, fixée par un levier à la clef du robinet, qu'elle ouvre de plus en plus à mesure que l'eau du bassin où elle flotte diminue.

Nous trouvons dans Pline le récit d'une application du principe d'Archimède par les Égyptiens :

« Ptolémée Philadelphe érigea à Alexandrie un obélisque de quatre-vingts coudées... C'était une opération bien plus difficile de le transporter et de le dresser que de le tailler... On amena par un canal le Nil jusqu'à l'obélisque couché ; deux bateaux larges, portant, en blocs d'un pied de la même pierre que l'obélisque, un chargement double de sa masse et par conséquent de son poids, furent conduits sous le monument, qui reposait par ses deux extrémités sur les deux rives du canal, puis on ôta les blocs de pierre : les deux bateaux se relevèrent et se chargèrent du fardeau qui leur était destiné... »

Emploi du radeau instantané du docteur Fontaine (page 219).

De nos jours encore, les Hollandais se servent d'un moyen identique pour introduire dans leurs ports des navires dont le tirant d'eau est trop fort pour remonter le fleuve.

La question si sérieusement et si ardemment étudiée de nos jours du cuirassement des navires de guerre, de leur armement et de leur construction, repose surtout sur les principes que nous avons exposés. Il est encore bien difficile de tirer quelque conclusion des efforts faits dans des directions très diverses par les constructeurs des différents pays. Les qualités des principaux types de navires sont exclusives les unes des autres. Ici, on gagne en puissance défensive, on perd en vitesse et en maniabilité; là, on augmente la rapidité de marche, mais on diminue la protection et la puissance balistique. Après les navires entièrement blindés de plaques de 38 centimètres, comme la *Dévastation* française, on a imaginé les navires sans mâture, plongeant toute leur coque sous l'eau à la façon d'un flotteur et portant au-dessus de l'eau des tourelles blindées et portant des canons géants, comme la *Dévastation* anglaise ou l'*Inflexible*, le plus grand cuirassé actuel; puis les navires circulaires, comme le *Novgorod* de l'amiral Popoff, destiné à défendre l'entrée du Dniéper.

Il y a aussi les navires excentriques : le *bateau cachalot*, en forme de poisson à grosse tête, qui a sept mètres de long, dont la queue sert de gouvernail et dont le dos ne dépasse que d'un demi-pied le niveau de l'eau au point le plus saillant. Sa destination serait d'être sur les côtes, prêt à recevoir les naufragés. Il plonge à volonté, évitant ainsi l'obstacle du vent, peut être manœuvré par cinq hommes, à l'aide d'une hélice à bras, et file deux lieues à l'heure. Un autre se termine à l'avant et à l'arrière par deux longs tubes de fer, dont les bouts sont munis de fenêtres ; point de quille, point d'éperon, point de nœud à flot, point de pont véritable, point de gréement, point de voiles ni de mât. Il a cinq mètres de largeur et 60 mètres de longueur. La partie non immergée est pareille à la partie immergée et, comme elle, cylindrique. Lucarnes rondes pour éclairer, galeries en fer à jour sur le milieu, pour servir de pont. L'intérieur possède quatre machines à haute pression, possédant trois fois plus de puissance que celles des paquebots ordinaires. Il est tout en fer et peut recevoir vingt passagers. Il s'appelle l'*Océan* et a été lancé à Baltimore.

Enfin sont venus ou viendront, car le secret de cette construction est encore gardé soigneusement, les navires torpilleurs sous-marins, construits de manière que l'équipage, enfermé dans une atmosphère comprimée, vienne chercher au besoin sa provision d'air en remontant à la surface et combatte sous l'eau. A l'avenir appartient de démontrer la supériorité de tel ou tel système.

Enfin, — quoique nous devions y revenir ci-après en parlant des applications de l'air comprimé, — nous dirons un mot des appareils de sauvetage, qui, tous, appliquent plus ou moins heureusement le principe d'Archimède. Le nombre de ces appareils est immense. Parmi les plus connus ou du moins ceux qui ont, à leur apparition, inspiré le plus de confiance, nous citerons le *radeau* du capitaine Walter Urqhart, composé de dix-neuf matelas de toile imperméable et contenant des copeaux de liège. Chaque matelas est muni d'un robinet destiné à introduire l'air, ce qui le rend plus léger et, en fait, en temps ordinaire, un coucher agréable pour l'équipage. Il est, en outre, pourvu de quatre boucles et de deux sangles, à l'effet de fixer ce matelas aux autres quand on veut faire le radeau. Ils se disposent comme les briques d'un mur. Par-dessus le tout est un plat-bord muni à l'arrière d'un gouvernail et d'une caisse contenant l'habitacle. Vers le tiers en avant est fixé et articulé un autre plat-bord en deux portions, formant la croix avec le premier. Au point de jonction est fixé un mât ; ce qui permet que le radeau, qui est gréé en *cutter*, puisse être facilement manœuvré. Chaque matelas peut porter 25 kilogrammes.

L'appareil de sauvetage imaginé par le docteur J.-A. Fontaine, et présenté, il y a quelques années, par M. l'amiral La Roncière Le Noury à la Commission de la Société centrale de sauvetage des naufragés, sous le nom de *radeau instantané*, est, sinon le dernier en date, du moins celui qui semble devoir jusqu'à présent approcher le plus près du but cherché.

Ce radeau, assez vaste pour porter tous les passagers d'un paquebot (de 400 à 600), ne nécessite aucune modification dans l'aménagement actuel des bateaux et ne prend pas de place sur le pont. Il fallait qu'il eût au moins 12 mètres de long sur 12 mètres de large, soit 144 mètres carrés de surface, soit un volume de 56 mètres cubes, et que son poids ne dépassât pas 28 tonnes. L'inventeur a ainsi réalisé ces conditions : Son vaste matelas en caoutchouc est formé d'une série de boudins que des clapets rendent indépendants les uns des autres ; on le roule sur lui-même et on l'accroche au-dessus du bordage comme une chaloupe. Pour gonfler, et, en une minute, cet énorme sac à air, il y a, dans la chambre de la machine, un récipient d'air comprimé, contenant 3 mètres cubes comprimés à 15 atmosphères, et maintenus toujours sous cette pression à l'aide de la pompe de compression du bateau. Ce réservoir est relié par un tuyau à un robinet-écrou qui termine le radeau. Le faut-il ; une équipe spéciale se précipite aux cordes qui retiennent le matelas et déroule celui-ci sur le flanc du bateau. Les traverses qui relient le tablier du radeau aux tubes sont solidarisées par une espagnolette qui se déplace par son poids et forme ainsi un plancher toile et bois suffisamment rigide. L'air afflue et emplit le sac ; on coupe les amarres ; il bascule et tombe à l'eau. Il n'y a plus qu'à s'embarquer.

Puisque nous en sommes aux bateaux de sauvetage, rappelons une

idée émise depuis longtemps et qui n'a pas, croyons-nous, été assez
vulgarisée. Il s'agit d'empêcher ces catastrophes qui souvent terminent
tragiquement les parties de canotage, en garnissant le bord extérieur des
bateaux légers sur lesquels on vogue pour se récréer d'un tube de cuir
recouvert de gutta-percha, bien fermé, rempli d'air et proportionnel aux
dimensions de la barque. Certainement cette sorte de longue vessie, faisant le tour du bateau, s'opposerait, par sa difficulté à s'enfoncer dans
l'eau, aux chavirements qui arrivent ; elle pourrait même être assez forte
pour empêcher l'embarcation de couler à fond ou de se renverser, dans
le cas où elle serait complètement immergée.

Comme application singulière des principes relatifs aux *corps flottants*, nous citerons, en terminant, les *podoscaphes* (en hollandais *water-
schoca*), espèces de bateaux-chaussures avec lesquels on peut courir sur
l'eau, debout, avec une vitesse de deux lieues à l'heure sans se gêner,
quand on connaît bien l'exercice de cette espèce de patinage, que le
vent n'est pas contraire et que l'eau est tranquille. Chacun de ces sabots
est en bois de sapin ou en lames de fer ou de cuivre ; il a un peu moins
de 5 mètres de longueur sur 25 centimètres de hauteur et est très étroit.
Trois lattes sont fixées au milieu et disposées de manière à enfermer la
jambe pour la maintenir à sa place et l'empêcher de glisser. On est porté
sur l'eau par ces deux grands sabots, et, au moyen d'une longue perche
de 4 mètres, terminée en palette à chacune de ses extrémités, on avance
en exécutant dans l'eau le mouvement de la pagaie, qui est celui de l'hélice à son enfance. On se met à reculons pour aller vite ; on n'est pas
arrêté par les endroits qui n'ont qu'un tirant d'eau de dix pouces, et l'on
évite facilement les obstacles. On fait en Hollande des régates à podoscaphes, et l'on voit des Hollandais excessivement habiles dans cet exercice de navigation bizarre.

DÉTERMINATION DE LA DENSITÉ DES CORPS SOLIDES ET LIQUIDES. —
La balance ne nous donne que le *poids relatif* d'un corps, c'est-à-
dire le rapport de son *poids absolu* à un autre poids déterminé pris pour
unité ; mais il est souvent utile de connaître le poids qu'ont les différents
corps de la nature sous un même volume. Ce rapport de son poids
relatif, sous l'unité de volume, au poids d'un même volume d'un autre
corps (l'eau distillée à 4°, pour les corps solides ou liquides ; l'air atmosphérique, pour les corps gazeux) est ce qu'on appelle la *densité* ou le
poids spécifique du corps.

Rigoureusement parlant, la *densité* est la *masse* d'un corps sous l'unité
de volume, tandis que le *poids spécifique* est le *poids* du corps sous l'unité

de volume ; mais ces deux nombres sont égaux en valeur absolue, puisque l'unité de poids ou kilogramme est précisément le poids de l'unité de volume d'eau, du litre d'eau. On confond donc dans le langage ces deux expressions.

La densité d'un corps variant avec sa température, on a coutume de considérer le corps dont on donne la densité comme étant à 0°.

Pour déterminer la densité des corps solides ou liquides, on emploie les deux méthodes suivantes : celle du *flacon à densité*, due à Klaproth (1), et celle de la *balance hydrosta-tique*, toutes les deux basées sur le principe d'Archimède.

1° *Méthode du flacon à densité*. — Soit à connaître la densité du cuivre. Je pèse un morceau de ce corps avec une balance de précision, et je trouve que son poids est de 21^k,975. Je prends alors un large flacon, dont le bouchon en verre, percé d'un trou à son extrémité, permet de le remplir bien exactement d'eau distillée à 4° (*fig.* 105). Plaçant ce flacon débouché sur le plateau de la balance, je lui fais équilibre avec une tare. J'introduis alors le morceau de cuivre dans l'eau ; une certaine quantité de liquide

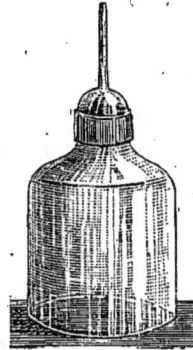

Fig. 105.

FLACON A DENSITÉ
pour les solides.

déborde, dont le volume est égal au volume du morceau de cuivre. J'essuie le flacon, je le remets sur la balance ; pour rétablir l'équilibre, je suis forcé de placer des poids sur l'autre plateau, 2^k,5, qui sont le poids du volume d'eau égal au volume du morceau de cuivre.

La densité du cuivre est donc $\frac{21,975}{2,5} = 8^k,790$, puisque, à volumes égaux,

les densités des deux corps sont, d'après la définition, proportionnelles aux poids.

Pour les corps liquides, on se sert d'un flacon ayant la forme d'une cuvette de thermomètre et réunie par un tube capillaire à un tube entonnoir qui ferme avec un bouchon à l'émeri (*fig.* 106). Ce flacon, maintenu habituellement sur un petit support pour qu'il puisse rester vertical, est placé dans le plateau d'une balance et équilibré par une tare. On le remplit alors du liquide dont on veut connaître la densité, soit de l'éther, jusqu'à un point de repère tracé sur le verre, à moitié environ du tube capillaire, puis on le pèse. Le poids de l'éther est de 5^{gr},888. On pèse

---

(1) KLAPROTH (Martin-Henri), chimiste, né à Berlin en 1743, mort en 1817. On lui doit la découverte de deux corps simples, l'*uranium* et le *zircone*. Il est connu surtout par ses travaux minéralogiques.

ensuite avec le flacon plein d'eau distillée à 4°. L'eau pèse 8^{gr}. La densité de l'éther est donc $\dfrac{5,888}{8} = 0^{gr},736$.

Cette méthode du flacon est susceptible d'une grande précision ; mais il faut l'exécuter avec précaution, avoir soin de plonger avant l'expérience le flacon de liquide dans la glace fondante afin que la température soit bien à 0°, laisser un excès de liquide après le remplissage, puis presser avec le bouchon pour qu'il soit bien comprimé jusqu'à l'affleurement.

Fig. 106.

FLACON
A DENSITÉ
pour
les liquides.

2° *Méthode de la balance hydrostatique.* — Au plateau de la balance hydrostatique que nous avons décrite ci-dessus, on suspend par un fil très délié le corps solide dont on veut connaître la densité. Prenons encore le cuivre. On en détermine le poids, il pèse 21^k,975. On le fait ensuite plonger dans l'eau : l'équilibre est rompu et il faut ajouter au plateau auquel est suspendu le morceau de cuivre 2^k, 5 pour le rétablir. Toujours en vertu du principe d'Archimède, la densité du cuivre est $\dfrac{21,975}{2,5} = 8^k,790$.

S'il s'agit de déterminer la densité d'un corps liquide, de l'éther, comme tout à l'heure, on suspend au plateau de la balance hydrostatique une boule de verre, en général, parce que le verre est attaquable par un très petit nombre de liquides, et on fait la tare. On fait alors plonger cette boule dans l'éther ; l'équilibre est rompu, il faut ajouter au même plateau un poids de 5^{gr},888. On recommence la même opération dans l'eau, il faut ajouter au plateau 8 grammes. La densité de l'éther est donc $\dfrac{5,888}{8} = 0^{gr},736$.

Remarque. — Pour les corps solubles dans l'eau, on choisit un autre corps que l'eau pour faire l'expérience, et l'on a sa densité par rapport à l'eau en multipliant ensuite la densité trouvée par celle du liquide employé. Quand les corps sont très poreux, on les vernit légèrement ; quand ils sont moins lourds que l'eau, on les leste avec un corps dont la densité est connue et l'on déduit ensuite ce poids dans les calculs.

La connaissance des densités étant d'une utilité journalière, nous donnons ci-après le tableau des densités des principaux corps solides et liquides. Par exemple, les naturalistes, les chimistes s'en servent pour déterminer les espèces minérales ; les joailliers les emploient pour reconnaître les pierres précieuses ; souvent la constatation de la densité d'une substance permet de s'assurer, jusqu'à un certain point, de sa pureté.

TABLEAU DES POIDS SPÉCIFIQUES

NOMS DES CORPS.	POIDS SPÉCIFIQUE.	NOMS DES CORPS.	POIDS SPÉCIFIQUE.
CORPS SOLIDES			
Acier fondu, recuit	7,825	Graisse de porc	0,937
Acier trempé au rouge	7,820	Gomme adragante	1,316
Albâtre	2,700	Gomme sandaraque	1,092
Alliage des monnaies (argent)	10,296	Gutta-percha	0,966
Aluminium fondu	2,560	Gypse	2,200
Alun	1,900	Houille	1,300
Ambre	1,100	Iode	4,950
Amiante	2,800	Ivoire	1,917
Antimoine	6,739	Jaspe	2,600
Ardoise	2,900	Kaolin	2,200
Argent fondu	10,489	Lapis-lazuli	3,000
Arsenic	5,630	Laine	1,614
Asphalte	1,063	Lin	1,792
Basalte	2,900	Manganèse	8,010
Benjoin	1,092	Malachite	3,920
Beurre	0,942	Marbre statuaire	2,710
Bismuth	9,822	Mica	2,900
Bronze	8,950	Nickel fondu	8,280
Calcaire lithographique	2,660	Nitre	1,930
Caoutchouc	0,989	Opale	2,000
Cire	0,963	Or fondu	19,260
Colophane	1,070	Os	1,800
Corail	2,689	Perles	2,700
Coton	1,949	Phosphore blanc	1,830
Cristal	3,330	Phosphore rouge	1,960
Cuivre fondu	8,790	Platine	21,150
Diamant du Brésil	3,524	Plomb	11,350
Émeraude	2,700	Porcelaine de Sèvres	2,242
Étain fondu	7,298	Porcelaine de Chine	2,384
Fécule	1,502	Porcelaine de Saxe	2,493
Feldspath	2,600	Quartz	2,655
Fer fondu	7,200	Rubis oriental	4,023
Fer forgé en barres	7,628	Soufre octaédrique	2,070
Granit	2,700	Soufre prismatique	1,970
Graphite	2,200	Talc	2,710
Grenat du Brésil	4,153	Topaze du Brésil	3,510
Grès	2,600	Turquoise orientale	2,600
Graisse de mouton	0,924	Zinc	7,190
CORPS LIQUIDES			
Acide azotique fumant	1,52	Essence de menthe	0,9155
Acide cyanhydrique à 18°	0,697	Essence de moutarde	1,015
Acide formique	1,235	Essence d'orange	0,835
Acide lactique concentré	1,22	Essence de poivre noir	0,86
Acide oléique	0,893	Essence de reine-des-prés	1,173
Acide sulfhydrique liquéfié	0,91	Essence de romarin	0,9118
Acide sulfureux liquéfié	1,491	Essence de rose	0,832
Acide sulfurique monohydraté	1,854	Essence de rue	0,837
Alcool absolu à 0°	0,81309	Essence de térébenthine	0,871
Alcool amylique	0,82705	Essence de thym	0,87
Alcool butylique à 18°	0,803	Éther	0,736
Amylamine	0,750	Éther camphorique	1,029
Amylglycol	0,987	Éther sulfhydrique	0,825
Aniline, kyanol	1,028	Glycérine	1,280
Bichlorure de carbone	1,630	Huile de baleine filtrée à 15°	0,9240
Bichlorure d'étain	2,26712	Huile de cachalot à 15°	0,8840
Bisulfure d'hydrogène	1,769	Huile de chénevis à 15°	0,9270
Benzine	0,85	Huile de colza d'été à 15°	0,9167
Brome	3,18718	Huile de colza d'hiver à 15°	0,9147
Chloral	1,502	Huile de coton à 15°	0,9306
Chlore liquide	1,33	Huile de lin à 15°	0,9350
Chloroforme	1,49	Huile d'œillette à 15°	0,9253
Conine	0,89	Huile d'olive à 15°	0,9170
Créosote	1,037	Huile de pied de bœuf à 15°	0,9160
Eau de mer	1,0268	Lait d'ânesse	1,0355
Esprit de bois	0,821	Lait de brebis	1,0409
Essence d'absinthe	0,973	Lait de chèvre	1,0341
Essence d'amandes amères	1,043	Lait de femme	1,0203
Essence de bergamote	0,850	Lait de jument	1,0346
Essence de cannelle	1,010	Lait de vache	1,0324
Essence de citron	0,847	Mercure	13,596
Essence de cumin	0,969	Naphte (pétrole distillé)	0,847
Essence de genièvre	0,849	Nicotine	1,024
Essence de girofle	0,92	Sulfure de carbone	1,293

Volume et densité de l'eau pure à diverses températures.

TEMPÉRATURE.	VOLUME.	POIDS SPÉCIFIQUE.	TEMPÉRATURE.	VOLUME.	POIDS SPÉCIFIQUE.
0°.....	1,000119	0,999881	50°.....	1,012089	0,988055
4°.....	1,000000	1,000000	60°.....	1,017255	0,983034
10°.....	1,000257	0,999743	70°.....	1,023134	8,977396
20°.....	1,001741	0,998262	80°.....	1,029491	0,971351
30°.....	1,004055	0,995961	90°.....	1,036361	0,964014
40°.....	1,007619	0,992438	100°.....	1,043203	0,958586

ARÉOMÈTRES. — Pour déterminer la densité des corps, on se sert aussi des *aréomètres* (du grec *araios*, peu dense ; *metron* mesure), instruments connus dès l'antiquité, imaginés peut-être par Archimède, et dont nous avons parlé, en en attribuant, avec un grand nombre d'historiens, l'invention à Hypatie (page 13) ; mais, sans contredit, ces appareils si précieux doivent leur forme actuelle à un physicien moderne, Homberg (1).

Ces instruments sont de deux sortes : les *aréomètres à volume constant et à poids variable,* employés pour déterminer spécialement les poids spécifiques des corps, et les *aréomètres à poids constant et à volume variable*, et qui sont destinés, non pas précisément à donner le poids spécifique d'un liquide, mais à indiquer si ce liquide est plus ou moins concentré, plus ou moins riche en principes constitutifs.

ARÉOMÈTRES A VOLUME CONSTANT ET A POIDS VARIABLE. — On se sert pour les solides de *l'aréomètre* ou *balance de Nicholson* (2), perfectionné par Guyton de Morveau, qui lui a donné le nom de *gravimètre*. Cet appareil (*fig.* 107) se compose d'un cylindre en cuivre ou en fer-blanc, C, terminé à chaque extrémité par un cône. Le cône inférieur soutient

(1) HOMBERG (Guillaume), célèbre chimiste, né en 1652 à Batavia, d'une famille saxonne, dont le chef était officier au service de la compagnie hollandaise des Indes-Orientales, mort à Paris en 1715. Revenu en Europe étant très jeune, il fut avocat à Magdebourg où il se lia avec l'inventeur de la machine pneumatique, Otto de Guericke. Appelé en France par Colbert, il entra à l'Académie des sciences, et fut le professeur de physique et le premier médecin de Philippe, duc d'Orléans, qui devint le Régent. Homberg s'est fait connaître par les perfectionnements qu'il apporta à la machine pneumatique et à la fabrication du phosphore, récemment découvert par Kunckel (1668), par l'invention d'un nouveau microscope, des aréomètres et par ses expériences mémorables sur la fusibilité et la volatilité des métaux. Il s'étai tconverti au catholicisme pour rester à Paris après la révocation de l'édit de Nantes. A cinquante-six ans, il épousa la fille du médecin Dodart, laquelle l'aida dans ses travaux.

(2) NICHOLSON (William), savant anglais (1753-1815), est connu comme physicien et comme chimiste par ses nombreuses expériences qui, d'ailleurs, le ruinèrent et le menèrent à la prison pour dettes. Il a rédigé un *Journal de philosophie naturelle, de science et d'art*, que l'on consulte encore et dans lequel il rendait compte des événements qui se passaient dans le monde savant.

un petit récipient R muni d'un couvercle métallique grillé, que l'on abaisse quand l'objet considéré est plus léger que l'eau, et au-dessous duquel s'accroche une boule pour lester l'appareil. Le cône supérieur

GAY-LUSSAC.

porte une tige sur laquelle est gravé un trait, *a*, appelé *point d'affleurement ;* l'extrémité de la tige soutient un plateau P. L'appareil plonge dans l'eau distillée.

Pour connaître la densité d'un corps, soit du platine, au moyen de cet aréomètre, on place sur le plateau P des poids en nombre suffisant pour que l'appareil plonge jusqu'au point d'affleurement a, soit

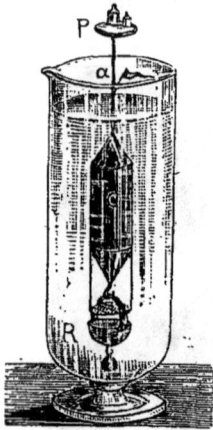

250 grammes. On remplace alors les poids par le morceau de platine, et l'on ajoute des poids pour obtenir de nouveau l'affleurement; il ne faut que 140 grammes. Le poids du morceau de platine est donc 250 — 140 = 110 grammes. Le platine est alors transporté dans le petit récipient R; comme il n'y a plus de poids sur le plateau, l'instrument se soulève; on rétablit encore l'affleurement en mettant 5^{gr},2 sur le plateau. C'est le poids du volume d'eau égal à celui du morceau de platine. La densité du platine est donc $\dfrac{110}{5,2} = 21,15$.

Fig. 107.
BALANCE NICHOLSON

Le physicien Fahrenheit (1) inventa, pour déterminer la densité des liquides, l'*aréomètre* qui porte son nom. Ce fut même lui, dit-on, l'inventeur de ce genre d'instruments; Nicholson ne fit que l'approprier à la détermination des solides. L'appareil consiste en un cylindre de verre ou d'argent (*fig.* 108), lesté à sa partie inférieure par une petite boule pleine de mercure et surmonté d'une tige, ayant un *repère d'affleurement* et soutenant le plateau pour les poids.

Veut-on déterminer la densité d'un liquide, du chloroforme, par exemple; on procède ainsi: on pèse l'aréomètre, et l'on trouve 46^{gr},343. On le plonge ensuite dans le chloroforme, et, pour le faire plonger jusqu'au point d'affleurement, on charge le plateau de 29^{gr},4086.

Le poids d'un volume de chloroforme égal à celui de l'instrument est donc

$$46^{gr},343 + 29^{gr},4086 = 75^{gr},7516.$$

Fig. 108.
ARÉOMÈTRE
DE
FAHRENHEIT.

On plonge alors l'aréomètre dans de l'eau distillée, et, pour le faire descendre jusqu'au point d'affleurement, il faut sur le plateau 4^{gr},497. Le poids d'un volume d'eau égal à celui de l'instrument est donc 46^{gr},343 + 4^{gr},497 = 50^{gr},840. En conséquence, la densité du chloroforme est de $\dfrac{75,7516}{50,840} = 1,49$.

(1) FAHRENHEIT (Daniel-Gabriel), né à Dantzig en 1690, mort en 1740; abandonna le commerce pour se livrer à la fabrication des thermomètres. S'étant lié à Liège avec 'S Gravesande, il se fixa en Hollande, où il inventa le thermomètre et l'aréomètre qui portent son nom.

ARÉOMÈTRES A POIDS CONSTANT ET A VOLUME VARIABLE. — Ces instruments, excessivement utiles dans le commerce et l'industrie, sont destinés particulièrement à se servir du principe d'Archimède pour déterminer la composition de certains mélanges liquides, pour connaître, par exemple, la quantité d'eau que renferme un alcool, la quantité de sucre dans un sirop, de sel dans une dissolution saline, d'eau dans du lait, etc. Ils ont tous à peu près la même forme et la même grandeur, de 20 à 25 centimètres (*fig.* 109); c'est un cylindre en verre creux, quelquefois en un métal peu altérable, tel que l'argent, le maillechort ou le cuivre, d'un diamètre d'autant plus petit que l'on veut donner plus de sensibilité à l'appareil et portant à la partie inférieure une boule dans laquelle se trouve du mercure ou de la grenaille de plomb.

Ce cylindre est surmonté d'une tige en verre; tantôt cette tige est creuse et porte une échelle dans son intérieur; tantôt, et cela vaut mieux, surtout pour les observations précises, la division est faite, à l'acide fluorhydrique, sur la tige elle-même. Ils ne diffèrent entre eux,

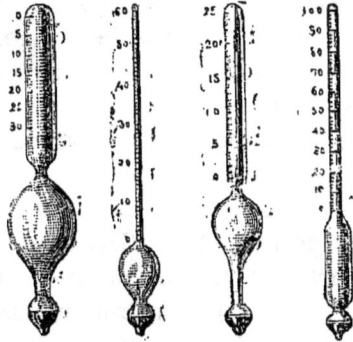

Fig. 109. — ARÉOMÈTRES.

selon l'usage auquel ils sont destinés, que par la graduation. Le poids de l'appareil étant invariable, c'est-à-dire que si, dans des liquides de même densité, ils marquent le même degré, il suffit, pour vérifier la densité d'un liquide, de plonger dedans l'aréomètre et de voir s'il s'enfonce autant qu'il doit s'enfoncer quand le liquide est pur, c'est-à-dire jusqu'à un point de repère marqué sur l'appareil.

Le plus souvent, ils ne servent qu'à donner une indication toute particulière. Ainsi, on sait que le *pèse-sirop* doit enfoncer dans un sirop ordinaire chaud jusqu'au 35° degré de l'instrument quand il y a la quantité de sucre nécessaire; s'il enfonce jusqu'au 38° il y en a trop; jusqu'au 32°, il n'y en a pas assez; quand il s'enfonce jusqu'au 25°, on sait qu'il est temps de le filtrer.

Autre exemple : l'aréomètre marquant 3° dans l'eau de mer, si l'on veut faire chez soi un bain artificiel d'eau salée, il faudra mettre du sel dans l'eau de la baignoire jusqu'à ce que le *pèse-sel* plonge dans le liquide jusqu'à sa 3° division.

Les plus connus de ces instruments sont les *aréomètres de Baumé* (1),

---

(1) BAUMÉ (Antoine), né à Senlis en 1728, mort en 1804, pharmacien à Paris, s'occupa avec

appelés aussi *pèse-sel, pèse-acide, pèse-sirop, pèse-vinaigre, pèse-lait,* destinés aux liquides plus denses que l'eau et construits de façon que, plongés dans l'eau pure à la température de 12°, ils s'affleurent à peu près vers le haut de la tige en un point marqué zéro. On a marqué 15 au point où affleure l'appareil plongé dans une dissolution de 15 parties de sel dans 85 parties d'eau, et l'intervalle a été partagé en 15 divisions ; on gradue ainsi tout le tube jusqu'au degré 66 généralement, qui correspond à la densité de l'acide sulfurique, la plus grande de celles qu'ordinairement on peut avoir à déterminer. Les aréomètres de Baumé appelés *pèse-liqueur* ou *pèse-éther,* pour les liquides moins denses que l'eau, marquent 10°, vers le bas de la tige, le point d'affleurement dans l'eau, et le zéro correspond à un point d'affleurement dans une dissolution de sel dans 90 parties d'eau.

Pour les alcools, le nombre des degrés est emprunté à l'échelle du pèse-liqueur de Baumé ou plutôt à celui d'un instrument qui n'en est qu'une modification peu importante et qui porte le nom de Cartier. Le degré 10 de l'échelle de Cartier est le même que celui de Baumé, et le 29e de Cartier correspond au 31e de Baumé.

Gay-Lussac (1) a construit en 1824 un aréomètre, spécialement pour les alcools, que l'on préfère généralement aux aréomètres de Baumé, et qui porte le nom d'*alcoolomètre* ou *alcoomètre centésimal.* De même forme que les autres aréomètres, il affleure vers le haut de sa tige dans l'alcool pur, et en ce point l'on marque 100°. On a gradué le reste du tube en marquant 95°, 90°, 85°, 80°, etc., aux points où l'aréomètre affleurait dans un mélange successif de 95 parties d'alcool pour 5 parties d'eau, 90 parties d'alcool pour 10 parties d'eau, 85 parties d'alcool pour 15 parties d'eau, etc. Le chiffre marqué en regard du point où s'enfonce l'instrument dans un alcool indique ainsi le nombre de parties d'alcool qu'il y a dans 100 parties du mélange. Cet instrument est officiellement adopté en France pour la vérification des alcools et des liqueurs alcooliques. L'Allemagne emploie celui de Tralles, qui n'est pas autre chose que celui de Gay-Lussac, autrement gradué.

Cependant, comme on se sert très souvent, quoique abusivement, de

succès de chimie et de physique et devint membre de l'Académie des sciences. Il inventa de nombreux procédés de dorure et de teinture, parvint à rendre les thermomètres comparables, etc. Il a écrit des ouvrages de physique et de chimie qui ne sont plus au courant de la science.

(1) GAY-LUSSAC (Louis-Joseph), né en 1778 à Saint-Léonard (Haute-Vienne), mort en 1850. Élève de l'École polytechnique, puis des ponts et chaussées, il devint dès lors l'ami de son professeur, le célèbre Berthollet. Membre de l'Académie des sciences en 1806, professeur de physique au Collège de France, professeur de chimie à la Faculté des sciences et au Jardin des plantes ; député en 1831 ; pair de France en 1839. Ses travaux en physique et en chimie sont immenses. Nous rencontrerons son nom à chaque page dans cet ouvrage.

l'aréomètre Cartier, nous donnons un tableau indiquant la correspondance de ces deux instruments pour les divers alcools du commerce.

Remarques. Il faut remarquer : 1° que les indications de l'alcoomètre centésimal se rapportent à la température de 15° ; lorsque, ce qui arrive presque toujours, on observe à une autre température, il faut rectifier le degré marqué à l'aide de tables qui ont été dressées par Gay-Lussac.

DÉSIGNATION.	CARTIER.	GAY-LUSSAC.	DENSITÉ.
Eau-de-vie faible.....	16°	37°,9	0,957
Id.	17°	42°,5	0,949
Id.	18°	46°,5	0,943
Eau-de-vie ordinaire (preuve de Hollande)....	19°	50°,1	0,936
Id.	20°	53°,4	0,930
Eau-de-vie forte.....	21°	56°,5	0,924
Id.	22°	59°,2	0,918
Esprit trois-cinq.....	29°,5	78°,0	0,869
Esprit trois-six......	33°	85°,1	0,851
Esprit trois-sept.....	35°	88°,5	0,840
Esprit rectifié.......	36°	90°,2	0,835
Esprit trois-huit.....	37°,5	92°,5	0,826
Alcool à 40°.........	40°	95°,9	0,814
Alcool absolu........	44°,10	100°,0	0,794

2° L'échelle de l'alcoomètre ayant été construite avec des mélanges d'alcool et d'eau, l'instrument ne peut servir que pour ces mélanges. Si l'on veut connaître la quantité d'alcool contenu dans un autre mélange, dans du vin, par exemple, il faut le distiller et n'agir ainsi que sur l'alcool et l'eau. Il en est de même d'ailleurs pour tous les aréomètres. Ainsi, avec le *pèse-lait*, on peut savoir la quantité d'eau mise dans le lait, mais on ne peut savoir si la soustraction de la crème, opération qui augmente la densité du liquide n'a pas été compensée par l'addition de l'eau qui produit un effet contraire, ou si le peu de densité du liquide n'est pas dû à l'infériorité du lait fourni par la vache elle-même.

3° Pour que ces instruments si utiles puissent donner des renseignements exacts, il faut que le volume total des deux réservoirs d'air soit en rapport avec la longueur de la tige et que celle-ci soit bien calibrée ; il faut encore qu'ils soient aussi parfaitement centrés que possible, c'est-à-dire qu'ils aient toutes leurs parties symétriquement placées relativement à tous les points de leur axe. Malheureusement, ces conditions ne peuvent être réunies que par une construction très soignée, et c'est ce qui explique pourquoi les aréomètres à bon marché, qui sont ceux dont le commerce vulgaire est inondé, ne sont presque jamais justes. Un journal signalait dernièrement au public ces aréomètres inexacts, et, parlant des soins minutieux qu'exige la construction de ces appareils, il montrait qu'il est impossible que ceux destinés à la vente à bon marché offrent la moindre garantie ; ils sont livrés aux détaillants à raison de 2 à 4 francs la douzaine, et même moins, et l'on n'en peut faire douze de bons dans un jour. Il faut remarquer que ces mauvais instruments ne portent jamais le nom du fabricant ; ils sont vendus sans nom d'auteur, ou, s'ils portent un nom,

c'est celui du marchand. Il serait à désirer que les aréomètres, servant
dans le commerce de véritables balances, fussent revêtus de l'estampille
officielle avant d'être mis en circulation.

CHAPITRE IX

PHÉNOMÈNES EN CONTRADICTION

AVEC LES PRINCIPES PRÉCÉDENTS

EXCEPTIONS APPARENTES AU PRINCIPE D'ARCHIMÈDE. — Des faits de
chaque jour semblent être en contradiction avec le principe d'Archimède,
dont la conséquence immédiate est qu'un corps ne saurait flotter à la
surface d'un liquide s'il n'est d'une densité plus faible que ce liquide lui-
même. Ainsi, des aiguilles d'acier très fines, placées sur la surface de
l'eau avec précaution, flotteront;
ainsi plusieurs insectes, entre
autres celui que l'on appelle *hydromètre* ou *arpenteuse*, courent sur
les mares sans pénétrer le moins
du monde dans l'eau (*fig.* 110).

Ce phénomène tient à l'extrême légèreté de ces corps. La
force avec laquelle ils agissent sur

Fig. 110. — HYDROMÈTRE.

les molécules liquides n'est pas suffisante pour vaincre leur cohésion
mutuelle; elles ne se séparent pas, et autour du corps se forme une
dépression, que facilement on peut constater en observant l'ombre portée
par le corps de l'insecte, par exemple, quand le soleil l'éclaire. Cette ombre
est bordée de bandes lumineuses, dues à la réfraction de la lumière dans
la portion du liquide déprimée, et qui forme ainsi une surface concave.

CAPILLARITÉ. — Les conditions d'équilibre des liquides que nous
avons démontrées présentent cependant des exceptions remarquables lorsque les liquides sont enfermés dans des vases très étroits, dits *capillaires*
(du latin *capillus*, cheveu), ou lorsqu'on considère la portion du liquide qui

touche immédiatement les bords d'un vase, quel qu'en soit le diamètre. Les phénomènes de *capillarité* paraissent avoir absolument échappé aux anciens. Jusqu'au XVII° siècle, on les ignora; Pascal lui-même n'en parle pas. Borelli (1) le premier, en 1638, appela l'attention sur l'ascension des liquides dans les tubes capillaires; il en expliquait les phénomènes par l'effet d'une espèce de réseau de petits leviers mobiles formé au-dessus de l'eau. Hooke et Bernoulli (2) les attribuèrent à la différence de pression exercée par l'air sur la surface de l'eau dans laquelle le tube est plongé. Newton en indiqua la véritable cause dans l'attraction moléculaire; Carrée (3), Jurin (4), Clairaut (5), Laplace, Young (6), Gay-Lussac, Poisson (7) s'en occupèrent particulièrement, pour en constater les lois et pour en trouver la formule mathématique.

Ces relations d'affinité et autres des molécules des corps et surtout des liquides à de très petites distances sont encore d'ailleurs imparfaitement connues. La théorie capillaire de Laplace a été bien souvent attaquée. Peut-être l'étude de la capillarité donnera-t-elle le lien entre la physique et la chimie, et entre ces deux sciences et celle de l'organisme;

---

(1) BORELLI (Jean-Alphonse), médecin et physicien de Pise (1608-1679), tenta d'appliquer aux phénomènes de la vie les mathématiques et la mécanique, et y réussit pour le système musculaire et le mouvement des os.

(2) BERNOULLI (Jacques), mathématicien de Bâle (1654-1705), fit d'importantes découvertes en mathématiques et eut l'honneur d'être nommé associé de l'Académie de Paris. Son frère, Jean BERNOULLI (1667-1748), comme lui profond géomètre, et son neveu, Daniel BERNOULLI (1700-1782), médecin et mathématicien savant, s'occupèrent aussi de physique et furent membres de l'Académie des sciences de Paris.

(3) CARRÉE (Louis), fils d'un paysan (1663-1711), envoyé à Paris par son père pour entrer dans la prêtrise, préféra devenir un savant mathématicien et entra, comme secrétaire, chez Malebranche. Il ne fut guère capable de trouver de nouveaux principes, mais il fut un des premiers et des plus intelligents vulgarisateurs, exécutant d'abord lui-même les expériences qu'il démontrait.

(4) JURIN (James), médecin et mathématicien anglais (1684-1750), secrétaire de la Société royale de Londres, président du Collège des médecins. Le premier, il appliqua les mathématiques et la physique à l'étude des maladies humaines et fut un de ceux qui s'occupèrent le plus, à son époque, de chercher les lois des phénomènes météorologiques.

(5) CLAIRAUT (Alexis-Claude), né à Paris (1713-1765), fils d'un professeur de mathématiques, témoigna de bonne heure d'une telle vocation pour les sciences, que ses travaux le firent recevoir à l'Académie des sciences dès l'âge de dix-huit ans. Il fut un des savants qui furent envoyés en Laponie pour mesurer l'arc du méridien. Il eut de vives discussions avec d'Alembert. Très lié avec Maupertuis, il eut des disciples fameux, entre autres Bailly et Mᵐᵉ Du Chastelet. Il a laissé de nombreux ouvrages sur les mathématiques et l'astronomie.

(6) YOUNG (Thomas), savant anglais (1773-1829), s'occupa d'antiquités, de médecine, de mathématiques et de philosophie. La physique lui doit l'importante découverte des interférences dont nous parlerons en traitant de la lumière.

(7) POISSON (Denis-Siméon), savant mathématicien, né à Pithiviers (Loiret) en 1781, mort en 1840; entra à l'École polytechnique en 1798, professeur de mécanique à l'École normale, membre de l'Académie des sciences, du conseil de l'Université, du Bureau des longitudes, pair de France. On lui a élevé une statue à Pithiviers. Il s'est occupé surtout de l'application de l'analyse à la physique. On a de lui un *Traité de mécanique*, devenu classique, et d'autres ouvrages relatifs à la chaleur, à la capillarité, au calcul des probabilités, etc.

peut-être conduira-t-elle à la découverte de beaucoup de forces inconnues, telles que les forces vitales, les forces catalytiques, c'est-à-dire celles qui produisent des changements dans certains corps par la seule présence d'un autre corps ne se modifiant pas lui-même, telle que la fermentation du sucre sous l'influence de la levure de bière etc.

L'observation permet de constater quelques-uns de ces phénomènes.

L'horizontalité de la surface d'un liquide dans un vase n'existe que si l'on considère le liquide à une certaine distance des parois. Près des parois, au contraire, le liquide, s'il mouille le verre, comme fait l'eau, par exemple, présentera une surface concave vers l'extérieur E. (*fig.* 111); s'il ne mouille pas le verre, comme le mercure, sa surface sera convexe vers l'extérieur M.

Fig. 111.   Fig. 112.

Si dans ces vases on plonge un tube très étroit et ouvert à ses deux extrémités, le liquide qui mouille le verre, l'eau, montera dans le tube au-dessus du niveau de l'eau du verre; il y aura *ascension capillaire*, et sa surface dans le tube sera concave vers l'extérieur E; le liquide qui ne mouille pas le verre, le mercure, sera au contraire au-dessous du verre; il y aura *dépression capillaire*, et sa surface dans le tube sera convexe vers l'extérieur M.

Que dans des tubes de verre coniques, à axe horizontal, on introduise une goutte d'eau, elle ira vers le sommet du tube en affectant la forme d'un ménisque convexe; une goutte de mercure fuira, au contraire, le sommet du cône et aura la forme d'un ménisque concave (*fig.* 112).

De même, dans des tubes communicants dont un seul est capillaire, si l'on verse un liquide qui mouille les parois, le liquide atteint, dans le tube capillaire, un niveau plus élevé que dans l'autre tube, et sa surface est concave; si c'est un liquide qui ne mouille pas le verre, il a dans le tube capillaire un niveau moins élevé que dans l'autre, et sa surface est convexe.

Gay-Lussac a vérifié et formulé les lois auxquelles ces phénomènes sont soumis, à la suite d'expériences et de calculs dans lesquels nous ne devons pas entrer ici.

1ʳᵉ LOI. — *Lorsque le liquide mouille les tubes capillaires, il y a alors ascension; lorsqu'il ne les mouille pas, il y a, au contraire, dépression.*

2ᵉ LOI, dite *loi de Jurin*, du nom de celui qui l'a découverte. — *L'ascension ou la dépression des liquides dans les tubes capil-*

laires est, en un même liquide, en raison inverse du diamètre de ces tubes

3° LOI. — *L'ascension ou la dépression des liquides varie selon la nature du liquide et selon la température ; mais l'une et l'autre*

Appareils employés dans les sucreries pour l'épuration des mélasses (page 238).

sont indépendantes de la nature du tube et de l'épaisseur de ses parois.

ENDOSMOSE ET EXOSMOSE. — Tous ces phénomènes de *capillarité* ont une grande analogie avec le fait suivant, appelé *endosmose*, découvert, vers 1826, par Dutrochet (1), et que l'on rend sensible au moyen de l'appareil appelé *endosmomètre*. Cet appareil (*fig.* 113) se compose d'une poche membraneuse P, surmontée d'un tube de verre fermé, auquel elle est attachée par une ligature très serrée qui la clôt hermétiquement. On place dans cette poche une solution de gomme ou de sucre, puis on la plonge dans l'eau. Au bout de quelque temps, on voit que l'eau sucrée ou gommée a monté dans le tube et que l'eau du vase a baissé, ce

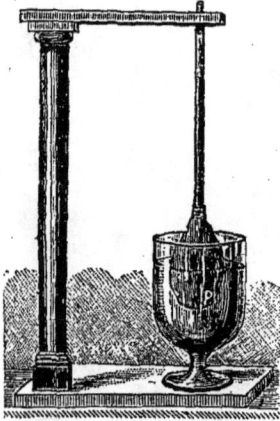

Fig. 113. — ENDOSMOMÈTRE.

qui prouve que celle-ci a traversé la membrane pour augmenter le volume de l'eau que contenait la poche. Comme on constate en même temps que l'eau du vase est devenue sucrée ou gommée, il faut admettre également que l'eau de la poche a pénétré dans le vase. Il y a donc eu double courant : l'un, plus fort, de l'extérieur à l'intérieur, du liquide moins dense vers le liquide plus dense ; c'est l'*endosmose* (du grec *en*, dedans *ósmos*, impulsion) ; l'autre, en sens inverse, plus faible, c'est l'*exosmose* (du grec *exê*, dehors, *ósmos*, impulsion). Si le liquide plus dense est dans le vase et le liquide moins dense dans la vessie, le phénomène se produit encore, mais en sens inverse. De même, la membrane pourrait être remplacée par un autre corps, une plaque de bois, d'argile ou de terre poreuse.

CAUSE DES PHÉNOMÈNES CAPILLAIRES. — La cause des phénomènes capillaires est évidemment l'*attraction* dont nous avons parlé (pages 28 et 85), attraction s'exerçant, soit entre les molécules d'un même corps, soit entre un liquide et un solide, soit entre un solide et un gaz. Toute molécule d'un liquide dans un vase, par exemple, et située près des parois, subit l'attraction des autres molécules liquides et en même temps celle des molécules solides de la paroi. Que l'on plonge une baguette de verre dans un verre plein d'eau, on voit, en la retirant, une goutte d'eau tenir à la baguette, en vertu de l'attraction du liquide pour le solide, attraction qui porte le nom d'*adhésion*, et, en même temps, cette goutte tenir à la

---

(1) DUTROCHET (René-Joachim-Henri), né en 1776, mort en 1847. Ruiné par la Révolution, il étudie la médecine, devient médecin militaire, puis s'occupe de physique et de physiologie. Membre de l'Académie de médecine et de l'Institut, il a publié de nombreux travaux sur la physiologie, et surtout des études sur l'accroissement des fœtus dans l'œuf et des fœtus humains. Il crut avoir découvert le fluide vital et son jeu intime.

masse liquide, en vertu de l'attraction du liquide pour le liquide, attraction appelée *cohésion* (page 28). Ces deux forces ont une valeur très grande, comme on le démontre par les expériences suivantes :

Sous le plateau d'une balance (*fig.* 114) est suspendu par son centre un disque de verre bien équilibré. On le fait poser sur la surface d'un liquide ; alors il faut, pour rétablir l'équilibre des plateaux de la balance, en surplus du poids du disque de verre, un certain nombre de poids.

Cette force d'*adhésion* se monte, pour l'eau, à $0^{gr},54$ par chaque centimètre de surface du disque.

Cette expérience est due à Musschenbrœk (1).

Elle a donné lieu à la construction de la *machine hydraulique* de Véra. Cette machine, destinée à faire monter l'eau d'un réservoir inférieur dans un réservoir supérieur, se compose (*fig.* 115) d'une large bande sans fin de toile forte, glissant sur deux rouleaux R et R'. Le rouleau R tourne dans le réservoir

Fig. 114.

EXPÉRIENCE DE MUSSCHENBRŒK.

inférieur, et le rouleau R' dans un récipient supérieur, muni d'un robinet pour verser l'eau dans le conduit, qui doit la mener où on le désire. Une roue, mue par une manivelle ou un moteur quelconque, donne le mouvement aux deux rouleaux. Au bout de quelques tours, l'eau *adhère* à la bande ascendante et va ainsi dans le récipient supérieur ; le rouleau R', pressé contre la paroi du récipient, exprime l'eau de la bande qui redescend sèche, tandis que l'autre moitié remonte à son tour toute mouillée.

Nous disons que la cause des phénomènes capillaires, dont nous venons de démontrer la valeur, semble due à l'attraction moléculaire. En l'abrégeant quelque peu, nous empruntons au livre savant de M. Cazin, les *Forces physiques*, que nous avons déjà cité, le chapitre qui traite de cet objet peu connu.

« L'adhérence de deux corps différents, soit solides, soit liquides, adhérence qui se manifeste lorsqu'il n'y a pas d'air interposé entre les

(1) MUSSCHENBRŒK (Pierre VAN), savant hollandais (1692-1761), d'abord médecin, puis successivement professeur de philosophie, de mathématiques et de physique. On lui doit d'avoir introduit en Hollande la philosophie expérimentale et de nombreux travaux sur l'électricité, la capillarité, les pyromètres, etc. Il était l'ami et l'élève de 'S Gravesande.

deux corps, dépend certainement de l'attraction moléculaire. Le contact d'un liquide et d'un solide donne lieu à cette sorte d'effet. L'eau attire le verre qu'elle mouille, et cette action a tous les caractères de l'attraction moléculaire. C'est en vertu de l'action réciproque des molécules de l'eau et de leur action sur celles du verre, que ce liquide s'élève dans un tube capillaire et que sa surface prend une forme concave...

Fig. 115. — Machine de Véra.

» Les gaz présentent des exemples frappants de l'attraction mutuelle des molécules de substances différentes. Ils adhèrent très facilement à la surface des solides et s'y déposent en couche mince, dans laquelle la pression est supérieure à la pression atmosphérique. Ces effets sont souvent intenses avec les corps poreux... Une remarquable expérience le prouve. On passe au laminoir un canon de fusil, et on obtient ainsi un tube plat dont on ferme hermétiquement les extrémités ; ce tube est ensuite placé dans une forge à réchauffer. Les gaz du foyer pénètrent alors dans l'intérieur du tube, s'y accumulent et acquièrent une pression capable d'écarter les parois et de faire reprendre au tube la forme cylindrique. Cette observation explique les soufflures des grosses pièces de fer, qui produisent un jet de gaz combustible quand on les perce.

» Dans une éprouvette qui contient du gaz ammoniac sur une cuve de mercure, vous introduisez un fragment de charbon, préalablement rougi au feu, afin que l'air soit chassé de ses pores. Immédiatement, le gaz est absorbé ; le volume de gaz ainsi condensé dans les pores du charbon est 90 fois celui de ce dernier.

» L'absorption des gaz par les solides est un fait plus général que l'on pourrait le croire, et, chaque jour, de nouveaux exemples sont découverts. Les métaux les plus compacts en apparence présentent eux-mêmes cette propriété...

» L'attraction entre les molécules de substances différentes s'observe encore dans les phénomènes de dissolution. Un grand nombre de substances solides, telles que le sucre, le sel, disparaissent quand on les plonge dans l'eau; on dit qu'elles se dissolvent. Leurs molécules sont séparées les unes des autres, malgré leur attraction, comme si celles de l'eau exerçaient sur elles une attraction prépondérante.

» Deux liquides peuvent aussi se mêler intimement lorsqu'ils sont juxtaposés, et on appelle *diffusion* ce phénomène. Tout le monde a vu une couche de vin rouge surnager au-dessus d'une couche d'eau. Le mélange s'opère lentement, les molécules d'eau s'élevant peu à peu à travers le vin, tandis que celles du vin descendent, et, au bout d'un certain temps, l'eau est rougie dans toute son étendue; les deux liqueurs sont parfaitement mêlées. La pesanteur n'est pas la cause de cette diffusion, car elle tend à placer, au contraire, celui des deux liquides qui est le moins dense, le vin, au-dessus de l'autre; elle s'oppose donc à la diffusion, au lieu de la favoriser.

» M. Graham a reconnu que les substances cristallisables se diffusent le mieux, et que les substances gélatineuses se diffusent très peu. Ces dernières sont aussi perméables que l'eau pure aux substances diffusibles, mais elles sont imperméables aux autres substances. Ainsi, placez au fond d'un vase un mélange de gomme et de sucre dissous dans l'eau, recouvrez-le d'une couche de gelée quelconque, et immergez le tout dans l'eau pure : au bout de quelque temps, vous trouverez que le sucre, très diffusible, s'est disséminé dans toute la masse; il a donc traversé la couche de gelée; la gomme, au contraire, non diffusible, est restée au fond du vase; elle n'a pas traversé la gelée.

» On peut obtenir avec les liquides et les gaz les mêmes effets qu'avec les solides et les liquides. Un liquide peut dissoudre certains gaz; par exemple, l'eau de Seltz est une dissolution d'acide carbonique dans l'eau; l'eau ordinaire tient en dissolution les gaz de l'atmosphère, et c'est la présence de ces gaz qui permet aux animaux aquatiques de respirer.

» Il s'est fait depuis quelques années de grands progrès en physique au sujet du genre d'actions qui nous occupe, et ils ont été suivis d'applications industrielles importantes. Il est probable qu'ils contribueront à l'établissement de la mécanique moléculaire, parce qu'ils nous fournissent quelques données numériques dont la précision est sans doute suffisante. »

APPLICATIONS DE LA CAPILLARITÉ. — L'huile, qui imbibe les mèches de nos lampes; le suif, qui en fondant monte entre les interstices des fils de coton de la mèche, comme dans des tubes capillaires, l'eau qui, mouillant d'abord un tas de sable, monte peu à peu jusqu'au sommet; le mor-

ceau de sucre qui, à peine trempé dans un liquide, le boit jusqu'à saturation (1); l'éponge, tous les corps poreux qui s'imbibent si facilement, sont
des applications de la capillarité. Dans l'ascension de la sève dans les
végétaux, elle joue un rôle important. « Dès que renaît le printemps, dit
M. Lévêque, les racines des plantes, gorgées depuis l'automne précédent
de substances épaisses, encore épaissies par la longue stagnation de l'hiver, se hâtent de remplacer les liquides dépensés par les bourgeons qui
se gonflent. Les dissolutions aqueuses dont le sol est imprégné obéis-
sent vivement à l'appel des énergies *capillaires* et *endosmotiques*. A
mesure que le fluide nourricier pénètre par les radicelles, il s'élève ; en
s'élevant, il se mêle aux sucs de la plante et graduellement augmente de
densité. Réunissant leurs forces, l'*endosmose* et la *capillarité* le portent et
le répandent de cellule en cellule, de vaisseau en vaisseau, de fibre en
fibre. Après avoir parcouru les canaux singulièrement ténus qui composent les tissus, il arrive jusqu'aux bourgeons. Ceux-ci s'en remplissent,
se distendent, éclatent et s'épanouissent en bouquets de feuilles. »

Tous ces phénomènes de *capillarité* et *d'endosmose* sont aujourd'hui
l'objet d'études persévérantes et de savantes investigations. Les travaux
de MM. Jamin (2), Bertrand (3), etc., leurs recherches sur les diverses
et nombreuses formes sous lesquelles ils se présentent sont précieuses,
mais n'ont pas encore donné des résultats définitifs. Cependant déjà l'industrie y a trouvé d'importantes applications.

M. Dubrunfaut (4) a inventé, pour l'industrie des sucres, un procédé
d'épuration appelé l'*osmose*. La mélasse de betterave est un mélange de
sucre cristallisable, de plusieurs sels organiques et de minéraux dissous. Avec l'appareil de Dutrochet, le sucre cristallisable reste plus longtemps dans la poche de membrane ; les sels, au contraire, passent dans
l'eau pure. De grands appareils industriels ont été construits d'après ce
principe, dans lesquels la membrane de vessie est remplacée par du
papier modifié par l'acide sulfurique, et connu sous le nom de *papier-parchemin*.

(1) Remarquons que le morceau de sucre fond alors plus vivement que s'il est immergé d'un
seul coup. Cela tient à ce que, dans ce dernier cas, l'air n'a pas eu le temps de quitter les pores du
sucre et qu'il s'oppose à l'introduction du liquide dans ces pores.

(2) JAMIN (Claude-Célestin), né en 1818, membre de l'Institut, professeur à l'École polytechnique et à la Faculté des sciences de Paris.

(3) BERTRAND (Joseph-Louis-François), né à Paris en 1822, montra dès la plus tendre
enfance des dispositions incroyables pour les mathématiques. A onze ans, il fut admis, à titre d'essai, à l'École polytechnique et y entra le premier à dix-sept ans. Professeur au Collège de France,
membre de l'Institut. Ses nombreux ouvrages de mathématiques sont devenus classiques.

(4) DUBRUNFAULT (Augustin-Pierre), né à Paris en 1797, mort en 1876 ; professeur de chimie
industrielle à l'École du commerce, s'occupa surtout de la fabrication du sucre de betterave et de
la saccharification de la fécule. Il a publié de nombreux mémoires sur ce sujet.

L'opération appelé *dyalise*, et qui a pour but de séparer diverses substances mélangées dans une solution, est encore une application de l'*endosmose*. Elle permet de séparer ces substances sans les décomposer, si elles sont très altérables, et d'en retirer les principes cristallisables. On prépare ainsi les solutions de silice pure, l'albumine, et, dans la médecine légale, pour s'assurer, par exemple, d'un empoisonnement par l'arsenic, on sépare, au moyen de la dyalise, des substances animales les matières minérales ou organiques cristallisables. A cet effet, on verse dans un tamis dont le fond est formé de *papier-parchemin* le mélange; les substances cristallisables qu'il contient traversent seules la cloison poreuse du tamis.

CHAPITRE X

PRESSION ATMOSPHÉRIQUE

L'ATMOSPHÈRE. — « L'air, a dit M. Élisée Reclus (1), est une source inépuisable où tout ce qui vit prend son haleine, un réservoir immense où tout ce qui meurt verse son dernier souffle. Sous l'action de l'atmosphère, tous les organismes épars naissent, puis dépérissent. La vie, la mort sont également dans l'air que nous respirons et se succèdent perpétuellement l'une à l'autre par l'échange des molécules gazeuses. Les mêmes éléments qui s'échappent des feuilles de l'arbre, le vent les porte aux poumons de l'enfant qui vient de naître; le dernier soupir d'un mourant va tisser la brillante corolle de la fleur, en composer les pénétrants parfums. La brise qui caresse doucement les tiges des herbes va plus loin se transformer en tempête, déracine les troncs d'arbres et fait sombrer les navires avec leurs équipages. C'est ainsi que, par un enchaînement infini de morts partielles, l'atmosphère alimente la vie universelle du globe... »

L'air, en un mot, ce fluide gazeux qui forme autour du globe terrestre une enveloppe désignée sous le nom d'*atmosphère* (du grec *atmos*, vapeur;

(1) Voir son livre la *Terre*.

sfaira, sphère), est l'immense laboratoire où se passent sans cesse les opérations chimiques et physiques qui font la vie.

> C'est là, dans l'éternel et grand laboratoire,
> Que, sans cesse essayant mille combinaisons,
> Récipient commun de tant d'exhalaisons,
> La nature distille, et dissout, et mélange,
> Décompose, construit, fond, désordonne, arrange
> Ces innombrables corps, l'un sur l'autre portés,
> Quelques-uns suspendus, d'autres précipités,
> Des soufres et des sels fait l'analyse immense,
> Des trois règnes divers enlève la substance,
> Les œufs de l'animal, et la graine des fruits,
> Et leur premier principe, et leurs derniers produits.
> Et la vie, et la mort, et les feux, et les ondes,
> Et dans ce grand chaos recompose les mondes.

A cause de la ténuité croissante de sa substance, il n'a guère été possible de calculer exactement la hauteur de l'atmosphère. Comme elle est soumise à la force centrifuge, elle doit être, comme la terre, renflée à l'équateur (page 79). De plus, l'action solaire, qui s'exerce plus énergiquement à l'équateur, doit tendre à élever davantage encore l'atmosphère de ce côté; sa hauteur, sans doute, est donc différente à divers endroits du globe.

Cependant, au moyen de la pression barométrique, comme nous le verrons tout à l'heure, on a pu s'en faire une idée approximative, et M. Biot, en discutant les nombreuses observations de pression et de température faites à diverses hauteurs dans les régions atmosphériques, pense que l'atmosphère ne doit pas dépasser 48,000 mètres.

L'astronome Képler, se fondant sur des observations astronomiques, prétendait que la couche d'air était au plus de 15,000 mètres. Si l'atmosphère était illimitée, les planètes qui entourent notre globe en seraient également entourées; or on sait que ces planètes n'ont pas notre atmosphère. De plus, la nuit ne serait jamais complète sur la terre, parce que les couches d'air seraient toujours quelque peu illuminées et nous renverraient la clarté. L'intensité de la lumière crépusculaire et sa durée sont donc intimement liées à la hauteur de l'atmosphère et permettraient de la calculer exactement, si d'autres causes n'y mettaient obstacle : quantité de vapeur d'eau qu'elle tient en suspension, transparence variable, etc. Aussi, par cette méthode, les observateurs ont-ils trouvé des nombres très différents. M. E. Liais, dans sa traversée de France à Rio-de-Janeiro, ayant mesuré la

Vue du puy de Dôme, à l'endroit où Périer fit son expérience (page 2?9).

durée du crépuscule, donne à l'atmosphère une hauteur de 330,000 mètres. Bravais (1), en opérant au sommet du Faulhorn, a trouvé 115,000 mètres.

Enfin, l'observation des bolides et des étoiles filantes laisse supposer que la hauteur de l'atmosphère est, en réalité de 280 à 320,000 mètres, et c'est, croit-on généralement, le chiffre le plus probable.

L'air, on le sait, est sans odeur ni saveur; il est incolore. La couleur bleue qu'il présente est due à un phénomène de lumière : ce sont ses particules incolores qui, réfléchissant inégalement les divers rayons qui composent la lumière blanche, réfléchissent de préférence les rayons bleus. Nous reviendrons sur ce point en traitant de la lumière.

PESANTEUR DE L'AIR. — L'air est pesant, comme tous les corps de la nature; un litre d'air, à la température de 0° et sous la pression de $0^m,76$, pèse $1^{gr},29$. Longtemps, cependant, il a passé pour un fluide impondérable. Les anciens n'avaient aucune idée vraie de l'atmosphère proprement dite. Suivant Pythagore, l'air impur est celui qui nous environne, et, au-dessus de lui, il y a l'air pur ou *éther*. Platon fait la même distinction, et aussi Empédocle, et presque tous les philosophes. De même, presque tous croyaient à l'immatérialité de l'air, même de l'air impur, et, en conséquence, il n'était venu à l'esprit d'aucun d'eux d'attribuer un rôle quelconque dans les phénomènes naturels au poids de l'air atmosphérique.

Cependant, il paraît qu'Aristote avait songé à la possibilité de cette pesanteur, et, pour s'en convaincre, il pesait une outre successivement gonflée et dégonflée. Ayant obtenu le même poids dans les deux circonstances, il renonça à l'idée conçue un instant dans son esprit. L'expérience, telle qu'il l'exécutait, ne pouvait avoir d'ailleurs qu'un résultat négatif. En effet, si le poids de l'outre vide augmentait, d'une part, par l'introduction de l'air, elle diminuait d'une quantité équivalente, comme nous le verrons, par suite de l'augmentation correspondante de la poussée de l'air déplacé. L'insuccès de cette expérience conduisit Aristote à ériger en axiome cette vaine parole : « La nature a horreur du vide. »

Cette absurdité, admise par tout le monde, empêcha de renouveler des expériences qui eussent tranché la question dans un autre sens. Vainement Empédocle, avant Aristote, avait attribué la cause de la respiration « à la pesanteur de l'air qui se précipite dans les poumons »; vainement Asclépiade avait dit : « L'air est porté dans la poitrine par sa

---

(1) Bravais (Auguste), né à Annonay (1811-1863), quitta le service de la marine pour s'occuper de sciences physiques et mathématiques. Professeur à l'École polytechnique, membre de l'Institut.

pesanteur » ; vainement un stoïcien célèbre, Possidonius (135-50 av. J.-C.),
— ce philosophe qui, au milieu des plus cruelles douleurs, s'écriait :
« O douleur ! tu as beau me faire souffrir, tu ne me réduiras point à con-
venir que tu sois un mal ! » — vainement, dis-je, Possidonius, qui le premier soupçonna que le flux et le reflux de la mer étaient dus aux mouvements de la lune, affirmait que l'atmosphère était pesante et voulait en
mesurer la hauteur, toutes ces tentatives, toutes ces opinions furent immédiatement oubliées.

Il va sans dire que, pendant tout le moyen âge, ce fut un article de
foi de croire que « la nature a horreur du vide et que l'air est immatériel, »
puisque Aristote l'avait affirmé.

En 1630 seulement, un chimiste, Jean Rey (1), consulté par un certain Brun, apothicaire à Bergerac, à propos d'une expérience de chimie
métallurgique, dans laquelle de l'étain, maintenu en fusion au contact de
l'air, éprouvait un accroissement de poids, attribua ce phénomène à une
absorption d'air. Il osa publier ce sentiment et affirmer que « l'air est
pesant. » Rarement affirmation fut plus contraire aux idées reçues.
Cependant le perspicace médecin est sûr du fait, et il annonce fièrement
la nouvelle vérité dans le naïf langage de l'époque : *Je responds et sous-
tiens glorieusement que ce surcroît de poids vient de l'air, qui, dans le vase,
a esté espessi et rendu adhésif par la véhémence et longuement continuée
chaleur du fourneau, lequel air se mesle à l'étain et s'attache à ses plus
menues parties.*

Malgré l'assurance de ses affirmations, Jean Rey fut peu écouté, et
« l'horreur de la nature pour le vide » continua d'être un axiome indiscu-
table, ainsi que l'impondérabilité de l'air.

Un hasard appela enfin l'attention des physiciens sur ce point. Ce fut
encore Galilée qui, le premier, trouva la vérité ou du moins indiqua la
voie pour y arriver.

Les fontainiers du grand-duc de Toscane, ayant eu besoin de pompes
de 40 à 50 pieds, lorsqu'on les mit en jeu, on ne put jamais faire arriver
l'eau à leur extrémité. Elle ne montait jamais au-dessus de 32 pieds
(10m,33), comme dans toutes les pompes ordinaires. Ils s'adressèrent à
Galilée pour connaître la cause de leur mésaventure. Dissimulant sa surprise, celui-ci se contenta de répondre que *la nature n'a horreur du vide
que jusqu'à 32 pieds.* Les fontainiers se contentèrent probablement de
cette réponse ; mais il n'en fut pas de même pour l'illustre savant. Il

(1) REY (Jean), né en 1572 à Bugues (Périgord), mort en 1645. Outre sa découverte de la
pesanteur de l'air, il inventa un thermomètre à eau et fut un des précurseurs de la chimie pneumatique. Il était en correspondance avec tous les savants de son temps.

chercha la cause de ce phénomène. Déjà, dès 1638, il avait avancé la pesanteur de l'air et s'était efforcé de démontrer qu'il pesait 400 fois moins que l'eau. Reprenant l'expérience d'Aristote, il avait pesé successivement un ballon plein d'air ordinaire et d'air comprimé, et il avait trouvé, dans le second cas, une augmentation de poids. Il conclut donc que l'ascension de l'eau dans les corps de pompe vides d'air et son arrêt lorsqu'elle était arrivée à 32 pieds étaient dus au poids de l'air, qui, pressant sur la surface du liquide, le forçait de s'élever dans le corps de pompe jusqu'à ce que le poids de l'eau fît équilibre au poids de l'air. La mort l'empêcha de développer le principe qu'il avait découvert.

Il était réservé à son disciple et son ami, Torricelli (1), de trouver l'expérience qui démontrerait d'une manière décisive la pesanteur de l'air et la pression atmosphérique, et même permettrait de mesurer l'intensité de celle-ci avec la plus grande exactitude.

Galilée, préoccupé de la question des pompes, avait fait toutes ses expériences avec de l'eau; Torricelli eut l'heureuse idée de substituer le mercure à l'eau. En ayant parlé à un de ses amis, Viviani (2), celui-ci remplit de mercure un long tube de verre fermé en haut (*fig.* 116), puis bouchant avec le doigt l'extrémité inférieure, il le renversa dans une cuve pleine de mercure. Le mercure descendit dans la cuve, mais s'arrêta en laissant dans le tube une colonne haute de 27 pouces 1/2 (0^m,76). Le rapport entre la hauteur de l'eau (32 pieds) et du mercure (27 pouces 1/2) était bien le même que le rapport inverse des densités des deux liquides, soit environ, en nous servant de nos mesures,

Fig. 116.
EXPÉRIENCE DE TORRICELLI.

$$\frac{10,33}{0,76} = \frac{13.59}{1}.$$

Il était donc clair que le phénomène était le même que celui constaté

(1) TORRICELLI (Evangelista), né à Faenza en 1608, mort en 1647, à trente-neuf ans. Célèbre de bonne heure par ses découvertes en mathématiques, il se lia avec Galilée, dont il partagea la captivité. Il fut le compagnon dévoué de son maître aveugle et ne le quitta qu'à sa mort. Nommé mathématicien du grand-duc de Toscane, il construisit des lunettes supérieures à celles dont on faisait usage alors, écrivit un *Traité du mouvement* et eut une vive polémique avec Roberval au sujet de la découverte des propriétés de la cycloïde, dont celui-ci lui contestait la priorité.

(2) VIVIANI (Vincent), né à Florence en 1622, mort en 1703. Élève de Galilée géomètre

pour l'eau, et qu'il devait être attribué à la pression de l'air pesant sur le liquide de la cuve, faisant monter l'eau, moins dense, à 32 pieds ($10^m,33$), et le mercure, 13,59 fois plus dense, à une hauteur 13,59 fois plus petite, à 27 pouces 1/2 ($0^m,76$).

Remarquant que tous les points de la surface du mercure de la cuve supportent évidemment une pression égale à cette partie de la surface qui supporte le mercure du tube, on conclut qu'*une surface quelconque éprouve, de la part de l'air, une pression égale, en moyenne, au poids d'une colonne de mercure ayant cette surface pour base et une hauteur de $0^m,76$.*

EXPÉRIENCE DE PASCAL. — Cette expérience fut rapportée à Pascal (1) par Pierre Petit (2) qui la tenait du P. Mersenne (3) ; elle frappa le savant, qui répéta l'expérience en la variant diversement, et il en tira cette première conclusion : « que, s'il était vrai, comme on le prétendait, que la

célèbre, ingénieur du grand duc Ferdinand de Médicis, pensionné par Louis XIV, membre associé de l'Académie des sciences de Paris.

(1) PASCAL (Blaise), né à Clermont-Ferrand le 19 juin 1623, était le fils d'un président de la cour des aides de cette ville, homme très savant et qui, voulant faire lui-même l'éducation de son fils, lui avait interdit la lecture de tout ouvrage de mathématiques, afin de laisser son intelligence se fortifier avant d'entreprendre l'étude des sciences exactes. Mais le génie de Pascal poussait celui-ci à tâcher de deviner ce qu'il lui était défendu d'apprendre, et, à douze ans, il traçait d'instinct des figures géométriques dont l'une servait à démontrer la 32ᵉ proposition d'Euclide. Ce fait, rapporté par Mᵐᵉ Périer, sœur de Pascal, qui a écrit sa vie, a été révoqué en doute ; il est exact cependant, si, comme le dit Condorcet, on remarque qu'il ne s'agit point ici d'une démonstration rigoureuse, mais d'une simple observation. A seize ans, il écrivit un *Traité des sections coniques,* ouvrage tellement remarquable que Descartes refusait de croire qu'un enfant en pût être l'auteur. A dix-huit ans, il inventa une *machine arithmétique,* puis successivement publia des travaux admirables sur les bases du *calcul des probabilités,* une *Théorie de la roulette* (1658), inventa la *brouette-vinaigrette,* le *haquet,* heureuse combinaison du levier et du plan incliné, etc. Mêlé aux luttes religieuses de son temps, il écrivit en faveur des jansénistes et contre les jésuites, les *Lettres provinciales,* pamphlet étincelant, et un des plus beaux monuments de notre langue. Il laissa encore, en mourant, un ouvrage inachevé dont on a réuni les fragments sous le titre de *Pensées de Pascal.* Dès l'âge de dix-huit ans, sa santé avait été très mauvaise ; en 1647, une attaque de paralysie acheva de le ruiner ; sa sœur, religieuse à Port-Royal-des-Champs, le détermina à quitter le monde, à abandonner la science pour ne songer qu'à la religion. En 1654, les chevaux de son carrosse, dans lequel il se promenait, prirent le mors aux dents près du pont de Neuilly et se précipitèrent dans la Seine ; heureusement les traits se rompirent ; Pascal fut sauvé ; mais son imagination fut frappée, et il crut, depuis ce funeste événement, voir un précipice béant à ses côtés. Il tomba alors dans une dévotion outrée, sombra dans les pratiques les plus superstitieuses, vers lesquelles, dit M. Villemain, cette puissante intelligence avait reculé pour fuir de plus loin une effrayante incertitude. Ce fut en proie à des terreurs incessantes et horribles que Pascal passa les dernières années de sa vie. Il mourut le 19 août 1662, à l'âge de trente-neuf ans.

Nous avons donné à la page 57 le portrait de cet homme illustre.

(2) PETIT (Pierre), géographe, ingénieur, physicien, intendant des fortifications à Rouen (1594-1677), disciple ardent de Descartes, ami de Pascal, avec lequel il répéta les expériences de Torricelli sur le vide.

(3) MERSENNE (le père Marin), savant religieux de l'ordre des Minimes (1588-1648), condisciple et ami de Descartes. A laissé de nombreux ouvrages de théologie et de science ; mais est surtout connu par ses liaisons avec les principaux savants de l'Europe, avec lesquels il était en correspondance, et auxquels il servait d'intermédiaire.

nature *abhorre le vide*, il n'est pas exact de dire qu'*elle ne souffrait pas de vide;* qu'au contraire cette horreur du vide avait des limites; enfin que la nature ne fuyait pas le vide avec tant d'horreur que plusieurs se l'imaginent. »

Pascal ayant publié ses observations, il y eut grand émoi au camp des partisans d'Aristote; une polémique s'engagea. Pascal réitéra ses expériences et trouva les principes que nous avons exposés de l'équilibre des liqueurs. Il apprit alors que Torricelli avait eu l'idée, d'ailleurs déjà venue à Descartes, que la pesanteur de l'air pouvait bien être la cause de tous les effets jusqu'alors attribués à l'horreur du vide. Il voulut s'assurer expérimentalement de la vérité de cette conjecture. Descartes lui avait proposé de porter un tube de Torricelli au haut d'une montagne, et il l'avait assuré que le mercure y serait sensiblement plus bas que dans la plaine, parce que la colonne d'air qui pèse sur le mercure serait devenue plus courte. Avant de tenter cette expérience, qui demandait des apprêts considérables, Pascal en imagina une non moins convaincante. Près de l'extrémité supérieure d'un tube de Torricelli simple, dont le haut était fermé avec un bouchon, il avait scellé un tuyau coudé communiquant, par la partie supérieure de sa plus petite branche, avec le haut du tube; la plus haute branche en était fermée hermétiquement, et le coude était rempli de mercure qui se tenait de niveau dans les deux branches, tandis que, dans le tube, il était élevé de 27 pouces au-dessus. Si alors on ôtait le bouchon, le mercure du tube retombait au niveau et celui du tuyau coudé montait dans la branche supérieure 27 pouces au-dessus. Ainsi, l'on voyait le mercure de niveau toutes les fois que la colonne d'air pesait ou ne pesait pas en même temps sur les deux surfaces du mercure; tandis que, toutes les fois que l'air agissait sur une seule des deux surfaces, le mercure s'élevait dans l'autre branche au-dessus du niveau.

Encouragé par ce résultat, Pascal essaya encore dans sa maison, puis sur la tour de Saint-Jacques-du-Haut-Pas (aujourd'hui isolée au milieu d'un square et ornée, en 1860, de la statue du célèbre physicien en souvenir de cette expérience). Le succès répondit à ses essais.

Il se détermina alors, pour achever de lever tous les doutes, à répéter l'expérience sur une montagne d'Auvergne, le puy de Dôme. Florin Périer, son beau-frère, conseiller en la cour des aides d'Auvergne, l'exécuta d'après ses instructions; car l'admiration qu'inspirait le génie de Pascal avait subjugué toute sa famille, et il avait fait de tous ses parents des physiciens et des savants, aussi facilement que, dans la suite, il en fit des jansénistes et des dévots, selon la remarque de Condorcet.

Le 15 novembre 1647, il écrivait donc à son beau-frère la lettre
suivante, dans laquelle se trouve un passage curieux qui dépeint bien la
lutte de cet esprit, toujours si cruellement tiraillé entre la raison et le
respect de la tradition :

Tous les philosophes ont tenu pour maxime que la nature abhorre le vide ;
et presque tous, passant plus avant, ont soutenu qu'elle ne peut l'admettre et
qu'elle se détruirait elle-même plutôt que de le souffrir. Ainsi les opinions ont été
divisées ; les uns se sont contentés de dire qu'elle l'abhorrait seulement, les autres
ont maintenu qu'elle ne pouvait le souffrir. J'ai travaillé à détruire cette dernière
opinion. Je travaille maintenant à examiner la vérité de la première, savoir que
la nature abhorre le vide, et à chercher des expériences qui fassent voir si les
effets que l'on attribue à l'horreur du vide doivent être véritablement attribués à
cette horreur du vide, ou s'ils doivent l'être à la pesanteur et pression de l'air.
Je n'ose pas encore me départir de la maxime de l'horreur du vide ; car je n'es-
time pas qu'il nous soit permis de nous départir légèrement des maximes que
nous tenons de l'antiquité, si nous n'y sommes obligés par des preuves indubi-
tables et invincibles. Mais, en ce cas, je tiens que ce serait une extrême faiblesse
d'en faire le moins scrupule, et qu'enfin nous devons avoir plus de vénération
pour les vérités évidentes que d'obstination pour les opinions reçues... J'ai imaginé une expérience qui pourra seule suffir pour nous donner la lumière que
nous cherchons, si elle peut être exécutée avec justesse. C'est de faire l'expérience
ordinaire du vide plusieurs fois en un même jour, dans un même tuyau, avec le
même vif-argent, tantôt en bas et tantôt au sommet d'une montagne élevée pour
le moins de 5 ou 600 toises, pour éprouver si la hauteur du vif-argent suspendu
dans le tuyau se trouvera pareille ou différente dans ces deux situations. Vous
voyez déjà, sans doute, que cette expérience est décisive de la question, et que,
s'il arrive que la hauteur du vif-argent soit moindre au haut qu'au bas de la montagne (comme j'ai beaucoup de raisons pour le croire, quoique tous ceux qui ont
médité sur cette matière soient contraires à ce sentiment), il s'ensuivra nécessairement que la pesanteur et pression de l'air est la seule cause de cette suspension
du vif-argent et non pas l'horreur du vide, puisqu'il est bien certain qu'il y a beaucoup plus d'air qui pèse sur le pied de la montagne que non pas sur son sommet ;
au lieu qu'on ne saurait dire que la nature abhorre le vide au pied de la montagne
plus que sur son sommet. J'espère de votre bonté que vous m'accorderez la grâce
de vouloir faire vous-même cette expérience sur le puy de Dôme. Je vous prie
seulement que ce soit le plus tôt qu'il vous sera possible et d'excuser cette liberté
où m'oblige l'impatience que j'ai d'en apprendre le succès.

Le 19 septembre 1648, Périer exécuta l'expérience.

Il établit la station inférieure dans le jardin des Pères minimes, à
Clermont, un des lieux les plus bas de la ville. Il s'était muni de deux
tubes de verre identiques, fermés par un bout et ouverts par l'autre. Après

les avoir remplis de mercure et renversés sur une cuve contenant le
même liquide, il marqua le niveau où s'était arrêté le mercure. L'un des
tubes fut confié au P. Chalin, qui devait observer de moment en moment,

Expérience des *Hémisphères de Magdebourg*,
exécutée par Otto de Guéricke devant l'empereur Ferdinand III, à la diète de Ratisbonne
(pages 251 et 290).

pendant toute la journée, s'il arriverait du changement. Porteur de l'autre
tube, il gravit le puy de Dôme, montagne conique élevée de 500 toises
environ, et il arriva jusqu'à une petite chapelle bâtie au sommet. L'hypothèse de Pascal reçut alors une éclatante confirmation.

Pour reprendre et comparer ensemble, dit M. Périer dans sa relation, les différentes élévations des lieux où les expériences ont été faites, avec les diverses hauteurs du vif-argent qui est resté dans les tuyaux, il se trouve :

Qu'en l'expérience faite au plus bas lieu, le vif-argent restait à la hauteur de 26 pouces 3 lignes et demie ;

En celle qui a été faite en un lieu élevé au-dessus du plus bas d'environ .7 toises, le vif-argent est resté à la hauteur de 26 pouces 3 lignes ;

En celle qui a été faite en un lieu élevé au-dessus du plus bas d'environ 27 toises, le vif-argent s'est trouvé à la hauteur de 26 pouces 1 ligne ;

En celle qui a été faite en un lieu élevé au-dessus du plus bas d'environ 150 toises, le vif-argent s'est trouvé à la hauteur de 25 pouces ;

En celle qui a été faite en un lieu élevé au-dessus du plus bas d'environ 500 toises, le vif-argent s'est trouvé à la hauteur de 23 pouces 2 lignes ;

Et partant, il se trouve qu'environ 7 toises d'élévation donnent de différence en la hauteur du vif-argent 1/2 ligne ;

Environ 27 toises, 2 lignes 1/2 ;

Environ 150 toises, 15 lignes 1/2 qui font 1 pouce 3 lignes 1/2 ;

Et environ 500 toises, 37 lignes 1/2 qui font 3 pouces 1 ligne 1/2 ;

Voilà, au vrai, tout ce qui s'est passé en cette expérience.

Cette expérience eut un immense retentissement ; elle fut répétée dans toute l'Europe, notamment par Descartes, alors en Suède, et partout avec le même succès.

PRESSION ATMOSPHÉRIQUE. — La pesanteur de l'air étant ainsi démontrée, il est évident que la masse atmosphérique exerce une pression assez considérable sur la surface de notre globe et sur les corps qui s'y trouvent. Nous avons dit ci-dessus que *cette pression était égale, en moyenne, au poids d'une colonne de mercure ayant pour base la surface considérée et pour hauteur* $0^m,76$. Or 1 centimètre de mercure pesant $13^{gr},59$, le poids de $0^m,76$ est de $13^{gr},59 \times 76 = 1^k,033$ pour une surface de un centimètre carré. Cette pression de $1^k,033$ est ce qu'on appelle la pression de *une atmosphère ;* elle s'exerce sur tous les points de la surface d'un corps, et, par suite, de même que cela a lieu pour un corps plongé dans un liquide, la résultante des diverses pressions est une poussée verticale de bas en haut égale au poids de l'air déplacé. L'air n'a donc pas pour effet de maintenir les corps à la surface de la terre, mais, au contraire, de les soulever, avec une force d'ailleurs peu considérable à cause de sa faible densité. C'est sur ce principe que sont fondés les *aérostats.*

La *pression atmosphérique* se démontre expérimentalement avec le *crève-vessie* et les *hémisphères de Magdebourg.*

Le *crève-vessie* (*fig.* 117) consiste en un manchon de verre, fermé hermétiquement d'un bout par une baudruche et que l'on met sur le plateau d'une machine à faire le vide, que nous décrirons ci-après et que l'on nomme *machine pneumatique.* La pression atmosphérique extérieure s'exerce sur la membrane de haut en bas; mais elle est équilibrée par la pression intérieure de bas en haut, et la baudruche n'est point déprimée. Que l'on pompe l'air intérieur avec la machine pneumatique, la pression extérieure, agissant seule de plus en plus, déprime la baudruche et finit par la crever avec une forte détonation, produite par la brusque rentrée de l'air dans le manchon.

Fig. 117. — CRÈVE-VESSIE.

Les *hémisphères de Magdebourg* (*fig.* 118), imaginés par le célèbre Otto de Guericke dont nous parlerons tout à l'heure, consistent en deux hémisphères en cuivre, d'environ $0^m,65$ de diamètre, qui s'adaptent parfaitement l'un dans l'autre. On fait le vide dans l'intérieur de cette sorte de boîte. Il devient alors sinon impossible, au moins très difficile de les séparer. On rapporte que, lors de l'expérience publique que fit le savant avec cet appareil, il fallut seize chevaux tirant en sens opposé pour les disjoindre. En effet, la surface du cercle que formaient les deux hémisphères en s'appliquant l'un sur l'autre était de : $0,325^2 \times 3,1416 = 0^{mq},3318$, d'où la pression correspondante égalait $3318 \times 1^k,033 = 3427^k,494$

Fig. 118.
HÉMISPHÈRES
DE
MAGDEBOURG.

On démontre plus simplement encore la réalité de la pression atmosphérique au moyen d'un verre à boire complètement rempli d'eau. On ferme le verre en plaçant dessus une feuille de papier que l'on maintient avec la main en retournant le verre sens dessus dessous. La main étant retirée, la pression atmosphérique empêche le liquide de tomber; la feuille de papier n'ayant pour but que de s'opposer à ce que l'air ne divise l'eau et ne rentre à sa place dans le verre.

Nous connaissons tous le jeu d'enfant appelé, je crois, l'*arrache-pavé*. Un disque de cuir mouillé est fixé par son centre à une corde qui le traverse. Le gamin applique, à tour de bras, ce disque sur le pavé ; la violence du choc chasse l'air, le vide se produit, la pression atmosphérique agissant sur le morceau de cuir le fait adhérer à la pierre comme s'il faisait corps avec elle, et l'enfant au moyen de la corde cherche à arracher le pavé qui, bien entendu, tient bon, malgré les efforts d'autres gamins. Mais qu'il s'agisse seulement d'un carreau, quelque peu tremblant dans son alvéole, on parvient facilement à l'en faire sortir.

C'est par la même raison que le liquide ne s'écoule pas d'un tonneau plein, même si l'on y a fait un trou, et qu'il est nécessaire de lui *donner de l'air* en perçant un second trou à la partie supérieure du tonneau pour obtenir l'écoulement du liquide.

D'après la pesanteur connue de l'air, si nous voulons évaluer la somme des pressions que la masse atmosphérique exerce sur la surface du globe, nous trouvons, en réduisant celle-ci en centimètres carrés, que la terre supporte une pression, un poids en kilogrammes représenté par 1 suivi de vingt zéros, c'est-à-dire cent quintillions de kilogrammes.

La surface du corps humain, étant moyennement de 7/4 de mètre carré, surporte une somme de pression égale à 17,500 kilogrammes environ.

Le corps résiste à cette force par la réaction égale et opposée des fluides intérieurs qu'il contient, et surtout par l'incompressibilité à peu près absolue des tissus qui le composent; il n'éprouve ainsi aucune gêne sensible dans ses mouvements de la part de la pesanteur de l'air. Jadis, on eût été effrayé, selon l'expression de l'abbé Delille,

> Si quelque sage eût dit : « Regarde autour de toi,
> Homme faible! de l'air l'océan t'environne,
> Sur toi pèse en tous sens sa fluide colonne! »
> Mais la raison bientôt, venant le rassurer,
> Lui dit : « Cet océan, dont l'air vient t'entourer,
> Lui-même t'appuyant contre sa masse immense,
> Par un juste équilibre au dehors se balance,
> Et l'air intérieur, par un contraire effort,
> De sa force élastique exerce le ressort.
> Sans elle, au même instant, de ta mortelle argile,
> Sa masse écraserait l'édifice fragile. »

EFFETS DE LA PRESSION ATMOSPHÉRIQUE. — Les changements de la pression atmosphérique ont une influence énorme sur tous les corps organisés ou inorganiques qui sont à la surface de la terre. La santé publique change évidemment avec les perturbations atmosphériques. C'est là un fait brut d'expérience, vrai pour tous les climats, une loi toute physique.

Une diminution de 1 centimètre dans la hauteur de la colonne barométrique indique une diminution de pression sur notre corps de 231 kilogrammes. Sous nos latitudes, c'est une chose à considérer.

En effet (1), sous nos latitudes, l'amplitude des oscillations barométriques est considérable ; la pression peut varier en 24 heures de 30 à 40 millimètres de mercure, ce qui augmente ou diminue la pression exercée sur notre corps de 600 à 900 kilogrammes. C'est, en quelque sorte, comme si l'on nous transportait brusquement dans un climat très différent, de la plaine sur une montagne de 600 mètres de hauteur. Il est clair alors que les sécrétions doivent être altérées dans un sens ou dans l'autre, que les fibres nerveuses plus ou moins pressées au milieu des tissus doivent ressentir l'effet des variations barométriques, que les intestins doivent se distendre ou se rapprocher, que la quantité de gaz dissous dans le sang ou rendu à liberté doit dépendre encore des mêmes modifications de la pression atmosphérique. On remarquera en outre que, la pression diminuant, une quantité d'air en réalité moindre se trouve dans un volume donné ; avec la baisse du baromètre coïncide, en général, une augmentation dans la quantité de vapeur d'eau en suspension dans l'air. Ce qui est pris par l'eau n'est pas occupé par l'air. Encore une raison pour que l'atmosphère utile qui nous entoure soit en réalité raréfiée, et pour que nous soyons obligés de courir après l'oxygène, qui est indispensable aux fonctions vitales. Le mal est petit pour celui qui a les globules sanguins en excès ; la provision d'oxygène est assurée et au delà. Mais pour l'anémique, qui n'a à sa disposition qu'un nombre restreint de globules, la diminution dans la quantité absolue d'oxygène devient grave, l'approvisionnement devient insuffisant, et les organes respiratoires ont quelque peine à suppléer à la quantité par la vitesse de la fonction. De là ces troubles dans la circulation, ces mouvements fébriles si souvent observés, ces perturbations dans le système nerveux, les maux de tête, d'estomac, d'entrailles, etc.

M. Paul Bert, l'éminent professeur de physiologie à la Faculté des sciences de Paris, a confirmé, dans une série de recherches remarquables et de curieuses expériences, les théories relatives au rôle de la pression atmosphérique dans les variations de la santé publique, et il en a déduit les conséquences suivantes :

Lorsque la pression atmosphérique diminue, la quantité des gaz contenus dans le sang (oxygène, acide carbonique, azote) diminue également. Donc un homme qui s'élève en ballon ou gravit une montagne a dans le sang, à sa disposition, pour exciter ses tissus à fournir à sa dépense de force et de chaleur, une quantité de plus en plus petite et bientôt insuffisante d'oxygène. C'est pourquoi on est obligé de s'arrêter si

(1) De Parville, *Causeries scientifiques.*

souvent dans les ascensions de montagnes, et il y a impossibilité de dépasser une certaine limite où l'asphyxie devient menaçante. Le même appauvrissement se manifeste pour l'acide carbonique. Le mal tient surtout à la diminution dans la proportion d'oxygène. Cette diminution devient évidente dès que le baromètre descend de 20 centimètres, c'est-à-dire dès qu'on se trouve placé dans des conditions à peu près égales à celles où vivent cependant des millions d'hommes, particulièrement sur le plateau mexicain de l'Anahuac. Les habitants de ces hauts sommets sont pour la plupart anémiques.

M. Paul Bert montre ainsi que, dans les changements de pression bien accentués, le rôle dominant est joué par l'oxygène, agent chimique, à l'exclusion de la pression elle-même, agent mécanique. A une pression de 4 ou 5 atmosphères, l'oxygène devient, dans l'économie, un agent toxique d'une extrême énergie; il tue. A une pression basse, au contraire, il y a asphyxie, par défaut d'oxygénation. Dans les conditions normales, notre sang paraît à peu près saturé d'oxygène.

Il est donc possible de conjurer les dangers qui résultent de l'action de l'oxygène à haute et basse pression. Dans le premier cas, il faut, dans l'atmosphère que l'on respire, sous forte tension, diminuer la proportion d'oxygène, augmenter la proportion d'azote; dans le second cas, diminuer au contraire l'azote et augmenter l'oxygène. Ces préceptes trouvent leur application dans les voyages aéronautiques ou dans les industries qui soumettent les ouvriers à de hautes pressions. Par exemple, dans la pêche du corail ou des éponges, si l'on veut dépasser 5 à 6 atmosphères de pression d'eau, c'est-à-dire une profondeur de 50 à 60 mètres (10 mètres d'eau équivalent à une atmosphère), il faut que les machines soufflantes envoient au plongeur, au lieu d'air, un mélange d'air et d'azote.

Nous donnerons ci-après, dans le chapitre consacré aux *Aérostats*, et à propos du voyage du *Zénith*, les détails des expériences de M. Paul Bert et l'essai de l'application de ses découvertes.

Les changements dans la pression atmosphérique, qui ont une si grande influence sur l'économie animale, semblent exercer aussi une action sur les végétaux. Cela résulte encore des expériences qu'a fait connaître M. Paul Bert.

Il a recherché comment se produisait la germination du blé sous différentes pressions, le grain étant semé, bien entendu, sous des cloches, dans des conditions identiques. Voici les résultats obtenus. A la pression ordinaire, la germination a été complète et les brins étaient hauts de 20 centimètres. Dans la cloche où l'on avait fait descendre la pression de 25 centimètres de mercure, le blé a mal germé; les brins étaient chétifs, fluets, jaunâtres, hauts de 15 centimètres. Enfin dans la cloche où l'on diminua la pression de 50 centimètres, pas un grain de blé n'a levé. Réciproquement, du blé maintenu sous la cloche à la pression de 5 atmosphères n'a pas levé davantage; les radicelles sont seules sorties, et il s'est manifesté un commencement de fermentation.

Or, chaque fois que l'on s'élève de 10 mètres dans l'atmosphère, le baromètre baisse d'à peu près un millimètre; pousser la raréfaction de l'air à 25 centimètres au-dessous de la pression normale, c'est placer le végétal en expérience à 2,500 mètres au-dessus du niveau de la mer. Par conséquent, il est permis d'inférer que l'altitude influe directement sur la végétation par la diminution de la pression atmosphérique, en dehors des conditions climatériques ordinaires.

La pression atmosphérique a même une influence sur le dégagement du gaz emprisonné dans les roches. On a remarqué que les explosions de grisou dans les mines étaient surtout à redouter au moment des grandes dépressions du baromètre ou des mouvements brusques du thermomètre. On comprend très bien en effet que, lorsque la pression atmosphérique est brusquement diminuée au fond des puits, les gaz carbonés, jusque-là maintenus dans les interstices de la houille, s'échappent et emplissent les galeries. Qu'un mineur ouvre sa lampe malgré les règlements, et le feu se communique au mélange détonant, l'explosion survient. Il est bien clair que ces circonstances peuvent se présenter sans que la pression atmosphérique ait baissé; mais la dépression du baromètre détermine une cause aggravante dont on doit facilement retrouver la trace. MM. Scott et Galloway, ingénieurs anglais, ont comparé la statistique des accidents miniers avec les courbes de température et de pression tracées par les instruments enregistreurs de l'observatoire météorologique de Stonyhurst (Lanscashire), et ils ont trouvé que, sur 530 explosions enregistrées en 4 ans, 40 pour 100 pouvaient être attribuées à des perturbations barométriques, et 22 pour 100 à une température élevée, anormale, soit plus de 60 pour 100 à mettre sur le compte des changements de pression atmosphérique. Cette proportion est énorme, et l'on ne saurait trop engager les chefs d'exploitation à redoubler de sévérité et à multiplier la surveillance dans les galeries, quand le baromètre annonce de grandes perturbations atmosphériques.

CHAPITRE XI

BAROMÈTRES

HISTORIQUE. — La pesanteur de l'air étant démontrée ainsi que la différence de pression atmosphérique selon les hauteurs, on voulut trouver un instrument qui donnât le poids de l'air à diverses altitudes ou dans certaines circonstances particulières, et qui fût plus commode et surtout plus exact que le *tube de Torricelli,* destiné plutôt à mesurer la pression atmosphérique qu'à en constater les variations, qui, en un mot, était plutôt un *baroscope* (du grec *baros,* pesanteur, et *scopeô,* j'observe) qu'un *baromètre* (du grec *baros,* pesanteur, et *metron,* mesure).

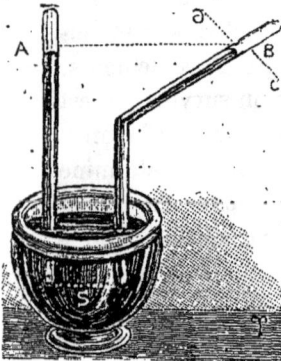

Fig. 119.

BAROMÈTRE DE MORLAND.

Nous résumons, d'après l'*Histoire de la physique* de M. Hoeffer, les perfectionnements successifs qui ont été apportés au *tube de Torricelli.*

Après avoir essayé d'abord de substituer l'eau au mercure, ce qui obligeait à donner aux tubes une longueur de 32 pieds, et de les former avec diverses pièces ajustées avec des viroles, on revint à l'emploi du vif-argent. Tout l'esprit des inventeurs se porta alors à agrandir artificiellement, pour pouvoir mieux la subdiviser, l'échelle des variations dans le tube barométrique, car la hauteur du mercure oscille dans des limites qui n'excèdent guère 12 centimètres.

A cet effet, Samuel Morland (1) imagina le *baromètre à tube coudé* (*fig.* 119). Si, par exemple, le mercure s'élève dans un tube droit jusqu'à A, dans un tube coudé il s'élèvera à la même hauteur en B ; la distance

_____

(1) Voici ci-après : *Acoustique.* — *Porte-voix.*

SB sera plus longue que SA; la facilité de voir le plus faible mouvement du mercure sera donc plus grande. Mais la surface du mercure dans le tube coudé est convexe (page 231). Or, à quel point, en c ou en d, faut-il

CARDAN

marquer la hauteur barométrique. Puis, plus le tube est incliné, plus l'intérieur de ses parois oppose de résistance à la descente comme à l'élévation du mercure.

L'invention de Morland dut donc être rejetée.

En 1665, Hooke (1) proposa le *baromètre à roue* (*fig.* 120). C'est un tube dont le bout inférieur recourbé reçoit par son ouverture un petit poids en fer en contact avec la surface libre du mercure. Ce petit poids est suspendu à un fil dont l'autre extrémité porte un autre poids très faiblement

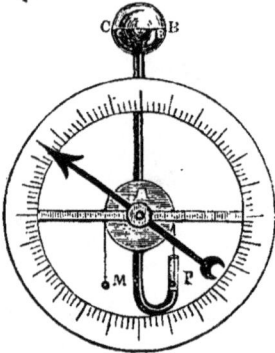

Fig. 120.

BAROMÈTRE DE HOOKE.

plus léger, de manière que le petit système, tournant autour d'une poulie mobile, se trouve *presque* en équilibre. A cette poulie est fixée une aiguille qui marque les divisions d'un cercle. On conçoit dès lors que, si, dans le bout supérieur, soufflé en boule, le mercure s'élève au-dessus du niveau CB, le petit poids descendra, et que, dans le cas contraire, il montera, faisant ainsi mouvoir l'aiguille, tantôt de droite à gauche, tantôt de gauche à droite. Un changement peu considérable du niveau dans le bout supérieur, élargi en boule, peut en produire un très considérable dans le bout inférieur, proportionnellement à la différence de leurs diamètres. Mais tout ce mécanisme, quelque ingénieux qu'il soit, ne servait à résoudre que fort incomplètement le problème proposé. Ainsi, quand, dans le bout inférieur, étroit, la surface du mercure commence à devenir convexe ou concave, c'est-à-dire quand le mercure commence à se mettre en mouvement pour monter ou pour descendre, le petit système de poids presque en équilibre n'a pas assez de force pour faire tourner la poulie qui est toujours sujette à quelque frottement, ce qui empêche l'aiguille de marquer des variations peu considérables; et lorsque la poulie se meut, les variations marquées sont un peu trop grandes. Ce baromètre fut donc aussi abandonné.

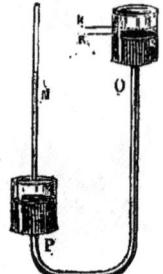

Fig. 121.

BAROMÈTRE
BITUBULÉ
D'HUYGHENS.

Le célèbre Huyghens essaya en 1672 d'employer le mercure concurremment avec l'eau dans la construction du baromètre; mais il constata que l'eau laisse dégager de l'air qui déprime un peu la colonne barométrique. Pour remédier à cet inconvénient, il imagina le *baromètre bitubulé* (*fig.* 121) [à deux tubulures]. Sur un tube

(1) HOOKE (Robert), savant géomètre anglais (1635-1703), secrétaire perpétuel et professeur de mécanique de la Société royale de Londres. S'est rendu célèbre par ses inventions relatives aux horloges, au micromètre, au microscope, etc., par ses découvertes en chimie, en astronomie, en mécanique. Il soupçonna, dit-on, avant Newton, la théorie de la gravitation et eut de vives discussions avec ce dernier auquel il contesta ses plus belles découvertes, avec Huyghens et avec Hévélius. Il a laissé de nombreux et savants ouvrages.

recourbé se fixent en O et en P deux cylindres dont le diamètre est dix fois plus grand que celui du tube. Si le mercure du cylindre supérieur descend d'une certaine quantité connue, soit de KK′ à RR′, il montera de la même quantité dans le cylindre inférieur, et réciproquement. Ce dernier est surmonté d'un tube étroit ouvert, dans lequel on verse un liquide non congelable, comme l'esprit-de-vin rectifié. Ce liquide se déplacera d'une manière très sensible dans le tube étroit au moindre changement de niveau survenu dans les cylindres ; on en trouvera aisément la valeur par une formule très simple. L'un des principaux inconvénients de ce baromètre vient de l'action de la température qui se fait surtout sentir sur le liquide, plus dilatable et plus vaporisable que le mercure. Mais cet inconvénient eut pour conséquence de faire pour la première fois bien comprendre la nécessité de combiner les indications du baromètre avec celles du thermomètre.

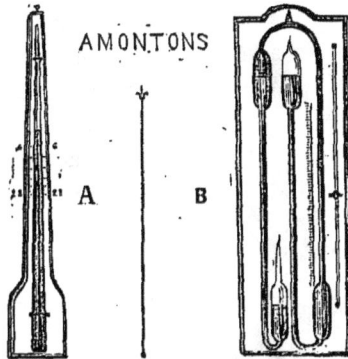

Fig. 122 et 123.
BAROMÈTRES D'AMONTONS.

D'autres physiciens entreprirent vainement de modifier ce baromètre ; il fut également délaissé.

En 1695, Amontons (1) fit connaître son *baromètre de mer* (*fig.* 122), ainsi appelé parce qu'il avait été inventé pour l'usage spécial des marins. C'est un tuyau conique, fort étroit, dont l'ouverture inférieure, la plus large, n'a qu'une ligne de diamètre ; le vide qui se trouve dans la partie supérieure suffit pour empêcher le mercure de s'échapper par l'extrémité inférieure. Mais l'effet de la capillarité nuisit beaucoup à l'exactitude de cet instrument. Le *baromètre polytubulé* (*fig.* 123) du même physicien était plus compliqué ; mais il manquait de précision à cause des dilatations inégales des différentes matières dont il était composé.

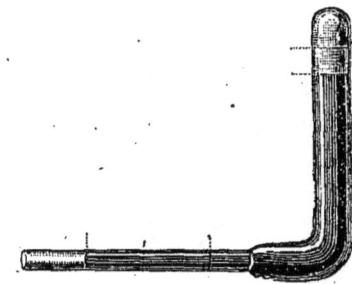

Fig. 124.
BAROMÈTRE RECTANGULAIRE.

(1) AMONTONS (Guillaume), physicien français (1663-1705). Atteint dès l'enfance d'une incurable surdité, il s'attacha avec passion à la science. Il est le véritable inventeur de la télégraphie, et nous parlerons longuement de lui ci-après. Il perfectionna tous les instruments de physique, mais son indifférence philosophique, au dire de Fontenelle, l'empêcha de faire fortune et d'occuper dans la science le rang qu'il mérite.

Jean Bernoulli présenta, en 1710, à l'Académie des sciences de Paris un baromètre dont Cassini (Dominique) avait déjà indiqué le plan. Ce baromètre, dit *rectangulaire* (*fig.* 124), se compose de deux tubes de verre d'inégale grosseur, emboîtés l'un dans l'autre ; le diamètre du tube vertical, plus gros, est un multiple déterminé d'avance du diamètre du tube horizontal. Il est évident que, si le mercure descend dans le premier, il se déplacera proportionnellement dans le second. Malheureusement, l'air qui s'introduisait facilement dans le petit tube donnait à cet instrument très simple un grand défaut.

De nos jours, on a pu atteindre à une grande perfection dans la construction des baromètres.

BAROMÈTRE NORMAL. — Ce baromètre, auquel les derniers perfectionnements ont été apportés par M. Regnault, n'est pas autre chose que le tube de Torricelli installé d'une façon permanente (*fig.* 125). On a rempli le tube de mercure chimiquement pur, et on l'a renversé dans une cuvette C pleine de mercure, puis on l'a assujetti dans une position invariable. Pour connaître à un moment précis la pression atmosphérique, il suffit de mesurer la

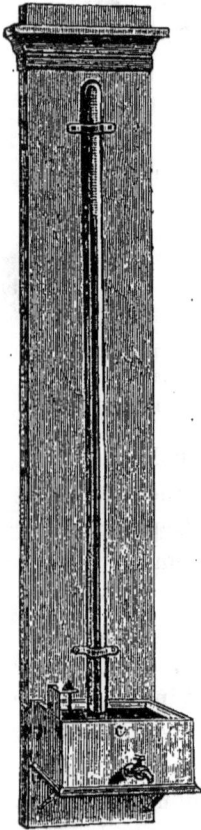

Fig. 125.

BAROMÈTRE NORMAL.

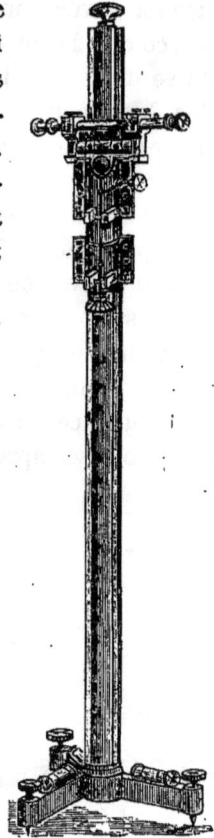

Fig. 126.

CATHÉTOMÈTRE.

hauteur du sommet de la colonne de mercure au-dessus du niveau du mercure dans la cuvette. A cet effet, au-dessus de cette cuvette est une tige en fer, mobile dans un écrou, et se terminant, à ses deux extrémités, par deux pointes très aiguës. On amène la pointe inférieure jusqu'au contact du mercure de la cuvette, et alors on mesure la distance de la pointe supérieure au sommet de la colonne de mercure, en y ajoutant la longueur de la tige que l'on a mesurée une fois pour toutes. On a ainsi la hauteur barométrique.

Quant à mesurer exactement la distance de la pointe supérieure au sommet de la colonne de mercure, on se sert d'un instrument appelé *cathétomètre*, instrument dû à Dulong et Petit (1), et qui se compose (*fig.* 126) d'un cylindre creux en laiton qui tourne librement et sans jeu autour d'un axe vertical en fer, fixé sur un pied à trois vis calantes. Une longue règle, divisée en demi-millimètres, est liée au cylindre et tourne avec lui. Une lunette horizontale, portant son niveau, ses vis de rappel et ses vis de pression, peut glisser sur toute la longueur de la règle divisée. Le support de la lunette porte en outre un *vernier* (page 35), qui permet d'estimer les 25ᵉˢ et même les 50ᵉˢ de millimètre.

On se sert rarement, et seulement pour des observations très précises, de ce baromètre qui, outre l'inconvénient de ne pouvoir se transporter, exige que le mercure soit excessivement pur et très récemment bouilli pour qu'il ne contienne aucune humidité ni aucune bulle d'air; c'est dire que ce baromètre doit être préparé spécialement pour chaque expérience où son emploi est nécessaire. C'est pourquoi, pour les usages ordinaires, on a construit des instruments d'une exécution moins soignée, et qui, quelle que soit leur forme, se rapportent à deux types généraux : les *baromètres à cuvette* et les *baromètres à siphon*.

BAROMÈTRE A CUVETTE. — Le baromètre à cuvette se compose (*fig.* 127) d'un tube de verre de 0ᵐ,85 environ de longueur et de 0ᵐ,01 de diamètre extérieur, fermé par le bout supérieur, ouvert par le bout inférieur et qui, préalablement rempli de mercure, a été retourné dans une cuvette circulaire en verre, déjà en partie pleine de

Fig. 127.
BAROMÈTRE
A CUVETTE.

mercure et encastrée dans la planchette sur laquelle est fixé tout l'instrument. Le fond de cette cuvette est sphérique, plein de mercure, et le tube plonge dedans. On lui donne la plus grande largeur possible, un décimètre environ, afin de pouvoir considérer comme constant le niveau du mercure, ce qui n'est pas exact, puisque la pression atmosphérique le fait varier sans cesse, mais le mercure, étant réparti sur une grande surface, cette différence de niveau peut être négligée.

La cuvette est surmontée d'une tubulure, et le tube, en la traversant, ne la bouche pas complètement; il existe un certain espace

(1) Voir ci-après : *Chaleur*.

entre les parois de verre des deux parties de l'instrument, de sorte que la pression atmosphérique peut se produire librement sur la surface du mercure de la cuvette et ainsi faire élever ou baisser la colonne de mercure du tube.

Dans le haut du tube est une échelle divisée en millimètres et destinée à mesurer la hauteur du mercure dans le tube, c'est-à-dire ses variations dans la portion vide du tube qui s'appelle la *chambre barométrique*. La graduation part du niveau du mercure dans la cuvette; mais, comme il eût été inutile de marquer les degrés de 0 à $0^m,76$, on ne commence guère qu'à $0^m,56$, le niveau du mercure variant seulement de quelques centimètres, à moins qu'on ne destine l'instrument à mesurer la pression atmosphérique à de grandes hauteurs.

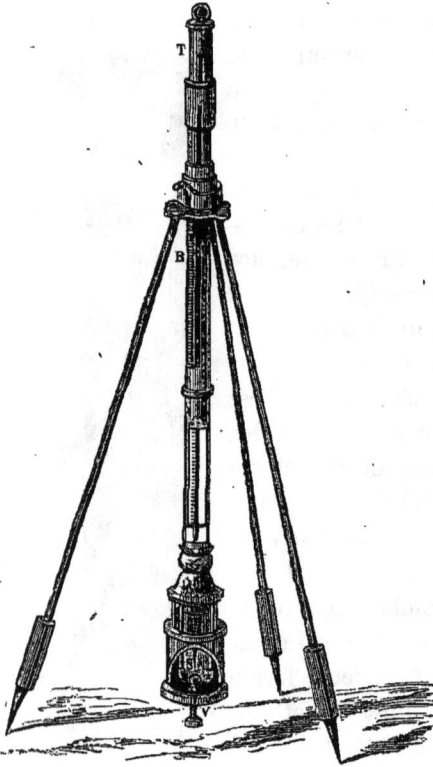

Fig. 128. — Baromètre de Fortin.

Une petite plaque mobile et à frottement très doux, glisse dans une coulisse parallèle au tube. A cette plaque, appelée *curseur,* est fixée une petite tige métallique horizontale qui couvre le tube sans le toucher, et qui correspond de l'autre côté de l'échelle à des inscriptions gravées sur une plaque parallèle et qui donnent, comme nous le verrons tout à l'heure, des indications sur l'état de l'atmosphère. Enfin, un petit *thermomètre* est fixé sur la planchette à côté du baromètre.

BAROMÈTRE DE FORTIN. — *Le baromètre de Fortin*, le plus employé pour les observations météorologiques et le plus exact, se compose (*fig.* 128) d'une cuvette, formée elle-même : 1° d'un large tube de verre mastiqué par

_____

(1) Fortin (Jean), ou plutôt Frotin (1719-1796), dont déjà nous avons signalé les instruments dus à son génie inventif (pages 34 et 147), était professeur d'hydrographie à Brest, puis constructeur d'instruments à Paris.

le haut dans un couvercle de bois doublé de cuivre ; ce tube laisse passer le tube barométrique T ; 2° d'une lanterne cylindrique en verre, mastiquée à ses deux bouts ; 3° d'un cylindre de buis formé de deux bagues vissées l'une sur l'autre, dont l'une permet tout à la fois de visser le grand cylindre B qui termine la cuvette, et de rattacher cette partie inférieure au couvercle supérieur au moyen d'une longue vis, et l'autre sert à fixer la peau de chamois S qui sert de réservoir au mercure. Le fond du cylindre inférieur de cuivre est d'ailleurs traversé par une vis ascendante V qui relève ou abaisse à volonté la poche en peau de chamois contenant le mercure. Cette disposition a pour but de ramener la surface du mercure dans la cuvette à un niveau constant. A cet effet, le couvercle supérieur est percé d'un trou latéral, qui donne accès à une pointe d'ivoire O, invariablement fixée et dont l'extrémité marque le zéro de l'échelle.

Le tube du baromètre est effilé en pointe à son extrémité qui plonge dans la cuvette ; une peau de chamois lie ce tube au tube central qui en surmonte le couvercle. Cette peau la ferme ainsi, tout en permettant à l'air de circuler librement. Le tube est garanti des chocs par une gaine cylindrique de cuivre, qui porte l'échelle, divisée en millimètres, servant à mesurer la hauteur du mercure. Cette gaine est coupée longitudinalement par deux fentes opposées, à travers lesquelles on voit le sommet du mercure. Entre le tube et la gaine se meut un curseur annulaire, formé de deux anneaux reliés entre eux : l'un est un vernier,

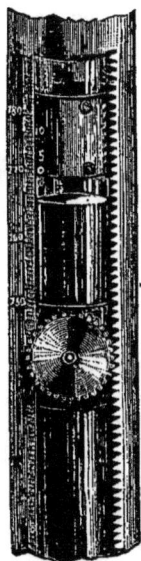

Fig. 129.

VERNIER
DU BAROMÈTRE
FORTIN.

permettant de lire les fractions de millimètre, qui glisse le long de l'échelle ; l'autre porte un bouton auquel est fixé une roue dentée engrenant avec une crémaillère découpée dans le bord de la fente (*fig.* 129). Pour faire la lecture, on amène le bord inférieur de l'anneau-vernier à affleurer la partie supérieure de la surface du mercure, bombée par le fait de la capillarité. La pression atmosphérique s'exerce sur le mercure de la cuvette, car la gaine de laiton est séparée du tube par de petits morceaux de liège ; elle communique avec la peau de chamois qui fixe le tube à la cuvette ; les pores de cette peau sont assez larges pour être perméables aux gaz.

Il est évidemment indispensable que l'échelle et l'axe du baromètre soient dans une direction rigoureusement verticale. On obtient ce résultat en attachant l'instrument à une *suspension de Cardan* (1). Le tube est

_____

(1) CARDAN (Jérôme), savant mathématicien italien (1501-1576), auquel on doit une méthode

placé au centre de deux cercles concentriques; le plus grand de ces cercles est supporté par trois pieds reposant sur le sol; le second est soutenu à l'intérieur du premier par deux tiges opposées, autour desquelles il peut tourner; enfin le tube est maintenu, dans le haut, par deux vis horizontales opposées l'une à l'autre, ayant leur écrou dans le deuxième anneau, de sorte que le tube peut prendre un mouvement autour de l'axe formé par les deux vis; mais cet axe est perpendiculaire à celui autour duquel tourne l'anneau supérieur. Le tube, qui peut se déplacer dans deux directions rectangulaires entre elles, se placera toujours de façon que son centre de gravité soit dans la verticale du centre de suspension, c'est-à-dire sur l'axe même, et il sera ainsi toujours vertical.

Pour transporter le baromètre, on a soin de remplir la chambre barométrique en y faisant remonter le mercure au moyen de la vis V, afin d'éviter que le choc du mercure contre la paroi ne brise le tube, puis on l'enferme dans un étui.

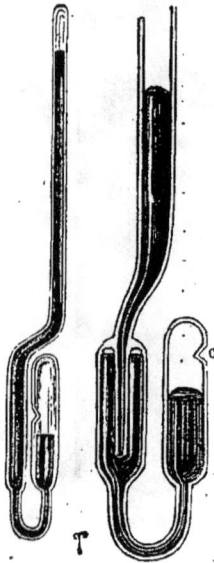

Fig. 130.
BAROMÈTRE A SIPHON.

BAROMÈTRE A SIPHON. — Gay-Lussac construisit un baromètre beaucoup plus simple et beaucoup plus portatif que celui de Fortin, et cependant moins usuel, parce que, par suite de l'altérabilité très grande du mercure au contact de l'air, des erreurs de capillarité existent que l'on ne peut corriger. Il est vrai que l'erreur due à la capillarité qui déprime le niveau du mercure dans les tubes étroits diminue rapidement avec des tubes de plus gros calibre, et qu'elle est presque nulle quand le diamètre du tube est égal à 30 millimètres; mais, avec ces dimensions, le baromètre n'est plus guère transportable. Le baromètre à siphon, inventé par Gay-Lussac, perfectionné par M. Bunten, a précisément pour but cependant d'être à l'abri de toute erreur capillaire, en restant commode à emporter en voyage.

Il se compose (*fig.* 130) de deux branches inégales en longueur, mais

pour résoudre les équations algébriques, appelée *formule de Cardan*. Esprit singulier, il joignait à une science profonde une imagination déréglée, croyait à la magie, se disait magicien lui-même et prétendait devoir à ses connaissances occultes les cures médicales merveilleuses qu'il accomplit en Italie, en France et en Angleterre. Sa vie privée fut désordonnée, et, comme fit plus tard J.-J. Rousseau, il publia une histoire de sa vie dans laquelle il étale cyniquement ses vices. On raconte qu'ayant prédit l'époque de sa mort, il se laissa mourir de faim pour ne pas recevoir un démenti. Quoiqu'il professât l'athéisme, le pape lui faisait une pension.

d'un diamètre rigoureusement égal ; la plus grande est fermée et la plus courte porte une ouverture conique O très étroite. Elles sont unies par un tube capillaire, destiné à empêcher l'air de passer dans la *chambre*

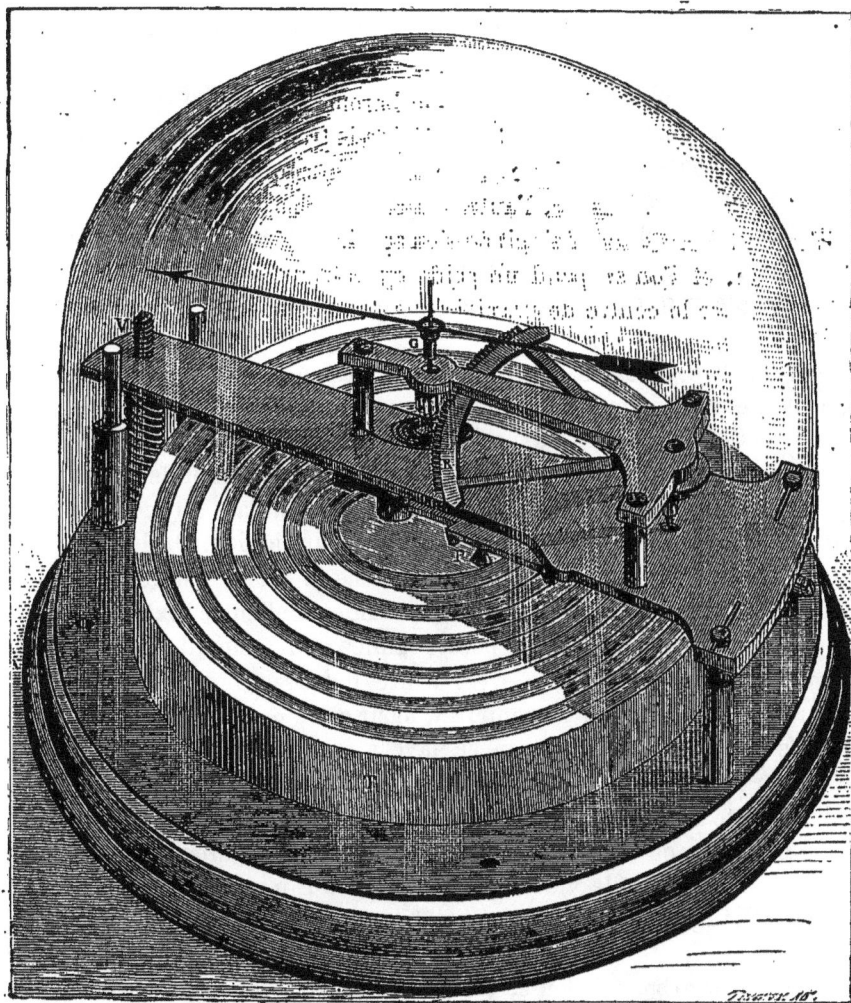

Baromètre anéroïde de Vidie,
Construit par M. Redier, 8, cour des Petites-Écuries, à Paris (page 270).

barométrique quand on renverse l'instrument. M. Bunten a même ajouté le gros tube soudé à la grande branche, dans lequel celle-ci se prolonge en forme de pointe effilée, de sorte que, si une bulle d'air pénétrait, elle irait se loger au sommet du gros tube plutôt que dans la grande branche.

Ce perfectionnement a l'inconvénient d'enlever beaucoup de solidité à l'appareil.

La hauteur de la colonne de mercure qui fait équilibre à la pression atmosphérique est la distance verticale des deux niveaux. On la mesure à l'aide d'une échelle dont le zéro donne la hauteur barométrique.

Ce baromètre se place, comme le baromètre à cuvette, sur des planchettes de bois ou dans des étuis, afin de le transporter facilement. Souvent aussi on l'entoure d'une gaine métallique qui porte deux échelles divisées, l'une ascendante, l'autre descendante, ayant même zéro vers le milieu du tube. Quand il s'agit de s'en servir, on l'attache à la suspension de Cardan, et l'on suspend un poids cylindrique à sa partie inférieure, afin d'amener le centre de gravité dans l'axe de figure.

CONSTRUCTION DES BAROMÈTRES. — Pour qu'un baromètre, soit à siphon, soit à cuvette, donne des indications précises, il est nécessaire que sa construction ait été faite avec le plus grand soin. D'abord le tube doit être bien droit, régulier dans toute sa longueur, et exempt de bulles et de stries; car, sans cela, la forme de la surface terminale du mercure ne serait pas la même, quelle que soit la hauteur du liquide. On le lave ensuite à l'acide azotique bouillant, on le rince à l'eau distillée, on le sèche, on le ferme à un bout et on souffle à l'autre extrémité une ampoule qui se termine en pointe effilée. On remplit le tube de mercure chimiquement pur, c'est-à-dire débarrassé de tous les métaux étrangers qu'il peut contenir, et, pour cela, on l'a fait digérer d'abord dans de l'acide azotique, on l'a lavé à grande eau, puis séché avec du papier buvard. Sur les tubes de verre, il y a toujours une couche d'air et d'humidité adhérente aux parois intérieures ou extérieures; sous la pression ordinaire de l'atmosphère, cette couche abandonne difficilement le verre; mais, dans le vide barométrique, où il n'y a pas de pression, elle se mélange avec le mercure; il faut la chasser. Pour cela, on place le tube, l'extrémité ouverte en haut, sur une grille de fer inclinée; on approche des charbons ardents, on promène avec une pince un de ces charbons incandescents le long du tube jusqu'à ce que l'ébullition se manisfeste. Le mercure se dilate, une portion envahit l'ampoule, il prend un aspect mat, et l'air et l'humidité sont complètement entraînés par les vapeurs du mercure qui se dégagent. La surface du mercure devient alors brillante, les bulles d'air humide se sont logées dans l'ampoule; on brise alors cette ampoule et on renverse le tube dans la cuvette. Si le baromètre est bien purgé, le mercure, frappant l'extrémité du tube, rend un coup sec et métallique; mais le coup est sourd si quelque reste d'air ou d'humidité amortit le choc.

BAROMÈTRE A CADRAN. — Le baromètre de Hooke, de 1665, que nous décrivons ci-dessus, est devenu le *baromètre à cadran*, moins rigoureusement exact que les autres, à cause des frottements, et néanmoins plus répandu, surtout dans les appartements, parce qu'il donne des indications très apparentes. C'est simplement un baromètre à siphon, placé derrière un cadran sur lequel se meut une longue aiguille, dont les mouvements correspondent à ceux de la colonne de mercure (*fig.* 131). Un flotteur est placé sur le mercure de la branche ouverte et est relié par un fil à la gorge d'une poulie. Un autre fil enroulé parallèlement au premier supporte un poids qui fait équilibre au flotteur. A l'axe de la poulie est fixée l'aiguille qui remonte ou descend, entraînée par l'aiguille que met en mouvement l'action du contrepoids. Dans quelques baromètres à cadran, la poulie est remplacée par une petite roue dentée qui engrène avec une crémaillère fixée verticalement au flotteur. Un thermomètre est généralement placé sur l'appareil.

Fig. 131.

BAROMÈTRE A CADRAN.

BAROMÈTRE-BALANCE. — Ce baromètre, dont l'idée première est due à Samuel Morland, a été perfectionné par le P. Secchi, et est employé par lui comme *barométographe*, c'est-à-dire comme appareil enregistrant automatiquement les indications barométriques.

Nous extrayons de la lettre du P. Secchi, adressée en 1857 à l'Académie des sciences de Paris, la description de ce baromètre enregistreur.

« Supposez que nous ayons un baromètre à cuvette dont le tube ait un diamètre assez grand (par exemple, 15 millimètres), que la cuvette soit placée sur une table et que le tube cylindrique soit disposé de manière à pouvoir être élevé en le prenant à la main : on peut se demander quel sera l'effort nécessaire pour soulever ce tube. Le fait et le raisonnement prouvent qu'il faudra exactement faire un effort égal à celui qui est exercé par l'atmosphère sur le mercure de l'instrument ; c'est-à-dire qu'il faudra soulever le poids du mercure renfermé dans ce tube. Voici donc une manière très simple de peser réellement la pression de l'atmosphère, qui consiste à attacher le baromètre à l'un des plateaux d'une balance et à placer des poids dans l'autre ; il est évident que, à tout changement de pression, il faudra faire une correspondante variation dans les poids du second plateau. Il va sans dire que, lorsqu'on veut obtenir la valeur de la pression absolue sur l'unité de surface, il faudra tenir compte du poids du tube, de la portion de poids que perd la portion immergée dans le mercure, et surtout de la section intérieure du tube.

» Mais la nécessité de connaître le diamètre intérieur du tube, qui paraît, au premier abord, un inconvénient, est, au contraire, un avantage immense de la construction actuelle ; car, en augmentant la section de ce tube, on peut accroître autant qu'on veut la force qui agit sur l'instrument. Supposons un tube dont la section soit de 10 centimètres carrés, et que la pression varie de 1 centimètre de hauteur ; le poids total à ajouter au second plateau sera de 10 centimètres cubes de mercure, c'est-à-dire 135 grammes, tandis qu'il serait seulement de 13^{gr}, 5 si le tube avait une section de 1 centimètre carré.

» On verra donc l'avantage qu'on peut tirer de cela pour la sensibilité de l'instrument.

» Cela bien compris, voici la nouvelle construction de l'appareil : elle consiste simplement à attacher le tube barométrique librement au bras d'un levier quelconque, comme une balance, une romaine ou autre machine à peser ; mais, pour se débarrasser du trouble de peser chaque fois, à chaque observation, surtout pour les observations différentielles, on pourra attacher au levier une aiguille plus ou moins longue, qui, se mouvant sur une échelle graduée, donnera très facilement à l'œil les variations de pression. J'en ai fait construire un à l'Observatoire, dont le tube a 15 millimètres de diamètre. C'est une espèce de balance romaine, au bras court de laquelle est suspendu le tube, qui est balancé de l'autre côté par un contrepoids ; une longue lame de verre servait d'abord d'index ; mais plus tard j'ai fixé, au-dessus du couteau de suspension, un miroir dans lequel je regarde l'image d'une échelle graduée, placée à distance. La variation d'un dixième de ligne est accusée par un mouvement de l'image de 6 lignes, et on pourrait faire encore davantage.

» Voici deux mots sur les avantages de ma construction.

» 1° Puisque la pression est pesée et non mesurée par la hauteur de la colonne mercurielle, on pourra faire le tube d'une matière quelconque, et surtout en fer, qui ne s'amalgame pas ; l'instrument ne sera donc plus si fragile qu'il l'a été jusqu'ici, et si l'on veut retenir le verre, on pourra employer toute sorte de tubes, pourvu seulement que leur diamètre soit constant dans l'espace de l'excursion barométrique.

» 2° Comme en augmentant la section du tube on augmente la force et le poids, on pourra donc employer ce poids comme une force motrice pour mouvoir un crayon attaché au bras du levier, et ainsi faire marquer ses variations sur un papier en mouvement, sans aucune difficulté, car le mouvement résistant peut être vaincu par l'excès de force motrice.

» 3° Il est clair que, à l'aide de leviers et d'engrenages, on pourra, sans inconvénient, sans nuire à la précision nécessaire, augmenter l'échelle des observations; un tube même de baromètre ordinaire, à 5 millimètres de diamètre, attaché à un rouage délicat de montre ordinaire, a produit des effets très grands et parfaitement sûrs. Mais, pour des observations exactes, l'usage du miroir sera toujours préférable.

» 4° La nouvelle construction est indépendante de la forme du ménisque, de la pureté du mercure, de son poids spécifique, de la température et de la différence de gravité aux différentes latitudes; car toutes ces quantités ont une influence sur le volume du mercure et sur la hauteur de la colonne, qu'on doit mesurer pour obtenir son poids; et ici le poids est donné immédiatement. Si l'on emploie un tube en fer, on n'aura pas, autant qu'avec le verre, à craindre l'adhérence de l'air et de l'humidité, et l'on pourra faire bouillir très facilement le mercure, sans danger de rupture.

» 5° En faisant le tube en fer, on aura l'avantage de le pouvoir transporter sans danger; et, avec des détails de construction faciles à imaginer, on pourra avoir un instrument très sûr, et même portatif, pour la mesure des hauteurs.

» 6° La difficulté des tubes en verre a empêché jusqu'ici de faire des baromètres avec d'autres liquides que du mercure; on pourra désormais en faire avec l'eau ou avec d'autres liquides, et peut-être l'expérience en pourra montrer des avantages réels.

» Le baromètre que j'ai fait ainsi construire fonctionne très bien, et j'ai déjà remarqué que ses indications avancent toujours en temps sur celles d'un baromètre ordinaire, comme il est bien connu qu'il arrive avec les baromètres les plus parfaits. En ayant soin d'éviter les frottements dans la construction, on peut obtenir un instrument exact qui, modifié selon les besoins, pourra servir aux voyageurs et aux marins mieux que les baromètres actuels ou les anéroïdes, qui sont si bizarres et incertains. »

Perfectionné depuis, ce baromètre est devenu un *météorégraphe enregistreur*. Nous en reparlerons en même temps que de ceux de MM. Wheat-

stone, Ronalds, etc., qui ont appliqué à ces appareils météorologiques
l'électricité et la photographie.

Nous nous contentons ici de donner la description du baromètre-
balance le plus simple.

Le tube barométrique (*fig.* 132) en fonte est terminé à sa partie supérieure par un renflement, dans lequel se trouve l'extrémité de la colonne
mercurielle.

Il est fixé à l'extrémité d'un
levier très mobile, autour d'un
axe, et supporte un contrepoids à
son autre extrémité. Une grande
aiguille, dont les oscillations sont
évidemment liées aux oscillations
du tube barométrique, porte un
crayon qui trace ces oscillations
sur un papier, animé d'un mouvement vertical à l'aide d'un mouvement d'horlogerie.

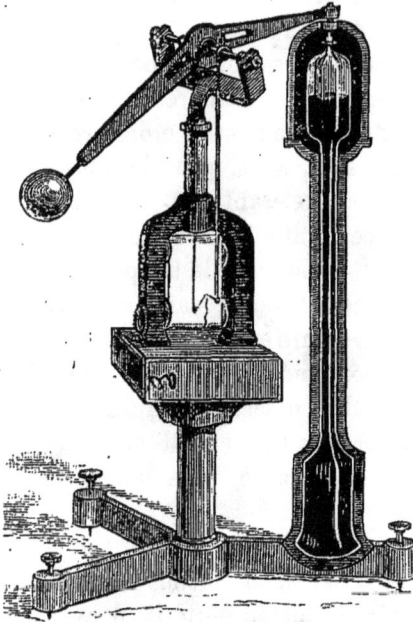

Fig. 132. — BAROMÈTRE-BALANCE.

**BAROMÈTRES MÉTALLIQUES
OU ANÉROÏDES.** — Ce genre de
baromètres, inventé en 1847 par
M. Vidie, est fondé sur les modifications de forme qu'un vase de
métal, à parois très minces, dans
lequel on a fait le vide, éprouve
par suite de la pression atmos-
phérique. De plus en plus perfectionné, cet instrument se compose aujourd-
d'hui (page 265) d'une boîte métallique T, dont la surface supérieure est
plissée pour multiplier les points où s'exerce la pression. Au centre de
la boîte existe une pointe en fer P qui agit sur une palette dont le mouvement est transmis à un râteau R. Ce râteau engrène avec un pignon
placé au centre et qui supporte une aiguille G. Une vis de rappel V
règle la position de l'aiguille et sert à la mettre au point convenable.
Sous l'action de la pression atmosphérique, la boîte s'élève ou s'abaisse,
et le râteau, conduit par la palette, tourne et fait tourner l'aiguille sur
un cadran qui porte un nombre de divisions en rapport avec la sensibilité
qu'on veut obtenir. On en fait de petits comme une montre de poche, et
on peut atteindre facilement de grandes dimensions.

M. Bourdon a donné aux anéroïdes la forme d'un tube en laiton *a d*

(*fig.* 133) à parois très minces, contourné en croissant, dans lequel le
le vide est fait et qui est fixé en M à la boîte qui le renferme. Les deux
extrémités libres s'articulent au moyen de deux petites bielles *ab*, *cd*, et
d'un ressort avec une tige mobile portant à son extrémité un arc denté *mn*,
qui engrène dans une roue dentée, laquelle supporte une longue aiguille
mobile sur un cadran divisé. Quand la pression atmosphérique augmente,
le tube se recourbe davantage, ses
extrémités se rapprochent, l'aiguille
marche de gauche à droite; si elle diminue, le tube, en vertu de son élasticité, revient à sa position première,
entraînant l'aiguille de droite à gauche.

Les *anéroïdes*, qui présentent de
grands avantages de solidité et de facilité de transport, ont le tort de ne donner généralement que des indications
peu rigoureuses.

USAGES DU BAROMÈTRE. —
1° INDICATION DU TEMPS. — Le
baromètre s'emploie pour l'indication du
temps et pour la mesure des hauteurs.

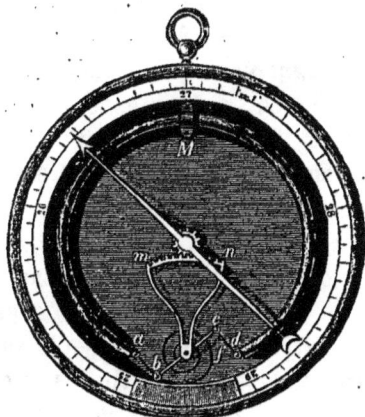

Fig. 133.

BAROMÈTRE ANÉROÏDE DE BOURDON.

Dès les premiers temps de sa découverte, on avait remarqué que,
quand il va pleuvoir, le baromètre baisse, et qu'il s'élève quand le beau
temps approche; mais, jusqu'en 1715, on ignora la cause de ces variations
et on l'attribuait à la vapeur d'eau mêlée à l'atmosphère. Ce fut seulement
à cette époque que de Mairan (1), de Béziers, indiqua le *poids relatif* de l'atmosphère comme la cause des variations barométriques. En effet, si le *poids
absolu* d'un corps ne peut varier, son *poids relatif* se modifie à l'infini
sous l'action d'une force quelconque. Ainsi une boule roulant sur une table
unie y pèse moins que lorsqu'elle reste immobile. De même l'atmosphère
agitée est plus légère, tandis que, au moment de la pluie, elle est presque
immobile et partant plus lourde.

Cette opinion fut généralement adoptée.

Cependant, depuis que le réseau télégraphique s'est développé à la
surface de l'univers, on a pu organiser un service de correspondance

(1) MAIRAN (J.-J. DORTOUS DE), physicien et littérateur (1678-1771), succéda à Fontenelle
comme secrétaire perpétuel de l'Académie des sciences. On lui doit de nombreux travaux sur la physique et les mathématiques, entre autres un procédé de jaugeage des vaisseaux, qui fut accueilli par
l'Académie et sanctionné par le roi.

entre les points qui ont été choisis comme stations météorologiques, et deux faits ont apparu :

1° Les oscillations barométriques sont d'une régularité parfaite sous l'équateur, et de plus en plus irrégulières avec la hauteur du pôle ou la latitude des lieux. M. Alexandre de Humboldt (1) a démontré cette régularité dans les régions équinoxiales. La colonne mercurielle y a une hauteur moyenne de 758 millimètres ; elle atteint 767 millimètres vers le 35° degré, dans le détroit de Gibraltar, dans l'île de Chypre, à Téhéran (Perse), à Caboul (Afghanistan), à Yeddo (Japon). A Paris, la hauteur moyenne atteint 756^{mm},6 ; à Kœnigsberg, 760^{mm},9 ; à Berlin, 758^{mm},6 ; à Lima, 681^{mm},9 ; à l'hospice du mont Saint-Bernard, 563 ; au Spitzberg (75°), elle est remontée à 768 millimètres.

Tous les lieux situés sur un même parallèle ne supportent pas la même pression ; on attribue cette différence aux climats ou à la forme variable des continents. En unissant par des traits les points qui correspondent à une même pression, on obtient des courbes, appelées lignes *isobarométriques* (de *isos*, égal, et *baromètre*), qui ne se fondent pas tout à fait avec les parallèles. Ces courbes, imaginées par Kaemtz, « indiquent, dit M. Élisée Reclus, la véritable latitude pour les mouvements généraux de l'atmosphère. En dépit de l'extrême mobilité des airs, en dépit des vagues de tempête qui se déroulent avec fureur de l'un ou l'autre point de l'horizon et troublent pour un moment la régularité des phénomènes atmosphériques, ces lignes maintiennent d'année en année leur direction moyenne, indices des troubles de l'air ; elles montrent, par leur permanence et leur régularité, combien ces troubles dépendent eux-mêmes des grandes lois qui régissent la planète. »

2° Dans nos contrées, la colonne mercurielle oscille d'une façon presque continuelle, suivant la direction du vent, le plus ou moins d'humidité contenue dans l'air. Ces variations ont lieu également selon les mois, les saisons. Généralement, la pression va en diminuant de janvier à juin, puis en augmentant de juin à janvier ; le baromètre baisse encore par les vents

---

(1) Humboldt (Alexandre, baron de), savant prussien (1769-1859), d'abord ingénieur des mines, se livra à de nombreux voyages scientifiques, entre autres en Amérique, où il résida cinq années, et dans l'Asie septentrionale. Il en rapporta de magnifiques collections dont s'emparèrent les Anglais et qui ornent encore les galeries du Musée britannique. Ses travaux en anatomie, en zoologie, en chimie, en physique, en géologie sont immenses ; néanmoins, il n'occupa, en toutes ces sciences, que le second rang, après les Lavoisier, les de Jussieu, les Arago, etc. C'est surtout un vulgarisateur, et son grand ouvrage le *Cosmos* est surtout le récit des découvertes des autres, certifiées par ses propres expériences. Il s'est occupé spécialement du magnétisme terrestre, et nous parlerons des travaux. La Prusse lui doit de magnifiques établissements scientifiques, entre autres l'observatoire magnifique de Charlottenbourg, dans lequel le cuivre, substitué partout au fer et à l'acier, empêche toute erreur dans les observations.

du sud et monte par les vents du nord. Il existe peu, en physique, de phénomènes aussi obscurs dans leur origine que celui de ces variations; jusqu'à présent elles n'ont pas été suffisamment expliquées.

Principaux manomètres employés dans l'industrie.

Il y a donc à tenir compte de ces faits quand on veut connaître d'avance les variations atmosphériques. Ceci établi, voici quelle est la marche météorologique du baromètre :

1° Le mercure qui monte et descend beaucoup annonce changement de temps. En général, les différentes inconstances du mercure dénotent les mêmes inconstances que le temps.

2° La descente du mercure n'annonce pas toujours de la pluie, mais du vent. Les vents, en rassemblant ou dispersant les vapeurs aqueuses et les nuages, augmentent ou diminuent la masse de l'atmosphère ; ils doivent donc, suivant leur nature, faire monter ou baisser le baromètre, et cet instrument annonce autant la différence des vents que de la pluie ou de la sécheresse ; de là la règle suivante :

3° Le mercure descend plus ou moins suivant la nature des vents ; le mercure baisse moins lorsque le vent est *nord, nord-est* et *est*, que pendant tout autre vent. Les vents froids sont ceux qui règnent dans les basses régions, les seuls que nous puissions sentir ; ils condensent l'air et le rendent plus propre à supporter les nuages. A l'égard des vents qui règnent dans les régions supérieures, ils ont un effet contraire, parce qu'ils font refluer les nuages vers la terre.

4° Lorsqu'il y a deux vents en même temps, l'un près de la terre, l'autre dans les régions de l'atmosphère, si le vent le plus haut est *nord* et que le vent le plus bas soit *sud*, il survient alors quelquefois de la pluie, quoique le baromètre soit alors très haut ; si, au contraire, c'est le vent du sud qui est le plus élevé et le vent du nord le plus bas, il ne pleuvra pas, quoique le baromètre soit très bas. Dans le premier cas, les nuages sont condensés, et l'atmosphère qui les soutient est raréfiée ; l'équilibre est donc rompu, et l'air ne peut plus soutenir les nuages ; dans le second, les nuages sont raréfiés, et l'air qui les soutient est condensé ; il soutiendra d'autant mieux les nuages.

5° Pour peu que le mercure monte et continue à s'élever, après ou pendant une pluie abondante et longue, il y aura du beau temps.

6° Le mercure qui descend beaucoup, mais avec lenteur, indique continuation de temps mauvais ou inconstant ; quand il monte beaucoup et lentement, il présage la continuation du beau temps. Dans ces deux derniers cas, la condensation et la raréfaction des nuages, l'élévation des vapeurs est graduelle, uniforme et lente, et l'atmosphère, par conséquent, ne s'allège et ne se charge qu'au bout d'un long temps.

7° Le mercure qui monte beaucoup et avec promptitude annonce que le beau temps sera de courte durée ; quand il descend beaucoup et promptement, c'est une indication pareille pour le mauvais temps. La raison contraire de la règle précédente donne l'explication de celle-ci.

8° Quand le mercure reste un peu de temps au variable, le ciel n'est ni serein ni pluvieux, il ne fait ni beau ni mauvais ; mais alors, pour peu que le mercure descende, il nous annonce de la pluie ou du vent ; si, au contraire, il monte, ne fût-ce que de très peu, on a lieu d'espérer du beau temps. Le conflit qui s'est opéré entre les nuages et l'air qui les soutient fait rester le mercure invariable ; mais quand il remonte ou descend, c'est qu'il s'est opéré des changements, qui, s'ils ne sont pas trop considérables, doivent détruire le temps ou beau ou mauvais ; car, s'ils étaient violents, ils ne dureraient pas.

9° Dans un temps chaud, la descente du mercure prédit le tonnerre quand elle est considérable ; si elle est très petite, il y a encore du beau temps à espérer. Les grands changements qui s'opèrent par la condensation des nuages et l'allègement de l'atmosphère causent des agitations qui électrisent les nuages et enflamment les substances gazeuses qui se sont élevées, par la chaleur, à différentes distances ; de là le tonnerre et les météores ignés qui se rapportent à ce terrible phénomène. On ne doit pas être étonné que, dans les tremblements de terre, lorsque l'air est rempli d'exhalaisons chaudes qui s'élèvent du sein de la terre échauffée et qui se crevasse, le baromètre descende au plus bas degré ; l'air est alors très raréfié, et comme il ne soutient plus les nuages, il tombe souvent des pluies considérables ; il se forme des vents ; des tempêtes violentes agitent et soulèvent les flots des fleuves et des mers voisines.

10° Quand le mercure monte en hiver, cela annonce de la gelée ; descend-il un peu sensiblement, il y aura un dégel ; monte-t-il encore hors de la gelée, il neigera. C'est ordinairement le vent du nord qui, en hiver, fait monter le mercure ; il y aura donc du froid, et par conséquent de la gelée. Le vent du sud, au contraire, le faisant descendre, amènera du dégel. Si les nuages se condensent et tombent durant la gelée, ils se résoudront en pluie que le froid convertira en neige ; mais, comme nous l'avons déjà remarqué, ce mouvement des nuages fera hausser la colonne de mercure.

Telles sont, en général, les règles de conjectures sûres que l'on a tirées par des observations exactes de la marche du baromètre, et que nous empruntons à un recueil de sciences ; tous les autres cas dépendent de ceux que nous indiquons et peuvent y être facilement ramenés.

USAGES DU BAROMÈTRE. — 2° MESURE DES HAUTEURS. — Puisque la hauteur du mercure diminue dans le baromètre à mesure qu'on s'élève dans l'atmosphère, il semble d'abord qu'il soit très facile de mesurer les hauteurs. La densité de l'air étant 10,464 fois moindre que celle du mercure, chaque dépression d'un millimètre de la colonne barométrique correspondrait à une hauteur de $10^m,464$, de sorte qu'il suffirait de multipler ce nombre par le nombre de millimètres dont se serait abaissé le mercure d'un baromètre transporté dans un lieu pour connaître la hauteur verticale de ce lieu. Ce résultat serait très inexact, parce que la densité de l'air diminue très rapidement avec la hauteur, par suite de l'excessive compressibilité de l'air. Le calcul de la mesure des hauteurs par le baromètre repose sur des formules analytiques très compliquées.

La plus célèbre de ces formules est celle de Laplace, dont l'expérience a vérifié l'exactitude approchée dans le cas où la hauteur à mesurer n'excède pas 6,000 mètres; mais, plus ordinairement, on se sert de la formule due à M. Babinet :

Appelant Z la différence de niveau entre deux stations, H la hauteur barométrique et T la température à la première station, h la hauteur barométrique et t la température à la seconde station, la formule s'écrit :

$$Z = 16,000 \left[1 + 0,002 \, (T + t) \right] \frac{H - h}{H + h}.$$

Il y a quelques années, deux savants, M. le colonel Laussedat et M. Maugin, en ont fait connaître une autre plus simple, destinée à servir surtout pour les reconnaissances militaires ou les promenades topographiques d'écoliers, et bonne seulement jusqu'à une altitude de 1,600 à 1,700 mètres. Cette formule est, en nous servant des mêmes lettres que ci-dessus :

$$Z = (H - h) \left[22^m,63 - 0,008 \, (H + h) \right] \left[1 + \frac{2 \, (T + t)}{1000} \right].$$

Quelques précautions sont indispensables pour observer le baromètre Fortin, le plus généralement employé, comme nous l'avons dit ; nous reproduisons l'instruction suivante, émanée de l'Observatoire de Paris :

Lorsqu'on veut observer le baromètre, on commence par lire la température du thermomètre attaché à l'instrument, puis on fait affleurer exactement la surface du mercure à l'extrémité inférieure de la pointe d'ivoire en relevant ou baissant la peau de chamois au moyen de la vis qui la soutient. Quand le mercure est trop bas, on aperçoit un intervalle éclairé entre la pointe et son image réfléchie par le mercure ; quand il est trop haut, on aperçoit le bourrelet formé autour de la pointe qui plonge dans le mercure.

L'affleurement étant obtenu, on donne avec le doigt quelques petits chocs à l'instrument pour vaincre l'adhérence du mercure au verre et pour rendre à la capillarité dans le tube sa valeur normale.

On fait ensuite mouvoir le curseur du tube barométrique jusqu'à ce que l'œil, placé dans le plan des bords antérieur et postérieur du bas du vernier, cesse d'apercevoir un trait lumineux continu entre ces bords et le sommet arrondi du mercure. Le curseur ne doit pas couper le sommet, mais lui être tangent. Cette opération est facilitée par une feuille de papier blanc bien éclairée, que l'on pose en arrière du baromètre, le curseur étant lui-même un peu dans l'ombre.

Le vernier du curseur fait connaître la hauteur du mercure en millimètres ou fractions de millimètre, généralement les dixièmes.

Mais il faut faire à cette lecture une double correction. Il n'est pas de baromètre qui ne soit en erreur constante de quelques fractions de millimètre, soit par l'effet de la capillarité, soit par suite d'un défaut d'ajustage rigoureux de la pointe. L'acquéreur d'un baromètre Fortin doit donc exiger du constructeur un bulletin de comparaison de son instrument avec un étalon sûr. Cette comparaison fait connaître la correction constante, comprenant l'erreur due à la capillarité, qu'il faudra faire à toutes les lectures.

D'autre part, la hauteur observée du baromètre doit subir une seconde correction dépendant de la température marquée par le thermomètre de l'instrument ; cette correction se nomme *réduction du baromètre à zéro*. La chaleur qui dilate les corps augmente le volume du liquide ; les hauteurs obtenues quand la température s'élève sont donc trop fortes. Des tables spéciales donnent pour chaque température et chaque pression la correction qu'il faut faire. Le chiffre que l'on obtient, en consultant ces tables, doit être retranché de la hauteur si la température est au-dessus de zéro ; il doit être ajouté, au contraire, si la température est inférieure à zéro degré.

Il reste encore une troisième correction, due à la hauteur de la cuvette du baromètre au-dessus du niveau de la mer ; cette *réduction du baromètre au niveau de la mer* exige des données spéciales, et, en particulier, la température que marquerait le thermomètre de la station, si cette station était au niveau de la mer.

CHAPITRE XII

MESURE ET LOIS DE L'ÉLASTICITÉ DES GAZ

PROPRIÉTÉS CARACTÉRISTIQUES DES GAZ. — Nous avons dit (page 28) que, lorsque dans un corps la *cohésion* est remplacée par la force d'*expansion*, ce corps est à l'*état gazeux ;* qu'on le nomme *gaz, fluide élastique, fluide aériforme*, et que cette force d'*expansion* était caractéristique de cet état.

Nous avons ajouté (page 48) que, dans les gaz, il n'y a pas de limite d'*élasticité;* que, conséquemment, leur *compressibilité;* était telle que l'on avait pu réduire le volume de certains gaz de 1 à 800 environ.

Ce sont les lois qui président à cette compressibilité et à cette élasticité que nous allons étudier dans ce chapitre; mais nous devons d'abord dire quelques mots de ces corps dont nous voulons nous occuper.

Il existe entre les gaz une grande diversité. Si l'air atmosphérique est transparent, incolore, insipide, inodore, le chlore est jaune verdâtre et son odeur provoque la toux; l'acide chloreux, plus foncé, d'une odeur plus âcre, s'enflamme et détone sous l'action de la chaleur; l'ammoniaque est insupportable à l'odorat, l'iode est violet, l'hydrogène sulfuré est fétide, le cyanogène brûle avec une belle flamme pourpre, etc. Mais tous sont élastiques, compressibles et pesants.

Leur élasticité se prouve expérimentalement au moyen d'une vessie à demi pleine d'air ou d'un gaz quelconque. La pression atmosphérique l'empêche de se gonfler; mais enlevez cette pression en plaçant la vessie sous le récipient d'une machine pneumatique (machine dont nous parlerons dans le chapitre suivant et qui est destinée à pomper l'air), et vous la verrez se gonfler immédiatement.

Fig. 134.

BRIQUET A AIR.

Leur compressibilité se démontre au moyen d'un cylindre de verre épais (*fig.* 134) dans lequel joue un piston. Que ce cylindre soit rempli d'air ou d'un gaz quelconque, en appuyant sur le piston on réduira extrêmement son volume. Mais si on lâche le piston, l'élasticité du gaz le rejettera aussitôt en haut.

Ce petit appareil est appelé *briquet à air,* parce que, en enfonçant brusquement le piston, on développe assez de chaleur pour enflammer du coton imbibé de sulfure de carbone, placé au fond du tube.

Les gaz sont pesants. Nous avons raconté quelles expériences il avait été nécessaire de faire pour convaincre, malgré Aristote, de la pesanteur de l'air.

Pour connaître cette pesanteur, il faut peser chaque gaz sous le volume qu'il occupe à la pression atmosphérique, c'est-à-dire dans une vessie libre de se contracter ou de se distendre et exposée à l'air. En principe, on peut le faire au moyen d'un ballon d'abord vide, puis rempli d'air et enfin rempli du gaz que l'on veut peser, et l'on obtient ainsi sa densité; mais les difficultés pratiques de l'opération entraînent à de nombreuses corrections que nous ne pouvons exposer ici.

Voici un tableau de la densité des principaux gaz :

NOMS DES GAZ.	POIDS SPÉCIFIQUE.	NOMS DES GAZ.	POIDS SPÉCIFIQUE.
Air atmosphérique..............	1,0000	Cyanogène.....................	1,806
Acide carbonique..............	1,5290	Eau...........................	0,6235
Acide chlorhydrique...........	1,247	Esprit de bois.................	1,120
Acide cyanhydrique...........	0,947	Essence de térébenthine.......	4,763
Acide sulfhydrique.............	1,191	Éther.........................	2,586
Acide sulfureux................	2,234	Gaz des marais................	0.555
Alcool de vin..................	1,6133	Gaz d'éclairage................	0,58
Alcool de pommes de terre.....	3,147	Hydrogène....................	0,06932
Ammoniaque....................	0,596	Iode..........................	8,716
Azote.........................	0,9714	Mercure	6,976
Benzine.......................	2,77	Oxyde de carbone.............	0,957
Bioxyde d'azote................	1,039	Oxygène	1,1056
Brome	5,540	Phosphore	4,420
Chlore........................	2,44	Soufre à 500°.................	.6,617

LOI DE MARIOTTE. — En 1676, Mariotte (1), à la suite d'une série d'expériences sur la diminution du volume de l'air à mesure que son élasticité augmente par la compression, publiait son traité intitulé : *De la nature de l'air,* dans lequel il disait :

« La première question qu'on peut faire sur la nature de l'air est de savoir *s'il se condense précisément selon la proportion du poids dont il est chargé,* ou si cette condensation suit d'autres lois et d'autres proportions. Voici les raisonnements que j'ai faits pour savoir si la condensation de l'air se fait à proportion des poids dont il est pressé. Étant supposé, comme l'expérience le fait voir, que l'air se condense davantage lorsqu'il est chargé d'un plus grand poids, il s'ensuit nécessairement que si l'air, qui est depuis la surface de la terre jusqu'à la plus grande hauteur où il se termine, devenait plus léger, sa partie la plus basse se dilaterait plus qu'elle n'est, et que, s'il devenait plus pesant, cette même partie se condenserait davantage. Il faut donc conclure que la condensation qu'il a proche de la terre se fait selon une certaine proportion du poids de l'air supérieur dont il est pressé, et qu'en cet état il fait équilibre par son ressort précisément à tout le poids de l'air qu'il soutient. De là il s'ensuit que, si l'on enferme dans un baromètre du mercure *avec de l'air* et qu'on fasse l'expérience du vide, le mercure ne demeure pas dans le tuyau à la hauteur qu'il avait; car l'air qui y était enfermé avant l'expérience *fait*

---

(1) MARIOTTE (Edme), membre de l'Académie des sciences dès l'époque de sa fondation (1620-1684,) était abbé et avait obtenu le prieuré de Saint-Martin-sous-Beaune, dont il touchait les revenus, quoiqu'il résidât à Digne. Il confirma par de nombreuses expériences les théories de Galilée relatives aux mouvements des corps; mais il est resté célèbre surtout par la loi à laquelle il a donné son nom.

équilibre par son ressort au poids de toute l'atmosphère, c'est-à-dire de la colonne d'air de même largeur qui s'étend depuis la surface du vaisseau jusqu'au haut de l'atmosphère, et, par conséquent, le mercure qui est dans le tuyau ne trouvant rien qui lui fasse équilibre, descendra; mais il ne descendra pas entièrement; car, lorsqu'il descend, l'air enfermé dans le tuyau se dilate, et, par conséquent, son ressort n'est plus suffisant pour faire équilibre avec tout le poids de l'air supérieur. Il faut donc qu'une partie du mercure demeure dans le tuyau à une hauteur telle que, l'air qui y est enfermé étant dans une condensation qui lui donne une force de ressort capable de soutenir seulement une partie du poids de l'atmosphère, le mercure qui demeure dans le tuyau fasse équilibre avec le reste, et alors il se fera équilibre entre le poids de toute la colonne d'air et le poids de ce mercure resté (dans le tube), joint avec la force du ressort de l'air enfermé. Or, si l'air doit se condenser à proportion des poids dont il est chargé, il faut nécessairement qu'ayant fait une expérience en laquelle le mercure demeure dans le tuyau à la hauteur de 14 pouces, l'air qui est enfermé dans le reste du tuyau soit alors dilaté *deux fois plus* qu'il n'était avant l'expérience, pourvu que dans le même temps les baromètres sans air élèvent leur mercure à 28 pouces précisément. »

Pour s'assurer de l'exactitude de ce raisonnement, Mariotte fit l'expérience suivante (*fig.* 135) :

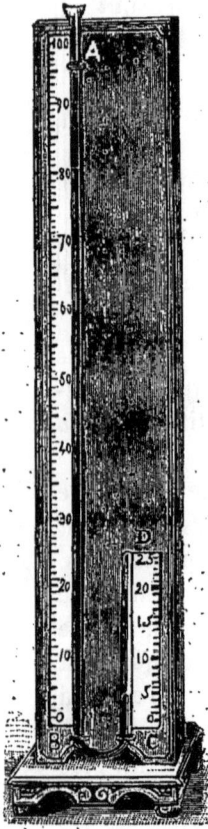

Fig. 135. — EXPÉRIENCE DE MARIOTTE.

On prend un tube ABCD recourbé en forme de siphon, fixé sur une planchette de bois, dont la petite branche DC est fermée et graduée en parties d'égale capacité, tandis que la grande branche AB est ouverte en entonnoir par le haut et simplement divisée en centimètres. On verse du mercure dans le tube de façon que, dans les deux branches, il atteigne le niveau horizontal marqué zéro. L'air enfermé dans la petite branche, entre la 5ᵉ et la 25ᵉ division, possède évidemment alors une élasticité égale à la pression de l'atmosphère. On remarque bien qu'il occupe, en ce moment, l'espace du tube compris entre la 5ᵉ et la 25ᵉ division; puis on verse du mercure dans la grande branche jusqu'à ce que le volume de l'air soit réduit de moitié dans la petite branche, c'est-à-dire que le mercure y ait atteint

Expériences de M. Regnault, au Collège de France (page 300).

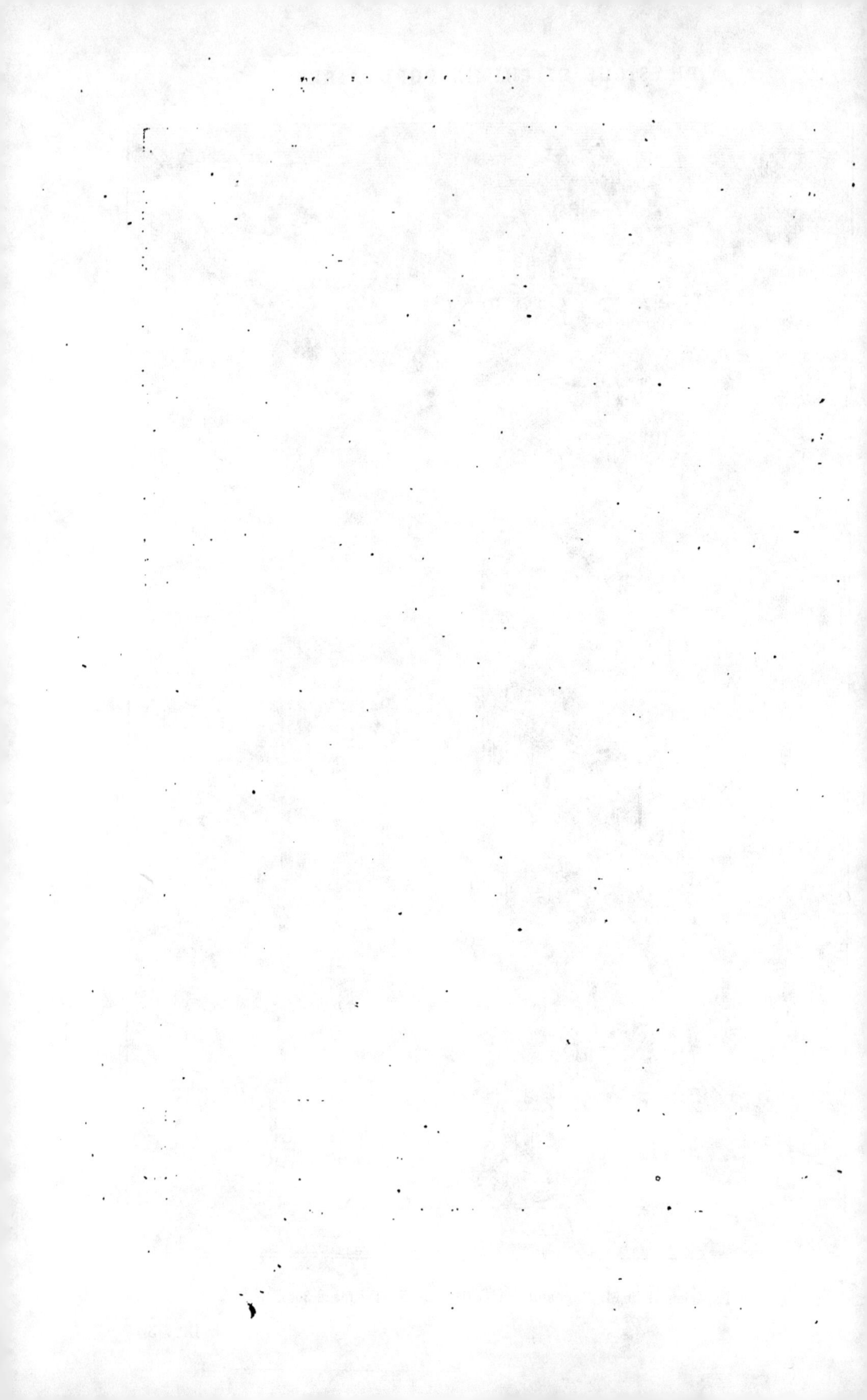

la quinzième division. On s'aperçoit alors que, dans la grande branche, le niveau a atteint précisément la hauteur qu'a le baromètre à ce moment-là, c'est-à-dire la hauteur donnée par une pression atmosphérique. En ajoutant à cette pression la pression qui s'exerce au sommet de la colonne, on voit qu'au moment où le volume d'air contenu dans la petite branche est réduit de moitié, la pression est double de ce qu'elle était d'abord. Si l'on verse encore du mercure de façon à réduire le volume de l'air au tiers, au quart du volume primitif, on constate que la différence de niveau est de deux, trois fois la hauteur du baromètre, c'est-à-dire que l'on fait équilibre à une pression de trois ou quatre atmosphères.

Il en est de même dans le cas où le gaz se dilate, et où, par conséquent, sa pression diminue. Pour le vérifier par l'expérience, on renverse dans une cuve profonde pleine de mercure, un tube barométrique (*fig.* 136) incomplètement rempli de mercure et on l'y plonge jusqu'à ce que le niveau du liquide soit le même dans le tube et dans l'éprouvette. L'élasticité de l'air intérieur AC est égale à la pression atmosphérique. On soulève alors le tube jusqu'à ce que ce volume primitif AC de l'air soit doublé. On trouve ainsi que la colonne de mercure DB, qui s'est élevée dans ce tube, est égale à la moitié de la hauteur barométrique; que donc la pression supportée par l'air intérieur, dont le volume a doublé, est devenue moitié moindre.

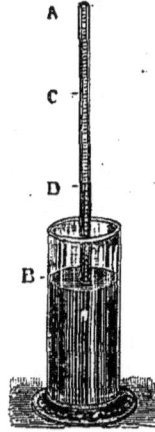

Fig. 136.

Par ces expériences était démontrée cette loi de Mariotte, susceptible de plusieurs énoncés qui rentrent les uns dans les autres :

1° *Les volumes qu'occupe une même masse de gaz à la même température, mais sous des pressions diverses, sont inversement proportionnels à ces pressions.*

2° *Une même masse de gaz conservant la même température, mais changeant de volume, le produit du nombre qui mesure le volume par celui qui mesure la force élastique du gaz reste toujours le même.*

3° *Une même masse de gaz conservant la même température, mais changeant de volume, la densité du gaz est proportionnelle à la force élastique.*

En même temps que Mariotte, cette loi était découverte par Boyle (1);

---

(1) BOYLE (Robert), célèbre physicien anglais (1626-1691), fils du comte de Cork et d'Orrery préféra s'adonner aux sciences qu'à la politique, et on lui doit de nombreuses et précieuses observations. Il était en même temps un ami zélé de la religion ; il a écrit de nombreux traités de philo-

c'est pourquoi les Anglais ont donné à cette loi le nom du célèbre physicien. Tous les savants de l'époque répétèrent l'expérience, et tous arrivèrent aux mêmes résultats. Ce ne fut qu'en 1826 qu'Œrstedt et Swend-
sen montrèrent que tous les gaz ne suivent pas exactement cette loi. En
1842, Magnus (1) et bientôt après Despretz (2) prouvèrent qu'elle cesse
d'être rigoureusement vraie lorsque les gaz subissent des pressions très
fortes; Dulong et Arago, par leurs belles expériences exécutées dans la
cour du collège Henri IV, cherchèrent vainement à en rétablir l'exactitude. Enfin, M. Regnault a constaté des variations dans la loi pour les
différents gaz.

Aussi, pour nous résumer, « on doit, selon l'expression de M. Jamin
dans son *Cours de physique*, se représenter la loi de Mariotte comme une
loi *limite,* un cas particulier qui ne se réalise pas, et dont les divers corps
gazeux s'approchent ou s'éloignent, soit en plus, soit en moins, suivant
leur nature, suivant les pressions initiales qu'ils possèdent, et probablement aussi, suivant les autres circonstances dans lesquelles on les considère et notamment leur température. »

MANOMÈTRES. — Ces instruments (du grec *manos*, rare, peu dense,
et *metron*, mesure) sont destinés à mesurer la force d'élasticité d'un gaz,
non pas libre, mais renfermé dans un espace clos, et, plus particulièrement,
les variations de la tension d'une vapeur. L'unité dont on se sert ordinai
rement pour exprimer cette force d'élasticité est appelée *atmosphère*
(page 250).

Soupçonné par Otto de Guericke et par Boyle, le manomètre ne fut
réellement inventé que par Bénédict de Saussure (3). Bientôt perfectionnés, ces instruments se distinguent en trois espèces : 1° *Manomètres
à air libre;* 2° *manomètres à air comprimé;* 3° *manomètres métalliques.*
Nous donnons (page 273) le dessin des principaux types de manomètres
usités aujourd'hui dans l'industrie.

Le *manomètre à air libre* est tout simplement un baromètre à siphon
dont une des branches, haute de 4 à 5 mètres, est ouverte, et dont la

sophie pieuse, et il fut un des principaux fondateurs de la *Société royale de Londres*, d'abord nommée
Collège philosophique. Il a laissé aussi une quantité considérable de travaux relatifs à la chimie.

(1) Magnus (Henri-Gustave), professeur de physique à l'université de Berlin (1802-1870).

(2) Despretz (César-Mansuète), professeur de physique à la Sorbonne (1792-1863).

(3) De Saussure (Bénédict-Horace), grand naturaliste suisse (1740-1799), professa la philosophie à Genève, explora les Alpes dans toute leur étendue, et fut un des premiers qui parvint à
la cime du mont Blanc. Il rendit par ces excursions de grands services aux sciences naturelles. Il
inventa ou perfectionna plusieurs instruments de physique, entre autres l'hygromètre, le thermomètre, l'eudiomètre. Son fils, Théodore de Saussure (1767-1841), s'est fait un nom par ses beaux
travaux sur la physique et la chimie végétales.

petite branche communique avec la chambre où est renfermé le gaz ou la vapeur. Les deux branches se réunissent dans une cuvette pleine de mercure. Le plus souvent, cette cuvette est en fer forgé. Le grand tube et la cuvette sont fixés sur une planchette, destinée à recevoir la graduation.

Pour graduer ce *manomètre*, on a marqué 1, c'est-à-dire une atmosphère, au niveau du mercure dans la cuvette ; puis, à partir de ce point et de 0ᵐ,76 en 0ᵐ,76, on marque successivement 2, 3, 4, 5..., indiquant le nombre d'atmosphères.

L'air, le gaz ou la vapeur, dont on veut mesurer la force élastique, agit sur le mercure. Évidemment, si le niveau du mercure est le même dans le tube que dans la cuvette, c'est que la pression régnant dans la cuvette est égale à la pression atmosphérique. Si le mercure s'élève dans le tube, c'est que la pression du gaz surpasse la pression atmosphérique. Autant de fois, dans le tube, le mercure monte de 0ᵐ,76, autant de pressions atmosphériques, d'*atmosphères*, supporte le mercure dans la cuvette sous l'action de l'élasticité du gaz ou de la vapeur considérée.

Dans l'industrie, c'est principalement pour apprécier la force élastique des vapeurs que l'on fait usage du *manomètre*. Mais d'abord la grande longueur du manomètre ordinaire à air libre est un inconvénient fort grave. On a cherché, il est vrai, à remédier à cet inconvénient par le *manomètre à branches multiples*, dans lequel la hauteur de la colonne qui marque la pression de la vapeur, moins une atmosphère, se trouve divisée par le nombre de tubes qui en forment les courbures successives. La fragilité de tubes de verre est un autre inconvénient. On a tenté d'employer un tube de fer ; pour apprécier la hauteur du liquide, un morceau de fer flotte sur le mercure, dans le tube, et est soutenu par un fil qui passe sur une poulie et est supporté par un contrepoids, lequel se déplace le long d'une règle divisée suivant les fluctuations du flotteur. On se sert aussi d'un autre appareil, composé d'un tube de fer, enfoncé dans le sol recourbé, et soutenant chacun un cylindre. L'un, en fonte, communique avec la vapeur ; l'autre, en cristal, est gradué. Le mercure est dans le cylindre en fonte et arrive dans le cylindre en cristal quand la pression de la vapeur est de deux atmosphères. La différence de diamètre entre le tube et le cylindre fait que le mercure, montant de 0ᵐ,76 dans le tube, ne monte que de 0ᵐ,05 dans le cylindre.

Le *manomètre à air comprimé*, qui repose plus particulièrement sur la loi de Mariotte, a été construit en admettant ce principe que *la loi de Mariotte est rigoureusement vraie dans tous les calculs et dans toutes les applications que l'on en peut faire, si les gaz sont très éloignés de leur point de liquéfaction.*

L'instrument n'est autre chose que le tube de Mariotte. C'est un tube recourbé sur lui-même, dont l'une des branches est fermée et l'autre ouverte. La courbure contient du mercure jusqu'à une certaine hauteur. Dans la petite branche se trouve de l'air sec ; l'autre branche ouverte communique avec le vase clos qui contient le gaz ou la vapeur dont on veut mesurer la force élastique.

L'instrument est réglé de façon que le mercure soit à une même hauteur si la pression de la vapeur équivaut à une atmosphère. Quand cette pression augmente, le niveau augmente également, mais, selon la loi de Mariotte, à des hauteurs décroissantes pour d'égales augmentations de pression.

L'instrument étant de moins en moins sensible à mesure que les pressions augmentent, on donne la forme conique à la branche qui renferme l'air, de sorte que les divisions correspondant aux atmosphères successives aient des longueurs à peu près égales.

MANOMÈTRES MÉTALLIQUES. — La fragilité des tubes de verre que nous signalions tout à l'heure et leur encrassement résultant de ce que le mercure se salit à la longue, ce qui leur fait perdre leur transparence, l'oxydation du mercure qui diminue le volume de l'air, tous ces inconvénients ont fait adopter dans un grand nombre d'industries les manomètres métalliques, fondés sur les changements de forme que la pression du gaz ou de la vapeur peut faire subir à des systèmes solides, combinés d'ailleurs diversement, et dont le type est celui de M. Bourdon, l'habile constructeur dont nous avons parlé, à qui l'on doit le baromètre anéroïde.

Son manomètre se compose d'un tube en laiton d'environ $0^m,70$ de longueur, à parois minces, flexibles et légèrement aplaties, roulé en hélice et placé dans un cadre elliptique. Une extrémité est mise en communication par un robinet avec le réservoir de pression ; à l'autre extrémité est fixée une aiguille d'acier qui parcourt les divisions d'un cadran. Lorsque le robinet est en communication avec l'atmosphère, l'aiguille s'arrête à la division 1 ; si la pression augmente, la courbure du tube diminue, l'extrémité mobile s'éloigne de l'autre et l'aiguille parcourt les différentes divisions du cadran. Ces manomètres sont principalement employés pour les locomotives, à cause de leur solidité et de leur bon marché. Toutefois, comme les pièces qui les composent s'altèrent par l'usage, il est nécessaire de soumettre assez fréquemment ces instruments à des contrôles sérieux.

Manomètre Cailletet. — M. L. Cailletet, un des savants physiciens de notre époque, vient de réaliser un nouveau manomètre destiné particulièrement à mesurer les pressions énormes de 200, 300, 500 atmosphères, manomètre déjà expérimenté avec succès et, entre autres applications, propre à déterminer avec une grande précision la profondeur de la mer, en indiquant les pressions que supporte un manomètre à telle ou telle profondeur (page 172), problème réputé fort difficile jusqu'ici. Ce manomètre est en verre. M. Cailletet a prouvé que les tubes en verre présentaient une élasticité remarquable, c'est-à-dire qu'ils ne subissent pas de déformation permanente, mais au contraire reviennent à leur état primitif lorsque la force qui les déforme cesse d'agir. En outre, il a démontré que la quantité dont varie le volume d'un réservoir cylindrique en verre comprimé sur ses parois extérieures est *proportionnelle* à la pression. Il a donc construit une sorte de thermomètre (*fig.* 137) en verre, dont le réservoir cylindrique, plein de mercure, est installé dans une enveloppe d'acier assez épaisse pour résister aux plus fortes pressions. La tige seule sort de la gaine métallique. Si l'on exerce une pression sur le thermomètre par l'entremise d'eau, par exemple, le réservoir en verre se comprimera, le mercure s'élèvera dans le tube capillaire, et, de sa hauteur, on pourra conclure la pression. La sensibilité dépendra du rapport entre les diamètres du réservoir et de la tige.

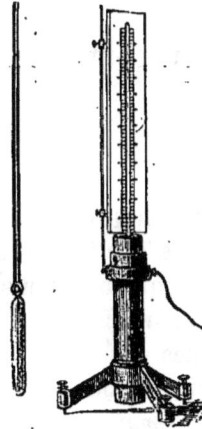

Fig. 137.
MANOMÈTRE
DE M. CAILLETET.

M. Cailletet a expérimenté ce manomètre à Toulon ; la Méditerranée est très profonde dans cette région. Pour vérifier si, à des profondeurs très grandes, la déformation du verre restait bien proportionnelle à la pression, il a comprimé ses manomètres jusqu'à 400 atmosphères, pression correspondant à une profondeur de 4,000 mètres. Les instruments ont été parfaitement d'accord. Nous avons donc maintenant une nouvelle méthode de sondage rigoureuse, qui rendra de grands services à la science et à l'hydrographie.

CHAPITRE XIII

MACHINES PNEUMATIQUES — MACHINES DE COMPRESSION

HISTORIQUE. — Ce fut vers l'an 1650, au milieu des horreurs de la guerre de Trente ans, dans une ville pillée, assiégée, brûlée à plusieurs reprises, qu'un homme de génie, Otto de Guéricke (1), bourgmestre de Magdebourg (Saxe), se livra à ces expériences fameuses, à ces recherches profondes et savantes auxquelles est due la découverte de cette machine si précieuse pour la science, que l'on nomme la *machine pneumatique* (du grec *pneumaticos*, de *pneuma*, air).

Otto de Guéricke avait conçu l'idée de s'assurer si le vide existait, si la nature admet le vide, *vacuum in natura datur*, selon son expression. Il se servit d'abord (2) d'un tonneau, assez solidement fermé pour que l'air du dehors n'y pût entrer; puis il le remplit d'eau et adapta à la partie inférieure une pompe, pensant qu'à mesure qu'il en retirerait ainsi l'eau par en bas, il se produirait en haut un espace vide. Trois hommes robustes étaient employés à manœuvrer la pompe; mais, pendant ce travail, on entendait sur tous les points du tonneau des sifflements aigus : c'était l'air qui y pénétrait avec force pour remplir l'espace vide. Le but était manqué.

Après avoir plusieurs fois renouvelé vainement cette tentative, Otto de Guéricke se fit construire un globe en cuivre, susceptible d'être ouvert ou fermé en haut à l'aide d'un robinet; à la partie inférieure, il adapta une pompe pour faire sortir l'air du globe, comme il avait fait pour le baril

---

(1) Guéricke (Otto de), né à Magdebourg en 1602, mort à Hambourg en 1686. Outre ses découvertes en physique, on lui doit de précieuses observations astronomiques; il a le premier annoncé la périodicité des comètes. Ses œuvres ont été réunies sous le titre de : *Experimenta nova ut vocant Magdeburga de vacuo spatio*. Sa vie fut vouée à la science, et néanmoins, comme tous les savants, ce fut un grand citoyen, et il a écrit l'histoire de sa ville natale, pillée, brûlée, détruite par des Majestés ignorantes et stupides.

(2) Hoeffer, *Histoire de la Physique et de la Chimie*.

rempli d'eau; ce fut donc là une pompe à air. Deux hommes vigoureux étaient occupés à faire jouer le piston, lorsque tout à coup, au moment où tout l'air paraissait avoir été retiré, le globe de métal se contracta avec

OTTO DE GUÉRICKE.

fracas, à la grande terreur des assistants; on aurait dit un linge chiffonné avec la main.

Le patient et sagace physicien ne se découragea pas de ses insuccès vingt fois réitérés; il perfectionna son appareil, et, enfin, il parvint à réaliser le mécanisme appelé d'abord *antlia pneumatica* (*fig.* 138), qui est devenu la *machine pneumatique*.

Pour rendre cette machine portative et plus facile à manier, l'auteur l'avait munie d'un trépied en fer. Le corps de pompe *gh* est en laiton, assujetti verticalement par son extrémité supérieure, amincie en tuyau *n*, avec la partie inférieure du vase arrondi L, en verre, où doit se faire le vide. Le piston *s*, fixé à une tige recourbée *t*, est mis en mouvement par le levier *wu*. Le fluide soutiré est rejeté en dehors par l'ouverture *zo*, pratiquée en haut et sur le côté du corps de pompe. Le vase *xx*, où plonge le bec du globe récipient L, est rempli d'eau pour assurer la fermeture exacte du robinet *qr*.

Cet appareil primitif fut bientôt perfectionné par son auteur même et amené à peu près à la forme de la *machine pneumatique à simple effet* que nous décrivons ci-après. Il put, avec son aide, faire un grand nombre d'expériences que l'on répète encore dans les cours de physique et qui eurent un grand retentissement. En 1654, le célèbre bourgmestre de Magdebourg reçut l'invitation de faire fonctionner la machine pneumatique devant l'empereur Ferdinand III et les princes allemands réunis à la diète de Ratisbonne. C'est là qu'eut lieu l'expérience des *hémisphères de Magdebourg*, que nous avons décrite ci-dessus.

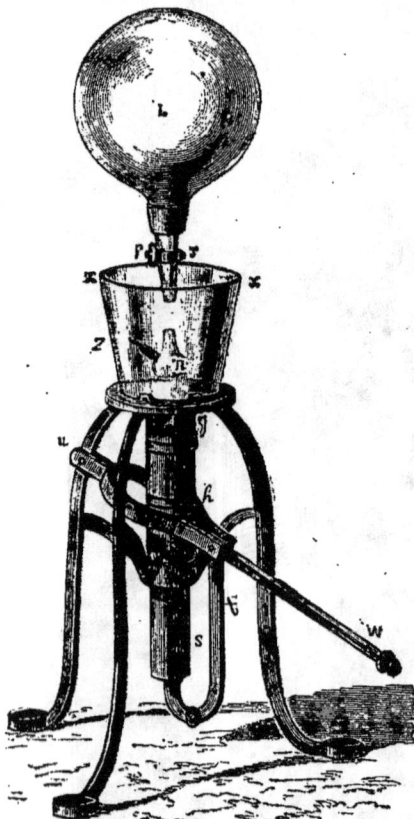

Fig. 133. — Antlia pneumatica
d'Otto de Guéricke.

Un des premiers, Robert Boyle répéta ces expériences, perfectionna l'instrument, et, en 1659, en donna la description, ce qui le fait passer en Angleterre pour l'inventeur de la machine pneumatique, quoique lui-même déclare dans son livre le droit de priorité du physicien allemand.

Depuis cette époque, la *machine pneumatique* a reçu de nombreux perfectionnements. Beaucoup de savants s'en sont occupés, entre autres

Denis Papin (1), l'abbé Nollet (2), Hauksbee (3), Schrader, Macvivar, Buchanan; et, plus récemment, MM. Babinet, Deleuil, Breton, Bianchi; et enfin Giessler, Alvergniat, etc., en se fondant sur un autre principe.

MACHINE PNEUMATIQUE A SIMPLE EFFET. — Elle se compose (*fig.* 139) d'un corps de pompe C, en verre ou en métal, dans lequel se meut un piston P, traversé par un canal que ferme une soupape *s*, placée à son extrémité inférieure, et s'ouvrant de bas en haut. Un canal AB part du fond du cylindre et va déboucher au centre D d'un disque de verre douci avec soin et que l'on appelle la *platine*: ce canal a son extrémité D en pas de vis, afin que l'on y visse un récipient quelconque. La platine peut être recouverte par une cloche en verre E dont les bords se collent bien exactement et, afin de ne point laisser pénétrer l'air, on étend sur le

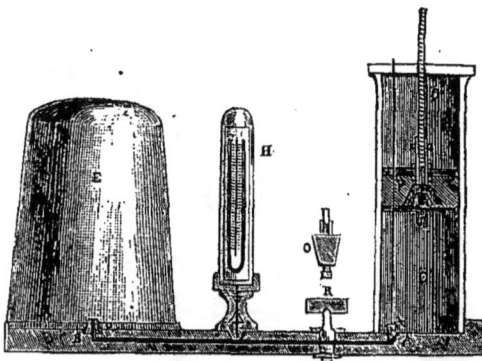

Fig. 139.
MACHINE PNEUMATIQUE A UN CORPS DE POMPE.

disque une couche de caoutchouc chauffé. Un bouchon *t* ferme le tube de communication; il est fixé à l'extrémité d'une tige de fer qui traverse à frottement dur le piston, de sorte qu'il s'élève et s'abaisse avec lui; mais un renflement à l'extrémité supérieure de la tige ne lui permet qu'un mouvement très peu élevé au-dessus de l'ouverture du tube qu'il doit boucher.

Or, supposons que le piston soit au bas du cylindre et qu'on l'élève, la soupape *t* est soulevée et l'air de la cloche E est appelé dans le cylindre C. En abaissant le piston, la soupape *t* se ferme; l'air qui est dans le cylindre C ne peut retourner en E; il se comprime, soulève la soupape *s* et s'échappe à l'extérieur. En continuant ainsi, tout l'air contenu dans E sera puisé peu à peu.

Cependant chaque coup de piston n'enlève qu'une fraction, toujours la même, contenue dans le récipient. Or, la propriété fondamentale des

---

(1) DENIS PAPIN. Voir ci-après: *Machines à vapeurs.*
(2) NOBLET (l'abbé), professeur de physique (1700-1770), membre de l'Académie des sciences. On créa pour lui une chaire de physique au collège de Navarre, et Louis XV le nomma maître de physique et d'histoire naturelle des enfants de France. Il s'occupa beaucoup d'électricité. Son ouvrage *Leçons de physique expérimentale* a longtemps été classique.
(3) HAUKSBEE. Voir ci-après: *Acoustique.*

gaz étant de remplir toujours complètement l'espace qui leur est offert, le volume de l'air ne diminue pas sous le récipient, il perd seulement de sa force élastique ; il est donc impossible de produire le vide absolu, mais, théoriquement, on pourrait en approcher autant qu'on le voudrait.

Il est nécessaire de connaître à chaque instant la force élastique de l'air du récipient. Pour cela, on a placé sur l'appareil une petite cloche H, appelée l'*éprouvette*, qui communique par un robinet avec le récipient E et qui contient un baromètre tronqué, formé d'un tube recourbé dont les branches ont 0^m,28 à 0^m,30 de longueur. L'une de ces branches est fermée et pleine de mercure, l'autre est ouverte. Lorsque la pression de l'air dans le récipient est plus faible que celle représentée par la colonne de mercure qui remplit la branche fermée du baromètre, le mercure descend et une échelle graduée permet de mesurer exactement la différence de niveau entre les deux branches du

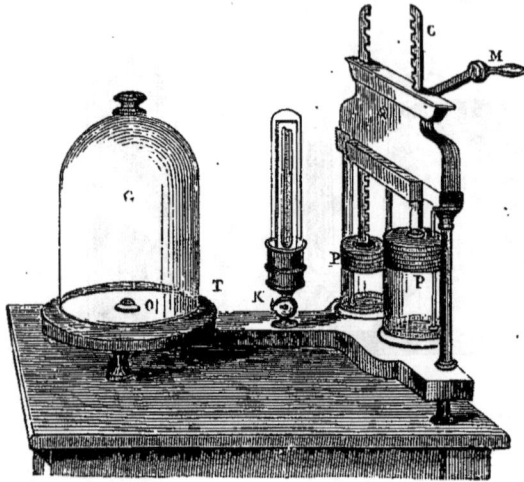

Fig. 140.
MACHINE PNEUMATIQUE A DEUX CORPS DE POMPE.

baromètre, c'est-à-dire la force élastique du gaz.

Pour faire rentrer l'air dans le récipient, on se sert du robinet R. La clef O de ce robinet est percée de part en part d'une ouverture qui ordinairement est placée dans l'axe du tube AB ; une seconde ouverture la traverse, qui ouvre une communication avec l'air extérieur. On tourne cette clef de façon à établir les communications, soit du récipient avec le corps de pompe, soit du récipient avec l'air extérieur.

MACHINE PNEUMATIQUE A DEUX CORPS DE POMPE. — Construite sur les mêmes principes (*fig.* 140), cette machine pneumatique, la plus généralement employée dans les cabinets de physique, se compose de deux corps de pompe PP, dans chacun desquels est un piston formé de plusieurs rondelles de cuir et muni d'une tige à crémaillère, dont les dents s'engrènent avec un pignon G, qu'on fait mouvoir alternativement de gauche à droite et de droite à gauche à l'aide d'un double levier M. Les deux corps de pompe communiquent par deux conduits avec le canal d'aspiration qui aboutit en O, au centre de la platine T, sous la cloche G. L'éprouvette K est fixée, de la même façon que nous avons dite, au canal d'aspiration. Or, quand le piston monte dans un cylindre, sa soupape reste fermée et celle du canal d'aspiration s'ouvre, ainsi que celle de l'autre piston, de sorte qu'un seul piston est en communication avec le récipient ; quand le piston se rabaisse, la réci-proque a lieu.

La machine ainsi construite a l'avantage de faire le vide d'une manière continue, tandis que, dans la machine à un seul corps de pompe, l'air du récipient ne subit aucune modification pendant la descente du piston. Néanmoins, elle n'est encore qu'à simple effet, puisque chaque piston, pendant sa descente, ne produit aucun épuisement.

M. Babinet (1) a apporté à cette machine quelques perfectionnements qui permettent de pousser la raréfaction jusqu'à moins de 1 millimètre de pression.

Fig. 141. — MACHINE PNEUMATIQUE BIANCHI.

MACHINE PNEUMATIQUE DE M. BIANCHI (2). — Cette machine, à double effet, très usitée dans les cabinets de physique, se compose (*fig.* 141) d'un seul corps de pompe ; mais la cavité qui contient la soupape n'est plus en relation avec l'atmosphère que par la tige du piston, qui, à cet effet, est creuse. Une tige rigide de laiton traverse le piston à frottement dur, et se termine, à son extrémité inférieure par la soupape

(1) Voir ci-après : *Météorologie.*
(2) BIANCHI (Barthélemy), constructeur d'instruments de physique, né en 1821, s'est fait connaître par ses savantes expériences sur la poudre comprimée, par des appareils pour la liquéfaction de certains gaz pour l'étude des phénomènes de la polorisation rotatoire, etc.

ordinaire, qui ferme l'ouverture du tube d'épuisement, et à son extrémité supérieure par une autre soupape qui ferme l'ouverture d'un tuyau métallique descendant extérieurement jusqu'au canal d'épuisement. Le récipient se trouve ainsi en relation successivement avec la partie inférieure et avec la partie supérieure du corps de pompe. C'est ainsi que tour à tour l'une ou l'autre soupape s'ouvre pour recevoir l'air appelé du récipient.

Pour obvier à l'inconvénient des machines ordinaires dans lesquelles la raréfaction de l'air devient telle que celui-ci né peut plus forcer la soupape du piston à s'ouvrir, la machine de M. Bianchi porte à la base de chaque soupape une saillie qui soulève l'une quand le piston frappe le bas du corps de pompe, et l'autre quand le piston est au haut du corps de pompe. De plus, l'huile, qui lubrifie les pistons et qui souvent, en rancissant,

Fig. 142. — MACHINE PNEUMATIQUE DELEUIL.

arrête le jeu des soupapes, coule lentement et continuellement d'un godet placé en haut de la tige du piston, poussant l'huile déjà existante dans un réservoir. Enfin, au lieu du levier qui fait mouvoir les pistons, M. Bianchi emploie la rotation d'une manivelle qui, par un système de roues dentées, communique le mouvement à une deuxième manivelle et de là aux pistons. Enfin, le corps de pompe peut, à volonté, être vertical ou horizontal.

MACHINE PNEUMATIQUE DE M. DELEUIL (1). — Dans cette machine (*fig.* 142), le piston est séparé par un intervalle d'un cinquantième de

(1) DELEUIL (Louis-Joseph), né vers 1805, et son fils se sont distingués par la construction d'admirables appareils de physique et de chimie.

millimètre environ du corps de pompe; il est métallique, d'une grande longueur et porte sur toute sa surface des stries horizontales; tandis que, d'un côté, des soupapes mettent alternativement les deux portions du corps de pompe en communication avec le récipient, d'un autre côté, les soupapes reçoivent l'air expulsé qui s'écoule par un robinet. Elle est mue, comme celle de Bianchi, par une manivelle animée d'un mouvement de rotation.

MACHINE PNEUMATIQUE DE M. ALVERGNIAT.—Cette machine, dont l'idée première est due à M. Geissler, constructeur de Berlin, mais qui a été admirablement perfectionnée de nos jours par M. Alvergniat, est basée sur un autre principe que les précédentes : la raréfaction s'obtient par la communication du récipient avec le vide barométrique. Elle se compose (*fig.* 143) d'un tube vertical en verre, servant de tube barométrique, et dont l'extrémité inférieure communique par un long tuyau en caoutchouc avec un ballon en verre, formant cuvette, qu'une corde et un treuil mené par une manivelle placent à la hauteur que l'on désire. A la partie supérieure du tube se trouve un robinet à trois voies communiquant soit avec le récipient

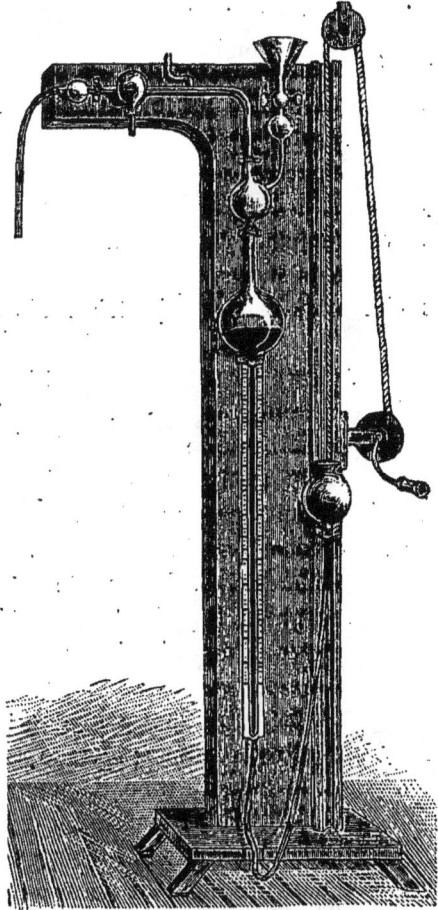

par un tuyau en caoutchouc, soit avec un entonnoir précédé lui-même d'un robinet. Un autre robinet permet d'établir ou d'intercepter la communication avec le récipient. Ces robinets sont entièrement en verre. On a choisi cette matière parce qu'elle est susceptible d'une grande perfection et permet de clore presque hermétiquement les ouvertures.

Voici comment on procède. La cuvette étant amenée au-dessus du robinet de l'entonnoir, on remplit les deux tubes de mercure que l'on verse par l'entonnoir. En vertu du principe des vases communicants, le mercure remplit les deux tubes et une partie de l'entonnoir. Si l'on supprime alors la communication avec ce dernier et qu'on descende la cuvette, le vide barométrique se fait. On tourne alors le robinet à trois voies de manière à intercepter la communication avec le récipient et à le rétablir avec l'entonnoir. On relève la cuvette, on ouvre le robinet qui est sous l'entonnoir. L'air, qui était dans le tube de verre, s'échappe. On a ainsi obtenu le même résultat qu'avec un coup de piston dans une machine ordinaire. Le vide est parfait, mais seulement dans un très petit espace; il faut recommencer la même série d'opérations un grand nombre de fois pour obtenir le vide dans un récipient un peu considérable; aussi ne se sert-on de la machine de M. Alvergniat que pour obtenir un vide plus parfait dans un récipient où l'air est déjà très raréfié.

MACHINE PNEUMATIQUE DE MM. DANGER ET GAIRAUD. — A peu près semblable à celle de M. Alvergniat, cette machine se compose : 1° d'un tube barométrique de 80 centimètres de long et de 7 à 8 millimètres de diamètre, tordu en siphon à sa partie inférieure, à peu près comme un S renversé; 2° d'un bocal ou œuf de verre plus ou moins grand, qui peut contenir de 1/4 de litre jusqu'à deux litres. Le tube porte à sa partie inférieure un robinet en fer. Le bocal en porte deux, l'un en bas, vers l'entrée du tube, et l'autre en haut, lequel est surmonté d'un entonnoir. L'appareil est monté sur une table. Pour faire jouer cette machine, on ouvre le robinet d'en haut, on remplit complètement, par l'entonnoir, le bocal de mercure; puis on ferme le même robinet pour que l'air ne puisse plus entrer, et l'on ouvre les deux autres robinets; alors le mercure du bocal s'écoule, par suite de son poids, le long du tube, dans une cuve placée au-dessous à la manière de la cuvette d'un baromètre, et le bocal se vide ainsi naturellement et complètement, puisque le tube est assez long pour contenir la colonne de $0^m,76$ de mercure que l'air peut soutenir; le tube reste donc plein de mercure jusqu'à cette hauteur de $0^m,76$, et le vide est parfait dans tout le bocal, comme dans la chambre barométrique. On peut ensuite fermer le robinet du haut du tube, en dessous du bocal, et l'on a une sorte de bouteille absolument vide.

MACHINES DE COMPRESSION. — Les *machines de compression* sont des appareils destinés à comprimer l'air dans un récipient, à produire l'effet contraire à celui des machines pneumatiques.

La première machine à compression fut le *fusil à vent*, inventé vers 1560 par Jean Lobsinger ou par Guter de Nuremberg, ou par Marin de Lisieux.

Il a été perfectionné par Jean et Nicolas Bouillet, arquebusiers à Saint-Étienne et à Paris. On prétend cependant que, dans l'antiquité, Ctésibius et plus tard Archimède, au siège de Syracuse, avaient déjà construit de

La poste pneumatique, à Paris (page 307).

longs tubes au moyen desquels les flèches et les pierres pouvaient être lancées sur l'ennemi. L'arquebuse à vent ne fut en usage dans les armées que pendant quelques années du moyen âge. Une petite pompe était logée dans la crosse de l'arme, et le réservoir d'air comprimé était l'es-

pace annulaire compris entre le canon du fusil et un cylindre de plus
fort calibre qui enveloppait celui-ci. Un petit réservoir, muni d'un robinet, renfermait les balles, et, à mesure qu'on avait tiré un coup, on
ouvrait le robinet, un projectile descendait dans la culasse : celle-ci
communiquait avec le réservoir d'air comprimé au moyen d'une petite
soupape qui s'ouvrait brusquement en
pressant la détente (*fig.* 144).

La force de projection diminuait
à mesure que le réservoir d'air comprimé se vidait; après un petit nombre
de décharges, il fallait recharger
l'arme, c'est-à-dire comprimer l'air de
nouveau.

Le fusil à vent fut, à cause de ce
grave inconvénient, abandonné par
l'armée, et seuls quelques amateurs le
conservèrent pour la chasse.

Napoléon Ier interdit l'usage des
fusils à vent, parce que, quoiqu'ils
produisent une détonation, celle-ci
est trop faible pour appeler l'attention, et ces armes furent jugées dangereuses.

Cependant nous devons parler,
parmi les fusils à vent, d'un de ceux
qui provoquèrent le plus d'enthousiasme à leur apparition.

Fig. 144.

SOLDAT ARMÉ DU FUSIL A VENT.

Ce fusil, inventé par M. l'ingénieur Perrot, de Rouen, fut préconisé
par Arago à la Chambre des députés, et M. le baron de Meyendorf, conseiller d'État russe, voulut vainement en assurer la possession à son pays.

C'était un fusil de position, destiné à la défense des places. L'air se
comprimait dans deux cylindres en tôle forte, de 2 mètres de longueur sur
25 centimètres de diamètre, au moyen de deux pompes horizontales à pression successive. Dès que la pression était parvenue à cent atmosphères,
les pompes marchaient seules, de sorte qu'il n'y avait pas d'explosion
à craindre. Une cartouchière perpendiculaire, contenant plusieurs milliers
de balles, en laisse tomber une dans l'âme du canon, après chaque coup,
à l'aide d'un robinet. Ce fusil, muni de trois canons, pouvait lancer 15 à
20 balles par seconde. Il ne fut point adopté, et, sauf les machines fantas-

.tiques présentées pendant le siège de Paris par quelques esprits malades, les armes à air comprimé n'ont point été, depuis lors, l'objet d'études sérieuses.

Cependant, l'invention du fusil à vent avait fait bientôt imaginer d'autres machines à comprimer l'air. Ce fut une précieuse invention ; car les applications des *machines de compression* sont innombrables et nous en citerons quelques-unes.

Les machines de compression de Hauksbee et de l'abbé Nollet consistent en un ballon de verre auquel s'adapte, au moyen d'un tube transversal, une pompe foulante en laiton. Hurter, Billiaux, Cuthbertson y apportèrent plusieurs perfectionnements. La machine pneumatique est à peu près identique à la machine de compression (*fig.* 145); il suffit de placer le récipient du côté des soupapes d'expulsion au lieu d'être du côté des soupapes d'aspiration. Généralement, dans les machines de compression destinées

Fig. 145. — Machine de compression.

aux expériences de cabinet, le récipient est en cuivre ou en verre très épais, garni d'un grillage pour empêcher, en cas d'explosion, que les éclats de verre ne se projettent au loin; il est fermé à ses deux bouts par des plateaux de cuivre, maintenus par des colonnes et des écrous. Le baromètre de la machine pneumatique est remplacé par un petit manomètre.

POMPES DE COMPRESSION. — Dans les cabinets de physique, on se sert fréquemment d'un appareil appelé *Pompe de compression*, dû à Gay-Lussac, et qui est à la fois une *machine pneumatique* et une *machine de compression*.

Il consiste (*fig.* 146), en un corps de pompe A d'un petit diamètre, dans lequel se meut, au moyen d'une poignée P, un piston massif, c'est-à-dire sans soupape. Ce corps de pompe communique, par sa partie inférieure, avec deux tubes horizontaux, munis de robinets B et C, et dans lesquels des soupapes o et s, maintenues par des petits ressorts en spirale, s'ouvrent en sens opposé, c'est-à-dire l'une quand le piston produit une aspiration, l'autre quand le piston refoule l'air dans le corps de pompe.

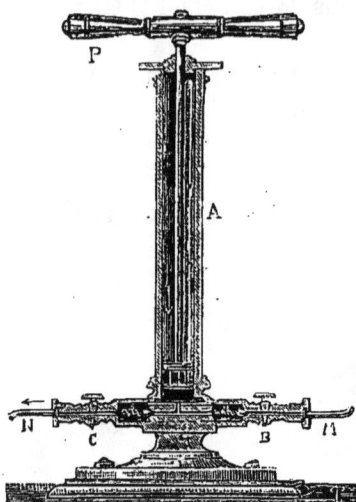

Fig. 146. — POMPE DE GAY-LUSSAC.

Cette description seule suffit pour faire comprendre comment l'air, raréfié dans le récipient communiquant avec m, peut être comprimé dans le récipient placé en n.

Pour obtenir un degré de compression très élevé, on accouple de différentes façons des pompes analogues à celles-là. Dans les expériences que fit M. Regnault au Collège de France, relativement à la loi de Mariotte (page 284), il avait besoin d'instruments de compression très puissants. Il accouplait donc trois pompes, dont les tiges sont articulées à trois portions coudées d'un axe, par l'intermédiaire de trois bielles; l'axe, muni d'un volant, est mis en mouvement à l'aide de manivelles. Les diverses soupapes d'aspiration communiquent avec un réservoir unique en rapport avec l'air extérieur, et le gaz refoulé se rend dans un autre réservoir mis en communication avec les appareils particuliers dont il se servait.

EXPÉRIENCES DIVERSES AU MOYEN DE LA MACHINE PNEUMATIQUE ET DE LA MACHINE DE COMPRESSION. — On a imaginé un grand nombre d'expériences pour montrer les effets du vide; quelques-unes sont répétées dans tous les cours de physique. Outre celles du *crève-vessie* et des *hémisphères de Magdebourg*, dont nous avons parlé ci-dessus, nous en citerons quelques-unes.

Fig. 147.
FONTAINE DANS LE VIDE.

FONTAINE DANS LE VIDE. — On place sous la cloche de la machine pneumatique un vase aux trois quarts plein d'eau, dont la partie supérieure est ouverte par un robinet (*fig.* 147). A mesure que le vide se fait, l'air de ce vase, pressant le liquide, le fait jaillir avec assez de force pour supporter une petite statuette creuse en porcelaine.

COUPE-POMME. — Que l'on remplace la cloche par un manchon de verre dont les bords soient tranchants, et que l'on mette une pomme pour boucher l'ouverture, la pression atmosphérique poussera la pomme à l'intérieur de la cloche ; elle sera coupée, et le cylindre ainsi formé pénètrera dans l'appareil.

Si, au lieu d'une pomme on plaçait la main, on verrait, même si les bords n'étaient pas tranchants, la main se gonfler par la dilatation de l'air que renferment les tissus, et si l'on continuait l'expérience, le sang ne tarderait pas à jaillir.

MOULINET DANS LE VIDE. — Un petit moulin à ailettes (*fig.* 148) est placé sous la cloche de la machine pneumatique ; on fait le

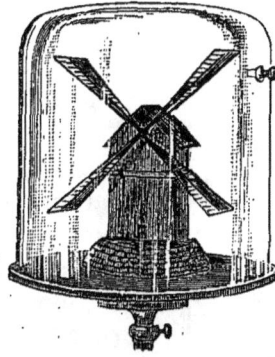

Fig. 148.
MOULINET DANS LE VIDE.

vide. Si l'on ôte alors une petite cheville en cuivre qui bouche un trou latéral de la cloche, l'air extérieur se précipite dans l'appareil et met en mouvement le moulinet.

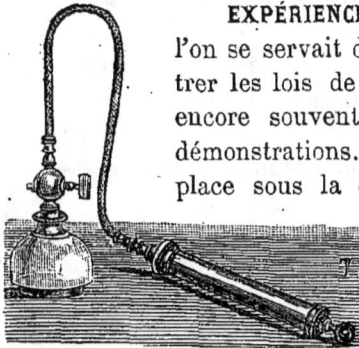

Fig. 149. — VENTOUSE CHARRIÈRE.

EXPÉRIENCES SCIENTIFIQUES. — Nous avons vu que l'on se servait de la machine pneumatique pour démontrer les lois de la chute des corps ; nous nous servirons encore souvent de ce précieux instrument pour nos démonstrations. Citons ici quelques expériences. Que l'on place sous la cloche d'une machine pneumatique une bougie allumée, on voit la flamme perdre de son intensité à mesure que l'air se raréfie, et finir par s'éteindre. Que l'on y place un animal, un mammifère ou un oiseau, il périt presque aussitôt ; un poisson résiste davantage, un insecte vit plusieurs jours dans une atmosphère excessivement raréfiée. L'on démontre ainsi que l'oxygène contenu dans l'air est indispensable à la combustion et à la vie.

En médecine, on fait usage des ventouses à pompe, petites cloches de verre dont on applique l'ouverture sur la peau : une petite machine pneumatique à un seul cylindre, mastiquée sur la tubulure de la cloche, permet de faire le vide (*fig.* 149). La peau se tuméfie, et, si on la pique, le sang jaillit aussitôt.

Le célèbre fabricant d'instruments de chirurgie et d'appareils scientifiques, M. Charrière, a donné à ces ventouses la forme que nous reproduisons dans la figure.

CLOCHE A DOUBLE BAROMÈTRE. — La cloche (*fig.* 150) placée sur la platine a deux ouvertures : l'une est traversée par un baromètre à siphon, l'autre par un grand tube recourbé, se terminant par un réservoir. Les deux tubes sont pleins de mercure : dans le baromètre, il s'élève à la hauteur de la pression atmosphérique ; dans le tube recourbé, il est au même niveau dans le réservoir et dans le tube. On fait agir la machine pneumatique ; à mesure que le vide se fait, le mercure baisse dans le baromètre, parce que la pression de l'air dans la cloche devenant moindre, la colonne de mercure qui lui fait équilibre diminue de hauteur ; en même temps, dans le tube recourbé, il quitte le réservoir et monte dans le tube vertical, mesurant ainsi la différence qui existe entre la force élastique de l'air dans le récipient et la pression atmosphérique. Si l'on pouvait faire le vide exactement, le niveau du mercure serait le même dans les deux branches du baromètre, tandis que, dans le tube recourbé, il serait monté à la hauteur où il était d'abord dans le baromètre marquant la pression atmosphérique.

APPLICATIONS INDUSTRIELLES DU VIDE ET DE L'AIR COMPRIMÉ. — Les applications de la machine pneumatique et de l'air comprimé sont déjà fort diverses dans l'industrie, et elles sont susceptibles de beaucoup d'extension.

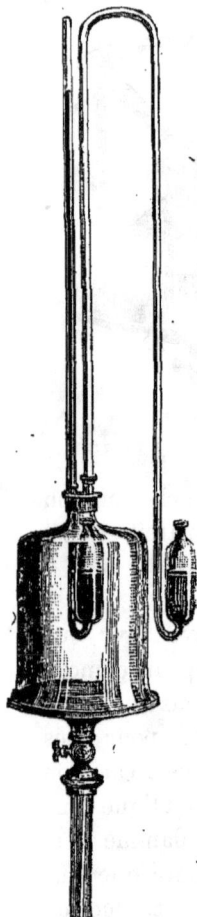

Fig. 150. — CLOCHE A DOUBLE BAROMÈTRE.

Mille petits appareils sont basés sur leur emploi : les *patères pneumatiques* qui se tiennent contre les parois d'une chambre sans qu'il soit nécessaire d'y enfoncer de gros clous ; les *dentiers artificiels* qui suppriment les crochets par lesquels les dents s'accrochaient aux gencives ; de petits *injecteurs* destinés à remplacer les clysopompes et les irrigateurs, etc. Nous citerons encore l'*appareil hydrothérapique* de M. Walter Lécuyer, qui permet de prendre à domicile ces douches, dont le rôle thérapeutique est de plus en plus considéré par le public. Cet appareil (*fig.* 151) consiste en un cylindre de tôle d'environ 2 mètres de hauteur, auquel est adaptée une pompe, au moyen de laquelle on chasse de l'eau dans l'intérieur bien clos du cylindre. L'air qui y est enfermé est comprimé par l'eau au fur et à mesure que celle-ci y pénètre, jusqu'à ce qu'il soit réduit d'environ deux tiers, c'est-à-dire qu'il supporte 3 atmosphères. Un tube traverse tout le cylindre et sort par le haut, se contourne et se termine en pomme d'arrosoir. Si l'on ouvre le robinet qui ferme ce tuyau dans le haut du réservoir, l'eau chassée par la pression de l'air se précipite violemment dans le tuyau, et détermine un jet assez puissant, et pendant un temps assez long, pour que le système capillaire du patient soit fouetté aussi énergiquement qu'il est désirable.

Fig. 151.
APPAREIL HYDROTHÉRAPIQUE
à air comprimé.

ÉGOUTTAGE DU SUCRE DANS LES RAFFINERIES. — Lorsque les cassonades ont été fondues, clarifiées, filtrées, versées dans les formes, on doit procéder à l'*égouttage* des pains, afin de

Fig. 152. — SUCETTE.

les débarrasser de la mélasse que le sucre pourrait encore contenir. Cette opération dure *sept ou huit jours*, pendant lesquels les pains, rangés la pointe en bas sur des coffres percés de trous, s'égouttent peu à peu. Mais, dans certaines fabriques, on l'effectue en *un quart d'heure* au moyen de l'appareil appelé *sucette* (*fig.* 152).

Sur un tube de cuivre de petit diamètre sont des tubulures verticales munies de robinets et garnies de récipients dans lesquels se placent les pains de sucre à égoutter. Au moyen d'une machine pneumatique, généralement celle de M. Bianchi, on fait le vide dans le tuyau; le sirop, aspiré violemment, coule en abondance, se rend dans un réservoir préparé à cet effet, et le sucre est devenu absolument sec.

FABRICATION DE L'EAU DE SELTZ. — L'eau de Seltz naturelle, c'est-à-dire celle que produit la célèbre fontaine du duché de Nassau, n'est

que de l'eau ordinaire contenant en dissolution de l'acide carbonique. Pour préparer artificiellement cette boisson rafraîchissante et saine, on charge dans de l'eau pure de l'acide carbonique au moyen d'une forte pression. L'acide carbonique, produit dans un cylindre métallique (*fig.* 153) par de l'acide sulfurique étendu sur du carbonate de chaux, traverse trois flacons laveurs et se rend dans un gazomètre. Une pompe le refoule, en même temps que l'eau, dans un récipient sphé-

Fig. 153. — Fabrication de l'eau de Seltz.

rique, muni d'un manomètre, et le liquide ainsi formé se rend dans un siphon, où il pénètre sous une pression de 10 à 12 atmosphères.

MACHINES SOUFFLANTES. — Le *soufflet* de nos foyers n'est pas autre chose qu'un appareil propre à aspirer et à comprimer l'air ; lorsqu'il s'agit d'un courant d'air plus intense, on a recours à la *machine soufflante* qui agit comme la pompe de Gay-Lussac. C'est un vaste cylindre (*fig.* 154) dans lequel se meut par la vapeur un piston plein. En abaissant celui-ci, l'air qu'il comprime au-dessous de lui ferme la soupape de gauche et ouvre celle de droite, tandis qu'au-dessus de lui la soupape de droite se ferme et celle de gauche s'ouvre ; il s'échappe

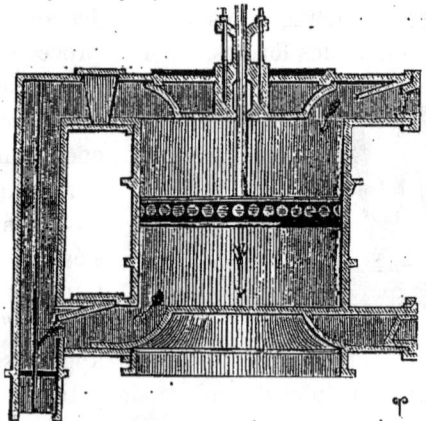

Fig. 154. — Machine soufflante.

alors par un conduit latéral aboutissant à une *tuyère*, c'est-à-dire à une immense *buse* de soufflet. Si le piston remonte, le contraire a lieu, et alors l'air pénètre par le haut dans le canal latéral qui aboutit à la tuyère.

CHEMIN DE FER ATMOSPHÉRIQUE DE SAINT-GERMAIN. — L'idée de faire servir la pression atmosphérique comme force motrice remonte aux premières expériences d'Otto de Guéricke; mais, en 1810 seulement, un

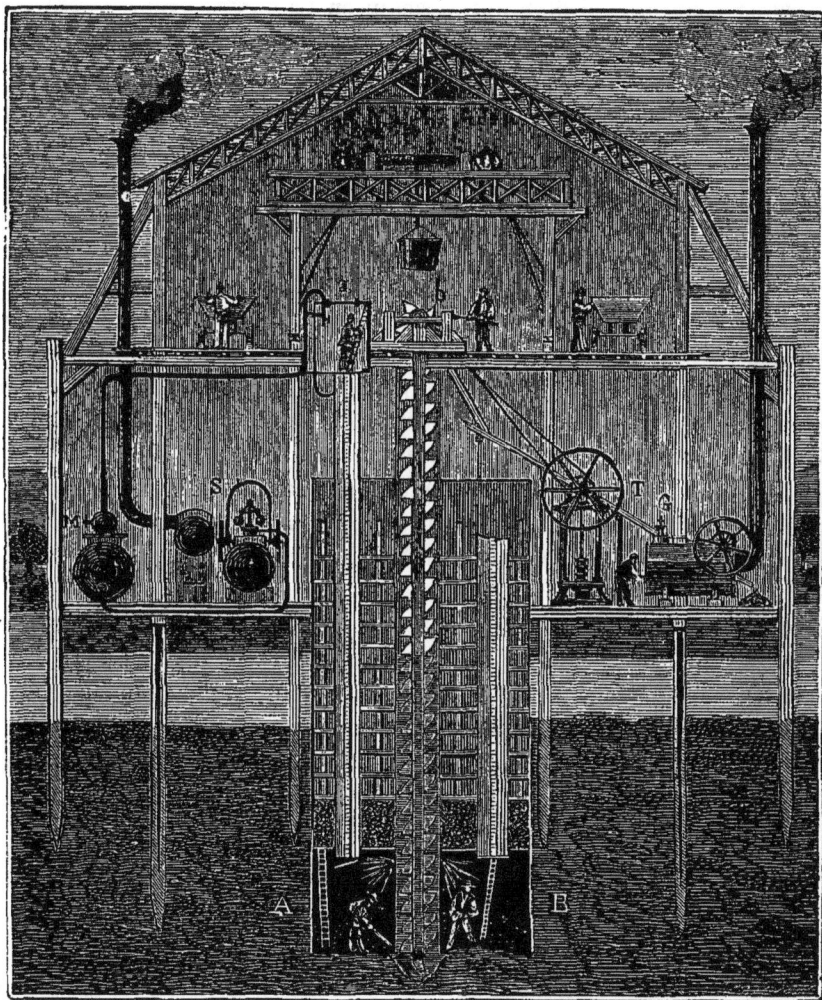

Fig. 155. — Fondation des piles du pont de Kehl (page 310).

ingénieur suédois, D. Medhurst, voulut faire passer cette idée dans la pratique. Ses tentatives furent infructueuses. En 1824, un Anglais, Wallance, imagina un tube dans lequel on faisait le vide et que devaient parcourir les wagons. Enfin, en 1846, perfectionnant le système de D. Medhurst, des ingénieurs anglais, MM. Clegg et Samuda, construisirent des chemins de fer atmosphériques. Le premier reliait Kingstown et Dalkey, en Irlande, stations distantes de 3 kilomètres environ. Presque aussitôt en Angleterre furent établis les chemins de fer atmosphériques de Pouth-Devor, de Croydon, et en France celui de Saint-Germain-en-Laye.

Nous copions dans un journal de l'époque un article annonçant le fonctionnement de ce système, afin de montrer l'enthousiasme qui l'accueillit alors, enthousiasme bientôt refroidi par les dépenses considérables qu'exigeait l'exploitation du chemin de fer. Inauguré en 1847, la compagnie de l'Ouest fut obligée de l'abandonner en 1860.

« Après tant d'espérances et d'inquiétudes, tant de promesses et de retards, tant d'essais et de tâtonnements, le chemin de fer atmosphérique de Saint-Germain est enfin livré à la circulation. Depuis la première application de la vapeur, rien d'aussi grave ne s'était produit dans la science des locomotions ; car il ne s'agissait de rien moins que de la suppression de la vapeur elle-même, qui du moins n'est plus employée qu'indirectement dans le nouveau système. Cette rampe ardue de Saint-Germain, devant laquelle les plus puissantes machines avaient reculé, est aujourd'hui escaladée par d'énormes convois le plus lestement du monde. Les voyageurs, au lieu de débarquer au Pecq et de suer sang et eau pour gravir la fameuse terrasse, sont enlevés comme des fétus de paille jusqu'au pied du château où naquit Louis XIV.

» C'est là une conquête admirable sans doute, mais elle a été chèrement payée. L'État y a contribué pour deux millions, et la compagnie du chemin de fer pour une somme plus forte encore. Le nouveau chemin n'a pourtant que 8,667 mètres (de Nanterre à Saint-Germain) ; et toutes les difficultés du problème ne sont que du Vésinet au château, sur 3 kilomètres environ : un pont de vingt ou trente arches sur la Seine, un remblai gigantesque, une tranchée qui rappelle les gouffres des montagnes, un souterrain qui passe sous la forêt royale, et une rampe telle qu'on n'en avait jamais franchi depuis le temps où

» Dans un chemin montant, sablonneux, malaisé,
Six forts chevaux traînaient un coche. »

Laissons M. Michel Chevalier nous décrire le mécanisme :

« Un chemin atmosphérique est, à proprement parler, une série d'appareils disposés à la file l'un de l'autre, en communication l'un avec l'autre, et longs chacun de 3, 4 ou 5 kilomètres. Il consiste en un gros tube de fonte couché entre les rails, sur le sol, dans lequel des machines à vapeur, espacées comme nous venons de le dire, épuisent l'air par aspiration. Un piston placé dans le tube est poussé par la pression de l'atmosphère de manière à se porter en avant dans le tube du côté où l'air s'épuise et où se fait le vide. Le piston marche ainsi rapidement dans l'intérieur du tube ayant une fente longitudinale en dessus. Cette fente est fermée par une soupape ou charnière qui ne se relève en chaque point qu'à l'instant même du passage du convoi, et qui se rabat aussitôt de manière à clore hermétiquement le tube, afin que de nouveau on puisse y faire le vide par l'aspiration de l'air, quand un autre convoi se présentera.

» A Saint-Germain, comme la résistance à vaincre est très grande à cause de la pente à gravir ($0^m,035$ par mètre), tout est doublé. Il s'y trouve deux doubles machines d'aspiration à vapeur. Le poids énorme de quelques-unes de ces pièces donnera une idée de leur puissance. Un cylindre à vapeur pèse 5,800 kilogrammes ; un cylindre pneumatique, 8,000 ; un volant, 13,000 ; la grande roue dont l'arbre transmet le mouvement aux pistons pneumatiques, 18,000. Les bielles en fer forgé des cylindres à vapeur pèsent 2,230 kilogrammes ; l'arbre qui fait mouvoir les pistons pneumatiques, 6,238. Tout cela est l'œuvre de M. Halette d'Arras, de M. Charbonnier de Colmar, et de M. Eugène Flachat, ingénieurs. Il y a trente ans, il n'y avait pas en Europe une forge qui eût pu se flatter de réussir une pièce pareille. »

On a essayé, en reprenant l'idée de Wallance, de construire des chemins de fer atmosphériques se mouvant à l'intérieur d'un tube. Une ligne d'essai a été construite par M. Rammel dans le parc de Sydenham. La première voiture du convoi porte un disque, muni d'une sorte de brosse sur les bords, qui intercepte suffisamment l'air. On produit le vide dans le tube, et les wagons sont attirés immédiatement.

A New-York, il existe également un petit chemin de fer atmosphérique menant d'un bout à l'autre de la ville, de Warren-street à la rivière du Nord. Mais toutes ces tentatives, à moins de perfectionnements non encore réalisés, ne paraissent pas devoir être mises en pratique sur une grande échelle.

POSTE PNEUMATIQUE. — A Paris, à Londres, dans quelques autres très grandes villes, l'encombrement des lignes télégraphiques entre certains quartiers a nécessité l'installation de tubes atmosphériques, concurremment avec les fils électriques. Une boîte, fermant hermétiquement le tube, est chargée de plusieurs plis, dont chacun contient les dépêches envoyées par la station centrale aux stations de passage. Cette boîte, cylindrique, est aspirée rapidement par le vide fait en avant ; quelquefois, comme au *pneumatic Dispatch* de Londres, elle est en même temps refoulée par la pression. L'installation de ce tube à Paris, dans un périmètre assez étendu (ministère de l'intérieur, Bourse, Château-d'Eau, etc.), a été assez bien faite pour qu'une différence de pression d'une demi-atmosphère suffise pour entraîner la boîte.

Récemment, un nouveau perfectionnement a été introduit dans le service de ces tubes pneumatiques par M. Ch. Bontemps (1). Il arrive parfois que la boîte s'arrête en chemin, bouche la voie et suspend toute communication.

Il fallait savoir où le tuyau était bouché : pour cela on mettait le tuyau en rapport avec un réservoir, contenant un volume d'air connu, sous une pression déterminée. Une fois la communication établie, on mesurait la pression nouvelle, et, de sa diminution, on concluait le volume d'air qui avait pénétré dans le tube, et, par suite, la longueur même du tube jusqu'au point obstrué. Le moyen, peu exact en pratique, a été ainsi remplacé par le *chronographe* de M. Ch. Bontemps.

A l'extrémité libre du tuyau on tire un coup de pistolet. L'onde sonore chemine dans le tube, se heurte à l'obstacle et revient au point de départ, où elle ébranle une membrane fixée à l'origine même du tube ; elle se réfléchit et retourne sur ses pas jusqu'à la boîte arrêtée pour se réfléchir une seconde fois sur la membrane. L'intervalle de temps compris entre les deux ébranlements est enregistré électriquement et mesuré en fractions de secondes par un trembleur électrique ; on connaît la vitesse du son par seconde, on en déduit avec précision la distance où s'est arrêtée la boîte aux dépêches.

FONDATION DES PILES DE PONTS TUBULAIRES (2). — Avant 1843, un grand nombre d'ingénieurs anglais remplacèrent le système ordinaire des pilots en bois, sur lesquels on asseyait les fondations des ponts, les uns par des pilots en bois ou en fonte garnis à leur extrémité inférieure d'un pas de vis, et dont l'enfoncement s'obtenait par un mouvement de rotation produit au moyen d'une sorte de cabestan ; les autres, par des pilots creux en fonte, qu'on enfonçait comme ceux en bois au moyen de *sonnettes*.

Plus tard, M. le docteur Pots eut l'idée, non pas d'agir sur le pieu, pour obtenir son enfoncement, mais sur le sol environnant. On prend un pilot creux en tôle ou en fonte, semblable à un énorme tuyau de poêle ; on

(1) De Parville. *Causeries scientifiques.*
(2) Cet historique est dû à M. Prat, qui l'a publié dans le *Messager de l'Allier*, lors de la construction du pont tubulaire de Moulins, afin de réclamer pour un Français, M. Trigert, l'honneur de l'invention, attribuée jusque-là, bien à tort, à un Anglais.

le ferme à sa partie supérieure par un couvercle luté avec soin et que traverse un conduit en cuir communiquant avec une machine d'aspiration. Si, ainsi disposé, on l'établit verticalement sur le lit d'une rivière, en faisant fonctionner cette machine, l'eau qui l'environne tend à s'y précipiter; mais, dans cette brusque irruption, les couches de terrain sur lequel repose le pilot sont désagrégées, et leurs débris entraînés par l'eau dans son intérieur. Le pieu descend alors, en vertu de son propre poids, auquel vient s'ajouter la pression atmosphérique qui s'exerce sur son couvercle. Lorsqu'il est rempli de terre et d'eau, on le vide, et on recommence l'opération jusqu'à ce qu'on soit arrivé à la profondeur voulue. On coule alors du béton dans l'intérieur de ce pilot.

C'est d'après ce principe qu'on a établi les fondations de plusieurs ponts en Angleterre; les pilots employés avaient des diamètres variant entre 40 et 70 centimètres.

Vers 1845, un ingénieur français, M. Trigert (1), chargé de l'établissement et de l'exploitation des houillères de Chalonnes (Maine-et-Loire), situées dans une île de la Loire, se servit d'un procédé tout nouveau pour se mettre à l'abri de l'envahissement des eaux dans le forage des puits d'extraction et dans l'exploitation même de la mine. Dès que les puits furent arrivés au niveau de l'eau, il y fit descendre un tube en fonte formé d'anneaux cylindriques de 1 mètre à 1^m,50 de rayon, boulonnés entre eux; après avoir établi sur sa partie supérieure un appareil auquel on a donné le nom de *sas à air*, il y comprima de l'air au moyen d'une machine soufflante; cet air, agissant comme un piston, repoussa l'eau qui se trouvait à la partie inférieure du tube par-dessous les bords, et les ouvriers descendus au fond du puits purent y continuer leur forage sans être incommodés par les eaux. Mais, à mesure que cette opération se continuait, le tube descendait, et on y ajoutait de nouveaux anneaux par sa partie supérieure. C'est ainsi qu'on est arrivé à dépasser les couches aquifères du lit de la Loire pour extraire le charbon.

En 1852, un ingénieur anglais, M. Cubbit, chargé de la direction des travaux du pont de Rochester (comté de Kent), se rappelant les résultats remarquables obtenus par l'emploi de l'air comprimé dans les mines de Chalonnes, eut l'idée non plus d'enfoncer les pilots, comme l'avait fait M. Pots, au moyen du vide, mais bien au moyen de l'air comprimé, d'après des procédés qui sont à peu de chose près ceux de M. Trigert. Ce pont, tout en maçonnerie, repose sur deux piles; chacune d'elles est établie

---

(1) TRIGERT (Émile), ingénieur civil (1809-1867), géologue distingué, lauréat de l'Académie des sciences.

sur une plate-forme soutenue par 14 pilots en fonte de 2 mètres de diamètre et remplis de béton. Les fondations ont jusqu'à 18 mètres de profondeur.

Peu de temps après furent construits les ponts de la Quarantaine à
Lyon, de Mâcon sur la Saône, de Moulins sur l'Allier, de Bordeaux pour
le viaduc de jonction du chemin de fer d'Orléans au chemin de fer du Midi,
avec ce même système un peu modifié. Le diamètre des pilots fut porté
jusqu'à 3 mètres ; on réduisit leur nombre à trois par pile, et enfin, au lieu
de les arrêter au niveau de l'étiage pour y asseoir les maçonneries, on les
éleva jusqu'à la hauteur du tablier qu'ils soutiennent, en en faisant de
véritables colonnes remplies de béton et reliées entre elles par des pan-
neaux en fonte.

PONT DE KEHL. — En 1860, de nouveaux perfectionnements furent
apportés au système, pour la construction du pont de Kehl, entreprise
par la Compagnie du chemin de fer de l'Est, dans le but de réunir les
chemins de fer français avec le chemin badois.

Il avait été reconnu que les quatre piles que l'on avait décidé de poser
dans le lit du Rhin ne pouvaient présenter une stabilité convenable qu'à la
condition de s'enfoncer jusqu'à 25 mètres environ au-dessous du niveau
ordinaire des eaux, ce qui représente une profondeur de 20 mètres au-
dessous du fond de la rivière.

Comme avait fait M. Trigert, les ingénieurs chargés de l'exécution du
grand travail de Kehl firent descendre au fond du fleuve un vaste tube en
métal, ouvert à sa partie inférieure, fermé à la partie supérieure ; l'eau
était chassée par la pression de l'air comprimé. Les ouvriers s'y intro-
duisaient alors et travaillaient à pied sec au fond du fleuve ; les terres
déblayées, les graviers, étaient ensuite tirés au jour au moyen de treuils
et de bennes, et le travail recommençait.

L'interruption du travail, causée par le temps employé à la manœuvre
d'extraction des terres déblayées, rendait beaucoup trop longues les opérations. C'est sur ce point que portèrent les perfectionnements.

Chaque pile du pont exige l'emploi de quatre chambres rectangulaires en tôle, telles que celle qui est représentée en AB dans notre dessin
(*fig.* 155, page 305) ; ces chambres ont 7 mètres de longueur sur 5^m,80. On
les fait descendre dans le lit du fleuve en même temps et au même niveau.

En décrire une suffira pour donner une idée complète de l'appareil
destiné à la fondation d'une pile.

La chambre est ouverte à sa partie inférieure, qui repose sur le sol ;
la partie supérieure est fermée par une plaque de tôle que traversent trois

tubes : l'un, placé au centre, descend jusqu'au sol et renferme une chaîne à godets, appelée *noria,* qui extrait au jour, à mesure qu'on les déblaye, les graviers et les sables ; les deux autres tubes, plus petits, sont remplis, comme la chambre, d'air comprimé, et à leur partie supérieure se trouvent deux compartiments où les ouvriers pénètrent du dehors avant de descendre dans la chambre. Notre dessin ne représente qu'un de ces compartiments *a ;* l'autre est supprimé pour laisser voir la tête de la *noria* et le plan incliné sur lequel se déversent les pierres et le sable élevés dans les godets. Le compartiment *a,* nommé écluse à air comprimé, peut à volonté être mis en communication avec le dehors ou avec la chambre, au moyen de soupapes qui s'ouvrent pour laisser entrer ou sortir les ouvriers. Lorsque les ouvriers, au nombre de sept ou huit, sont entrés dans cette écluse à air, la soupape se referme et l'on commence à ouvrir un robinet qui introduit peu à peu l'air comprimé de la chambre dans l'écluse.

C'est alors, à mesure que la pression s'établit d'une portion à l'autre de l'appareil, que les ouvriers éprouvent un léger malaise, auquel du reste ils s'habituent assez vite; le moyen qu'ils emploient pour s'en délivrer consiste à aspirer fortement l'air comprimé qui les entoure, puis refermer la bouche et comprimer encore, par un effet des muscles du thorax et de la joue, cet air aspiré à pleins poumons ; la trompe d'Eustache se distend, et l'air peut pénétrer, par ce conduit qui s'ouvre ainsi, jusque derrière le tympan dont la membrane était pressée déjà à l'extérieur par l'air de l'écluse ; il s'établit alors un certain équilibre de pression sur les deux côtés du tympan, et l'on entend à ce moment une sorte de petit sifflement dans l'oreille, à la suite duquel le malaise disparaît entièrement.

Pour compléter la description de l'appareil, il nous reste à dire que les ouvriers, après que la pression est établie dans l'écluse *a,* dans le tube et dans la chambre AB, descendent dans cette chambre, creusent le sol et amassent les déblais au pied du conduit qui renferme la chaîne à godets. Pour qu'ils puissent, pendant leur travail, communiquer avec les ouvriers du dehors, un petit télégraphe électrique est installé dans la chambre. L'air comprimé vient du réservoir M, la pompe de compression est figurée en S ; de l'autre côté du tube, on voit le générateur de vapeur G et la machine T, qui communique le mouvement à la tête de la *noria.*

A mesure que la chambre descend, on construit au-dessus une sorte de grande caisse en bois dont les joints sont calfatés avec soin, et on verse du béton.

Quand l'appareil a été descendu à la profondeur voulue, on a enlevé seulement trois tubes ; on a laissé enfoui le reste de la chambre et on a rempli de béton tout l'espace intérieur de la caisse en bois. On a formé de cette façon une énorme masse de maçonnerie enfoncée de 18 à 19 mètres au-dessous du fond et présentant la stabilité la plus complète.

PONT DE COLLONGES. — La notice relative aux fondations du pont de Collonges, publiée dans le volume consacré aux travaux présentés à l'Exposition universelle de 1878 par l'administration des ponts et chaussées, nous donnera un aperçu des progrès réalisés depuis.

« Les dispositions du caisson diffèrent de celles qui avaient été adoptées jusque-là. La chambre de travail seule renfermait de l'air comprimé, et toutes les manœuvres pour l'extraction des déblais ou la descente des matériaux étaient faites à l'air libre. Les *sas à air* étaient fixes, en contrebas du plafond de la chambre de travail et installés de telle sorte que le passage des bennes fût sans effet appréciable sur la tension de l'air. La chambre de travail, construite en forte tôle de $0^m,009$, avait ses parois renforcées par des armatures ; des consoles, supportant le plafond, le mettaient en état de résister à une surcharge de 1,500 tonnes. Au-dessus, une simple chemise en tôle de $0^m,004$ séparait de l'eau la maçonnerie élevée à l'air libre.

» Le plafond était traversé, vers son milieu, par un puits rectangulaire de $2^m,85$ sur $1^m,15$, subdivisé lui-même par des cloisons transversales, en trois cheminées ouvertes à l'air libre. La cheminée centrale contenait les échelles et le tuyau d'amenée de l'air comprimé. Les deux cheminées latérales servaient au passage des bennes montantes et descendantes, dont un homme dirigeait les mouvements à l'entrée et à la sortie de la chambre de travail. Chaque benne, pour entrer et pour sortir, traversait un coffret cubique formant sas, de $0^m,85$ de côté, par le jeu d'un tiroir et d'une porte-clapet.

» Au fond de la cheminée centrale, entre les deux coffrets des bennes, était ménagé un palier où se tenait l'ouvrier chargé de décrocher et d'accrocher ; le même ouvrier commandait la manœuvre des robinets. De ce palier on pouvait descendre, par une porte verticale, de $0^m,50$ de largeur sur $0^m,90$ de hauteur, dans une petite chambre formant écluse pour le passage des hommes et ouvrant, par une seconde porte verticale de $0^m,50$ sur $1^m,40$ dans la chambre de travail. Le plancher de cette écluse était seulement à $0^m,40$ au-dessus du niveau des fouilles. Les parois du puits, n'ayant à supporter aucune pression, étaient formées de feuilles de tôle de $0^m,005$ à $0^m,007$ et simplement préservées contre les chocs des bennes par un coffrage en planches de sapin. Tout le système d'ailleurs des sas et des cheminées pouvait être enlevé dès que l'air comprimé n'aurait plus à refouler les eaux, c'est-à-dire au moment où le fonçage serait achevé et la chambre maçonnée intérieurement. »

Fondation des piles du pont de Collonges, sur le Rhône (page 312).

Les dispositions qui viennent d'être décrites présentaient les avantages suivants :

1° Le nombre des ouvriers placés dans l'air comprimé était réduit au minimum.

2° Les hommes, dans la chambre de travail, éprouvaient un sentiment de grande sécurité, parce que l'issue était rapprochée et la communication toujours facile avec l'ouvrier occupant le fond du puits à air libre.

3° L'introduction ou la sortie des matériaux ne produisait pas de changement sensible dans la pression.

4° La surface des parois à surveiller, pour éviter les fuites d'air comprimé, était aussi faible que possible.

5° La fixité de l'écluse à air permettait de réaliser une grande économie de temps. Sans interrompre le travail, on allongeait la cheminée au fur et à mesure de l'enfoncement du caisson, de façon à tenir toujours le sommet au-dessus du niveau des crues.

6° La dépense était notablement réduite par la substitution de tôles minces, pour la cheminée rectangulaire, aux tôles qui auraient eu à résister à la pression de l'air comprimé ; enfin, on consommait peu d'air dans le passage des matériaux et des outils.

Ces fondations ont été exécutées sous la direction de M. Collet-Meygret, ingénieur en chef, par M. Sadi-Carnot, ingénieur ordinaire, qui a fait l'étude du système et qui en a suivi l'application.

Nous avons dit que les ouvriers travaillant dans des chambres d'air comprimé n'éprouvaient qu'un léger malaise bientôt dissipé ; cependant, il faut avouer qu'ils sont exposés, au *moment de la décompression,* à des accidents assez graves : des paraplégies, des paralysies plus étendues ; parfois même, quoique rarement, la mort est soudaine. Les expériences savantes de M. Paul Bert ont démontré que la cause de ces accidents est le brusque dégagement des gaz d'abord dissous, qui obstruent le calibre des vaisseaux et font courir au sujet les mêmes périls qu'une injection d'air dans les veines. Mais ces dangers de décompression brusque ne sont redoutables que lorsque la pression est au-dessus de 5 atmosphères, et rarement les plongeurs qui pénètrent le plus profondément dans l'eau vont au delà de 40 mètres, c'est-à-dire en subissant une pression de 4 atmosphères. Cependant, avec quelque précaution que l'on procède généralement à la décompression, les ouvriers travaillant dans les piles de pont, entre autres, sont souvent atteints d'horribles démangeaisons qu'ils appellent *puces,* de gonflements qu'ils désignent sous le nom de *mouton.* Ces indispositions graves, suite d'imprudences, sont des emphysèmes du tissu sous-cutané et intra-musculaire, c'est-à-dire une infiltration gazeuse dans le tissu cellulaire. Elles se guérissent d'ailleurs facilement. Quant aux remèdes aux accidents graves provenant d'une brusque décompression, le savant physiologiste dont nous parlons préconise les inhalations d'oxygène dès les premiers symptômes, puis, le premier danger passé, d'avoir recours à une recompression suivie d'une très lente décompression.

LE SPIROPHORE. — M. le docteur Woillez a récemment imaginé un appareil fondé sur les mêmes principes de pneumatique et destiné à rappeler à la vie les asphyxiés par submersion. Cet appareil de sauvetage (*fig.* 156), appelé *spirophore* (du grec *spiros,* souffle, et *phoros,* qui porte) détermine mécaniquement les mouvements respiratoires par une manœuvre facile, et fait parvenir l'air pur jusque dans les dernières ramifications des poumons. On sait que ce n'est point l'eau absorbée qui étouffe le noyé, mais seulement l'impossibilité où il se trouve de respirer ; il suffit donc très souvent de rétablir la fonction respiratoire pour rappeler la victime à la vie. Le *spirophore* atteint ce but. Il se compose d'un cylindre de tôle fermé par un bout et ouvert de l'autre, et assez grand pour contenir le corps de l'asphyxié, la tête restant en

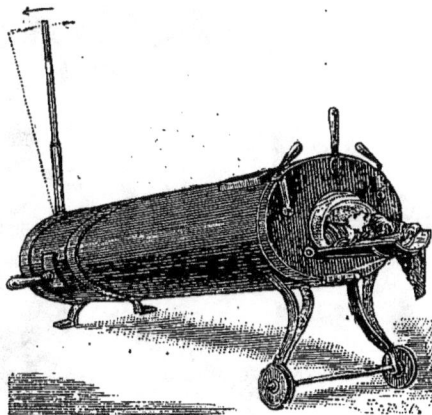

Fig. 156.

SPIROPHORE CONSTRUIT PAR M. CHARRIÈRE.

dehors. On clôt l'ouverture autour du cou à l'aide d'un disque de peau. Le cylindre est en communication par un tuyau avec un puissant soufflet renfermant plus de 20 litres d'air, qui se manœuvre par l'intermédiaire d'un levier comme une pompe.

Lorsque l'asphyxié est enfermé dans le cylindre on abaisse vivement le levier du soufflet, le vide se fait autour du corps, et l'air extérieur, obéissant à cette aspiration, pénètre dans l'intérieur de la poitrine, dont on voit très bien s'effectuer les mouvements d'inspiration et d'expiration par une lucarne en verre ménagée dans le cylindre. On abaisse le levier 18 fois par minute ; les poumons sont ainsi traversés par au moins 135 litres d'air en un quart d'heure. Si alors la respiration naturelle ne s'est pas opérée, c'est qu'évidemment le noyé est mort ; mais, dans un grand nombre de cas, son usage peut sauver la vie d'un malheureux ; car on cite des exemples de noyés rappelés à la vie après une heure d'immersion.

Cet appareil, expérimenté déjà avec succès à l'hôpital Saint-Louis prendra probablement bientôt place dans les pavillons de *secours aux noyés*.

L'organisation de ces pavillons est extrêmement remarquable. Outre tous les médicaments nécessaires, ils contiennent un *caléfacteur* (*fig.* 157) de cuivre, de 1^m,78 de longueur sur 0^m,76 de largeur et 0^m,53 de hauteur, à l'intérieur duquel 120 litres d'eau froide peuvent être portés à 35° en six minutes, et à l'ébullition en dix minutes. Ce caléfacteur communique avec une baignoire munie d'une douche. Sur 91 noyés (37 en 1875, 29 en 1876, 25 en 1877) apportés dans les postes, 4 seulement sont morts, d'après la statistique publiée par la préfecture de police. Et ces noyés étaient restés dans l'eau, l'un plus de 35 minutes, l'autre une demi-heure; le troisième 7 minutes, le quatrième 20 minutes.

Fig. 157. — CALÉFACTEUR.

FREINS PNEUMATIQUES. — Pour hâter l'arrêt progressif d'un train, on se sert encore en France du frein à engrenages que tout le monde connaît. Il y en a un sous la locomotive, un aussi à l'arrière, quelques autres disséminés sous des wagons çà et là, si le nombre des voitures est considérable. Au coup de sifflet du mécanicien, les agents tournent la manivelle qui fait fonctionner les organes de commande, et les roues, saisies entre des sabots, glissent au lieu de tourner. Le frottement sur le rail épuise plus ou moins rapidement la vitesse.

Depuis longtemps, on se préoccupe de remplacer ce système quelque peu primitif, et, dès 1872, aux États-Unis, plus de 1,500 locomotives et 5,000 wagons avaient le frein à air comprimé de Westinghouse. C'est un piston dans lequel l'air, en se comprimant, fait fonctionner un frein ordinaire. Le mécanicien commande tout le système au moyen d'un tuyau de transmission; en quelques instants les freins, dont chacun des wagons est muni, sont serrés, depuis le commencement jusqu'à l'extrémité du train. Avec ce frein, il est possible d'arrêter un train lancé à pleine vitesse en 200 mètres; aujourd'hui, avec le frein dont on se sert en France, il faut près d'un kilomètre.

Un autre système, appelé *frein de la Compagnie du Smith vacuum brake*, a été essayé récemment par les ingénieurs de la Compagnie des chemins de fer du Nord, et leur avis favorable fait supposer que ce frein sera adopté.

Sous chaque wagon à frein est placé un cylindre hermétiquement clos, plissé, en caoutchouc fort, pouvant se replier sur lui-même, s'affaisser ou se relever, comme une lanterne vénitienne, maintenu fixe par une de ses bases et libre par l'autre. Tous ces cylindres sont reliés ensemble par un tube métallique de la dernière voiture jusqu'à la locomotive. Là, le tube métallique s'ouvre en un cône dans lequel on peut diriger un jet de vapeur emprunté à la chaudière. Ce jet entraîne l'air, le chasse au dehors et détermine une forte aspiration ; tous les soufflets, obéissant à la pression atmosphérique, se replient sur eux-mêmes, tirent sur le levier de commande du frein, disposé sous le vagon à la base mobile du cylindre, et presque instantanément le frein cale la roue, avec cet avantage que le serrage va de l'arrière à l'avant, puisque le vide se fait d'abord dans la voiture de queue, ce qui empêche les secousses produites par le choc des voitures l'une contre l'autre.

CLOCHES A PLONGEUR. — Pendant toute l'antiquité et tout le moyen âge, les abîmes de la mer étaient, pour ainsi dire, inconnus aux hommes. Pline rapporte les plus singulières et les plus fantastiques histoires sur les huîtres perlières, les éponges et le corail. Il nous initie à l'industrie des plongeurs allant chercher leur proie au fond des eaux et il nous raconte les luttes de l'homme contre les monstres marins :

« Une multitude de canicules (*squales*) infestent les mers où sont les éponges, au grand danger des plongeurs. Ces hommes disent qu'une espèce de nuage, semblable pour la forme à des poissons plats, s'épaissit sur leur tête, la presse et les empêche de remonter à la surface; que, pour cette raison, ils se munissent de stylets très aigus attachés à des lignes, et que le nuage, s'il n'était percé de la sorte ne s'écarterait pas. Tout ceci n'est, je crois, que l'effet de l'obscurité et de la peur : personne n'a jamais parlé d'un animal-nuage, d'un animal-brouillard (c'est le nom qu'ils donnent à cet ennemi). Mais ce qui est vrai, c'est un combat terrible avec les canicules (*squales*); elles attaquent les aines, les talons, et toutes les parties blanches du corps : la seule ressource, c'est d'aller au-devant d'elles et de prendre l'offensive; en effet, elles ont autant peur de l'homme qu'elles lui font peur. Sous l'eau la partie est égale, mais à la surface de l'eau, le danger est imminent; le plongeur perd la ressource d'aller en face de la canicule, du moment qu'il s'efforce de sortir de la mer; son seul espoir est en ses compagnons, qui tirent la corde attachée sous ses bras. Pendant le combat, il secoue de la main gauche cette corde, en signe de péril; de la droite, armée d'un stylet, il soutient la lutte. On le tire d'abord avec assez de lenteur; mais, dès qu'il est dans le voisinage du navire, on le voit mettre en pièces, si on ne l'enlève avec une rapidité extrême; et souvent, déjà tiré hors de l'eau, le plongeur est enlevé aux mains de ses compagnons, si lui-même, ramassant son corps en forme de boule, ne seconde leurs efforts. D'autres, il est vrai, brandissent des tridents; mais le monstre a l'instinct de se placer sous le navire, et de là, il combat en sûreté. On met donc le plus grand soin à guetter l'approche de ce poisson redoutable. »

On voit que les procédés employés, les dangers à courir, les précautions à prendre étaient dans l'antiquité les mêmes que dans les temps modernes.

Voici, en effet, comment un voyageur décrit la pêche des éponges :

« C'est surtout en Grèce qu'a lieu cette pêche. Il faut, pour bien voir les pêcheurs dans leur travail, que l'eau soit calme et n'ait pas plus de dix ou douze mètres de profondeur. Ceux qui pêchent les huîtres à perles et le grand coquillage appelé *buccinium tritonium* descendent à une profondeur bien plus considérable. Ce n'est pas sans une profonde émotion que l'on voit partir deux hommes nus dans un petit canot, armés seulement d'un grand couteau attaché à leur ceinture de cuir ; ils s'arrêtent, fixent leur coup d'œil sur l'abîme ; puis soudain, l'un des deux, étendant les bras et entre-croisant les mains, plonge... La vague se referme sur lui ; au bout de quelques minutes le plongeur reparaît avec une grosse éponge, se hisse dans son canot, y jette négligemment sa conquête, et bientôt plonge de nouveau pour en apporter une autre, et ainsi de suite toute la journée, jusqu'à ce qu'à la fin, peut-être, il descende pour ne plus reparaître.

» Il travaille ainsi, ne revenant chez lui qu'épuisé de fatigue, saignant du nez et des oreilles : si une crampe raidit ses membres pendant qu'il plonge, c'en est fait de lui ; malheur à lui s'il rencontre au fond de la mer un bivalve qui l'étreint de ses huit bras, et fixe sur sa poitrine ses suçoirs absorbants, le *chamagigas*, monstre énorme qui existe dans ces mers comme dans les mers de l'Inde, et qui est de force à couper un câble. Malheur à lui s'il tombe dans la chevelure flottante du *chama griphoïde*, espèce de filet inextricable. Quelquefois, après avoir échappé à tous ces dangers, survient un requin qui le dévore. »

Passons à la pêche des perles, telle qu'elle s'exécute dans le golfe de Californie. Partout ailleurs, du reste, le procédé est à peu près semblable.

Les bateaux disposés pour la pêche contiennent les rameurs et les plongeurs. Ces derniers plongent alternativement, c'est-à-dire que l'un plonge alors que l'autre se repose. Une corde, à l'extrémité de laquelle est attachée une pierre d'une certaine grosseur et qu'ils tiennent entre leurs orteils, les aide à descendre plus rapidement ; cette même corde, dout l'autre bout est fixé au canot, leur sert à remonter, lorsque leur poids est augmenté par celui des coquilles qu'ils ont détachées des rochers à dix ou douze toises au-dessous de la surface de l'eau. Ces coquilles se mettent dans un filet que le plongeur porte devant lui comme un tablier. Il n'est pas rare de voir ces hommes rester trois à quatre minutes sous l'eau, et remonter épuisés de fatigue, ce qui ne les empêche pas de plonger ainsi quarante ou cinquante fois dans une matinée. On choisit de préférence, comme plongeurs, à cause de leur courage et de leur habileté, les Indiens Hiaquis, qui habitent les bords de la rivière de ce nom. Quoique les requins abondent dans le voisinage de ces pêcheries, comme dans toutes les parties fréquentées de ces côtes, les Hiaquis plongent avec une témérité qui fait frémir, surtout lorsqu'on songe à la seule arme qu'ils ont avec eux. C'est un morceau de bois dont les deux bouts sont aiguisés et durcis au feu ; cette arme grossière, qu'ils portent dans la ceinture de leurs caleçons de cuir, s'appelle *ustaca*. On sait que, par suite de la conformation de sa mâchoire inférieure, le requin est obligé de se tourner sur le dos pour saisir sa proie ; c'est à ce moment qu'il plantent leur bâton dans sa gueule qui ne peut plus se refermer... Tous les soirs, les huîtres recueillies sont mises en tas sur le rivage, et là, on les laisse s'ouvrir par l'effet de la putréfaction que la chaleur ne tarde pas à déterminer. Lorsque cette putréfaction est complète, on lave les coquilles, comme on fait des sables aurifères. Ce lavage a lieu dans de grandes auges en bois ; on examine avec soin l'horrible masse de matière animale en décomposition, on en extrait les perles, sans s'inquiéter des miasmes pestilentiels qui s'en dégagent, on les livre au commerce, et nos dames délicates et élégantes s'en parent ensuite avec orgueil.

Il nous semble inutile de dire que, pendant le moyen âge, aucune tentative n'avait été faite afin de plonger impunément dans les eaux, de savoir ce qu'elles renfermaient ou afin de perfectionner les procédés employés pour aller arracher à leur sein ce dont on avait besoin. La Bible ayant déclaré la mer insondable, c'eût été un crime de violer ses secrets.

Vers 1677 seulement, Halley (1) inaugurait les voyages sous-marins en descendant à 15 mètres de profondeur au moyen d'une *cloche à plon-*

---

(1) HALLEY (Edmond), célèbre astronome anglais (1656-1742). Il reconnut la périodicité des comètes, et prédit dès 1705 le retour périodique de celle à laquelle on donne son nom. En 1678, à vingt-deux ans, il était reçu membre de la Société royale de Londres, et en devint secrétaire perpétuel en 1713. Astronome à Greenwich, il précisa la position de 350 étoiles. Au prix de nombreux voyages et d'un long séjour dans l'île Sainte-Hélène, il détermina les lois des variations de la boussole. C'est à lui que l'on doit la première édition des œuvres de Newton.

geur qu'il avait inventée et fait construire. C'est l'appareil, plus ou moins modifié, qui a servi jusqu'en 1830, et qui est souvent encore employé. Mais cet appareil ne sert guère que sur les côtes, pour la construction des jetées, des phares, des fortifications, des bassins, etc., partout, en un mot, où il faut exécuter d'importants travaux sous-marins.

La cloche à plongeur se compose d'une grande cloche de fonte, affectant la forme d'une pyramide tronquée, communiquant au moyen de tubes en caoutchouc avec une pompe foulante par sa partie supérieure, laquelle est formée d'une plaque très lourde et percée de nombreuses ouvertures vitrées pour donner du jour à l'intérieur de l'appareil. On a néanmoins besoin d'une lanterne pour travailler. Le poids de la cloche la fait descendre au fond de l'eau, et des chaînes de fer attachées à une grue permettent de la soulever, le travail fini. Elle porte des bancs ou des madriers transversaux. C'est là que les ouvriers se tiennent pendant qu'on descend l'instrument. Lorsqu'on arrive sur le sol, ceux-ci travaillent sur le fond de la mer; mais, comme ils ne peuvent sortir de leur étroite cellule, leur action est limitée à un très petit espace. Aussi se sert-on plus souvent, quand il ne s'agit pas simplement d'une fouille dans un endroit déterminé, du *scaphandre*.

SCAPHANDRE. — Le *scaphandre* (du grec *scaphè*, nacelle, et *aner*, *andros*, homme) est un vêtement fait de caoutchouc ou d'une autre étoffe imperméable et de métal, que revêt le plongeur et qui lui permet d'aller et de venir sous l'eau. Dès le siècle dernier un habitant de Breslau, le docteur Mhurr, avait tenté d'exécuter un appareil de ce genre; mais, après divers perfectionnements apportés successivement par MM. Siebe, Delange, Cabirol, etc., ce fut seulement de notre temps que MM. Rouquayrol, ingénieur, et Denayrouze, lieutenant de vaisseau, parvinrent à rendre cet appareil absolument propre à l'usage auquel il est destiné.

« Leur invention, dit un écrivain compétent (1), répond à toutes les exigences des travaux sous-marins. Que l'homme soit nu ou recouvert d'une enveloppe imperméable, sa respiration ne dépend que de sa volonté; c'est l'activité de ses poumons qui la règle dans tous les cas.

» On obtient ce résultat au moyen d'un *poumon artificiel* ou *réservoir régulateur*. Ce poumon artificiel consiste en un réservoir d'acier ou de fer, capable de résister à une très forte pression, et surmonté d'une chambre qui régularise l'afflux de l'air. Le plongeur le porte sur le dos. Un tuyau de respiration part de cette chambre, et se termine par un

---

(1) L. Sonrel. *Le Fond de la mer.*

Cloches à plongeurs, scaphandres, etc. (pages 317 et suivantes).

ferme-bouche, fait d'une simple feuille de caoutchouc qui s'applique entre les lèvres et les dents du plongeur. Une soupape, dont ce tuyau est muni, se prête à l'expulsion de l'air et s'oppose à la rentrée de l'eau. Le réservoir d'acier est séparé de la chambre à air par une soupape conique s'ouvrant de la chambre à air vers le réservoir, de manière à ne céder que sous l'influence d'une pression extérieure, tandis que toute pression émanée du réservoir ferme la soupape.

» La marche de la pompe n'a pas besoin dès lors d'être régulière comme dans le scaphandre. L'air qu'elle envoie au plongeur s'emmagasine dans le réservoir d'acier. Le plongeur l'en tire suivant ses besoins et sans aucune fatigue, au moyen de la disposition suivante.

» La chambre à air est fermée par un couvercle mobile auquel est fixée la tige de la soupape conique. Le couvercle est formé d'un plateau d'un diamètre moindre que le diamètre intérieur de la chambre, et recouvert d'une feuille de caoutchouc qui, d'une surface plus grande que celle du plateau, le relie hermétiquement aux parois centrales de la chambre. Il est susceptible de céder à une pression, soit intérieure, soit extérieure, de s'élever dans le premier cas et de s'abaisser dans le second.

» Qu'une pression soit exercée sur le plateau, ce dernier la transmettra immédiatement à la soupape par l'intermédiaire de la tige; l'orifice de communication entre le réservoir et la chambre à air s'ouvrira, et le premier laissera couler dans la chambre une partie de l'air comprimé qu'il renferme. Si la chambre contient un excès d'air, la pression de ce gaz contre le plateau mobile maintient la soupape fermée.....

» L'ouvrier aspire, c'est-à-dire qu'il prend à la chambre à air une partie de son contenu; aussitôt la pression extérieure agit sur le plateau, le fait descendre, et avec lui la tige de la soupape qui s'ouvre. L'air du réservoir pénètre dans la chambre à air, rétablit l'équilibre entre l'intérieur de celle-ci et le milieu ambiant, fait remonter par suite le plateau. La soupape conique, revenant à sa position pimitive, intercepte de nouveau la communication entre le réservoir et la chambre à air, jusqu'à ce qu'une autre aspiration ramène la même série de phénomènes. Dès que le plongeur respire, la soupape, qui se trouve sous le tuyau, s'ouvre et laisse échapper dans l'eau l'air expulsé de la poitrine... »

MM. Rouquayrol et Denayrouse ont tout fait pour que leur appareil, d'une utilité si incontestable pour les travaux sous-marins, fût à la portée de tout le monde. Il n'y a plus besoin de plongeurs habiles et intelligents, ni de manœuvriers longtemps exercés, pour donner à la pompe un mouvement uniforme.

Malgré la perfection de cet appareil, d'autres machines ont été

présentées pour accomplir les travaux sous-marins. Nous parlerons de
quelques-unes.

BATEAUX SOUS-MARINS. — *Hydrostat Payerne.* — Le bateau
sous-marin Payerne et Lamiral, essayé sur la Seine en 1844, fut officiellement adopté en 1847. Conduit à Brest, il fut employé à débarrasser
le chenal d'une roche primitive très dure, qui se trouvait précisément
dans la ligne que devait parcourir le *Valmy* au moment de son lance-

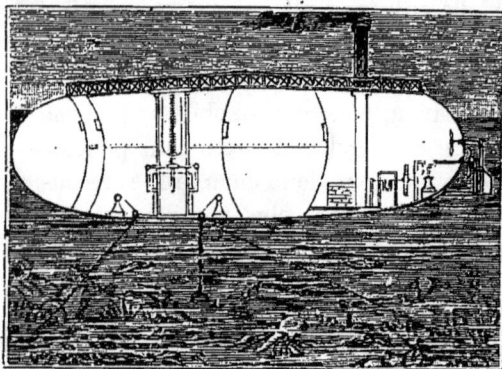

ment; plus tard, ramené à
Paris, il servit à enlever la
pile du pont 'au Double et
à débarrasser le fond de la
rivière de pilotis et de débris; en 1857, il enlève à
Cherbourg, dans la passe
Chanterêine, de grandes
quantités de roches; et, dès
1850, le ministre des travaux publics invitait, sur le
rapport d'une commission
spéciale, les ingénieurs à se

Fig. 158. — HYDROSTAT PAYERNE.

servir de ce bateau sous-marin pour les travaux hydrauliques qui
leur seraient confiés.

Ce bateau (*fig.* 158) a une forme ovoïde; il est en tôle assemblée et solidement rivée. Des lentilles de verre, placées au milieu de la paroi, y
laissent pénétrer un jour abondant. Il est divisé en plusieurs chambres ou
compartiments, et la plus vaste, celle du milieu, qu'on appelle la chambre
de travail, est munie d'un plancher mobile qu'on relève au moment où l'on
veut établir le contact entre l'eau ou le sol du fond et l'intérieur du bateau.
Celui-ci, avant le départ, est rempli d'air comprimé à une pression déterminée par la profondeur à laquelle on se propose de descendre; puis
on laisse pénétrer au moyen de robinets, dans les compartiments spéciaux,
une quantité d'eau telle que la densité du bateau *soit un peu supérieure à
celle du volume d'eau qu'il déplace :* il gagne alors le fond. D'après cela,
on conçoit aisément que, se trouvant, grâce à l'air qu'il contient, posséder
une densité sensiblement égale à celle de l'eau, il s'y trouve à peu près en
équilibre; et il suffit soit d'ajouter un peu d'eau, soit d'en enlever, pour
que le bateau s'enfonce ou s'élève avec la plus grande facilité; le lest ainsi
ajouté ou retranché représente en réalité le dernier milligramme qui fait
trébucher une balance fortement chargée.

Une fois le bateau arrivé au fond de l'eau, l'équipage dévisse le plancher mobile du compartiment du milieu, et travaille tout à son aise. Si, au bout de quelques heures, l'air se trouve vicié, il suffit de le mettre en contact avec des substances capables d'absorber l'acide carbonique, ce qui, d'ailleurs, a lieu avec la plus grande facilité, en faisant passer l'air d'un compartiment dans un autre, et lui faisant alors traverser une solution de potasse.

Le Nautilus. — Sur un artifice à peu près semblable est fondé le *Nautilus*, cloche à plongeur dont le succès fut immense, il y a quelques années, en Amérique et en Europe.

Cet appareil se présente comme une énorme cloche à melon ; elle est faite en plaques de tôle boulonnée, et renferme deux compartiments. Le compartiment inférieur est fermé par des portes qui s'ouvrent à volonté ; le compartiment supérieur est surmonté d'une trappe pouvant s'ouvrir de haut en bas et de bas en haut pour le passage des ouvriers. L'intérieur est de plus garni latéralement de chambres pouvant se remplir d'air ou d'eau selon le besoin. La cloche est en communication, par un tube à dévidoir, placé d'un côté de la trappe et pouvant s'allonger, avec un récipient placé dans l'air, soit sur un radeau qui suit la cloche, soit sur une rive, si le travail se fait près du bord. Une pompe à compression entretient, au moyen d'un second tube placé de l'autre côté de la trappe, le récipient plein d'air suffisamment comprimé, et, par suite, la cloche remplie de cet air lui-même. L'intérieur est garni tout autour de chambres destinées à se remplir alternativement d'air ou d'eau, pour rendre le tout léger ou lourd, selon que l'on veut monter ou descendre.

A l'état de repos la cloche flotte sur l'eau ; mais si les 6 ou 7 ouvriers que peut contenir le compartiment du centre y sont entrés, et qu'ils veuillent descendre au fond, ils ouvrent un robinet qui laisse entrer l'eau dans la chambre latérale, et un autre robinet qui en laisse sortir l'air ; la cloche devient lourde et descend. Le compartiment inférieur du centre ne peut, d'ailleurs, se remplir d'eau, parce qu'il reste plein d'air. Quand on tient le fond, on peut descendre dans ce compartiment inférieur et travailler sur le sol, avec un peu d'eau seulement sur les pieds. Les ouvriers veulent-ils remonter, ils ouvrent le robinet qui laisse venir de l'air comprimé du récipient dans la chambre latérale, et ouvrent celui qui laisse échapper l'eau à l'extérieur ; la cloche alors redevient légère et remonte. Ils peuvent donc, par cet artifice, descendre et monter à volonté. Ils peuvent même aussi, lorsqu'ils sont au fond sur le sol, aller où ils veulent, à droite ou à gauche, en avant ou en arrière ; ils n'ont pour cela qu'à pousser la cloche en dedans d'un côté, en prenant leur point d'appui sur la terre. C'est surtout dans ce dernier fait qu'existe le perfectionnement.

Quand cette cloche est vidée de son lest, qui est l'eau elle-même, elle peut, de plus, enlever un poids de six tonneaux.

TRAMWAYS A AIR COMPRIMÉ. — Nous terminerons cet aperçu des applications de la pneumatique à l'industrie par quelques lignes sur la substitution des moteurs inanimés aux chevaux pour la traction des tramways, question qui préoccupe fort aujourd'hui les inventeurs. Parmi

Fig. 159. — TRAMWAY A AIR COMPRIMÉ.

ces moteurs inanimés, et qui peuvent se ramener à trois types, les locomotives à vapeur, les locomotives sans foyer à eau surchauffée, les locomotives à air comprimé, ce sont ces dernières qui ont le plus vivement frappé l'attention publique.

Déjà, en 1850, M. l'ingénieur Audrand essaya sur la ligne de Versailles (rive gauche) une locomotive à air comprimé, mais sans succès. Dans le tunnel du mont Saint-Gothard, pour le transport des matériaux, on se sert depuis plusieurs années de locomotives à air comprimé, perfectionnées par M. Ribourt, ingénieur du tunnel ; mais ces locomotives ne peuvent parcourir une longue route. La solution du problème cherché appartiendra peut-être à M. Mekarski, dont nous avons vu la voiture automobile fonctionner, il y a quelque temps, entre l'Arc-de-Triomphe et Neuilly.

Dans cette voiture (*fig.* 159), on emmagasine, à la station de départ, de l'air comprimé dans des réservoirs cylindriques en tôle d'acier d'un diamètre variant entre $0^m,30$ et $0^m,40$, au moyen d'un petit locomobile de six chevaux, actionnant une double pompe qui refoule l'air dans deux récipients verticaux. Le premier corps de pompe porte la pression à 12 atmosphères ; cet air est repris et comprimé jusqu'à 25 atmosphères par le second corps de pompe.

Ces réservoirs sont fixés côte à côte sous le châssis de la voiture ; ils communiquent ensemble, et ils sont divisés en deux séries : l'une, d'une contenance de 1,500 litres, constitue la batterie principale ; l'autre de 500 litres, constitue la réserve. A droite et à gauche du châssis sont les cylindres moteurs qui actionnent les roues d'avant.

L'air comprimé ne se rend pas directement des réservoirs sur les pistons. Un appareil régulateur le fait pénétrer d'abord dans un petit réservoir intermédiaire et en quantité limitée pour que sa pression descende de 25 atmosphères à la pression de 5 à 8 atmosphères, utilisables sur les pistons. De plus, l'air comprimé traverse une bouillotte pleine de 100 litres d'eau chauffée à 5 atmosphères, surmontée d'un petit dôme de vapeur ; l'air barbote dans le liquide, se sature de vapeur et ne se rend aux cylindres moteurs qu'après avoir été saturé d'humidité et échauffé ; cet échauffement a pour but d'empêcher le refroidissement qu'éprouve l'air en se détendant, et ainsi, avec son refroidissement, de diminuer sa force d'expansion. Ce réservoir d'eau chaude est posé verticalement sur la plate-forme d'avant de la voiture et surmonté d'un régulateur, qui permet au mécanicien de proportionner la tension de l'air sous le piston à l'effort qu'il faut vaincre.

L'air, en se rendant dans les cylindres sur les pistons, agit comme la vapeur et communique finalement le mouvement aux roues. Il se décomprime, se détend et travaille jusqu'à ce qu'il soit revenu à son état primitif.

Il nous resterait à parler encore d'une des plus remarquables applications de l'air comprimé, le *forage des tunnels,* et particulièrement le percement du mont Cenis et du mont Saint-Gothard. Nous nous réservons de décrire ces machines perforatrices lorsque nous traiterons avec détail des gigantesques travaux relatifs aux chemins de fer, exécutés à notre époque ou projetés, par suite du besoin, de jour en jour plus grand, de nombreuses communications entre les peuples.

CHAPITRE XIV

ÉCOULEMENT DES LIQUIDES

THÉORÈME DE TORRICELLI. — Comme conséquence des lois de la chute des corps que nous avons démontrées (pages 108 et suiv.), et d'après lesquelles, quel que soit le chemin suivi par un corps, la vitesse de ce corps dépend de la hauteur du point de départ au-dessus du point d'arrivée, Torricelli établit, en 1643, après de nombreuses expériences sur *l'écoulement des liquides*, le théorème suivant :

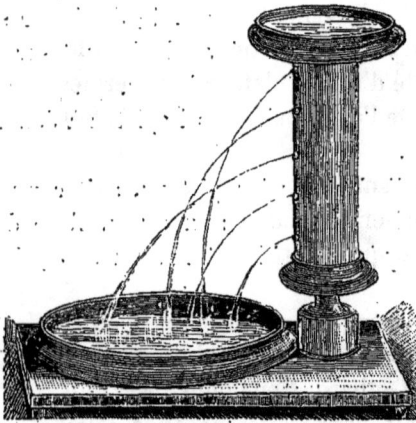

La vitesse d'écoulement d'un liquide, à sa sortie d'un orifice, est égale à celle qu'aurait acquise un corps en tombant librement de la hauteur comprise entre le niveau du liquide dans le réservoir et le centre de l'orifice.

Fig. 160. — ÉCOULEMENT DES LIQUIDES

Appelant h cette hauteur (désignée généralement sous le nom de *charge*), v la vitesse et g l'intensité de la pesanteur (page 112), la règle de Torricelli s'exprime par la formule :

$$v = \sqrt{2\,gh}.$$

On démontre expérimentalement cette loi au moyen d'un appareil dû à S'Gravesande, et qui se compose (*fig.* 160) d'un réservoir cylindrique métallique, communiquant avec un second réservoir plus large, sur lequel est marqué le niveau qu'atteint l'eau dans les deux réservoirs réunis. Le cylindre inférieur est percé d'ouvertures équidistantes, d'où l'eau s'échappe lorsqu'on retire les bouchons, dans une vasque disposée à cet effet. Or, on remarque que l'amplitude du jet fourni par l'ouverture médiane est la plus grande, et que les autres sont égales deux par deux, d'après leur

Emploi des divers systèmes de pompes dans un incendie (pages 338 et suivantes).

distance de cette ouverture, ce qui, en vertu des lois de la *balistique*, (science particulière qui calcule les mouvements, à travers l'espace, des corps pesants), indique que les vitesses ont, au sortir de l'orifice, la vitesse donnée par la loi de Torricelli.

Cependant, il n'est pas évident que les molécules d'un liquide qui s'écoule soient soumises à la seule action de la pesanteur. Les premières portions qui s'écoulent ne viennent pas de la surface et leur vitesse est due sans contredit à la pression exercée par la colonne liquide (page 170). La loi de Torricelli, en vertu de ce que le phénomène paraît avoir de complexe, ne peut donc être rigoureusement démontrée par l'expérience. De plus le jet liquide, sortant par l'orifice, n'est pas d'abord en réalité cylindrique comme l'orifice, il se contracte d'environ les 0,6 de la section de l'orifice en vertu de la capillarité ; puis il s'amincit de nouveau, par l'effet de la pesanteur, s'il descend. La loi de Torricelli n'est donc absolument exacte que dans le cas des orifices plus grands que l'épaisseur des parois du réservoir. Toutefois, il reste la loi suivante : *Les bouches de sortie étant identiques, les vitesses sont toujours entre elles proportionnelles aux racines carrées des charges (hauteurs de la surface libre).*

L'étude de cette loi est indispensable dans certaines applications journalières. Par exemple, quelle est la forme qui convient le mieux à l'orifice de la lance de pompe pour produire le jet d'eau le plus uniforme, le plus semblable à la baguette de cristal des tonneaux de porteurs d'eau et ayant le plus de portée ? Cela a donné lieu à de nombreuses études. Le trou percé dans une mince paroi a été regardé longtemps comme le meilleur orifice. Puis M. Flaud a découvert, qu'à impulsion égale, la tuyère plus ou moins conique, était préférable ; mais M. Jobard apporte encore un progrès sur M. Flaud. Il a constaté que le tube exactement cylindrique est encore le meilleur, pourvu qu'il soit terminé par un rebord net, tranchant, comme celui d'un emporte-pièce, et, par là même, qu'il représente en dehors un tronc de cône. « La portée, dit-il, est beaucoup plus grande que dans les lances en formé de canule. J'ai la certitude que la meilleure lance à manier est celle qui ressemble le mieux à un bâton de maréchal. »

ÉCOULEMENT D'UN LIQUIDE EN COMMUNICATION AVEC UNE MASSE D'AIR LIMITÉE DONT LA PRESSION PEUT VARIER. — Si la surface d'un liquide est en communication avec une masse d'air limitée, comme cela arrive, par exemple, dans un tonneau en vidange, l'écoulement a lieu tant que la colonne liquide pressée par l'air atmosphérique contenu dans l'intérieur du vase est plus forte que la pression atmosphérique venant de l'extérieur ; mais il arrive un moment où l'air intérieur se raréfiant de plus en plus, la pression atmosphérique extérieure fait équilibre à celui-ci et à la colonne liquide ; l'écoulement s'arrête alors.

PIPETTE. — Cette loi, constatant le rôle que joue la pression atmosphérique dans l'écoulement des liquides, a donné lieu à de nombreuses expériences utiles ou amusantes.

La *pipette*, petit instrument destiné à puiser dans un vase une portion de liquide que l'on ne veut pas agiter, se compose (*fig.* 161) d'un tube de verre, ouvert des deux bouts. L'extrémité inférieure, très effilée, étant plongée dans le liquide, l'instrument se remplit, soit par communication, soit par aspiration. On met alors le doigt sur l'extrémité supérieure, l'écoulement du liquide s'arrête bientôt, puisque la pression atmosphérique extérieure contrebalance la pression atmosphérique intérieure et le poids du liquide. On transporte le liquide où l'on veut, et, en retirant le doigt, l'écoulement recommence.

Fig. 161. — PIPETTE.

ENTONNOIR MAGIQUE. — BOUTEILLE INÉPUISABLE. — Les faiseurs de tours de *physique amusante* ont établi quelques-uns de leurs jeux sur ces principes. L'*entonnoir magique* est un entonnoir à doubles parois (*fig.* 162). La partie comprise entre les deux entonnoirs est remplie de vin, par exemple, et communique avec l'air extérieur par une petite ouverture placée près de l'anse. Si l'on met le doigt sur cette ouverture, le vin ne s'écoule pas, et l'eau versée dans l'entonnoir coule seule ; si l'on retire le doigt, le vin se mêle à l'eau, et le spectateur assiste à une reproduction en petit du miracle des *Noces de Cana*.

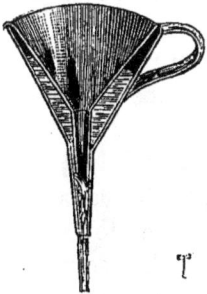

Fig. 162.
ENTONNOIR MAGIQUE.

La *bouteille inépuisable* (*fig.* 163) est une bouteille en tôle ou en gutta-percha, à compartiments multiples, dont chacun est rempli d'une liqueur différente. Chaque compartiment communique avec l'extérieur par un petit trou pratiqué dans la paroi de la bouteille, et que l'opérateur, ouvre ou ferme avec les doigts, selon la liqueur qu'il veut verser. Il produit également des mélanges en ouvrant ou fermant plusieurs trous simultanément.

C'est à M. Robert Houdin, habile prestidigitateur de notre temps, que sont dus ces deux appareils amusants.

FONTAINE INTERMITTENTE. — Cet appareil (*fig.* 164), imaginé par

Sturm (1), se compose d'un globe en verre, fermé par un bouchon à sa partie supérieure, et portant à sa partie inférieure deux ou trois petits orifices par lesquels l'eau peut couler. Ce ballon est maintenu sur un gros tube de verre qui pénètre dans son intérieur, et qui est fixé au milieu d'une vasque, sur un support percé de petits trous. Par ces trous l'air atmosphérique pénètre dans le gros tube, et de là dans le globe ; à mesure que l'eau s'écoule de celui-ci, l'air y rentre donc, et la pression atmosphérique agissant toujours, l'écoulement continue. Mais, quand l'eau de la vasque remplie surpasse les petits trous, l'air ne se renouvelle plus dans le globe, celui qui y est déjà se raréfie, bientôt la pression intérieure équilibre la pression atmosphérique extérieure, l'écoulement s'arrête et ne reprend que quand l'eau de la vasque s'est suffisamment échappée par un petit orifice placé au-dessous, et qui doit être moindre que ceux qui sont au globe supérieur.

Fig. 163. — BOUTEILLE INÉPUISABLE.

FONTAINE DE HÉRON. — Héron, dont nous avons parlé ci-dessus (page 13), a donné son nom à cet appareil. Ce sont deux globes de verre superposés (*fig.* 165) et réunis par deux tubes de verre ou de cuivre, et surmontés d'une cuvette. On remplit d'eau le globe supérieur par un trou percé au fond de la cuvette, on place dans ce trou un troisième petit tube plongeant dans l'eau du globe, puis on remplit la cuvette de liquide. Par le tube allant de la cuvette au globe inférieur l'eau s'écoule dans celui-ci, en chasse l'air qui y est renfermé, en le refoulant par l'autre tube, dans le globe supérieur. Cet air, réagit sur l'eau de ce dernier globe, de toute la force produite par la colonne d'eau descendante, et la fait jaillir, sous forme de jet d'eau, dans la cuvette, par le petit tube central.

SIPHON. — On nomme *siphon* un grand tube en verre recourbé, (*fig.* 166) à branches inégales, destiné à transvaser un liquide d'un vase dans un autre. Pour s'en servir, on *amorce* d'abord le siphon, c'est-à-dire

----

(1) STURM (J.-Christophe), connu sous le nom de *Sturmius* (1635-1703), pasteur protestant et professeur de physique à Altdorf (Bavière), est regardé comme le restaurateur des sciences physiques en Allemagne, quoiqu'il n'ait fait que vulgariser les découvertes des autres savants.

on le remplit du liquide, puis on plonge la petite branche dans le liquide à transvaser, l'autre s'ouvrant directement dans l'air. Aussitôt l'écoulement s'établit, parce que la pression atmosphérique s'exerçant sur la surface du liquide en A force celui-ci à passer dans le tube, et elle se continuera tant que la petite branche restera plongée dans le liquide.

En effet, la force qui presse le liquide en A et le force à prendre la direction ADB est égale à la pression atmosphérique p moins le poids d'une colonne d'eau dont la hauteur est AC, tandis que la force opposée qui presse le liquide en B et le pousse à prendre la direction BDA est égale à la pression atmosphérique p moins le poids d'une colonne d'eau dont la hauteur est BE. Or BE est plus grand que AC; il en résulte que la force p — AC est plus grande que la force p — BE. Le liquide s'écoulera donc dans le sens de la force p — AC, et d'autant plus vite que la différence entre AC et BE sera plus grande.

Fig. 164 et 165.

FONTAINE INTERMITTENTE ET FONTAINE DE HÉRON.

La force qui produit l'écoulement est ainsi la pression representée par une colonne liquide h' — h; la vitesse d'écoulement, en vertu du théorème de Torricelli, sera donc representée par la formule :

$$v = \sqrt{2\,g\,(h'-h)},$$

abstraction faite du frottement.

Il va sans dire que cette vitesse d'écoulement diminue à mesure que le niveau du liquide baisse dans le vase. Pour obtenir un *écoulement constant*, on suspend le fil à un tube s'enroulant sur une poulie et soutenant un petit poids qui monte à mesure que le siphon descend, ou bien on en-

gage la petite branche dans un flotteur en liège, de façon qu'elle enfonce toujours de la même quantité dans le liquide, et que l'orifice de la
grande branche et le niveau du liquide présentent toujours la même différence de hauteur.

L'*amorcement* du siphon se fait généralement en aspirant le liquide
par un tube latéral soudé à la longue branche, jusqu'à ce que celui-ci ait
dépassé la courbure du tube. Mais, pour les liquides avec lesquels il serait
désagréable ou dangereux d'agir ainsi, on emploie d'autres moyens. Ainsi,
pour l'acide sulfurique, on se sert d'un siphon en platine, disposé comme
le représente la figure III, et
qui est muni de deux robinets à entonnoir, placés à
la courbure de l'appareil et
d'un troisième robinet placé
à l'extrémité de la grande
branche. La petite branche
plongeant dans l'acide à
transvaser, on ferme le robinet d'en bas, on ouvre les
deux d'en haut. Par un de
ceux-ci on verse de l'acide
sulfurique qui coule dans la

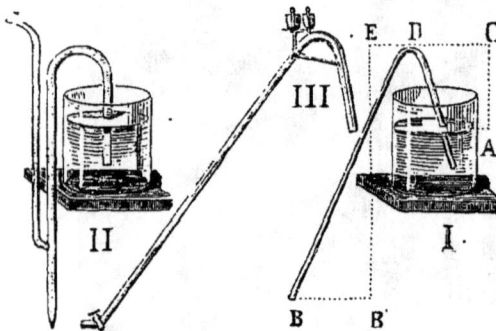

Fig. 166. — SIPHONS.

grande branche chassant ainsi l'air qui s'échappe par l'autre robinet. On
ferme ensuite le deux robinets supérieurs et l'on ouvre le robinet inférieur. Le liquide s'écoule, l'air se raréfie alors dans la petite branche,
l'acide du vase monte, et, quand il a dépassé la courbure, l'amorcement
est fait.

CAPTATION DES SOURCES. — Bien souvent un puits ou une source
se tarit pendant l'été, ou donne un débit de liquide insuffisant. En 1867,
un inventeur ingénieux, M. Donet, de Lyon, et plus récemment encore,
un agronome distingué d'Amélie-les-Bains, M. Chefdebien, ont mis en
pratique un procédé basé sur les principes ci-dessus, qui permet d'augmenter notablement le débit de la source ou du puits, et presque toujours
d'arrêter le tarissement.

Pour les puits, il suffit de les fermer hermétiquement par un couvercle. En effet la pression atmosphérique qui s'exerce sur la nappe souterraine à son point de départ, à l'origine même des eaux, s'exerce également à son point d'arrivée, par le trou béant du puits. Ces deux pressions
égales et inverses se font équilibre. Mais le puits fermé, la pompe in-

stallée, si l'on aspire, l'air contenu entre le couvercle et la nappe d'eau sera rejeté au dehors; un vide relatif existera, la pression exercée, au point de départ sera plus forte, l'eau franchira plus vivement la canalisation souterraine, et par suite, le débit augmentera.

Pour les sources, on ne peut installer une pompe, puisque la qualité essentielle d'une source est précisément de déverser l'eau sans appareil élévatoire. Mais, après avoir fermé l'orifice hermétiquement, on fait passer à travers le couvercle un tuyau que l'on prolonge extérieurement à volonté, de façon à le faire descendre en contrebas à 3, 4 ou 5 mètres, à

une différence de niveau aussi grande que possible. Ce tube fait siphon; l'air aspiré dans le tube s'écoule par l'extrémité; on a ainsi diminué la pression qui agit sur l'orifice de sortie d'une valeur correspondante à une colonne d'eau égale à la différence des niveaux, et le débit s'accroît en conséquence.

Dans la lettre qu'il écrivit récemment à M. Dumas, secrétaire perpétuel de l'Académie des sciences, M. Chefdebien cite une source, à Amélie-les-Bains, qui,

Fig. 167.

après qu'il y eut exécuté les opérations ci-dessus, donne aujourd'hui, et depuis six ans, sans intermittence ni interruption, dix-huit fois le débit qu'elle donnait précédemment.

APPLICATIONS DIVERSES (*fig.* 167). — Les *encriers siphoïdes*, certains vases pour faire boire les oiseaux, la *lampe d'Argand* (1), la *lampe hydrostatique* des frères Girard, la *lampe hydraulique* de Troyot, reposent sur les mêmes principes que le siphon. Pour filtrer et transvaser certains liquides, l'encre de Chine, par exemple, après qu'elle a été broyée, on dispose des mèches de coton ou d'amiante, ou des chiffons sur les bords du vase. En vertu de la capillarité (page 234), le liquide monte entre les fils, puis redescend le long de la mèche; c'est un siphon qui s'amorce de lui-

---

(1) ARGAND (Aimé), physicien suisse (1726-1803), fils d'un horloger de Genève, est l'inventeur des lampes auxquelles M. Quinquet donna son nom, c'est-à-dire que, en 1780, il inventa la cheminée, de verre et les mèches circulaires de coton. En raison de la circulation de l'air autour de la flamme cette disposition rendait parfaite la combustion de l'huile.

même. Si le liquide contient des poussières en suspension, il se trouve ainsi filtré. Le *vase de Tantale*, petit instrument de physique amusante, consiste en un siphon ayant la forme d'un tube recourbé, et dissimulé dans l'épaisseur des parois d'une coupe en métal. La grande branche du siphon traverse le pied. Quand on porte à la bouche, du côté de la courbure du siphon, le vase plein de liquide, l'amorcement a lieu et le liquide *fuit* les lèvres du buveur.

FONTAINES INTERMITTENTES NATURELLES. — Le jet de certaines sources variant d'une manière périodique est dû à la présence, dans les entrailles de la terre, d'un siphon naturel servant de canal d'écoulement à un réservoir, alimenté par un filet d'eau d'un débit inférieur à celui du siphon lui-même. Lorsque le niveau de l'eau atteint la courbure du siphon, celui-ci s'amorce, l'eau s'écoule, le réservoir se vide; alors l'écoulement s'arrête jusqu'à ce que le niveau ait de nouveau atteint la courbure.

Ces fontaines se produisent surtout dans les sols calcaires. Citons, en France, celle de *Fouent-Levant*, près de Colmars (Basses-Alpes) qui coule et tarit de 7 minutes en 7 minutes; celle de la *Fontaine-Ronde* à Loutelet (Doubs); le *puits de la Brême*, près d'Ornans (Doubs), gouffre qui, dans certains moments, se remplit d'une eau limoneuse qui s'élance en bouillonnant et inonde le vallon; la *fontaine du Pont de l'Oleron*, celle de *Genet*, près de Baune (Côte-d'Or); celle de *Frais-Puits*, à 5 kilomètres de Vesoul (Haute-Saône).

M. Malte-Brun rapporte, au sujet de cette dernière fontaine intermittente, une anecdote intéressante.

« Près de Vesoul existe un torrent ordinairement à sec: le ravin qu'il forme aboutit à un gouffre de 16 mètres de profondeur sur 20 mètres de diamètre. Dans les temps ordinaires, il est également à sec; mais, après des pluies abondantes, il vomit tout à coup une masse d'eau qui inonde les prairies d'alentour jusqu'à la partie basse de la ville, et transforme en un grand lac les terrains inclinés vers la Saône. Ce phénomène dure trois jours, après lesquels les eaux se retirent, le gouffre se vide, et le torrent cesse de couler.

» Or, vers le milieu du XVIᵉ siècle, une armée allemande, au retour d'une expédition sur la Bresse, dépourvue de munitions et d'argent, prend la résolution de mettre Vesoul au pillage; elle se prépare à escalader les murailles; mais il avait plu pendant vingt-quatre heures; la plaine se couvre d'eau, et les Allemands effrayés, attribuant cette inondation subite à des écluses que les habitants avaient ouvertes pour leur défense, fuient en abandonnant leur artillerie et leurs bagages.

» Une cause toute naturelle avait sauvé Vesoul, et la source du *Frais-Puits* en avait tout l'honneur. »

Les anciens et les chrétiens du moyen âge avaient attribué à des

Vue de l'ancienne machine de Marly (page 343).

causes sacrées ces intermittences dans l'écoulement de certaines sources, et Pline nous parle de la fontaine de Jupiter, à Dodone, qui rallumait les torches éteintes et qui tarissait et débordait tour à tour à heures fixes. On rapportait au caprice d'un dieu un phénomène dû simplement à l'existence d'un siphon naturel.

CHAPITRE XV

POMPES

HISTORIQUE. — Nous avons dit que l'invention des pompes était due a Ctésibius (page 12), et nous avons remarqué que le christianisme, « *en moralisant le monde* », avait négligé tout progrès des sciences physiques, avait même poussé l'humanité à perdre les conquêtes déjà faites ; aussi fut-ce seulement à l'époque de Galilée que l'on s'expliqua la théorie de l'aspiration de l'eau dans les pompes.

Nous avons raconté (page 244) le petit événement qui dirigea l'esprit de Galilée vers cet objet, et qui fut la cause de la découverte de la pesanteur de l'air. Jusqu'alors, quand on demandait à un savant la raison d'un phénomène quelconque, il vous répondait, avec un sourire de savant : « C'est la nature ! » Si l'on s'adressait à un prêtre, ou à un seigneur, ou à un roi, ou à n'importe qui de haut placé, il vous disait : « C'est Dieu ! » Et malheur à celui que cette réponse ne satisfaisait pas complètement.

Il nous est permis aujourd'hui d'expliquer, sans intervention miraculeuse, le principe de l'ascension de l'eau dans les pompes.

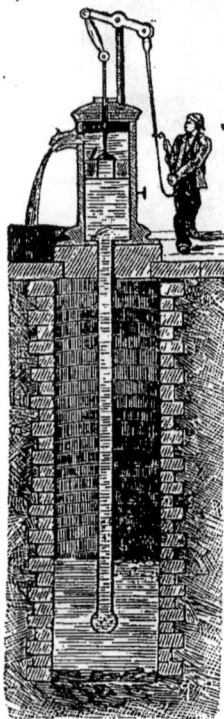

Fig. 168.

POMPE ASPIRANTE.

POMPE ASPIRANTE. — Quelle que soit la forme qu'elles affectent, les *pompes* se divisent en trois espèces : la pompe *aspirante*, la pompe *foulante* et la pompe *aspirante et foulante*.

La *pompe aspirante* (*fig.* 168), qui n'est pas autre chose qu'une machine pneumatique, se compose d'un tuyau d'aspiration TT', surmonté d'un corps de pompe dans lequel se meut un piston P, formé d'un disque épais de métal ou de bois, garni sur son pourtour de cuir ou d'étoupes, pour qu'il ferme hermétiquement. Ce piston est percé d'une ou de plusieurs soupapes, S, qui s'ouvrent de bas en haut. Le tuyau d'aspiration est également fermé par un clapet ou soupape conique C, appelée *soupape dormante*, s'ouvrant de bas en haut. Dans le haut du corps de pompe est un tuyau latéral E par lequel l'eau doit s'échapper dans l'air du dehors.

Or, qu'au moyen d'un long levier L, appelé *brimbale*, s'articulant à deux branches dites *bielles*, qui elles-mêmes s'articulent avec la tige du piston, on élève ce piston, le vide se produit au-dessous de lui, la soupape S reste fermée puisqu'elle est soumise à la pression atmosphérique, la soupape C s'ouvre, et l'eau du réservoir, n'ayant plus de pression à supporter, envahit le tuyau d'aspiration, et, après deux ou trois aspirations, le corps de pompe. Le piston redescendant alors, la soupape C se referme par son propre poids, la soupape S s'ouvre sous l'effort de l'air comprimé par le piston, lequel s'échappe par le tuyau E, et aussi l'eau, quand, après quelques coups de piston, la pompe a été *amorcée*.

Théoriquement, nous l'avons vu (page 250), l'eau devrait s'élever dans le tuyau d'aspiration à $10^m,33$ quand la pression baromètrique est de $0^m,76$; mais, dans la pratique, on donne aux tuyaux d'aspiration verticaux seulement 8 à 9 mètres, à cause des fuites qui se trouvent dans les joints des pompes les mieux construites, à cause des frottement de l'eau sur les parois qui déterminent une perte de force, etc.

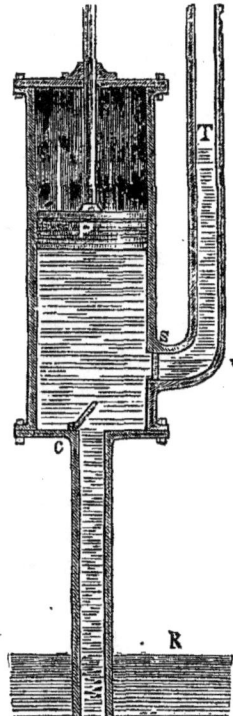

Fig. 169.

POMPE FOULANTE.

Pour les puits profonds, on se sert d'une pompe aspirante modifiée, qui porte le nom de pompe *aspirante et élévatoire*. Dans cette pompe, l'eau ne s'écoule pas dès qu'elle est au-dessus du piston, elle s'élève dans un canal latéral, où elle est refoulée quand le piston s'élève. Ordinairement un robinet placé sur ce canal latéral permet de faire fonctionner la pompe comme une simple pompe foulante.

POMPE FOULANTE. — Dans la *pompe foulante* (*fig.* 169), le piston P est plein, et le corps de pompe plonge dans l'eau du réservoir R. Un tuyau TT' est établi entre l'air du dehors et ce corps de pompe au moyen d'une soupape S s'ouvrant de haut en bas, c'est-à-dire du corps de pompe dans le tuyau. Une autre soupape C, s'ouvrant de bas en haut, sert à établir ou à interrompre la communication entre le corps de pompe et le réservoir. Or, quand on abaisse le piston P, la soupape C se ferme, la soupape S s'ouvre et laisse passage à l'eau qui est projetée au dehors par le tuyau TT'. Quand on relève le piston, la soupape S se ferme sous le poids de la colonne d'eau qui est déjà dans le tuyau TT'; en même temps la soupape C s'ouvre, et, soulevée par la pression atmosphérique, l'eau s'introduit de nouveau dans le corps de pompe, et ainsi de suite.

POMPE ASPIRANTE ET FOULANTE. — Celle-ci participe des deux pompes ci-dessus. Elle est construite comme elles ; c'est, en réalité, une pompe foulante à laquelle il a été ajouté un tuyau d'aspiration ; seulement, au lieu de sortir par le piston, qui, dans cette pompe, reste plein, l'eau sort par le canal latéral dans l'aspiration, comme dans le refoulement. C'est de cette pompe que l'on fait usage lorsqu'il s'agit d'élever l'eau à une grande hauteur. Il faut alors que les pièces composant la machine présentent une grande solidité pour résister à l'énorme pression produite par la colonne d'eau. Le piston, appelé *piston plongeur*, est entièrement métallique ; le corps de pompe n'est pas *alésé*, c'est-à-dire poli intérieurement ; il porte à sa partie supérieure une boîte à étoupes dans laquelle glisse le piston.

Dans les mines, pour les travaux d'épuisement, on se sert de pompes aspirantes et foulantes ; mais la hauteur du déversoir étant très grande, une première pompe élève l'eau jusqu'à un réservoir dans lequel plonge le tuyau d'aspiration d'une seconde pompe, et ainsi de suite. Les tiges des diverses pompes sont unies à une tige unique, nommée *maîtresse tige*.

POMPES A DOUBLE EFFET. — D'après le mécanisme ci-dessus décrit, on voit que l'eau ne peut s'écouler que d'une façon intermittente. Pour éviter cet inconvénient, on a dû construire des pompes disposées de façon que l'aspiration et le refoulement du liquide se fassent à la fois et pendant la montée et pendant la descente du piston. On a atteint ce but en accouplant deux pompes, refoulant dans le même tuyau d'ascension et disposées de manière que, quand le piston de l'une monte, celui de l'autre descend. Dans les lampes Carcel, c'est par ce système que l'huile s'élève jusqu'à la mèche, grâce à deux petites pompes foulantes, mues par un mouvement d'horlogerie que l'on monte avec une clef, comme une pendule, et qui sont placées dans le pied de la lampe.

L'invention des *pompes foulantes à double effet* est due à de Lahire (1).
Cette sorte de pompe se compose (*fig.* 170) d'un corps de pompe muni de
quatre soupapes, A, B, C, D, s'ouvrant de droite à gauche, c'est-à-dire
les soupapes B et D communiquant avec le tuyau d'aspiration T, tandis
que A, C communiquent avec le
tuyau de refoulement R. En conséquence, quel que soit le mouvement
du piston, il y a aspiration et refoulement en même temps.

POMPES A INCENDIE. — Pendant toute l'antiquité et tout le
moyen âge, il appartenait à chacun
de veiller aux incendies, et les
moyens employés pour les éteindre
étaient tellement primitifs que les
ravages du feu étaient effrayants.
Ce fut seulement au XVIIᵉ siècle que
la pompe à incendie, telle à peu
près que nous allons la décrire, fut
inventée en Allemagne et se répan-
dit en Europe. En 1699, un gentilhomme provençal, revenant de
Hollande, Dumourier - Duperrier,
obtint le privilège du roi d'en faire
confectionner et d'en vendre en
France. Louis XIV en acheta douze
dont il fit cadeau à la ville de Paris;
elles étaient desservies par les ouvriers des fabricants, et comme il
n'y avait pas de fonds pour leur

Fig. 170. — POMPE A DOUBLE EFFET.

entretien, les incendiés payaient les secours qu'ils recevaient. Quelques
années plus tard, on organisa la compagnie des *garde-pompes*, et une inscription fut placée sur la porte du directeur : *Pompes publiques du roi
pour remédier aux incendies sans qu'il soit nécessaire de payer*. Ce ne fut

---

(1) LAHIRE (Philippe DE), géomètre, mécanicien, astronome, hydrographe (1640-1719), professeur d'astronomie et de mathématiques au Collège de France, membre de l'Académie des sciences.
Ses principaux travaux sont relatifs à la carte de France, qu'il dressa en 1678, et à des nivellements
intéressants exécutés pour amener les eaux à Versailles.

qu'au xviiie siècle que Perronet (1) inventa la double pompe à jet continu, application et perfectionnement de celle de Lahire.

Les *pompes à incendie* ordinaires (*fig.* 171) consistent en deux pompes
foulantes accouplées dont les tuyaux latéraux débouchent dans un réservoir R plein d'air, dans lequel plonge un tube T qui porte à son extrémité
extérieure un long boyau terminé par un tube conique en cuivre, appelé
lance et qui n'a que 0^m,015 de diamètre intérieur. C'est ce boyau de cuir

Fig. 171. — POMPE A INCENDIE.

qui sert à amener l'eau sur les endroits enflammés. Les deux corps de pompe,
en cuivre rouge, sont placés dans une cuve MN, nommée *bâche*, et dans
laquelle on apporte constamment de l'eau, en faisant la *chaîne* sur le lieu
de l'incendie. Dans ces corps de pompe se meuvent des pistons PP', ma-
nœuvrant au moyen de deux bielles *bb'*, fixées à un balancier AB que font
manœuvrer huit hommes. Quoique le jeu des pistons soit alternatif, il
pourrait y avoir une certaine intermittence dans le jet, mais il faut remarquer que l'eau refoulée par les pompes, au lieu d'aller directement dans
le tuyau T, se rend d'abord dans le réservoir, et s'y accumule, la résistance de l'air la forçant à s'écouler plus lentement qu'elle n'arrive ; l'air
comprimé réparti par son ressort les variations de vitesse du liquide, en
sorte que le jet est continu et régulier.

On se sert beaucoup aujourd'hui, et l'usage certainement s'étendra de

---

(1) PERRONET (Jules-Rodolphe), savant ingénieur (1708-1794), fondateur de l'École des ponts
et chaussées, construisit de nombreux ponts, entre autres celui de Neuilly, premier exemple d'un
pont horizontal, et le pont Royal à Paris; dirigea les travaux du canal de Bourgogne, présenta un
plan pour amener à Paris les eaux de l'Yvette, etc.

plus en plus, des pompes à incendie à vapeur. Nous donnons un dessin d'une des plus connues, nous réservant de parler longuement d'elle quand nous traiterons des machines à vapeur : la construction de ces pompes n'étant point basée sur le principe de la pression atmosphérique.

MOTEURS DES POMPES. — Pour obtenir le mouvement de va-et-vient des pistons dans les corps de pompe, on s'est servi de moteurs de toutes sortes. Les pompes ordinaires sont munies d'un balancier mû à bras d'homme; quand on a besoin d'une force plus grande, on emploie une roue qu'on tourne, ou un cheval qui fait aller un manège, comme on les voit chez les maraîchers, ou la vapeur, comme à la pompe à feu de Chaillot, comme aux usines hydrauliques dont nous avons parlé (page 205) et qui élèvent l'eau jusqu'aux réservoirs de Paris; ou le vent, comme autrefois pour les immenses travaux de desséchement exécutés à Harlem et dans toute la Hollande; ou bien encore la force développée par un courant.

C'était par ce dernier procédé que l'ancienne machine de Marly élevait les eaux de la Seine jusqu'aux châteaux royaux de Marly et de Versailles, à l'aide de 14 roues hydrauliques communiquant le mouvement à 221 pompes qui donnaient 5,000 mètres cubes d'eau par jour. Aujourd'hui, grâce à la vapeur, 4 roues seulement, faisant mouvoir 16 pompes, fournissent une quantité d'eau beaucoup plus grande que celle de l'ancienne machine, 8,000 mètres cubes.

Nous retrouvons une bien spirituelle et bien claire histoire de cette machine de Marly; nous la transcrivons, afin de permettre de comparer les moyens employés aujourd'hui pour la distribution des eaux dans les villes avec les moyens dont on se servait autrefois.

« En 1676, Mansart, sur les dessins duquel on bâtissait Marly, manifesta à Louis XIV le besoin d'une machine quelconque pour faire monter l'eau dans les jardins de ce château. C'était simple à concevoir, difficile à exécuter. Louis XIV ne s'émut pas plus qu'il ne fallait; il avertit tout simplement les savants de l'Europe qu'ils eussent à le pourvoir et à ne pas le faire attendre longtemps. Aussitôt on vit affluer les projets : les têtes les plus lourdes de calculs se penchèrent opiniâtrément pour trouver une solution glorieuse. Le baron de Ville, originaire de Liège, déjà connu en France par plusieurs ouvrages hydrauliques, s'offrit pour entreprendre la machine en question. Son projet fut accueilli; il se mit alors à l'œuvre, puissamment aidé par un sien compatriote, mécanicien habile, nommé Rennequin Swalem. Quelques-uns prétendent même que Rennequin fut l'inventeur, et que le baron de Ville ne fut qu'un de ces collaborateurs dangereux qui prêtent leur nom, mais prennent la gloire. Quoi qu'il en soit, Rennequin dirigea les travaux et les ouvriers, et, la machine achevée, le baron de Ville en fut nommé gouverneur avec des appointements proportionnés. Il habita le pavillon de Louveciennes ; quant à Rennequin, il resta toujours conducteur avec 1,800 francs d'appointements. Il est mort, à la machine, en 1708, âgé de soixante-quatre ans, sans avoir protesté jamais contre la prétendue usurpation du baron de Ville. Au reste, voici ce qu'on lit sur une carte représentant l'ancienne machine de Marly, dessinée en 1688 :

Cette machine sert à embellir les maisons royales de Versailles, de Trianon et de Marly, et peut servir à Saint-Germain-en-Laye. Elle a été construite par ordre du Roi sur les projets et par la direction de M. le baron de Ville.

» On commença les travaux en juin 1681, et l'eau monta en 1685. Ce fut un beau jour que celui-là, mais rudement acheté par des efforts, des recherches, des tâtonnements sans nombre. Quant à la dépense, personne ne s'en étonna. Elle fut de six à sept millions d'alors, ce qui en ferait bien quatorze ou quinze aujourd'hui ; encore dit-on qu'on n'écrivit pas tout. L'entretien de la naïade s'élevait à soixante-onze mille seize livres, mais on dit de même que les journées n'y étaient pas. Rien ne parut exagéré ; d'ailleurs, qui se serait plaint ? Le peuple ? Cela ne le regardait pas. Si cet argent ne lui donnait pas de pain, il lui donnait au moins des spectacles ; c'était assez. Quant à Louis XIV, de si infimes considérations ne montaient pas jusqu'à lui ! Il était roi, il était dieu, il était tout !

» Marly avait seul d'abord profité de la machine. Ce ne fut que vingt ans après son entière exécution, que, la population augmentant considérablement dans Versailles, et les eaux des sources tarissant dans les temps de sécheresse, on en amena des réservoirs de Marly. Toute l'eau remuée, prise et avalée par la machine, était montée à l'aide de 221 pompes, espacées en trois fois, et de deux puisards, sur une plate-forme qui se trouve à 500 pieds ou 162 mètres au-dessus de la rivière. De cette tour les eaux tombaient dans une cuvette qui leur servait de jauge ; de là elles coulaient dans l'aqueduc qui a 310 toises de longueur, est soutenu sur 36 arcades construites en pierres meulières, et dont les angles et toutes les saillies sont en pierres de taille. Au haut de cet aqueduc était une tour d'environ 44 pieds de hauteur, construite comme la grande tour et les aqueducs. L'eau était reçue dans une bâche au fond de laquelle étaient des soupapes, qui distribuaient l'eau à Marly et à Versailles. Voilà

sommairement l'appareil digestif avec lequel le monstre buvait dans la
Seine ce qu'il soufflait ensuite sur les jardins.

» Si tous les hommes (ou du moins presque tous les hommes, comme

Vue de la nouvelle machine de Marly (page 346).

le disait en se reprenant un prédicateur courtisan à Louis XIV) sont sujets
à la mort, les ouvrages construits par les hommes sont tributaires des
mêmes destinées. A force de tordre des flots dans son gosier, au bout d'un
siècle, la vieille machine sentit en elle des lésions profondes ; son estomac

se délabra, ses dents branlèrent, des fêlures visibles se firent à son crâne ; elle commença à branler et à secouer la tête. Elle était devenue asthmatique au dernier point, sans compter que, tout incurable qu'elle était, la maladie de la centenaire coûtait cher à l'État. On assembla donc un conseil d'ingénieurs-mécaniciens. Mais la Révolution française arriva ; et tout fut abandonné.

» Alors commença pour la pauvre invalide une série d'infortunes, d'alternatives douloureuses ; tantôt on y mettait la pioche du démolisseur, tantôt les échafaudages. Elle fut vendue à l'encan, abandonnée, trahie, crucifiée. Un de ses adorateurs, désespéré, commença en style quelque peu irrévérencieux l'histoire de son martyre...

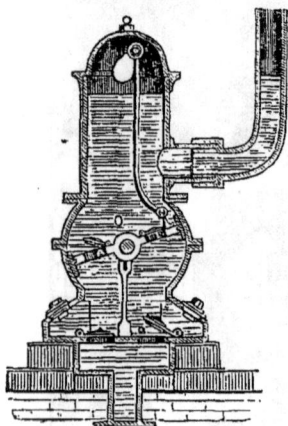

Fig. 172.

POMPE DE BRAMAH.

» La machine cependant ressuscita avant d'avoir entièrement succombé.

» En 1807, les projets, les travaux recommencèrent ; mais des sommes énormes furent vainement dépensées.

» En 1811, M. Cécile vint prendre la direction, et trancha la difficulté. Ce fut lui qui, conjointement avec M. Martin, remit une âme dans les poumons disloqués, ou plutôt refit d'autres poumons. Ce fut lui qui appliqua la vapeur, et fit construire cet édifice, à fronton grec, dans lequel la pauvre nymphe se noircit et se meurtrit dans les engrenages en poussant des soupirs affreux. On dirait un temple, sans le panache noir qui se balance presque toujours sur sa tête, et qui atteste l'alimentation d'un foyer plus ardent qu'un trépied ou qu'un encensoir de nos jours. »

Elle fut détruite de nouveau en 1848, rétablie en 1826, et enfin remplacée définitivement en 1864 par celle qui existe aujourd'hui.

POMPES OSCILLANTES. — Ce n'est pas toujours au moyen d'un piston se mouvant alternativement de bas en haut et de haut en bas que l'on obtient le vide dans un tuyau cylindrique, et ainsi l'ascension de l'eau. Dans les pompes dites *oscillantes*, inventées par Bramah, le piston est remplacé (*fig.* 172) par une pièce fixe retangulaire *oscillant* autour d'un axe O, en s'appuyant sur les parois du corps de pompe qui est cylindrique. Cette pièce est percée de deux soupapes A et B, agissant chacune dans une des parties du corps de pompe, lequel est divisé en deux par une cloison. L'effet produit par le mouvement oscillatoire de la pièce AOB sur les soupapes se comprend immédiatement, à la vue seule de la figure.

POMPES ROTATIVES. — Les pompes *rotatives*, comme leur nom l'indique, produisent l'élévation de l'eau par la rotation de l'appareil. Dans le système de Stoltz, que nous prenons pour type (*fig.* 173), les tuyaux de refoulement A et d'aspiration B aboutissent à un tambour *a b c d*, concentrique au corps de pompe, par deux ouvertures *x*, *z*, séparées entre elles par une cloison de fer. Ce tambour n'est pas parfaitement circulaire ; une cloison de fer *h i*, percée de trous, courbe également, le déforme en face des points *x*, *z*, où débouchent les tuyaux A et B. Un autre anneau, ayant même centre O que le tambour et le corps de pompe, supporte quatre palettes *p*, mobiles dans des fentes, et qui s'appuient d'un côté sur la paroi intérieure du tambour *a b c d*, de l'autre sur une lame courbe de fer *l m s t*, nommée un *excentrique*, parce que ce genre de courbes solides tourne autour d'un point qui n'est pas son centre. Cet excentrique a pour objet de

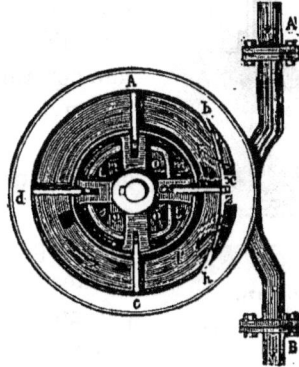

Fig. 173.
POMPE ROTATIVE DE STOLTZ.

transformer le mouvement de rotation des palettes en un mouvement de va-et-vient de l'intérieur à l'extérieur de l'anneau.

Or, quand on donne à l'anneau O un mouvement de rotation, une palette, arrivée en face de *z*, est tout à fait rentrée à l'intérieur de A ; en continuant à avancer de *a* en *b*, en *c*, en *d*, cette palette laisse derrière elle un vide que l'eau du tuyau B vient remplir en passant par les trous de la cloison *h i ;* la palette suivante refoule cette eau, et, au bout de quelques tours, l'eau refoulée de plus en plus dans l'espace compris entre les deux palettes tend à s'échapper par le canal A et s'écoule.

POMPES A FORCE CENTRIFUGE. — On désigne sous ce nom des pompes puissantes d'un usage encore peu répandu en Europe, très communes déjà en Amérique, mais qui sont appelées à un grand avenir par suite de la simplicité de leur mécanisme, et l'absence de pièces pouvant se détériorer par l'usage. On les appelle *centrifuges* parce qu'elles aspirent l'air par le centre et le rejettent par la circonférence en chassant l'eau dans le tuyau de refoulement.

Nous décrirons deux des principaux types de ces pompes.

La pompe de Behrens, dont nous reparlerons ci-après, aux *Machines*

à vapeur, est très employée en Amérique, dans les brasseries et les raffineries, comme pompe élévatoire des liquides dans les réservoirs. Elle se
compose (*fig.* 174) de deux arbres A et B, mis en mouvement en sens

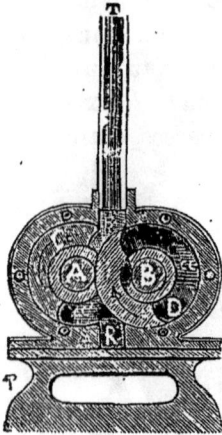

Fig. 174.

POMPE DE BEHRENS.

contraire par un moteur quelconque, soit la vapeur.
Chaque arbre est l'axe d'une portion de couronne massive C et D, sorte de pistons qui se meuvent à l'intérieur d'un corps de pompe, communiquant avec le
tuyau d'aspiration T et le tuyau de refoulement R.
En tournant, le piston C fait le vide derrière lui
lorsqu'il arrive en face du tuyau T d'aspiration;
une certaine quantité d'eau remplit ce vide. L'autre
piston D, arrivant, foule dans le tuyau R l'eau qu'il
rencontre, et à son tour, en face du tuyau T, aspire
de l'eau, que le piston C va ensuite refouler, et ainsi
de suite.

La pompe d'Appold (*fig.*175) consiste en une roue R
montée sur un axe horizontal A, mis en mouvement
par un moteur quelconque. Cette roue est à aubes
courtes et est divisée en deux parties par une cloison
verticale. Les couronnes dans lesquelles ces aubes sont emboîtées ont
un orifice communiquant avec un des tuyaux d'aspiration T. En tournant, l'eau entraînée tend à continuer son mouve-
ment en ligne droite (page 75), et fuit l'axe de rotation vers lequel se produit un vide immédiatement
rempli par l'eau du tuyau d'aspiration T. L'eau se
trouve alors comprimée dans l'espace E concentrique
à la roue et s'élance dans le tuyau S de refoulement.

POMPES SPIRALES. — Ce genre de pompes est
connu depuis la plus haute antiquité. La *vis d'Archimède* en est une : c'est d'ailleurs une des plus
avantageuses lorsqu'il s'agit d'élever l'eau seulement
de quelques mètres. Sa simplicité, le peu d'espace
qu'elle occupe, la facilité avec laquelle on l'établit la
font employer très souvent, particulièrement en Hollande pour les épuisements de marais.

Fig. 175.

POMPE D'APPOLD.

Elle se compose (*fig.* 176) d'un bâti sur lequel repose un axe incliné,
placé à sa partie inférieure sur une crapaudine et à sa partie supérieure sur un coussinet supportant un cylindre dans lequel se trouvent

des conduits hélicoïdaux qui sont les parties principales de la machine.

L'axe et le cylindre creux forment ce que l'on appelle le *canon* de la vis ; lorsque cette dernière est destinée à être mise en mouvement par un bras d'homme, l'axe se termine à sa partie supérieure par une manivelle coudée ; quand elle doit être mue par un moteur quelconque, il est terminé par un engrenage qui lui transmet le mouvement de rotation de l'arbre principal de la machine motrice.

Le canon plonge par sa partie inférieure un peu au-dessous du ni-

Fig. 176. — POMPES SPIRALES. (Desséchement d'un canal en Hollande.)

veau de l'eau qu'il s'agit d'élever : lorsqu'on lui imprime un mouvement de rotation dans le sens contraire à celui des hélices qui forment les conduits, l'orifice de ces derniers, en passant dans l'eau, en puise une certaine quantité qui s'élève de spire en spire, vient sortir par l'orifice supérieur, où elle trouve, au moyen d'un tuyau, l'issue qui lui est destinée.

Cette machine varie en diamètre, comme la quantité d'eau qu'on veut lui faire élever. L'angle que les hélices font avec l'axe du noyau doit être d'environ 50 degrés ; il n'y a rien cependant d'absolu à cet égard. L'expérience démontre qu'un ouvrier, de force ordinaire, peut élever en une heure de temps 15 mètres cubes d'eau à un mètre de hauteur avec une vis d'Archimède bien disposée.

La *pompe spirale* proprement dite n'est point autre chose, comme le montre la figure, qu'une vis d'Archimède construite d'une manière plus commode.

CHAPITRE XVI

POUSSÉE DE L'AIR — AÉROSTATS

CORPS FLOTTANTS DANS L'ATMOSPHÈRE. — Le principe d'Archimède est aussi vrai pour les gaz que pour les corps liquides, et les lois qui découlent du principe s'appliquent à l'un ou à l'autre de ces corps.

C'est, en effet, par suite de leur fluidité, c'est-à-dire de la grande mobilité de leurs molécules que les liquides exercent une poussée verticale de bas en haut sur les corps qui y sont plongés (page 210); il est donc évident que les corps gazeux, et en particulier l'air atmosphérique, jouissant d'une fluidité beaucoup plus grande, doivent également exercer sur tout ce qui s'y trouve plongé une poussée verticale de bas en haut. Cette poussée, à cause du faible poids de l'air, a certainement moins de valeur que celle de l'eau; mais elle est encore assez forte, puisqu'elle est égale au poids de l'air dont ces corps occupent la place. L'air atmosphérique

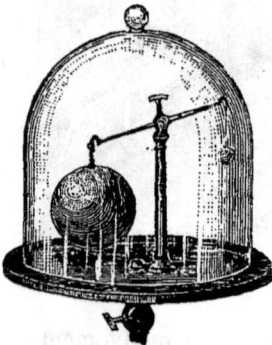

Fig. 177. — BAROSCOPE.

pesant, par exemple, 1 gramme par décimètre cube, un corps d'un décimètre de volume, ne pesant que $0^{gr},25$ subira ainsi une poussée de $1^{gr},00 — 0^{gr},25 = 0^{gr},75$.

BAROSCOPE. — Quand on pèse un corps dans l'air on n'a donc pas son poids réel, mais seulement l'excès du poids de ce corps sur le poids du volume d'air qu'il déplace. Ce principe se démontre expérimentalement à l'aide du *baroscope*.

Le baroscope (du grec *baros*, pesanteur, et *scopeo*, j'observe) n'est autre chose qu'une balance (*fig.* 177) supportant à chaque extrémité du fléau deux boules de cuivre, de diamètres très différents, mais dont la plus petite, qui est pleine, fait exactement équilibre dans l'air à la plus grosse qui est creuse. Si l'on place l'appareil sous la cloche d'une machine pneumatique, on voit, dès que le vide est fait, que l'équilibre est rompu et que la plus grosse l'emporte sur la plus petite. C'était donc auparavant la poussée de l'air qui maintenait l'équilibre, c'est-à-dire que la grosse sphère perdait la plus grande partie de son poids. Que l'on ajoute à la petite sphère, le poids d'un volume d'air égal au volume de la grosse sphère, l'équilibre se rétablira aussitôt. Que l'on introduise sous la cloche de l'acide carbonique, qui est plus dense que l'air, la poussée supportée par la grosse sphère sera plus grande que celle supportée par la petite sphère, et cette dernière emportera la grosse sphère.

Tout ce que nous avons dit (page 211) des corps plongés dans les liquides est applicable aux corps plongés dans l'air atmosphérique. Ainsi s'explique l'ascension dans l'atmosphère de la fumée, de la vapeur d'eau, des nuages, et aussi des aérostats.

Fig. 178. — GODWIN.

Fig. 179. — CYRANO DE BERGERAC.

AÉROSTATS. — HISTORIQUE. — Nous avons dit (pages 14 et 15) tout ce que l'antiquité nous a laissé relativement à l'*aérostatique;* le manque absolu de documents ne nous permet pas de juger de la valeur de ces essais de navigation aérienne. Il est permis de croire cependant que l'attention des philosophes et des savants dut se porter, dès les temps les plus anciens, sur ce moyen de locomotion, et que, la vue du cygne ayant donné, dit-on, l'idée de la construction des vaisseaux, la vue de l'aigle et des autres oiseaux a probablement mspiré le désir de les imiter. Mercure aux pieds ailés n'est-il pas un mythe qui représente les rêves et les espérances des physiciens de ces temps-là ?

Le christianisme convertit le monde. Deux tentatives seulement apparaissent alors, nous signalant les préoccupations de l'esprit humain sur cet objet. Leur insuccès est attribué à la volonté divine, châtiant l'orgueil insensé de l'homme. Rappelons, en effet, qu'en 1783, après les expériences de Montgolfier, les pamphlets pieux déclaraient la découverte des aérostats *immorale,* surtout « parce que Dieu n'ayant pas donné d'ailes à l'homme, il est impie de prétendre mieux faire que lui et d'empiéter sur ses droits. »

Fig. 180. — L'HOMME VOLANT
(dans le livre de Rétif de La Bretonne).

La première de ces deux tentatives est celle de Simon le Magicien (66 après J.-C.). C'était un Juif qui, après de longs voyages en Égypte et dans tout l'Orient, était revenu dans sa patrie, à Samarie, où sa science le fit bientôt connaître, admirer et aimer de ses concitoyens qui l'appelaient « *la vertu de Dieu.* » Croyant trouver dans le christianisme naissant quelque chose à apprendre, il fit comme il avait fait auparavant pour arracher quelques secrets aux prêtres de l'Égypte et de l'Inde, il offrit de l'argent en échange de révélations utiles. Déçu dans ses espérances, il abandonna la secte nouvelle, et poursuivit seul ses travaux. Étant allé à Rome, où Néron, avide de tout prodige, entretenait dans le palais impérial un homme qui avait promis d'inventer une machine capable de le soutenir dans les airs, Simon s'éprit de l'idée, et tenta à son tour de la mettre à exécution, quand le premier inventeur eut échoué. Il ne réussit pas ; saint Pierre et saint Paul empêchèrent, dit-on, par leurs prières, que Simon découvrît dès lors l'aérostation. S'étant en effet, lancé du haut d'une tour, soutenu par l'appareil qu'il avait imaginé, il s'éleva et se maintint quelque temps ; mais bientôt il tomba, et, s'étant brisé la cuisse dans sa chute, il ne put supporter ses douleurs et sa honte : il se précipita du haut d'un comble et se tua.

L'autre essai fut tenté par un Sarrasin, à Constantinople, au temps
de l'empereur Emmanuel Comnène. Les expériences de celui-ci étaient
basées sur le principe du plan incliné : il descendait suivant une route

LES FRÈRES MONTGOLFIER.

oblique, se servant, au moyen d'une longue robe, aux pans fort larges et
retroussés avec de l'osier, de la résistance de l'air comme point d'appui.
Il échoua comme Simon le Magicien, et, comme lui, se tua en tombant.

Jusqu'au XIIIᵉ siècle, l'histoire de l'aérostatique ne renferme plus aucun fait. A cette époque, le moine Roger Bacon (1), dans son *Traité de l'admirable puissance de l'art et de la nature*, émet l'idée « qu'il ne serait pas difficile de construire une machine dans laquelle un homme, étant assis ou suspendu au centre, tournerait quelque manivelle qui mettrait en mouvement les ailes faites pour battre l'air à l'instar de celles des oiseaux. » Et il décrit une machine qui a quelques rapports avec celle que présentait au XVIIIᵉ siècle le fameux Blanchard.

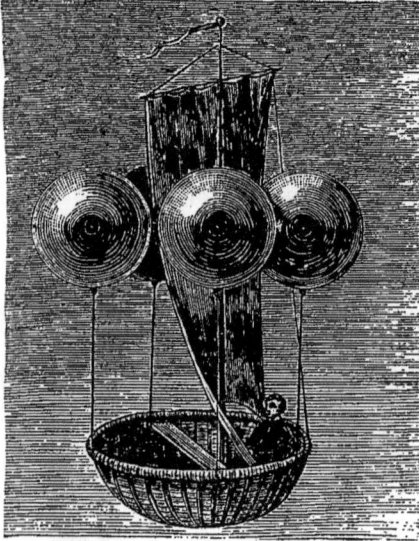

Fig. 181. — BALLON DE LANA.

Depuis lors, excepté un mathématicien de Pérouse, nommé Jean-Baptiste Dante, qui, à la fin du XVᵉ siècle, construisit des ailes artificielles avec lesquelles il s'élevait très haut, et qui tomba et se brisa la cuisse, lors du mariage du général vénitien Barthélemy Alviano; excepté encore le savant bénédictin Ollivier, de l'abbaye de Malesbury, qui, ayant fabriqué des ailes, d'après la description qu'Ovide nous a laissée de celles d'Icare, s'élança du haut d'une tour, se soutint quelque peu en l'air, puis tomba et se cassa les jambes; excepté encore peut-être des travaux qui ne nous sont pas parvenus du célèbre peintre Léonard de Vinci, il n'existe, en fait d'aérostatique, que des rêveries de romanciers et de poètes. Ce sont les enchantements de l'Armide du Tasse (1544-1595), les œuvres magiques des sorcières de Brooken (1706-1783); les *Voyages dans la lune* de Godwin (1638), au moyen d'oies sauvages

---

(1) BACON (Roger), surnommé le *Docteur admirable* (1214-1294). Cet illustre savant anglais avait acquis des connaissances extraordinaires pour son siècle, particulièrement en physique. Étant entré dans l'ordre des franciscains, les moines, ses confrères, irrités d'avoir parmi eux un savant, l'accusèrent de connivence avec le diable, et le firent condamner à la prison. Il y passa la plus grande partie de sa vie. Le pape Clément IV l'ayant gracié, il eut quelques années de liberté; mais, à la mort de ce pape, il fut remis dans un cachot du couvent des franciscains, à Paris. Malgré cela, il découvrit, ou du moins décrivit exactement la poudre à canon, les verres grossissants, le télescope, le phosphore, etc., proposa la réforme du calendrier, et indiqua l'expérience comme seule méthode capable d'arriver à la vérité. Ses ouvrages, dont le principal est l'*Opus majus*, le Grand Œuvre, sont très nombreux. Néanmoins, il mourut absous. Cet homme célèbre est le digne précurseur de son illustre homonyme le chancelier Bacon, qui devait, au XVIᵉ siècle, annoncer l'ère de la philosophie expérimentale.

qui enlevaient le voyageur à cheval sur un bâton (*fig.* 178); ceux de Cyrano de Bergerac (1620-1655), au moyen de fioles remplies de rosée que le soleil aspire et fait monter (*fig.* 179) ou par un grand oiseau de bois mécanique, ou par un solide à huit faces, creux, chauffé par le soleil et dont la partie inférieure laisse pénétrer l'air froid plus dense qui enlève la machine, ou encore par un char de fer et un boulet d'aimant que le voyageur lance successivement en l'air et qui attire constamment le char. Il y a encore l'*Ile flottante de Gulliver*, imaginée par Swift (1667-1745); la *Découverte australe*, par Rétif de La Bretonne (1734-1806), qui renferme une gravure très artistement dessinée de l'homme partant à travers les airs (*fig.* 180); le *Philosophe sans prétention*, par M. de La Folie de de Rouen (1775); les *Hommes volants*, de Wilkins (1680), etc.

Au XVIIᵉ siècle seulement, les progrès de l'astronomie et le réveil des sciences physiques appellent l'attention des savants sur la navigation

Fig. 182. — ESSAIS DE BESNIER.

aérienne. En 1670, le Père Lana, jésuite de Brescia, propose dans son livre intitulé : *Prodrome dell' arte maestra*, la construction d'un navire à voiles et à rames (*fig.* 181), qui devait voyager dans l'air, soutenu par quatre ballons en cuivre d'un dixième de millimètre d'épaisseur, et dans lesquels le vide eût été fait en les remplissant d'abord d'eau, puis en fermant vivement le robinet après l'écoulement. Quelque puéril que nous semble aujourd'hui ce procédé, l'invention du Père Lana fut regardée comme assez sérieuse pour que des physiciens comme Leibniz, Hooke et Borelli la critiquassent, montrant que la ténuité excessive des parois les empêcherait de résister à la pression atmosphérique et qu'elles seraient immédiatement écrasées; et, de plus, qu'il était impossible d'y produire le vide par les moyens indiqués. D'ailleurs, le principe théorique est parfaitement saisi par l'auteur, qui calcule exactement la force ascensionnelle de l'instrument.

Les critiques n'arrêtèrent pas l'élan donné; comme on l'a dit spirituellement, *l'idée était dans l'air.*

En 1678, un mécanicien de Sablé, nommé Besnier, inventa une

machine à voler (fig. 182). Le *Journal des savants* (12 septembre 1678) décrit ainsi cet appareil digne d'attention :

« Les ailes ont chacune un châssis oblong de taffetas attaché à chaque bout de deux bâtons, que l'on ajustait sur les épaules. Ces châssis se pliaient du haut en bas comme des battants de volets brisés. Ceux de devant étaient remués par les mains, et ceux de derrière par les pieds, en tirant chacun une ficelle qui leur était attachée.

» L'ordre du mouvement était tel que, quand la main droite faisait baisser l'aile droite de devant, le pied gauche faisait remuer l'aile gauche de derrière, ensuite, la main gauche et le pied droit faisaient baisser l'aile gauche de devant et la droite de derrière.

Fig. 183.
BALLON DE LAURENT DE GUZMAN.

» Ce mouvement en diagonale paraissait très bien imaginé, parce que c'est celui qui est naturel aux quadrupèdes et aux hommes quand ils marchent ou quand ils nagent. On trouvait néanmoins qu'il manquait deux choses à cette machine pour la rendre d'un plus grand usage ; la première, qu'il faudrait y ajouter une grande pièce très légère, qui, étant appliquée à quelque partie choisie du corps, pût contre-balancer dans l'air le poids de l'homme ; la seconde, que l'on ajustât une queue qui servît à soutenir et à conduire celui qui volerait ; mais on trouvait bien de la difficulté à donner le mouvement et la direction à cette espèce de gouvernail, après les expériences qui avaient été inutilement faites autrefois par plusieurs personnes. »

Cette tentative, quelque ingénieuse que fût la combinaison de son auteur, avorta.

La tradition signale encore, en suivant l'ordre chronologique, un certain moine, Laurent de Guzman, qui, en 1736, s'éleva à Lisbonne, devant le roi Jean V, jusqu'au faîte du palais au moyen d'une espèce de ballon, sorte d'oiseau de bois, dont la gravure existe à la Bibliothèque nationale (*fig.* 183) ; puis un danseur de corde, nommé Allard, qui, en présence de Louis XIV, partit, armé d'ailes, du haut de la terrasse de Saint-Germain, pour traverser la Seine, et qui tomba, dès les premiers instants, au pied même de la terrasse.

En 1755, un moine dominicain, le P. Galien (Joseph) publie un petit livre intitulé : *L'art de naviguer dans les airs, amusement physique et géométrique*. Le projet du P. Galien était absolument chimérique ; mais les détails dans lesquels il entre, les calculs auxquels il se livre, les prétendues vérités scientifiques sur lesquelles il appuie ses raisonne-

Fig. 184. — MACHINE DU DOCTEUR MUSGRAVE DE PLYMOUTH.

ments, montrent que déjà la possibilité de naviguer dans les airs était admise.

Nous ne citerons pas les essais infructueux des inventeurs malheureux de l'époque : la machine du docteur Musgrave de Plymouth (1769) (*fig.* 184); la *voiture volante* de l'abbé Desforges, chanoine de Sainte-Croix, à Étampes, espèce de gondole munie d'ailes, qui devait faire trente lieues à l'heure ; le jour de l'expérience, *plus le chanoine agitait ses ailes*, rapporte un témoin, *plus la machine semblait presser la terre et vouloir s'identifier avec elle*.

Nous ne parlerons pas non plus de M. le marquis de Bacqueville, qui, en 1780, s'élança tout ailé d'une fenêtre de son hôtel, sur le quai, et alla se casser la jambe dans un bateau de blanchisseuses, ni du fameux *vaisseau volant*, imaginé par Blanchard, et qui fut exposé, en 1782, à l'hôtel de l'abbé Viennoy, rue Taranne (*fig.* 185).

C'est alors que les frères Montgolfier (1) inventèrent les aérostats. Est-ce la vue des nuages suspendus au-dessus des Alpes qui donna l'idée aux deux savants de leur découverte? Est-ce le hasard : le jupon de la femme de l'un d'eux, placé sur un réchaud pour sécher, et qui s'éleva tout à coup devant eux? Ne faut-il pas croire plutôt que leurs études leur avaient fait remarquer qu'une chaleur de 100 degrés, raréfiant l'air dans un vaisseau, lui fait occuper un espace double, ou, en d'autres termes, diminue sa pesanteur de moitié? Quoi qu'il en soit, au mois de novembre 1782, étant à Avignon, ils avaient fabriqué un ballon, affectant la forme d'un parallélipipède creux, en taffetas, contenant deux mètres cubes d'air environ. Chauffant l'air contenu dans ce parallélipipède, ils le virent monter au plafond de la chambre où ils se trouvaient. Rentrés à Annonay, ils répétèrent l'expérience en plein air, après avoir modifié la forme de leur aérostat (*fig.* 186). Ils désirèrent alors une expérience publique pour faire constater leur découverte.

Fig. 185.

VAISSEAU VOLANT DE BLANCHARD.

(1) MONTGOLFIER (Joseph-Michel (1740-1810) et Jacques-Étienne) (1745-1799), nés à Vidalon-lès-Annonay (Ardèche), étaient l'un et l'autre fils d'un riche marchand de papier. Placés à la tête de la fabrique de leur père, ils y introduisirent de nombreux perfectionnements que leurs études scientifiques leur permirent de trouver. Ils s'occupaient tout particulièrement de physique et de mécanique, et inventèrent, entre autres choses, le *Bélier hydraulique*. Leur esprit de recherche les avait amenés à simplifier la fabrication du papier ordinaire dans leur usine, à améliorer celle des papiers peints de diverses couleurs, à imaginer une sorte de machine pneumatique pour raréfier l'air dans les moules dont ils se servaient. Ils inventèrent encore une presse hydraulique particulière à leur industrie, un calorimètre pour déterminer la qualité des diverses tourbes du Dauphiné, un ventilateur pour distiller à froid par le contact de l'air en mouvement, un appareil pour la dessiccation à froid des légumes et des fruits, etc. On a voulu attribuer à l'un ou à l'autre de ces deux frères l'honneur de l'invention des aérostats; mais la postérité n'a jamais séparé les noms des deux frères, comme eux-mêmes avaient toujours présenté leurs travaux en commun. Le succès de leur découverte fut immense. Leur famille fut anoblie, Joseph fut nommé administrateur du Conservatoire des Arts-et-Métiers et membre de l'Institut en 1807.

Il y a loin, sans doute, entre une expérience de cabinet, quelque délicate et quelque ingénieuse qu'elle puisse être, et celle où il faut que l'homme combine des moyens pour imiter la nature dans une opération qui n'avait encore été tentée par personne. L'idée seule de ce projet suppose nécessairement du génie, son exécution du courage et un merveilleux sang-froid.

L'assemblée des états particuliers du Vivarais se trouvant réunie à Annonay, les frères Montgolfier la prièrent d'assister à l'expérience qu'ils voulaient tenter. Le 5 juin 1783, cette expérience eut lieu en présence des états.

Étienne Montgolfier nous a laissé le récit de cette opération :

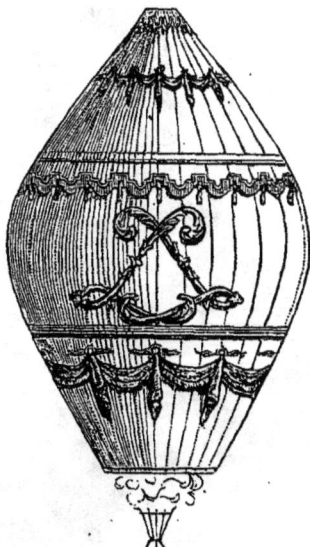

Fig. 186. — PREMIER BALLON DES FRÈRES MONTGOLFIER.

« La machine aérostatique dont l'expérience fut faite devant MM. des États particuliers du Vivarais, le jeudi 5 juin 1783, était construite en toile doublée de papier, cousue sur un réseau de ficelles fixé aux toiles. Elle était à peu près de forme sphérique et sa circonférence était de 110 pieds ; un châssis en bois de 16 pieds en carré la tenait fixée par le bas. Sa capacité était d'environ 22,000 pieds cubes ; elle déplaçait donc, en supposant la pesanteur moyenne de l'air comme $\frac{1}{800}$ de la pesanteur de l'eau, une masse d'air de 1,980 livres. La pesanteur du gaz était à peu près moitié de celle de l'air, car il pesait 990 livres, et la machine pesait avec le châssis 500 livres. Il restait donc 490 livres de rupture d'équilibre, ce qui s'est trouvé conforme à l'expérience. Les différentes pièces de la machine étaient assemblées par de simples boutonnières arrêtées par des boutons ; deux hommes suffirent pour la monter et pour la remplir de gaz, mais il en fallut huit pour la retenir, et qui ne l'abandonnèrent qu'au signal donné : elle s'éleva par un mouvement accéléré, mais moins rapide sur la fin de son ascension, jusqu'à la hauteur de 1,000 toises. Un vent à peine sensible vers la surface de la terre, la porta à 1,200 toises de distance du point de son départ. Elle resta dix minutes en l'air ; la déperdition du gaz par les boutonnières, par les trous d'aiguille et autres imperfections de la machine ne lui permit pas d'y rester davantage. Le vent, au moment de l'expérience, était au midi et il pleuvait ; la machine descendit si légèrement qu'elle, ne brisa ni les épis, ni les échalas des vignes sur lesquels elle se reposa. »

Il ne nous appartient pas de décrire l'une après l'autre les expériences aérostatiques qui, aussitôt après celle des frères Montgolfier, se répétèrent en France et dans le monde entier; il nous suffira d'indiquer celles qui se signalent à l'attention par quelque perfectionnement nouveau ou qu'une cause particulière rend intéressantes (1).

Fig. 187. — PREMIER VOYAGE AÉRIEN PAR PILATRE DE ROZIER.

Le 27 août 1783, au Champ-de-Mars, à Paris, eut lieu la seconde ascension d'un ballon, construit par un jeune professeur nommé Charles (2), secondé par les frères Robert, mécaniciens, et déjà un immense progrès s'accomplit. L'air chaud du ballon des frères Montgolfier est remplacé par le gaz hydrogène. Ceux-ci, dans leur première expérience, s'étaient déjà servi de ce gaz, trouvé quelques années auparavant par Cavendish; mais ce gaz traversant très facilement le papier, ils l'avaient abandonné. Charles para à cet inconvénient en employant le taffetas enduit de gomme élastique pour la confection des ballons. Cependant les frères Montgolfier continuèrent à se servir d'air réchauffé avec de la paille sèche et de la laine hachée, variant seulement la forme de leur aréostat, qui, de leur nom, s'appelait une *montgolfière*.

Ce fut seulement le 21 octobre 1783, qu'au moyen d'une *montgolfière*

(1) Pour ceux qui voudraient avoir des détails nombreux sur l'aérostatique, rappelons le titre des ouvrages suivants, quoique le succès les ait fait connaître depuis longtemps : Les BALLONS, par *F. Marion* (*Bibl. des Merveilles*); les VOYAGES AÉRIENS, par *Glaisher, Tissandier, Flammarion, etc.*; La NATURE, par *M. Tissandier*.

(2) CHARLES (Jules-Alexandre-César), né à Nancy (1746-1823), professeur de physique. Ses cours au Louvre, son cabinet, le rendaient célèbre alors. Il s'occupa spécialement d'aérostation et d'électricité. Professeur au Conservatoire des Arts-et-Métiers, membre de l'Académie des sciences en 1785.

LA MINERVE
d'après la gravure originale publiée par ROBERTSON (page 364).

(*fig.* 187) s'accomplit le premier voyage aérien. Après mille efforts pour vaincre l'opiniâtreté du roi qui ne voulait point permettre ces ascensions, l'intrépide Pilâtre de Rozier et son ami, le marquis d'Arlandes, eurent l'honneur d'ouvrir aux hommes la route des airs.

On dressa le procès-verbal de cette expérience; parmi les signatures, on remarque celle de Franklin, déjà illustre. Comme on le consultait sur l'utilité que pouvaient avoir les machines aérostatiques, il répondit simplement : « C'est l'enfant qui vient de naître. »

Quelques jours après, le 1er décembre 1783, Charles et les frères

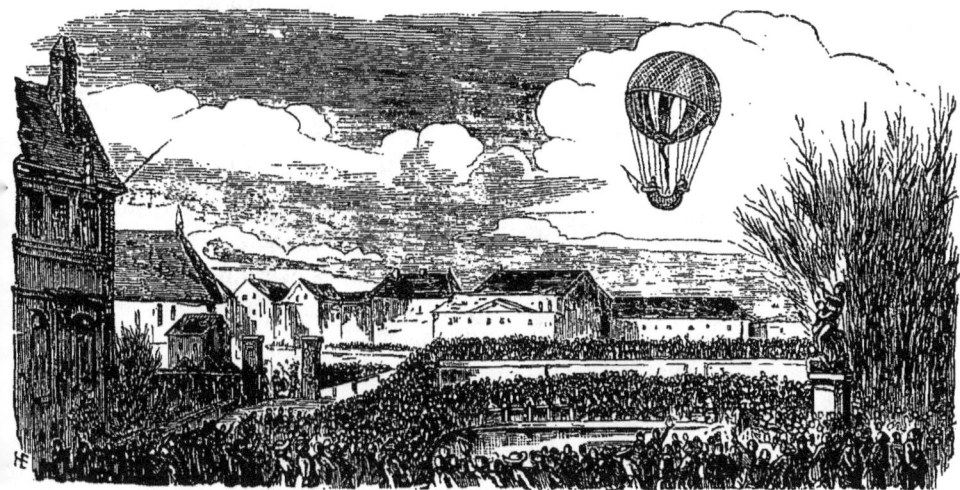

Fig. 188. — ASCENSION DE CHARLES ET DES FRÈRES ROBERT.

Robert, partis du Jardin des Tuileries, dans un ballon gonflé par le gaz hydrogène (*fig.* 188), répètent l'ascension de Pilâtre de Rozier.

Depuis ce moment, les excursions aériennes se multiplient avec une incroyable ardeur; mille essais de perfectionnement sont tentés, et surtout mille efforts sont faits pour diriger l'aérostat dans les airs.

Blanchard [1] part en 1784 dans son *vaisseau volant* (*fig.* 189), et, en 1785, avec Jefferies dans son ballon à voiles et à rames (*fig.* 190); l'Académie de Dijon organise des expériences aérostatiques (1784), et le physicien Guyton de Morveau s'enlève avec un ballon à gouvernail et à

[1] BLANCHARD (Nicolas), mécanicien, né aux Andelys (1753-1809), s'est occupé toute sa vie d'aérostation, et, parmi ses innombrables ascensions, en fit quelques-unes de remarquables, entre autres celle de 1785, pendant laquelle il réussit à traverser la Manche de Douvrès à Calais. Sa femme, aéronaute aussi, se tua en 1819, dans une ascension exécutée dans le Jardin de Tivoli : le feu avait pris à son ballon, du haut duquel elle devait allumer un feu d'artifice.

ailes (*fig.* 191); les frères Robert (1784) exécutent une ascension avec un ballon à gaz hydrogène de forme oblongue, muni d'un système imaginé par Meunier, c'est-à-dire renfermant un second ballon plein d'air (*fig.* 192); dans toutes les villes de France et de l'étranger, de hardis explorateurs s'élancent dans les airs, avec les appareils de toutes les formes, de tous les calibres, de toutes les dimensions. Les idées les plus fantastiques éclosent : entre autres celle du vaisseau « *la Minerve,* vaisseau aérien, destiné aux découvertes et proposé à toutes les académies d'Europe, par Robertson, physicien, » machine immense qui devait rester en l'air plusieurs mois, contenir soixante personnes et renfermer tout ce qui est nécessaire à rendre un

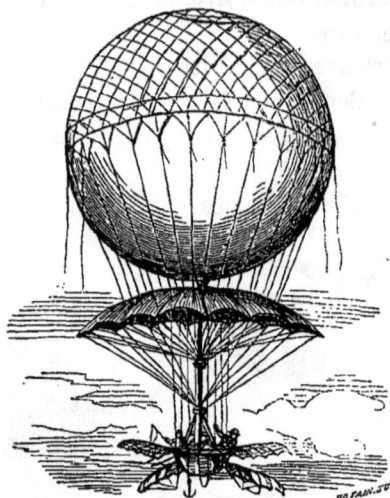

Fig. 189. — BALLON DE BLANCHARD.

voyage agréable et utile (page 364); celle de Testu-Brissy (*fig.* 193), celle de Deghen (*fig.* 194); celle enfin de M. Petin (page 369), etc.

En 1786, Blanchard inventa le *parachute* (1). L'origine de cet appareil est certainement très ancienne, puisque l'on trouve la description d'une sorte de parachute dans un recueil publié à Venise en 1617, et que, dans la relation de l'ambassade de Louis XIV à Siam, on lit qu'un saltimbanque de ce pays se laissait tomber du haut d'un bambou élevé, sans autre secours que deux parasols dont

Fig. 190. — BALLON A VOILES ET A RAMES.

les manches étaient attachés à sa ceinture. Blanchard lui donna la forme qu'il a aujourd'hui, c'est-à-dire celle d'un grand parapluie, dont les

(1) Beaucoup d'historiens donnent comme le véritable inventeur du *parachute* un professeur de physique de Montpellier, nommé Sébastien Lenormand, qui en fit l'expérience publique en se jetant, le 26 novembre 1783, muni d'un énorme parasol, du haut de la tour de l'observatoire de

fuseaux de taffetas sont cousus et réunis au sommet à une rondelle de bois, formant une ouverture qui permet à l'air comprimé par la descente, de s'échapper sans imprimer à l'appareil des secousses dangereuses (*fig.* 195).

Il n'osa tenter des expériences que sur des animaux; ce fut Garnerin qui, le premier, en 1802, eut l'audace de se laisser tomber du haut des airs au moyen d'un parachute. Plus tard, en 1836, un aéronaute, nommé Cocking, ayant voulu modifier la forme du parachute (*fig.* 196), se tua à Londres dans une expérience publique. L'habileté des aéronautes a rendu les manœuvres de descente de l'aérostat lui-même plus sûres que celles du parachute; aussi a-t-on à peu près renoncé à son emploi.

DIRECTION DES BALLONS. — La navigation aérienne est évidemment de nos jours bien plus une affaire de construction qu'une œuvre d'invention. Le prin-

Fig. 191. — BALLON DE L'ACADÉMIE DE DIJON.

cipe existe; la pratique seule reste à créer. « Nous sommes persuadés, écrivent deux aéronautes des plus distingués de notre époque, MM. Tissandier et W. de Fonvielle, nous sommes persuadés qu'il arrivera aux ballons ce qui est arrivé aux chemins de fer, aux bateaux à vapeur

Montpellier. Peut-être, raconte M. Louis Figuier, Sébastien Lenormand avait-il été enhardi à faire ce périlleux essai à la suite d'une petite aventure arrivée à Nîmes. La fille d'un pâtissier, âgée de dix-huit ans, avait eu l'imprudence d'attacher des rideaux à une fenêtre qu'elle avait laissée ouverte. L'échelle sur laquelle elle était montée glissa, et la pauvre fille tomba du second étage dans la cour. Par bonheur pour elle, un vent du nord très violent se faisait sentir et s'engouffrait par la porte de la maison. Le vent gonfla les vêtements de la jeune fille en forme de parasol, de sorte qu'elle en fut quitte pour quelques contusions; mais, ce qu'il y a de plus extraordinaire dans cette aventure, c'est que la demoiselle était sourde et que l'usage de l'ouïe lui fut rendu par l'émotion qu'elle éprouva dans sa chute.

et même aux navires ordinaires. Le chemin de fer était trouvé en principe dès le jour où un ouvrier inconnu a fait rouler des wagons dans une mine, sur un bandage de fer. Le *Great-Eastern* était virtuellement découvert le jour où le premier sauvage a eu l'audace de se lancer sur un fleuve ou sur les flots de la mer, en se cramponnant à un morceau de bois que la nature avait creusé par hasard !...

Fig. 192.
BALLON DES FRÈRES ROBERT
ET MEUNIER.

» Les ballons ne sont pas loin de cet état d'enfance. Pourquoi? Est-ce parce qu'il faut des efforts inouïs d'intelligence pour les en tirer? Est-ce parce qu'il est nécessaire d'avoir recours à des principes nouveaux? En aucune façon. Non que l'intervention d'une mécanique plus savante que celle de notre époque ne puisse leur permettre de réaliser des effets inconnus, nouveaux, inespérés. Mais il s'en faut encore qu'ils aient été conduits par nos ingénieurs aussi loin que le permet l'état actuel de nos connaissances mécaniques. La construction d'un ballon dirigeable n'est que le résultat d'une longue patience, de tâtonnements, de détails pour la combinaison d'organes nouveaux... Nous ne saurions trop le dire, il est à désirer que les ballons deviennent la source de véritables spéculations industrielles, et qu'après avoir trouvé les moyens d'exploiter la terre et l'eau, on trouve également le moyen d'exploiter l'air. »

L'expérience a déjà démontré, dès 1852, que l'on pouvait fort bien progresser dans l'air et se diriger, par conséquent, dans des limites dépendantes de la violence du vent et de la force motrice dont pouvait

Fig. 193. — BALLON DE TESTU-BRISSY.

disposer l'aérostat. Pourquoi, dit fort bien M. de Parville, dans un milieu fluide donné immobile, un corps rigide porteur d'un propulseur quelconque, si faible qu'il soit, ne progresserait-il pas? On sait qu'un ballon et l'air qui le porte font si bien corps l'un avec l'autre qu'on ne sent pas dans la nacelle la plus petite brise ; une bougie allumée n'oscille pas alors même que le ballon emporté par le vent parcourrait ses trente lieues à l'heure ; par suite, toute hélice mise en mouvement, ne peut pas ne pas faire sentir son action, et si l'aérostat est construit avec des formes allongées convenables et avec gouvernail, il est de toute évidence qu'il se déplacera au milieu de la masse aérienne en raison de la force motrice et du rendement du propulseur. L'essai fait par M. Giffard, en

Fig. 194. — Expérience de Deghen.

1852, ne permettait pas d'en douter. Son appareil, garni d'une hélice mue par la vapeur, progressait, sinon absolument contre le vent, au moins en louvoyant avec une vitesse assez grande, variant entre deux à trois mètres par seconde.

Reprise en 1872 par M. Dupuy de Lôme, l'expérience de M. Giffard donna des résultats plus satisfaisants encore. Parti le 2 février de la cour du Fort-Neuf, à Vincennes, par un vent assez violent, l'aérostat a parfaitement obéi à l'influence du gouvernail, sa vitesse a dépassé celle que l'on avait annoncée, et les aéronautes sont descendus dans le département de l'Aisne, à Mondécourt, en suivant à peu près, l'itinéraire précisé d'avance.

Ce ballon (*fig.* 197), de forme ovoïde, a 36^m,12 de pointe en pointe ; son diamètre à la maîtresse section est de 14^m,84 ; son volume est de 3,454 mètres cubes. La nacelle a 6 mètres de long sur 3 mètres de large, et supporte à son extrémité une hélice à deux ailes seulement, d'un diamètre de 9 mètres. Cette hélice fait en moyenne 21 tours à la minute, mue par quatre hommes ; à cette vitesse, la marche propre du ballon est de $2^m,22$ à la seconde, ou 8 kilomètres à l'heure. En faisant agir sur le treuil de l'hélice huit hommes à la fois, on atteint 28 tours et même 33 tours à la seconde, ce qui imprime à l'aérostat une vitesse de $3^m,50$ à la seconde ou de 12 kilomètres 600 mètres à l'heure. Le gouvernail se compose d'une voile triangulaire, placée sous le ballon, près de la pointe arrière et maintenue à sa partie basse par une vergue horizontale de 6 mètres de long pouvant pivoter sur son extrémité avant. La hauteur de cette voile est de 5 mètres, sa surface de 15 mètres carrés. Deux

Fig. 195. — PARACHUTE.

drosses en filin pour manœuvrer le gouvernail descendent jusqu'à l'avant de la nacelle sous la main du timonier, qui a devant lui la boussole fixée à la nacelle avec sa ligne de foi parallèle au grand axe du ballon. Pour obtenir la permanence du gonflement, condition nécessaire pour que le ballon soit dirigeable, M. Dupuy de Lôme place dans la nacelle un ventilateur mis en communication par un tuyau d'étoffe avec un ballonnet disposé à la partie inférieure du ballon. Si l'enveloppe se ride par suite de l'échappement de l'hydrogène, on injecte de l'air dans le ballonnet et la tension de l'enveloppe est de nouveau assurée.

Il est donc de toute évidence que la navigation aérienne triom-

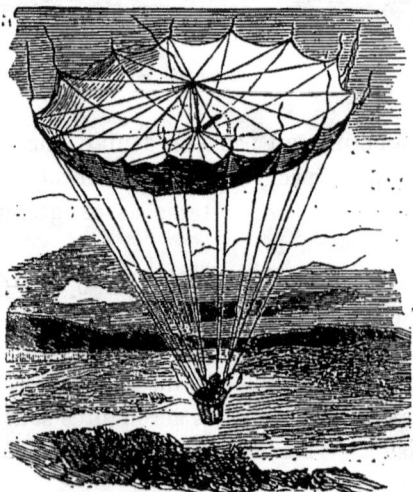

Fig. 196. — PARACHUTE DE COCKING.

phera de tous les obstacles. En attendant ce moment, les aéronautes s'occupent de perfectionner les détails de la construction, de transformer de toutes pièces le matériel, de trouver une étoffe absolument imperméable au gaz, de résoudre le problème de la préparation économique du gaz hydrogène. Les ballons captifs de M. Giffard sont construits dans ce but.

Nous ne parlerons pas du ballon captif de 1867 ni de celui de Londres de 1869; le savant ingénieur a dépassé tout cela, avec le fameux ballon

Ballon Petin (page 364).

captif que, pendant l'Exposition universelle de 1878, le monde entier a admiré. Nous en résumons la description d'après celle qu'en ont donnée M. de Parville, dans ses *Causeries scientifiques de 1878* et M. Gaston Tissandier dans son intéressante brochure : *Le Ballon captif à vapeur*.

Ce ballon, d'un volume de 25,000 mètres cubes, constituait une sphère immense de 36 mètres de diamètre, et de 55 mètres de hauteur; il pouvait élever 50 personnes à une hauteur de 600 mètres. L'étoffe, combinée par M. Giffard, imperméable et en même temps assez légère pour résister aux intempéries de l'atmosphère, était formée de : 1° une

mousseline intérieure; 2° une couche de caoutchouc; 3° un tissu de
toile de lin ; 4° une couche de caoutchouc ; 5° une seconde toile de lin;
6° une couche de caoutchouc vulcanisé; 7° une mousseline extérieure
recouverte d'un vernis formé d'huile de lin cuite avec une petite quantité
de litharge. Toute l'étoffe était revêtue d'une couche de peinture au zinc. La couleur blanche est, comme on sait, celle qui absorbe le moins de chaleur, et il importait de réduire au minimum l'effet de l'insolation sur cette surface énorme. Le filet qui protège le ballon était fabriqué avec des cordes de 11 millimètres de diamètre. On ne pouvait, avec des cordes aussi grosses, confectionner le filet à l'aide de nœuds; on a simplement entre-croisé les

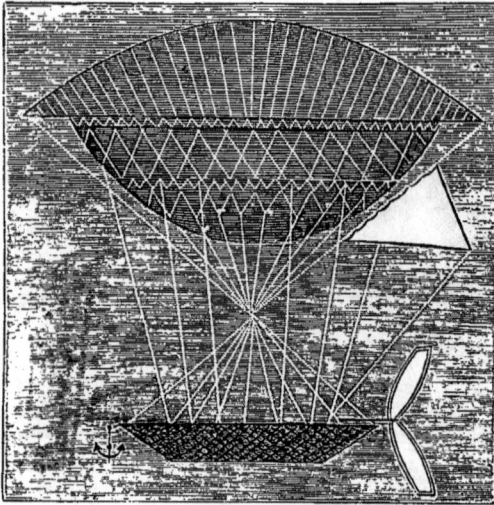

Fig. 197. — BALLON DE M. DUPUY DE LÔME.

cordes en reliant les joints au moyen de morceaux de peau munis
d'œillets par lesquels passent les cordes de la ligature (*fig.* 198). Le
filet a 52,000 mailles. Après avoir enveloppé le ballon, il se terminait
en bas par une série d'attaches solides qui permettaient de le fixer à un cercle métallique
capable de résister dans tous les sens à des
efforts de 100,000 kilogrammes. Ce premier
cercle en acier est relié à un second cercle
placé à un niveau inférieur et autour duquel
s'attachaient les cordes de la nacelle.

La nacelle, d'une circonférence de 18 mètres, avait 6 mètres de diamètre. On l'avait
munie d'un double fond dans lequel était
placé, en cas d'accident, tout le matériel des
ascensions libres; un vide placé au centre

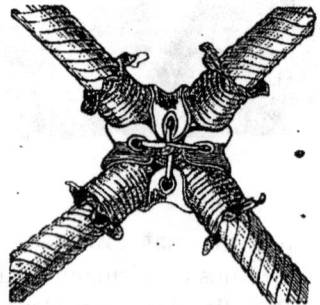

Fig. 198. — MAILLES
DU FILET DU BALLON CAPTIF
DE M. GIFFARD.

laissait passer le câble qui retenait l'aérostat captif. Ce câble de traction,
légèrement conique, avait 65 millimètres de diamètre à l'un de ses bouts
et 85 à l'autre; il avait 600 mètres de longueur; mais, sous l'influence
de la traction qu'on lui avait fait subir pour l'essayer, il avait atteint

660 mètres. Il pouvait résister à une traction de 50,000 kilogrammes. Il était relié à l'anneau volumineux encastré dans le cercle d'acier du filet au moyen d'un peson formé de ressorts de fer (*fig.* 199). Le câble, en tirant sur ces ressorts, fait tourner des aiguilles sur des cadrans; d'après la position de l'aiguille, on apprécie la tension du câble.

L'aérostat avait été gonflé en quelques jours avec de l'hydrogène produit par la réaction de l'acide sulfurique sur de la tournure de fer, dans un appareil combiné par M. Giffard.

Le ballon captif immobilisé par huit câbles puissants au milieu de la cour des Tuileries, la nacelle restait au niveau du sol, suspendue au-dessus d'une grande cuvette au fond de laquelle on parvenait par des gradins. Au milieu de la cuvette était une large poulie qui pouvait s'incliner dans toutes les directions. Le câble s'enroulait sur cette poulie, passait sous terre dans un tunnel de 60 mètres, au bout duquel il s'enroulait sur des rainures creusées dans un treuil volumineux. Ce treuil, de 10 mètres de longueur et de 1^m,70 à 2 mètres de diamètre, reposait sur de solides coussins et portait à chacune de ses extrémités une roue d'engrenage de 3^m,50 de diamètre.

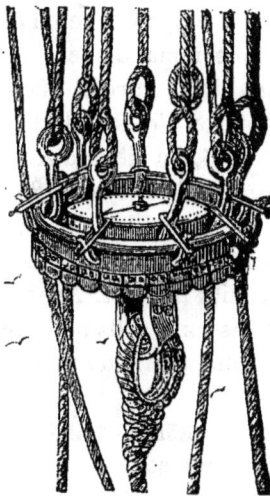

Fig. 199.

PESON DU BALLON CAPTIF DE M. GIFFARD.

En arrière du treuil, deux énormes chaudières à vapeur; en avant deux puissantes machines à deux cylindres et faisant mouvoir, par l'intermédiaire de pignons, les grandes roues du treuil. La manœuvre se comprend d'elle-même; selon la direction donnée au cylindre, le câble s'enroulait ou se déroulait, le ballon montait ou descendait.

Nous passons sous silence un grand nombre d'ingénieuses dispositions dues à l'initiative de M. Giffard, grâce auxquelles aucun danger ne fut jamais à craindre.

UTILITÉ DES AÉROSTATS. — 1° AÉROSTATION MILITAIRE. — Depuis le siège de Paris, il n'est plus permis à un Français de parler légèrement de l'art de l'aérostation. Nos ballons, mais c'est là notre victoire à nous, vaincus de Paris; malgré l'ennemi, malgré ses colères, sa rage, ils ont traversé l'espace et ont été leur porter notre défi par-dessus ses lignes jusqu'au cœur de la France, jusqu'au cœur de l'Europe! Les ballons et la poste aux pigeons, il ne faut pas les oublier, car c'est ce que jamais l'ennemi n'oubliera ; ses efforts ont été vains, ses ordres impuissants ; il a été vaincu par une invention française.

Rappelons-le : 64 ballons ont franchi les lignes ennemies, 5 ont été faits prisonniers, 2 se sont perdus en mer. Ils ont enlevé 64 aéronautes, 91 passagers, 365 pigeons et 9,000 kilogrammes de dépêches représentant 3 millions de lettres.

Excepté dans cette circonstance mémorable, l'aérostation militaire n'a pas encore rendu les services qu'on doit attendre d'elle. Le corps des *aérostiers*, fondé en 1794 par le Comité de salut public, fut pourtant, sous le commandement de Coutelle, une des principales causes de la victoire de Fleurus. Napoléon ayant dissous ce corps à son retour d'Égypte, on n'entendit plus guère parler de ballons au service des armées qu'en 1815, au siège d'Anvers, où Carnot les employa ; puis pendant la campagne d'Italie, en 1859, et encore ne s'en servit-on qu'à peine, la veille de la bataille de Solférino.

Aux États-Unis, dans leur dernière grande guerre, quelques essais furent faits par MM. Alland, Love, La Mountain, et les résultats obtenus ont été assez grands pour qu'il faille penser que, dans l'avenir, les aérostats feront partie du matériel des armées.

2° ASCENSIONS SCIENTIFIQUES. — La première ascension entreprise dans un but scientifique n'eut lieu qu'en 1803, à Hambourg, par deux physiciens flamands nommés L'Hoest et Robertson, le même savant qui, plus tard, fit la singulière proposition du vaisseau aérien *la Minerve*, dont nous avons parlé. Leurs observations, relatives à la physique et à la météorologie, furent nombreuses, mais furent démenties par celles de Gay-Lussac. En France, ce furent MM. Biot et Gay-Lussac qui, le 24 août 1804, firent la première, afin de savoir si la force magnétique, faisant mouvoir l'aiguille aimantée à la surface terrestre, s'affaiblit à mesure que l'on s'élève dans l'atmosphère. Les résultats constatés n'ayant pas paru concluants, Gay-Lussac partit seul et s'éleva jusqu'à 7,016 mètres au-dessus du niveau de la mer.

Il reconnut d'abord (ce qui était l'objet principal de l'ascension) que la force magnétique diminue avec la hauteur de l'air. Incidemment, il constata que la température, à un changement de hauteur donné, varie moins près de terre que dans les régions moyennes de l'atmosphère ; que l'humidité de l'air diminue rapidement avec la hauteur ; que l'air lui-même, recueilli à 6,366 mètres de hauteur a la même composition en oxygène et en azote que celui pris à la surface du sol ; que, de plus, cet air ne contient pas un atome d'hydrogène, ce qui renverse la théorie de Berthollet expliquant les phénomènes de l'éclair et du tonnerre par la combinaison de l'hydrogène et de l'oxygène dans les régions élevées de l'atmosphère.

En 1850, MM. Barral et Bixio, en 1851, M. Green, firent aussi des observations météorologiques très importantes. M. J. Glaisher, directeur de la division magnétique et météorologique de l'observatoire de Greenwich (Angleterre) a, depuis 1862, exécuté avec M. Coxwell, plus de trente ascensions, qu'il a racontées dans un livre devenu populaire : *Les Voyages aériens*, volume qui renferme également les détails des excursions dans l'atmosphère de nos grands aéronautes contemporains, MM. Camille Flammarion, Wilfrid de Fonvielle et Gaston Tissandier. Citons, d'après cet ouvrage, ses observations tendant à prouver que le décroissement de la température avec la hauteur est loin d'être constant ; à constater l'existence de courants réguliers d'air chaud qui expliquent pourquoi l'Angleterre possède en été une température plus élevée que celle qui semblerait répondre à sa latitude, température expliquée seulement jusqu'à ce jour par le voisinage du Gulf-Stream ; à remarquer les circonstances qui peuvent influer sur la température du point de rosée, et sur le degré d'humidité des couches atmosphériques à des niveaux différents ; à démontrer que les baromètres anéroïdes, bien fabriqués, comme le baromètre de Vidi dont nous avons parlé ci-dessus, sont aussi exacts et bien moins embarrassants, et par conséquent de beaucoup préférables aux baromètres à mercure ; à mesurer la rapidité des vents au-dessus de la surface de la terre, etc.

Le 22 mars 1874, MM. Crocé-Spinelli et Sivel exécutèrent une très belle ascension scientifique dans laquelle, outre d'importantes observations sur la constitution de l'atmosphère, ils résolvaient un grand problème de physiologie.

Il s'agissait de savoir quelle est la cause des troubles qui se produisent dans l'organisme à de grandes hauteurs (1). Il faut, comme on sait, pour amener le bon fonctionnement de la machine humaine, que la quantité d'oxygène qui pénètre dans les poumons et dans le sang reste sensiblement constante ; mais, quand la pression de l'air duquel nous vivons varie, le volume d'oxygène qui tend à passer dans le sang varie lui-même. Pression plus forte, excès d'oxygène ; pression plus faible, pénurie d'oxygène. Le mal des montagnes, le mal des aérostats n'a pas d'autre origine que le manque d'oxygène par diminution de pression. Pour maintenir l'économie dans son état normal, il faut respirer de l'air dont la

---

(1) De Parville. *Causeries scientifiques.*

richesse en oxygène varie avec la pression barométrique et croisse au fur et à mesure que la pression diminue.

M. Paul Bert qui, le premier, formula aussi nettement la solution du problème, le premier aussi l'a soumise au contrôle de l'expérience. Il s'est enfermé à la Sorbonne dans une grande chambre métallique parfaitement étanche ; des pompes enlevaient l'air progressivement. En une demi-heure, la pression de l'air avait baissé de 760 millimètres à 450 millimètres ; pendant une heure environ, l'expérimentateur se maintint entre 450 et 408 millimètres. C'est une pression correspondante à celle que marque le baromètre à des hauteurs de 4,100 mètres à 5,100 mètres.

A 450 millimètres, M. Bert commença à éprouver les symptômes du mal des montagnes ; au moment où il atteignait une dépression correspondante au niveau du mont Blanc, il lui fut impossible, ayant compté ses pulsations, de multiplier par 3 le nombre trouvé. La jambe droite fut prise de tremblements qui s'étendirent bientôt à la jambe gauche ; le malaise augmentait. M. Paul Bert eut recours alors à un ballonnet plein d'oxygène et fit une inspiration, puis une seconde. A chaque inspiration le malaise disparaissait ; mais l'action de l'oxygène pur était trop énergique, et, prolongée, elle accusait des étourdissements.

Il recommença son expérience avec des mélanges d'air oxygéné ; il parvint sans malaise, grâce à des inspirations de ce mélange, à la pression correspondante à la hauteur la plus élevée des pics terrestres, le Gaourichniko.

Malgré ces expériences, il était utile d'entreprendre une expérience directe et d'aller sur place vérifier les résultats du laboratoire.

MM. Crocé-Spinelli et Sivel, avant de faire leur ascension, s'enfermèrent dans l'appareil de M. Paul Bert, et, amenés jusqu'à la pression de 300 millimètres, ils faisaient disparaître momentanément tout malaise par des inspirations d'oxygène. A un moment où M. Spinelli était devenu aveugle, l'oxygène lui rendit soudain la vue. Ainsi préparés, les deux explorateurs tentèrent l'aventure. M. Paul Bert leur donna deux ballonnets l'un à 40 pour 100, l'autre à 75 pour 100 d'oxygène.

Leur aréostat, l'*Étoile polaire*, partit de l'usine à gaz de La Villette, à onze heures trente-cinq minutes. En quelques minutes, il atteignait une hauteur de 1,500 mètres et se perdait dans une couche de nuages d'environ 300 mètres ; il continua à monter jusqu'à 4,800 mètres très régulièrement ; au delà, le rayonnement solaire donna à l'ascension une grande irrégularité. Les voyageurs restèrent une heure quarante-cinq minutes au-dessus de 5,000 mètres, vingt minutes au-dessus de 7,000 mètres et finirent par atteindre 7,400 mètres. Ils descendirent ensuite avec une rapidité assez grande, mais non excessive de 3 à 4 mètres par seconde, le ballon faisant parachute. Le vent était très violent à terre ; cependant la descente fut exempte d'accidents.

Le point qu'il s'agissait surtout d'éclaircir dans l'ascension de MM. Sivel et Spinelli était élucidé. Les malaises disparaissaient à chaque inspiration de l'oxygène ; ils étaient même gais après une dizaine d'inspirations, et conservaient toute leur présence d'esprit. Ainsi, ils remarquèrent que si quelques physiciens ont avancé que le ciel se montrait à ces hauteurs d'un bleu noir, cela devait dépendre de l'affaiblissement de leur vue.

M. Glaisher avait bien raison de dire, en 1863 :

« Je ne doute pas qu'on ne parvienne à faire des observations dans ces régions où je n'ai pu arriver sans m'évanouir. Ce n'est pas moi qui déterminerai la limite de l'activité humaine ! »

La science a ses martyrs. Le 17 avril 1875, MM. Crocé-Spinelli et Sivel, recommençant avec M. Tissandier leur ascension à de grandes hauteurs, sont morts victimes de leur amour pour la science. Tout le monde se rappelle cette catastrophe du *Zénith*, à laquelle échappa seul M. Tissandier. Une souscription nationale a permis d'élever un tombeau à ces deux nobles et courageux jeunes hommes.

ASCENSION D'UN BALLON. — Tous les ballons sont gonflés aujourd'hui avec de l'hydrogène, quoique un célèbre aéronaute français, M. E. Godard, préfère encore les *montgolfières*, et en ait construit une immense appelée l'*Aigle*. Il substitue une éponge imbibée d'alcool au combustible encombrant et dangereux de la paille ou de la laine hachée ; il a, plus tard, adopté au foyer une cheminée surmontée d'une toile métallique qui écarte tout danger d'incendie. On a parlé aussi de se servir de lampes à pétrole, dont on peut à volonté, modérer ou activer la vivacité. N. J. Silbermann a fait sur ce sujet des recherches intéressantes.

Dans les villes, on se sert généralement du gaz d'éclairage, carbure d'hydrogène, dont la densité est assez grande, 0,63 de celle de l'air. Dans ce cas, on fait communiquer l'orifice inférieur du ballon, au moyen d'un tuyau, avec l'usine à gaz. Cependant, un aéronaute anglais, M. Green, décarburait, par un procédé spécial, le gaz d'éclairage et obtenait un gaz plus léger. M. Glaisher recommande le gaz obtenu vers la fin des opérations de distillation.

Quand on emploie de l'hydrogène pur, dont la densité est quatorze fois inférieure à celle de l'air, on peut réduire de beaucoup les dimensions de l'aérostat.

L'hydrogène s'obtient alors en plaçant dans un certain nombre de tonneaux, rangés autour d'un gros tonneau central, défoncé à sa partie inférieure et plongé dans une grande cuve pleine d'eau, de l'eau et de l'acide sulfurique, avec des fragments de zinc et de fer. Tous les tonneaux communiquent avec le tonneau central : le gaz formé dans leur intérieur par la réaction de l'acide sulfurique sur le zinc ou le fer se rend donc au tonneau central, dépose dans l'eau de la cuve l'acide sulfureux qui s'était produit en même temps que l'hydrogène, et qui serait de nature à compromettre la solidité de l'enveloppe; puis il s'échappe par un long conduit aboutissant au ballon, et gonfle celui-ci.

On a soin de ne remplir l'aérostat qu'aux trois quarts environ de sa capacité. Les couches atmosphériques étant de moins en moins denses à mesure que l'on s'élève, la pression sur les parois sera conséquemment moins forte, l'hydrogène se dilatera de plus en plus, et ferait éclater l'enveloppe si, entièrement remplie au départ, elle ne laissait pas de place pour la dilatation du gaz.

Une soupape, inventée dès 1783 par le physicien Charles et placée à la partie supérieure du ballon, permet à l'aéronaute, au moyen d'une longue corde, de laisser échapper du gaz; un volume d'air égal au volume de gaz remplace celui-ci; l'appareil devient donc plus lourd et, conséquemment, il descend peu à peu. Pour remonter, le moyen imaginé également par Charles consiste à vider des sacs de sable, *lest* que le voyageur a eu le soin de placer dans la nacelle avant de partir. L'appareil, devenu plus léger, remonte aussitôt. Quand on veut descendre définitivement et prendre terre, on emploie une corde nommée *guide-rope*, munie de nœuds, qui pend au-dessous de la nacelle, et dont la longueur est d'une cinquantaine de mètres. A mesure quelle se déroule et touche le sol, le poids du ballon se trouvant diminué, celui-ci remonte, et la rapidité de la chute est diminuée. Alors une ou deux ancres accrochent quelque aspérité du sol et arrêtent l'aérostat.

Dans les expéditions scientifiques, les instruments à emporter sont une des plus graves préoccupations du voyageur. Ce n'est qu'après de longs tâtonnements que M. Glaisher a pu parvenir à établir son matériel d'une manière convenable pour des expériences qui, faites dans les hautes régions, présentent des difficultés tout autres que celles qui sont faites dans un observatoire. Le savant aéronaute donne la liste des instruments dont il se chargeait. C'étaient : 1° thermomètre à boule sèche et à boule humide conjugués; 2° hygromètre de Daniell; 3° baromètre à mercure; 4° thermomètre à boule noircie exposée à l'action des rayons solaires; 5° couple de thermomètre sec et de thermomètre humide en connexion avec un aspirateur; 6° thermomètre à boule noircie renfermé dans un tube en cristal privé d'air et exposé aux rayons du soleil; 7° baromètre métallique; 8° thermomètre excessivement sensible avec une boule

Départ de M. Janssen (page 382).

en forme de gril; 9° hygromètre de Regnault; 10° petite bouteille d'eau distillée; 11° chronomètre; 12° boussole; 13° bouteille d'éther pour l'usage de l'hygromètre Regnault; 14° loupe pour lire les instruments; 15° aspirateur ou soufflet disposé de manière à pouvoir marcher avec le pied;

16° aimant qui sert à mettre en mouvement l'aiguille de la boussole ; 17° indice thermométrique ; 18° jumelle.

Tous ces instruments sont attachés avec des ficelles que l'on peut couper immédiatement, ou à des écrous, et sont installés sur une table. A mesure que l'on enlève les instruments de la table, on les jette pêle-mêle dans un panier garni de matières d'emballage, et, à moins de circonstances extraordinaires, ils ne sauraient être brisés.

Nous verrons, en poursuivant notre étude, les observations auxquelles sont employés chacun de ces instruments.

IMPRESSIONS D'UN AÉRONAUTE. — « Les impressions personnelles, dit M. C. Flammarion, le hardi aéronaute et le spirituel savant que l'on connaît, me paraissent être ici, comme en bien des sujets d'étude, les plus sûres et les plus faciles à analyser. Les sensations que nous éprouvons nous-mêmes vont plus directement d'une âme à une autre que les théories et les considérations générales. »

C'est pourquoi nous croyons devoir présenter au lecteur quelques extraits du récit qu'il a fait dans les *Voyages aériens* de sa première ascension :

« L'instant du départ, dit-il, a quelque chose de solennel. Au milieu des amis qui sont venus assister à votre premier départ, sous les regards qui vous suivent, vous vous élevez lentement, majestueusement dans l'espace. C'est déjà là une première sensation unique, toute nouvelle et très singulière.

» Le mouvement qui nous emporte est complètement *insensible* pour nous ; mais nous *savons* que nous nous élevons, car progressivement Paris s'agrandit au-dessous de nous, et bientôt notre vue l'embrasse dans son entier, encadré des verdoyantes campagnes qui l'environnent. Nous jetons un dernier regard, nous adressons un dernier signe aux yeux qui nous cherchent, et dont quelques-uns, trop sensibles pour une situation aussi simple, ne nous distinguent plus qu'à travers le voile des larmes invisibles, et nous cherchons nous-mêmes à définir les sensations nouvelles qui nous agitent.

» *Que c'est beau! que c'est beau!* C'est la première exclamation qui s'échappe de nos lèvres.

» Nulle description ne saurait rendre la merveilleuse magnificence d'un tel panorama. La plus ravissante, la plus grandiose scène de la nature, vue du haut d'une montagne, n'approche pas de la beauté de cette même nature vue perpendiculairement de l'espace. Là seulement l'homme s'aperçoit que la terre est belle, que la vie de la nature est grande, que l'air enveloppe ce monde d'un rayonnement de vie, que la création est une immense harmonie...

» La première impression qui domine est une sensation de bien-être tout nouveau, à laquelle s'ajoute la vaniteuse petite joie de se voir au-dessus du reste des autres hommes, et le plaisir d'admirer un spectacle toujours magnifique. Quant au mouvement, il est *absolument insensible*. Nous nous croyons *immobiles;* la terre *descend* au-dessous de nous; le groupe de nos amis diminue, et leurs adieux n'arrivent que plus faiblement; ils sont bientôt couverts par la voix colossale de Paris, qui domine tout d'un brouhaha gigantesque. La populeuse cité développe sous nos yeux ses mille toits, ses coupoles, ses édifices, ses jardins, ses boulevards, sa ceinture extérieure, ses campagnes environnantes; c'est un spectacle féerique devant lequel s'éclipsent les *Mille et une Nuits.*

» Les œuvres humaines s'effacent vite dans une telle contemplation. Les palais élevés, les basiliques séculaires, les hautes coupoles, les clochers de pierre qui perçaient le ciel de leurs délicates broderies, se sont abaissés au niveau du sol; Notre-Dame, dont le portail nous saisissait d'admiration ; l'Arc-de-Triomphe, colosse de pierre qui veille au couchant de la grande ville ; le Louvre, assis au bord du fleuve ; les dernières tours que le temps a laissées debout; toutes les splendeurs de l'architecture s'humilient devant le ciel. La première ville de l'Europe, la capitale de la terre, Paris, s'est réduite pour nous aux dimensions des plans en relief que l'on voit au musée des Invalides. Vers le haut, toutes les perspectives sont changées. Les vastes avenues et les grands parcs sont devenus de minces allées et de petits jardins. Nous traversons un modeste filet d'eau qu'on appelle la Seine. Quelques points de vue descendent même au grotesque. Au delà du Louvre, la tour Saint-Germain-l'Auxerrois, flanquée de l'église et de la mairie, ressemblait assez bien à un huilier. Les promeneurs, les omnibus ont revêtu le bizarre effet raccourci si spirituellement dessiné par le caricaturiste Grandville. Au départ, le Napoléon de la colonne Vendôme et le Génie de la Bastille nous ont semblé posés sur un piédestal plus gros en haut qu'en bas. Mais bientôt l'ascension a aplani les statues au niveau du sol et nous a montré que, en effet, la gloire n'est que l'égalité du néant. Comme tout change vu d'en haut!

» Je comprends l'exaltation des inventeurs de l'aérostation et des premiers aéronautes lorsqu'ils se virent transportés au-dessus de la terre, et contemplèrent l'admirable champ de la nature déployé pour la première fois sous l'œil victorieux de l'humanité.

» Ainsi, la première impression qui domine, c'est en quelque sorte la *sensation de l'immobilité,* par opposition à l'idée qu'on se fait d'avance de sentir un grand mouvement à travers l'air. La seconde, c'est le ravissement du spectacle inattendu et sans précédent que l'on a tout à coup déployé sous le regard. Une troisième impression qui vient bientôt succéder aux deux premières, c'est un doute sur la solidité absolue du navire aérien... Réflexion dont on reconnaît vite l'invraisemblance. Physiquement parlant, l'aérostat est aussi solide dans l'air que la pierre sur le sol...

» Dépassant Paris et sortant du bruit immense, l'aérostat s'enfonce dans les profondeurs de l'atmosphère. Notre esprit se souvient du chant du poète adressé à l'aéroscaphe du siècle futur.

> Superbe, il plane avec un hymne en ses agrès ;
> Et l'on croit voir passer la strophe du progrès.
> Il est la nef, il est le phare !
> L'homme enfin prend son sceptre et jette son bâton,
> Et l'on voit s'envoler le calcul de Newton
> Monté sur l'ode de Pindare.
> Il invente une route obscure dans les nuits ;
> Le silence hideux de ces lieux inouïs
> N'arrête point ce globe en marche ;
> Il passe, portant l'homme et l'univers en lui !...

» Paris s'est éloigné. Nous planons maintenant au-dessus de plaines verdoyantes, délicatement nuancées. Les moindres objets se dessinent avec une netteté remarquable. Mais, à cette heure, une brume très légère s'étend comme un voile transparent sur la campagne; ce voile est plus épais vers l'ouest. Sous cette gaze légère, la nature chante. Quelques oiseaux, parmi lesquels nous distinguons l'alouette, murmurent leurs notes du soir. Le bruissement des cri-cri forme le fond de la mélodie. Les grenouilles jettent au loin leur aigre coassement...

» Nous traversons l'air silencieux avec une grande lenteur : 220 mètres par minute ou 3 mètres et demi par seconde. Au sein de l'immense paix qui nous environne, l'aérostat, avec ses cordages tendus, semble, porté par le souffle aérien, une vaste lyre que des sylphes invisibles transportent au sein des cieux étonnés. On voit l'ombre du navire aérien flotter sur les prés, les champs et les bois. Plus tard notre ombre s'éloigne à mesure que le soleil descend, jusqu'au moment où le soleil et l'aérostat, se trouvant sur une ligne horizontale, ne permettent plus d'ombre, et où même le soleil descendant au-dessous de nous projettera *notre ombre en haut*. Il faut être en ballon pour ne plus voir son ombre à ses pieds, mais à sa tête...

» Le bonheur du voyage aérien ressemble à celui qu'on éprouve en rêve lorsqu'on se sent emporté dans les airs. Cette coïncidence m'a frappé. Seulement, *on ne sent pas assez* qu'on vole ; on voudrait aller plus vite ou du moins sentir que l'on va vite. Il y a enfin une légère inquiétude qui trouble la tranquillité, et sans laquelle le bonheur serait complet. La petite nacelle d'osier crie au moindre mouvement que nous faisons, et nous nous demandons involontairement si elle va défoncer ou si les cordes qui la soutiennent ne pourraient nous causer la surprise de casser un peu. En outre, elle oscille quand on remue et produit un balancement quelquefois désagréable quand on se rappelle que l'on est suspendu à plusieurs centaines de mètres au-dessus de la terre ferme. Le simple raisonnement suffit pour faire comprendre que le danger est réellement apparent ; mais il n'en est pas moins vrai que la première ascension produit toujours une certaine émotion inséparable d'un premier début. Sans cette préoccupation, il n'y aurait pas au monde de locomotion comparable à celle de l'air.

» En terminant cette première relation d'un premier voyage aérien, je ne puis m'empêcher, tant est profonde cette impression soudaine d'un aussi singulier spectacle, de me souvenir encore de l'aéroscaphe de la *Légende des Siècles :*

> Char merveilleux ! Son nom est délivrance ! Il court.
> Près de lui le ramier est lent, le flocon lourd ;
>   Le daim, l'épervier, la panthère
> Sont encor là, qu'au loin son ombre a déjà fui ;
> Et la locomotive est reptile, et sous lui
>   L'hydre de flamme est ver de terre.
> Nef magique et suprême ! Elle a, rien qu'en marchant,
> Changé le cri terrestre en pur et joyeux chant,
>   Rajeuni les races flétries...
> Oh ! chacun de ses pas conquiert l'illimité !
> Elle est la joie, elle est la paix ! — L'humanité
>   A trouvé son organe immense ! »

VOYAGE DE M. JANSSEN. — En terminant le chapitre consacré à l'*aérostation*, nous devons rappeler que les aérostats, invention française, ont encore reçu de nous, en 1870, leur première et glorieuse application, en dépit des infâmes rigueurs et des menaces d'un ennemi impitoyable. Il est bon de conserver les paroles avec lesquelles, à l'Académie des sciences, M. Dumas annonçait le départ d'un de nos astronomes, allant, malgré les Prussiens, observer un fait scientifique.

« Une éclipse de soleil, totale pour une partie de l'Algérie, dit

M. Dumas, aura lieu le 22 décembre (1870). M. Janssen, si célèbre par
les belles découvertes qu'il a effectuées dans l'Inde à l'occasion de l'éclipse
de 1868 a réclamé de nouveau pour compléter ses observations, le patronage et le concours du Bureau des longitudes et de l'Académie, qui, avec
l'autorisation de M. le ministre de l'instruction publique, se sont empres-
sés de les lui accorder.

» M. Janssen est parti de Paris vendredi à cinq heures du matin,
par un ballon spécial, le *Volta*. L'administration avait bien voulu le
mettre entièrement à sa disposition ; cet appareil n'emportait que le
savant, les instruments de la science, et le marin chargé de la manœuvre.

» Notre confrère, M. Charles Deville, et moi, nous assistions au
départ de M. Janssen, soit pour l'aider dans ses derniers apprêts, soit
pour lui donner une preuve de plus de l'intérêt que l'Académie porte à
ses travaux. L'ascension, grâce aux précautions minutieuses de M. Godard
aîné, s'est accomplie dans les meilleures conditions, et la direction excellente prise par l'aérostat doit faire espérer le succès d'une expédition que
menacent, il est vrai, des périls de plus d'un genre.

» Les secrétaires perpétuels de l'Académie, il est utile de le déclarer
publiquement, se portant garants du caractère absolument scientifique
de l'expédition et de la parfaite loyauté de M. Janssen, l'ont recommandé
officiellement à la protection et à la bienveillance des autorités et des
amis de la science, en quelque lieu que les chances du voyage l'aient
dirigé. Il fut un temps où ce témoignage aurait suffi pour lui assurer un
accueil chevaleresque dans les lignes ennemies. On nous a appris le doute
sur ce point ; aussi chacun a-t-il compris que des rigueurs et des menaces,
non justifiées par les lois de la guerre, aient fait à M. Janssen comme un
devoir de compter sur son propre courage et non sur la générosité d'au-
trui. Je suis cependant au milieu de témoins qui peuvent attester qu'en
pleine guerre, en 1813, Davy, un Anglais, reçut dans ce palais même
l'hospitalité de la France, comme un hommage rendu au génie et aux
droits supérieurs de la civilisation.

» En suivant du regard notre digne missionnaire dans l'espace où il
se perdait peu à peu, j'ai senti ce souvenir se réveiller, et se renouveler
en moi le besoin de protester, soit au nom de la science, soit au nom des
principes eux-mêmes, contre tout empêchement qui pourrait être mis à
son expédition.

» La décision prise par le comte de Bismarck de renvoyer devant un
conseil de guerre les personnes qui, montées dans les ballons, essayent,
sans autorisation préalable, de franchir les lignes ennemies, intéresse
donc l'Académie. Elle ne saurait accepter que des opérations de guerre

soient punissables parce qu'elles reposent sur des principes scientifiques nouveaux; que l'homme dévoué qui, dans l'intérêt de la science, passe au-dessus des lignes prussiennes, soit coupable de manœuvre illicite, et qu'en donnant nos soins à l'aéronautique, nous ayons contribué nous-mêmes à fabriquer des engins de guerre prohibés.

» Comment! les voies de terre, de fer et d'eau sont interdites, la voie de l'air nous restait seule, inconstante et douteuse; elle n'avait jamais été pratiquée; quoi de plus légitime que son emploi? Nous l'avons conquise par des procédés méthodiques, et si elle fonctionne régulièrement, où est le délit?

» Que l'ennemi détruise, s'il le peut, nos ballons au passage; qu'il s'empare de nos aéronautes au moment où ils touchent la terre, soit; c'est son intérêt, c'est la loi de la guerre. Mais que les personnes tombant ainsi entre ses mains soient livrées à une cour martiale, au loin, en pays ennemi, comme des criminels, c'est un abus de la force...

» Le développement de cette question du droit des gens n'est pas de la compétence de cette Académie; il appartient à l'Académie des sciences morales et politiques, et je n'ajoute qu'un dernier mot.

» Dans Syracuse assiégée, Archimède opposait aussi aux efforts de l'ennemi toutes les ressources de la science de son temps; il rendait pour les Romains l'attaque de plus en plus meurtrière. Marcellus, loin de lui faire un crime d'avoir prolongé la défense par ses inventions, ordonna au contraire que la vie de ce grand homme fût respectée, et, plein de regret pour sa mort fortuite, il entoura sa famille des plus grands égards.

» Deux mille ans se sont écoulés, et cependant, si nous possédions un nouvel Archimède aujourd'hui, pour avoir créé de nouvelles combinaisons de guerre, peut-être se verrait-il soumis sans pitié aux rigueurs d'une cour martiale arbitraire, si son pays était trahi par la fortune.

» N'hésitons pas à le dire : en face de telles menaces, ceux d'entre nous que la construction des ballons occupe, ceux que l'Académie envoie en mission dans l'intérêt de la science, n'en sont point ébranlés; et si la défense de Paris manquait d'aéronautes, elle trouverait toujours dans cette enceinte même, autour d'elle, des mains exercées et des âmes fermes pour diriger ces patriotiques expéditions. » (*Nombreux applaudissements.*)

Malgré M. de Bismarck, le savant et courageux M. Janssen traversa les lignes prussiennes et put se rendre à Oran, où il avait l'intention de se livrer à ses observations. Malheureusement, un temps exceptionnellement mauvais ne lui permit pas de retirer de son périlleux voyage les fruits qu'il devait en attendre.

LES BALLONS DU SIÈGE DE PARIS. — Nous voulons citer quelques-uns des hardis aéronautes qui, en 1870, ont rendu de si glorieux services au pays. Le premier d'entre eux fut M. Durnof, qui partit le 23 septembre 1870; MM. Eugène Godard, G. Tissandier le suivirent quelques jours après, emportant tous d'innombrables dépêches. Le 7 octobre, M. Gambetta sortit de Paris, puis M. de Kératry, malgré les projectiles prussiens. Le 24 octobre, M. Rollier et un voyageur s'enlèvent de la gare du Nord, et, après plusieurs jours passés au-dessus de l'Océan, vont enfin atterrir en Norvège. De nombreux sinistres eurent lieu en novembre; le marin Prince s'élève seul le 30 de ce mois : on ne le revit jamais! Le même jour, MM. Martin et Ducauroy atterrissent, par un hasard providentiel, à Belle-Ile-en-Mer. Le 27 janvier 1871, l'aéronaute Lacaze part; on l'aperçoit à La Rochelle, puis il disparaît dans les profondeurs de l'Océan!...

C'était le soixante-troisième aéronaute sorti de Paris. Le soixante-quatrième ballon, *le Général Cambronne*, s'élevait le lendemain, le dernier de tous, allant annoncer à la France la signature de l'armistice.

Sur ces soixante-quatre ballons, cinq avaient été faits prisonniers par l'ennemi; les deux que nous avons cités s'étaient perdus; plus de trois millions de lettres avaient été emportées par eux....

LIVRE III

CHALEUR

CHAPITRE PREMIER

PRINCIPES GÉNÉRAUX

HYPOTHÈSES SUR LA NATURE DE LA CHALEUR. — Le *feu*, ce développement simultané de *chaleur* et de *lumière* produit par la combustion de certains corps, et qui n'est autre chose qu'un degré plus élevé de température que celui de la chaleur sans lumière, a, de tout temps, provoqué une sorte de vénération de la part du genre humain. Tous les peuples primitifs l'ont divinisé. Les Perses regardaient le culte du feu comme la partie fondamentale de leur religion ; et, de nos jours encore, une partie de leurs descendants, les *Guèbres* ou *Parsis*, adorent le soleil comme l'image de la divinité et le type du feu le plus pur, selon les prescriptions retracées avec détail dans le *Zend-Avesta*, évangile écrit par Zoroastre, le fondateur de leur religion. Les annales chinoises nous ont conservé le nom de Soui-Gin-Chi, qui apprit aux premiers hommes l'art de créer le feu par le frottement de deux branches. En Amérique, lors de la conquête, tous les peuples sauvages adoraient le soleil : au Mexique, ce culte était sanguinaire ; mais au Pérou, les Incas, rois descendants de Manco-Capac, le législateur des Péruviens, prétendaient être comme lui les fils et petits-fils du Soleil, gouverner les hommes au nom de ce dieu, et, comme cet astre, leur gouvernement, plein de douceur, se manifestait surtout par des bienfaits. Dans l'antiquité grecque et romaine, le grand tragique Eschyle célèbre, dans ses chants sublimes, Prométhée, qui déroba au ciel le secret de faire du feu et le communiqua aux hommes, et le feu sacré qu'entretenaient sans cesse, à Rome, les Vestales, et les Grecs dans le temple de Delphes, ainsi que le culte de Vulcain, rappelaient cette universelle déification du feu.

Les hommes graves, qui n'ajoutaient guère foi aux fables religieuses, conservaient néanmoins pour cet *élément* une admiration profonde. Pline qui, dans son immense compilation, a résumé toutes les opinions des savants de son siècle, dit qu' « il faut considérer avec admiration qu'il n'est presque rien où le feu n'intervienne. Le feu, dit-il, reçoit des sables, et il rend ici du verre, là de l'argent, ailleurs du minium, ailleurs le plomb et ses variétés, ailleurs des substances colorantes, ailleurs des médicaments. Par le feu, les pierres se résolvent en cuivre; par le feu, le fer est produit et dompté; par le feu, l'or est purifié; par le feu est calcinée la pierre qui va, en ciment, assurer la solidité de nos demeures... Les feux ont aussi une vertu médicinale. Dans les maladies pestilentielles qui proviennent de l'obscurcissement du soleil, il est certain que les feux allumés sont d'un secours très varié : Empédocle et Hippocrate l'ont prouvé dans divers lieux. Le feu soulage dans les convulsions ou les contusions des viscères... »

« Il n'est pas étonnant, dit-il dans un autre passage, que des formes monstrueuses d'hommes et d'animaux se produisent vers l'extrémité de l'Éthiopie; car ce pays est le pays du feu, et le feu, élément mobile, est l'artisan de la configuration du corps et de la ciselure des formes. C'est pourquoi, au fond de la partie orientale de cette région sont des peuples sans nez, dont toute la face est plane; d'autres sans lèvre supérieure; d'autres sans langue; quelques-uns, ayant la bouche close et privés de narines, ne respirent que par un pertuis qui sert aussi de passage à la boisson, aspirée à l'aide d'un tuyau d'avoine, et à la nourriture, consistant en grains de la même plante qui croît spontanément... »

De cette admiration de tous les hommes pour le feu découla nécessairement, dès les premiers âges, le désir de connaître l'origine de cet élément, la cause de cette *chaleur*. Par une propension inhérente à sa nature, l'intelligence humaine, en présence des phénomènes du monde extérieur, se demande : Qu'est-ce que cela? Et peu à peu, comme l'a fait remarquer M. John Tyndall, il est devenu manifeste que ce besoin de savoir n'est pas une vaine et impuissante curiosité : après de nombreux essais, on est arrivé à la conviction que de telles questions ne sont pas absolument au-dessus de l'intelligence humaine; que l'homme peut, dans une certaine mesure, pénétrer le secret de l'univers; que ses fonctions mentales ne sont pas bornées aux perceptions des cinq sens; que les choses visibles du monde matériel sont commandées, dans leurs actions, par des choses invisibles; qu'en un mot, au delà des phénomènes qui frappent les sens, il y a des lois, des principes et des faits qui s'adressent uniquement à l'esprit et que l'esprit peut seul discerner.

Mais, comme nous l'avons fait observer déjà (page 10), pour trouver ces lois, ces principes et ces faits, il est nécessaire de bien connaître les phénomènes dont on recherche les causes; et les philosophes, s'appuyant exclusivement sur des considérations métaphysiques, sur certaines idées générales, posaient une suite de principes rationnels et voulaient prévoir, d'après ces principes, les phénomènes, en passant de la cause à l'effet. Avant de chercher les lois de la chaleur, ils voulaient savoir ce qu'est la chaleur. Aussi toutes leurs hypothèses ont été successivement rejetées.

Il faut avouer que, de nos jours encore, quant à la nature intime de la chaleur, nous en sommes réduits à de simples conjectures. Mais comme, depuis Galilée, nous observons d'abord les phénomènes avec le plus grand soin, nous mesurons, nous comptons, nous pesons ce que nous voyons afin de bien connaître les rapports numériques des choses; que nous imaginons des expériences, que nous inventons des intruments pour obtenir des résultats exacts, les lois que nous établissons aujourd'hui, quoiqu'elles puissent être renversées par une expérience future, sont fondées sur des bases assez solides pour que l'on puisse espérer d'être arrivé à la vérité et de ne point voir surgir cette expérience qui anéantirait nos théories.

Ainsi en est-il de l'hypothèse sur la cause de la *chaleur*, cause appelée *calorique*.

Aristote et les péripatéticiens définissaient la chaleur une qualité ou un accident qui réunit ou rassemble des matières homogènes, et qui dissocie ou sépare des matières hétérogènes. Les épicuriens la croyaient être une substance volatile du feu, émanée des corps ignés par un écoulement continuel et réduite en atomes ronds très mobiles. Seul Héraclite et son école, se rapprochant des idées modernes, considéraient la chaleur ou le feu *(to pur)* comme une force.

Le moyen âge se bornait à répéter les opinions d'Aristote, c'est-à-dire à regarder la chaleur comme une qualité rigoureusement inhérente à un corps particulier, soit le feu lui-même, soit la partie invisible et volatile du feu. C'était, en un mot, quelque chose de *matériel*, que l'on ne pouvait ni créer ni détruire.

Au XVIIe siècle, cette opinion prévalait encore chez un grand nombre de physiciens. Boerhaave (1), Musschenbrœk, Homberg, Lémery (2), 'S Gravesande pensaient que le feu est une *matière* créée dès l'origine du monde, inaltérable dans sa nature, uniformément répandue dans toutes les parties de l'espace et formée d'une multitude de petits ballons comprimés qui cherchent à s'étendre de toutes parts. Ils cherchèrent à déterminer cette matérialité de la chaleur au moyen de la balance; mais, malgré des expériences nombreuses, entre autres celles de l'Académie *del Cimento* de Florence, jamais l'on n'est parvenu à la peser, et tout ce que l'on a écrit sur ce point est loin de pouvoir établir le poids de cet agent.

A la même époque, abandonnant l'hypothèse de la *chaleur-matière* pour revenir à la doctrine d'Héraclite de la *chaleur-mouvement*, d'autres physiciens, à la tête desquels il faut placer Bacon, Rumfort, Macquer (3), Scherer, prétendirent que la chaleur n'est autre chose qu'une modification des corps, une de leurs manières d'être, un simple mouvement excité dans leurs parties constituantes par une impulsion quelconque, que Rumford attribue à un éther particulier. Montgolfier, Davy, Séguin aîné partageaient cette opinion.

Ce fut en 1842 seulement qu'un savant allemand, le docteur Mayer (4), fit paraître un mémoire, qu'il développa en 1845, en 1848 et en 1851, dans lequel il donnait la *théorie de la chaleur,* telle que nous la concevons aujourd'hui. En 1842 et 1843, M. Grove, reprenant les idées déjà exprimées par Berzélius, cherchait à établir que les quatre fluides incoercibles, « la chaleur, la lumière, l'électricité, le magnétisme, de même que l'affinité chimique et le mouvement, sont corrélatifs et dans une mutuelle dépendance; qu'aucun d'eux, dans un sens absolu, ne peut être

(1) Boerhaave (Hermann), célèbre médecin hollandais (1668-1738). Professeur à l'université de Leyde, il y occupait à la fois et avec un égal succès les chaires de médecine théorique, de médecine pratique, de botanique et de chimie, et devint recteur de l'université. C'est un des savants qui ont exercé la plus grande influence sur leur siècle. Comme médecin, ses travaux sont immenses, mais fort discutés. En chimie et en botanique, ses observations et ses découvertes sont précieuses. Il fut comblé d'honneurs pendant sa vie et fut agrégé à l'Académie des sciences de Paris et à la Société royale de Londres.

(2) Lémery (Nicolas), chimiste, né à Rouen (1645-1715). Le cours de chimie qu'il faisait lui avait valu une grande réputation, et il compta le grand Condé parmi ses élèves; mais, persécuté comme calviniste, il dut se réfugier en Angleterre, où Charles II l'accueillit fort bien (1683). Rentré en France trois ans plus tard, il abjura le protestantisme, exerça la médecine et devint membre de l'Académie des sciences. On lui doit plusieurs préparations pharmaceutiques.

(3) Macquer (Pierre-Joseph), chimiste, né à Paris (1718-1784), professeur de pharmacie, membre de l'Académie des sciences. Il rédigea de 1768 à 1776, dans le *Journal des savants,* tout ce qui concerne les sciences naturelles.

(4) Mayer (Jules-Robert), médecin à Heilbronn (Wurtemberg), a pu, sans le secours d'aucun laboratoire, concevoir le premier la théorie moderne de la chaleur, et déduire de ses travaux les considérations les plus élevées sur la force en elle-même et sur la constitution des mondes. Ses travaux sont restés longtemps ignorés. Un dictionnaire biographique allemand avait avancé que le docteur Mayer était mort fou dans une maison de santé. Le fait est inexact.

dit la cause essentielle des autres, mais que chacun d'eux peut produire tous les autres ou se convertir en eux ; ainsi la chaleur peut, médiatement ou immédiatement, produire l'électricité ; l'électricité peut produire la chaleur, et ainsi des autres, chacun disparaissant à mesure que la force qu'il produit se développe. »

La route était ouverte : un grand nombre de physiciens ont, depuis, suivi et élargi cette voie ; parmi eux il faut citer, avec M. Regnault, le savant M. Tyndall (1) qui a résumé, dans un volume intitulé *la Chaleur considérée comme un mode de mouvement*, les observations et les expériences les plus concluantes sur ce sujet.

L'*hypothèse de l'émission* (c'est le nom donné à l'hypothèse de la chaleur-matière), dans laquelle le *calorique* est une matière invisible, impalpable, un fluide impondérable, incoercible, *émis* par les corps chauds dans toutes les directions, et qui, en abandonnant ces corps, ou en s'y accumulant, produit les phénomènes de chaleur et de froid, cette hypothèse est donc aujourd'hui à peu près abandonnée et remplacée par l'*hypothèse des ondulations*. Dans celle-ci, la chaleur est considérée comme le résultat d'un mouvement vibratoire perpétuel des molécules des corps, mouvement accéléré pendant l'échauffement, ralenti pendant le refroidissement, et transmis à d'autres corps sous forme d'ondulations, comme le son dans l'air, par l'intermédiaire d'un fluide très élastique, appelé *éther*, répandu dans tout l'espace, et même dans le vide.

SOURCES DE CHALEUR. — On nomme *source de chaleur* tout système susceptible d'échauffer l'air ambiant et les corps voisins sans que sa propre chaleur diminue, ou, en d'autres termes, un corps est une source de chaleur lorsque de la chaleur s'en dégage et que la perte de cette chaleur est à chaque instant réparée par une production nouvelle.

Cette question des sources de chaleur a toujours beaucoup préoccupé les savants, surtout au point de vue théorique. Il semble qu'il y a une sorte de création de chaleur, de force, ce qui est inadmissible, puisqu'il ne peut y avoir d'effet sans cause. Il fallait trouver quelle est la modification physique à laquelle est due l'apparition de la chaleur, quelle est la force qui se transforme en chaleur. Nous venons de dire que cette force est le mouvement. Ajoutons que cette théorie est arrivée déjà à un degré

(1) TYNDALL (John), savant anglais, membre de la Société royale de Londres, professeur de philosophie naturelle à la Royal Institution de la Grande-Bretagne, etc. Ses travaux relatifs à la chaleur et à l'électricité sont précieux. Il a exécuté aussi de courageuses excursions dans les Alpes, excursions dont il a rapporté de fécondes observations scientifiques. La plupart de ses ouvrages ont été traduits en français par M. l'abbé Moigno.

remarquable de précision et est une des plus belles découvertes de la physique moderne.

CHALEUR SOLAIRE. — La plus considérable des sources de chaleur, à la surface de la terre, est le rayonnement du soleil. Les recherches d'Herschel et de M. Pouillet nous ont fait connaître la dépense totale du soleil en ce qui concerne la chaleur qu'il émet, et nous pouvons, par le calcul, évaluer le montant de sa dépense en chaleur qui constitue la part des planètes de notre système. Des 2,300 millions de parties de lumière et de chaleur émises par le soleil, la terre en reçoit une seule. L'instrument, dû à M. Pouillet, avec lequel on peut mesurer la quantité de chaleur envoyée par le soleil sur la terre, s'appelle un *pyrhéliomètre* (du grec *pur*, feu; *hélios*, soleil; *métron*, mesure).

Fig. 200. — PYRHÉLIOMÈTRE.

Cet instrument (*fig.* 200) se compose d'un thermomètre dont le réservoir est enfermé dans une boîte en argent très mince remplie d'eau. Le tube du thermomètre sort de la boîte par une des faces, et il est maintenu dans un autre tube de cuivre qui porte une rainure, afin qu'on puisse voir la graduation. L'autre face de la boîte est noircie à la fumée; cette face doit être bien perpendiculaire à la direction du tube. On place l'instrument au soleil lorsqu'il n'y a pas de nuages, et on fait tourner la boîte de telle sorte que la face noire reçoive les rayons du soleil perpendiculairement. On observe l'élévation de la température pendant cinq minutes, on a alors un certain nombre de degrés pour cette élévation. On a déterminé combien il faut de *calories* (page 405) pour faire monter le thermomètre d'un degré: une simple multiplication donnera donc le nombre de calories gagné par l'instrument pendant les cinq minutes de l'expérience. Pour avoir la chaleur qui est arrivée réellement sur la face noire, il faut encore ajouter au nombre précédent la chaleur que perd l'appareil pendant cinq minutes, par l'effet de son rayonnement propre vers le ciel, car les espaces célestes exercent sur les corps terrestres une action refroidissante. On trouve la quantité à ajouter en faisant à l'ombre une observation analogue à la précédente sur le refroidissement.

On n'a pas encore ainsi toute la chaleur qui vient du soleil sur l'instrumont ; une partie a été absorbée par l'atmosphère. M. Pouillet a déterminé cette proportion en combinant un grand nombre d'observations, et il a pu calculer la quantité de chaleur qui arrive sur la terre en une année.

De nos jours encore, les Guèbres ou Parsis adorent le soleil (page 387).

Elle est tellement grande que l'on est obligé de renoncer aux unités ordinaires pour en donner une idée. Elle est capable de fondre une couche de glace de 30 mètres d'épaisseur qui envelopperait notre globe (1).

(1) A. Cazin. *La Chaleur.*

« Comment cette perte énorme est-elle réparée ? dit M. Tyndall. D'où vient la chaleur du soleil, et par quel moyen est-elle maintenue constante? Aucune des combustions, aucune des affinités chimiques que nous connaissons ne serait apte à produire la température de la surface du soleil. En outre, si le soleil était simplement un corps en combustion, sa lumière et sa chaleur seraient assurément bientôt épuisées.

» En supposant qu'il fût un globe solide de charbon, sa combustion couvrirait au plus la dépense de 4,600 années. Il se consumerait lui-même dans ce temps relativement court. Quel agencement produit donc cette température si élevée et conserve au soleil son trop-plein de chaleur?

» Un corps tombant et s'arrêtant brusquement développe, par son choc, une température proportionnelle au carré de la vitesse éteinte. Tombant sur la terre d'une très grande distance, la chaleur engendrée par son choc serait deux fois celle produite par la combustion d'un poids égal de charbon. Combien plus grande doit être la chaleur développée par un corps qui tombe sur le soleil!

» La vitesse maximum avec laquelle un corps peut choquer la terre est au plus de 12 kilomètres; la vitesse maximum avec laquelle un corps peut choquer le soleil est de plus de 600 kilomètres par seconde. Un *astéroïde* (du grec *aster*, astre, *eidos;* aspect, *étoiles filantes*), tombant sur le soleil avec cette vitesse maximum, engendrerait une chaleur égale à dix mille fois celle que ferait naître la combustion d'un poids de charbon égal au poids de l'astéroïde. Avons-nous quelque raison de croire que de semblables astéroïdes existent dans l'espace, et qu'ils puissent arriver à tomber sur le soleil en constituant une sorte de pluie de pierres ? Les *météorites* ou *étoiles filantes*, qui éclatent dans l'air, sont de petits corps planétaires déviés par l'attraction de la terre en entrant dans notre atmosphère avec une vitesse planétaire. Par le frottement contre l'air, ils s'échauffent jusqu'à l'incandescence et deviennent une source de lumière et de chaleur. Dans certaines saisons de l'année, ils pleuvent en très grand nombre. A Boston, on en a compté 240,000 en neuf heures. Nous n'avons aucun motif de supposer que le système planétaire est limité à de *grandes masses de poids* énormes; nous avons, au contraire, toute raison de croire que l'espace est peuplé de petites masses obéissant aux mêmes lois que les grandes.

» Cette enveloppe qui entoure le soleil et que les astronomes désignent sous le nom de *lumière zodiacale* est probablement un amas de météores ; et parce qu'ils se meuvent dans un milieu résistant, ils doivent s'approcher continuellement du soleil. En tombant sur lui, ils contribueraient à produire la chaleur observée, et ils constitueraient une source suffisante à réparer les pertes de chaleur subies annuellement par le soleil.

» Le soleil, dans cette hypothèse, deviendrait incessamment plus gros ; mais de combien s'augmenterait son diamètre ? Si notre lune venait à tomber sur le soleil, elle développerait une quantité de chaleur suffisante à couvrir les pertes d'une ou deux années ; et si notre terre, à son tour, tombait sur le soleil, elle couvrirait les pertes d'un siècle. Cependant les masses réunies de la lune et de la terre, si elles étaient uniformément réparties à la surface du soleil, disparaîtraient complètement. En réalité, la quantité de matière suffisante à produire l'approvisionnement du soleil en chaleur pendant toute la durée des temps historiques ne produirait pas d'augmentation appréciable du volume du soleil. L'accroissement de sa force attractive serait seul plus appréciable. »

CHALEUR TERRESTRE, VOLCANS. — Une autre source permanente de chaleur est notre globe lui-même. Un thermomètre descendu dans un puits de mine va en croissant d'environ un degré par 30 mètres. Si cette loi était exacte à toutes les profondeurs, l'eau serait réduite à l'état de vapeur à 3,000 mètres, si elle n'était pas comprimée ; mais, comme elle est soumise à une certaine pression, elle ne peut entrer en ébullition, quoique sa température soit supérieure à 100°, point d'ébullition de l'eau à la surface de la terre. Nous reviendrons sur ce phénomène. Il a été impossible de pénétrer à de grandes profondeurs, et conséquemment de faire des observations relatives à la température intérieure du globe ; mais il est probable que le noyau terrestre est formé par de la matière fluide excessivement chaude ; c'est elle qui sort par le cratère des volcans à l'état de lave incandescente.

CHALEUR PRODUITE PAR LES ACTIONS CHIMIQUES. — Les combinaisons chimiques forment une cause énergique de chaleur. On entend, en chimie, par le mot *combinaison,* l'action de deux corps qui s'unissent entre eux en vertu de leur affinité réciproque ; ainsi l'oxygène de l'air, en se réunissant à celui du fer, forme une *combinaison* appelée *rouille.* Or toute combinaison est accompagnée d'un dégagement de chaleur, inappréciable quand la combinaison se fait lentement, mais très intense, quelquefois même accompagné de lumière quand la combinaison se fait vivement.

Quand la combinaison est accompagnée de lumière et de chaleur, elle prend le nom de *combustion.* Ainsi la combinaison de l'oxygène de l'air, corps *comburant*, avec le charbon de bois, corps *combustible,* ou avec le gaz de la houille, est une *combustion.* De la chaux vive se combinant avec de l'eau est une simple combinaison, produisant, comme toutes les combinaisons, de là chaleur, mais ne produisant pas de lumière.

Le corps des animaux étant le siège d'une série de combinaisons chimiques, il s'en dégage, en conséquence, de la chaleur pendant la vie. Ce fut Lavoisier qui, le premier, montra que les animaux peuvent être assimilés à des machines vivantes. Quant l'animal est au repos, il y a équilibre entre la chaleur produite et celle qui se perd par échange avec l'extérieur : le corps reste donc à la même température. Quand il travaille, il perd de la chaleur, celle-ci se transforme en travail mécanique. Ceci a été démontré par une expérience de M. Hirn ; mais on peut le constater en plaçant un thermomètre le long du biceps brachial d'un homme. S'il contracte simplement ce muscle, il y a un dégagement de de chaleur bien plus grand que s'il le contracte pour soulever un fardeau.

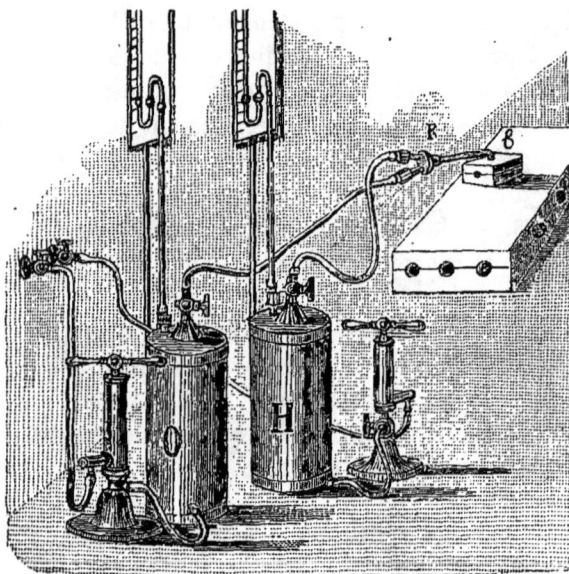

Fig. 201.

CHALUMEAU OXY-HYDROGÉNÉ DE M. SAINTE-CLAIRE-DEVILLE.

La cause de la chaleur développée dans les combinaisons chimiques est encore évidemment le mouvement, le travail effectué par les molécules des corps qui se combinent en obéissant à des forces attractives moléculaires. Dans le cas d'une décomposition, il faut surmonter l'affinité et séparer les molécules soumises à leur attraction ; il faut donc dépenser du travail pour produire une quantité de chaleur équivalente à ce travail. Aussi la fermentation donne naissance à un dégagement de chaleur ; les raisins foulés dans la cuve s'échauffent fortement, les foins rentrés humides peuvent s'échauffer jusqu'à prendre feu. La flamme n'est qu'un mélange de matières gazeuses portées à une très haute température par la vivacité de la combinaison des corps qui la produisent.

Entre toutes les combinaisons qui produisent les plus énergiques dégagements de chaleur, citons celle de l'hydrogène et de l'oxygène.

MM. Sainte-Claire-Deville (1) et Debray (2) en ont tiré parti pour obtenir la fusion en masse du platine, notamment pour l'opération métallurgique que nous avons citée (page 34). L'appareil qu'ils avaient imaginé est un chalumeau (*fig.* 201) formé de deux tubes partant, l'un du réservoir O où est renfermé l'oxygène, l'autre de celui H où est l'hydrogène. Ces deux tubes arrivent ensemble à un petit réservoir R où ils commencent à se mélanger. On allume le mélange gazeux quand il arrive au bec *b*, en platine; il brûle avec une flamme pâle excessivement chaude. Le jet est introduit dans un trou cylindrique étroit, percé au travers d'un

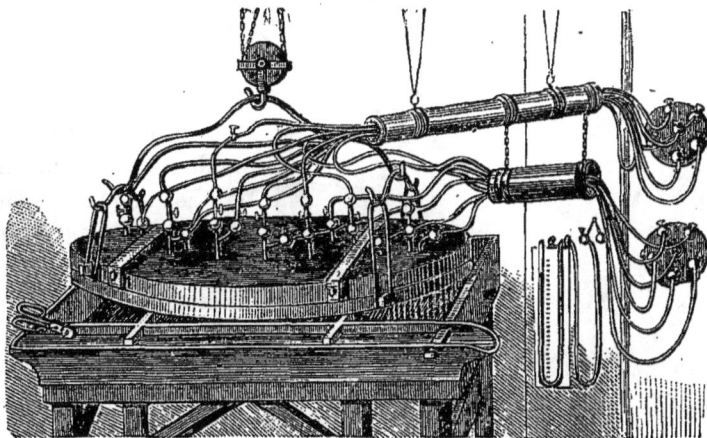

Fig. 202. — APPAREIL DE FUSION D'UN LINGOT DE PLATINE DE M. SAINTE-CLAIRE-DEVILLE.

bloc de chaux vive que l'on pose comme un couvercle sur un vase de chaux. Ce vase est percé de trous vers le bas afin de laisser échapper la vapeur d'eau qui provient de la combustion, et il enveloppe un creuset, également en chaux vive, qui contient le métal à fondre. Avec 120 litres d'hydrogène et 60 litres d'oxygène, on peut fondre 1 kilogramme de platine.

Dans l'opération importante de M. Sainte-Claire-Deville que nous citons, et qui avait pour but de fondre ensemble du platine et de l'iridium, ce qui exige une température égale de 2,000° pendant au moins 70 minutes, il y avait sept chalumeaux d'allumés à la fois, assemblés comme la gravure le représente (*fig.* 202). Le creuset de chaux était remplacé par du calcaire poreux de Saint-Waast.

(1) SAINTE-CLAIRE-DEVILLE (Henri), l'un des plus célèbres chimistes de notre époque, né à Saint-Thomas (Antilles) en 1818, membre de l'Académie des sciences, professeur de chimie à l'École normale et à la Faculté des sciences de Paris ; mort à Boulogne-sur-Seine en 1881.
(2) DEBRAY (Henri), chimiste distingué, né à Amiens en 1826, examinateur à l'École polytechnique.

CHALEUR PRODUITE PAR LES ACTIONS MÉCANIQUES. — 1° CHALEUR DÉGAGÉE PAR LE FROTTEMENT. — Toute action mécanique est une source de chaleur : c'est même la source la plus répandue peut-être dans tout l'univers et de laquelle dérivent les autres. Personne n'ignore que le *frottement* de deux corps l'un contre l'autre développe une grande quantité de chaleur qui varie avec la nature des corps, mais qui est d'autant plus grande que la pression est plus considérable et le mouvement plus rapide. Les sauvages se procurent du feu en frottant deux morceaux de bois secs l'un contre l'autre ; le frottement des allumettes contre un corps dur suffit pour enflammer le phosphore ; le frottement des essieux de voiture ou de wagon contre les roues donne lieu à un échauffement qui pourrait produire les plus graves accidents, si on n'en diminuait l'intensité par l'interposition de corps gras souvent renou-

Fig. 203. — CHALEUR DÉGAGÉE PAR LE FROTTEMENT.

velés. Une roue d'acier, frottant un silex, lance des parcelles de fer incandescentes qu'on a essayé d'employer à l'éclairage des galeries des mines, parce que, tout en produisant des étincelles, elles ne pouvaient mettre le feu aux gaz détonants.

Dans les cabinets de physique, on rend sensible la chaleur développée par le frottement au moyen de cette expérience de M. Tyndall (*fig.* 203) :

Un tube de verre plein d'eau et fermé par un bouchon peut tourner autour de son axe au moyen d'une courroie sans fin, qui passe sur une roue horizontale que l'on met en mouvement. On presse le tube au moyen d'une pince en bois recouverte de cuir. Bientôt le tube s'échauffe, l'eau finit même par bouillir, et le bouchon est projeté par la vapeur.

Deux autres expériences célèbres ont démontré combien était grande la chaleur développée, et ainsi combattu les idées alors admises sur la nature de la chaleur.

Dans la fonderie de canons de Munich, Rumford fit placer sur le tour une pièce de 6 portant encore sa masselotte, masse de bronze que le travail du tour sépare du canon. On pratiqua une cavité dans cette masse, on y ajusta un foret obtus pour développer un frottement intense au fond du trou, et l'on plongea le tout dans une caisse contenant dix litres d'eau. Au bout de deux heures et demie, la chaleur développée par le frottement avait fait bouillir, puis réduire en vapeur, toute l'eau qui entourait le canon.

L'expérience de Davy, qui consiste simplement à frotter l'un contre l'autre deux morceaux de glace dans un espace maintenu à une température inférieure à 0° est plus décisive encore.

M. Pictet, ayant pensé que la force qui produirait le frottement pouvait être le vent ou une chute d'eau et ainsi ne rien coûter, faisait tourner l'une sur l'autre des plaques de métal, essayant d'appliquer industriellement le frottement comme source de chaleur. MM. Beaumont et Mayer on perfectionné cette idée; mais l'usure des machines rend cette source de chaleur plus dispendieuse que celle produite par la simple combustion du bois ou de la houille.

On a aussi proposé d'utiliser le frottement pour le chauffage des wagons de toutes classes sur les lignes de chemins de fer.

Le problème du chauffage des voitures à voyageurs, qui semble de prime abord très facile à résoudre, est au contraire excessivement compliqué, et des essais et des études sont encore aujourd'hui poursuivis dans toute l'Europe, afin d'obtenir un résultat. Dès 1873, le syndicat des six grandes compagnies françaises avait accepté la proposition faite par la compagnie de l'Est de faire des expériences pendant plusieurs hivers consécutifs. Le résultat de ces expériences a été consigné dans une étude extrêmement remarquable, formant un volume in-8° de 500 pages, sous la signature de M. l'ingénieur en chef Regray. Tous les systèmes y sont examinés et discutés : chauffage par des poêles, chauffage au moyen de l'air chaud fourni par un calorifère spécial à chaque véhicule et réparti par des tuyaux; chauffage avec de la vapeur d'eau provenant soit de la locomotive, soit d'une chaudière spéciale placée au milieu du train; chauffage au moyen de briquettes ou de combustibles agglomérés; chauffage par l'eau chaude circulant dans des appareils fixes, ou dans des bouillottes mobiles. Aucune solution décisive n'a pu être trouvée, et l'on a paru, en attendant, ne pas pouvoir renoncer au chauffage avec les bouillottes d'eau chaude.

M. E. Pelon avait inventé un appareil formé d'un mandrin de bois tournant dans un cône métallique et mû par les roues du wagon sous lequel il était placé. Ce cône s'échauffe vivement; autour de lui est un serpentin dont une extrémité débouche dans le wagon, tandis que l'autre est un entonnoir dirigé vers la tête du train; l'air s'engouffre dans l'entonnoir, s'échauffe dans le serpentin et vient élever la température du wagon. Expérimenté, ce procédé de chauffage n'a pas donné les résultats qu'en espérait l'auteur.

2° CHALEUR DÉGAGÉE PAR LA PERCUSSION. — Le choc de deux corps est encore une source de chaleur; nous, en avons quotidiennement des exemples sous les yeux. Nous résumerons, d'après M. de Parville, un des effets de cette chaleur déterminée par le choc, effet qui nous semble devoir présenter un grand intérêt.

On se rappelle combien de fois, pendant la guerre de 1870, on entendit dire : « Les Prussiens se servent de balles explosibles »; et, réciproquement, on nous accusa de temps en temps d'avoir tiré sur l'armée envahissante avec des projectiles interdits aux nations civilisées. Les chirurgiens trouvèrent quelquefois, en effet, dans les organes et les tissus, des fragments de balle si petits qu'ils furent conduits à admettre que ces morceaux n'étaient que des éclats produits par l'explosion d'une charge enfermée dans la balle.

Nous ne nous sommes jamais servis de balles explosibles, et peut-être a-t-on accusé l'ennemi à tort; il faut au moins le souhaiter. Tout, en effet, pourrait s'expliquer à l'aide des remarques qu'a transmises à l'Académie des sciences, un savant professeur de la Faculté de médecine de Strasbourg, M. le docteur Coze.

M. Coze et plusieurs chirurgiens allemands ont, à plus d'une reprise, trouvé dans le voisinage d'une plaie un grand nombre de fragments de balle et la balle elle-même, mais fragmentée ou notablement diminuée de poids. Les morceaux auraient fait supposer, à un premier examen, qu'en effet ils provenaient bien de l'éclatement du projectile; mais la balle retrouvée ne permettait pas d'adopter cette hypothèse. Il devenait évident, au contraire, que le projectile pouvait se fragmenter de lui-même au contact d'un corps dur et se réduire partiellement en éclats.

M. le docteur Coze n'hésite pas à admettre, pour rendre compte des singuliers effets qu'il a eu l'occasion d'observer, que lorsqu'une balle rencontre un os dur, une pièce de monnaie, un bouton d'habit, enfin un corps suffisamment résistant, sa vitesse est brusquement anéantie, et le mouvement du projectile se convertit en chaleur. La température engendrée est assez élevée pour fondre une portion de la balle. Des parcelles de plomb fondu pénètrent dans les chairs, se refroidissent et se solidifient. On comprendrait ainsi très bien la présence dans les tissus de ces petits morceaux

de plomb que l'on a pris pour de véritables éclats d'un projectile explosif.
On sait bien que la chaleur développée par l'anéantissement de la vitesse
d'un boulet qui frappe une cible est énorme. Certains boulets de marine

Les météores ou étoiles filantes qui éclatent dans l'air sont de petits corps... (page 394).

s'échauffent en frappant le but au point de rougir et d'éclater sans amorce
de percussion; on conçoit donc bien qu'une balle de plomb, lancée avec
la vitesse que lui communiquent les nouvelles armes, puisse s'échauffer
au point de se fondre quand elle heurte un os résistant, et l'explication est

admissible. L'os, étant très dur, ne se déforme que difficilement; le projectile n'effectue pas de travail, et toute sa puissance vive peut se transformer en chaleur sensible.

M. le docteur Coze a constaté qu'en pesant les fragments retrouvés on reconstituait à très peu près le poids de la balle.

Le savant professeur de la Faculté de Strasbourg, pour appuyer son explication, demandait que son opinion fût contrôlée par des expériences. Ces expériences ont eu lieu à Bâle et confirment très bien les vues de M. Coze.

Les expériences n'étaient pas conçues dans ce but; mais elles n'en sont que plus nettes. On venait de remplacer, pour les exercices du tir de l'infanterie, les anciennes cibles en bois par des cibles en fer. On tira sur de fortes plaques de tôle et à petite distance, cent pas environ. Les balles coniques, en frappant la tôle, produisaient à la surface une déformation à peine appréciable et tombaient ensuite tout près de la cible. En même temps, une portion très notable de la balle se détachait par fusion du reste de la masse, et l'on voyait, tout autour du point touché sur la cible, une grande quantité de gouttelettes de plomb rayonnant dans tous les sens. Le poids normal du projectile, 40 grammes, était réduit à 13 grammes. .

C'est bien là, ce nous semble, la reproduction fidèle de ce qu'a observé M. Coze chez plusieurs soldats gravement atteints. Le plomb, arrêté par l'os, s'écrasait en se fondant et jaillissait dans les parties molles du corps.

L'observation et le calcul se réunissent donc pour attribuer à une cause physique naturelle ce que l'on avait attribué à une violation des lois élémentaires de la civilisation.

3° **CHALEUR DÉGAGÉE PAR LA COMPRESSION.** — Les solides et les liquides étant très peu compressibles (page 44) la chaleur qu'ils donnent lorsqu'on les comprime est très faible. Ainsi, sous la pression de 30 *atmosphères*, la température de l'éther s'élève seulement de 6 degrés pour une diminution de volume de 4 centimètres cubes environ. Pour les gaz, la compression, en faisant éprouver à leur volume une diminution considérable, produit un grand dégagement de chaleur. Le petit appareil qui nous a servi à démontrer leur compressibilité, le *briquet à air* (*fig.* 134, page 278), sert à prouver le dégagement de chaleur produit sous une pression quelconque, puisque le coton placé au fond du tube s'enflamme lorsqu'on appuie sur le piston.

Un appareil, imaginé par MM. Clément et Désormes, permet même de mesurer la quantité de chaleur dégagée.

Cet appareil (*fig.* 204) consiste en un grand ballon de verre B, fermé par un robinet R, également très grand. Le ballon communique par un tube AD, fermé par un second robinet C, avec une machine pneumatique. Le tube AD communique aussi par un tube de verre DS, placé sur une échelle graduée, avec un récipient S, contenant de l'acide sulfurique coloré en rouge. On enlève, au moyen de quelques coups de piston de la machine pneumatique, un peu de l'air du ballon B, puis on ferme le robinet C. L'air du ballon est alors à une pression légèrement inférieure à celle de l'atmosphère, l'acide sulfurique du tube DS s'élève donc dans le tube, jusqu'en H, par exemple. Que brusquement l'on ouvre et que l'on ferme aussitôt le robinet R, le liquide descendra immédiatement dans le tube DS jusqu'au même niveau que dans le récipient S ; mais la compression a échauffé l'air du ballon, et la preuve,

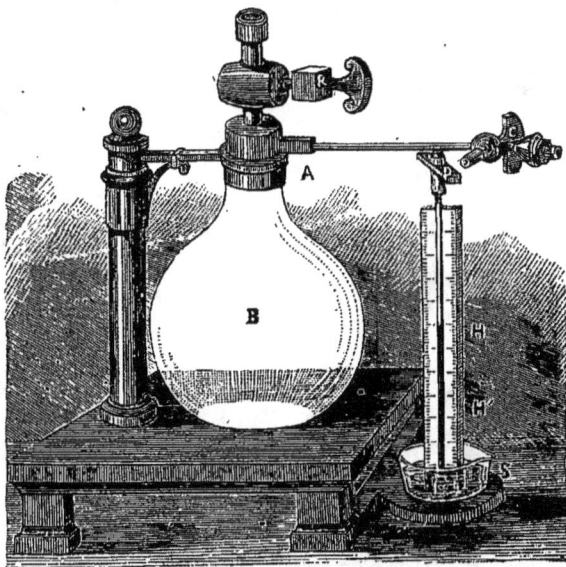

Fig. 204. — APPAREIL DE MM. CLÉMENT ET DÉSORMES.

c'est que, cet excès de chaleur se dissipant, l'air du ballon diminue de force élastique et le liquide remonte en H. On peut alors, par le calcul, déduire la valeur de la chaleur dégagée par la compression (page 283).

La réciproque du principe est vraie ; c'est-à-dire que l'expansion d'un gaz produit du froid, qu'il y a absorption de chaleur. Pour le démontrer, on comprime de l'air dans le récipient d'une machine de compression (page 299) ; quand on ouvre le robinet qui met la machine en communication avec l'air extérieur, l'air comprimé jaillit aussitôt en donnant naissance à un léger brouillard formé par la vapeur d'eau de l'atmosphère qui se condense par le refroidissement de l'air dilaté, et qui, quelquefois même, se forme en glace. Dans les mines, les machines à épuisement contiennent dans un réservoir de l'air fortement comprimé ; si on laisse échapper cet air, l'humidité de l'air se condense et le robinet se couvre de glace. Nous avons fait remarquer (page 327) que l'air comprimé dans les tramways ne devait se rendre aux cylindres moteurs qu'après avoir été échauffé.

ÉQUIVALENCE DE LA CHALEUR ET DU TRAVAIL MÉCANIQUE. — Les exemples que nous avons donnés de chaleur produite par des actions mécaniques montrent évidemment qu'avec le *travail* on peut produire de la *chaleur*, et réciproquement qu'avec de la *chaleur* on peut produire du *travail*. L'expérience du *briquet à air* résume ces principes. En poussant brusquement le piston *travail*, nous produisons de la *chaleur ;* et aussi, si le piston est enfoncé et que l'on chauffe l'air qui est au-dessous de lui, cette *chaleur* produira du *travail ;* le piston remontera dans le tube d'une certaine quantité. Il y a donc une relation évidente entre le travail et la chaleur ; ils peuvent se transformer l'un dans l'autre. Lorsqu'un corps en mouvement s'arrête, il y a élévation de température. Or, pour mettre un corps

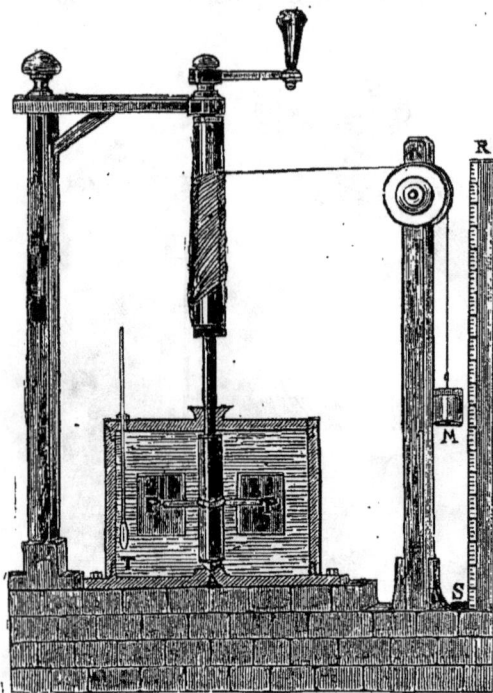

Fig. 205. — APPAREIL DE M. JOULE.

en mouvement, il faut faire agir pendant un certain temps une *force* (pages 69 et 63), c'est-à-dire produire du *travail ;* ce *travail* est représenté par le mouvement lui-même, qui en est, en quelque sorte, la forme sensible.

Partout où le travail, où le mouvement sera absorbé, il y aura production de chaleur équivalente à ce travail, ou bien production d'un nouveau travail ; mais la somme du nouveau travail et de la chaleur produite est toujours égale au travail primitif.

On a pu déterminer cette équivalence, c'est-à-dire mesurer la quantité de chaleur nécessaire pour produire un certain travail, et réciproquement la dépense de travail nécessaire pour produire une certaine chaleur, au moyen de l'appareil avec lequel M. Joule, savant physicien anglais, fit, vers 1843, son expérience fameuse.

Cet appareil (*fig.* 205) se compose d'une cuve pleine d'eau dans laquelle plonge un thermomètre T, et deux palettes P en cuivre, fixées à un axe vertical A, autour duquel, en dehors de la cuve, s'enroule un fil tendu, avec l'intermédiaire d'une poulie, par un poids M qui, en tombant, imprime à l'axe un mouvement de rotation. Une échelle, dressée sur la route que doit suivre le poids dans sa chute, indique la distance que celui-ci parcourt. Le poids de la cuve et de ce qu'elle renferme est connu, et l'on a noté la température indiquée par le thermomètre. On laisse descendre le poids, qui parcourt, sous l'action de la pesanteur, un certain espace RS, correspondant à un travail déterminé d'avance. Les palettes, mises en mouvement, agitent l'eau : il en résulte une élévation de température que l'on peut constater au thermomètre. On note cette élévation et, par un simple calcul, on peut détermier la chaleur créée.

Quant au travail dépensé, il n'est pas seulement le produit de la hauteur de la chute par la valeur en kilogrammes de ce poids (page 74). Des *kilogrammètres* trouvés dans cette multiplication, il faudrait déduire le travail qui est employé à vaincre la résistance du cordon et celle de l'air, et celui qui sert à produire un peu de chaleur par le frottement de la poulie et par celui de l'axe qui porte les palettes. Enfin, quand le poids touche le sol, il y a encore un choc qui crée de la chaleur qu'on ne mesure pas. Il est possible cependant d'évaluer la quantité de travail ainsi dépensée ; et M. Joule a pu trouver, en définitive, qu'une dépense de travail de *425 kilogrammètres correspondait à une production de chaleur égale à une calorie, et réciproquement, pour une calorie dépensée, il y a 425 kilogrammètres de travail produit.*

On appelle *calorie* la quantité de chaleur nécessaire pour élever d'un degré la température d'un kilogramme d'eau.

CHAPITRE II

DILATATIONS — THERMOMÈTRES

EFFETS GÉNÉRAUX DE LA CHALEUR. — Le premier effet de la chaleur sur un corps est de changer sa *température*. On entend par ce mot le plus ou moins d'intensité de la chaleur qu'un corps peut manifester au dehors.

La *température* est indépendante de la quantité de matière qui est animée du mouvement vibratoire, mais elle dépend de la vitesse des vibrations : deux corps peuvent avoir la même *température,* quoique possédant des quantités diverses de chaleur. Ainsi une aiguille et une barre d'acier, portées au rouge, ont la même température, et cependant l'aiguille a une quantité moindre de chaleur.

Extrêmement mobile, le *calorique* (nous nous servons de ce terme pour exprimer la cause de la chaleur, et, pour plus de facilité dans nos explications, nous le considérons comme le fluide lui-même) est sans cesse en mouvement, se porte d'un corps sur un autre à travers l'espace, en sorte que tous les corps émettent continuellement de la chaleur en même temps qu'ils en reçoivent de ceux qui les environnent.

Si, par cet échange continuel, ils gagnent plus de chaleur qu'ils n'en perdent, leur *température* s'élève ; s'ils en perdent autant qu'ils en gagnent, leur *température* reste stationnaire ; et s'ils en perdent plus qu'ils n'en gagnent, leur *température* baisse.

Il n'y a donc pas de corps absolument privés de chaleur ; il n'y a pas de corps absolument froids. Lés corps que nous appelons *froids* peuvent produire sur d'autres corps plus froids encore des phénomènes tout à fait semblables à ceux que les corps chauds produisent sur des corps moins chauds.

Le même objet, ne variant pas de température, peut donc nous paraître froid dans un moment et chaud dans un autre, suivant la température extérieure de notre corps. Nous éprouvons une sensation de chaleur quand, l'hiver, nous pénétrons dans une cave, tandis que c'est de la fraîcheur ou du froid que nous sentons quand nous y pénétrons pendant l'été. Cependant la température de ces lieux est à peu près constante; mais, en hiver, notre corps, extérieurement plus froid, reçoit de l'enceinte où il pénètre plus de chaleur qu'il n'en donne, et dans l'été, au contraire, il en perd plus qu'il n'en gagne, d'où la sensation de froid que nous éprouvons.

Si l'on prend un verre d'eau chaude et un verre d'eau froide, et que l'on mêle une partie de chacun dans un troisième verre, qu'ensuite on mette un doigt dans l'eau froide et un doigt dans l'eau chaude, puis successivement ces deux doigts dans l'eau mélangée, le doigt qui a été dans l'eau chaude éprouvera une sensation de froid, et celui qui a été dans l'eau froide une sensation de chaud.

Les phénomènes résultant de l'accumulation ou de la perte de chaleur dans les corps peuvent être divisés en deux classes : 1° variations de volume, dilatations ou contractions; 2° changements d'état, c'est-à-dire transformation de solides en liquides, de liquides en gaz, et réciproquement. Nous nous occuperons d'abord de l'étude des lois relatives aux variations de volume; nous traiterons ensuite des changements d'état.

Fig. 206.

ANNEAU DE 'S GRAVESANDE.

Cependant, avant d'entrer dans ces détails, il faut que nous constations la propriété générale à tous les corps *d'augmenter de volume quand ils s'échauffent, de diminuer de volume, au contraire, quand ils se refroidissent*. Cette propriété importante, appelée *dilatabilité*, sert presque exclusivement de base à l'étude des phénomènes calorifiques.

DILATABILITÉ. — La dilatabilité de tous les corps sous l'influence de la chaleur se démontre par les expériences suivantes :

1° *Corps solides*. — Pour la dilatation en volume (dilatation cubique), on se sert de l'appareil appelé *anneau de 'S Gravesande* (1) qui se compose (*fig* 206) d'un anneau à travers lequel passe exactement une boule de

---

(1) 'S GRAVESANDE (Guillaume-Jacob), savant hollandais (1688-1742), s'était fait remarquer dès l'âge de dix-huit ans ; fut longtemps rédacteur d'un journal scientifique publié à La Haye. Il devint professeur de mathématiques, d'astronomie, de philosophie, et eut pour élève Musschenbrœk (page 235), dont il resta l'ami et qui appela de son nom l'instrument dont il est question ici, et que ce dernier avait imaginé. Il fut un des premiers à adopter et à propager les théories de Newton.

métal. Si on chauffe la boule, elle ne peut plus passer; si on la laisse refroidir, elle passe de nouveau. Si, laissant la boule froide, on chauffe l'anneau, elle passe plus facilement encore.

Cette expérience, que l'on peut ainsi varier, est concluante.

Fig. 207. — PYROMÈTRE.

Pour la dilatation linéaire, on emploie le *pyromètre* (*fig.* 207). C'est une tige de fer AB, maintenue à son extrémité A par une vis et butant, par son autre extrémité B, contre la courte branche d'un levier coudé C, dont la grande branche est une aiguille mobile sur un cadran divisé DE. On chauffe la tige, et le déplacement de l'aiguille prouve sa dilatation en longueur.

2° *Corps liquides.* — Les liquides et les gaz étant beaucoup plus dilatables que les solides, leur dilatation est facile à constater. L'appareil des académiciens de Florence sert à cet usage. C'est un ballon de verre (*fig.* 208), plein d'un liquide coloré ou de mercure, auquel est soudé un long tube capillaire. Si l'on plonge le ballon dans de l'eau chaude, on voit bientôt le liquide coloré monter dans le tube. On pourrait objecter que le tube lui-même se dilatant, sa paroi grossit, diminue conséquemment le volume intérieur et, par suite, amène l'élévation du liquide. Le contraire a lieu : le volume intérieur s'est d'abord augmenté; et la preuve, c'est que le liquide a commencé par descendre dans le tube, et, s'il remonte ensuite, c'est qu'il se dilate plus que le vase qui le renferme.

3° *Corps gazeux.* — La dilatation des gaz se démontre, comme celle des liquides, au moyen d'un tube beaucoup plus long que celui employé pour ceux-ci, parce que la dilatabilité des gaz est bien plus grande que celle des liquides.

Fig. 208. — DILATATION DES LIQUIDES.

Le gaz renfermé dans le tube est séparé de l'air atmosphérique par une bulle de mercure servant d'index. En chauffant la boule, on voit le gaz, se dilatant, chasser devant lui l'index.

C'est sur cette propriété des corps de se dilater sous l'influence de la chaleur qu'est basé l'instrument appelé *thermomètre*.

HISTORIQUE DU THERMOMÈTRE. — L'idée première d'un instrument destiné à mesurer les variations de la température appartient peut-être au célèbre Van Helmont, qui avait imaginé un appareil destiné, selon ses

Installation des thermomètres à l'Observatoire de Montsouris (page 420).

expressions, « à constater que l'eau, renfermée dans une boule terminée par une tige creuse, monte ou descend, suivant la température du milieu ambiant. » Cependant on a prétendu que, dès 1597, Galilée avait construit le premier thermomètre, et quelques auteurs revendiquent aussi

l'honneur de cette invention en faveur du fameux historien et théologien de Venise, Fra Paolo. Mais l'opinion la plus répandue est que l'on
doit attribuer cette invention au physicien hollandais Van Drebbel (1).

Ce thermomètre, qu'il appelait *calendare vitrum* (verre indicateur), se
composait (*fig.* 209) d'un ballon de verre B dans lequel on mettait de l'eau
additionnée d'acide nitrique pour l'empêcher de se congeler. On chauffait
cette eau pour en chasser l'air, puis on y introduisait le tube soufflé A.

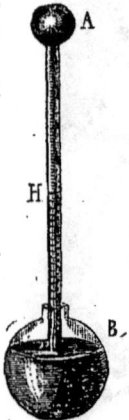

A mesure que l'eau se refroidissait, elle montait dans le
tube et s'arrêtait à une certaine hauteur H, qui était censée
représenter la température moyenne. Une échelle collée
sur le tube indiquait les divisions au-dessous de cette température.

On ignorait alors que la pression atmosphérique agissant sur l'eau d'un vase la fait monter dans un tube dont
on a chassé l'air, et qu'ainsi l'ascension du liquide dans
l'appareil de Drebbel n'était pas produite seulement par
une dilatation due à la température. Cet instrument était
donc d'une grande inexactitude.

Le médecin Sanctorius, à la même époque, imagina
un instrument semblable pour indiquer la chaleur des
fébricitants. Otto de Guéricke le modifia quelque peu et lui
donna le nom de *perpetuum mobile* (mouvement perpétuel);
Becker proposa de substituer le mercure à l'eau. Enfin les

Fig. 209
THERMOMÈTRE
DE DREBBEL.

membres de l'Académie *del Cimento* apportèrent au *thermomètre* (du grec
thermos, chaleur; *métron*, mesure) les derniers perfectionnements et lui
donnèrent le nom et à peu près la forme qu'il a aujourd'hui. Pour le graduer, ils le portaient dans une cave profonde, marquaient *zéro* à l'endroit
où le mercure s'arrêtait, puis, partant de là, marquaient arbitrairement,
au-dessus et au-dessous de zéro, les divers degrés de chaleur ou de froid.

Cependant les thermomètres de cette époque ne concordaient point
entre eux. L'instrument indiquait le plus ou moins de température, mais
les différences ne se rapportaient qu'à un degré moyen pris arbitrairement
par chacun. Le premier, R. Boyle proposa que tous les thermomètres
prissent comme point fixe le degré de congélation de l'eau, et comme
second point fixe le point où monterait l'alcool du tube plongé dans du

(1) DREBBEL (Cornélius Van), né à Alkmaër (Hollande) en 1572, mort à Londres en 1634. Fils
d'un paysan, ce savant physicien fut protégé par le roi Jacques Iᵉʳ d'Angleterre, qui l'emmena à
Oxford, et eut aussi la faveur des empereurs d'Allemagne Rodolphe II et Ferdinand II. Il découvrit
le thermomètre, la teinture en écarlate, et on lui attribue, à tort, l'invention du télescope et du
microscope.

beurre fondu ; on diviserait ensuite l'espace compris entre ces deux points en parties égales. En 1701, Newton substitua à l'alcool coloré, jusque-là presque toujours employé, l'huile de lin, qui pouvait supporter sans bouillir une plus haute température que l'alcool. Il avait pris pour points de repère ou degrés comparables : 1° la glace fondante ; 2° la chaleur du sang humain ; 3° la fusion de la cire ; 4° l'ébullition de l'eau ; 5° la fusion de différents alliages de plomb, d'étain et de bismuth ; 6° la fusion du plomb. En 1702, Amontons construisit un thermomètre à tube recourbé, remplaçant l'alcool par le mercure et prenant comme point fixe l'eau bouillante.

Presque en même temps, de nombreux thermomètres furent imaginés. Les Anglais adoptèrent un thermomètre, connu sous le nom de *thermomètre normal de la Société royale de Londres*, où les degrés étaient comptés de haut en bas, à l'inverse des autres : 0° correspondait à *très chaud* et 65° à gelée ; les Allemands eurent les thermomètres de Lambert (1) et de Sulzer (2) ; les Russes, celui de Delisle (3) ; mais tous ces thermomètres disparurent lorsque, en 1724, Fahrenheit, en 1731, Réaumur (4), eurent construit le leur, et que, en 1742, Celsius (5) eut proposé la division de

---

(1) LAMBERT (Jean-Henri), né à Mulhouse, ville qui appartenait alors à la Suisse (1728-1777). Il était fils d'un pauvre tailleur. Il fit seul son éducation, apprit presque toutes les langues anciennes et modernes, la physique, la chimie, l'astronomie, les mathématiques, etc. Précepteur dans une famille, puis professeur à Munich, il fut appelé à Berlin par le roi Frédéric, et fut aussitôt admis à l'Académie de cette ville. Il a laissé de nombreux travaux.

(2) SULZER (Jean-Georges), savant suisse (1720-1779), était ecclésiastique ; d'abord vicaire d'un curé de campagne, puis maître d'école, il obtint plus tard une chaire de mathématiques à Berlin, entra à l'Académie de cette ville. Il s'est occupé plus particulièrement de philosophie, et on lui doit une *Théorie des beaux-arts* longtemps estimée.

(3) DELISLE (Joseph-Nicolas), d'une famille de savants (1677-1729). Son père, Claude Delisle, était un chronologiste distingué, et son frère aîné, Guillaume Delisle, membre de l'Académie des sciences, le premier qui ait réformé [la géographie d'après les observations des astronomes et des voyageurs modernes, fut le professeur de Louis XV enfant. Lui-même se fit connaître comme astronome, fut professeur au Collège de France et eut pour élèves les astronomes Lalande et Messier.

(4) RÉAUMUR (René-Antoine FERCHAULT DE), physicien et naturaliste (1683-1757). Membre de l'Académie des sciences dès 1708, il a pendant cinquante ans efficacement contribué, par ses propres études et surtout par son influence, au progrès des sciences au XVIII° siècle. En physique, on lui doit le thermomètre qui porte son nom ; et ses travaux sur la cémentation et l'adoucissement des fers fondus, sur la fabrication du fer-blanc, sur la porcelaine, sont au nombre des plus utiles et des plus beaux que l'on puisse citer. En histoire naturelle, la science lui est redevable de la première méthode digne du nom de système. Il avait rêvé de faire une grande histoire de la nature, telle que Buffon, aidé de Daubenton, l'entreprit ; mais le plan était trop vaste pour qu'il lui fût possible de l'achever. Il ne fit connaître que les plus petits animaux. Sentant sa fin approcher avant qu'il eût même ébauché ce que Buffon, jeune alors, promettait d'accomplir, il vit avec douleur lui échapper une gloire qu'il eût voulu ne partager avec aucun de ses confrères. La jalousie s'empara de lui, et, loin de faciliter à Buffon une œuvre si méritoire, il entama contre lui une lutte déplorable. Mais, comme le dit justement M. A. Maury, maintenant que Réaumur et Buffon n'existent plus, on a oublié les torts de l'un à l'égard de l'autre ; la science bénit leurs deux noms et les unit dans une gloire commune, qui est celle de la France.

(5) CELSIUS (André), astronome suédois (1701-1744), fit partie de l'expédition envoyée au pôle par la France, sous la direction de Maupertuis, pour y mesurer un degré. Professeur de physique

l'échelle en 100 parties exactement égales, depuis 0° (glace fondante) jusqu'à 100° (eau bouillante), c'est-à-dire le thermomètre centigrade. Depuis lors, ces trois thermomètres sont à peu près les seuls universellement adoptés.

Ces thermomètres ne diffèrent que par la graduation ; nous allons indiquer les détails de leur construction et de la graduation de chacun d'eux.

CHOIX DE LA SUBSTANCE THERMOMÉTRIQUE. — Puisque tous les corps se dilatent sous l'influence de la chaleur, et réciproquement se contractent sous l'influence du froid, il est évident qu'une matière quelconque peut servir de matière thermométrique. Mais, pour que les indications données par ces instruments soient comparables entre elles, pour que leur signification soit constante relativement aux causes de la chaleur, on a adopté, comme type, le *thermomètre à mercure.*

On avait écarté les corps solides, d'abord à cause de leur peu de dilatation, ce qui rendait les observations difficiles, quelquefois impossibles, quand il s'agissait de comparer des températures peu différentes entre elles. En second lieu, il est rare d'obtenir deux échantillons d'un corps solide parfaitement identiques ; s'ils sont, en effet, chimiquement purs, le travail qui les a purifiés a eu une influence sur leur dilatation. Néanmoins, nous verrons que l'on construit des *thermomètres métalliques,* utiles surtout pour les observations météorologiques comme *thermomètres enregistreurs.*

Comme substance thermométrique, les gaz offraient un grand avantage : leur dilatabilité extrême permet de négliger absolument la dilatation de l'enveloppe elle-même qui les renferme ; mais les dimensions considérables qu'exigent les thermomètres à gaz, leur observation qui devient une opération très délicate exigeant souvent des calculs pénibles, les a fait rejeter de l'usage ordinaire. On ne les emploie que pour des expériences scientifiques qui veulent une exactitude rigoureuse.

Les corps liquides, suffisamment dilatables, se trouvent facilement purs et identiques entre eux ; ils peuvent être pris sous des formes qui permettent de constater les moindres variations de leur volume. Parmi les liquides, le mercure est de tous le plus convenable. On peut se le procurer aisément à l'état de pureté, ou on le purifie facilement ; il est bon conducteur de la chaleur, c'est-à-dire qu'il se met rapidement à la tempé-

à la célèbre université d'Upsal, il y fit élever un observatoire à ses frais. Il ne faut pas le confondre avec l'illustre botaniste Celsius (Olaüs), le fondateur de l'histoire naturelle en Suède, qui fut le premier maître et le protecteur de Linné (1670-1756).

rature des corps qu'il touche. Sa chaleur spécifique est très faible, de sorte que, s'il est en contact avec un autre corps, cet autre corps n'éprouve dans sa température qu'un changement très négligeable. Il se dilate régulièrement, c'est-à-dire que les accroissements de son volume correspondent aux accroissements de chaleur. Il n'entre en ébullition qu'à 350°.

Cependant comme le mercure se contracte irrégulièrement de 36° à 39° au-dessous de zéro, et se congèle à 39°, ce thermomètre ne peut plus servir pour mesurer des températures inférieures à ce degré. On emploie alors le thermomètre à alcool, coloré en rouge avec une matière végétale, appelée *orseille*, parce que le liquide ne gèle pas par les plus grands froids connus. Mais la dilatation irrégulière de l'alcool, son point d'ébullition qui est peu élevé, 79°, la difficulté de trouver des alcools identiques, ce qui rend impossible de comparer entre eux ces thermomètres, tous ces inconvénients font qu'on ne se sert de cet instrument que pour les observations qui n'exigent qu'une exactitude très peu rigoureuse.

CONSTRUCTION DES THERMOMÈTRES A MERCURE. — Il faut d'abord se procurer des tubes capillaires parfaitement calibrés, c'est-à-dire ayant dans tous les points de leur longueur un diamètre sensiblement égal. Cette condition est très rarement remplie exactement; on cherche cependant à approcher le plus possible de la perfection. Après avoir fait un choix plus ou moins rigoureux entre les tubes dont on veut se servir et rejeté ceux dont les imperfections sont visibles, on introduit dans ceux que l'on suppose convenables une goutte de mercure dont on a mesuré la longueur et que l'on promène tout le long du tube. Au moyen de la *machine à diviser* (page 37) et du microscope que porte son chariot, on voit si, dans toutes les positions, la goutte de mercure ne varie pas de longueur, ce qui prouve la régularité du cylindre.

Le tube étant choisi, on soude, ou mieux on souffle à une de ses extrémités un réservoir, et à l'autre extrémité une ampoule, plus volumineuse que le réservoir et le tube et terminée par une pointe effilée et fermée, afin qu'en attendant le moment du remplissage, la poussière ne s'introduise par dedans, et n'oblige à un nettoyage très difficile. Quand on veut procéder au remplissage, on casse l'extrémité de cette pointe, on la plonge dans un vase plein de mercure et on chauffe légèrement l'ampoule (*fig.* 210). L'air qu'elle contient a augmenté de force élastique et a d'abord refoulé l'air extérieur; mais, en se refroidissant, sa force élastique diminue, ne peut plus faire équilibre à la pression atmosphérique, et celle-ci introduit du mercure dans l'ampoule qui en est en grande partie remplie. On ferme l'extrémité de la pointe afin de se mettre à l'abri des vapeurs mercurielles, et l'on chauffe sur une grille (*fig.* 211), jusqu'à une température assez élevée, le tube et l'ampoule encore vides. On chauffe ensuite le mercure de l'ampoule, et en redressant l'instrument, une partie du mercure pénètre enfin dans le réservoir. On porte alors jusqu'à l'ébullition le mercure du réservoir ; la vapeur produite chasse l'air du tube, le force à traverser le mercure de l'ampoule, et celui-ci, quand l'appareil se refroidit, surmonte l'action capillaire, descend dans le tube et le réservoir, sous l'influence de la pression atmosphérique et parce que les vapeurs refroidies se sont condensées et n'opposent plus aucune pression sur lui. On répète plusieurs fois cette opération, afin qu'il ne reste pas dans l'appareil une seule bulle d'air qui diviserait le mercure en plusieurs tronçons et rendrait le thermomètre impropre à servir. Cela fait, on règle la quantité de mercure qui doit rester dans l'appareil, selon les usages auxquels on le destine, c'est-à-dire qu'on le porte à la température à laquelle il doit servir ; du mercure sort de l'appareil, et celui qui reste suffit aux observations. Toutefois, on laisse un petit espace vide, afin que si, par hasard, on portait le thermomètre à une température plus élevée, le mercure pût encore se dilater sans briser l'instrument. Enfin on enlève l'ampoule en coupant le tube par un simple trait de lime, et l'on ferme le tube en le soudant à la *lampe d'émailleur,*

Fig. 210.
REMPLISSAGE DU THERMOMÈTRE.

Fig. 211. — GRILLE A CHAUFFER LE THERMOMÈTRE.

sorte de lampe à huile dont la flamme est traversée par un courant d'air rapide qui l'active fortement et en élève extrêmement la température.

CONSTRUCTION DU THERMOMÈTRE A ALCOOL. — La construction du thermomètre à alcool exige beaucoup moins de précautions que celle du thermomètre à mercure, l'alcool étant bien plus dilatable que le mercure, et les tubes thermométriques employés étant moins capillaires. Pour introduire le liquide, il suffit de chauffer l'air du réservoir afin de dilater l'air qu'il contient et de plonger aussitôt l'extrémité ouverte du tube dans un bain d'alcool coloré. A mesure que l'air intérieur se contracte par le refroidissement, la pression atmosphérique fait monter l'alcool dans le tube et dans le réservoir qui se remplit en partie. On chauffe de nouveau jusqu'à ce que l'alcool entre en ébullition; ce liquide, qui est très volatil, donne d'abondantes vapeurs, et celles-ci, en se dégageant, entraînent rapidement l'air qui est dans la boule. Cependant il reste fréquemment une bulle d'air dans le réservoir; pour la faire disparaître on attache le tube à l'extrémité d'une ficelle et on lui donne un mouvement de fronde qui chasse la bulle. En plongeant alors une seconde fois le tube dans l'alcool, la vapeur se condense, et l'appareil se remplit aussitôt. On ferme ensuite le tube par le même procédé que pour le thermomètre à mercure.

GRADUATION DU THERMOMÈTRE. — ÉCHELLES THERMOMÉTRIQUES. — Une graduation qui permît de rendre tous les thermomètres comparables entre eux était d'une nécessité évidente, puisqu'il est sinon impossible, au moins très difficile de leur donner à tous des dimensions égales, et que même, si on l'obtenait, cela présenterait des inconvénients graves à cause des circonstances variables dans lesquelles l'observateur se trouve placé.

Robert Boyle, Newton et quelques autres avaient proposé divers points de repère. On a adopté, avons-nous dit ci-dessus, les seules graduations de Fahrenheit, de Réaumur et de Celsius.

Fahrenheit plongeait son thermomètre à alcool dans un mélange réfrigérant de glace, d'eau et de sel marin, et il désignait le point où s'arrêtait l'alcool par 0° (froid extrême); plongeant ensuite l'instrument dans un mélange d'eau et de glace, il marquait 32° (glace fondante) au point où s'arrêtait l'alcool; puis il marquait 96° à partir de 32° au point où s'arrêtait l'alcool d'un thermomètre tenu dans la bouche ou sous l'aisselle d'un homme sain. Plus tard (1), à la suite de la lecture d'un mémoire d'Amontons, il substitua le mercure à l'alcool, et adopta comme troisième point de repère l'eau bouillante, qu'il marquait 212°.

Tous les physiciens adoptèrent la glace fondante et l'eau bouillante

(1) Hoepffer. *Histoire de la Physique.*

pour déterminer les deux points fixes : la glace fondante parce que l'expérience a prouvé que la glace fondait toujours et rigoureusement à la même température ; l'eau bouillante parce que, comme nous le verrons ci-après, l'eau entre en ébullition toujours également à la même température et s'y maintient constamment, pourvu qu'elle soit distillée, qu'elle bouille dans un vase de métal et non de verre et sous une pression atmosphérique de 760 millimètres.

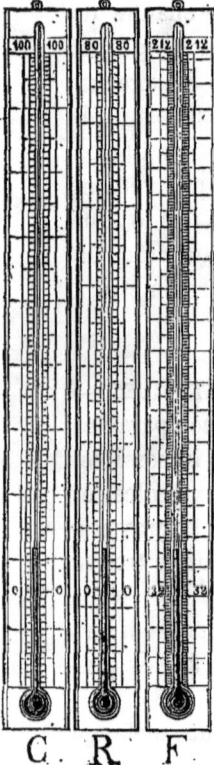

Réaumur plaça son 0° à la glace fondante, et 80° à l'eau bouillante ; et enfin, depuis Celsius, les thermomètres centigrades, partant aussi de 0° (glace fondante) ont leur 100° à l'eau bouillante (*fig.* 212).

La concordance entre ces diverses graduations est facile.

Puisque 80 degrés Réaumur valent 100 degrés centigrades, 1 degré Réaumur vaut $\dfrac{100}{80}$ ou $\dfrac{5}{4}$ de degré centigrade ; donc, *pour énoncer dans l'échelle Réaumur une température énoncée dans l'échelle centigrade, il faut multiplier par* $\dfrac{4}{5}$ *le nombre de degrés centigrades ; et, réciproquement, pour énoncer dans l'échelle centigrade une température énoncée dans l'échelle Réaumur, il faut multiplier par* $\dfrac{5}{4}$ *le nombre de degrés centigrades.*

Puisque, dans l'échelle Fahrenheit, la division 32 correspond au 0 de l'échelle centigrade, il faut d'abord retrancher les 32, reste 180. Puisque 180 degrés Fahrenheit valent 100 degrés centigrades, 1 degré Farhenheit vaut $\dfrac{100}{180} = \dfrac{5}{9}$ de degré centigrade ;

donc, *pour énoncer dans l'échelle Fahrenheit une température énoncée dans l'échelle centigrade, il faut multiplier par* $\dfrac{9}{5}$ *le nombre de degrés centigrades et ajouter 32 au produit; et, réciproquement, pour énoncer dans l'échelle centigrade une température énoncée dans l'échelle Farhenheit, il faut d'abord retrancher 32 de ce nombre, puis multiplier par* $\dfrac{5}{9}$ *le nombre restant.*

Le procédé pour graduer les thermomètres est le même, quelle que soit l'échelle adoptée. Il faut d'abord déterminer les deux points fixes adoptés universellement, c'est-à-dire le point où, dans le thermomètre centigrade, sont placés 0° et 100°.

REGNAULT

Pour déterminer le 0°, on plonge le thermomètre dans un vase rempli de glace (*fig.* 213), au moment où cette glace commence à fondre. Le vase est percé de trous pour donner issue à l'eau qui s'écoule. On l'y laisse un certain laps de temps, vingt minutes au moins, et, quand le niveau du mercure ne varie plus, on marque, avec un diamant très pointu, l'endroit précis où il s'est arrêté; c'est le point zéro.

Pour déterminer le 100, on se sert de l'appareil imaginé par Wollaston et par Gay-Lussac, et perfectionné par M. Regnault (*fig.* 214). C'est une chaudière cylindrique en cuivre ABCD, dans laquelle on met de l'eau que l'on porte à l'ébullition. La vapeur monte dans un tube EH, circule dans une double enveloppe KK, avant de s'échapper par le conduit L. Un petit manomètre M, placé sur un côté du tube, montre que l'ébullition se fait bien sous la pression extérieure et que, par suite, l'issue donnée à la vapeur est suffisante. On place le thermomètre à graduer dans l'enveloppe intérieure, en maintenant l'extrémité qui dépasse le tube par un bouchon en liège P. Quand le mercure est devenu stationnaire, on marque un trait au point où il s'est arrêté : c'est la température de 100°.

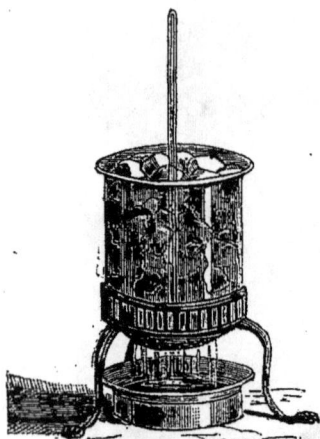

Fig. 213.

APPAREIL POUR LA DÉTERMINATION DU ZÉRO.

Cependant il arrive fort souvent que la pression n'est pas égale à 760 millimètres ; dans ce cas, on place le point 100 un peu au-dessus ou un peu au-dessous du point où le mercure s'est arrêté, en calculant sa position d'après ce principe qu'une différence de pression de $26^{mm},6$ donne lieu à une différence de $1°$ dans la température d'ébullition de l'eau.

Les deux points fixes obtenus, on divise la portion de la tige comprise entre ces deux points en 100 parties égales pour le thermomètre centigrade, en 80 pour le Réaumur, en 212 pour le Fahrenheit, au moyen de la *machine à diviser* (page 37). Quelquefois on marque au moyen de *l'acide fluorhydrique*, qui attaque le verre, les *degrés* sur le tube même du thermomètre. L'échelle ainsi tracée est un peu plus difficile à lire, mais elle a l'avantage de rester toujours fixe et constante, le verre étant peu dilatable. Le plus généralement, on trace les degrés sur une plaque de bois ou de métal (*fig.* 215).

Ces degrés s'indiquent par un petit zéro placé à droite et un peu au-dessus du nombre qui marque la température. Pour désigner que ce nombre de degrés est au-dessus de zéro, on le fait précéder du signe *plus* (+); s'il est au-dessous, du signe *moins* (—).

La graduation du thermomètre à alcool se fait d'ordinaire en déterminant seulement le 0°. par immersion dans la glace ; puis, comme il ne peut marquer que jusqu'à79°, on prend une deuxième température quelconque par comparaison avec un thermomètre à mercure et l'on divise l'espace compris entre ces deux points en parties égales.

REMARQUES SUR LES CONDITIONS A OBSERVER POUR CONSULTER LES THERMOMÈTRES. — 1° Les différents degrés d'une échelle thermométrique n'indiquent pas que les températures soient doubles, triples d'une autre ; cela n'a aucun sens. Ils indiquent seulement quelle est, de deux températures comparées, la plus grande ou la plus petite. Ce ne sont, en quelque sorte, que des numéros d'ordre, indiquant une gradation entre plusieurs températures successives.

2° Tous les thermomètres sont soumis à une cause d'erreur qu'il est impossible d'éviter, quelque bien construits qu'ils soient. Cette erreur a été mise en lumière par M. Despretz. Au bout d'un certain temps, le zéro se déplace d'une manière assez notable ; ce n'est guère qu'au bout de dix-huit mois ou deux ans qu'il

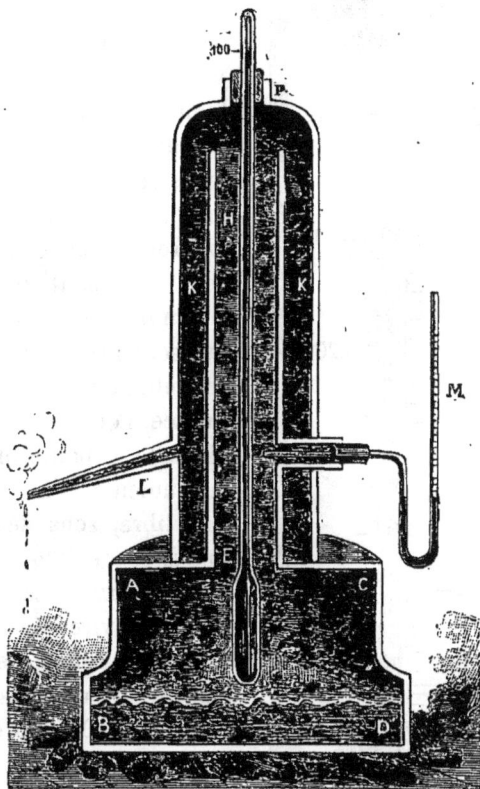

Fig. 214.

reste invariable au nouveau point où il s'est arrêté. Ce phénomène est dû à un travail moléculaire dans l'intérieur du verre, produit soit parce qu'au moment de la construction de l'instrument il subit une sorte de trempe (page 54), soit par suite des brusques changements de température qu'il supporte dans les expériences. Le réservoir diminue de capacité. Il est essentiel de tenir compte de ce petit déplacement du zéro dans l'évaluation des températures.

3° Pour obtenir rigoureusement le degré de température d'un appartement, par exemple, ou de l'atmosphère, il faut avoir soin d'écarter toute cause qui pourrait influer sur le thermomètre. Ainsi, il ne doit pas être placé contre un mur, surtout si ce mur communique avec l'extérieur, s'il est échauffé par le soleil ou par des tuyaux de cheminée. Il doit être suspendu par un fil au milieu de l'appartement. Pour les observations météorologiqnes en plein air, le mode d'installation des thermomètres est différent suivant les pays et le degré de force que le vent peut y atteindre (1). Pour qu'un thermomètre donne bien la température de l'air, on l'éloignera quelque peu de corps volumineux, comme les murs de clôture ou d'habitation, parce que ces murs, ayant une température presque toujours différente de celle de l'air, troubleraient la marche de l'instrument. Il ne faut pas non plus que des murs blancs, frappés par les rayons solaires, puissent rayonner vers les thermomètres qu'ils échaufferaient d'une manière sensible. En France, là où le vent n'atteint pas un degré de violence capable d'enlever ou de briser les instruments, on installe les thermomètres à l'air libre, sous des abris appelés *abris Montsouris* (page 409).

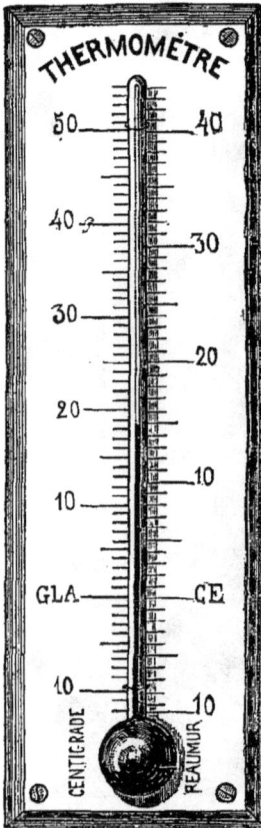

Fig. 215. — THERMOMÈTRE.

« Deux poteaux s'élèvent verticalement à 1 mètre environ de distance, l'un à l'est, l'autre à l'ouest. Entre ces deux poteaux sont placés deux toits parallèles entre eux, distants l'un de l'autre de 10 à 15 centimètres, et s'inclinant vers le midi d'un angle d'environ 30 degrés. Les deux toits parallèles sont en zinc; le toit inférieur est de dimensions un peu moindres que l'autre, afin qu'il ne recoive pas les rayons directs du soleil; mais il doit masquer le plan supérieur pour les thermomètres. Deux volets verticaux arrêtent les rayons du soleil levant ou couchant; des arbustes plantés sur le pourtour, excepté sur le côté nord, abritent le sol, qui est d'ailleurs gazonné. »

Dans les pays de grands vents, on peut disposer sous cet abri une caisse à persiennes permettant encore la circulation de l'air, mais proté-

(1) A. Lévy. *Histoire de l'air.*

geant les instruments qui y sont renfermés. Il convient alors que les lames des persiennes soient en tôle mince pour prendre rapidement la température de l'air, et aussi que le toit soit agrandi pour que les parois de la caisse ne reçoivent pas les rayons directs du soleil. L'abri des caisses à persiennes est généralement employé en Angleterre et en Italie; il abaisse un peu les *maxima* et élève les *minima*, sans altérer sensiblement les moyennes des deux extrêmes.

4° La sensibilité du thermomètre dépend du volume du réservoir par rapport au tube : plus le réservoir sera petit et le tube fin, plus l'instrument sera sensible et la longueur du degré considérable. Pour les observations un peu délicates, il est donc utile que le thermomètre soit petit.

Mais, s'il s'agit de mesurer la température d'une masse dont la température se maintient à peu près constante, on pourra employer un thermomètre à gros réservoir. Toutefois, il faudra remarquer que le thermomètre ne se mettant en équilibre de température avec les corps que par suite d'un échange de température avec eux, il faut que le thermomètre lui-même ne fasse pas varier la température du corps observé.

5° Les indications du thermomètre sont fondées non pas absolument sur la dilatation du mercure, mais sur la dilatation *apparente*, c'est-à-dire sur la différence entre sa propre dilatation et celle du verre. Il a été constaté que cette dilatation apparente était de $\frac{1}{6480}$ par degré, c'est-à-dire que, toutes les fois que le volume du mercure se dilatera ou se contractera de $\frac{1}{6480}$ du volume qu'il possède à 0°, cette variation correspondra à un degré du thermomètre, si on ne tient pas compte de la dilatation du verre. Cela permet d'expliquer pourquoi différents thermomètres à mercure, placés dans des conditions identiques, ne donnent pas toujours rigoureusement la même température. Le verre employé pour la construction de chacun d'eux n'est pas absolument le même, et, par conséquent, ne se dilate pas tout à fait dans les mêmes proportions. Ce désaccord, d'ailleurs, est parfaitement négligeable pour les observations journalières : il résulte des travaux de M. Regnault sur ce point que le désaccord est à peu près nul jusqu'à 300°, et qu'au-dessus, vers 350°, la différence peut s'élever au plus, à 3° ou 4°. Il est utile néanmoins de ne pas l'oublier ; pour les expériences de grande précision, en effet, on doit abandonner les thermomètres à mercure et se servir des thermomètres à gaz.

THERMOMÈTRES A GAZ. — THERMOMÈTRES DIFFÉRENTIELS. — Les thermomètres à gaz sont composés d'un réservoir que l'on place dans l'enceinte dont on veut connaître la température, d'un tube calibré réuni au réservoir par un tube capillaire qui l'éloigne de l'enceinte, d'un autre

tube ouvert à son extrémité supérieure et par lequel on introduit du mercure; enfin d'un robinet qui sert à faire communiquer successivement
les uns avec les autres les différents organes de l'appareil. Les thermomètres à gaz sont beaucoup plus sensibles que les thermomètres à liquide,
à cause de la facile dilatation du gaz, qui est 160 fois celle du verre; ils
signalent la moindre variation de température. Approcher la main
seulement de l'appareil suffit pour les faire varier; cependant ils ont
été à peu près abandonnés au-
jourd'hui pour le *thermomètre
électrique* de Melloni dont nous
parlerons plus loin, quoique le
thermomètre de Leslie (1) ait
servi à faire des déterminations
très délicates sur le rayonnement
de la chaleur.

Ces appareils n'ont pas pour
but de faire connaître la température d'un lieu, mais la différence de température entre deux
lieux voisins.

Le *thermomètre de Leslie* se
compose (*fig.* 216) de deux boules
de verre parfaitement égales et
pleines d'air, réunies l'une à
l'autre par un tube de verre

Fig. 216.

THERMOMÈTRE DIFFÉRNTIEL DE LESLIE.

deux fois recourbé. Une colonne d'acide sulfurique concentré et coloré
en rouge est introduite dans ce tube, remplit la partie horizontale, et
s'élève dans les portions verticales à une même hauteur (page 190),
où l'on marque 0°. On porte alors l'une des boules à une température
de 10° au-dessus de celle de l'autre; l'air qu'elle contient se dilate et fait
aussitôt baisser le liquide dans la branche qu'elle surmonte, en l'élevant
dans l'autre branche. On marque 10° de chaque côté, au point où le
liquide s'est arrêté; on divise en 10 parties égales les intervalles compris
entre 0° et 10°, puis on gradue avec les mêmes divisions le reste du
tube.

Le *thermoscope de Rumford* (2) diffère du précédent en ce que la

(1) LESLIE (John), physicien écossais (1766-1832), était professeur à l'Université d'Édimbourg.
Outre son *thermomètre*, la science lui doit un *hygromètre*, et l'industrie un des premiers moyens de
produire artificiellement de la glace.
(2) RUMFORD (Benjamin THOMPSON, comte de), savant physicien, né à Rumford, dans l'Amé-

branche horizontale (*fig.* 217) est plus longue et les boules plus grosses. Dans la branche horizontale est un petit index liquide, très mobile, et placé juste au milieu quand ces deux boules sont à la même température; mais dès qu'une des boules est plus échauffée que l'autre, l'air s'y dilate et refoule l'index vers la boule moins chaude. Pour graduer l'instrument on a ménagé, à une des extrémités de la branche horizontale, un petit appendice où l'on fait arriver l'index pour faire passer une certaine quantité d'air d'une boule dans l'autre. Après quelques tâtonnements, on arrive à ce que l'index soit bien au milieu de la branche horizontale. On marque alors 0 sur l'échelle à chaque extrémité de l'index; puis, comme pour le thermomètre de Leslie, on chauffe une des deux boules à 10°; l'index s'avance; on marque 10° à ce point, et l'on divise les deux branches en parties égales.

Fig. 217. — THERMOSCOPE DE RUMFORD.

THERMOMÈTRES MÉTALLIQUES. — Les *thermomètres métalliques* sont peu usités. Un des premiers employés fut celui que Mortimer fit connaître en 1747. Il se composait d'un cylindre de fer de trois lignes de diamètre et de trois pieds de long, qui, par son allongement ou son raccourcissement, indiquait sur un cadran les variations de température. Il était peu sensible et fut bientôt abandonné pour celui qu'avait construit Abraham Bréguet (1). Il se compose (*fig.* 218) d'une lame contournée en

rique anglaise (1753-1814). Il eut le malheur, dès 1775, de prendre parti pour les Anglais contre ses compatriotes révoltés et combattant pour leur indépendance. Venu en Angleterre, il y fut secrétaire d'État en 1780, puis retourna, en 1782, combattre les insurgés d'Amérique. Après la reconnaissance de l'indépendance américaine, il passa au service de l'électeur de Bavière, qui le nomma lieutenant général de ses armées, ministre de la guerre, directeur de la police, et le créa comte de Rumford. En 1799, l'électeur étant mort, Thompson voyagea, puis vint se fixer en France (1804) où il épousa la veuve de Lavoisier. Il est célèbre surtout par sa philanthropie. Il inventa les *soupes économiques* pour les pauvres. Malgré cela, il fut détesté de tous ceux qui le connurent : il était très pieux. La science lui doit son *thermoscope*, un *calorimètre*, les foyers qui portent son nom, des perfectionnements aux cheminées, aux lampes, etc.

(1) BRÉGUET (Abraham-Louis), célèbre horloger-mécanicien (1747-1823), appartenait à une famille de protestants que la dévotion de Louis XIV avait forcée de s'expatrier en Suisse, en 1685. Rentré en France vers 1762, Bréguet devint bientôt célèbre par son habileté et sa science. Il inventa les montres perpétuelles qui se remontent toutes seules, les ressorts-timbres, les cadratures de répétition, des échappements de toutes sortes; il créa l'horlogerie de précision. La science lui doit la

spirale et composée d'un ruban d'argent, d'un ruban d'or et d'un ruban de platine. L'argent est placé à l'intérieur, le platine est à l'extérieur, l'or sert de soudure. Quand la température augmente, l'argent étant plus

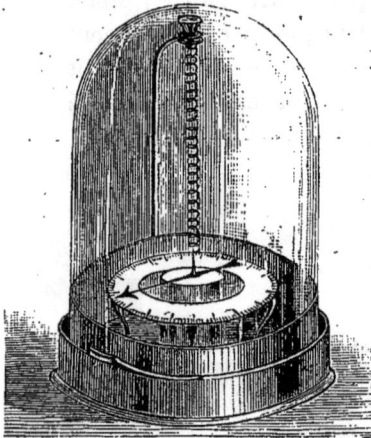

dilatable que le platine, la spirale se détend et les courbures diminuent; si, au contraire, la température diminue, la spirale s'enroule. Or cette spirale est maintenue par son extrémité supérieure, et porte, à son extrémité inférieure, une aiguille qui se meut sur un cadran divisé. On a obtenu les divisions de ce cadran en portant successivement l'appareil à diverses températures données par un thermomètre à mercure très exact, et en inscrivant chaque fois ces températures en face de l'aiguille.

Cet appareil est très sensible, ce qui le rend quelquefois très utile. Nous verrons ci-après que plusieurs instruments

Fig. 218.

THERMOMÈTRE DE BRÉGUET.

ont été construits sur le même principe que ce thermomètre.

Il existe d'autres thermomètres métalliques, les *thermomètres à cadran*, construits avec des dispositions analogues à celles des *baromètres à cadran* ou des *anéroïdes* (pages 267 et 270).

La figure 219 représente un thermomètre à cadran de M. Redier.

THERMOMÈTRES ENREGISTREURS. — Les thermomètres métalliques se prêtent bien à l'enregistrement de leurs indications, et c'est surtout comme *thermométrographes* (de *thermomètre* et du grec *grapho*, j'écris) qu'ils sont utilisés.

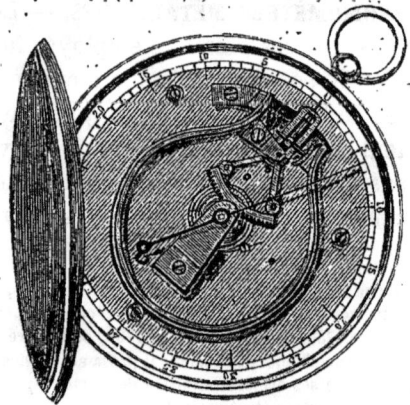

Fig. 219.

THERMOMÈTRE A CADRAN DE M. REDIER.

Dans le *thermométrographe* du P. Secchi, la température est indiquée

construction de chronomètres, d'instruments de physique et d'astronomie précieux. Il fut membre de l'Institut, du Bureau des longitudes. Il fut la tige d'une famille de savants mécaniciens dont la France s'honore à juste titre.

et enregistrée par la dilàtation d'un fil de laiton de 17 mètres environ, dilatation qui met en mouvement un système de leviers en rapport avec un organe traceur. Dans celui de MM. Hasler et Escher, c'est une spirale

Installation du pyromètre Brongniart à la manufacture de Sèvres (page 432).

d'acier et de laiton soudés ensemble qui donne les variations de température; cette spirale communique avec un levier recourbé, fixé sur un axe en acier qui supporte le système traceur, de sorte que les moindres variations sont automatiquement enregistrées.

Pour bien faire comprendre le mécanisme des *thermométrographes*, nous décrirons celui auquel ont été apportés les derniers perfectionnements et qui, construit par M. Redier, sur les indications de M. Hervé-Mangon, directeur du Conservatoire des arts et métiers, a obtenu un grand prix à l'Exposition universelle de 1878. L'importance de ces instruments pour les observations météorologiques est assez grande pour qu'il soit utile d'entrer dans quelques détails (1).

L'organe thermométrique, c'est-à-dire ce qui subit et doit transmettre les variations de température, se compose (*fig.* 220) d'un tube extérieur A portant une roue dentée D, sur laquelle se trouve monté le mécanisme multiplicateur du thermomètre. A l'intérieur de ce tube A se trouve un tube en zinc *z*, s'ajustant librement dans le premier tube A. Ces deux tubes ont une longueur de 0m,70 et sont soudés l'un à l'autre par l'extrémité P. C'est la différence de la dilatation du tube d'acier sur le tube de zinc qui fera mouvoir l'aiguille thermométrique A terminée par un crochet C.

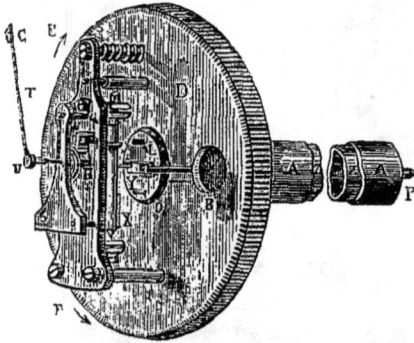

Fig. 220. — ORGANE DU THERMOMÈTRE
ENREGISTREUR REDIER.

Cette roue dentée D est destinée à faire tourner à droite et à gauche l'instrument thermométrique de façon à accrocher ou à décrocher l'aiguille T. Il était indispensable que cette roue obéît instantanément aux moindres différences de dilatation des tubes A et Z. M. Redier a obtenu ce résultat au moyen d'ingénieuses combinaisons mécaniques.

(1) Nous avons parlé ci-dessus (page 265) du baromètre de Vidie, construit et perfectionné par M. Redier. Les applications résultant de la perfection des appareils de cet ingénieux et savant constructeur sont nombreuses. Outre celles qui sont relatives aux phénomènes météorologiques, la physiologie lui doit de pouvoir étudier les lois de l'évaporation ou de la transpiration, soit d'une surface aqueuse, soit d'un sol nu ou enherbé, soit de plantes ou d'animaux, au moyen d'une *bascule à équilibre constant;* l'industrie : 1° de représenter les valeurs successives de la tension de la vapeur d'eau dans un générateur, d'où découle une régularité parfaite de la conduite du feu d'une chaudière et, conséquemment, une immense économie sur la dépense du combustible relativement à la force produite ; 2° de représenter graphiquement les densités de l'alcool qui sort d'un alambic. Dans l'un ou l'autre cas, la courbe tracée, en dehors de l'action possible du chauffeur, montre au chef d'usine le plus ou moins de régularité du service de cet ouvrier. Les procédés inventés par M. Redier lui ont permis encore de résoudre le problème difficile de faire marcher une lourde aiguille sur un cadran monumental de 1 ou 2 mètres de diamètre, comme ceux des baromètres de la Bourse et de la Pointe-Saint-Eustache.

Voici maintenant la description de l'ensemble de l'enregistreur
(*fig.* 221) :

MN, double rouage d'horlogerie ;

E, échappement réglant le rouage M ;

V, volant réglant le rouage N ;

Y, grande roue montée sur l'axe du train différentiel ;

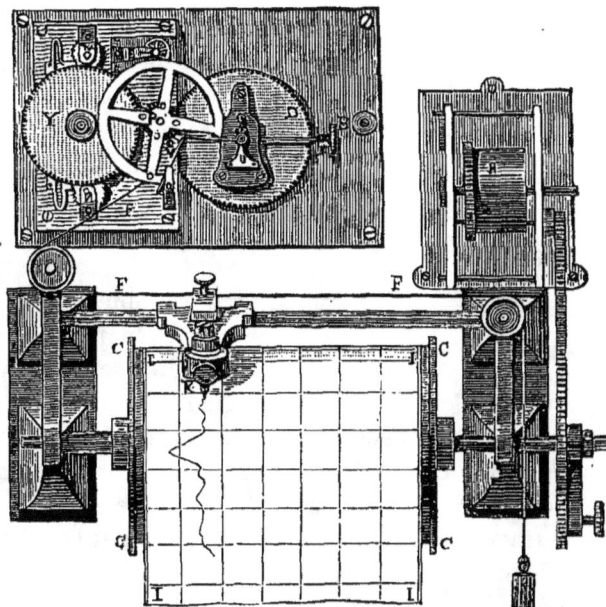

Fig. 221. — ENREGISTREUR DU THERMOMÈTRE REDIER.

P, poulie montée sur un axe conduit par la roue Y ;

D, roue dentée portant le mécanisme multiplicateur ;

A, aiguille à crochet ;

U, axe de l'aiguille A ;

C, crochet de l'aiguille A ;

B, bouton molleté servant à régler la course du thermomètre ;

F, corde enroulée sur la poulie P et qui entraîne le crayon K ;

R, rouage d'horlogerie conduisant le cylindre CC à raison de 4 millimètres par heure ;

II, papier quadrillé enroulé sur le cylindre CC ;

K, porte-crayon et crayon traçant la courbe sur le papier ;

Q, poids tendeur du crayon.

L'ensemble de l'appareil fonctionne comme il suit :

Si la température s'élève, l'aiguille A va vers la droite, libère le volant V et le rouage inférieur N tourne. Il entraîne la poulie et le fil F de façon que le crayon K va vers la gauche. Ce rouage, en entraînant D, tourne jusqu'au moment où l'aiguille est raccrochée en V.

Si la température s'abaisse, l'aiguille maintient le volant V arrêté ; l'échappement E entraîne la poulie en sens contraire et entraîne la roue dentée D de façon qu'il arrive un moment où le volant devient libre.

Dès lors, si la température reste constante, la roue D fait de petites oscillations et le crayon fait une ligne composée de stries très fines et invisibles pour tracer une ligne parallèle à celle des heures.

Le thermomètre ainsi disposé présente les avantages suivants : 1° Il est d'une sensibilité extrême, les deux tubes de zinc et acier n'ayant que deux dixièmes de millimètre d'épaisseur ;

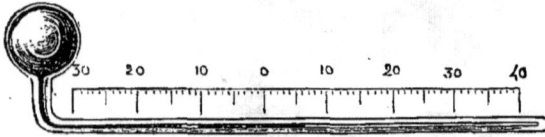

Fig. 222. — THERMOMÈTRE A MAXIMA.

2° on peut faire usage de l'action motrice des deux rouages pour régler des températures, quelles que soient les résistances ; 3° si l'on veut éloigner l'action thermométrique de l'enregistreur, il suffit d'allonger suffisamment le tube extérieur d'acier et de faire le même allongement avec le même métal sur le tube en zinc. De cette façon on peut faire traverser un mur, par exemple, aux tubes thermométriques et soustraire l'instrument aux effets de la température pour toute la partie contenue dans l'épaisseur du mur.

Il va sans dire que le même instrument, muni des dispositions nécessaires pour entretenir la surface du tube d'acier en état d'humidité, devient un *thermomètre enregistreur humide*.

THERMOMÈTRES A MAXIMA ET A MINIMA. — Dans certaines circonstances, principalement pour les observations météorologiques, il est utile de connaître la plus haute ou la plus basse température (*maxima* ou *minima*) qui s'est produite pendant un certain laps de temps. On se sert alors de thermomètres dont la forme est quelque peu modifiée. Les plus connus et les plus sensibles sont ceux de Rutherford.

Le *thermomètre à maxima* est à mercure (*fig.* 222). C'est un tube recourbé, placé horizontalement, dans lequel on a introduit un petit cylindre d'émail qui peut courir dans le tube, mais est arrêté par le coude, et n'empêche pas la continuité de la colonne liquide. Si la température s'élève, le mercure, en se dilatant, pousse devant lui le petit cylindre index ; quand elle s'abaisse ensuite, le mercure en se retirant laisse l'index au point le plus éloigné où il est parvenu, c'est-à-dire indiquant la température la plus élevée. Pour remettre l'instrument en expérience, on le redresse verticalement, et, à l'aide d'une petite secousse, on remet l'index à sa place.

Le *thermomètre à minima* (*fig.* 223) a la

Fig. 223. — THERMOMÈTRE A MINIMA.

même forme que le précédent, mais le tube est rempli d'alcool. Le petit index en émail est dans l'alcool, mais ne s'oppose nullement à sa dilatation. Lorsque le liquide se contracte et que son extrémité touche l'index, il l'entraîne avec lui par un effet d'adhérence ; mais, lorsqu'il se dilate, le liquide passe entre l'index et la paroi du tube sans l'entraîner, de sorte qu'il reste au point où il a été porté lors de la plus basse température.

THERMOMÈTRE A DÉVERSEMENT DE WALFERDIN. — Ce thermomètre, particulièrement destiné à donner les températures au-dessus de 10° des différentes couches terrestres, dans les opérations de sondage, consiste (*fig.* 224) en un thermomètre ordinaire dont le tube, terminé en pointe, aboutit à un réservoir de déversement contenant une certaine quantité de mercure.

Quand on veut se servir de l'instrument, on l'incline et on le chauffe de façon que le contact se fasse entre le mercure du tube et celui du réservoir de déversement ; on laisse alors refroidir, puis on place le thermomètre dans un bain dont la température est connue. L'équilibre établi, on porte le thermomètre dans le lieu dont on veut connaître la température ; là, le mercure se dilate, et une certaine quantité tombe dans le réservoir. Quand on le ramène et qu'on le plonge dans le bain dont on s'est servi, il manque dans le tube un certain nombre de divisions ; ce sont les degrés qu'il faut ajouter à ceux du bain pour avoir le degré de température du lieu où on l'a transporté.

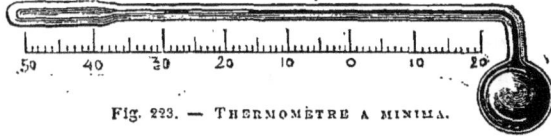

Fig. 224. — THERMOMÈTRE A DÉVERSEMENT.

THERMOMÈTRE SALLERON. — Nous voulons signaler un perfectionnement ingénieux, récemment apporté à la construction des thermomètres. On a souvent besoin, dans certaines industries, de connaître exactement la température d'un lieu dans lequel on ne peut pénétrer : une étuve, par exemple, afin d'y maintenir une chaleur égale. M. Salleron a construit un thermomètre qui porte au loin ses indications.

A un thermomètre ordinaire, à gros réservoir en verre, placé dans le lieu dont on veut connaître la température, est adapté un tube de laiton de petit diamètre dont le mercure qui le remplit subit les mêmes dilatations et contractions que le mercure du thermomètre. Mais en sortant des lieux chauffés que l'on observe, le mercure du tube supporte l'influence de la température des divers milieux qu'il traverse, et les indications ne reproduiraient pas, au lieu d'arrivée, les indications réelles. M. Salleron, pour corriger cette erreur, dispose, à côté du tube entremetteur, un autre tube identique, également plein de mercure, mais sans communication avec le thermomètre. Ce second tube subit les mêmes influences de température que le tube entremetteur. Tous les deux aboutissent à deux réservoirs de verre isolés et gradués. Il est alors évident que la différence de niveau entre les deux liquides, dans les deux réservoirs, exprimera la seule variation de température transmise par le réservoir du thermomètre. En prenant pour 0° la division thermométrique où s'est arrêté le mercure du tube indépendant, ce qui sera au-dessus, dans l'autre réservoir, indiquera le nombre de degrés de chaleur du lieu dont on veut connaître la température.

PYROMÈTRES. — En 1671, Richer, chargé par l'Académie des sciences d'observer sous l'équateur la longueur du pendule à secondes, constata que l'horloge à pendule qu'il avait apportée de Paris retardait de deux minutes par jour et qu'il était obligé de raccourcir le pendule (page 119). Mais les physiciens partisans de Descartes ne pouvaient admettre que la pesanteur fût plus faible à l'équateur qu'aux pôles, en vertu de leur opinion sur la pesanteur (page 83), et attribuaient à l'action de la chaleur un allongement du fil du pendule. Newton démontra vainement que la chaleur équinoxiale était beaucoup trop faible pour produire le raccourcissement constaté par Richer ; ce ne fut qu'en 1730 que Musschenbrœk se servit d'un instrument qui, sous le nom de *pyromètre* (du grec *pur*, feu ; *métron*, mesure) mesurait la dilatation des métaux et prouvait la fausseté de l'opinion des cartésiens et, conséquemment, la nécessité d'expliquer d'une autre façon le raccourcissement du fil du pendule à l'équateur. Cet instrument était celui que nous avons décrit sous le nom d'*Anneau de 'S Gravesande* (*fig*. 206). Ellicot, en 1736, puis successivement Bouguer,

Smeaton (1), l'abbé Nollet, Guyton de Morveau (2) imaginèrent des *pyromètres* plus ou moins ingénieux. D'abord destinés seulement à servir dans des recherches scientifiques, ils furent bientôt employés dans l'industrie pour mesurer les températures excessivement élevées, et auxquelles ne pouvait résister le thermomètre à mercure, qui se brise au-dessus de 350°.

En 1782, Wedgwood (3) construisit son *pyromètre*, qui fut longtemps très employé. Fondé sur le retrait qu'éprouve l'argile par l'action de la chaleur, et qui provient probablement d'un commencement de vitrification, cet instrument se compose (*fig.* 225) d'une plaque de cuivre appelée *jauge*, sur laquelle sont fixées trois barres légèrement inclinées, afin de former deux rainures coniques se faisant suite et divisées en 240 parties égales. Pour s'en servir, on prend un petit cylindre d'argile A, préalablement desséché à la chaleur du rouge sombre, et d'un diamètre tel qu'il entre dans la jauge juste au zéro de l'échelle. On le porte ensuite dans un creuset *réfractaire* (petit vase en grès, matière presque infusible) que l'on place sur le corps ou dans le milieu dont on veut mesurer la température. Dès qu'il a pris la température de ce corps ou de ce milieu,

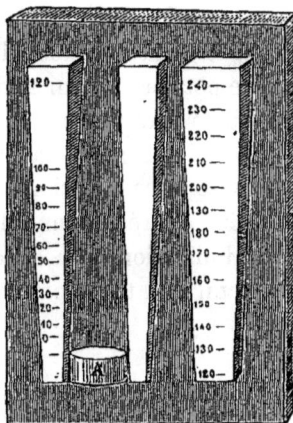

Fig. 225.

PYROMÈTRE DE WEDGWOOD.

on le laisse refroidir et on le met de nouveau dans la jauge. Il s'enfonce alors plus ou moins profondément, en vertu du retrait qu'il a subi et qu'il a conservé en se refroidissant. On admet que chaque division du pyromètre de Wedgwood vaut 130° Fahrenheit, 57°,778 Réaumur et 72°,2225 centi-

(1) SMEATON (John), ingénieur anglais (1724-1792). On lui doit la construction du phare d'Eddystone, à l'entrée de la Manche, et le pont de Londres. Smeaton s'est occupé particulièrement de physique et d'astronomie.

(2) GUYTON DE MORVEAU (Louis-Bernard), né à Dijon (1737-1816), était avocat général à Dijon et cultivait en même temps les sciences avec ardeur. Il fit fonder par les états de Bourgogne des cours de science où lui-même enseignait la chimie, tout en continuant ses fonctions de magistrat. Élu en 1791 à l'Assemblée législative et à la Convention, il fut un des plus ardents partisans de la république. Il se dévoua sans arrière-pensée à l'œuvre d'émancipation en mariant le dévouement de l'homme aux travaux du savant. Nous avons vu qu'il s'était occupé d'aérostation ; c'est lui qui, commissaire à l'armée du Nord, organisa le corps des *aérostiers*. Comme fondateur, professeur et directeur de l'École polytechnique, il ne cessa d'imprimer une féconde impulsion aux sciences et à l'industrie. Ses découvertes en chimie le font presque l'égal de Lavoisier. On lui a reproché de n'avoir point sauvé de la mort ce dernier, condamné par le tribunal révolutionnaire ; cela prouve, dit M. Benjamin Gastineau, que Lavoisier ne pouvait être sauvé.

(3) WEDGWOOD (Josias), fabricant de porcelaines anglaises (1730-1795), devint membre de la Société royale de Londres.

grades. Mais ses appréciations sont peu raccordables, en réalité, avec l'échelle thermométrique, et aussi peu précises, quoique suffisantes souvent pour les besoins ordinaires de l'industrie.

M. Brongniart (1) est l'inventeur d'un autre *pyromètre* qu'il avait installé à la manufacture de Sèvres. Cet instrument n'est guère autre chose que celui que nous avons indiqué ci-dessus (*fig.* 207). Une plaque de porcelaine, placée dans le four dont on veut connaître la température, porte une rainure dans laquelle on met une lame de fer bien appuyée sur le fond invariable de celte rainure ; une règle de porcelaine traversant le fourneau repose, d'un côté, sur l'extrémité de la lame de fer, et de l'autre sur la petite branche d'un levier coudé. Le fer, se dilatant, pousse la règle de porcelaine, qui se dilate elle-même d'une façon tellement peu sensible qu'on peut ne pas tenir compte de sa dilatation. Le levier coudé, mû par la règle, conduit, à l'aide d'un engrenage, une aiguille sur un cadran divisé. Les divisions correspondent aux diverses températures jusqu'à 1,500 degrés. Comme le pyromètre de Wedgwood, cet instrument donne des indications peu exactes ; pour avoir une exactitude rigoureuse, il faut revenir aux thermomètres à gaz.

CHAPITRE III

VARIATION DU VOLUME DES CORPS

DILATATIONS ET CONTRACTIONS

DILATATION DES SOLIDES. — Nous avons démontré (page 407) que tous les corps ont la propriété d'*augmenter de volume quand ils s'échauffent, de diminuer de volume, au contraire, quand ils se refroidissent*. Des faits de chaque jour viennent corroborer les expériences de cabinet dont nous avons parlé. Pour cercler une roue de voiture, le charron prend un

---

(1) BRONGNIART (Alexandre), minéralogiste et géologue (1770-1847), fils de l'architecte distingué qui construisit la Bourse, l'hôtel d'Osmont, l'hôtel Frascati, le collège Bourbon (lycée Descartes), et fit le plan du cimetière du Père-Lachaise. Il s'occupa surtout de minéralogie, et fut directeur de la manufacture nationale de Sèvres.

cercle de fer plus petit que la roue en bois ; il chauffe ce cercle ; celui-ci s'élargit en tous sens et le charron y enchâsse la roue sans difficulté. Puis le fer est brusquement refroidi avec de l'eau. La contraction du

Pour cercler une roue de voiture, le charron chauffe un cercle (page 432).

collier de fer est tellement énergique que les fentes se resserrent sous une pression irrésistible, et que toutes les pièces de la roue sont désormais fixées entre elles de la manière la plus solide. Les rails des chemins de fer ne se touchent pas ; ils sont toujours séparés les uns des autres par un petit intervalle afin qu'ils aient la liberté de se dilater ; sans cette précaution, ils se courberaient pendant les chaleurs de l'été. Si les rails étaient contigus, la différence seule de température entre l'hiver et l'été les ferait allonger de 70 centimètres par 100 kilomètres. Si l'on touche du verre avec un fer rouge, les parties touchées se dilatent rapidement et comme les parties voisines restent froides, le verre étant mauvais conducteur de la chaleur, elles s'opposent à la dilatation, et le verre se brise. Le même effet se produit si vous touchez le verre avec un corps trop froid. On emploie cette propriété pour découper des vases de verre. Après avoir fait à la lime un trait sur le vase, on y applique un charbon incandescent ; la rupture a lieu dans le sens du trait, si le verre ne présente pas de trop grandes irrégularités de structure.

Aujourd'hui que les métaux sont très employés comme matériaux de construction, il est nécessaire de connaître exactement les lois de la dilatation de chacun d'eux, ainsi que celles des briques, des pierres et des matériaux qui les entourent, afin de ne pas associer deux matières trop inégalement dilatables. On sait, en effet, que les toitures en zinc ou en plomb se boursouflent pendant l'été et se déchirent pendant l'hiver, si l'on n'a pas la précaution de superposer les feuilles comme des tuiles. Les barreaux qui garnissent les fenêtres doivent être scellés par une seule extrémité ; l'autre, engorgée dans une cavité, doit pouvoir y jouer. Les tuyaux de conduite exposés à l'air ne doivent pas non plus être soudés sur une trop grande longueur ; les grilles des fourneaux doivent être plus petites que le foyer au milieu duquel elles sont placées. Les ponts en fil de fer présentent souvent de grands changements de courbure : une chaîne de pont suspendu de 100 mètres de longueur subit, dans une année, une variation de 7 centimètres.

Il y a trois espèces de dilatation : *la dilatation linéaire*, c'est-à-dire suivant une seule dimension, la longueur ; *la dilatation superficielle*, suivant deux dimensions, longueur et largeur ; *la dilatation cubique*, suivant les trois dimensions, longueur, largeur et épaisseur.

COEFFICIENTS DE DILATATION DES CORPS SOLIDES. — On appelle *coefficient de dilatation* l'accroissement que prend l'unité de volume d'un corps lorsque sa température s'élève de 0° à 1° centigrade.

Les *pyromètres* ont été construits dans le but de connaître les coefficients de dilatation des corps, et Musschenbroek, Ellicot, Bouguer, Smeaton, Condamine, ont donné des tables de *dilatation linéaire* ; mais ces tables montrent combien peu les résultats concordaient entre eux. La connaissance exacte du coefficient de dilatation de quelques corps solides, tels que le verre et les métaux, était cependant jugée indispensable pour la construction de certains instruments de précision, surtout du thermomètre. Dans ce but, en 1782, Lavoisier et Laplace, pour leurs expériences relatives à la dilatation du flint-glass anglais et du verre de Saint-Gobain, inventèrent l'appareil suivant (*fig.* 226) :

Une cuve de cuivre est placée dans une sorte de four entre quatre piliers de pierre. Entre deux de ces piliers est une barre horizontale, qui porte à une de ses extrémités une lunette G, et au milieu une règle D de verre, mobile et tournant avec la barre et
la lunette. Entre les
deux autres piliers
sont fixées deux tra-
verses de fer qui main-
tiennent une règle de
verre F. Enfin la cuve
contient de l'eau ou
un acide, et l'on y
place la barre KH

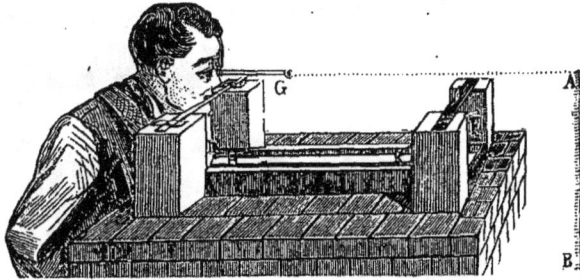

Fig. 226. — APPAREIL DE LAVOISIER ET LAPLACE.

dont on veut mesurer le coefficient de dilatation, qui s'appuie sur les règles de verre F et D. La règle de verre F étant fixe, la barre KH ne peut s'allonger par la dilatation que dans la direction KH, et pour que ses mouvements soient bien libres, cette barre est placée sur des roulettes de verre. Enfin, dans la lunette est un fil micrométrique horizontal dont chaque angle correspond à un certain nombre de divisions d'une échelle AB placée à 200 mètres de distance.

Fig. 227.

Ceci posé, on regarde à quelle division de l'échelle AB correspond le fil de la lunette lorsque la barre placée dans la cuve a été amenée à la température de 0°. Si l'on élève cette température à un certain degré, soit 15°, la barre KH s'allonge, pousse la règle D et, conséquemment, fait baisser la lunette ; le fil micrométrique se trouve donc en face d'une autre division de l'échelle AB. La température de la barre étant connue au moyen d'un thermomètre, on voit quel angle du fil micrométrique correspond à cette élévation de température.

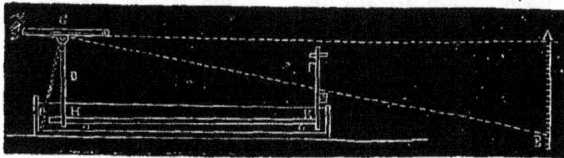

Il est facile de déduire alors l'allongement de la barre (*fig.* 227). Soit CH cette longueur, et GB la nouvelle direction du fil micrométrique ; nous aurons les deux triangles GHC et ABC qui sont semblables, comme ayant leurs côtés perpendiculaires ; d'où cette égalité $\dfrac{HC}{AB} = \dfrac{GH}{AG}$. De même, représentant par HC' un autre allongement et par AB' la division correspondante de l'échelle, nous aurons : $\dfrac{HC'}{AB'} = \dfrac{GH}{AH}$. La relation entre le prolongement de la barre et les déviations du fil sont donc constantes ; supposons qu'elles

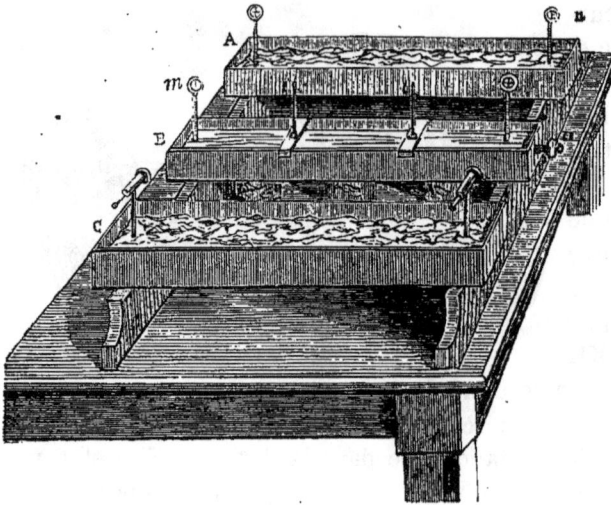

Fig. 228. — APPAREIL RAMSDEN.

soient dans le rapport $\dfrac{GH}{AG}$. Une expérience préliminaire nous a montré que ce rapport était, par exemple, de $\dfrac{1}{744}$. Il en résulte que $\dfrac{HC}{AB} = \dfrac{1}{744}$, d'où $HC = \dfrac{AB}{744}$, c'est-à-dire que l'allongement total de la barre s'obtient en divisant par 744 la distance parcourue sur l'échelle par le fil micrométrique de la lunette. Cette prolongation étant connue, en la divisant par la longueur de la barre à 0° et par la température obtenue ensuite de la barre, on obtient la dilatation pour l'unité de longueur et pour une élévation d'un seul degré, c'est-à-dire le coefficient de dilatation.

Il existe un autre appareil imaginé en 1787 et construit par Ramsden. Cet appareil (fig. 228) se compose de trois cuves métalliques parallèles de un ou deux mètres de large. Dans celle du milieu on place, après lui avoir donné la forme d'une barre prismatique, la barre du métal dont on veut connaître le coefficient de dilatation, et dans les deux autres cuves des barres de fer d'une longueur identique à celle de la barre à expérimenter. Ces trois barres sont armées à leurs extrémités de tringles verticales, qui supportent, dans les cuves A et B, de petits disques de verre sur les cercles desquels sont tendus des fils micrométriques croisés, et dans la cuve C des lunettes renfermant également un fil micrométrique.

Les trois cuves étant pleines d'eau, et les trois barres placées à la température 0°, les points de rencontre des fils des disques et de la lunette sont sur une ligne parfaitement horizontale. Si, au moyen de lampes à alcool, on élève la température de l'eau de la seconde cuve à 100°, la barre qu'elle contient se dilatera ; et comme une extrémité de celle-ci est en contact avec la pointe d'une vis a fixée en la paroi de la cuve, la dilatation se produira dans le sens nm, et, en plaçant au moyen de la lunette les trois disques du côté n en une ligne parfaitement droite, le disque m déviera de la ligne CBA d'une longueur exactement égale à la dilatation. Mais, puisque la vis a est unie à la barre, elle dépasse la paroi à droite et à gauche, et si on la porte dans le sens mn, de façon à ce que la ligne CBmA soit parfaitement horizontale, ce qui dépassera la paroi aura une longueur exactement égale à la prolongation de la barre. Et comme on a calculé préalablement le nombre de tours du pas de vis correspondant à une longueur donnée, on connaît la longueur de la dilatation, et, au moyen des mêmes calculs que ceux employés dans la précédente expérience, on déduit le coefficient de dilatation du corps en expérience.

RELATIONS ENTRE LES DIFFÉRENTS COEFFICIENTS DE DILATATION. — En doublant le coefficient de dilatation linéaire d'un corps solide on obtient son coefficient de dilatation superficielle, et en le triplant on obtient son coefficient de dilatation cubique. Ceci se démontre ainsi par le calcul.

Soit un cube d'un corps solide ayant l'unité de longueur pour côté, son volume sera l'unité de volume. Désignant par l le coefficient linéaire de ce corps, et par c son coefficient cubique, chaque arête deviendra, en augmentant la température d'un degré $1 + l$ et le volume $1 + c$.

Le cube, après cette dilatation, est resté semblable à lui-même. Or on démontre en géométrie que le volume d'un cube est égal au cube de son arête ; on a donc

$$1 + c = (1 + l)^3;$$

d'où

$$1 + c = 1 + 3l + 3l^2 + l^3$$
$$c = 3l + 3l^2 + l^3.$$

Mais l est une quantité très petite correspondant à des unités de 5° ordre ; on peut donc devant l négliger l^2 et l^3, et l'on a :

$$c = 3l,$$

formule de la dilatation cubique.

Par un raisonnement analogue, on démontre que le coefficient de dilatation superficielle est *sensiblement* le double du coefficient linéaire.

Nous donnons un tableau des coefficients de dilatation linéaire des principaux solides ; il est facile, après ce que nous avons dit, de calculer leurs coefficients de dilatation superficielle ou cubique.

Tableau des coefficients de dilatation linéaire des solides.

NOMS DES CORPS.	COEF-FICIENTS.	AUTEURS.	NOMS DES CORPS.	COEFFI-CIENTS.	AUTEURS.
Acier	0,000010791	Lavoisier et Laplace.	Cuivre laiton en fil....	0,000019333	Smeaton.
Acier................	0,000011600	De Luc.	Cuivre rouge.........	0,000017840	Borda.
Acier................	0,000011301	Struve.	Cuivre rouge.........	0,00001718²	Dulong et Petit.
Acier................	0,000011899	Troughton.	Étain fin	0,000022833	Smeaton.
Acier trempé........	0,000012250	Smeaton.	— de Falmouth....	0,000021730	Lavoisier et Laplace.
Acier recuit à 37°,5 ..	0,000013690	Lavoisier et Laplace.	Fer	0,000011821	Dulong et Petit.
Acier recuit à 81°,2 ..	0,000012396	Lavoisier et Laplace.	— entre 0° et 300°..	0,000014684	Dulong et Petit.
Aluminium	0,000022239	Winnerl.	— doux forgé......	0,000012205	Lavoisier et Laplace.
Antimoine...........	0,000010833	Smeaton.	Fil de fer	0,000014401	Troughton.
Argent.	0,000020826	Troughton.	Fonte de fer	0,000011100	Roy.
Argent de coupelle...	0,000019097	Lavoisier et Laplace.	Granit..............	0,000008685	Bartlett.
Bismuth.............	0,000013917	Smeaton.	Marbre blanc........	0,000010720	Dunn et Sang.
Bois de sapin........	0,000003520	Struve.	Marbre noir.........	0,000004260	Dunn et Sang.
Bois de sapin........	0,000004959	Kater.	Or	0,000014010	Ellicot.
Briques ordinaires....	0,000005502	Adie.	Pierre à bât. de Vernon	0,000004303	Destigny.
Briques dures	0,000004928	Adie.	— de Saint-Leu...	0,000006489	Destigny.
Bronze..............	0,000018492	Daniell.	— de Caithness...	0,000008947	Adie.
Bronze { cuivre jaune 16 étain 1	0,000019083	Smeaton.	— de Arbroath...	0,000008985	Adie.
			Pierre calcaire blanche	0,000002501	Vicat.
{ cuivre jaune 8 étain 1	0,000018167	Smeaton.	Platine.............	0,000008842	Dulong et Petit.
			Platine entre 0° et 300°.	0,000009183	Dulong et Petit.
Cadmium............	0,000031300	H. Kopp.	Tubes de baromètre..	0,000008333	Smeaton.
Ciment romain.......	0,000014349	Adie.	Verge pleine (moy.nne).	0,000008083	Roy.
Cuivre jaune........	0,000018839	Ellicot.	Règle	0,000008613	Dulong et Petit.
— fondu	0,000018750	Smeaton.	Verre entre 0° et 200°.	0,000009225	Dulong et Petit.
— anglais en barre	0,000018930	Roy.	— entre 0° et 300°.	0,000010108	Dulong et Petit.
— de Hambourg..	0,000018550	Roy.	Glaces de Saint-Gobain	0,000008909	Lavoisier et Laplace.
— du Tyrol en pl.	0,000019030	Horner.	Flint anglais.........	0,000008167	Lavoisier et Laplace.
— en fil..........	0,000018850	Herbert.	Flint français........	0,000008720	Lavoisier et Laplace.
— laiton	0,000018782	Lavoisier et Laplace.	Zinc fondu...........	0,000029417	Smeaton.

USAGE DES COEFFICIENTS DE DILATATION DES CORPS SOLIDES. — Nous avons cité plusieurs cas dans lesquels la connaissance des coefficients de dilatation des corps solides est utile ; il en est un grand nombre d'autres. Les thermomètres métalliques sont construits en s'appuyant sur la loi de dilatation des corps par la chaleur, et celui de M. Bréguet, entre autres (page 423), est basé sur la connaissance des différents coefficients de dilatation des métaux employés.

Nous avons également dit (page 134) qu'il fallait considérer, parmi les causes de variation des horloges, la température, qui, en vertu des lois de dilatation des corps par la chaleur, tend à allonger ou à raccourcir le pendule. On obvie à cette cause de variation au moyen des *pendules compensateurs*.

PENDULES COMPENSATEURS. — Le plus employé des pendules compensateurs est le *pendule à gril*, inventé par le célèbre horloger anglais Harrisson (1693-1776). Il est composé (*fig.* 229) de tiges d'acier et de laiton soutenant une lentille très pesante. Au point de suspension est la tige d'acier supportant un cadre aussi en acier, qui supporte à son tour un cadran de laiton ; ce dernier en supporte encore un en acier, qui de nouveau en supporte un en laiton. A la barre supérieure de ce dernier est fixée la tige de fer à laquelle est attachée la lentille. La dilatation des tiges verticales d'acier est compensée par celle des tiges de laiton. La différence des longueurs à donner à ces tiges dépend de la différence des coefficients de dilatation de l'acier et du laiton.

M. Martin, horloger à Paris, est l'inventeur d'un autre *pendule compensateur* qui porte son nom. Sur la tige du pendule (*fig.* 230) il place

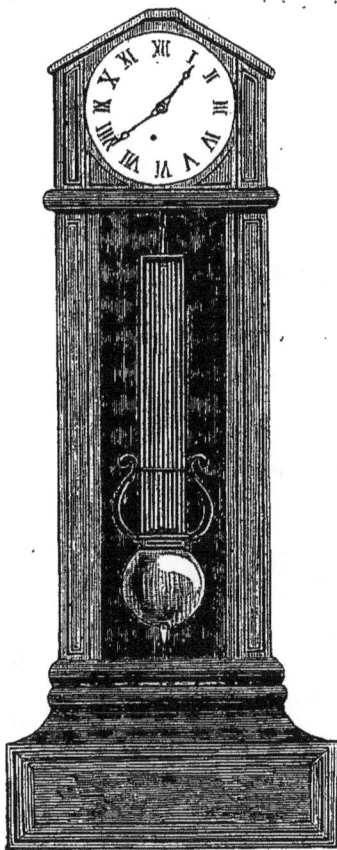

Fig. 229. — COMPENSATEUR A GRIL.

perpendiculairement une tige formée de deux lames superposées de métaux ayant des coefficients de dilatation différents. Une boule pesante est à chacune des extrémités de cette tige. Si la température s'abaisse, comme le métal le plus dilatable est sur l'autre, la lame inférieure se contracte plus que la lame supérieure, la tige se recourbe en bas, les boules s'abaissent et ainsi abaissent le centre de gravité du système, et, en conséquence, le pendule s'allonge. Quand la température s'élève, le contraire a lieu.

Le *pendule compensateur Leroy* (*fig.* 231) est un tube de laiton AB dans lequel passe une tige d'acier CDEH divisée en deux parties rejointes par une tige d'acier DE, flexible à la hauteur d'une fente taillée en biseau, placée dans une traverse KL fixe, et sur laquelle repose le tube de laiton. Le véritable point de suspension du pendule est évidemment à cette fente, et sa distance au centre d'oscillation donne la longueur du pendule (page 116). En se dilatant sous l'influence d'une élévation de température, le tube de laiton et, par suite, le point de suspension de la tige d'acier du pendule remonte et compense ainsi l'allongement de la tige.

Dans le *compensateur Brocot* (*fig.* 232), la tige de fer *t*, qui supporte la lentille, est fixée à une traverse AB à laquelle sont adaptées deux tiges de laiton *vv* qui peuvent se dilater librement par leur extrémité inférieure. Ces extrémités inférieures reposent sur des leviers *l*, *l* agissant eux-mêmes sur la lentille. Quand la tige de suspension s'abaisse en se dilatant, les tiges, appuyant sur les leviers, relèvent la lentille, et la compensation s'effectue.

Le *compensateur Graham*, un des plus ingénieux (*fig.* 233), est formé d'une tige d'acier qui soutient à son extrémité inférieure une plaque de fer sur laquelle

Fig. 230. — COMPENSATEUR MARTIN.

sont fixés deux cylindres de cristal en partie remplis de mercure. Lorsque la température allonge la tige et abaisse le centre de suspension, elle dilate en même temps le mercure, qui s'élève dans le cylindre et relève aussitôt le centre de suspension; il y a donc compensation; la quantité de mercure à placer dans les cylindres et le diamètre de ces cylindres ayant d'abord été calculés en conséquence.

Sur le principe des *lames de compensation* employées dans le compensateur Martin, comme dans le thermomètre Bréguet, est fondée la compensation des montres et des chronomètres, et cela a permis de donner à ces instruments, employés dans la marine et pour les observations scientifiques, la précision qui les caractérise.

Le régulateur de ces instruments est un balancier consistant en une

Une infinité d'êtres n'ont à redouter, dans le lac de Genève, ni les grandes chaleurs ni les froids excessifs (page 450).

roue évidée (*fig.* 234), roue mise en mouvement par un *ressort spiral*, et formée de lames de métaux inégalement dilatables, le plus dilatable étant placé sur les autres, en dehors. Ces lames sont terminées par de petites masses. Quand la température s'élève, chaque point du balancier, se dilatant, tendrait à s'éloigner du centre, et l'instrument retarderait, puisque la durée des oscillations dépend du rayon du balancier ; mais les masses

Fig. 231. — COMPENSATEUR LEROY. Fig. 232. — COMPENSATEUR BROCOT.

se rapprochent alors, et il y a compensation. De même, les masses s'éloignent et compensent lorsque, la température s'abaissant, le balancier tendrait à se rapprocher du centre en se contractant.

APPLICATIONS DIVERSES DE LA DILATATION DES CORPS SOLIDES. — Nous avons parlé de quelques-uns des cas où la dilatation des corps solides intéresse l'industrie. Citons une occasion fameuse dans laquelle a été utilisée cette force de dilatation. Nous voyons, d'après le tableau des coefficients de dilatation ci-dessus, et d'après les formules données relatives à la force de traction (page 51) qu'il faudrait une traction de 250,000 kilogrammes environ pour accroître de $\frac{1}{1200}$ de millimètre l'arête d'un cube de fer de 1 décimètre de côté, et que la seule élévation de 0° à 100° produit le même résultat. M. Humbert de Molard s'est servi de cette force pour redresser les murs d'une galerie du Conservatoire des Arts-et-Métiers. Ces murs soutenaient une voûte et, sous la poussée de cette voûte, s'étaient écartés et menaçaient de s'écrouler. L'architecte établit des barres de fer horizontales qui traversaient les murs opposés, et qui, terminées extérieurement par de grands X en fer, soutenaient les parois. Ces grands X étaient maintenus par des écrous. On chauffa fortement les barres de fer, de deux en deux, elles se dilatèrent ; on put davantage enfoncer les écrous correspondants, et quand arriva le refroidissement, ces barres de fer, se contractant, relevaient les murailles. On chauffa les autres barres, on resserra leurs écrous ; elles se contractèrent et produisirent le même résultat. Après avoir ainsi opéré pendant un certain temps, on a obtenu un redressement complet.

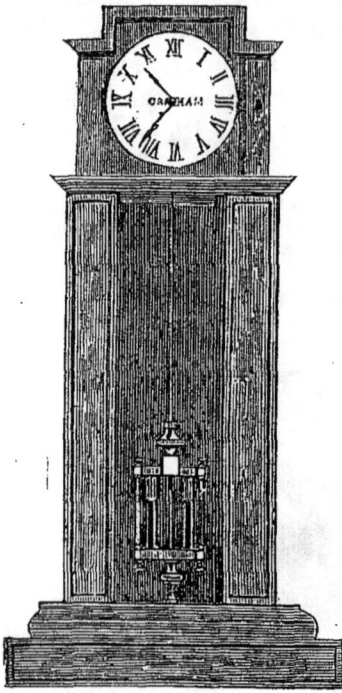

Fig. 233. — COMPENSATEUR GRAHAM.

Pour assembler les plaques de tôle qui forment les chaudières à vapeur, on rive les clous à chaud ; le clou étant porté au rouge, on l'enfonce et l'on rive immédiatement. Le clou, en se refroidissant, se contracte, diminue de longueur et, conséquemment, serre fortement les plaques assemblées.

EXCEPTIONS A LA LOI GÉNÉRALE DE DILATATION DES SOLIDES PAR LA CHALEUR.— Nous verrons tout à l'heure que,

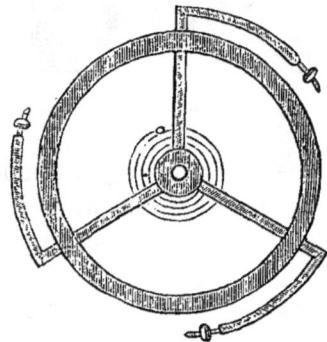

Fig. 234.
COMPENSATEUR DES CHRONOMÈTRES.

parmi les liquides, l'eau fait exception à la règle générale de dilatation. Parmi les corps solides, quelques-uns, entre autres le bois, certaines terres argileuses, se contractent par la chaleur. Cela tient à ce que ces solides, ayant des pores assez grands pour contenir beaucoup d'eau, cette eau s'évapore quand elle est chauffée et permet aux particules de ces corps de se rapprocher. Le caoutchouc vulcanisé (c'est-à-dire auquel on a incorporé du soufre, soit directement, soit au moyen du sulfure de carbone ou du chlorure de soufre) se contracte réellement par l'action de la chaleur lorsqu'il est fortement tendu et qu'il possède toute son élasticité. Le caoutchouc ordinaire non tendu est soumis aux lois ordinaires de la dilatation. Il est probable qu'une certaine disposition des molécules

Fig. 235. — Expérience de Trevelyan.

du caoutchouc vulcanisé permet à la chaleur de les rapprocher les unes des autres en surmontant les forces intérieures qui les unissent.

PHÉNOMÈNES RÉSULTANT DE LA DILATATION DES SOLIDES. — Parmi les effets de la dilatation des solides, rapporte M. Cazin, que nous avons déjà cité un peu plus haut, il en est un très curieux que tout le monde peut observer. Il .a été découvert en 1805, dans une fonderie de Saxe, par M. Schwartz. Un lingot d'argent très chaud ayant été posé sur une enclume froide, il se mit à trem-

Fig. 236. — Expérience de M. Gorre.

bler en produisant un son musical. Ce phénomène fut observé depuis par M. Trevelyan, en Angleterre, un jour qu'il avait appuyé sur une masse de plomb froide un fer à souder très chaud. Voici une forme que M. Tyndall a donnée à cette expérience.

On fixe parallèlement, dans un étau deux lames de plomb (*fig.* 235) en les séparant par un morceau de bois d'un centimètre de largeur;

puis on chauffe une pelle à feu et on la pose en équilibre sur le bord d'une des lames. Elle oscille alors d'une lame à l'autre, et l'on entend un son qui peut être très pur, si l'on soutient légèrement avec le doigt le manche de la pelle.

Expliquons ce phénomène.

Le plomb est échauffé en un de ses points par le contact de la pelle; il se dilate en ce point, et un petit mamelon se forme brusquement en faisant basculer la pelle; elle retombe sur la seconde lame, où le même effet est produit; la pelle revient donc sur la première et oscille tant qu'elle est assez chaude pour former un mamelon suffisant sur le plomb qu'elle touche. Cette oscillation est un mouvement vibratoire qui se propage dans l'air jusqu'à notre oreille et y détermine la sensation d'un son s'il est assez rapide; le son est d'autant plus aigu que les oscillations se succèdent plus vite.

M. Gorre a disposé une autre expérience qui s'explique de la même manière.

Deux rails de cuivre (*fig.* 236) sont placés à une distance de 2 centimètres l'un de l'autre sur une planche de bois, et une boule creuse de cuivre peut rouler très aisément sur ces rails. On attache à l'extrémité de chacun d'eux un fil de cuivre, et on fait aboutir les deux fils au pôle d'une pile voltaïque. Le courant électrique passe par les rails et la boule de cuivre, et il échauffe fortement le rail au point qui touche la boule, parce qu'en ce point la résistance au courant est très grande. Un mamelon se forme donc et la boule est soulevée; elle cesse d'être en équilibre; elle vibre d'abord un peu; puis, un nouveau mamelon se formant à chaque nouveau point de contact, elle se met à rouler.

DILATATION APPARENTE ET DILATATION ABSOLUE DES LIQUIDES. — Les liquides, comme les solides, se dilatent par la chaleur (page 408); mais, comme les vases dans lesquels ils sont contenus sont également sujets à la loi de la dilatation, leur propre dilatation ne peut être constatée d'abord avec exactitude. Nous avons remarqué que les indications du thermomètre à mercure sont fondées, non pas absolument sur la dilatation du mercure, mais sur sa dilatation apparente, c'est-à-dire sur la différence entre sa propre dilatation et celle du verre, et qu'il y avait à tenir compte de cette cause possible d'erreur (page 421). Le *coefficient de la dilatation apparente* d'un liquide varie évidemment avec la nature du vase; on l'obtient en mesurant le volume d'une masse quelconque de liquide à 0°, puis en mesurant le volume apparent de la même masse portée à une température plus élevée, et, à l'aide du même raisonnement que nous avons employé pour déterminer les coefficients de dilatation des corps solides (page 434), on obtient son coefficient de dilatation apparente. Il est évident que, pour les liquides, on n'a à s'occuper que de la dilatation cubique.

Le *coefficient de la dilatation absolue* d'un liquide, le seul qu'il importe vraiment de connaître, *est sensiblement égal à la somme du coefficient de dilatation apparente de ce liquide et du coefficient de dilatation cubique de l'enveloppe.*

Cela résulte des admirables travaux accomplis par MM. Dulong (1) et Petit (2), et des considérations théoriques qu'ils ont présentées dans leurs recherches sur la dilatation absolue des liquides.

L'appareil (*fig.* 237) dont ils se servirent se compose de deux tubes pleins de mercure communiquant entre eux par un tube très étroit. Le tube B étant entouré de glace, le mercure est à 0° et s'élève à une hauteur h, bien inférieure à la hauteur h' à laquelle est monté le mercure du tube A porté à une température quelconque. Ces hauteurs sont en raison inverse du rapport des densités, d'après le second principe des *vases communiquants* (page 191).

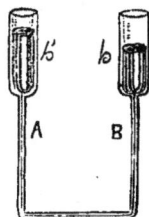

Fig. 237.

DILATATION ABSOLUE DES LIQUIDES.

Désignant alors par h et d la hauteur et la densité du mercure à 0° dans la branche B, et par h' et d' la hauteur et la densité du mercure dans la branche A à $t°$, nous aurons : $\dfrac{h}{h'} = \dfrac{d'}{d}$. Appelons encore v le volume du mercure dans A à 0°, et v' le volume de ce mercure porté à $t°$, ces volumes seront aussi en raison inverse des quantités, puisque le poids du mercure reste le même, nous aurons donc :

$$\frac{v}{v'} = \frac{d'}{d} = \frac{h}{h'};$$

d'où

$$\frac{v' - v}{v} = \frac{h' - h}{h}.$$

Divisant par t les deux membres de cette égalité, on a :

$$\frac{v' - v}{vt} = \frac{h' - h}{ht},$$

(1) DULONG (Pierre-Louis), né à Rouen (1785-1838), quitta la médecine pour s'occuper exclusivement de physique et de chimie. Successivement, il fut professeur à l'École vétérinaire d'Alfort, à l'École normale, à l'École polytechnique, dont il devint directeur des études, secrétaire perpétuel de l'Académie des sciences, professeur à la Faculté des sciences. Ses recherches en chimie sont précieuses. En 1812, il découvrit le *chlorure d'azote*, et, en faisant des expériences sur ce gaz dangereux, il perdit, par suite d'une explosion, un œil et un doigt.

(2) PETIT (Alexis-Thérèse), né à Vesoul (1791-1821), savant physicien, beau-frère d'Arago.

égalité dont le premier membre représente le coefficient K de la dilatation absolue du mercure.

Donc
$$K = \frac{h' - h}{ht}.$$

MM. Dulong et Petit avaient cherché seulement le coefficient de dilatation absolue du mercure; ils s'étaient servis pour cela de l'appareil ci-dessus, disposé d'une autre sorte, qu'il nous semble peu utile de décrire ici. Ils ont trouvé que le coefficient de dilatation absolue du mercure, entre 0° et 100°, est égal à 0,00018018. Au-dessus, la dilatation marche plus vite; de sorte que le coefficient moyen entre 100° et 300° est de 0,00018766. De —39° à +100°, la dilatation absolue est très régulière; au delà, elle cesse de l'être.

Voici le tableau des coefficients de dilatation des principaux liquides :

NOMS DES CORPS.	COEFFICIENTS.	NOMS DES CORPS.	COEFFICIENTS.
Alcool de vin...............	0,0010486	Éther sulfureux............	0,0009905
Alcool de pommes de terre..	0,0008900	Éther sulfhydrique....:.....	0,0011964
Brome	0,0010382	Esprit de bois..........:.....	0,0011856
Chloroforme....:.........	0,0011071	Liqueur des Hollandais......	0,0011189
Éther	0,0015132	Mercure	0,0001803
Éther acétique.............	0,0012585	Sulfure de carbone.........	0,0011395
Éther chlorhydrique........	0,0015575	Térébène.................	0,0008966

MAXIMUM DE DENSITÉ DE L'EAU. — L'eau présente une exception remarquable et unique à la loi de dilatation des corps liquides. Jusqu'à 4° au-dessus de 0°, son volume diminue selon la loi, à mesure qu'elle se refroidit; mais, à partir de cette température, si l'on continue à la refroidir, elle se dilate au lieu de se contracter et augmente de volume jusqu'au point de congélation. La densité de tous les corps augmente à mesure qu'ils se contractent; pour l'eau, son maximum de densité est à 4° au-dessus de zéro.

« Nous prenons ici la nature, selon l'expression de Tyndall, sur le fait d'un arrêt dans sa marche ordinaire, d'un renversement dans ses habitudes. » Cette anomalie est le principe d'une grande loi terrestre.

Le célèbre physicien B. de Saussure a reconnu, par ses expériences sur le lac de Genève, que la température du fond des lacs est toujours de 4° en toute saison : nous en connaissons maintenant la raison. Pendant les nuits d'automne, la surface de l'eau se refroidit; lorsque la première couche est à 4°, elle est le plus dense possible et tombe, tandis que la seconde couche vient prendre sa place. Celle-ci atteint à son tour 4° et tombe aussi, pour être remplacée par la troisième, et ainsi de suite. Il y a donc un courant descendant de particules d'eau à 4°, et un courant ascen-

Redressement d'une salle du Conservatoire des Arts-et-Métiers (page 444),

dant de particules plus chaudes ; de sorte que la température décroît progressivement de la surface au fond, où elle est de 4° exactement. Lorsque, pendant le jour, le soleil envoie ses rayons sur le lac, les couches superficielles s'échauffant deviennent moins denses et restent à leur place ;

de plus, elles absorbent la chaleur solaire et l'empêchent d'atteindre les couches situées au fond. A mesure que la saison s'avance, le refroidissement nocturne devient prédominant, et il y a un moment où la température est à 4° dans toute l'épaisseur du lac. Arrive l'hiver : les couches de la surface se refroidissent au-dessous de 4° ; elles deviennent moins denses et conservent encore leur position. La température croît de la surface, où elle peut être zéro, jusqu'au fond, où elle reste toujours 4°.

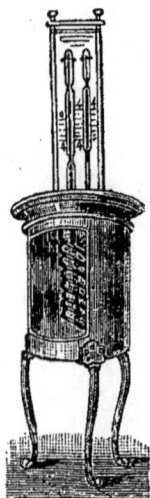

Quand la surface est à 0° degré, l'eau qui s'y trouve s'y congèle lentement ; de petites aiguilles de glace se forment et flottent, parce qu'elles sont moins denses que l'eau : ballottées par le vent, elles grossissent en congelant l'eau qui les touche ; elles deviennent des glaçons qui se soudent les uns aux autres, et bientôt une nappe de glace couvre le lac. Cette nappe préserve du refroidissement les couches inférieures, et la température de celles-ci se maintient pendant tout l'hiver. Quand les chaleurs reviennent, la glace fond ; tant que l'eau produite est à 0°, elle reste à la surface ; ce n'est qu'après un échauffement prolongé qu'elle atteint 4°, de sorte qu'au printemps il y a un moment où cette température règne de nouveau dans toute l'étendue du lac. En été, les couches superficielles sont les plus chaudes, et si le lac est assez profond, elles empêchent la chaleur solaire de pénétrer jusqu'au fond. Quant à l'échauffement par conductibilité, il est excessivement faible, parce que l'eau conduit mal la chaleur. En résumé, grâce au maximum de densité, la chaleur est comme emmagasinée au fond des lacs et des mers. Elle y entretient la vie d'une infinité d'êtres, animaux et végétaux, qui n'ont à redouter ni les grandes chaleurs ni les froids excessifs.

Fig. 238.

Densité de l'eau.

On reproduit sur une petite échelle, dans les cabinets de physique, l'image de ce phénomène.

Dans une boîte cylindrique en métal, remplie de glace (*fig.* 238), on place deux thermomètres, l'un à alcool, l'autre à eau, dont les tubes sortent par le haut de l'appareil. Le réservoir du thermomètre à eau, en raison de la moindre dilatibilité du liquide, est contourné en spirale entourant l'autre thermomètre. Tous les deux marquent 0°. Qu'alors on enlève la glace de la boîte de métal, que l'on échauffe l'appareil, on verra l'alcool monter, l'eau descendre, chacun dans leur tube respectif, jusqu'à ce que la température soit à 4° ; alors les deux liquides sont sur une même ligne horizontale.

Hobbes a imaginé une expérience plus rigoureuse encore (*fig.* 239) :
Dans une éprouvette en verre et pleine d'eau sont fixés deux thermomètres, l'un en haut, l'autre en bas. Un mélange réfrigérant entoure
l'éprouvette. On voit bientôt le thermomètre du fond descendre jusqu'à 4°, tandis que celui qui est au-dessus descend à peine ; mais
le premier reste stationnaire à 4°, tandis que, peu à peu, le second
descend à 0° et bientôt au-dessous jusqu'à la congélation de l'eau qui
l'entoure.

Rappelons que c'est parce que l'eau présente son maximum de densité à 4° que, dans le système métrique, on a
adopté, pour unité de poids, le poids d'un centimètre cube d'eau distillée, prise à la température de 4°.

**CONVECTION DE LA CHALEUR DANS LES
LIQUIDES.** — Lorsque les diverses parties d'un
liquide sont ainsi portées à des densités différentes par suite de la différence de leur température, il s'établit donc, entre ces diverses
parties, une sorte de courant dont le résultat
est de répartir peu à peu la température sur

Fig. 239.
Expérience de Hobbes.

tous les points de la masse. On a donné à ce phénomène le nom de
convection (du latin *cum*, avec ; *vehere*, transporter).

C'est à la convection que sont dus les courants marins dont nous
avons parlé (page 190) ; dans l'atmosphère, elle est la cause principale
des vents réguliers ; dans l'industrie, les *calorifères à eau* et les *thermo-
siphons* en sont une application. Nous décrirons ci-après ces appareils, en
même temps que ceux qui appliquent les propriétés des gaz et des
vapeurs (page 464).

APPLICATION DES COEFFICIENTS DE DILATATION DES LIQUIDES. — Le
principal usage que l'on fait des coefficients de dilatation des liquides a
pour but la correction barométrique (page 277). Il est évident que les
observations barométriques, pour être comparables entre elles, doivent
toujours être ramenées à une température constante ; on prend habituellement pour point de rapport la glace fondante. Cette correction barométrique s'obtient par la formule $h = \dfrac{h'}{1 + kt}$, si nous appelons h la hauteur de la colonne barométrique à 0°, h' sa hauteur à $t°$, et k le coefficient
de la dilatation absolue du mercure.

DILATATION DES GAZ. — Les phénomènes de dilatation des gaz sont compliqués de changements dans leur force élastique. Ils peuvent en effet : 1° rester sous une pression constante pendant que leur température varie; 2° conserver un volume constant, et alors leur force élastique varie (page 283); 3° changer à la fois de volume et de force élastique.

Ce furent Priestley, Roy, B. de Saussure, A. Prieur, qui les premiers firent des expériences sur la dilatation de l'air atmosphérique, du gaz acide muriatique, de l'azote, de l'hydrogène, de l'oxygène, etc. De ces expériences, A. Prieur avait conclu que les gaz augmentent de volume en suivant une loi particulière pour chaque espèce de gaz. Attaqués par

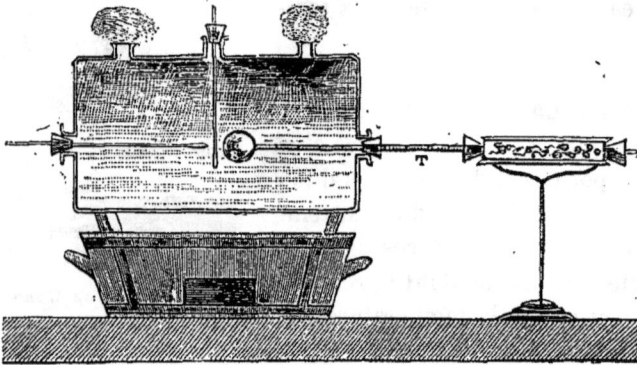

Fig. 240. — APPAREIL DE GAY-LUSSAC.

Laplace, les résultats des physiciens nommés ci-dessus furent examinés en 1807 par Gay-Lussac, sous la direction de Berthollet et de Laplace.

Gay-Lussac renfermait le gaz sur lequel il opérait (*fig.* 240) dans un ballon de verre B, après l'avoir fait passer, pour le dessécher, dans un tube T, rempli de chlorure de calcium fondu. Le long tube soudé au ballon était gradué et renfermait une petite gouttelette de mercure qui limitāit le gaz sans l'empêcher de se dilater et qui servait d'index. Le ballon était placé dans une étuve, amené d'abord à 0°, puis porté à 100°; on voyait alors le long du tube l'index avancer, et l'on notait ainsi l'accroissement du volume du gaz à tel degré de température.

Presque au même moment, Davy et Dalton, en Angleterre, un peu plus tard, Dulong et Petit, trouvèrent à peu près les mêmes résultats que Gay-Lussac, et les trois lois qu'établit ce dernier étaient regardées comme irrévocablement établies :

1° *La dilatation de tous les gaz est pour chaque degré de la 267° partie ou des 0,00375 du volume à 0°; 2° tous les gaz se dilatent uniformément comme l'air, et, pour tous, le coefficient de dilatation reste le même; 3° la dilatation des gaz est indépendante de la pression.*

Rudberg à Upsal, Magnus à Berlin, M. Regnault à Paris, ont prouvé depuis, après les expériences les plus soignées et en modifiant les appareils, que les lois de Gay-Lussac n'étaient pas rigoureusement exactes. M. Regnault, après les études les plus compliquées (page 281), démontra: 1° que le coefficient de dilatation de 0,003663 doit être substitué au nombre 0,00375; 2° qu'il faut distinguer deux coefficients de dilatation, l'un à volume constant, l'autre à pression constante; 3° que, pour les gaz très compressibles, le premier est plus petit que le second, et que l'inverse se présente pour l'hydrogène, ce qui détruit l'exactitude rigoureuse de la loi de Mariotte (page 30); donc, que la dilatation des gaz est inégale; 4° que la dilatation des gaz croît sous la pression.

Voici le tableau des coefficients de quelques gaz sous un volume constant et sous la pression constante d'une atmosphère.

Hydrogène.	0,3667	0,3661
Air.	0,3665	0,3670
Oxyde de carbone.	0,3667	0,3669
Acide carbonique	0,3688	0,3710
Protoxyde d'azote.	0,3676	0,3719
Acide sulfureux.	0,3845	0,3903
Cyanogène.	0,3829	0,3877

DENSITÉ DES GAZ. — Nous avons déjà parlé (pages 220 et 278), de la densité des gaz; nous avons dit que cette densité était *le rapport du poids d'un certain volume de gaz, à la température de 0° et à la pression de 760 millimètres, au poids du même volume d'air pris également à 0° et à la même pression.* Nous ajoutions que les difficultés des opérations nécessaires pour déterminer ce rapport étaient fort grandes. M. Regnault (1) en a heureusement triomphé. Il y avait différentes causes d'erreurs. D'abord les températures des gaz contenus dans le ballon étaient très difficiles à déterminer: il y remédia en maintenant les ballons pendant un temps assez long dans la glace fondante, afin qu'ils fussent bien à la température de 0°. De plus, le ballon est pesé dans l'air; il faut donc ajouter à son poids apparent celui de l'air déplacé pour avoir son véritable poids, et cette opération est presque impossible à exécuter avec une grande précision, et d'ailleurs, par suite des modifications atmosphériques, il peut

(1) REGNAULT (Henri-Victor), né à Aix-la-Chapelle en 1810, célèbre physicien et chimiste français, a porté l'art des expériences à un degré d'exactitude inconnu avant lui; il est mort à Paris en 1878.

changer pendant la pesée même. M. Regnault évita ces causes d'erreur en imaginant de faire équilibre au ballon qui sert à peser les gaz avec un autre ballon de même volume et hermétiquement fermë, de sorte que les deux ballons, soumis aux mêmes influences, les détruisent.

Des expériences de ce savant, il résulte que : *A la latitude moyenne de 45° et au niveau de la mer, le poids du litre d'air sec à la température de 0° et sous la pression de 760 millimètres est égal à 1ᵍʳ,2927.* Dans les mêmes conditions, le poids d'un litre d'oxygène est donc, en prenant la densité que nous avons donnée (page 279) :

$$1,2927 \times 1,1056 = 1^{gr},429.$$

APPLICATIONS DE LA DILATATION DES GAZ. — CHAUFFAGE ET VENTILATION. — La dilatation des gaz présente de nombreuses et importantes applications. Nous verrons ci-après, dans le chapitre consacré à la *Météorologie,* que les dilatations et les contractions qui se produisent dans l'atmosphère sont la cause de certains phénomènes. Nous ne parlerons ici que des applications de la dilatation des gaz au chauffage et à la ventilation.

CHEMINÉES. — De tous les moyens de chauffage, le plus répandu, le plus agréable du moins, est la cheminée.

> Le foyer des plaisirs est la source féconde...
> En cercle, un même attrait rassemble autour de l'âtre
> La vieillesse conteuse et l'enfance folâtre ;
> Là courent à la ronde, et les propos joyeux,
> Et la vieille romance, et les aimables jeux ;
> Là, se dédommageant de ses longues absences,
> Chacun vient retrouver ses vieilles connaissances.
> Là s'épanche le cœur ; le plus pénible aveu,
> Longtemps captif ailleurs, échappe au coin du feu.

La poésie est une charmante Muse qui embellit tout ce qu'elle touche ; sous sa main, chaque objet se pare des plus vives couleurs. Elle a un art merveilleux pour rassembler les ornements et cacher les défauts ; mais elle a le malheur d'être rarement d'accord avec la physique. Ici, par exemple, cette antique cheminée dont Delille nous retrace, dans ce langage enchanteur de la poésie, les agréments et les plaisirs, est pour le physicien le plus pauvre moyen de chauffage. On peut calculer qu'avec les cheminées du *bon vieux temps,* celles qui pouvaient abriter toute une famille sous leur respectable manteau et recevoir quatre ramoneurs de front dans leur tuyau plus respectable encore, on ne retirait que 1 et demi à 2 pour 100 du calorique développé par la combustion du bois. Quand l'appartement était bien clos, la cheminée fumait; quand les fenêtres ou les portes avaient quelques fissures, des *vents coulis* glaçaient les habitants de la chambre, et l'on était forcé d'avoir recours à ces incommodes, disgracieux et encombrants *paravents* qui disparaissent aujourd'hui. Pour éviter les rhumes et les rhumatismes, le roi-soleil, Louis XIV lui-même, se tenait, dans ses appartemements, calfeutré et transi dans une sorte de boîte semblable à une chaise à porteurs.

De nos jours, il est vrai, le chauffage au moyen de cheminées a été quelque peu amélioré; nous jouissons du huitième ou du dixième de la chaleur produite dans le foyer. On consomme annuellement, en France, pour 150 millions environ de combustible, et l'on n'en utilise guère que pour 15 millions; le reste s'envole sur les toits (1). Malgré tous les perfectionnements apportés à la construction des cheminées, elles sont encore le mode de chauffage le plus imparfait et le plus dispendieux.

Lorsqu'on brûle du bois ou du charbon dans un foyer de cheminée, il en résulte aussitôt deux effets différents : émission de chaleur du foyer dans la pièce chauffée, et naissance d'un courant d'air, en vertu duquel l'air de la chambre monte dans la cheminée, tandis que l'air extérieur rentre dans la chambre par les joints des portes et des fenêtres.

Ce mouvement provient de ce que l'air de la cheminée étant plus chaud que celui de la chambre, et par conséquent plus léger, il y a une pression de ce dernier sur le premier, et, par suite, un mouvement de l'air froid vers l'air chaud, entraîné lui-même au dehors. On peut rendre sensible la présence de ces courants, dus aux différences de température, par l'expérience suivante : on ouvre une porte mettant en communication une pièce chauffée avec une pièce qui ne l'est pas, puis on tient vers le haut de la porte une bougie allumée; on voit alors la flamme se diriger de la pièce chaude vers la pièce froide; au contraire, si l'on pose la bougie sur le sol, la flamme se dirige de la pièce froide vers la pièce chaude. Ces deux effets sont dus à un courant d'air chaud qui s'échappe par le haut de la porte, tandis que l'air froid qui vient le remplacer entre par le bas.

Ce courant est çe qu'on appelle *le tirage*. Pour avoir un bon tirage, une cheminée doit remplir plusieurs conditions : la section du tuyau ne doit pas être trop grande, autrement il s'établit à la fois des courants ascendants et des courants descendants, et la cheminée fume; le tuyau

(1) Assegond. *Du chauffage par le gaz.*

de la cheminée doit être suffisamment élevé ; car, le tirage ayant pour cause l'excès de la pression extérieure sur la pression intérieure dans le tuyau, cet excès serait sans effet si la colonne d'air chauffé était trop courte ; enfin l'air extérieur doit pouvoir pénétrer dans l'appartement où est la cheminée assez rapidement pour répondre à l'appel du foyer. Dans un appartement hermétiquement fermé, le feu ne s'allumerait pas, ou il s'établirait des courants d'air descendants qui rabattraient la fumée dans l'appartement. L'air rentre également en quantité insuffisante par les joints des portes et des croisées.

Ce renouvellement continuel de l'air est indispensable. L'air est pour nous un aliment de tous les moments, et l'expérience a appris que 6 mètres cubes d'air par personne et par heure sont nécessaires à l'assainissement des lieux habités, pour obvier aux effets de la viciation de l'air. Or, cette *ventilation* ou renouvellement de l'air peut s'opérer de plusieurs manières. Il y a d'abord la ventilation naturelle, due aux variations diurnes de température ; les communications, qu'établissent avec l'air extérieur la cheminée et les portes et fenêtres, déterminent des courants qui marchent tantôt dans un sens, tantôt dans l'autre. Si l'air de la chambre est à une plus haute température que l'atmosphère, il s'écoulera par la cheminée ; et il s'écoulera, au contraire, par les joints des portes et fenêtres si sa température est inférieure à celle de l'atmosphère. Ce mode de ventilation étant souvent insuffisant, on a construit divers agents mécaniques, ou *ventilateurs*, qui, en peu de temps, peuvent provoquer le renouvellement de l'air d'une enceinte.

La chaleur est un troisième mode de ventilation, et, sous ce rapport, on voit que les cheminées concourent à la salubrité de nos habitations. Mais cet avantage est bien payé par l'énorme déperdition de chaleur qui résulte du départ de l'air à mesure qu'il est échauffé. Conservé dans l'appartement, cet air chaud en élèverait promptement la température ; mais il s'échappe au plus vite et se trouve tout aussitôt remplacé par l'air froid de l'extérieur, qui vient incessamment remplir ce tonneau des Danaïdes, incessamment vidé. Considérons six faces au foyer : face supérieure, inférieure, latérales, postérieure et antérieure. On peut admettre que ces six faces émettent chacune la même quantité de calorique rayonnant ; mais la face supérieure, en sus de ce calorique rayonnant, laisse perdre une énorme quantité de chaleur qu'emportent avec eux les gaz qui s'échappent du foyer. Il ne se répand guère dans l'appartement que le calorique fourni par la face antérieure, et cet air chaud n'y persiste pas longtemps. C'est ce qui faisait dire à M. Péclet, auteur d'un ouvrage estimé sur les *Applications de la chaleur* : « Les architectes comprennent si mal les principes de l'application du calorique que la place la plus chaude d'une maison se trouve sur les toits. »

Serait-il possible de recueillir, sinon tout, au moins partie du calo-

Le roi-soleil se tenait calfeutré et transi dans une sorte de boîte... (page 455).

rique qui s'échappe par la cheminée et qui échauffe ses parois à peu près en pure perte?

Il faudrait que, dans l'épaisseur des faces supérieure, postérieure, latérales et même inférieure, on ménageât un espace dont la paroi externe

serait formée par la maçonnerie même de la cheminée, et la paroi interne
ou la plus rapprochée du foyer, par des plaques de tôle un peu fortes. On
aurait ainsi, autour du foyer, un espace rempli d'air ; quatre ouvertures
ou bouches, deux supérieures et deux inférieures, pratiquées sur les côtés
de la cheminée, à travers la maçonnerie, feraient communiquer cet air
avec celui de l'appartement. Que se passe-
rait-il ? L'espèce de boîte ainsi formée s'échauffant, l'air qu'elle contient deviendrait plus
léger par sa dilatation et s'échapperait dans
l'appartement par les ouvertures supérieures,
tandis que l'air froid viendrait le remplacer
par les ouvertures inférieures ; l'air chaud,
incessamment serré par les ouvertures supérieures, rendrait à l'appartement le calorique
absorbé par les faces de la cheminée, calorique
qui, avec le mode actuel de construction, ne
sert qu'à échauffer en vain la maçonnerie.
L'orifice de sortie de la fumée serait ménagé
au niveau de l'angle dièdre formé par la rencontre des faces postérieure et supérieure.

Dès le XVIII° siècle, Gauger, Rumford, puis
successivement L'Homond, Bronzac, Dalesmes,
Douglas-Galton, Millet, Péclet, Joly, ont perfectionné la construction des cheminées et,
tout en leur faisant produire le plus de chaleur possible, les ont fait servir, bien mieux
que les anciennes, à une bonne et saine ventilation.

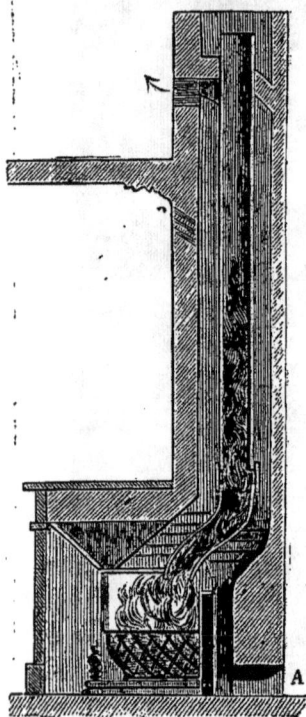

Fig. 241.

CHEMINÉE VENTILATRICE
DOUGLAS-GALTON.

Rumford diminua de beaucoup l'orifice
supérieur de la cheminée, ce qui accélère en
ce point la vitesse de sortie de la fumée, augmente le tirage et empêche
un contre-courant de s'établir et de faire fumer ; il avança le foyer,
afin de donner un plus vaste champ au rayonnement direct, limita l'intérieur des jambages par des surfaces disposées obliquement, en faïence
polie ou en cuivre, pour que tous les rayons fussent réfléchis dans la
pièce à chauffer.

L'Homond inventa les *tabliers mobiles*, composés de deux plaques de
tôle que l'on élève et que l'on abaisse à volonté, et qui remplacent le
soufflet, en donnant un tirage très vif.

Enfin, afin de permettre de fermer les fissures des portes et des fenêtres au moyen de bourrelets et de rideaux, tout en ayant une ventilation suffisante pour le tirage, on a imaginé les cheminées *à ventouses*, dans lesquelles l'air pris au dehors circule d'abord dans des conduits qui contournent le foyer, s'échauffe et débouche enfin dans la pièce même.

Il existe une foule de dispositions diverses dans la construction de ces cheminées. Nous en reproduisons deux des plus simples.

Dans la cheminée de Douglas-Galton (*fig.* 241), l'air du dehors arrive par une ouverture A dans un conduit qui enveloppe entièrement le tuyau où passe la fumée; il s'y échauffe, puis entre dans la chambre par une seconde ouverture B, placée au plafond, et vient remplacer l'air consommé dans la combustion ou entraîné par le tirage.

La cheminée, système Joly (*fig.* 242), est formée d'un appareil de fonte, et le conduit de la fumée se subdivise en plusieurs conduits par où passent les gaz

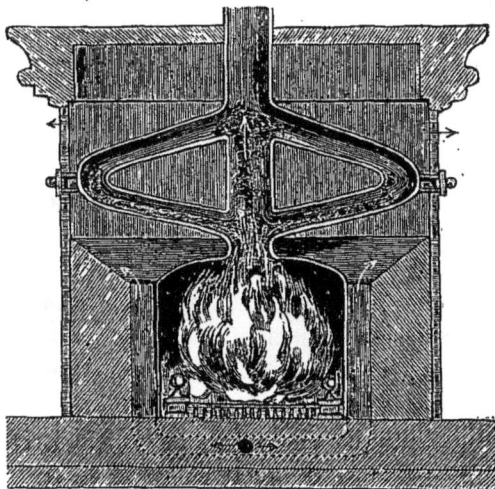

Fig. 242. — CHEMINÉE VENTILATRICE JOLY.

chauds de la combustion. Tout l'appareil échauffe ainsi la chambre dans laquelle arrive l'air du dehors, et celui-ci, en s'échappant par deux bouches de chaleur latérales, quand sa température est élevée par le contact des parois de l'appareil, contribue à la fois à chauffer l'appartement et à le ventiler.

CAUSES QUI FONT FUMER LES CHEMINÉES. — Franklin, dès 1742, avait inventé une espèce de poêle ouvert pour mieux chauffer les appartements ; c'était une sorte de *cheminée à la prussienne*, dans laquelle l'air froid s'échauffait en entrant. « Ces poêles, raconte-t-il dans ses mémoires, eurent bientôt une grande vogue. Pour l'augmenter encore, j'écrivis et je publiai une brochure ayant pour titre : *Description des foyers pensylvaniens nouvellement inventés, contenant une explication détaillée de leurs effets, où l'on démontre leur supériorité sur toute autre manière de chauffer les appartements, et où l'on répond à toutes les objections qui y ont été faites*. »

Cette brochure énumérait très exactement les causes qui font fumer les cheminées ordinaires. On peut reproduire ces observations, le mal n'ayant guère changé :

1° *Difficulté d'introduction de l'air dans l'appartement*. Si, à l'aide de bourrelets ou par tout autre moyen, on assure la clôture des portes et des fenêtres, la cheminée fume si elle n'a pas de ventouse convenable, parce que l'appel d'air que le tirage produit dans la chambre détermine un vide, et que la différence de pression fait alors rentrer dans la chambre, par la cheminée, de l'air chargé de fumée.

2° *Tuyaux trop larges*. Si les tuyaux sont trop larges, les cheminées fument, parce qu'il se produit deux courants d'air dans le tuyau, l'un ascendant, qui est déterminé par l'air ayant servi à la combustion, l'autre descendant, venant de l'extérieur remplacer l'air du courant ascendant ; or, ces deux courants se mêlent toujours dans les points où ils se rencontrent, et le courant descendant ramène ainsi de la fumée dans l'appartement. En rétrécissant l'ouverture du conduit au-dessus du foyer, on remédie à cet inconvénient ; la vitesse du courant ascendant, très augmentée par ce rétrécissement, s'oppose à l'introduction dans la cheminée d'un courant descendant. Il faut détruire et rétablir ce rétrécissement avant et après le ramonage.

3° *Foyers trop ouverts*. Beaucoup d'air peut pénétrer dans la cheminée, au-dessus du combustible, et, par suite, sans s'échauffer. Cet air refroidit la fumée, diminue dès lors sa vitesse et peut même la faire tomber dans l'appartement.

4° *Trop petite hauteur de la cheminée*. Cette hauteur influe beaucoup sur le tirage, qui augmente avec la hauteur.

5° *Action de plusieurs foyers les uns sur les autres*. Si deux pièces, communiquant entre elles, ont leurs cheminées allumées, l'air, sollicité à se porter en deux points opposés, se rendra de préférence vers la cheminée qui a le plus fort tirage, et produira dans la seconde un appel d'air de l'extérieur vers la chambre, qui se remplit de fumée.

6° *Communication des tuyaux entre eux*. Souvent le canal d'une cheminée vient déboucher dans le conduit d'une autre ; si, alors, l'une des deux cheminées est allumée depuis un certain temps quand on allume l'autre, il peut en résulter que la colonne d'air ascendant, qui passe devant l'orifice du tuyau de la cheminée que l'on allume, ferme en quelque sorte cet orifice et empêche le mouvement de l'air de s'y produire ; il peut encore se faire que le conduit d'une cheminée, débouchant dans l'air froid d'un autre canal, s'y refroidisse assez pour retomber dans la pièce sans feu.

7° *Action du soleil*. Quand le soleil frappe les toits auprès d'un tuyau de cheminée, ces toits s'échauffent, et il se forme au-dessus un courant d'air ascendant; il doit en résulter un contre-courant descendant dans les parties plus froides, et, par suite, à l'intérieur de la cheminée, qui ne reçoit l'action du soleil qu'extérieurement. On empêche ce courant de s'établir en plaçant, au-dessus de l'orifice du tuyau, une sorte de mitre en tuiles.

8° *Influence des vents*. Le vent peut diminuer le tirage d'une cheminée, d'autant plus que ce tirage est plus faible, que la vitesse du vent est plus considérable, que sa direction est plus inclinée sur l'horizon dans le sens du haut en bas; cette dernière influence est la plus grande, et ce défaut d'horizontalité du vent est souvent le résultat de la présence d'un relief du sol. Quand une ville est à peu de distance d'une colline, il y a toujours une direction du vent pendant laquelle les cheminées de la ville ont toutes plus de tendance à fumer. On remédie à l'influence du vent en accélérant la vitesse de la fumée à l'orifice supérieur de la cheminée. A cet effet, on diminue cet orifice, et, mieux encore, on le munit d'appareils en tôle qui empêchent le vent de pénétrer dans la cheminée et qui peuvent même le faire servir à activer le tirage.

POÊLES-CALORIFÈRES. — Bien mieux que la cheminée, le poêle remplit les conditions du problème du chauffage, qui consiste à répandre dans les appartements la plus grande quantité de calorique en brûlant le moins de combustible possible; car on atteint aisément 90 pour 100 de la chaleur développée par le combustible. Mais il a contre lui des inconvénients nombreux. Il occupe avec ses tuyaux une place disgracieuse dans un appartement; il ne permet pas la vue de la flamme, le tisonnement, distraction si réelle que Béranger a pu dire :

Combien le feu tient douce compagnie!

On chauffe incontestablement, et d'une façon rapide et assez égale, l'air d'une pièce; mais souvent un poêle devient par lui-même une cause d'altération de l'air. Ainsi le tirage est-il insuffisant, les gaz produits par la combustion se répandent dans la pièce et occasionnent de la somnolence, de la paresse d'esprit, des maux de tête et de l'inflammation du côté des voies respiratoires. De plus, le poêle ne *chauffe* pas seulement, il *dessèche* l'air.

Les poêles de fonte, qui se refroidissent rapidement, ont encore l'inconvénient de dégager des odeurs désagréables, les miasmes de la pièce venant se brûler sur leurs parois surchauffées ; en outre, il a été signalé, notamment par M. Sainte-Claire Deville et par M. le général Morin, les dangers extrêmes que présente l'usage de ces appareils de chauffage.

La fonte neuve contient généralement 3 pour 100 de carbone ; or, il arrive que, si l'on chauffe au rouge un poêle composé de cette matière, le carbone qu'elle renferme se combine avec l'oxygène de l'atmosphère ; le métal se transforme en fer ou en oxyde à sa surface, ainsi que cela a lieu dans les fours à *puddler*. Cette combustion du carbone étant très lente vu la densité de la fonte, il se forme de l'oxyde de carbone, et, si l'on n'y prend garde, on sent bientôt un assoupissement qui dégénère en *anesthésie*, et par suite en asphyxie, lorsque l'action est prolongée. Cette dernière période arrive principalement quand la pièce dans laquelle on se trouve ne reçoit pas de courant d'air.

On doit donc éviter de faire rougir ces sortes de poêles, surtout quand ils sont neufs et que la pièce chauffée est étroite et peu ventilée. On a aussi l'habitude de noircir ces poêles avec de la *mine de plomb* (graphite, plombagine) ; c'est encore un danger à signaler. La mine de plomb contient 0,95 de carbone sur 0,5 de fer. Ce carbone, en brûlant, dégage également de l'oxyde de carbone et tend à rendre l'atmosphère délétère.

Les poêles de faïence, il est vrai, n'ont pas ces inconvénients ; mais ils ne donnent qu'une issue toujours insuffisante à l'air vicié, et ne déterminent pas cet appel énergique de l'air pur, si nécessaire à la salubrité d'un local : en un mot, avec un poêle, on *chauffe* ce local, mais on ne le *ventile* pas. Or un bon appareil de chauffage doit remplir cette condition essentielle indiquée par le général Morin : « Il doit assurer par lui-même un renouvellement suffisant et régulier de l'air, ou être combiné avec des appareils qui produisent ce renouvellement (1) ».

Le poêle cependant sera longtemps encore l'appareil de chauffage obligé des ménages dont le budget n'est pas excessivement élevé, et des locaux que leur grandeur ne permet pas de chauffer avec une cheminée et dans lesquels il faut nécessairement une température suffisante et toujours égale, tels que des écoles, des ateliers, etc.

M. le général Morin indique, dans son livre, les améliorations dont la construction des poêles est susceptible. Des portes mobiles, un large tuyau de fumée, en feraient une sorte de cheminée capable de ventiler en échauffant. En outre, grâce à un revêtement intérieur, la fonte ne serait plus portée au rouge et n'émettrait plus d'oxyde de carbone.

---

(1) Général Morin. *Manuel pratique de chauffage et de ventilation.*

Le mot de poêlé (du latin *pensile*, chambre où l'on travaillait, *pensum*) désignait d'abord une chambre chauffée où travaillaient les femmes de service, puis toute chambre chauffée, et enfin l'appareil qui servait à la chauffer. Quoique connus des anciens, les poêles sont certainement originaires des froides contrées du Nord, dans lesquelles les *braseros* ou les cheminées auraient été insuffisants. De nos jours, en Allemagne, en Russie, en Suède et en Norvège, les poêles sont de véritables monuments, construits en briques, revêtus de faïence ou de porcelaine. La prise d'air s'y fait extérieurement par un conduit qui pénètre dans le poêle et s'échauffe, avec l'air qu'il renferme, au contact des gaz chauds du foyer, pour se répandre ensuite, par des bouches de chaleur, dans l'appartement.

En France, une foule de formes différentes ont été données à ces appareils de chauffage, et leur construction est une branche des plus importantes de la *fumisterie*, et l'une des industries qui ont fait aujourd'hui le plus de progrès. Nous citerons, entre mille, les poêles-calorifères Geneste, adoptés, après concours, pour le chauffage des écoles et des asiles de la ville de Paris (*fig.* 243). Ces appareils chauffent moins par rayonnement qu'en versant dans les classes de l'air pur pris à l'extérieur, et dont ils ont élevé la température. L'appareil de fonte où le coke est brûlé est placé

Fig. 243.
CALORIFÈRE GENESTE.

au centre et à la base du calorifère; il est enveloppé d'abord d'une large colonne d'air en mouvement, qui met à l'abri du rayonnement, puis d'un manchon de tôle à doubles parois, entre lesquelles est une épaisse couche de sable. Grâce à cette disposition, ni l'air de la salle ni les miasmes ne viennent plus se brûler sur la fonte, dans le cas où elle serait portée au rouge, ce qui ne peut se produire que par une mauvaise direction de l'appareil. En effet, le combustible ne descend qu'à mesure du besoin, et la combustion n'a lieu d'ailleurs que dans un espace très limité et au voisinage seulement de la grille placée au bas de l'appareil. En outre, avant d'être versé dans la salle par les bouches de chaleur, l'air chaud passe sur un réservoir d'eau, disposé à la partie supérieure du calorifère, où il vient perdre sa sécheresse.

Les poêles de nos salles à manger et de nos antichambres sont en faïence ou en terre cuite peinte (*fig.* 244). Les plus perfectionnés consistent

en une grille destinée à recevoir le combustible, dont la paroi du foyer est
formée de six colonnes de fonte creuse. Ces colonnes débouchent, à la partie inférieure, dans un espace vide communiquant avec la chambre par
deux ouvertures pratiquées à droite et à gauche de la porte du cendrier.
L'air de la salle pénètre par ces ouvertures, s'élève à l'intérieur des colonnes où il s'échauffe, puis se répand dans un espace situé au-dessus du
foyer, d'où il s'échappe par les bouches de chaleur.

Les *calorifères* (du latin *calor*, chaleur, *ferre* porter), quoiqu'on emploie ce mot pour désigner des appareils de chauffage portatifs, sont plus

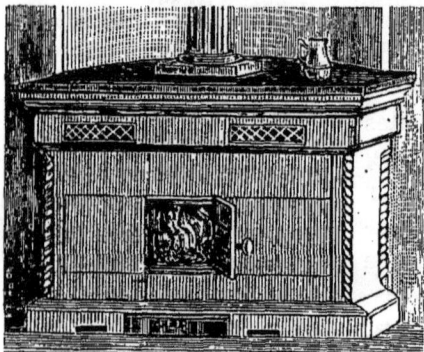

exactement des appareils destinés
à porter de la chaleur dans un certain nombre de salles distinctes de
celle où ils sont eux-mêmes installés. Les anciens connaissaient les
calorifères; le moyen âge en perdit
l'usage, et ce ne fut qu'à la fin du
XVIIᵉ siècle que Bonnemain les remit en faveur.

Il y a trois systèmes de calorifères : le *calorifère à air chaud*,
le *calorifère à circulation d'eau
chaude*, le *calorifère à vapeur d'eau*.

Fig. 244. — POÊLE DE SALLE A MANGER.

1° *Calorifères à air chaud*. — Les calorifères à air chaud sont précieux
pour le chauffage de vastes locaux dans lesquels une température égale
et bien réglée doit être maintenue, comme, par exemple, dans toutes les
classes d'une école. M. le docteur Riant, dans une étude sur l'*hygiène sco-
laire*, déplore très justement que, dans toutes les écoles un peu importantes,
on n'ait pas installé, dans les sous-sols, de petits calorifères à air chaud,
fondés sur le principe des grands appareils adoptés par M. Train, l'architecte du nouveau collège Chaptal, pour le chauffage de cet établissement.

Le calorifère, installé dans le sous-sol (*fig.* 245), élève la température
de l'air d'une vaste chambre où il est placé, et dont l'air est renouvelé
par une prise extérieure, mais qui n'est point en communication directe avec
le foyer lui-même; de manière que la fumée ou les autres gaz de la combustion n'y ont aucun accès. Le conduit qui reçoit la fumée et les gaz se
replie plusieurs fois sur lui-même, et se divise en un certain nombre de
conduits, tantôt horizontaux, tantôt verticaux, disposition qui a pour objet
d'augmenter la surface de chauffe et d'utiliser ainsi, autant que possible,
la chaleur développée par le combustible. Les conduits verticaux sont
beaucoup plus avantageux, parce que l'air chaud qui s'élève ne rencontre,

dans son mouvement, que les parois latérales des tuyaux horizontaux, tandis qu'il reste, pendant tout le temps de son ascension, en contact avec la surface entière des tuyaux verticaux.

Dans les pays du Nord, les poêles sont de véritables monuments (page 463).

Tout autour de la partie supérieure de la chambre s'ouvrent des tuyaux destinés à porter l'air chaud dans toutes les divisions du bâtiment. On évite par là ces courants violents et ces alternatives de courants très chauds et très froids, qui se produisent si fréquemment avec les anciens calorifères, dans lesquels la prise d'air chaud se fait directement. Les tuyaux viennent s'ouvrir dans les parties inférieures des salles ; à mesure que l'air se refroidit, il s'élève et se répand peu à peu dans la pièce ; l'air vicié s'échappe dans les classes par les marches des gradins, et dans les dortoirs par des orifices pratiqués dans le plancher. Peut-être sort-il un peu moins vite ainsi que par le plafond ; mais, quand l'orifice d'évacuation est au plafond, l'air vicié ne s'échappe pas seul ; il entraîne tout l'air chaud à mesure qu'il pénètre dans la pièce, de sorte que l'on *ventile* alors, mais que l'on ne chauffe pas.

Afin d'assurer en même temps la ventilation, chaque pièce est pourvue d'un tuyau d'évacuation verticalement placé ; tous

Fig. 245. — CALORIFÈRE A AIR CHAUD.

ces tuyaux viennent se rendre dans un collecteur horizontal, qui aboutit à une chambre à air vicié, au milieu de laquelle passe la cheminée du calorifère ; la chaleur transmise par cette cheminée entraîne l'air accumulé dans la chambre à air vicié, dans un tuyau d'évacuation qui se termine, sur le toit, par un orifice protégé contre l'action du vent.

2° *Calorifère à circulation d'eau chaude.* — Le calorifère à circulation d'eau chaude se place, comme le précédent, dans le sous-sol de la maison à chauffer. Il y en a de deux sortes : les appareils à *haute pression*, c'est-à-dire dans lesquels le liquide peut être porté à une température très élevée, plus de 300°, par exemple, et les appareils à *basse pression*, dans lesquels l'eau n'est jamais portée qu'à 100°, son point d'ébullition. Ces derniers se composent (*fig.* 246) d'une chaudière de fonte, placée sur un foyer dont la fumée et les gaz s'échappent par une cheminée latérale. Du sommet de cette chaudière s'élève verticalement un tube aboutissant directement à un réservoir placé au sommet de l'édifice. Tout l'appareil est plein d'eau. Le liquide chauffé se dilate, et les parties chaudes montent, par le tube, dans le réservoir le plus élevé, tandis que les parties plus froides descendent du réservoir supérieur au réservoir placé à l'étage au-dessous, puis au réservoir inférieur, jusqu'à celui placé dans le sous-sol. Au bout de très peu de temps, l'eau qui circule ainsi est chaude dans toutes les parties de la maison, surtout en haut, et l'espèce de poêle que forme le réservoir à chaque étage échauffe l'air de chaque pièce.

Les appareils à *haute pression,* dits du système *Perkins,* du nom de leur inventeur, consistent en une série de tubes, contournés en spirales à chaque étage de l'édifice à chauffer, et placés dans l'intérieur des murs et sous les planchers (*fig.* 247). Dans le sous-sol, le tube est soumis directement à l'action de la chaleur, et sa spirale y forme le sixième environ de sa longueur. Comme dans le système précédent, l'eau chaude monte d'abord au sommet de l'édifice, dans un réservoir appelé *vase d'expansion,* tube horizontal, court, d'un diamètre très supérieur à celui du tube de circulation, d'une capacité égale aux cinq centièmes au moins de la capacité totale de l'appareil. On introduit l'eau froide par ce tube et l'on ne le remplit jamais entièrement, afin que l'air qui y reste soit comprimé

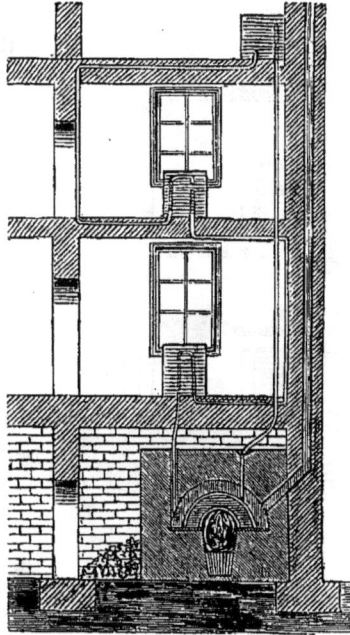

Fig. 246.

CALORIFÈRE A BASSE PRESSION.

par l'eau, quand la température de celle-ci s'élève, de façon à éviter l'effet de l'expansion du liquide et de la vapeur qui se forme.

Le principal défaut des calorifères à circulation d'eau chaude, si simples et n'exigeant pas une grande surveillance, est de charger extrêmement les planchers ; de plus, si une fuite se produit dans les tuyaux, il faut des travaux coûteux pour y remédier. Enfin, si l'appareil est à haute pression, cette fuite, par laquelle s'échappe aussitôt un jet de vapeur, peut causer de grands dommages ; et puis il y a un continuel danger d'incendie, par la combustion des pièces de bois voisines des tuyaux.

3° *Calorifère à vapeur d'eau.* — Ces calorifères sont construits comme les précédents ; ils sont basés sur la grande quantité de chaleur qu'abandonne la vapeur en se condensant, comme nous le verrons ci-après.

La vapeur, formée dans une chaudière, au bas de l'appareil, est dirigée verticalement, par un tuyau recouvert de matières non conductrices, dans les appartements les plus élevés, puis redescend, après de nombreux circuits. Un grand nombre d'inconvénients, la difficulté de son établissement, son entretien coûteux, l'inégalité de la température donnée, les ruptures, les explosions possibles, ont fait abandonner à peu près complètement ce système de chauffage. Cependant un ingénieur, M. Goudelle, a imaginé de combiner le chauffage par circulation d'eau chaude avec le chauffage par la vapeur ; celle-ci échauffe l'eau des poêles installés à chaque étage de la maison, et son système a produit de bons résultats.

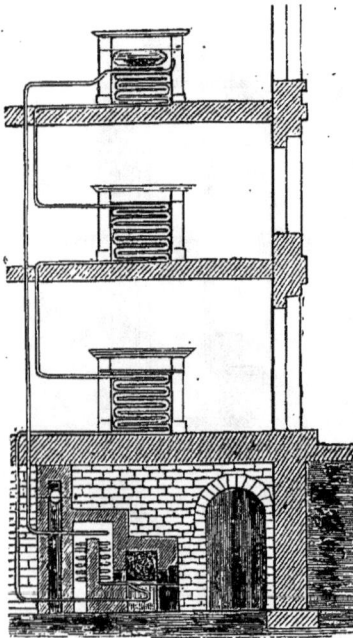

Fig. 247.

CALORIFÈRE A HAUTE PRESSION.

VENTILATION. — La nécessité d'un renouvellement continuel de l'air de nos appartements est une de ces vérités que personne ne met en doute, et à laquelle cependant on ne s'occupe pas assez d'obéir. Parmi les causes qui influent le plus sur la mortalité dans les villes, on peut certainement placer en première ligne l'encombrement, c'est-à-dire la privation d'air. M. Besnier, médecin de l'hôpital Saint-Louis, à Paris, a dressé un tableau de la mortalité dans les dernières épidémies de la capitale, et l'action spéciale de l'encombrement s'y accuse nettement. Ainsi l'arrondissement de l'Opéra n'a, par exemple, qu'une mortalité relative de 10 pour 1,000, tandis que le XVIIIᵉ arrondissement, celui de Montmartre, a une mortalité triple, 33 pour 1,000. Ces chiffres sont, à eux seuls, la plus éloquente des démonstrations.

Ces inconvénients de l'encombrement, rapporte M. de Parville, apparaissent très nettement dans la population militaire. M. Michel Lévy admet que la mortalité, dans la population militaire, est de 18 pour 1,000, quand elle est de 9 pour 1,000 dans la population civile, et beaucoup de médecins tendent à attribuer cette mortalité excessive à deux causes principales : la fièvre typhoïde et la phtisie pulmonaire, deux maladies d'encombrement qui prennent leur origine dans les casernes. La comparaison de la mortalité dans les casernes et les camps ne semble laisser subsister aucun doute à cet égard.

Dans nos cásernes, l'espace alloué pour chaque soldat n'est que de 10 à 12 mètres cubes; il faudrait donc, par heure, introduire 88 à 90 mètres d'air, tandis que la ventilation fait le plus souvent défaut. Le tirage par une simple cheminée, dans laquelle est entretenu un feu modéré, peut suffire pour amener un renouvellement d'air considérable dans les appartements; mais on ne devrait plus tolérer des réunions d'enfants ou d'adultes dans des salles d'école dépourvues de tout conduit d'évacuation, ni des chambres de caserne sans cheminées ou sans appareils de ventilation.

Il existe un grand nombre de ces appareils de ventilation, parmi lesquels les plus estimés sont ceux de MM. G. Peugeot, Thomas et Laurens, général Morin, docteurs Arnolt et Van Hecke, etc. Dans beaucoup d'ateliers, de cafés et d'autres endroits analogues, on se contente d'adapter à la vitre d'une croisée un petit cercle de métal, muni de lames concentriques et placées obliquement, de manière que la différence de densité qui existe entre l'air du dehors et celui du dedans fasse tourner le cercle et introduise ainsi dans l'intérieur de la salle une notable quantité d'air. Mais ces appareils ne peuvent évidemment être employés pour les locaux un peu vastes, dans lesquels la ventilation doit être suffisante, tout en permettant de conserver dans le local une température convenable.

Il ne faut pas non plus confondre un grand mouvement d'air avec une bonne ventilation. Celle-ci ne peut exister qu'autant qu'il y a une distribution uniforme de l'air pur dans toute la pièce. Ainsi, une cheminée qui tire trop énergiquement détermine l'appel d'une grande quantité d'air, qui entre sous les portes, glisse le long du plancher, glace les pieds et les jambes, mais ne se mélange que lentement à l'air du reste de la pièce. Il y a là un courant d'air plus ou moins violent, mais non une ventilation parfaite.

VENTILATION DES ÉCOLES. — Pour la ventilation des écoles, par exemple, le problème est assez compliqué, et M. le docteur Riant, que nous avons cité plus haut, a présenté ainsi la question.

En tout temps, pendant la présence des élèves, l'air de la classe sera renouvelé, en partie, par l'ouverture de vasistas à soufflet ou de carreaux mobiles, établis dans les parties supérieures des fenêtres, ou par le moyen de cadres de toile métallique. La circulation d'air que produit une petite roue à lames concentriques serait très utile; mais il faudrait parvenir à faire fonctionner cet appareil sans qu'il déterminât du bruit ou de la distraction pour les élèves.

A ces moyens élémentaires, on peut en ajouter d'autres dans les écoles à construire.

Comme les fenêtres des écoles sont réglementairement placées à 1ᵐ,50 du plancher, il est à craindre que l'air des parties basses de la salle ne soit pas suffisamment renouvelé par les procédés ci-dessus. Des ouvertures multipliées et d'un diamètre convenable, pratiquées de distance en distance dans les murs, des deux côtés les plus longs de la classe, disposées, l'une un peu au-dessus du niveau du plancher, d'un côté, l'autre, au ras du plafond, de l'autre côté, munies d'un grillage métallique et pouvant être réglées par un registre, donneront, celle d'en bas, entrée à l'air pur, plus froid ; celle d'en haut, issue à l'air vicié, qui, par sa température plus élevée, tend toujours à monter vers le plafond.

Voici encore un moyen simple, quoiqu'un peu plus coûteux, d'obtenir ce résultat : on établit, dans les murs extérieurs, des orifices communiquant avec la classe par des tuyaux, des gaines ou des canaux en briques creuses, qui viennent s'ouvrir dans le plancher, pour verser dans la classe l'air pur du dehors. Des registres règlent la quantité de l'air à introduire et sa distribution. D'autre part, au plafond, l'air altéré vient s'échapper par l'ouverture en entonnoir d'un tuyau montant à 1ᵐ,50 au-dessus du faîte du toit, tuyau coudé brusquement à son extrémité supérieure ouverte, laquelle est mobile comme une girouette, afin de présenter toujours son orifice au côté opposé à la source du vent. On déterminera ou l'on activera la sortie de l'air impur, en hiver, au moyen de la chaleur du poêle, dont le tuyau sera dirigé dans la gaine destinée au passage de l'air vicié ; en été, en maintenant allumés quelques becs de gaz, dans l'intérieur de cette même gaine, afin d'y développer un courant ascendant.

Il ne faut compter qu'avec réserve sur l'introduction de l'air pur et sur la sortie de l'air vicié par les fentes des portes et des fenêtres, bien qu'un hygiéniste anglais ait estimé à environ 8 pieds cubes (le pied anglais vaut 3 décimètres) la quantité d'air qui passe par minute entre chaque fenêtre et son encadrement. En admettant même un chiffre essentiellement variable et la distribution régulière de l'air ainsi introduit dans toute la pièce, la quantité que recevrait, par minute, chaque élève, serait tout au plus suffisante pour maintenir la vie, mais non pour conserver la vigueur et la plénitude de la santé. Il faut ajouter que ce résultat, possible quand il existe dans les pièces un appareil de chauffage à tirage puissant, comme les vastes cheminées moyen âge, en usage en Angleterre, cesse de l'être quand la cheminée est remplacée, comme chez nous, par un très modeste poêle.

Parmi les appareils de ventilation destinés aux écoles, aux classes, aux dortoirs, etc., on ne doit pas hésiter à donner la préférence à un appareil qui ne nécessiterait l'intervention, l'intelligence et l'attention de personne. Tel est, par exemple, le système de ventilation naturelle, qui paraît avoir donné d'excellents résultats dans quelques écoles d'Angleterre, et que recommande M. Robson, architecte de la direction des écoles de Londres, *London school board*, pour les édifices où l'on n'a pas originairement prévu les nécessités de la ventilation.

L'installation d'un ventilateur de ce genre existe dans les salles du nouvel Hôtel-Dieu de Paris.

Il consiste en une corniche métallique creuse, qui fait le tour de la pièce et est divisée, dans toute sa longueur, en deux canaux superposés et séparés. L'air pur pénètre par un orifice qui traverse le mur, dans le canal inférieur, d'où il descend d'une manière insensible dans la pièce, au moyen de nombreuses ouvertures pratiquées dans la corniche. Le canal supérieur communique avec le tuyau de la cheminée, dans laquelle il dirige l'air vicié qu'il a reçu, par une série de petites ouvertures semblables à celles du canal inférieur. Ce moyen est économique, et il a l'avantage de n'exiger l'attention de personne. C'est un appareil *self-acting*, c'est-à-dire qui fonctionne tout seul.

On emploie encore dans les écoles, en Angleterre, le système Varley. Un tube de zinc perforé, communiquant avec l'air extérieur, passe autour de la corniche de trois côtés de la pièce. Sur le quatrième côté est un tube perforé en communication avec la cheminée; il agit comme tuyau d'attraction de l'air vicié.

Cependant, on n'aurait qu'une idée incomplète des causes qui rendent la ventilation nécessaire et des moyens de la réaliser, si l'on ne se rappelait ce que nous avons dit des appareils de chauffage, et si nous ne parlions de l'éclairage des classes.

Le gaz d'éclairage tend à se substituer partout aux autres combustibles. Propreté absolue, économie de temps et d'argent, service facile, pouvoir éclairant plus considérable, tels sont les avantages principaux qui déterminent ce choix. L'hygiène approuve ce mode d'éclairage pour les classes, à condition cependant que l'on prendra certaines précautions, au moyen desquelles il peut même devenir un excellent moyen de ventilation.

Le général Morin a démontré qu'un mètre cube de gaz brûlé peut servir à extraire de 600 à 800 mètres cubes d'air vicié, quand les dispositions convenables ont été prises. Il suffira donc, pour ventiler une pièce éclairée par le gaz, d'installer au-dessus de chaque bec, un appareil aspirateur convenablement disposé pour donner issue aux produits de la combustion.

A cet effet, on fait usage, en Angleterre, d'aspirateurs consistant essentiellement en deux tuyaux concentriques placés au-dessus de la flamme et en communication avec l'air extérieur. Lorsque le gaz brûle, il se produit dans le tube intérieur un courant ascendant : l'air contenu dans le tube extérieur ou manchon s'échauffe, se raréfie, se met en mouvement. Le tube intérieur entraîne vers la gaine, ou la cheminée avec laquelle il communique, les produits de la combustion ; le tube extérieur donne issue à l'air vicié de la pièce. De simples tubes de zinc peuvent remplir très économiquement et très utilement cet usage. On obtient ainsi une combustion plus active, plus complète du gaz ; une lumière plus belle ; on détermine l'aspiration, le rejet à l'extérieur des produits de la combustion ; enfin il se produit une ventilation qui contribue à diminuer l'élévation de température qui résulte de ce mode d'éclairage.

VENTILATION DE LA SALLE DES FÊTES, AU TROCADÉRO. — Après avoir parlé de la ventilation des écoles, nous voulons faire connaître, d'après M. de Parville, le système de ventilation adopté pour la salle des fêtes au palais du Trocadéro, c'est-à-dire là où les plus saines et les plus récentes données de la science ont été appliquées.

Il faut couramment 40 mètres cubes d'air à l'heure, par spectateur, pour assurer une bonne aération. Or, au Trocadéro, les auditeurs peuvent atteindre le nombre énorme de 5,000. C'est 200,000 mètres cubes d'air à l'heure qu'il faut envoyer dans la salle, soit 56 mètres cubes par seconde ! C'est là première fois qu'on se trouvait devant des masses pareilles à faire pénétrer et à distribuer également dans une enceinte. Jusqu'ici, on faisait déboucher l'air pur par des bouches ménagées dans le plancher, et on l'évacuait par des orifices de sortie placés à la partie supérieure. C'est le cas ordinaire des théâtres.

MM. Davioud et Bourdais ont renversé le système ; en se fondant sur une observation fort juste. Quand une veine gazeuse sort d'un orifice, elle s'élève verticalement en colonne ; quand elle entre, au contraire, par un orifice, chaque filet pénètre horizontalement, se recourbe et passe sans engendrer d'appel vertical sensible. La sortie de l'air en colonne est gênante pour le spectateur ; l'air le frappe désagréablement. L'évacuation en filets courbes ne présente pas cet inconvénient. Il y a donc avantage à faire échapper l'air par en bas et à le faire entrer par en haut. En effet, au Trocadéro, l'air pur et frais, puisé dans les carrières du sous-sol, débouche dans la calotte sphérique centrale de la salle, et s'en va par

5,000 bouches disposées sous les fauteuils. Les vêtements des femmes pouvaient faire craindre qu'un grand nombre de bouches ouvertes sur le parquet fussent obstruées ; on a poussé les précautions jusqu'à placer,

Chaque tonne de houille coûte cher à l'humanité (page 475).

dans chaque intervalle de raccordement de deux fauteuils, une seconde ouverture accessoire communiquant avec les tuyaux d'évacuation.

L'air des carrières est refoulé dans de hautes cheminées à l'aide d'un ventilateur à hélice. Il arrive par de très larges conduites, presque des couloirs, jusqu'à la rosace centrale. Il est appelé au dehors, au contraire, par d'autres ventilateurs qui l'aspirent dans d'autres cheminées. Pour vaincre les frottements de l'air dans les conduites, il faut une pression de 6 millimètres d'eau, soit 6 kilogrammes par mètre carré. Pour plusieurs raisons pratiques, on a préféré n'envoyer l'air que sous une pression de 3 millimètres et l'aspirer sous une dépression égale. La salle n'a donc qu'une pression à peine supérieure à celle de l'air extérieur, pression qu'on peut d'ailleurs varier à volonté. L'air qui entre en haut avec une vitesse de 3 mètres à la seconde s'échappe par les bouches avec une vitesse réduite de 30 centimètres.

Pour obtenir cette égalité de vitesse dans l'échappement d'un bout à l'autre de la salle, il a fallu réunir les conduites d'évacuation par séries, et leur donner à toutes le même développement. L'air dans le réseau distribué sous le plancher parcourt toujours la même longueur de tuyaux et se trouve, par conséquent, soumis à la même somme de frottements. Ces détails ont été fort bien étudiés (*fig.* 248).

L'air des carrières est froid relativement. On est obligé de le mêler à l'air extérieur par proportions convenables. L'observation a montré qu'il ne convient pas de faire arriver l'air pur à plus de 4 degrés au-dessous de la température ambiante. La sensation de fraîcheur est déjà prononcée. Il va sans dire que le même système s'applique au chauffage pendant l'hiver. L'air chaud

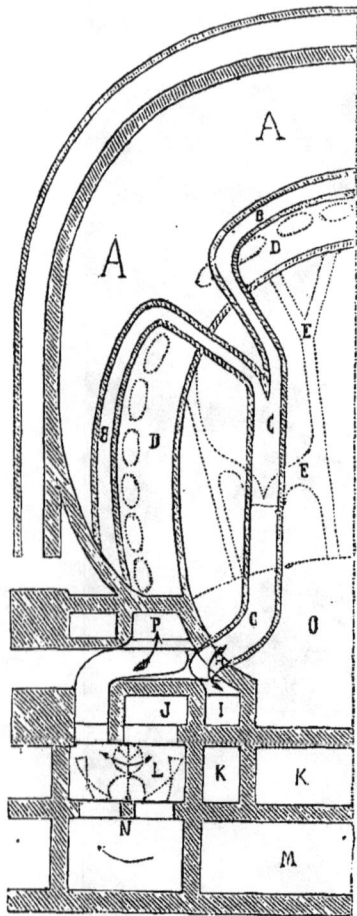

Fig. 248. — PLAN DE LA VENTILATION DE LA SALLE DES FÊTES AU PALAIS DU TROCADÉRO.

AA. Amphithéâtre. — BB. Ramification des loges et de l'amphithéâtre.— CC. Ramification générale. — DD. Loges.— EE. Évacuation du parquet.— H. Hélice d'aspiration. — I. Évacuation d'air pur. — J. Prise d'air pur.— KK. Caves. — L. Hélice de propulsion.— M. Chambre des machines.— N. Calorifère.— O. Places d'orchestre.— P. Introduction d'air pur.

sous pression pénètre par la rosace centrale et sort, aspiré par les hélices. Le système de ventilation de MM. Davioud et Bourdais tient largement tout ce qu'il avait promis.

AÉRAGE DES MINES. — Le public se préoccupe des accidents de mine quand le nombre des victimes provoque sa pitié ; mais que de mineurs isolés sont tués journellement au fond des galeries, sans qu'il s'élève de la foule une parole de regret ! L'accident passe inaperçu. Chaque tonne de houille coûte cher à l'humanité ! D'après des statistiques anglaises, en dix ans, on compte 8,500 personnes tuées dans les seules houillères d'Angleterre et 30,000 blessés !

Or la cause principale de ces accidents est la présence du *grisou* dans les galeries. On sait que le grisou est de l'*hydrogène protocarboné,* du gaz des marais, ainsi appelé par ce qu'il se développe par la décomposition spontanée des matières végétales enfouies sous l'eau ; et que, dans certaines circonstances atmosphériques, élévation de température, baisse du baromètre, l'hydrogène s'échappe des interstices de la houille avec une grande rapidité. On sait encore que ce gaz est asphyxiant ; quand il y en a dans l'air une quantité notable, il est impossible de vivre. En outre, lorsque la proportion est de $\frac{1}{15}$ dans l'air, de 8 pour 100, et même, selon quelques ingénieurs, de 5 pour 100, il forme un mélange détonant, et, s'il y a inflammation, l'explosion survient avec toutes ses désastreuses conséquences.

Vers la fin de 1871, un honorable membre du Parlement anglais, M. Edward Hermon, ému de la fréquence des explosions du grisou, eut la bonne pensée d'ouvrir, à ses frais, un concours entre tous les hommes pratiques du Lancashire et du Yorkshire. Une somme de 200 livres serait partagée entre les *Mémoires* les plus méritants : au premier en attribuerait 150 livres, et 50 au second. Les juges du concours classèrent *ex æquo* M. Creswick, de Sheffield, et M. Galloway, de Londres. Ces deux ingénieurs conclurent, après une minutieuse étude de la question, que la meilleure défense contre le grisou était tout bonnement la *ventilation* et la *lampe de Davy,* dont nous parlerons ci-après. Ils admettent qu'il est possible d'expulser le gaz au fur et à mesure qu'il se dégage au moyen d'une ventilation habilement distribuée. L'atmosphère d'une mine est, en quelque sorte, dans un équilibre instable ; il suffit d'une modification, même légère dans l'énergie du courant d'air, pour faciliter le dégagement du grisou, et quelquefois pour chasser de la poussière de charbon qui s'enflamme spontanément et met le feu au gaz. Il faut donc faire varier l'énergie de la ventilation en raison des fluctuations de la température et de la pression extérieure.

Il a été proposé un grand nombre de « procédés infaillibles pour combattre le grisou. » Nous le répétons, le seul procédé admis par les hommes compétents est une ventilation, à énergie variable, selon les

circonstances atmosphériques, et par cantonnement. On entend par ventilation par cantonnement le système de ventilation introduit par
Wallsend en 1810 (*panel-work*), la ventilation à double courant d'air, en
ventilant les chantiers non pas avec le même courant, mais en subdivisant
la ventilation, en aérant chaque partie distincte des travaux, à l'aide
d'embranchements spéciaux.

Fig. 249. — AÉRAGE DES MINES
PAR
LE CALORIFÈRE SERAING.

Sans vouloir entrer dans des détails tech-
niques trop précis, nous exposerons les procédés de ventilation des mines le plus communément employés.

Dans un grand nombre de mines, il existe
plusieurs puits, deux au moins, qui font communiquer la mine avec l'atmosphère de l'extérieur : il s'établit alors un aérage naturel
L'air des mines, dit M. Barat, étant presque
toujours plus chaud que l'air extérieur, il en
résulte que les colonnes d'air extérieur qui
pèsent sur les deux puits ne se font pas équilibre; l'air frais et dense entre par l'orifice
le plus bas, l'air échauffé et moins dense de
la mine sort par l'orifice le plus élevé. En
hiver, ces courants d'aérage sont très actifs; à
tel point qu'on est obligé, dans beaucoup de
cas, de les modérer par des portes. En été, si
la température extérieure se rapproche de celle
de la mine, les courants d'air se ralentissent
ou deviennent nuls ; il peut même arriver
que l'air de la mine soit le plus froid et le plus dense, auquel cas, après
un moment de stagnation, les courants deviendraient inverses, l'air extérieur entrerait par le puits le plus élevé et sortirait par le puits inférieur.
Mais ce cas est tout à fait rare et exceptionnel, parce que, dans l'intérieur
des mines, où le travail est actif, la combustion des lampes, les coups de
mines et la respiration des ouvriers suréchauffent l'air.

L'aérage naturel, préférable à tout autre quand il est établi dans de
bonnes conditions, n'est pas toujours suffisant : il faut souvent avoir
recours à un aérage forcé. Pour cela, on place dans l'un des puits un foyer
qui échauffe l'air et en détermine la circulation. Mais, dans les mines de
houille, par exemple, il est impossible de placer ces foyers qui pourraient
enflammer les gaz; on adopte alors le calorifère Seraing, ainsi appelé du
pays où il a été employé pour la première fois. Au-dessus de l'orifice d'un

des puits, on élève (*fig.* 249) une haute cheminée C ; on place, dans une chambre latérale A, un calorifère métallique alimenté par l'air de l'atmosphère et clos de toutes parts. Les gaz de la mine pénètrent dans cette chambre par l'ouverture B, s'échauffent et s'échappent par l'ouverture D en déterminant alors un fort tirage dans la cheminée C. Le conduit E étant fort au-dessous de l'ouverture de la cheminée d'appel, il est impossible que les étincelles puissent s'élever jusqu'à cette ouverture et enflammer le gaz de la mine. Un disque H permet de régler le feu et le tirage.

L'aérage mécanique s'obtient à l'aide d'appareils mus par la vapeur ou par une machine hydraulique et portant le nom de *ventilateurs*. Le nombre de ces appareils est considérable; les plus connus sont les ventilateurs Fabry, Guibal et Lemielle (1).

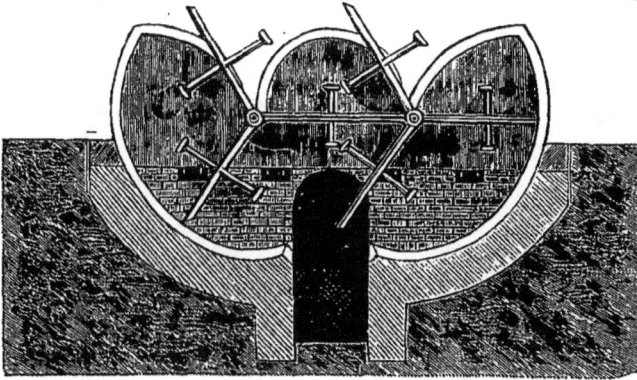

Fig. 250. — VENTILATEUR FABRY.

M. Fabry a construit, pour les puits de mine de Belgique et du nord de la France, des ventilateurs à l'aide desquels on peut extraire 10 à 20 mètres cubes d'air par seconde.

L'appareil de M. Fabry (*fig.* 250) se compose de deux arbres horizontaux parallèles, sur chacun desquels sont montées, au moyen de bras en fonte, trois palettes larges de 2 à 3 mètres, et, vers le tiers de sa longueur, à partir de son extrémité supérieure, chaque bras est muni d'une croisure se terminant par une surface de bois à section courbe. Les deux arbres sont installés dans deux coursiers en bois ou en briques, qui les embrassent le plus exactement possible jusqu'à la moitié de leur hauteur, et qui sont établis au-dessus du puits d'appel. Enfin, ils tournent en sens contraire, de telle sorte que, à chaque révolution, les surfaces en bois d'une des croisures de l'un vient au contact tangentiel de la surface de la croisure

(1) Maigne. *Arts et Manufactures.*

correspondante de l'autre, ce qui interrompt toute communication entre l'air arrivant de la mine et l'air extérieur.

Le *ventilateur Lemielle* (*fig.* 251) consiste en un tambour hexagonal, sur lequel se plient et se développent successivement six palettes à charnières, appliquées sur chacun des pans du tambour, au moyen d'un mécanisme approprié. Il est installé dans un orifice rectangulaire par lequel se termine le puits d'aérage.

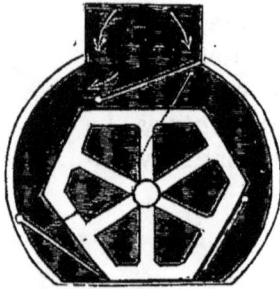

Fig. 251.

VENTILATEUR LEMIELLE.

Le *ventilateur Guibal* (*fig.* 252) se compose de triangles équilatéraux en fer, reliés par des bras à un arbre tournant, et sur le prolongement de chacun des côtés desquels sont fixées des palettes en bois, toutes dirigées dans un même sens de rotation. Il est logé dans une chambre en maçonnerie, ayant un pourtour circulaire, et les choses sont combinées de telle sorte que les palettes viennent raser la surface de la chambre, sauf dans les parties où aboutissent la galerie qui amène l'air de la mine et la cheminée qui envoie cet air au dehors.

AÉRAGE DES TUNNELS. — Le 31 août 1857, le roi de Sardaigne Victor-Emmanuel et le prince Jérôme-Napoléon, en mettant le feu à la première mine, inauguraient solennellement les travaux de percement du tunnel du mont Cenis. La foi dans la réussite de ce gigantesque projet n'existait guère chez les savants étrangers, et, en France, M. l'abbé Moigno, dans son journal très répandu, le *Cosmos*, résumant une opinion presque générale, soutenait que l'entreprise ne réussirait pas, par cette raison qu'il serait impossible d'établir un ventilateur assez puissant pour insuffler l'air

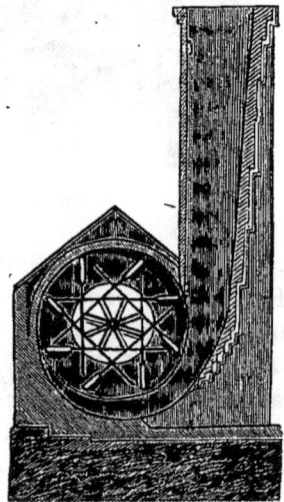

Fig. 252. — VENTILATEUR GUIBAL.

dans le canal à une telle distance, et pour y entretenir le courant continu nécessaire à la respiration et à tout le reste. Il prétendait même que ce courant ne pourrait être produit sur une longueur de 1,000 mètres seulement.

M. Manabrea, membre de la commission qui a entrepris ce grand ouvrage, lui répondait vainement en lui envoyant le résultat d'expériences faites dans le but de vérifier à l'avance cette possibilité, ces expériences ayant eu lieu avec des tubes de 6 centimètres de diamètre, sur une longueur de 400 mètres, et moyennant une pression d'insufflation initiale de 6 atmosphères. Vainement des études approfondies avaient démontré la certitude de la réussite dans le tunnel projeté ; M. l'abbé Moigno répondait en refusant de croire à la démonstration par des expériences faites sur une longueur de tubes de 400 mètres seulement, en faisant observer qu'il s'agirait d'envoyer, à 6,500 mètres, en vingt-quatre heures, 85,924 mètres cubes d'air comprimé à 6 atmosphères, avec des moyens mécaniques dont la puissance serait, sans doute, réduite de moitié par la pratique.

Le résultat a donné un éclatant démenti à M. l'abbé Moigno et aux savants qui partageaient son opinion.

Pendant les travaux, à côté des tuyaux de gaz, couraient, fixées à la paroi du tunnel, des conduites d'air. Les machines à comprimer l'air, installées hors du souterrain, à Fourneaux pour un versant, à Bardonnèche pour l'autre, refoulaient de l'air à 5 atmosphères dans ces tuyaux.

On eut recours à deux sortes de compresseurs.

Le compresseur à colonne d'eau se compose essentiellement d'un siphon renversé qui, d'un côté, communique avec une prise d'eau, et, de l'autre, avec un réservoir à air. L'eau descend dans la première branche du siphon, en s'ouvrant passage à travers une soupape d'alimentation, et remonte dans la seconde, en comprimant l'air qui s'y trouve. Celui-ci, refoulé, ouvre une soupape et pénètre dans un réservoir. Une soupape de décharge donne alors écoulement à l'eau et laisse rentrer l'air dans la petite branche du siphon. De nouveau, l'arrivée du liquide refoule encore l'air, et ainsi toujours, jusqu'à ce que la pression dans le réservoir atteigne le chiffre voulu. Le mouvement des soupapes d'alimentation et de décharge est, bien entendu, réglé par la machine elle-même. Il y avait, dans le chantier de Bardonnèche, dix compresseurs à colonne, divisés en deux groupes, que l'on pouvait utiliser séparément ou simultanément. Les eaux étaient amenées au réservoir par de gros tubes qui les recevaient du canal de dérivation, situé 20 mètres plus haut. Le réservoir mesurait 400 mètres cubes et était placé à 50 mètres au-dessus des soupapes de décharge. Des compresseurs partaient les tuyaux d'air comprimé, soutenus sur des pilastres en maçonnerie.

Les compresseurs à colonne fonctionnèrent d'abord à Bardonnèche ; à Fourneaux, la chute étant moindre, on commença par soulever l'eau avec

des pompes, procédé naïf, pour la laisser retomber ensuite dans les compresseurs. M. Sommeiller remplaça bientôt ce système défectueux par le
compresseur hydropneumatique, qui n'exige plus qu'une chute restreinte
et fonctionne sans choc. A Bardonnèche même, quand il fallut augmenter
le nombre des machines à air, on eut recours au nouveau compresseur.
En voici brièvement le principe. Imaginez un corps de pompe horizontal
(*fig.* 253), dans lequel peut aller et venir un piston mû par une roue
hydraulique. Aux extrémités de ce corps de pompe horizontal s'élèvent
deux cylindres verticaux, partiellement remplis d'eau. Les cylindres
verticaux portent des soupapes
ouvrant du dehors en dedans et
du dedans dans un réservoir. A
chaque mouvement de translation
du piston, l'eau est refoulée d'un
côté, l'air comprimé repoussé dans
le réservoir, et de l'autre, la soupape de communication fermée et
l'air extérieur appelé. On conçoit
que cette pompe introduise chaque fois une nouvelle quantité
d'air ; et l'examen de la gravure

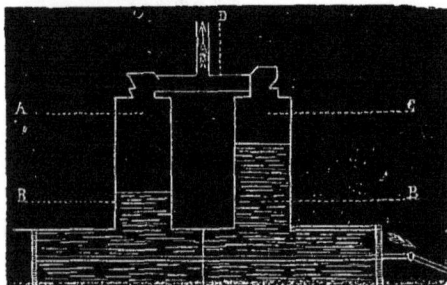

Fig. 253. — PRINCIPES
DU COMPRESSEUR HYDROPNEUMATIQUE.

permet de comprendre parfaitement le principe. Nous appelons AC, BB, le
niveau successif de l'eau dans le corps de pompe, et D le tuyau d'entrée
de l'air comprimé.

On eut donc, pendant les travaux, partout de l'air pour respirer et
comme force motrice. L'aérage du tunnel, pendant le passage des trains,
est également aujourd'hui très satisfaisant ; les craintes exprimées sur
le manque d'air étaient chimériques. L'air du tunnel, loin de rester en
repos, s'écoule, en effet, le plus souvent, avec des vitesses très appréciables, et il est facile de se rendre un compte exact de ce qui se passe en
galerie.

Dans beaucoup de tunnels, dans celui de la Merthe, par exemple, il
arrive que la fumée des locomotives sort mal du souterrain, malgré ses
vingt-quatre puits d'aérage : le tunnel est de niveau ; c'est, en somme, une
longue cave avec des soupiraux. Les puits ont des hauteurs comprises entre
20 et 180 mètres, et créent, par cela même, des courants variables en
direction, qui rabattent souvent la fumée dans la galerie. Le tirage ne
s'effectue guère que par les puits les plus profonds.

Aux Alpes, au contraire, il n'y a aucun puits d'aérage, sauf à l'entrée
du tunnel, du côté italien : la galerie constitue une seule et unique grande

Appareil compresseur envoyant l'air dans le tunnel du mont Cenis (page 480).

cheminée inclinée de France en Italie. Le tirage s'y fait donc, comme dans toutes les cheminées possibles, en vertu des différences de pression et de température. La pression est plus forte, sur le versant français, de 13 millimètres de mercure en moyenne; aussi, en général, l'air va de France en Italie. Cependant, le courant se retourne quelquefois et balaye le tunnel en sens inverse, d'Italie en France. Il suffit, pour cela, que la température sur le versant italien devienne plus faible que sur le terrain français; le tirage se fait de haut en bas, au lieu de se faire de bas en haut, comme il arrive souvent dans nos appartements, pendant l'été, lorsque la pièce, hermétiquement close, est plus fraîche que l'air extérieur. Dans tous les cas, le tirage reste faible, et c'est un inconvénient pour la ventilation.

En définitive, le tunnel est assez aéré pour que les voyageurs ne soient nullement incommodés pendant la traversée. On ne saurait plus conserver maintenant le moindre doute sur la possibilité d'exploiter le souterrain sans faire intervenir des machines soufflantes.

Il en est de même pour le tunnel du Saint-Gothard et pour le percement du tunnel sous-marin qui reliera la France à l'Angleterre, tunnel qui aura 50 kilomètres de long, tandis que celui du mont Cenis n'a que 12,800 mètres. On sait que l'on obtiendra l'aération de la galerie, pendant les travaux, par l'injection d'air comprimé jusqu'au front de taille. L'air comprimé sur la côte sera transmis par des tuyaux et servira, à la fois, à aérer et à transmettre la force motrice. Le tunnel construit, on sait que les puits des deux extrémités, conduisant au sol du tunnel, feront cheminées d'appel et renouvelleront l'air; que des pompes d'épuisement pourront, en même temps, ventiler; que le tirage naturel sera donc, sans doute, suffisant. Les trains eux-mêmes, en circulant, feront piston et refouleront l'air d'un côté pour l'aspirer de l'autre. Si, malgré cela, le renouvellement de l'atmosphère souterraine n'était pas assez abondant, on en serait quitte pour diriger dans le tunnel des jets d'air comprimé, et pour continuer, pendant l'exploitation, ce qu'il faudra bien faire pendant les travaux. Dans tous les cas, quand on en sera là, les moyens d'aérage ne feront certes pas défaut. On a imaginé dernièrement un système de ventilation consistant simplement en deux grands cylindres de bois, avec un fond et un piston mobile, muni de soupapes, au moyen desquelles on aspire l'air; une machine à vapeur de la force de huit chevaux sert de moteur à ces pompes aspirantes. Grâce à elles, on a pu reprendre les travaux dans la houillère de Poirier, près de Charleroy. La vitesse de l'air y est telle que les ouvriers sont obligés de s'habiller chaudement.

Il n'y a donc pas à se préoccuper désormais de l'aérage des tunnels.

CHAPITRE IV

PROPAGATION DE LA CHALEUR

RAYONNEMENT — RÉFLEXION

CHALEUR RAYONNANTE. — Lorsque deux corps, à des températures inégales, sont à une certaine distance l'un de l'autre, il y a entre eux, à travers cette distance, un échange continuel de chaleur, jusqu'à ce que l'un et l'autre aient atteint la même température (pages 391 et 406). C'est à cette propagation à distance de la chaleur qu'on a donné le nom de *rayonnement,* et la chaleur qui se trouve dans cette condition physique s'appelle *chaleur-rayonnante.* La ligne que suit la chaleur, en se propageant ainsi, est dite *rayon de chaleur* ou *rayon calorifique.*

APPAREILS THERMOSCOPIQUES. — 1° THERMO-MULTIPLICATEUR DE MELLONI. — Avant de commencer l'étude de la chaleur rayonnante, nous devons parler des *sources de chaleur* et des *appareils thermoscopiques* dont on fait généralement usage pour cette étude.

Il fallait d'abord un thermomètre excessivement sensible, et, à la fin du siècle dernier, Leslie avait imaginé, pour ses expériences, le thermomètre différentiel que nous avons décrit (page 422). Les observateurs modernes, Melloni (1), La Provostaye (2), Desains (3) se sont servis du *thermo-multiplicateur* de Melloni, instrument dont la sensibilité est bien

---

(1) MELLONI (Macedonio), grand savant italien et républicain convaincu (1801-1853), d'abord professeur de physique à Parme, sa ville natale, est forcé de quitter cette ville pour s'être mêlé au mouvement révolutionnaire après 1830 ; se réfugie en France, où Arago lui obtient une place de professeur au collège de Dôle. Il passe ensuite à Genève, où il était plus libre de penser et de travailler ; mais il communique tous ses travaux à l'Institut de France, qui le nomme son correspondant. On l'a surnommé le Newton de la chaleur.

(2) HERVÉ DE LA PROVOSTAYE (Ferdinand), né à Redon en 1812, savant professeur, s'est particulièrement occupé des phénomènes relatifs à la chaleur ; il est mort à Alger en 1863.

(3) DESAINS (Quentin-Paul), né à Saint-Quentin (Aisne) en 1817, professeur à la Faculté des sciences de Paris.

supérieure à celle du thermomètre de Leslie, et dont la construction s'appuie sur des phénomènes d'électricité.

En 1821, le docteur Seebeck, de Berlin, démontra que l'on peut obtenir, par l'action de la chaleur, un courant électrique. On appela ces courants *courants thermo-électriques* (de *thermos*, chaleur). Il prenait une lame de cuivre recourbée et soudée à ses deux extrémités à un cylindre de bismuth *(fig. 254)*. Cela formait une sorte de rectangle ABCD, dont un côté AD était le cylindre de bismuth. Au milieu de ce rectangle est une aiguille aimantée H. Si l'on chauffe l'une des soudures du circuit, l'aiguille aimantée dévie, ce qui prouve l'existence d'un courant électrique ; si l'on refroidit l'une des soudures, l'aiguille dévie en sens contraire.

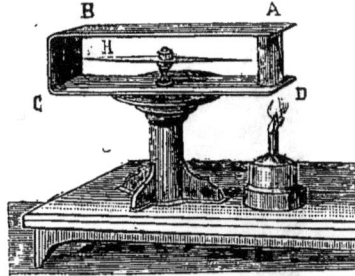

Fig. 254.

EXPÉRIENCES DE SEEBECK.

Ceci compris, voici l'appareil imaginé par Nobili et perfectionné par Melloni. Une pile est formée par de petits barreaux de bismuth soudés à de petits barreaux d'antimoine, disposés de sorte que toutes les soudures du rang pair soient d'un côté, toutes celles du rang impair de l'autre. On contourne cette sorte de chaîne en forme de parallélipipède rectangle, et on la place dans une armature en cuivre, laissant à l'air les deux faces où sont les soudures *(fig. 255)*. Les faces sont enduites de noir de fumée. De petits tubes prismatiques sont placés aux extrémités de la pile, pour soustraire l'appareil à toute influence autre que celle du faisceau calorifique qui touche normalement sur les soudures.

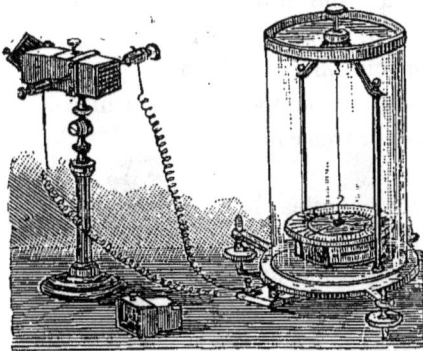

Fig. 255.

THERMO-MULTIPLICATEUR DE MELLONI.

Ces prismes sont fermés par des volets que l'on manœuvre avec des fils de soie, parce que la chaleur de la main ferait fonctionner la pile. Les extrémités de la chaîne sont en rapport, par l'intermédiaire de deux tiges métalliques, avec les deux bouts du fil d'un galvanomètre, de sorte que, s'il vient à se produire un courant, le galvanomètre en décèlera la présence. Mais, comme il n'y a pas de proportionnalité entre les différences.

de chaleur et les déviations du galvanomètre, une table doit être établie par des expériences directes.

Si donc un rayon calorifique vient frapper l'une des faces de la pile, il se produit un courant dont l'intensité est donnée par le galvanomètre. On a ainsi un thermomètre d'une extrême sensibilité.

2° **SOURCES DE CHALEUR DIVERSES.** — On se sert le plus généralement, pour produire de la chaleur, de l'appareil appelé *cube de Leslie* (*fig.* 256).

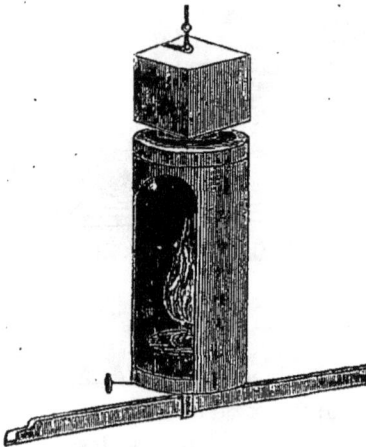

Fig. 256. — CUBE DE LESLIE.

C'est un cube métallique dont chacune des faces est enduite d'une substance que l'on choisit suivant l'expérience que l'on veut faire. On remplit ce cube d'eau, que l'on fait bouillir, soit en la plaçant sur une lampe à alcool entourée d'un écran pour intercepter son rayonnement, soit en y injectant de l'eau bouillante. Un tube de verre surmonte le cube, de sorte que la vapeur se condense dans le tube et retombe dans le cube qui, ainsi, ne se vide point.

Quelquefois on emploie la *lampe de Locatelli* (*fig.* 257), qui n'est autre chose qu'une lampe à huile armée d'un petit réflecteur. C'est une source de chaleur très constante ; mais elle est d'une faible intensité.

On emploie encore des plaques de cuivre enduites de noir de fumée, et que la flamme d'une lampe à alcool porte à 400° environ, ou bien une spirale de fil de platine que l'on maintient incandescente en la suspendant au-dessus d'une lampe à alcool, dont elle entoure la flamme.

Les radiations de chaque source calorifique ayant des propriétés spéciales, il faut multiplier ces sources et vérifier, avec chacune d'elles, les lois étudiées.

Fig. 257.

LAMPE
DE LOCATELLI.

LOIS RELATIVES A LA CHALEUR RAYONNANTE. — La chaleur rayonnante est soumise aux lois suivantes :

1° *Un corps chaud émet de la chaleur autour de lui dans toutes les directions.* Il est facile de vérifier cette loi en plaçant un thermomètre dans différentes positions autour d'un corps chaud. A des distances égales, le thermomètre indiquera la même élévation de température. On pourrait supposer que le corps chaud, *la source de chaleur*, échauffant les couches d'air successives, la chaleur arrive au thermomètre en vertu de la *conductibilité*, propriété que nous étudierons ci-après. Il n'en est rien. Une expérience de Prévost (1) le démontre. Entre une source de chaleur et un thermomètre, il plaçait le grand plateau de verre d'une machine électrique, puis il le faisait tourner de sorte qu'à chaque instant une nouvelle portion du verre était interposée entre la source de chaleur et le thermomètre. Le plateau, n'ayant pas le temps de s'échauffer, ne pouvait permettre de communication par conductibilité; les variations du thermomètre étaient dues à la seule chaleur rayonnante.

2° *La chaleur rayonnante, dans un milieu homogène, se transmet en ligne droite.* Cette loi se démontre en plaçant des écrans, percés d'un petit trou, entre une source de chaleur et un thermomètre. Lorsque les trous sont bien en face les uns des autres, sur une ligne droite, le thermomètre est influencé; si, au contraire, ils cessent d'être en ligne droite, la chaleur est interceptée.

3° *La chaleur rayonnante se transmet à travers le vide.* Le soleil, dont les rayons calorifiques traversent le vide avant de pénétrer dans notre atmosphère, nous démontre que la chaleur traverse le vide; mais on pouvait objecter que cette chaleur était accompagnée de lumière : Rumford montra que la *chaleur obscure* se propage aussi bien que la *chaleur lumineuse.* Il construisit un baromètre (*fig.* 258) dont la chambre barométrique était un

Fig. 258.

EXPÉRIENCE

DE RUMFORD.

ballon de verre, lequel, en conséquence, était parfaitement vide. Au milieu de ce ballon il plaça un thermomètre soudé par sa tige à la partie supérieure. A l'aide d'un chalumeau, il ramollit le tube du baromètre au-dessous du ballon, afin d'isoler complètement ce dernier. Que l'on plonge cette espèce de baromètre dans de l'eau bouillante, le mercure monte aussitôt dans le thermomètre. L'on ne peut attribuer cette élévation de température à une communication de chaleur par les parois, car cette communication ne se fait qu'avec une extrême lenteur, parce que la conductibilité calorifique du verre est très faible, comme nous le verrons ci-après, tandis que l'élévation du thermomètre est immédiate; de plus, la paroi n'est pas échauffée vers le point où le thermomètre est soudé, et cependant le mercure du thermomètre s'est déjà élevé dans le tube d'une quantité notable.

_____

(1) Prévost (Isaac-Bénédict), physicien et naturaliste genevois (1755-1819).

4° *L'intensité de la chaleur rayonnante est proportionnelle à la température du foyer.* Un thermomètre différentiel étant placé en face du cube de Leslie, si l'on remplit ce cube d'eau successivement à 50°, 60°, 80°, 100°, on voit le thermomètre indiquer des températures qui sont entre elles dans le même rapport que les premières, c'est-à-dire comme 5, 6, 8, 10, etc.

5° *L'intensité de la chaleur rayonnante est en raison inverse du carré des distances.* On démontre cette loi par le raisonnement, en s'appuyant sur ce théorème de géométrie : que *la surface d'une sphère croit comme le carré de son rayon.* Supposons une sphère creuse au centre de laquelle

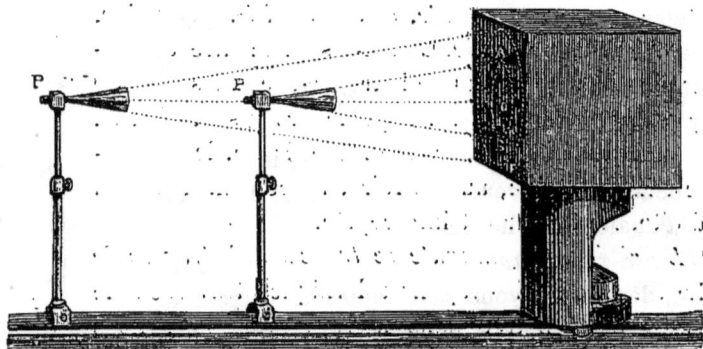

Fig. 259. — EXPÉRIENCE DE M. TYNDALL.

est placée une source de chaleur : chaque unité de surface de la paroi intérieure recevra une certaine quantité de chaleur. Augmentez le rayon de la sphère 2, 3, 4 fois, la surface deviendra 4, 9, 16 fois plus grande; elle recevra donc 4, 9, 16 fois moins de chaleur, et, réciproquement, si le rayon diminue 2, 3, 4 fois, la surface recevra 4, 9, 16 fois plus de chaleur.

Cette démonstration n'est point absolument rigoureuse : elle suppose, en effet, que la chaleur est une sorte d'effluve, émise par le foyer de chaleur; or, nous pensons aujourd'hui que la chaleur est un ébranlement de l'éther. Le raisonnement devrait donc être modifié; mais la démonstration très exacte perdrait ainsi le caractère de simplicité qui l'a fait adopter.

Une expérience de M. Tyndall donne d'ailleurs la preuve irréfutable de cette loi fondamentale. (*fig.* 259).

On place en P, puis en P', en face d'un cube de Leslie, une pile de Melloni, sur la face antérieure de laquelle est un petit cône, noirci en dedans pour empêcher toute réflexion sur la surface intérieure. Le côté du cube qui regarde la pile est aussi couvert de noir de fumée, et le cube lui-même est rempli d'eau bouillante. Or, à quelque distance que l'on place la pile, en P ou en P', l'indication thermométrique reste la même, quoique, la pile étant placée en P, elle reçoive toute la chaleur émise par la surface circu-

Mesure du pouvoir émissif des corps pour la chaleur (page 495).

laire AB, tandis qu'en P' elle reçoit la chaleur émise par une surface beaucoup plus grande A'B'. Ces deux surfaces sont des cercles dont les les rayons sont proportionnels aux distances PO, P'O; leurs surfaces sont proportionnelles aux carrés des mêmes quantités. Si elles envoient à la pile la même quantité de chaleur, c'est donc que l'intensité du rayonnement varie en raison inverse du carré des distances.

6° *Quand un rayon de chaleur tombe sur une surface polie, il se réfléchit, en faisant un angle de réflexion égal à l'angle d'incidence; et ces deux angles sont dans un même plan normal à la surface.*

Soit (*fig.* 260) AB une surface réfléchissante, c'est-à-dire présentant un certain degré de poli. Si un rayon calorique DO frappe cette surface, il se réfléchira suivant une direction OE, de telle sorte que les angles COE, COD, formés par ce rayon et la perpendiculaire ou *normale* OC, soient égaux; en d'autres termes, *l'angle d'incidence* COD sera égal à *l'angle de réflexion* COE. De plus, ces deux angles seront dans un même plan EOD, perpendiculaire à la surface AB.

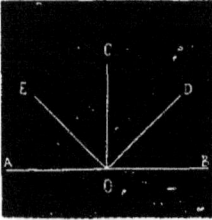

Fig. 260.

Ces lois sont précisément les lois de la réflexion de la lumière, et nous verrons, en traitant de la lumière, qu'elles sont susceptibles d'une vérification très rigoureuse. On admet aujourd'hui, depuis les travaux de Melloni, l'identité de la lumière et de la chaleur; les sources de chaleur et de lumière n'envoient à travers l'éther qu'une seule espèce de pulsations; et ces pulsations diffèrent entre elles seulement par la rapidité de leur succession, de même que les sons aigus diffèrent des sons graves par la rapidité seule des vibrations des corps sonores.

Nous accepterons donc comme vraies ces conclusions théoriques, les expériences faites avec les *miroirs ardents* les ayant d'ailleurs vérifiées.

MIROIRS ARDENTS. — Nous avons rapporté (page 11) l'opinion

Fig. 261. — MIROIR ARDENT.

qui attribue à Archimède, sinon l'invention, du moins la première application, historiquement connue, des *miroirs ardents*. Nous avons dit comment la possibilité du fait, révoquée en doute par Descartes, avait été prouvée par des expériences ultérieures. Qu'il nous soit permis, avant de poursuivre nos démonstrations scientifiques, de citer quelques beaux vers inspirés par l'action d'Archimède; la comparaison que le poète

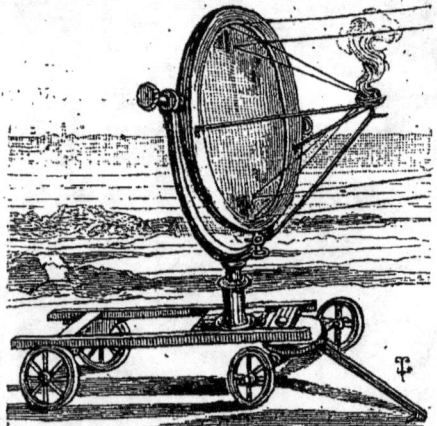

applique à la poésie vengeresse nous semble plus applicable encore aux vérités scientifiques, destructives des superstitions vicieuses :

> Quand la flotte romaine assiégeait Syracuse,
> Archimède, appliquant la science à la ruse,
> Au soleil défenseur osa s'associer.
> Il enferma ses feux dans des miroirs d'acier,
> Comme nous dans l'obus un réservoir de poudre,
> Et lançant la lumière en place de la foudre,
> Et d'éclairs contre Rome armant le sein des eaux,
> Acheva le problème en brûlant ses vaisseaux.
> Nous crions au miracle!... Et pourquoi ce prodige
> Ne laisse-t-il en nous ni lueur ni vestige,
> Quand de l'ordre physique il passe à l'idéal
> Et du monde des sens à l'univers moral?
> L'œil croit et l'âme nie. Eh! pourtant, qu'on le dise!
> Que sont ces forts marins que la guerre improvise,
> Près du vice en bataille, autour de nous posté,
> Dont l'éternel blocus cerne l'humanité ;
> Près de la servitude et de sa lèpre immonde ;
> Près du virus de l'or, qui pourrira le monde ;
> Vos plus savants miroirs, bornés dans leurs effets,
> Consument à cent pas vos donjons imparfaits...
> Regardez le poëte, alors que dans son œuvre
> Le soleil enfermé sous son regard manœuvre!
> Combattant aujourd'hui contre vos passions,
> A vingt siècles plus loin il darde ses rayons.
> Qu'il s'allume aujourd'hui! dans trois mille ans encore,
> Le miroir de ses vers, sublime météore,
> Ira de ces marchands, que nous traitons en rois,
> Foudroyer l'avarice, incendier les lois,
> Et, comme le fer rouge employant le tonnerre,
> Cautériser le crime aux veines de la terre (1).

Nous reprenons.

Les *miroirs ardents* (*fig.* 261) sont des surfaces sphériques de métal très poli ou de verre étamé, concaves, quelquefois à plusieurs facettes planes, convergeant toutes en un même point, appliquant ainsi à ces surfaces la loi donnée ci-dessus pour la réflexion sur des surfaces planes. Le point unique auquel tous les rayons concourent est le *foyer* du miroir. Dans les temps modernes, après le Père Kircher (2), dont nous avons

(1) Lefèvre-Deumier. *Le Couvre-feu.*
(2) KIRCHER (le Père), jésuite allemand (1602-1680). Il fut professeur de philosophie et de langues orientales à Wurtzbourg ; puis, après être resté quelque temps en France chez les jésuites d'Avignon, il alla à Rome vers 1636, où il enseigna les mathématiques au Collège romain, qu'il quitta pour se

parlé, Tschirnhausen (1) construisit, en 1687, un miroir en cuivre de 2 mètres de diamètre qui permettait de fondre le cuivre, l'argent, et de vitrifier la brique ; François Villette, opticien de Lyon, en construisit un remarquable pour Louis XIV ; et, en 1757, Bernières en fit un pour Louis XV, en verre étamé. Plus tard, Robertson perfectionna les miroirs ardents, en rendant les glaces mobiles ; un mécanisme permettait de manœuvrer toutes les glaces d'un même coup et de transporter à volonté le point de concours des rayons de chaleur d'un point à un autre. La monture d'un miroir ardent porte généralement trois tringles qui maintiennent au *foyer* un support pour soutenir les substances que l'on veut soumettre aux rayons réfléchis.

Ce fut Mariotte qui, en 1682, fit voir que la chaleur du feu est sensible au foyer d'un miroir ardent qui la réfléchit, et que, si on place un verre entre le miroir et son foyer, la chaleur n'est plus sensible. Cette expérience mit hors de doute la réflexion de la chaleur. Scheele, peu de temps après, démontrait que l'angle d'incidence est égal à l'angle de réflexion et que le plan d'incidence est le même que le plan de réflexion.

Lambert et Pictet (2), à la suite de ces observations, dit M. Hoeffer dans son *Histoire de la Physique*, distinguèrent les premiers la chaleur rayonnante en *lumineuse* et en *obscure*. Pictet imagina une expérience qui a été souvent répétée depuis. Il se servait de deux miroirs concaves (*fig.* 262) mis à 24 pieds l'un de l'autre ; par la chaleur d'un charbon incandescent, placé au foyer de l'un de ces miroirs, il enflammait un corps combustible, placé au foyer de l'autre. Les physiciens crurent que, dans cette expérience, c'était la *chaleur lumineuse* qui déterminait la combustion. Lambert ne partagea pas cette opinion, et il attribua l'effet obtenu à l'action de la chaleur obscure ; car, en réunissant au foyer d'une lentille la lumière d'un feu très ardent, il avait remarqué qu'on obtenait à peine une chaleur sensible.

livrer exclusivement aux sciences. Savant universel, il fut un des premiers qui étudia la langue copte, tenta d'expliquer les hiéroglyphes égyptiens, imagina une écriture universelle, inventa la lanterne magique, s'occupa d'acoustique et surtout de magnétisme, qu'il considérait comme une panacée universelle. Il joignait à une incontestable érudition une crédulité dévote et des bizarreries prodigieuses. Le musée du Collège romain conserve une précieuse collection d'objets rares d'histoire naturelle, d'antiquités, d'instruments de physique, rassemblés par le P. Kircher.

(1) TSCHIRNHAUSEN (Ehrenfried-Walter de), physicien et géomètre allemand (1651-1708), membre associé de l'Académie des sciences de Paris ; il s'occupa tout particulièrement de la fabrication des instruments d'optique, pour laquelle il établit, en Saxe, de superbes verreries. Il fabriqua, entre autres choses, des verres brûlants dits *Caustiques de Tschirnhausen* et une porcelaine semblable à celle de la Chine.

(2) PICTET (Maxime-Auguste), membre d'une famille de savants genevois (1752-1825), un des cinq inspecteurs généraux de l'Université impériale, professeur d'histoire naturelle à Genève, correspondant de l'Institut. Il créa, avec son frère, la *Bibliothèque britannique*, un des organes savants les plus accrédités, devenu plus tard la *Bibliothèque universelle de Genève*.

L'idée de Lambert, continue M. Hoeffer, fut reprise par B. de Saussure : « J'ai pensé, dit-il, que si, au lieu de charbon embrasé, on plaçait au foyer de l'un des miroirs un boulet de fer très chaud, mais non pas rouge, et que ce boulet excitât une chaleur sensible au foyer de l'autre miroir, ce serait une preuve certaine que la chaleur obscure peut, comme la lumière, se condenser en un foyer. Comme je ne possédais pas cet appareil, j'ai fait cette expérience avec celui de M. Pictet et conjointement avec lui. Les miroirs étaient d'étain, d'un pied de diamètre et de 4 pouces et demi de foyer. Nous avons pris un boulet de fer de 2 pouces de diamètre; nous l'avons fait rougir fortement pour qu'il se pénétrât de

Fig. 262. — EXPÉRIENCE DES MIROIRS CONJUGUÉS.

chaleur jusqu'à son centre ; puis nous l'avons laissé refroidir au point de n'être plus lumineux, même dans l'obscurité. Alors les deux miroirs étant en face l'un de l'autre et à 12 pieds 2 pouces de distance, nous avons fixé le boulet au foyer de l'un d'eux, tandis que nous tenions un thermomètre au foyer de l'autre. L'expérience se faisait dans une chambre où il n'y avait ni feu ni poêle, et dont les portes, les fenêtres et les volets mêmes étaient fermés, pour écarter, autant que possible, tout ce qui aurait pu causer des variations accidentelles dans la température de l'air. Le thermomètre au foyer du miroir était, avant l'expérience, à 4°; dès que le boulet a été placé dans l'autre foyer, il a commencé à monter, et en 6 minutes, il est venu à 14 degrés 1/2, tandis qu'un autre thermomètre, suspendu hors du foyer, mais à la même distance et du boulet et du corps de l'observateur, n'est monté qu'à 6 degrés. Il y a donc eu, dans cette expérience, plus de 8 degrés de température produits par la réflexion de la chaleur obscure. »

B. de Saussure et Pictet répétèrent plusieurs fois cette expérience à des jours différents, et les résultats furent toujours les mêmes.

RÉFLEXION APPARENTE DU FROID. — Pictet eut l'idée de remplacer, dans l'un des foyers, la boule chaude par un mélange frigorifique de glace et d'acide nitrique, et il vit, à son grand étonnement, le thermomètre placé dans l'autre foyer descendre à plusieurs degrés au-dessous de zéro. Partant de ce fait, il crut devoir admettre l'existence de rayons frigorifiques, indépendamment des rayons calorifiques. Mais Prévost, entre autres, combattit énergiquement cette opinion, en montra la fausseté, après une longue polémique, et prouva qu'il y avait là un simple phénomène d'échange. D'abord, en effet, il ne peut exister de rayons frigorifiques, puisque le froid n'est pas un agent distinct de la chaleur. Dans l'expérience de Pictet, la glace envoie, comme tous les corps, de la chaleur au thermomètre, moins cependant que cet instrument ne lui en envoie à son tour, de sorte que c'est parce qu'il donne plus de chaleur qu'il n'en reçoit que le thermomètre indique un abaissement de température.

ÉQUILIBRE MOBILE DE TEMPÉRATURE. LOI DE NEWTON. — L'expérience précédente rentre donc dans la loi générale de l'*équilibre de température*, par laquelle on énonce que plusieurs corps ayant des températures inégales, étant mis en présence dans une même enceinte, tendent tous à prendre la même température. Un rayonnement mutuel et continu de chaleur s'établit entre eux, et *ce rayonnement mutuel subsiste encore* quand il y a égalité de température entre eux tous. On donne à cet échange continuel de chaleur entre des corps, placés à distance, et dont la température se maintient égale, le nom d'*équilibre mobile* de température.

Toutes les déterminations numériques, dans l'étude de la chaleur rayonnante, reposent donc sur cette loi découverte par Newton, et qui s'énonce ainsi : *L'abaissement de température est proportionnel à l'excès de la température du corps qui se refroidit sur la température ambiante;* d'où l'on déduit par le calcul cette conséquence : *Les temps croissant en progression arithmétique, les températures décroissent en progression géométrique.* Lorsqu'il s'agit de petites variations de température, on peut admettre sensiblement que ces variations sont proportionnelles aux variations mêmes de la quantité de chaleur, de sorte qu'on peut donner à la loi de Newton cet énoncé souvent utilisé : *Si un corps chaud est placé dans un espace dont la température est inférieure à la sienne, il rayonne à chaque instant une quantité de chaleur proportionnelle à l'excès de sa température sur la température ambiante.*

POUVOIR ÉMISSIF DES CORPS POUR LA CHALEUR. — Deux corps de même forme, de mêmes dimensions, à la même température, émettent des quantités de chaleur plus ou moins grandes. Ce pouvoir varie selon l'état physique des corps, leur nature, la couleur et le degré de poli de leur surface. Ainsi une surface dépolie rayonne plus qu'une surface polie ; cela ne paraît pas dépendre du poli lui-même, mais de l'état moléculaire qu'entraîne le polissage : le marbre et l'ivoire ont le même pouvoir émissif, que leur surface soit striée ou non ; l'argent laminé a un pouvoir émissif plus grand quand il est dépoli ; c'est le contraire pour l'argent fondu. Par le mot surface, il ne faut pas entendre ici la surface mathématique, mais bien une couche d'une certaine épaisseur, et le rayonnement est d'autant plus intense que la densité de la couche superficielle est plus petite. Les couleurs sombres ont, en général, un pouvoir émissif plus grand que les couleurs claires ; cependant il y a des exceptions. Enfin le pouvoir émissif change sensiblement avec la température du corps ; les quantités de chaleur émise diminuent encore à mesure que diminue l'angle formé par les rayons de chaleur sur la surface qui les émet.

Tous ces phénomènes ont été étudiés par Leslie au moyen de son thermomètre, par La Provostaye, Desains, et surtout par Melloni, au moyen de l'appareil construit par ce dernier. Voici comment on disposait cet appareil. pour les expériences relatives au pouvoir émissif des différents corps.

Sur une règle métallique divisée (*fig.* à la page 489), on place un cube dont les diverses faces sont recouvertes de substances différentes. Ce cube contient de l'eau que l'on entretient en ébullition à l'aide d'une lampe à alcool, placée dans la partie creuse du support. A une certaine distance est placée la pile, et des écrans intermédiaires permettent d'arrêter, quand on le veut, le rayonnement. Or, si l'on fait rayonner successivement vers la pile les diverses faces du cube, on obtient des courants dont les intensités, dans l'état d'équilibre, seront précisément la mesure des pouvoirs émissifs des substances qui recouvrent la face du cube.

On ne peut, en réalité, déterminer le *pouvoir émissif absolu* d'un corps, c'est-à-dire *la quantité de chaleur émise pendant l'unité de temps pour l'unité de surface d'un corps ;* on n'a que son pouvoir relatif, le pouvoir absolu étant rapporté à celui du *noir de fumée,* que l'on a choisi parce que c'est le corps dont le pouvoir rayonnant est le plus grand et dont on a représenté le pouvoir émissif par 100.

Tableau des pouvoirs émissifs de divers corps.

Noir de fumée.....	100	Encre de Chine....	85	Argent..........	12
Blanc de céruse:....	100	Gomme laque.:.....	72	Cuivre jaune	12
Carbonate de plomb	100	Mercure	20	Or en feuilles....	4.25
Ivoire, jais, marbre .	98	Plomb	19	Argent poli......	3
Papier..........	98	Fer, acier.:.......	15	Laiton poli......	3
Verre...:....:. .	90	Étain en feuilles...	12	Argent mat bruni	2.10

POUVOIR ABSORBANT DES CORPS POUR LA CHALEUR. — On appelle *pouvoir absorbant* la propriété qu'ont les corps d'absorber une quantité plus ou moins considérable de la chaleur qui tombe sur leur surface. Pour déterminer ce pouvoir, Melloni plaçait devant la pile, disposée comme pour l'expérience précédente, un disque métallique très mince, enduit du côté de la pile de noir de fumée, et, du côté de la source de chaleur, de la substance dont on voulait étudier le pouvoir absorbant. Sous l'influence du rayonnement, le disque s'échauffait et rayonnait lui-même vers la pile, en raison de la quantité de chaleur qu'il avait absorbée. Il procédait ainsi pour ne pas altérer la pile, appareil fort délicat. Le galvanomètre indiquait les accroissements ou les diminutions de température. Plus simplement, mais un peu moins rigoureusement, on place la boule du thermomètre différentiel de Leslie au foyer d'un miroir ardent, en recouvrant successivement cette boule des diverses matières dont on veut connaître le pouvoir absorbant, et l'autre boule du thermomètre marque les changements de température.

De ces expériences, on a tiré cette conclusion, facile à prévoir, que les nombres qui représentent le pouvoir absorbant sont, pour chaque substance, les mêmes que ceux qui représentent le pouvoir émissif. En effet, l'émission ou l'absorption de la chaleur sont deux phénomènes de même nature; c'est un flux de chaleur qui tend à entrer dans un corps ou à en sortir.

La nature de la source de chaleur qui rayonne sur le corps a une influence très marquée sur le pouvoir absorbant. Aussi les expériences sont-elles faites successivement avec une lampe de Locatelli, un fil de platine incandescent, le cube de Leslie, une plaque de cuivre chauffée à 160°, etc.

On a remarqué, à la suite de ces expériences, qu'en général le pouvoir absorbant d'un même corps augmente à mesure que la température de la source est moins élevée.

Une observation fournie par les phénomènes naturels confirme ce fait important.

Tout le monde a remarqué que la neige fond beaucoup plus vite

Chaudière solaire de M. Mouchot (page 504).

dans le voisinage des arbres, à l'ombre, qu'en rase campagne, en plein soleil. Cela tient à ce que les branches, échauffées par le soleil, constituent une source de radiations obscures à basse température et, par suite, beaucoup plus absorbantes que les rayons directs du soleil.

POUVOIR RÉFLECTEUR DES CORPS POUR LA CHALEUR. — Le *pouvoir réflecteur* d'un corps est le *rapport entre la quantité de chaleur rayonnante qu'il reçoit et celle qu'il réfléchit dans le même temps.*

Pour déterminer ce rapport, on opère de la manière suivante (*fig.* 263) : En un point R de la règle de l'appareil de Melloni, ci-dessus décrit, se trouve un support portant une plate-forme divisée P. Une seconde règle RT mobile, à charnière autour de l'axe du support, porte l'appareil thermoscopique E. Sur la plate-forme P, on place une plaque de la substance S à étudier, et on dirige la règle mobile RT de façon que les rayons émis par la lampe L

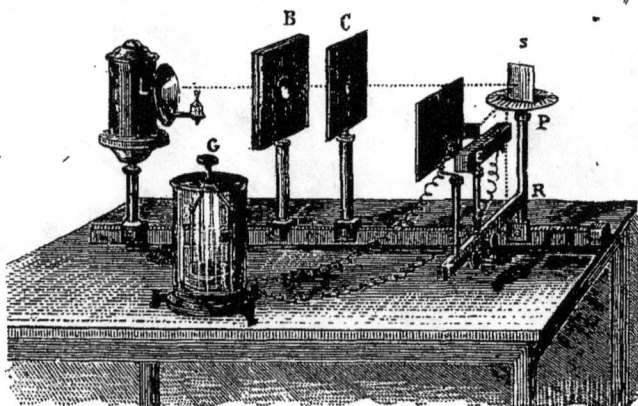

Fig. 263. — MESURE DU POUVOIR RÉFLECTEUR DES CORPS

viennent aboutir à l'ouverture de la pile, après leur réflexion sur la plaque, formant ainsi la ligne LSE. Le rapport entre l'intensité obtenue en E et celle obtenue directement en S, rapport constaté par le galvanomètre G, donne la mesure du pouvoir réflecteur.

Des expériences faites par Melloni, La Provostaye, Desains, il résulte que, pour le pouvoir réflecteur, comme pour le pouvoir rayonnant et pour le pouvoir absorbant, la source de chaleur a quelque influence, de même encore que l'angle d'incidence, dont le maximum de réflexion a lieu vers l'incidence de 70° à 75°, pour les métaux et les surfaces polies. Ainsi, le pouvoir réflecteur de l'argent poli qui est de 0,97 pour les rayons de la lampe de Locatelli, tombe à 0,92 pour les rayons solaires.

On voit que le pouvoir réflecteur de l'argent poli est extrêmement considérable. Comme il résulte d'ailleurs d'expériences comparatives très nombreuses, que, dans les radiations à la fois lumineuses et calorifiques, la chaleur et la lumière se réfléchissent en égale proportion, on comprend tout l'avantage que présentent les miroirs argentés employés depuis quelque temps dans la construction des télescopes.

Il a été constaté cependant que les surfaces en cuivre poli sont encore celles pour lesquelles le thermomètre de Leslie ou le galvanomètre de l'appareil de Melloni accusent les plus hautes températures. Ce métal a donc le plus grand pouvoir réflecteur. C'est pourquoi il a été pris comme point de comparaison. Voici le tableau des pouvoirs réflecteurs de quelques corps :

Cuivre jaune poli	100	Zinc	81
Plaqué d'argent	97	Étain en feuilles	80
Or	95	Platine poli	80
Laiton	93	Fer	77
Argent	90	Acier	70
Métal des miroirs	86	Plomb	60
Étain	85	Verre	10
Platine bruni	83	Noir de fumée	0

On voit, d'après ce tableau, que le pouvoir réflecteur est en raison inverse des pouvoirs émissif et absorbant. Il est évident, en effet, que moins un corps absorbe de chaleur rayonnante, plus il en réfléchit, et réciproquement.

POUVOIR DIFFUSIF DES CORPS POUR LA CHALEUR. — On entend par *pouvoir diffusif* d'un corps son pouvoir d'une réflexion irrégulière de chaleur, réflexion dont l'irrégularité est produite, sans doute, par la multitude des aspérités qui se rencontrent à la surface des corps les plus polis. La *diffusion* se constate facilement au moyen de l'appareil de Melloni. Si, comme dans les expériences sur les pouvoirs réflecteurs, on fait réfléchir un faisceau calorique sur une plaque enduite d'une matière présentant une surface non polie, on obtiendra une déviation du galvanomètre, dans quelque position que l'on place la pile au devant de la plaque. Ainsi s'explique l'intensité de la chaleur que l'on éprouve dans le voisinage d'un mur blanc éclairé par le soleil, lors même qu'on serait à l'abri des radiations directes.

DIATHERMANÉITÉ ET ATHERMANÉITÉ. — Parmi les corps, les uns se laissent traverser par les rayons calorifiques et sont dits *diathermanes* (du grec *dia*, à travers; *thermé*, chaleur); les autres ne les laissent pas passer et sont dits *athermanes* (du grec *a*, privatif; *thermé*, chaleur). .

Ce fut Pictet qui, le premier, constata l'élévation de température d'un thermomètre séparé de la source de chaleur par une lame transparente. On objecta aussitôt que cette élévation de température provenait de l'échauffement de la lame qui rayonnait ensuite sur le thermomètre. Prévost réfuta cette objection en interposant une nappe d'eau ou une plaque de glace entre la source de chaleur et le thermomètre. Delaroche poursuivit ces expériences ; mais c'est Melloni, grâce à sa pile thermoscopique, qui put apporter à cette partie de la physique les résultats précis dont la science lui est redevable.

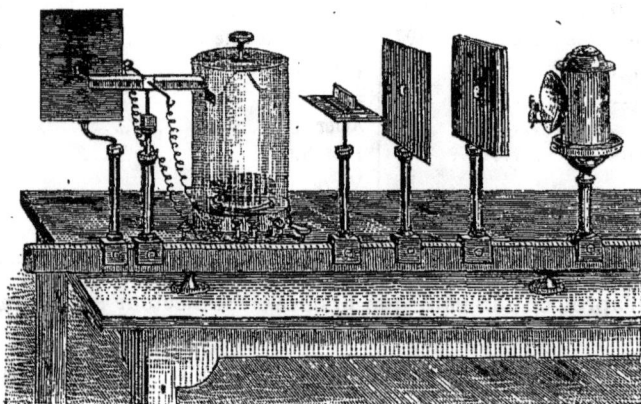

Fig. 264. — MESURE DU POUVOIR DIATHERMIQUE.

Melloni ne se contenta pas de faire des expériences avec le verre, il opéra, rapporte M. Hoeffer, sur trente-six substances différentes, réduites en lames d'égale épaisseur, d'un peu plus de deux millimètres et demi, et sur vingt-huit liquides d'une épaisseur de couche plus forte. Il plaça chacune de ces substances sur la route des rayons calorifiques émanés successivement de quatre sources de chaleur différentes, à savoir : un vase rempli d'eau bouillante, une lame de cuivre chauffée à 400°, du platine incandescent et une lampe de Locatelli (*fig.* 264). Chacune de ces sources était disposée à des distances telles de l'appareil thermométrique, qu'elles y produisaient toutes le même effet sans l'écran formé par la substance étudiée, c'est-à-dire que la source de chaleur la plus intense était la plus éloignée, la plus faible la plus rapprochée, tandis que les deux autres se trouvaient à des distances intermédiaires. Cette disposition permettait de considérer les *quantités* de chaleur qui arrivaient à l'appareil thermoscopique comme *égales*, mais comme de qualités différentes, puisqu'elles ne provenaient pas d'une seule et même source. Or, aucune des substances interposées comme écran ne se trouve, sauf une seule, transmettre la même proportion de chaleur rayonnante. Ainsi, pendant que le carbure de soufre en transmettait 63 pour 100, l'eau n'en laissait passer que 11 pour 100. Le sel gemme eut seul la propriété de transmettre toujours la même proportion (environ 92 pour 100) de tous les rayons de chaleur, de quelque source qu'ils émanassent. De là, la conclusion que les rayons de chaleur se comportent comme les rayons de lumière, qui passent plus facilement les uns que les autres à travers des écrans diversement colorés. Le sel gemme est, pour les rayons calorifiques, ce qu'un milieu incolore, tel qu'une lame de verre, est pour les rayons lumineux. « Si notre tact, ajoutait l'habile observateur, était aussi sensible » que notre œil, il est probable que, de même que les rayons de lumière » différents que nous désignons sous le nom de couleurs, les rayons de » chaleur différents nous procureraient aussi des impressions différentes. ». Nous sommes, pour la chaleur, ce que seraient pour la lumière ceux » qui ne discerneraient pas les couleurs et ne seraient affectés que par » le plus ou moins d'intensité des rayons lumineux. » Les physiciens se sont accordés depuis sur la cause qui nous empêche de voir les radiations obscures ; il faudrait les chercher dans les humeurs de l'œil, où ces radiations viennent s'éteindre.

Poursuivant ses expériences, Melloni trouva que les substances qui laissent passer le mieux la lumière ne sont pas celles qui transmettent le mieux la chaleur. Ainsi l'eau, les cristaux d'alun et de sulfate calcaire, quoique bien transparents, ne laissent passer qu'une très petite quantité de chaleur, tandis que le mica noir, complètement opaque, peut, en lames très minces, transmettre de 40 à 60 pour 100 des rayons calorifiques émanés d'une source d'alcool.

Enfin Melloni est parvenu à déterminer la diathermanéité propre à un grand nombre de substances, en mettant simultanément deux ou plusieurs écrans sur la route des mêmes rayons calorifiques ; et, de même qu'un verre bleu mis sur le parcours des rayons lumineux sortis d'un verre rouge n'en transmet aucun, parce que les rayons transmissibles par chacun des deux verres ne sont pas les mêmes, de même aussi, démontra-t-il, les rayons calorifiques sortis d'une lame d'alun ne traversent pas une lame de sulfate calcaire, tandis qu'ils passent facilement à travers une autre substance. En opposant ainsi les écrans de différentes substances les uns aux autres, Melloni réussit à déterminer leur diathermanéité relative, et il montra que, comme pour la lumière, on peut avoir, pour la chaleur, des lentilles et des prismes, avec cette différence qu'il faut, pour les fabriquer, employer le sel gemme au lieu de verre.

Les découvertes de Melloni ont été exposées et développées par Masson, Jamin, Tyndall, La Provostaye et Desains. M. Tyndall imagina une méthode très sensible pour mesurer les absorptions de la chaleur par différents gaz, c'est-à-dire leur athermanéité ; et il conclut de ses recherches, que cette faculté d'absorption n'existe pas dans les gaz simples ni dans leurs mélanges, tels que l'air ; qu'elle est, au contraire, très énergique dans l'oxyde d'azote, contenant les mêmes éléments que l'air et presque dans les mêmes proportions ; enfin qu'elle dépend de la constitution moléculaire. Il remarqua aussi que les liquides les moins diathermanes, c'est-à-dire qui absorbent le plus de chaleur, donnent les vapeurs les plus absorbantes ; que, par conséquent, l'eau étant le liquide le moins diathermane, la vapeur aqueuse doit être la plus absorbante des vapeurs.

L'importance de ce fait, en météorologie, ne lui échappa point ; il montra qu'il suffit de la présence d'un demi-centième de vapeur d'eau, dans une épaisseur de quatre à cinq mètres d'atmosphère, pour que tous les rayons venus du sol y soient arrêtés. Il faisait, à cet effet, passer un faisceau calorifique dans un tube contenant de l'air sec : l'aiguille du galvanomètre de l'appareil de Melloni déviait d'une certaine quantité. A l'aide d'une source de chaleur agissant en sens contraire, l'aiguille revenait au zéro. En laissant alors arriver de la vapeur d'eau ou de l'air humide, l'aiguille continue sa marche en arrière, de manière à accuser une diminution de chaleur transmise.

De là il concluait que c'était la vapeur d'eau, toujours contenue dans l'atmosphère, qui affaiblit les rayons solaires directs, et aussi que les rayons calorifiques émanés par la terre maintiennent à une température plus élevée les couches basses de l'atmosphère. « En considérant, dit-il, la
» terre comme une source de chaleur, on pourra admettre comme certain que
» 10 au moins pour 100 de la chaleur qu'elle tend à rayonner dans l'espace
» sont interceptés par les dix premiers pieds d'air humide qui entourent
» sa surface. Si l'on enlevait à l'air, en contact avec la terre, la vapeur
» d'eau qu'il contient, il se ferait, à la surface du sol, une déperdition de
» chaleur semblable à celle qui a lieu à de grandes hauteurs ; car l'air
» lui-même se comporte comme le vide, relativement à la transmission
» de la chaleur rayonnante. »

APPLICATIONS DIVERSES DES PRINCIPES DE LA CHALEUR RAYONNANTE. — Nous réunirons, dans le chapitre consacré à la *Météorologie*, les applications des principes de la dilatation des corps et ceux de la chaleur rayonnante aux grands phénomènes physiques, tels que la formation de la rosée, des gelées blanches, des vents, etc.

Dans les circonstances ordinaires de la vie, nous voyons les jardiniers peindre en noir les murs de leurs espaliers, afin que les rayons solaires soient absorbés et que le mur, échauffé, rayonne ensuite de la chaleur obscure vers les fruits ; ceux-ci reçoivent ainsi à la fois cette chaleur et celle qui vient directement du soleil. Dans les fonderies, les ouvriers regardent la coulée de métal incandescent à travers des plaques de verre. Il n'y a que les rayons lumineux qui atteignent leurs yeux, et ils sont les moins ardents. Ce sont surtout les paupières qu'il faut ainsi préserver ; l'œil lui-même est moins exposé, car ses liquides arrêtent les rayons obscurs et empêchent le fond de l'œil d'être brûlé. Dans nos serres, sous les cloches de nos jardins, la température de l'air est beaucoup plus élevée que celle de l'air extérieur, parce que la chaleur lumineuse du soleil traverse facilement le verre et est absorbée par la terre et la plante, tandis que la chaleur obscure que celles-ci rayonnent ne peut à son tour traverser le verre et reste confinée. Ainsi s'explique la chaleur accablante que l'on éprouve sous les vitrages de nos gares, de certains salons d'exposition, et aussi de quelques ateliers, où l'on a sacrifié l'hygiène des ouvriers à certaines considérations, souvent bien futiles.

« Les naturalistes, dit Bernardin de Saint-Pierre dans ses *Études de la nature*, regardent les couleurs comme des accidents. Mais si nous considérons les usages généraux où les emploie la nature, nous serons persuadés qu'il n'y a pas sur les rochers une seule nuance placée en vain. La nature emploie, au nord, la couleur blanche, pour augmenter la lumière et la chaleur du soleil. La plupart des terres y sont blanchâtres ou d'un gris clair. Les rochers, les sables y sont remplis de mica et de parties spéculaires. De plus, la blancheur des neiges qui les couvrent en hiver, et les parties vitreuses et cristallines de leurs glaces sont très propres à y affaiblir l'action du froid, en y réfléchissant la lumière et la chaleur de la manière la plus avantageuse. Les troncs des bouleaux qui y composent la plus grande partie des forêts ont l'écorce blanche comme du papier. Dans quelques endroits même, la terre est tapissée de végétaux tout blancs. Dans la partie orientale des hautes montagnes qui séparent la Suède de la Norvège, exposée à la plus grande rigueur du froid, il y a une forêt épaisse, et singulière en ce que le pin qui y croît est rendu noir par une espèce de lichen filamenteux qui y pend en abondance, tandis que la terre est couverte, partout aux environs, d'un lichen blanc, qui imite la neige par son éclat. La nature y donne la même couleur à la plupart des animaux, comme aux ours blancs, aux loups, aux perdrix, aux lièvres, aux hermines ; les autres y blanchissent sensiblement en hiver, tels que les renards et les écureuils, qui sont roux en été et petit-gris en hiver. Si nous considérions même la figure filiforme de leurs poils, leur vernis et leur transparence, nous verrions qu'ils sont formés de la manière la plus propre à réfléchir et à réfranger les rayons lumineux. On n'en doit pas considérer la blancheur comme une dégénération ou un affaiblissement de l'animal, ainsi que l'ont fait les naturalistes, par rapport aux cheveux des hommes qui blanchissent dans la vieillesse; car il n'y a rien de si touffu que la plupart de ces animaux, ni rien de si vigoureux que les animaux qui les portent.

» La nature, au contraire, a coloré de rouge, de bleu et de teintes sombres et noires, les terres, les végétaux, les animaux, et même les hommes qui habitent la zone torride, pour y éteindre les feux de l'atmosphère brûlante qui les environne (1). Les terres et les sables de la plus grande partie de l'Afrique, située entre les tropiques, sont d'un rouge brun, et les rochers en sont noirs. Les îles de France et de Bourbon, qui sont sur les lisières de cette zone, ont, en général, cette nuance. J'y ai vu des poules et des perroquets dont non seulement le plumage, mais la peau était teinte en noir. J'y ai vu aussi des poissons tout noirs, parmi les espèces qui vivent à fleur d'eau, telles que les vieilles et les raies. Comme les animaux blanchissent en hiver, au nord, à mesure que le soleil s'en éloigne, ceux du midi se colorent de teintes foncées, à mesure que le soleil s'approche d'eux.

» Il y a encore ceci de très remarquable et de conséquent à l'emploi que la nature fait de ses couleurs au nord et au midi ; c'est que par tout pays, la partie du corps d'un animal qui est la plus blanche, est le ventre, parce qu'il faut plus de chaleur au ventre pour la digestion et les autres fonctions ; et, au contraire, la tête est partout la plus fortement colorée, surtout dans les pays chauds, parce que cette partie a plus besoin de fraîcheur dans l'économie animale... »

CHAUDIÈRE SOLAIRE. — M. Mouchot, professeur de physique au collège de Tours, a imaginé une curieuse application, réellement industrielle, de la chaleur solaire à la mécanique. Certes, l'on avait songé, depuis longtemps, à utiliser la radiation solaire pour obtenir des températures élevées. La couleur noire possédant, à l'inverse de la couleur blanche, la propriété d'absorber le calorique, en employant, dans la fabrication d'un récipient, un métal noir pour emmagasiner de la chaleur, et un métal blanc pour la rassembler et la projeter sur le noir, on était sûr

(1) Comme l'absorption des rayons solaires pourrait être trop forte et empêcher que l'émission de sa propre chaleur qui le refroidit fût abondante, une sueur huileuse lubrifie la peau du nègre, afin que les rayons soient fortement réfléchis à sa surface.

d'obtenir une chaleur très grande. L'eau contenue dans un récipient de cette sorte entre en ébullition au bout de très peu de temps, surtout si l'on entoure le récipient d'une sorte d'abat-jour en métal blanc et poli.

Vue des villages de Davos-Dorfli et Davos-Platz (Suisse) [page 508].

Les rayons du soleil sont réfléchis par ce miroir et tombent sur le récipient noir qui les absorbe. B. de Saussure faisait cuire ainsi de la viande dans les Alpes ; plus d'un physicien s'est amusé, depuis, à préparer son café ou son thé à la chaleur solaire pendant ses excursions dans les Alpes.

Il faut même remonter très haut pour retrouver l'application de la chaleur du soleil à la production des températures élevées : Plutarque, à propos de l'entretien du feu sacré par les vestales, nous apprend qu'au temps de Numa-Pompilius on n'ignorait pas ce procédé.

« Et si d'aventure, dit-il, ce feu vient à faillir, comme à Athènes s'éteignit la sainte lampe du temps de la tyrannie d'Aristion, et à la ville de Delphes lorsque le temple d'Apollon fut brûlé par les Mèdes, et aussi à Rome du temps de la guerre contre le roi Mithridate et du temps des guerres civiles, quand le feu et l'autel furent ensemble consumés, les pontifes disent qu'il ne le faut pas rallumer d'un autre feu matériel, mais en faire un tout neuf, en le tirant de la flamme pure des rayons du soleil, ce qu'ils font de la manière suivante : Ils ont un vase creux formé avec le côté d'un triangle ayant un angle droit et deux jambes égales, de sorte que de tous les endroits de son tour et de sa circonférence il va aboutissant à un même point ; puis ils inclinent ce vase vers le soleil rayonnant, de telle sorte que les rayons allumés s'en vont, de tous côtés, s'unir et s'assembler au centre du vase. Là, ils subtilisent l'air si fortement qu'il s'enflamme ; et quand on en approche quelque matière aride et sèche, le feu y prend de suite... »

M. Mouchot a repris l'idée ancienne, et, après quinze années de tâtonnements et d'expériences, il a fini par réaliser un type satisfaisant.

Voici brièvement les dispositions adoptées par l'habile physicien :

Imaginez un abat-jour tournant sa grande ouverture vers le soleil (*fig.* page 497). Il a 2^m,60 de diamètre en haut, 1 mètre en bas ; la surface d'insolation est, par conséquent, de 4 mètres carrés. L'abat-jour en tronc de cône forme un angle de 45 degrés, la forme la plus convenable pour bien rassembler les rayons et les renvoyer sur le récipient à échauffer. La paroi intérieure ou réfléchissante de l'abat-jour est plaquée d'argent, mais pourrait être tout aussi bien en laiton poli. Ce réflecteur circulaire n'est pas d'une seule pièce ; il est formé de douze secteurs qui glissent à coulisse dans un châssis de fer et que l'on peut facilement enlever pour le nettoyer. L'abat-jour repose sur un disque de fonte qui sert également de support à la chaudière. Le récipient-chaudière a la hauteur de l'abat-jour ; il est en cuivre noirci extérieurement et se compose de deux parois concentriques en forme de cloche. La paroi extérieure a 0^m,80 de hauteur ; la paroi intérieure 0^m,50. Les diamètres respectifs sont 28 et 22 centimètres. L'eau est versée entre ces deux parois, de manière à constituer un cylindre annulaire de 0^m,03 d'épaisseur. Le volume du liquide n'excède pas 20 litres, pour laisser dix litres environ à la chambre de vapeur. De la base du récipient part un tuyau ; c'est le tuyau d'alimentation d'eau ; à la partie supérieure, un autre tuyau, c'est le tuyau de vapeur sur lequel on greffe les appareils de sûreté. Enfin, entre la chaudière et l'abat-jour réflecteur se place une cloche de verre de $0^m,85$ de haut sur $0^m,40$ de large et de $0^m,005$ d'épaisseur.

La chaudière est donc sous cloche.

Ce n'est pas tout cependant. Le soleil se déplace, et au bout d'une demi-heure, les rayons, au lieu de tomber sur l'appareil, tomberaient à côté; il faut que tout le système tourne de 15 degrés par heure autour d'un axe parallèle à l'axe du monde et s'incline graduellement sur cet axe, selon la déclinaison du soleil. M. Mouchot a satisfait très simplement à cette condition en installant l'appareil sur une tige solide, inclinée à l'horizon, et formant avec lui un angle égal à la latitude du lieu. A l'aide d'une vis sans fin, un simple coup de manivelle, donné toutes les demi-heures, fait pivoter la chaudière de l'angle voulu. Tous les huit jours, un autre coup de manivelle incline un peu la chaudière, qui s'appuie sur la tige mobile à l'aide de tourillons; la chaudière est ainsi obligée de se présenter sans cesse au soleil, quelle que soit l'époque de l'année. Le mouvement horaire d'orient en occident pourrait même devenir automatique sans beaucoup de dépense. Tel est le système.

Avec cet appareil, M. Mouchot vaporise 5 litres d'eau par heure, ce qui répond à un débit de vapeur de 140 litres par minute; il a pu mettre en marche un moteur de Behrens, lequel a fait marcher à grande vitesse une pompe élévatoire. Il a suffi de faire arrêter là vapeur de l'appareil dans un fourneau surmonté d'un alambic pour distiller 5 litres de vin en un quart d'heure. Cette même vapeur cuisait en abondance les légumes, la viande, etc. En somme on évalue que cet appareil peut emprunter au soleil, sous notre latitude, de 8 à 10 calories par minute et par mètre carré. Un cheval-vapeur consomme environ 20 litres d'eau. La surface de chauffe ordinaire dans une chaudière est d'environ 1 mètre carré à 1 mètre carré 1/2 avec un approvisionnement de 2 à 3 kilogrammes de houille en moyenne pour les bonnes machines. La chaudière de M. Mouchot vaporise 5 litres par heure avec une surface de chauffe de 3 mètres carrés; c'est inférieur, à la vérité, à ce que nous obtenons avec la houille; mais, en revanche, les rayons solaires ne coûtent absolument rien, et c'est, en pareille matière, l'argument décisif. D'ailleurs le rendement croîtrait avec les dimensions de l'appareil.

Il est possible que les chaudières solaires restent, pour notre latitude, un simple objet de curiosité. Le soleil est très capricieux sous notre climat; mais il est des contrées où le ciel reste longtemps pur et où la radiation solaire conserve sans cesse une énergie considérable. Dans ces régions, où précisément le charbon est très cher en général, les chaudières et les machines solaires pourraient être utilisées dans d'excellentes conditions.

APPLICATION AUX CLIMATS. — Sur une haute montagne, le sol, à la surface et à quelques décimètres de profondeur, s'échauffe plus que l'air, tandis que le contraire a lieu dans les plaines peu élevées au-dessus de la mer. Ce phénomène exerce une grande influence sur la géographie physique des hautes montagnes. Il relève la ligne des neiges éternelles dont la fusion est due principalement à la chaleur de la terre sous-jacente; car, dans ces hautes régions, les neiges fondent en dessous, et elles déterminent le glissement de ces champs de neige qui forment les avalanches du printemps des pentes gazonnées. Cet échauffement influe surtout sur la station des plantes de montagnes, et, en particulier, des plantes alpines, et cela nous explique la variété d'espèces végétales et le nombre d'individus qui couvrent le sol à la limite même des neiges éternelles. Quelquefois, sous une couche superficielle de neige glacée, on est surpris de trouver des plantes fleuries. Dans les Alpes, les plantes sont chauffées par le sol plus que par l'air; favorisées par une vive lumière, préservées des froids accidentels par les couches récentes de neige, sans cesse humectées par les nuages ou arrosées par les eaux qui s'écoulent des neiges fondantes, également sensibles d'ailleurs au froid et à la chaleur, elles ne peuvent supporter que des températures comprises entre 0° et 15° environ. Aussi leur culture dans les jardins exige-t-elle des soins assez minutieux.

M. Frankland, le savant chimiste de la Société royale de Londres, a transmis, il y a quelques années, à l'Académie des sciences, des observations très intéressantes. On ne croirait pas volontiers, sans preuves, qu'il existe en pleine Suisse, à plus de 1,500 mètres d'altitude, et en plein hiver, un climat assez doux pour que les touristes puissent déjeuner dehors en tenue d'été. Il en est cependant ainsi, et, par une contradiction apparente assez singulière, alors que le climat du pays dont nous parlons est froid en été, il devient chaud et hospitalier en hiver. Il s'agit des villages de Davos-Dorfli et Davos-Platz, situés dans la vallée de Pratigaüi, canton des Grisons (1).

Fait singulier : la montagne est couverte d'un épais manteau de neige, et les poitrinaires, à qui l'on conseille le séjour de ce village, peuvent se promener au milieu d'une atmosphère tiède. Comment expliquer ce climat bizarre qui permet au voyageur de se promener, comme à Nice,

(1) De Parville. *Ubi suprà.*

à la température des orangers, quand, autour de lui, s'étale un épais manteau de neige?

Parce que la radiation solaire est d'autant plus énergique que la transmission des rayons est moins gênée par son passage à travers une grande masse d'air. Aussi, plus on s'élève plus le soleil darde des rayons chauds. La chaleur n'a pas été absorbée en haut autant que s'il lui avait fallu traverser les basses régions atmosphériques. Tous les touristes savent que les coups de soleil sont bien plus à craindre en montagne qu'en plaine. La vapeur d'eau jouit de la propriété d'absorber les rayons calorifiques au plus haut degré; elle fait écran à la radiation solaire, qui augmente ou diminue singulièrement, suivant la quantité de vapeur d'eau que contient l'air... Avec l'air humide, inutile de se munir d'ombrelle; avec de l'air sec, il faut se défier de l'énergie de la radiation. Le thermomètre, exposé au soleil, monte beaucoup plus par un ciel pur et une atmosphère sèche que par un temps humide. Ajoutons que l'air peut être très humide, bien que le ciel paraisse très clair et très pur.

Or, à Davos, l'air est particulièment sec; la neige a solidifié l'humidité; le soleil est impuissant à fondre cette neige. Les rayons parviennent sans obstacle jusqu'au sol et élèvent la température en raison du pouvoir d'absorption calorifique du corps qu'ils touchent. Aussi, dès le lever de l'astre, on est directement chauffé par ses rayons. Le même effet avait été très nettement constaté par M. Desains, en 1809, au Rigi-Kulm. La température est glaciale avant le lever du jour. Dès que l'astre apparaît, on peut retirer son pardessus, la chaleur devient immédiatement printanière.

La réflexion des rayons par la neige contribue encore à la douceur des climats. M. Dufour a montré, en juin 1873, qu'une grande partie de la chaleur directe envoyée sur le lac de Genève, entre Lausanne et Vevey, est réfléchie par la surface de l'eau comme par un miroir. La proportion peut dépasser 0,50 quand le soleil est bas à l'horizon. Cette chaleur vient élever la température du rivage; on peut s'expliquer aussi de cette manière la facilité si grande avec laquelle on gagne des coups de soleil quand on navigue sur les grandes rivières et sur les lacs.

L'écart énorme de température que l'on remarque dans certaines contrées pendant la nuit et le jour n'a pas d'autre origine que la faculté de radiation de la chaleur à travers une atmosphère dépourvue de vapeur d'eau. Dans l'Afrique méridionale, dans le désert même, le thermomètre descend, pendant la nuit, au-dessous de zéro : on recueille de la glace, et, pendant le jour, il monte jusqu'à 96° et 98° au soleil. M. Hooker, dans son *Journal de l'Himalaya*, dit · « A 7,400 pieds, l'effet moyen des rayons de soleil sur la boule *noircie* d'un thermomètre est de 125°; à 13,000 pieds, en janvier, il est de 130°. Dans l'Australie centrale, selon M. Jevons, les fluctuations de la température sont énormément accrues. Le thermomètre peut s'élever à l'ombre à 115°, et au soleil à 140° et même à 150°. Ne nous plaignons donc pas trop des températures de 30° que nous supportons accidentellement sous nos latitudes. L'écart dépend évidemment de la quantité de vapeur d'eau qui se trouve dans l'air. Ainsi, à Greenwich, l'ascension moyenne du thermomètre ne dépasse pas 17°; dans l'intérieur de l'Afrique, l'écart journalier atteint assez souvent 100°. A Greenwich et à Paris, nous sommes protégés par la vapeur d'eau qui nous abrite contre la radiation et la déperdition; dans le désert, l'air sec laisse circuler le calorique, et l'on est soumis brusquement aux influences calorifiques extrêmes.

CLIMAT LOCAL. — La croissance et la belle venue des arbres de nos bois dépend, en grande partie, des circonstances climatériques. En culture, on entend par *climat* non seulement la température moyenne, mais encore les températures *extrêmes*, puisque quelques degrés de plus pendant l'hiver suffisent pour faire mourir un arbre, et quelques degrés de plus en été suffisent pour activer considérablement la végétation. On conçoit donc aussi que les brouillards, les gelées, les variations brusques d'humidité, etc., sont des éléments indispensables pour la détermination du climat. On doit donc définir le climat d'un lieu l'*ensemble des phénomènes caloriques et météorologiques qui s'y produisent et dont l'influence est salutaire ou nuisible à la végétation.*

Outre la division générale en *climats géographiques*, il faut donc s'intéresser aux changements que, dans chaque climat, la température subit sous l'influence de phénomènes météorologiques qui se produisent d'habitude dans un lieu donné. Cela forme le *climat local*.

Le climat local est soumis à quatre influences principales : l'*altitude*, la *configuration*, l'*exposition* et les *abris*.

1° *Altitude*. Lorsqu'on s'élève dans l'atmosphère, la température décroît à peu près progressivement; ce fait a été démontré par Gay-Lussac et constaté depuis par tous les aéronautes. La principale raison de ce fait paraît être la propriété qu'a l'air d'être très *diathermane* pour la chaleur solaire, et beaucoup moins pour la chaleur obscure que renvoie la terre. Les rayons calorifiques traversent donc sans s'y arrêter toute l'atmosphère et viennent échauffer le sol. La terre, ainsi échauffée, envoie sa chaleur aux objets environnants, et cette chaleur obscure s'accumule dans les régions inférieures de l'atmosphère. A cette cause principale du décroissement de la température à mesure qu'on s'élève dans l'air, ajoutons le rayonnement qui augmente avec la hauteur du lieu où l'on se trouve.

2° La *configuration* terrestre a une large part dans les influences qui modifient le climat local. Elle nous conduit à distinguer les climats de *plaines*, de *montagnes*, de *coteaux*.

Le climat de plaines est, en général, plus constant et moins rigoureux que celui des montagnes. La nature du sol et l'état de sa superficie sont des éléments de la plus haute importance dans la question de la détermination du climat d'un pays. Tout le monde sait, en, effet qu'un terrain compact et humide augmente la rudesse d'un climat, et on a pu constater combien les déboisements modifient la température moyenne de toute une contrée. Les eaux, les forêts, en exhalant de l'humidité dans l'atmosphère ambiante, tempèrent la chaleur en été; de plus, les masses des bois adoucissent la rigueur de l'hiver en s'opposant au rayonnement terrestre et en arrêtant l'action des vents. Le voisinage des mers influe aussi sur la constance du climat. La vapeur d'eau qui se dégage constamment, et dont la température est à peu près invariable, charge l'air d'humidité et se met en équilibre de chaleur avec lui. Des brises régulières, des ouragans très fréquents sont des phénomènes qui se produisent habituellement dans les contrées voisines de la mer et qui fixent la physionomie de leur climat. La plupart de nos grands arbres se développent et réussissent parfaitement dans les plaines. Le chêne rouvre, le hêtre, l'orme, le frêne, le robinier faux acacia, y sont surtout cultivés avec succès, et les tissus de ces bois sont bien lignifiés.

Le climat des montagnes, dont le caractère est une grande variabilité dans la température et la quantité d'humidité, n'est pas le même selon que l'on considère les trois situations qui le distinguent, c'est-à-dire les vallées, les versants, les plateaux.

Dans les vallées, la chaleur, entretenue par les rayons du soleil réfléchis sur les versants des montagnes, devient très forte, grâce au calme de l'atmosphère. Les cours d'eau qui arrosent le fond des vallées sont la source de l'humidité qui sature l'air et des brouillards fréquents dont il est chargé. Ces brouillards ont une influence très fâcheuse sur la végétation. Ils privent les arbres de la lumière qui leur est indispensable. D'autre part, chacun sait que les phénomènes météorologiques, tels que le serein, les gelées printanières, etc., sont très fréquents dans les vallées. Or ces phénomènes apportent de grandes perturbations dans la constitution des arbres délicats, en particulier de nos arbres fruitiers, dont les bourgeons ne peuvent supporter les gelées. Le climat des vallées est très favorable aux arbres de nos forêts dont l'organisation est plus vigoureuse. Le frêne, par exemple, y réussit à merveille.

Le climat des plateaux dépend principalement de leur élévation au-dessus du niveau de la mer. A de grandes hauteurs, la température est très basse, par la raison indiquée en parlant de l'altitude. Les nuages qui baignent le sommet des montagnes sont la source abondante de l'humidité dont l'air est chargé, et qui se dissipe tout à coup, emportée par un coup de vent. Ces variations brusques d'humidité, jointes aux phénomènes météorologiques, tels que la rosée, le givre, qui se produisent d'habitude sur les plateaux des montagnes, sont très funestes à la végétation.

Le climat des versants tient le milieu entre celui des vallées et celui des plateaux ; cela veut dire que, si le point spécial du versant dont on veut connaître le climat est, par exemple, plus voisin de la vallée que du sommet de la montagne, les phénomènes climatériques qui s'y produisent seront ceux des régions inférieures ; leur intensité sera seulement affaiblie. Dans la région moyenne des versants, le climat est des plus favorables à la végétation, quoique la chaleur y soit moins forte que dans le fond des vallées. Une des causes principales est que la lumière du soleil y arrive sans obstacle et qu'elle y exerce, par conséquent, ses merveilleux effets. Aussi presque tous les arbres de nos forêts, quoique n'atteignant pas des dimensions considérables, se plaisent sur les versants des montagnes.

Le climat des coteaux participe à la fois du climat des plaines et de celui des montagnes. Il est très favorable à la belle venue des arbres ; le chêne yeuse, le charme et surtout le châtaignier y prospèrent à merveille.

L'*exposition* est un élément très important à considérer dans la question du climat local. Les phénomènes météorologiques sont très différents, selon que le lieu dont on veut déterminer le climat est tourné vers tel ou tel point du ciel.

Au nord, les rayons du soleil n'ont aucune action directe. Ils arrivent considérablement affaiblis par de nombreuses réflexions qui les ont modifiés ; de plus, les vents du nord, quoique peu violents, sont toujours rigoureux. Il en résulte qu'à cette exposition, la température est froide, et par suite la végétation tardive. Cette circonstance est très favorable aux bourgeons délicats, qui alors n'ont rien à craindre des gelées printanières. Cette exposition convient à tous les arbres de nos forêts.

A l'est, le climat présente à peu près les mêmes caractères qu'au nord. Cependant la température y est moins froide et l'atmosphère parfaitement sèche. Cette exposition est, comme la précédente, très favorable à la prompte croissance des bois.

Le caractère principal du climat de l'ouest est une température chaude due aux rayons du soleil de l'après-midi, au moment où ils ont toute leur intensité. Des vents fréquents, toujours chargés d'humidité, adoucissent, par leur passage, la chaleur de l'atmosphère ; mais leur

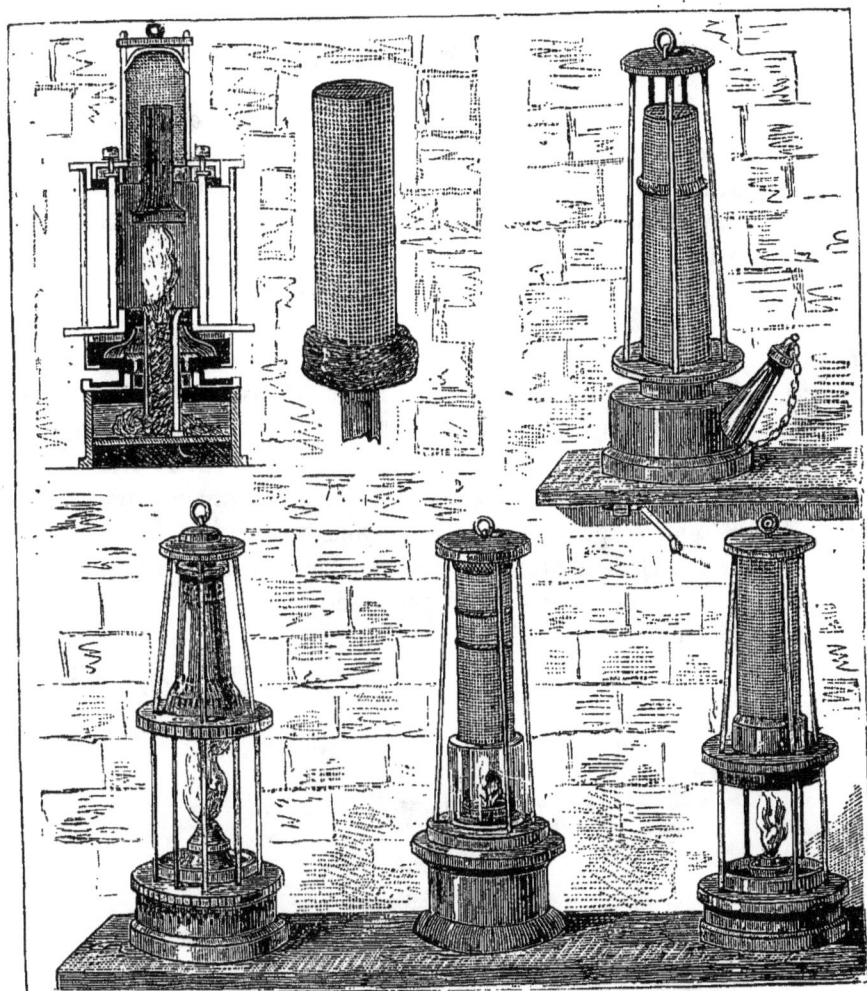

Lampes de sûreté des mineurs (page 520).

violence excessive rend la culture des bois très difficile à cette exposition. Les arbres qui ne sont pas déracinés ou brisés acquièrent une grande solidité dans leurs tissus ; mais leur croissance est tourmentée, et leurs formes, chétives et contournées, les rendent impropres à certains usages.

L'exposition du sud a beaucoup d'analogie avec celle de l'ouest; cependant elle est encore plus défavorable à la végétation, par ce motif que les vents qui soufflent au midi, toujours très chauds et très secs, loin de tempérer la chaleur, la rendent excessive. A cette exposition, les arbres sont toujours victimes des gelées printanières; aussi leur accroissement est très lent, leurs formes sont petites et ils n'arrivent jamais à une grande hauteur.

4° Les *abris* ont une grande influence sur le climat local, quels qu'ils soient : abris naturels, tels que montagnes, forêts ; abris artificiels, tels que murs, agglomérations de bâtiments, etc. Ils empêchent l'action des vents, si funeste aux arbres ; ils arrêtent la production de la rosée et des gelées, en mettant un obstacle au rayonnement des objets vers les espaces planétaires (1).

RÉFRACTION. — Grâce à l'appareil de Melloni, il a été constaté que la chaleur, comme la lumière, et aussi comme le son, subissait les lois de la *réfraction*, c'est-à-dire qu'un rayon calorifique, en traversant une substance diathermane, éprouve une déviation, un changement de direction, variable selon la substance traversée. De même, les rayons calorifiques sont de différentes espèces, comme les rayons lumineux. L'identité de la lumière et de la chaleur étant une chose admise, comme nous le verrons ci-après, nous étudierons la réfraction de la chaleur en nous occupant de la réfraction de la lumière.

CHAPITRE V

PROPAGATION DE LA CHALEUR
CONDUCTIBILITÉ

CONDUCTIBILITÉ. — Une observation journalière permet de reconnaître qu'un corps quelconque, étant soumis à l'action de la chaleur dans une de ses parties, les autres parties s'échauffent progressivement jusqu'à

(1) Léopold Giraud, professeur à l'École forestière.

ce que le corps tout entier soit parvenu à la même température. Depuis un temps immémorial, on sait aussi que cette transmission de la chaleur ne se fait pas de la même façon dans tous les corps. Si l'on plonge une cuiller d'argent et une cuiller de fer dans un liquide bouillant, on s'aperçoit que le manche de la cuiller d'argent est bien plus vivement échauffé que le manche de la cuiller de fer. Ce n'est cependant qu'à partir du XVII° siècle qu'on a sérieusement étudié ces phénomènes, après avoir donné le nom de *conductibilité* à cette propriété des corps de propager la chaleur de proche en proche dans leur intérieur.

En vérité, la science n'est pas encore assez avancée pour expliquer le mouvement exécuté par les molécules de la matière quand elles subissent l'influence de la chaleur : si on le connaissait, on pourrait probablement calculer les lois de la propagation de la chaleur, comme on a calculé celles de la transmission de la lumière et du son. Toutefois, l'*hypothèse* de Fourier (1), bien qu'elle ne soit encore qu'une *hypothèse*, constitue une *théorie de la conductibilité* assez probable. Partant de la loi de Newton (page 494), il admet qu'une molécule s'échauffe quand elle a absorbé une radiation, et qu'alors elle rayonne autour d'elle. Chaque molécule échauffée rayonne vers les molécules voisines, qui agissent de même à l'égard des suivantes ; et il arrive un moment où chacune d'elles reçoit une quantité de chaleur égale à celle qu'elle perd, soit par le rayonnement sur les molécules voisines, soit, quand elle est près de la surface, par le rayonnement vers l'extérieur, c'est-à-dire par *conductibilité extérieure*. La *conductibilité* ne serait donc qu'une des conséquences du *rayonnement*.

CONDUCTIBILITÉ DES CORPS SOLIDES. — Newton, un des premiers, imagina d'échauffer des corps de même dimension pour mesurer le temps qu'ils employaient à passer d'une température donnée à une autre température. Franklin chauffait, par un bout, des prismes de même dimension, et il observait à quelle distance de l'origine ils avaient la même température, ou quelle longueur de chaque prisme était contenue entre deux températures données. Les deux expériences habituellement faites dans les cabinets de physique pour démontrer la conductibilité différente des corps sont les suivantes :

---

(1) FOURIER (Jean-Baptiste-Joseph), mathématicien, physicien et administrateur distingué (1768-1830). Élevé par les bénédictins, il était destiné à être moine : il préféra devenir un savant. Dès 1795, il était professeur à l'École polytechnique, fit partie de l'expédition d'Égypte avec les savants envoyés par l'Institut. Il resta préfet de l'Isère de 1802 à 1815, entra à l'Académie des sciences en 1817 et en devint secrétaire perpétuel. Il fit aussi partie de l'Académie française. Ses travaux sur la *chaleur* forment son principal titre de gloire.

L'*appareil d'Ingenhousz* (1), construit d'après l'idée de Franklin (*fig.* 265), se compose d'une boîte rectangulaire en cuivre ou en fer-blanc, à laquelle sont adaptées, à l'aide de tubulures et de bouchons, des tiges de diverses substances, qui pénètrent de quelques millimètres dans la caisse et sont recouvertes de cire ordinaire, qui fond à 61°. Si l'on verse de l'eau à 100° dans la caisse, on voit la cire fondre sur les tiges à une distance plus ou moins grande de la paroi, ce qui indique le degré de conductibilité de la substance dont sont formées les tiges.

L'autre expérience (*fig.* 266) consiste à placer des barres de corps solides différents, bout à bout, au-dessus d'une lampe à alcool. Sur ces

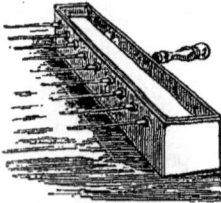

Fig. 265. — APPAREIL D'INGENHOUSZ.

barres, on fait adhérer, avec de la cire, des billes de bois. On voit alors les billes tomber successivement à partir du point échauffé, et, selon les métaux dont sont formées les barres, le nombre des billes tombées est plus ou moins grand, ce qui prouve que, dans l'une ou l'autre des barres, la chaleur se propage plus loin, c'est-à-dire que tel ou tel corps est meilleur *conducteur de la chaleur* que tel ou tel autre.

De ces expériences, il résulte que, si l'on exprime par 1,000 le degré de conductibilité de l'or, le métal le meilleur conducteur de la chaleur, on aura :

Or,	1,000	Fer,	374	Marbre,	24
Platine,	981	Zinc,	363	Porcelaine,	12
Argent,	973	Étain,	304	Terre de brique,	11
Cuivre,	898	Plomb,	179	Verre,	8

On peut constater ainsi que les métaux sont les meilleurs conducteurs de la chaleur; qu'après eux viennent les pierres, l'argile, le sable, le verre ; et après eux, le bois. Ainsi s'expliquent des faits très connus. Que l'on touche une plaque de métal, elle semblera plus froide que le marbre, le marbre plus froid que le bois, quoique plaque de métal, marbre ou bois, placés dans les mêmes conditions, soient réellement à la même température. En effet, la main, étant à une température supérieure à celle du corps touché, il y a de la chaleur cédée par voie de conducti-

(1) INGENHOUSZ (Jean), médecin et physicien hollandais (1730-1799). Outre divers ouvrages de médecine, il a publié de nombreux travaux relatifs à l'électricité et au magnétisme. Il combattit vivement Mesmer, expliquant les phénomènes du magnétisme par l'action des aimants. Étant allé en Angleterre pour étudier la méthode d'inoculation, il y séjourna longtemps et revint y mourir, quoiqu'il fût resté trente ans à Vienne, en qualité de médecin de l'empereur d'Autriche et de sa famille.

bilité, et plus est grande la conductibilité du corps touché par la main, plus vive est l'impression de froid ressentie.

Mayer a fait des observations multipliées sur la capacité conductrice du bois : en prenant l'eau pour unité, il a trouvé pour le bois de pommier 2,740, de prunier 3,25, de poirier 3,82, de sapin 3,89, de tilleul 3,90. Toutefois, ces chiffres ont été quelque peu modifiés depuis par les expériences de MM. Biot, Despretz, Péclet, Langebert, Wiedmann et Franz.

Remarque. — Il ne faut pas confondre, dans les expériences précédentes, la rapidité avec laquelle un corps conduit la chaleur avec l'intensité de son échauffement. La conductibilité détermine seule l'intensité de l'échauffement, tandis que la rapidité de l'échauffement dépend d'une autre propriété des corps que nous

Fig. 266.

CONDUCTIBILITÉ DES SOLIDES.

étudierons ci-après, la *chaleur spécifique*. Ainsi la cire fondra plus vite, dans l'expérience d'Ingenhousz, sur la tige de bismuth que sur la tige de fer ; mais elle fondra moins avant sur la tige. De même, dans l'autre

Fig. 267.

CONDUCTIBILITÉ DU FER ET DU BISMUTH.

expérience, les billes tomberont plus tôt d'une tige de bismuth que d'une tige de fer ; mais les dernières billes de la tige de bismuth tomberont après celles qu'on aura placées sur la tige de fer. Il faut considérer, pour déterminer le pouvoir conducteur, la distance du point d'où la dernière bille se détache à l'extrémité chauffée et non la rapidité de la chute.

Une expérience concluante démontre ce fait : Que l'on place deux petits cylindres, l'un de fer, l'autre de bismuth (*fig.* 267), sur un vase plein d'eau bouillante, après avoir enduit de la même quantité de cire la face supérieure. La cire fond sur le bismuth avant d'avoir fondu sur le fer ; mais si ces cylindres étaient très longs, la cire fondrait encore sur le cylindre de fer, tandis qu'elle ne fondrait plus sur le cylindre de bismuth.

CONDUCTIBILITÉ DES CORPS LIQUIDES. — Pendant longtemps, en constatant que la masse d'un liquide contenu dans un vase s'échauffait graduellement, on avait cru que les liquides étaient conducteurs de la chaleur. Rumford démontra le contraire. Au fond d'un tube de verre (*fig.* 268), il plaçait de la glace, puis il versait de l'eau par-dessus. Si, avec une lampe à alcool, placée vers le milieu du tube, au-dessus de la glace, il chauffait l'eau, celle-ci arrivait facilement à l'ébullition, sans que la glace fondît. L'échauffement d'un liquide n'a lieu rapidement, en effet, que lorsqu'il est chauffé par la partie inférieure, et ce n'est point par *conductibilité*, mais en vertu du phénomène connu sous le nom de *convection* (page 451). On peut s'assurer de l'existence des courants ainsi établis en mettant dans le liquide échauffé un corps léger, tel que de la sciure de bois, que l'on voit aller et venir de bas en haut et de haut en bas.

Cependant, d'autres physiciens, Thompson, Pictet, Murray, Nicholson, ont combattu la conclusion de Rumford comme trop absolue. De nos jours, M. Gripon a montré que le mercure possède une conductibilité comparable à celle des autres métaux, et M. Despretz, de son côté, a prouvé, par une expérience concluante, que l'eau a une faible conductibilité. Il chauffait de l'eau contenue dans un vase cylindrique en bois (*fig.* 269),

Fig. 268.
EXPÉRIENCE DE RUMFORD.

en faisant traverser continuellement, par un courant d'eau bouillante, une boîte métallique placée à sa partie supérieure. Des thermomètres traversaient le vase de bois à différentes hauteurs, et il observa que les températures décroissaient de haut en bas, quoique très lentement. Il fallut une trentaine d'heures pour que les thermomètres acquissent un excès stationnaire les uns sur les autres. Il fut même calculé que ces excès formaient une progression géométrique, et il constata qu'à partir

Fig. 269. — EXPÉRIENCE DE DESPRETZ.

du sixième thermomètre, il n'y avait pas d'échauffement appréciable.

CONDUCTIBILITÉ DES GAZ. — Les gaz sont très mauvais conducteurs de la chaleur. Il est très difficile de faire des épreuves directes sur leurs degrés de différence de conductibilité, parce qu'il est à peu près impossible de se mettre à l'abri des effets de la convection et du rayonnement direct; mais les exemples d'application journalière ont démontré jusqu'à l'évidence leur conductibilité à peu près nulle.

Tout le monde connaît l'expérience de Rumford. Sur un fromage à la glace placé dans un plat, il versait des œufs bien battus, comme pour une omelette; puis il recouvrait le tout d'un four de campagne bien chaud et chargé de charbons. Les œufs prenaient, cuisaient et formaient une omelette brûlante, au milieu de laquelle on retrouvait le fromage glacé n'ayant rien perdu de sa fraîcheur. L'air, emprisonné dans l'écume des œufs, avait empêché, par son faible pouvoir conducteur, la chaleur du four de pénétrer jusqu'au fromage.

Toutefois, en 1860, M. Magnus parvint à démontrer que la conductibilité de l'hydrogène est supérieure à celle des autres gaz. Cela est tout à fait en rapport avec ce que les chimistes pensent de la nature de ce gaz, qu'ils considèrent comme une sorte de métal gazeux (1).

APPLICATIONS DE L'INÉGALE CONDUCTIBILITÉ DES CORPS. — LAMPES DES MINEURS. — Les anciens, raconte M. Hoeffer, avaient entrepris d'immenses travaux pour l'exploitation des richesses métallurgiques des Pyrénées et de l'Espagne; mais, arrivés à une certaine profondeur du sol, ils se voyaient forcés de s'arrêter, soit à cause des gaz irrespirables, soit à cause des eaux qu'ils rencontraient. Impuissants à vaincre ces obstacles, les ouvriers mineurs du moyen âge abandonnèrent ces anciennes mines, sur lesquelles on avait répandu beaucoup de contes superstitieux, conformément à l'esprit du temps. « La principale raison pour laquelle la plupart des mines de France et d'Allemagne sont abandonnées, dit un auteur de l'époque, tient à l'existence des *esprits métalliques* qui sont fourrés en icelles. Ces esprits se présentent, les uns en forme de chevaux de légère encolure et d'un fier regard, qui, de leur souffle et hennissement, tuent les pauvres mineurs. Il y en a d'autres qui sont en figure d'ouvriers affublés d'un froc noir, qui enlèvent les ouvrants jusqu'au haut de la mine, puis les laissent tomber de haut en bas. Les *follets* ou *kobalts* ne sont pas si dangereux; ils paraissent en forme et habit d'ouvriers, étant de deux pieds trois pouces de hauteur; ils vont et viennent par la mine; ils montent et descendent et font toute contenance de travailler... On compte six espèces desdits esprits, desquels les plus infestes sont ceux

(1) Voir notre *Chimie*, au chapitre consacré à l'*hydrogène*.

qui ont ce capuchon noir, engendrés d'une humeur mauvaise et grossière... »

Nous avons dit (page 475) que le meilleur procédé, pour exorciser ces démons et les rendre impuissants, était une bonne ventilation des mines et l'emploi de la *lampe Davy*.

Cette lampe de sûreté est basée sur la conductibilité des toiles métalliques.

Dès 1660, Kunckel avait signalé cette propriété des toiles métalliques. « Lorsqu'on interpose, dit-il, entre la flamme et le métal qu'elle fait fondre, une gaze métallique, l'action de la flamme est suspendue. »

En effet, si l'on pose une toile métallique sur la flamme d'une bougie ou d'un bec de gaz, cette flamme se trouve interceptée ; le métal, par son pouvoir conducteur du calorique, refroidit les gaz et les empêche de brûler. On peut mettre ainsi sur une toile métallique un morceau de papier renfermant de la poudre à canon, déposer le tout sur la flamme d'une bougie, sans déterminer l'inflammation de la poudre. C'est donc en ayant l'idée d'enfermer la lumière d'une lampe derrière un pareil grillage, que le célèbre chimiste H. Davy trouva le moyen d'éclairer les mines, envahies par le *grisou*, sans que l'inflammation pût se transmettre au gaz.

La forme des *lampes de sûreté* a beaucoup varié depuis H. Davy ; mais elles se composent principalement (*fig.* à la page 513) de trois parties : 1° un réservoir contenant 160 grammes d'huile, qui peuvent suffire à dix heures de travail ; 2° une enveloppe imperméable à la flamme ; 3° une cage qui sert à fixer l'enveloppe sur le réservoir et à garantir celle-ci de tout choc.

L'enveloppe en toile ou gaze métallique contient 144 ouvertures rectangulaires par centimètre carré. C'est en laiton ou en fer qu'elle est faite. Le fil métallique peut avoir de 1/4 à 1/6 de millimètre de diamètre. Dans le haut du cylindre, la toile est double, de telle sorte que si l'une d'elles est altérée par l'action de la flamme, il reste encore une fermeture de sûreté.

Le porte-mèche de la lampe est muni d'une ouverture rectangulaire, dans laquelle on peut engager un fil de fer, recourbé à son extrémité, pour lever ou baisser la mèche. Ce fil de fer traverse le réservoir, au moyen d'un tube soudé aux plaques du dessus et du dessous du réservoir.

Une lampe de sûreté indique, à chaque instant, au mineur l'état de l'atmosphère des galeries, et l'avertit ainsi du moment où il doit se retirer. En effet, dès que le grisou se mêle à l'air dans les plus petites proportions, l'ouvrier s'en aperçoit aisément à l'augmentation du volume de la flamme

Glacière du bois de Boulogne (page 524).

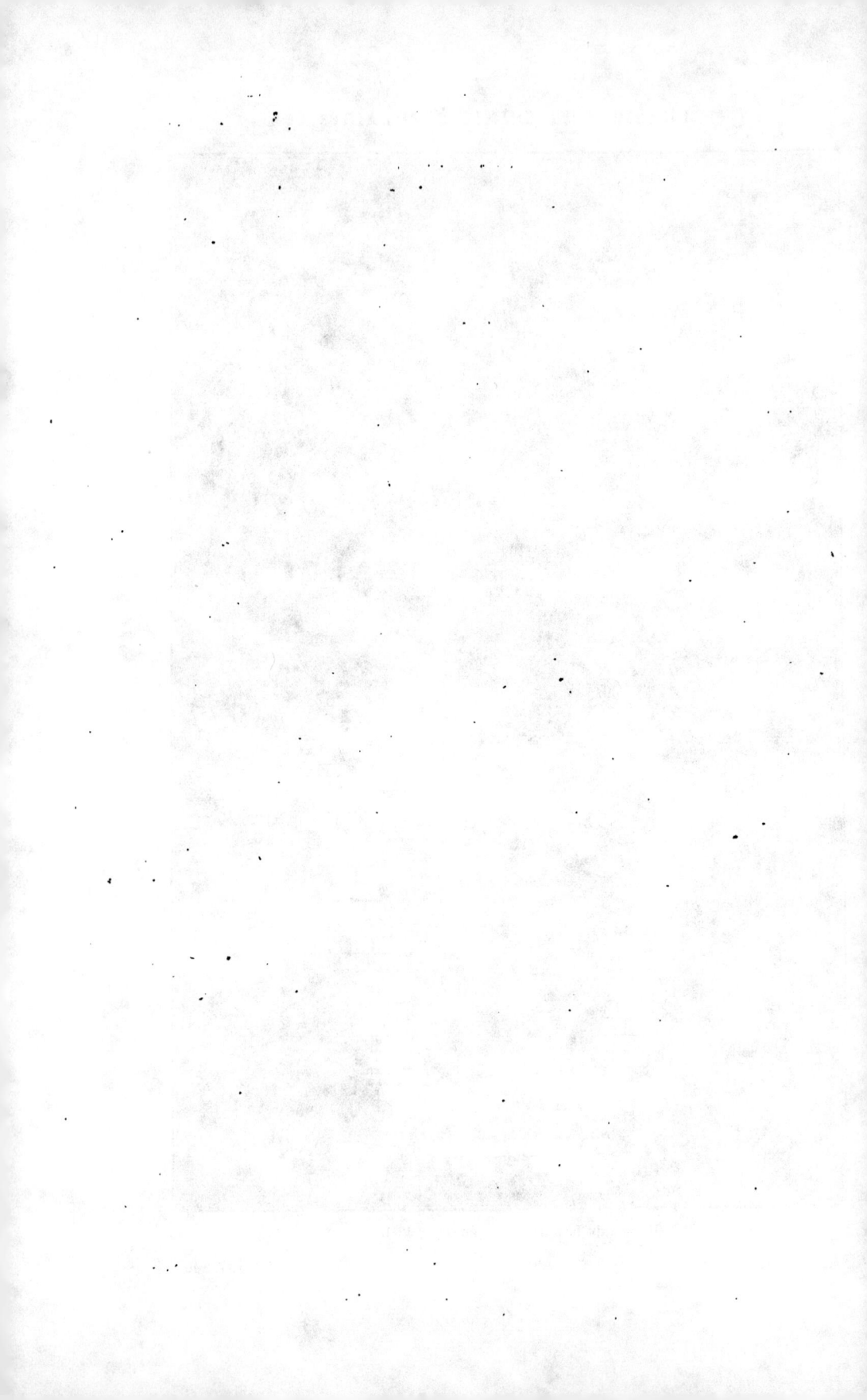

de la lampe. Quand le gaz forme le douzième du volume de l'air, l'enveloppe se remplit d'une flamme bleue très faible, au milieu de laquelle on distingue la flamme de la mèche. Celle-ci n'est plus visible aussitôt que le gaz forme le cinquième ou le sixième de l'air, le cylindre étant rempli par une flamme très éclatante du mélange combustible qui prend feu. Enfin, quand la proportion du grisou est considérable, qu'il forme, par exemple, le tiers du volume de l'air, la lampe s'éteint complètement.

Si l'on a soin de placer autour ou au-dessus de la mèche, plusieurs fils de platine roulés en spirale, et de 3/10 de millimètre environ d'épaisseur, la lampe peut encore, dans ce dernier cas, rendre des services au mineur. En effet, aussitôt qu'elle est éteinte, le platine se montre incandescent, par suite de la propriété qu'il possède de déterminer la combustion des gaz inflammables au contact de l'air. Il conserve cet état, en répandant une clarté assez intense, tant qu'il y a de l'air dans les galeries. Le mineur a le temps de fuir ces lieux, guidé par cette lumière nouvelle.

M. Combes, ingénieur des mines, a modifié avantageusement, en 1845, le modèle primitif de Davy, et les lampes déjà perfectionnées par Roberts, le baron Dumesnil, l'ingénieur belge Mueseler, Dubrulle, etc. Dans cet appareil, la lampe est enfermée dans une enveloppe de cristal, surmontée d'une enveloppe en gaze métallique. L'air nécessaire à la combustion entre par des trous percés circulairement dans le rebord en saillie du couvercle du réservoir à huile, et, avant de pénétrer dans l'enveloppe de cristal, cet air traverse une ou deux rondelles superposées de toile métallique ; les gaz brûlés s'élèvent, suivant l'axe de la lampe, dans une cheminée en cuivre, arrivent dans l'enveloppe métallique et se répandent finalement dans l'atmosphère. La lampe de M. Combes est plus sûre et beaucoup plus éclairante que toutes celles qui ont été proposées.

APPAREILS D'ALDINI. — Le chevalier Aldini, physicien italien, a imaginé une application, non moins utile que brillante, des propriétés des toiles métalliques. Elle consiste dans un appareil propre à garantir les pompiers de l'action des flammes dans les incendies. Cet appareil préservateur se compose de deux vêtements : l'un, en tissu épais d'amiante ou de laine, rendu incombustible au moyen d'une dissolution saline ; l'autre, en toile métallique de fil de fer, recouvrant le premier. Le pompier, revêtu de ces deux tissus, peut supporter, pendant un certain temps, l'action des flammes sans en ressentir les funestes effets, puisque le tissu métallique extérieur refroidit ces flammes, et que l'amiante et la laine ne transmettent que très faiblement la chaleur, en raison de leur faible conductibilité.

Armé de ces deux enveloppes, Aldini s'est exposé, le premier, au contact des flammes les plus ardentes. Les nombreuses expériences faites en Italie, puis à Gênes et à Paris, ont prouvé l'efficacité relative de ses appareils ; aussi, dans sa séance publique du 26 juillet 1830, l'Académie des sciences a-t-elle donné à l'ingénieux inventeur une somme de 8,000 francs, à titre d'encouragement.

Depuis 1838, d'autres applications des toiles métalliques ont été faites. M. Maratuch a eu l'idée de les employer contre les feux de cheminée. Pour cela, il établit, à l'entrée du tuyau des cheminées, un châssis portant une toile métallique, qui arrête complètement les feux les plus intenses. Dans la plupart des théâtres, un rideau de gaze métallique sépare de même la scène de la salle, en cas d'incendie.

CONSTRUCTION DES GLACIÈRES. — Les principes de la conductibilité de la chaleur des corps ont des applications journalières. Ainsi, pour que nous soyons préservés du froid en hiver, et aussi de la chaleur en été, les murs de nos habitations doivent être bien plus épais, s'ils sont en pierre, que s'ils sont en briques, et encore plus s'ils sont en bois, parce que la pierre conduit mieux la chaleur que la brique, et celle-ci mieux que le bois. De même, le sol de nos appartements est de plus en plus froid, s'il est recouvert de tapis de laine, ou en parquet, ou en carreaux. L'air, étant très mauvais conducteur de la chaleur, constitue une enveloppe très chaude. C'est pourquoi, dans les pays froids, beaucoup d'habitations ont des murs formés de planches épaisses, constituant une double paroi que l'on remplit de sciure de bois, de paille hachée, de mousse sèche, de copeaux. L'air, emprisonné dans les interstices, forme, avec ces matières, un ensemble très peu perméable à la chaleur, très mauvais conducteur.

Si l'on place à une chambre une double fenêtre, l'air, ne se renouvelant pas entre ces deux cloisons, empêche, bien mieux qu'un mur épais, la chaleur intérieure de s'échapper, et le froid extérieur de pénétrer. Ces doubles vitrages sont employés principalement dans les serres, dont les plantes ont besoin de lumière en même temps que de chaleur.

Les *glacières* sont construites en se basant sur la faible conductibilité pour la chaleur, du sol, des briques et des matières divisées. Ce sont des caves profondes, dont les parois intérieures sont en briques, et dans lesquelles on met, pendant l'hiver, pour s'en servir aux époques de grande chaleur, des morceaux de glace. Après avoir rempli la glacière, on y verse de l'eau, un jour de forte gelée, ce qui forme sur le tout une couche de glace isolante, puis on entasse de la paille, de la laine hachée par-dessus cette dernière couche. Un toit de chaume, des arbres, préservent, par leur.

ombre, la glacière des rayons du soleil, et achèvent de la rendre tout à fait imperméable à la chaleur du soleil (*fig.* à la page 521).

Il y a quelques années, un physicien italien proposa un perfectionnement dans la construction des glacières. Partant de ce principe qu'une couche d'air, renfermée entre deux parois, est le meilleur des corps isolants du calorique, il proposait de construire les glacières en leur donnant une double enceinte de murs, dans toute la partie qui s'élève au-dessus du sol, et aussi une double voûte. Il conseille, quant à la forme, de construire l'enceinte intérieure à parois obliques, de manière que sa circonférence aille se rétrécissant un peu de haut en bas, afin que la masse entière de la glace puisse occuper toute l'étendue de la glacière. L'espace vide entre les deux murs devra être d'environ $0^m,16$ dans la partie inférieure, se réduisant à $0^m,08$ dans le haut, et les deux murs seront rattachés au moyen de pierres d'attente. Les ouvertures, destinées à mettre la glace ou à la retirer, seront comme à l'ordinaire, si ce n'est qu'il est mieux de les fermer d'une double porte, dont celle qui sert le plus souvent formera, à l'intérieur, un corridor séparé de la couche d'air par une cloison. L'auteur conseille, de plus, de maintenir blanche la surface externe de la première enceinte, et sombre et lisse la face interne de la seconde, en vertu des lois sur les pouvoirs émissif et réflecteur. Enfin, il recommande de bien nettoyer les blocs de glace à conserver ; car le bois, la terre, les cailloux, etc., agissent comme conducteurs du calorique, et, par leur contact, facilitent la fusion de la glace. Ce procédé de construction est très bon, surtout dans les pays où le sol pierreux ou marécageux ne permet pas le creusement économique et le maintien des puits.

On sait à quels précieux usages sert la glace pendant l'été : la conservation des viandes, l'art culinaire, la médecine. Dès la plus haute antiquité, on s'est ingénié à trouver des procédés pour s'en procurer.

Les Romains, raconte M. G. Tissandier, dans son livre *De l'eau*, savaient conserver les neiges et les glaces dans des caves disposées comme nos glacières, et l'eau de neige était pour eux une boisson estimée. La nuit, des chariots couverts de paille amenaient, dans l'ancienne capitale du monde, la neige des Apennins ; des galères transportaient en Italie la glace de Sicile, bien préférable à toute autre, au dire des gastronomes d'alors, parce qu'elle se formait à côté des cratères brûlants où bouillonne la lave. Un temple avait été dressé pour conserver la neige pendant l'été, et les prêtres de Vulcain tiraient de son débit un bénéfice énorme. Les prêtres chrétiens, plus tard, conservèrent ce précieux et religieux usage ; et, à la fin du siècle dernier, l'évêque de Catane, soucieux des intérêts matériels, autant que des intérêts moraux de ses fidèles, trouvait 20,000 francs de revenu par an dans l'exploitation d'un amas de neige qu'il possédait sur l'Etna.

Aujourd'hui, comme du temps des Grecs, le Caucase et l'Oural alimentent l'Orient; la glace, emballée dans des étoffes de feutre, enveloppée dans de la paille, se transporte à dos de cheval. En France, la consommation de la glace n'est pas encore considérable; mais, aux États-Unis, elle atteint d'énormes proportions. Recueillie pendant l'hiver sur les lacs immenses du Canada, elle est taillée comme la pierre, au moyen de scies, et transportée aux Antilles, au Cap, aux Indes et jusqu'en Australie. La seule ville de Boston consomme par an 100,000 tonnes de glace, et 4,000 ouvriers sont attachés à cette branche de commerce. La Norvège est la glacière de l'Europe, elle en fournit aux pays du midi et souvent à Paris, quand l'hiver a été trop clément parmi nous, et que nos glacières, entre autres celle du bois de Boulogne, ne suffisent pas à la consommation.

Nous verrons ci-après comment on produit artificiellement de la glace.

APPLICATIONS DIVERSES. — C'est en vertu des principes de la conductibilité des corps pour la chaleur, que l'on entoure d'osier les manches des cafetières, que l'on donne des manches de bois aux théières, que les poignées des fers à repasser sont formées de laine hachée, enveloppée dans un morceau de peau.

Pour déboucher un flacon dont le bouchon adhère trop fortement au goulot, il suffit de chauffer le goulot. Celui-ci se dilate, mais le verre étant très mauvais conducteur, la chaleur ne pénètre pas jusqu'au bouchon, et celui-ci, ne se dilatant pas, devient plus petit que le goulot.

Les calorifères en métal chauffent fortement, mais se refroidissent vite, les métaux étant bons conducteurs; le contraire arrive pour les poêles en faïence, ce corps étant mauvais conducteur.

Enfin le choix de nos vêtements, pour lequel nous avons dû tenir compte des pouvoirs rayonnant, émissif, absorbant, s'appuie encore sur les principes de la conductibilité : la nature nous l'indique par les plumages ou les fourrures des animaux. Les plumes des oiseaux, formées d'une substance sans conductibilité, retiennent entre leurs rangs pressés et leurs innombrables menus filaments, un grand volume d'air dont le déplacement est impossible. Ce n'est pas encore assez pour les oiseaux des régions très froides. Sous leur plumage est une seconde enveloppe, d'un duvet tellement fin, tellement divisé et subdivisé, qu'on lui a donné un nom spécial, celui d'édredon. Or ce qu'il s'agit d'empêcher, c'est la déperdition de la chaleur des corps ; rien ne peut y être plus propre qu'une enveloppe renfermant une grande quantité d'air : aussi l'édredon est-il la matière la plus précieuse pour nous garantir du froid.

D'après les expériences de Rumford, voici dans quel ordre se rangent les diverses substances qui servent à fabriquer nos vêtements, au point de vue de leur propre conductibilité : soie tordue, coton ou laine, laine de brebis, taffetas, soie écrue, poil de castor, édredon, poil de lièvre. Les tissus de soie sont, de plus, d'une structure plus serrée que ceux de laine; ils sont donc, d'abord comme meilleurs conducteurs, inférieurs à ceux de laine, et ensuite, parce qu'ils renferment moins d'air. L'expérience journalière confirme ces résultats : chacun sait que les vêtements de drap sont ceux qui préservent le mieux contre le froid, parce qu'ils s'opposent au passage de la chaleur du corps, et aussi

Fig. 270. — CONSERVATEUR DU CALORIQUE.

contre la chaleur, en été, parce qu'ils empêchent mieux la chaleur extérieure de pénétrer jusqu'à notre corps.

CONSERVATEUR DU CALORIQUE. — Il y a une vingtaine d'années, on inventa un appareil très commode, peu connu depuis cependant, en dehors des cabinets de physique, et qui, s'appuyant sur le défaut de conductibilité du feutre, de la sciure de bois, du poil de lièvre, etc., semblait appelé à un grand succès, à cause de son utilité dans l'économie domestique. Cet appareil, que l'inventeur, M. Maire, appelait le *conservateur du calorique*, est une sorte d'étouffoir entièrement formé de feutre, et autres substances non conductrices du calorique (*fig.* 270). Dans un vase ordinaire, il faut quatre ou cinq heures de feu et de soins pour amener soit la viande, soit les légumes secs à un état de cuisson convenable. Avec le *conservateur du calorique*, il n'en est pas ainsi : on met sur le feu, dans une marmite bien close, la viande ou les légumes qu'on veut faire cuire, et on la place dans l'appareil, où le contenu achève de cuire *sans feu*, la chaleur acquise s'y conservant pendant longtemps. Dans une expérience publique, une marmite contenant 23 litres d'eau en ébullition fut placée dans un appareil conservateur, et, au bout de vingt-quatre heures, cette eau avait encore 52 degrés de chaleur. Ainsi, avec cet appareil, il y a non seulement économie de combustible et de temps, mais encore une sécurité plus grande pour les personnes qui sont obligées de s'absenter en laissant du feu chez elles. Quant à la viande et aux légumes cuits de cette manière, ils acquièrent une saveur bien plus grande que par le mode de cuisson ordinaire.

CHAPITRE VI

CHANGEMENT DANS L'ÉTAT DES CORPS

1° FUSION ET SOLIDIFICATION

FUSIBILITÉ DES CORPS. — Nous avons dit, en parlant des divers états de la matière (p. 28), que *tous les corps* peuvent se présenter successivement à l'*état solide*, à l'*état liquide*, ou à l'*état gazeux*. Dans ce chapitre, nous étudierons les lois qui président au passage des corps solides à l'état liquide et à leur retour à l'état solide ; le chapitre suivant sera consacré à l'étude des lois relatives à leur passage à l'état gazeux, puis inversement, de l'état gazeux à l'état liquide.

Nous avons dit que l'*état liquide* d'un corps était dû à la faiblesse de *cohésion* des molécules qui le constituent, et que la chaleur était une des causes principales qui produisent cette faiblesse de cohésion. Cette propriété des corps, sous l'influence de la chaleur, est appelée *fusibilité*, et l'état des corps, ainsi modifié, est dit la *fusion* de ce corps.

Tous les corps jouissent de cette propriété. Quelques-uns ont été regardés longtemps comme *infusibles*, et on les désignait sous le nom de *corps réfractaires;* mais c'était une erreur : ces corps exigent seulement, pour entrer en fusion, une température plus élevée que celle de nos foyers, et on ne les liquéfie qu'à l'aide du chalumeau à gaz oxyhydrogéné de M. Sainte-Claire-Deville (p. 397), ou d'une pile électrique. Le charbon

seul, jusqu'à présent, a résisté à toutes les tentatives faites pour le liquéfier; mais cela tient seulement à l'impuissance de nos moyens et ne peut
altérer la généralité du principe.

Les Ésquimaux habitent des maisons de glace, qu'ils nomment *iglous* (page 536).

Quelques corps : le bois, la gomme arabique, le papier, les os, la
laine, par exemple, se décomposent avant de fondre. Ce n'est point qu'ils
soient infusibles; ils se liquéfient à une certaine température, si on empêche
la décomposition qui précède la liquéfaction. Ainsi le chevalier de Hall a

pu liquéfier du marbre. Ordinairement cette matière, composée de chaux
et d'acide carbonique (1), soumise à l'action de la chaleur, se décompose :
l'acide carbonique se dégage et la chaux reste ; pour éviter cela, Hall
enfermait du marbre dans un canon de fusil hermétiquement fermé par
des bouchons à vis, et le soumettait à un feu ardent. L'acide carbonique
se dégageait, mais, étant emprisonné, il exerçait une pression sur le
morceau de marbre non encore altéré, il maintenait ainsi l'union de ses
éléments et ce marbre se liquéfiait.

Nous avons dit également (p. 28) que certains corps, avant d'atteindre l'état liquide, passent par certains états intermédiaires, pendant lesquels ils présentent une consistance pâteuse plus ou moins liquide. Généralement, le passage de l'état solide à l'état liquide est brusque. Le verre
étant un des quelques corps qui passent par des états intermédiaires (et
c'est même là ce qui est la base fondamentale du travail auquel on le soumet), on a donné à ces états intermédiaires de fusion le nom de *fusion
vitreuse*.

LOIS DE LA FUSION. — CHALEUR LATENTE. — Le phénomène de la
fusion est constamment soumis aux deux lois suivantes :

1° *La température à laquelle s'opère la fusion est invariable pour
chaque corps ;*

2° *La température d'un corps en fusion reste invariable pendant
toute la durée de la fusion.*

Ces deux lois se vérifient expérimentalement en plongeant plusieurs
fois un thermomètre dans le corps soumis à la fusion. On voit alors que,
dans quelques circonstances que l'on se place, le thermomètre indique
toujours le même degré, au moment où la fusion des corps commence, et
aussi que, tant que toutes les parties de ce corps ne sont pas fondues, le
thermomètre indique la même température.

Des expériences relatives à la première de ces deux lois, on a pu
préciser pour tous les corps le degré de température à laquelle ils se
liquéfient, c'est-à-dire leur *point de fusion*.

Un tableau exact des points de fusion de tous les corps serait fort utile ;
car, pour constater si un corps est pur, il suffit de le faire fondre et de
vérifier si le *point de fusion* est bien exact.

De plus, la connaissance du point de fusion des métaux permet de
ne pas s'exposer à porter ces corps à une température à laquelle le
vase qui les contient viendrait à fondre ; mais cette recherche est fort

(1) Voir notre *Chimie*. Du Calcium et de ses composés.

difficile, surtout pour les corps qui ne fondent qu'à des températures très élevées.

Nous donnons le *Tableau des points de fusion de divers corps*, d'après les expériences les plus récentes :

NOMS DES SUBSTANCES.	TEMPÉ-RATURE.	NOMS DES SUBSTANCES.	TEMPÉ-RATURE.	NOMS DES SUBSTANCES.	TEMPÉ-RATURE.
Acide stéarique	70°	Colophane.............	135°	Or (au titre de la Monnaie)..	1180°
Acier (le plus fusible)..	1300	Cuivre............	1050	Palladium	1700
Acier (le moins fusible).	1400	Cuivre jaune	1015	Paraffine	43,7
Aluminium	600	Étain	228	Phosphore.............	44,2
Antimoine............	425	Fer doux français.....	1500	Platine.	1900
Argent pur...........	1022	Fer martelé anglais....	1600	Plomb................	322
Arsenic métallique.....	210	Fonte manganésée.....	1250	Potassium............	58
Benzine	7	Fonte de fer..........	1050 à	Rubidium.	38,5
Beurre	33		1200	Sélénium.............	217
Bismuth.............	246	Glace.......	0	Sodium.............	90
Blanc de baleine.......	49	Graisse de mouton.....	51	Soufre.	114,5
Bronze	900	Huile d'olive..........	2.5	Sperma ceti..........	49
Cadmium.............	360	Huile de palme........	29	Stéarine..............	61
Camphre de Bornéo....	195	Indium................	334	Succin	288
Camphre du Japon.....	175	Iode.................	107	Sucre de canne........	160
Caoutchouc..........	120	Lithium.............	180	Sucre de raisin........	100
Chlorate de potasse....	334	Magnésium...........	410	Suif.................	33
Chlorure d'iode........	17,5	Mercure.............	— 39,5	Tellure	525
Bichlorure de zinc.....	250	Naphtaline............	78	Thallium.	290
Cire jaune............	76,2	Nickel................	1600	Urée.................	120
Cire blanche..........	68,7	Or	1250	Zinc.................	410

Pour expliquer la deuxième loi de fusion des corps, les anciens physiciens, qui assimilaient la chaleur à un fluide très subtil, appelaient *calorique latent* (du latin *latere*, cacher) la portion de ce fluide qui agissait sur le corps sans influer sur le thermomètre. Ils supposaient que la chaleur fournie par le foyer, et qui semblait disparaître, puisque le thermomètre n'accusait pas sa présence, était absorbée par le corps entrant en fusion. D'après les idées modernes et plus rationnelles sur la nature de la chaleur, on admet que la chaleur produite par le foyer disparaît, parce qu'elle se change en la somme de travail mécanique nécessaire pour modifier l'attraction, existant entre les molécules du solide, et produire la liquéfaction (page 404).

Dans son *Histoire de la physique*, M. Hoeffer donne des détails fort curieux sur ce point.

» On a lieu de s'étonner, dit-il, qu'aucun physicien n'ait expliqué, pendant longtemps, pourquoi la température reste invariable, quelle que soit la quantité de chaleur qu'on applique à la glace fondante ou à l'eau bouillante.

Ce n'est qu'en 1762 qu'un physicien chimiste, Black (1), essaya le premier de se rendre compte de ce singulier phénomène. Black demanda d'abord, en interrogeant la nature, pourquoi la glace se fond si lentement par l'action de la chaleur. Une première expérience lui apprit que, pendant que l'eau à 0° s'élève à la température de 7° (Fahrenheit), la même quantité de glace, également à 0° exige, quoique soumise à la même chaleur que l'eau, un temps 21 fois plus long pour arriver à la même température de 7°, soit 7° × 21 = 147°, et qu'il y a, par conséquent, 140 degrés de chaleur absorbés, que le thermomètre n'indique pas (2). Pour mieux s'assurer de l'absorption ou du recel de la chaleur, Black mêla ensemble des quantités égales d'eau chaude et d'eau froide; la température du mélange se trouva être exactement la moyenne entre les températures de l'eau chaude et de l'eau froide. Il fit ensuite d'autres expériences pour montrer que, quand on fait fondre de la glace dans une égale quantité d'eau (à 176° Fahrenheit), le mélange qui en résulte est à peu près à la température de la glace fondante. Cette quantité considérable de chaleur, qui disparaît ainsi et que le thermomètre n'indique point, reçut de Black le nom de *chaleur latente*.

Black fit le même genre d'expériences pour l'eau bouillante : il démontra que, pendant la *vaporisation* (page 567), il y a une grande quantité de chaleur d'absorbée, laquelle n'est point accusée par le thermomètre, et qu'il arrive ici ce qui se passe pendant la liquéfaction des corps solides. « De même que la glace, combinée avec une certaine quantité de chaleur constitue, dit-il, l'eau, ainsi l'eau combinée avec une certaine quantité de chaleur, constitue la vapeur. » On voit que, pour Black, la chaleur latente est de la *chaleur de combinaison*.

Bien des hypothèses ont été émises depuis Black sur la chaleur latente. Crawford suppose que les corps acquièrent plus de capacité pour contenir le calorique au moment où ils passent d'un état à l'autre. Lavoisier démontra que cette hypothèse était inadmissible; mais son opinion à lui-même était erronée.

Laplace (3), le premier, donna une explication du phénomène, telle

---

(1) BLACK (Joseph), né à Bordeaux de parents écossais (1728-1799), professeur de médecine et de chimie à Glasgow. Nous retrouverons souvent son nom dans notre *Chimie*. Sa patience et sa sagacité l'ont fait surnommer le *Nestor de la révolution chimique*. Élève du célèbre médecin Cullen, il eut la gloire d'être le maître de l'illustre James Watt.

(2) L'échelle du thermomètre Fahrenheit ayant subi des changements fréquents, il est difficile de convertir exactement les degrés du thermomètre de Black en degrés centigrades. On admet aujourd'hui que la glace exige pour se fondre autant de chaleur qu'il en faudrait pour élever son poids d'eau de 0° à 79° centigrades, ou pour élever de 1° centigrade 79 fois le même poids d'eau. (Voir ci-après le chapitre IX, *Calorimétrie*.)

(3) LAPLACE (Pierre-Simon, marquis de), un des plus grands mathématiciens de France (1749-

que nous l'admettons aujourd'hui : « Les molécules de l'eau, dit-il, en parlant de la fusion des glaces, ont entre elles, dans l'état de glace, une position différente que dans l'état de fluidité ; or, si l'on imagine une masse d'eau à une température au-dessous de zéro, et que, par une agitation quelconque, on dérange la position de ses molécules, on conçoit que, dans cette variété de mouvement, quelques-unes d'entre elles doivent tendre à se rencontrer dans la position nécessaire pour former la glace, et, puisque cette position est une de celles où la chaleur est en équilibre, elles pourront la prendre, si la chaleur qui les écarte se répand assez promptement sur les molécules voisines, en sorte que l'état de fluidité de l'eau sera d'autant moins *ferme* que sa température sera plus abaissée au-dessous de zéro. » Puis, généralisant cette manière de voir, Laplace ajoute · « Dans un système de corps animés par des forces quelconques, il y a souvent plusieurs états d'équilibre ; ainsi un parallélipipède rectangle, soumis à l'action de la pesanteur, sera en équilibre sur chacune de ses faces ; on peut l'y concevoir encore en le posant sur un de ses angles, pourvu que la verticale qui passe par son centre de gravité rencontre le sommet de cet angle ; mais cet état d'équilibre diffère des précédents en ce qu'il n'est point ferme, la plus légère secousse pouvant le détruire. Cela posé, imaginons en contact deux corps de température différente ; il est visible que la chaleur ne peut se mettre en équilibre que d'une seule manière, savoir : en se répandant dans les deux corps, de sorte que leur température soit la même ; mais si, par une augmentation ou une diminution de chaleur, les corps peuvent changer d'état, il existe alors plusieurs états d'équilibre ou de chaleur. »

Enfin le grand physicien-géomètre essaya, l'un des premiers, de rattacher cette physique moléculaire aux lois générales du mouvement. Voici ses expressions : elles méritent d'être reproduites :

« Dans tous les mouvements dans lesquels il n'y a point de changement brusque, il existe une loi générale que les géomètres ont désignée sous le nom de *principe de la conservation des forces vives;* cette loi consiste en ce que, dans un système de corps qui agissent les uns sur les autres d'une manière quelconque, la force vive, c'est-à-dire la somme des produits de chaque masse par le carré de la vitesse est constante. Si les corps sont animés par des forces accélératrices, la force vive est égale à ce

1827). A dix-neuf ans, il était déjà professeur de mathématiques dans une école militaire, et, par de savants Mémoires, obtint la protection de d'Alembert. Il fut successivement examinateur de l'école d'artillerie, professeur à l'École normale, membre de l'Institut. Après le 18 brumaire, il fut ministre de l'Intérieur, puis président du Sénat. La Restauration le créa pair de France et académicien. On lui doit surtout la vulgarisation du système de Newton sur la gravitation universelle et de savants ouvrages de mathématiques et de mécanique céleste.

qu'elle était à l'origine du mouvement, plus à la somme des masses multipliées par les carrés des vitesses dues à l'action des forces accélératrices. La chaleur est la force vive qui résulte des mouvements insensibles des molécules d'un corps : elle est la somme des produits de la masse de chaque molécule par le carré de sa vitesse. »

Laplace fait observer que ce n'est là sans doute qu'une hypothèse, au même titre que celle qui assimile le calorique à un fluide, mais qu'il sera facile de faire rentrer la seconde hypothèse dans la première, en changeant les mots de « *chaleur vive, chaleur combinée* et *chaleur dégagée*, par ceux de *force vive, perte* (absorption), *de force vive* et *augmentation* (réapparition) *de force vive* ».

APPLICATION DES LOIS DE LA FUSION. — La température d'un corps en fusion restant invariable pendant toute la durée de la fusion, ou, en d'autres termes, toute la chaleur communiquée à un corps qui commence à se fondre étant entièrement consommée par le travail de fusion, on comprend que, selon qu'il s'agit d'une substance ou d'une autre, la chaleur de fusion doit être en plus ou moins grande quantité. Or, de tous les corps solides, la glace est celui dont la chaleur de fusion est la plus grande de beaucoup, c'est-à-dire que la glace est le corps le plus difficile à fondre.

C'est pourquoi bien peu fondées sont les accusations de négligence ou d'apathie adressées aux administrations municipales lorsque, pendant de longs jours, la neige gelée encombre nos rues. « C'est cependant si simple, s'écrie-t-on, de se débarrasser de la neige. Les bras manquent, les tomberaux sont en petit nombre ? Qu'à cela ne tienne ! A-t-on jamais vu la neige résister au feu ? Aux grands maux les grands remèdes : il faut vaincre à tout prix, et traiter la neige par la vapeur, par le feu ! » Et les conseilleurs, qui ne sont pas les payeurs, se demandent encore comment on ne fait pas place nette à coups de jets de vapeur.

Il serait bien commode, en effet, comme on le dit, de n'avoir qu'à promener quelques locomobiles dans les rues, projetant leurs vapeurs sur la neige et la faisant fondre. Le moyen est séduisant et même très pratique, lorsqu'on ne connaît la neige que de vue. En est-il de même en réalité ?

Contrairement à ce que l'on pourrait croire, il faut beaucoup plus de chaleur pour fondre de la neige que du plomb. La neige, pour passer à l'état liquide, a besoin de 79,25 calories (voir ci-après *Calorimétrie*, ch. IX). Il est vrai que l'eau, pour se convertir en vapeur, nécessite environ 8 fois davantage. Un kilogramme de vapeur, à la pression de 3 à 5 atmosphères, renferme environ 650 calories. Il semble donc clair, de prime abord, qu'avec un kilogramme de vapeur le premier venu fera fondre 8 kilogrammes de neige. On se trompe. Pour que ce résultat fût atteint, il faudrait que toute la chaleur contenue dans la vapeur fût assez complaisante pour passer intégralement dans la neige, au gré de l'expérimentateur; mais la vapeur elle-même, en se détendant au sortir de la chaudière, se refroidit sensiblement. Aussi les 650 calories contenues dans l'eau sont-elles déjà en partie dissipées quand le jet vient frapper la neige. Il était bon, cependant, de se renseigner directement sur la fraction de chaleur réellement utilisée pour la fusion. L'expérience a été faite sous la direction des ingénieurs de la ville de Paris. La vapeur était fournie par une chaudière de 3 chevaux-vapeur, et prise sur le dôme, au moyen d'un boyau terminé par une lance d'arrosement. Avec ce dispositif, il était facile de diriger le jet sur la neige étalée au milieu de la chaussée ou ramassée en tas. On pesa la neige expérimentée, et, comme vérification, l'eau fondue; on évalua la vapeur dépensée par la quantité d'eau d'alimentation qu'il fallait introduire dans le générateur pour rétablir le niveau primitif.

La moyenne de six expériences, assez concordantes entre elles, a donné les chiffres suivants : Durée effective de l'arrosement à la vapeur, 2 h. 54 m.; somme de temps passé à régénérer la pression perdue, 2 h. 26 m.; temps total de travail produit par la chaudière, 5 h. 20 m.; eau vaporisée, 321 litres; poids de neige fondue, 1,038 kilogrammes.

Ainsi ce n'est pas 8 kilogr. de neige que fond, en pratique, 1 kilogr. de vapeur à 4 atmosphères, mais bien seulement 3 kilogr. 23. On perd presque 5 pour utiliser 3; le rendement n'est pas même de 50 pour 100. Voilà pour l'effet utile de la vapeur; maintenant, et le matériel? et la durée de l'opération? et la dépense?

Les locomobiles, qui ne condensent pas, brûlent normalement 5 kil.,50 de charbon par heure et par cheval-vapeur. Les 85 chevaux-vapeur que possède la ville de Paris consommeraient, pendant leur travail effectif de 14 heures, 67,000 kilogr. à 35 francs, soit 2,345 francs. Il faut ajouter à ce chiffre, pour 23 machines, 16 heures de mécanicien, y compris le temps d'allumage, à 50 centimes l'heure, 16 heures de chauffeur à 40 centimes, 14 heures de manœuvre pour la lance à 30 centimes, soit 427 fr. 80; total définitif 2,272 francs, sans compter cependant les balayeurs, le transport des machines, leur amortissement, etc. Le plaisir irréalisable de déblayer la neige à la vapeur coûterait plus de 22 centimes par mètre carré.

Il va sans dire qu'il faudrait, dans tous les cas, avec ce procédé, supporter, tout autant, la neige sous les pieds jusqu'au dégel. Autrement, la vapeur projetée sur un point produirait de l'eau qui se congèlerait plus loin ou même sur place. Toute locomobile à fondre la neige deviendrait

une machine à faire du verglas. Et, au bois de Boulogne, au lac des pati-
neurs, on l'a employée comme telle.

Donc, en y mettant la meilleure volonté possible, on est obligé de
conclure que tous les partisans de la vapeur réunis n'avanceront jamais
d'une heure le moment de la fonte des neiges.

Les exemples de la lenteur avec laquelle fond la glace sont nombreux et curieux.

Dans l'hiver de 1740, rapporte M. Tissandier, on construisit à Saint-
Pétersbourg, avec les glaçons de la Néva, un palais dans lequel on donna
des fêtes. Évidemment une grande quantité de chaleur était accumulée
à l'intérieur, et elle fondait peu à peu la superficie des murs ; mais la
fusion était très lente, de sorte que les murs, suffisamment épais, résistè-
rent pendant longtemps. On fit aussi avec de la glace des canons de quatre
pouces d'épaisseur, et on lança des boulets de fer, sans que les canons
fussent fondus ou brisés par l'explosion de la poudre.

Les Esquimaux habitent des maisons de glace, qu'ils nomment *iglous*
et dont le mobilier lui-même est de glace. Ils coupent des blocs qu'ils
détachent avec une scie à main. Le voyageur Hall en décrit une qu'il
habita longtemps. La première assise se composait de dix-sept blocs,
ayant chacun 1 mètre de long, $0^m,50$ de large et $0^m,16$ d'épaisseur. Tous
ces rangs s'inclinaient ensuite, de manière à former un dôme où, lorsqu'ils eurent posé la clef de voûte, les maçons étaient enfermés. Un trou
carré fut pratiqué dans la muraille, on passait par cette ouverture les blocs
à mesure qu'ils étaient taillés. Ces blocs de neige, coupés menu menu
par des hommes, étaient piétinés par des femmes et arrivaient à composer une seule masse très dure. C'était la plate-forme intérieure qui
devait servir de table, de couchette et de banc. De petites masses
semblables formèrent la cheminée, et le feu du foyer ne put les faire
fondre.

La lenteur de fusion de la glace peut recevoir une application journalière. Nous allons dire tout à l'heure que la dilatation de la glace est
capable de produire des effets désastreux, entre autres briser les conduits
d'eau, décomposer les substances organiques. Or, pour préserver ces corps
de la gelée, il suffit de les envelopper de linges mouillés et d'entretenir l'eau
qui les imprègne. Le corps ainsi enveloppé ne se refroidira pas au-dessous de zéro, à quelque température qu'il soit soumis. L'eau formera
lentement de petits glaçons sur le linge, en dégageant sans cesse de la
chaleur. De même, une couche de glace à la surface d'un corps est très
efficace contre la chaleur ; tant que la couche n'est pas absolument fondue
la température du corps ne pourra s'élever au-dessus de $0°$.

DISSOLUTION. — Le passage d'un corps de l'état solide à l'état liquide se fait aussi sous une autre influence que celle de la chaleur directe; elle se fait par l'action d'un liquide. Un morceau de sucre ou de sel mis

Les Icebergs (page 541).

dans l'eau, par exemple, *fond*. Ce phénomène porte le nom de *dissolution*. Il est dû évidemment à un travail moléculaire, sinon semblable, au moins analogue à celui de la fusion, et, conséquemment, il donne lieu à une consommation, à une disparition d'une certaine quantité de chaleur.

Nous verrons tout à l'heure, en parlant des moyens employés pour la fabrication artificielle de la glace, que l'on utilise pour cet objet l'abaissement de température, quelquefois fort grand, produit par une *dissolution*.

SOLIDIFICATION. — La *solidification* ou *congélation*, qui est l'inverse de la fusion, c'est-à-dire le passage d'un corps de l'état liquide à l'état solide, en abaissant progressivement sa température, est soumise à deux lois, réciproques des lois de la fusion :

1° *La température à laquelle un corps se solidifie est invariable pour chaque corps.*

2° *La température d'un corps qui se solidifie reste invariable pendant toute la durée de la solidification.*

Ces deux lois se vérifient expérimentalement, comme celles relatives à la fusion des corps, en maintenant un thermomètre dans les corps soumis à la solidification.

Tous les corps subissent le changement d'état dont nous parlons par l'abaissement graduel de la température; cependant quelques-uns, comme l'alcool absolu, le sulfure de carbone, l'éther, n'ont pu encore être solidifiés ; mais, de même que les corps dits réfractaires à la fusion, il faut accuser de l'insuccès des tentatives faites pour les solidifier l'imperfection seule des moyens dont la science dispose encore aujourd'hui. Le phénomène de solidification, comme celui de fusion, s'applique à tous les corps.

De même, pour tous les corps, la température de congélation est la même que celle de la fusion; ainsi, on peut indifféremment dire que l'eau se *congèle* à 0° ou que la glace *fond* à 0°.

SURFUSION. — Quelquefois cependant la température à laquelle la solidification d'un corps commence est notablement inférieure à son point de fusion; ce phénomène, qui ne se produit que dans des circonstances *tout exceptionnelles*, a reçu le nom de *surfusion*. L'étain, le phosphore, l'eau sont les corps chez lesquels on peut observer ce phénomène exceptionnel. Mais il est nécessaire que le liquide soit maintenu dans des vases très étroits, qu'il soit en petite quantité, que l'abaissement de la température soit très lent, et surtout qu'il soit préservé de toute agitation. Le moindre choc en effet, le contact d'une portion du solide qui doit se former; l'introduction d'un morceau de glace, par exemple, détermine une solidification immédiate.

A ce moment, un thermomètre plongé dans le liquide en expérience remonte jusqu'à la température du point de fusion; et cela est très explicable. Le retour des molécules à la position qui convient à l'état solide a nécessité un travail intérieur qui a produit de la chaleur, en quantité évidemment égale à celle disparue dans la fusion, puisqu'elle correspond à un même travail exécuté en sens inverse.

CRISTALLISATION. — Toutes les fois que dans un corps, dont la *cohésion* a été détruite par la chaleur, celle-ci cesse de faire son action; la première force reprend son empire, et dès lors les molécules, d'abord très écartées

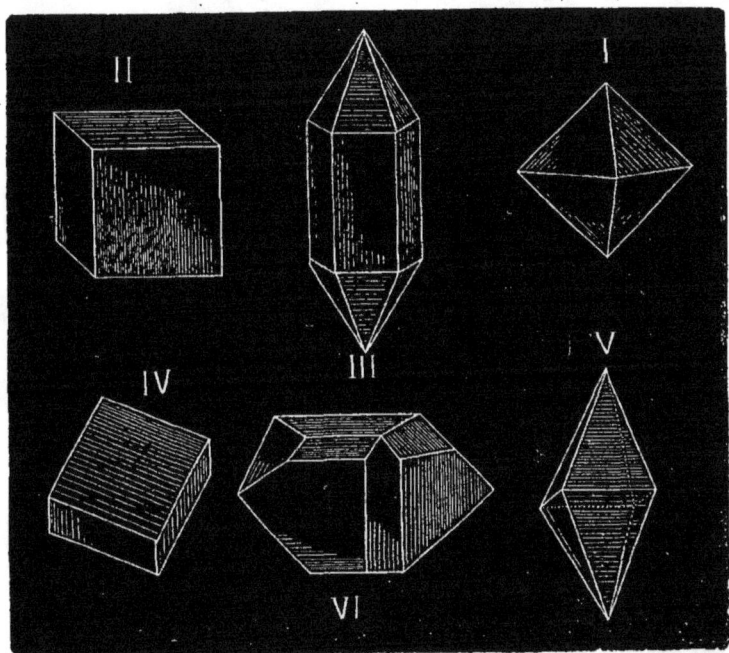

Fig. 271. — CRISTALLISATION.

les unes des autres, se rapprochent, s'accolent par les faces qui se conviennent le mieux, si le refroidissement se fait lentement, et elles produisent alors des solides réguliers terminés par des faces planes. Ces solides, d'une forme symétrique et constante, ont reçu le nom général de *cristaux*, quelle que soit la substance qui en ait fourni les matériaux. Le phénomène particulier de solidification qui les a produits a reçu le nom de *cristallisation*. On dit qu'un corps *cristallise* quand les molécules se groupent de manière à donner naissance à des figures régulières et déterminées (*fig.* 271) telles que le *cube* pour le sel gemme (I), *l'octaèdre* pour l'alun

(II), le *prisme à six pans bipyramidé* pour le cristal de roche (III), le *rhomboèdre obtus* pour le spath d'Islande (IV), *l'octaèdre* (V) ou des *prismes obliques à base rhombe* (VI) pour le soufre. On étudie, en chimie, les différentes cristallisations des corps; cela forme d'ailleurs une branche spéciale des sciences naturelles, appelée *cristallographie.*

Quand le retour à l'état solide s'effectue d'une manière brusque, instantanée, les molécules n'ayant pas le temps de se grouper systématiquement, les corps ne peuvent affecter des formes géométriques; ils apparaissent alors en grains, en poussière plus ou moins fine; dans ce cas, ils sont dits *amorphes* (du grec *a*, privatif; *morphé*, forme).

La *cristallisation*, qui s'obtient par fusion, s'obtient également par *dissolution*, c'est-à-dire en laissant dissoudre le corps dans un liquide, et en faisant ensuite évaporer le liquide. C'est ainsi que l'on opère pour faire cristalliser le sucre candi et pour obtenir le sel (page 571).

Ce second procédé de cristallisation, appelé le procédé par la *voie humide*, est surtout employé lorsque la proportion de matière solide qu'un liquide contient en dissolution est supérieure à celle que ce liquide peut normalement contenir, c'est-à-dire lorsqu'il est *sursaturé.* Cette proportion varie suivant la température, et généralement elle augmente avec celle-ci.

CHANGEMENT DE VOLUME AU MOMENT DE LA SOLIDIFICATION. — Lorsqu'un corps passe de l'état liquide à l'état solide, il y a diminution de volume, contraction, puisque c'est sous l'influence du froid que le corps se solidifie. Cependant nous avons fait remarquer (page 448) que l'eau faisait exception à la règle générale de dilatation et de contraction des corps. D'autres substances, l'antimoine, le bismuth, l'argent, la fonte, comme la glace, augmentent également de volume en se solidifiant. Cette circonstance rend la fonte très propre au moulage; car elle lui permet de pénétrer complètement dans tous les détails du moule en sable fin, dans lequel on coule le métal fondu, et d'en reproduire les détails les plus délicats.

Pour la glace, cette dilatation est considérable; elle est d'environ $\frac{1}{14}$; elle se produit d'ailleurs avec une force mécanique extrêmement intense, irrésistible, capable de briser les substances les plus solides. Les membres de l'Académie *del Cimento*, de Florence, virent crever, dans une expérience, une boule de cuivre si épaisse que Musschenbroek évalua à 13,800 kilogrammes l'effort nécessaire pour la rompre. Le dicton : *geler à pierre fendre* exprime un fait réel, dont les constructeurs se préoc-

cupent. Ils appellent *pierres gelives* les pierres qui peuvent se briser par
l'action des gelées, et, pour reconnaître ces pierres, ils les plongent dans
une dissolution de sulfate de soude. La pierre de mauvaise qualité se
fendille, lorsqu'elle est retirée de la dissolution, par l'effet de la dilatation
du liquide, qui se cristallise.

Le major d'artillerie Williams a fait, à Québec, sur cet objet, une suite
d'expériences, répétées dans tous les cours de physique. Il remplit d'eau
une boule de 30 centimètres de diamètre, la ferma hermétiquement avec
un tampon de bois, puis l'exposa au dehors. La température était de 28°
au-dessous de zéro. L'eau se gela ; le tampon fut lancé à plus de 100 mètres, et il se forma un mamelon de glace de plus de 20 centimètres. Une
autre fois, la boule se fendit circulairement, en laissant sortir une lame
de glace circulaire.

Ces efforts prodigieux expliquent les dégradations qu'éprouvent les
tuyaux de conduite et les corps de pompe, la fracture des vases à col
étroit, l'altération des matières organiques par les fortes gelées. On sait
que les viandes, les fruits gelés deviennent mous, flasques et faciles à se
putréfier, lorsqu'ils sont dégelés. On conçoit très bien encore les ravages
que produit la gelée sur les végétaux, au moment où ils sont gorgés de
sève.

Il importe de se prémunir contre ces graves inconvénients de la
gelée : il ne faut pas oublier de vider les vases de verre, les fontaines de
grès, à l'approche des froids rigoureux ; il faut soustraire les tuyaux de
conduite au contact de l'air, en les entourant de corps peu conducteurs
de la chaleur, tels que du sable ou du charbon. Lorsqu'on établit des conduites d'eau avec des tuyaux en plomb, il faut choisir de préférence ceux
qui sont tirés à la filière, parce qu'ils ont le grand avantage, sur les tuyaux
soudés, de se dilater également et de pouvoir céder, sans rompre, à l'effort
qui s'exerce sur eux.

D'après la dilatation qu'éprouve la glace, il est évident que celle-ci
est moins dense que l'eau, et que, en vertu du principe d'Archimède
(page 210), elle doit flotter à la surface des eaux. En effet, dans les mers
polaires, on rencontre des amas de glace flottante, qu'on nomme *champs
de glace*, même des montagnes de glace, connues sous le nom de *icebergs*,
et surnageant sur la mer (page 537).

Un voyageur américain célèbre, Charles-Francis Hall, décrit ainsi ces
masses flottantes :

« J'aperçus, dans le lointain, un *iceberg*, l'objet de mes rêves ! Sa
hauteur pouvait être de cinquante mètres, et ces cinquante mètres, que
l'on voyait au-dessus de l'eau, ne constituaient qu'une faible portion de

la montagne, dont la partie immergée était sept ou huit fois plus considérable. Depuis des années, l'un de mes plus vifs désirs était de voir un de ces monts flottants ; l'idée que je m'en étais faite se trouvait dépassée. Le soir, nous en étions plus près ; on aurait dit une montagne d'albâtre posée sur la mer, qui était d'un bleu sombre. Vers dix heures, le navire était sur la même ligne que l'énorme glaçon... Plus loin, les icebergs se voyaient en grand nombre et souvent excitaient la surprise. L'un d'eux surtout m'étonna par sa hauteur et par sa forme. A vrai dire, il n'y a pas deux icebergs qui se ressemblent, et pas un qui ait longtemps le même aspect.

Fig. 272.

EXPÉRIENCE
DE M. MOUSSON.

Un de ces monts avait une large ceinture dont les raies étaient obliques. Un autre rappela d'abord les ruines d'une église ; peu de temps après, il était changé en un éléphant, portant deux énormes tours et posant sur les débris d'une montagne d'albâtre, d'où s'élevaient de nombreux piliers. Impossible de ne pas qualifier de gothique l'apparition suivante : un rang d'arcades en ogive, surmonté d'un amas de frises, de corniches, de moulures et de flèches heureusement distribuées.

» Non seulement les icebergs sont variés et de forme changeante, mais ils ne gardent pas longtemps la même position. Le mouvement des glaces est aussi mystérieux que l'influence du pôle magnétique. On voit des icebergs s'approcher et s'éloigner les uns des autres avec une grâce, une noblesse, qui rappellent les allures des nobles danseurs d'autrefois. »

INFLUENCE DE LA PRESSION SUR LE POINT DE FUSION. — La pression extérieure a une certaine influence sur le point de fusion. Ce fait, longtemps ignoré, a été mis en lumière, pour la première fois, par M. W. Thomson, en se servant d'un appareil analogue au piézomètre d'Œrstedt (page 45), et plus récemment par M. Mousson, qui a prouvé que de grandes pressions pouvaient abaisser le terme de la congélation.

M. Mousson se sert d'un prisme en acier (*fig.* 272) percé d'un canal dans toute sa longueur. L'une des extrémités est fermée par un bouchon conique, fortement assujetti à l'aide d'une vis ; de l'autre côté, une sorte de piston en acier, fileté supérieurement, peut s'avancer dans la cavité. On renverse l'appareil, et, par l'ouverture inférieure, on introduit de l'eau récemment bouillie et un petit index métallique, qui naturellement gagne le fond du liquide. On fait congeler la masse, on adapte le bouchon conique, et, après avoir redressé l'appareil, on le porte dans un mélange réfrigérant de 18° à 20° au-dessous de zéro. A l'aide d'un levier agissant sur le piston, on comprime ensuite très fortement la glace. M. Mousson évalue la pression absolue, dans quèlques-unes de ses expériences, à plusieurs milliers d'atmosphères. En faisant cesser la pression, l'eau se congèle, et, en enlevant le bouchon, on trouve l'index métallique en contact immédiat avec lui. On en conclut que, naturellement, la glace a dû fondre; car, sans cela, l'index n'aurait pu descendre au fond de la cavité.

REGÉLATION. — Des observations précédentes, découle l'explication de quelques-unes des propriétés de la glace.

Elle est *glissante*, parce qu'un corps placé sur elle détermine, par sa pression, la formation d'une pellicule liquide, qui agit à la manière d'un corps *lubrifiant ;* car l'eau a une puissance très grande pour diminuer les frottements. Cette puissance *lubrifiante* de l'eau a été constatée par de nombreuses expériences; entre les organes frottants des machines, elle a un pouvoir de près de cent fois plus grand que l'huile ; un chemin de fer d'essai, établi à La Jonchère, dans lequel le roulement est remplacé par le glissement de patins sur des rails plats, avec interposition d'une lame d'eau, prouve le pouvoir lubrifiant de l'eau, et c'est cette lame d'eau lubrifiante qui, nous le répétons, rend la glace glissante, lorsqu'un corps a, par sa pression sur elle, formé une lame liquide.

La *regélation* s'explique de la même façon. On appelle de ce nom la propriété qu'ont deux morceaux de glace, appliqués par deux surfaces tant soit peu étendues l'un contre l'autre, de se souder aux points de contact pour ne former qu'un seul morceau.

Ces deux propriétés particulières à la glace se trouvent réunies dans la théorie des glaciers :

« La fusion de le neige sur les montagnes est toujours incomplète. Au-dessus d'une certaine limite, qu'on appelle « la ligne des neiges, » règnent les glaces éternelles. Plus bas, la chaleur, toujours prédominante, fait fondre complètement la neige formée par les froids de l'hiver. Mais si, au-dessus de cette ligne-limite, il y avait chaque année une accumulation de neige, les montagnes se chargeraient, à travers les siècles, d'un poids énorme; si la couche de neige s'accroissait seulement d'un mètre en une année, le dépôt, qui aurait pris naissance depuis dix-huit siècles, serait de 1,800 mètres. Et si, au lieu de remonter les temps historiques, on comptait à partir des âges géologiques, on arriverait à assigner à la couche de neige qui charge les épaules de nos montagnes, une hauteur prodigieuse. Aucun amoncellement de ce genre ne peut avoir lieu, et il n'est pas possible que le soleil entasse, sur les chaînes des montagnes, l'eau qu'il ravit sans cesse à l'océan.

» Par quel mécanisme les cimes des montagnes sont-elles débarrassées de l'excès de neige qui les écrase sous son poids? Des blocs immenses de neige, des glaciers formidables se détachent parfois et forment des avalanches qui se précipitent dans la vallée, où ils retournent à l'état liquide; mais ce mouvement brusque et accidentel n'est pas le seul dont est doué le glacier. Il descend la pente des montagnes lentement et progressivement : tandis que sa partie supérieure est située dans le domaine des glaces, au-dessus de la ligne des neiges, son pied touche les régions plus chaudes, où la neige est constamment fondue par l'action de la chaleur. »

On sait comment on peut agglomérer les flocons de neige, en les comprimant dans la main, et comment on peut les rendre durs, en les soumettant à une forte pression. La boule de neige est de la glace en voie de formation. La glace elle-même est capable de céder à la pression qu'on lui fait subir; et si, par conséquent, une couche épaisse de neige s'étend sur une couche de glace, celle-ci, supportant le poids de la neige qui la recouvre, sera pressée, comprimée; et si elle est située sur une pente, elle ne résistera pas longtemps à la force qui la pousse, et elle descendra lentement. Ce mouvement a lieu constamment le long des pentes des montagnes chargées de neige; le glacier glisse sur le versant où il a pris naissance, il atteint les régions plus chaudes, où il se convertit en eau. Entre la neige et le glacier se trouve le *nevé*. Le nevé est de la glace en voie de formation; c'est de la neige agglomérée, solide et opaque, qui se trouve dans toutes les montagnes.

Les glaciers sont doués d'une propriété singulière, souvent remarquée par les touristes : ils se moulent dans les canaux où ils se meuvent, et pénètrent dans les anfractuosités du sol ; ils reproduisent extérieurement la forme du sol sur lequel ils reposent ; on dirait une masse visqueuse, un amas de mélasse ou de cire molle, qui, sans être liquide, est mou, et prend l'empreinte exacte de la couche solide de terre ou de vase qui la supporte. Le glacier s'aplatit, s'élargit, se rétrécit, s'étend comme du caoutchouc, et son centre marche toujours plus rapidement que ses côtés amincis...

La *regélation* nous donne l'explication de ce fait. C'est à Faraday que l'on doit l'expérience première de la regélation; mais c'est à M. Tyndall qu'on en doit l'explication, appuyée par d'autres expériences intéressantes : « Un jour chaud d'été, dit le savant Anglais, je suis entré dans
» une boutique du Strand ; des fragments de glace étaient exposés dans
» un bassin sur la fenêtre, et, avec la permission du marchand, prenant
» à la main et tenant suspendu le morceau le plus élevé, je m'en suis

» servi pour entraîner tous les autres morceaux hors du plat. Quoique le
» thermomètre, en ce moment, marquât 30°, les morceaux de glace s'étaient
» soudés à leur point de jonction. »

L'appareil vole en éclats et un des fragments va briser les jambes et le corps
du préparateur Hervy (page 563).

La regélation de la glace s'effectue même au sein de l'eau chaude ;
deux fragments distincts, accolés l'un à l'autre au sein d'un liquide aussi
chaud que la main peut le supporter, tenus comprimés pendant quelques
secondes, se gèlent et s'agglomèrent en dépit de la chaleur. C'est en vertu

de cette regélation de la glace que les habitants des montagnes, sans être
initiés aux théories de la physique, traversent des crevasses profondes
sur des ponts de neige. En marchant avec précaution sur le pont façonné
par les flocons agglomérés, on en détermine la soudure, et la masse prend
alors, sous le jeu de la regélation, une dureté et une rigidité capables de
supporter un grand poids. Certains guides, en Suisse, ne craignent pas
de traverser ainsi, sur des ponts de neige, des gouffres très profonds, et si
vous les voyez jamais à l'œuvre, cessez de vous effrayer, rappelez-vous la
regélation de la glace...

« On comprend sans doute à présent comment un glacier s'engage à
travers les défilés des Alpes, s'introduit dans les excavations du sol, pénètre dans les gorges étroites, se courbe et se replie sur le dos des montagnes, se modèle sur les rives de la vallée, se moule dans les sillons qui
s'y trouvent, se prête au mouvement de toutes les parties, s'enfonce dans
le crevassement des roches..... La glace, dans son mouvement, use et
polit les surfaces où elle glisse : sa base inférieure est remplie de cailloux
qui jouent le rôle des fragments durs adhérents au papier de verre; le sol
est fissuré légèrement par ces petites pierres qui marchent lentement avec
le glacier; il est raboté ou poli suivant sa nature. Quand le glacier a cessé
d'exister, quand il est converti en eau sous l'action de la chaleur solaire,
il laisse sur le lieu de son existence des traces incontestables de son passage, et le terrain qui l'a vu naître est couvert des empreintes qu'il y a
gravées (1). »

CHAPITRE VII

CHANGEMENT DANS L'ÉTAT DES CORPS

2° VAPORISATION

VAPORISATION. — La *vaporisation* est le passage d'un corps solide
ou liquide à l'état de vapeur. Elle prend le nom d'*évaporation* quand elle
a lieu seulement par la surface libre du corps. Elle prend le nom d'*ébul-*

(1) Gaston Tissandier, *De l'eau.*

lition quand la vapeur se dégage rapidement en bulles tumultueuses, qui, prenant naissance dans la masse d'un liquide, viennent éclater à sa surface.

Nous étudierons successivement ces deux ordres de phénomènes.

La vaporisation des corps, particulièrement des liquides, sous l'influence de la chaleur, est un fait connu de temps immémorial; mais les physiciens essayèrent en vain de l'expliquer. L'explication donnée par Descartes est purement imaginaire ; mais elle est assez singulière pour que nous la reproduisions.

« Il y a, dit-il, une matière subtile dans les pores, estant plus fort agitée une fois que l'autre, soit par la présence du soleil, soit par telle autre cause... Ainsi que la poussière d'une campaigne se soulève, quand elle est seulement agitée par les pieds de quelque passant; car encore que les grains de cette poussière soient beaucoup plus gros et plus pesants que les particules du corps vaporisé, ils ne laissent pas pour cela de prendre leur cours vers le ciel, ce qui doit empêcher qu'on s'étonne de ce que l'action du soleil élève assez haut les particules de la matière, dont se composent les vapeurs et les exhalaisons. » (*Des Météores*, discours II.)

Dechâles réfuta cette opinion du célèbre philosophe; mais les physiciens, partisans des qualités occultes de la matière, expliquaient la force ascensionnelle de l'eau à l'état de vapeur, en imaginant une légèreté positive, qui, se combinant avec les atomes, avait pour effet de rendre les corps plus légers que l'air. Leroy (1) présenta une théorie moins idéale de l'évaporation, qui eut pendant longtemps une certaine autorité. Il regardait l'air comme le dissolvant des liquides, et il cherchait à prouver que l'air a la faculté de dissoudre l'eau et de la convertir en fluide élastique, comme l'eau dissout les sels et les fait passer de l'état solide à l'état liquide. Cette théorie régna parmi les physiciens jusqu'au moment où Dalton (2) montra, par une série d'expériences très ingénieuses, que les vapeurs ne sont pas une dissolution des liquides dans l'air; que les molécules de ceux-ci, dégagées par la vaporisation, se distribuent, dans l'espace occupé par l'air ou par tout autre gaz, absolument de la même

(1) LEROY (Charles), professeur de physique médicale à Montpellier (1726-1779). Il était fils de Leroy (Jean-Baptiste), mort en 1800, qui s'est particulièrement occupé des phénomènes électriques.

(2) DALTON (Jean), physicien et chimiste anglais (1766-1844), un des plus grands savants dont puisse s'enorgueillir l'Angleterre. Il professa les mathématiques et les sciences physiques à Manchester, où il passa sa vie. Il a publié des travaux sur les fluides élastiques, des *Observations météorologiques* et un *Système de philosophie chimique*. Il fut membre de la Société royale de Londres et de l'Institut de France. Sa statue, par Chantrey, est placée à l'entrée de l'institution royale de Manchester.

manière qu'elles se distribuent dans le vide, et que, dans cette circonstance, elles exercent, les unes à l'égard des autres, la même action dans les gaz que dans le vide.

ÉVAPORATION. — L'*évaporation*, nous l'avons dit, est le passage d'un corps à l'état de vapeur, seulement par la surface libre du corps. Que l'on place, par un froid très vif, un peu de neige dans une assiette, celle-ci disparaîtra promptement sans se fondre : effet d'évaporation. Dans un bocal de verre bien bouché, un morceau de camphre dégage des vapeurs, qui vont ensuite se déposer en petits cristaux sur les parois les plus élevées : le camphre s'est évaporé. Si vous débouchez le flacon, vous sentez une odeur très forte, qui provient évidemment des parcelles de camphre en vapeur, qui viennent rencontrer l'organe de l'odorat. Avec un morceau d'iode, substance brune, d'une odeur particulière, on aperçoit facilement l'évaporation, parce que les vapeurs de ce corps sont d'un magnifique violet.

Les liquides, bien plus que les solides, présentent des exemples d'évaporation. Nous donnerons, à la fin de ce chapitre, diverses applications pratiques de l'évaporation de l'eau. Quelques-uns, tels que l'eau, l'esprit-de-vin, et surtout l'éther, le chloroforme, s'évaporent en présence de l'air seulement, et, pour cela, sont appelés *corps volatils;* d'autres, au contraire, ont besoin d'une élévation de température plus ou moins grande pour la production du phénomène, ce sont les corps *fixes*. Dans tous les cas, l'élévation de la température active, dans tous les corps, le phénomène dont il s'agit, et quand on fait *sécher* un corps devant le feu, on utilise précisément cette propriété de la chaleur de rendre plus rapide l'évaporation.

VAPEURS, GAZ. — Il n'y a, en réalité, aucune différence entre les mots *gaz* et *vapeur*. L'une et l'autre de ces expressions servent à désigner les corps dans l'état spécial que nous avons désigné (page 28). Une vapeur, c'est toujours le gaz dans lequel se transforme un corps par l'évaporation. Cependant, on se sert plus particulièrement du mot *vapeur* quand il s'agit de corps qui sont habituellement à l'état solide ou liquide, et du mot *gaz* pour ceux qui, sauf des cas exceptionnels, sont ordinairement à l'état aériforme. D'ailleurs, quelques gaz n'ont pu encore être obtenus sous une autre forme ; mais, en théorie, ils ne sont que les vapeurs d'un corps solide ou liquide. De plus, les *vapeurs* se distinguent des *gaz* par la facilité avec laquelle elles repassent à l'état liquide, soit par un abaissement de température, soit par un accroissement de pression.

FORMATION DES VAPEURS DANS LE VIDE. — La pression atmosphérique présente un certain obstacle au passage des liquides à l'état de vapeur; voilà pourquoi un liquide, simplement exposé à l'air, se volatilise lentement. Dans le vide, au contraire, sa vaporisation est instantanée, parce que la force élastique des vapeurs ne rencontre aucune résistance. Pour le démontrer, on se sert de l'appareil connu sous le nom de *baromètre à vapeur.* Cet appareil se compose de plusieurs tubes barométriques A, B, C, D (*fig.* 273), qu'on remplit de mercure et qu'on fait plonger, les uns à côté des autres, dans une cuve de mercure. Un de ces tubes, A, reste à l'état de baromètre ordinaire, c'est-à-dire que le mercure reste sec. Dans le tube B on a introduit quelques gouttes d'eau, dans le tube C quelques gouttes d'alcool, dans le tube D quelques gouttes d'éther. On voit aussitôt que le liquide pénètre dans le vide barométrique, que le mercure s'abaisse en *b*, en *c*, en *d*, dans chacun des tubes. Ce n'est pas certainement le poids du liquide introduit qui cause cet abaissement du mercure, puisque ce poids est une fraction très petite du liquide déplacé; c'est que, pour chaque liquide, il y a eu, par évaporation, production instantanée de vapeur, dont

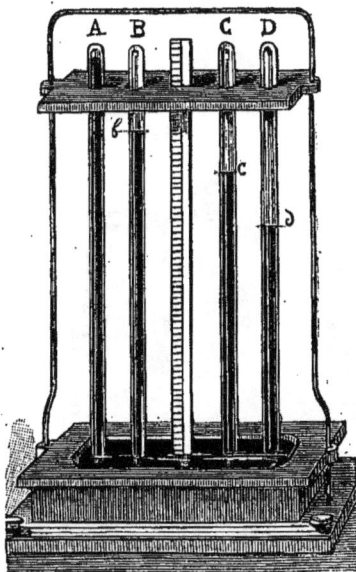

FIG. 273. — BAROMÈTRE A VAPEUR.

la force élastique a refoulé le mercure; et comme la dépression est plus grande dans un tube que dans l'autre, on conclut qu'à température égale, la force élastique de la vapeur d'éther, par exemple, est plus grande que celle de la vapeur d'alcool, et ainsi des autres. Une échelle, divisée en millimètres, indique les différentes dépressions, et, conséquemment, la force élastique de chacune des vapeurs en expérience.

FORCE ÉLASTIQUE DES VAPEURS. — TENSION MAXIMA. — SATURATION. — Pour démontrer la formation instantanée de la vapeur dans le vide, nous nous sommes appuyé sur la pression produite sur le mercure par la force élastique de la vapeur; c'est, en effet, l'*expansibilité* ou la force élastique, qui est la propriété caractéristique des gaz (page 28). Une autre expérience rend manifeste cette force élastique. Un ballon B, de verre (*fig.* 274), a une garniture supérieure en métal, présentant deux ouvertures : l'une, munie du robinet R, communique avec une machine pneumatique ; l'autre, S, met le ballon en communication avec le manomètre à air libre, M. Le vide étant fait dans le ballon, le mercure des deux branches A et C est à peu près au même niveau, la différence ne provenant que de la très petite quantité représentant la force élastique de l'air laissé par la machine pneumatique. Le robinet R étant fermé, on introduit par le robinet R′, dont la clef n'est point percée de part en part, mais qui présente seulement une cavité, une certaine quantité de liquide dans le ballon, sans mettre celui-ci en communication avec l'air. Pour cela, on remplit l'entonnoir du liquide choisi, on ouvre le robinet R et l'on tourne la clef de R′. A mesure qu'un peu de liquide est introduit dans le ballon, la colonne de mercure s'abaisse dans la branche C du manomètre, ce qui indique un accroissement de force élastique ; et, comme on n'aperçoit aucune trace du liquide introduit dans le ballon, il faut en conclure que le liquide introduit s'est vaporisé, et que c'est la force élastique de la vapeur produite qui influe sur le manomètre.

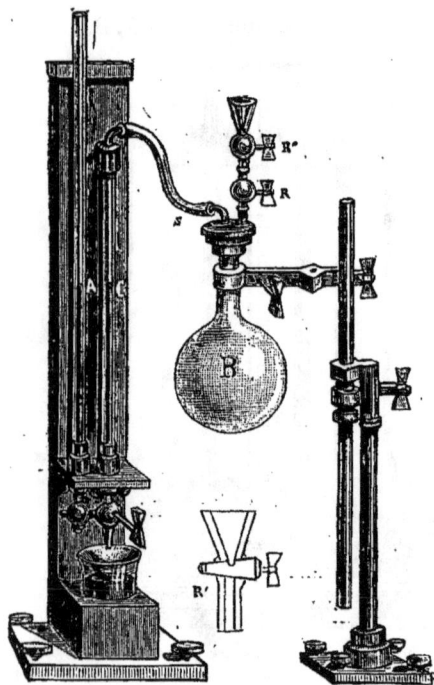

Fig. 274.

FORMATION DES VAPEURS DANS LE VIDE.

Cependant cet accroissement de pression n'est point illimité. Dans l'expérience faite avec le baromètre à vapeur, par exemple, il peut arriver ou que l'on aura ajouté assez de liquide volatil pour qu'il en reste après la production de la vapeur, ou bien que la formation de la vapeur s'arrêtera faute de liquide. Dans le premier cas, on dit par abréviation que la *vapeur est saturée*, ce qui veut dire que l'espace où se trouve la vapeur en est *saturé*, qu'il y a *saturation*.

Dans cette circonstance, la vapeur a atteint le point où son élasticité est la plus forte, point que l'on désigne sous le nom de *tension maxima*. Une nouvelle compression aurait pour seul effet de faire passer à l'état liquide une portion de la vapeur.

On fait l'expérience avec un baromètre plongeant dans une cuvette profonde, analogue à celui dont on se sert pour la loi de Mariotte (*fig.* 136, page 283). On introduit dans le tube une quantité d'éther, liquide très volatil, suffisante pour qu'au-dessus du mercure il en reste une couche d'un centimètre environ à l'état liquide, la chambre barométrique étant saturée de vapeur. On note alors la hauteur du mercure dans le tube, au-dessus du niveau du mercure dans la cuvette. Cela fait, si on enfonce le tube dans la cuvette, afin d'augmenter la pression sur la vapeur, ou si on le soulève afin de la diminuer, on observe que *la hauteur de la colonne mercurielle, au-dessus du niveau extérieur, reste la même.* Dans le pre-premier cas, l'espace occupé par la vapeur diminue et la couche d'éther augmente, parce qu'une partie de la vapeur repasse à l'état liquide; dans le second cas, le contraire a lieu : ce qui prouve que la force élastique d'une vapeur *saturée,* ou mieux, d'une vapeur saturant un espace donné et en contact avec son liquide générateur, reste invariable, quelle que soit la pression, pourvu que la température demeure constante.

Si la quantité de liquide était insuffisante pour qu'il en restât un excès après sa vaporisation, on verrait alors, en soulevant et en abaissant suc-cessivement le tube, la tension ou la force élastique de la vapeur varier en raison inverse de son volume; ce qui démontre que la force élastique d'une vapeur *non saturée* est soumise, comme les gaz proprement dits, à la loi de Mariotte (page 279).

INFLUENCE DE LA TEMPÉRATURE SUR LA TENSION MAXIMA. — La température exerce une grande influence sur la tension maxima d'une va-peur quelconque. Pour s'en assurer, il suffit de considérer un baromètre à vapeur, contenant le même liquide. Le niveau du mercure est le même dans tous les tubes, si la température est la même, et si la vapeur est, dans chacun d'eux, en contact avec un excès de liquide. Mais si on élève la température, le niveau du mercure s'abaisse rapidement; si on abaisse la température, le niveau du mercure s'élève.

Faraday (1), ayant mis du mercure dans un flacon maintenu à la température de 0°, suspendit au-dessous du bouchon une feuille d'or; celle-ci blanchit aussitôt, ce qui indiquait que les vapeurs du mercure l'attaquaient; mais, ayant abaissé la température, la feuille d'or resta intacte, preuve que la tension maxima du mercure était devenue nulle.

---

(1) FARADAY (Michel), physicien anglais (1791-1867). Fils d'un pauvre forgeron de Newing-ton-Butts, près de Londres, ouvrier lui-même, il s'est élevé, par son travail et son génie, au rang d'un des plus éminents savants du monde. Il débuta dans la science par être le préparateur du célèbre H. Davy. Ses travaux sur la liquéfaction des gaz et sur l'électro-magnétisme ont puissamment con-tribué aux progrès de la chimie et de la physique.

Lorsqu'un récipient est saturé de vapeur et que les différents points ne sont pas à la même température, la vapeur tend à prendre en chaque point une tension différente ; mais l'équilibre ne peut exister qu'autant que la tension est partout la même, et alors *la force élastique dans le récipient a pour valeur la tension maxima qui correspond au point le plus froid.* Ce principe porte le nom de *principe de la paroi froide.*

TENSION MAXIMA DE LA VAPEUR D'EAU. — La connaissance de la tension maxima de la vapeur d'eau est très importante, non seulement au point de vue théorique, mais aussi au point de vue pratique. C'est, en effet, cette tension qui constitue la force motrice dans les machines à vapeur, et dès lors, il est essentiel, pour les constructeurs de ces appareils, de connaître exactement les diverses températures où ceux-ci pourront être portés, la valeur exacte de la force qui les met en jeu, afin d'en déduire le degré de résistance qu'ils doivent offrir.

Voici les principaux procédés pour mesurer cette tension maxima.

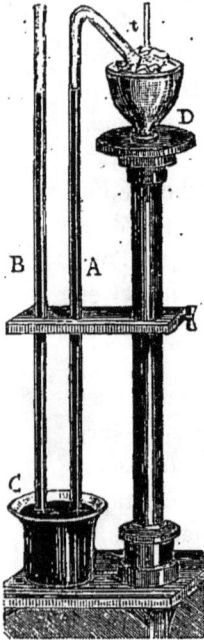

Fig. 275. — APPAREIL DE GAY-LUSSAC.

Mesure de la tension maxima au-dessous de 0°.

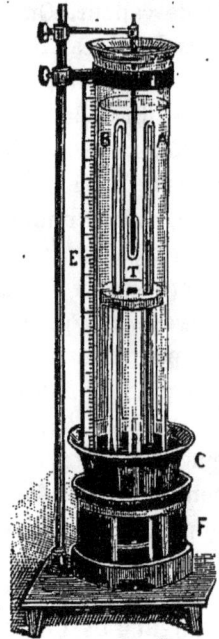

Fig. 276. APPAREIL DE DALTON.

Mesure de la tension maxima de 0° à 100°.

1° *Tension maxima des vapeurs au-dessous de 0°.* — Pour mesurer la force élastique de la vapeur d'eau à une température inférieure à 0°, Gay-Lussac imagina un appareil (*fig.* 275) composé de deux tubes barométriques A et B, pleins de mercure, ayant une même cuvette C. Le tube B, droit et parfaitement purgé d'air et d'humidité, est destiné à mesurer la pression atmosphérique ; le tube A se recourbe à son extrémité supérieure de sorte que la chambre barométrique plonge dans un mélange réfrigérant D, dans lequel est placé un thermomètre *t*. Or, le liquide contenu au-dessus du mercure distille, et se rend dans la région froide ; l'on remarque alors que le niveau du mercure dans ce tube A descend d'une quantité, qui varie avec la température du mélange frigorifique. A 0° la dépression est de 4ᵐᵐ,60, à 10° de 1ᵐᵐ,96, à 20° de 0ᵐᵐ,84, à 30° de 0ᵐᵐ,30, etc. Ces dépressions dépendent nécessairement de la tension de la vapeur dans les chambres barométriques,

Appareil de M. Pictet, pour la liquéfaction des gaz (page 566).

et servent ainsi à mesurer la tension maxima correspondant à une température donnée.

2° *Tension maxima des vapeurs entre* 0° *et* 100°. *Procédé de Dalton.* — L'appareil de Dalton, quelque peu modifié par Gay-Lussac, se compose (*fig.* 276) de deux tubes barométriques A et B plongeant dans une cuve de fer C pleine de mercure, placée sur un fourneau F. Le tube barométrique B est absolument vide d'air et d'humidité ; dans le tube A, au contraire, est une petite quantité d'eau. Les deux tubes sont plongés dans un cylindre de verre plein d'eau, au milieu duquel est placé un thermomètre T, qui donne la température du liquide. En chauffant gra-

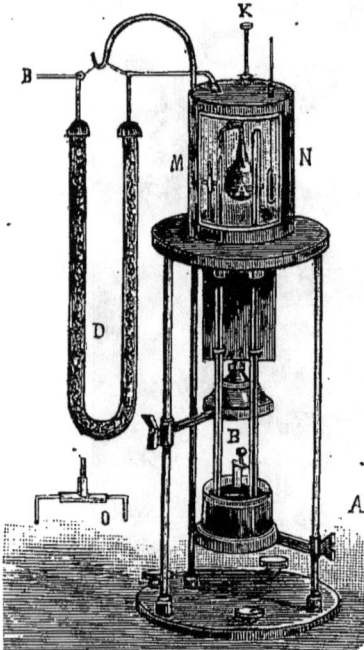

Fig. 277.— APPAREIL DE REGNAULT.
Mesure de la tension maxima de 0° à 100°.

duellement la cuvette de mercure, et conséquemment celle du cylindre, l'eau contenue dans le tube A se vaporise, et à mesure que la tension de sa vapeur augmente, le mercure descend. Une échelle graduée E, placée sur le côté de l'appareil, marque la différence de pression entre le mercure du tube A et celui du tube B, et, en réduisant à 0° la hauteur du mercure dans le tube B, les différences de niveau du mercure des deux tubes donnent les différences de pression. C'est par ce procédé que Dalton put donner, le premier, une table des forces élastiques de la vapeur d'eau depuis 0° jusqu'à 100°.

Procédé de Regnault.—Le procédé de Dalton donne des résultats peu exacts, parce qu'il est difficile de maintenir rigoureusement à la même température toute l'eau contenue dans le cylindre de verre. M. Regnault a ainsi modifié l'appareil. Le cylindre de verre est remplacé (*fig.* 277) par un manchon de métal MN dont le fond supporte deux tubes qui peuvent recevoir l'extrémité supérieure des deux baromètres A et B, maintenus par deux tirants de caoutchouc. Le baromètre à vapeur B communique avec un globe *a* par le moyen d'un autre tube de cuivre à trois branches, représenté en O sur la gravure. La troisième branche de ce tube supporte un nouveau tube qui aboutit à un cylindre recourbé D, en verre, plein de pierre ponce, lequel communique encore en *b* avec une machine pneumatique.

Dans le ballon *a* on introduit une certaine quantité d'eau, dont une portion se vaporise dans le baromètre B, en chauffant légèrement le globe. En faisant le vide avec la machine pneumatique, l'eau se distillera continuellement du globe *a* et du baromètre vers le tube D, où les vapeurs.

se condensent. Lorsqu'on a ainsi vaporisé une partie de l'eau, on conçoit que tout l'air a été chassé de l'appareil; on soude alors à la lampe le tube capillaire qui unit B au tube à trois branches. Le tube B, fermé, contient néanmoins encore une petite quantité d'eau; on fait alors l'expérience comme avec l'appareil de Dalton.

L'avantage de cette disposition de l'appareil de M. Regnault est que l'eau du manchon, occupant une moins grande hauteur, sa température

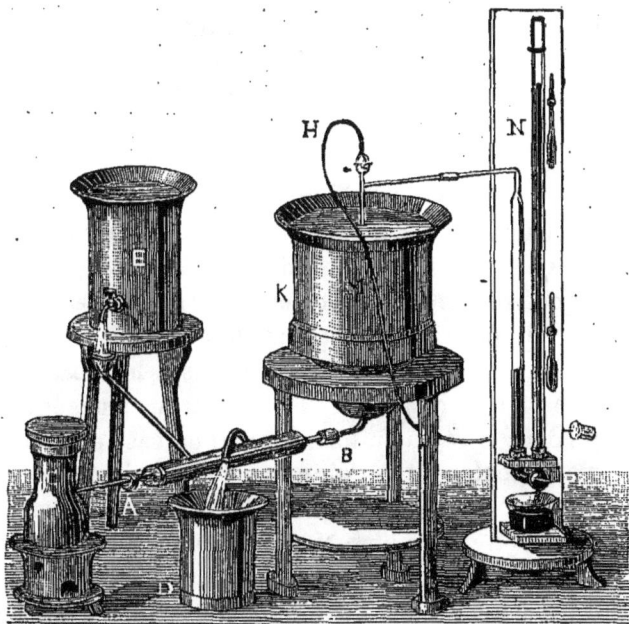

Fig. 278. — APPAREIL DE LABORATOIRE DE M. REGNAULT.

Tension maxima des vapeurs au-dessus de 100°.

est plus uniforme. Un agitateur K, placé au milieu, mêle d'ailleurs constamment les différentes couches du liquide; de plus, une face en verre, à travers laquelle on relève les niveaux, permet de vérifier ceux-ci, sans l'erreur de réfraction possible avec l'appareil de Dalton, parce que les tubes barométriques y sont vissés sur une surface plane.

3° *Tension maxima des vapeurs au-dessus de 100°.* — La mesure des tensions de la vapeur d'eau à des températures supérieures à 100° présente un intérêt tel que, en 1828, le gouvernement français nomma une commission spéciale, dont Arago et Dulong faisaient partie, pour étudier cette question. Ces deux physiciens firent un grand nombre d'observations également espacées entre 100° et 242°, et qui correspondaient à des pressions comprises entre 1 et 24 atmosphères. Il resta quelques doutes sur l'exactitude des dernières mesures, à cause de la mauvaise construction de la chaudière, qui laissait échapper l'eau. En 1830, le gouvernement des États-Unis fit reprendre le travail de la commission française : les physiciens américains copièrent servilement les appareils des physiciens français, procédèrent de même, et cependant ils trouvèrent d'énormes différences avec les résultats obtenus. Il était nécessaire de faire de nouvelles recherches ; en 1844, Regnault proposa un nouveau procédé avec lequel il put arriver à la plus grande exactitude. Nous avons donné (page 281) une gravure représentant l'installation en grand de ces appareils au Collège de France ; nous allons décrire en détail la manière dont il opérait dans le laboratoire.

Le grand physicien portait à l'ébullition, sous une pression connue, de l'eau enfermée dans un vase, et il mesurait la température à laquelle cette eau entrait en ébullition. Ces pressions étaient la valeur de la tension maxima pour la température correspondante.

Dans un vase de cuivre C (*fig.* 278), il enfermait le liquide destiné à être transformé en vapeur, et, pour indiquer la température de ce liquide porté à l'ébullition et sa valeur, quatre tubes de fer, fermés à leur partie inférieure, pleins d'huile et renfermant des thermomètres, plongent à différentes profondeurs dans le vase. Un tube AB part du vase et va aboutir à un ballon de verre M, contenant de l'air comprimé ou dilaté, maintenu à une température constante par un bain d'eau K, et communiquant par un tube avec un manomètre à air libre N, et par un autre en caoutchouc HP avec une machine pneumatique ou avec une machine de compression, selon que l'on veut raréfier ou comprimer l'air contenu dans le ballon M. Un manchon D, dans lequel circule un courant réfrigérant que fournit le réservoir E, enveloppe le tube AB.

En chauffant lentement l'eau du vase C, l'eau entre en ébullition à une température d'autant plus inférieure à 100° que l'air est plus raréfié, c'est-à-dire que la pression est plus faible, et ce, en vertu d'un principe que nous verrons ci-après dans le chapitre relatif à l'*ébullition*. Or, les vapeurs se condensant dans le tube AB, refroidi d'une manière constante, la pression d'abord indiquée par le manomètre ne varie pas, et pour cette même pression la tension maxima de la vapeur pendant l'ébullition est donc égale à la pression exercée sur le liquide.

En regardant d'un côté le manomètre, et de l'autre les thermomètres, on détermine ainsi la tension de la vapeur à une température connue.

Nous donnons la mesure des tensions maxima, obtenues par M. Regnault au moyen des procédés ci-dessus. La multiplicité de ses expériences et l'extrême précision des moyens employés par lui, présentant un caractère particulier d'autorité, semblent avoir donné aujourd'hui des résultats indiscutables.

Tension maxima de la vapeur d'eau à différentes températures d'après M. Regnault.

TEMPÉRATURES.	TENSIONS en millimètres.	TENSIONS en atmosphères.	TEMPÉRATURES.	TENSIONS en millimètres.	TENSIONS en atmosphères.	TEMPÉRATURES.	TENSIONS en millimètres.	TENSIONS en atmosphères.	TEMPÉRATURES.	TENSIONS en millimètres.	TENSIONS en atmosphères.
	mm			mm			mm			mm	
— 32°	0,320		45°	71,391		134°	2285,92	3,008	189°	9237,95	12,125
— 30	0,386		50	91,982		135	2353,73		190	9442,70	
— 25	0,605		55	117,478		139,3	2645,38	3 1/2	192,1	9907,61	13
— 20	0,927		60	148,791		140	2717,63		195	10519,63	14
— 15	1,398		63	186,945		144	3040,26	4	198,8	11395,26	15
— 10	2,093		70	233,092		145	3125,55		199	11147,46	15,062
— 5	3,113		75	288,517		148,3	3397,96	4 1/2	200	11688,96	
— 3	3,642		80	354,643		150	3581,23		201,9	12006,12	16
— 2	3,943		85	433,041		152.2	3780,37	5	204,9	12869,18	17
— 1	4,257		90	525,450		155	4088,56		205	12955,66	
0	4,600		95	633,778		159,3	4534,36	6	207,7	13012,41	18
+ 1	4,94		100	760,00	1	160	4651,62		210	14324,80	19
5	6,534		105	906,410		165	5274,54	7	213	15197,48	19,997
10	9,165		110	1075,37		170	5961,66		215	15801,33	21
15	12,699		111,7	1113,09	1 1/2	171	6107,19	8,036	217,9	16687,19	22
20	17,291		115	1269,41		175	6717,43	9	220	17390,36	23
25	23,550		120	1491,28	2	180	7546,39	9,929	222,6	18058,64	24
30	31,548		121	1539,25	2,025	184,5	8359,32	11	224,8	18740,07	25
33,5	37,481	1/2	125	1743,88		185	8453,23		225	19097,04	25,125
35	41,827		127,8	1854,32	2 1/2	188,4	9131,28	12	230	20926,40	
40	54,806		130	2030,28							

MÉLANGE DES GAZ ET DES VAPEURS. — Nous venons de dire ci-dessus ce que l'on désigne plus particulièrement sous le nom de *gaz* et sous le nom de *vapeurs*. Le mélange de ces deux corps est soumis aux deux lois suivantes, démontrées au moyen d'un appareil imaginé par Gay-Lussac.

1° *Un espace étant donné, la tension et, par suite, la quantité de vapeur nécessaire pour le saturer est toujours la même, à température égale, que cet espace soit vide ou qu'il soit occupé par un gaz.*

2° *Lorsqu'une vapeur se répand dans un espace déjà rempli de gaz, sa force élastique s'ajoute à celle du gaz avec lequel elle se mélange.*

L'appareil de Gay-Lussac (*fig.* 279) se compose d'un tube de verre AE assez large, communiquant avec un autre tube CD beaucoup plus étroit, ouvert à son extrémité supérieure C. Le tube AE se termine à son extrémité inférieure par un robinet T, et à son extrémité supérieure une monture métallique fermée par un robinet S. Sur cette monture on peut visser différentes pièces. L'appareil étant rempli de mercure, on y introduit une certaine quantité d'air ou de tout autre gaz desséché, en fixant sur le gros tube un ballon de verre B, muni d'un robinet R, et en ouvrant les trois robinets R, S et T. Une partie du mercure remplissant le tube AE s'écoule par le robinet inférieur T, et est aussitôt remplacé par l'air du ballon B. On ferme alors les robinets et on verse du mercure dans le petit tube CD jusqu'à ce que le niveau du mercure soit égal en H dans les deux tubes. L'air ou le gaz en expérience, emprisonné entre l'extrémité supérieure du tube AE et le niveau du mercure, a ainsi une élasticité égale à la pression atmosphérique; son volume se mesure sur une échelle divisée placée entre les deux tubes. Après avoir fermé tous les robinets, on dévisse le ballon B et on le remplace sur la monture par un petit entonnoir muni d'un robinet V, dit à *cuiller*, c'est-à-dire dont le boisseau n'est pas complètement foré, et présente, en conséquence, une cavité que l'on nomme la *cuiller*. On remplit l'entonnoir du liquide que l'on veut vaporiser; puis, le robinet S étant ouvert, on tourne le robinet V de manière que sa cavité se remplisse de liquide et le verse ensuite dans l'espace HS. On continue ainsi jusqu'à ce que la paroi semble mouillée et que l'espace soit complètement saturé de vapeur, c'est-à-dire jusqu'à ce que le mercure cesse de s'abaisser dans le tube AE et de monter dans le tube CD. Alors on ramène le niveau du mercure dans le grand tube AE au point H où il se trouvait précédemment, en versant du mercure dans le tube CD jusqu'à une hauteur suffisante.

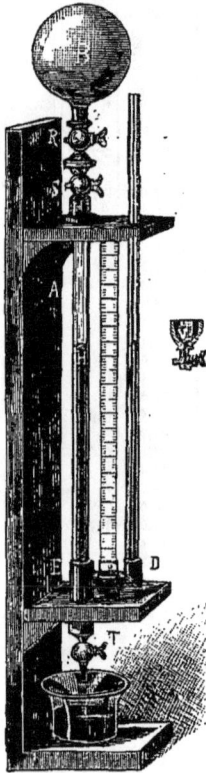

Fig. 279. — APPAREIL DE GAY-LUSSAC.

Le volume du mélange se trouve ainsi précisément celui qu'occupait l'air seul, à la pression atmosphérique; le poids de la colonne soulevée fait donc équilibre à la force élastique de la vapeur. Mais la hauteur de cette colonne est précisément celle qui sert de mesure à la force élastique, dans le vide, de la vapeur employée, quand la température est celle de l'opération. Il faut donc conclure que cette force élastique est la même dans le vide, dans l'air, et que, dans le mélange des gaz et des vapeurs, le gaz et la vapeur agissent comme s'ils étaient seuls.

M. Regnault, dans de nouvelles et rigoureuses expériences, a trouvé cependant une différence de tension à l'avantage des vapeurs dans le vide;

mais cette différence est si petite que la loi posée par Gay-Lussac peut être néanmoins considérée comme exacte.

LIQUÉFACTION DES GAZ. — La tension maxima d'une vapeur se reconnaît nettement, lorsque apparaît le liquide qui a donné naissance à la vapeur. Ainsi liquéfier un gaz n'est autre chose que l'amener à sa tension *maxima*, puisque, à ce moment, la plus petite diminution de volume doit faire apparaître le liquide.

Il y a deux procédés pour réaliser cette liquéfaction : le refroidissement et la compression.

Par le refroidissement, on diminue graduellement la quantité de

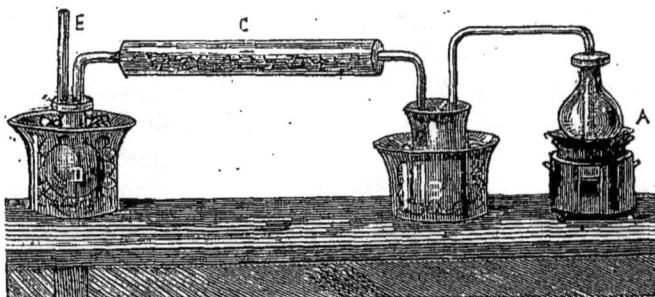

Fig. 280. — LIQUÉFACTION DE L'ACIDE SULFUREUX.

vapeur nécessaire à la saturation, et l'on peut, en conséquence, atteindre une température telle que cette saturation soit possible avec la quantité de gaz existante. Par la compression, on augmente naturellement la densité, qui peut être ainsi amenée à la valeur qui correspond à la *tension maxima*.

Citons la liquéfaction de l'acide sulfureux, par exemple, obtenue d'abord par Monge et Clouet par le refroidissement (*fig*. 280). A est un matras en verre, posé sur un bain de sable et contenant les matières propres à fournir un dégagement d'acide sulfureux ; on y adapte un premier tube qui plonge dans une éprouvette B, entourée de glace, et qui est destinée à condenser l'eau et les impuretés entraînées par le gaz. De cette éprouvette, celui-ci passe à travers un tube horizontal C, renfermant du chlorure de calcium qui achève de le dessécher, puis il se rend tout à fait anhydre dans un petit ballon D, placé au centre d'un mélange réfrigérant. C'est là qu'il se liquéfie. Le ballon D porte un tube droit effilé E, pour laisser sortir l'air de l'appareil, au commencement de l'opération, et les portions de gaz sulfureux qui échapperaient à l'action du mélange réfrigérant. L'opération terminée, on s'empresse de renfermer l'acide liquide dans un flacon bouché à l'émeri, qu'on conserve dans la glace.

En 1823, Faraday commença une série d'expériences pour réduire les gaz à l'état liquide, seulement par la compression. Le procédé de l'habile expérimentateur consistait à emprisonner, dans des tubes de verre de faible capacité, des matières solides ou liquides capables de fournir un grand volume de gaz. Le gaz, resserré dans un espace étroit, se comprimait lui-même à mesure qu'il se produisait, et finissait par se liquéfier. Il lui fallut une grande dextérité pour éviter des explosions dangereuses.

Faraday compléta ses recherches en perfectionnant son procédé par l'association du refroidissement avec la pression.

Vers 1834, Thilorier a construit un appareil, devenu classique, fondé sur cette méthode de Faraday, appareil avec lequel, entre autres gaz, se liquéfia, pour la première fois, l'acide carbonique.

L'acide carbonique se liquéfie à 0°, sous une pression de 36 atmosphères. Dans cet état, il est tellement expansif, qu'il distille entre — 17° et 0°, dans les tubes qui le contiennent. A 0°, la vapeur exerce donc une pression égale à 36 atmosphères, et à —11° elle est encore égale à 23 atmosphères ; en sorte qu'un changement de température de 11 degrés occasionne une différence de pression équivalant à 13 atmosphères.

H. Davy a conclu, le premier, de ce fait important, que les gaz comprimés pourront être employés un jour comme agents mécaniques et substitués à la vapeur d'eau, puisqu'il suffira de légères différences de température, comme celle entre le soleil et l'ombre, pour produire des changements de pression de plusieurs atmosphères, qu'on ne peut obtenir, dans les machines à vapeur ordinaires, qu'en brûlant une grande quantité de combustible. Brunel a essayé de réaliser les idées de Davy, en construisant une machine dans laquelle l'acide carbonique liquide, alternativement raréfié par la chaleur et condensé par le froid, pût développer une force considérable ; mais il ne put vaincre les difficultés qui résultent de la facilité avec laquelle l'acide carbonique fait explosion, ni trouver des appareils assez forts pour résister à la haute tension de la vapeur.

Rien n'étant impossible à la science, il est évident qu'on pourra plus tard produire ainsi des effets bien autrement prodigieux que ceux de la machine à vapeur. L'azote, et surtout l'hydrogène, dans l'état liquide, exerceraient, sans aucun doute, une action bien plus puissante encore que l'acide carbonique. Cependant, jusqu'à présent, on n'a pu annihiler les dangers qui résultent de l'emploi et de la fabrication de ces gaz liquéfiés.

L'affreux malheur arrivé à l'École de pharmacie de Paris, le 30 dé-

Marais salants de Bretagne (page 572).

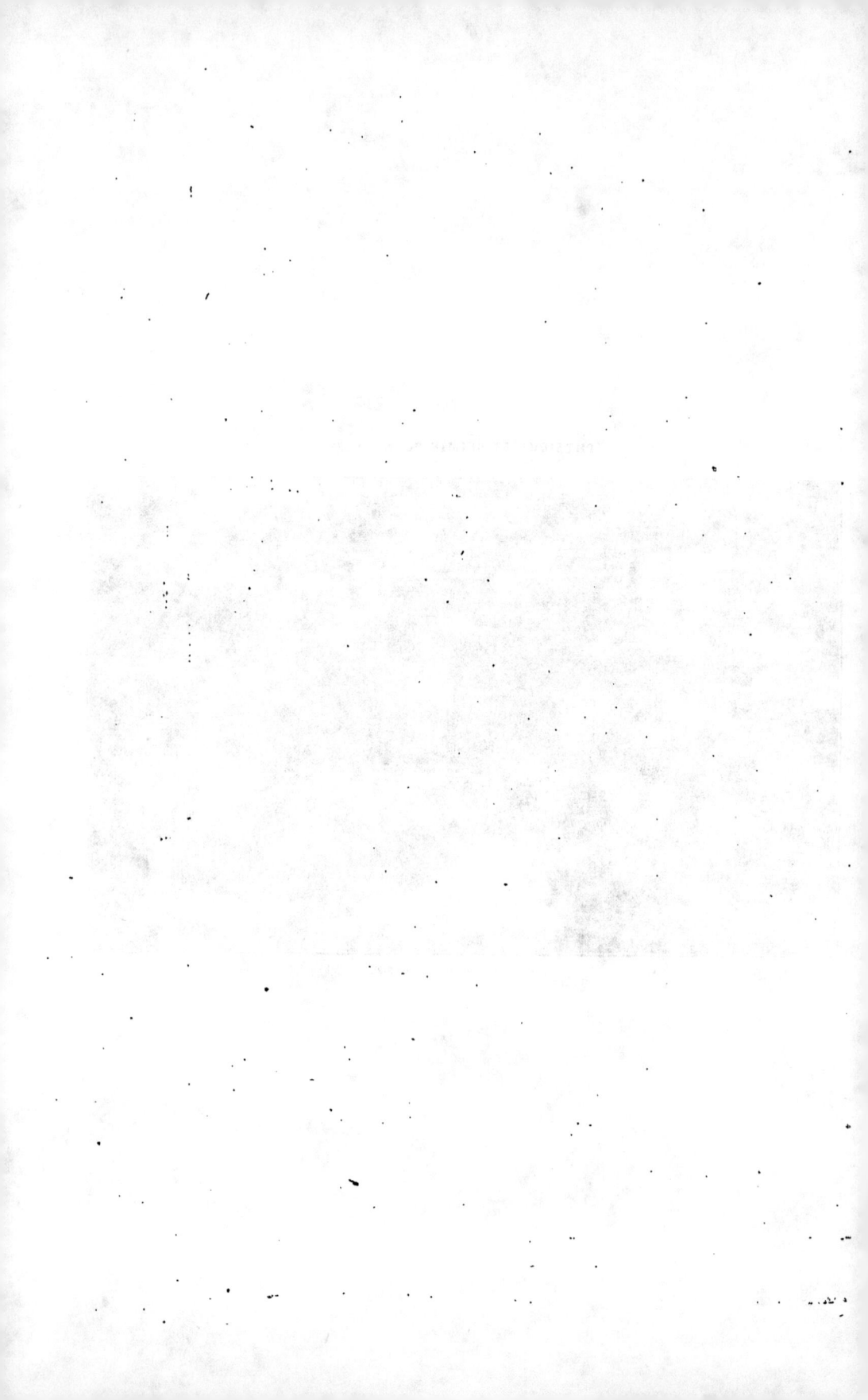

cembre 1840, montre à quels accidents on est exposé en préparant l'acide carbonique liquide. On opérait la liquéfaction du gaz dans l'appareil de fonte inventé par Thilorier; tout semblait marcher convenablement lorsque, tout à coup, une explosion violente se fait entendre: c'est l'appareil qui vole en éclats, et dont un des fragments va briser les jambes et le corps du préparateur Hervy. L'infortuné jeune homme ne put résister à l'amputation et mourut trois jours après.

L'appareil de Thilorier était alors en fonte, et on l'enveloppait d'une

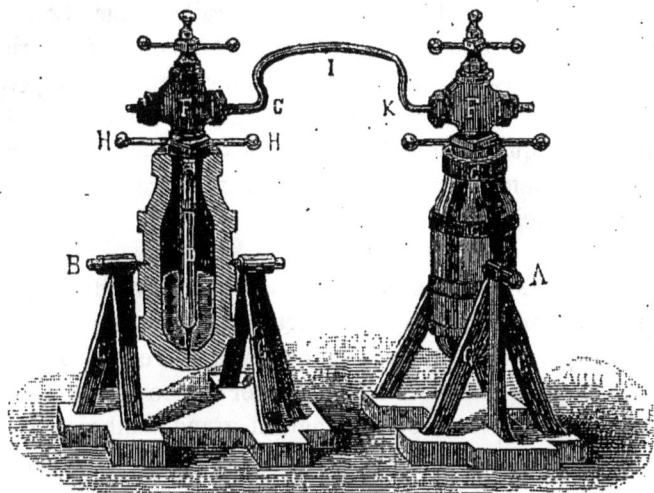

Fig. 281. — APPAREIL DE THILORIER.

double armature en fer forgé. MM. Deleuil, habiles fabricants d'instruments de précision, ont ainsi modifié l'appareil:

Deux cylindres, A et B, en fonte, de 3 centimètres d'épaisseur (*fig.* 281), d'une capacité de 6 litres, sont mobiles, dans un plan vertical, autour de deux pivots soutenus sur de forts châssis en fonte *c, c, c, c*. Ils sont embrassés, dans le sens de leur longueur, par quatre bandes de fer doux fort épaisses *d, d, d, d*, maintenues elles-mêmes par quatre cercles de même nature *e, e, e, e*. Avant d'être mis en place, ces cercles sont chauffés au rouge; de sorte qu'en se refroidissant, ils exercent, par leur contraction, une pression considérable sur les bandes longitudinales et sur les cylindres. Ceux-ci sont surmontés de tubes à robinets *f, f*, et ils communiquent entre eux par un tube en cuivre *gik*, d'un petit diamètre. L'un des cylindres sert de *producteur* ou *générateur*, l'autre de *récipient* ou *condenseur*.

Dans le producteur, on introduit 1,800 grammes de *bicarbonate de soude*, avec 3 litres 1/2 d'eau à 35 ou 40 degrés, et, au centre de ce mélange, on place un cylindre en cuivre D, contenant 1,000 grammes d'acide sulfurique concentré, et dont on ne bouche point l'ouverture supérieure. Après avoir fermé le producteur, on le fait basculer sur ses deux tourillons *h, h*, de manière à le rendre horizontal. L'acide sulfurique, s'écoulant alors du cylindre qui le renferme et se répandant sur le bicarbonate de soude, met immédiatement en liberté une énorme quantité de gaz acide carbonique, dont la force élastique croît incessamment, parce qu'il ne trouve pas l'espace suffisant pour le volume qu'il devrait occuper. Lorsque cette force élastique est devenue égale à 30 atmosphères, l'acide carbonique se liquéfie et il se distille dans le condenseur, dont la température est moindre que celle du générateur, aussitôt qu'on ouvre les robineis *f, f*, du tube *yik*, qui établit la communication entre les deux cylindres. Au bout d'une demi-heure, la distillation est opérée. Il y a, dans le récipient, 1 litre 1/3 d'acide liquide et sans eau.

LIQUÉFACTION DES GAZ INCOERCIBLES. — La liquéfaction de tous les gaz est une des plus éclatantes victoires remportées par la science, à notre époque; c'est une des preuves les plus remarquables de l'exactitude des théories modernes. Que l'on nous permette d'insister sur ce point.

On avait réussi, jusqu'à présent, à liquéfier un grand nombre de gaz; et cependant, les expérimentateurs les plus habiles avaient complètement échoué, quand il s'était agi d'opérer sur quelques gaz, que nous offre la nature avec le plus d'abondance. Cinq gaz, surtout, avaient résisté aux manipulations les plus énergiques : l'*hydrogène*, l'*oxygène*, l'*oxyde de carbone*, l'*azote*, le *bioxyde d'azote* (1). Cette exception à la règle n'était pas considérée comme une atteinte à la généralité de la théorie : on s'avouait vaincu uniquement par impuissance; mais cette défaite n'était pas sans préoccuper les physiciens.

En 1876, M. Cailletet (Louis), à l'aide d'un dispositif ingénieux, parvenait à liquéfier successivement l'*acétylène*, le *formène*, et enfin un des gaz réfractaires jusqu'ici aux essais, le *bioxyde d'azote* (Académie des sciences, séance du 26 novembre). Le 16 décembre, l'habile expérimentateur liquéfiait l'*oxygène* au laboratoire de l'École normale. Le 30 décembre, il liquéfiait l'*azote*, et même l'*hydrogène*, considéré comme le plus incoercible des gaz. Ainsi, en un mois, les dernières difficultés avaient été vaincues. Il n'y avait aucun doute à conserver : aucun gaz n'échappait

(1) Voir notre *Chimie*.

à la loi. Tous les corps peuvent prendre l'état solide, liquide et gazeux.

L'appareil imaginé par M. Cailletet est excessivement simple (*fig.* 282).

C'est un tube de verre T, à parois très épaisses, clos par un bout I, et terminé inférieurement par un réservoir ouvert O. On emplit ce tube du gaz à liquéfier, et on l'entoure d'un manchon F, rempli d'un mélange réfrigérant, pour accroître encore le froid et maintenir plus longtemps la

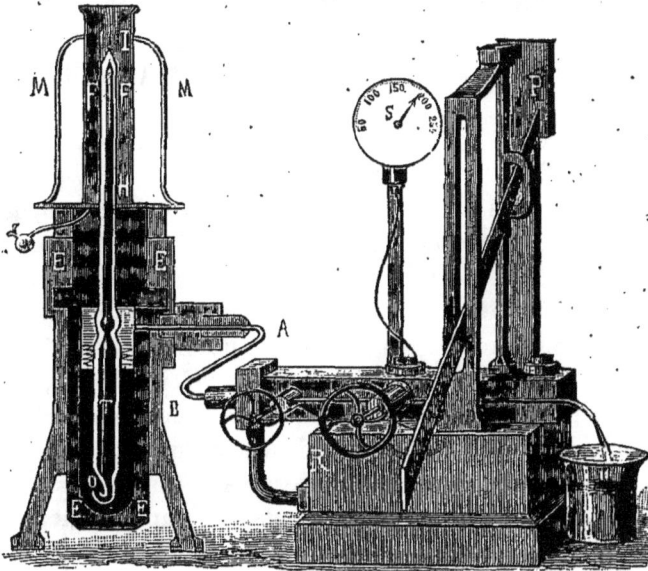

Fig. 282. — APPAREIL DE M. CAILLETET.

liquéfaction. Le tube T est placé au milieu d'un bloc en fer forgé D, contenant du mercure; sa partie supérieure, particulièrement épaisse, HI, sort au-dessus du bloc et reste, par conséquent, visible pour l'observateur; et, par précaution, en cas de rupture, elle est entourée d'un second manchon de verre MM. Le tout est placé dans un cylindre de fonte EE. L'intérieur du bloc en fer D est en communication, par un tuyau métallique AB, avec une presse hydraulique P. Un manomètre S indique la pression. On manœuvre la presse hydraulique. La pression se transmet à l'intérieur du bloc D au mercure. Le mercure pénètre par la pointe ouverte O dans le tube; il fait piston et comprime à son tour le gaz. En quelques instants, on voit le gaz refoulé par le mercure jusqu'à la partie supérieure du tube de verre, et ainsi réduit de 1 à 300 fois de son volume primitif, c'est-à-dire soumis à une pression de 300 atmosphères. Ainsi comprimé, le gaz ne donne aucun signe de liquéfaction; mais qu'on vienne brusquement à faire

cesser la pression en ouvrant simplement le robinet de la presse hydraulique, au moyen des volants CR, la détente est immédiate. Le gaz, à son
tour, refoule violemment le mercure dans le bloc. La détente a produit un
abaissement de température énorme. Les molécules, pour s'écarter,
absorbent de la chaleur, et elles en prennent aux molécules voisines.
Celles-ci, comme saisies par le froid, se rapprochent et se condensent. Une
petite portion de gaz prend l'état liquide pendant quelques instants, jusqu'à ce que le refroidissement dû à la détente ait cessé d'agir.

En même temps que M. Cailletet liquéfiait l'oxygène sur une petite
échelle, M. Raoul Pictet réalisait la même expérience avec un appareil
presque industriel.

L'oxygène est produit ici directement dans une cornue en fer forgé B,
pouvant résister à 500 atmosphères de pression (*fig.* à la page 553).
On enferme, dans cet obus, du *chlorate de potasse,* dont la décomposition,
sous l'influence de la chaleur, donne de grandes quantités d'oxygène. Le
gaz se comprime de lui-même, au fur et à mesure qu'il se dégage du chlorate de potasse. La cornue est en communication avec un long tube, en
verre très épais, de 5 mètres de long sur $0^m,04$ de diamètre intérieur. Ce
tube est lui-même enfermé dans deux tubes enveloppes H, F, concentriques, destinés à maintenir l'oxygène comprimé à une température très
basse. Le premier tube renferme de l'acide carbonique solidifié, dont la
température descend isolément à 65° au-dessous de zéro ; le second, de
l'acide sulfureux liquide. Ces deux réfrigérants, agissant simultanément,
font descendre le tube central à la température exceptionnelle de —140°.
Quatre pompes d'aspiration et de refoulement P, accouplées et actionnées
par une machine à vapeur de 15 chevaux, liquéfient l'acide carbonique, et
assurent la constance de la réfrigération. La température de —140° n'est
obtenue qu'au bout de plusieurs heures de travail consécutif des pompes.
Le tube central à oxygène sort, à son extrémité, d'un mètre hors de l'enveloppe réfrigérante. C'est sur ce trajet qu'on peut observer le changement
d'état du gaz. Au bout, d'ailleurs, se trouve un robinet qui permet de faire
communiquer le gaz comprimé avec l'atmosphère. Le refroidissement
ainsi obtenu, et la pression du gaz dans l'obus étant de 320 atmosphères,
si l'on ouvre l'orifice de sortie, la détente a lieu, l'oygène condensé se
liquéfie, le liquide se rassemble dans le tube, et, en même temps, une
partie s'échappe en forme de jet.

Cette expérience admirable, répétée plusieurs fois, a parfaitement
réussi, et a permis à M. Raoul Pictet de recueillir jusqu'à 45 grammes
d'oxygène liquide (1).

(1) De Parville, *ubi supra.*

CHALEUR DE VAPORISATION. — FROID PRODUIT PAR L'ÉVAPORATION.
— Pour passer de l'état liquide à l'état de vapeur, chaque corps a besoin
d'absorber une certaine quantité de chaleur ; ce passage a, en effet, donné
lieu à un travail mécanique résultant de la désagrégation des molécules
du liquide et de l'expansion du volume gazeux. Cette quantité de chaleur
est même fort considérable. L'expérience confirme le fait. Tout le monde
sait qu'en laissant évaporer sur la main quelques gouttes d'un liquide

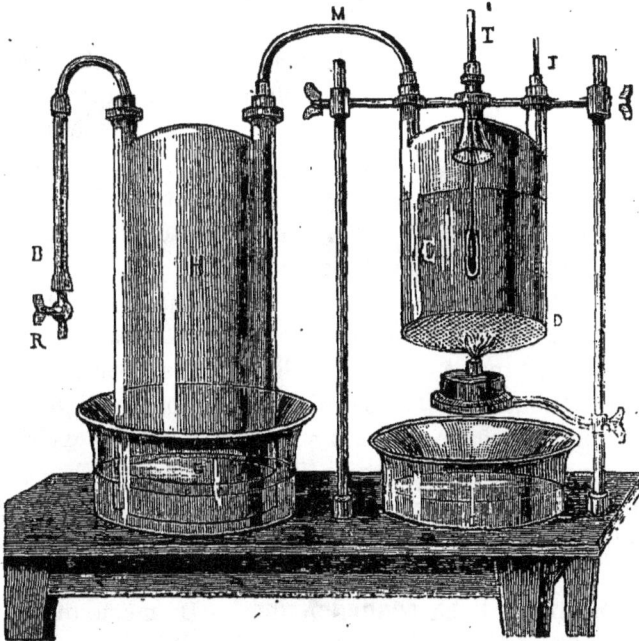

Fig. 283. — Ebullition de l'eau suspendue dans une dentelle.

volatil, de l'éther ou de l'alcool, on éprouve une sensation de froid d'autant plus grande que le liquide est plus volatil. C'est l'évaporation qui
produit cette sensation analogue, que l'on éprouve à la sortie du bain, alors
que le corps est couvert d'une multitude de gouttelettes d'eau. Si l'on
entoure la boule d'un thermomètre d'une mousseline imbibée d'éther,
on constate que l'évaporation de ce corps produit un abaissement de
température. Que dans un vase on place de l'éther et un tube de verre
fermé contenant un peu d'eau, l'éther s'évapore, et, si l'on active cette
évaporation en soufflant dessus avec un soufflet, l'eau se congèle dans
le tube ; elle se congèlerait plus vite encore si l'on plaçait le verre sous la
machine pneumatique.

L'eau elle-même se congèle par une évaporation rapide, ce qui se produit dans le vide. *L'expérience de Leslie* le démontre. Dans une capsule on met un peu d'eau, et l'on place la capsule dans un vase plus grand contenant de l'acide sulfurique concentré, destiné à absorber la vapeur d'eau au fur et à mesure qu'elle se produit. Si l'on met le tout sous la cloche d'une machine pneumatique, l'eau se congèle après quelques coups de piston.

Une expérience curieuse, due à M. W. de Romilly, s'appuie sur ces principes de l'évaporation. Une cloche en verre C à trois tubulures, et de 12 centimètres de diamètre environ, est fermée à sa partie inférieure par une simple dentelle D (*fig.* 283). Un thermomètre T plonge au fond de cette cloche, dans l'eau que l'on y verse ; un second thermomètre t donnera la température de l'air intérieur. Un tube de caoutchouc M fait communiquer la cloche C avec une grande cloche de réserve H, de 28 centimètres de diamètre. Un tube B, placé à une des tubulures de cette cloche H, est terminé par un robinet d'aspiration R.

Or, si l'on place de l'eau dans le vase C, on peut faire bouillir cette eau sans que le liquide s'échappe. Non seulement le mince tissu ne brûle pas, mais encore l'eau se met à bouillir au-dessus de son enveloppe. En effet, le tissu est protégé par l'évaporation énergique du liquide. Le refroidissement, produit à chaque instant sur la lame liquide extérieure, suffit pour empêcher le tissu de roussir ; il reste intact, et la chaleur transmise à l'intérieur élève bientôt assez la température pour que la masse liquide entre en ébullition.

CHALEUR PRODUITE PAR LA CONDENSATION. — De même que l'évaporation consomme une certaine quantité de chaleur, la *condensation*, ou retour de la vapeur à l'état liquide, en reproduit une quantité exactement égale. La preuve de cette assertion est dans mille faits journaliers. La température de l'air, par exemple, est considérablement adoucie pendant la pluie en hiver, parce que la vapeur d'eau atmosphérique s'est condensée en gouttes liquides. Dans les distillations, il faut entretenir un courant d'eau froide autour du serpentin, moins pour abaisser la température du liquide condensé que pour absorber la quantité considérable de chaleur produite. Nous avons vu une application de ce principe dans le chauffage des calorifères. Dans certaines industries, dans les ateliers de teinture, par exemple, dans les papeteries, où il est nécessaire de porter des cuves à l'ébullition, on n'a qu'une seule chaudière qui produit de la vapeur ; celle-ci vient se condenser au fond de la cuve, cède sa chaleur au liquide qu'elle contient, et finit par porter toute la masse à 100°.

Outre qu'un seul fourneau peut servir ainsi à chauffer plusieurs cuves, on peut faire usage de simples cuves de bois, n'étant pas obligé, de cette façon, de les mettre sur le feu.

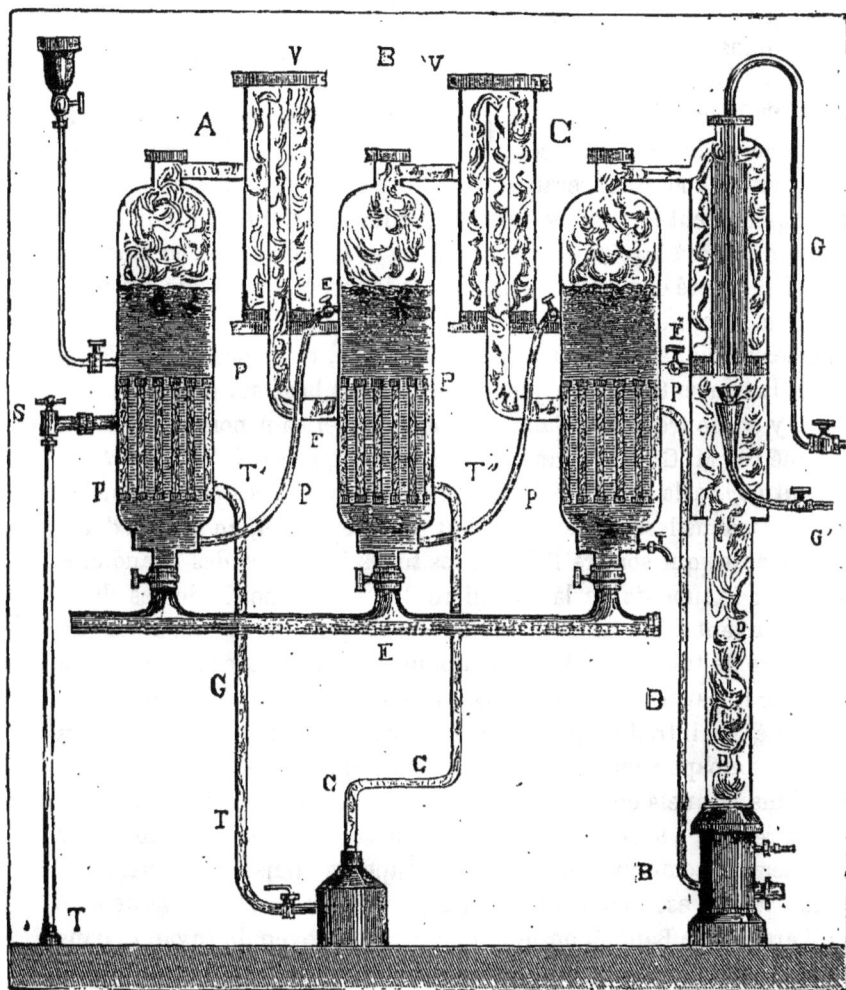

Appareil à triple effet, de M. Cail, pour l'évaporation des jus de betteraves (page 570).

APPLICATIONS DIVERSES DES PRINCIPES PRÉCÉDENTS. — APPAREIL A TRIPLE EFFET POUR L'ÉVAPORATION DES JUS DE BETTERAVES.

— De nombreuses causes ont une influence, en pratique, sur la rapidité de l'évaporation : 1° *La température du liquide qui s'évapore et celle de l'air ambiant*. En effet, plus la température du liquide est élevée, plus son évaporation est rapide, puisque c'est la chaleur qui est l'agent de toute vaporisation ; plus l'air ambiant est chaud, plus il peut se charger de vapeur pour se saturer. On utilise cette propriété dans les arts, pour faire sécher un grand nombre de produits, en les plaçant dans des *étuves*, c'est-à-dire dans des chambres chauffées à 30, 40, 50, 60 degrés, et dont l'air se renouvelle constamment pour donner issue aux vapeurs qui se dégagent ; 2° *le renouvellement de l'air et son agitation*. Si, en effet, la même couche d'air restait en contact avec la surface du liquide, elle se saturerait, et l'évaporation serait nulle. C'est cette agitation de l'air qui dessèche rapidement le pavé de nos rues, après une pluie ; qui fait que le vent du nord, froid à la vérité, mais aussi sec et rapide, dessèche plus vite que ne le fait en été une grande chaleur ; 3° *la pression de l'air ;* car nous avons vu que la pression était un obstacle à la formation des vapeurs.

Dans les fabriques de sucre, en conséquence, on se sert, pour l'évaporation et la concentration du jus, d'un appareil basé sur ces principes, inventé, il y a une trentaine d'années, par un Américain nommé Rillieux, perfectionné par M. Cail, et connu sous le nom d'*appareil à triple effet*.

Ce sont (*fig*. à la page 569) trois grandes chaudières en tôle ou en cuivre A, B, C, dans lesquelles on produit un vide partiel, au moyen d'une pompe aspirante, qui soutire l'air par les tubes *aa, bb, cc* des chaudières A et B, et par le tube *dd* de la chaudière C. Dans la moitié de ces chaudières se trouvent deux plaques tubulées *pp'*, qui relient entre eux un grand nombre de tubes de cuivre par lesquels s'établit la communication du liquide de la partie supérieure avec l'inférieure. Lorsque le vide partiel a été effectué, on introduit par le tuyau T de la vapeur à 100°, qui, en soulevant la soupape S, entre dans l'intérieur de la chaudière A, et entoure les tubes dans lesquels circule le jus, qui est ainsi porté à l'ébullition. Son office étant rempli, elle retourne avec l'eau de condensation par un tube *t* dans le réservoir commun pour toutes les vapeurs épuisées de l'usine.

Quand le jus est arrivé dans cette première chaudière à la densité de 10° à l'aréomètre Baumé, on le fait passer, au moyen du tuyau *t'*, dans la chaudière B, et l'on remplit de nouveau A de jus faibles. La vapeur, produite par l'évaporation de ces derniers jus, se rend, par la partie supérieure de la chaudière, dans un vase de sûreté V, disposé de manière que les gouttelettes de jus sucré, entraînées mécaniquement par la vapeur, viennent se heurter contre la paroi du tube interne, et retombent ainsi au fond de ce vase, d'où un petit tuyau *e* conduit le liquide ainsi formé dans la deuxième chaudière. Du vase de sûreté, la vapeur s'échappe dans la deuxième chaudière B, où elle rapproche le jus jusqu'à 17° Baumé. Son excédent rejoint, par le tube f, la vapeur provenant de l'évaporation du sirop de B, et tous deux, après avoir traversé un second vase de sûreté V', vont concentrer le liquide qui s'est rendu de B dans C au moyen du tuyau t'. Ce liquide est ainsi amené à la densité de 25° Baumé, point auquel on arrête l'opération. La vapeur provenant de C se rend dans un dernier vase de sûreté, où le liquide sucré, entraîné, se rassemble et retourne en C par le tuyau e'', tandis que, se trouvant en contact avec un gros tuyau g, criblé de trous, par où s'élance l'eau froide, elle se condense en grande partie ; le reste éprouve le même effet par le jet non interrompu amené par le tube g'. La vapeur ainsi brusquement condensée produit un vide de 650^{mm} durant toute la durée de l'opération dans la chaudière C, vide qui, dans la chaudière B, plus éloignée du condenseur, n'est que de 379^{mm} et dans la chaudière A de 108^{mm}. Les eaux provenant de la condensation des vapeurs se rendent par les tubes t, cc et aa dans un réservoir commun. Le tuyau E sert à vider les eaux de lavage de l'appareil, lorsque celui-ci a fini de fonctionner. Quant au jus amené à 25° Baumé, on le fait passer, pour le décolorer, sur des filtres contenant du noir ayant servi et entièrement revivifié, et les opérations de fabrication continuent.

SÉCHAGE, ESSORAGE, MARAIS SALANTS. — Une quatrième cause a une influence très grande sur la rapidité de l'évaporation, c'est l'étendue du liquide. Plus le liquide présente de surface à l'air, plus sont multipliés les points d'où se dégage la vapeur, plus rapide, en conséquence, est l'évaporation. Toutes les ménagères savent que le linge sèche d'autant plus vite que la température est plus élevée, l'air plus sec, le vent plus fort ; mais aussi qu'il faut d'abord que ce linge soit étendu sur des cordes et non pas replié sur lui-même, étalé, afin d'offrir une plus grande surface d'évaporation.

Industriellement, ce principe est appliqué, entre autres choses, à l'*essorage*. On désigne sous ce nom l'opération qui consiste à extraire le plus d'eau possible d'une pièce d'étoffe mouillée, afin de hâter sa dessiccation. On se sert pour cela de divers procédés qui se résument, par le fait, à un *étendage* des pièces, soumises en même temps à un mouvement violent.

L'exploitation du sel est une application en grand de ces principes d'évaporation.

Dès la plus haute antiquité, on récoltait le sel de la même façon qu'aujourd'hui : « Tout sel, dit Pline, provient de l'une de ces deux causes : la condensation ou l'évaporation du liquide. »

Dans les Gaules, dans la Germanie, dans la Cappadoce, on exploitait, comme on le fait encore, des fontaines salées (1).

Les marais salants étaient autrefois bien plus nombreux qu'aujourd'hui. Il y en avait dans la haute Normandie. A l'entrée de la Seine il existait des salines, au xi° et au xii° siècle, sur tout le plateau renfermé entre le cap de la Hève et la falaise d'Orcher, notamment à l'Heure, à Graville, à Harfleur, à Montivilliers. Il y a eu des salines jusqu'au xviii° siècle dans les marais du Havre, là où étaient naguère les fossés et les fortifications. Mais l'exploitation la plus importante, dans cette région, a été celle de Bouteilles, près de Dieppe. Il est mention des salines de cette localité dès le vii° siècle, dans une charte de Chilpéric, donnée à Saint-Lautberg en 672. Il est constant que, jusqu'au xiv° siècle, la mer alla jusqu'à Bouteilles, puisque des nefs y remontaient chargées de sel (2).

Voici comment on retire le sel marin des eaux de la mer.

Ces eaux sont soumises à une évaporation spontanée à l'air libre pendant la saison chaude, dans de vastes bassins ou réservoirs creusés sur les bords de la mer, et qu'on nomme *marais salants* (*fig.* p. 563). En France, les marais, au nombre de 82, occupant une superficie de 24,248 hectares, sont situés : 1 sur les côtes de la Manche, dans le département de l'Ille-et-Vilaine; 36 sur les bords de l'Océan (Charente-Inférieure, Loire-Inférieure, Morbihan, Vendée) ; et 45 sur les côtes de la Méditerranée (Aude, Bouches-du-Rhône, Corse, Gard, Hérault, Pyrénées-Orientales et Var). Les plus beaux sont à Marennes et au Croisic. L'importance de cette industrie est très grande, puisque 50,000 personnes sont autorisées à l'exploitation de nos seuls marais de l'Ouest, en qualité d'ouvriers, et 20,000 comme propriétaires, fermiers, caboteurs et expéditeurs.

Sur les bords de l'Océan, un marais comprend la *saline* et les *dépendances* ou *accessoires*. On appelle *saline* l'assemblage de toutes les *appartenances* nécessaires pour l'évaporation progressive de l'eau de mer et la cristallisation du sel. Les *dépendances* sont, d'abord, un vaste réservoir d'une seule pièce, d'environ 32 à 64 centimètres de profondeur, nommé *vasière*, et quelquefois un second réservoir, nommé *cobier*, qui est partagé en plusieurs carrés longs, divisés entre eux par de petits sentiers unis, de quelques centimètres d'élévation. Des chaussées, hautes d'environ 1 mètre, et nommées *bossis*, entourent la saline et la séparent de ses dépendances. Ces *bossis* n'ont point une dimension déterminée; seulement les parties les plus larges s'appellent des *trémets*. Des conduits souter-

---

(1) Voir notre Chimie : *Chlorure de sodium.*
(2) Girardin. *Leçons de chimie.*

rains, nommés *coëfs,* pratiqués dans l'épaisseur des *bossis,* servent à faire communiquer la saline avec le *cobier* et la *vasière.* La saline elle-même se divise en un nombre plus ou moins considérable de compartiments nommés *fares,* semblables à ceux des cobiers, qui occupent habituellement le pourtour de la saline et qui communiquent, par des petites rigoles appelées *délivres,* avec les bassins inférieurs, appelés *œillets.* Ceux-ci ne se distinguent des *fares* que par les *ladures* ou petits plateaux circulaires qui occupent le milieu de leurs cloisons ; ils n'ont que 8 à 10 centimètres de profondeur.

L'eau de mer une fois introduite dans la *vasière,* où elle dépose les matières qu'elle tient en suspension à mesure que la température s'élève, l'opération ne consiste plus qu'à la conduire, en la faisant passer sur le sol échauffé du *cobier* et des *fares,* dans les *œillets,* où doit s'achever son évaporation. La vasière est alimentée elle-même par un canal principal et de nombreux *étiers,* qui parcourent en tous sens le marais ; l'exhaussement de son sol ne permet de la remplir ou de la renouveler que pendant les *reverdies,* c'est-à-dire pendant les grandes marées de la nouvelle et de la pleine lune.

Quand le sel est fait, et généralement cette opération demande deux jours, il se trouve divisé en deux parts. A la surface de l'eau est le sel blanc ou *menu,* qui surnage en crème légère ; on se sert, pour le recueillir, d'une espèce de cuiller mi-plate, nommée *lance ;* ce sel est la propriété des ouvriers ou *sauniers,* à qui les *paludiers,* ou maîtres, l'abandonnent pour salaire. Au fond de l'œillet se trouve le gros sel ou *sel gris ;* il est rare que ce dépôt ait beaucoup plus de 2 millimètres et demi d'épaisseur. Un râteau de bois plein, nommé *le las,* sert à le rassembler. Le lendemain, les femmes, courant pieds nus sur les cloisons glissantes de la saline, le transportent, au moyen de *gèdes* posées sur leur tête, sur les trémets, où il est mis en *mulons.* A la fin de la saison, les mulons sont recouverts d'une épaisse couche de terre glaise, qui, bien façonnée au battoir, pourrait le conserver pendant nombre d'années. C'est pendant qu'il est ainsi en mulons que le sel s'égoutte et se dépouille des sels déliquescents ; lorsqu'il est suffisamment sec, on le livre au commerce. C'est le *sel gris,* dont la couleur est due à un peu d'argile provenant des parois du bassin et de la couche de glaise dont on l'a recouvert.

Dans les marais salants du Midi, la disposition générale et la manière même d'opérer sont fort différentes (*fig.* 284). L'eau de mer M, après avoir été introduite dans un vaste bassin peu profond B, s'écoule lentement dans une série de bassins rectangulaires C, plus petits et moins profonds, où elle se concentre et passe de là dans de grands puits P, dits *puits des eaux vertes.* Des machines hydrauliques prennent cette eau et la déversent dans de nouveaux bassins d'évaporation D, dits *chauffoirs intérieurs,* d'où elle se rend dans un réservoir E, appelé *pièce maîtressé,* et de là dans des puits F, nommés *puits de l'eau en sel.* Déjà l'eau commence à saliner : elle marque 22° à 24° Baumé. Soutirée de nouveau à l'aide de pompes, elle entre dans des bassins G, beaucoup plus petits que les premiers et qui sont désignés sous le nom de *tables salantes.* C'est dans ces derniers compartiments, où la couche liquide n'a pas plus de 5 à 6 centimètres d'épaisseur, que le sel se dépose en masses compactes,

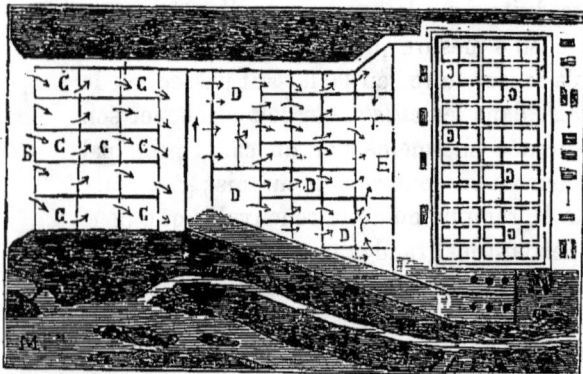

formées de cristaux très blancs et très volumineux. L'eau est renouvelée dans ces tables tous les jours ou tous les deux jours. L'opération continue ainsi pendant toute la belle saison, c'est-à-dire d'avril en septembre. Lorsque le dépôt de sel a une épaisseur de 4 à 5 cen-

Fig. 284. — MARAIS SALANTS DU MIDI DE LA FRANCE.

timètres, on procède à la récolte ou au *levage;* pour cela, on met les tables à sec, et, au moyen de pelles, on enlève le sel et on en fait des tas allongés I, connus sous le nom de *camelles.*

BATIMENTS DE GRADUATION. — C'est encore par l'évaporation, mais avec des procédés différents, que l'on exploite le sel contenu dans les lacs salés ou dans les sources salées. Les lacs salés ne se rencontrent guère, en Europe, qu'en Russie ou en Hongrie ; mais les sources salées sont très répandues en Allemagne, et, en France, on en connaît 27, dont 13 seulement sont exploitées, notamment celles de la Moselle, de Meurthe-et-Moselle, du Doubs et des Basses-Pyrénées. La plus importante est celle de Moutiers (Savoie).

Quand ces sources sont assez riches en sel marin, on les fait immédiatement évaporer dans de grandes chaudières en fer, carrées, peu profondes et très larges. Lorsqu'elles ne renferment que quelques centièmes de sel, on les soumet d'abord à une évaporation spontanée, en les faisant tomber sur des masses de fagots d'épines, disposés sur une hauteur de 15 mètres et placés sous des hangars ouverts. Voici la forme générale de ces appareils (*fig.* 285), connus sous le nom de *Bâtiments de graduation*. Les eaux se divisent à l'infini, traversent les fagots en présentant une grande surface à l'évaporation, et se réunissent plus concentrées dans le bassin inférieur, d'où on les dirige une seconde, une troisième fois sur les fagots, jusqu'à ce qu'elles aient acquis une densité de 1,140 ou qu'elles marquent environ 25° au pèse-sel de Baumé. On termine alors leur concentration dans des chaudières de fer carrées, peu profondes et très larges. Pendant les premiers temps de l'ébullition, il se fait un dépôt de *schlot*,

Fig. 285. — BATIMENTS DE GRADUATION.

qu'on enlève à mesure et qu'on accumule dans des auges en tôles, appelées *augelots*, qui sont placées au-dessus des chaudières. Au bout de 15 à 20 heures de feu, le *schlotage* est terminé, et le sel marin commence à se déposer. On fait alors passer la liqueur dans d'autres chaudières que l'on chauffe doucement ; le *salinage* s'opère, c'est-à-dire que le sel se précipite en petits cristaux confus ; on l'enlève au fur et à mesure avec des écumoires ; on le met à égoutter dans des *trémies*, puis on le porte au séchoir. On répète cette opération jusqu'à ce que le sel soit à peu près pur.

Quelquefois les fagots d'épines sont remplacés par des cordes tendues verticalement et le long desquelles l'eau coule ; d'autres fois, on emploie des tables déclives superposées sur deux rangs, comme une sorte d'escalier, sur lesquelles on fait passer très lentement l'eau salée.

FABRICATION ARTIFICIELLE DE LA GLACE.— MÉLANGES RÉFRIGÉRANTS.

— Nous avons dit ci-dessus quelle est l'importance de la glace et son utilité dans les usages de la vie. Aussi l'industrie a-t-elle cherché à en fabriquer artificiellement, et au moment même où l'on veut l'employer.

Le premier moyen est celui dit des *mélanges réfrigérants*.

L'emploi de ces mélanges remonte déjà très haut dans l'histoire de la science (1). Le *nitre* fut d'abord le sel qu'on mit en usage pour cet objet, et ce furent les Italiens qui s'en servirent les premiers, puisque, vers 1550, on rafraîchissait déjà, par son moyen, l'eau et le vin, dans les riches maisons de Rome. Bacon a écrit qu'on pouvait geler l'eau avec un mélange de neige et de sel marin. Vers la fin du XVII° siècle, R. Boyle fit connaître beaucoup d'autres substances susceptibles d'être employées à produire des abaissements de température. C'est vers 1650 ou 1660 qu'on fit l'application des mélanges frigorifiques à la confection des glaces et sorbets. Cet art ingénieux fut appporté à Paris vers cette époque par Procope Cotelli, noble de Palerme, pauvre cadet d'une riche famille sicilienne, et ces préparations rafraîchissantes obtinrent tant de vogue qu'en 1676 on comptait déjà, à Paris, 250 boutiques dans lesquelles on vendait des boissons glacées de toutes sortes.

Walker qui, le 20 avril 1787, réussit à congeler le mercure, fut le premier chimiste qui parvint à faire de la glace au milieu de l'été, en se servant uniquement de simples solutions de sel.

Certains sels, en effet, en se dissolvant dans l'eau, peuvent quelquefois s'y *combiner* en même temps ; dans ce cas, comme dans toutes les combinaisons chimiques, il y a production de chaleur. Lorsqu'il n'y a pas *combinaison*, mais simple *dissolution*, il y a au contraire production de froid : ce dernier effet est le résultat du changement d'état du sel, qui de solide devient liquide ; ce qu'il ne peut faire sans absorber de la chaleur et nécessairement produire du froid, puisqu'il faut qu'il prenne cette chaleur aux corps avec lesquels il se trouve en contact. Lorsque le sel se combine en se dissolvant, il produit de la chaleur ; cette chaleur est sensible lorsqu'elle est supérieure à l'abaissement de la température résultant de la liquéfaction ; mais, si elle est inférieure, il y a, au contraire, production de froid d'autant plus sensible que la différence est plus grande. Enfin un même sel peut produire ou du froid ou de la chaleur, selon l'état dans lequel il se trouve quand on le dissout. Ainsi le chlorure de calcium est un des sels qui se combinent avec l'eau en s'y dissolvant ; si on le dissout quand il est *anhydre* (du grec, *a*, privatif ; et *udôr*, eau), il y a production de chaleur, par suite de la combinaison qui s'effectue ; mais si le sel

(1) Girardin. *Leçons de chimie.*

est cristallisé, état dans lequel il est déjà combiné avec l'eau, il y a, au contraire, production de froid, parce qu'alors il y a simplement dissolution. Cette propriété des sels est souvent employée pour pro-

Le Frigorifique (page 582).

duire des froids artificiels, soit en les dissolvant seulement dans l'eau, soit en remplaçant l'eau par de la neige ou de la glace pilée, soit enfin par des mélanges de certains sels et d'acides. Ces divers mélanges frigorifiques donnent naissance à des abaissements de température qui diffèrent beaucoup, et que l'on choisit et combine pour arriver à des froids quelquefois très considérables.

Tableau de mélanges réfrigérants.

MÉLANGES.	TEMPÉRATURE du mélange.	DEGRÉ obtenu.	DIFFÉRENCE.	MÉLANGES.	TEMPÉRATURE du mélange.	DEGRÉ obtenu.	DIFFÉRENCE.
1 Nitrate d'ammoniaque.. / 1 Eau..........	+10°	—15°,55	25°,55	9 Phosphate de soude .... / 6 Nitrate d'ammoniaque.. / 4 Acide nitrique étendu d'eau...............	+10°	— 6°,11	16°,11
1 Nitrate d'ammoniaque.. / 1 Carbonate de soude..... / 1 Eau.	+10°	—13°,88	23°.88	3 Sulfate de Soude .... / 2 Acide nitrique étendu d'eau	+10°	—16°,11	26°,10
5 Chlorhydrate d'ammoniaque .... / 5 Nitrate de potasse...... / 16 Eau	+10°	—12°,22	22°,22	8 Sulfate de soude........ / 5 Acide chlorhydrique....	+10°	—17°,77	27°,77
5 Chlorhydrate d'ammoniaque .... / 5 Nitrate de potasse....... / 8 Sulfate de soude........ / 16 Eau..................	+10°	—15°,55	25°,55	6 Sulfate de soude........ / 5 Nitrate d'ammoniaque.. / 4 Acide nitrique étendu d'eau	+10°	—10°	20°
1 Chlorure de sodium..... / 1 Neige	0°	—17°,77	17°,77	6 Sulfate de Soude .... / 4 Chlorhydrate d'ammoniaque................. / 2 Nitrate de potasse...... / 4 Acide nitrique étendu d'eau	+10°	—12°,22	22°,22
3 Chlorure de calcium cristallisé.................. / 2 Neige	0°	—27°,77	27°,77	1 Acide sulfurique étendu d'eau................. / 1 Neige	— 6°,66	—51°	44°,33
2 Chlorure de calcium cristallisé.................. / 1 Neige.	—27°,77	—54°,44	36°,66	1 Acide nitrique étendu d'eau .... / 1 Neige	—17°,77	—45°,33	27°,56
5 Chlorure de sodium .... / 5 Nitrate d'ammoniaque .. / 12 Neige	—27°,77	—31°,66	3°,89	1 Acide nitrique étendu d'eau .... / 2 Neige .... / 6 Acide sulfurique étendu d'eau	—23°,33	—48°,83	25°,55
3 Chlorure de calcium cristallisé.................. / 1 Neige.	—40°	—58°,33	18°,33	10 Acide sulfurique étendu d'eau .... / 8 Neige.	—55°,55	—68°,33	12°,78
9 Phosphate de soude .... / 4 Acide nitrique étendu d'eau	+10°	—11°,11	21°,11				

Ces mélanges sont très employés dans les laboratoires, et quelquefois industriellement pour obtenir de la glace dans certains cas de maladie, pour refroidir les boissons, pour atteindre le froid nécessaire à la conservation des viandes, etc. On a construit, pour cet usage, différents modèles d'appareils dont les plus connus sont (*fig.* 286) la *glacière Goubaud* G, la *glacière des familles* F, la *glacière à bascule* B, la *sorbetière* S. Un regard jeté sur la figure permet de comprendre les détails de l'opération. Dans le récipient, rempli d'un mélange réfrigérant, on place la carafe ou le vase contenant l'eau à *frapper à la glace*. On active la dissolution soit par un mouvement de bascule, soit par un mouvement de rotation imprimé au liquide réfrigérant à l'aide d'une manivelle, soit par des palettes en hélice, et en quelques minutes l'effet est produit.

Le mélange le plus ordinairement employé est du sulfate de soude et de l'acide chlorhydrique, dans les proportions indiquées au tableau ci-dessus, mélange qui donne une différence de température de 27° 77; mais ce mélange présente quelques inconvénients : le maniement de l'acide chlorhydrique occasionne de brûler les vêtements sur lesquels il tombe; il altère profondément la pierre et le marbre; ses vapeurs détériorent les objets de fer ou d'acier; de plus, le mélange ne peut servir qu'une fois et n'est plus bon à rien. Aussi on le remplace souvent par du nitrate d'ammoniaque contenant une petite proportion de chlorhydrate d'ammoniaque et d'eau. Ce mélange

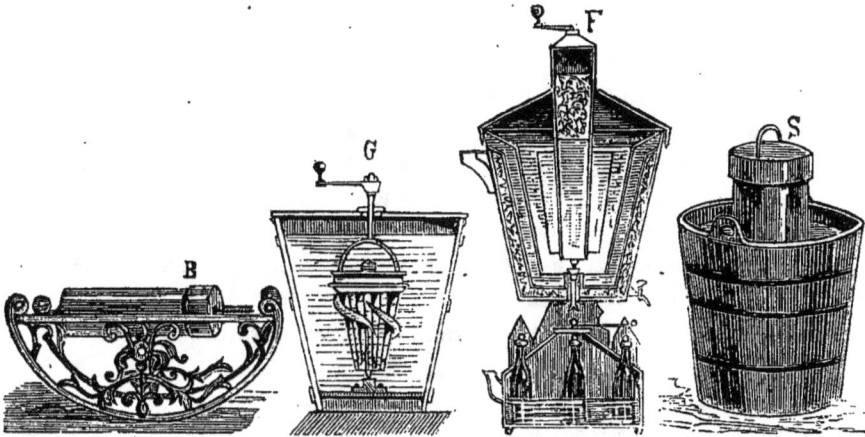

Fig. 286. — GLACIÈRES DOMESTIQUES.

donne une température de 2 degrés de moins que l'autre; mais il ne présente aucun danger, et le résidu peut être évaporé et servir presque indéfiniment.

APPAREILS CARRÉ. — La fabrication de la glace par l'appareil de M. Carré est basée non plus sur le froid produit par une *dissolution,* mais sur le froid produit par l'*évaporation.*

L'appareil (*fig.* 287) se compose d'un cylindre A en fer forgé, renfermant dans son intérieur une série de plateaux superposés, percés à leurs centres et rebords, déversant leur trop-plein l'un dans l'autre. Cette disposition a pour but d'augmenter la surface de chauffe. Ce cylindre communique par deux tubes l'un NE droit, l'autre en siphon DPE, avec un vase tronconique C, plein d'eau et où se trouve ménagée une cavité centrale propre à recevoir le vase cylindrique *lhkm.* Le cylindre A renferme une dissolution ammoniacale saturée, qui, comme on sait, renferme 6 à 700 fois son volume de gaz. L'appareil, clos de toutes parts, est muni d'un thermomètre qui, sans communiquer avec l'intérieur du cylindre A, indique sa température. On chauffe ce cylindre A ; quand le thermomètre indique 130°, on remplace le fourneau par une cuve d'eau ; le gaz ammoniac s'échappe alors ; il passe dans le récipient tronconique, après avoir cheminé à travers les tubes de communication. Mais, arrivé dans le récipient, il ne trouve aucune issue ; cependant la chaleur dégage continuellement de l'eau ; de nouvelles quantités de gaz ammoniac s'accumulent ainsi et ne tardent pas à être soumises à une pression considérable ; le gaz se liquéfie et se condense sur de petits godets, placés à ce dessein. Cette première partie de l'opération pour les petits appareils destinés à l'économie domestique dure environ trois quarts d'heure.

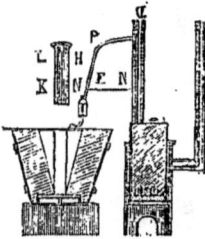

Fig. 287.

GLACIÈRE CARRÉ.

Alors, dans la cavité ménagée dans le cylindre tronconique C, on place le cylindre *lhhm* plein d'eau froide à congeler ; on entoure le réfrigérant d'une enveloppe en feutre, très peu conductrice de la chaleur, et on place la chaudière dans l'eau. Celle-ci, grâce au refroidissement, devient apte de nouveau à dissoudre le gaz qui revient dans la chaudière par le tube en siphon DPE. L'évaporation qui se produit alors dans le congélateur est entièrement active, l'abaissement de la température est considérable, et l'eau se congèle.

Cet appareil ne fournit, en raison de ses modestes dimensions, que des quantités très limitées de glace. M. Carré (Edmond), frère de l'inventeur de la glacière, a imaginé un autre appareil, construit sur une échelle beaucoup plus vaste, et qui a résolu complètement le problème si important de la production du froid. Il nous suffira d'indiquer le mécanisme de l'appareil pour que le procédé de fabrication soit compris (*fig.* 288).

C'est une grande chaudière C où chauffe la dissolution ammoniacale. Le gaz qui s'en échappe va dans un récipient R, où il se liquéfie par le refroidissement produit par un jet d'eau froide coulant constamment d'un réservoir A. Le gaz liquéfié va ensuite remplir les parois creuses d'un réfrigérant B, où se trouvent les vases pleins du liquide à congeler. L'eau de la chaudière C, dépouillée du gaz en dissolution et refroidie, pénètre alors dans un vase V, qui est lui-même en communication avec D et avec le réfrigérant B. Le liquide ammoniacal reprend l'état gazeux pour se dissoudre à nouveau dans l'eau du vase V, et c'est par le fait du refroidissement causé par cette évaporation que l'eau se congèle dans des vases placés au sein du réfrigérant. Enfin l'eau régénérée est, à l'aide d'une pompe

P, refoulée dans la chaudière, de sorte que la fabrication de la glace se fait d'une façon, pour ainsi dire, continue.

CONSERVATION DES SUBSTANCES ALIMENTAIRES. — La question de la conservation de la viande, au moyen d'appareils frigorifiques, est tellement importante que nous devons citer le procédé de conservation des substances alimentaires dû à M. Tellier, et sur lequel une commission

Fig. 288.

APPAREIL CARRÉ POUR LA FABRICATION INDUSTRIELLE DE LA GLACE.

de l'Académie des sciences a fait un rapport très favorable. Il serait véritablement philanthropique que l'on trouvât le moyen d'utiliser ces masses de viande qui se perdent dans l'Amérique du Sud, alors que le prix du kilogramme est si élevé en Europe !

L'agent dont se sert M. Tellier, pour produire le froid par évaporation, est l'*éther méthylique* ou *oxyde de méthyle* (1). Ce composé est gazeux à la température et sous la pression normales, incolore, d'une odeur éthérée agréable. Un froid de 21° le liquéfie, ainsi qu'une pression de huit atmosphères.

Si donc, après avoir liquéfié ce gaz, on supprime la pression, ou si on élève la température, il reprend sa forme première en produisant un froid assez considérable sur les corps environnants. A bord des vaisseaux destinés au transport des viandes d'Amérique, le liquide volatil, comprimé dans un réservoir en fer, pénètre, quand on ouvre ce réservoir, dans un cylindre en tôle, dit *frigorifère*, traversé par un grand nombre

(1) Voir notre CHIMIE (*Esprit de bois*).

de tubes en cuivre donnant passage à une solution de *chlorure de calcium*, qui va refroidir l'air d'une chambre dite *de froid*. Cet air est amené du dehors dans le *frigorifère* par un jeu de ventilateurs puissants; au contact du tube, il descend à 0° et abandonne son humidité sous forme de givre, entraînant les poussières et les germes qui peuvent s'y rencontrer. Il est ensuite chassé jusque sous le parquet de la *chambre à viande*, qui est percé de trous nombreux pour lui donner passage. Le courant d'air à 0° monte verticalement, lèche uniformément la surface des viandes, et sort par le plafond où il est repris par la ventilation. Les vapeurs d'éther, qui ont circulé dans le *frigorifère*, se rendent dans un réservoir où elles sont soumises à une pression de huit atmosphères, qui les ramène à l'état liquide, de sorte que celui-ci sert indéfiniment et sans perte notable. L'action des ventilateurs, les mouvements de l'éther et de la solution saline dans les tubes sont provoqués et réglés par un volant et par des pompes qu'anime une machine à vapeur dont la marche ne s'arrête jamais.

Dans le navire, nommé *le Frigorifique*, que M. Ch. Tellier a expédié en 1876 à Buenos-Ayres, pour y prendre un chargement de 6 à 700 bœufs dépecés, les dispositions précédentes ont été adoptées (*fig*. page 577). La *chambre de froid* et la *chambre de la viande* sont isolées complètement du reste du navire, et forment des milieux clos, grâce à un système de fermetures hermétiques. Or, parti en août 1876, *le Frigorifique* est revenu en France, en juillet 1877, porteur de viandes en état parfait de conservation.

PRODUCTION INDUSTRIELLE DE LA GLACE. — En 1876, M. Raoul Pictet eut l'idée d'utiliser l'acide sulfureux liquide et anhydre pour la production industrielle de la glace. Il se procure d'abord cet acide dans sa fabrique, située à Margencel (Savoie), en faisant réagir, à une température de 400°, la vapeur du soufre sur l'acide sulfurique, et il ne lui revient, ainsi produit, qu'à 5 francs le kilogramme. L'appareil dont il se sert ensuite pour produire le froid se compose essentiellement d'un cylindre en cuivre dans lequel on place l'acide liquide, et que l'on maintient dans une grande cuve remplie d'une solution de chlorure de magnésium. C'est dans ce bain que se placent les vases contenant l'eau à congeler. La seule dépense exigée est la force nécessaire pour amener la volatilisation de l'acide anhydre, c'est-à-dire peu de chose; ainsi un appareil produisant 1,000 kilogrammes de glace à l'heure dépense 1 kilogramme de charbon par 22 kilogrammes de glace obtenue : celle-ci revient, dans ces conditions, à moins de 1 centime le kilogramme.

CHAPITRE VIII

CHANGEMENT DANS L'ÉTAT DES CORPS

3e ÉBULLITION

DÉFINITION. — Nous avons longuement insisté (pages 451 et 190) sur le phénomène de la *convection* et sur ses applications. L'*ébullition* est une des conséquences de ce phénomène. Chauffons un liquide dans un vase ouvert tel qu'un ballon de verre ; plaçons-y un thermomètre : la température s'élève graduellement, des courants ascendants et descendants répartissent la chaleur ; il se forme, à la surface, de la vapeur qui vient se condenser au col du ballon en léger brouillard. Puis de petites bulles gazeuses naissent au sein de l'eau et montent lentement jusqu'à la surface : ce sont des bulles d'air dissous. Un peu de temps après, des bulles plus grosses apparaissent au fond du vase ; elles montent en diminuant de volume et disparaissent sans atteindre la surface ; on entend alors un bruit qu'on appelle le *chant du liquide*. Chaque bulle est constituée en effet par de la vapeur d'eau, et cette vapeur se développe autour d'une petite bulle d'air, quand sa température est de 100° environ. Comme le ballon est chauffé par le fond, les parties inférieures du liquide atteignent cette température avant les parties supérieures, et la vapeur formée rencontre, en montant, de l'eau moins chaude qu'elle ; elle se refroidit en cédant de la chaleur à cette eau et se condense brusquement ; un petit vide existe un instant à sa place et l'eau environnante s'y précipite avec choc : de là une trépidation et un bruit. Enfin les bulles de vapeur atteignent la surface ; le thermomètre marque 100° ; le liquide entre en *ébullition*. On peut voir alors les bulles grossir à mesure qu'elles s'élèvent et venir crever dans l'air en soulevant une mince pellicule d'eau de forme hémisphérique.

C'est en ces termes que l'on peut décrire le phénomène de l'*ébullition* que nous définissions ci-dessus : « nom que prend l'*évaporation* quand la vapeur se dégage rapidement en bulles tumultueuses, qui,

prenant naissance dans la masse du liquide, viennent éclater à sa surface. »

LOIS DE L'ÉBULLITION. — L'ébullition des liquides est soumise à
trois lois :

1° *Le même liquide, placé dans les mêmes conditions, entre toujours
en ébullition à la même température.*

Cette première loi est analogue à la loi de la fusion (page 530) et se
démontre expérimentalement de la même manière. Il en résulte que la
température de l'ébullition est un coefficient *spécifique*, propre à chaque
liquide, et qui sert à le déterminer.

Voici, en effet, un tableau du point d'ébullition de quelques
liquides sous une pression voisine de la pression atmosphérique normale
de 0,760.

NOMS DES SUBSTANCES.	TEMPÉRATURE d'ébullition.	NOMS DES SUBSTANCES.	TEMPÉRATURE d'ébullition.
Acide acétique concentré.........	120°	Eau distillée................	100°
— azotique anhydre...........	50	Eau de mer................	103,7
— carbonique.......	— 78	Essence d'amandes amères........	176
— chlorhydrique....	110	Essence de térébenthine..........	161
— chlorique	137,5	Éther sulfurique..............	35,5
— cyanhydrique.............	26,2	— acétique.............	74,1
— fluorhydrique.............	30	— chlorhydrique.......	11
— formique.	105,3	— oxalique........	183
— hypoazotique.............	25	Huile de lin...............	387,5
— sulfureux.........	8	Huile de ricin	265
— sulfurique anhydre	32	Iode................	176
Alcool absolu.:...........	78,3	Liqueur des Hollandais..........	84,9
— amylique (huile de pommes		Mercure..............	353
de terre).........	131,8	Paraffine..............	370
— méthylique (esprit de		Pétrole..............	166
bois).............	63	Phosphore	290
Ammoniaque anhydre.........	— 35	Potassium.............	700
Azote (protoxyde).............	— 88	Selenium..............	700
Benzine................	80,8	Sodium	700
Brome.............	63	Soufre...............	440
Camphre de Bornéo	215	Sulfure de carbone.........	47,9
Chlorure d'arsenic.............	132	Térébène.............	16
Créosote.............	203	Zinc................	1000

2° *La température d'un liquide en ébullition reste constante, quelle
que soit l'intensité de la source de chaleur qui la produit.*

La démonstration expérimentale de cette loi se fait en laissant un
thermomètre plongé dans un liquide en ébullition. Quoiqu'on augmente
l'intensité du foyer qui a servi à élever le liquide à l'ébullition, le mercure du thermomètre restera au même point. On peut déduire de cette

observation la conclusion que nous avons tirée de celle du froid produit
par l'évaporation, c'est-à-dire que la chaleur produite est employée tout
entière à effectuer le travail nécessaire pour transformer le liquide en

Les verriers utilisent cet effet; ils plongent dans l'eau la masse
de verre incandescente... (page 594).

vapeur. L'eau ne pouvant s'échauffer, dans un vase ouvert, à plus
de 100°, on peut donc toujours placer sur un foyer des vases de fer-
blanc ou d'étain, sans craindre qu'ils se fondent, du moment qu'ils contiennent de l'eau. En effet, le métal étant bon conducteur de la chaleur,

l'équilibre s'établit entre lui et l'eau, qui ne peut dépasser une température de 100°.

Une expérience curieuse, et qui ne manque jamais d'étonner ceux qui en sont spectateurs, peut être faite en vertu de ce principe :

On chauffe une capsule en métal dans un feu très ardent, et on la porte au rouge ; à ce moment, on y verse un liquide dont le point d'ébullition est très peu élevé, de l'acide sulfureux liquéfié, par exemple, qui bout à 10° au-dessous de zéro.

Fig. 289.

TROISIÈME LOI
DE L'ÉBULLITION.

Ce liquide se vaporise rapidement, mais il conserve la température de son point d'ébullition — 10°, puisque les vapeurs produites entraînent toute la chaleur du vase. Que l'on verse alors un peu d'eau sur l'acide sulfureux, cette eau, pénétrant dans un liquide à — 10°, se congèlera instantanément.

3° *Pendant l'ébullition, la force élastique de la vapeur émise par le liquide est égale à la pression extérieure.*

Pour démontrer cette loi importante, on se sert (*fig*. 289) d'un tube recourbé dont la petite branche est fermée et la grande ouverte. On porte alors ce tube dans un ballon de verre, contenant de l'eau en ébullition. L'eau du tube se change bientôt en vapeur, le mercure descend dans la petite branche et remonte dans la grande branche jusqu'à ce que le niveau soit le même dans l'une et l'autre.

La pression exercée par la vapeur du tube sur le mercure équilibre donc très exactement la pression atmosphérique.

**CIRCONSTANCES QUI INFLUENT SUR LE POINT D'ÉBULLITION. —
1° PRESSION EXTÉRIEURE. —** Comme conséquence immédiate de cette dernière loi, on comprend que, de toutes les causes qui peuvent faire varier le point d'ébullition d'un liquide, celle qui a le plus d'influence est la pression exercée sur lui. Ainsi, dans le vide, l'eau bout à 0° ; elle bout à 100° sous la pression atmosphérique normale de 0m,760, c'est-à-dire au niveau de la mer ; et, à mesure qu'on s'élève dans l'atmosphère, et qu'en conséquence la pression diminue, elle bout à des températures plus faibles, et d'autant plus inférieures à 100° que la hauteur du lieu est plus considérable.

Cela ressort du tableau suivant, dans lequel est indiquée la température de l'ébullition de l'eau à différentes altitudes.

NOM DES STATIONS.	ALTITUDE.	TEMPÉRATURE de l'ébullition.	NOM DES STATIONS.	ALTITUDE.	TEMPÉRATURE de l'ébullition.
Niveau de la mer...............	0 mètr.	100°	Plombières.....................	421 mèt.	98,5
Berlin........................	40 —	99,8	Madrid........................	608 —	97,8
Rome	46 —	99,8	Bains du Mont-Dore	1,040 —	96,5
Observatoire de Paris (1er étage).	65 —	99,7	Barèges	1.269 —	95,6
Dresde........................	90 —	99,6	Gavarnie	1,444 —	95
Vienne	133 —	99,5	Hospice du Saint-Gothard......	2,075 —	92,9
Lyon.........................	162 —	99,4	Mexico........................	2,270 —	92,3
Prague.......................	179 —	99,3	Santa-Fé de-Bogota............	2,661 —	90,9
Turin	230 —	99,1	Quito.........................	2,908 —	90,1
Moscou	300 —	99	Métairie d'Antisana...........	4,101 —	86,3

L'eau bouillante n'est donc pas également chaude dans tous les lieux de la terre et n'est pas, en conséquence, aussi propre à la cuisson de divers aliments.

Le mot d'*eau bouillante* ne correspond dans notre esprit à une sensation déterminée de chaleur, que parce qu'on n'a l'occasion d'observer l'ébullition qu'à des pressions qui diffèrent peu de la pression moyenne. Cependant, pour les observations exactes, il faut se préoccuper de ces différences de pression. Ainsi, pour la détermination du point 100 du thermomètre (page 418), nous avons fait remarquer qu'un manomètre M indiquait la pression extérieure et que l'on tenait compte de ses indications.

EXPÉRIENCES DE FRANKLIN, DE DULONG. — APPLICATION INDUS-TRIELLE. — Franklin a mis en évidence l'ébullition de l'eau à une température inférieure à 100°, lorsque diminue la pression, par l'expérience suivante (*fig.* 290) :

Il faisait bouillir de l'eau dans un ballon à long col; l'air en est bientôt chassé en grande partie par la vapeur. Alors il retournait brusquement le ballon pour le plonger dans un vase plein d'eau, ce qui forme une fermeture hermétique et empêche l'air de rentrer. Versant alors un liquide volatil, de l'éther ou de l'alcool, sur le ballon, le refroidissement du liquide bouillant, produit par le contact de ce liquide froid et par son évaporation, condense la vapeur dans le voisinage de la paroi ; un vide se forme, la vapeur se refroidit également, sa force élastique diminue ;

aussitôt l'eau du ballon, bien qu'elle soit retombée bien au-dessous de 100°, recommence à bouillir, parce qu'elle supporte une moindre pression.

Dulong démontrait l'influence de la pression extérieure sur le point d'ébullition au moyen de l'appareil suivant (*fig.* 291), perfectionné par Despretz. Dans une cornue tubulée C, il faisait bouillir de l'eau ; un thermomètre T plonge dans cette eau et indique sa température. La vapeur produite va dans un serpentin S entouré d'eau à une température connue. Ce serpentin se termine par un réservoir R dans lequel le liquide condensé s'accumule, et d'où il peut être recueilli à l'aide du robinet du réservoir. Le réservoir communique, par un tube A, avec un récipient dans lequel se trouve de l'air comprimé ou raréfié. Or, plus cet air est comprimé, plus, en conséquence, la pression augmente, plus le point d'ébullition s'élève, et, réciproquement, plus cet air est raréfié, plus le point d'ébullition s'abaisse.

Ce principe a reçu une application industrielle très importante dans l'*appareil à triple effet de Cail*, que nous avons décrit ci-dessus (page 569). Les sirops s'évaporent, à cause du vide produit dans l'appareil, à une température bien plus basse que celle qui serait nécessaire en opérant à l'air libre. De là une grande économie de combustible ; mais il y a aussi un autre avantage. La chaleur est cause qu'une portion de sirop perd sa propriété de cristalliser, et, par conséquent, reste comme résidu parmi les mélasses. Or, plus la température est élevée, plus considérable est la quantité de sucre incristallisable. En obtenant l'ébullition des sirops à une température bien inférieure à 100°, on diminue donc la perte d'une façon très notable.

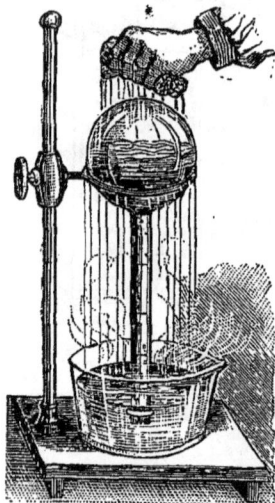

Fig. 200.
EXPÉRIENCE DE FRANKLIN.

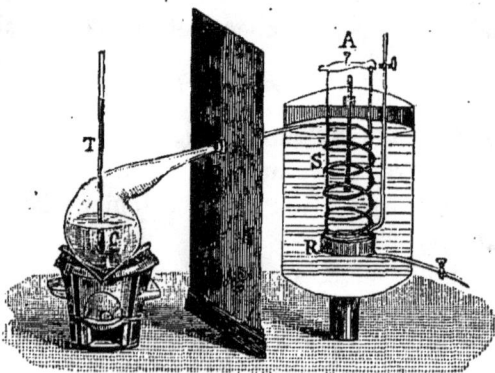

Fig. 291. — EXPÉRIENCE DE DULONG.

HYPSOMÈTRE. — Évidemment, puisque la pression extérieure permet de connaître exactement la température d'ébullition de l'eau, réciproquement la température d'ébullition peut donner exactement la pression atmosphérique. Wollaston avait donc proposé de remplacer le baromètre, instrument souvent peu transportable, par l'observation de la température de l'ébullition de l'eau, et il avait construit, sur ce principe, un *thermomètre barométrique*. M. Regnault, reprenant cette idée, a imaginé l'*hypsomètre* (du grec *hupsos*, hauteur; *metron*, mesure). C'est une petite chaudière (*fig.* 292), contenant de l'eau, que porte à l'ébullition une lampe à alcool, et surmontée d'un tube dont les différentes parties peuvent rentrer les unes dans les autres, comme celles d'une lorgnette. Un thermomètre plongé dans la vapeur, et dont l'extrémité sort à peine de la partie supérieure du tube, donne la température de l'ébullition. On en déduit la pression atmosphérique, et, conséquemment, la hauteur du lieu où l'on fait l'expérience (page 276).

CIRCONSTANCES QUI INFLUENT SUR LE POINT D'ÉBULLITION. 2° SUBSTANCES EN DISSOLUTION DANS LE LIQUIDE. — Tout le monde a remarqué que le bouillon gras bouillant, par exemple, brûle plus fortement que l'eau bouillante. C'est qu'en effet les matières en dissolution dans un liquide élèvent généralement sa température d'ébullition, à moins que ces matières ne soient plus volatiles elles-mêmes que le liquide bouillant. Ainsi, voici les points d'ébullition de l'eau saturée par différents sels :

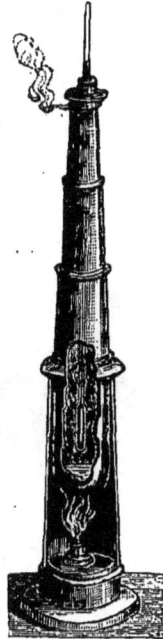

Fig. 292.

HYPSOMÈTRE.

Chlorure de sodium (*sel marin*)...	108°,4	Carbonate de potasse...........	135°,0
Azoture d'hydrogène (*ammoniaque*).	114°,2	Nitrate de chaux..............	151°,0
Nitrate de potasse (*salpêtre*)......	115°,9	Acétate de potasse (*terre foliée*)...	169°,0
Nitrate de soude (*salpêtre du Pérou*)....................	121°,0	Chlorure de calcium............	179°,5
		Nitrate d'ammoniaque............	180°,0

Le terme de l'ébullition se trouve retardé en raison de l'affinité plus ou moins grande des corps dissous par le liquide dissolvant. Lorsque l'eau bouillante est *saturée* de certains sels, c'est-à-dire lorsqu'elle tient en dissolution tout ce qu'elle en peut prendre, la température se trouve élevée. Cela a une application immédiate. On emploie des dissolutions salines dans les laboratoires pour faire des *bains-marie*, qui servent à évaporer des liqueurs contenant des substances qui pourraient être altérées, et même détruites, si on les chauffait à feu nu, et qui, cependant, exigent une température plus haute que celle des bains-marie à l'eau seule.

Lorsque la dissolution n'est pas *saturée*, le point d'ébullition n'est pas constant : il s'élève, et d'autant plus que la proportion du sel est plus considérable; mais il arrive un moment où le sel commence à se déposer, et la température, invariable alors, est celle qu'il faut prendre pour la température d'ébullition de la solution saturée. Cela est d'autant plus important qu'il se produit quelquefois un phénomène analogue à la *surfusion* (page 538) : la température s'élève graduellement, sans que le solide *dépose*, puis, à un certain moment, un dépôt commence à se produire brusquement, et le thermomètre descend de plusieurs degrés.

Remarquons toutefois que, quelle que soit la température de la dissolution, celle de la vapeur ne dépend que de la pression et

Fig. 203. — EXPÉRIENCE DE M. DONNY.

reste la même que dans le cas de l'eau pure. En effet, la vapeur qui se dégage, on le comprend, du reste, n'est que de la vapeur d'eau pure.

3° **NÉCESSITÉ DE LA PRÉSENCE D'UN GAZ DANS LE PHÉNOMÈNE DE L'ÉBULLITION.** — Un professeur du lycée Louis-le-Grand, M. Gernez, physicien distingué, a démontré qu'une atmosphère gazeuse est absolument nécessaire pour produire et entretenir le phénomène de l'ébullition. Un mélange d'huile de lin et d'essence de girofle a la même densité que l'eau; on introduit des globules d'eau au sein de ce mélange, et on élève la température. Le mélange peut ainsi atteindre 170°, sans qu'aucune ébullition se manifeste, c'est-à-dire une température où la force élastique de la vapeur d'eau est de huit atmosphères. L'ébullition est déterminée instantanément par le contact d'un corps solide; mais un semblable corps est toujours recouvert d'une gaine d'air (page 235), en vertu de la capillarité, et, dans cette couche d'air, l'évaporation devient possible. M. Gernez a remarqué que des fils de platine, placés au sein de l'acide sulfurique bouillant, étaient incapables de servir de siège au dégagement des bulles, quand, après avoir été portés au rouge, ils avaient été refroidis hors du contact de l'air, c'est-à-dire quand ils avaient été dépouillés de toute gaine gazeuse. Or, c'est de ces fils que toutes les bulles de vapeur d'acide sulfurique se dégagent quand ceux-là n'ont subi aucune action préalable.

Beaucoup d'autres expériences prouvent que l'ébullition est due à la présence de bulles d'air ou d'autres gaz. Citons celle de M. Donny :

Dans un tube de verre recourbé (*fig.* 293), on fait bouillir de l'eau, afin de chasser tout l'air dissous dans l'eau et restant dans le tube ; puis, quand la vapeur et l'eau remplissent seules l'appareil, on ferme le tube à la lampe. L'appareil étant refroidi, on place une de ses extrémités dans un vase plein d'huile, que l'on chauffe avec une lampe à alcool. L'eau contenue dans le tube peut alors, sans entrer en ébullition, être portée à 130°, comme on le constate en plongeant un thermomètre dans l'huile, et cependant elle supporte une pression très légère. Mais, vers 130°, l'eau est projetée en masse à l'autre partie du tube, dans les boules ajoutées en vue de cette projection.

4° INFLUENCE DE LA NATURE DES VASES. — Le plus ou moins d'adhésion du liquide pour les parois du vase dans lequel il est élevé à l'ébullition influe beaucoup sur la température de l'ébullition. Ainsi, dans un ballon de verre, ou d'une autre substance conduisant mal la chaleur, l'eau bout à une température plus élevée que dans un vase métallique, non poli, ou garni de pointes, ou formé d'un corps chargé d'aspérités. Quand la surface intérieure d'un ballon de verre est bien polie, la température de l'ébullition de l'eau s'élève quelquefois jusqu'à 106° ; mais si l'on jette un fragment de métal, ou de la limaille de fer au fond du ballon, la température de l'ébullition revient à 100°. C'est pour tenir compte de cette influence des vases que, dans la graduation des thermomètres, on détermine toujours le point fixe supérieur de l'échelle dans un vase de cuivre rouge ou de fer-blanc.

MARMITE DE PAPIN. — Pour qu'un liquide, soumis à l'action de la chaleur, entre en ébullition, il faut que le vase qui le renferme soit largement ouvert, afin que la vapeur puisse librement s'en dégager et se répandre dans l'espace. Dans un vase clos, la vapeur augmente de densité et de tension avec la température ; mais la déperdition de chaleur que subit le globule de liquide arrivant à la surface libre, et qui constitue l'ébullition, n'est point possible. Conséquemment, un liquide qui, dans un vase ouvert, ne peut, quelle que soit l'intensité de la source de chaleur, dépasser la température de son point d'ébullition, peut, dans un vase clos, atteindre une température bien supérieure. Néanmoins, il y a une limite, à laquelle arrivé, le liquide, quelle que soit sa pression, se réduit en vapeur. Ce fait a été découvert par M. Cagniard-Latour et étudié par M. Wolff. Ainsi, en introduisant de l'eau, de l'éther ou de l'alcool dans de gros tubes de verre, absolument vides d'air, par suite d'une ébullition, et fermés alors à la lampe, on a remarqué qu'en les soumettant à une source de chaleur suffisante, il arrive un moment où le liquide se transforme en vapeurs, dont le volume diffère peu de celui du liquide. L'éther sulfurique, par exemple, se réduit totalement en vapeurs à 200°, en un espace moindre que le double de son volume lorsqu'il est liquide, ce qui arrive sous la pression de 38 atmosphères.

Fig. 294. — MARMITE DE PAPIN.

Ce fut Denis Papin, dont nous parlerons longuement tout à l'heure, qui, le premier, a étudié les effets de la production des vapeurs en vases clos. L'appareil qu'il a imaginé, et qui est connu sous le nom de *marmite de Papin*, démontre l'impossibilité de l'ébullition, en général, dans un vase clos. Cet appareil se compose (*fig.* 294) d'un vase cylindrique en bronze, à parois très épaisses, muni d'un couvercle fixé très solidement, au moyen d'une vis de pression P, qui le maintient serré contre le vase avec une force proportionnelle à celle de la force élastique de la vapeur qui tend à le soulever. Pour fermer hermétiquement, on a eu soin de placer sur les bords du vase une feuille de plomb dans laquelle pénètre le couvercle. A la partie inférieure du couvercle est un petit orifice o, que bouche exactement un disque métallique, lequel est plus ou moins pressé, au moyen d'un levier L, muni d'un poids *p* mobile. Lorsque la vapeur a atteint une tension telle que le vase serait en danger d'éclater, on avance le poids, de sorte que le petit orifice, appelé pour cela *soupape de sûreté*, se débouche et laisse passer un peu de vapeur. Or, en faisant chauffer de l'eau dans cet appareil, sa température s'élèvera, pour ainsi dire indéfiniment, sans que l'ébullition ait lieu.

Papin avait imaginé cet appareil, qu'il appelait *digesteur*, afin d'extraire, par la vapeur à une haute pression, la partie gélatineuse des os. Il en donna la description dans une brochure, parue en 1681, à Londres. C'était une véritable chaudière.

On s'en sert quelquefois industriellement, malgré les dangers d'explosion, pour l'usage auquel la destinait Papin. On raconte que, dans un grand dîner officiel, chez un préfet du Nord, il y a une quarantaine d'années, on servit de la gélatine extraite, par le moyen de la marmite de Papin, d'os fossiles, trouvés dans le sol, et qui provenaient de grands animaux morts depuis plus de 6,000 ans.

Les premiers navigateurs dans l'Archipel grec se procuraient de l'eau douce en vaporisant l'eau de mer (page 596).

CALÉFACTION. — Quoique l'eau entre en ébullition à 100°, si l'on en projette une petite quantité, dans un creuset de platine chauffé au rouge par exemple, c'est-à-dire à plus de 500 degrés, l'eau ne se réduit pas en vapeur sensible: elle prend la forme sphérique et ne s'évapore qu'avec

une grande lenteur. Si l'on retire le creuset du feu, lorsque le refroidissement est arrivé au point où le métal peut se mouiller, la petite sphère
s'aplatit et se transforme immédiatement en vapeur. Tous les corps fusibles
et volatils, comme tous les liquides, sont susceptibles de produire les
mêmes effets; la température du corps doit être d'autant plus haute que
l'ébullition du corps sur lequel on veut agir se produit à une chaleur plus
élevée. On a donné à ce mode de vaporisation le nom de *caléfaction*, et le
nom d'*état sphéroïdal* à la disposition spéciale qu'affectent les liquides dans
ces conditions.

Ces singuliers phénomènes étaient depuis très longtemps connus : ils
ont été étudiés autrefois par Leidenfrost, par Klaproth ; mais, plus récemment, M. Boutigny en a fait l'objet de recherches nouvelles très détail-
lées. Tous les ouvriers des fonderies savent que l'on peut plonger la main
dans du plomb fondu, toucher de la fonte en fusion, passer la langue sur
un fer rouge, sans se brûler (page 30). Les verriers avaient remarqué que,
s'ils jetaient de l'eau sur le verre fondu dans le creuset, elle se divisait
en petites sphères, qui se promenaient à la surface et ne s'évaporaient que
très lentement. Ils utilisent même cet effet (1) : ils plongent dans l'eau la
masse de verre incandescente qu'ils tiennent au bout de leur canne, et,
la tournant rapidement sur elle-même, ils la façonnent; soufflant ensuite
dans la canne, ils forment, au milieu du verre pâteux, une boule, dans
laquelle ils introduisent un peu d'eau, et ils bouchent l'ouverture avec leur
doigt; la vapeur de cette eau presse les parois de la boule, la gonfle, et
en augmente graduellement la capacité (*fig.* à la page 585). Et tout cela
se fait sans explosion, parce que le verre est très chaud, et que l'eau qui
semble le toucher est à l'*état sphéroïdal* et s'évapore lentement.

Les causes les plus nombreuses de l'explosion des machines à vapeur
sont dues au fait de la caléfaction. En effet, M. Boutigny a constaté que,
pour que l'état sphéroïdal ait lieu, il faut que le corps solide sur lequel se
jette le liquide soit porté à une température supérieure à une certaine
température limite, spéciale pour chaque liquide, et qui, pour l'eau, est de
142°; c'est-à-dire qu'il faut que le métal ait atteint une température supérieure à 142° pour que de l'eau mise en contact avec lui prenne l'état
sphéroïdal. Or si, après avoir obtenu l'état sphéroïdal de l'eau, on laisse
refroidir le vase de métal, lorsque le métal est redescendu à 140°; le liquide,
qui jusque-là dansait au-dessus de la plaque, la touche immédiatement
et bout avec violence.

Cela établi, considérons la chaudière d'une machine à vapeur. Dans

---

(1) Voir notre Chimie : *Silicate de soude; Fabrication du verre.*

les conditions normales, la flamme du foyer n'agit que sur les parois qui sont en contact avec l'eau, et celle-ci, acquérant sa température constante d'ébullition, empêche la paroi de prendre une température plus élevée. Mais si une incrustation, par exemple, empêche l'eau de toucher la paroi, celle-ci s'échauffe jusqu'à une température de plus en plus élevée. Qu'alors cesse cette cause, que le contact ait lieu entre l'eau et la paroi, soit parce que l'incrustation présente une fissure, soit parce qu'elle disparaît, l'eau prend l'état sphéroïdal. Si, en cette circonstance, on cesse de chauffer la machine, la température du métal de la paroi où se produit la caléfaction s'abaissera, et quand elle sera descendue à 142° environ, l'eau entrera immédiatement en ébullition, engendrant une masse de vapeur qui peut faire éclater la chaudière.

Ce phénomène se rattache évidemment aux phénomènes de capillarité (page 235). L'absence de contact entre le liquide à l'état sphéroïdal et la plaque métallique est constatée par diverses expériences ; il se forme sur toute la surface du globule une évaporation active qui empêche la température de s'élever jusqu'au point d'ébullition, et, au moment où cesse le contact, la formation de la vapeur devient moins intense qu'avant, puisque la chaleur de la plaque ne se communique plus que par rayonnement ; mais, à partir de ce moment, la vaporisation est d'autant plus rapide que la température de la plaque est plus élevée.

On raconte que deux sculpteurs anglais, Blagden et Chantrey, s'exposèrent dans des fours dont la température était supérieure à 100° et qu'ils en sortirent sains et saufs. Nous le comprenons maintenant. Le corps humain est un tissu imprégné d'eau, cette eau peut venir à la surface par transpiration, s'y évaporer, et protéger par un nuage de vapeur le corps lui-même.

CONDENSATION. DISTILLATION. — APPAREILS DE DISTILLATION. — Nous savons qu'en se refroidissant la vapeur retourne à l'état liquide, par *condensation*. C'est sur ce fait qu'est fondée la *distillation*, c'est-à-dire l'opération qui consiste à séparer un liquide volatil d'autres liquides moins volatils que lui.

Il est assez difficile de préciser l'époque à laquelle cette opération a été inventée.

Pline fait mention du procédé grossier de distillation que, bien longtemps avant lui, on employait en Grèce pour se procurer l'essence de térébenthine. On suspendait de la laine ou une toison au-dessus d'une chaudière dans laquelle on faisait bouillir de la poix avec de l'eau. Quand cette laine était chargée des vapeurs qui s'en étaient exhalées, on l'expri-

mait et on obtenait ainsi une essence impure qu'on nommait *pissæleum*
ou *fleur de poix*. C'est par un procédé analogue que les premiers navigateurs dans l'Archipel grec se procuraient de l'eau douce à bord de leurs
bâtiments. Voici ce que dit, à cet égard, Alexandre d'Aphrodisias en
Cilicie, célèbre commentateur d'Aristote, 150 ans après Pline : « On
rend l'eau de la mer potable en la vaporisant dans des vases de métal
et en recevant sa vapeur condensée sur des couvercles. » Ces couvercles,
ambix en grec, étaient probablement des récipients. Alexandre ajoute que
l'on peut traiter de la même manière le vin et d'autres liquides. C'est de

Fig. 295. — ALAMBIC ORDINAIRE.

ce mot *ambix* que les médecins arabes du moyen âge firent *ambic*, puis
al-ambic, en y associant leur particule *al*, qui est un terme d'excellence.
C'est cependant dans un écrit de Zosime, surnommé le *Thébain* ou le *Pa-
nopolitain*, philosophe grec du IVᵉ siècle de notre ère, que l'on trouve pour
la première fois la description détaillée et exacte d'un appareil pour la
distillation, qu'il dit avoir vu dans un ancien temple de Memphis. C'est
donc par erreur que l'on a jusqu'ici attribué aux Arabes l'invention de
l'art distillatoire. A l'époque où vivait Zosime, les Arabes n'avaient pas
encore paru dans l'histoire. Ils n'ont fait qu'en répandre les procédés en
Espagne, en Italie et dans le midi de la France.

Selon la nature du liquide à distiller, les appareils sont différents.
Ainsi, pour la distillation de l'eau, on se sert de l'alambic ordinaire
(*fig.* 295), dont voici la disposition la plus générale.

A est une chaudière en cuivre étamé, qu'on appelle *cucurbite*. C'est
dans ce vase qu'on met l'eau de rivière à distiller. B, *tête* ou *chapiteau* en

étain ou en cuivre, se pose sur la cucurbite, et son long col latéral **T'** sert à diriger les vapeurs dans le vase D qui porte le nom de *réfrigérant* ou *serpentin*. Ce dernier consiste en un long tuyau d'étain E, courbé en hélice et renfermé dans un seau de cuivre C rempli d'eau froide. Dans ce tuyau, les vapeurs se condensent en gouttelettes liquides qui coulent dans un vase en verre ou en grès H, placé au-dessous de l'ouverture O du réfrigérant. Ce vase H s'appelle *récipient*, parce qu'il reçoit le produit de la distillation. Pour mieux condenser la vapeur qui parcourt le serpentin, on renouvelle constamment l'eau qui entoure celui-ci, au moyen d'un courant qui tombe d'un réservoir R. Ce liquide froid est conduit au fond du réfrigérant par le tube F, tandis que l'eau chaude s'écoule en dehors par le moyen du trop-plein G qui communique avec la partie supérieure du réfrigérant. Le robinet S sert à vider l'appareil quand l'opération est terminée.

Pendant très longtemps, les alambics eurent des formes très défectueuses et peu commodes. Ce n'est qu'en 1777 qu'ils ont été perfectionnés par Baumé, l'abbé Moline et Chaptal, et que la distillation a subi d'heureuses améliorations. Aujourd'hui, on l'exécute de la manière la plus rationnelle.

Nous ne parlerons ici que des appareils utilisés dans la distillation de l'eau-de-vie et des esprits (1).

L'art d'extraire de *l'eau-de-vie* et des *esprits* du vin et des autres boissons fermentées appartient probablement aux Arabes, auxquels la religion a défendu l'usage de ces boissons. Cette pratique, d'ailleurs, remonte à des temps assez reculés, puisque Marcus Græcus, auteur grec connu seulement par un ouvrage qui a subsisté, et Rhazès, célèbre médecin arabe, qui l'un et l'autre vivaient vers le IX° siècle, parlent de l'eau-de-vie, désignée alors sous le nom d'*eau ardente*, et indiquent déjà l'eau-de-vie de grains. C'est donc à tort qu'on attribue à Arnaud de Villeneuve la découverte de l'esprit-de-vin et des teintures alcooliques. En 1618, la fabrication de l'eau-de-vie de grains fermentés était une industrie importante à Magdebourg et surtout dans la ville de Wernigerode. C'est Libavius qui, le premier, indiqua le moyen d'obtenir de l'alcool d'un grand nombre de grains ou de fruits.

Les appareils au moyen desquels on distille aujourd'hui sont bien différents de ceux qui servaient au commencement du siècle. A la place de

---

(1) Voir, dans notre CHIMIE, les moyens employés pour les distillations en petit qu'exigent les expériences chimiques et les appareils industriels pour la distillation en grand de certains produits, ainsi que ceux qui servent à distiller l'eau de mer à bord des navires, pour en faire de l'eau potable.

l'alambic ordinaire, qui ne donne que des produits très-aqueux, qu'il faut rectifier un grand nombre de fois, et qui ont toujours, d'ailleurs, un *goût de feu* ou *d'empyreume,* on opère dans des appareils à marche continue qui permettent d'extraire, d'un seul coup, tous les degrés de spirituosité.

La première idée de ces appareils est due à Adam (1), qui songea à faire l'application du principe de l'échauffement des liquides par la condensation des vapeurs à la distillation du vin, et à mettre en ébullition une quantité donnée de celui-ci par la transmission des vapeurs de ce même liquide. Ses essais furent couronnés d'un plein succès. Cette découverte, qui a tant contribué à la richesse du midi de la France, a été perfectionnée dans ses détails et modes d'exécution, par Cellier-Blumenthal, Armand Savalle, Derosne et Cail, Laugier, Dubrunfault, Egrot, Robert de Vienne, Villard, etc.

L'appareil fondamental d'Adam, perfectionné par Derosne et Cail, plus ou moins modifié dans quelques-unes de ses parties, et qui, malgré son ancienneté, est encore très souvent employé, est ainsi composé (*fig.* 296) :

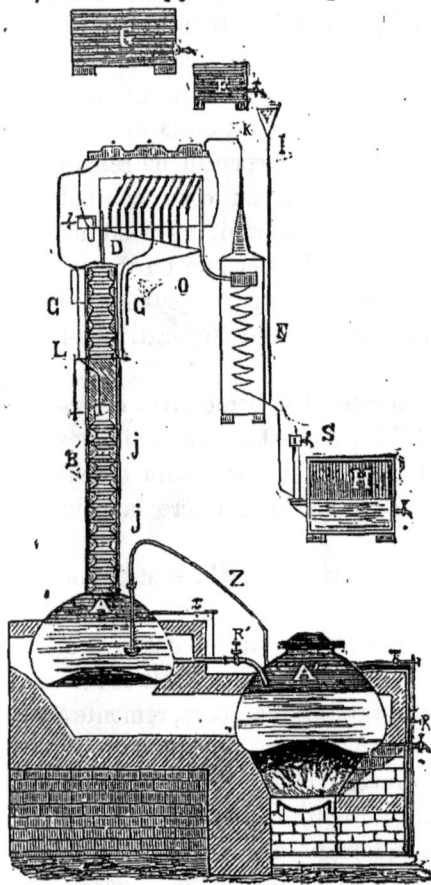

Fig. 296. — APPAREIL D'ADAM PERFECTIONNÉ PAR DEROSNE ET CAIL.

1° Deux chaudières à distiller A et A′ sont placées à des hauteurs différentes sur un fourneau. Ces chaudières communiquent entre elles par un tuyau supérieur Z, courbé, destiné à porter les vapeurs de la chaudière inférieure dans la chaudière supérieure, puis inférieurement par un

---

(1) ADAM (Édouard-Jean), chimiste-manufacturier, né à Rouen (1768-1807). Il avait pris un brevet d'invention en 1801, et, avec l'aide de capitalistes, il avait pu monter plus de vingt distilleries dans le Midi. Mais bientôt, de tous côtés, s'élevèrent des appareils calqués sur les siens; une suite de procès s'engagea entre Adam et ses contrefacteurs. Ceux-ci gagnèrent, et le malheureux Adam, qui avait doté la France d'une industrie féconde, mourut dans la misère et le dégoût.

autre tube à robinet R', destiné à laisser écouler les vinasses de la chaudière supérieure dans la chaudière inférieure. Ces chaudières sont munies
d'indicateurs en verre, pour faire connaître le niveau du liquide dans
ces vases; 2° d'une colonne en cuivre placée sur la chaudière supérieure.
Cette colonne, dans la première moitié de sa hauteur B, est garnie de
plateaux *jj*, placés les uns sur les autres, et destinés chacun à recevoir
une couche de vin d'environ 27 millimètres d'épaisseur. Cette première
partie de la colonne porte le nom de *colonne à distiller*. Dans son autre
moitié supérieure C, qui porte le nom de *colonne à rectifier*, il n'y a point
de plateaux; 3° d'un *condensateur chauffe-vin* D, qui n'est autre chose qu'un
serpentin, placé dans un réfrigérant ou seau en cuivre, qu'on tient sans
cesse rempli de vin. Le serpentin est muni, dans sa longueur, de plusieurs tubes inférieurs d'écoulement, fermés par des robinets, et qui
donnent des produits alcooliques à divers degrés de spirituosité; 4° d'un
réfrigérant F, garni intérieurement d'un serpentin qui conduit le liquide
alcoolique distillé dans une éprouvette d'essai S, et, de là, dans les récipients H ou barriques. Le réfrigérant porte à sa partie inférieure un
tuyau qui remonte perpendiculairement bien au-dessus du niveau du
chauffe-vin et qui se termine par un entonnoir I. Ce tube-entonnoir reçoit
le liquide à distiller d'un réservoir supérieur G. Le même réfrigérant
porte à son centre supérieur un autre tube droit K, qui communique avec
le chauffe-vin, et qui est destiné à faire passer le vin du réfrigérant dans
le chauffe-vin; 5° d'un réservoir G suffisamment grand, placé au-dessus
de l'appareil, et destiné à alimenter les pièces précédentes du liquide à
distiller. Ce réservoir est muni d'un seau E, qui sert à régulariser l'écoulement du liquide dans le réfrigérant.

Ceci étant conçu, on commence par remplir de vin la chaudière
inférieure environ jusqu'aux trois quarts de sa hauteur, et, dans la
chaudière supérieure, on met du vin seulement à 16 centimètres au-
dessus du tuyau de décharge. Avant de faire le feu, on a soin de
remplir de vin le réfrigérant, le condensateur chauffe-vin, puis les plateaux de la colonne à distiller. Le tube L sert à conduire le vin du condensateur sur les plateaux. On chauffe alors la chaudière inférieure qui,
seule, est placée au-dessus du foyer. Bientôt le vin entre en ébullition, et
la chaudière supérieure commence à s'échauffer, par le courant do chaleur
qui s'échappe du foyer de la première. Les vapeurs qui s'élèvent de
celle-ci sont transmises dans le liquide de la chaudière supérieure, où elles
se condensent, en abandonnant toute la chaleur latente à la masse de vin
qu'elle contient. Le liquide ne tarde pas à se mettre en ébullition; alors
toutes les vapeurs aqueuses et alcooliques passent dans la colonne à pla-

teaux, où, rencontrant le liquide qui descend du réservoir, elles lui abandonnent de la chaleur, en dégageant une quantité proportionnelle d'alcool,
tandis que les vapeurs aqueuses se condensent en partie, et se précipitent dans la chaudière avec le vin épuisé des plateaux. Les vapeurs,
de plus en plus alcooliques, s'élèvent ensuite dans le condensateur
chauffe-vin, où elles éprouvent une basse température; elles y déposent
encore une partie de leur eau, et elles vont enfin, par le tube O, se con-

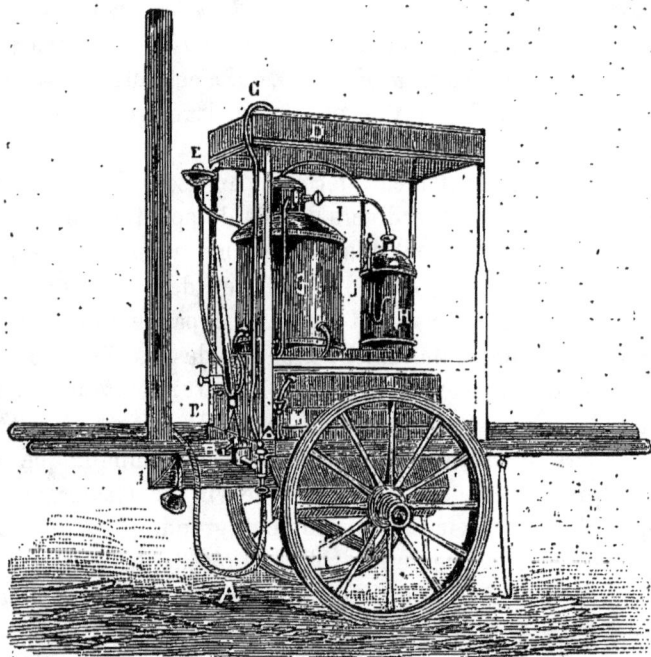

Fig. 297. — Appareil locomobile de distillation.

denser complètement dans le réfrigérant inférieur, d'où elles s'écoulent, à
l'état d'alcool froid, dans le récipient H, en un filet dont le volume égale
celui du vin qui sort du réservoir supérieur. De cette manière, la distillation une fois commencée, et le vin dépouillé d'esprit s'échappant sans
interruption de la chaudière inférieure par un robinet R, tandis que le
vin nouveau arrive incessamment du réservoir supérieur, l'opération
pourrait être continue, dans toute l'acception du mot, si l'intérieur des
vases ne s'encrassait pas.

Il existe un grand nombre d'appareils distillatoires. Dans les distilleries de betteraves, on emploie des procédés différents dus à MM. Cham-
ponnois, Kessler, Leplay, etc. Ceux de MM. Dubrunfaut, Savalle servent

Boutique de distillateur.

pour distiller l'alcool de grains dans les usines du nord de la France, de la Belgique et de la Hollande ; en Allemagne, on se sert de ceux de Dorn, de Pistorius, de Gall ; en Angleterre, de celui de M. Coffey. En France, quelques distillateurs placent dans leurs boutiques mêmes les appareils de distillation ; ces appareils (*fig.* à la page 601) ont des dispositions fort différentes, mais ne sont que des modifications plus ou moins heureuses de l'appareil Derosne et Cail que nous avons décrit. ·

Depuis quelques années, des entrepreneurs transportent de ferme en ferme des alambics locomobiles pour distiller les moûts fermentés, que les petits propriétaires ou les cultivateurs ont préparés. Voici la description sommaire d'un de ces appareils (*fig.* 297) :

Un tuyau flexible A puise le moût dans un réservoir quelconque ; une pompe B, manœuvrée par le levier B', élève le liquide dans le tuyau C, qui l'amène dans un bac D, placé à la partie supérieure de l'appareil ; il coule de celui-ci dans le tuyau E à entonnoir, qui le conduit au bas du réfrigérant F, qu'il remplit bientôt. En G est la chaudière en cuivre entourée de son fourneau en tôle, en H sont les plateaux de distillation et la colonne à rectifier. Les vapeurs de cette dernière passent dans le tube I en col de cygne. Les tuyaux et les robinets J rendent facile la rétrogradation des vapeurs alcooliques. L'arrivée du moût sur les plateaux est réglée par un robinet qu'on ne voit pas dans la figure ; l'alcool produit sort en M.

Ce petit appareil, très simple et d'une manœuvre commode, donne des rendements presque aussi forts que les grands appareils des usines.

CHAPITRE IX

CALORIMÉTRIE

DÉFINITIONS. — CHALEUR SPÉCIFIQUE. — CALORIE. — La *calorimétrie* est la partie de la physique qui a pour objet d'évaluer numériquement la quantité de chaleur nécessaire pour faire varier d'un nombre de degrés connu la température des corps ou pour les amener à changer d'état.

D'où il résulte que la *calorimétrie* comprend deux objets :

1° Évaluer les quantités de chaleur qui produisent des modifications dans la température des corps ;

2° Déterminer les quantités de chaleur nécessaires pour faire passer un corps de l'état solide à l'état liquide, ou de l'état liquide à l'état gazeux.

On appelle *chaleur spécifique* ou *capacité calorifique* d'un corps la quantité de chaleur que l'unité de poids de ce corps absorbe pour passer de 0° à 1°, comparée à la quantité de chaleur que l'unité de poids d'eau distillée absorbe pour passer également de 0° à 1°. Cette quantité de chaleur exigée par l'eau pour passer de 0° à 1° a été prise, d'après Fourier, pour unité et se nomme une *calorie*.

Une expérience, due à M. Tyndall, fera comprendre notre définition et montrera qu'il ne faut pas confondre la température d'un corps avec sa chaleur spécifique.

On a porté à la même température, en les plongeant dans un bain d'huile, des balles ayant le même poids, mais de divers métaux, fer, cuivre, étain, argent, bismuth, etc. On place ces balles sur un disque de cire (*fig.* 298). Chacune d'elles cède de la chaleur à la cire, qui fond, et offre une ouverture à la balle. Or, celles dont le métal possède la plus grande *chaleur spécifique* passent les premières ; ainsi, on voit tomber, tout de suite, celles de fer, puis celles de cuivre, puis celles d'étain ; les boules de plomb sont en retard ; souvent, celles de bismuth ne parviennent pas à traverser le disque.

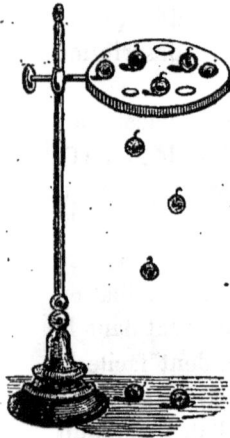

Fig. 298.

EXPÉRIENCE DE TYNDALL
relative
à la chaleur spécifique.

DÉTERMINATION DE LA CHALEUR SPÉCIFIQUE DES CORPS SOLIDES ET LIQUIDES. — Ce fut Boerhaave qui, le premier, eut l'idée de faire des expériences sur la température des mélanges de plusieurs corps à des températures différentes. Les conclusions étaient fort inexactes. Richmann, puis Black, reprirent ces expériences, et celui-ci, le premier, fit ressortir la propriété des corps d'absorber des quantités de chaleur différentes pour augmenter leur température d'un même nombre de degrés (page 532). A peu près à la même époque, Wilcke (1) fut amené à étudier plus complètement la question.

_____

(1) WILCKE (Richard), physicien anglais (1720-1786).

Voici à quelle occasion :

L'hiver de 1772 avait été très rude. Pour faire disparaître la neige épaisse qui couvrait un petit parterre, Wilcke essaya de la faire fondre avec de l'eau chaude ; mais la neige disparut si lentement qu'il y vit l'effet d'une cause particulière. Il avait cru que, selon les indications de Richmann, l'eau à 0°, mêlée à de l'eau à 68°, devait donner 34° pour la température du mélange : l'expérience lui montrait que la même quantité de neige prenait à l'eau chaude à 68° toute sa chaleur, sans seulement fondre en totalité.

Il en conclut que tout corps a une capacité différente pour la chaleur, c'est-à-dire une *chaleur spécifique*, qui lui est propre.

1° **MÉTHODE DES MÉLANGES.** — Crawford (1), puis Kirwan (2), parvinrent au même résultat par la méthode expérimentale, consistant à mêler ensemble des poids ou des volumes égaux de substances diverses, dont les températures sont différentes, et à noter la température du mélange.

Cette méthode, dite *Méthode des mélanges,* est une des deux encore aujourd'hui usitées pour connaître la chaleur spécifique des différents corps.

On verse, dans un vase en laiton appelé *calorimètre,* un certain poids a d'eau à une température connue et peu élevée c ; on plonge dans cette eau un poids b du corps dont on veut connaître la chaleur spécifique et qui est à une température d ; on attend un moment, pour que le mélange ait pris une température uniforme e. L'unité de poids de l'eau subissant une augmentation de température de 1° gagne une unité de chaleur ; par suite, a unités de poids gagneront a unités de chaleur ; et par suite encore, si, au lieu de l'élever de 1°, on l'élève de $e-d$ degrés, l'accroissement de la chaleur sera $a \times (e-d)$. De même, puisque l'unité de poids du corps employé gagne ou perd l unités de chaleur pour une augmentation ou une diminution de température de 1°, il s'ensuit que b unités de poids, s'abaissant

---

(1) CRAWFORD (Adair), savant médecin et chimiste anglais (1749-1795), connu surtout par ses expériences sur la chaleur animale et sur l'inflammation des corps combustibles. L'ouvrage qui fit sa réputation, et dans lequel sont exposées ses expériences et ses théories, a pour titre : *Experiments and observations on animal heat and the inflammation of combustible bodies* (Londres, 1779, in-8°).

(2) KIRWAN (Richard), savant irlandais (1750-1812), chimiste et minéralogiste distingué, membre de la Société royale de Londres, qui lui décerna la médaille Copley en 1781. On lui doit la découverte de la *strontiane.* Kirwan a écrit plusieurs ouvrages, parmi lesquels on cite des *Éléments de minéralogie* où, l'un des premiers, il classe les minéraux d'après leur composition chimique.

de d à e, perdront $bl\,(d\!-\!e)$ calories. Or, la chaleur gagnée par l'eau doit être égale à celle que perd le corps ; donc :

$$bl\,(d\!-\!e) = b\,(e\!-\!c);$$

d'où la chaleur spécifique du corps :

$$l = \frac{a\,(c\!-\!e)}{b\,(d\!-\!e)}.$$

Tel est le principe de la méthode des mélanges, principe qui peut s'exprimer ainsi :

Tout corps qui a absorbé de la chaleur en passant d'une température à une autre, ou d'un état à un autre, en restitue identiquement la même quantité, en revenant à son état primitif.

Il est évident que ce principe n'est exact qu'autant que, dans les conditions de l'expérience, la chaleur spécifique de l'eau reste égale à l'unité, c'est-à-dire que la température e ne dépasse pas 16° ou 20° au plus ; qu'une correction est faite relativement au calorimètre et au thermomètre qui y est introduit, lesquels absorbent, en même temps que l'eau, une portion de la chaleur perdue par le corps en expérience ; que, de plus, on a tenu compte du refroidissement du mélange au contact de l'air et des supports. M. Regnault, dans les recherches qu'il a faites à ce sujet, a très habilement affaibli toutes ces causes d'erreur, par des détails d'expérience, dans lesquels il nous semble inutile d'entrer ici, mais que nous devons signaler pour donner une idée des prodigieuses difficultés que présentent les études exactes des savants physiciens.

2° **MÉTHODE DE FUSION DE LA GLACE.** — En 1781, Wilcke reprit de nouveau la question de la détermination des chaleurs spécifiques et émit l'idée d'employer la fonte de la neige par les corps pour mesurer leur chaleur ; mais la difficulté de recueillir l'eau provenant de la neige employée, le temps très long que les corps mettent ainsi à perdre leur chaleur, la chaleur que reçoit la neige, pendant ce temps-là, des corps voisins de l'atmosphère, lui firent abandonner ce moyen. Lavoisier et Laplace y revinrent, et ils construisirent, dans ce but, un *calorimètre*, destiné surtout à mesurer des quantités de chaleur qui, jusqu'alors, n'avaient pu l'être, telles que la chaleur qui se dégage dans la combustion et la respiration.

Le *calorimètre* se compose (*fig.* 299) de trois vases cylindriques s'emboîtant l'un dans l'autre. Le vase intérieur M est celui où se place le corps dont on veut connaître la chaleur spécifique ; les deux autres vases, A et B, contiennent de la glace. Celle du vase A est destinée à être fondue par le corps en expérience ; celle du vase B doit empêcher la chaleur extérieure de pénétrer dans l'intérieur de l'appareil. Les robinets D et E laissent écouler l'eau produite par la fusion de la glace.

On attend que le corps en expérience soit descendu à 0°, température ordinaire du vase où il est placé, et on pèse la quantité d'eau produite ; son poids mesure exactement la chaleur dégagée du corps, puisque la fonte de la glace n'est que l'effet de cette chaleur.

« Nous avons trouvé, rapportent les expérimentateurs, que la chaleur nécessaire pour fondre une livre de glace pouvait élever de 60 degrés la température d'une livre d'eau ; en sorte que, si on mêle ensemble une livre de glace à 0° et une livre d'eau à 60°, on aura deux livres d'eau à 0° pour le résultat du mélange ; il suit de là que la glace

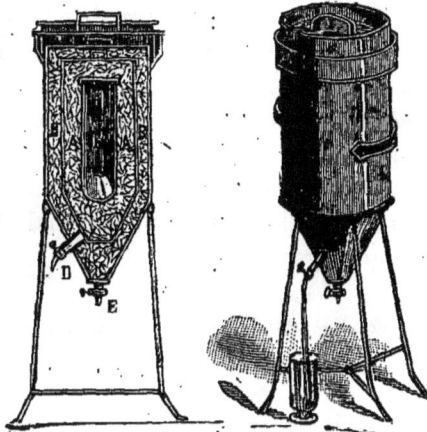

Fig. 299.

CALORIMÈTRE DE LAVOISIER ET LAPLACE.

absorbe 60 degrés de chaleur en devenant fluide, ce que l'on peut énoncer de cette manière, indépendamment des divisions arbitraires des poids et du thermomètre : *La chaleur nécessaire pour fondre la glace est égale aux trois quarts de celle qui peut élever le même poids d'eau de la température de la glace fondante à celle de l'eau bouillante.* »

Les résultats obtenus par ces savants diffèrent quelque peu de celui qui est aujourd'hui, après les travaux de M. Regnault, acquis à la science.

On admet qu'un kilogramme de glace absorbe, pour se fondre, 79 unités de chaleur. Pour trouver la formule de détermination de la chaleur spécifique d'un corps par la fusion de la glace, si nous appelons m le poids du corps introduit dans le calorimètre, t sa température et p le poids de la glace que ce corps a fondue en descendant à 0°, nous dirons : La quantité de chaleur c perdue par le corps est mtc ; la quantité de chaleur nécessaire pour fondre un poids p de glace est égal à $p \times 79$ unités de chaleur. Or, comme la quantité de chaleur mtc, perdue par le corps, a été tout entière absorbée par le poids p de glace fondûe, on aura les égalités :

$$m t c = 79 \times p ;$$

d'où

$$c = \frac{79 \times p}{m t}.$$

CHALEUR SPÉCIFIQUE DES GAZ. — Après de longs travaux relatifs à la recherche de la chaleur spécifique des gaz, exécutés par Leslie, puis par Gay-Lussac, M. Regnault a démontré qu'il y a deux chaleurs spécifiques pour les gaz : 1° la *chaleur spécifique sous pression constante*, c'est-à-dire la quantité de chaleur qu'il faut fournir à l'unité de poids de ce gaz pour faire varier sa température de 1°, sans changer sa force élastique ; 2° la *chaleur spécifique sous volume constant*, c'est-à-dire la quantité de chaleur qu'il faut fournir à l'unité de poids de ce gaz pour faire augmenter sa température de 1°, sans changer de volume.

Le tableau suivant indique les chaleurs spécifiques de divers corps et de quelques gaz.

Chaleurs spécifiques des corps solides et des liquides entre 0° et 100° et de quelques gaz sous pression constante.

NOMS DES CORPS.	CHALEURS spécifiques.	NOMS DES CORPS.	CHALEURS spécifiques.
Acide acétique.	0,6589	Hydrogène.	3,40900
Acier doux.	0,1175	Iode solide.	0,05412
Acier trempé.	0,1175	Iode liquide.	0,108
Alcool à 36 degrés.	0,6735	Iridium.	0,03259
Antimoine.	0,05077	Laiton.	0,09391
Argent.	0,05701	Lithium.	0,19408
Arsenic.	0,08140	Magnésium.	0,2499
Azote.	0,24380	Manganèse.	0,12
Benzine.	0,3952	Mercure.	0,03332
Bismuth.	0,03084	Molybdène.	0,07218
Cadmium.	0,05669	Nickel.	0,10863
Carbonate de chaux.	0,209	Noir animal calciné.	0,26085
Charbon de bois.	0,241150	Or.	0,03244
Charbon (anthracite graphique).	0,20187	Osmium.	0,03063
Chlore.	0,12099	Oxygène.	0,21751
Chlorure d'arsenic.	0,17604	Pétrolène.	0,4684
Cobalt.	0,10694	Phosphore.	0,18370
Cuivre.	0,09515	Platine.	0,03243
Diamant.	0,14687	Plomb.	0,03140
Eau.	1,0080	Plombagine.	0,21300
Esprit de bois.	0,8009	Soufre naturel.	0,1776
Essence de citron.	0,4879	Soufre mou trempé.	0,1844
Essence de térébenthine.	0,42590	Sulfate de chaux.	0,19656
Étain.	0,05623	Sulfure de carbone.	0,22
Éther.	0,5157	Verre des thermomètres.	0,19768
Fer.	0,11379	Zinc.	0,09555
Fonte blanche.	0,12983		

LOI DE DULONG. — Dulong et Petit eurent l'heureuse audace de comparer la capacité calorifique, variable suivant l'état physique des corps, avec la capacité atomique (composition chimique) invariable.

M. Babinet, à la réunion solennelle des cinq Académies, prononçait un discours (page 612).

M. Regnault confirma, par de nombreuses expériences, les résultats qu'avaient déjà trouvés ces deux chimistes, et la loi qu'ils ont formulée ainsi : *Il faut une même quantité de chaleur pour échauffer également un atome de tous les corps simples.* Ainsi, par exemple, un atome de plomb pèse autant que trois atomes de zinc environ. Or, la chaleur spécifique du plomb est le tiers de celle du zinc. Il est évident qu'il existe une grande loi qui règle ainsi ces quantités, car tous les corps simples présentent des rapports analogues. Cette loi de Dulong et Petit a jeté un jour nouveau sur la structure intime de la matière et contribuera certainement à nous la faire connaître un jour.

· **CHALEUR DÉGAGÉE DANS LES COMBINAISONS CHIMIQUES.** — Nous ne pouvons entrer ici dans les détails des différents problèmes de calorimétrie, ni même indiquer les nombreux appareils destinés à mesurer les quantités de chaleur produites ou absorbées dans les divers phénomènes thermiques que peuvent présenter les corps. Nous nous contenterons de citer les résultats des travaux de Davy, Lavoisier, Regnault, Dulong, Favre et Silbermann, etc., relatifs à la chaleur dégagée dans les combinaisons chimiques de combustion, ou dans celles dont le corps des animaux est le siège.

Chaleur dégagée par la combustion intégrale
d'un kilogramme de combustible.

NOMS DES COMBUSTIBLES.	CALORIES.	NOMS DES COMBUSTIBLES.	CALORIES.
Hydrogène oxygéné	34 462	Hydrogène bicarboné.............	6 600
Hydrogène pur....................	23 640	Coke.........................:	6 500
Cire blanche	9 479	Charbon de tourbe.	6 400
Huile de colza épurée............	9 307	Houille grasse moyenne..........	6 000
Huile d'olive	9 044	Bois parfaitement sec...........	3 500
Suif.............................	8 369	Tourbe de bonne qualité.........:	3 000
Carbone pur.	7 914	Bois séché à l'air................	2 600
Phosphore........................	7 500	Soufre natif.....................	2 161
Charbon de bois..................	7 300	Soufre mou......................	2 258
Alcool...........................	7 184	Oxyde de carbone................	1 800

On sait qu'un des effets remarquables de la respiration, chez les animaux, c'est l'entretien de cette chaleur qui leur est propre et qui est généralement supérieure à celle du milieu où ils sont plongés. La respiration n'est pas l'unique source de la production de cette chaleur animale, comme l'ont cru Lavoisier et Laplace ; il est évident que mille réactions chimiques, qui s'accomplissent dans l'organisme, ces transformations et ces assimilations de substances qui s'effectuent incessamment, doivent contribuer au phénomène en question pour une certaine part.

Davy a fait de nombreuses expériences sur les températures des

corps des divers animaux. Nous donnons un tableau de ces diverses
températures.

MAMMIFÈRES.

Bœuf	39°
Chat (en Angleterre)	38°,3
Chat (à Ceylan)	38°,9
Chauve-souris	37°,8
Cheval	37°,5
Chien	30°
Écureuil	38°,8
Éléphant	37°,5
Homme (en Angleterre)	36°,8
Homme (en Afrique)	37°,7
Lièvre	37°,8
Marsouin	37°,8
Mouton (en Angleterre)	38°,5
Mouton (à Ceylan)	40°,5
Porc	40°,5
Singe	39°,7
Tigre	37°,2

OISEAUX.

Canard	43°,9
Chat-huant	40°
Coq adulte	43°,9
Coq d'Inde	42°,7
Grive	42°,8
Perroquet	41°,1
Pigeon (en Angleterre)	42°,1
Pigeon (à Ceylan)	43°,1
Poule (en Angleterre)	42°,5
Poule (à Ceylan)	43°,5

REPTILES.

Couleuvre brune (Ceylan)	32°,2
Grenouille	25°
Serpent vert (Ceylan)	31°,4
Tortue mydas	28°,9

POISSONS.

Poisson volant	25°,5
Requin	25°
Truite	14°

MOLLUSQUES.

Huître	27°
Limaçon	24°

CRUSTACÉS.

Crabe	22°
Écrevisse	26°

INSECTES.

Grillon	22°,5
Guêpe	24°,4
Scarabée	25°
Scorpion	25°,3
Ver luisant	23°,3

NOMS DÉSIGNANT LES HAUTES TEMPÉRATURES. — Pour indiquer les
divers degrés de température, on fait usage de termes qui rappellent à
peu près la couleur de la lumière produite. Ces termes, dus à Pouillet,
sont les suivants. Nous donnons la température correspondant à la couleur que prend le platine.

Rouge naissant	525°	Orangé foncé	1100°
Rouge sombre	700°	Orangé clair	1200°
Cerise naissant	800°	Blanc	1300°
Cerise	900°	Blanc soudant	1400°
Cerise clair	1000°	Blanc éblouissant	1500°

CHAPITRE X

MÉTÉOROLOGIE — HYGROMÉTRIE

IMPORTANCE DE L'ÉTUDE DE LA MÉTÉOROLOGIE. — Il y a quelques années, M. Babinet (1), représentant l'Académie des sciences dans la réunion solennelle des cinq Académies, prononçait un discours dans lequel il parlait de la *météorologie* en termes bons à être reproduits :

« En prenant la parole au nom de la météorologie, disait-il, je ne me dissimule pas que le nom de cette science est encore bien peu connu, même du public d'élite, qui, désormais, cessant d'être indifférent aux progrès de la société, est appelé lui-même à y contribuer puissamment par l'influence morale de ses encouragements et de son appréciation favorable...

» On n'a point, pendant longtemps, classé parmi les sciences la météorologie, qui emprunte à la géographie, à la physique, à l'astronomie, à la mécanique, à l'optique, les notions et les principes qu'elle applique aux phénomènes de la nature. Il suffit de dire que la météorologie a pour objet la connaissance des climats du monde entier, de son arrosement et de son échauffement fertilisateurs, des vents et des courants qui voyagent dans les champs de l'air et dans les plaines océaniques, enfin qu'elle préside à la distribution des races animales et végétales sur le globe entier, et, par suite, à la prospérité et à la décadence des populations humaines, qu'alimente la fécondité du sol, et qui disparaissent avec son épuisement.

» La météorologie et l'agriculture, c'est la cause et l'effet.

» Pour la santé, pour les voyages, pour la marine, pour les travaux publics, pour éviter les inconvénients des excès de la chaleur et du froid, nous sommes dans une continuelle dépendance de la météorologie ; et les

(1) BABINET (Jacques), un des savants les plus populaires de France (1794-1872). Il a, comme principal titre de gloire, d'avoir été un des premiers et des plus spirituels vulgarisateurs des sciences. Outre un grand nombre de savants mémoires, outre les perfectionnements apportés par lui à beaucoup d'appareils de physique, entre autres à la machine pneumatique, il a imaginé les cartes *homalographiques*, dans lesquelles est employé un nouveau système de projection.

utiles instruments qui nous donnent le poids de l'air que nous respirons, sa chaleur, son degré d'humidité, son état électrique, sont consultés à toute heure et peuvent même, dans certains cas, faire prévoir, un peu à l'avance, l'état futur de l'atmosphère, pour se garantir de ses fâcheuses influences ou de ses dangereux paroxysmes...

» Tant que les saisons et leurs produits ordinaires n'offrent pas de trop grandes perturbations, le public distrait, et surtout le public des villes, ne prend pas un grand intérêt à l'effet trop habituel des météores. Les moissons naissent et mûrissent, les bestiaux se propagent, les fleurs et les fruits se succèdent, l'hiver et la neige approvisionnent d'eau les réservoirs des ruisseaux et des rivières, l'homme semble n'avoir qu'à recueillir les bienfaits de la nature, qui lui appartiennent de droit. Il ne songe pas même à en être reconnaissant.

» Mais si la marche générale des courants atmosphériques vient tout à coup à changer et produit de terribles inondations, si l'écoulement régulier de l'air de la France, sans aucun de ces arrêts et de ces soulèvements qui produisent la pluie, font prévoir une sécheresse qui, bientôt, devient une triste certitude, les populations sortent de leur apathie ; elles sentent qu'il y a quelque chose, sinon à empêcher, du moins à prévoir, et que, si la météorologie n'est pas une science absolument faite, il faut se hâter d'y porter toute l'activité de l'esprit humain. »

La *métérologie* (du grec *meteoros*, météore ; *logos*, discours) peut donc être définie : la partie importante de la physique qui traite des phénomènes dont l'atmosphère est le théâtre, ainsi que des questions qui s'y rattachent. Cette science est toute nouvelle ; mais, depuis 1853, il s'est formé, à Paris, une *Société de météorologie*, dans le but de la faire progresser. L'*Association scientifique de France*, fondée par M. Leverrier, a aussi pour objet les progrès de la météorologie ; elle publie un bulletin hebdomadaire et un bulletin mensuel. Il a été établi, sur toute la surface de la France et sur plusieurs points à l'étranger, des *stations météorologiques*, où l'on consigne chaque jour des observations qui sont centralisées à Paris.

Il s'est produit dans la science, depuis quelques années, un courant d'opinions nouvelles qui tendent à attribuer un grand rôle aux influences *cosmiques*, dans la production des phénomènes météorologiques. On a nié pendant longtemps toute action des astres sur les variations atmosphériques ; maintenant, avec une certaine timidité, mais avec un ensemble assez significatif, on signale, des quatre coins de l'horizon, des coïncidences remarquables, qui prouveraient qu'il faut chercher ailleurs que sur terre la cause des principaux mouvements atmosphériques. On commence seulement à entrer dans cette voie ; à peine a-t-on su déjà trouver quelques relations curieuses et vraiment intéressantes entre des phénomènes considérés jusqu'ici comme indépendants les uns des autres; mais, évidemment, ces obstacles seront surmontés, et, en météorologie comme dans les autres branches, la science, malgré les dogmes, arrivera à la conquête de la vérité.

Les observations météorologiques sur les pics élevés sont donc essentielles, et ce n'est guère que par leur entremise que l'on parviendra, sans contredit, à trouver la clef des grands changements atmosphériques. Les variations atmosphériques, en effet, viennent d'en haut; il est tout simple qu'il faille les étudier en haut pour se mettre à l'abri des perturbations qu'amènent à la surface les accidents topographiques du sol.

Les observatoires de grandes altitudes sont plus nombreux qu'on ne pense; mais leur nombre est loin d'être suffisant. Citons les principaux :

Aux États-Unis, l'observatoire du mont Washington, à la hauteur de 1,916 mètres au-dessus de la mer; celui de Santa-Fé, dont l'altitude est de 2,091 mètres; celui de Pike's-Poak, à l'altitude énorme de 4,313 mètres (ces deux dernières stations sont situées dans les montagnes Rocheuses et pourvues d'un bureau télégraphique); en Italie, à Monte-Cavo, près de Rome (941 mètres); à Cogne (1,543 mètres d'altitude); au Simplon (2,010 mètres); au petit Saint-Bernard (2,160 mètres); au grand Saint-Bernard (2,478 mètres); à Stelvio (2,543 mètres); au col de Valdobbio (2,548 mètres). En Autriche, sur les Alpes, la station de Fleirs-Gold (2,798 mètres). En France, nous avons, depuis 1873, au pic du Midi de Bigorre, la station du mamelon Plantade, près de l'Hôtellerie, à 2,366 mètres, et celle du pavillon Darcet, au sommet du pic, à 2,877 mètres; l'observatoire du Puy-de-Dôme, à 1,463 mètres.

PRÉVISION DU TEMPS. — Dans les calendriers qui accompagnent les almanachs populaires, on trouve des indications telles que : *pluie, beau temps, vent violent, orage,* etc. Un grand nombre de personnes croient encore à ces prédictions et se guident sur elles; comme le peu d'exactitude de ces indications entraîne souvent des inconvénients fort graves, principalement pour les cultivateurs, nous voulons dire quel sens on doit leur attribuer, et comment on pourrait leur donner une plus grande exactitude.

Chacun connaît cette anecdote relative au célèbre Mathieu Laensberg, qui vivait vers l'an 1600, et qui, en qualité de chanoine de Saint-Barthélemy, à Liège, avait reçu du ciel le don de prophétiser, entre autres belles choses, le temps qu'il ferait pendant toute l'année, observations qu'il consignait dans ce fameux *Almanach de Liège* que des ignorants achètent encore.

Comme tout bon chanoine, il avait une nièce, et cette nièce était son secrétaire. Or, un jour qu'il lui dictait quelques-unes de ces élucubrations, que l'imprimeur lui payait à beaux deniers comptants, il arriva à la date du 21 septembre.

— « Mercredi 21 septembre, grande pluie, dicta gravement le chanoine...

— Oh! mon oncle, fit le secrétaire d'un ton chagrin, grande pluie!.. le jour de votre fête!...

— En vérité?....Eh bien, beau fixe, mon enfant, beau fixe! » répond le chanoine, touché de la tristesse de sa nièce...

Que de gens encore cependant n'osent entreprendre quelque chose sans consulter leur almanach pour savoir le temps qu'il fera! En vain leurs projets avortent-ils, parce que la pluie arrive au lieu du beau temps prédit; en vain leurs espérances sont-elles renversées par une opposition flagrante entre le temps réel et le temps indiqué, ils vous disent avec un air de triomphe :

— « Oui, vous avez raison, l'almanach marque pluie, et il fait très beau au lieu où nous sommes; mais dans telle ou telle ville, à quelques lieues d'ici, il doit nécessairement pleuvoir! »

Que répondre à ce beau raisonnement? Et pourtant il est lui-même la preuve la plus évidente de l'absurdité des prédictions. Comment, en effet, pourra-t-on se servir d'une indication météorologique, si l'on ne sait pas en quel lieu elle se vérifie?

Quelques remarques vont montrer que les prédictions météorologiques ne peuvent encore avoir assez d'exactitude pour rendre des services réels. Une foule de circonstances, la plupart imprévues et complètement indépendantes des lois générales qui déterminent la succession des phénomènes atmosphériques, viennent à chaque instant introduire des variations dans le temps. Un changement de culture, l'établissement d'une usine à vapeur, le tirage d'une cheminée de forge, un incendie, font varier les circonstances atmosphériques qui produisent la pluie et le beau temps. Pleut-il tous les ans au mois de mars dans un lieu donné; la coupe d'un bois, le défrichement d'un terrain, un vaste incendie, peuvent faire arriver la pluie un peu plus tôt ou un peu plus tard. Et tant qu'il ne sera pas tenu compte de ces faits imprévus, eût-on la loi exacte des variations météorologiques, jamais on ne pourra prédire avec exactitude le temps qu'il fera dans un lieu donné.

C'est pourquoi Arago disait, il y a une cinquantaine d'années :

« *Jamais les savants de bonne foi, et soucieux de leur réputation, ne se hasarderont à prédire le temps.* »

Ces paroles, évidemment, n'impliquent pas qu'on ne pourra jamais connaître les lois des phénomènes météorologiques. Ceux-ci sont soumis à des lois fixes et possibles à déterminer. L'observation a déjà démontré qu'il y a des relations précises entre certains faits, qui paraissent contradictoires. Une longue série d'observations exactes nous fera certainement connaître les lois générales pour le temps, comme nous les avons pour la température.

Chacun sait avec quelle facilité les marins et certains paysans devinent, un ou deux jours d'avance, le temps qu'il va faire. Ces prédictions ne sont que le résultat d'observations peu précises, il est vrai, mais persévérantes. Il est peu de phénomènes météorologiques qui se produisent sans avoir été précédés de signes qui n'échappent point à des esprits attentifs. Il ne faudrait que guider, éclairer, rassembler toutes ces indications pour que la science météorologique grandît peu à peu.

Les traditions populaires, d'ailleurs, cachent souvent un fond de vérité; seulement, en passant de génération en génération, leur vrai sens se trouve altéré, faussé même, et il serait au moins bon que ceux qui se rient d'un dicton commençassent par en rétablir la signification exacte. Le vieux proverbe de la Saint-Médard, par exemple, remonte très haut; on en trouve des traces dès le XIIIᵉ siècle, avant l'établissement du calendrier grégorien. Or, en adoptant le nouveau calendrier, on supprima du même coup les fêtes de douze saints, ce qui avança de douze jours celle de tous les autres saints. C'est pourquoi la Saint-Médard, qui survenait autrefois le 20 juin, c'est-à-dire au solstice d'été, tombe de nos jours le 8 juin. Le dicton se rapportait donc au 20 juin et non pas au 8 juin. De plus, on accorde au dicton un sens beaucoup trop étroit. Il signifie tout bonnement que le temps établi au solstice se maintiendra, sans changement appréciable, pendant un certain nombre de jours. Et, au fond, la prédiction s'appliquant au solstice, est parfaitement rationnelle.

Nous allons indiquer, d'après M. G. Bresson, quelques phénomènes qui donnent une idée assez exacte du temps qu'il doit faire le *lendemain*, en montrant la liaison qui existe entre le fait observé le soir et le phénomène du lendemain, et on pourra facilement se convaincre que, si la prédiction n'est pas toujours d'une rigoureuse exactitude, elle est suffisamment exacte pour qu'on puisse l'utiliser dans bien des cas.

En hiver, lorsqu'il fait beau, et que la température est basse, l'atmosphère est très sèche, le ciel paraît d'un bleu magnifique, et les étoiles brillent d'un éclat extraordinaire. En été, au contraire, il y a toujours dans l'air une certaine quantité de vapeurs, qui, s'interposant entre la voûte étoilée et notre œil, enlèvent aux astres une partie de leur éclat apparent. Il y a donc, à part la différence qui existe entre la beauté des

Matthieu Laensberg et sa nièce
(d'après une estampe de la Bibliothèque nationale) [page 614].

constellations visibles en été et en hiver, une différence d'éclat très sensible et provenant de l'état météorologique de l'atmosphère.

Lorsque, en hiver, l'azur du ciel perd de son éclat et prend une teinte blanchâtre, lorsque les brillantes étoiles, qui scintillent dans la

voûte des cieux, semblent se cacher derrière un voile léger qui affaiblit
l'intensité de leurs rayons, et qu'en même temps on ne peut constater
aucune élévation de température, il est plus que probable qu'il pleuvra
le lendemain, ou du moins que le temps changera, et que des nuages plus
ou moins pluvieux viendront voiler le ciel; et il est facile de comprendre
qu'il doit en être ainsi. Avec une basse température, pour qu'il fasse
beau, il faut que l'air soit sec, car sans cela les vapeurs qui se trouveraient dans l'atmosphère se condenseraient pour former des nuages. Si
donc l'éclat du ciel diminue, si les étoiles perdent de leur intensité lumineuse, on est immédiatement averti par ce fait de la présence des vapeurs
dans l'air, et, comme la température est assez basse, on peut en conclure
que ces vapeurs vont se condenser et des nuages apparaître.

Si, en hiver, en même temps que l'éclat du ciel diminue, on observe
une élévation sensible dans la température, on ne pourra rien présumer
de cette observation, car il y a à peu près autant de chances pour le beau
temps que pour la pluie.

On peut donc dire que, lorsqu'il fait froid, pour qu'il fasse beau, il
faut que l'air soit sec et que les étoiles soient très brillantes. Par consé-
séquent, si, sans que le froid diminue, on constate, par le peu d'éclat des
astres, que des vapeurs sont répandues dans l'air, on peut être à peu près
sûr que la journée du lendemain ne se passera pas sans que le ciel soit
couvert et peut-être même sans qu'il pleuve.

En été, les conditions météorologiques qui maintiennent le temps au
beau sont différentes. La chaleur des rayons solaires produit une évaporation très active et l'air est constamment rempli de vapeurs. Or, pour
qu'il fasse beau, il faut que la température soit assez élevée pour qu'il n'y
ait pas condensation des vapeurs et formation des nuages. La présence
des vapeurs est rendue très sensible par le peu d'éclat des étoiles. Pour
que le temps change, il faut, ou bien qu'il y ait abaissement sensible de
température, sans que le ciel devienne plus brillant, ou bien que, sans
aucun changement de température, les étoiles prennent un éclat comparable à celui qu'elles ont en hiver. En effet, si, sans aucun changement
dans l'état du ciel, la température diminue, il se présente les mêmes circonstances que nous avons signalées pour l'hiver : présence de vapeurs
dans l'air et température assez basse pour les condenser, et alors des nuages
se forment infailliblement. Si, au contraire, sans qu'on puisse observer les
variations sensibles dans l'état calorique de l'atmosphère, les étoiles brillent d'un vif éclat, on doit en conclure que, par une cause qui échappe
sur le moment à notre observation, il y a eu condensation de la vapeur
répandue dans l'air, que des nuages sont en voie de formation et que sous

peu le ciel se couvrira. Si, en même temps que l'éclat du ciel augmente, la température diminue, en été, on ne pourra rien conclure de positif de cette observation, car il y aura à peu près les mêmes chances pour la pluie que pour le beau temps.

Donc, en été, lorsqu'il fait chaud, si les étoiles brillent d'un vif éclat, sans qu'on puisse constater aucun abaissement sensible de température, on peut être à près sûr que le lendemain le ciel sera couvert et peut-être même qu'il pleuvra. Lorsque la lune brille au-dessus de notre horizon, elle sert à constater d'une manière plus certaine la présence des vapeurs dans l'atmosphère. Or lorsque le *halo* (1), c'est-à-dire, par analogie, ce cercle simple qui entoure le soleil ou la lune à une certaine distance, existe, il indique qu'il y a dans l'atmosphère des vapeurs, sous forme de vésicules, qui ont, par conséquent, commencé à se condenser pour former des nuages. Il annonce donc, non pas précisément la pluie, mais bien la formation de nuages qui peuvent l'amener.

HYGROMÉTRIE. — Nous étudierons dans ce chapitre les phénomènes météorologiques qui dépendent de la *chaleur*. Nous verrons plus loin ceux qui dépendent de la lumière et de l'électricité.

L'*hygrométrie* (du grec *ugros*, humide ; *metron,* mesure) a pour objet la mesure de la quantité de vapeur d'eau que contient l'air atmosphérique, ou plutôt la force élastique de cette vapeur, c'est-à-dire son plus ou moins de rapprochement du point de saturation de l'air. L'*état hygrométrique* est donc le rapport qui existe entre la quantité de vapeur d'eau répandue dans l'air et celle qui s'y trouverait, à la même température, si l'air en était saturé.

Tous les corps sont *hygrométriques*, c'est-à-dire qu'ils absorbent tous une certaine quantité d'eau ; les corps qui le sont le plus sont les corps organiques, et particulièrement les sels à base de soude, de potasse et de chaux. Cette propriété, que possèdent le carbonate de potasse, le chlorure de calcium, l'acide sulfurique, etc., a été mise à profit dans la dessiccation de certains endroits dans lesquels on voudrait être à l'abri de l'humidité. Ainsi les logements humides, comme les rez-de-chaussée, sont desséchés par ce moyen. Il ne faudrait pas cependant pousser cette dessiccation trop loin, car alors le milieu dans lequel on se trouverait deviendrait difficilement respirable. Il faut qu'il y ait toujours une quantité de vapeur d'eau dans l'atmosphère ; aussi, en hiver, met-on sur les poêles un vase contenant de l'eau pour rendre à l'air la vapeur d'eau qui lui manquerait bientôt,

(1) Voir ci-après : *Lumière*

par suite de la chaleur; en été, on arrose les appartements, non seulement pour leur donner de la fraîcheur, mais encore pour rendre également à l'air la vapeur d'eau qui lui manque.

Les corps organiques absorbent facilement l'eau, disons-nous. Nous avons cité (page 43) quelques exemples des phénomènes dus à l'action de l'humidité, action rendue possible par la propriété qu'ont les corps d'être *poreux*. Ajoutons un fait industriel dans lequel, sous cette même action, les corps se modifient et augmentent de volume.

Fig. 300.

HYGROSCOPE.

Pour reproduire sur bois des dessins gravés dans l'acier, on se sert d'un bois tendre, on comprime la planche d'acier sur ce bois, de manière à y produire une forte empreinte; cela fait, on lime, on rabote cette surface de bois jusqu'à ce que l'empreinte nouvellement obtenue disparaisse en totalité; puis, à l'aide d'un linge mouillé placé préalablement sur cette face limée et rabotée du bois, on passe un fer chaud. Les parties les plus comprimées sont celles qui se relèveront le plus, et alors un relief sera produit, relief en tout semblable à la planche de cuivre ou d'acier dont on se sera servi.

HYGROMÈTRES. — Pour mesurer l'humidité de l'air, dans le sens que nous avons dit ci-dessus, on se sert d'instruments appelés *hygromètres*. Cardan, l'un des premiers, puis le P. Mersenne, inventèrent un hygromètre. Celui de ce dernier était une simple corde à violon donnant un son plus ou moins grave, selon le degré d'humidité de l'air; mais on ne pouvait rendre comparables entre eux les instruments ainsi construits. Ce furent Molineux, Gouet, Lambert, qui construisirent des hygromètres à cordes donnant des indications non plus par le son, mais par l'allongement ou le rétrécissement de la corde, laquelle mettait en mouvement une aiguille sur un cadran ou sur une échelle graduée. On chercha aussitôt à remplacer la corde par des substances plus sensibles, et, tour à tour, on employa : Casbois, des boyaux de vers à soie; Retzius, des tuyaux de plume; Huth, des vessies de rat; Dalancé, des bandelettes de papier mince; Franklin, des fibres de bois d'acajou, etc. On se sert encore de cordes pour les *hygroscopes*, sorte d'*hygromètres* peu sensibles, et propres seulement à servir d'indication vague du temps probable.

C'est une planchette de bois (*fig*. 300) posée sur un pied et découpée en forme de capucin. Le capuchon, en carton léger, est fixé en un point à un petit bout de corde de boyau tordu, laquelle est attachée derrière la planchette. En se tordant par la sécheresse, la corde entraîne le capuchon qui couvre la tête du personnage ; par l'humidité, elle se détord, et le capuchon se rabaisse alors sur la tête du capucin.

HYGROMÈTRE DE SAUSSURE.— L'hygromètre qu'en 1775 imagina B. de Saussure est encore employé de nos jours (*fig.* 301). Sur un cadre métallique ABCD se trouve une vis qui tourne sans avancer dans un collet *c;* sur cette vis se meut un écrou ; à cet écrou est fixée, par une pince, l'extrémité d'un cheveu. En faisant mouvoir la vis, on fait monter ou descendre l'écrou. L'autre extré- mité du cheveu est enroulée sur une poulie à double gorge, qui porte une longue aiguille, mobile avec elle, et se dépla- çant devant un arc gradué. Sur la seconde gorge de la poulie passe un fil de soie, terminé par un poids léger, destiné à tendre le cheveu.

De Saussure recommande de choisir des cheveux fins, doux, non crépus, coupés sur une tête vivante et saine. « Il est, dit-il, inutile qu'ils aient plus de 1 pied de longueur. Pour les dépouiller de la matière huileuse dont ils sont imprégnés, il faut les coudre dans un sac de toile et les faire bouillir, pendant trente minutes, dans une lessive de carbonate de soude; après les avoir laissés refroidir, il faut les sécher à l'air. Cette opération les rend propres à l'usage auquel on les destine. »

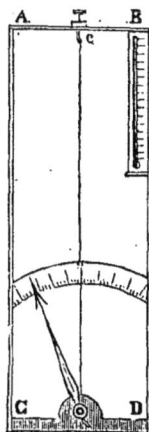

Fig. 301.

HYGROMÈTRE
DE SAUSSURE.

Pour marquer le terme de l'humidité extrême, Saussure plaçait son hygromètre sous une cloche, sur une assiette pleine d'eau ; l'air qui s'y trouve emprisonné se sature, le cheveu s'allonge et l'aiguille s'arrête à un point fixe qui s'inscrit sur le limbe. Pour déterminer le terme de la séche- resse extrême, il couvrait l'instrument avec une cloche pleine d'air qu'il desséchait en y introduisant une plaque de tôle revêtue d'un vernis fondu de carbonate de potasse : le cheveu se raccourcit, et l'aiguille s'arrête à un point invariable que l'on marque. On divise ces deux points extrêmes en 100 parties égales nommées degrés.

Cet hygromètre ne donne pas immédiatement l'état hygrométrique, et il est nécessaire de construire une table des degrés d'humidité corres- pondant aux indications de l'hygromètre.

En effet, dans une atmosphère à moitié saturée, l'aiguille, au lieu de marquer 50°, marque 72°, ce qui fait voir que les degrés de cet appareil sont loin d'être proportionnels aux quantités de vapeur contenues dans l'air. Gay-Lussac a dressé des tables pour cet objet. Mais l'accord ne peut exister entre les hygromètres qu'autant que les cheveux ont été pris sur la même personne et dégraissés par la même opération : il faut donc établir une table de correspondance entre les degrés de l'hygromètre et l'état hygrométrique pour chaque instrument.

De plus, le cheveu est délicat, très facile à rompre et susceptible

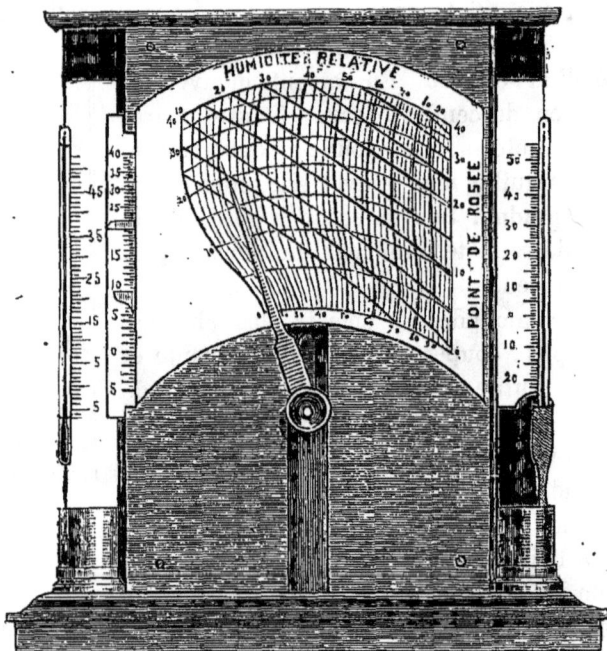

Fig. 302. — HYGROMÈTRE ENREGISTREUR DE M. RÉDIER.

de se détériorer. On n'accorde donc qu'une confiance très limitée aux hygromètres de Saussure.

PSYCHROMÈTRE D'AUGUST. — Cette espèce d'hygromètre, proposé par Leslie, étudié par Gay-Lussac et perfectionné par le docteur *August,* est beaucoup plus exact. On lui a donné le nom de *psychromètre* (du grec *psuchros*, froid ; *metron*, mesure). Ce sont deux thermomètres bien concordants et très sensibles, fixés sur une même planchette. L'un de ces instruments reste sec, tandis que l'autre a son réservoir mouillé par une étoffe de gaze toujours humectée d'eau. La température du dernier s'abaisse et il se couvre de rosée. Par la différence de température et avec des tables dressées d'avance, on trouve la force élastique de la vapeur con-tenue dans l'air.

M. Redier, le savant fabricant d'instruments de météorologie, dont nous avons déjà parlé plusieurs fois, a construit un hygromètre enregis-treur, dit *hygromètre de Lowe*, qui évite l'emploi de ces tables. En montant ou en descendant le bouton, on amène l'index supérieur à gauche (*fig.* 302), sur la division d'un tableau quadrillé, correspondant à la température du thermomètre sec, et, en tournant ce même bouton, on amène l'index inférieur à la division correspondant à la température du thermomètre humide. La pointe de l'index donne alors l'humidité relative, le point de rosée et la tension de la vapeur.

HYGROMÈTRES DE LEROY, DE DANIELL, DE REGNAULT. — Ce fut Charles Leroy, rapporte M. Hoeffer, qui, le premier, s'attacha à montrer que « la parfaite transparence d'un air saturé de vapeurs, tel qu'on le voit après une pluie, que la disparition des vapeurs aqueuses par la chaleur, que leur apparition subite par le froid, enfin que leur union intime avec l'air, malgré la différence de leur densité,

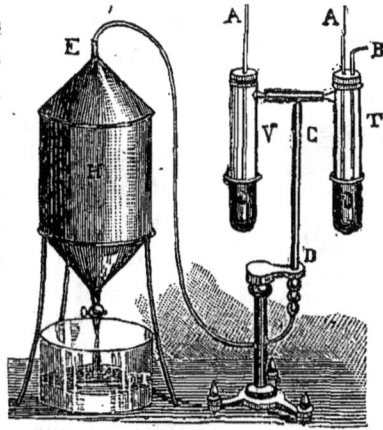

Fig. 303.

HYGROMÈTRE REGNAULT.

sont des indices certains d'une véritable dissolution ». Pour connaître la température à laquelle l'air abandonne l'eau qu'il contient, il mettait, dans un vase de verre très sec, de l'eau à la température du lieu où il se trouvait ; puis, il plaçait dans le même vase un petit thermomètre, et il jetait dans l'eau de petits morceaux de glace, jusqu'à ce que la paroi externe du vase se couvrît de gouttelettes de rosée. Il observait alors la température à laquelle cette rosée commençait à se déposer et qui devait indiquer le degré de saturation de l'air.

Sur ce principe ont été construits les *hygromètres de condensation*, dans lesquels on amène la vapeur d'eau de l'atmosphère à se condenser sur un corps artificiellement refroidi. L'hygromètre de Leroy, d'abord perfectionné par Daniell, a reçu de nombreuses modifications de M. Regnault, qui en a fait un instrument aussi exact que possible. Il nous suffira de décrire ce dernier (*fig.* 303).

Il se compose de deux tubes de verre T et V, terminés par des dés d'argent *d d*, remplis d'éther ou d'alcool et dans chacun desquels plonge ûn thermomètre A. Le tube T est en communication avec l'atmosphère par un petit tube coudé B, ouvert par les deux bouts. Le récipient T communique seul par un tube CDE avec un aspirateur H, placé à une certaine distance. Lorsqu'on fait écouler l'eau de l'aspirateur H, il se produit, à travers l'éther du récipient T, un courant d'air qui l'agite et répartit uniformément la température dans les différents points de la masse. En même temps, ce mouvement active l'évaporation, et le froid produit amène bientôt un dépôt de rosée sur le dé d'argent du tube T. La surface ternie s'observe d'autant mieux, qu'on la compare avec la surface brillante du second dé, dans lequel l'air ne circule pas. On note avec soin le moment précis où la surface du tube a été ternie, et la température. La tension de la vapeur d'eau contenue dans l'air, à ce moment, est la même que la tension maxima de cette vapeur à la température artificielle que l'on vient d'établir. Dans la table des tensions maxima de la vapeur d'eau, on cherche celle qui correspond à la température constatée, et l'on a ainsi la tension cherchée, l'*état hygrométrique*.

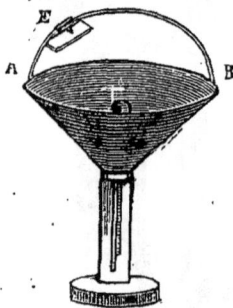

Fig. 304. — APPAREIL DE M. POUILLET pour l'étude du rayonnement nocturne.

ROSÉE, SEREIN, GIVRE, GELÉE BLANCHE. — La *rosée* est due à la condensation de la vapeur d'eau atmosphérique, qui se dépose sur la surface des plantes, pendant la nuit. Pendant longtemps on a cru qu'elle tombait du ciel, ou qu'elle s'élevait du sol. Ce fut le docteur Wells [1] qui donna la véritable théorie de la rosée. Pendant le jour, la terre est échauffée par les rayons du soleil; mais, pendant la nuit, sa surface rayonne vers l'espace une grande partie de la chaleur qu'elle a reçue. Il en résulte que tous les corps reposant sur le sol se refroidissent, et que bientôt la température du sol devient inférieure à celle qui correspond à la saturation de l'air. Cet air alors, en se refroidissant, laisse déposer une partie de la vapeur d'eau qu'il contient.

M. Pouillet a imaginé un appareil qui permet d'étudier ce rayonnement nocturne. Cet appareil (*fig.* 304) se compose d'un cône très évasé, formé de plaqué d'argent, dont le bord supérieur est plus élevé que la boule T d'un thermomètre. Cette feuille de métal, placée autour du thermomètre, empêche que l'air froid ne tombe sur celui-ci et ne se

---

[1] WELLS (William-Charles), savant américain (1753-1817), d'abord chirurgien dans l'armée hollandaise, vint à Londres, où il fut reçu membre de la Société royale.

renouvelle autour; et, en même temps, elle arrête le rayonnement terrestre. Un fil de laiton **AB**, fin et raide', courbé en cercle, supporte un petit écran **E** mobile. Dès que cet écran est au zénith, le thermomètre

Différentes sortes de nuages (page 630).

monte; plus il s'abaisse, plus le thermomètre marque une température basse. Le rayonnement nocturne, cause évidente de ces variations, est donc constaté.

Certaines circonstances influent sur la production de la rosée. Plus est grande l'étendue du ciel auquel est exposé le corps, plus la rosée est abondante. Il faut aussi que le ciel soit pur ; car, s'il y a des nuages, il s'établit entre eux et la terre un rayonnement réciproque, qui restitue à celle-ci une grande partie de la chaleur qu'elle perd. Si l'air est agité, l'air n'aura pas le temps de se refroidir. La saison doit aussi être considérée ; le maximum de rosée a lieu au printemps et à l'automne, parce que c'est le moment de l'année où il y a la plus grande différence de température entre la nuit et le jour. Enfin, les corps dont le pouvoir émissif est plus considérable se couvrent d'une plus grande abondance de rosée.

Le *serein* est de la rosée qui se forme, pendant l'été, quelques moments avant le crépuscule. Il résulte du refroidissement des couches inférieures de l'air dont la température descend au-dessous de leur point de saturation. Il diffère de la rosée, puisqu'il résulte de la condensation des vapeurs dans l'atmosphère même et non à la surface des corps.

Lorsque la température s'abaisse au-dessous de zéro, la rosée se congèle et constitue alors le *givre* ou *gelée blanche*, connue aussi sous le nom de *gelée printanière*.

GELÉES PRINTANIÈRES. — Chaque année, au printemps, dit M. de Parville (1), nous traversons une véritable crise météorologique ; le public y prend garde, non qu'il soit pris plus aujourd'hui qu'hier d'une belle passion pour la météorologie, mais uniquement parce que la richesse publique est en cause, et que l'on a la bonne habitude de regarder à deux fois à tout ce qui touche de près ses intérêts. Une nuit de gelée peut compromettre une récolte, et tout le monde devient météorologiste par circonstance.

Tous les ans, en avril et mai, nous subissons des fluctuations atmosphériques. C'est le mois de la *lune rousse ;* on ferait mieux de dire : c'est la saison rousse, car, de février en mai, le thermomètre peut faire en quelques jours, en quelques heures, des sauts dangereux pour la santé publique et pour la vie des végétaux. On peut éprouver des chaleurs estivales et subir des froids d'hiver ; il suffit d'un caprice de l'atmosphère.

(1) DE PARVILLE (Henri-François PEUDEFER), un des savants les plus *utiles* de notre époque, où la vulgarisation des vérités scientifiques déjà acquises est presque aussi glorieuse que la découverte de nouvelles vérités. Né à Évreux en 1838, ce vaillant écrivain a rédigé successivement les Chroniques scientifiques du *Constitutionnel*, du *Moniteur*, du *Journal officiel*, du *Journal des Débats*, etc., etc. Il a publié de nombreux volumes, parmi lesquels il faut citer ses *Découvertes et Inventions modernes ; un Habitant de la planète Mars*, et surtout ses *Causeries scientifiques depuis* 1860 (Rothschild, éditeur).

— Nous avons tant de fois déjà cité cet écrivain éminent, nous le citerons si souvent encore, qu'il était de notre devoir de dire ce qu'il est, afin d'avoir une occasion de lui exprimer notre reconnaissance, écho de la reconnaissance de nos lecteurs.

L'effet n'est pas spécial à la lune d'avril et mai; mais il se montre un mois avant et un mois après l'équinoxe du printemps. Toutefois, il est plus marqué à certaines dates qu'aux autres. Il y a longtemps déjà que les observateurs ont noté un abaissement de température anormal vers le 12 février et vers le 12 mai; il est rare qu'à ces époques critiques le thermomètre ne descende pas brusquement de quelques degrés, pour remonter ensuite à sa moyenne normale.

Les professeurs Ermay, de Berlin, Brandes, de Stockholm, Petit, de Toulouse, mirent en pleine évidence cette perturbation atmosphérique, à l'aide de nombreuses observations relevées à Berlin, à Mannheim, au Saint-Gothard, à La Rochelle, à Stockholm, etc. Le fait reconnu, on essaya de l'expliquer, et quelques météorologistes admettent encore l'explication d'Ermay, que nous allons indiquer brièvement.

On sait que nous rencontrons tous les ans, vers le 12 août et le 12 novembre, des essaims d'astéroïdes, qui tombent sur la terre sous forme d'étoiles filantes (page 394). Ces astéroïdes appartiennent à deux anneaux de corpuscules décrivant leur orbite autour du soleil; en août et en novembre, la terre rencontre chacun de ces anneaux et les traverse; mais, six mois avant, en février et en mai, la collision n'a pas lieu, nous ne croisons pas ces anneaux; les astéroïdes défilent devant nous, interposant leurs masses entre le soleil et la terre. Ces corpuscules feraient donc écran vers le 12 février et vers le 12 mai, et diminueraient la quantité de chaleur qui nous arrive du soleil. De là l'abaissement de la température. Ermay allait plus loin encore. Aux mois d'août et de novembre, ces antipodes de février et de mai, le thermomètre, au lieu de baisser, monte; l'élévation de la température serait due, dans ce cas, à l'inflammation des astéroïdes qui traversent notre atmosphère. Nous serions échauffés, pendant l'été de la Saint-Martin, par ces combustibles célestes.

Cette théorie ingénieuse, en partie reprise par Mayer, depuis les progrès que la théorie mécanique de la chaleur (page 390) a imprimés à l'astronomie physique, a encore aujourd'hui de nombreux partisans.

Nous pensons cependant, ajoute le spirituel écrivain que nous citons, qu'à cette théorie bien des objections peuvent être faites. Les étoiles filantes ne jouent pas sur la terre un si grand rôle qu'elles puissent amener brusquement la gelée de nos récoltes. On a démontré que les étoiles filantes sont de véritables comètes, et que la température n'oscille pas forcément quand passent ces nombreux résidus cométaires, dont on a pu déjà définir le système et retrouver l'orbite. D'ailleurs, les masses de ces astéroïdes sont si petites, qu'on ne voit guère comment leur interposition entre le soleil et la terre pourrait faire écran, ni comment leur combustion dans les hautes régions de l'atmosphère pourrait réchauffer les objets placés à la surface terrestre. Enfin, il est encore moins démontré que les variations anormales de la *lune rousse* aient leur contre-coup partout; elles ne sont, au contraire, que spéciales à certaines latitudes. Ces oscillations paraissent se rapporter à des lois beaucoup plus générales.

· En compulsant de très nombreux registres d'observations, Sainte-Claire Deville est retombé, comme ses devanciers, sur les anomalies de température de février et de mai; mais il a trouvé, de plus, que ces oscillations se reproduisaient avec une certaine périodicité. Tous les mois, à certaines dates, il survient des perturbations plus ou moins nettes, non seulement dans la température, mais encore dans tous les phénomènes météorologiques; la périodicité se poursuit symétriquement par groupes de mois. Ainsi, en général, les mêmes phénomènes reviendraient constamment au bout des périodes de 90 jours, 30 jours, 10 jours...

Pour nous, les déclinaisons du soleil et de la lune déplacent la limite des courants atmosphériques en latitude et en longitude, et font prévaloir, selon leur sens, soit les vents du nord, soit les vents du sud. Ainsi, en hiver, pendant les déclinaisons australes du soleil, les vents dominants sont sud-ouest; en été, pendant les déclinaisons boréales, ils sont nord-ouest. Les déclinaisons lunaires amènent de même des déplacements dans la circulation des vents. Quand notre satellite est dans l'hémisphère austral, les vents du nord ont de la tendance à souffler; quand il est dans l'atmosphère boréal, ce sont, au contraire, les vents du sud qui dominent.

Dans les tableaux qu'a dressés M. Sainte-Claire Deville, les fluctuations atmosphériques changent de signe avant et après chaque solstice. Les bourrasques qui amènent du froid, de janvier à juin, sont précédées ou suivies d'une élévation de température de juin à décembre. Ces faits, assez difficiles à comprendre jusqu'ici, s'expliquent facilement, au contraire, quand on connaît l'influence, sur le régime des courants, des déclinaisons solaire et lunaire. Le sens des déclinaisons est renversé, précisément, de janvier à juin et de juin à décembre, et les effets produits deviennent, par cela même, inverses...

M. Millet a eu, en 1874, l'excellente pensée de faire le relevé des observations des brouillards de mars pour chaque département et d'indiquer, par suite, la date des jours où doivent survenir les gelées blanches. Il a constaté que les brouillards les mieux caractérisés de mars s'étaient produits dans tous les départements, du 3 au 5 d'une part, et du 25 au 26 de l'autre. C'est bien la période de M. Deville : 4 mars, équilune; 24 mars, l'unistice. Or, en mai, les dates correspondantes sont : 4 mai, lunistice ; 25 mai, équilune ; mais avec des déclinaisons lunaires renversées : en mars, déclinaison boréale ; en mai, déclinaison australe ; dans le premier cas, humidité ; dans le second, gelée. Et cette concordance se reproduit ainsi toujours de mars en mai. Le proverbe : *Brouillard en mars, gelée en mai*, n'a donc rien qui choque le bon sens.

PRÉSERVATIF DES GELÉES PRINTANIÈRES. — On sait que, depuis quelques années, on a reconnu qu'il était possible de protéger assez efficacement les jeunes bourgeons contre le froid, à l'aide de nuages artificiels ; on donne naissance à ces nuages au moyen de combustibles produisant une fumée intense. Quand la gelée blanche survient, il est rare que le vent souffle ; la fumée reste sur place pendant des heures. L'expérience a montré que ce moyen de préservation était généralement couronné de succès ; malheureusement, les vignerons s'endorment souvent avec un ciel couvert ou brumeux, et se réveillent par un ciel clair ; pendant qu'ils sont sans défiance, le temps change, et le rayonnement nocturne opère son œuvre destructive. Il faudrait une sentinelle assez complaisante et assez éveillée, à toute heure de la nuit, pour avertir les propriétaires que le froid arrive et qu'il est urgent d'allumer les feux et d'engendrer les nuages protecteurs.

Un ancien conducteur des ponts et chaussées, propriétaire de vignes dans la Nièvre, M. Bouziat, a cherché à créer de toutes pièces un veilleur vigilant, qui ne soit ni en chair ni en os, qui puisse, sans fatigue, passer toutes les nuits, et qui ne réclamât aucune solde au bout du mois. Il y a réussi. Ce veilleur mécanique est la simplicité même. Non seulement il sait quand la température baisse, mais il s'amuse encore à allumer de lui-même tous les foyers répandus à l'avance dans le vignoble ; quand on l'a installé quelque part, on peut dormir tranquille ; si la gelée vient, elle trouvera le guetteur en fonctions. L'invention de M. Bouziat nous semble devoir être esquissée.

Le veilleur, c'est un thermomètre ; mais un thermomètre qui ne se briserait pas facilement. En effet, il est tout bonnement formé d'un fil de fer ou de zinc, de 2 millimètres environ de diamètre, suspendu horizontalement entre des poteaux distants l'un de l'autre de 50 à 100 mètres, et soutenus dans l'intervalle par un certain nombre de ficelles reliées à des points fixes. Si ce fil, que nous supposons en fer et de 100 mètres de longueur, était maintenu bien rectiligne, chaque différence de température de *un degré centigrade* produirait un allongement de $0^m,0014$ environ (page 438). Or, la tension du fil est facilement obtenue en enroulant son extrémité sur une poulie et en la terminant par un contrepoids. La poulie porte un doigt calé sur sa circonférence ; ce doigt est un véritable indicateur thermométrique, car, si la température baisse, le fil se raccourcit, la poulie tourne et le doigt avec elle, absolument comme une aiguille barométrique tourne sur un cadran. Impossible de combiner un thermomètre plus solide, plus simple et plus exact ; car le fil, embrassant un grand espace de terrain, prend réellement la température du milieu ambiant, celui qui impressionne la vigne. Ce thermomètre est naturellement d'autant plus sensible que le fil est plus long. Voilà pour le guetteur de la gelée ; voici maintenant comment il fonctionne :

Une série d'inflammateurs sont reliés entre eux par des fils métalliques raccordés par des tirages de sonnettes, et ils sont maintenus au cran d'arrêt par un verrou. Quand la température s'abaisse assez pour devenir dangereuse, le thermomètre automoteur, en faisant tourner le doigt de la poulie, décroche le verrou ; tous les inflammateurs entrent en fonction à la fois. Chaque inflammateur se compose d'une petite bouteille renfermant du pétrole et fermée par une amorce. Le déclanchement du verrou qui maintenait l'amorce en place fait partir la poudre fulminante ; celle-ci met le feu au pétrole, et le pétrole allumé tombe dans une cuvette remplie de foin et de résine à la surface, et de goudron au fond. Ces matières s'enflamment et engendrent une fumée abondante, qui persiste généralement pendant plusieurs heures. Ce système paraît assez efficace ; il a été examiné par une commission da la Société centrale d'agriculture, et le rapport a été favorable. Dans un essai, fait le 14 mai 1876, à Vincennes, 23 feux sur 26 se sont allumés, et ils se sont maintenus environ deux heures. Les vignes qui les entouraient ont échappé complètement à la gelée, qui a partiellement frappé les autres. M. Bouziat estime le prix de revient à 42 francs par hectare.

NUAGES. — BROUILLARDS. — Les *nuages* et les *brouillards* sont une seule et même chose : produits l'un et l'autre par la condensation de la vapeur d'eau dans l'atmosphère, ils portent le nom de *nuages* quand ils sont formés dans les régions élevées, et de *brouillards* lorsqu'ils sont près de la surface du sol.

La forme des nuages et leur hauteur les ont fait distinguer en quatre classes principales, que désigne la figure (page 625). Ce sont : les *cirrus*, appelés *queues de chat* par les marins, qui résident à de grandes hauteurs, et, dans nos pays, annoncent la pluie au bout de quelques jours ; les *cumulus* ou *balles de coton* des marins, qui sont blancs, accumulés et annoncent la probabilité des vents du sud et un temps incertain ; les *stratus,* bandes horizontales, qui se forment généralement le soir ; les *nimbus*, nuages noirs, descendus très bas, et qui se résolvent en pluie.

Les physiciens ne sont pas d'accord sur la constitution des particules des nuages, et la cause de leur dissentiment tient à la nécessité d'expliquer comment ces corps peuvent se maintenir dans l'air. La majorité, cependant, pense que l'eau est alors, sous forme de *vésicules*, de petits *globules*, semblables à des bulles de savon, et pleins d'air à l'intérieur. M. Privat-Deschanel, le savant professeur de physique du lycée Louis-le-Grand, explique ainsi la suspension dans l'air de ces vésicules pleines :

« C'est à raison de leur ténuité que les particules des nuages se soutiennent dans l'air, sans qu'il soit besoin d'avoir recours, pour l'expliquer, à une théorie spéciale, de même qu'on voit flotter dans ce fluide, quand on l'éclaire par un rayon de soleil dans une chambre obscure, une multitude de corpuscules de toute nature et de toute densité. Il est vrai que ces corps flottant continuellement dans l'atmosphère n'y sont jamais en repos ; mais il en est de même des particules des nuages. Tous ceux qui ont eu l'occasion, en voyageant dans les montagnes, de se trouver au sein même des brouillards, ont pu constater la très grande mobilité de leurs parties constitutives, qui cèdent au moindre souffle du vent et sont entraînées par lui comme une fine poussière. »

Cependant M. Jobard, le savant directeur du musée royal de l'industrie belge, physicien distingué, a présenté une autre théorie qu'il importe de faire connaître.

« L'hypothèse des vésicules aqueuses, remplies d'air, pour les besoins de la cause, dit-il, ne suffit pas à expliquer comment les nuages se soutiennent dans l'air ; car si ces vésicules sont composées d'eau et d'air confiné, leur pesanteur serait, quoi qu'on fasse, plus grande que celle de l'air ambiant. Je crois pouvoir démontrer que les vésicules ne peuvent qu'être pleines de gaz, et accolées les unes aux autres, en contact immédiat, dans les nuages, de manière à former, non pas un crible, mais une voûte inégale, continue et imperméable à la lumière et au gaz libre qui s'élève à flots des marais et des houillères, et les tient en suspension comme autant de montgolfières La chaleur du soleil évapore l'eau, en même temps qu'elle échauffe l'air ; cet air échauffé, devenant plus léger, emporte avec lui les vapeurs d'eau, qui, sans cela, ne tarderaient pas à retomber. Ces vapeurs sont également entraînées par les bulles de gaz hydrogène qui ne cessent de s'élever de terre, d'où elles se dégagent, dans les temps chauds, par la fermentation et la décomposition des matières organiques, comme les bulles du gaz acide carbonique se dégagent du vin de champagne. Il n'est pas un moucheron mort qui ne donne naissance à quelques bulles de gaz hydrogène ou petits ballons microscopiques. Ceux qui s'élèvent des marais entraînent surtout un peu d'humidité sur leur périphérie.

» Cette explication réhabiliterait le système des vésicules en confirmant le nôtre. Nous osons dire, sans hésiter, qu'il s'élève de terre tout autant de bulles de gaz qu'il retombe de gouttes d'eau ; et il faut que cela soit, pour rétablir le merveilleux équilibre que nous admirons sans l'avoir encore compris, parce que, si nous voyons les gouttes de pluie, nous ne voyons pas les bulles de gaz.

» Les vapeurs d'eau, entraînées dans les régions froides de l'atmosphère, se rapprochent par affinité, se pelotonnent et nous apparaissent sous ces formes cotonneuses que nous appelons nuages ; mais elles retomberaient immédiatement si le gaz hydrogène emprisonné, soit dans chaque molécule, soit dans les voûtes imperméables qui résultent de leur réunion, ne les soutenait dans ces hautes régions. »

PLUIE. — La *pluie* est, en effet, un assemblage de vésicules, devenues trop grosses pour flotter dans l'atmosphère, à la suite d'une condensation très active. La pluie se produit, le plus souvent, au moment même où les vapeurs se condensent dans les hautes régions de l'air ; en sorte que ce ne sont pas, en général, les nuages que l'on voit flotter dans l'atmosphère qui donnent la pluie. Le plus souvent, en s'abaissant par leur propre poids, ils traversent des couches d'air plus chaudes et s'y dissipent en vapeurs. C'est ainsi que, dans l'été et dans l'automne, au milieu du jour, la sérénité succède aux brouillards et aux nuages de la matinée, par suite du réchauffement général de l'atmosphère.

Quelles sont les causes qui influent sur la répartition des pluies dans une contrée ? M. Belgrand, ingénieur général des ponts et chaussées, directeur du service des eaux de la ville de Paris, répond nettement, dans une note à l'Académie des sciences (1) : l'altitude, le voisinage et l'éloignement de la mer ; et accessoirement la topographie du sol. Le climat de la France est homogène au nord du plateau central, et, à plus forte raison, dans toute l'étendue du bassin de la Seine.

Le point pluvieux par excellence de ce bassin est le *haut Follin*, sommet le plus élevé du Morvan : 902 mètres ; la hauteur de pluie y a atteint, en 1872, 2^m,681. La hauteur d'eau tombée décroît ensuite avec l'altitude : le *bas Follin*, 200 mètres ; *Pomnoy*, 650 mètres ; les *Settons*, 596 mètres, ont reçu respectivement 2^m,457, 2^m,121 et 2^m,041 d'eau. Le

(1) *Compte rendus de l'Académie des sciences* (30 mars 1874).

vaste plateau qui forme le bassin parisien, entre la mer et le pied de la chaîne de la Côte-d'Or, est à une altitude qui ne dépasse pas 150 à 200 mètres; les vallées qui le sillonnent sont à 50 ou 100 mètres au-dessous

Les Vents, d'après la mythologie (page 636).

de ce niveau. C'est dans la partie de ce plateau, situé à plus de 150 kilomètres de la mer, que sont situées les stations qui reçoivent la hauteur minimum de pluie. La plus petite hauteur, 575 millimètres, a été obtenue un peu à l'amont de Paris, au Port-à-l'Anglais: altitude, 33 mètres. Paris lui-même se trouve dans cette région du minima. A 109 mètres d'altitude, à Ménilmontant, on a recueilli 0^m,772 de pluie seulement. En approchant de la mer, dans le pays de Caux, à l'aval d'Elbeuf, la hauteur de pluie augmente malgré les basses altitudes. On se rapproche des nombres obtenus dans les parties montagneuses à 400 ou 500 mètres d'élévation.

Ainsi à Gournay (altitude 100 mètres), 0^m,846 de pluie ; à Rouen (altitude 8 mètres), 0^m,848 ; à Caudebec (altitude 1 mètre), 1^m,034 ; au Havre - Ingouville (altitude 89 mètres), 1^m,083. Un point bas au fond de vallée, situé à peu de distance d'un plateau plus élevé, reçoit, à très peu près, autant de pluie que ce plateau.

Le nombre des jours de pluie est beaucoup plus grand au bord de la mer que dans les autres parties du bassin. Ainsi, la moyenne étant de 164 jours pluvieux pour tout le bassin, le nombre de jours de pluie a été, en 1874, à Yvetot de 223, à Fatouville de 207. C'est à peu près ce nombre qui a été relevé dans les plus hautes stations pluviométriques du Morvan.

Pour évaluer la quantité d'eau tombée dans un lieu, on se sert d'instruments appelés pluviomètres ou udomètres (du grec *udór*, eau ; *metron,* mesure). L'inspection seule de la gravure permettra de comprendre en quoi consistent ces appareils. Nous représentons. un

Fig. 305. — PLUVIOMÈTRE ENREGISTREUR CONSTRUIT PAR M. REDIER.

P. Entonnoir destiné à recueillir la pluie. — C. Cylindre où s'accumule la pluie. — F. Flotteur. — N. Poulie très légère, montée sur des axes très fins et dont la gorge porte un fil destiné à relier le flotteur F avec la boîte K. — K. Boîte dans laquelle se trouve le crayon et un petit trembleur électrique, destiné à faire frapper de petits coups sur la tête du crayon toutes les fois que le courant passe. — A et B. Cylindres pivotant sur des pointes et pouvant se retirer à volonté, de façon à faciliter la pose du papier. — H. Horloge régularisant la marche du cylindre B. — M. Fusée régulatrice destinée à corriger l'effet produit par l'enroulement de plusieurs tours de papier. — I. Crayon servant à tracer une ligne de base pour les mesures.

de ceux auxquels ont été apportés les perfectionnements les plus récents, et qui, construit sur les données de M. Hervé-Mangon, enregistre automatiquement toutes les indications désirables.

Voici comment l'ensemble fonctionne. Le papier sans fin enroulé sur le cylindre A passe sur le cylindre C, qui fait saillie, et vient s'enrouler sur le cylindre B. Le cylindre A est tendu par un petit poids mouflé dans la cage même de l'instrument, et le cylindre est mené par l'horloge. Si la pluie tombe, le flotteur F est soulevé, la boîte K suit le mouvement, et avec elle le crayon qui, frottant sur le papier, trace une courbe qui donne en millimètres la hauteur correspondante de pluie. Le petit trembleur électrique de la boîte K est actionné par le courant d'une horloge type, et le point marqué sur la courbe sert de point de repère pour le temps. Le rapport des sections du pluviomètre P et du tube C permet de représenter le millimètre de pluie tombée par telle grandeur que l'on veut.

NEIGE, VERGLAS, GRÉSIL. — La *neige* n'est pas autre chose que de la pluie congelée. Lorsque l'air est calme, la vapeur vésiculaire qui compose

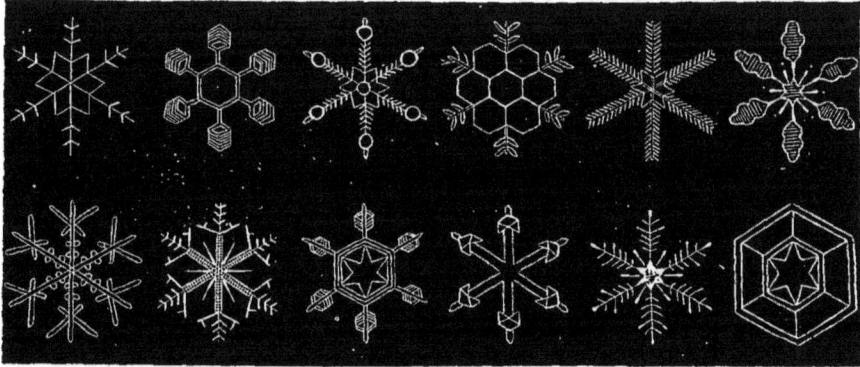

Fig. 306. — CRISTALLISATIONS DE LA NEIGE.

les nuages se cristallise en formes très régulières dès que la température de ceux-ci est descendue au-dessous de 0° (*fig.* 306). Glaisher et Scoresby ont publié des dessins de plus de 300 cristaux de glace. Pour observer ces cristaux, il faut recevoir le flocon de neige sur une lame de fer très froide et enduite de noir de fumée.

Le *grésil* est une sorte de neige dure, formée de flocons arrondis et de très petites dimensions. C'est un composé de petites aiguilles de glace opaque, qui paraît être un état intermédiaire entre la neige et la grêle. Comme on admet généralement que la grêle a une origine électrique, nous en parlerons ci-après, en traitant des orages.

DES VENTS. — Le vent est un mouvement plus ou moins rapide d'une masse d'air qui se transporte d'un lieu dans un autre, ce qui a lieu toutes les fois que l'équilibre de l'atmosphère est rompu.

Quand la nature et l'art leur laissent un cours libre,
L'air est, ainsi que l'onde, ami de l'équilibre.

Est-il rompu ; soudain des nuages errants
Les flottantes vapeurs s'épanchent en torrents,
Ou leur sein se déchire et lance sur la terre
Les flèches de l'éclair est les traits du tonnerre.

Les vents soufflent dans tous les sens, horizontalement, verticalement, obliquement ; ils tournent sur eux-mêmes, se croisent, s'entre-choquent ; mais leur direction la plus ordinaire est parallèle à la terre.

Les Grecs ne distinguaient d'abord que deux vents : le *Boreas*, qui renfermait tous les vents qui soufflent de la bande du nord, ou demi-cercle compris entre l'occident et l'orient équinoxial, dans l'espace de 180 degrés ; et le *Notos*, qui comprenait tous les vents qui partaient de la bande du sud dans toute l'étendue de l'autre moitié de l'horizon. Ils distinguèrent ensuite les vents qui soufflaient des quatre points cardinaux, et, divisant l'horizon en portions égales de 90 degrés chacune, ils nommèrent *Boreas* les vents du nord, *Euros* ou *Apheliotes* les vents de l'est, *Notos* les vents du sud, *Zephiros* les vents de l'ouest. Du temps d'Homère, on avait déjà ajouté quatre vents secondaires, qui tiraient leurs noms de ceux entre lesquels ils étaient placés ; on les appelait : le *Boreas-Euros*, le *Notos-Apheliotes*, l'*Argestes-Notos* et le *Zephiros-Boreas*.

Cinq à six siècles avant l'ère chrétienne, on fixa les vents secondaires aux orients et aux occidents solsticiaux, et la plupart des noms furent changés ou disposés autrement qu'ils n'avaient été jusqu'alors, et on se trouva forcé de donner à la rose des divisions inégales ; de sorte qu'à mesure que l'on avançait vers le midi, l'étendue des vents d'est et d'ouest se resserrait, tandis que ceux du nord et du midi embrassaient un plus grand espace ; le contraire avait lieu lorsqu'on se portait vers le septentrion. Les vents représentés sur la célèbre tour d'Andronicus Cyrrhestès, à Athènes, qui subsiste encore, et dont parle Vitruve, paraissent appartenir à ce système.

Vers le temps d'Alexandre, on ajouta quatre nouveaux vents à la rose des vents qui fut adoptée, pendant plusieurs siècles, par les navigateurs grecs et romains ; mais, sous le règne d'Auguste, les Romains, ayant étendu leurs conquêtes dans la Germanie jusqu'à l'Elbe, au 54° degré de latitude, et dans l'Égypte jusqu'au tropique, reconnurent les inconvénients des roses divisées d'après les levers et les couchers solsticiaux, parce que, dans l'intervalle de ces contrées, les amplitudes variant de 40°,30, les vents d'est et d'ouest finissaient par prendre beaucoup trop d'espace, et se confondaient avec ceux du nord et du sud ; ils abandonnèrent cette méthode, qui n'était plus supportable, et divisèrent la rose en 24 parties de 15 degrés chacune.

Maintenant, on partage l'horizon en 32 parties, appelées *rhumbs* (mot anglais signifiant *losange*) ou *aires* des vents, que l'on obtient en partageant en deux parties égales chacun des cadrans formés par les quatre points cardinaux, et on désigne ces divisions intermédiaires par les réunions des points cardinaux entre lesquels elles sont comprises. On procède ensuite de la même façon à l'égard de ces dernières divisions, que l'on partage en deux, adoptant le même système de nomenclature.

Dans la marine, on désigne les vents par leur direction ou par la partie du vaisseau qu'ils frappent directement : *Avoir vent debout*, c'est avoir le vent contraire à la route que l'on veut suivre ; *avoir vent en poupe*, c'est *avoir vent arrière*. On appelle *vent d'amont*, *vent de terre*, celui qui vient de terre ; *vent de mer*, celui qui vient du large, etc.

Les marins divisent aussi les vents par leur vitesse relative ; de là dix nuances ou gradations qui ont chacune leur dénomination particulière : *brise légère, petite brise, jolie brise, bonne brise, vent frais, grand vent, vent impétueux, coup de vent, tempête* et *ouragan*.

La direction du vent est constatée au moyen d'appareils, dont le plus simple est la *girouette ;* la vitesse, au moyen des *anémomètres* (du grec *anemos*, vent; *metron*, mesure). Comme aujourd'hui ces appareils, disposés pour enregistrer leurs indications, sont basés sur l'emploi de l'électricité, nous en parlerons seulement en traitant cette partie de la physique.

Ce n'est qu'en avançant vers la mer équinoxiale que l'on rencontre dans les vents une constance, une régularité qui se prête à l'observation. Dans ces contrées, les vents soufflent toute l'année dans la même direction, et transportent doucement et sans violence les navires de la côte de l'ancien monde à celle du nouveau. Ce sont ces vents qui portent les noms de *vents généraux*, de *vents alizés*, et qui remplissaient d'étonnement les compagnons de Christophe Colomb ; la direction constante de ces vents semblait leur barrer à jamais le retour.

La différence entre le jour et la nuit détermine les *brises journalières*, soit sur les côtes ou à l'intérieur des continents ; et la différence de température entre les saisons extrêmes détermine les *moussons*.

> Les saisons à leur tour, dans leur vicissitude,
> Nous ramènent un air ou plus doux ou plus rude,
> Et les vents inconstants, en dépit des climats,
> Redoublent les chaleurs ainsi que les frimas.

Pour expliquer les phénomènes des vents, il importe avant tout de se rappeler de quelle manière se comportent deux portions contiguës de l'atmosphère, si elles viennent à être inégalement échauffées.

Nous avons parlé (page 455) de l'expérience due à Franklin, par laquelle au moyen d'une bougie allumée, placée dans le haut, puis dans le bas d'une porte, on constatait, en bas, la présence d'un courant d'air froid vers la pièce chaude, et en haut, d'un courant d'air chaud vers la pièce froide, tandis qu'au milieu l'air semblait stationnaire. Il se passe quelque chose d'analogue à la surface de la terre. Lorsqu'il y a une cause d'échauffement en l'un de ses points, la colonne d'air superposée s'élève, un courant inférieur se dirige vers la partie chaude, et la colonne d'air échauffée fournit un courant d'air supérieur ayant un mouvement inverse. Ce sont les *brises de mer* et les *brises de terre*. Tous les jours, à partir de neuf à dix heures du matin, il s'élève, sur le bord de la mer, un vent soufflant de la surface liquide vers la terre; ce vent, qui est la *brise de mer*, rafraîchit l'atmosphère pendant la plus grande partie de la journée, jusque vers cinq ou six heures du soir. A partir de neuf heures du matin, la température de la côte commence à dépasser la température moyenne, qui est toujours à peu près celle de la mer; l'air qui repose sur celle-ci souffle sur la terre. Mais, après neuf heures du soir, au contraire, la température de la côte est retombée au-dessous de la moyenne, l'air reflue de la terre vers le mer. Ainsi, à la brise de mer ou du matin, succède chaque jour, après quelques heures de calme, la brise du soir ou de terre. Les marins profitent de ces deux vents pour entrer dans les ports ou pour en sortir.

Ces brises ne se font sentir qu'à une petite distance des côtes ; elles sont remplacées en mer par les *moussons*, qui soufflent six mois dans un sens et six mois dans un autre. Dans l'hémisphère boréal, la mousson du printemps commence en avril et la mousson d'automne en octobre ; dans l'hémisphère austral, où les saisons sont contraires, la mousson d'automne commence en avril et la mousson du printemps en octobre. Il règne un calme plus ou moins prolongé entre deux *moussons* contraires ; cette époque est sujette aux tempêtes et dangereuse pour la navigation.

L'équateur possédant une température constamment plus élevée que les autres points de notre globe, il en résulte que, des deux hémisphères, doivent affluer vers l'équateur deux courants inférieurs. Ces courants rencontrent des couches animées d'une vitesse croissante dans le sens de l'est à l'ouest, à cause du mouvement de rotation diurne de la terre; car l'air qui était sur un parallèle de plus petit rayon, venant à rencontrer l'air placé sur un parallèle de plus grand rayon, marche moins vite qu'il ne devrait pour suivre notre globe dans son mouvement, et il doit, par conséquent, paraître se mouvoir en sens contraire du mouvement *diurne*.

Les *vents alizés* (du vieux mot français *alis*, régulier) résultent des deux effets ci-dessus. Comme les causes qui les produisent sont constantes, ils ont lieu en toute saison, dans la direction du nord-est pour l'hémisphère boréal, et dans celle du sud-est pour l'hémisphère austral.

Contrairement au courant inférieur, le courant supérieur, en s'éloignant des régions équatoriales, rencontre des couches d'air animées d'une moindre vitesse, dans le sens du mouvement diurne. Il en résulte que le retour des vents alizés donne lieu, dans les zones tempérées, à un vent qui souffle du sud-ouest pour l'hémisphère boréal et du nord-ouest pour l'hémisphère austral. C'est pour cela que le vent du sud-ouest est le plus fréquent à Paris.

Les vents extraordinaires qui se font sentir sur les côtes de Guinée, sur celles de la Barbarie, en Égypte, dans l'Arabie, dans la Syrie, dans les steppes de la Russie méridionale, et même jusqu'en Italie, sont dus, comme nous l'avons expliqué, à la haute température de l'intérieur de l'Afrique. Ces vents, accompagnés de circonstances étranges, sont connus sous les noms d'*Harmattan*, de *Semoun* ou *Samiel*, de *Chamsin*, etc.

L'*Harmattan* souffle trois ou quatre fois par saison, de l'intérieur de l'Afrique vers l'océan Atlantique ; la durée de ce vent, qui n'a qu'une force modérée, est ordinairement de un ou de deux jours, quelquefois de cinq ou six. Lorsqu'il souffle, il s'élève toujours un brouillard d'une espèce particulière et assez épais pour ne donner passage, à midi, qu'à quelques rayons rouges de soleil. Son caractère le plus tranché est une extrême sécheresse. Lorsqu'il a quelque durée, les yeux, les lèvres, le palais de ceux qui sont soumis à son influence deviennent secs et douloureux, et, s'il dure quatre ou cinq jours, il fait peler les mains et la face. Pour prévenir ces accidents, on se frotte tout le corps avec de la graisse.

Il souffle : tout se fane et tout se décolore ;
La fleur craint de s'ouvrir et le bouton d'éclore ;
Le midi de ses feux enflamme le matin,
La terre est sans rosée et le ciel est d'airain ;
Les monts sont dépouillés ; de la plaine béante
La soif implore en vain une eau rafraîchissante...
A peine avec effort la nymphe du ruisseau
De ses cheveux tordus tire une goutte d'eau.
Plus d'amour, plus de chants : le coursier, moins superbe,
En vain d'un sol brûlé sollicite un brin d'herbe,
Le cerf au pied léger repose au fond des bois ;
Partout l'air accablant pèse de tout son poids ;
L'homme même succombe, et son âme affaissée
Sent défaillir sa force et mourir sa pensée.

Malgré ces terribles effets, il paraît que l'*Harmattan* n'est pas du tout insalubre ; au contraire, les fièvres intermittentes, par exemple, sont radicalement guéries à son premier souffle.

Le *Semoun* ou *Samiel*, vent violent et empoisonné du désert, vient du sud-est. Des tourbillons, des espèces de trombes se joignent fréquemment à ce vent, et enlèvent dans les airs, jusqu'à une grande hauteur, des masses de sable qui donnent à l'atmosphère une couleur rouge, jaune orange et même bleuâtre, suivant l'espèce de teinte du terrain.

Le *Chamsin* dure cinquante jours, ainsi que l'indique son nom en arabe ; il commence environ 25 jours avant l'équinoxe du printemps pour finir 25 jours après ; il est très remarquable par sa température élevée.

Le *Siroco* d'Italie et le *Solano* d'Espagne sont les principaux vents qui soufflent sur l'Europe ; ils jettent les habitants dans un grand état de langueur par la chaleur énervante qu'ils apportent avec eux.

Dans les savanes de l'Amérique du Sud, le *Pampero*, vent terrible du sud-ouest, est aux Pampas ce que le Semoun est au Sahara. Il s'annonce également par des signes exceptionnels, auxquels l'œil exercé de l'indigène ne se trompe jamais.

DISTRIBUTION DE LA TEMPÉRATURE A LA SURFACE DU GLOBE. — La température de l'air n'est évidemment pas la même sur tous les points de la surface du globe. Les causes principales de ces différences sont :

1° *Influence de la latitude.* — On sait que la *latitude* est la distance d'un lieu à l'équateur, comptée sur le méridien de ce lieu ; qu'elle se compte de 0° aux pôles jusqu'à 90° à l'équateur ; qu'elle est dite *septentrionale* dans l'hémisphère boréal et *méridionale* dans l'hémisphère austral. Ainsi, Paris est à 48°50′14″ de latitude septentrionale. Or, il est clair que plus les rayons solaires, en tombant sur le sol, sont obliques, moins ils échauffent. C'est une conséquence des principes de la chaleur rayonnante, et la différence des saisons est due à la différence d'obliquité des rayons solaires et non au plus ou moins d'éloignement du soleil. L'action de cet astre est donc de plus en plus forte à mesure que l'on s'avance vers les régions tropicales. Cette influence est la plus considérable. M. de Humboldt a trouvé qu'en Europe le décroissement de la température était de 0°,5, pour 1 degré de latitude.

2° *Influence de l'altitude.* — Cette influence, que démontre la présence des neiges sur les sommets élevés, aussi bien dans nos climats que dans les régions équatoriales, tient à des causes diverses. L'air moins dense absorbe une proportion moindre des rayons solaires ; il n'éprouve pas l'action échauffante du sol, comme sur la surface de la terre ; l'évaporation

Les Geysers (page 647).

est plus intense et, conséquemment, cause de froid ; le rayonnement est plus facile à travers une atmosphère plus rare, etc. Cependant, comme ce décroissement de température dépend de causes nombreuses, il n'a point encore été trouvé, malgré les expériences de Gay-Lussac, de Barral et Bixio, une loi précise qui lie la variation de la hauteur avec la diminution de température. Toutefois, on admet, en moyenne, que le thermomètre baisse de 1° pour chaque élévation de 190 mètres ; mais cela est à peine approximatif, et l'on ne peut encore se rendre parfaitement compte des différences de limites des neiges éternelles.

3° *Influence du voisinage des mers.* — La température de la mer, en un même lieu, est à peu près constante, parce que la chaleur spécifique de l'eau est très élevée, ce qui fait que de très grandes quantités de chaleur modifient faiblement sa température. D'abord, en effet, les mouvements continuels de l'Océan font que les variations de température doivent se répartir sur d'énormes masses. Puis une élévation de température de l'air au contact de la mer produit une évaporation active, conséquemment une absorption considérable de chaleur latente ; et si la température de l'air s'abaisse, il y a condensation de vapeur et, par suite, constitution de chaleur latente. La mer restant à la même température, l'air de l'atmosphère s'en suit. Enfin, la grande découpure des côtes est encore une cause de constance, parce que l'influence de la mer s'y fait sentir davantage encore.

4° *Influence de l'orientation des côtes.* — Les brises périodiques qui, le matin, soufflent de la terre à la mer et le soir en sens opposé, modifient la température de l'atmosphère.

5° *Influence de la nature du sol.* — Les terrains humides subissent peu cette influence, d'abord parce qu'ils contiennent de l'eau dont la chaleur spécifique est bien plus élevée que celle du sol ; puis, parce qu'une portion de l'humidité se vaporisant, il y a beaucoup de chaleur absorbée à l'état latent. Mais les sols bons conducteurs s'échauffent moins, parce qu'ils gardent la chaleur qu'ils absorbent ; les plus denses perdent plus lentement la chaleur qu'ils possèdent.

6° Enfin l'*inclinaison du sol et son orientation* influent sur la température du lieu, selon qu'il reçoit plus ou moins directement les rayons du soleil.

TEMPÉRATURE MOYENNE D'UN LIEU. — Les météorologistes de quelques-uns des principaux observatoires de l'Europe ont observé, pendant plus ou moins longtemps, le thermomètre à chacune des vingt-quatre heures de la journée ; ils en ont pris la moyenne. En prenant ensuite la moyenne des 30 températures quotidiennes moyennes d'un mois, ils ont eu la température moyenne mensuelle. Continuant ainsi pour une année, ils ont eu la température moyenne annuelle. En additionnant successivement les moyennes d'un grand nombre d'années consécutives et en divisant leur somme par le nombre des années, ils ont obtenu enfin ce que l'on admet généralement comme la *température moyenne d'un lieu*. Ainsi la température moyenne de Paris, calculée de 1806 à 1870, est de 10°,67 Voici quelques autres nombres.

Calcutta . . . . . . 28°,5	Bruxelles. . . . . . 10°,3	Christiania. . . . . 5°,0
Mexico . . . . 16°,3	Londres. . . . . . . 9°,8	Saint-Pétersbourg.. 3°,5
Madrid. . . . . . . 14°,3	Berlin. . . . . 9°,0	Cap Nord. . . . . . 0°
Constantinople. . . 10°,3	Copenhague . . . . 7°,6	Groenland.. . . . . —8°

EXTRÊMES DE TEMPÉRATURE. — Il est évident que les températures extrêmes observées dans différents lieux ont, en plus de la température moyenne, une grande influence. C'est en janvier, dans nos climats, rapporte M. Lévy, dans son *Histoire de l'air*, que tombent les jours les plus froids de l'année, principalement vers les 2, 3, 7 et 10 du mois. Le froid le plus vif observé à Paris a été de 23°,5 au-dessous de zéro. La température la plus basse observée en France a été de — 31°,3, à Pontarlier. Voici les températures les plus basses officiellement constatées en Europe :

Angleterre : Londres (1796). . . — 20°,6	Russie : Moscou (1836). . . . . — 43°,7
Belgique : Malines (1823). . . . — 24°,4	Allemagne : Brême (1788). . . . . — 35°,6
Suède : Calix. . . . . — 55°	Italie : Turin (1755). . . . . . . — 17°,8

La plus basse température observée sur notre globe a été de — 59°, à Iakoutsk (Asie), en 1829. En Afrique, le thermomètre ne descend presque jamais au-dessous de zéro; si l'on a pu observer à Alger un minimum de — 2°,5, il faut dire qu'à l'île Bourbon, dans la Gorée, les minima observés s'élèvent encore à 15° au-dessus de zéro.

La température la plus élevée qu'on ait observée en France a été de 41°,4, à Orange, en 1849. Voici le tableau des températures maxima de l'Europe.

Angleterre : Londres (1852). . . . 35°,0	Allemagne : Stuttgard . . . . . . 39°,4
Belgique : Malines (1824). . . . . 38°,8	Grèce : Athènes . . . . 40°,0
Suède : Stockholm (1805) . . . . 37°,5	Italie : Naples (1807). . . . . . . 40°,0
Russie : Varsovie (1826). . . . . . 38°,8	Portugal : Lisbonne . . . . 38°,8

La plus grande chaleur qu'on ait observée sur notre globe a été de 56°,2, à Moursouk (Afrique).

CLIMATS. — « L'expression *climat,* dit de Humboldt, sert à désigner
» l'ensemble des variations atmosphériques qui affectent nos organes
» d'une manière sensible : la température, l'humidité, les changements
» de pression atmosphériqne, le calme de l'atmosphère, les vents, la ten-
» sion plus ou moins forte de l'électricité atmosphérique, la pureté de
» l'air, ou la présence de miasmes plus ou moins délétères, enfin le degré
» ordinaire de transparence et de sérénité du ciel. »

Quoique cette définition soit fort juste, on désigne surtout par le mot
climat certaines zones ou régions, caractérisées par leur température
moyenne et par leurs températures extrêmes. On les divise en *climats*
constants ou *marins,* c'est-à-dire ceux qui, peu éloignés de la mer, ne
présentent que peu d'écarts entre les températures extrêmes de l'été et de
l'hiver, et en *climats continentaux* ou *extrêmes,* ceux qui, au contraire,
offrent de grandes différences. Le tableau suivant présente quelques
exemples de ces deux sortes de climats :

CLIMATS MARINS.				CLIMATS CONTINENTAUX.			
	Hiver.	Été.	Diffé-rence.		Hiver.	Été.	Diffé-rence.
Iles Feroë (Danemark). . .	4°,90	11°,60	6°,70	Saint-Pétersbourg (Russie).	— 8°,70	15°,96	23°,66
Ile Unst (une des Sethland).	4°,05	11°,92	7°,87	Moscou (Russie)	—10°,22	17°,55	27°,77
Ile de Man (mer d'Irlande).	5°,59	15°,08	9°,49	Slatoust (Russie)	—16°,49	16°,08	32°,57
Penzance (Angleterre). . .	7°,04	15°,83	8°,79	Irkoutsk (Sibérie).	—17°,88	16°,00	33°,88
Helston (Angleterre).. . . .	6°,19	16°,00	8°,81	Iakoutsk (Sibérie)	—36°,90	17°,20	56°,10

LIGNES ISOTHERMES, ISOTHÈRES, ISOCHYMÈNES. — Les lignes *iso
thermes* (du grec *isos,* égal ; *thermos,* chaleur) sont des lignes idéales
reliant tous les lieux dont la température moyenne est la même.

Les lignes *isothères* (du grec *isos,* égal, et *theros,* été) sont les courbes
qui relient tous les lieux dont la température moyenne est la même en été,
et les lignes *isochymènes* (du grec *isos,* égal, et *cheimon,* hiver), celles qui
relient les lieux ayant la même température en hiver. La connaissance
de ces courbes, qui appartient à la géographie, est importante en agriculture pour prévoir les limites des diverses cultures.

CHALEUR INTÉRIEURE DU GLOBE. — La température du sol varie à
différentes profondeurs et suit naturellement celle de l'air ; mais ces variations de température sont en retard sur les variations de la surface. A une

certaine profondeur, qui n'est pas la même (24 ou 27 mètres dans les pays tempérés, 0^m,50 seulement sous les tropiques), la température devient constante; c'est ce qu'on appelle la *couche invariable*. A Paris, dans les caves de l'Observatoire, à 27^m,60 de profondeur, existe la couche invariable, et la température constante y est de 11°,82. Un thermomètre qui y fut placé par Lavoisier, en 1783, marque toujours, depuis ce temps, la même température.

Au-dessous de la couche invariable, la température va en augmentant d'une manière continue avec la profondeur. Des expériences il résulte que la température croît de 1 degré par 33 mètres environ. En supposant que cette progression se maintienne, on atteindrait 200° à 6,000 mètres de profondeur, ce qui conduit à admettre que toute la masse intérieure du globe est en fusion. Cette conclusion est d'ailleurs généralement admise par les géologues, et les volcans nous donnent, en quelque sorte, une preuve de cette existence de matières à l'état de fusion ignée au sein de la terre.

VOLCANS. — Anciennement, on nommait *Vulcanie* une des îles Ioniennes, près de la Sicile. Cette île est couverte de rochers, dont le sommet vomissait des tourbillons de flamme et de fumée. C'est là que les poètes avaient placé la demeure habituelle de Vulcain, le dieu du feu, dont cette île a pris le nom; car on l'appelle encore aujourd'hui *Volcano*, d'où est venu le nom de *Volcan*, appliqué à toutes les montagnes qui jettent du feu.

Les éruptions volcaniques s'annoncent habituellement par des bruits souterrains et par l'apparition de la fumée qui sort du cratère; peu à peu, ces bruits redoublent, la terre tremble, la fumée s'épaissit, s'élève en colonne, et sa partie supérieure forme une cime touffue et épanouie, ou se disperse dans les airs en épais nuages, qui couvrent de ténèbres toute la contrée d'alentour. Bientôt ces colonnes et ces nuages sont traversés par des sables embrasés et des matières incandescentes, qui sortent avec explosion du volcan, s'élèvent rapidement dans les airs à de grandes hauteurs, et retombent ensuite sous la forme de pluie de cendres ou de pierres. Alors, au milieu de ces convulsions, s'échappent des torrents d'un liquide rouge de feu; ils sillonnent les flancs de la montagne, surmontent tous les obstacles, renversent toutes les barrières, et ne s'arrêtent que lorsque le refroidissement des matières leur a fait perdre leur fluidité.

Il existe aussi des volcans nommés *salses*, dont les éruptions sont constamment vaseuses, quoique précédées d'ailleurs des mêmes phénomènes que présentent les autres volcans.

Il résulte, des connaissances acquises jusqu'à ce jour, que les foyers dès volcans doivent être situés à de grandes profondeurs, au-dessous de toutes les masses minérales connues ; cela est indiqué par la position immédiate de plusieurs cratères sur les roches les plus anciennes, et les fragments de ces mêmes roches, qui sont souvent rejetés dans les éruptions. D'ailleurs, les produits des éruptions sont composés de substances qui entrent dans la composition des roches inférieures. On admet donc généralement que la cause des éruptions volcaniques est le grand phénomène du refroidissement du globe, dont la croûte solide pèse sur la matière en fusion qui se trouve au-dessous d'elle et la force de s'échapper par les ouvertures volcaniques. L'arrivée de l'eau de mer dans les cavités où se trouve la lave, l'accumulation des feux souterrains sur certains points, concourent à la production de ces phénomènes. Il est très important de remarquer que les matières lancées par les bouches volcaniques sont sensiblement de même nature et de même composition. La fumée est en grande partie composée de vapeurs aqueuses chargées de gaz sulfureux, hydrogène, acide carbonique et d'une certaine quantité d'azote. Les cendres sont pulvérulentes, grises et très fines ; c'est la matière des laves dans un état de division extrême ; elles font pâte avec l'eau, prennent une certaine consistance et forment ce qu'on appelle le *tuf volcanique*.

LES GEYSERS. — Nous donnerons, pour terminer ce chapitre, la description d'un phénomène naturel, application des lois de la chaleur, que jadis on attribuait à des causes mystérieuses, et que la science explique clairement aujourd'hui : les *Geysers*.

Les sources d'eau chaude, d'après M. Malte-Brun, sont une curiosité de l'Islande ; mais elles n'ont pas toutes le même degré de chaleur. Celles dont les eaux tièdes sortent aussi paisiblement que des sources ordinaires s'appellent *laugar*, c'est-à-dire bains. Les autres, qui lancent à grand bruit les eaux bouillantes, sont nommées *chaudières*, en islandais *hverer*. La plus remarquable de ces sources est celle nommée *Geyser*, qui se trouve près de *Skalholt*, au milieu d'une plaine où il y a environ quarante autres sources moins considérables ; son ouverture est du diamètre de 6 mètres, et le bassin dans lequel elle se répand en a 16 et 23 de profondeur. L'archevêque de Troïl a vu la masse d'eau s'élever à 25 mètres, le docteur Lind à 30. La colonne d'eau, environnée d'une épaisse fumée, retombe sur elle-même et se termine par une large girandole.

Une autre source s'est ouverte pour rivale au Geyser, c'est le *Strockur*. Il est situé à environ cinquante pas du grand Geyser et il paraît avoir avec lui la plus grande connexion. Le Geyser ne jaillit pas régulièrement ; il est soumis à l'influence de la pluie, du vent, des saisons.

« Nous avions, rapporte un voyageur, établi notre tente entre les sources
» mêmes, afin de voir l'éruption de plus près, et nous l'attendions avec
» impatience dès le moment de notre arrivée. Le jour, nous craignions de
» nous écarter; la nuit, nous veillions chacun notre tour, afin de donner
» le signal à nos compagnons de voyage... Enfin, après deux jours d'at-

» tente, nous fîmes jaillir le Strockur en y fai-
» sant rouler une quantité de pierres et en
» tirant des coups de fusil. L'eau mugit tout
» à coup, comme si elle eût ressenti, dans ses
» cavités profondes, l'injure que nous lui fai-
» sions ; puis elle s'élança par bonds impé-
» tueux, rejetant au dehors tout ce que nous
» avions amassé dans son bassin, et couvrant
» tout le vallon d'une nappe d'écume et d'un
» nuage de fumée. Les flots montaient à plus
» de 27 mètres au-dessus du puits; ils étaient
» chargés de pierres et de limon. Une vapeur
» épaisse les dérobait à nos regards; mais,
» en s'élevant plus haut, ils se diapraient aux
» rayons du soleil et retombaient par longues
» fusées, comme une poussière d'or et d'ar-
» gent. L'éruption dura environ vingt minutes,
» et, deux heures après, le Geyser frappa la
» terre à coups redoublés et jaillit à grands
» flots, comme l'eau du torrent, comme l'écume
» de la mer quand le vent la fouette, quand
» la lumière l'imprègne de toutes les couleurs
» de l'arc-en-ciel. »

La surface des eaux du bassin du Geyser
est à la température de 100° centigrades ;
à 10 mètres de profondeur, elles indiquent
104°, à 20 mètres, 124°.

Fig. 307.

THÉORIE DES GEYSERS.

La théorie des *Geysers* est due à Bunsen,
et il a imaginé une expérience qui en reproduit le principal effet, au
moyen de l'appareil suivant (*fig.* 307) :

Un tube de fer de 2 mètres de longueur, plein d'eau et surmonté
d'un bassin, est placé verticalement au-dessus d'un fourneau. Un second
fourneau, formé d'une grille annulaire, est disposé 0^m,60 plus haut.
L'eau, chauffée à une température suffisante, s'élance dans l'atmosphère,
retombe dans le bassin, rentre dans le tube, et, après quelques petites

détonations, rentre en repos. Le phénomène se reproduit, semblable, quelques instants après : c'est là ce que l'on remarque dans les Geysers.

Voici ce qui se passe. L'eau située au fond du tube doit bouillir sous

Salomon de Caus à Bicêtre.
(d'après le tableau du peintre Lecurieux) [page 656].

la pression de l'atmosphère, augmentée de la pression d'une colonne d'eau de 2 mètres, et, par suite, à la température de 105°. L'eau située à 0ᵐ,60 au-dessus, n'ayant à vaincre que l'atmosphère et une colonne d'eau de 1ᵐ,40, doit bouillir à 103° environ. Mais si, lorsqu'elle va atteindre cette température, elle cesse de supporter une telle pression, par exemple si on supprime la colonne de 1m,40, cette eau se convertit instantanément en vapeur, en descendant à 100°. On sait, en effet, que telle est la température d'ébullition de l'eau sous la pression ordinaire d'une atmosphère. Concevons donc l'eau portée presque à 103°, au point chauffé par la grille annulaire, et celle du fond mise en ébullition à 105°; la vapeur produite va soulever la colonne d'eau dans toute la longueur du tube, le bassin se remplira et la couche d'eau à 103° sera poussée vers le haut; elle supportera donc une colonne d'eau inférieure à 1m,40 et se réduira brusquement en vapeur. Cette vapeur achèvera de chasser l'eau du tube, et, à cause de la vivacité de l'effet, l'eau sera projetée au-dessus du bassin; on aura un jet d'eau mêlée de vapeur. Ce jet se refroidira dans l'air et retombera dans le bassin en gouttes liquides, qui refroidiront ensuite la vapeur restée dans le tube; toute l'eau du bassin se précipitera dans l'appareil comme dans le vide, avec un choc assez violent; quelques bulles de vapeur pourront se former au contact des parois chaudes, mais elles seront immédiatement condensées au contact des couches d'eau froide, et tout cela occasionnera de petites détonations avant le retour du repos. Les sources de chaleur, continuant à agir, rétabliront la colonne d'eau dans le même état que précédemment; une nouvelle éruption aura lieu, et ainsi de suite.

Telle est l'image des Geysers.

M. Bunsen a mesuré les températures de l'eau du grand Geyser à diverses profondeurs, et il a vu qu'elles décroissaient régulièrement de bas en haut. Il suffirait que la couche située à 9 mètres, et qui était à 2 degrés seulement au-dessous de la température d'ébullition, fût soulevée de 2 mètres pour entrer en ébullition et projeter au dehors toute la colonne d'eau supérieure. Or, la cause de ce soulèvement est dans la force élastique des vapeurs qui arrivent au fond du puits, amenées par les canaux souterrains des profondeurs volcaniques où elles sont formées.

Cette théorie explique parfaitement toutes les particularités des Geysers. On voit donc qu'il viendra un moment où, par suite de l'augmentation de la longueur du tube, la colonne d'eau sera assez haute pour arrêter toute ébullition; la vapeur souterraine trouvera alors une autre issue et le Geyser s'éteindra.

CHAPITRE XI

MACHINES A VAPEUR

PRINCIPES. — Au xixᵉ siècle, la science a pour caractère essentiel de tendre à des fins pratiques, et d'y tendre pour le bien du plus grand nombre. Tel est le trait saillant qui distingue sous ce rapport notre époque de toutes les époques antérieures. Jamais l'esprit scientifique n'avait reçu de telles impulsions. La science, aujourd'hui, a centuplé les forces de l'industrie; mais aussi il faut remarquer combien les principes de la sociabilité contemporaine ont réagi jusque dans la sphère des sciences positives. Dans sa lutte contre les obstacles dont l'entoure le monde physique, l'homme n'a remporté ses victoires que le flambeau de la science à la main.

C'est pourquoi, lorsqu'une découverte scientifique importante vient apporter un progrès nouveau à l'industrie, chaque nation réclame l'honneur d'avoir fait les premiers pas, et prétend que c'est dans son sein qu'est née et qu'a mûri l'idée féconde qui a présidé à la création des nouveaux appareils. Cette prétention est peut-être mesquine; car le génie n'est pas l'apanage d'une seule contrée.

La découverte de la *machine à vapeur*, découverte passée inaperçue à l'époque où elle fut faite, a soulevé, dans ce siècle, un grand nombre de prétentions absurdes. Il ne devrait cependant y avoir là aucune place pour des préjugés ou pour l'amour-propre national : il faut rechercher la vérité pour elle-même, et non pour le triomphe d'opinions particulières.

Sans donc nous intéresser, plus qu'il importe, de savoir à qui revient la découverte de la machine à vapeur, nous décrirons d'abord quels sont les principes essentiels de la construction actuelle et les modes d'action de la vapeur employée comme force motrice. L'historique des découvertes progressives pour atteindre cette construction nous montrera la part d'honneur qui revient à chacun.

On sait qu'une *machine à vapeur* est un appareil dans lequel on utilise la grande puissance mécanique de la vapeur d'eau resserrée dans un

espace clos. On fait donc bouillir de l'eau dans une chaudière; au moyen
d'un tube fixé à cette chaudière, la vapeur est dirigée et agit sur l'une
des bases d'un piston placé dans un corps de pompe. La pression que la
vapeur exerce sur ce piston s'obtient en multipliant la tension de la vapeur en kilogrammes, exercée sur chaque centimètre carré, par le
nombre de centimètres carrés que contient la base du piston. Lorsque
cette pression est assez forte pour vaincre la résistance, le piston se meut,
et la distance qu'il parcourt, sous l'influence de la vapeur, dans le corps
de pompe constitue sa *course*. Pour que le piston puisse revenir à sa

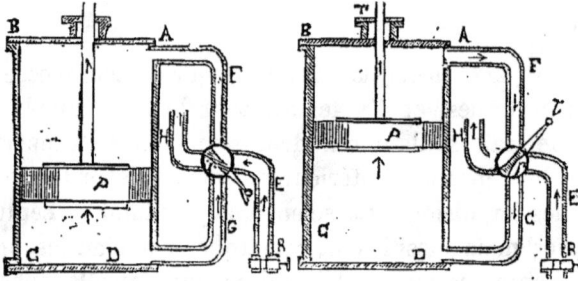

Fig. 308.   ·Fig. 309.

position primitive, il faut détruire l'action de la vapeur, soit en la condensant, soit en la faisant sortir du corps de pompe. Le retour du piston
s'opère, soit par l'action de la résistance, soit par la vapeur qu'on fait
agir sur la seconde base du piston, pour donner à celui-ci un mouvement en sens contraire du premier. On imprime ainsi au piston et à sa
tige un mouvement rectiligne alternatif, qu'on transforme ensuite en
mouvement circulaire progressif.

Lorsque la vapeur n'agit que sur l'une des bases du piston, son
action est dite *à simple effet;* lorsqu'elle agit alternativement sur l'une
et l'autre base, l'action de la vapeur est dite *à double effet.*

Nous allons donner quelques exemples des dispositions mécaniques
employées pour faire agir la vapeur sur le piston moteur.

Premier exemple (fig. 308). Le piston *p* se meut dans un cylindre
ABCD, et sa tige *t* communique le mouvement aux autres pièces mobiles
de la machine. Le tuyau E part de la chaudière et conduit la vapeur
au-dessus et au-dessous du piston, par l'un des tuyaux F et G. Le passage de la vapeur par le tuyau E s'établit ou se supprime à volonté, à
l'aide du robinet R. Après avoir agi sur le piston, la vapeur s'échappe
par un tuyau de sortie H. Les quatre tuyaux E, F, G, H aboutissent à un
robinet *r* à double effet. C'est un cylindre circulaire portant deux

entailles latérales et opposées, dont l'une fait communiquer le tuyau E
avec le dessus ou le dessous du piston, tandis que l'autre établit la communication du tuyau H avec le dessous ou le dessus du piston. La clef *l*
de ce robinet est mise en mouvement par le jeu de la machine, de manière
à conduire la vapeur alternativement sur l'une et l'autre base du piston.

Dans la *fig.* 308, la vapeur afflue par le tuyau E, passe par le
tuyau F, vient agir au-dessus du piston,
et lui imprime un mouvement de haut
en bas. Le piston, en descendant, refoule
la vapeur qui se trouve au-dessous, et
qui s'échappe par les tuyaux G et H.

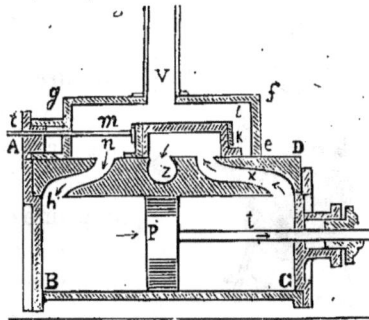

Fig. 310.

Dans la *fig.* 309, le robinet *r* ayant
tourné d'un quart de tour, la vapeur de
la chaudière vient agir au-dessous du
piston, et celle qui se trouve au-dessus
s'échappe par les tuyaux F et H.

Deuxième exemple (*fig.* 310). Le
cylindre ABCD, dans lequel se meut le
piston *p*, communique, par les orifices *x*
et *y*, avec l'espace *efgh* qu'on nomme
boîte de distribution, et qui reçoit la
vapeur de la chaudière par le tuyau V.
Le *tiroir klmn*, auquel la tige *t* imprime
un mouvement alternatif de gauche à
droite, dont le dessous est constamment en communication avec le canal
de sortie *z*, sert à établir la communication de la boîte de distribution avec
l'un des orifices *x* et *y*, tandis que

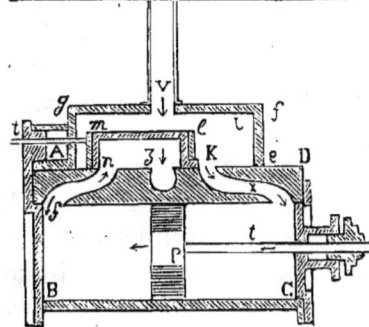

Fig. 311.

l'autre se trouve en communication avec le canal de sortie. Dans la
fig. 310, la vapeur agit à la droite du piston, lui imprime un mouvement
de droite à gauche; la vapeur qui se trouve à sa gauche est refoulée
et s'échappe par les orifices *x* et *z*. Dans la *fig.* 311, c'est l'orifice *x* qui est
en communication avec la boîte de distribution, tandis que l'orifice *y* l'est
avec le canal de sortie *z*, et le piston se meut alors de gauche à droite.

Si la vapeur continue d'affluer sous le piston jusqu'à ce qu'il ait
atteint la limite de sa course, la vapeur agit en *plein*. Mais il arrive souvent que la vapeur ne pénètre dans le cylindre que pendant une partie
de la course du piston, qui s'achève ensuite en laissant la vapeur se
détendre peu à peu, à mesure que le piston chemine; dans ce cas, la

vapeur agit *avec détente*. Il est évident que, dès l'instant que la vapeur se détend pour occuper des espaces plus grands, la tension de la vapeur diminue, suivant la loi de Mariotte (page 283), et la pression exercée sur le piston diminue pareillement.

La vapeur agit à *haute pression* lorsque, par l'action du feu, elle est portée à un tel degré de tension qu'elle est capable de vaincre la pression atmosphérique et d'exécuter en outre un travail mécanique quelconque. Elle agit à *moyenne pression,* lorsque la tension est au plus de trois à quatre atmosphères.

Fig. 312.
ÉOLIPYLE DE HÉRON.

Lorsque la vapeur agit en plein, ayant mesuré en kilogrammes la pression qu'elle exerce à chaque instant sur le piston, ayant mesuré en mètres la course de celui-ci, le produit des deux nombres donnera le travail exprimé en kilogrammètres.

Dans le cas où la vapeur agit avec détente, on peut supposer le piston poussé par une pression moyenne entre toutes celles qui ont été exercées entre le commencement et la fin de la course.

Ceci compris, nous allons examiner la marche de l'invention.

HISTORIQUE DE LA MACHINE A VAPEUR. — Nous avons dit que, dans le fond même des forêts de la Germanie, et dès la plus haute antiquité, les prêtres utilisaient la vapeur d'eau pour leurs religieuses jongleries; nous avons dit aussi que Héron d'Alexandrie avait imaginé un instrument pour montrer « comment l'impulsion de la chaleur exprime la force du vent » (page 16). Mais les appareils de Héron, dont le principal est celui que l'on désigne sous le nom de *éolipyle* (d'*Éole*, dieu du vent, et du grec *pulé,* porte), ne peuvent, en vérité, être regardés comme des machines à vapeur, d'abord parce que, si la vapeur a produit un effet quelconque entre les mains de Héron, ce n'était pas en vertu des propriétés particulières à ce fluide, mais seulement en vertu des mouvements que peut produire un gaz, un liquide quelconque, lorsqu'il s'échappe d'une certaine manière de l'appareil qui le renferme. L'*éolipyle,* tel qu'il l'avait conçu, était une simple boule creuse faite d'airain, n'ayant qu'une petite ouverture par laquelle on introduisait de l'eau. Postérieurement, on varia la forme de l'appareil; souvent on lui donnait la forme d'une poire. C'est aujourd'hui une chaudière en partie pleine d'eau placée sur un foyer et fermée par un couvercle (*fig*. 312). Sur celui-ci, un tube creux et recourbé, muni d'un robinet, va aboutir à une sphère creuse en métal, tandis qu'un autre montant soutient la sphère de l'autre côté, tout en la laissant mobile autour d'eux. La sphère est percée de deux tubes creux d'un diamètre perpendiculaire à l'axe. Quand la vapeur monte dans la chaudière, elle pénètre dans la sphère par le tube, puis s'échappe par les issues avec bruit, en se condensant dans l'air; la réaction qui lui aurait fait équilibre en cas de fermeture complète s'exerce donc en sens contraire, et la sphère tourne avec plus ou moins de rapidité dans un sens opposé à celui de la sortie de la vapeur. Si l'on compare l'éolipyle de Héron avec le *tourniquet hydraulique* (page 178), on voit qu'un jet d'eau aurait produit absolument le même effet qu'un jet de vapeur.

En second lieu, les anciens ne connaissaient pas même l'existence de la vapeur d'eau; ils attribuaient tout l'effet à l'air et croyaient que l'eau avait la propriété de se transformer en air. Héron n'est pas plus inventeur que la première personne qui a vu se produire les effets de la force élastique de la vapeur, se manifestant par l'agitation du couvercle d'un vase contenant de l'eau bouillante.

De Héron, il faut aller jusqu'au xvi° siècle pour trouver quelque chose qui ressemble à un appareil à vapeur. On a prétendu qu'au x° siècle le fameux Gerbert, devenu pape sous le nom de Sylvestre II, employa la vapeur d'eau pour faire résonner des tuyaux d'orgues; mais cette assertion ne s'appuie sur rien. En 1543, Blasco de Garay (1) fit à Barcelone une expérience tendant à montrer la possibilité de naviguer sans voiles et sans rames. Dans la relation qui fut faite de cette expérience, on ne trouve pas une seule fois le mot de vapeur; il n'est question que d'une chaudière d'eau bouillante, destinée à un usage que l'on ne dit point. D'ailleurs, cette expérience n'a été publiée qu'en 1826. Charles-Quint récompensa, paraît-il, l'auteur du projet; mais il n'y eut rien de plus qu'un essai, après lequel Blasco de Garay enleva la machine du bateau et refusa de la montrer à qui que ce fût. Les bois en furent déposés à l'arsenal de Barcelone, et le reste de la machine fut gardé par l'inventeur.

Après Blasco de Garay, on pourrait citer Porta (2), Branca et d'autres physiciens du xvi° siècle, qui s'occupèrent beaucoup de la construction d'appareils semblables à l'éolipyle de Héron et destinés à montrer les

(1) BLASCO DE GARAY, mécanicien espagnol, capitaine dans la marine militaire. M. Hoeffer, dans sa savante *Biographie générale*, a démontré jusqu'à l'évidence la fausseté de la supposition qui le donnait pour inventeur des bateaux à vapeur. On n'a sur ce personnage aucun détail biographique.

(2) PORTA (Jean-Baptiste), physicien napolitain (1540-1615), voyagea en Italie, en Espagne, en France, fonda à Naples l'Académie des *Secreti*, que le pape Paul III prohiba comme étant une réunion de savants, découvrit la chambre obscure et fit beaucoup d'expériences d'optique. Il a laissé de nombreux ouvrages. Il cultivait aussi la poésie, et on a de lui 14 comédies et 2 tragédies.

curieux effets des forces développées par les fluides; mais aucun d'eux ne connut vraiment la force élastique de la vapeur. On a remarqué que le mot de *vapeur*, tel que nous l'entendons, ne se trouve pas dans les œuvres de Porta. L'idée que l'eau se transforme en air par l'action du feu régnait encore sans partage, et les effets curieux que les physiciens obtenaient étaient expliqués seulement par la dilatation de l'air échauffé qui est en contact avec le liquide.

L'appareil de Porta se compose (*fig.* 313) d'une boîte rectangulaire A, complètement fermée et remplie d'eau aux trois quarts. Un tube BC pénètre dans la boîte et plonge dans l'eau. Quand on expose le tout à une haute température, le liquide renfermé dans le vase A s'élève dans le tube BC et s'écoule au dehors. Ici, la vapeur produit, il est vrai, tout l'effet obtenu; mais Porta n'y a vu que le résultat de la dilatation, ou, comme on disait, de la raréfaction de l'air; il ne parle pas de la vapeur.

Branca (1) obtenait un mouvement de rotation en faisant arriver un jet de vapeur sur les aubes d'une roue hydraulique, mais tout autre fluide aurait produit le même effet.

Rivault (2) à indiqué, dans ses *Éléments d'artillerie*, publiés en 1605, que l'*eau qui se convertit en air se raréfie*, et que, si l'on ferme l'ouverture de l'éolipyle, celui-ci se brise avec fracas. On a voulu trouver dans ces paroles l'origine de la découverte de la force élastique de la vapeur; mais, en lisant le texte même, on voit que Rivault n'en avait pas la moindre idée.

En 1615, Salomon de Caus (3) publie à Francfort un ouvrage ayant pour titre : *Les raisons des forces mouvantes, avec diverses machines tant utiles que plaisantes, etc.*, dans lequel il parle d'un appareil destiné à élever

---

(1) BRANCA (Giovanni), architecte italien de la fin du XVIIe siècle. On ne sait rien de sa vie : dans ses livres, il se donne le titre de *citoyen romain*. Son principal ouvrage, intitulé la *Machine* et dans lequel est une figure qui représente le moteur par la vapeur, a été publié à Rome en 1629. On lui doit aussi un *Manuel d'architecture*.

(2) RIVAULT (David), seigneur de Fleurance, gentilhomme de la chambre de Henri IV, sous-précepteur du Dauphin (Louis XIII) (1571-1616). Après avoir suivi pendant quelque temps la carrière des armes, il se livra aux lettres et publia de nombreux ouvrages sur les sujets les plus divers. Ayant osé un jour battre le chien du roi qui voulait le mordre, il fut battu lui-même, chassé de la cour et exilé, malgré la haute considération dont il jouissait et ses nombreux services.

(3) CAUS (Salomon de), ingénieur (1560-1630), résida une partie de sa vie en Angleterre, où il fut attaché au prince de Galles, puis à la reine Élisabeth; passa de là en Allemagne, en qualité d'ingénieur de l'électeur de Bavière, où il dirigea la construction des jardins d'Heidelberg, et enfin en France, où il avait l'emploi d'architecte de la ville de Paris. C'est M. Pitre-Chevalier qui a créé cette légende par laquelle le cardinal de Richelieu, pour se débarrasser des importunités de Salomon de Caus, l'aurait fait enfermer à Bicêtre, où il serait mort fou. Ce conte du spirituel romancier a eu assez de succès pour que la peinture le reproduisit, et qu'un grand nombre de personnes soient persuadées de ce fait absolument apocryphe. Deux années avant sa mort, il publia un livre intitulé *Pratique des horloges solaires*, dans la préface duquel il parle de Richelieu avec gratitude.

l'eau par le moyen du feu. Voici la description qu'il en donne lui-même
à la page 4 du livre que nous citons :

« L'eau montera, par aide du feu, plus haut que son niveau... Le troisième

Les bateliers de Münden brisent le bateau à vapeur de Papin (pages 660 et 685).

moyen de faire monter l'eau est par l'aide du feu, dont il se peut faire diverses
machines ; j'en donnerai ici la démonstration d'une. Soit une balle de cuivre
marquée A (*fig.* 314), bien soudée tout alentour, à laquelle il y aura un soupirail
marqué C par où l'on mettra l'eau, et aussi un tuyau marqué AB, qui sera soudé

en haut de la balle, et dont le bout approchera près du fond, sans y toucher ; après faut emplir ladite balle d'eau par le soupirail, puis le bien reboucher et la mettre sur le feu ; alors la chaleur, donnant contre ladite balle, fera monter toute l'eau par le tuyau AB. »

On voit, par ce passage, que Salomon de Caus ne mérite pas tous les éloges qu'on lui a prodigués. Il n'a pas créé une machine propre à opérer des épuisements, comme on l'a tant dit ; il a seulement répété l'expérience de Héron et de Porta.

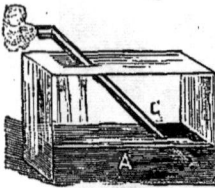

Fig. 313.

APPAREIL DE PORTA.

Cependant, Salomon de Caus, dans le même ouvrage, dit que « la violence de la vapeur (produite » par l'action du feu) qui cause l'eau de monter » est provenue de ladite eau, laquelle vapeur sor- » tira après que l'eau sera sortie par le robinet avec » grande violence. » Ce passage prouve-t-il d'une manière suffisante que Salomon de Caus a connu la force élastique de la vapeur? C'est ce que nous n'oserions affirmer. Le petit nombre de ses écrits rend la question fort difficile à résoudre ; les expressions dont il se sert sont vagues ; de sorte que, tout en reconnaissant qu'on lui a fait jouer, dans l'histoire de la vapeur, un rôle bien au-dessus de ses forces, il nous semble qu'on ne peut rejeter absolument ses prétentions à la découverte, et qu'on doit, à son égard, se renfermer dans un doute prudent.

Les Anglais ont prétendu que la découverte de la machine à vapeur était due à un de leurs com- patriotes, le marquis de Worcester (1). Ils se sont basés, pour cela, sur un passage du *Century of inventions*, publié en 1663. Dans cet ouvrage, écrit avec beaucoup de négligence, dans un style diffus

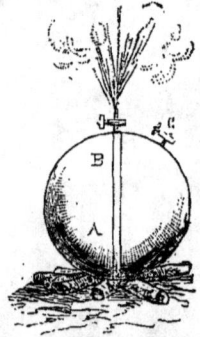

Fig. 314. — APPAREIL DE SALOMON DE CAUS.

incompréhensible, Worcester prétend avoir reconnu par l'expérience qu'une pièce de canon, remplie d'eau et chauffée suffisamment, éclate avec fracas. Il ajoute qu'ayant construit des vases d'une résistance suffisante, il a disposé une machine au moyen de laquelle il obtenait,

(1) WORCESTER (Edward SOMMERSET, marquis de), de la célèbre famille du vicomte de Rochester. Lui-même passa sa vie dans des intrigues politiques, où il s'est fait remarquer par sa suffisance et sa forfanterie. C'est pendant qu'il était enfermé à la Tour de Londres, par suite d'une conspiration, que l'idée lui vint d'appliquer la force de la vapeur, en voyant le couvercle de sa marmite se soulever sur le feu.

en raréfiant l'eau par la chaleur, un jet continu de liquide de 40 pieds de haut. La description de la machine de Worcester étant fort incomplète, et le noble auteur n'ayant pas daigné accompagner son texte de figures explicatives, on est réduit à des conjectures pour savoir en quoi consistait cette merveilleuse invention. On a cru pourtant apercevoir, dans la machine de Worcester, la réunion de deux appareils semblables à celui de Salomon de Caus et fonctionnant alternativement. Les deux jets aboutissant au même tuyau d'échappement, on a un jet continu de liquide.

Le marquis de Worcester n'a jamais fait construire sa machine. Connaissant les expériences de Salomon de Caus, de Porta et d'autres, il a pris çà et là quelques idées, les a écrites sans les comprendre, et s'est donné pour l'inventeur de plusieurs machines. La meilleure preuve que l'on puisse donner de cela, c'est l'imbroglio de ses descriptions et l'obscurité qui règne dans son œuvre. D'ailleurs, si l'on en croit Robert Stuart, compatriote de Worcester, le *Century of inventions* n'est qu'un tissu d'explications mensongères, que le caractère bien connu et la réputation de l'auteur rendent indignes de toute croyance.

Dans un manuscrit qui se trouve au Musée britannique, et qui a pour titre : *Élévation des eaux par toutes sortes de machines, réduites à la mesure, au poids et à la balance,* Samuel Morland parle de la vapeur d'eau dans les termes suivants :

« L'eau étant évaporée par la force du feu, ses vapeurs demandent incontinent un grand espace (environ 2,000 fois), que l'eau n'occupait auparavant, et plutôt que d'être toujours emprisonnées, feraient crever une pièce de canon. Mais étant bien gouvernées, selon les règles de la statique, et par science réduites à la mesure, au poids et à la balance, alors elles portent paisiblement leurs fardeaux (comme de bons chevaux), et aussi seraient-elles d'un grand usage au genre humain, particulièrement pour l'élévation des eaux, selon la table suivante, etc. »

Ce passage est-il un titre en faveur de Morland ? Nous ne le pensons pas : rien n'indique qu'il connût la véritable théorie de la vaporisation. Ce passage a la même valeur que celui de Salomon de Caus, et comme son manuscrit date de 1683, c'est-à-dire soixante-huit ans après la publication des *Raisons des forces mouvantes,* toutes les prétentions de Morland sont nulles.

Dès 1680, Huyghens avait songé à utiliser la force expansive de la poudre à canon, et il construisit en 1682 une machine qui, disait l'auteur, « pouvait servir non seulement à élever toutes sortes de grands poids et

» des eaux pour les fontaines, mais aussi à jeter des boulets et des flèches
» avec beaucoup de force, suivant la manière des balistes des anciens. ».
Il avait été aidé dans la construction de cette machine par Denis
Papin (1), l'homme de génie auquel le monde doit réellement l'invention
de la machine à vapeur.

Papin apporta quelques changements à la machine
à poudre de Huyghens; mais ces changements sont très
peu de chose, et l'appareil resta à peu près tel qu'il avait
été construit par les deux inventeurs.

Voici sommairement en quoi consistait cette machine
(*fig.* 315) :

Soit un cylindre parfaitement alésé T; dans ce
cylindre se meut un piston R, qui peut soulever un
poids au moyen d'une corde U, attachée à sa tige et
enroulée sur une poulie. A la partie inférieure du
cylindre se trouve une petite boîte pleine de poudre S ; le piston repose dessus. Lorsqu'on enflamme
la poudre, le piston est soulevé par la force expansive
des gaz produits, qui s'échappent dans l'atmosphère
au moyen des soupapes N, N. Une fois les gaz disparus,
un vide plus ou moins complet existe au-dessus du
piston, qui, obéissant alors à la pression atmosphérique lequel s'exerce à sa partie supérieure, descend avec
rapidité en entraînant la corde U et le poids auquel elle
est attachée.

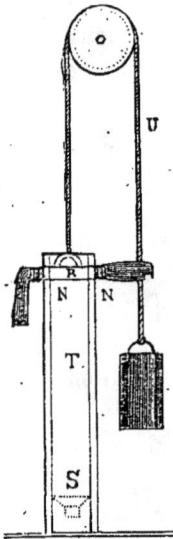

Fig. 315.

MACHINE A POUDRE
DE HUYGHENS
ET PAPIN.

Au point de vue pratique, cette machine ne peut être d'aucune
utilité. En effet, la longueur du corps de pompe et la compressibilité de
l'air font que tous les gaz produits ne disparaissent point par les sou-

(1) PAPIN (Denis), né à Blois en 1647, fut élevé, quoique protestant, au collège des jésuites de
cette ville. Il fit à Paris des études médicales, et fut reçu docteur en médecine à Orléans. L'état de
médecin ne lui convenant pas; il se livra avec ardeur à l'étude des sciences physiques et mécaniques,
et fut admis à travailler avec Huyghens par la protection de Mme Colbert, sa compatriote. Il devint
alors un mécanicien distingué. La persécution contre les protestants le força de passer en Angleterre,
où R. Boyle l'associa à ses travaux et le fit recevoir membre de la Société royale. Ce fut alors (1685)
qu'il inventa son *digesteur* (page 592). Fatigué de l'Angleterre, Papin se rendit en Italie, où, après
avoir acquis une grande renommée comme mécanicien, il tomba dans la misère, et fut obligé de
retourner à Londres, où il fut méconnu par les membres de la Société royale. Ne pouvant rentrer
en France à cause de la révocation de l'édit de Nantes, qui interdisait aux protestants la culture des
sciences, Papin accepta la place de professeur de mathématiques à Marbourg, que lui offrait le land-
grave Charles, électeur de Hesse. Il resta en Allemagne de 1687 à 1707. Ce fut pendant cette période
qu'il accomplit tous ses travaux relatifs à la machine à vapeur; ce fut là qu'il inventa les bateaux à
vapeur (page 685). En 1707, il retourna en Angleterre, où il vécut dans un dénuement absolu jusqu'à
sa mort, en 1714. Sa ville natale lui a élevé une statue en 1880.

papes, et qu'il reste une certaine quantité d'air dans la machine. Tout cela diminue la force qui fait descendre le piston, de sorte que l'effet produit n'est pas très considérable. Aussi Papin chercha-t-il bientôt un autre moyen d'opérer le vide dans le corps de pompe.

Durant un premier séjour qu'il fit en Angleterre, en 1671, Papin s'était lié avec le savant chimiste Robert Boyle, sur la proposition duquel il avait été nommé membre de la Société royale, et il s'était livré avec lui à de nombreuses expériences sur la vapeur d'eau. Il en avait reconnu la force élastique très considérable, force qui peut disparaître par une simple condensation. Son génie vit tout de suite le parti que l'on pouvait tirer de ces observations, et il construisit, en 1690, la première machine à vapeur ; car ce n'est pas dans la découverte de la puissance de la vapeur que gît l'invention, mais dans l'utilisation de cette force, dans son emploi comme moteur industriel. Sans doute, l'appareil de Papin est fort imparfait ; ce n'est guère qu'une machine destinée à faire des expériences ; mais, le principe étant trouvé, le premier pas était fait ; les autres ne sont plus qu'une conséquence.

Cette machine était ainsi construite (*fig.* 316) :

Soit un corps de pompe U, fermé à sa partie inférieure par une plaque métallique fort mince. Dans ce corps de pompe peut se mouvoir un piston plein P, ayant un petit trou N, destiné à laisser passer l'air, lorsqu'on baisse le piston pour la première fois. Une tige O

Fig. 316.

MACHINE A VAPEUR
DE PAPIN.

part du piston et porte à sa partie inférieure une échancrure Z, dans laquelle peut entrer le levier V, fixé au point B, et pressé par le ressort T. Pour mettre la machine en mouvement, on introduit une mince couche d'eau au fond du corps de pompe, on abaisse le piston jusqu'au contact de l'eau, ensuite on bouche le trou N avec la tige C, et l'on place un couvercle S sur le tout. Si l'on chauffe le fond du corps de pompe, l'eau se vaporise, la force élastique de la vapeur soulève le piston, qui monte jusqu'à ce que le levier V entre dans l'échancrure Z. Alors on retire le feu, la vapeur se condense, le vide se fait sous le piston, et, si l'on soulève le levier pour le faire sortir de l'échancrure Z, le piston descend avec une grande force et, par suite, entraîne un poids quelconque. L'opération peut se répéter autant de fois qu'on le désire, sans avoir besoin de renouveler l'eau.

On voit tout de suite que cette machine était inutile pour la pratique, parce que l'eau était contenue dans le corps de pompe et qu'il fallait un certain temps pour refroidir la vapeur. Cependant Papin, comme tous les inventeurs d'ailleurs, croyait qu'elle pouvait être appliquée sans modifications, et, dans le mémoire qui donne la description de la première machine à vapeur, publié en 1690, sous le titre de : *Nouvelle méthode pour obtenir à bas prix des forces motrices considérables*, il indique son application à la marche des bateaux. Il exposait le moyen de transformer le mouvement de va-et-vient de la tige du piston en un mouvement continu de rotation, au moyen d'une crémaillère, dont les dents s'engrenaient avec celles d'une roue, qui mettait en mouvement un arbre quelconque. Pour obtenir une rotation continue, il imaginait d'avoir deux corps de pompe dont les pistons se mouvraient en sens inverse, chaque crémaillère n'engrenant avec la roue dentée que pendant l'ascension. Cette disposition était la machine à double effet et à deux corps de pompe.

Le véritable inventeur de la machine à vapeur est donc, sans contredit, l'immortel et malheureux mécanicien de Blois.

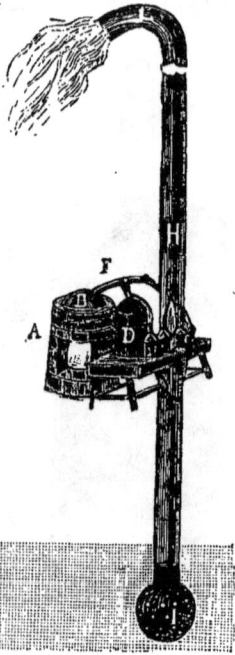

Fig. 317.

MACHINE DE SAVERY.

Dès que le mémoire de Papin fut connu en Angleterre, tout le monde s'occupa de la machine à vapeur. Mais, frappé des inconvénients, on ne tarda pas à l'abandonner ; Robert Hooke la critiqua vivement, et s'efforça de réduire à néant l'invention de Papin. Cependant Savery (1), ayant lu le mémoire de Papin et les critiques de Hooke, crut possible de construire une machine qui n'eût pas les inconvénients signalés : il y réussit à peu près, en ayant recours à une chaudière où se créait à part la vapeur, mais en ayant le tort de supprimer le piston dont se servait Papin. Voici la description de sa machine (*fig.* 317).

Une chaudière B, placée sur un fourneau A, produit la vapeur nécessaire à la marche de l'appareil. Deux tubes, munis chacun d'un robinet F,

(1) SAVERY (Thomas), capitaine au service de Louis XIV, se réfugia en Angleterre après la révocation de l'édit de Nantes, et y devint un ingénieur distingué. Il a exposé ses idées dans un ouvrage intitulé : *The miner's friend* [*l'Ami du mineur*] (1702).

amènent la vapeur dans deux vases D, placés, dans la figure, l'un derrière l'autre. De chaque vase partent deux tuyaux, l'un à la partie supérieure, l'autre à la partie inférieure. Les tuyaux qui partent du haut des deux vases se réunissent en un seul H, qui descend dans la mine dont on veut extraire de l'eau, et qui se termine par une boule I, percée de trous, afin d'éviter l'engorgement. Les deux autres tuyaux, qui partent de la partie inférieure des vases D, se réunissent en un seul L, qui élève l'eau à une certaine hauteur et sert à la rejeter au dehors. Des soupapes, placées dans les tuyaux H et L, ouvrent de bas en haut. Pour mettre la machine en mouvement, on amène la vapeur dans un des vases en ouvrant le robinet F correspondant; la soupape du tuyau H se ferme, la pression de la vapeur agit sur le liquide renfermé dans le vase et le force à s'élever dans le tuyau L, dont la soupape s'ouvre. Lorsque ce vase est vidé, on ferme le robinet correspondant et on ouvre l'autre, ce qui fait vider le second vase absolument de la même manière. Pendant que cela se fait, on verse de l'eau froide sur les parois du premier vase; la vapeur qui s'y trouve se condense, le vide se fait, la soupape du tuyau H s'ouvre, et l'eau s'élève par aspiration jusqu'au vase D qui se remplit. Lorsque le second vase est vidé, le premier se trouve plein; on y fait passer la vapeur, qui le vide pendant que l'autre se remplit, et ainsi de suite. On a, de cette manière, un jet continu de liquide. Le tube H, devant amener l'eau par aspiration, doit avoir moins de 10 mètres; on ne peut donc élever l'eau, par ce procédé, que d'une quinzaine de mètres au plus.

Le jeu de la machine de Savery est fort simple; mais la manière dont la condensation s'opère, ainsi que le contact de la vapeur avec l'eau, amène une très grande perte de combustible. Papin perfectionna cette machine, surtout en y introduisant le flotteur qui empêche une partie de la vapeur produite de se condenser dans le liquide qu'il faut expulser. Mais il s'arrêta là : les dégoûts qu'il avait éprouvés l'avaient découragé et il ne poursuivit pas ses recherches de ce côté.

Savery prit, en 1695, un brevet pour cette machine et réussit à la rendre utile dans l'exploitation des mines. La nécessité de rendre les vases assez résistants pour ne pas être brisés par la force de la vapeur, et en même temps assez minces pour permettre à la condensation de s'opérer rapidement, fut un des principaux obstacles qui s'opposèrent à son emploi.

Une machine de Savery, établie dans le voisinage de la ville de Darmouth, attira l'attention de deux ouvriers, Newcomen (Thomas), quincaillier et forgeron, lequel d'ailleurs s'occupait beaucoup de sciences, et qui était connu de la plupart des savants d'Angleterre, et Cawley

(John), vitrier, qui partageait ses goûts pour les études de mécanique. Visitant chaque jour la nouvelle machine, ces deux hommes conçurent l'idée de la modifier. Newcomen était en correspondance avec R. Hooke; celui-ci lui communiqua le mémoire de Papin, en lui faisant remarquer que sa fortune était faite, s'il parvenait à opérer subitement la *condensation* de la vapeur. Cette remarque fut un trait de lumière : Newcomen et Cawley résolurent de construire une machine à vapeur analogue à celle de Papin, en y ajoutant une chaudière et en opérant la condensation par aspersion d'eau froide; mais, dans le brevet de Savery, ce moyen était indiqué : par conséquent, on ne pouvait l'employer. Pour éviter un procès, les deux ouvriers de Darmouth, qui étaient quakers, s'associèrent avec Savery, et obtinrent, en 1707, un brevet pour l'exploitation de leur nouvelle machine.

Au lieu de transformer le mouvement de va-et-vient de la tige du piston en un mouvement continu de rotation, comme Papin le conseillait, l'ingénieux Newcomen attacha, au moyen d'une chaîne articulée, le piston à l'extrémité d'un balancier

Fig. 318. — MACHINE DE NEWCOMEN.

dont l'autre extrémité était reliée à la maîtresse tige des pompes d'une mine.

La machine de Newcomen est donc spéciale pour opérer des épuisements.

Il y avait à peine quelques jours que le nouvel appareil fonctionnait, lorsqu'on remarqua un redoublement d'activité dans le mouvement du piston. On en chercha les causes, et on trouva que le piston était percé; l'eau que l'on plaçait au-dessus, pour contre-balancer le défaut d'alésement du corps de pompe et prévenir les fuites de vapeur, tombait goutte à goutte dans le cylindre et accélérait la condensation de la vapeur. Dès lors, au lieu de condenser par aspersion d'eau froide sur les parois du

corps de pompe, on projeta, au moyen d'une pompe d'arrosoir, des gouttelettes liquides au sein de la vapeur, et la condensation s'opéra avec une
excessive rapidité.

Un enfant, nommé Humphry Potter, réussit à attacher avec des ficelles... (page 666).

Voici les dispositions de la machine de Newcomen (*fig.* 318) :

Une chaudière hémisphérique B, munie d'une soupape de sûreté T,
repose sur un fourneau. Un tuyau, fermé par un robinet V, conduit la
vapeur de la chaudière au cylindre A, dans lequel se meut le piston H,

dont la tige articulée est fixée à un balancier mobile autour de son centre P. Un tube Z, réglé par un robinet O et terminé par une pomme d'arrosoir, amène dans le cylindre A l'eau du réservoir S. En vertu de l'élévation du point de départ, l'eau jaillit dans le cylindre, y forme une multitude de petits jets d'eau qui remplissent le cylindre et retombent en gouttelettes. Le liquide qui a servi à la condensation s'échappe au dehors par le tube E. Un contrepoids K et une tige R, se reliant à la maîtresse tige des pompes de la mine, sont attachés à l'extrémité du balancier, à l'opposé de la tige du piston. Pour mettre cette machine en mouvement, on ouvre le robinet V; la vapeur pénètre dans le corps de pompe et fait monter le piston H, pendant que le contrepoids K tient la chaîne tendue. Quand le piston est au plus haut point de sa course, on ferme le robinet V, on ouvre O, la vapeur se condense, le piston descend avec rapidité, pressé qu'il est par le poids de l'air, et entraîne avec lui, au moyen du balancier, le contrepoids K et la tige R.

Rien n'est plus simple que la machine de Newcomen : la pression atmosphérique y joue un grand rôle : aussi a-t-on donné à l'appareil le nom de *machine à vapeur atmosphérique*, ou simplement de *machine atmosphérique*.

Bientôt quelques perfectionnements furent apportés à la machine de Newcomen. Ainsi le robinet V, qui donnait accès à la vapeur dans le cylindre où se mouvait le piston, et le robinet O qui en réglait la sortie, devaient être ouverts et fermés par un ouvrier spécial. Or, vers 1713, un enfant, nommé Humphry Potter, chargé de ce soin, et désireux d'aller jouer avec ses camarades, réussit à rattacher avec des ficelles les robinets aux pièces en mouvement de la machine, de telle sorte qu'ils s'ouvraient et se fermaient au moment convenable. L'ingénieur Beighton n'eut qu'à remplacer les ficelles par des tringles métalliques, et, dès lors, la machine opéra elle-même la distribution de la vapeur.

Vers 1758, Fitz-Gerald transforma le mouvement rectiligne du piston en un mouvement rotatoire, au moyen de roues dentées.

L'introduction du flotteur destiné à régulariser l'alimentation de la chaudière, et imaginé en 1760 par Brindley (page 215), fut la principale modification apportée à la machine de Newcomen, qui n'en restait pas moins d'une puissance peu considérable et ne produisait d'effet utile que pendant la descente du piston.

Les résultats obtenus ne satisfaisaient point les esprits : la machine de Newcomen ne pouvait guère être employée qu'au soulèvement des fardeaux ou à l'épuisement des mines. Il était réservé à un homme de génie, dont la postérité reconnaissante écrira toujours le nom à côté de celui de Papin, de terminer, pour ainsi dire, la construction de la machine à vapeur.

Vers 1763, un jeune ouvrier écoutait avec attention les leçons de Black sur le calorique latent : cet ouvrier était réparateur des instruments de physique du laboratoire de l'université de Glascow. Son nom était alors ignoré de tous ; mais il devait un jour retentir par tout le monde et passer de génération en génération, répété par la reconnaissance des peuples. Ce jeune ouvrier était James Watt (1).

Le professeur d'histoire naturelle de l'université, ayant eu besoin, dans une de ses leçons, de faire fonctionner une machine de Newcomen, et en ayant une qui n'avait jamais pu marcher convenablement, eut l'idée de l'envoyer à Watt pour la réparer. Celui-ci reconnut que les dimensions de la chaudière et du corps de pompe n'étaient pas proportionnées, de telle sorte que la machine ne fournissait pas assez de vapeur pour mettre le piston en mouvement, et il corrigea facilement le défaut de l'appareil, qui, dès lors, fonctionna avec régularité.

Ce fut dans ce premier travail qu'il remarqua combien la méthode de condensation de Newcomen était défectueuse. Le refroidissement du cylindre causait une grande perte de combustible, et nuisait à la rapidité du jeu de la machine. Pour obvier à cet inconvénient, Watt étudia

(1) WATT (James), né à Greenock, en Écosse, mort dans sa terre d'Heathfield, près de Birmingham (1736-1819). — La modicité de sa fortune ne lui permettant pas de construire en grand la machine qu'il avait inventée, il chercha un associé, mais il rencontra beaucoup d'indifférence parmi les capitalistes anglais et ce ne fut qu'en 1774 qu'il trouva un homme qui voulut partager avec lui la gloire de la vulgarisation de la machine à vapeur. Boulton et Watt firent construire, dans les vastes ateliers de Soho, appartenant à Boulton, des machines à simple effet et à condenseur, et, après avoir obtenu du gouvernement le prolongement du brevet qui allait expirer, ils s'occupèrent du placement de leurs machines ; mais personne ne consentait à abandonner les machines Newcomen, qui étaient si utiles, pour des machines qu'on n'avait point vues à l'œuvre. Pour vaincre toutes les répugnances, les deux associés achetèrent, bien au-dessus de leur valeur, les vieilles machines, et les remplacèrent par les leurs, en réclamant pour prix, seulement *le tiers du combustible économisé chaque année par les nouveaux appareils.* Mais bientôt les exploiteurs refusèrent de payer cette redevance, qui avait pris des proportions telles que les propriétaires des mines de Chacewater payèrent, chaque année, 60,000 francs pour le tiers de l'économie en combustible. On trouva que l'inventeur recevait trop : de là des procès innombrables pour obtenir la cessation du privilège dont jouissaient Boulton et Watt. Après bien des années, en 1799 seulement, le triomphe arriva. On ne peut nier que ces longues années passées dans des procès n'aient eu une fâcheuse influence sur les destinées de la machine à vapeur. Heureusement Watt put alors revenir à ses études, inventa, entre autres choses, *en vingt-quatre heures,* la machine à copier les lettres, et peu après le chauffage à la vapeur, construisit des orgues, participa à la découverte de la composition de l'eau et perfectionna ses machines. Sa ville natale lui a élevé une statue, et, plus tard, une réunion de souscripteurs, parmi lesquels se trouvait le roi d'Angleterre, lui érigea, à Westminster, une magnifique statue de marbre, qui a le mérite de reproduire fidèlement la physionomie du grand homme. Son fils, James Watt, et Matthieu Boulton, le fils de son associé, ont repris, après eux, l'établissement de Soho. Comme l'a dit Arago, dans la biographie de cet illustre mécanicien, Watt ne fut pas l'inventeur de la machine à vapeur, car cet inventeur est, sans contredit, Papin, mais il fut le créateur d'admirables combinaisons à l'aide desquelles le petit appareil de Papin est devenu le plus ingénieux, le plus utile, le plus puissant véhicule de l'industrie.

les phénomènes calorifiques qui se produisent dans la transformation de l'eau en vapeur, et réciproquement. Le résultat de ses recherches fut la création du *condenseur*, en 1765. Il consiste en un vase séparé de la machine et constamment plein d'eau froide. Un tube conduit la vapeur du corps de pompe au condenseur; il est muni d'un robinet, destiné à régler la marche du fluide et mis en mouvement par la machine.

Cette première modification est très importante, car elle économise une grande quantité de vapeur, et permet ainsi d'augmenter la puissance de la machine, sans augmentation dans le combustible employé. Mais Watt fit plus, il remplaça la pression atmosphérique par la vapeur elle-même, en changeant le mode de distribution de celle-ci. Au lieu de la faire arriver directement dans la partie inférieure du corps de pompe, il la conduisait dans un tuyau latéral communiquant avec les deux extrémités du corps de pompe. La vapeur pénétrait sous le piston pour le soulever, comme précédemment, puis, passant à l'extrémité supérieure du corps de pompe, elle y remplissait la place de l'atmosphère, et produisait l'effet utile pour la descente du piston. C'est *la machine à simple effet*. Et, comme les parois de ce corps de pompe se refroidissaient trop vite au contact de l'air, Watt les enveloppa d'une substance mauvaise conductrice de la chaleur, et employa, pour la première fois, ces enveloppes en bois qui portent le nom de *chemise du corps de pompe*.

Il obtint pour ces perfectionnements un brevet en 1769 : mais, en 1799 seulement, il put rendre applicable à toutes les industries sa machine, destinée seulement, à l'origine, à remplacer celle de Newcomen dans l'épuisement des mines.

Reprenant l'idée de Papin pour obtenir un mouvement continu de rotation, Watt arriva au résultat cherché en se servant d'un seul corps de pompe. Pour cela, il fit d'abord arriver successivement la vapeur aux deux extrémités du corps de pompe, de sorte que la force qui soulevait le piston était égale à celle qui le faisait descendre. Un mécanisme particulier, qui depuis a reçu de grandes modifications, et qu'on désigne sous le nom de *tiroir*, servait à la distribution de la vapeur, et était mis en mouvement par la machine elle-même. Le tiroir a pour but de donner accès à la vapeur à l'une des extrémités du corps de pompe, en ouvrant en même temps à l'autre extrémité le tube qui conduit au condenseur. Le piston, possédant toujours la même force d'impulsion, pouvait produire un effet utile pendant toute la durée de son mouvement : aussi cette machine a-t-elle reçu le nom de *machine à double effet*, parce que, dans le même temps, elle produit deux fois plus de vapeur que la machine ordinaire

Ensuite il transforma le mouvement rectiligne en mouvement rotatoire au moyen d'une simple tige artificielle fixée au balancier P de la
machine de Newcomen (fig. 318) et à l'axe de la roue de mouvement. Il
aurait pu facilement supprimer ce balancier en couchant le corps de pompe
et en attachant directement l'extrémité de la tige du piston à la bielle et
la manivelle de la vanne. Mais, pour le conserver, il le modifia. Le corps
de pompe, renfermant de la vapeur à une pression supérieure à celle de
l'atmosphère, il fallait que la tige du piston en sortît à frottement doux;

et cela ne pouvait se réaliser sans
maintenir verticale la tringle métallique qui reliait le piston à l'extrémité
du balancier. La chaîne de Newcomen
ne pouvait plus servir, et l'extrémité
de la tige devait, pour accompagner le
balancier, décrire un arc de cercle,
ce qui déterminait sa verticalité et produisait des flexions et des frottements
considérables.

Watt trouva un mécanisme permettant à la tige de rester verticale, malgré
le mouvement curviligne du balancier;
c'est ce qu'on appelle le *parallélogramme
articulé*, encore utilisé dans nos machines fixes. Voici en quoi il consiste :

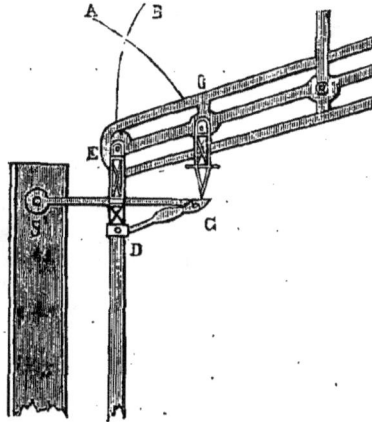

Fig. 319.

PARALLÉLOGRAMME DE WATT.

La tige du piston (*fig.* 319) est reliée en D avec une lame métallique
capable de tourner autour de son extrémité supérieure E. Deux tiges,
dont l'une est constamment parallèle à DE et l'autre à l'axe du balancier,
sont mobiles autour de leurs extrémités et forment un parallélogramme.
Le point C est constamment maintenu à la même distance d'un point fixe
S par une tringle métallique, mobile autour de ses extrémités. Pendant
l'ascension du balancier, la tige DE tourne autour du point E, et l'angle
D du parallélogramme devient de plus en plus aigu. La tringle SC
empêche DE d'obéir facilement à la tige du piston, et de laisser le balancier immobile. A mesure que le point D s'élève verticalement, DE presse
obliquement le balancier et lui permet de décrire un arc de cercle, sans
que pour cela la tige du piston cesse d'être verticale. Le parallélogramme
se rétrécit à mesure que le balancier monte, le point D s'éloigne constamment de son extrémité, mais il ne cesse d'agir sur elle à cause du point
fixe S, auquel il est invariablement lié, et qui est comme le centre du
mouvement. Le balancier est ainsi absolument libre dans ses mouvements.

Watt réalisa une grande économie par l'emploi de la *détente de la vapeur*. Il reconnut, dans ses nombreuses expériences sur le fluide moteur de ses machines, qu'il n'était pas nécessaire d'amener de la vapeur dans le corps de pompe pendant toute la durée du mouvement du piston. La force d'expansion de la vapeur suffit pour opérer une partie du mouvement. Cette force agit comme un ressort qui se détend et pousse le piston jusqu'à l'extrémité de sa course. La détente de la vapeur est aujourd'hui universellement employée, et, toutes les fois que l'on construit une machine, il faut déterminer, par la comparaison de l'effet qui doit être produit avec la force expansive du fluide moteur, quelle partie du corps de pompe le piston peut parcourir par l'effet de la détente, afin de construire des *tiroirs* qui règlent convenablement la distribution de la vapeur.

Enfin, et pour rendre autant que possible le mouvement de la machine uniforme, Watt employa un petit appareil dont on se servait déjà pour régulariser le mouvement des meules des moulins à farine, et dota les machines à vapeur du *régulateur à force centrifuge*, dont nous avons parlé précédemment (page 78).

MACHINE DE WATT. — Depuis Watt, la machine à vapeur ne fut guère modifiée que dans la construction des diverses parties qui la composent. Les machines fixes sont, à peu près toutes, sur le modèle de celles qui sortaient des ateliers de Soho. Les améliorations de détail qui y ont été apportées, sauf la détente, ne touchent en rien aux principes essentiels de la construction. Nous résumerons donc tout ce que nous avons dit de l'invention de Watt dans une description générale de la machine (*fig.* 320).

La vapeur arrive par le tube A, venant de la chaudière, pénètre d'abord dans la *boîte de distribution* K. Sur la face de la boîte opposée à celle qui reçoit le tube de vapeur sont trois ouvertures juxtaposées. L'ouverture supérieure communique avec la partie supérieure du corps de pompe P ; l'ouverture inférieure avec la partie inférieure, et l'ouverture intermédiaire avec le *condenseur* placé en M. Sur ces trois ouvertures se meut une pièce T, appelée *tiroir*, dont la disposition varie d'ailleurs beaucoup. Le *tiroir à coquilles*, un des plus simples et des plus employés, est une pièce en forme de prisme rectangulaire, creusée d'un côté, à bords parfaitement dressés et dont les dimensions lui permettent de couvrir deux des ouvertures à la fois. Quand le tiroir est à la partie supérieure de sa course, la vapeur arrive au-dessous du piston et pousse celui-ci en haut, et la vapeur qui est au-dessus s'échappe par l'ouverture intermédiaire, appelée pour cette raison *lumière d'échappement*. Quand le tiroir est à la partie inférieure de sa course, la vapeur arrive au-dessus du piston, pousse celui-ci en bas et la vapeur s'échappe par la *lumière d'échappement*. Ce mouvement alternatif du tiroir est obtenu automatiquement par une pièce EE, calée sur l'arbre de la machine, à profil circulaire, mais qui est traversée par l'arbre en un point qui n'est pas son centre : de là son nom d'*excentrique circulaire*. Cet excentrique est entouré d'une bride en métal, pouvant tourner librement sur son contour en faisant corps avec un

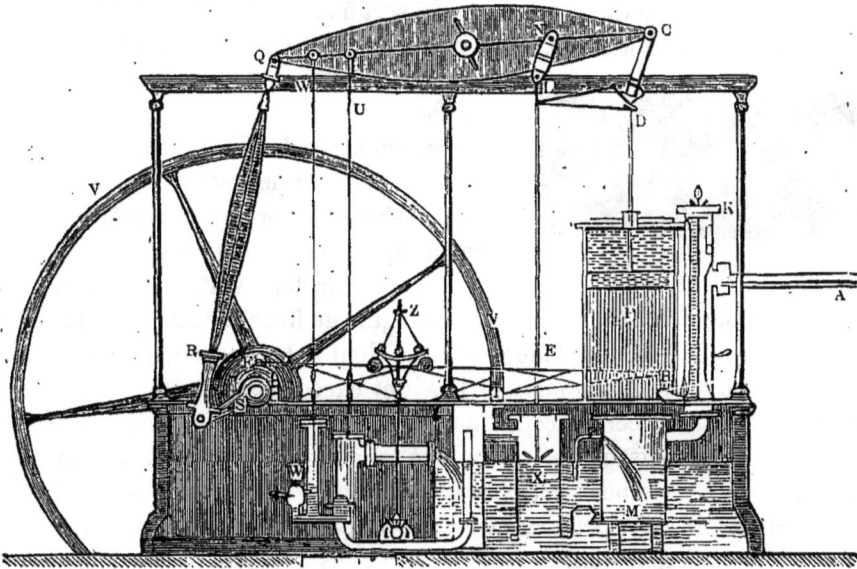

Fig. 320. — MACHINE DE WATT.

grand triangle métallique dont le sommet B s'accroche au bout d'un levier coudé, qui reçoit ainsi un mouvement d'oscillation à la suite duquel la tige à laquelle est fixé le tiroir s'élève et s'abaisse successivement.

On voit ainsi que la tige du piston, liée à l'une des extrémités C du balancier CQ, par l'intermédiaire du parallélogramme articulé CDLN, produit un mouvement alternatif, transformé, comme nous l'avons dit, en mouvement de rotation.

L'autre extrémité Q du balancier est articulée à la bielle QR, qui s'articule elle-même avec la manivelle S du volant V. Ce volant, auquel la machine imprime un mouvement de rotation, est destiné à régler le mouvement général. On détermine généralement les dimensions de façon que les plus grandes variations de vitesse ne dépassent pas $\frac{1}{15}$ de la vitesse moyenne.

Z est le *régulateur à force centrifuge.*

Comme la condensation de la vapeur ne peut se faire sans que celle-ci cède à l'eau la chaleur qui la maintient à l'état de gaz, l'eau du condenseur M s'échauffe constamment, et il importe de la remplacer, constamment aussi, par de nouvelle eau froide. De là la nécessité d'une pompe d'épuisement X, mue par la tige XL, reliée au balancier ; cette pompe refoule l'eau extraite et chaude dans une capacité où agit à son tour la pompe alimentaire WW, pour puiser l'eau et la refouler dans la chaudière. La tige de cette pompe reçoit son mouvement du balancier. A côté d'elle est la tige de la pompe U qui sert à alimenter d'eau froide la bâche où plonge le condenseur. Cette pompe, plus puissante que les deux autres, va chercher au dehors l'eau d'alimentation.

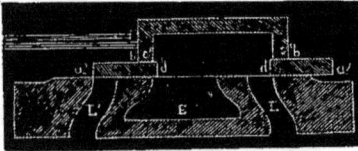

Fig. 321. — TIROIR A DÉTENTE.

Pour obtenir la *détente,* on modifie le mouvement du *tiroir* de façon que la condensation, s'opérant toujours d'un côté du piston, la vapeur cesse d'arriver de l'autre ; qu'il y ait donc un temps d'arrêt dans le mouvement. Pour cela, M. Clapeyron a imaginé de fixer sur les bords *bc,* *c'b'* du tiroir (*fig.* 321), deux plaques *ad, a'd',* dont la longueur dépasse de beaucoup les ouvertures d'admission LL'. Cet excédent de largeur s'appelle *recouvrement.* De cette façon, l'une des ouvertures peut rester fermée pendant un temps plus ou moins long et la détente est d'autant plus grande que le recouvrement est plus considérable, sans cependant lui être proportionnelle. On peut aussi rendre la *détente* variable à l'aide de la *coulisse de Stephenson,* dont nous parlerons à propos des locomotives (page 711).

LES MOTEURS ACTUELS. — Nos machines à vapeur touchent aujourd'hui à la perfection : cependant il y a encore quelque chose à faire. L'Exposition de 1878 a montré les résultats déjà acquis, et l'on a pu également juger de ce qu'il fallait attendre de l'avenir. Nous résumons, d'après le livre de M. de Parville, la situation de nos moteurs actuels à vapeur.

Rappelons une fois encore le jeu si peu compliqué de la machine à vapeur. Un cylindre fermé dans lequel joue un piston, voilà la machine. La vapeur, venant de la chaudière, entre par un bout, pousse le piston, et, quand celui-ci est parvenu au fond de sa course, un orifice s'ouvre et la vapeur s'en va dans l'atmosphère. Le piston est ramené dans sa position première, la vapeur est introduite de nouveau, et ainsi de suite. A l'extrémité du piston qui va et vient, on attache une bielle, à la bielle une manivelle, la manivelle fait tourner un arbre, et c'est tout.

Quand la vapeur agit alternativement sur les deux faces du piston,

DALLERY et SAUVAGE (pages 690 et 691).

la machine est à *double effet*. Lorsque, au lieu de laisser fuir dans l'air la vapeur qui a servi, on la dirige dans un récipient où l'on fait le vide et où l'on projette de l'eau froide, la machine est à *condensation*. La vapeur est aspirée et condensée, et il est clair que, dans ce cas, elle ne gêne plus le retour du piston sur lui-même; la distance est diminuée, et le travail augmente d'autant. Si, pendant que le piston progresse, on arrête l'introducteur de vapeur, celle qui est enfermée dans le cylindre se détend comme un ressort, en foulant le piston. La machine est dite *à détente*. La détente est économique, puisqu'on dépense moins de vapeur par coup de piston. Enfin on entend par appareil *distributeur* l'appareil qui ouvre et ferme automatiquement les orifices d'entrée et de sortie de la vapeur.

Ces détails rappelés, le problème à résoudre est celui-ci :

Un poids de vapeur sous pression pénétrant dans le cylindre, appliquer le plus complètement possible toute la force qu'il porte avec lui à la poussée du piston.

La solution, qui paraît simple en théorie, est compliquée en pratique. La vapeur pénètre dans le cylindre ordinairement par des orifices, tuyaux qui n'ont que $\frac{1}{25}$ ou $\frac{1}{30}$ de la surface du piston. Ces orifices très petits laminent la vapeur et lui font perdre de la pression. A la sortie de ces tuyaux, toutes les machines ont des valves d'entrée qui gênent encore le passage. Après ces différents étranglements, la vapeur arrive dans la boîte d'admission, où elle doit s'engager à travers des orifices qui ne s'ouvrent que progressivement. Nouvelle perte. De là, elle circule encore, avant d'agir sur le piston, dans des couloirs étroits, puis l'échappement se fait de même par des conduits rétrécis qui ne permettent pas une sortie rapide. Il subsiste, par conséquent, une contre-pression derrière le piston. On conçoit sans peine que ces espaces nuisibles et ce mode de fonctionnement diminuent, dans une proportion sensible, la force initiale de la vapeur. C'est du travail inutilisé. Sur 5 atmosphères de pression, on a vu perdre 1 et même 2 atmosphères.

Les constructeurs ont imaginé un grand nombre de dispositifs pour éviter ces inconvénients. La plus connue des machines ainsi améliorées, celle, du moins, qui jouit de la vogue aujourd'hui, est celle de l'ingénieur George Corliss, des États-Unis. Dans ce système (*fig.* 322), la vapeur arrive dans le cylindre par un large conduit de $\frac{1}{9}$ de la surface du piston. Elle pénètre immédiatement à chaque bout et au-dessus du cylindre, sans intermédiaires. Deux *distributeurs* découvrent rapidement les entrées de vapeur tout entières et les laissent ouvertes pendant l'admission. Quand la vapeur a pénétré sans aucun étranglement et sans remplir d'espaces nuisibles, le régulateur touche un déclic qui produit une fermeture instantanée des distributeurs. La vapeur est immédiatement emprisonnée dans le cylindre et produit toute sa détente. Deux autres distributeurs semblables sont placés à chaque bout et en dessous du cylindre. Ils ouvrent en grand et vite l'orifice de sortie. La vapeur, en communication facile avec le condenseur, s'échappe sans donner de contre-pression derrière le piston. L'échappement ayant lieu au-dessous, l'eau entraînée s'écoule dans le condenseur.

Le mécanisme de la distribution est simple. Le distributeur d'admission est maintenu en place, fermé par un ressort. La tige qui le commande est brisée en deux parties. Le régulateur réunit brusquement les deux parties à l'aide d'un enclenchement, et l'obturateur s'ouvre; puis,

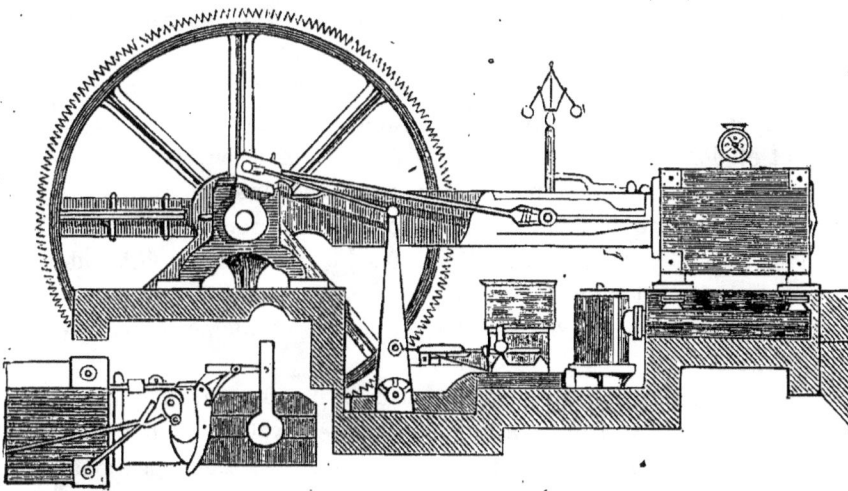

Fig. 322. — MACHINE DE CORLISS.

quand assez de vapeur est entrée, le régulateur fait tomber le déclic; le ressort entre en jeu et ferme brusquement le distributeur. Le mouvement serait même trop brusque : on le diminue à l'aide d'un petit frein à air.

Ces machines réalisent une économie de combustible relativement considérable; elles sont bien agencées, de marche régulière, et économiques d'achat et d'entretien. Évidemment elles justifient la faveur dont elles jouissent.

A côté de la machine américaine, il n'est que juste de citer le moteur Sulzer, dans lequel le mode de distribution par déclanchement rapide est différent. La distribution s'opère ici par quatre soupapes équilibrées deux à la partie supérieure pour l'admission, deux à la partie inférieure pour l'échappement. Ces soupapes sont manœuvrées à l'aide d'un dispositif très simple, dans le détail duquel il nous semble inutile d'entrer. Qu'il nous suffise de dire que cette machine est encore un type excellent.

Les machines à déclanchement perfectionné réalisent donc de véritables progrès dans l'utilisation de la vapeur. Peut-on dire cependant que les machines à vapeur ont atteint, à notre époque, toute la perfection possible ? Non : nous avons encore beaucoup à faire.

Le poids de vapeur dépensée, à chaque coup de piston, se mesure théoriquement en multipliant le volume de vapeur à l'admission par la densité de cette vapeur. Or, entre ce résultat théorique et la réalité, il existe des différences qui se chiffrent par 30, 35 et 60 pour 100 ; c'est-à-dire qu'une machine dépense beaucoup plus qu'elle ne devrait consommer d'après la théorie. Les travaux de plusieurs ingénieurs et notamment de M. Hirn, de Colmar, semblent mettre sur la voie d'une explication plausible. Quelle que soit la distribution employée, quand la vapeur pénètre dans le cylindre, elle se condense abondamment sur les parois. Le poids de vapeur dépensée se compose donc non seulement de la vapeur qui agit efficacement et dont l'indicateur révèle la tension, mais encore de toute la vapeur ainsi condensée en pure perte. La consommation est accrue sans profit. Au moment de l'échappement, cette buée, mise en communication avec le condenseur, distille et se refroidit, et, quand se fait l'admission suivante, la vapeur trouve toujours les parois refroidies. De là une condensation continuelle d'eau dans le cylindre et une perte de travail considérable.

Watt avait pressenti cette cause de perte, et il enfermait le cylindre dans une enveloppe de vapeur. L'influence de cette enveloppe, longtemps contestée, est reconnue aujourd'hui ; elle diminue les condensations. Mais le refroidissement, à chaque coup de piston, provient surtout de la communication établie avec le condenseur. Pour parer à cet inconvénient, on a imaginé d'envoyer la vapeur dans un premier cylindre, et, quand elle y est détendue, on la laisse s'échapper dans un réservoir ; puis, quand les orifices d'échappement sont fermés, on introduit la vapeur détendue dans un second cylindre en relation avec le condenseur. N'est-il pas évident qu'il n'y aura plus de communication directe entre le cylindre où la vapeur travaille et le condenseur ? La cause de condensation est donc évitée.

Ce dispositif ingénieux, de plus en plus répandu, imaginé, dit-on, en 1781, par Jonathan Hornblower, repris par Arthur Wolf en 1804, est connu sous le nom de *Système compound* ou *combiné, avec détente par échelons*. Étudiées par MM. Dupuy de Lôme, Benjamin Normand, Raudolphe et John Elder de Glascow, et surtout par M. de Fréminville, ces machines sont installées sur un certain nombre de navires de l'État, où la question de combustible est une question vitale.

L'utilisation de la vapeur nous paraît être poussée aussi loin que possible dans ce système, parce qu'on évite en grande partie les condensations nuisibles et que l'on peut accroître la pression initiale dans l'un des cylindres et détendre largement dans le second cylindre. La machine actuelle, bien que déjà récepteur de force excellent, est certainement susceptible d'être perfectionnée encore un peu ; son coefficient d'utilisation réel pourra s'élever de 60 à 80 pour 100, et la dépense en combustible s'abaisser proportionnellement, dans les grands moteurs, de 1,000 grammes à 600 grammes. C'est là vraisemblablement la limite extrême à laquelle on parviendra bientôt. On est donc bien près du but.

Et cependant, devons-nous considérer la machine à vapeur moderne comme un moteur parfait ?

Une calorie équivaut à 425 kilogrammètres (page 405) ; 1 kilogramme de houille fournit, par sa combustion, 8,000 calories, soit 3,400,000 kilogrammètres. Or un cheval-vapeur, travaillant une heure, produit 270,000 kilogrammètres ; il exige, dans les meilleures machines, une dépense de 1 kilogramme de houille. Le rapport entre le travail que la houille peut donner et le travail réel effectué est donc $\frac{270,000}{3,400,000}$, soit de 0,08 environ. Ainsi, les appareils à vapeur les plus parfaits ne transforment en travail que 8 à 10 pour 100, au maximum, de la chaleur dégagée dans le foyer, et ce rapport descend souvent, pour les machines de construction ordinaire, à 5 ou même à 2 pour 100 !

Conclusion évidente : nos machines à vapeur touchent à la perfection ; mais les appareils de combustion et d'emmagasinement du calorique sont encore dans l'enfance. Or, on ne saurait trop s'efforcer, au point de vue moral, de remplacer le travail d'atelier par le travail en chambre et en famille. La machine à vapeur ne peut être employée pour produire les petites forces ; aussi, depuis un siècle s'efforce-t-on de la détrôner et de trouver une autre force motrice. Les moteurs à gaz, les moteurs électriques surtout sont appelés à triompher quelque jour : Nous reviendrons sur ce sujet.

CHAUDIÈRES. — Le nombre des formes données aux *chaudières* est considérable ; nous nous contenterons de parler des chaudières le plus en usage, de celles dites *chaudières à bouilleurs*. Elles sont formées (*fig.* 323) d'un cylindre A terminé par deux surfaces hémisphériques et communiquant avec deux tubes B, où l'eau bout d'abord. Ces bouilleurs sont d'un diamètre beaucoup plus petit que celui de la chaudière, et ils ont la même longueur ; ils communiquent avec elle par le moyen des tuyaux *dd*, appelés *puisards*, *évents* ou *culottes*. La flamme du foyer F circule d'abord au-dessous des bouilleurs B, d'avant en arrière, puis revient entre les puisards, et enfin longe dans l'espace CC, appelés *carneaux*, les portions latérales de la chaudière, pour s'échapper de là dans la cheminée U.

L'inspection de la figure permet de comprendre les dispositions prises pour que la chaleur soit utilisée le plus possible.

La force prodigieuse de la vapeur d'eau, dont les effets s'exercent d'abord sur les parois intérieures de la chaudière, exige de la part de celle-ci une puissance de résistance qu'on n'obtient point sans certaines

Fig. 323. — CHAUDIÈRE A DEUX BOUILLEURS.

A. Corps de la chaudière. — BB. Bouilleurs. — *dd.* Puisards. — F. Foyer. — CC. Carneaux.
U. Cheminée. — G. Flotteur et sifflet d'alarme. — H. Tuyau d'alimentation. — I. Flotteur
indicateur du niveau d'eau. — K. Trou d'homme pour le nettoyage. — SS. Soupape de
sûreté. — R. Registre de tirage. — T. Tuyau de prise de vapeur.

conditions de forme, d'épaisseur, de qualité des matériaux employés. Il y a quelques années, des ordonnances officielles réglaient les épaisseurs des tôles ; aujourd'hui, on les a remplacées par une épreuve à laquelle chaque constructeur est tenu de soumettre ses appareils et dont nous avons parlé (page 186). Cependant les mécaniciens, par mesure de prudence, utilisent cette règle que voici : l'épaisseur est évaluée à $0^m,003$ auxquels on ajoute le produit de $1^{mm},8$ par le nombre d'atmosphères et par le diamètre de la chaudière. Ainsi, soit une chaudière de $1^m,20$ de diamètre, destinée à supporter une pression de quatre atmosphères et demie. L'épaisseur de la tôle devra être :

$$3^{mm}+(1^{mm},8\times1,20\times4,5) = 3^{mm}+9^{mm},72 = 12^{mm},72.$$

A la chaudière sont encore adaptés des appareils de sûreté, *flotteurs d'alarme* pour avertir quand le niveau d'eau de la chaudière s'abaisse d'une façon anormale, *soupapes de sûreté* quand la vapeur acquiert tout à coup une force élastique trop grande pour la chaudière, *manomètres* pour donner les variations de tension de la vapeur.

Ces chaudières sont dites *à foyer extérieur* parce que la chaudière est sur le feu; nous verrons ci-après que Dallery et Marc Seguin inventèrent les chaudières *à foyer intérieur*, afin d'accroître la *surface de chauffe*.

DIVERS TYPES DE MACHINES A VAPEUR. — Les différents systèmes de machines à vapeur peuvent être classés en trois catégories : 1° d'après la force élastique de la vapeur ; 2° d'après son mode d'action; 3° d'après la disposition du mécanisme et la manière dont se transmet le mouvement du piston.

Au point de vue de la force élastique de la vapeur, les machines sont *à basse pression*, *à moyenne pression*, *à haute pression*, suivant les tensions de la vapeur donnée par la chaudière, comme nous l'avons indiqué ci-dessus.

Au point de vue du mode d'action de la vapeur, la machine peut être *à condensation* ou *sans condensation*, avec ou sans *détente*.

Au point de vue de la manière dont se transmet le mouvement au piston, les machines sont *à balancier*, comme celle de Watt, c'est-à-dire le mouvement se transmettant indirectement, ou *verticales, horizontales, oscillantes*, quand le mouvement du piston se transmet directement à l'arbre de couche.

Un traité spécial des machines pourrait seul donner les différents systèmes imaginés par les constructeurs. Les conditions d'emploi des machines à vapeur dans l'industrie et l'agriculture sont maintenant tellement variées qu'il est impossible de vouloir appliquer un type de machine à tous les cas qui peuvent se présenter. Telle considération, dénuée d'importance dans une ou plusieurs applications données, devient au contraire prépondérante dans une application spéciale. Il en est des chevaux-vapeur comme des chevaux animés ; il y a des qualités qui s'excluent, et entre lesquelles il faut donc choisir les unes ou les autres, selon les résultats qu'on veut obtenir. Remarquons seulement que l'application des machines à vapeur à l'agriculture est certes une des conquêtes les plus précieuses de notre époque. Il nous semble inutile d'insister sur ce point : l'avenir, en effet, remplacera évidemment le paysan brutal, ignorant, brisant son intelligence dans des travaux effroyables, par le conducteur de machines dont l'esprit sera toujours en éveil et qui sera un homme, un électeur, un citoyen et non une pioche ou une bêche animée, de même qu'il remplacera le manœuvre des villes par le mécanicien intelligent.

Fig. 324. — MACHINE VERTICALE HERMANN-LACHAPELLE.

En France, la célèbre maison Hermann-Lachapelle, dirigée aujourd'hui par M. l'ingénieur Boulet, a créé des types de machines à vapeur de toutes sortes, qui vulgarisent de plus en plus chaque jour l'emploi des moyens mécaniques. Elles mettent à la disposition de toutes les industries manufacturières ou agricoles une force docile, sans danger, coûtant bon marché, aussi facile à déplacer, à transporter, qu'à conduire. Ces machines fonctionnent, en particulier, dans les chantiers de la marine et des travaux publics, à l'École des ponts et chaussées de Paris, pour servir à des études et à des démonstrations pratiques dans l'enseignement des élèves, à la Sorbonne pour le fonctionnement des nouveaux appareils servant à l'éclairage électrique, etc.

Elles sont employées avec le plus grand succès dans une foule d'établissements : imprimeries, papeteries, confiseries, sucreries, ateliers mécaniques, ateliers de constructions, etc. Elles remplacent avec un avantage énorme les manèges et les moteurs à vent ; elles conviennent spécialement à tous les besoins d'une exploitation agricole : mise en action des machines à battre les céréales et à préparer la nourriture des bestiaux, service des distilleries, manœuvre des pompes élévatoires, d'épuisement ou d'irrigation, aux travaux de drainage, pour le broyage des os, la préparation des engrais, etc.

Fig. 325. — MACHINE HORIZONTALE LOCOMOBILE HERMANN-LACHAPELLE.

Un grand nombre ont été spécialement installées dans des moulins,

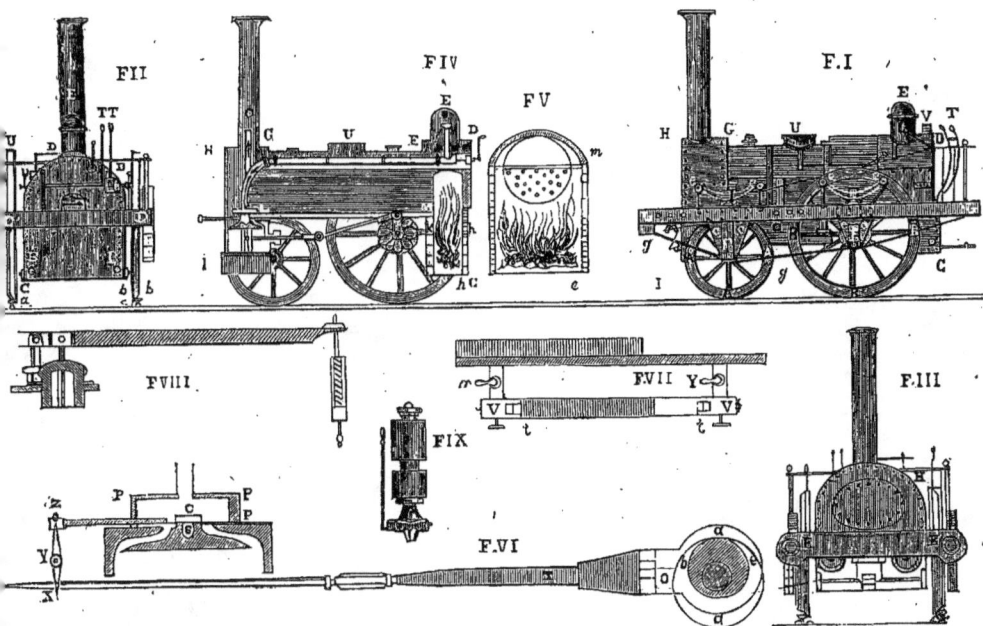

La locomotive (page 705).

auxquels elles assurent, seules ou concurremment avec l'eau et le vent, un travail régulier en toute saison.

Nous nous contenterons de citer les machines à vapeur verticales, montées sur un socle-bâti isolateur, avec chaudières à bouilleurs et foyer intérieur (*fig.* 324), et ses machines à vapeur horizontales locomobiles, à chaudière tubulaire à foyer intérieur (*fig.* 325), et particulièrement son *moulin sur colonne-beffroi en fonte,* de forme élégante et bien appropriée (*fig.* 326). Sa construction est aussi simple que solide ; possédant par lui-même son assise et une stabilité parfaite, il ne demande ni fondations, ni bâtisse. ni points d'appui extérieurs, et n'occasionne, par conséquent, aucun frais d'installation. Il n'occupe que peu d'espace, et peut se loger partout ; on le place sur le plancher ou sur le sol dallé ou simplement nivelé, à l'endroit qui paraît le plus convenable. Il y fonctionne sans bruit, sans trépidations et sans occasionner le moindre ébranlement aux bâtiments, aux murs auxquels il n'adhère par aucune espèce de charpente ni d'armure. Rien ne l'attache au sol, et, s'il convient de le changer de place, de le transporter d'un endroit à un autre, on le peut sans difficulté.

Le *beffroi* a la forme d'une *colonne* creuse, percée de quatre baies latérales ; il est, nous l'avons dit, en fonte d'une seule pièce, et porte

Fig. 326. — Moulin Hermann-Lachapelle.

toutes les parties du moulin. Le mécanisme monté à l'intérieur, réduit au plus petit nombre de pièces possible, est des plus simples et des plus solides ; l'entretien en est facile, il n'est pas susceptible de dérangement ; pour plus de solidité et de légèreté, l'acier a été employé partout où l'on a pu.

L'expérience a démontré que, de tous les appareils de mouture, c'est celui de deux meules circulaires, l'une fixe, l'autre mobile, qui donne les meilleurs résultats, et il n'en a pas été cherché d'autre.

La *meule gisante* repose dans l'entablement de la colonne-beffroi, formant cuvette et qui lui sert de socle et d'enchevêtrure, fixée à demeure, et rigidement maintenue par des vis de pression ; aucun effort ne peut déranger son assise, ni son niveau, ni la coïncidence de son axe avec celui de l'arbre vertical.

La *meule courante* est posée en équilibre sur le pointal de l'arbre vertical, ou fer des meules, par une anille qui l'emboîte dans un chapeau

claveté lui-même sur l'arbre, de manière que celui-ci entraîne à la fois
l'anille et la meule dans son mouvement, sans qu'il puisse se produire
aucun frottement nuisible.

Le *boitard*, indépendant de la meule gisante, est fixé sur une couronne qui forme le centre de la cuvette-entablement, maintient ainsi
avec plus de régidité le fer des meules et empêche mieux ses vibrations.
Un palier, formé par une forte arcade boulonnée sur le socle du beffroi,
porte la crapaudine dans la-
quelle fonctionne le pivot du
fer des meules; l'arbre de couche, qui porte la poulie de
commande, passe en dessous
et transmet le mouvement au
fer des meules par un engrenage conique.

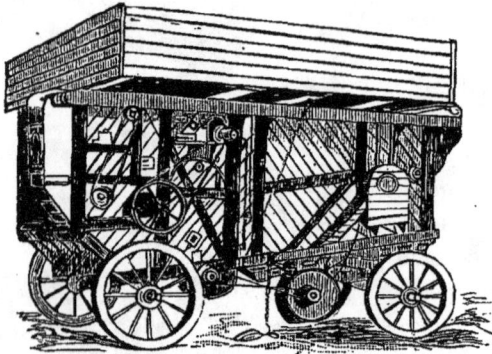

La *trempure*, qui règle
l'écartement des meules, est
gouvernée par un volant, bien
sous la main, et d'une manœuvre aisée.

L'*archure* porte la tré-
mie, munie à volonté d'un
frayon ou d'un distributeur. Une potence mobile fort simple sert à
enlever les meules pour le rhabillage.

Fig. 327.

BATTEUSE PERFECTIONNÉE ANGLAISE.

Le fonctionnement de ces moulins est si régulier, tout a été si
bien prévu pour éviter les pertes de forces, les complications et les frottements, que l'expérience comparative a prouvé que, pour le même
rendement, il fallait *un quart de moins de force*, ce qui donne, outre
l'usure en moins, *une économie de 25 pour 100.*

Nous empruntons, en terminant, à la *Chronique industrielle*, un des
organes les plus autorisés de la presse scientifique, quelques mots du
compte rendu de l'exposition du concours agricole de l'une des deux
grandes associations anglaises, *The Bath and West of England Society,*
qui s'est tenue en juin 1881, près de Londres, afin de donner un exemple
de ce que l'on peut attendre des machines à vapeur.

Le nombre des *Machines à vapeur agricoles,* c'est-à-dire faisant la
traction, et pourvues d'un arbre secondaire et d'une poulie, s'accroît tous
les ans; ces machines peuvent non seulement se déplacer et traîner au
besoin des wagons, mais aussi elles font marcher le matériel de la ferme.
Il y avait, comme toujours, à cette exposition, des locomobiles ordinaires,

qui généralement faisaient fonctionner des batteuses de grain. La batteuse perfectionnée anglaise est une machine très compliquée ; aussi nous donnons ici la vignette d'une des meilleures de l'espèce (*fig.* 327), celle de MM. Marshall, Sons and Co., de Gainsborough. Cet appareil, non seulement bat le blé, mais il le livre en sacs, tout nettoyé et prêt pour la mouture. Le tambour batteur, qui a 1^m,37 de largeur, comporte un tamiseur qui peut être réglé selon les besoins. Il y a de plus un élévateur de menue paille et un alimenteur automatique de sûreté.

BATEAUX A VAPEUR. — De tout temps, pour ainsi dire, on a essayé de naviguer sans voiles et sans rameurs. L'essai de Blasco de Garay (page 655) ne fut pas le seul ; à l'époque de Papin, il existait en Allemagne des bateaux dont les rames étaient mises en mouvement par un manège que les chevaux faisaient tourner. Papin essaya d'utiliser le moteur qu'il avait trouvé dans sa machine à vapeur pour la marche des bateaux. Il avait fait construire un bateau destiné à faire des expériences. La machine qui le faisait marcher n'a pas été décrite ; on sait cependant qu'elle faisait tourner deux roues, placées sur les flancs du bateau, et agissant sur l'eau absolument comme des rames. Ces roues étaient à aubes planes ; elles plongeaient en partie dans l'eau, et, dans leur mouvement de rotation, elles exerçaient une pression très considérable sur le liquide, de sorte qu'elles produisaient l'effet d'un grand nombre de rames. Le bateau achevé, Papin l'essaya sur les eaux de la Fulda et fut satisfait du résultat de l'expérience ; car « *la force du courant de la rivière*, dit-il dans une lettre adressée à Leibniz, et datée du 15 septembre 1707, *était si peu de chose en comparaison de la force de mes rames, qu'on avait de la peine à reconnaître qu'il allait plus vite en descendant qu'en montant.* » Ce succès lui donna l'idée d'aller à Londres avec son bateau et d'y faire des expériences en grand. Pour cela, il demanda la permission de faire passer son bateau de la Fulda sur le Weser ; car toutes les barques qui descendaient la Fulda étaient déchargées à Münden, la navigation sur le Weser leur étant défendue. La permission lui fut refusée, bien entendu. Malgré cela, Papin se mit en marche, espérant vaincre toutes les difficultés et passer facilement, puisque son bateau n'était pas destiné au commerce. Mais il fut trompé dans son attente, les bateliers de Münden brisèrent son bateau. Papin, dégoûté par cet échec, ne chercha pas à renouveler ses expériences.

Après Papin, il faut citer le marquis de Jouffroy (1). Il avait long-

(1) JOUFFROY (le marquis de), né vers 1751, était capitaine d'infanterie avant la Révolution. Sans fortune, sans appui, il fut longtemps sans pouvoir expérimenter ses idées ; néanmoins, il refusa

temps étudié la question des *moyens de suppléer à l'action du vent,* que l'Académie des sciences avait mise au concours en 1773. Il se rendit à Paris en 1775 et étudia les dispositions et le mécanisme de la *pompe à feu* de Chaillot. La vue de cette machine ne fit que confirmer ses idées, et il les exposa dans un petit comité, dont était membre l'ingénieur Périer, attaché à la machine de Chaillot. A peu près dans le même temps, Hulls, en Angleterre, avait disposé, pour remorquer les navires à l'entrée des ports, une machine à vapeur remplaçant tout simplement le câble et le cabestan des remorqueurs ordinaires; en France, l'abbé Gauthier avait essayé de faire mouvoir un bateau avec la machine de Newcomen, mais son essai n'avait point réussi. Jouffroy s'associa d'abord avec Périer; mais, après quelques désaccords, il résolut de poursuivre seul son idée. Il construisit un bateau ayant 12^m,99 de longueur sur 1^m,94 de largeur. Les rames furent remplacées par un appareil essayé pour la première fois, à Berne, en 1759, et désigné sous le nom de *système palmipède.* C'était une imitation de l'appareil de locomotion des canards. L'extrémité de la rame se composait de deux volets qui s'ouvraient lorsque la rame devait agir sur le liquide, et se fermaient lorsqu'elle revenait à sa position primitive. Mais bientôt Jouffroy leur substitua des roues à aubes planes. Cependant le bateau à rames palmipèdes navigua pendant les mois de juin et de juillet 1779. Un autre bateau de 46 mètres de longueur sur 5 mètres de largeur lui fut substitué et navigua à Lyon sur la Saône, ainsi que le relate un procès-verbal dressé par l'Académie de Lyon le 10 août 1783. Jouffroy, ce succès obtenu, voulut fonder une compagnie et établir des transports réguliers par bateaux à vapeur; mais, à cette époque, il fallait obtenir un privilège, et l'Académie des sciences, consultée, voulut voir des expériences; Jouffroy, ruiné, ne put établir un nouveau bateau à Paris, et la navigation à vapeur fut ensevelie dans l'oubli.

La *machine à double effet* ayant été découverte alors, Fitch et Rumsey, en Amérique, s'en servirent; leurs essais furent absolument infructueux; en Angleterre, Miller, Symmington, Stanhope ne furent pas plus heureux. Il était réservé à Fulton (1) de réaliser enfin et définitivement cet immense progrès.

de les laisser exploiter à l'étranger. Il émigra pendant la Révolution et ne rentra qu'après la chute de Napoléon. Une société s'était formée en 1816 pour l'aider à exécuter ses plans; mais il se ruina et mourut aux Invalides en 1832. L'Académie des sciences a reconnu et proclamé, en 1840, la priorité de s1 découverte.

(1) FULTON (Robert), né en 1764, en Amérique, dans l'État de Pensylvanie, d'émigrés irlandais, n'eut d'abord aucune instruction, et fut placé en apprentissage chez un joaillier. Il quitta bientôt ce métier, et se fit peintre de portraits. Il gagna assez d'argent dans cette nouvelle profession pour établir convenablement sa famille. Franklin, qu'il connut, l'engagea à passer en Angleterre où il con-

La France, qui avait été témoin des premiers succès de la navigation à vapeur, s'émut enfin. En 1815, on accorda un brevet au marquis de Jouffroy, qui, de retour d'émigration, faisait valoir la priorité de ses expériences. Un bateau fut construit sous le nom de *Charles-Philippe*, et lancé le 20 août 1816. Mais bientôt on contesta à Jouffroy la validité de son brevet, et la société Pajol, qui lui fit concurrence, arrêta pendant quelque temps les progrès des bateaux à vapeur sur le continent. Ce n'est qu'en 1822 que Marestier, et un peu plus tard Hubert, qui, après des études sur la construction des machines en Angleterre et aux États-Unis, permirent à la France d'être au niveau des autres peuples, et d'avoir, la première, sur le continent, une marine à vapeur.

En Angleterre, dès 1812, la *Comète*, et, en 1815, le *Rob-Roy* faisaient des voyages; mais en 1817 seulement, les deux navires *Hibernia* et *Britannia* allèrent sur mer. En 1825, un bateau à vapeur anglais doubla le premier le cap de Bonne-Espérance et arriva aux Indes; ce voyage lui avait été facilité par le voisinage des côtes, qui permettait de s'approvisionner de combustible. Bientôt naquit le projet de traverser l'Océan sans

---

tinua la peinture (1786), mais il l'abandonna pour se livrer à la mécanique. Après avoir habité les villes industrielles d'Exeter et de Birmingham, il se rendit à Londres où il partagea les travaux de Rumsay. A la mort de celui-ci, il s'occupa des bateaux à vapeur, préconisant les roues à aubes plates, alors dédaignées. En même temps il inventait des charrues destinées à creuser des canaux, des moulins pour polir et scier le marbre, des machines à filer le chanvre et le lin. Mais ses ressources étant épuisées, il vint à Paris en 1796, afin de mettre son génie au service de la France, alors en guerre avec l'Angleterre, de laquelle, en qualité d'Américain, il désirait l'abaissement. Il demanda la protection du Directoire, puis de Bonaparte, devenu consul à vie, mais, quoique la plupart de ses essais de bateaux sous-marins eussent réussi, le gouvernement repoussa ses projets de bateaux à vapeur. Encouragé cependant par Livingstone, alors ambassadeur des États-Unis à Paris, et qui, lui aussi, cherchait le problème de la navigation à vapeur, il reprit ses expériences, et parvint enfin, en 1804, à faire manœuvrer sur la Seine un bateau à vapeur de 33 mètres de long sur 2m,50 de large, et ayant une vitesse de 1m,60 par seconde, contre le courant. Il s'adressa alors à Napoléon pour obtenir des secours afin de construire des bateaux semblables. On a répété que Napoléon avait méconnu le génie de Napoléon : c'est une erreur. Une lettre de Napoléon, datée du camp de Boulogne le 21 juillet 1804 et insérée au *Moniteur*, prouve qu'il avait deviné le génie de l'inventeur. Néanmoins, se méfiant de ses propres lumières, il soumit son jugement à l'Institut. Une commission fut nommée pour apprécier la *vérité physique et palpable* que Napoléon avait entrevue, et cette commission conclut au rejet de la proposition de Fulton ! Le gouvernement anglais offrit alors à Fulton de lui acheter son procédé pour détruire les navires en mer; Fulton refusa et retourna en Amérique, en 1806, emportant une machine construite dans les ateliers de Watt. A peine arrivé à New-York, il fit construire un grand bateau que l'on appelait par dérision la *Folie-Fulton* et auquel il donna le nom de *Clermont*. En 1807, après quelques essais dans le port de New-York et après avoir corrigé quelques défauts, il établit un service régulier sur l'Hudson, entre New-York et Albany, situé à 60 lieues de là. Le premier voyage s'accomplit en 33 heures et le retour en 30 heures. La navigation à vapeur était créée. Un brevet fut accordé à Fulton le 11 février 1809; dès 1811, quatre bateaux sillonnaient les rivières d'Amérique, et l'on construisait une frégate à vapeur pour la défense du port de New-York. Mais Fulton ne devait pas voir son triomphe. S'étant jeté dans l'Hudson glacé pour sauver un de ses amis, il prit une fièvre grave dont il se serait peut-être guéri, s'il n'avait voulu, pendant sa convalescence, aller diriger la construction de sa frégate. Sa mort fut un deuil pour les États-Unis, et toutes les autorités de New-York assistèrent à ses funérailles (1815).

le secours de la voile. On le regarda d'abord comme une folie ; des savants
en proclamèrent l'impossibilité ; mais rien ne put arrêter les spéculateurs :
l'élan était donné. Le 5 avril 1838, le *Sirius* partait du port de Cork, le
point de la Grande-Bretagne le moins éloigné des États-Unis ; et, le 8 avril,
le *Great-Western*, frété par une compagnie rivale, appareillait à Bristol.
Le 23 avril, les deux navires se trouvaient dans les eaux de New-
York.

Nous allons maintenant expliquer quelles modifications a dû recevoir
la machine fixe pour fournir une force motrice convenable. D'abord il a fallu
changer la forme des chaudières. Il eût
été fort difficile d'installer sur un bateau
ces énormes cylindres que l'on emploie
dans nos machines ordinaires ; aussi
chercha-t-on à diminuer leur volume en
augmentant en même temps la surface
de chauffe. Un cylindre, d'un diamètre
relativement considérable, muni de
bouilleurs enveloppés complètement par
la flamme du fourneau, compose les
chaudières actuelles, qui, sous un petit
volume, produisent d'énormes quantités
de chaleur. En général, on adapte deux
chaudières à chaque machine.

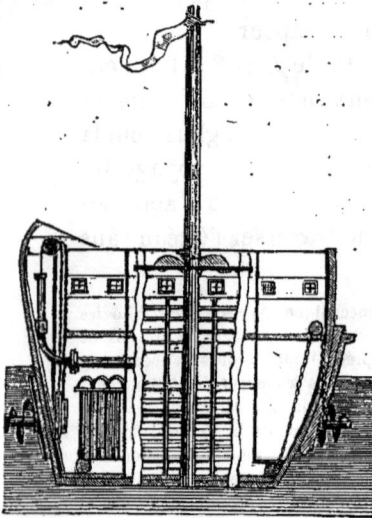

Fig. 328. — COUPE
DU BATEAU A VAPEUR ET A HÉLICE
DE CH. DALLERY.

La partie la plus importante d'un
bateau à vapeur est, sans contredit, l'a-
gent propulseur. Les roues à aubes sont
certainement l'appareil le plus simple et
le plus facile à réparer. Elles constituent
un système excellent pour la navigation des fleuves ; mais elles présentent
pour la mer de graves inconvénients. Toutes les fois, en effet, que la mer
est agitée, le bateau prend toutes sortes de positions. Or, dans les positions
où le navire est penché sur le côté, la plupart du temps une des roues
tourne à vide, ce qui produit de grandes variations de vitesse et des changements brusques de direction.

Le navire est alors fort difficile à diriger : il tend à tourner tantôt
à droite, tantôt à gauche, et ces mouvements déviatoires sont la plupart
du temps fort rapides et, par conséquent, dangereux.

Les navires à roues ne peuvent naviguer sur les canaux dont ils
détruisent les berges ; ils entrent difficilement dans les ports, à cause des
énormes tambours qui protègent les roues ; ils sont plus sujets à heurter

d'autres navires et ne peuvent être transformés en navires à voiles.

Les roues ont dû être remplacées par l'*hélice*.

L'hélice n'est pas d'invention moderne ; on l'a souvent proposée pour

Première voiture à vapeur de Cugnot, en 1769 (page 690).

remplacer la rame sur les bateaux. Avant la découverte de la vapeur, en 1577, Bushnell avait installé une hélice sur son bateau plongeur, et réussi à marcher avec une extrême facilité, sous l'eau, dans toutes les directions. En 1803, au moment même où Fulton essayait à Paris les roues à aubes, Dallery (1) construisait un bateau à vapeur qu'il munissait de deux hélices simples, placées l'une à l'avant, l'autre à l'arrière du bateau, et au-dessous de la ligne de flottaison (*fig.* 328). La vapeur, fournie par une *chaudière tubulaire* (page 701), imprimait un mouvement de rotation à un axe qui, à son tour, faisait mouvoir des hélices au moyen de poulies et de chaînes sans fin. Une de ces hélices servait de gouvernail, et l'autre de propulseur. Dallery avait obtenu, en 1803, un brevet qui constatait sa découverte; mais, ruiné, il fut obligé d'abandonner son entreprise, et il ne put jamais renouveler ses essais.

Cette expérience avortée fit oublier les avantages de l'hélice; mais, en 1823, M. Delisle, capitaine du génie, reprit la question, et prouva la supériorité de ce propulseur sur les roues à aubes. Seulement il croyait obtenir un effet utile plus considérable en se servant d'une hélice à trois spires. Il proposa au ministre de la marine de réformer le propulseur des bateaux

---

(1) DALLERY (Thomas-Charles-Auguste), né à Amiens le 4 septembre 1754. Son père était facteur d'orgues; dès la plus tendre jeunesse il montra un goût décidé pour la mécanique, et, à douze ans, il avait construit une horloge de bois *à équations*, remarquable par la précision du mouvement et le fini des pièces. A peine sorti de l'enfance une fatalité sembla peser sur lui. Pour son début, il apporta une grande modification dans la construction des harpes : un facteur de Paris à qui il avait communiqué son perfectionnement s'empara de l'idée du jeune homme, prit un brevet et s'enrichit à ses dépens. Il s'occupa des orgues, ayant succédé à son père; et bientôt ses perfectionnements rendent célèbres ses instruments. C'est alors qu'il inventa la *chaudière tubulaire*, appliquée d'abord aux voitures à vapeur, utilisée ensuite pour donner une perfection inouïe à ses tuyaux d'orgues, puis reconstruite plus tard et amenée à Paris dans les ateliers de Brezin, célèbre mécanicien de l'époque, établi rue d'Enfer. Ch. Dallery commençait à se faire une position convenable, lorsque la Révolution éclata. L'industrie des orgues s'annihilant, Dallery s'attache à la construction des clavecins, et y apporte de merveilleuses modifications. En même temps, il imagine des moulins à vent dont le mécanisme présentait des avantages incontestables; mais, comme il avait jugé à propos de faire mouvoir les ailes dans un plan horizontal, son perfectionnement est méconnu par la routine. Il fabrique des montgolfières, quoiqu'il ne connût que de nom l'admirable invention des frères Montgolfier. Il trouve alors une avantageuse application de la vapeur à la fabrication des limes : deux fabriques à Ambroise et à Nevers sont créées. C'est la première application de la vapeur comme moteur universel : Dallery n'y gagne rien. Il cherche alors à se faire une position dans l'horlogerie. Il débute en construisant des montres dont le cadran n'était pas plus grand qu'une pièce de cinquante centimes, montres destinées à être enchâssées dans des bagues, le plus souvent à répétition, à cylindre et d'une régularité parfaite. Dallery avait dû créer les outils nécessaires à la construction de ces montres; l'horlogerie infiniment petite n'était pas connue à cette époque, et les outils qu'il a inventés sont ceux encore en usage aujourd'hui et sont regardés comme ayant atteint leur dernier degré de perfectionnement. Ruiné encore, Dallery essaya de la bijouterie et, pendant 30 ans, il obtint des résultats admirables. La bijouterie moderne est complètement basée sur ses travaux et les outils qu'il a encore inventés pour ces travaux n'ont pas été modifiés. Cette profession eût pu lui suffire s'il n'avait ambitionné la gloire d'une autre invention, celle des bateaux à vapeur. Il construisit alors le premier bateau à vapeur à hélice, l'essaya à Bercy, réussit, mais dissipa dans cette œuvre le fruit des économies de toute sa vie. Il prit un brevet le 29 mars 1803, brevet dans lequel il rappelait sa voiture à vapeur d'Amiens perfectionnée (page 701). Il espérait que le gouvernement viendrait à son secours pour lui permettre d'achever son œuvre; mais n'ayant rien pu obtenir, il brisa lui-même son bateau, au moment où celui de Fulton passait devant son œuvre incomprise. Il mourut en juin 1835, à Jouy, près de Versailles, où il s'était retiré depuis 1825. Ajoutons que c'était non seulement un homme de génie, mais un homme honnête et un homme de cœur.

de l'État; mais sa proposition fut rejetée. L'Angleterre en profita; un constructeur anglais, M. Smith, construisit les premiers navires à hélice, mais il employait les hélices multiples, ou bien plusieurs spires d'hélice simple. Un Français prouva la supériorité de l'hélice simple à une seule spire. Quoique découverte par Dallery, comme nous venons de le dire, l'hélice simple fut alors, pour ainsi dire, réinventée par Sauvage (1). Mais, pendant que la misère encore et l'insouciance des gouvernements empêchaient l'inventeur de faire valoir ses droits et de continuer ses expériences, des ingénieurs anglais osèrent s'emparer de l'invention et spéculer sur le malheur de celui qui avait créé le nouveau propulseur.

Les avantages de l'hélice sont immenses : elle est toujours dans l'eau, quelle que soit la position d'un navire; elle fonctionne aussi facilement pendant la tempête que pendant le calme; elle est presque hors d'atteinte des boulets et ne peut être détériorée par la chute des mâts. Le bâtiment, plus étroit, offre moins de prise au vent, et manœuvre avec plus de facilité au milieu d'une flotte; l'absence de roues permet d'établir des batteries sur toute la longueur du navire. La machine des bateaux à hélice étant à l'arrière, tandis qu'elle doit être au milieu pour les bateaux à roues, on peut plus facilement, dans le premier cas, installer des mâts, et, par conséquent, transformer à volonté le navire à vapeur en navire à voiles. Elle est d'une grande utilité pour les bateaux de commerce, en ce que, occupant un espace très restreint, elle laisse disponible toute la cale du navire.

A côté de ces avantages se trouvent des pertes considérables de force motrice, une infériorité de vitesse dans les circonstances ordinaires de la navigation, le bruit désagréable des engrenages destinés à transmettre le mouvement, la difficulté de retirer l'hélice pour la réparer, etc. Néanmoins, la pratique de tous les jours a démontré la supériorité de l'hélice sur les roues à aubes; aussi, sauf des cas particuliers, n'emploie-t-on presque plus que le propulseur inventé par Dallery et par Sauvage.

(1) SAUVAGE (Frédéric), constructeur, né à Boulogne-sur-Mer en 1785, mort au mois d'août 1857, dans une maison de santé de la rue Picpus, à Paris. Poursuivant sans cesse un succès qui lui échappa toujours, il ruina sa santé et sa fortune par des travaux coûteux et incessants. En 1842, il adressait à l'Académie des sciences un mémoire réclamant la priorité de l'invention de l'hélice. Arago, dans son discours en faveur du malheureux inventeur, le montre, assistant, d'une des fenêtres de la prison pour dettes de Boulogne-sur-Mer, à des essais de son système faits, dans le port, par des ingénieurs anglais. On conçoit qu'un semblable spectacle ait pu ébranler la raison d'un homme doué d'une imagination ardente. Les dépenses excessives qu'occasionnèrent ses nombreux essais l'ayant réduit à la misère, Louis-Philippe lui accorda une pension en 1846; mais Sauvage était tombé dans un état voisin de la démence, et il y est demeuré jusqu'à sa mort. Sa ville natale lui a élevé une statue en 1881.

MACHINES A VAPEUR MARINES. — L'application de la vapeur à la navigation, soit militaire, soit commerciale, fait chaque jour des progrès considérables. Il n'est pas superflu d'indiquer les principaux.

D'abord il faut signaler l'accroissement remarquable des dimensions des navires, l'affinement des formes, la légèreté jointe à la solidité. On construit aujourd'hui couramment des paquebots de 130 mètres de longueur, fréquentant les ports pour lesquels, il y a quelques années encore, les longueurs de 90 mètres étaient considérées comme des limites supérieures infranchissables. Les machines pour lesquelles on n'osait employer sur mer que des tensions de vapeur de deux atmosphères et demie montent aujourd'hui à des pressions de quatre et cinq atmosphères. Ces résultats n'ont pu être obtenus qu'à l'aide de condenseurs à surface de Hall, essayés d'abord sans succès, il y a trente ans. On peut ainsi alimenter les chaudières avec la vapeur qui vient de travailler dans les cylindres. On les met de cette manière absolument à l'abri des incrustations produites par le sulfate de chaux. Au moyen d'extractions insuffisantes, il était possible, il est vrai, d'éviter les dépôts de sel marin ; mais le sulfate de chaux de l'eau de mer, cessant d'y rester en dissolution à une température supérieure à 150°, tapissait les parois des chaudières dès qu'on voulait s'approcher des tensions de quatre à cinq atmosphères. Or ces incrustations devenaient une cause imminente d'explosion.

L'emploi des hautes pressions a permis de réduire le volume des appareils ; la perfection de l'ajustage, les bonnes dispositions des pompes à air ont eu pour résultat d'accroître le nombre des tours de machine et d'augmenter notablement la vitesse des pistons. Les vitesses sont effectivement montées de $1^m,50$ par seconde à $2^m,80$, pour des allures très régulières. On a diminué considérablement la dépense en combustible en ayant recours à une très grande détente de la vapeur opérée dans des cylindres séparés.

Les nouvelles machines marines sont donc à condenseurs par surface, à haute pression, à mouvement rapide, et elles détendent la vapeur jusqu'à douze fois son volume primitif, dans des cylindres munis de chemise à vapeur. Elles sont cependant moins pesantes et d'un prix de vente moindre que les anciennes ; enfin, leur consommation de combustible, par cheval de 75 kilogrammètres, est descendue à 900 grammes au lieu de 1,800. Les avantages sont évidents. La consommation par cheval est donc réduite de moitié, et, d'autre part, en raison de leurs grandes dimensions, les navires peuvent porter par cheval, avec une même vitesse, près de quatre fois plus de tonnes en chargement utile. Il en résulte que la consommation du charbon, par tonne portée, est réduite à près d'un huitième.

Au mois de juin 1881, l'institution des ingénieurs-mécaniciens anglais a tenu sa réunion annuelle à Newcastle, où l'on célébrait le centenaire de la naissance de Georges Stephenson, et s'est occupée spécialement des progrès et des développements de la *machine marine*. Nous résumons, d'après la *Chronique industrielle,* les conclusions prises dans cette réunion :

« Il y a des progrès à noter depuis neuf ans, surtout en ce qui concerne les points suivants : 1° la puissance des machines, construites et à construire, accuse un grand avancement ; 2° des vitesses, jusqu'ici incon-

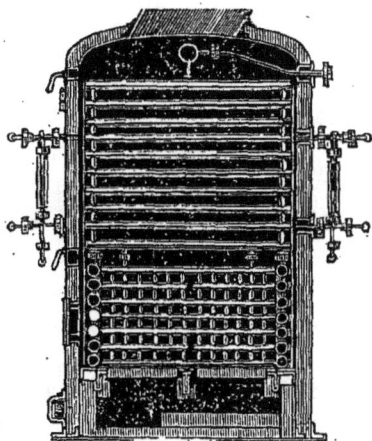

Fig. 329.

Chaudière marine Perkins.

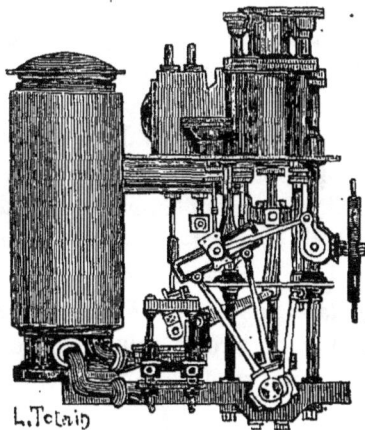

L.Tcluin

Fig. 330.

Machine du yacht *The Anthracite.*

nues, sont maintenant possibles dans les navires de diverses classes ; 3° la consommation de combustible est diminuée de 13,39 pour 100 en moyenne, en même temps que la qualité du combustible employé est inférieure, ce qui représente 20 pour 100 d'économie en tout ; 4° la pression de la vapeur s'est beaucoup accrue et tend à s'accroître encore. Plusieurs vapeurs sont en construction pour des pressions de 8 atmosphères, tandis que la pression de 6 atmosphères est encore aujourd'hui la pression moyenne. Une augmentation de pression se traduit en efficacité, et il n'y a pas de raison pour qu'une moyenne de 10 atmosphères ne soit pas adoptée à l'avenir. De grandes vitesses paraissent désirables en vue d'une grande réduction du poids, ce qui demande un parfait équilibre de toutes les pièces en mouvement. L'emploi général de l'acier permet enfin à l'ingénieur de la marine d'alléger ces pièces et d'atteindre des vitesses qu'il n'aurait osé essayer il y a neuf ans.

» La réunion a surtout parlé des machines à vapeur Perkins, essayées récemment dans le yacht à vapeur *The Anthracite*, de 70 tonnes, dont la traversée à travers l'océan Atlantique a excité un si grand intérêt. Nous en reproduisons les principales dispositions (*fig.* 329 et 330).

» La chaudière se compose de rangées horizontales de tubes en fer de 0^m,75 de diamètre intérieur, mis en communication par des tubulures verticales. Le tout est renfermé dans une chemise double en tôle, l'espace intermédiaire étant rempli de noir végétal. La chaudière est alimentée avec de l'eau distillée, fournie par un alambic muni d'un serpentin dont le tuyau à vapeur est en communication avec le condenseur. La surface de grille est de 1^m,04.

» Les machines sont du type renversé et à action directe. Le diamètre du cylindre à haute pression est de 0^m,20 ; celui du cylindre intermédiaire est de 0^m,40, et celui du cylindre à basse pression est de 0^m,58. La course est de 0^m,38, et le diamètre des tiges de piston, dont la section est à déduire, est de 0^m,07. Le cylindre à haute pression reçoit la vapeur de la chaudière pendant la moitié de la course de haut en bas.

» Pendant la demi-course suivante, de bas en haut, la vapeur qui s'échappe du cylindre à haute pression entre dans l'intermédiaire, et puis passe dans une chambre, d'où elle alimente le cylindre à basse pression, qui est en arrière de celui à haute pression. Par cette disposition, la vapeur se détend de trente-deux fois son volume. La distribution de la vapeur se fait dans le petit cylindre par trois soupapes équilibrées, actionnées par des excentriques. La distribution au cylindre à basse pression s'effectue par un tiroir ordinaire, qui a un tuilot de détente au dos, lequel reçoit son mouvement par la continuation du condenseur. Le condenseur à surface se compose d'un certain nombre de tubes en fer galvanisé, bouchés à l'extrémité supérieure ; leur faisceau s'élève verticalement sur une plaque tubulaire, et chacun d'eux a, à l'intérieur, un tube plus petit, ouvert aux deux extrémités et mis en communication avec une seconde plaque tubulaire inférieure à la première. L'eau de mer passe par les petits tubes et par l'espace annulaire qui les entoure jusqu'à l'entrée de la pompe de circulation. La vapeur d'exhaure entre dans le corps du condenseur et vient en contact avec l'extérieur des tubes, qui sont bouchés à leur extrémité supérieure. L'eau de condensation est extraite par la pompe à air et refoulée dans le réservoir à eau chaude qui entoure la partie supérieure du condenseur. L'espace situé entre le piston du cylindre à haute pression et celui du cylindre intermédiaire est en communication avec la chambre qui fournit la vapeur au cylindre à basse pression. La pompe à circulation reçoit son mouvement de la tige de piston du cylindre à basse pression par le moyen d'un balancier, et la pompe à air, de celui du cylindre intermédiaire par le moyen d'un balancier semblable. Les pompes d'alimentation et de cale reçoivent leur mouvement des crossettes des pompes à air et de circulation. Le changement de marche s'effectue par une coulisse et un coulisseau, comme le montre la figure 330. Les cylindres, ainsi que leurs couvercles, sont chauffés par de la vapeur qui circule dans les tubes de fer renfermés dans le métal pendant la coulée, et toute perte de chaleur est empêchée par une couverture suffisante.

» Dans une expérience très soignée, conduite par sir F. Bramwell, le feu fut allumé à 6 h. 20 du matin et les machines mises en mouvement à 7 h. 18. Le robinet de vapeur fut ouvert au degré voulu pour 130 révolutions par minute, et la coulisse mise en pleine marche *avant*. Après avoir brûlé 0,75 tonne de bon charbon, on a laissé s'arrêter les machines d'elles-mêmes, ce qui s'est fait à 7 h. 23 du soir, ou en 12 h. 03 depuis leur mise en marche. Les machines ont développé une force de 80,55 chevaux-vapeur jusqu'à ce qu'on ait cessé de chauffer. La force totale développée était égale à celle de 223,38 chevaux-vapeur exercée pendant une heure, ce qui donne une consommation de combustible de 0 k. 09 environ par cheval-vapeur et par heure, y compris le temps occupé à monter en pression. La perte d'eau, pendant les douze heures, n'aurait pas atteint 107 litres. »

Ce sont là évidemment de grands progrès; seulement ils ne sauraient être attribués équitablement à aucun nom en particulier; c'est une œuvre collective qui a été accomplie, à l'étranger comme en France, par de nombreux collaborateurs, soit dans la marine de l'État, soit dans les grandes compagnies de navigation commerciale.

HISTORIQUE DES LOCOMOTIVES. — Ce fut Robinson qui, en 1759, eut le premier l'idée des voitures à vapeur; mais, croyant qu'elles ne pourraient jamais vaincre les inégalités du sol, il abandonna son projet. Watt avait donné, en 1784, la description d'une machine propre à faire mouvoir un chariot; mais il ne donna pas suite à cette idée. Ce fut Cugnot (1) qui fit le premier essai sérieux. Quelques études sur les fortifications et les

---

(1) CUGNOT (Nicolas-Joseph), ingénieur français (1725-1804), né à Void, en Lorraine, servit d'abord en Allemagne, et y inventa un fusil que le maréchal de Saxe avait adopté pour les uhlans. Il vint s'établir en 1763 à Paris, où il put faire son expérience de voiture à vapeur. Le duc de Choiseul ayant été exilé, on cessa de s'occuper de l'invention de Cugnot, qui reçut cependant du gouvernement une pension de 600 livres. Pendant la Révolution, le ministre Roland essaya vainement de faire faire une nouvelle expérience; en 1798, l'Institut nomma une commission pour examiner la voiture à vapeur; mais le rapport des commissaires n'eut pas de suites, et, en 1799, la machine de Cugnot fut transportée au Conservatoire des Arts-et-Métiers, où elle est encore. La misère avait forcé l'inventeur de se retirer à Bruxelles, où il serait mort de dénuement sans les secours d'une dame de cette ville. Rentré en France sous le Consulat, il obtint une pension de 1,000 francs jusqu'à sa mort.

armés défensives le conduisirent à construire des *fardiers à vapeur* pour le transport de l'artillerie. Il se rendit à Paris, en 1763, et en 1769 il avait imaginé une voiture à vapeur qui possédait une vitesse de 1,800 toises (3 kilom. 5) à l'heure. Encouragé par le maréchal de Saxe, il exécuta un modèle qui fut publiquement essayé devant le duc de Choiseul, ministre de la guerre, et un grand nombre d'officiers. Cette machine (*fig.* page 689), mue par une machine à basse pression, était portée sur trois roues dont la première, placée sur le devant, était la roue motrice. Elle pouvait traîner, outre son propre poids, une charge de 8 à 10 milliers, et sa marche était assez régulière. Seulement, on éprouvait de grandes difficultés à la diriger, ce qui fit qu'elle alla donner contre un mur qu'elle renversa.

Si cette expérience avorta, cela provient du reste uniquement de ce que l'on ne connaissait encore que des machines à basse pression. Aussi, dès que Leupold eut décrit la première *machine à haute pression*, un constructeur américain, Evans, reconnut l'avantage de cette machine pour la marche des locomotives, et il obtint, le 21 mai 1797, un privilège pour la construction des *chariots à vapeur*. Ce privilège ne lui fut accordé que sur cette considération : « *que cela ne nuirait à personne.* » En 1800, il avait construit un chariot dont la marche paraissait satisfaisante ; mais il ne trouva aucun capitaliste pour exploiter son invention, et, un incendie ayant détruit ses ateliers, il en mourut de chagrin le 15 mars 1819.

En même temps, en Angleterre, deux constructeurs, Trevithick (Richard) et Vivian (Andrew), construisaient des voitures à vapeur à peu près semblables à nos diligences (*fig.* à la page 697). En 1802, ils obtenaient un privilège pour l'exploitation des *diligences à vapeur*, qui, portant une machine à haute pression, réussirent passablement. Le seul obstacle qui s'opposait à leur extension fut le frottement considérable qui avait lieu entre les roues de la voiture et le sol des routes ordinaires. Comme pis-aller, ils se décidèrent à n'employer leurs voitures que sur des *chemins à rails*. Les *rails* ont été connus de tout temps. Les Égyptiens les employaient pour le transport des matériaux destinés à leurs immenses constructions. En Europe, on les utilisait aux abords des mines, pour faciliter le transport des machines. Trevithick et Vivian, en lançant leurs locomotives sur des rails de fer, jugèrent que tout mouvement progressif de leurs voitures était impossible.

Ils pensaient que deux surfaces polies, comme la roue et le rail, ne peuvent avoir aucune adhérence et ils concluaient que la roue tournerait sans avancer. Le meilleur moyen de décider la question était de faire des expériences ; mais, — chose curieuse ! — on adopta le fait sans le vérifier et on s'occupa activement à parer un inconvénient qui n'existait pas.

Vivian proposait de dépolir les surfaces en contact, afin que leurs aspérités augmentassent l'adhérence. M. Blenkinsop transforma, en 1811, les rails en crémaillères et les roues des wagons en roues dentées, créant

Premières diligences à vapeur, en Angleterre
(d'après une gravure du temps) [page 696].

ainsi d'énormes frottements. En 1812, MM. Williams et Edward Chapman remplacèrent les locomotives par des machines fixes, qui faisaient mouvoir les wagons au moyen d'un système de poulies et de câbles. M. Bruntow, en 1813, imagina de faire agir la vapeur sur des béquilles en bois qui, appuyant tantôt contre le sol, tantôt se soulevant, agissaient à peu près comme la jambe des chevaux. Il y avait de quoi briser en mille pièces, par suite des secousses, les plus robustes machines. Dès le premier essai, la chaudière éclata, un grand nombre de personnes furent tuées ou blessées et l'on abandonna cette malencontreuse conception.

Disons cependant que le procédé de M. Bruntow a été repris de nos jours, perfectionné par M. Fortin Herrmann, le petit-fils de l'éminent constructeur d'instruments de précision, et qu'il semble destiné à résoudre les difficultés que présentent à gravir les chemins à grande pente.

Sans adhérence, en effet, il n'y a pas de traction possible. Or, s'il faut traîner un poids plus lourd, il faut naturellement augmenter l'adhérence; autrement la machine patinerait; mais, pour augmenter l'adhérence, il faut augmenter le poids. On explique ainsi pourquoi, sur nos chemins de fer à grand trafic, on a été conduit à construire des locomotives du poids énorme de 60 tonnes. Le poids augmentant, la force motrice doit augmenter en conséquence; la machine absorbe ainsi la force qui devrait être employée à traîner un poids utile. L'adhérence coûte finalement très cher. Le poids mort à remorquer s'accroît lorsque le poids utile à traîner augmente lui-même. De là une limite infranchissable.

Ce n'est pas tout. Quand le chemin n'est plus de niveau, il faut bien que la locomotive se tienne elle-même sur la pente, et, si elle est lourde et la rampe forte, le poids remorqué devient presque nul. C'est élémentaire; mais encore est-il qu'il faut y songer. Si la rampe est très forte, la locomotive seule peut monter, et, à la limite, elle redescend elle-même impuissante et emportée par la gravité. Dès lors, comment utiliser une locomotive sur une rampe très inclinée?

Sur palier, une locomotive ordinaire, à la vitesse de 20 kilomètres à l'heure, peut traîner 570 tonnes. Avec une pente de :

0,005	270 tonnes.	0,025	70 tonnes.	0,045	30 tonnes.
0,010	170 —	0,030	60 —	0,050	20 —
0,015	120 —	0,035	50 —		
0,020	90 —	0,040	40 —		

La charge traînée devient donc vite insignifiante, comme on le voit par les chiffres précédents.

Aussi est-il de règle, en matière de construction, de ne pas dépasser des pentes très faibles : 25 à 31 millimètres. Quand il s'agit de chemin de fer en pays mouvementé, on est obligé de prendre des pentes plus fortes; mais la vitesse de marche est réduite et le poids remorqué est diminué. En montagne, on a recours à des artifices particuliers : système Leguier à rail central avec rouleaux de friction, système à crémaillère comme au Rigi, système locomoteur à brins du type Agudio, etc. Pour que la locomotive ordinaire fût applicable aux grandes pentes, il faudrait pouvoir diminuer le poids des machines tout en augmentant l'adhérence et la puissance motrice, problème qui a paru jusqu'alors insoluble.

Quand une difficulté ne peut être vaincue en face, on essaye de la tourner; c'est ce qu'a fait M. Fortin Herrmann, en construisant un type de locomotive dont les jambes s'appuient à volonté sur le rail. Le point d'appui est aussi énergique qu'on le désire, et il est inutile de faire la machine lourde; l'adhérence dépend du moteur, et nullement du poids. On la règle selon la pente à gravir. L'inventeur a réalisé une première machine qui a été essayée en 1874 sur le chemin de fer de l'Est. Les expériences ont montré qu'en appuyant sur les rails les patins des quatre jambes motrices, garnis de semelles en caoutchouc, avec une pression de 1 kilogramme par centimètre carré, on pouvait obtenir une adhérence égale aux $\frac{75}{100}$ du poids de la machine. Il résulte de là que l'emploi des patins permet de traîner un train quatre fois plus lourd que par les moyens actuels, et de circuler sur des pentes de 10 centimètres par mètre, absolument inabordables par nos machines actuelles. L'inconvénient, que seule l'expérience nous peut démontrer, est que l'usure des organes pourrait être considérable et la machine mise rapidement hors de service.

A la même époque que M. Bruntow, M. Blackett (1) chercha à résoudre la question par l'expérience. Il plaça une voiture à vapeur sur des rails en fer, voulant déterminer la quantité de force que le glissement de force faisait perdre. O surprise! la voiture avançait sur le rail avec une facilité merveilleuse; il se trouvait que l'adhérence des roues et des rails était plus que suffisante pour produire un mouvement progressif. Le poids de la machine, joint aux aspérités que le métal le mieux poli possède à sa surface, produisaient une sorte d'engrenage naturel qui satisfaisait à toutes les exigences, sans produire des frottements inutiles.

On avait travaillé pendant plusieurs années pour produire une adhérence qui existait par elle-même.

La facilité avec laquelle les voitures à vapeur se mouvaient sur les rails imprima une impulsion nouvelle au perfectionnement des locomotives. En 1814 sortait des ateliers de Stephenson (2) la première voiture

(1) BLACKETT (Williams), propriétaire du charbonnage de Wylam, où débuta Stephenson. Ce ne fut qu'après plusieurs accidents causés par la résistance des rails dentés qu'il eut l'idée de déterminer la quantité de force enlevée par le glissement.

(2) STEPHENSON (Georges), fils d'un pauvre mineur, né à Wylam, village près de Newcastle

qui eût fonctionné avec quelque avantage sur un chemin de fer; mais la
lourdeur et le peu de vitesse de cette machine (6 kilomètres à l'heure)
s'opposaient à ce qu'elle reçût une grande extension.

Il nous semble inutile d'entrer dans le détail de ses études sur la locomotion à vapeur. Stephenson ne se faisait pas illusion, raconte un de ses
biographes, sur les défauts de ses *machines voyageuses,* et il cherchait
activement les moyens de les perfectionner, quoique, en 1822, elles fussent

Fig. 331. — LA « PUFFING-BILLY. »

employées, concurremment avec des machines fixes, pour le transport des
trains dans les houillères de Killingworth. En 1823, on conçut le projet
d'établir une ligne de chemin de fer entre Stockton-sur-Tees et Darlington,
centre d'un riche district houiller. Le directeur de cette entreprise,
M. Pease, obtint que l'emploi des locomotives serait fait exclusivement,
et il chargea Stephenson d'établir ce *railway.* Le premier rail en fut posé
le 23 mars 1823; le chemin de fer fut ouvert le 27 septembre 1825, et, malgré les oppositions les plus vives, ce jour-là, le premier train de trente-

(Angleterre), le 9 juin 1781. Mis au travail de la mine dès l'âge de huit ans comme nettoyeur de
charbon, il apprit à lire à dix-huit ans et, peu à peu, s'éleva jusqu'au poste de garde-frein de la mine
de charbon de Callerton. Marié alors, père de famille, il occupait ses rares loisirs par des travaux de
mécanique, réparait les horloges et les montres, et la misère le torturait. En 1810, une réparation
qu'il fit par hasard à une machine de Newcomen, placée pour puiser l'eau d'une nouvelle mine où
il travaillait, décida sa vocation. Encouragé par lord Ravensworth, un des administrateurs des mines
de Newcastle, il imagina successivement une *machine à molettes* pour monter le charbon, une
pompe, etc.; puis s'occupa exclusivement de la locomotive. Il avait précédemment trouvé une *lampe
de sûreté* pour les mineurs, comparable à celle de Davy, mais que celle-ci fit oublier. Ses travaux
enfin furent appréciés, et, en 1822, il entra comme ingénieur d'une des premières compagnies de
chemins de fer qui aient été tracés, aux appointements de 7,500 francs. Plus tard, il adopta les perfectionnements apportés par M. Seguin à ses locomotives, et créa ainsi les voies ferrées en Angleterre. Il est mort le 12 août 1848. Une statue lui a été élevée à Newcastle en 1862. Son fils Robert
est devenu un ingénieur distingué auquel on doit, entre autres choses, le pont à haut niveau de
Newcastle, qui sert en même temps au chemin de fer, au roulage et aux piétons, et que représente
notre gravure (page 705)

huit wagons, chargés les uns de charbon, les autres de voyageurs, circula; traîné par la première véritable locomotive, la *Puffing-Billy* (*fig.* 331):

La France était en retard sur l'Angleterre dans la création des chemins de fer, et pourtant c'est de son sein que jaillit alors l'idée féconde qui a métamorphosé subitement les locomotives.

En 1826, on avait établi un chemin de fer de Saint-Étienne à Rive-de-Gier et on se servait pour moteur de machines fixes. En 1827, le gouvernement acheta en Angleterre deux locomotives de Stephenson; et l'une d'elles fut livrée à M. Seguin, ingénieur du chemin de fer de Saint-Étienne (1). M. Seguin s'aperçut bientôt que le principal inconvénient de la machine anglaise consistait dans la grandeur de la chaudière et dans le poids énorme d'eau qu'il fallait traîner pour obtenir une quantité suffisante de vapeur. Il résolut d'alléger les locomotives en se servant de chaudières plus petites, tout en augmentant la surface chauffée. Pour cela, il imagina de placer à l'intérieur des chaudières des tubes métalliques que la flamme et la fumée traversaient en se rendant du foyer à la cheminée : 45 tubes suffirent à M. Seguin pour voir l'avantage de son système. Plus tard, on éleva le nombre de ces tubes à 120.

La petitesse de la cheminée s'opposait à un tirage actif, et, par conséquent, au passage des gaz échauffés à travers les tubes de la machine. Il n'était pas possible d'augmenter la hauteur de la cheminée, soit pour éviter les effets désastreux d'un vent violent, soit à cause de la très grande hauteur qu'il eût fallu donner aux tunnels et aux ponts. M. Seguin para à cet inconvénient au moyen d'un ventilateur à force centrifuge, mis en mouvement par la machine elle-même, et, le 20 décembre 1829, il prit un brevet qui constatait ses modifications à la locomotive.

Ajoutons que l'idée qui a dirigé M. Seguin dans la création de sa *chaudière tubulaire* se trouve exprimée dans le brevet de Dallery, en 1803. Vers 1780, celui-ci avait construit une voiture à vapeur, portant une *machine à haute pression* et une *chaudière tubulaire*. Cette voiture marcha dans les rues d'Amiens, et, après cette expérience décisive, l'inventeur, ne pouvant exploiter industriellement son invention, utilisa la machine à vapeur de cette voiture pour battre l'étain de ses tuyaux d'orgues.

(1) SEGUIN (Marc), né à Annonay le 20 avril 1786, mort en 1875. Neveu des Montgolfier, il abandonna le commerce auquel le destinait son père, marchand de drap, pour s'occuper de sciences sous la direction de ses oncles. Il importa en France des machines nouvelles pour le cordage de la laine et son génie inventif les perfectionna. En 1820, il débuta dans la carrière par la construction des premiers ponts en fil de fer (page 51). En 1825, il fit les premières tentatives de navigation à vapeur sur le Rhône, et appliqua pour la première fois les chaudières tubulaires de Dallery oubliées, qu'il réinventa, et dont il fit usage un des premiers. On lui doit encore le remplacement des rails placés sur le sol, par des traverses en bois qui rendent la voie plus douce, et diminuent les déraillements. M. Seguin est mort pauvre et seulement chevalier de la Légion d'honneur.

Tout Amiens visita, dans les ateliers de Dallery, cette machine encore inconnue au vulgaire.

La chaudière tubulaire de Dallery, adaptée à son bateau, ainsi qu'on peut le voir dans la *fig.* 328, est différente, il est vrai, de celle de M. Seguin ; mais l'on peut dire que Dallery a créé les *chaudières tubulaires,* et que M. Seguin a créé *une chaudière tubulaire particulière,* en usage aujourd'hui dans les locomotives (1).

Cette création fit une révolution dans les chemins de fer. Stephenson fut un des premiers à reconnaître les immenses avantages résultant de l'emploi des chaudières tubulaires. Il les adopta dès leur origine.

Il nous semble bon de raconter à quelle occasion.

L'état déplorable des routes entre Manchester et Liverpool avait suggéré l'idée de construire un canal qui monopolisa longtemps le transport des marchandises ; mais, durant les grands froids, les bateaux étaient arrêtés par la glace. On songea à établir une voie ferrée entre les deux villes. On envoya des ingénieurs à Darlington, afin d'examiner le système de Stephenson, et, grâce à leur rapport favorable, celui-ci fut chargé des premières études de la ligne projetée.

La mission n'était pas sans péril. Les paysans furent persuadés que l'air empoisonné des locomotives tuerait leurs volailles, que le bruit affolerait leurs bestiaux, que le feu des foyers incendierait leurs maisons et leurs récoltes. Les employés du canal, craignant de se voir sans travail, se montraient les plus hostiles. Le duc de Bridgewater, propriétaire de ce canal, avait donné l'ordre à ses gens d'empêcher par la force toute opération cadastrale ; l'accès des terres de lord Derby fut interdit aux ingénieurs sous les peines les plus sévères. Le Parlement, c'est-à-dire la réunion de la haute aristocratie britannique, rejeta le bill relatif à ce chemin de fer, en s'appuyant sur des raisons aussi sérieuses que celles-ci :

— L'action des locomotives, disait un lord à Stephenson, dépend des temps : un coup de vent assez fort rendrait impossible le voyage d'une machine à vapeur, soit en éteignant le feu, soit au contraire en l'attisant de manière à produire une explosion.

— Admettons, ajoutait un autre, qu'une de vos machines circule sur la voie avec une vitesse de trois à quatre lieues à l'heure, et que, par

---

(1) Il est évident que Dallery est bien l'inventeur de l'hélice et de la chaudière tubulaire et que, comme tel, il mérite d'être placé à côté de Papin et de Watt, dans l'histoire de la machine à vapeur. L'Académie des sciences a reconnu la validité des titres de Ch. Dallery, sur le rapport favorable qui en avait été fait par MM. Arago, Poncelet et Martin. Ajoutons que l'Académie reconnut encore qu'on doit à Dallery l'invention des mâts rentrant en eux-mêmes, c'est-à-dire s'allongeant ou se raccourcissant à volonté, et un procédé pour activer le tirage de la cheminée des machines.

hasard, une vache s'y rencontre, ne serait-ce pas là une circonstance très fâcheuse ?

— Certes, pour la vache, répondit Stephenson, qui ne put s'empêcher de sourire.

Malgré ces oppositions, Stephenson persévéra dans son projet, et bientôt un ruban de fer s'étendait entre Liverpool et Manchester ; mais aucun des administrateurs n'était fixé sur le moteur à employer. Sur l'avis de Stephenson, un concours fut ouvert. Aidé de son fils, Stephenson avait résolu de prendre part à ce concours, et il s'ingéniait à trouver le moyen de corriger le défaut principal de ses machines, qui était une production insuffisante de vapeur, et, conséquemment, de force et de vitesse. Il s'épuisait en vaines tentatives, quand le perfectionnement capital, rêvé par lui, fut trouvé en France par Marc Seguin. C'est alors qu'il construisit sa machine *Rocket*

Fig. 332. — LA ROCKET.

(*la Fusée*), avec laquelle il gagna le prix au concours de Liverpool, et avec laquelle il commença, le 14 juin 1830, le service public de la ligne de Manchester à Liverpool (*fig.* 332).

Stephenson chercha ensuite à supprimer le ventilateur à force centrifuge, qui était sujet à de graves dérangements. Il y réussit par un moyen fort simple.

Dans les locomotives, le condenseur de Watt ayant procuré plus d'embarras que d'utilité, on l'avait supprimé ; et la vapeur, après avoir servi, était tout simplement rejetée dans l'atmosphère. Stephenson eut l'idée de diriger cette vapeur dans la cheminée de la machine, afin que, par la condensation rapide du fluide, un vide se formât, et par conséquent un *appel d'air* qui provoquât un tirage considérable. L'expérience confirma pleinement ses vues théoriques, et la locomotive moderne, presque exactement semblable à celle que nous possédons aujourd'hui, se trouva créée, grâce à cet ingénieux système de tirage artificiel et aux chaudières tubulaires de Seguin et de Dallery.

LOCOMOTIVE. — Évidemment aucun progrès ne devait être accept؟
avec faveur par tous ceux-là qui, en 1815, en 1830, — comme aujourd'hui
d'ailleurs, — n'ont rien appris et rien oublié, et voudraient revenir au
bon vieux temps, au coche, aux corvées, à l'exemption d'impôts pour les
gens nobles ; évidemment, les chemins de fer furent accueillis par eux
avec rage, car ce genre de locomotion permettait à un simple ouvrier
de voyager comme un grand seigneur. Nous avons vu leurs luttes contre
Stephenson en Angleterre ; en France, tout, jusqu'à leur poésie — une
poésie de noble !!! — les attaqua. L'un d'eux regrette, en des vers d'un
goût douteux, l'aristocratique chaise de poste, où ne pouvaient tenir que
deux ou trois personnes *bien nées* :

> « La poste va périr !... Ami, je le confesse,
> Tel est le vrai succès de ma juste tristesse.
> La poste, hélas ! combien je lui dois d'heureux jours !
> Tu le sais, ce Paris, le plus beau des séjours,
> Après un long hiver nous fatigue et nous pèse :
> Il nous faut, sans tarder, sortir de ce malaise ;
> Plus de club, de souper, de jeu, de réveillon.......
> — Le vois-tu s'avancer, ce colosse de fer,
> Avec ses ailes d'aigle et ses poumons d'enfer ?
> On dirait qu'il a pris au dragon d'Hespéride
> Ses sifflements aigus et son souffle fétide.
> Ah ! je me souviendrai de ce jour où le sort
> Me jeta follement sur le chemin du Nord !...
> Quel tumulte, grand Dieu !... Dans la foule insensée
> Sur le seuil des bureaux bruyamment entassée,
> Ce n'est pas sans effort que ma main au guichet
> Peut glisser mon argent et saisir un billet.
> Au son de cloche on part, et déjà sous la terre
> S'avance sourdement le convoi solitaire :
> Une lampe funèbre, aux sinistres lueurs,
> Projette son reflet sur tous les voyageurs,
> Qui, la face verdâtre et la prunelle ardente,
> Rappellent ces damnés que fait hurler le Dante...
> Le jour a reparu quand le tender, fumant
> Comme un coursier fougueux, indomptable, écumant,
> S'élance !... Adieu, villas, châteaux, villes, villages !...
> J'entrevois enfin Lille, opulente cité,
> Avec tous les conforts de l'hospitalité ;
> O vaine illusion ! ô visite tardive !
> Dans ses brillants hôtels, tout est plein quand j'arrive ;
> Je grimpe en un faubourg fangeux où le destin,
> Avec douze rouliers, me loge au *Pot-d'Étain !* »

Nous décrirons, d'après M. N.-J. Didiez, le type primitif, type général, ordinaire d'une *locomotive* (*fig.* à la page 681). Nous la représentons dans son ensemble par les figures I, II, III.

Pont de Newcastle, construit par Robert Stephenson (page 700, biographie de G. Stephenson).

La figure I est une vue latérale ; la figure II, une vue par derrière ; la figure III, une vue par devant.

Les deux roues de l'avant-train vues en A, A', A" (*fig.* I) sont montées sur un essieu droit, en fer, sur lequel elles tournent librement, à la

manière des roues ordinaires. Les deux autres roues, vues en B, B', B'',
sont fixées à leur essieu, de telle sorte que l'essieu et les roues tournent
à la fois. Cet essieu n'est point droit, il a deux coudures, ou deux manivelles coudées, disposées perpendiculairement l'une à l'autre, et mises
en mouvement par deux tiges ou bielles, dont les extrémités sont articulées, d'une part aux coudures, et de l'autre aux tiges des deux pistons
moteurs. Dans le mouvement de rotation d'une manivelle, lorsque le
rayon se trouve dans la direction de la force motrice, celle-ci n'a pas
plus de tendance à la mouvoir dans un sens que dans l'autre; par la
perpendicularité des rayons, il arrive ici que l'une des manivelles a toujours son plein effet quand l'autre cesse d'agir. Cette disposition des deux
coudures fait que la vapeur agit sans intermittence pour faire tourne
l'essieu et les roues, et communiquer ainsi le mouvement à toute la
machine. Le mouvement progressif de la machine a lieu par suite de
l'adhérence des roues sur les rails; il en résulte que les roues avancent
au lieu de glisser.

Une autre disposition en usage consiste à fixer aussi les roues de
l'avant-train sur leur essieu droit, de sorte que l'essieu et les roues tournent en même temps. Dans ce cas, les roues ont toutes le même diamètre; les essieux portent à leurs extrémités des rayons de manivelles,
reliés entre eux, sur chaque côté de la machine, par une bielle qui communique le mouvement de l'un à l'autre. L'essieu de derrière reçoit son
mouvement de l'action de deux pistons moteurs, et communique lui-
même le mouvement à l'autre essieu On obtient ainsi une plus grande
force d'adhérence sur les rails.

Pour maintenir les roues sur les rails et empêcher toute déviation
latérale, chaque roue porte un rebord intérieur assez saillant a (*fig.* II).
De plus, pour éviter le frottement de ce rebord sur le côté intérieur du
rail, la bande de roue n'est pas tout à fait cylindrique; elle est légèrement conique, comme l'indique (*fig.* II) le profil *bb;* son diamètre est un
peu plus grand du côté du rebord que du côté extérieur. D'où il résulte
que si la machine est poussée à gauche, par exemple, la roue de gauche,
marchant alors sur la partie qui correspond à un plus grand diamètre,
tend à avancer un peu plus vite que la droite, et ramène par conséquent
la machine dans la place moyenne qu'elle doit occuper sur les rails.

Toutes les pièces de la machine, à l'exception des roues et des
essieux, sont portées par un châssis ou *cadre de support*, rectangulaire,
qui s'appuie lui-même sur l'extrémité des essieux. Ce cadre se compose
de deux pièces jumelles JJ' (*fig.* I), réunies à l'arrière et à l'avant de la
machine par deux traverses DD', EE (*fig.* II et III); il est en bois, solide-

ment assemblé, et revêtu de lames de fer. boulonnées. Il est porté par les essieux, au moyen de quatre fourchettes vues en *cccc* (*fig.* I). Des montants *dddd*, fixés aux jumelles, portent des ressorts *ee*, auxquels sont fixées des tiges *ff*, qui, après avoir traversé les jumelles, vont s'engager dans des coussinets en cuivre, lesquels reposent immédiatement sur les extrémités des essieux, en les embrassant par moitié, de sorte que l'essieu, en tournant, frotte sur les coussinets. L'effet des ressorts est d'amortir les secousses de la machine. Les coussinets sont à coulisses dans les fourchettes. Des boulons et des triangles de consolidation *ggg* servent à lier la charge par-dessous les essieux, pour qu'elle ne puisse être soulevée trop haut et jetée de côté. Les deux jumelles latérales portent à leurs extrémités des tampons ou coussins, garnis en crin et recouverts de cuir, dont le but est d'amortir les chocs que la machine peut donner ou recevoir.

La *chaudière* est vue intérieurement, en coupe longitudinale en CDEFGHIKLMN (*fig.* IV) ; extérieurement et latéralement en CDHI (*fig.* I); en CDED'C' et IHH'I' dans les représentations de l'arrière et de l'avant (*fig.* II et III). Elle est fixée à chacun des grands côtés du cadre par trois fortes pattes ou attaches P, P', P" (*fig.* I, II, III), boulonnées d'une part à la chaudière, et de l'autre au cadre de support. La chaudière, dans son ensemble, présente trois compartiments distincts, formés par des feuilles de forte tôle, solidement rivées à toutes les jointures.

Le compartiment de gauche, ou d'arrière, CDEFN (*fig.* I) contient le *foyer* ou *boîte à feu*, une partie de l'eau, une partie de la vapeur, et la prise de la vapeur dans le dôme E. Le compartiment du milieu, ou la chaudière proprement dite FGLM, contient la plus grande partie de l'eau, dont le niveau est *mm'* (*fig.* IV) ; la vapeur formée et non employée ; le tube à vapeur OO'O", qui conduit la vapeur de la chaudière aux cylindres ; les tubes de chaleur *n n'''*, fixés aux parois *h" h'''* et GL, et plongés dans la masse liquide. Cette partie de la chaudière a une forme cylindrique circulaire, de 1 mètre de diamètre sur environ 2 mètres de longueur. Elle est revêtue de fortes douves en bois, assemblées et serrées par des cercles de fer. Le compartiment de droite, ou d'avant GHIK contient les deux cylindres, dans lesquels se meuvent les pistons moteurs, dont l'un est vu en coupe en *oo'o"o'''*; les deux boîtes de distribution de la vapeur, dont l'une est vue en coupe en *pp'p"* avec la soupape à tiroir *qq* ; deux tubes *rr'* en communication avec le tube à vapeur OO'O" et conduisant la vapeur dans les boîtes de distribution ; le tube *tt'*, par lequel la vapeur, après avoir agi sur les pistons, s'échappe en déterminant un grand tirage dans le foyer ; la boîte à fumée LGHP, et la cheminée QQ' dans laquelle aboutit le tube *tt'*.

La partie inférieure du foyer $hh'h''h'''$ est en communication avec l'air extérieur, au moyen de la grille ii' qui laisse passer la quantité d'air nécessaire à l'entretien de la combustion. Cette grille est formée de barreaux de fer séparés, disposés les uns à côté des autres, et s'appuyant par leurs extrémités sur deux supports fixés aux parois du foyer ; ils sont arrondis à un bout et recourbés à angle droit, ce qui permet de les écarter facilement par l'autre bout, pour faire tomber les scories, et de les ramener ensuite à leurs positions respectives. De plus, par cette disposition, on peut, au besoin, à l'aide d'un crochet, renverser tous les barreaux et, par conséquent, faire cesser l'action du feu, en le laissant tomber sur la route avec les barreaux qui le supportaient.

Le foyer laisse, entre les parois latérales et celles du compartiment qui le contient, un espace k, qui est en libre communication avec le reste de la chaudière, et, par conséquent, rempli d'eau. De nombreuses traverses maintiennent la distance des parois, et donnent de la solidité à cette partie de la chaudière, qui, n'étant point arrondie, offre moins de résistance que les parties cylindriques. Les deux parois hh' et CD sont percées de deux ouvertures raccordées au moyen d'une espèce de manchon cylindrique l, formant l'ouverture de chargement du foyer. Cette ouverture se ferme extérieurement par une porte, qu'on voit en L (*fig.* II). C'est par cette porte que le chauffeur jette le charbon sur la grille du foyer. La porte L étant fermée, il s'agit de donner issue à la flamme et aux autres produits de la combustion opérée dans le foyer. De nombreux tubes nn', qu'on nomme tubes de chaleur, établissent la communication entre le foyer, la boîte à fumée et la cheminée. Ces tubes sont recouverts par l'eau, et, présentant à celle-ci une grande surface de chauffe, ils contribuent puissamment à l'augmentation de sa température. Ainsi l'eau est chauffée par les parois du foyer et par celles des tubes de chaleur. La *fig.* V, représente en coupe les parois du foyer et du compartiment qui les renferme, les traverses qui les unissent, et les barreaux qui composent la grille ; elle indique aussi la disposition des tubes de chaleur et la forme cylindrique circulaire de la chaudière proprement dite.

Le *tube à vapeur* est placé dans la partie supérieure de la chaudière, celle qu'occupe la vapeur. Il est ouvert à son extrémité O (*fig.* IV), et conduit la vapeur dans les cylindres. La prise de vapeur se fait en O, dans la partie supérieure du dôme E, afin que les secousses de la machine ne puissent jamais projeter l'eau, de manière à la faire pénétrer dans l'ouverture du tube conducteur de la vapeur. Dans l'intérieur du tube, en O', se trouve un robinet régulateur, à l'aide duquel on peut, à volonté, ouvrir ou fermer le passage à la vapeur. La clef de ce robinet se voit en u, au dehors de la machine, à la portée du conducteur qui peut, par conséquent, en la tournant plus ou moins, régler à volonté la quantité de vapeur qui arrive dans le tube OO'O", et, de là, dans les *boîtes de distribution*.

La vapeur étant formée dans la chaudière, le robinet régulateur placé en O' étant ouvert, cette vapeur afflue par les tubes OO'O" et *rr'* dans les *boîtes de distribution pp'p"*, et de là peut agir alternativement sur les deux bases de chaque piston P, au moyen des soupapes à tiroir, qui ouvrent et ferment alternativement les orifices tels que *o* et *o'*, par lesquels la communication s'établit entre la boîte de distribution et les extrémités intérieures des cylindres. Le tiroir *qq'* est animé d'un mouvement rectiligne alternatif, communiqué à sa tige *v* par le mouvement de la machine. Le mouvement alternatif de la tige *v* s'opère au moyen de l'excentrique représenté par la *fig.* VI. Le cercle C indique la position de l'essieu coudé; le cercle *abc* représente l'excentrique, fixé à l'essieu C, et tournant avec lui. Le centre du cercle *abc* n'étant pas sur l'axe de rotation de l'essieu, les distances de cet axe aux divers points de la circonférence *abc* sont inégales, et le point *a* est le plus éloigné. L'excentrique est entouré d'un anneau métallique dans lequel il tourne à frottement doux. La rotation de l'excentrique fait décrire au point *a* la circonférence *aa'a"a'''*, et imprime à cet anneau un mouvement alternatif, qui se communique à la tige *v* du tiroir, au moyen de la tige TT et du levier *xyz*.

Dans la position de l'excentrique représentée par la figure VI, l'extrémité *a* du plus grand rayon G*a* se trouvant au haut de la circonférence *aa'a"a'''*, le tiroir ferme à la fois les deux orifices *o* et *o'*; le piston est alors parvenu à la limite de sa course vers la droite, et le rayon de la manivelle coudée, mue par le piston, se trouve dans la direction C*a'*, perpendiculaire à C*a*. Lorsque le point *a* de l'excentrique parvient en *a'*, l'orifice *o'* est en communication avec la boîte de distribution, l'orifice *o* est en communication avec le dessous *s* du tiroir, et avec le canal de sortie *s'*, par lequel la vapeur qui se trouve à la gauche du piston se rend dans la cheminée. La vapeur agit alors à la droite du piston, qui, dans cet instant, se trouve au milieu de sa course de droite à gauche. A l'arrivée du point *a* en *a"*, les orifices *o* et *o'* sont de nouveau fermés à la fois, le piston est parvenu à la limite de sa course vers la gauche, et le rayon de la manivelle mue par le piston se trouve dans la direction C*a'''*. Le point *a* étant parvenu en *a'''*, l'orifice *o* est en communication avec la boîte de distribution, et l'orifice *o'* l'est avec le canal de sortie *s'*; la vapeur agit à la gauche du piston, qui à son tour presse la vapeur qui se trouve à sa droite, et la refoule vers le canal *s'*. On voit donc qu'à chaque révolution de l'essieu coudé, le jeu de l'excentrique et du tiroir amène la vapeur alternativement sur les deux bases du piston, ce qui produit deux courses en sens contraires; ces deux courses du piston agissent, en tirant et en poussant alternativement, sur le rayon R (*fig*. IV) de la manivelle coudée, au moyen de la bielle S, et font faire à l'essieu un tour complet. Le jeu du tiroir produit le mouvement du piston et de l'essieu, et la rotation de l'essieu et de l'excentrique produit le mouvement alternatif du *tiroir*.

Comme il y a deux pistons et deux manivelles coudées, il y a aussi deux excentriques. Nous avons vu que, pour que la vapeur agisse sans intermittence sur l'essieu coudé, il faut que les coudures soient dans des directions perpendiculaires entre elles, afin que les pistons soient, au même instant, l'un au milieu, et l'autre à la fin de sa course. Il s'ensuit que les grands rayons C*a* (*fig*. VI) des excentriques, respectivement perpendiculaires aux rayons des coudures, sont aussi perpendiculaires entre eux. La tête de la tige de chacun des pistons glisse entre les guides horizontaux qu'on voit en GG' (*fig*. I), pour maintenir leur mouvement dans la direction de l'axe du cylindre.

Pour expliquer comment on produit le mouvement de la machine en arrière, considérons la position du piston (*fig*. IV). La vapeur agit à sa gauche, le fait tirer sur la bielle, et fait avancer la machine de gauche à droite. Supposons qu'on déplace le tiroir, qu'on dirige l'action de la vapeur sur la droite du piston, il est évident qu'alors le piston se mouvra de droite à gauche, agira sur la manivelle R, au moyen de la bielle S, et imprimera à la machine un mouvement rétrograde de droite à gauche. On voit par là que, pour changer le sens du mouvement de la machine, il faut changer le jeu des tiroirs, en donnant aux grands rayons des excentriques des positions diamétralement opposées à celles qu'ils avaient d'abord sur l'essieu qui les porte. Ce changement s'opère au moyen du mécanisme qui lie chaque excentrique à l'essieu. Quelquefois l'essieu porte quatre excentriques; deux servent à produire le mouvement dans un sens, et les deux autres servent au mouvement contraire. Afin que le conducteur de la machine puisse, au besoin, mouvoir lui-même les tiroirs, indépendamment de tout mouvement de l'essieu coudé, les tiges des excentriques ne sont pas invariablement attachées aux leviers qui font mouvoir les tiges des tiroirs; elles sont seulement unies par une encoche qu'on voit indiquée en *x* (*fig*. VI). Au moyen d'une tige *mn* (*fig*. I), mue par la manivelle *ml*, du levier *npq* et de la tringle *qr*, le machiniste peut soulever les tiges des excentriques et dégager l'encoche. Alors les tiroirs sont libres de se mouvoir indépendamment de l'essieu; et, au moyen de deux leviers, dont les poignées sont vues en TT, et qui communiquent par les tiges *tt'* avec celles des tiroirs, on peut donner à ceux-ci, avec la main, le mouvement qui convient à l'effet qu'on veut obtenir. Il existe de nombreux moyens pour atteindre le même but. Celui que nous venons d'indiquer, quoique imparfait, à certains égards, est d'une si remarquable simplicité qu'il a été généralement adopté. Il est connu sous le nom de *coulisse de Stephenson*.

Lorsque la machine est en mouvement sur les rails, elle fait une consommation d'eau qui peut être de 20 à 30 litres par minute. Cette consommation doit être réparée à chaque instant, afin de maintenir l'eau au niveau qu'elle doit avoir dans la chaudière. Ce niveau est de la plus grande importance, et réclame une attention soutenue de la part du machiniste. En effet, si ce niveau venait à baisser au point de laisser des surfaces de chauffe exposées à nu à l'action du feu, ces surfaces seraient portées promptement à une très haute température (page 594) et il pourrait y avoir explosion, malgré le secours des soupapes de sûreté.

Le niveau de l'eau dans la chaudière peut être vérifié à volonté, au moyen de deux robinets *r* et *r'* (*fig.* I), disposés sur le côté de la chaudière et à la portée du conducteur. Le premier, qui est le plus élevé, doit toujours donner de la vapeur, sans quoi le niveau serait trop haut, et il faudrait ralentir l'introduction de l'eau; le second, qui est le plus bas, doit toujours donner de l'eau, sans quoi le niveau serait trop abaissé, et il faudrait activer l'introduction. Le conducteur peut, d'un instant à l'autre, tourner ces robinets pour s'assurer de l'état de la chaudière. De plus, un niveau d'eau NN' (*fig.* II) est fixé à l'arrière de la machine, sous les yeux du conducteur, auquel il donne une indication approximative de l'état de la chaudière. Ce niveau se compose d'un tube de verre *tt'* (*fig.* VII), encastré à ses deux extrémités dans deux viroles à robinets *v* et *v'*, communiquant avec l'intérieur de la chaudière. Lorsqu'on ouvre les robinets *r* et *r'*, l'eau afflue dans le tube par la partie inférieure, et la vapeur par la partie supérieure; la pression étant la même, l'eau prend le même niveau dans le tube et dans la chaudière. Le robinet *s* sert à vider l'appareil.

L'alimentation de la chaudière s'opère au moyen de deux pompes aspirantes et foulantes symétriquement placées au-dessous de la chaudière. L'une de ces pompes se voit en XX'YY'Z (*fig.* I). XX' est le tuyau d'aspiration, YY' le corps de pompe, et Z le tuyau par lequel l'eau est refoulée dans la chaudière. Le tuyau d'aspiration prend l'eau dans le fourgon d'approvisionnement qui suit la machine. Il porte un robinet X, mû par une clef, dont la poignée est à la portée du conducteur, qui peut, à volonté, activer ou ralentir le passage de l'eau. Le piston de cette pompe est un cylindre métallique, qui traverse une boîte à étoupes et n'exerce aucun frottement sur le corps de pompe. La tige de ce piston est liée à celle du piston moteur, de sorte que l'une mène l'autre et règle son mouvement. Afin de pouvoir s'assurer que l'eau arrive effectivement dans le corps de la pompe, on y adapte un robinet de sûreté qui s'ouvre et se ferme au moyen d'une tige yy. On reconnaît que la pompe fonctionne bien lorsque, le robinet étant ouvert, l'eau refoulée par l'action du piston produit un jaillissement.

La machine porte deux *soupapes de sûreté* S et S' (*fig.* I), dont l'une est placée hors de la portée du conducteur, afin qu'il ne puisse la surcharger dans l'intention d'obtenir de la machine un plus grand effet. La *fig.* VIII représente l'un de ces appareils. La soupape proprement dite s ferme hermétiquement l'ouverture et peut se mouvoir de bas en haut par l'action de la vapeur, pour donner issue à celle-ci, lorsque la force de tension est plus forte que la pression exercée sur la soupape. Le levier *abc*, qui opère cette pression, est fixé en a par un axe autour duquel il peut tourner; il porte en b une tige verticale au moyen de laquelle il presse la soupape; son extrémité libre c est engagée sur une tige taraudée t, et se trouve maintenue par un écrou *ee'*. L'extrémité inférieure de la tige porte une traverse *rs*, et peut comprimer plus ou moins un ressort à boudin renfermé dans un tube, auquel on adapte une plaque à rainure divisée *pq*. La traverse *rs* se termine par un style ou index qui se meut dans la rainure et se voit au dehors. En tournant dans un sens ou dans l'autre l'écrou qui se meut sur la tige t, on bande ou l'on débande le ressort, et par là on augmente ou on diminue à volonté la pression que le ressort exerce à l'extrémité du levier, et par suite sur la soupape; le style indique le degré de cette pression. La pression sur la soupape est à la pression en c comme la distance *ac* est à la distance *ab*. Les soupapes de sûreté ont pour but de laisser échapper la vapeur dans l'atmosphère, aussitôt que sa force de tension atteint une certaine limite, au delà de laquelle il pourrait y avoir danger pour la chaudière. Elles peuvent servir aussi à mesurer la tension actuelle de la vapeur, en les desserrant convenablement, jusqu'au point où la vapeur de la chaudière peut mouvoir la soupape.

Un sifflet V, dit sifflet d'avertissement (*fig.* I), est fixé à la partie supérieure de la chaudière. La *fig.* IX le représente; il consiste en une sorte de gobelet renversé, contre les rebords duquel on peut, en ouvrant un robinet, faire arriver la vapeur qui, en s'y précipitant avec force, produit le sifflement.

Enfin quelques autres ouvertures existent à la chaudière, servant à différents usages. La chaudière porte à sa partie supérieure une ouverture U (*fig.* I et IV) qu'on appelle *trou d'homme*, par laquelle un homme peut pénétrer dans l'intérieur de la chaudière, lorsque quelque réparation l'exige. Cette ouverture est fermée par un couvercle boulonné. Au-dessous de la chaudière, vers le milieu, se trouve une autre ouverture pareillement fermée par une plaque boulonnée, et par laquelle on peut faire

GEORGES STEPHENSON (page 699).

sortir tous les dépôts qui se font dans la chaudière. Deux robinets R et R′ (*fig*. II) sont placés à la partie inférieure de la face d'arrière, et servent à vider la chaudière de tout ce qu'elle contient; ils ne peuvent être ouverts qu'avec une clef particulière. Les robinets r et $r′$ (*fig*. III) servent à vider l'eau qui pénètre quelquefois dans les cylindres des pistons. Le *trou à boue* est une ouverture O (*fig.* I) pratiquée au double fond du foyer, fermée par un bouchon métallique taraudé, et sert à nettoyer le double fond en y injectant de l'eau avec une pompe.

TYPES ACTUELS DE LOCOMOTIVES. — Les types de locomotives sont aujourd'hui excessivement nombreux; chaque pays, chaque compagnie en essaye tous les jours de nouveaux. Il appartient à des ouvrages spéciaux d'entrer dans les détails qui différencient les divers systèmes. Nous nous bornerons à citer, d'après M. Guillemin, les trois grandes catégories dans lesquelles peuvent rentrer les différentes locomotives qui parcourent les grandes lignes:

Fig. 333. — LOCOMOTIVE CRAMPTON.

Ce sont : les *machines à voyageurs*, exclusivement affectées au service de la grande vitesse; les *machines à marchandises*, exclusivement affectées au service de la petite vitesse; les *machines mixtes*, employées au service des voyageurs ou des marchandises indifféremment.

Les machines à voyageurs marchent avec la vitesse effective minimum de 40 kilomètres à l'heure; mais elles atteignent le plus souvent une vitesse de 60 à 75 kilomètres, et même de 80 kilomètres à l'heure. Cette vitesse s'obtient en donnant aux roues motrices un diamètre considérable et aux cylindres

Fig. 334. — LOCOMOTIVE ENGERTH.

une faible longueur. Le type le plus tranché de cette catégorie est la locomotive *Crampton* (*fig.* 333). Une grande stabilité, qui tient à l'abaissement du centre de gravité général et à l'écartement de l'essieu, une haute puissance de vaporisation, puisque la surface de chauffe a plus de 100 mètres carrés, enfin une grande facilité de surveillance en marche, sont les caractères qui la distinguent.

La seconde catégorie de locomotives remorque de lourds convois de marchandises, mais à faible vitesse. Contrairement à celles employées dans les machines à voyageurs, celles-ci ont des roues de petit diamètre et des cylindres de grandes dimensions, qui permettent au piston une plus longue course. En outre, chose importante, les roues motrices sont réunies par le moyen d'une bielle d'accouplement avec une ou plusieurs roues, souvent avec toutes. La vitesse de ces locomotives ne dépasse guère 30 kilomètres à l'heure ; mais la charge remorquée sur un chemin où les

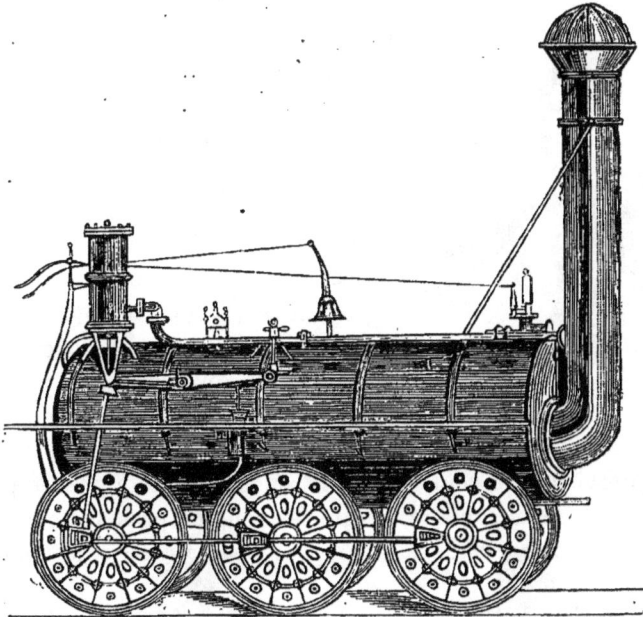

Fig. 335. — Le « Royal-George ».

rampes maximum sont de 0ᵐ,005 peut aller jusqu'à 45 wagons, chargés chacun de 10,000 kilogrammes. Le type extrême de cette locomotive est l'*Engerth*, employée par le chemin de fer du Nord (*fig.* 334). Le tender est en partie réuni à la locomotive, qui porte, dans des caisses entourant le foyer, une partie de l'eau nécessaire à l'alimentation. La surface de chauffe est considérable, à cause de la longueur du corps cylindrique et des tubes, et aussi des dimensions exceptionnelles du foyer.

La troisième catégorie comprend les locomotives destinées à un service de moyenne vitesse, et remorquant, soit de forts trains de voyageurs, soit des convois ordinaires de marchandises, soit enfin des trains composés de voitures de voyageurs et de wagons. Leur vitesse varie entre 35 et 40 kilomètres, et la charge est de 20 à 24 véhicules.

Les premières machines construites étaient portées sur quatre roues seulement. La première locomotive à six roues accouplées fut une machine anglaise (*fig.* 335), le *Royal-George*. La principale raison qui motiva cette disposition fut qu'avec six roues, on peut accroître jusqu'à moitié le poids de la machine, sans que les rails aient à supporter une charge plus lourde; de là, possibilité d'augmenter dans une proportion correspondante la puissance des machines. On pare aussi au danger terrible qui résulte de la rupture d'un essieu dans une locomotive à quatre roues. La machine bascule alors, laboure la voie, déraille et entraîne la perte du train qu'elle remorque. L'effroyable catastrophe arrivée ainsi, sur le chemin de fer de Versailles, le 8 mai 1842, montre combien il importe d'augmenter le nombre des essieux.

Fig. 336. — LOCOMOTIVE AMÉRICAINE.

Il y a aussi les machines sans tender, dont l'emploi est général pour le service des gares ou de banlieue. En supprimant le tender, en rassemblant sous le cylindre toutes les roues de manière à les charger d'un poids égal, en donnant à ces roues un petit diamètre, en pla- çant sur la machine des caisses à eau et une provision de coke suffisante, on obtient une grande puissance de traction et de démarrage, ce qui les rend propres aux manœuvres multipliées, et une grande facilité pour pénétrer dans les parties d'un espace restreint d'une gare.

Citons, en terminant, les *locomotives américaines* (*fig.* 336). Dans ces locomotives, les deux roues d'avant, d'un très petit diamètre, sont indépendantes des roues d'arrière, et leurs essieux peuvent prendre une direction oblique à celle des essieux des autres roues. La cheminée a la forme d'un cône évasé, dont l'ouverture supérieure est recouverte d'un tamis métallique laissant passer la vapeur et la fumée, mais arrêtant les étincelles nombreuses qui proviennent de la combustion du bois. La cabine du mécanicien est construite pour l'abriter contre les intempéries. De plus, la locomotive porte un appareil appelé chasse-bœuf (*cow-catcher*), destiné à écarter de la voie les buffles, qui, dans la traversée de *la Prairie*, par exemple, se présentent en masses épaisses; et, en outre, une cloche que le mécanicien fait sonner à l'approche d'un passage à niveau.

CHEMINS DE FER PORTATIFS. — La question des transports à *grande* *distance* des matières lourdes et encombrantes, dit M. Turgan dans son *Histoire des grandes usines*, se trouve à peu près résolue par la navigation fluviale et par l'immense réseau de chemins de fer qui sillonne aujourd'hui tous les pays industriels. Il n'en est pas de même des charrois à *petite distance*, nécessaires dans l'agriculture et l'industrie, et qui sont cause d'une élévation considérable dans le prix de production de beaucoup de marchandises. Or, comme l'industriel ne peut à sa volonté faire monter le prix des produits qu'il fabrique, il doit apporter toute son attention à produire aussi économiquement que possible, et à l'époque où nous

sommes arrivés, les machines de tous genres ont été tellement perfectionnées qu'il faut chercher à améliorer l'outillage à un autre point de vue, trop négligé jusqu'ici, c'est-à-dire en organisant des moyens de transport économiques dans les charrois à petite distance.

Jusqu'ici, toutes les tentatives qui avaient été faites pour établir les petites lignes d'usines n'avaient pas donné de

Fig. 337.

LOCOMOTIVE DU CHEMIN DE FER DECAUVILLE
A PETIT-BOURG (SEINE-ET-OISE).

résultats satisfaisants, parce que l'on construisait ces petites voies de la même façon que les grandes lignes des compagnies, et, s'il était possible d'établir ainsi une voie droite, la difficulté devenait telle, quand on arrivait aux courbes et aux croisements, que, la plupart du temps, on renonçait à ces installations si utiles. Quelques industriels, plus persévérants, réussissaient à se procurer un ouvrier poseur, formé sur les grandes lignes, ouvrier spécial fort coûteux, avec lequel on menait à bien la première installation, mais que l'on ne pouvait conserver pour les réparations qui se présentaient à mesure que les traverses en bois pourrissaient; et ces réparations mal faites rendaient au bout de peu de temps la ligne absolument impraticable.

Pour rendre les petits chemins de fer réellement pratiques dans les usines et dans les exploitations agricoles, minières, forestières, il fallait donc trouver un système dans lequel le bois fût absolument proscrit et

dont toutes les parties, voie droite, voie courbe, croisements, fussent construits d'une seule pièce, et pussent être livrés à la demande de chaque
industriel, sans qu'il y eût besoin d'envoyer aucun ouvrier spécial pour en
faire le montage.

C'est ce problème qui a été résolu de la façon la plus complète et la
plus satisfaisante par M. Decauville aîné, ingénieur-constructeur à Petit-
Bourg (Seine-et-Oise).

Fig. 388. — TRAVAUX D'AGRANDISSEMENT DE LA GARE DE REUILLY.

Ce nouveau chemin de fer est basé sur le principe de la division des
charges et de leur fractionnement raisonné sur un grand nombre d'essieux, de telle sorte que les accidents habituels des chemins de fer, c'est-à-
dire les déraillements, n'ont plus aucune importance, l'homme étant plus
fort que son wagon et le remettant instantanément sur la voie au lieu de
perdre son temps à attendre du secours.

Lorsqu'il s'agit de charges fractionnables, comme les produits des
mines, des briqueteries, des fermes, etc., on divise la charge en fractions
de 250 à 500 kilogrammes, mises chacune sur un petit wagon à deux
essieux; s'il s'agit, au contraire, de charges non fractionnables, comme
les canons d'un fort, on répartit la charge sur deux wagons à fourche

pivotante, ayant chacun deux ou trois essieux. L'ensemble de ce nouveau chemin de fer a été appelé *porteur*, et sa particularité la plus importante, c'est que les rails ne faisant qu'une seule pièce avec les traverses et les éclisses, la voie peut instantanément être établie n'importe où, et enlevée, transportée et réinstallée avec la plus grande promptitude.

La voie se compose de travées de 5 mètres en rails fabriqués spécialement pour cet usage. Ils sont la miniature des gros rails des compagnies avec une largeur de patin aussi grande que possible, et arrivent par con-

Fig. 339. — CHEMIN DE FER DE PETIT-BOURG.

séquent à la plus grande résistance que puisse obtenir le fer travaillé. La locomotive (*fig.* 337) est une locomotive en miniature, les wagons sont lilliputiens, et, néanmoins, leur force est assez grande pour que l'application en ait été faite industriellement dans les travaux d'agrandissement de la gare de Reuilly (*fig.* 338). A l'usine de Petit-Bourg, près de Corbeil, fonctionne également un petit chemin de fer, sur une voie de 0ᵐ,50, pour le transport des voyageurs, et les résultats obtenus l'ont fait adopter par le Jardin d'acclimatation du bois de Boulogne, pour le parc du casino d'Arcachon, etc. (*fig.* 339). L'application la plus extraordinaire qui ait encore été faite de ce petit chemin de fer a lieu en ce moment dans l'Afrique équatoriale.

La Société de géographie cherchait depuis longtemps à s'assurer si le fleuve Ogôoué communique réellement au fleuve Congo par un de ses

affluents, comme le font supposer certains voyageurs, dont le témoignage
est cependant mis en doute. Une expédition, formée sous son patronage
et ayant à sa tête M. Savorgnan de Brazza, enseigne de vaisseau, accompagné du docteur Balay et de M. Mizon, enseigne de vaisseau, avait déjà
tenté de remonter l'Ogôoué avec des chaloupes à vapeur qui pouvaient se
démonter pour franchir les rapides, très fréquents sur ce fleuve; et,
après démontage, c'est sur le dos des nègres que toutes les pièces devaient
être portées, quelquefois pendant deux ou trois cents mètres, mais le plus
souvent pendant plusieurs kilomètres, pour retrouver le fleuve navigable.

Fig. 340. — PASSAGE D'UN RAVIN AU MOYEN DES CHEMINS DE FER DECAUVILLE.

Les difficultés devenaient telles, à mesure que l'on avançait, que la
dernière expédition dut s'arrêter définitivement devant les rapides appelés
les Roches-de-Cristal et eut beaucoup de peine à redescendre l'Ogôoué
jusqu'à l'estuaire du Gabon.

A leur retour en France, le docteur Balay et M. Mizon entendirent
parler des chemins de fer portatifs Decauville et pensèrent qu'ils pourraient peut-être en tirer parti dans une nouvelle expédition. Ils vinrent
donc à Petit-Bourg le 26 octobre 1880. M. Decauville leur proposa immédiatement de transporter leurs chaloupes sans les démonter et avec
leur petite cargaison. La proposition fut acceptée, et les dernières nouvelles reçues permettent de croire que le résultat cherché par les hardis
explorateurs pourra être atteint, la grande difficulté du transport des
chaloupes et des bagages étant vaincue (*fig.* 340).

Machine à vapeur pour la fabrication du papier (page 733).

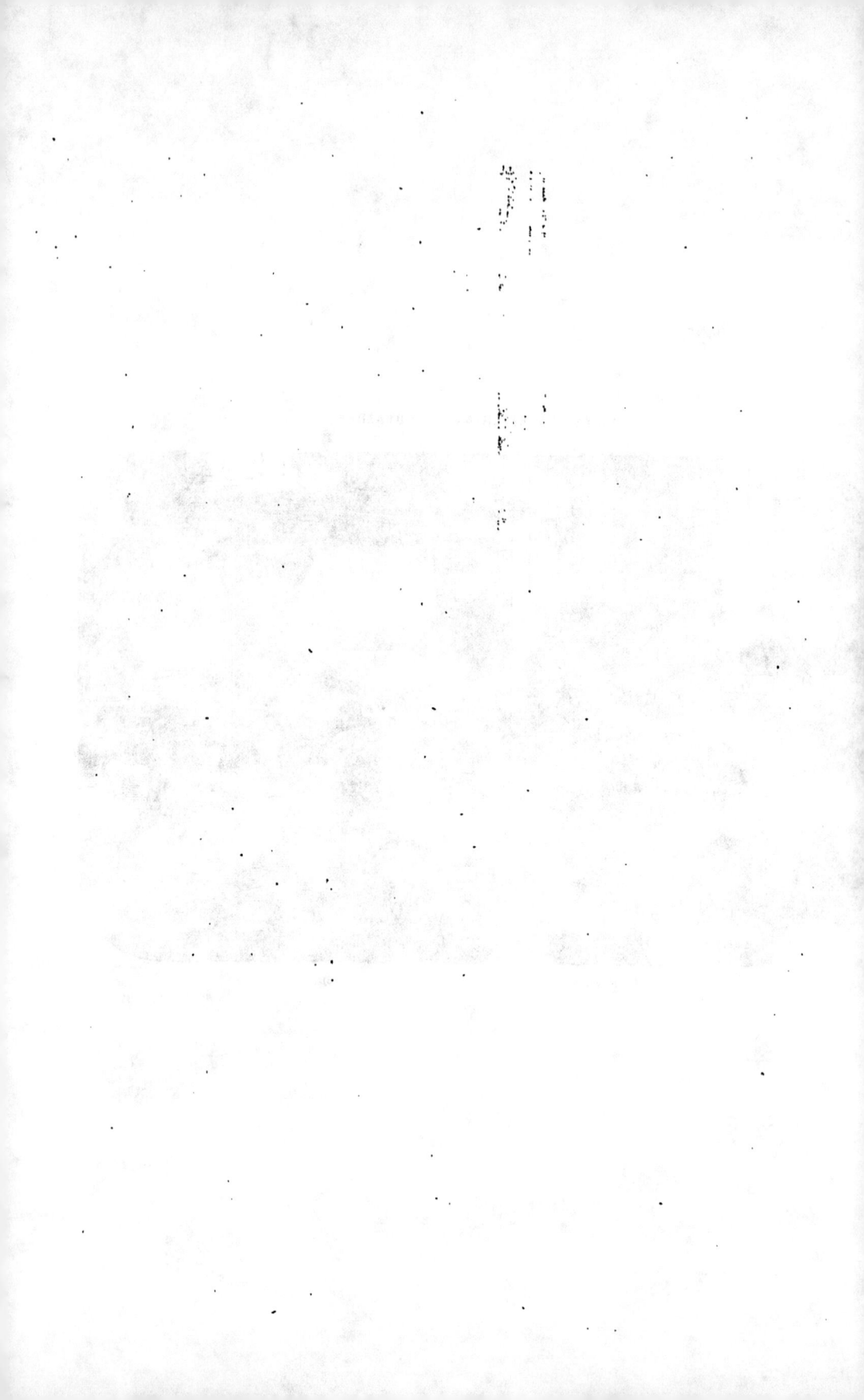

Ajoutons que M. Decauville a fourni les 106 kilomètres que le gouvernement russe emploie pour les transports de troupes dans le Turkestan, et qu'il livre en ce moment le matériel nécessaire aux travaux du canal de Panama, des chemins de fer du Sénégal, des ports de Sébastopol, de Newhaven, etc.

VOITURES A VAPEUR. C'est de 1873 que date, chez nous, l'ère des *tramways*. Presque aussitôt, l'esprit de spéculation se passionna de cette idée nouvelle, comme il est d'usage. Puis les inventeurs se sont ingéniés à découvrir un mode de traction mécanique, et nous avons parlé ci-dessus du tramway à air comprimé (page 326). Mais, jusqu'à présent, la machine à vapeur s'est montrée supérieure à tous les autres moteurs. Lorsque, en 1861, les ingénieurs du service municipal s'avisèrent de montrer sur les boulevards de Paris un rouleau compresseur mu par la vapeur, le préfet de police crut devoir imposer la condition que cet appareil ne circulerait que la nuit, afin d'éviter les accidents. Les chevaux s'effrayent, en effet; mais l'éducation des chevaux se fait aussi bien que celle des hommes. Nous avons vu les petites locomotives des tramways circuler à toute heure du jour sur certains boulevards, et, s'il y a eu des accidents, ils ont été en petit nombre. Ce n'est point à cela qu'est dû leur remplacement par la traction avec des chevaux; mais seulement parce qu'ils coûtaient plus cher. Aussi, certainement ils reparaîtront, perfectionnés de telle sorte que le prix de revient du transport soit inférieur. Ce n'est donc point les voitures publiques à vapeur qu'il faut ambitionner, elles seront bientôt établies; mais bien les voitures particulières, les voitures de famille.

Il est évident que le temps n'est pas loin où nous aurons de véritables voitures à vapeur, circulant dans les rues aussi docilement que les fiacres et les omnibus. Nous avons tous vu, entre autres, en 1875, une voiture à vapeur se promener sur les boulevards extérieurs et se diriger dans tous les sens avec une facilité remarquable. M. Tresca, membre de l'Académie des sciences, avait pris place dans cette voiture et a fait connaître le résultat de l'expérience. Cette voiture avait été combinée par M. Bollée, constructeur au Mans, dans le but de faire ses courses, de conduire ses matériaux à la gare du chemin de fer, et de lui servir, à l'occasion, de voiture de chasse et de voyage. Avec les provisions d'eau et de charbon, elle pèse 4,000 kilogrammes, 4,800 avec douze voyageurs. Ce poids est porté, savoir : 3,500 kilogrammes sur les deux roues motrices de $1^m,18$ de diamètre et $0^m,12$ de largeur de jante, les 1,300 kilogrammes restants sur les deux roues d'avant-train de $0^m,95$ de diamètre. A l'arrière se trouve une chaudière verticale : diamètre, $0^m,80$; hauteur,

1 mètre. Elle alimente quatre cylindres groupés deux par deux entre les roues, sous un angle de 45°. Chaque groupe commande une paire de roues par l'intermédiaire d'un engrenage et d'une chaîne sans fin. Les pistons ont 0^m,10 de diamètre et 0^m,16 de course. A l'avant du véhicule sont réunis tous les organes de commande à la disposition du conducteur. Le service de la chaudière est exclusivement confié à un chauffeur. Le conducteur, à l'aide de pédales, règle l'entrée de la vapeur dans les cylindres, accélérant ou retardant ainsi la vitesse de marche : une coulisse Stephenson lui permet au besoin de reculer le véhicule. La main droite repose constamment sur le gouvernail, qui agit sur les roues d'avant-train. La machine parcourt facilement 20 kilomètres en plaine, 12 à 15 kilomètres sur les voies fréquentées ; elle maintient une vitesse de 9 kilomètres sur des rampes de 5 centimètres par mètre, et peut même y remorquer une voiture du même poids que le sien. Elle n'évolue pas certainement aussi facilement qu'un de nos fiacres parisiens, mais plus facilement qu'un omnibus, par suite de la suppression de la flèche et de l'attelage. Elle s'arrête, repart, se range, évite avec une surprenante précision les autres voitures. En réduisant les dimensions, en employant la vapeur sous haute pression, on parvient à la vraie voiture de promenade : on pourra la guider aussi facilement que le premier cocher venu conduit ses chevaux. C'est le véhicule de l'avenir.

Depuis, en 1881, une nouvelle voiture à vapeur a été imaginée par M. L. de Cambiaire, et essayée avec succès à Lavaur (Tarn).

L'appareil est un chariot à siège transversal, porté par quatre roues de 0^m,30, et pourvu d'un avant-train. La force motrice s'exerce sur l'essieu des roues d'arrière par l'intermédiaire de deux chaînes mises en mouvement par un arbre parallèle à l'essieu, et actionné lui-même par les cylindres moteurs. Le générateur se compose d'un cylindre en cuivre rouge de 0^m,20 de diamètre, surmonté d'un dôme de vapeur également en cuivre et du même diamètre. Sur le cylindre en cuivre rouge, qui sert de réservoir de vapeur, est placé un coffre en forme de tronc de cône, qui contient plusieurs tubes en hélice en forme de serpentins. La caisse du foyer s'emboîte dans le coffre, et les serpentins reçoivent l'action directe du foyer. Cette caisse peut être descendue ou détournée sur la droite, au moyen d'une manivelle. La chaudière ne contient pas plus de deux à trois litres d'eau chaude. L'appareil présente une sécurité complète et peut porter une demi-douzaine de personnes.

Nous verrons ci-après les appareils de M. Trouvé, entre autres, appliquant des moteurs électriques à ces véhicules de famille, destinés, nous le répétons, à remplacer nos fiacres et nos calèches.

MARTEAU-PILON. — « La famille des Naesmyth est d'origine écossaise : lors des querelles qui éclatèrent si souvent entre les rois d'Écosse et leurs puissants sujets les comtes de Douglas, une rencontre eut lieu près d'un village des frontières. Le parti royal fut vaincu et dispersé. L'un des fuyards se réfugia dans une forge voisine ; il avait à peine eu le temps de s'affubler d'un tablier de cuir, quand les ennemis firent irruption dans l'atelier. L'ouvrier improvisé se mit à travailler avec ardeur, mais si maladroitement, que le manche du marteau se brisa dans sa main. Un des Douglas s'élança aussitôt sur lui, en s'écriant : « Vous n'êtes pas forgeron ! » (*Yé re nae smyth*). Se voyant reconnu , l'homme de guerre tira son épée, qu'il avait cachée près de lui, et se défendit vigoureusement ; il tua son agresseur, tandis que le maître assommait un autre assaillant. Quelques soldats étant alors survenus, les ennemis furent obligés de s'enfuir. L'armée royale parvint à se rallier, retourna au combat, et sa défaite momentanée devint une victoire. Le roi concéda un domaine à son fidèle soldat qui prit le nom de Naesmyth (*Vous n'êtes pas forgeron*) (1). »

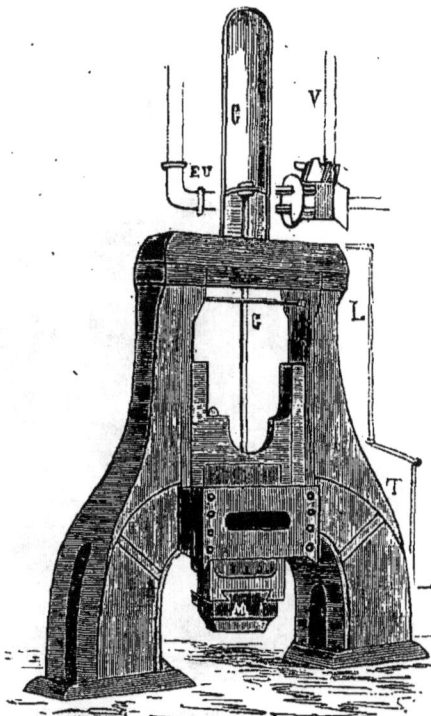

Fig. 341. — MARTEAU-PILON.

Le descendant de ce guerrier qui montrait un si grand dédain pour la métallurgie est précisément Naesmyth, que l'on peut appeler à juste titre le Forgeron du XIXe siècle, et l'inventeur du *marteau-pilon* (2).

Pour forger de grosses pièces, on avait reconnu l'insuffisance du marteau à main : le marteau de forge fut inventé ; il était habituellement mû par l'eau, ou bien par des chevaux ou des bœufs. On se servait aussi de *martinets*, dont les plus petits étaient mis en mouvement par le pied.

---

(1) Émile Jouveaux, *Histoire de quatre ouvriers anglais.*

(2) Cependant M. Naesmyth n'est pas le seul ingénieur qui ait des titres à cette invention. On cite encore M. Cavé, et, d'après Poncelet, ce serait même à M. Bourdon que reviendrait la priorité.

Watt en inventa un d'une puissance considérable, auquel une roue hydraulique servit d'abord de moteur, et, plus tard, une machine à vapeur, réglée
au moyen d'un volant qui pesait sept quintaux et demi et donnait trois
cents coups à la minute; mais il n'y eut de changement essentiel que
vers 1837, époque à laquelle fut trouvé le marteau-pilon mû par la vapeur.

Ce marteau est un énorme mouton de fonte M (*fig.* 341) dont le poids
atteint jusqu'à 15,000 kilogrammes, se mouvant entre deux montants ou

Fig. 342. — LOCOMOTIVE MILITAIRE.

glissières A et B, suspendu à la forte tige C du piston d'un cylindre où
la vapeur peut pénétrer à volonté. Celle-ci arrive par le tuyau V, et, de
là, par une lumière pratiquée au bas du corps de pompe, sous le piston,
qui est alors chassé de bas en haut par la force élastique du fluide.
A l'aide d'un levier L, on agit sur une tige T qui abaisse un tiroir latéral,
et la vapeur s'échappe par une cheminée UE. La vapeur agit ici par
simple effet; mais on construit des marteaux-pilons où elle sert à la fois
à soulever l'énorme masse et à la précipiter dans sa chute.

A l'usine d'Essen (Prusse), où se fondent les fameux canons Krupp,
le marteau-pilon pèse 50,000 kilogrammes et a coûté plus de trois millions
à établir.

LOCOMOTIVE MILITAIRE. — On vient de faire des expériences intéressantes sur l'application des *locomotives routières* aux transports militaires de seconde ligne, parcs d'artillerie, approvisionnements, ambulances, etc. Les Allemands s'étaient déjà servis, en 1870, d'une locomotive routière entre Nanteuil et Villacoublay, pour aider au transport du matériel nécessaire au bombardement de Paris. L'essai n'avait pas été très satisfaisant ; les nouvelles expériences sont, au contraire, décisives, en adoptant la locomotive routière Aveling Porter (*fig.* 342). La vitesse de marche ne dépasse pas 6 kilomètres à l'heure, et elle traîne un convoi d'un poids triple du sien, si la pente ne dépasse pas 4 pour 100, double si la pente est de 7 pour 100 ; enfin égal au sien, si la pente est comprise entre 7 et demi et 10 et demi. Dans ce cas, on tourne la difficulté, si la rampe n'est pas très longue, en la lui faisant franchir isolément, et en l'employant ensuite comme machine fixe. On monte les voitures à l'aide d'un câble qui s'enroule sur un cône fixé à l'arbre d'un volant. Si la rampe est longue, on recommence l'opération plusieurs fois. La locomotive peut, dans tous les cas possibles, passer dans les prairies, les terres labourées, sur les routes récemment gelées, ou couvertes de sept à huit centimètres de neige. Enfin elle peut également être utilisée comme force motrice pour charger et décharger les fardeaux. L'armée allemande, l'armée italienne sont pourvues de *locomotives routières*. Il est évident qu'elles remplaceront le train auxiliaire si coûteux.

CANON A VAPEUR. — Parmi toutes les conceptions, toutes les inventions proposées pendant l'horrible guerre de 1870 par un patriotisme exalté, il en fut quelques-unes d'intéressantes qu'il nous semble bon de rappeler. Peut-être tant d'efforts mieux dirigés eussent porté leurs fruits ; chacun s'était mis à la besogne suivant ses moyens, et ce n'est certes pas aux industriels, aux savants, aux ingénieurs que peuvent s'adresser, après la défaite, les reproches et les récriminations.

M. Girard, l'habile ingénieur hydraulicien, qui a été si malheureusement tué par une balle prussienne après le siège, avait mis toutes les ressources de son précieux génie d'invention au service de la défense nationale. On lui doit une mitrailleuse à cheval, un pylône ascenseur pour poste d'observation dans les forts, et un canon à vapeur.

On craignait alors une attaque de vive force et un assaut prochain ; on s'était préoccupé d'empêcher l'ennemi de battre en brèche, et l'on se proposait de le recevoir sous une pluie de feu, en lançant sur les tranchées un liquide inflammable, renfermé dans des bouteilles. La commission des études de défense, présidée par M. l'inspecteur général Reynaud,

avait demandé à M. Girard son projet. Quelques jours après, l'habile ingénieur présentait un appareil qui permettait de lancer des bouteilles
pleines de sulfure de carbone à 200 ou 300 mètres, jusque dans les parallèles de l'ennemi.

Il ne nous est point permis de décrire l'appareil Girard ; qu'il nous
suffise de dire qu'il est basé sur le principe des machines hydrauliques,
mais animé par la vapeur ; il fonctionne avec une extrême douceur et une
grande puissance. L'inventeur, après l'essai de son système, n'a pas
hésité à affirmer que les places fortes trouveraient avantage à se servir
des canons à vapeur. Avec des chaudières à haute pression, de 25 à
50 atmosphères, on remplacerait très utilement, dans certains cas, la
balistique actuelle. L'économie résultante serait importante, puisqu'un
kilogramme de charbon coûte cinquante-six fois moins qu'un kilogramme de poudre et développe une puissance plus de deux fois plus grande ; on parviendrait ainsi à envoyer des projectiles à une distance énorme.

MACHINES PERFORATRICES. — Nous avons déjà parlé (pages 479 et
347) des travaux relatifs au percement du mont Cenis et du mont Saint-
Gothard. Nous dirons un mot de la machine qui a servi à creuser les
roches d'une extrême dureté rencontrées dans le percement de ces tunnels, et qui sont aujourd'hui généralement employées.

Pour pratiquer des trous dans le roc, il y a différents procédés. Le
plus ancien est celui de la percussion accompagnée d'un mouvement de
rotation intermittente de l'outil. Dans d'autres cas, l'outil avance en tournant d'une manière continue. Enfin, il y a un troisième type dans lequel
l'outil avance et tourne d'une manière continue en formant un canal annulaire et un noyau central que l'on détache ensuite.

Il y a une vingtaine d'années, l'outil à forer était manœuvré presque
exclusivement à la main. On frappait directement avec un marteau pour
faire avancer l'outil, ou bien celui-ci, après avoir reculé sous l'action d'un
mécanisme quelconque, était lancé en avant par un ressort. On eut ensuite
l'idée de se servir d'un cylindre à vapeur ou à air comprimé, en reliant
l'outil à la tige du piston qui produisit ainsi la percussion, le mouvement
de rotation étant obtenu de différentes façons.

Telle qu'on la construit ordinairement, la machine perforatrice se compose d'une machine à double effet (*fig.* 343) ; l'outil à forer s'assemble
directement avec la tête du piston. La distribution doit être aussi simple
et aussi solide que possible. Généralement le mouvement de rotation de
l'outil s'obtient en faisant agir la tige du piston sur une roue à rochet,
munie à cet effet de cannelures intérieures. L'avance de l'outil peut être

obtenue de différentes façons, soit en allongeant la course du piston à chaque coup, soit en faisant avancer le cylindre. Cette avance de l'outil peut être automatique ou réglée à la main ; si elle est automatique, elle peut être

Machines à vapeur de l'imprimerie Vᵛᵉ P. LAROUSSE et Cⁱᵉ, à Paris (page 734).

régulière et indépendante de la dureté de la roche, ou bien, au contraire, varier en raison inverse de cette dureté.

Quant au montage de l'appareil, il dépend de la nature de l'ouvrage. S'il s'agit de creuser des trous verticaux sur une surface horizontale, on

se sert d'un trépied pour disposer l'appareil. Dans le cas d'une galerie,
d'un tunnel, où l'on a des trous horizontaux à percer, la machine est
montée sur une colonne maintenue par des vis qui font pression sur le sol
et sur le toit de la galerie. Dans certains cas, cette colonne est filetée de
manière à permettre de faire monter ou descendre l'appareil. Dans
d'autres cas, la colonne est placée sur un chariot au moyen duquel on
peut lui imprimer un mouvement transversal. Quand on emploie une

Fig. 313. — MACHINE PERFORATRICE.

colonne, on peut disposer également la perforatrice suivant un angle
quelconque par rapport au plan horizontal et par rapport à un plan vertical donné.

La forme des outils varie beaucoup ; les plus employés ont l'extrémité en forme d'X ; pour certaines roches, cependant, la forme en Z convient mieux.

APPLICATIONS DIVERSES. — Les applications de la machine à vapeur
sont innombrables, et il faudrait des volumes pour en parler en détail.
Indiquons-en seulement quelques-unes, remarquables par quelque particularité, et d'abord la *pompe de Behrens, machine à vapeur rotative,* ainsi

nommée parce que la pièce sur laquelle la vapeur agit directement, celle qui correspond au piston des machines à cylindre, reçoit un mouvement qui est immédiatement circulaire et continu (*fig.* 344). Nous avons donné la description de cette machine, de son fonctionnement (*fig.* 174, page 348); il nous suffira ici de dire un mot de la disposition du mécanisme moteur et de la distribution.

Sur les deux arbres parallèles A et B sont fixées deux portions de couronne massive C et D, jouant le rôle du piston dans les machines ordinaires.

Leurs faces extérieures et convexes s'emboîtent dans le cylindre parfaitement alésé, et leurs faces intérieures et concaves se meuvent autour de deux douilles cylindriques à l'arbre. La forme des différentes pièces est calculée de telle sorte que chacun des pistons, dans son mouvement, vient s'engager dans une entaille concentrique à son arbre de rotation, pratiquée dans la douille fixe de l'autre piston. Il résulte de cette disposition que jamais la vapeur ne peut passer entre l'un des pistons et la douille de l'autre.

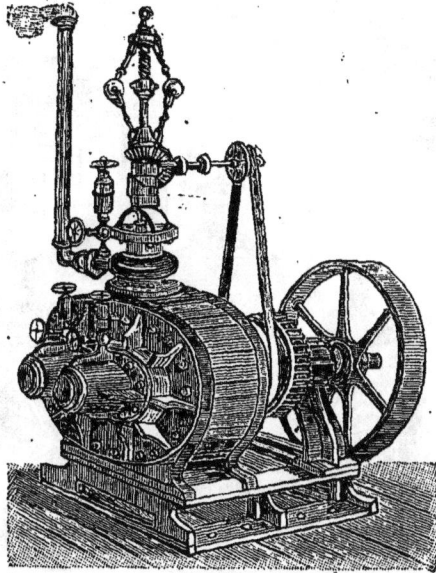

Fig. 344. — POMPE DE BEHRENS.

La vapeur arrive par le tuyau d'admission de la chaudière, pénètre dans l'espace compris entre les deux pistons et la douille. Elle pousse, en s'appuyant sur la face convexe, la face concave du piston, fait tourner ce piston et son arbre. Comme les deux arbres portent extérieurement des engrenages destinés à les faire tourner en sens inverse et avec la même vitesse, chaque arbre se meut en sens contraire du premier. La vapeur agit sur chaque piston pendant un peu plus de la moitié d'un tour, et alternativement chacun des arbres reçoit son mouvement de la vapeur même et de l'autre arbre avec lequel il engrène. L'un des deux arbres est l'arbre moteur de la machine; on le munit d'un volant.

Cette machine rotative est donc une machine à vapeur sans détente et sans condensation; mais il est possible, à l'aide d'une valve convenablement disposée, de la faire fonctionner avec détente.

Comme machines d'épuisement, les *machines à vapeur* ont rendu d'immenses services. En Hollande, plus de 200,000 hectares de terre ont été rendus à la culture ; en Angleterre, l'étendue des terres desséchées dépasse 90,000 hectares. Parmi les grands travaux exécutés à la vapeur, citons, d'après M. Guillemin, le creusement du canal de Suez. Les deux jetées de Port-Saïd ont été construites en blocs artificiels de béton pesant jusqu'à 20,000 kilogrammes chacun, et au nombre de 25,000. C'est la

Fig. 345. — POMPE A INCENDIE AMÉRICAINE A VAPEUR.

vapeur qui donnait le mouvement aux broyeurs employés pour la trituration des matières dont le béton est formé ; c'est la vapeur qui soulevait ces masses. L'*excavateur à vapeur* faisait les déblais et les chargeait sur les vagons ; les *dragues à vapeur* creusaient le canal, et des *pompes à vapeur* versaient sur les débris des volumes d'eau pour les entraîner au loin.

Dans les tailleries de diamant où la vapeur imprime aux meules la prodigieuse vitesse de 25,000 tours à la minute ; dans les brasseries, où elle met en mouvement les pompes qui transvasent les masses liquides ; dans la fabrication du papier (*fig.* à la page 721), dans les tuileries, dans

les fabriques d'orfèvrerie, à la Monnaie de Paris, où la presse de Thon-
nelier (*fig.* 23, page 62) frappe 24,000 pièces à l'heure ; dans les fabriques
de chocolat, de tissus, partout, la vapeur donne un moteur puissant,
régulier, rapide, continu.

Un emploi de la vapeur qui est précieux, et qui promet de prendre
un immense développement dans les grandes villes, est celui qui s'applique à la *pompe à incendie*. C'est en Amérique qu'a fonctionné d'abord
cet appareil (*fig.* 345) qui peut donner 1,000 litres d'eau par minute et
lancer le jet à 45 mètres de hauteur. Depuis, de nombreux constructeurs
ont perfectionné de plus en plus cet instrument. M. Thirion en a construit une, laquelle se compose de trois corps de pompe attelés sur un
même arbre qui reçoit le mouvement des bielles de deux cylindres à
vapeur latéraux. Avec un orifice de 56 millimères, elle donne un jet
portant à 50 mètres.

Citons encore, d'après M. Guillemin, l'application de la vapeur à
l'imprimerie.

C'est en novembre 1814, au moyen d'une presse inventée par
F. Kœnig, qu'eurent lieu les premiers tirages de feuilles imprimées par
la vapeur. Le journal anglais le *Times* avait eu l'honneur et le profit de
ce premier essai, qui permit d'obtenir mille exemplaires à l'heure. Voici
ce que dit M. A.-F. Didot de cette application dans son *Essai sur la
typographie :*

« Dans cette machine, la *forme* ou châssis contenant les types passe
horizontalement, par un mouvement de va-et-vient, sous le cylindre d'impression sur laquelle la feuille de papier est enroulée et retenue par des
cordons. Dans l'origine, l'encre, chassée par un piston de la boîte cylindrique placée au sommet, tombait régulièrement sur deux rouleaux de fer
qui la communiquaient à une série d'autres rouleaux, dont les deux derniers, de cuir, l'appliquaient sur les caractères. Une importante amélioration fut le remplacement du cuir, dont les rouleaux étaient d'abord
recouverts, par une composition de colle forte et de mélasse formant une
substance élastique très favorable à l'impression des caractères. La prise
d'encre et sa distribution furent postérieurement améliorées. Enfin,
M. Kœnig réunit deux machines semblables, de manière à pouvoir imprimer un journal des deux côtés à la fois. La feuille, conduite par les
rubans, était portée d'un cylindre à l'autre en parcourant le chemin dont
la lettre S couchée horizontalement (∽) donne l'idée. Pendant sa course
sur les cylindres, la feuille recevait sous le premier cylindre l'impression
d'un côté, et sous le second cylindre, elle recevait l'impression sur le
deuxième côté. Mais il faut avouer qu'en 1814, lorsque M. Bentley me

montra cette admirable et immense machine, encore fort compliquée, le second côté de la feuille (la *retiration*) ne tombait pas exactement *en registre*. Ce n'est qu'après de longues recherches que MM. Applegath et Copwer sont parvenus à donner à leur presse mécanique un tel degré de perfection, que la feuille conduite par les cordons, après avoir reçu la première impression, passe du premier cylindre sur deux tambours de bois qui la retournent, et va s'appliquer sur le contour d'un second cylindre, avec une telle précision, qu'elle rencontre les types de la seconde forme, juste au même point où se trouvent imprimés du côté opposé les caractères de la première forme ; après quoi, elle vient se déposer sur une table placée entre les deux cylindres, où un enfant la reçoit et l'empile. »

Veut-on savoir à quel degré de rapidité l'impression est parvenue, grâce à l'emploi des presses mécaniques mues par la vapeur ? Voici quelques faits caractéristiques à cet égard.

La presse d'Applegath à huit cylindres, employée à l'impression du *Times*, fournit 11,520 exemplaires à l'heure. Le *New-York Sun*, journal américain, imprimé par la presse Hoe, dont chaque page comprend huit colonnes, renfermant chacune deux cents lignes de quarante lettres, tire de 16 à 20,000 épreuves à l'heure. Le cylindre central sur lequel s'applique la forme a 6 mètres de développement : huit autres cylindres, comme la presse d'Applegath, se chargent successivement des feuilles, et les impriment sur huit faces différentes du cylindre central. A l'aide de seize ouvriers, deux par cylindre, on obtient une quantité de travail qui eût jadis exigé plus de trois cents pressiers. Au moyen des presses Bulock, le *New-York Herald* tire 25,000 exemplaires, ce qui permet aux journalistes de fournir des informations presque jusqu'au moment où le journal est mis en vente : de plus, les feuilles sortent toutes pliées et toutes coupées de la machine.

Ajoutons que, si l'impression mécanique était jadis inférieure au point de vue de l'art typographique, à l'impression faite au moyen de l'antique presse à bras, aujourd'hui elle a été tellement perfectionnée, que les amateurs les plus difficiles auraient de la peine à distinguer les produits des deux modes d'impression.

Nous donnons (page 729) une vue des ateliers de la maison Pierre Larousse, où s'impriment, au moyen de presses mues par la vapeur, des systèmes Wibart et Rebourg, tant de beaux ouvrages, parmi lesquels nous citerons le *Grand Dictionnaire du XIXᵉ siècle*, la *France illustrée*, la *Physique populaire*, etc.

CONSÉQUENCES MORALES DE L'INVENTION DES MACHINES A VAPEUR: — Nous voulons terminer ce chapitre par une citation d'un livre de M. Benjamin Gastineau (1). Cette citation nous semble le complément indispensable de ce que nous avons dit : elle sera la conséquence morale que l'on doit toujours retirer d'une nouvelle étude ; elle répondra à des objections trop souvent répétées, de nos jours encore, par les ennemis de tout progrès :

« La science, après avoir lutté victorieusement contre une série de préjugés se renouvelant comme les têtes de l'hydre, a créé un nouveau monde ; elle a rayé l'esclavage des institutions sociales, consacré la liberté et rendu le bonheur possible à l'homme, qui, affranchi définitivement d'un misérable joug, a laissé et laissera de plus en plus la besogne douloureuse à la machine pour s'élancer dans les hautes sphères de la pensée, assurer son indépendance des hommes et des choses, accroître son bien-être par les inventions brillantes, par les découvertes ingénieuses dans tous les ordres de faits.

» La science et l'industrie, dans leur expression la plus élevée et la plus vraie, sont donc synonymes de délivrance ; elles peuvent, sans trop d'orgueil, se proclamer les libératrices du genre humain. Et, en remontant à la source de tant de progrès, à la cause philosophique de tant de découvertes, de tant de merveilles industrielles, on peut dire avec Diderot : *Tout se réduit à revenir des sens à la réflexion et de la réflexion aux sens...* La philosophie qui s'en dégage est consolante. La science est essentiellement pacifique, solidaire, fraternelle. Elle rapproche les mains, groupe les forces, unit les cœurs, méthodise les vues générales, synthétise les œuvres individuelles qu'elle rattache aux œuvres nationales, et celles-ci à la grande œuvre humanitaire de tous les siècles. La science, par ses applications industrielles, représente le vaste atelier dans lequel chaque nation vient forger son morceau de fer, son chef-d'œuvre, suivant l'expression pittoresque des ouvriers compagnons : elle construit, avec tous les matériaux, tous les produits de la main et de la pensée, l'édifice où tous les hommes, toutes les nations peuvent se contempler victorieuses, rayonnant dans leur force créatrice du bien-être, de l'utile et du beau. »

Enfin, au point de vue économique, nous donnerons les renseignements statistiques suivants, publiés récemment, en Allemagne, par le docteur Engel, et qui nous semblent intéressants.

Dans l'espace de temps qui s'est écoulé entre 1829 et 1879, soit

_____

(1) Benjamin Gastineau, *Les Génies de la science et de l'industrie.* (*Bibliothèque utile,* Germer Baillière, éditeur.)

cinquante ans, il a été construit sur la surface de notre globe 350,000 kilomètres de chemins de fer, pour l'exploitation desquels il a fallu
105,000 locomotives, 210,000 voitures de voyageurs et 245,000 wagons
de marchandises, ayant donné lieu à une dépense totale de 80 milliards
de marks. A ce titre déjà, les chemins de fer font partie des inventions
les plus importantes; mais ce qui ajoute encore à ce titre, c'est l'économie,
de temps, de force et d'espace qu'ils permettent de faire.; L'économie de
temps est prouvée par l'exemple suivant : à la fin du xviii° siècle,
les onze routes principales s'éloignant de Paris, avec une distance totale
de 5,000 kilomètres, étaient parcourues en poste en 1,478 heures; tandis
que les 5,391 kilomètres de chemins de fer, construits à leur place, sont
parcourus, avec une vitesse de 43 kilomètres à l'heure, en 124 heures.

L'économie de force est prouvée par ce fait qu'en moyenne, pour un
mark, on peut obtenir le transport d'un kilogramme, par locomotive à
224,5 kilomètres, par chevaux à 8,5 kilomètres, par hommes à 1,9 kilomètre. D'après la statistique des chemins de fer prussiens, en 1844,
19,603,272 kilomètres furent parcourus pour 3,466,500 marks. En 1878,
8,032,576,014 kilomètres furent parcourus pour 371,540,309 marks. Le
total des kilomètres parcourus pendant tout cet espace de temps s'élève à
87,087,549,083 pour 4,690,985,774 marks. Dans cet intervalle, le prix des
transports est tombé de 15 pf. à 4,5 pf.

En admettant que le transport sans vapeur revienne à 27 pf. par kilomètre, il a été économisé pendant lesdites années, sans égard au temps
gagné, 18,561,889,798 marks. En outre, pendant cet espace de temps, il
a été parcouru 53,074,166,920 kilomètres par des trains de voyageurs,
pour 2,030,302,847 marks. Le prix de transport des voyageurs par kilomètre est tombé, dans le même intervalle, de 4.50 pf. à 3,95 pf. En
admettant que le transport par chevaux revienne, pour les voyageurs à
5,53 pf. par kilomètre, il a donc été économisé, grâce aux chemins de
fer, 800,319,384 marks, et à peu près 1,061,483,340 heures; ce qui, en
évaluant à 10 pf. seulement l'heure, représenterait une nouvelle économie
de 106,148,335 marks. Ces chiffres ont leur éloquence !

Salle du musée du Conservatoire national de musique de Paris.

LIVRE IV

ACOUSTIQUE

CHAPITRE PREMIER

PRODUCTION ET PROPAGATION DU SON

DÉFINITIONS. — L'*acoustique* (du grec *acouó*, j'écoute) est la partie de la physique qui a pour objet de déterminer les lois suivant lesquelles les *sons* se produisent et se propagent, et aussi les rapports qui existent entre les divers sons, mais abstraction faite des sensations ou des sentiments qu'ils peuvent éveiller en nous, lesquels sont du domaine de la musique.

Dès la plus haute antiquité, l'*acoustique* avait été étudiée par les philosophes, sous le nom de *musique théorique* ou *contemplative*, laquelle comprenait l'*astronomie*, ou harmonie du monde ; l'*arithmétique*, ou harmonie des nombres ; l'*harmonique*, qui traitait des sons, des intervalles, des systèmes, etc. ; la *rythmique,* qui traitait des mouvements, et la *métrique* ou prosodie. Mais ce ne fut qu'au XVIIᵉ siècle que les physiciens firent des recherches sur les lois physiques de la production et de la propagation des sons.

Le *son* est la sensation particulière que nous percevons par le sens de l'ouïe. Il ne faut pas confondre le *son* avec le *Bruit*, quoiqu'il y ait entre eux une différence bien difficile à préciser d'une manière rigoureuse. On admet généralement que le *bruit* diffère du *son* en ce que ses vibrations ne sont pas *isochrones* (d'égale durée), et ne se succèdent pas assez rapidement pour donner à l'oreille une sensation continue.

PRODUCTION DU SON. — Le son naît des mouvements imprimés aux molécules des corps élastiques, lesquels sont appelés pour cela *corps sonores*. Les molécules de ces corps, dérangées un moment de leur position d'équilibre, y reviennent, en exécutant, de part et d'autre de cette position, des mouvements rapides que l'on désigne sous le nom de *vibrations*.

Fig. 346.

VIBRATIONS
D'UNE LAME.

La découverte de ce fait se perd dans la nuit des temps. Une corde tendue par les deux bouts et pincée par le milieu a pu y conduire ; elle résonne, et son état vibratoire est rendu aussitôt sensible par la forme même qu'elle présente ; elle a l'aspect d'un fuseau allongé. L'œil voit la corde dans toutes les positions à la fois, à cause de la persistance et de la vitesse du mouvement vibratoire, la durée d'une vibration étant moindre que le temps pendant lequel dure une impression lumineuse sur la rétine. On attribue cependant cette expérience à Pythagore, qui inventa le *monocorde*, point de départ de la science acoustique, ou, du moins, qui le premier s'en servit pour tracer son *canon musical*, principale base des doctrines pythagoriciennes. Il avait saisi dès le principe la valeur des vibrations, soit pour en considérer la forme et le nombre, soit pour distinguer les vibrations sonores de celles qui n'ont plus aucune sonorité. C'est ce champ de spéculations élevées que ce philosophe mathématicien semble avoir voulu léguer aux méditations de la postérité, en priant ses disciples d'inscrire sur son tombeau le *monocorde*.

Depuis lors, il faut traverser toute l'antiquité grecque et romaine, tout le moyen âge, et arriver au temps de Galilée, pour voir reprendre et développer les idées pythagoriciennes sur l'harmonie.

Il est facile de constater les vibrations, productrices du son, au moyen de diverses autres expériences.

Que l'on fixe par l'une de ses extrémités une lame métallique A B entre les mâchoires d'un étau (*fig. 346*). On amène l'extrémité supérieure B en C, puis on l'abandonne à elle-même. En vertu de son élasticité, elle tend à revenir à sa position première, mais, en vertu de la vitesse acquise, elle dépasse cette position et va en D ; puis revient vers C, retourne vers D et ainsi de suite, en exécutant le *mouvement vibratoire*. Ces vibrations ont, on le voit, quelque analogie avec les oscillations du pendule (page 112); comme elles, elles sont *isochrones*, quelle que soit l'amplitude; mais il faut remarquer que cet isochronisme est ici tout à fait rigoureux, tandis que, nous l'avons dit, il n'est qu'approché dans le cas du pendule (1). Or ces vibrations, lorsque la lame élastique est suffisamment courte, et le mouvement vibratoire suffisamment rapide, c'est-à-dire lorsqu'il cesse d'être perceptible à la vue, produisent un son parfaitement net.

On peut encore placer près d'une pointe métallique (*fig.* 347), à un millimètre environ, une cloche en cristal suspendue de manière qu'elle ne puisse se mouvoir, et frapper sur elle un coup léger. Au son qu'elle rendra se mêlera un bruit occasionné par ses bords heurtant la tige métallique, qu'ils ne touchaient point avant la production du son. Une petite balle de sureau, suspendue par un fil, est également repoussée par la cloche, et oscille

Fig. 347.

VIBRATIONS D'UNE CLOCHE.

pendant tout le temps que le son dure. Si l'on met de l'eau dans cette cloche, en la retournant, cette eau frémit, quand, en frottant les bords du verre, on produit des sons.

---

(1) Cet isochronisme des vibrations des lames a donné l'idée d'établir un nouvel instrument destiné à vérifier les lois de la chute des corps, appareil très ingénieux qu'il importe de signaler, et auquel l'inventeur, M. Desbois, a donné le nom de *lapsomètre* (*fig.* 348) (de *lapsos*, chute, et *metron*, mesure).

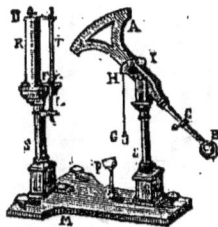

Fig. 348.

LAPSOMÈTRE.

Sur un plateau de fonte M s'élèvent deux colonnes; l'une S porte une lame d'acier solidement fixée par un bout; cette lame est lestée à l'extrémité libre de manière à n'obtenir qu'une trentaine de vibrations par seconde. Quand on l'écarte de sa position verticale, elle doit, dès qu'elle est abandonnée à elle-même, venir heurter une légère pièce F, qui supporte une tige rigide T maintenue verticale par un guide D; à l'instant où la pièce F est chassée, un pinceau, fixé à l'extrémité libre de la lame, et enduit d'une couleur quelconque, inscrit, sur la tige T, le point zéro; c'est aussi à ce même instant que la chute commence; elle ne dure qu'une fraction de seconde pendant laquelle le pinceau marque un point à chaque oscillation, la tige ayant environ 36 centimètres, la lame a été disposée de manière à marquer 5 points. Appliquant alors la tige sur la règle R divisée de telle sorte que 25 parties occupent l'espace compris entre les points 0 et 5 de la tige, on voit immédiatement que tous les points intermédiaires correspondent exactement aux nombres 1, 4, 9, 16, 25, ce qui démontre que : *Les espaces parcourus sont proportionnels aux carrés des temps.* Avec une tige plus lourde ou plus légère, les distances entre les points marqués sont les mêmes, pourvu toutefois que la résistance du milieu soit négligeable, donc : *Tous les corps tombent avec la même vitesse.* Pour démontrer les autres lois, ainsi que pour répéter, en la variant, une des expériences précédentes,

Une autre expérience s'applique aux vibrations des plaques. On frotte avec un archet le bord d'une plaque sur laquelle on a répandu du sable fin, mêlé d'une poussière plus fine encore (*fig.* 349). Aussitôt le son se fait entendre; le sable se réunit sur certaines lignes, appelées *lignes nodales* (de *nodus*, nœud), qui séparent deux parties vibrant en sens contraire, et y reste en repos. La poussière, plus fine, s'accumule dans les parties comprises entre les lignes nodales et s'y amasse en tournoyant

Fig. 349. — VIBRATIONS D'UNE PLAQUE.

continuellement. C'est un effet de l'air extérieur, qui, continuellement ébranlé par la plaque, prend un mouvement tournant suffisant pour entraîner la poussière, mais insuffisant pour entraîner le sable.

on installe sur la colonne S un secteur AB, en équilibre indifférent, rendu très mobile par sa suspension identique à un fléau de balance. Un fil enroulé sur un treuil I et auquel on attache un poids de 3 gr., sert à donner le mouvement; on lit les espaces marqués au moyen d'une graduation tracée sur le limbe même. Le secteur A étant appuyé par une extrémité sur la pièce F, aux lieu et place de la tige T, on fait vibrer la lame, et le pinceau marque encore des espaces proportionnels aux carrés des nombres, donc : *La loi des espaces n'est pas changée quand on oblige une force accélératrice donnée à entraîner une masse qui n'offre de résistance que son inertie.* Faisons agir sur l'arc H' (non figuré sur la gravure et qui se trouve sur l'instrument en regard de l'arc H) un poids *g*, et sur l'arc H un poids G = 2 gr., et observons les points marqués sur le limbe. Répétons l'expérience en faisant agir les deux poids de 3 gr. sur l'arc H. Dans le deuxième cas, les espaces marqués en un temps donné seront triples des premiers, ce qui prouve que : *Les vitesses ainsi que les espaces parcourus en un temps donné sont proportionnelles aux forces accélératrices.* En réglant le poids G de manière qu'il soit parvenu au bas de sa course lorsque l'arc A n'a encore parcouru qu'une partie de la sienne, on voit qu'au moment où G cesse son action, les points marqués deviennent parfaitement équidistants, ce qui prouve que : *Tout mouvement produit d'une force instantanée est uniforme.* En faisant agir successivement le poids G pendant 2 fois, 3 fois plus de temps, les points marqués pendant le mouvement uniforme sont 2, 3 fois plus espacés; donc : *Les vitesses acquises sont proportionnelles aux temps.* Ces expériences, ainsi que beaucoup d'autres, peuvent se varier de mille manières, en augmentant ou en diminuant, en levant ou en abaissant convenablement le poids G.

Cet appareil ingénieux et d'un prix modique est construit par M. Andriveau, à Paris.

Le corps sonore peut être l'air, ce qui arrive dans les tuyaux sonores. Il est facile de constater que, lorsque le tuyau parle, l'air est dans un état vibratoire. On se sert pour cela d'un tuyau dont une des parois en verre permet de voir à l'intérieur : si l'on y introduit une petite basane, soutenue par trois fils, comme un plateau de balance, et supportant un peu de sable fin, celui-ci est projeté dans toutes les directions, et il reste en repos si on arrête le courant d'air qui faisait résonner le tuyau. On peut encore produire des sons dus à la vibration de l'air, et même des sons musicaux, en plaçant sur le bec de la *lampe philosophique,* ou *harmonica chimique,* un tube d'un diamètre et d'une longueur convenables.

Nous résumerons, d'après M. de Parville, de curieuses expériences, résultant de cet état vibratoire de l'air.

Une flamme s'échappant sous la pression d'un tube en verre rend un son musical. La découverte de ce fait, due au docteur Higgins, remonte à 1777 ; mais les lois du phénomène n'ont été étudiées d'un peu près que depuis 1855, par le comte Schaffgotsch et par M. Tyndall. Il s'explique facilement : il y a dans l'air une série de mouvements de dilatation et de contraction pendant l'inflammation du gaz, c'est-à-dire un mouvement vibratoire, activé encore par le tube, qui produit un courant autour de la flamme, et qui, de plus, offre une masse de gaz limitée pouvant être facilement ébranlée. Placez un long tube de $0^m,60$ sur le jet enflammé d'un bec de gaz, et vous percevez immédiatement un son très pur : la note fondamentale du tube. Si l'on remplace le tube de $0^m,60$ par un tube de $0^m,30$, il ne se produit aucun son ; mais si l'on diminue suffisamment le jet de gaz, le tube rend de nouveau un son musical à l'octave de la note donnée par le tube de $0^m,60$. M. Tyndall, en faisant varier le volume de la flamme et en réglant la hauteur à laquelle elle pénètre dans le tube, a pu obtenir une série de notes. D'ailleurs il n'est personne qui n'ait remarqué combien le moindre bruit avait de l'influence sur la hauteur de la flamme de certains becs de gaz. Que l'on frappe sur une table, que l'on siffle, et l'on verra la flamme osciller, darder des langues de feu dans toutes les directions. L'impressionnabilité dépend en grande partie de la pression sous laquelle s'échappe le gaz. Le son des voyelles affecte la flamme d'une façon spéciale. Prononcez le son *ou,* elle reste immobile ; prononcez, au contraire, la voyelle *o,* la flamme tremble ; dites *è,* elle est fortement affectée ; si vous ajoutez *i,* elle s'agite violemment ; à l'interjection *ah!* elle saute avec violence ; la lettre *s,* ou le cri *Hiss!* la met dans tous ses états. Cela se conçoit en se rappelant que les voyelles sont formées de composantes multiples ; ce sont les voyelles aux composantes les plus aiguës qui la font le mieux sauter.

Peut-être trouvera-t-on dans ce phénomène quelques applications inattendues. Une flamme chantante, à l'occasion, jouerait très bien le rôle d'un gardien fidèle. Ne suffirait-t-il que l'on forçât une porte ou une fenêtre pour que la flamme sortît de son silence et fît retentir la note d'alarme.

En attendant, l'idée est naturellement venue de grouper les notes différentes qu'elles donnent, d'en composer des claviers, d'essayer de les faire parler, de les assouplir à la volonté d'un exécutant. Mais il s'agissait de trouver un dispositif commode et simple qui rendît l'artiste absolument maître de son instrument. C'est à quoi est parvenu M. Frédéric Kastner, et son *piano au gaz*, sous le nom de *pyrophone*, a été vu à l'Exposition de Vienne en 1873, et présenté à l'Académie des sciences (*fig.* à la page 745).

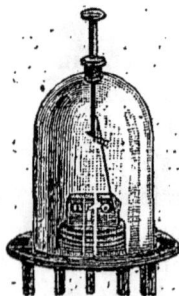
Fig. 350.
PROPAGATION
DU SON.

Cet instrument, d'un timbre entièrement nouveau, se compose d'un ou de plusieurs claviers s'accouplant, comme dans un orgue ; chacune des touches du clavier est mise en communication, à l'aide d'un mécanisme fort simple, avec les conduits adducteurs de la flamme dans des tuyaux de verre. Lorsqu'on presse sur ces touches, les flammes produisent aussitôt un son ; dès qu'on cesse d'agir sur les touches, les flammes se séparent et le son cesse immédiatement.

M. Lassajoux, le savant acousticien, vient, de son côté, de trouver une disposition de tube sifflant bonne à signaler. C'est un tube vertical de cuivre de $0^m,04$ de diamètre et de $0^m,15$ à $0^m,20$ de hauteur, fermé à sa partie inférieure par une toile métallique. Il dirige à travers cette toile un courant de gaz d'éclairage provenant d'un bec placé à quelque distance au-dessous d'elle.

Quand on allume le gaz dans l'intérieur du tube, la flamme fait entendre un son aigu, presque comparable à celui d'un sifflet de locomotive.

PROPAGATION DU SON DANS L'AIR. — Le son est, avons-nous dit, une sensation perçue par le sens de l'ouïe ; nous venons de voir que cette sensation est produite par les vibrations d'un corps sonore. Il faut ajouter qu'elle ne peut être transmise à l'organe qu'à l'aide d'un milieu pondérable et élastique.

Ainsi, dans le vide, règne un silence que rien ne peut troubler. Dans les régions éthérées, au-dessus de notre atmosphère, toutes les artilleries du monde, les explosions les plus formidables, ne produiraient

-aucun bruit. Il est facile de le prouver. Que l'on place sous le récipient d'une machine pneumatique un timbre d'horlogerie muni d'une détente, et que l'on fasse le vide (*fig.* 350). Lorsqu'on lâchera la détente, on verra

Piano à gaz (page 744).

le marteau frapper à coups redoublés sur le timbre, mais on n'entendra aucun bruit. Laisse-t-on ensuite rentrer l'air, on percevra un son qui, d'abord très faible, augmentera de force à mesure que l'air du récipient augmentera de densité, et qui finira par se faire entendre aussi plein qu'au dehors, quand l'air du récipient aura repris la densité de l'air extérieur. L'air est donc le conducteur ordinaire du son.

> O charme de l'oreille ! Aimable Polymnie,
> C'est lui qui, secondant ta céleste harmonie,
> Au gré du souffle humain, de l'archet ou des doigts,
> En accents modulés fait résonner les bois ;
> Par lui, l'airain bruyant, la corde frémissante,
> Du mobile clavier la touche obéissante
> Parlent tantôt ensemble et tantôt tour à tour ;
> Il fait siffler le fifre et gronder le tambour,
> Anime le clairon, inspire la musette,
> Fait soupirer la flûte, éclater la trompette...

L'expérience dont nous venons de parler prouve non seulement que le son n'est pas transmissible dans le vide, mais aussi qu'il est d'autant plus faible que la densité de l'air est moindre. A de grandes hauteurs, en effet, où la raréfaction de l'air est considérable, les sons perdent étonnamment de leur force. Gay-Lussac a constaté qu'à 7,000 mètres au-dessus du sol sa voix était méconnaissable. Ainsi, par exemple, sur le sommet du mont Blanc, un coup de pistolet fait moins de bruit que l'explosion d'un petit pétard dans la plaine. Ceci est vrai, non seulement dans l'air, mais dans tous les autres gaz. En revanche, le son augmente de force dans un air condensé dont la densité reste la même, mais dont on augmente le ressort par la chaleur.

D'autres causes encore peuvent faire varier la transmissibilité du son à travers l'atmosphère. Tout le monde sait que les coups de canon, les signaux acoustiques ne s'entendent pas également bien dans toutes les circonstances atmosphériques. Jusqu'ici, on avait attribué un rôle prédominant à l'influence du vent sur la propagation du son. M. Tyndall a rectifié cette opinion. Chargé de déterminer la distance à laquelle les signaux ordinaires de brume, tels que porte-voix, trompettes marines, coups de canon, pouvaient être entendus en mer et de rechercher la véritable cause des variations de cette distance, selon les conditions atmosphériques, le savant physicien s'est livré, à Douvres, à une série d'expériences, desquelles il résulte qu'une atmosphère claire peut très bien n'être pas favorable à la propagation du son, qu'il n'y a nullement accord entre la *transparence optique* et la *transparence acoustique*, qu'au contraire toute cause qui tend à diminuer la *transparence optique* de l'atmosphère tendrait plutôt à augmenter sa *transparence acoustique*. Ainsi, contrairement aux préjugés, le brouillard, loin d'être défavorable à la propagation du son, aide à la transmission des signaux, fait important, puisque c'est pendant la brume que les signaux acoustiques sont utiles.

M. Tyndall rend compte du phénomène très simplement. La première idée de ses explications lui avait été suggérée par des observations de M. de Humboldt sur la chute du Niagara. Le bruit de la chute se fait entendre trois fois plus loin la nuit que le jour : de Humboldt avait déjà attribué cette inégalité dans la transmission à la formation, pendant le jour, de colonnes d'air raréfié au-dessus des rochers de la plaine. Les blocs, échauffés par le soleil, déterminaient, disait-il, des courants d'air chaud, et le son subissait ainsi une série de réflexions sur des surfaces de densité variable. Or, dans une expérience de M. Tyndall, souvent répétée depuis, et faite un jour où l'atmosphère était si peu conductrice du son qu'à trois kilomètres en mer on ne percevait plus les explosions d'un canon sur la côte, le temps était superbe, la chaleur très forte, le calme parfait. Les rayons d'un soleil ardent, tombant sur la surface de la mer, devaient nécessairement produire une évaporation active. M. Tyndall comprit alors que la vapeur d'eau engendrée prend, par régions, la place de l'air, et forme comme une série d'écrans vaporeux, qui, bien qu'invisibles, n'en partagent pas moins l'espace en zones de densité différente. Ces murailles humides réfléchissent partiellement les ondes sonores et renvoient le son à la côte; elles barrent le passage au signal acoustique. Tout à coup, en effet, pendant l'expérience, survint un nuage assez épais pour voiler complètement le soleil; par suite, l'évaporation dut naturellement se ralentir; au bout de quelques minutes, M. Tyndall reconnut que la portée du son avait augmenté, et qu'elle alla ensuite en augmentant sans cesse à mesure que le soleil se rapprochait de l'horizon. Cette explication est évidemment la véritable.

Il ne faut pas s'étonner, d'après cela, de voir une forte averse de pluie accroître la portée des sons. Cette observation est très importante; on devra se rappeler que, soit le long des côtes, pour la sécurité des navires, soit dans l'exploitation des chemins de fer, pour la sécurité des voyageurs, soit même en campagne, pour les manœuvres militaires, les signaux acoustiques ont une portée extrêmement différente, selon l'état d'homogénéité de l'atmosphère et l'heure de la journée.

PROPAGATION DU SON DANS LES LIQUIDES. — L'air n'est pas le seul véhicule du son; car non seulement les autres gaz jouissent de la même propriété; mais les solides et les liquides la possèdent à un degré plus remarquable encore. L'expérience n'est point nécessaire pour constater le fait dans les liquides, car un grand nombre d'animaux vivant dans l'eau sont pourvus d'un appareil auditif et plusieurs ont l'ouïe très fine. Les plongeurs, au fond de l'eau, peuvent entendre ce que l'on dit du rivage. Mais il est à remarquer que le son est plus faible à travers ce liquide que dans l'air, lors même qu'il s'y propage plus promptement, ce qui provient de ce que l'eau est fort peu compressible, fort peu élastique.

Au moment de l'investissement de Paris, quand il s'est agi de rechercher le moyen de communiquer avec la province, on a songé à savoir si, en réalité, le son produit dans la Seine se transmettrait à une grande distance. Les expériences réalisées par Sturm et Colladon, en 1837, sur le lac de Genève, pour déterminer la vitesse du son (page 754) faisaient pressentir un résultat satisfaisant. A 13,500 mètres, de Rolles à Thonon, le son était perçu très distinctement, et il est probable qu'il devait se propager beaucoup au delà de cette distance. En Seine, les essais dus à M. l'ingénieur F. Lucas ont amené des résultats tout différents.

M. F. Lucas opéra d'abord avec une cloche de l'administration des phares du poids de 40 kilogrammes, disposée sur une gabare. A l'aide d'un câble et d'un treuil, on put laisser filer la cloche dans l'eau jusqu'à la profondeur voulue. On étudia la portée en descendant le courant sur un canot, et en percevant le son au moyen d'un cornet acoustique de $1^m,50$ de haut (page 764). Au départ, à quelques mètres de la gabare amarrée, on entendait nettement, pour chaque battement de cloche, un son mat, analogue à celui que produit un coup de baguette donné sur un tambour. L'intensité de ce bruit diminuait rapidement avec la distance. A environ 1,800 mètres, on n'entendait plus rien. Ce résultat est resté constant pour des expériences répétées en plusieurs points du fleuve.

On se livra alors à une seconde série d'essais avec une grosse cloche de bronze du poids de 354 kilogrammes. On l'installa assez difficilement, entre deux gabares, sur un châssis en bois du poids de 446 kilogrammes. Il fallut imaginer un dispositif convenable pour pouvoir immerger à volonté cette masse de 800 kilogrammes et la faire résonner au bout d'intervalles convenus. A quelques mètres de la station, on percevait un son légèrement métallique ; mais, à 1,400 ou 1,500 mètres, la perception devenait impossible. Ainsi on constata ce fait bien imprévu que le son très intense d'une cloche de 354 kilogrammes présentait une portée inférieure à celle du son d'une cloche de 40 kilogrammes. M. Lucas conclut de ces tentatives que la portée d'un son en rivière, même dans le sens du mouvement de l'eau, est beaucoup plus faible que la portée de ce même son dans un lac. Il paraît probable qu'à intensité égale la portée d'un son dans l'eau d'une rivière augmente avec son acuité.

PROPAGATION DU SON DANS LES SOLIDES. — Non seulement la propagation du son à travers les solides est un fait avéré, mais il est connu que ceux-ci sont des organes de transmission très délicats. On connaît les récits, quelque peu véridiques, sur les sauvages, qui parviennent à tirer d'une sorte d'auscultation du sol, les conclusions les plus précises sur la marche d'un corps ennemi, le nombre des hommes qui le composent, la distance à laquelle il se trouve, etc. Tout chasseur, tout soldat a par lui-même fait cette expérience. Deux personnes étant placées à une des extrémités d'une poutre, si l'une frappe sur la poutre, avec une tête d'épingle, quelques petits coups secs, l'autre doit les entendre; on fait même cette expérience pour s'assurer que la poutre est saine; si, en effet, l'intérieur est plus ou moins décomposé, la substance qui en est le résultat est molle et peu élastique, et n'est point propre à la transmission des sons.

Cependant, rapporte le savant historien de la physique, M. Hoeffer, François Bacon (1) niait encore, à la fin du xvie siècle, la propagation du son dans les corps solides; il ne croyait à la possibilité de cette propagation que par l'intermédiaire d'un fluide fictif. Hooke montra le premier, au moyen d'un long fil de fer, que les métaux, non seulement conduisent le son, mais encore le conduisent mieux que l'air. Pérolle continua ces expériences, et il parvint à établir que le bois conduit le son mieux que le métal, et celui-ci mieux que ne le font les fils de soie, de chanvre, de lin, les cheveux, les cordes mêmes de boyau. Il trouva que les différentes espèces de bois (coupés longitudinalement) conduisent le son inégalement, mais toujours mieux que les fils métalliques; et il établit à

---

(1) Bacon (François), illustre philosophe anglais (1561-1626), fils de Nicolas Bacon, garde des sceaux sous la reine Elisabeth, s'occupa d'abord de politique. Protégé par le comte d'Essex, il fut d'abord membre de la Chambre des communes, puis nommé par la reine avocat extraordinaire du Conseil, titre honorifique, qu'il avait gagné en justifiant la condamnation de son protecteur, mais qui l'éloignait des affaires. C'est alors qu'il revint à l'étude des sciences qui avaient été la passion de son enfance, et qu'il commença à jeter les fondements de son œuvre. Jacques Ier ayant succédé à Elisabeth, la faveur de ce prince le fit arriver successivement aux fonctions de solicitor général, attorney général, membre du Conseil privé, garde des sceaux et enfin grand chancelier. En même temps il était nommé baron de Vérulam et vicomte de Saint-Alban. Dans cette haute situation, il fit quelques réformes utiles; mais, au bout de deux ans, il fut accusé de concussion, condamné à une amende très forte, exclu des fonctions publiques, emprisonné à la tour de Londres. Ce n'était point lui d'ailleurs que l'on voulait frapper, mais son protecteur, Buckingham, le favori du roi. Au bout de peu de temps, le roi releva Bacon de ses incapacités et lui rendit la liberté, mais il resta dans la disgrâce et dès lors s'occupa exclusivement de science. Il a laissé de nombreux ouvrages, dont le plus important, résumé de ses études, est intitulé : *Instauratio magna*. L'idée fondamentale de tous ses travaux philosophiques est de faire, comme il le dit, une restauration des sciences, particulièrement des sciences naturelles, et de substituer aux vaines hypothèses et aux subtiles argumentations l'observation, les expériences qui découvrent les faits et une induction légitime qui découvre les lois de la nature. Il est ainsi le père de la philosophie expérimentale.

cet égard les échelles suivantes, pour les bois, d'après leur ordre de conductibilité : sapin, campêche, buis, chêne, cerisier, châtaignier ; pour les métaux : fer, cuivre, argent, or, étain, plomb.

Hassenfratz, Wünsch, Benzenberg, Chladni (1), Biot, etc., firent des expériences nombreuses pour démontrer que le son se propage évidemment plus vite dans les solides que dans l'air.

La transmission du son dans les solides a reçu une précieuse application dans le *stéthoscope* (du grec *stèthos*, poitrine, et *scopeô*, j'examine),

Fig. 351. — STÉTHOSCOPE.

instrument inventé par Laënnec (2) et qui sert à explorer la poitrine (*fig.* 351). C'est un cylindre de bois ou de métal, de 0ᵐ,35 environ, dont l'axe est parallèle à la direction des fibres ; ce cylindre, sorte de cornet acoustique, évasé par un bout, est percé d'un canal de 0ᵐ,06. La partie évasée est également percée d'un canal central et remplie par un petit cône appelé *embout*. On applique l'une des extrémités sur la région de la poitrine que l'on veut explorer, et, en appuyant l'oreille sur l'autre extrémité, on écoute le bruit de la respiration, et l'on entend très distinctement les sons que produisent par leurs mouvements les organes pectoraux. L'absence de bruit en un point est l'indice d'une lésion. Pendant la toux des phtisiques, l'emploi du *stéthoscope* donne des renseignements précieux pour l'étude des mouvements du cœur.

Un nouveau système d'auscultation, imaginé par le docteur Collongues et qu'il appelle *dynamoscopie* (du grec *dunamis*, force, et *scopein*, examiner) est basé sur la sensation produite par l'introduction du doigt du malade dans l'oreille de l'observateur ; celui-ci perçoit une sorte de bourdonnement accompagné quelquefois de pétillements ; la force et la continuité du bruit sont en rapport avec la force et l'état de santé de l'individu.

(1) CHLADNI (Ernest-Florent-Frédéric), physicien allemand (1756-1827), voyagea toute sa vie ; il s'occupa surtout d'*acoustique*. Il avait inventé, en 1790, un instrument dans le genre de l'harmonica et qu'il appelait *euphone* (du grec *euphónos*, qui a une belle voix). Cet instrument, perfectionné en 1822, consiste en une grande caisse carrée contenant 42 petits cylindres de verre. Il a écrit un *Traité d'acoustique*, bon encore à consulter.

(2) LAENNEC (René-Théophile-Henri), né à Quimper (1781-1826), médecin en chef de l'hôpital Necker, professeur au Collège de France, a découvert et propagé la méthode d'auscultation pour les maladies de poitrine. Sa méthode a été perfectionnée par MM. Royer et Barth.

Dans une note lue à l'Académie, il y a quelques années, M. Collongues s'attachait à prouver que son mode d'auscultation pouvait, entre autres applications, fournir un bon signe de la mort réelle. « Les observations que j'ai faites dans les hôpitaux de Toulouse, de Montpellier et de Paris, m'ont fait reconnaître, dit-il, qu'il existe, après la mort, un bruit que je désigne par le nom de bourdonnement; bruit facile à percevoir par les procédés *dynamoscopiques :* ce bruit, dont la durée est variable de cinq heures à dix et même à quinze, diminue graduellement avant de disparaître, et s'éteint en commençant par les parties les plus éloignées du cœur. Dans un membre amputé, le bourdonnement persiste quelques minutes en disparaissant d'abord dans les parties les plus éloignées du tronc. L'absence du bourdonnement dans toute la surface du corps peut devenir un signe certain et immédiat de la mort réelle. » La valeur de ce mode d'investigation n'est pas encore bien fixée.

VITESSE DE TRANSMISSION DU SON DANS L'AIR ET DANS LES GAZ.

Des faits vulgaires, tels que le bruit d'un marteau, toujours en retard sur la perception du mouvement exécuté, ont dû de bonne heure faire comprendre que, si la transmission de la lumière qui éclaire les objets paraît instantanée, la transmission du son, qui est une vibration de l'air, met un certain temps à parvenir à l'oreille.

Gassendi paraît s'être le premier occupé de la question de la vitesse du son, sans préciser les résultats auxquels il était parvenu. Le P. Mersenne, puis successivement les académiciens de l'Académie *del Cimento,* R. Boyle, Walker, Bianconi, Flamsteed, Halley, Derham, Newton lui-même, et, en France, Cassini (1), Huyghens, Picard, Roemer, tentèrent de mesurer cette vitesse ; mais les résultats obtenus présentaient des discordances considérables. En 1738, l'Académie des sciences de Paris essaya, par des expériences sérieuses, de résoudre la question ; mais ces expériences répétées en Allemagne donnèrent des résultats peu concordants. C'est pourquoi, en 1822, le Bureau des longitudes chargea une commission,

---

(1) CASSINI (Jean-Dominique), chef de l'illustre famille de ce nom (1625-1712), astronome, né dans le comté de Nice, était déjà célèbre lorsque Colbert l'attira en France, où il se fit plus tard naturaliser. Ses découvertes sont précieuses et l'Académie des sciences, dont il fut membre dès la fondation, publia ses observations et ses mémoires. — Son fils, CASSINI (Jacques), né à Paris (1666-1736), hérita de ses talents et prit sa place à l'Académie des sciences. Il a laissé, entre autres travaux remarquables, un ouvrage intitulé : *De la grandeur et de la figure de la terre.* — CASSINI DE THURY (César-François), fils du précédent (1714-1784), fut reçu à vingt-deux ans à l'Académie des sciences. Il corrigea la méridienne qui passe par l'Observatoire et fut chargé de la description géométrique de la France. Sa belle *Carte de la France,* fruit de ses travaux, achevée par son fils, Jacques-Dominique, représentation exacte et complète de notre pays sur une échelle d'une ligne par 100 toises, fut publiée par l'Académie des sciences.

composée de Prony, Bouvard, Arago, Gay-Lussac et de Humboldt, de répéter les expériences de 1738. Ils choisirent pour stations Montlhéry et Villejuif (fig. à la page 753). Les canons qui devaient produire le son étaient servis par des officiers d'artillerie, et, pour compter l'intervalle écoulé entre l'apparition de la lumière (les expériences étaient faites la nuit) et l'arrivée du son, les membres de la commission avaient à leur disposition les excellents chronomètres de Bréguet. Pour se mettre à l'abri de la cause d'erreur due à la vitesse du vent, ils eurent soin de produire deux sons pareils au même instant dans les deux stations et d'observer dans chacune d'elles le temps que le son de là station opposée mit à y arriver ; le vent produisant des effets contraires sur les deux vitesses, la moyenne des résultats devait être aussi exacte que si l'air avait été tranquille. Ils savaient que les corrections de température étaient, pour chaque degré du thermomètre centigrade, de 0,626 ; et ils avaient déterminé avec la plus grande précision la distance du canon de Villejuif au canon de Montlhéry (18 611^m,51982). Tout ayant été ainsi disposé, la moyenne des expériences faites le 21 juin 1822 donna 340^m,885 pour l'espace parcouru par le son dans une seconde de temps. Mais, comme il pouvait y avoir quelque doute sur la simultanéité des observations, et qu'il était difficile d'évaluer le temps ainsi que la distance avec une rigueur absolue, les académiciens nommés déduisirent de l'ensemble de leurs observations que la vitesse du son est telle que, à la température de 10°, il doit parcourir 337 mètres et un cinquième dans une seconde.

Les observateurs continuèrent leur œuvre en multipliant les expériences. En Hollande, les professeurs G. Moll et Van Beck répétèrent celle des académiciens de France et arrivèrent presque au même résultat (332^m,049). Franklin, Parry et Forster firent des observations dans les régions arctiques, à 73°13′ lat. boréale et 88°54′ long. occidentale de Greenwich, et, quoiqu'on eût pensé que dans ces régions glacées la vitesse du son dût être plus grande, elle s'éloignait d'une quantité insignifiante de celle trouvée en France. D'autres physiciens, MM. Bravais et Martins (1), firent voir que cette vitesse ne change point non plus suivant l'altitude des lieux. Ainsi, par exemple, entre le sommet et la base des Faulhorn, dans les Alpes bernoises, la vitesse du son est la même, que le son se propage de bas en haut ou de haut en bas. Enfin, tout récemment, M. Regnault s'est occupé du même sujet en utilisant toutes les ressources de la physique moderne, et particulièrement les signaux télégraphiques, pour l'enregistrement du coup de feu et de l'arrivée du son. Il paraît

---

(1) MARTINS (Charles-Frédéric), professeur de botanique à la Faculté des sciences de Montpellier.

résulter de l'ensemble de ces expériences que la vitesse du son est de 333 mètres. La température a une influence marquée sur cette vitesse. Pour des parcours peu étendus, la vitesse croît avec l'intensité de l'ébran-

Expérience pour mesurer la vitesse de transmission du son dans l'air (page 751).

lement, et aussi, quand le parcours est très long, il y a un légère diminution de vitesse.

Daniel Bernoulli, Chladni, puis Dulong, eurent l'idée de mesurer la vitesse du son dans des gaz autres que l'air. D'après leurs travaux, et ceux de M. Regnault, on admet que cette vitesse est, pour les différents gaz, ainsi que l'indique le tableau suivant :

NOMS DES GAZ.	VITESSE.	NOMS DES GAZ.	VITESSE.
	mètres.		mètres.
Acide carbonique...............	256,83	Hydrogène bicarboné..........	318,73
Acide chlorhydrique...........	297,00	Hydrogène protocarboné.......	431,82
Acide sulfhydrique.............	289,27	Oxyde de carbone.............	339,76
Acide sulfureux................	209,00	Oxygène.....................	317,00
Ammoniaque	415,00	Protoxyde d'azote.............	256,45
Air............................	333,00	Vapeur d'alcool...............	230,59
Bioxyde d'azote................	325,00	Vapeur d'eau.................	401,00
Cyanogène.....................	229,48	Vapeur d'éther................	179,20
Fluorure de silicium...........	167,40	Vapeur d'éther chlorhydrique ..	199,00
Hydrogène.....................	1269,00	Vapeur de sulfure de carbone..	189,00

VITESSE DE TRANSMISSION DU SON DANS LES LIQUIDES ET LES SOLIDES. — Klein, Baker, Hauksbee (1), Musschenbroek et surtout l'abbé Nollet s'étaient occupés de mesurer la vitesse du son à travers les corps liquides. Beudant poursuivit ces études avec quelque succès; mais les expériences définitives à ce sujet furent faites par Colladon et Sturm (2), en 1827, sur le lac de Genève (fig. 352).

Le son était produit par une cloche qu'un marteau frappait sous l'eau au moyen d'un levier coudé; le marteau en s'abaissant entraînait une torche qui allumait de la poudre. Dans une barque placée à une certaine distance, l'autre observateur voyait la lumière et percevait le son au moyen d'un grand cornet acoustique, immergé dans le lac, et dont l'ouverture était fermée par une membrane tendue à l'aide de laquelle le son était transmis du liquide à l'air du cornet. La vitesse trouvée fut de 1,435 mètres par seconde, à la température de 8°,1. Ce résultat ne s'éloigne pas beaucoup de celui que donne la théorie, et qui est, d'après la formule adoptée, égal à 1,429 mètres, c'est-à-dire quatre fois et demie plus vite que dans l'air.

Cette transmission, avons-nous dit, est encore plus rapide à travers les milieux solides. Elle n'a pu être mesurée directement; cela tient à ce que la contraction éprouvée par les solides se fait suivant des lois différentes, selon que la pression s'exerce dans un seul sens ou dans toutes les direc-

---

(1) HAUKSBEE (Francis), savant physicien anglais (1650-1709) a fait des découvertes sur l'électricité et l'acoustique, et de nombreuses expériences réunies en un ouvrage intitulé : *Expériences physico-mécaniques.*

(2) STURM (Jacques-Charles-François, savant mathématicien, naturaliste français, né à Genève (1804-1855), membre de l'Académie des sciences, professeur à l'École polytechnique et à la Sorbonne.

tions à la fois. Ainsi la vitesse du son ne sera pas la même dans un fil rectiligne que dans un milieu indéfini. MM. Biot et Martin expérimentaient sur un
assemblage de 376 tuyaux de fonte formant une longueur totale de 951^m,25.
L'un des observateurs frappait un petit timbre suspendu à l'une des
extrémités du tuyau, l'autre entendait deux sons : l'un, transmis par la
fonte, arrivait le premier, l'autre, transmis par l'air, arrivait 2″,5 plus tard.
Or, pour parcourir cette distance dans l'air, le son devait employer 2″,85 ;
c'est donc 0″,35 que dure la transmission par la fonte, ce qui fait une
vitesse huit fois plus grande que dans l'air environ. Toutefois ce résultat

Fig. 352. — EXPÉRIENCE DE COLLADON ET STURM.

n'est pas rigoureusement exact, le tuyau présentant des soudures de
plomb qui devaient influer sur la vitesse de transmission.

Laplace a donné la formule numérique de la vitesse du son longitudinal d'un corps quelconque ; elle est :

$$V = \frac{\sqrt{g}}{e},$$

g désignant l'accélération due à la pesanteur, et e l'éloignement ou la
contraction qu'éprouve une colonne de 1 mètre d'une substance gazeuze,
liquide ou solide, sous l'influence d'une traction ou d'une pression égale
au poids de cette colonne.

Comme on l'a fait pour la lumière, on dut songer à trouver le moyen
de mesurer la vitesse du son à des distances relativement petites. Le procédé récemment imaginé par M. Kœnig remplit ce but. Il se compose de
deux compteurs mécaniques, formés chacun d'un petit marteau qui frappe

sur un bouton, incrusté dans une boîte à résonance; ces petits marteaux battent simultanément les dixièmes de seconde par l'action d'un ressort vibrant qui détermine, dans un courant électrique, exactement dix interruptions par seconde. Quand deux compteurs sont placés l'un à côté de l'autre, les sons cessent de coïncider : c'est que les sons venant du compteur éloigné sont en retard sur les sons qui arrivent du compteur resté en place, et le bruit des deux compteurs se confond toutes les fois que leurs distances à l'observateur diffèrent d'un multiple de 33 mètres. Ce même procédé, trop simple pour s'être présenté à l'esprit des premiers expérimentateurs, est applicable à la mesure de la vitesse du son dans les différents gaz et liquides (1).

A la suite des expériences ci-dessus, concordant à peu de chose près avec les calculs théoriques, ont été admis les résultats consignés dans le tableau suivant :

NOMS DES CORPS.	VITESSE.	NOMS DES CORPS.	VITESSE.
	mètres.		mètres.
Air.	333	Étain	2,498
Oxygène.	317	Argent.	2,684
Hydrogène	1,270	Platine	2,701
Acide carbonique.	262	Bois de chêne	3,440
Protoxyde d'azote	265	Cuivre.	3,716
Ammoniaque.	430	Fer.	5,030
Eau	1,435	Verre	5,438
Éther.	1,159	Bois de sapin.	5,994

MÉCANISME DE LA PROPAGATION DU SON DANS L'AIR OU DANS TOUT AUTRE MILIEU ÉLASTIQUE. — *Le son se propage dans un milieu élastique, par une série d'ondes alternativement condensées et dilatées.* Supposons, par exemple, un tube cylindrique et indéfini XY (*fig.* 353), rempli d'air à une température et à une pression constantes. Soit dans ce tube un piston PM, oscillant avec une grande vitesse de *ab* en *cd*, et réciproquement. Quand le piston passe de *cd* en *ab*, il comprime l'air qui est devant lui ; or, en raison de la grande compressibilité de ce fluide, la condensation ne peut évidemment se faire que dans une certaine longueur *am* que l'on appelle *onde condensée*. Cette première onde *abmn* va communiquer son mouvement à une seconde *mnpq*, celle-ci à une troisième, et ainsi de suite ; de sorte que ce mouvement de condensation se propagera dans le cylindre par une série d'ondes qui se succéderont, en présentant chacune

---

(1) Jamin, *Cours de physique.*

tous les degrés de vitesse du piston PM, allant de *cd* en *ab*. Réciproquement, quand ce piston reviendra sur lui-même, de *ab* en *cd*, il se fera, dans
la première couche d'air *abmn*, une raréfaction de longueur égale à celle
de la condensation précédente, c'est-à-dire une *onde dilatée*, qui prendra,
comme toutes les autres, tous les degrés de vitesse du piston. La seconde
couche *mnpq* se dilatera à son tour, puis une troisième, et ainsi de suite,
dans le prolongement du cylindre. Chaque oscillation ou vibration complète du piston, comprenant l'aller et retour, donnera donc naissance à
deux ondes, l'une condensée et
l'autre dilatée, dont l'ensemble
forme ce qu'on appelle une *ondulation* ou *onde sonore*. La *longueur
d'une ondulation* est l'étendue de
la colonne d'air modifiée, ou l'espace
que le son parcourt pendant la durée d'une vibration complète du

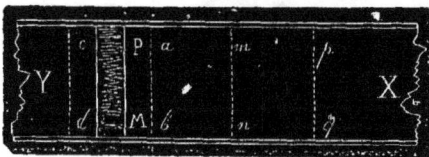

Fig. 353.

PROPAGATION DU SON.

corps qui le produit. Pour obtenir cette longueur, il suffit donc de diviser
la vitesse du son, ou l'espace qu'il parcourt en une seconde, par le
nombre de vibrations complètes exécutées dans le même temps.

Dans un espace indéfini, les *ondes sonores*, au lieu de se développer
dans une seule direction, se propagent sphériquement autour du centre d'é-
branlement (*fig.* 354). Chaque molécule d'air communique ses vibrations à
la molécule qui est derrière elle, celle-ci à une troisième, et ainsi de suite
jusqu'aux molécules qui sont en contact avec
le tympan de l'oreille. Celui-ci s'ébranle à son
tour pour transmettre au nerf auditif les vibrations reçues ; ce nerf les transmet au cerveau,
et de là naît la sensation du son. Qui ne s'est
amusé quelquefois à lancer un projectile au
milieu d'une pièce d'eau tranquille, et n'a
observé tout autour du point où il disparaissait
une série d'ondulations circulaires se propa-
geant du centre d'ébranlement jusqu'à la rive? Les vibrations sonores
se propagent de même tout autour des corps élastiques, en excitant de
proche en proche les différentes couches de l'air environnant. C'est la
ressemblance de ces phénomènes qui a fait donner ce nom d'*ondes sonores*
aux différentes couches conductrices des vibrations.

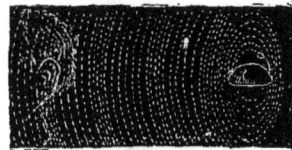

Fig. 354.

PROPAGATION DU SON

DANS UN ESPACE INDÉFINI.

RÉFLEXION DU SON. — Lorsque les ondes sonores rencontrent un
obstacle fixe, elles se réfléchissent en formant, suivant la loi générale des

réflexions, un angle d'incidence égal à l'angle de réflexion, de sorte qu'il y a deux systèmes d'ondes, l'un direct, l'autre réfléchi, qui se propagent séparément sans se troubler (*fig.* 355). Ainsi, soit un son se propageant suivant AC et rencontrant le plan ECH, le son se réfléchira en faisant, avec ce plan, un angle de réflexion HCD égal à l'angle d'incidence ECA, de sorte qu'au point D on entendra d'abord le son parti du point A, puis un second son qui, lui, semblera venir du point symétrique B. Ce second son sera l'*écho* du son direct.

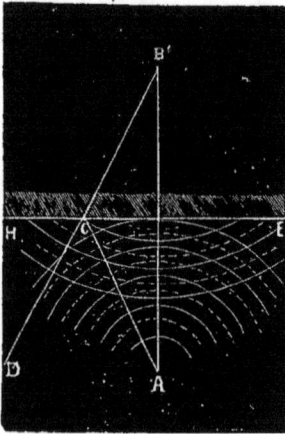

Fig. 355.

RÉFLEXION DU SON.

ÉCHOS. — Ce mot qui vient du grec *écho,* qui veut dire son, indique donc le résultat de la réflexion des ondes sonores par un corps quelconque, réflexion en vertu de laquelle le son se répète une ou plusieurs fois.

Un arbre, la voile d'un navire, un nuage, la simple surface de séparation de deux couches d'air d'inégale densité, suffit pour réfléchir le son et produire des *échos.* On nomme *centre phonétique* (du grec *phônè,* voix) le point où le son est produit, et *centre phonocamptique* (du grec *camptó,* réfléchir), le point d'où il est réfléchi.

Le son direct et le son réfléchi jouissent de la même vitesse. Toute réflexion de son ne donne pas lieu à un écho. Lorsque le **corps** sonore est placé trop près du corps réfléchissant, il n'y a que simple *résonance.* On ne peut, dans ce cas, percevoir séparément le son direct et le son réfléchi, ils se confondent l'un avec l'autre; seulement le son direct est plus ou moins renforcé, comme il arrive souvent dans les vastes appartements, les corridors, surtout dans les habitations neuves. Il faut qu'il s'écoule au moins un dixième de seconde entre les deux sons, pour qu'il n'y ait pas *résonance;* sans quoi, le son qui revient à l'oreille prolonge l'impression directe, la renforce, ce qui est généralement avantageux, quand le prolongement n'est pas trop long. Pour qu'un obstacle soit capable de produire un écho, il faut donc que la distance au corps sonore soit au moins de 17 mètres, car la vitesse du son étant de 340 mètres par seconde, pour parcourir deux fois 17 mètres ou 34 mètres, c'est-à-dire pour aller se réfléchir sur l'obstacle et revenir au point de départ, le son emploiera un dixième de seconde, et pourra, par conséquent, être distingué. L'écho répétera donc distinctement autant de syllabes qu'il faudra de fois

17 mètres pour parvenir à l'obstacle réfléchissant. S'il faut deux fois 17 mètres, l'écho répétera deux syllabes, prononcées à un intervalle d'un dixième de seconde ; il en redira trois, quatre, etc., s'il y a trois, quatre fois 17 mètres.

Comme un son réfléchi peut se réfléchir de nouveau en rencontrant un second obstacle dans sa direction, il existe des échos doubles, triples, quadruples, etc. Ces échos, que l'on nomme, en général, *échos multiples,* se produisent ordinairement dans les lieux où se trouvent des murs parallèles suffisamment éloignés.

Outre les échos naturels, il en existe d'artificiels que l'art peut produire en disposant certaines constructions d'édifices de manière à donner, au moyen de son réfléchi, des effets curieux. Ce sont certaines figures de voûte, ordinairement elliptiques ou paraboliques, qui redoublent les sons. Vitruve dit que, en divers endroits de la Grèce et de l'Italie, on rangeait avec art, sous les degrés du théâtre, en des espaces voûtés, des vases d'airain pour rendre plus clair le son de la voix des acteurs et faire une espèce d'écho. Denys, tyran de Syracuse, fit creuser dans un rocher une cave souterraine de 250 pieds de longueur sur 80 de hauteur. Ce souterrain, qui existe encore, fut appelé l'*oreille de Denys*, parce qu'il avait la forme de l'oreille humaine. Il était disposé de manière que la voix se dirigeait vers une ouverture qui communiquait à la chambre de Denys ; il y passait des jours entiers à écouter les discours de ceux qu'il y faisait enfermer. Il fit mourir, dit-on, les artistes qui y avaient travaillé, afin de dérober au public le but qu'il s'était proposé en le faisant construire (*fig.* à la page 761).

L'écho figurait dans la mythologie comme une divinité particulière, bien longtemps avant que la raison s'en emparât pour en faire un phénomène physique. On se borna primitivement à raconter les échos les plus merveilleux. On sait ainsi qu'il y avait, à Rome, au tombeau de Metella, femme de Crassus, un écho qui répétait huit fois le premier vers de l'*Énéide* :

Arma virumque cano Trojæ qui primus ab oris...

Les anciens parlent aussi d'une tour de Cyzique dont l'écho se répétait sept fois. Il est beaucoup moins merveilleux que d'autres échos observés par des modernes. Dans le parc de Woodetock, comté d'Oxford (Angleterre), il en est un qui répète jusqu'à dix-sept syllabes. A 12 kilomètres de Verdun, un écho, dû à deux grosses tours distantes l'une de l'autre de 72 mètres, répète douze ou treize fois le même mot. A Muyden, près d'Amsterdam, Chladni dit avoir entendu un écho, fourni par un mur

elliptique, et dont le son, très renforcé, paraissait sortir de dessous terre.
Le P. Kircher a mentionné un écho qui s'observe au château de Simo-
netta, près de Milan, dont les deux ailes paraissent situées en avant de
l'édifice ; les sons que l'on produisait à une fenêtre de l'une de ces ailes
étaient répétés jusqu'à quarante fois. Monge, qui alla visiter ce château,
y observa l'écho tel que l'avait décrit le P. Kircher. Barth rapporte qu'aux
rives de la Naha, près des bords du Rhin, entre Bingen et Coblentz, on
entend un écho qui se répète dix-sept fois, et qui présente cette particularité que tantôt il semble s'approcher, tantôt s'éloigner ; quelquefois on
entend la voix distinctement, et d'autres fois on ne l'entend presque plus ;
l'un l'entend à droite et celui-là à gauche. Un écho semblable fut observé
par dom Quesnel à Genetay, à six cents pas de l'abbaye de Saint-Georges,
près de Rouen. Dans la grande galerie du Louvre sont deux grandes coupes ;
on parle bas dans l'une d'elles, qui agit comme un miroir et concentre les
rayons sonores ; ceux-ci se réfléchissent sur le plafond, parviennent à
l'oreille d'un auditeur penché au-dessus du second vase, et cet auditeur
peut seul entendre ce que l'on a dit. Il y a aussi, au Conservatoire des
arts et métiers, une salle dite *salle de l'écho*, dans laquelle deux personnes
placées à des angles opposés peuvent converser à voix basse sans être en-
tendues par celles qui se trouvent placées dans la partie intermédiaire.
Dans la salle du *secret*, au palais de l'Alhambra de Grenade, et dans
une salle du ministère de la guerre, à Madrid, on constate les mêmes
effets.

CAUSES QUI MODIFIENT L'INTENSITÉ DU SON. — Dans les mêmes circonstances, tous les sons, forts ou faibles, graves ou aigus, ont la même
vitesse. Il suffit, pour s'en convaincre, de remarquer que, dans un concert, les musiciens qui jouent de divers instruments, font partir tous les
sons de leurs notes à des intervalles égaux, et que ceux qui les entendent,
de près comme de loin, reçoivent ces sons exactement avec les mêmes
intervalles. Le son ne perd, pour ainsi dire, rien de sa vitesse première
en s'éloignant du corps sonore ; mais il n'en est pas de même de son
intensité. Il s'affaiblit rapidement en s'éloignant du centre d'ébranlement, et finit, à une certaine distance, par devenir inappréciable. L'intensité du son décroît aussi avec l'amplitude des vibrations du corps sonore.
Par exemple, si l'on observe une corde métallique tendue qu'on fait
vibrer, on la voit d'abord effectuer des vibrations d'une grande étendue,
et c'est alors que le son est plus intense ; mais il est moins fort à mesure
que l'amplitude des vibrations décroît. C'est pourquoi le son mourant
des derniers coups d'une cloche s'affaiblit graduellement jusqu'au moment

où il s'éteint tout à fait. Nous avons vu (page.746) que la densité de l'air a une grande influence sur l'intensité du son ; la force et la direction du vent exercent encore un effet puissant sur l'intensité du son et sur la

L'oreille de Denys (page 759).

distance où il peut parvenir. Enfin le son gagne considérablement en intensité quand le corps sonore est en contact, ou même dans le voisinage d'un autre corps capable d'entrer en vibration avec lui. Par exemple, une corde tendue dans l'air, loin d'un corps sonore, rend un son bien moins fort, lorsqu'on la fait vibrer, que si elle est tendue au-dessus d'une caisse remplie d'air, comme la guitare, le violon, la basse, etc. C'est par cette raison que les anciens plaçaient sur leurs théâtres des vases d'airain résonnants, destinés à renforcer la voix des acteurs; d'autres vases étaient, dans le même but, encastrés dans les murs.

APPLICATIONS DES PRINCIPES PRÉCÉDENTS. — TUBES ACOUSTIQUES. — PORTE-VOIX. — CORNETS ACOUSTIQUES. —

Si, au moyen de tuyaux allongés, on prévient l'écartement des ondes sonores, la force des vibrations, n'ayant point à agir sur des couches d'air de plus en plus étendues se conserve donc, pour ainsi dire, sans s'affaiblir. Le son peut alors se transmettre à de très grandes distances, sans rien perdre sensiblement de son intensité. Des expériences faites dans l'aqueduc d'Arcueil, de la longueur de 951 mètres, ont prouvé que les mots dits à l'une de ses extrémités, aussi bas que possible, comme quand on se parle à l'oreille, étaient distinctement entendus par l'observateur placé à l'autre extrémité. C'est un des principes sur lesquels sont établis les *tubes acoustiques* (*speaking tube*), dont on se sert dans les administrations et dans les maisons de commerce, pour transmettre, sans se déplacer, les ordres d'un étage à l'autre ou recevoir les renseignements dont on a besoin. Ce sont ordinairement des tubes cylindriques et flexibles de caoutchouc (*fig.* 356) terminés par une embouchure éva-

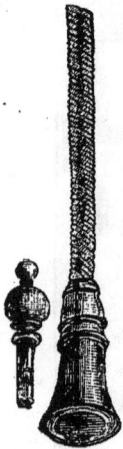

Fig. 356.

TUBES ACOUSTIQUES.

sée, dans laquelle on emboîte un sifflet. Pour avertir, on souffle dans le tube, afin que la personne, avertie par le son du sifflet, place son oreille à l'orifice du tube. Quand elle a indiqué qu'elle écoutait, la conversation s'engage, sans que personne entende ce que disent les causeurs.

Dans son *Acoustique*, M. Radan rappelle une application amusante des tubes acoustiques :

« La *femme invisible* qui excita, au commencement de ce siècle, une si grande sensation dans les principales villes du continent, s'explique d'une manière fort simple. L'organe le plus apparent de cette machine (*fig.* 357) était une sphère creuse, munie de quatre appendices en forme de trompettes, et suspendue librement à un support de fil de fer, ou bien au plafond de la chambre par quatre rubans de soie. Cette sphère était entourée d'une cage de treillis soutenue par quatre piliers, dont l'un était creux et communiquait avec le sol. Le tube acoustique qui le traversait, débouchait au milieu de l'une des traverses horizontales supérieures, où.

il y avait une fente très étroite, à peine perceptible à l'œil, faisant face à l'orifice de l'une des quatre trompes. La voix semblait alors sortir de là sphère. Il est probable que la personne qui se tenait dans la pièce voisine, et qui donnait les réponses, pouvait voir, par une fente dans le mur, ce qui se passait dans la salle. Les demandes se faisaient en parlant dans l'orifice de l'une de ces trompes. »

Le *porte-voix* (*fig.* 358), qui consiste en une espèce de cône mé-

Fig. 357. — LA FEMME INVISIBLE.

tallique creux et qui est destiné à transmettre la voix à de grandes distances, et le *cornet acoustique*, dont font usage les personnes qui ont l'ouïe dure, sont des instruments fondés sur la réflexion des ondes sonores et sur la conductibilité des tuyaux cylindriques. Dans les porte-voix dont on fait particulièrement usage à bord des navires, l'air, poussé par la bouche, est non seulement maintenu dans le tube, mais encore de chaque point du tube, à cause de la forme conique de l'instrument, il se forme des ondes sphériques qui, après s'être réfléchies sur les parois, reviennent parallèlement à l'axe, ce qui multiplie le nombre des impulsions dans le même sens et détermine un ébranlement énergique dans la direction de l'axe du porte-voix.

Samuel Morland (1) et le P. Kircher s'attribuent respectivement l'invention du *porte-voix*, qui était cependant connu chez nous dès 1545 Des voyageurs, qui visitèrent la Chine dans le IX⁰ siècle, disent qu'on s'y servait d'une sorte de trompette, qui portait la voix à une grande distance. Cet instrument remonterait même à une haute antiquité, si l'on peut donner le nom de porte-voix à une espèce de trompette à l'aide de laquelle Alexandre le Grand rassemblait son armée et lui donnait ses ordres et qui portait la voix, dit-on, à cent stades (16 kilomètres) (*fig.* à la page 769).

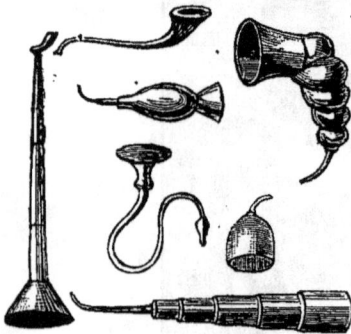

Fig. 358. — PORTE-VOIX
ET CORNETS ACOUSTIQUES.

Pour se faire entendre le plus fortement possible avec le porte-voix, il fau prendre un ton tel que la colonne d'air qu'il renferme puisse former des vibrations selon sa forme et sa longueur ; car si le ton dans lequel on parle n'est pas un de ceux que le porte-voix peut admettre, les vibrations de l'air ne s'y feront pas avec autant de régularité, et ne s'entretiendront pas avec autant de constance que si cette harmonie était exactement observée Un porte-voix de 1 mètre porte aisément le son à 800 mètres; de 6 mètres, à 2,560 mètres; de 8 mètres, à 4,000 mètres. On distingue à bord des vaisseaux plusieurs sortes de porte-voix : le plus usité est le *braillard*, qui sert aux manœuvres ordinaires d'un bâtiment ; celui qu'on appelle *gueulard* et qui s'allonge à volonté, comme une lunette, sert à transmettre la parole d'un navire à un autre : le *porte-voix de combat* est à demeure sur le pont et descend verticalement dans les batteries. Les bateaux à vapeur ont aussi un porte-voix vertical pour communiquer les ordres au mécanicien.

Le *cornet acoustique* (*fig.* 358) est comme la contre-partie du porte-voix. La petite ouverture du cornet étant placée dans l'oreille de la personne qui écoute, l'autre extrémité, terminée en pavillon, reçoit les sons venant de la bouche de la personne qui parle. Ces sons, réfléchis par les parois intérieures du cornet, vont se concentrer dans le tuyau de l'oreille.

(1) MORLAND (Samuel), physicien anglais (1625-1695). Après avoir rempli sous Cromwell plusieurs missions politiques, il reçut de Charles II le titre de baronnet. Il quitta alors la scène politique, et s'occupa de mécanique et de physique. Nous avons déjà parlé de lui (pages 256 et 659). Vers la fin de sa vie, il devint aveugle et mourut dans la misère.

ACOUSTIQUE DES SALLES. — Nous avons dit ci-dessus que, pour qu'il y ait écho, le corps réflecteur devait être à plus de 17 mètres ; que, s'il est à une distance moindre, il y a *résonance*. Le son qui revient à l'oreille prolonge l'impression ; il y a même renforcement de l'impression directe pendant tout le temps qu'elle accompagne l'impression réfléchie. Cela est en général avantageux, disons-nous ; ce qui est généralement nuisible, c'est le prolongement de l'impression au delà d'une certaine durée, ou l'absence de cette résonance. Aussi le problème de la sonorité des salles de théâtre, de concert, de cours publics, etc., est-il si compliqué qu'il n'a pu encore être définitivement résolu, dit M. de Parville : il est bien facile d'en montrer les principales difficultés.

Quand on parle dans une salle dont nous supposerons momentanément les murs nus, le son se répand dans toutes les directions ; il s'en va en ligne droite jusqu'aux oreilles d'un auditeur ; mais il s'en va heurter aussi les murs en avant, en arrière, sur les côtés, en haut, en bas, de toutes parts, en un mot. Le son se réfléchit, et les nouvelles ondes vont s'entre-croisant dans l'espace ; quelques-unes reviennent à l'oreille de l'auditeur un peu affaiblies, et en retard sur les ondes directes, puisqu'elles ont fait un plus long chemin. Si le chemin est court, le son réfléchi reviendra à l'oreille avant que le son direct soit éteint, et le renforcera en le prolongeant. Cette *résonance* s'observe très bien dans certaines circonstances. Quand on est en bateau à vapeur, on entend un grand bruit au moment où il passe près d'une pile de pont, qui renvoie le son que font les roues en frappant l'eau.

Lorsque la salle n'est pas très grande, la résonance ne peut être qu'utile à l'audition ; si la pièce est vaste, le chemin parcouru par l'onde de retour étant appréciable, le renforcement du son se traduira surtout par une prolongation ; l'onde de retour ne coïncidant plus du tout avec l'onde directe, l'audition deviendra confuse ; la parole manquera de netteté. Tout le monde a remarqué les particularités que présente le son dans les grandes églises : les moindres bruits se répercutent sous les voûtes, la voix cesse d'être distincte. Lorsqu'enfin la salle est extrêmement vaste, les ondes sonores réfléchies ne parviennent plus à l'oreille qu'un certain temps après les ondes directes. On entend le même son une ou plusieurs fois ; il y a écho.

Le renforcement des sons, leur répétition, leur absorption par les corps non élastiques, telle est donc la cause des différences de sonorité d'une salle. On conçoit bien que, théoriquement, on puisse, comme l'a fait M. Sax, projeter une salle dans laquelle les ondes sonores soient ramenées vers les auditeurs par des surfaces réfléchissantes convenables.

Mais, alors que la réflexion satisfaisante des ondes serait bien obtenue, il est difficile d'avance de répondre des résonances, des absorptions, des changements de timbre dépendants de la nature même de la matière réfléchissante. Tel spectateur, par exemple, est placé à une distance convenable des murs pour qu'il n'y ait pas renforcement; mais alors comment entendra celui qui est plus éloigné que lui? Ici pas de résonance, là un renforcement exagéré, à côté une extinction du son. Comment vibrera telle muraille, cette masse d'air voisine des ouvertures? A droite, on entend merveilleusement; au fond, la sonorité est trop bruyante. On peut espérer réussir, mais il est impossible d'affirmer le succès.

On a trouvé dernièrement un procédé très singulier et très efficace de modifier la sonorité des salles. La cathédrale de Saint-Fin-Barre, à Cork (Irlande), était tellement sonore qu'il était à peu près impossible de s'y faire entendre. Il fallait à tout prix arrêter en route les sons réfléchis qui gênaient l'audition des sons directs. On essaya de tendre un certain nombre de fils fins à 6 ou 8 mètres au-dessus du sol entre les murs de la nef. Ces quelques obstacles à peine visibles transformèrent l'acoustique de la cathédrale. Le même procédé fut employé aussi efficacement dans d'autres églises, et particulièrement à l'église de Notre-Dame-des-Champs, à Paris, sur le boulevard Montparnasse.

La construction de la salle des Fêtes, au palais du Trocadéro, avait soulevé deux questions intéressantes. Nous avons dit (page 472) le nouveau système de ventilation adopté par les architectes; il fallait en second lieu se préoccuper de distribuer le son aussi uniformément que possible, en évitant les échos dans une enceinte aussi vaste (*fig.* à la page 777). MM. Davioud et Bourdais ont appliqué habilement les données de la science acoustique. On a tapissé les murailles d'une bourre de soie de 6 millimètres d'épaisseur, dans le but d'absorber toutes les ondes sonores venant heurter l'enceinte, d'anéantir toute la force vive nuisible à l'acoustique de la salle. Dans un vaisseau aussi grand, dépourvu de tout renforcement, on pouvait craindre que les sons directs manquassent d'intensité. N'entendrait-on pas imparfaitement de certaines parties de la salle? Les architectes ont cherché à distribuer le plus également possible le son dans toutes les parties à l'aide d'un système de renforcement du son tout nouveau.

Les sons émis s'en vont frapper naturellement les murs et le plafond de la scène comme les autres parties de la salle. On n'a pas éteint ces ondes sonores, on les utilise. On a construit le fond et le plafond de la scène de façon que chacun de leurs points se trouve à une distance du principal soliste inférieure à 17 mètres. Le son, après avoir frappé le fond de la scène, revient donc à l'oreille d'un auditeur quelconque avant que le son direct soit éteint. Il y a renforcement, il n'y a pas écho. Le plafond surtout devient un réflecteur de son très efficace. MM. Davioud et Bourdais ont formé leur plafond d'une série de petits plans réflecteurs juxtaposés qui, par leur rapprochement, ont constitué une voûte aux propriétés acoustiques remarquables. L'épure de la voûte a été faite d'abord de façon à renvoyer dans toutes les parties de la salle la même quantité de rayons réfléchis, puis corrigée de manière à en renvoyer sur les places les plus éloignées des quantités de plus en plus grandes. La voûte forme, en définitive, une sorte de porte-voix auquel on a donné le nom de *conque sonore*. Le succès de cette combinaison n'est pas discutable. On entend aussi distinctement à l'amphithéâtre qu'aux fauteuils. La voix porte au loin avec une rare netteté. L'extinction des sons semblait, dans les premiers temps, avoir été moins bien remplie. Quand les sons atteignaient une grande intensité, quand on donnait un coup de tam-tam ou de grosse caisse, il y avait résonance marquée et même écho. Ce défaut a disparu. La bourre de soie appliquée sur les murs encore humides s'était tassée, avait fait corps avec le plâtre et n'éteignait pas les sons assez complètement, quand ils devenaient intenses ; mais, aujourd'hui, ce vice d'aménagement a été corrigé et le problème d'acoustique a été résolu à la satisfaction générale.

CHAPITRE II

DU SON MUSICAL

QUALITÉS DU SON MUSICAL. — Nous avons dit que le *son musical* est le résultat de vibrations continues, rapides et isochrones, produisant sur l'organe de l'ouïe une sensation prolongée ; il peut toujours être comparé avec d'autres sons, et on peut trouver son unisson, ce qui est impossible avec un bruit, tel que le claquement d'un fouet ou la détonation d'une arme à feu.

Dans le son musical, on distingue trois qualités : 1° la *hauteur* ou *tonalité ;* 2° l'*intensité ;* 3° le *timbre*.

La *hauteur* est l'impression produite sur l'organe auditif par le plus ou moins grand nombre de vibrations exécutées par le corps sonore dans un temps donné. Plus ce nombre est grand, plus le son est *aigu;* plus ce nombre est petit, plus le son est *grave* ou *bas.* La gravité ou l'acuité des sons n'est que relative : tel son, grave comparativement à un autre, peut être aigu par rapport à un troisième. Deux sons correspondant à un même nombre de vibrations sont dits *à l'unisson. L'intensité* est la force avec laquelle l'organe de l'ouïe se trouve impressionné ; elle dépend de l'amplitude des vibrations, et non de leur nombre. Un même son peut rester également grave ou aigu et acquérir ou perdre de son intensité, selon que les vibrations du corps sonore seront plus ou moins étendues. Nous avons vu (page 760) les différentes causes qui font varier l'intensité d'un son. Le *timbre* est cette qualité qui fait que, différents instruments produisant le même son grave ou aigu, on reconnaît parfaitement ces instruments l'un de l'autre. Ainsi, qu'une flûte et un violon donnent le même son, on distinguera facilement le son de la flûte et le son du violon. C'est ainsi que l'on reconnaît une personne au son de la voix. La cause du *timbre* n'est pas bien connue : elle dépend, paraît-il, non seulement de la matière dont sont faits les instruments, mais encore de leur forme.

ACCORDS. — INTERVALLES. — On appelle *accords* la coexistence de plusieurs sons qui causent à l'ouïe une sensation agréable. Si, au contraire, cet organe est désagréablement affecté, on dit qu'il y a *dissonance.*

Un *intervalle* est le rapport d'un son à un autre, c'est-à-dire le rapport entre les nombres de vibrations qui constituent ces sons, soit $\frac{n'}{n}$, cet autre son étant toujours supérieur à n; c'est-à-dire étant plus aigu. Comme une fraction ne change pas quand on multiplie ou quand on en divise les deux termes par un même nombre, on voit que les *intervalles* ne dépendent pas du nombre absolu des vibrations, mais seulement du nombre relatif. Lorsque l'oreille peut facilement découvrir le rapport entre deux sons, c'est-à-dire toutes les fois que ce rapport $\frac{n'}{n}$ est simple, il y a *consonance.* Les intervalles les plus agréables à l'oreille sont les suivants :

$\frac{n'}{n} = 1$, c'est l'*unisson.*	$\frac{n'}{n} = \frac{5}{3}$ — *sixte.*	$\frac{n'}{n} = \frac{5}{4}$ — *tierce majeure.*
Les nombres des vibrations sont égaux.	$\frac{n'}{n} = \frac{3}{2}$ — *quinte.*	$\frac{n'}{n} = \frac{6}{5}$ — *tierce mineure.*
$\frac{n'}{n} = \frac{2}{1}$ — *octave.*	$\frac{n'}{n} = \frac{4}{3}$ — *quarte.*	
Le nombre des vibrations d'un son est double de celui de l'autre son.		

SONS HARMONIQUES. — On appelle ainsi, ou simplement *harmoniques*, les sons formés par des nombres de vibrations qui sont entre eux comme la série ordinaire des nombres entiers 1, 2, 3, 4, 5, 6. La superposition

Cor d'Alexandre (page 764).

de deux de ces sons donne un accord d'autant plus *consonant* qu'ils sont plus bas dans la série. En effet, le second harmonique est l'octave du premier ; le troisième, qui équivaut à $\frac{3}{2} \times 2$, est sa double quinte ; le qua-

.trième 2×2 est sa double.octave, et le cinquième, qui peut s'écrire $\frac{5}{4} \times 4$, est sa quadruple tierce. Les harmoniques donnent donc toujours des accords, quel que soit le nombre avec lequel on les désigne. En étudiant ci-après les vibrations des cordes et des tubes sonores, nous aurons à parler des *harmoniques*.

ÉCHELLE MUSICALE. — GAMME. — *L'échelle musicale* est une succession de sons séparés entre eux par des intervalles qu'une expérience, qui remonte sans doute à l'origine du monde, a fait utiliser. Comme, dans cette série, les sons se reproduisent dans le même ordre par périodes de sept, chaque période se désigne sous le nom de *gamme*, et les sept sons ou *notes* sont : *ut* ou *do, ré, mi, fa, sol, la, si*.

Ce mot *gamme* vient de la lettre grecque γ (gamma), qui désignait la note du *la* grave du violoncelle, par laquelle commençait la série des notes employées dès l'antiquité, A, B, C, D, E, F, G. On prit le *gamma* pour ne pas troubler l'ordre des lettres établi, et l'on donna à la série elle-même le nom de *gamme*. Ce ne fut que vers l'an 1020 que l'on remplaça les lettres par les points et que l'on donna aux notes les noms qu'elles portent encore aujourd'hui. Guy d'Arezzo, moine bénédictin de Ferrare, qui s'occupait de musique, passe pour l'auteur de cette innovation. Les noms adoptés sont les syllabes initiales de l'hymne de saint Jean-Baptiste, qu'il faisait chanter à ses écoliers :

> *Ut* queant laxis *Re*sonare fibris
> *Mi*ra gestorum *Fa*muli tuorum, ,
> *Sol*ve polluti *La*bii reatum,
> ` Sancte Johannes.

Mais cette échelle de notation ne se compose que de six noms : ce fut, dit-on, vers 1684, qu'un nommé Lemaire ajouta le *si* à ceux de Guy d'Arezzo. En 1338, le chanoine de Paris, Jean de Muris, imagina d'exprimer les modifications de la durée par des changements dans la forme des points, qui tous jusqu'alors indiquaient une même durée, et il inventa les blanches, les noires, les croches, etc. J.-J. Rousseau, et plus tard, Galin, Wilhem, essayèrent de remplacer les notes par des chiffres ; mais celles-là ont généralement prévalu.

En mesurant, au moyen d'instruments dont nous parlons ci-après (page 776), le nombre de vibrations que donnent les sept notes de la gamme, et en représentant le son le plus grave, l'*ut* fondamental, par

1, on a trouvé que les nombres respectifs de vibrations correspondant à ces notes étaient représentés par la fractions suivantes :

ut	ré	mi	fa	sol	la	si
1	$\dfrac{9}{8}$	$\dfrac{5}{4}$	$\dfrac{4}{3}$	$\dfrac{3}{2}$	$\dfrac{5}{3}$	$\dfrac{15}{8}$

L'échelle musicale ne s'arrête pas là ; cette gamme est suivie d'autres gammes ascendantes ou descendantes, commençant chacune par l'*ut* qui termine ou commence la gamme précédente, et une note quelconque de chaque gamme suivante est produite par un nombre de vibrations double ou moitié moindre de celui qui produit la note correspondante de la gamme précédente.

Les fractions ci-dessus représentent non seulement les nombres de vibrations relatives à l'*ut* fondamental, mais encore les intervalles des six dernières notes par rapport à la première. En cherchant donc les intervalles entre deux notes consécutives, on a :

ut		ré		mi		fa		sol		la		si		ut
		$\dfrac{9}{8}$		$\dfrac{5}{4}$		$\dfrac{4}{3}$		$\dfrac{3}{2}$		$\dfrac{5}{3}$		$\dfrac{15}{8}$		
1	$\dfrac{9}{8}$		$\dfrac{10}{9}$		$\dfrac{16}{15}$		$\dfrac{9}{8}$		$\dfrac{10}{9}$		$\dfrac{9}{8}$		$\dfrac{16}{15}$	2

On voit que les intervalles différents entre les sept notes de la gamme se réduisent à trois qui sont : $\dfrac{9}{8}$, $\dfrac{10}{9}$ et $\dfrac{16}{15}$. Le premier, qui est le plus considérable, se nomme *ton majeur*; le second, *ton mineur*, et le troisième *demi-ton majeur*.

De là on conclut que, lorsqu'un intervalle entre deux sons est $\dfrac{9}{8}$ ou $\dfrac{10}{9}$, il y a un *ton* entre ces deux sons; et, si l'intervalle est de $\dfrac{16}{15}$, il existe un *demi-ton*. La gamme comprend donc cinq tons et deux demi-tons. L'intervalle entre le ton majeur et le ton mineur est $\dfrac{81}{80}$; c'est le plus petit de tous, on le désigne sous le nom grec de *comma*; il est généralement négligeable en musique, car il faut une oreille très exercée pour l'apprécier. On nomme une *seconde* l'intervalle de *do* à *ré*; une *tierce*, celui de *do* à *mi*; une *quarte*, de *do* à *fa*; une *quinte*, de *do* à *sol*; une *sixte*, de *do* à *la*; une *septième*, de *do* à *si*; une *octave*, d'un *do* au *do* supérieur. La gamme dont nous venons d'indiquer les rapports des vibrations est dite *gamme diatonique;* celle qui procède par demi-tons, et qui ainsi se compose de 13 tons, est dite *gamme chromatique.*

Les musiciens intercalent, en effet, entre les notes de la gamme d'autres notes intermédiaires que l'on désigne sous le nom de *dièses* et de *bémols. Diéser une note,* c'est augmenter le nombre de ses vibrations dans la proportion de $\frac{25}{24}$; la *bémoliser,* c'est diminuer ses vibrations de $\frac{24}{25}$. On représente le dièse par le signe ♯ et le bémol par ♭. L'intervalle est désigné sous le nom de *demi-ton mineur.*

ACCORDS PARFAITS. — Nous avons fait remarquer que les consonances correspondent à des rapports de nombres de vibrations relativement simples. Ces rapports sont les plus simples possibles dans ce que l'on appelle l'*accord parfait :* c'est l'accord normal d'où procèdent tous les autres. Quand les nombres des vibrations de trois sons effectués pendant le même temps sont entre eux dans le même rapport que les nombres 4, 5, 6, ils constituent un *accord parfait majeur.* Si ces nombres sont dans le même rapport que les nombres 10, 12, 15, il y a *accord parfait mineur.* Dans les accords parfaits, la note la plus grave est la *tonique,* la plus aiguë est la *dominante.* L'accord parfait a pour fondement les premières divisions du *monocorde,* c'est-à-dire d'une corde tendue qui donne un son déterminé, par exemple, *ut.* Si l'on divise cette corde par la moitié, on obtient l'*ut* à l'*octave supérieure ;* son quart donne l'*ut* à la *double octave ;* son tiers le *sol* à la douzième (douzième degré) ; le cinquième, le *mi* à la dix-septième ; le sixième, le *sol octave du tiers ;* le septième, un *si* à la vingt et unième ; le huitième, un *ut* à la *triple octave,* et le neuvième, un *ré* à la vingt-troisième ; ce qui représente une suite de tierces, et donne tous les sons dont se forme l'accord le plus compliqué.

DIAPASON. — La rigidité des verges d'acier les rend propres à conserver, sans altération sensible, le son qu'elles peuvent donner en raison de leurs dimensions. C'est à cause de cela que les personnes qui veulent mettre d'accord les notes d'un instrument de musique se servent fréquemment du *diapason.* Ce mot (du grec *dia,* à travers, *pasón,* toutes choses, passe-partout) désignait primitivement chez les Grecs, d'après Pythagore, les *octaves,* parce que les sons ainsi engendrés à l'octave ne changeaient rien à la mélodie d'un air, soit qu'on les fît entendre simultanément, soit successivement. C'est aujourd'hui le nom qui désigne l'étendue d'une voix ou d'un instrument, c'est-à-dire la série de notes que cette voix ou cet instrument peut faire entendre : chaque voix, chaque instrument a son diapason particulier. Plus spécialement, on appelle. *diapason* un petit instrument composé d'une tige d'acier à deux branches courbées en U et disposées de manière à faire résonner, lorsqu'on écarte brusquement ses branches au moyen d'un cylindre de fer passé de force entre elles (*fig.* 359), un son conventionnel sur lequel on règle l'accord de tous les instruments de musique. Ce son est le *la* (la deuxième corde du violon, en commençant par la chanterelle). Une branche du diapason doit, en France, d'après un décret du 16 février 1859, exécuter 435 vibrations ; en Allemagne, le *la* est de 440 vibrations ; en Angleterre de 442. Lorsqu'on fait vibrer le *diapason*, il se produit un son suraigu qui s'éteint assez vite ; c'est un *harmonique* supérieur, formant d'ailleurs avec le son principal une *dissonance* marquée. Quant au son principal, qui est celui dont a besoin l'accordeur, il persiste longtemps après l'autre, et c'est pour empêcher la production de ce son suraigu, autant que pour renforcer

Fig. 359. — DIAPASON.

le son, que l'on monte le diapason sur une boîte de résonance, car le désaccord de ce son avec les harmoniques mêmes de la masse d'air le détruit.

NOTATION DES GAMMES. — NOMBRE ABSOLU DES VIBRATIONS. — Le nombre de vibrations qui correspondent au *do*. fondamental d'une gamme pouvant être pris arbitrairement, on a choisi, pour point de départ de toutes les autres notes, le *do*, le son le plus grave de la contrebasse, et l'on est convenu de distinguer, en physique, les notes des gammes plus aiguës de la première gamme par un petit chiffre placé au-dessous de la note, et celles plus graves par un petit chiffre précédé du signe *moins* (—). Ainsi fa_2 est à l'octave au-dessus de fa_1 et $fa-_2$ est à l'octave au-dessous de fa_1.

La connaissance de la valeur des intervalles permet d'estimer exactement le rapport des nombres de vibrations de deux sons donnés ; d'où il suit que, si le nombre absolu de vibrations de l'un des deux sons est connu, on peut en déduire le nombre de vibrations du second. Ainsi, on sait que 870 vibrations simples, ou 435 doubles, représentent, d'après le diapason normal la_3. En conséquence, puisque 1 et $\frac{5}{3}$ sont les nombres de vibrations correspondantes au *do* et au *la*, si l'on représenté par *n* le nombre de vibrations de *do*$_3$, nous aurons $n \times \dfrac{5}{3} = 435$; d'où $n = 261$ vibrations doubles. Connaissant *do*$_3$, on obtiendra le nombre des vibrations de *re*$_3$, *mi*$_3$, *fa*$_3$, etc., en multipliant 261 par $\dfrac{9}{8}$, $\dfrac{5}{4}$, $\dfrac{4}{3}$.

On aura ainsi : $do -_2 = 130\,\dfrac{1}{2}$, et $do_1 = 65\,\dfrac{1}{4}$.

GAMME TEMPÉRÉE. — Nous avons dit (page 771) que le *comma*, c'est-à-dire la différence d'un intervalle représenté par $\dfrac{81}{80}$, était généralement négligeable, et que la gamme accordée au moyen de l'artifice du *tempérament* répondait aux exigences de l'oreille. Lorsque les instruments ne se composaient, comme jadis, que d'un très petit nombre de cordes, ce *tempérament* était inutile : on pouvait les accorder sans altérer les intervalles des sons. Mais depuis que, par suite du perfectionnement des instruments, les sons successifs doivent comprendre, comme dans le piano, plusieurs octaves, il est devenu très difficile, presque impossible dans les transpositions, de les accorder sans admettre un *tempérament*. C'est pourquoi les musiciens, pour accorder leurs instruments, ont adopté une méthode qui consiste à altérer les quintes en montant jusqu'à ce qu'on arrive à un *mi* qui fasse juste la tierce majeure de l'*ut ;* à altérer les quintes en descendant jusqu'à ce que le *ré* bémol fasse quinte avec le *sol dièse*, etc. Chaque note ayant son dièse et son bémol, l'octave se compose rigoureusement de vingt et un tons. Or, pour éviter toute complication inutile, l'octave ne se compose en réalité que douze demi-tons, formant la gamme chromatique. La gamme ainsi modifiée se nomme la *gamme tempérée.* Elle n'est plus *absolument* juste, puisque, à l'exception des octaves, tous les intervalles ont subi une altération.

Voici le nombre absolu de vibrations des diverses notes dans la gamme naturelle et dans la gamme tempérée :

NOTES.	Nombre de vibrations par seconde.		NOTES.	Nombre de vibrations par seconde.	
	Gamme naturelle.	Gamme tempérée.		Gamme naturelle.	Gamme tempérée.
Ut...............	517,3	517,3	Sol.............	776,0	775,1.
Ré...............	582,0	580,7	La.............	862,2	870,0
Mi...............	646,6	651,8	Si.............	970,0	976,5
Fa...............	689,7	690,5	Ut.............	1034,6	1034,6

Quelque petites que soient les différences indiquées dans ce tableau, deux physiciens contemporains, MM. Cornu et Mercadier, qui se sont livrés à des recherches savantes sur ce point de l'acoustique, ont prouvé que l'oreille est beaucoup plus sensible que l'on ne croit, et que, dans des circonstances favorables, l'organe auditif peut apprécier parfaitement la différence de 1 vibration sur 1,000, ce qui constitue un intervalle environ 10 fois plus petit que le *comma* $\frac{81}{80}$.

LONGUEUR DES ONDES SONORES. — En connaissant le nombre absolu de vibrations que fait un corps sonore en une seconde, il est facile de déduire quelle est la longueur des *ondes*. On sait, en effet, qu'à la température de 10°, le son parcourt 333 mètres par seconde : donc, si un corps ne donne qu'une vibration double en cet espace de temps, l'onde sonore sera de 333 mètres ; s'il en donne deux, l'onde sera de la moitié de 333 mètres ; s'il en donne trois, elle sera du tiers de 333 mètres, et ainsi de suite. C'est dire que *la longueur d'une onde sonore est le quotient de la vitesse du son divisée par le nombre de vibrations complètes*, en se rappelant que, quel que soit le ton, la vitesse est la même pour les sons graves et pour les sons aigus.

LIMITES DES SONS MUSICAUX. — L'échelle des sons est évidemment indéfinie dans les deux sens ; mais il arrive un moment où les sons deviennent trop graves ou trop aigus pour être perceptibles à l'oreille. En procédant de proche en proche, on a pu réussir à évaluer des sons s'élevant jusqu'à 72,000 vibrations par seconde, ou à 10 à 12 seulement pour les sons graves. En musique, les sons les plus graves sont ceux des tuyaux d'orgue bouchés de 5 mètres de longueur, correspondant à 32 vibrations par seconde ; pour les sons aigus on ne dépasse guère la triple octave du *la* du diapason, ce qui donne 6,960 vibrations par seconde. La voix humaine varie selon les organisations, mais ne dépasse guère, chez un individu, deux octaves. Sauf quelques voix exceptionnelles, la voix humaine s'étend du *fa* inférieur de la basse (*fa₁*) de 174 vibrations au *sol* supérieur du soprano (*sol₄*), de 1,550 vibrations par seconde environ.

CHAPITRE III

ÉVALUATION NUMÉRIQUE DES SONS.

SIRÈNE. — Un grand nombre d'appareils ont été inventés pour mesurer le nombre des vibrations correspondant à un son donné. Les principaux sont la *sirène*, la *roue dentée de Savart*, le *vibroscope de Duhamel*, le *phonautographe de Scott*, etc.

La *sirène*, inventée par M. Cagnard de Latour (1), en 1809, doit son nom à la propriété qu'elle a de pouvoir rendre des sons au sein d'une masse liquide. Cet instrument, tout en cuivre, se compose (*fig.* 360) d'une boîte dans laquelle sont placés des soufflets destinés à faire passer un courant d'air dans l'instrument. La partie inférieure est un cylindre O, surmonté d'un

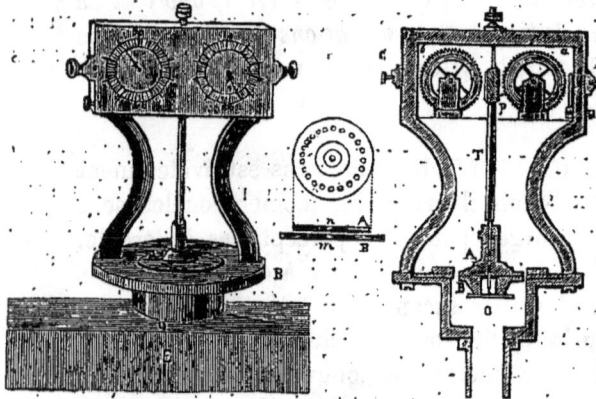

Fig. 360. — SIRÈNE.

plateau fixe B, dans lequel aboutit un tube vertical T, sur lequel s'applique un disque A qui tourne librement avec lui. Ce plateau B est percé d'ouvertures circulaires équidistantes, et le disque A est aussi percé d'ouvertures de même diamètre et à la même distance du centre que celles du plateau. Ces ouvertures ne sont pas perpendiculaires au plan du plateau et du disque, mais toutes présentent une inclinaison identique, dans le sens opposé au courant d'air, de sorte que deux d'entre

---

(1) CAGNARD DE LATOUR (Charles, baron), savant physicien français (1779-1859), membre de l'Académie des sciences. On lui doit de remarquables travaux de mécanique.

elles, en face l'une de l'autre, sont disposées comme en *mn*. Il résulte de là que, lorsqu'un courant d'air rapide passe du soufflet à travers le cylindre jusqu'à l'orifice *m*, il frappe obliquement les parois de *n*

La salle des Fêtes, au palais du Trocadéro (page 766).

et donne au disque A un mouvement de rotation dans le sens *n*A.

. Pour rendre plus claire l'explication du jeu de la *sirène*, supposons un instant que le disque mobile A ait vingt ouvertures, et qu'il n'y en ait qu'une seule au plateau B, et considérons le moment où celle-ci coïncide

avec une de celles de A. Comme le courant d'air du soufflet frappe obliquement les parois de cette dernière ouverture, et communique au disque un
mouvement de rotation, pendant lequel l'ouverture du plateau B se trouve
en face de la partie pleine du disque A, en continuant à tourner, cette
ouverture de B rencontrera une autre ouverture de A, et ainsi de suite.
Il en résultera une série d'écoulements d'air et d'arrêts qui feront entrer
l'air en vibration, et qui finiront par produire un son lorsque le mouvement
de rotation du disque sera devenu rapide. Le passage de l'air sera vingt
fois interrompu pendant une révolution du disque ; on aura, par conséquent, vingt vibrations complètes pour chaque révolution. Si nous supposons maintenant que le plateau fixe B ait vingt ouvertures, comme le
disque mobile A, chacune d'elles produira un effet égal à celui produit
par une seule ; le son sera vingt fois plus intense, mais le nombre des
vibrations ne sera pas changé : il restera de vingt par seconde.

Pour connaître le nombre de vibrations correspondant au son que
donne l'appareil pendant son mouvement de rotation, il faut calculer le
nombre de tours qu'a faits, en chaque seconde, le disque A, et multiplier
le résultat obtenu par vingt, puisque chaque tour engendre vingt vibrations. A cette fin, le tube vertical T porte une vis sans fin, au moyen de
laquelle le mouvement est communiqué à une roue de cent dents a, qui
avance d'une dent pour chaque révolution du disque, et, conséquemment,
fait un tour entier pour cent révolutions. Mais chaque tour de cette roue
fait aussi avancer d'une dent une seconde roue indépendante b, et toutes
deux, sur leurs cadrans respectifs indiquent l'une, le nombre des tours du
disque, l'autre les centaines de tours. Enfin, deux boutons D et C servent
à engrener et à désengrener les roues.

Si l'on veut connaître le nombre de vibrations qui correspond par
seconde au la du diapason, on met, pendant deux minutes, la sirène à
l'unisson de cet instrument, puis on regarde sur les cadrans le nombre
de tours qu'a faits le disque. Il suffit alors de multiplier ce nombre
par 20 et de diviser le produit par 120, nombre de secondes qu'a duré
l'expérience.

A vitesse égale de la sirène, le son est le même dans l'eau que dans
l'air, ou dans tous les gaz, ce qui démontre que le son dépend du
nombre des vibrations du corps sonore, et non pas de la nature de ce
corps.

SOUFFLETS ACOUSTIQUES. — Ce sont des réservoirs d'air que l'on
emploie pour mettre en action les instruments à vent, comme la sirène
ou les tuyaux d'orgue. Entre les quatre pieds d'une table de bois est un

soufflet S (*fig.* 361) que peut mettre en mouvement une pédale P, et une sorte d'outre de peau flexible D servant à emmagasiner l'air dont a besoin le soufflet. Si l'on comprime cette outre, soit en appuyant avec le pied sur la pédale, soit avec un levier T mû à la main, l'air est chassé par le tube E dans la boîte C qui est fixée sur la table, et il y pénètre avec la rapidité que l'on désire.

ROUE DENTÉE DE SAVART. — Cet instrument, qui porte le nom de son inventeur (1), consiste en un banc de bois (*fig.* 362), fendu dans le sens de sa longueur pour supporter deux roues A et B; la plus grande sert à donner une extrême vitesse à la seconde qui est dentée, et qui fait vibrer un fragment de carte E, fixé sur le banc. Cette carte, frappée par chaque dent, produit à chaque tour de la petite roue un nombre de vibrations égal à celui des dents. Enfin, dans un petit cadran H, est un compteur qui, recevant son mouvement de la roue dentée, indique le nombre

Fig. 361. — Soufflets acoustiques.

de ses tours, et, conséquemment, le nombre des vibrations en un temps donné. Pour faire des expériences avec cet appareil, on procède d'une façon analogue à celle employée avec la sirène.

VIBROSCOPE DE DUHAMEL. — La *roue dentée de Savart*, aussi bien que la *sirène*, est d'une exactitude médiocre ; le principal mérite de ces instruments est qu'ils font voir d'une manière directe, en quelque sorte, la condition physique de la production du son. On se sert aujourd'hui plus généralement de procédés d'inscription graphique, plus commodes à la fois et plus exacts.

Le *vibroscope* de Duhamel est un des appareils employés. Il se com-

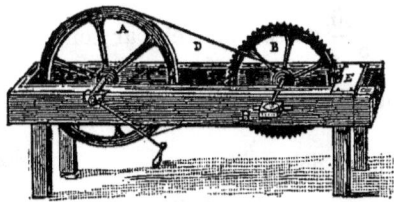

Fig. 362. — Roue de Savart.

pose (*fig.* 363) d'un cylindre A de bois ou de métal, fixé sur un axe fileté vertical O, tournant au moyen d'une manivelle, et qui, en même temps qu'il tourne dans un sens ou dans l'autre, se meut dans un écrou. Autour de ce cylindre est enroulée une feuille de papier légèrement enfumé, sur

---

(1) Savart (Félix), savant français (1791-1841). D'abord médecin, il abandonna cette profession pour s'occuper de chimie et de physique, et particulièrement d'acoustique; il entra à l'Académie des sciences en 1817, puis succéda à Ampère comme professeur au Collège de France.

lequel s'inscriront les vibrations. A côté du cylindre est placé le corps sonore en expérience, soit une lame élastique G, fixe à l'une de ses extrémités et dont l'autre supporte un style, qui touche légèrement la surface du papier noirci, pendant la rotation. Quand le cylindre tourne, le style décrit en blanc sur le papier une ligne hélicoïde régulière ; mais, si l'on fait vibrer la lame en même temps, cette ligne présente des ondulations résultant des vibrations, et il ne reste plus qu'à déterminer le temps que durent ces dernières. Le procédé le plus simple pour cette détermination est de comparer la ligne tracée par la lame à celle que tracerait un diapason, dont le nombre de vibrations, en un temps donné, est connu. On place donc un diapason D à côté de la lame ; à une des branches de l'instrument on place également un petit style, et on fait vibrer en même temps la lame et le diapason : l'un et l'autre tracent des lignes sur le cylindre, et, en comparant le nombre d'oscillations qui se correspondent sur les

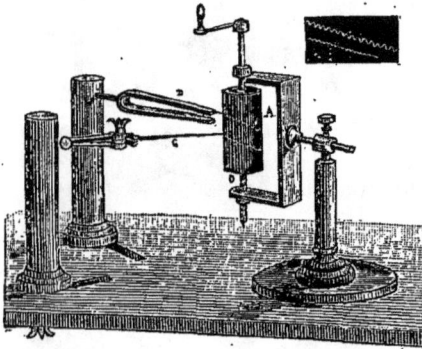

Fig. 363. — VIBROSCOPE DE DUHAMEL.

deux lignes, on en déduit le nombre de vibrations qu'exécute la lame en une seconde. Par exemple, soit que 150 vibrations du diapason correspondent à 165 de la lame, et qu'à $\frac{1}{500}$ de seconde corresponde chaque vibration du diapason, 150 correspondront à $\frac{150}{500}$ de seconde, et, par conséquent, en $\frac{150}{500}$ de seconde, la lame a eu 165 vibrations ; d'où, en $\frac{1}{500}$ de seconde, $\frac{165}{150}$, et en une seconde $\frac{165}{150} \times 500 = 550$.

PHONAUTOGRAPHE DE SCOTT. — M. Léon Scott a cherché à rendre d'un usage plus général la méthode graphique employée par M. Duhamel, dont le *vibroscope* ne pouvait servir à mesurer les vibrations des tubes sonores, d'un chant ou d'un bruit tel que celui d'un coup de canon, ou du tonnerre. Il inventa dans ce but son *phonautographe* que, en 1857, construisit Rodolphe Kœnig, fabricant d'instruments d'acoustique à Paris. Cet appareil est formé d'une membrane tendue à l'extrémité d'une sorte de grand cornet acoustique (*fig.* 364). Un style léger, fixé sur la membrane, écrit sur le cylindre tournant pendant qu'elle est ébranlée par un son produit à l'autre extrémité du cornet. L'inventeur est parvenu, au moyen de cet appareil, à obtenir le tracé d'un morceau de poésie, récité d'une voix accentuée à 0^m,50 de la membrane. Il a pu avoir un certain nombre d'épreuves présentant les sons de la voix comparés à ceux du cornet à piston, du hautbois, et d'une grande membrane de caoutchouc rendant des sons très graves. Les instruments, comme on pouvait le pressentir, se distinguent beaucoup d'avec les voix, d'après les caractères de la vibration. M. Scott a constaté ce fait curieux, que le son d'un instrument ou d'une voix donne une suite de vibrations d'autant plus régulières, plus égale et, par conséquent, isochrones, qu'il est plus pur pour l'oreille, mieux *filé ;* dans le cri déchirant, dans les sons

Fig. 364. — PHONAUTOGRAPHE DE SCOTT.

aigres des instruments, les ondes de condensation sont irrégulières, inégales, non isochrones.

LOIS DES VIBRATIONS DES CORDES. — SONOMÈTRE. — En acoustique,

on appelle *cordes* des corps filiformes de métal, de boyau ou d'autre matière; les cordes sont élastiques lorsqu'elles sont maintenues entre deux points fixes ou tendues par des poids.

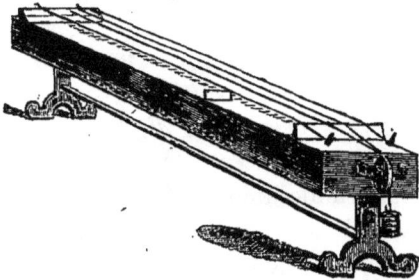

Fig. 365. — SONOMÈTRE.

On distingue dans les cordes deux sortes de vibrations : les *vibrations transversales,* c'est-à-dire s'exécutant perpendiculairement à la longueur, et qui s'obtiennent, soit avec un archet, comme sur le violon, soit en pinçant la corde comme dans la guitare et la harpe, soit par la percussion, comme dans le piano ; les *vibrations longitudinales,* s'obtenant dans le sens de la longueur des cordes, en frottant celles-ci avec un morceau de drap saupoudré de colophane. On ne s'occupe guère que des vibrations transversales, seules utiles à connaître ; d'ailleurs, les vibrations longitudinales sont soumises aux mêmes lois ; elles sont seulement beaucoup plus rapides, et, par conséquent, produisent des sons plus aigus.

Toutes les lois relatives aux vibrations des cordes se démontrent expérimentalement au moyen d'un instrument appelé *sonomètre*, et qui n'est, au fond, qu'un *monocorde* perfectionné. Il se compose (*fig.* 365) de plusieurs cordes parallèles, supportées par des chevalets mobiles ; l'une de ces cordes est invariable. On fait varier les sons des autres en les tendant plus ou moins à l'aide d'une clef, afin d'établir entre le son qu'elles rendent et celui de la première les intervalles qu'on veut mesurer. Au-dessous de ces cordes, tendues par des poids, sont des règles divisées, dont l'une est un mètre et les autres portent des divisions servant de repères pour obtenir avec les cordes les différents sons de la gamme.

Les premières expériences faites avec cet appareil, afin d'obtenir les lois des vibrations des cordes ont été imaginées par le P. Mersenne. Il se servait simplement de cordes qui ne rendaient aucun son ; néanmoins, cela lui suffit pour établir, par la seule inspection d'une corde vibrant, que, *quand une corde vibre depuis un certain temps, l'amplitude des oscillations a diminué, mais leur durée est restée la même.*

Ce fut en 1759 que Lagrange détermina par le calcul les quatre lois fondamentales des vibrations transversales des cordes, démontrées expérimentalement avec le sonomètre, et que l'on peut énoncer ainsi :

1re Loi : *Les nombres des vibrations d'une corde sont en raison inverse de sa longueur ;*

2e Loi : *Les nombres des vibrations d'une corde sont proportionnels aux racines carrées des poids qui la tendent ;*

3e Loi : *Les nombres des vibrations des cordes sont en raison inverse de leur diamètre ;*

4e Loi : *Les nombres des vibrations des cordes de matières différentes sont en raison inverse des racines carrées de leurs densités.*

Toutes ces lois sont contenues dans une formule unique. Appelant n le nombre de vibrations simples par seconde, l la longueur en décimètres de la corde, c'est-à-dire la partie vibrante comprise entre les points de tension, r le rayon en décimètres de la section de la corde, P le poids en kilogrammes qui la tend, d la densité, et, enfin, π le rapport de la circonférence au diamètre qui est, comme chacun le sait, constant et égal à 3,141592..., cette formule sera :

$$n = \frac{l}{rl} \sqrt{\frac{\mathrm{P}}{\pi d}}.$$

NŒUDS ÉT LIGNES NODALES DES CORDES.— C'est à Sauveur (1) que sont dues les expériences sur la division des parties vibrantes des cordes : le premier, il exécuta, dit M. Hoeffer, l'expérience suivante. Que l'on place sous une corde tendue un obstacle léger, tel qu'un petit chevalet, de manière à diviser cette corde en deux parties inégales, et que l'on fasse ensuite vibrer cette corde : celle-ci se divisera en parties qui sont le commun diviseur de chacune d'elles. Que le chevalet soit, par exemple, tellement placé que l'une des deux divisions contienne quatre parties et l'autre trois : la corde, en vibrant, se divisera en sept parties. Pour s'en assurer, il plaçait des *petits cavaliers de papier,* c'est-à-dire des bouts de papier pliés en deux et reposant à cheval sur la corde aux points de division, et d'autres sur le milieu des intervalles qui les séparent. Tout étant ainsi disposé, si on fait vibrer la corde avec un archet, on verra les premiers morceaux de papier tomber, tandis que les seconds resteront en place. Les parties vibrantes qui repoussent les papiers sont les *ventres,* et les points où les papiers restent immobiles sont les *nœuds* de l'ondulation ou de la vibration ; par suite, les lignes formées par les ventres s'appellent *lignes nodales.* C'est sur cette expérience que repose l'explication des *accords musicaux.*

INSTRUMENTS DE MUSIQUE A CORDES. — L'acoustique, quelque intéressante qu'elle soit au point de vue des recherches physico-mathématiques, n'est cependant d'une utilité immédiate que dans ses rapports avec la musique. C'est ce qu'avait déjà compris Pythagore. Malheureusement, malgré les travaux récents de M. Helmholtz (2), il reste encore beaucoup à faire pour l'application de l'acoustique à la musique, et jusqu'à présent, c'est par une longue expérience, par des tâtonnements nombreux, par des procédés de tradition que l'on procède à la fabrication des instruments de musique plutôt que par une méthode rigoureusement scientifique.

Les instruments à cordes se divisent en *instruments à sons fixes,*

---

(1) SAUVEUR (Joseph), savant français (1653-1716). Élève de Rohault, il s'occupa d'abord de mathématiques et fut professeur à Paris, où il compta le prince Eugène parmi ses élèves, puis obtint la chaire de mathématiques au Collège de France (1686). Membre de l'Académie des sciences (1696), il se livra spécialement à l'étude de l'acoustique, et est considéré comme un des fondateurs de cette branche de la physique. Il fit faire de grands progrès à l'acoustique musicale, quoiqu'il fût sourd et eût la voix fausse. Il s'occupa aussi de fortifications et visita dans ce but les villes des Flandres. Ses travaux sont consignés dans le Recueil de l'Académie des sciences.

(2) HELMHOLTZ, physicien et physiologiste allemand contemporain, professeur à l'université de Heidelberg, auteur de remarquables travaux sur la voix, la vue et l'ouïe. Son ouvrage le plus célèbre, *Théorie physiologique de la musique,* a été traduit en français par M. Georges Guéroult.

qui ont autant de cordes que l'on veut produire de sons, comme les pianos et les harpes, et les *instruments à sons variables*, qui n'ont qu'un nombre très restreint de cordes, et dont, à l'aide des doigts, on réduit la longueur des parties vibrantes, ce qui permet d'obtenir tous les sons possibles entre deux limites déterminées. Tels sont les violons et tous les instruments de la même famille : alto, violoncelle, contre-basse, etc. Les premiers donnent les sons de la *gamme tempérée*, tandis que les autres peuvent donner tous les sons de la *gamme chromatique vraie*, ce qui leur assure une grande supériorité.

Les instruments à cordes datent évidemment de la plus haute anti-quité. Le plus simple, et qui certainement a dû être un des premiers imaginés, est la *harpe éolienne*; c'est une simple corde tendue dans un courant d'air assez intense. On en attribue cependant l'invention au P. Kir-cher, et un de ses biographes rapporte à ce sujet cette anecdote : « Par une nuit d'été, il avait placé l'instrument dans sa chambre, entre deux portes ouvertes, quand une brise légère, ayant soufflé du côté du jardin du couvent, produisit une douce harmonie. Tout le monde était déjà cou-ché, et le *minister* du couvent, faisant sa ronde, crut entendre le son d'un orgue. Il s'arrêta étonné. Le son partait de la cellule du P. Kircher. Il y entre et demande où se trouve l'orgue que le P. Kircher vient de toucher. Celui-ci se mit à rire. La porte avait été fermée; on n'entendait plus rien. Le visiteur se retire. A peine avait-il franchi le seuil que le son qui l'avait frappé se reproduisit de nouveau. Décidément, l'orgue est bien dans la chambre, dit le *minister*. Il y rentra et se plaignit d'avoir été trompé. Le P. Kircher le pria de chercher minutieusement dans les moin-dres recoins. Comme il s'en allait très surpris, le savant lui montra la harpe éolienne, qui fut le sujet de l'admiration des Pères. »

On ne sait au juste quelle était la forme des instruments de musique des Hébreux; mais nous savons que David avait établi, pour le service du temple, quatre mille chanteurs et instrumentistes, divisés en vingt-quatre classes, dont chacune avait un chef. Les instruments à vent, les trom-pettes, les cymbales, étaient probablement à peu près ce qu'ils sont de nos jours. Quant aux instruments à cordes, ils avaient le *psaltérion*, si sou-vent cité dans la Bible, qui, au dire de saint Jérôme, était un instrument à dix cordes ayant la forme du delta grec, que l'on touchait avec les doigts, le *kinnor*, le *hatzur*, la *harpe;* mais aucun renseignement précis ne nous est parvenu sur ces instruments. Les Grecs avaient la *lyre* ou *cithare* (*fig.* 366), dont la plus ancienne et la plus simple semble avoir eu seulement 3 cordes. Le nombre des cordes monta ensuite à 4 (*tétracorde*), puis à 5 (*pentacorde*), à 6 (*hexacorde*), à 7 (*heptacorde*), à 8 (*octocorde*). Terpandre fut banni de Sparte pour avoir ajouté la 7e ; cependant le poète Simonide ajouta la 8e. Le nombre en fut porté plus tard à 12 en Grèce, et à 18 en Égypte. Les parties de la lyre autres

Ménestrel jouant du rebec (page 789).

que les cordes sont : la *caisse*, qui était originairement, dit-on, une écaille de tortue, et qu'ensuite on fit en bois ; la *table*, qui fermait la caisse et qui était une simple peau sèche tendue ; les *montants*, adaptés à la caisse et qui la continuaient en quelque sorte sur les côtés, en

laissant un intervalle entre eux, et le *joug*, placé en travers, d'un montant à l'autre. Les cordes s'attachaient, d'une part à la caisse, de l'autre
au joug. On jouait de la lyre, tantôt avec une espèce d'archet, dit *plectrum*, tantôt en la pinçant avec les doigts, tantôt des deux façons ; la
main gauche pinçait les cordes, pendant que la droite les frappait avec
le *plectrum*. Enfin, les Grecs étudiaient la lyre, non pas seulement en
artistes et en poètes, mais en physiciens, car ils connaissaient les rapports
des intervalles sonores et des lon-
gueurs des cordes, lois dont la
découverte remonte à Pythagore.

**INSTRUMENTS A SONS FIXES :
HARPE, PIANO, VIELLE.** — Parmi
les *instruments à sons fixes* modernes, la harpe et le piano sont
les types, l'un des instruments
que l'on fait vibrer en pinçant les
cordes, l'autre de ceux où l'on obtient les vibrations par percussion.

La *harpe*, nous l'avons dit, est
un des instruments les plus anciens. Au moyen âge, ce fut l'instrument des peuples du Nord, des
bardes, des trouvères et des ménestrels. Elles étaient alors fort simples ; au
XIII° siècle, elles n'avaient encore que 17 cordes, et ce ne fut qu'en 1720
que Hochbrucker imagina la pédale, qui permit à l'instrument de donner
les dièses et les bémols. Successivement perfectionnée par Vetter, Nader-
mann, Cousineau, Sébastien Érard, Bothe, etc., la harpe, montée aujour-
d'hui sur 42, 43 et même sur 46 cordes verticales, possède la même étendue
que le piano à 6 octaves, et une bien plus belle sonorité ; passe du son
le plus éclatant au murmure le plus doux par des nuances presque insensibles, prête de plus à des poses gracieuses et fait valoir les avantages
de la personne qui exécute. Aussi a-t-elle joui longtemps d'une grande
faveur, surtout sous le premier empire. Elle est cependant presque abandonnée depuis une trentaine d'années.

La harpe se compose de trois parties, dont chacune correspond aux
trois côtés inégaux d'un triangle (*fig.* 367). La caisse, ou corps sonore, est
un assemblage de huit pans de bois assemblés et collés, sur lesquels est
posée une table de sapin percée d'un certain nombre d'*ouïes* en forme de
rosaces ou de trèfles. C'est sur cette table qu'on fixe les cordes à l'aide

Fig. 366.

LYRES ET CITHARES DES GRECS.

d'autant de petits boutons ; par l'autre extrémité, les, cordes sont fixées à la *console* ou *clavier*, de forme plus ou moins contournée, qui constitue le côté supérieur du triangle. Là, les cordes sont enroulées à autant de chevillés qui permettent de leur donner la tension convenable. Dans la. partie inférieure de la. caisse, ou du pied de la harpe, aboutissent des tringles logées dans le troisième côté du triangle. Chaque tringle corres- pond, dans le pied, à une pédale sur laquelle le joueur appuie quand il est nécessaire. Par son autre extrémité, la tringle est reliée à des leviers qui agis- sent, quand elle est relevée, sur des cro- chets extérieurs ; ceux-ci appuient alors toutes les cordes, qui sonnent à l'octave les unes des autres, contre des sillets qui les raccourcissent ainsi dans la proportion voulue par les lois des vibrations sonores, pour que chaque note se trouve diésée dans toute l'étendue de l'instrument.

Le *piano*, appelé aussi *forte-piano* (de deux mots italiens *doucement* et *fort*, parce que l'instrument donne tous les tons) n'est, en musique, qu'un perfection- nement de l'*épinette* ou du *clavecin*, qui se jouaient aussi en frappant sur des touches ; mais il présente cette différence que, dans ces derniers instruments, les cordes étaient pincées au moyen d'un sau-

Fig. 367. — HARPE.

tereau, qui supportait une pointe en plume, tandis que les touches du cla- vier du piano frappent les cordes à l'aide de petits marteaux. On attribue son invention au Padouan B. Cristofori (1711), au facteur français Marius (1706), aux Allemands Schrœter (1721) et Silbermann (1750) ; mais c'est en France qu'il a reçu les plus grands perfectionnements par Tomkinson, Pétrold, Papé, Pleyel, Érard, Roller, Herz, Kriegelstein, etc. C'est aujour- d'hui l'instrument le plus répandu, parce qu'il est moins fatigant que la harpe, plus fécond en ressources musicales, qu'il a l'avantage de former une harmonie complète et de permettre à un seul exécutant de réduire toutes les parties d'un orchestre. Le *piano* se compose, quelle que soit sa forme, de trois parties principales à considérer : la caisse sonore, les cordes et le mécanisme des touches et des marteaux. La caisse sonore est de bois, et à l'intérieur de ses parois repose une table mince de sapin, formée de divers morceaux collés et ajustés ensemble : c'est la table d'harmonie. Elle reçoit la première l'impression des vibrations sonores excitées dans les cordes, et ce sont ses fibres qui communiquent ces mêmes vibrations à la caisse du piano, et surtout à la masse d'air qui y est renfermée. Au-dessus de la table d'harmonie, et parallèlement à son plan, sont tendues les cordes sur un cadre de fer, renforcé de barres, aussi de fer, qui en maintiennent la rigidité et empêchent la déformation qui pourrait résulter de la tension des cordes. Ce sommier est composé de cordes métalliques, dont la longueur et la grosseur sont en rapport avec la hauteur et le volume du son qu'il s'agit de produire. Chaque son est donné par une

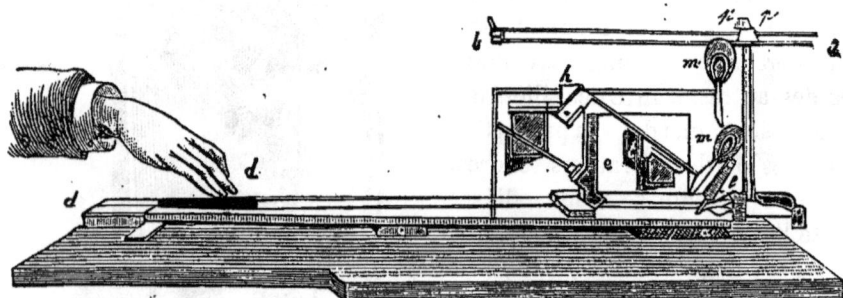

Fig. 368. — MÉCANISME DU PIANO.

double corde pour les octaves graves, par une triple corde pour les octaves des sons moyens ou aigus. Ces dernières sont d'acier ; mais les cordes graves sont des cordes filées revêtues d'un enroulement de fils de cuivre rouge ou argenté. Ces combinaisons sont conformes aux lois des vibrations des cordes (page 781).

L'instrument est construit de manière à permettre à l'accordeur de tendre, au moyen d'un instrument de fer, chacune des cordes de manière à produire les sons de la gamme chromatique et diatonique.

Chacun sait que l'on fait vibrer les cordes du piano en appuyant les doigts des deux mains sur les *touches* d'ivoire et d'ébène qui constituent le *clavier*. Voici comment agit le mécanisme : au-dessous des cordes sont disposés des petits marteaux qui, à l'état de repos des touches, restent à une certaine distance de la corde qui correspond à chacun d'eux. Quand l'on appuie sur une touche (*fig.* 368), c'est-à-dire quand on abaisse un bras du levier qui la constitue, l'autre bras se relève ; le marteau corres-pondant est projeté brusquement dans le sens vertical et va choquer la corde correspondante, qui vibre alors sous le choc. Ainsi, soit *ab* la corde sonore, *cod* la touche mobile autour du point *o*. En appuyant en *d*, le bras du levier *oc* se relève, fait lever un échappement *c* qui va frapper sur l'extrémité *h* du manche *t*, du marteau *m*. Ce dernier, qui se trouvait d'abord en *m*, prend alors la position *m'* et frappe la corde. Mais l'échappement, après avoir levé la corde d'une certaine quantité, est lui-même arrêté par un bouton posé obliquement; il quitte le nez de la noix du marteau, qui retombe à sa position primitive sur un petit chevalet *l*, qu'on nomme la *chaise*. Celle-ci empêche le marteau de rebondir et amortit le bruit qu'il pourrait faire. Enfin, pour empêcher les cordes de résonner après le choc, elles sont munies de petites pièces de bois garnies de feutre, nommées *étouffoirs*. Dès que le doigt appuie sur une touche, l'étouffoir *p p'* est soulevé et la corde vibre ; il reste soulevé si le doigt continue de presser la touche ; il retombe, au contraire, et éteint la vibration sonore dès que le doigt quitte la note.

Le piano enfin a des pédales qui permettent d'accroître ou de diminuer, à volonté, l'intensité des sons. L'une d'elles communique, en effet, par un levier, avec tout le système des étouffoirs ; quand on appuie le pied, une tringle verticale agit sur ce système et tous les étouffoirs se lèvent en même temps ; chaque note est ainsi prolongée et donne un son plus intense ; de plus, elle communique ses propres vibrations à ses harmoniques, de sorte que la sonorité de l'instrument en est considérablement augmentée. Au contraire, si c'est sur l'autre pédale qu'agit l'exécutant, un léger mouvement de gauche à droite est communiqué au clavier; chaque marteau ne frappe plus à la fois qu'une ou deux des trois cordes destinées à former le son, dont l'intensité se trouve ainsi diminuée d'un ou de deux tiers.

La *vielle* est encore un instrument à son fixe, dont on joue au moyen de touches et d'une roue-archet qu'on tourne avec une petite manivelle. Les touches, pressées en dessus du clavier par les doigts de la main gauche, portent l'une des cordes sur la roue, qui la fait résonner du grave à l'aigu, selon que l'action des touches lui enlève plus ou moins de sa longueur. Une corde appelée *bourdon*, qui sonne toujours la même note, sert d'accompagnement. La vielle était connue dans l'antiquité; mais elle fut surtout en vogue au moyen âge.

INSTRUMENTS A SONS VARIABLES, VIOLON, GUITARE, ETC. — Les *instruments à sons variables* ont pour type essentiel le *violon*. Sous sa forme actuelle, celui-ci n'est connu que depuis le XVe siècle ; mais au Xe siècle, on avait des instruments analogues à archet et à cordes : le *rebec*, favori des ménestrels, qui avait trois cordes, était accordé de quinte en quinte et donnait un son fort aigu (*fig.* à la page 785); la *basse de viole*, à 5 cordes correspondant aux 4 cordes du violoncelle, appelée par les Italiens *viola da gamba*, parce qu'on la tenait entre les jambes ; la *taille de viole* qui sonnait une quarte plus haut ; la *haute-contre de viole*, qui sonnait une quarte au-dessus encore ; le *dessus de viole*, qui sonnait un ton au-dessus ; le *par-dessus de viole*, les *violones ; la viole d'amour*, montée sur 7 cordes et portant, en outre, sous la touche et sous le chevalet 5 ou 6 cordons de métal qui vibrent lorsqu'on joue à vide les autres cordes, etc. Ce n'est toutefois qu'entre les mains des luthiers célèbres du XVIIᵉ siècle, les Amati, les Stradivarius de Crémone, puis des Guarnerius, des Bergunzi, Steiner, Saluces, et de nos jours des Chanot et des Vuillaume, que le violon a acquis ces perfectionnements de construction qui lui assignent la première place dans tous les orchestres.

Tout le monde connaît la forme moderne de cet instrument et a vu la façon dont on en joue : il nous suffira de dire comment vibre l'instrument quand les cordes sont frappées par l'archet. Cette baguette, munie de crins également tendus et frottés de colophane, ébranle la corde comme ferait une suite rapide de chocs plus ou moins légers, qui, selon qu'on tire ou qu'on pousse l'archet, dérangent la corde à droite ou à gauche de sa position d'équilibre et lui impriment, à chaque très court intervalle où elle est laissée libre, une série d'oscillations dont la rapidité est en rapport avec la longueur de la partie vibrante, avec la tension de la corde et son diamètre. Il résulte de ces sons multiples et isochrones un son unique, qui est formé non seulement de la note principale, mais de toutes ses harmoniques. Si la corde entrait seule en vibration entre ses points d'appui qui sont d'un côté le chevalet, de l'autre le *sillet* ou le doigt jouant le rôle de sillet, le son serait maigre. Mais, par l'intermédiaire du chevalet, les vibrations de la corde se transmettent à la table de dessus, et de celle-ci à la table inférieure et à tout l'instrument. La masse d'air contenue entre ces deux tables joue elle-même un rôle important par les vibrations qui lui sont communiquées. Elle agit comme un tuyau renforçant de grande section et de faible profondeur, ce qui explique qu'elle renforce tous les sons émis par l'instrument (page 796). Les *ouïes*, c'est-à-dire ces deux ouvertures en forme d'*f*, dont est percée la table de dessus, sont donc utiles pour transmettre au dehors, à l'air extérieur, les vibrations de la masse d'air enfermée dans la caisse. Sans les ouïes, les sons seraient sourds. Savart, qui a longtemps étudié, dans une suite d'expériences célèbres, le mécanisme du violon, a reconnu que cette masse d'air doit d'ailleurs être isolée de tous côtés : en perçant des ouvertures dans les *éclisses*, lames de bois latérales qui réunissent les deux tables du violon, le son devenait de plus en plus maigre, à mesure que les ouvertures devenaient plus larges. Les parois de la caisse sonore du violon et la masse d'air renfermée vibrent ensemble à l'unisson; néanmoins, prises séparément, les deux tables doivent donner deux sons différant environ d'une seconde majeure. C'est la table supérieure qui vibre avec le plus de force : voilà pourquoi il importe que le bois dont elle est formée soit fibreux, élastique et léger. La table inférieure, représentant le fond d'un tuyau bouché, n'a besoin de vibrer que faiblement; c'est pourquoi on la fait d'un bois plus compact, moins fibreux et plus lourd.

L'*âme* du violon est une pièce essentielle à la sonorité et aux qualités des sons. C'est un petit morceau de bois cylindrique, placé entre les deux tables du violon, à peu près au-dessous du pied-droit du chevalet, du côté de la chanterelle, et qui les réunit. Cette pièce a pour effet de donner au pied du chevalet un point d'appui autour duquel il vibre en battant sur la table de son autre pied. Si l'un des pieds n'était pas appuyé sur un point fixe, il se relèverait pendant que l'autre s'abaisserait, parce que les cordes n'agissent pas normalement à la table, puisque l'archet les ébranle très obliquement, ce qui entraîne le chevalet dans un mouvement transversal (1).

Tous les instruments de la même famille que le violon vibrent par les mêmes raisons, et sont construits, sauf les dimensions, de la même manière à peu près; tels sont : l'*alto*, violon de dimensions un peu plus fortes, accordé à la quinte au-dessus; le *violoncelle*, encore plus gros, monté à l'octave de l'alto; la *contrebasse*, encore plus volumineuse, dont les cordes à vide sonnent l'octave grave de celles du violoncelle.

La *guitare*, que les Maures ont introduite en Espagne et qui n'a pas cessé d'y être en vogue, et ces instruments aujourd'hui peu usités, qui diffèrent de la guitare seulement parce que leur partie arrière était arrondie, le *luth*, l'*archiluth* ou *théorbe*, la *mandore*, la *mandoline*, sont encore des instruments à sons variables; mais les vibrations sonores n'y sont plus produites par le frottement d'un archet, mais par le pincement des cordes (*fig.* à la page 737).

TUYAUX SONORES. — TUYAUX A BOUCHE, TUYAUX A ANCHE. — On appelle *tuyaux sonores* des tubes dans lesquels des sons se produisent lorsqu'on fait vibrer les colonnes d'air qu'ils contiennent. Ce n'est plus ici le corps solide qui vibre tandis que l'air sert seulement de véhicule aux sons, c'est l'air lui-même, renfermé dans les parois résistantes de l'instrument, et la preuve c'est que la matière dont sont faits les tuyaux,

(1) Guillemin, *Applications de la physique.*

bois, verre ou cuivre, n'exerce aucune influence sur le son, et en modifie seulement le timbre.

Si l'on se contentait de souffler dans les tuyaux, il ne se produirait aucun son : il n'y aurait qu'un mouvement progressif continu de la colonne d'air. Pour qu'un son se produise, il faut exciter, par un moyen quelconque, une succession rapide de condensations et de raréfactions se propageant dans toute la colonne d'air du tuyau ; de là, la nécessité de donner à l'*embouchure*, c'est-à-dire à l'extrémité du tuyau par lequel entre l'air, une forme telle qu'il ne puisse y entrer que par intermittence. D'après la forme adoptée pour produire ainsi les vibrations de l'air, les tuyaux sonores sont divisés en *tuyaux à bouche* et en *tuyaux à anche*.

Dans les *tuyaux à bouche*, toutes les parties de l'embouchure sont fixes. Le tuyau d'orgue ordinaire est le type de ce genre de tuyau (*fig.* 369). La partie inférieure P par laquelle entre l'air se nomme le *pied*. Du pied, l'air passe dans une fente étroite *i* appelée *lumière*. En face de la lumière, sur la paroi opposée, est une autre ouverture transversale ; la *bouche ;* son bord *a*, taillé en biseau, est la *lèvre supérieure*, son bord *b* la lèvre inférieure. Quand un courant d'air arrive par le pied du tuyau, il s'échappe par la lumière et vient se briser en partie contre le biseau de la lèvre supérieure ; il s'y comprime, et, par un effet d'élasticité, il réagit sur le courant qui continue d'arriver et l'arrête, mais cet arrêt est très court. De là, des intermittences dans sa sortie par la bouche, des alternatives régulières de condensation et de dilatation, qui se propagent dans l'air du tuyau et le font vibrer. Le son, pour être pur, exige un certain rapport entre les dimensions des lèvres, la grandeur de la bouche et celle de la lumière, et les dimensions du tuyau.

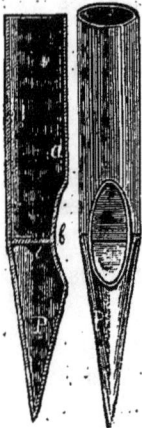

Fig. 369.

TUYAUX
A BOUCHE.

Dans la flûte traversière et les instruments de musique de la même famille, la bouche est une simple ouverture latérale et circulaire ; c'est par la disposition que le joueur donne à ses lèvres que le courant d'air vient se briser contre les bords de l'ouverture. On donne à ces instruments le nom d'instruments à embouchure de flûte.

Les *tuyaux à anche* ont, au contraire, l'embouchure mobile. Ils sont également employés dans les jeux d'orgues. Le système d'ébranlement qui sert à mettre en vibration l'air qu'ils renferment et que l'on désigne sous le nom d'*anche* se compose (*fig.* 370) d'un tube de métal prismatique *a*, bouché à la partie inférieure, et dont la partie supérieure K est ouverte.

L'une des faces latérales de ce tube est percée d'une ouverture ou fenêtre longitudinale *r* qué l'on nomme la *rigole*. Une languette métallique ou lame vibrante *l*, solidement fixée sur la paroi du tube, est appliquée sur

L'ophicléide a remplacé avantageusement, dans les églises, le serpent... (page 80ł).

la rigole qu'elle ferme à peu près, et dont elle rase les bords lorsqu'elle vibre. Enfin, un fil de métal très ferme *b*, nommé la *rasette*, presse fortement la languette par son extrémité inférieure, qui est recourbée. Ce fil, qui peut être abaissé ou relevé à volonté, sert à changer la longueur de la partie vibrante de la languette pour en varier les sons. On adapte cette *anche* au haut d'un tuyau rectangulaire KN, appelé le *porte-vent*, qui est fixé sur le sommier d'un *soufflet* (*fig.* 377). L'air arrivant dans le porte-vent passe d'abord entre la languette et la rigole pour s'échapper par le tuyau T; mais la vitesse du courant s'accélérant, la languette vient frapper les bords de la rigole, la ferme complètement, et le courant est interrompu. Or, en vertu de son élasticité, la languette revient sur

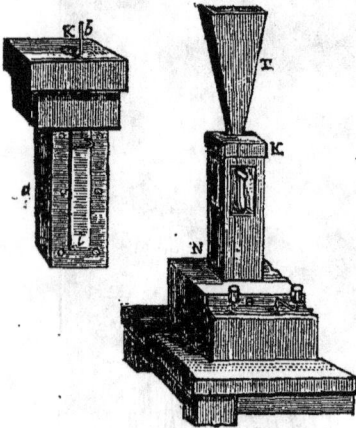

Fig. 370. — TUYAUX A ANCHE.

elle-même; puis elle est entraînée de nouveau aussitôt que le courant reprend, et ainsi de suite, en sorte que l'air ne passant que par intermittences du porte-vent dans le tuyau T, il se produit dans celui-ci la même série de pulsations que dans les tuyaux à bouche; d'où il résulte un son d'autant plus élevé que le courant d'air est plus rapide.

L'*anche* que nous venons de décrire est désignée sous le nom d'*anche battante*. En 1810, on a inventé une autre espèce d'anche, dite *anche libre*, qui pénètre dans l'intérieur de la rigole et en sort à chaque oscillation, sans qu'il y ait des chocs, qui donnent toujours à l'instrument des sons quelque peu criards.

SONS HARMONIQUES DONNÉS PAR UN MÊME TUBE. — Ce furent les frères Bernoulli qui, les premiers, firent connaître qu'un même tube sonore peut donner successivement des sons de plus en plus élevés quand augmente la force du courant d'air qui le fait *parler*. Pour le démontrer, on emploie un tube de verre épais, fixé par l'une de ses extrémités à l'embouchure d'un tuyau d'orgue, et pourvu d'une clef permettant de régler le courant d'air. En modérant le vent autant que possible, on lui fait donner le son fondamental, c'est-à-dire le plus grave; si l'on force le courant d'air peu à peu, on obtient des sons de plus en plus aigus, dans les conditions suivantes :

1° Si le tube est ouvert à l'une de ses extrémités, en représentant le son fondamental par 1, tous les sons harmoniques seront représentés par la série naturelle des nombres 2, 3, 4, 5, 6, 7, c'est-à-dire que le second sera à l'octave du premier, le troisième à la quinte de l'octave, le quatrième à la double octave, etc.

2° Si le tube est fermé, dans un bourdon, par exemple, au lieu de suivre la série naturelle des sons harmoniques, les sons correspondent aux nombres impairs 1, 3, 5, 7, sans qu'il soit possible, de même que dans les tuyaux ouverts, d'obtenir d'autres sons intermédiaires.

NŒUDS ET VENTRES DE VIBRATIONS DANS LES TUBES SONORES. — Dans les tuyaux sonores, comme dans les cordes, il y a des *nœuds* et des *ventres,* c'est-à-dire des points où l'air est en repos et d'autres où il est vivement agité. La distance entre deux nœuds est dite une *concamération ;* c'est une sorte de chambre limitée par deux parois d'air en repos, et au milieu de laquelle se trouve un ventre. Un grand nombre d'expériences servent à démontrer ces faits :

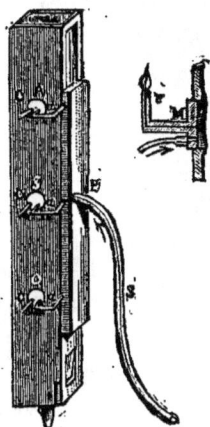

Fig. 371.— EXPÉRIENCE DE M. KŒNIG.

1° Dans l'expérience dont nous avons parlé pour démontrer l'état vibratoire de l'air (page 742), on remarque que le sable saute dans certains endroits et reste immobile dans d'autres.

2° Cette expérience est due à M. Kœnig. Sur une des parois d'un tube rectangulaire est une petite chambre P (*fig.* 371) dans laquelle arrive du gaz à brûler par un tube de caoutchouc S, et de laquelle trois tuyaux *a* conduisent le gaz à trois becs A, O, C, placés sur la paroi antérieure du tube. Un de ces becs est représenté en M : c'est une petite cavité fermée postérieurement par une membrane fine *r* verticale. Si le tuyau parle, les flammes qui sont en face des nœuds s'agitent et s'éteignent tandis que l'autre reste immobile. Cela prouve que, en face des *ventres,* l'air, quoique en mouvement, ne possède ni dilatation ni compression ; qu'aux *nœuds,* au contraire, l'air, quoique ne possédant aucun mouvement, éprouve des variations de force élastique, qui lui font exercer des pressions variables sur la paroi et agiter les flammes.

Ces expériences démontrent encore que, dans un tube, ouvert ou fermé, et quel que soit le nombre des nœuds, ils sont toujours équidistants, et que toujours au milieu de deux nœuds existe un ventre.

DISPOSITION DES NŒUDS ET DES VENTRES. — Dans les tuyaux fermés, que les organistes appellent *bourdons,* le fond opposé à l'embouchure est toujours un nœud, puisque la couche d'air en contact avec lui est nécessairement immobile et n'éprouve que des différences de densité. A l'em-

bouchure, au contraire, l'air conservant la même densité, celle de l'atmosphère, le mouvement vibratoire y est le plus grand, et il y a toujours un
ventre. Dans le tube tout entier, il y a donc au moins un nœud et un
ventre : en ce cas, le tuyau donne le son fondamental et la distance VN
du ventre au nœud (*fig*. 372) est égale au quart de la longueur totale

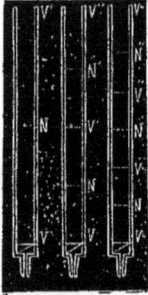

d'une ondulation (page 757). Si l'on augmente le courant
d'air, il reste le ventre de l'embouchure et le nœud du
fond, la colonne d'air se divise en trois parties égales, en
produisant un nœud et un ventre intermédiaires. Comme
la distance VN, entre un ventre et un nœud consécutif, est
toujours le quart d'une ondulation, elle est ici le tiers et,
en conséquence, le nombre des vibrations est trois fois
moins grand, puisque ce nombre est en raison inverse de
la longueur des ondes.

Fig. 372. — Nœuds
et ventres
dans les
tuyaux fermés.

Donc, si l'on représente par 1 le son fondamental,
le son sera alors représenté par 3. Le son, donné en poursuivant l'expérience, correspondra à deux nœuds et deux
ventres intermédiaires. La distance VN étant 5 fois plus
petite, ce son sera représenté par 5, et ainsi de suite, ce qui démontre
que les tubes fermés donnent successivement les sons 1, 3, 5, 7, etc.

Dans les tuyaux ouverts, comme les couches d'air conservent nécessairement, à l'embouchure et à l'autre extrémité, une
densité constante, celle de l'atmosphère, il y a toujours
un ventre à chacune des extrémités VV, et au moins
un nœud N entre les deux (*fig*. 373). Le tuyau donne
alors le son fondamental, la longueur de l'onde est complète, c'est-à-dire quatre fois la distance du nœud au
ventre et double de la longueur du tuyau. Si l'on augmente le courant d'air, il se produit deux nœuds et un
ventre intermédiaire, la longueur de l'onde est deux
fois moindre, et le son 2 est donné. En continuant, la
colonne d'air se subdivise en trois nœuds et deux
ventres, la longueur de l'onde est trois fois plus petite,
d'où résulte le son 3, et ainsi de suite, comme nous
l'avons dit déjà, en donnant successivement les sons 1, 2, 3, 4, 5.

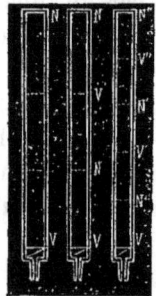

Fig. 373. — Nœuds
et ventres
dans les
tuyaux ouverts.

LOI DES LONGUEURS DES TUYAUX. — De ce qui précède il résulte
que, dans les tuyaux ouverts, comme dans les tuyaux fermés, *le nombre
des vibrations est en raison inverse de la longueur des tuyaux*. Cette loi,
connue sous le nom de *Loi des longueurs*, se démontre expérimentalement

en faisant parler deux tuyaux de même espèce, l'un double de l'autre ; on voit que le plus court donne l'octave aiguë du plus long.

Si l'on compare le son fondamental d'un tuyau fermé avec celui d'un tuyau ouvert de même longueur, on trouve que le nombre des vibrations du tuyau fermé est double, donc que le son fondamental du tuyau ouvert est à l'octave aiguë de celui du tuyau fermé, ce que l'on peut énoncer, suivant la loi des longueurs, en disant que *le son fondamental produit par un tuyau fermé est le même que celui donné par un tuyau ouvert de longueur double.*

Toutes ces lois, connues sous le nom de lois de *Bernoulli*, ne sont pas rigoureusement confirmées par l'expérience : tous les instruments à bouche ou à anche donnent des sons moins graves que ne l'indique la théorie. Ainsi, la distance du premier nœud à l'embouchure est toujours un peu plus petite dans les tuyaux ouverts ; au contraire, dans les tuyaux fermés, la distance du fond au premier ventre est toujours un peu plus grande que la distance théorique.

INSTRUMENTS A VENT. — Les *instruments à vent* ne sont autre chose que des tuyaux dans lesquels la masse vibrante, le corps sonore, est une colonne d'air dont la forme varie avec celle des parois où elle est renfermée ; ce sont seulement les variations de dimension et de forme de cette colonne d'air qui causent les variations dans la hauteur musicale des sons produits, et les parois du tuyau n'agissent que pour modifier la sonorité ou l'intensité des sons. C'est donc la colonne d'air qu'il faut faire vibrer, et l'on y parvient soit par une insufflation produite par l'exécutant, soit par une soufflerie mécanique : de là le nom d'*instruments à vent* donné à ces instruments de musique.

Les *tuyaux à bouche,* c'est-à-dire ceux dans lesquels l'embouchure reste fixe, sont employés principalement dans les instruments à vent dits *à embouchure de flûte* : le sifflet, le flageolet, le galoubet, le fifre, la flûte, la flûte de Pan, etc.

Les *tuyaux à anche,* c'est-à-dire ceux dans lesquels l'embouchure est mobile, forment deux classes d'instruments de musique se distinguant d'après la forme de l'embouchure. Les uns, dits *à anche* proprement dite, portent une lame élastique à l'ouverture du tuyau sonore, pour recevoir l'action du courant d'air producteur du son, tels sont : la clarinette, le hautbois, le basson, la cornemuse, etc.; les autres, dits à *embouchure à bocal,* sont ceux chez lesquels les lèvres du musicien font l'office des anches; tels sont : le cornet à bouquin, le cor, la trompette, le bugle, l'ophicléide, les saxophones, et presque tous les instruments de cuivre.

Nous décrirons quelques-uns de ces instruments, afin de montrer comment ont été appliquées les lois d'acoustique que nous avons rapportées.

INSTRUMENTS A EMBOUCHURE DE FLUTE. — Le *sifflet* est le plus simple de ces instruments; c'est un tuyau plus ou moins long adapté à une embouchure de flûte. Il est taillé en biseau, afin d'entrer plus commodément entre les lèvres de celui qui souffle dedans. Les usages de ce petit instrument, sinon de musique, du moins d'acoustique, sont nombreux. A bord des navires de l'État, les sous-officiers s'en servent pour transmettre les ordres aux matelots, et, comme les sons qu'il produit peuvent atteindre une grande intensité, on s'en sert souvent pour donner des signaux. Nous en reparlerons un peu plus loin (page 814).

Le *flageolet* (de l'ancien français *flajol*, diminutif de *flauta, flaüte,* flûte) est une petite flûte à bec de 0ᵐ,15 à 0ᵐ,20 de longueur, un sifflet allongé d'un tuyau percé de 6 trous. Le tube est terminé par un petit évasement appelé *patte,* que le doigt annulaire peut boucher pour obtenir quelques sons graves. Le son de cet instrument est fort aigu.

Fig. 374.

Flute de Pan.

La *flûte* (du latin *fistula*) paraît avoir été connue de toute antiquité; on la trouve peinte ou sculptée sur un grand nombre de monuments antiques, et les poètes en attribuent l'invention à Apollon et à Mercure. Ce fut d'abord un simple tuyau de paille d'avoine (*avena*), un roseau (*calamus*), un os creux d'animal (*tibia*). Les Romains avaient des flûtes simples (*monauli*), des flûtes doubles (*diauli*) formées de deux tuyaux ayant une embouchure commune; l'une jouait, l'autre accompagnait. Les orateurs étaient accompagnés par le son d'une flûte qui leur donnait le ton. On appelait *syrinx* ou *flûte de Pan* (*fig.* 374) un instrument composé d'un certain nombre de flûtes de grandeur différente, accolées par rang de taille. Ces tuyaux étaient bouchés par le bas et ouverts par le haut sur une même ligne horizontale. Aujourd'hui, la *flûte* est un tube d'environ 0ᵐ,60 en buis, en ébène, en ivoire, en cristal, formé de trois ou quatre pièces, dites *corps* ou *pattes,* ajustées au moyen d'emboîtures. Ce tube, qui porte le nom de *perce*, communique à l'extérieur par une de ses extrémités nommées *pied;* l'autre bout, la *tête,* est fermé. La flûte a 7 trous : 1 sur le pied et

3 sur chacun des autres corps. On a ajouté des clefs qui ferment 4 ou 5 trous. Le son de la flûte s'étend du *ré* de violon à l'*ut* d'en haut. Cette flûte ordinaire se nomme *flûte traversière* ou *flûte allemande*.

Outre cette flûte ordinaire, on connaît la *petite flûte*, dite aussi *octavus* ou *piccolo*, de même forme, et qui sonne l'octave de la précédente ; elle n'a que 0ᵐ,40 de longueur ; les sons en sont aigus et perçants.

Il y a encore la *flûte à bec*, *flûte douce* ou *flûte d'Angleterre*, qui a la forme du flageolet et dont les sons s'étendent du *fa* grave juqu'au troisième *sol*.

Le *galoubet* est une petite flûte à 3 trous, de deux octaves plus haute que la grande flûte et d'une octave au-dessus de la petite flûte. Son étendue n'est que de deux octaves et un ton ; le son en est criard et perçant. C'était l'instrument favori des troubadours, et l'on s'en sert encore dans le Midi de la France, en l'accompagnant du tambourin.

Le *fifre* (de l'allemand *pfeifer*) est une petite flûte traversière, percée de 6 trous et d'un son très aigu. Autrefois, en France, depuis François Iᵉʳ, et maintenant encore en Allemagne et en Angleterre, il accompagne le son du tambour.

Ces instruments sont tous percés d'un certain nombre de trous pratiqués en des points qui correspondent aux nœuds de l'air intérieur en vibration. Quand tous les trous sont bouchés par les doigts de l'exécutant, les sons produits sont le son fondamental et ses harmoniques 2, 3, 4, c'est-à-dire l'octave supérieure, la tierce au-dessus de cette octave, la double octave, etc. En levant successivement les doigts, on obtient les sons intermédiaires de la gamme naturelle ; les dièses et les bémols s'obtiennent en ne bouchant les trous qu'à demi.

INSTRUMENTS A ANCHE. — La *clarinette*, inventée en 1690 à Nuremberg par Chr. Denner, perfectionnée par Ivan Muller, fut introduite par Glück dans la musique dramatique, et, à la même époque, dans la musique militaire. C'est un instrument dont le doigter est très compliqué. Il se compose d'un tube creux percé de 13 trous dont 6 pour les doigts et 7 pour les clefs. Son extrémité inférieure, appelée *patte* ou *pavillon*, est évasée en cône, l'autre extrémité, appelée *bec*, est formée d'une lame de roseau adaptée à un morceau de buis, d'ébène et d'ivoire, que l'exécutant fait vibrer en soufflant dans l'étroite ouverture qui les sépare. Les lèvres de l'exécutant jouent le rôle de la *rasette* et déterminent un mouvement vibratoire plus ou moins rapide. La clarinette possède près de 4 octaves à partir du *mi* au-dessous du plus grave des sons du violon.

Le *cor de basset*, en usage surtout en Allemagne, sonne la quinte au-dessous de la clarinette, et comprend 4 octaves qui commencent à l'*ut* grave du piano.

Le *basson* représente, parmi les instruments à vent, ce qu'est le violoncelle parmi les instruments à cordes. Son diapason contient 3 octaves, du *si bémol* grave du piano au *si bémol* aigu de la clef de *sol*. Son caractère est tendre, mélancolique, religieux, son timbre doux et agréable.

Le *hautbois* (*fig*. 375) est un instrument dont le son produit un effet des plus charmants; il a quelque chose de champêtre, de naïf, de doux et de mélancolique; le doigter en est relativement facile; son étendue est de 2 octaves et 5 demi-tons du premier *ut* au *fa* suraigu. Le nom de *hautbois* se donnait autrefois à toute une famille d'instruments : le *hautbois dessus*, le *hautbois ténor*, le *hautbois basse*, le *hautbois de forêt*, le *hautbois d'amour*, le *cervelas*, dont le tube avait un développement de 1m,17; aujourd'hui, c'est un instrument de 0m,60, construit en buis, en ébène, en grenadille, formé de trois pièces dites corps qui s'ajustent bout à bout, formant un tube graduellement évasé que termine le *pavillon*; l'*anche* est formée de deux lamelles de roseau. Sur la longueur du tube sont des trous qui donnent l'échelle diatonique. Pour les notes avec dièses et bémols, elles s'obtiennent au moyen de 12 clefs. Parfois on adapte au corps supérieur ce qu'on nomme la *pompe* : ce

Fig. 375. — HAUTBOIS.

sont deux tubes de cuivre roulant l'un sur l'autre et augmentant de 0m,02 la hauteur du tube.

Le *cor anglais*, que les Italiens appellent *voix humaine*, a la forme du hautbois dans des proportions plus fortes; il est un peu recourbé et son pavillon se termine en boule, au lieu d'être un peu évasé, comme celui du hautbois. Il sonne une quinte au-dessus de celui-ci, et tient, en conséquence, la place qu'occupe l'alto vis-à-vis du violon. Son diapason est de 2 octaves, en commençant au *fa* grave du piano.

La *cornemuse*, la *musette*, le *biniou* sont des espèces de hautbois rustique, dans lesquels l'air, au lieu de venir des lèvres ou de la bouche de l'instrumentiste, est emmagasiné dans un réservoir de peau avec lequel communiquent les embouchures des tuyaux sonores. La *cornemuse* (*fig*. 376) se compose d'une peau de mouton, qui sert de réservoir, et que le musicien gonfle en soufflant dans un des tubes y aboutissant, appelé *porte-vent*; une soupape intérieure permet au vent d'y entrer, mais non d'en sortir. Trois chalumeaux, espèces de hautbois, munis à leur

Le phare du Four et sa trompette marine
(d'après le catalogue de l'Exposition de Melbourne, publié par l'Administration
des travaux publics de France) [page 814].

extrémité intérieure d'anches de roseaux, partent du réservoir. L'un de ces chalumeaux, qui n'est percé d'aucun trou et que l'on nomme le *gros bourdon*, résonne à l'octave de l'un des deux autres, qui, percés de trous, permettent d'obtenir, par le jeu des doigts, les sons intermédiaires entre les sons fondamentaux et leurs harmoniques. En pressant la peau de mouton avec ses bras, l'exécutant force l'air à s'échapper par les anches qui vibrent et font sonner les chalumeaux, ayant en même temps l'air et l'accompagnement. On met préalablement les chalumeaux d'accord ; car ils sont mobiles et peuvent être raccourcis ou allongés.

Le *biniou* est une cornemuse bretonne ; elle ne diffère point de l'instrument ordinaire.

La *musette* est une cornemuse perfectionnée, dont les chalumeaux sont munis de clefs ; le bourdon est un cylindre contenant une série de tuyaux à anches, courbés afin de rendre leur longueur plus grande et obtenir des sons plus graves ; enfin, l'air est envoyé dans le réservoir, non plus avec la bouche, mais au moyen d'un soufflet, dont la douille s'ajuste avec l'ouverture du porte-vent.

Fig. 376. — CORNEMUSE.

INSTRUMENTS A EMBOUCHURE A BOCAL. — Le type de ces instruments est le *cor*, dont l'embouchure a la forme d'un petit entonnoir appelé *bocal*; plus on lâche les lèvres, plus le son est grave ; plus on les serre en les pressant contre les dents, plus le son est aigu. Cet instrument, dit aussi *cor d'harmonie*, est d'origine allemande ; il a été introduit en France vers 1730. C'est un tuyau conique, contourné en spirale et terminé par un *pavillon*, dans lequel on insère la main pour modifier les sons, qui, obtenus ainsi, s'appellent des *sons bouchés*. Son étendue est de quatre octaves. Le cor d'harmonie est un perfectionnement du *cor* ou *trompette de chasse*, imaginé vers 1680, et qui n'est lui-même qu'un perfectionnement du *cornet*, corne de bœuf ou de bouc, avec ou sans trou, dont les anciens se servaient et qui a souvent remplacé le tambour. L'*olifant* des paladins du moyen âge, le fameux *cor* de Roland, étaient des *cornets* d'ivoire. Les postillons en sonnaient volontiers naguère encore, et, dans les montagnes, le *cornet à bouquin*, ou *cor des Alpes* (*Alphorn*), sorte de longue trompette faite en écorce d'arbre et dont on se sert pour rappeler les troupeaux, en est un souvenir. Le *cor russe,* inventé au siècle dernier, par le Bohémien Maresch, sorte de long tube de cuivre qui ne donne qu'une note et qu'on emploie en réunissant vingt, trente et quarante cors, de longueur différente; la *trompette,* le *clairon,* sont des instruments du même genre que le cor, généralement fabriqués en laiton, et qui ne diffèrent les uns des autres que par le volume de la colonne d'air, la forme plus ou moins contournée du tuyau et les dimensions du pavillon. Ils produisent seulement les harmoniques naturels du son fondamental, et quand, comme dans le cor d'harmonie, on bouche plus ou moins l'ouverture du pavillon pour avoir les sons intermédiaires, il est difficile d'obtenir des sons bien purs; ils perdent au moins beaucoup de sonorité (*fig.* à la page 737).

On a donc cherché à augmenter les ressources musicales des instruments de cuivre en modifiant de diverses manières les longueurs du tuyau sonore, ou de la colonne d'air en perçant de trous les parois.

La trompette est ainsi devenue le *trombone* (de l'italien *trombone,* augmentatif de *tromba,* trompette), instrument composé de quatre grands tuyaux emboîtés les uns dans les autres, et qu'on allonge ou qu'on raccourcit à volonté, au moyen d'une pompe à coulisse, pour produire les différents tons. Le son grave et solennel de cet instrument est propre à produire de grands effets. Le clairon a été transformé par M. Halliday en *bugle,* sorte de clairon à clefs, employé surtout dans les musiques militaires, et, en Angleterre, dans l'armée, pour les fanfares, donner les signaux, etc. Le cor a été changé en 1820, par l'Allemand Stœrel, en *cornet à pistons,* dans lequel, au moyen de pistons que l'exécutant presse tour à tour, l'air passe dans des appendices qui accroissent la colonne d'air vibrante, et, tout en conservant les bonnes notes du cor, permet de donner le plus grand nombre des tons et des demi-tons que celui-ci refuse. L'*ophicléide* (du grec *ophis,* serpent, et *cleis,* clef), gros instrument de cuivre à clefs (*fig.* à la page 793), d'origine hanovrienne, connu en France depuis 1820, qui forme la basse de tous les instruments de cuivre, a remplacé avantageusement, dans les églises, le *serpent* (*fig.* à la page 737), ainsi nommé à cause de sa forme en S, et qui consistait en un gros tuyau percé de six trous, que bouchaient tour à tour les doigts.

M. Sax, célèbre facteur de Paris, a modifié encore la plupart de ces instruments, et, changeant même leurs noms, les a appelés *sax-horns, saxophone, saxotromba, saxotuba,* etc. Ils sont fondés, bien entendu, sur les mêmes principes d'acoustique, mais ils doivent à une fabrication spéciale une grande sonorité et une extrême justesse.

ORGUE. — L'*orgue*, le roi des instruments, a-t-on dit, puisqu'il l'emporte sur tous les autres par la richesse, la puissance et la variété de ses moyens, est comme la synthèse des instruments à vent; on y trouve tous les types, tous les timbres, tous les sons, depuis les plus graves et les plus sonores jusqu'aux plus suaves et les plus doux. Son nom (du grec *organon*, instrument) le désigne comme l'instrument par excellence.

Suivant la tradition la plus répandue, l'invention de l'orgue daterait seulement du VIIIᵉ siècle ; le premier instrument de ce genre aurait été envoyé, en 757, par l'empereur d'Orient Constantin Copronyme au roi Pépin le Bref, alors au concile de Compiègne, et placé par ce roi dans l'église de Saint-Corneille, dans cette ville. Mais il est certain aujourd'hui que cet instrument remonte à une époque beaucoup plus reculée ; les Romains et les Grecs avaient des orgues, les uns connus sous le nom d'*orgues hydrauliques,* parce que c'était la pression de l'eau qui produisait le courant d'air dans les tuyaux ; et d'autres, très élémentaires, il est vrai, mais munis d'une soufflerie. A la villa Mattei, à Rome, existe un bas-relief qui représente un cabinet d'orgue, dont les soufflets sont semblables à ceux dont on se sert dans les ménages et sont levés par un homme placé derrière le cabinet; le clavier est touché par une femme. Vitruve décrit un orgue dans son livre, et l'empereur Julien a fait quelques vers à sa louange. Saint Jérôme, dans sa vingt-huitième épître, parle d'un orgue qui avait douze soufflets et quinze tuyaux, et il ajoute que cet orgue faisait autant de bruit que le tonnerre, et qu'on l'entendait à plus de mille pas.

Ce fut seulement au XIIᵉ siècle que l'on vit en France un orgue bien caractérisé, il se trouvait à l'abbaye de Fécamp. L'usage de cet instrument paraît avoir cependant existé antérieurement en Anglererre dès le Xᵉ siècle ; la cathédrale de Winchester en possédait un grand à cette époque. Il comptait 400 tuyaux et 26 soufflets. Les efforts de 70 hommes étaient nécessaires pour mettre ces soufflets en mouvement, tant la structure et la disposition de l'instrument étaient encore imparfaites.

L'orgue est surtout un instrument d'église; son emploi y fut solennellement consacré en l'an 660, par un décret du pape Vitalien. On a essayé de l'introduire dans les théâtres; on a pu même, en diminuant beaucoup ses proportions, l'introduire, quelque peu modifié, dans les salons.

L'orgue se compose : 1° de tuyaux de différentes grandeurs ; 2° d'un ou de plusieurs claviers ; 3° de soufflets qui fournissent du vent.

Les *tuyaux,* dont la réunion d'un certain nombre de même espèce s'appelle un *jeu,* sont les uns en étain, les autres faits avec un mélange d'étain et de plomb, d'autres, enfin, en bois ; les uns sont à bouche ouverte, comme des flûtes à bec ; les autres portent à leur embouchure des anches ; on les distingue donc en trois catégories : les *jeux à bouche, jeux à anche, jeux de mutation.* Les premiers ont leurs tuyaux fermés en haut avec une ouverture horizontale au bas ; ceux à anche se terminent par la languette vibrante ; les jeux de mutation se composent d'un certain nombre de tuyaux, 4, 5, 6, quelquefois 10 pour la même note, qui sont accordés en tierces, quintes, octaves, dixièmes, de sorte que chaque note fait entendre des accords parfaits redoublés. Les divers jeux sont aussi distingués d'après l'instrument qu'ils imitent, auquel on joint l'indication de la dimension du tuyau le plus long ; par exemple, jeu de flûte ouvert de quatre pieds.

Fig. 377. — Sommier d'orgue et jeux divers.

1. Prestant. — 2. Gros nasard. — 3. Nasard. — 4. Cornet. — 5. Flûte. — 6. Trompette. — 7. Voix humaine. — 8. Bombarde. — 9. Fourniture.

Ainsi il y a la *montre* de seize pieds, dont les tuyaux sont d'étain ; le *bourdon* de seize pieds, tuyaux en bois et les notes de dessus données par des tuyaux en plomb ; la *bombarde* de seize pieds, d'étain ou de bois, à anche, tandis que les deux précédents sont à bouche ; le *prestant* de quatre pieds, qui est le premier jeu de l'orgue sur lequel on fait la partition ; le *nasard,* qui sonne une quinte au-dessus du prestant ; la *doublette,* qui est l'octave au-dessus du prestant ; le *larigot,* octave au-dessus du nasard ; puis les jeux de *cornet,* de *fourniture,* de *trompette,* la *voix humaine,* le *cromorne,* le *clairon,* la *voix angélique,* octave de la voix humaine, la *cymbale,* etc. (*fig.* 377).

Ces tuyaux sont placés debout, du côté de leur embouchure, dans des trous pratiqués à la partie supérieure de caisses de bois appelées *sommiers.* A chaque rangée de tuyaux correspond une réglette de bois, percée aussi de trous à des distances égales aux trous du sommier, et appelée *registre ;* en poussant ce registre, on ferme l'entrée au vent fourni par les soufflets. Quand l'organiste pose le doigt sur une touche, celle-ci tire une

uette qui ouvre une soupape correspondante au trou du registre ; le
t pénètre alors dans le tuyau, et celui-ci rend le son qui lui est
pre.

Le *clavier* de l'orgue est semblable à celui du piano ; mais l'orgue en
sède plusieurs disposés en gradins (*fig.* 378). Outre ceux-là, il y a
claviers à pédales, qui correspondent à des jeux particuliers et qui
t mis en mouvement par les pieds ; ces claviers sont entièrement con-
és aux basses. L'orgue de l'église Saint-Sulpice, le plus considérable
rope, chef-d'œuvre du célèbre facteur Clicquot, récemment reconstruit
M. Cavaillé-Coll (Aristide), compte 100 jeux, sans parler de 10 registres et
édales de combinaison ;
e renferme pas moins de
0 tuyaux. Celui de No-
Dame de Paris a 5 cla-
s à main, comprenant
cun 56 notes, le clavier de
ales a 30 notes ; il pos-
e 86 jeux, 5,246 tuyaux,
registres et 22 pédales
combinaison.

Le vent est donné aux
aux par une *soufflerie*,
e généralement à bras

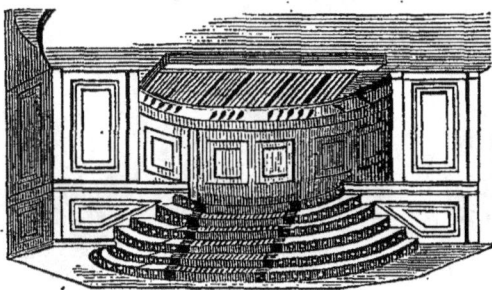

Fig. 378.

CLAVIER DU GRAND ORGUE DE SAINT-SULPICE
A PARIS.

omme. L'air comprimé passe de là dans des canaux ou *porte-vent*,
le là dans des sommiers. La soufflerie de Notre-Dame de Paris se
pose d'une soufflerie alimentaire à double réservoir, avec quatre
ces de pompes pouvant fournir envion 300 litres d'air par seconde, et
le soufflerie à forte pression, armée de deux paires de pompes four-
sant par seconde 200 litres d'air. Outre les quatre grands réservoirs
ulateurs, placés à proximité des sommiers qu'ils alimentent, on trouve
ore dans l'intérieur de l'orgue deux grands réservoirs régulateurs à
e pression ; quatre autres réservoirs pour le récit, les grands chœurs
es dessus du clavier de positif et de bombarde ; un grand nombre de
pients d'air disséminés dans toute l'étendue de l'orgue, et armés de res-
ts pour éviter toute espèce d'altération dans la pression du vent. L'uti-
de ces différents réservoirs, qui ne contiennent pas moins de 25,000 li-
s d'air comprimé, se comprendra, si l'on sait que tel tuyau ne dépense
plus d'un centilitre d'air par seconde, tandis que les gros tuyaux de
nte-deux pieds consomment chacun 70 litres pendant le même temps.

L'*orgue expressif*, ou *harmonium*, qui n'est connu que depuis 1840 et dont les principaux perfectionnements sont dus à MM. Debain, Alexandre, Martin, Schiedmayer, etc., est une espèce d'orgue à *anche libre*, composé de 4, 5 ou 6 jeux complets, représentés par 8, 10 ou 12 registres. Cet instrument, employé surtout dans les églises, dans les sociétés chorales, dans les écoles, a le mérite d'être d'un prix peu élevé ; mais son défaut, c'est la monotonie du caractère de sa sonorité.

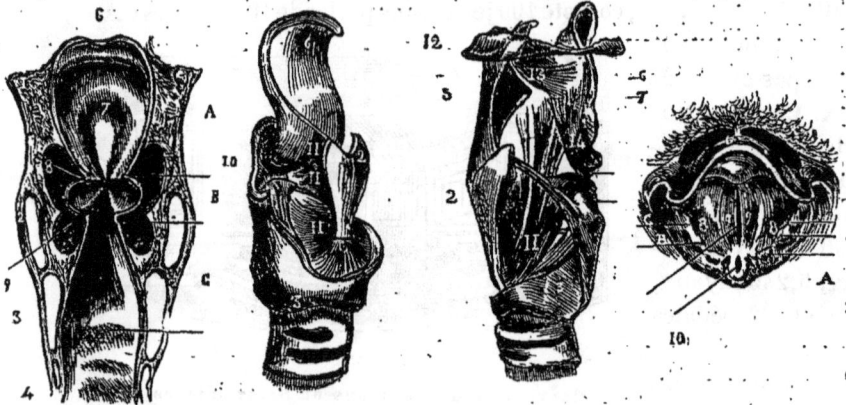

Fig. 379. — APPAREIL PHONATEUR DE L'HOMME.

1. Os hyoïde. — 2. Cartilage thyroïde. — 3. Cartilage cricoïde. — 4. Anneau de la trachée. — 5. Membrane thyro-hyoïdienne. — 6. Épiglotte. — 7. Bords de l'épiglotte. — 8. Cordes vocales supérieures. — 9. Cordes vocales inférieures. — 10. Cartilage aryténoïde. — 11. Muscles thyro-aryténoïdiens. — 12. Os hyoïde. — 13. Membrane hyo-épiglottique. — 14. Glandes aryténoïdiennes latérales. — ABC. Cavité supérieure et inférieure du larynx.

VOIX HUMAINE. — La *voix* est un son produit dans le *larynx* au moment où l'air expiré par les poumons traverse cet organe, et lorsque les muscles intrinsèques de la *glotte* sont dans un état de contraction (*fig.* 379). La voix peut être *modulée* et former le chant, ou être *articulée* et constituer la parole. Elle se rapporte au langage conventionnel, lorsqu'elle a lieu pour l'expression des idées, tandis qu'elle fait partie du langage affectif quand elle s'accomplit sans participation de la volonté et sous la seule influence des passions. Depuis longtemps on est d'accord sur le lieu où la voix est formée. Les plaies et les fistules de la *trachée* ou du *larynx*, au-dessous de la *glotte*, ont toujours amené l'extinction de la voix ; tandis que l'ouverture accidentelle du canal aérien au-dessus de la *glotte* permet librement la production des sons. Ainsi, la voix est produite dans cette partie du *larynx* que mesurent les *arythénoïdes* ; mais les *ventricules du larynx*, ainsi que les ligaments supérieurs de la *glotte*, ont aussi un rôle important à remplir. Les limites de la région laryngienne, essentiellement destinée à la voix, sont donc les limites mêmes des mus-

Bouée acoustique (page 815).

cles *arythéno-thyroïdiens*, dont les bords supérieurs forment les ligaments supérieurs de la glotte. La glotte doit être contractée à un certain degré pour la production de la voix ; cette assertion a été déduite d'expériences qui la rendent aujourd'hui démontrée.

La contraction des muscles de la glotte produit-elle le son en faisant seulement varier le diamètre de cette ouverture, ou en rendant les bords de celle-ci susceptibles de vibrer sous l'influence de l'air ? Si ce dernier mécanisme a lieu, les lèvres de la glotte vibrent-elles à la manière des cordes d'un violon, d'une guitare où autre instrument analogue, ou bien à la manière des anches des instruments à vent ? Enfin si le larynx peut être considéré comme un instrument à vent et à anche, la lame vibratile, placée à l'embouchure, a-t-elle la plus grande part aux variétés des tons, ou bien doit-on attribuer ces variétés aux changements que le conduit peut présenter dans toute sa longueur ? Toutes ces opinions ont été avancées. Elles ont toutes pour base une analogie observée entre le mécanisme de la voix et celui de la formation des sons dans un instrument de musique ; mais elles sont insuffisantes, en ce que les conditions diverses des instruments avec lesquels on a voulu établir une comparaison se trouvent réunies dans l'appareil de la voix.

Quelques expériences de Bichat, le célèbre physiologiste, permettent d'indiquer le mécanisme de la production du ton simple, abstraction faite de son acuité ou de sa gravité. Suivant cet illustre savant : 1° la *glotte* se resserre plus pour les sons forts et moins pour les sons faibles ; 2° les bords de cette ouverture ne présentent aucune vibration appréciable, quelle que soit la force du son. L'inspection ne lui a rien appris sur ces vibrations, qu'il regarde pourtant comme probables, et auxquelles il pencherait à rapporter les divers degrés d'acuité ou de gravité ; tandis que la différence du diamètre de l'ouverture ne lui paraît relative qu'à la force ou à la faiblesse de la voix. Il avoue, au reste, que la production des sons graves ou aigus sera longtemps un objet de théorie, attendu que les animaux soumis aux expériences ne rendent que des sons plus ou moins forts, plus ou moins faibles, et qui sont toujours étrangers à des gradations harmoniques. Ces expériences établissent donc d'abord que le son inarticulé et non modulé exige, suivant sa force, divers degrés de resserrement de la glotte, et non les vibrations manifestes des bords de cette ouverture. Dès lors, pour la formation du ton simple, le larynx pourrait être comparé à un instrument à vent du genre des flûtes.

Ce ne serait donc que pour la voix *modulée* ou pour les modifications relatives au ton, que l'on pourrait invoquer le mécanisme des instruments vibratiles à cordes ou à vent et à anche. Ferrein compara les lèvres de la glotte aux cordes d'un violon et leur donna le nom de *cordes vocales*. Le courant d'air est l'archet ; les *cartilages thyroïdes*, les points d'appui ; les *arythénoïdes*, les chevilles ; et enfin les muscles qui s'y insèrent les puissances, destinées à tendre ou à relâcher les cordes. Cette théorie se prêtait

à de nombreuses objections : ainsi les lèvres de la glotte ne sont pas isolées, elles ne peuvent tout au plus se raccourcir que de trois lignes, ce
qui ne suffirait pas pour la production de tous les tons de la voix humaine; elle ne rendait pas raison de l'élévation ou de l'abaissement du
larynx à chaque changement de ton. Cependant cette théorie a été repro-
duite par M. Dutrochet, qui, à la vérité, ne considère plus les lèvres de la
glotte comme des cordes d'instrument, mais auxquelles il reconnaît toutes
les conditions qui peuvent faire changer à l'infini le nombre des vibrations. Le *larynx* est, selon lui, un instrument vibrant, mais non compliqué d'un tuyau; la gradation harmonique de la voix serait due aux
vibrations des lèvres de la glotte par l'air de l'expiration; l'élévation ou
l'abaissement du *larynx* ne contribuerait pas à la variété des tons, en
faisant changer la longueur du tuyau vocal, mais en modifiant le diamètre de la glotte. La partie vibratile serait le muscle *thyro-arythénoï-
dien*. Cuvier rapporte aussi l'appareil aux instruments à vent. MM. Biot
et Magendie admettent les conditions vibratiles qui ont été assignées aux
lèvres de la glotte par M. Dutrochet; mais ils établissent que les bords
de cette ouverture doivent être assimilés aux anches des instruments à
vent, et les mouvements de totalité du *larynx* ne leur paraissent pas seulement relatifs aux divers degrés des diamètres de la glotte, ces mouvements contribueraient aussi à la différence des tons, en faisant varier la
longueur et la largeur du tuyau vocal.

M. Savart assimile l'organe de la voix aux tuyaux de flûte, où le son
est produit par le brisement de l'air, et dans lesquels le ton varie suivant
la longueur du conduit, ou bien à l'instrument imitatif employé par les
oiseleurs.

La *trachée-artère* a une grande influence sur la variété des tons, puisqu'elle joue dans l'appareil phonateur le rôle de *porte-vent*. La vitesse du
courant d'air peut, en effet, être accrue par le resserrement de la *trachée*
et des ramifications bronchiques. Le nombre des vibrations et l'espèce de
ton sont déterminés aussi par le brisement de l'air contre les ligaments
supérieurs de la *glotte*, qui remplissent la même fonction que le biseau des
tuyaux d'orgue. D'autres causes inhérentes au *larynx* peuvent encore
influer sur la diversité des tons. Ainsi les *muscles intrinsèques* peuvent
varier leurs contractions; de là résultent des différences, soit dans la
tension et l'élasticité des parois de la *cavité vocale* et des rebords de ses
orifices, soit dans les diamètres de ces derniers. Toutes ces circonstances
paraissent contribuer simultanément à la variété des sons.

D'après leur étendue dans l'échelle musicale, on distingue les voix
en six espèces : 1° Le premier dessus ou *soprano primo ;* 2° le second des-

sus, *soprano secundo* ou *alto;* 3° le *contralto* (haute-contre); 4° le ténor ou taille; 5° le *baryton;* 6° la *basse.*

Le *timbre de la voix* dépend de la consistance et de la forme des parties où les vibrations sont excitées, puis répétées; ainsi le timbre qui caractérise la voix de la femme paraît tenir à la moindre consistance du *cartilage thyroïde* et à la forme arrondie du larynx. Le son varie aussi dans son timbre, suivant que les fosses nasales contribuent plus ou moins à entretenir les ondulations aériennes et à propager le son. C'est ainsi que la voix est *nasonnée* quand la destruction du palais détermine le son à sortir presque uniquement par la bouche, la cloison musculo-membraneuse ne partageant plus la colonne d'air pour en diriger une partie dans les *fosses nasales* et dans les sinus, où doit se produire une espèce d'écho.

Pour la voix modulée, les sons, nous venons de le voir, sont modifiés par la forme, les dimensions et la qualité plus ou moins vibratile du tuyau vocal; il en est autrement pour la *parole*, dans laquelle la colonne d'air expirée est brisée volontairement au delà du *larynx*, afin d'imprimer aux sons, par l'entremise de la bouche, de la langue, des dents, de la cavité nasale, des modulations particulières, auxquelles l'esprit attache autant d'idées spéciales. C'est à juste titre que ce brisement de la colonne d'air a été défini *l'articulation des sons.* La description du mécanisme au moyen duquel sont produits les sons élémentaires dont se composent les mots n'appartient pas à notre sujet; nous n'en parlerons donc pas.

PHONOGRAPHE. — M. Edison (1) a récemment inventé un instrument appelé *phonographe* (du grec *phonè*, voix, et *graphô*, j'écris), auquel est réservé peut-être un grand avenir, et dont le succès, à son apparition, a été prodigieux. Cependant, comme le remarque M. de Parville, cette machine est si simple de conception et de construction, qu'il n'est aucun physicien qui puisse s'étonner un instant, après l'avoir vue, des effets saisissants auxquels elle donne lieu. Elle est si singulièrement simple qu'on se demandera même maintenant comment on n'y avait pas songé plus tôt.

Une membrane vibrante (*fig.* 380) est placée à la base d'une embouchure. La membrane porte en son milieu un petit style qui vient s'ap-

---

(1) Edison (Thomas), inventeur américain, né vers 1847. On lui doit de nombreux télégraphes, la plume électrique, un téléphone, un micronome, un microtasimètre, un automographe, etc. Une compagnie puissante lui a construit, à Menlo-Park, un laboratoire admirable, où il est libre d'entreprendre les expériences les plus coûteuses. La subvention est, en quelque sorte, illimitée. Il dispose, par conséquent, de moyens inconnus en Angleterre et en France.

puyer sur un rouleau horizontal, un cylindre en cuivre de $0^m,20$ de longueur environ. Le rouleau est placé entre deux supports et monté sur une tige filetée. Quand, à l'aide d'une manivelle, on fait tourner la tige filetée, elle progresse comme une vis dans son écrou, entraînant le cylindre d'un mouvement de transport lent et régulier, en même temps qu'elle le fait tourner sur lui-même.

Tout le monde sait qu'un style appuyant sur un rouleau, qui tourne et se déplace en même temps, marque, sur la surface, une spire; de même, le style fixé à la membrane vibrante trace sur une feuille d'étain placée sur le rouleau de l'appareil une rainure en spirale. Quand on parle, les vibrations de la membrane communiquent leur mouvement au style, qui va et vient à son tour, plus ou moins vite, et enregistre tout le long de la spirale des points plus ou moins accentués sur l'étain. Ces points constituent une véritable écriture, reproduisant chaque mot prononcé; ce sont comme des notes marquées sur l'étain. Quand on veut que l'appareil lise cette écriture, répète les sons, il suffit de tourner la ma-

Fig. 380. — PHONOGRAPHE.

nivelle et de faire revenir, à l'aide de la vis, le rouleau à son point de départ, et à faire tourner la vis comme on l'avait fait quand l'appareil enregistrait la conversation. Le style va de nouveau s'engager dans la rainure qu'il avait tracée; il va repasser sur les petites aspérités et les petits creux que la membrane, en vibrant, l'avait obligé à marquer sur la feuille d'étain; mais, en suivant les contours, il sera forcé tantôt de s'éloigner, tantôt de se rapprocher du rouleau; et, comme il est solidaire de la membrane, il faudra bien que celle-ci s'écarte de sa position et y revienne selon les allées et venues du style. Elle vibrera, et ses vibrations seront exactement la répétition de celles qui ont enregistré sur l'étain les contours suivis par le style. Chaque son sera répété, chaque mot sera prononcé avec toutes ses qualités distinctives de hauteur, de ton et de timbre.

On le voit, au fond, c'est un mécanisme qui présente un peu d'analogie avec celui des boîtes à musique et des orgues de Barbarie. Les notes sont enregistrées sur un rouleau à l'aide de petites aspérités. On tourne la manivelle, et les aspérités se traduisent en musique. Seulement, ici, la machine prépare elle-même son rouleau et fait toute la besogne automatiquement.

TROMPETTE MARINE. — BOUÉE ACOUSTIQUE. — Nous parlerons plus longuement ci-après, en traitant des *phares*, des différents appareils imaginés pour rendre plus sûre la navigation dans le voisinage des côtes. Nous signalerons seulement ici deux appareils acoustiques précieux pour les services qu'ils rendent.

La *trompette marine* est un sifflet puissant, placé dans les phares, pour suppléer à la lumière qui pourrait ne pas être aperçue par les marins. Ordinairement ces trompettes sont mises en action par de l'air qui a été comprimé au moyen d'une machine à vapeur. Au phare du Four (Finistère), l'administration nationale des phares et balises a adopté une nouvelle disposition, imaginée par M. Lissajoux (*fig.* à la page 801).

L'appareil se compose : 1° de deux chaudières à vapeur verticales, accouplées, d'une force totale de 4 chevaux-vapeur ; 2° d'une trompette avec appareil d'entraînement d'air par jet de vapeur ; 3° d'un mécanisme de distribution, mû par la vapeur, destiné à ouvrir et à fermer périodiquement la communication des chaudières avec la trompette, de façon que le son se produise à raison d'un coup par cinq secondes ; 4° d'une horloge commandant le distributeur de vapeur de ce mécanisme. La trompette se fait entendre au dehors à travers un pavillon métallique logé dans une ouverture circulaire pratiquée à l'ouest dans le mur de la tour. La fumée du combustible se dégage par un tuyau en cuivre qui va se greffer sur le tuyau du fourneau de la cuisine, dans la coulisse ménagée à cet effet. Les chaudières ont la pression nécessaire à la mise en marche, vingt minutes au plus après l'allumage des feux. Les chaudières sont alimentées à l'eau douce ; leur consommation, avec le rythme adopté pour la trompette, est d'environ 25 litres par heure. L'eau est approvisionnée au moyen de la pompe aspirante et foulante, placée dans un caveau du phare, laquelle, puisant de l'eau douce dans les bateaux accostés à la roche, la refoule dans les vingt-deux caisses en tôle placées au premier étage, dont la capacité est de 1,500 litres pour l'eau destinée aux gardiens et de 3,750 litres pour l'eau destinée aux chaudières. Ces dernières peuvent être ainsi alimentées pendant cent cinquante heures de travail au moins, sans que l'approvisionnement soit renouvelé. L'eau des caisses est montée à la bâche d'alimentation, dans la chambre de la trompette, au moyen d'un appareil injecteur que l'on met en marche par l'ouverture d'un robinet de prise de vapeur placé sur les chaudières.

On sait qu'une *bouée,* appelée aussi *amarque* ou *balise,* est un corps flottant en liège, en tonnes vides, en tôle, destiné à marquer sur la surface de la mer le lieu où a été jetée une ancre ; à signaler un écueil, un danger quelconque : la direction d'un chenal ou d'une passe difficile, ou à aider à sauver un homme tombé à la mer. On ajoute aux bouées une cloche que le mouvement des vagues agite, ou un petit sifflet mis en jeu par l'air chassé par l'agitation des vagues. A vrai dire, par temps calme, ces bouées acoustiques sont peu utiles ; par gros temps, on ne les entend guère. Un Américain, M. Courtenay, a construit une bouée acoustique qui paraît appelée à donner de brillants résultats (*fig.* à la page 809).

Il est généralement admis que la profondeur à laquelle l'eau est encore agitée est à peu près proportionnelle à la longueur de la vague mesurée. Une vague de 200 mètres de longueur à peu près agitera l'eau seulement jusqu'à environ 3 mètres de superficie. Les vagues les plus hautes que l'on ait observées au cap de Bonne-Espérance mesuraient $13^m,75$, soit $6^m,9$ au-dessus du niveau moyen, et autant à peu près en dessous. Les vagues de l'Océan, à une certaine distance de terre, dépassent rarement 6 mètres. Il résulte de là que l'on peut compter sur de l'eau calme à une profondeur de 5 à 6 mètres ; l'agitation y est insensible. En immergeant un tube d'une longueur suffisante, l'eau de mer qui pénétrera par le bas dans cette gaine abritée contre les mouvements de la surface sera immobile, un peu comme celle d'un puits ; son niveau restera constant ; autour du tube, la vague oscillera, mais ne transmettra pas son mouvement à l'eau intérieure. Dans ce tuyau, introduisons à frottement doux un autre tuyau fermé en haut et en bas et pouvant monter et descendre comme un piston. Enfin, à travers la base inférieure de ce tuyau mobile, perçons trois trous, dans lesquels nous engagerons trois petits tubes s'élevant du fond jusqu'au haut, et faisons-les passer à travers la cloison supérieure. Le petit tube central vient aboutir à un puissant sifflet ; les deux autres débouchent à l'air libre, mais portent chacun à leur base une soupape. Si l'on fait alors glisser le tuyau piston dans le tuyau enveloppe, l'air interposé entre le niveau de l'eau, dans le tuyau enveloppe et la base du piston, va se comprimer et fuir par le petit tube central jusque sous le sifflet. Les soupapes des deux autres tubes ouvrant de dehors en dedans restent closes. Mais soulève-t-on le tuyau piston, le vide se fait et l'air extérieur rentre par les tubes à soupape pour être comprimé bientôt par un nouveau mouvement de descente de piston, et ainsi de suite. On réalise ainsi une pompe à air comprimé. A chaque oscillation du tuyau inférieur, l'air est appelé, puis refoulé dans le sifflet.

Quant au mouvement d'élévation ou d'abaissement du piston dans sa gaine, il est déterminé par une bouée. La bouée est calée sur le tube piston. Le tube enveloppe est maintenu à peu près immobile dans sa position verticale à l'aide d'une ancre et de chaînes ; il s'élève jusqu'au niveau moyen, c'est-à-dire à égale distance du creux et de la crête des vagues. La bouée qui coiffe le tube piston est installée précisément dans la zone d'action de la vague ; elle oscille donc avec elle, monte et descend entraînant le piston intérieur. La vague ne cessant de se produire, courte ou longue, petite ou haute, l'appareil ne cessera de fonctionner. Il y aura des intervalles variables, entre les sons, selon les vagues ; mais l'intensité des sons restera constante, car elle ne dépend que du poids de la bouée et de la longueur du tube.

Dans les expériences déjà faites, le bruit du sifflet a été entendu à 9 milles sous le vent, à 3 milles au vent, et à 6 milles, vent de travers, soit dans un rayon de 3 milles 3/4. Dans les parages dangereux, il n'y aurait rien de si simple que d'intaller des bouées automatiques donnant des notes distinctes.

TABLE DES MATIÈRES

CONTENUES DANS LE PREMIER VOLUME

Comprenant les livraisons 1 à 102 (PHYSIQUE).

LIVRE PREMIER. — NOTIONS PRÉLIMINAIRES.

LIVRE II. — PESANTEUR.

LIVRE III. — CHALEUR.

LIVRE IV. — ACOUSTIQUE.

FIN DE LA TABLE DES MATIÈRES DU PREMIER VOLUME.

Paris. — Imp. Vᵉ P. Larousse et Cⁱᵉ, 19, rue Montparnasse.

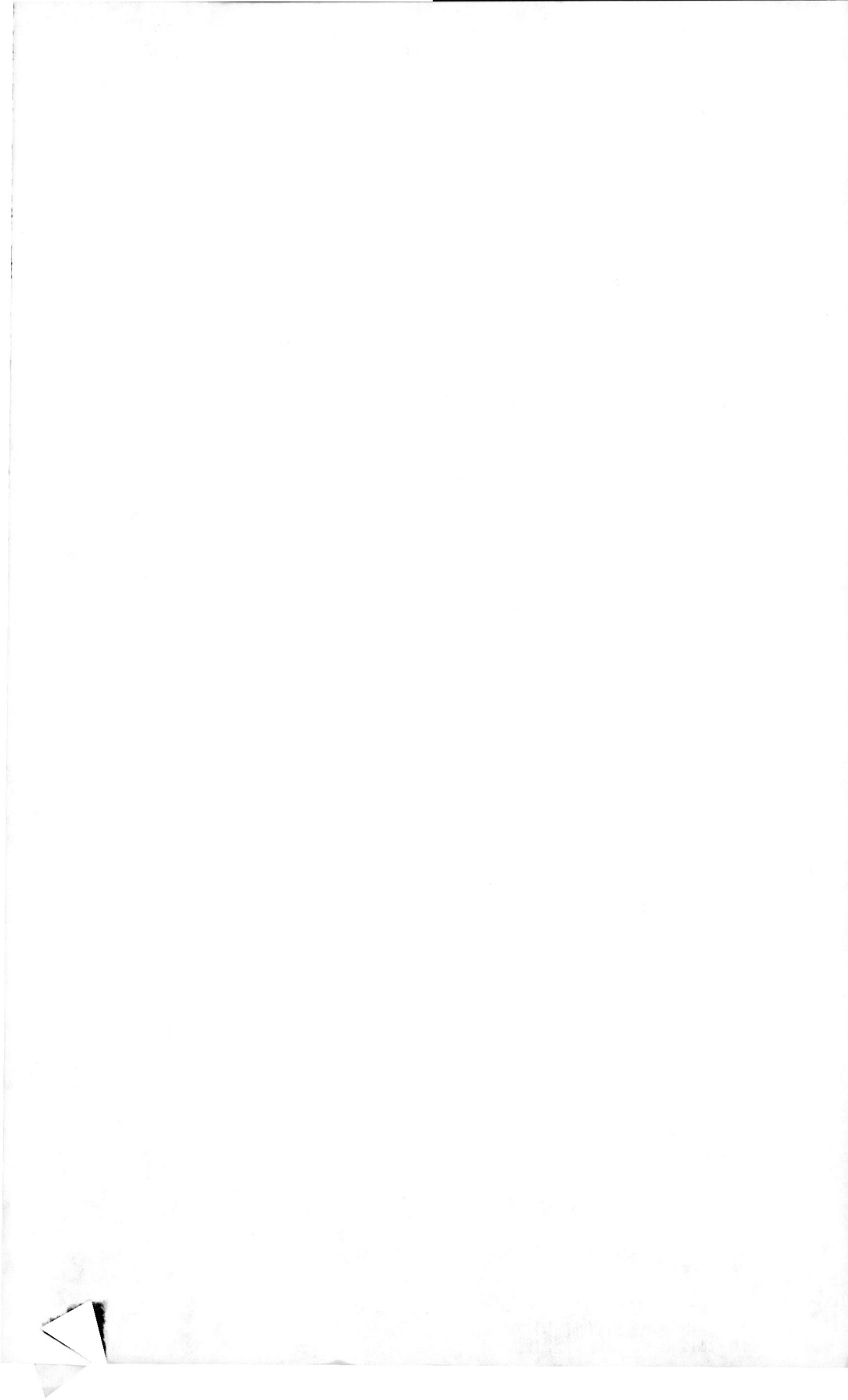

www.ingramcontent.com/pod-product-compliance
Lightning Source LLC
Chambersburg PA
CBHW052055230326
41599CB00054B/1708